U0285827

“十四五”时期国家重点出版物
出版专项规划项目

化学工程发展战略

高端化、绿色化、智能化

Chemical Engineering
Development Strategy
Premium，Greenization, Intelligentization

国家自然科学基金委员会化学科学部五处
——组织编写

张锁江
彭孝军
朱旺喜
张国俊
主编

化学工业出版社
·北京·

内容简介

《化学工程发展战略：高端化、绿色化、智能化》围绕化学工程高端化、绿色化、智能化三个主题，由国家自然科学基金委员会化学科学部五处组织，邀请全国化工领域专家学者编写而成。全书共 7 章，包括绪论、分子设计与产品高端化、化工过程绿色化、重要资源的高效绿色转化利用、安全智能系统与循环经济、跨尺度关联——介科学与智能过程、未来发展趋势与展望。全书聚焦国际视野和前沿，面向国家重大需求，在深入洞悉各学科方向的国内外研究现状的基础上，凝练出关键科学问题及技术难题，展示了我国化工领域最新的科研成果、进展和技术水平，提出重点发展方向与趋势，为我国化工学科基础研究和技术创新提供重要指导。

本书适合化工、材料、能源、环境等相关领域的高等院校师生、研究机构研究人员阅读，对他们明确科研方向、瞄准学术前沿，起到引领和指导作用。本书也是科技管理部门重要的决策参考资料，还适合社会大众认识和了解化工学科发展现状和趋势。

图书在版编目（CIP）数据

化学工程发展战略：高端化、绿色化、智能化/张锁江等主编. —北京：化学工业出版社，2022.9（2025.4 重印）
“十四五”时期国家重点出版物出版专项规划项目
ISBN 978-7-122-41294-2

Ⅰ. ①化… Ⅱ. ①张… Ⅲ. ①化学工程-发展战略-研究-中国 Ⅳ. ① TQ02

中国版本图书馆 CIP 数据核字（2022）第 069664 号

责任编辑：成荣霞
文字编辑：毕梅芳　师明远
责任校对：边　涛
装帧设计：王晓宇

出版发行：化学工业出版社
（北京市东城区青年湖南街13号　邮政编码100011）
印　　装：北京建宏印刷有限公司
880mm × 1230mm　1/16　印张44½　字数1173千字
2025年4月北京第1版第2次印刷

购书咨询：010-64518888
售后服务：010-64518899
网　　址：http://www.cip.com.cn
凡购买本书，如有缺损质量问题，本社销售中心负责调换。

定　　价：498.00 元　

《化学工程发展战略——高端化、绿色化、智能化》编委会

顾问组（以姓氏汉语拼音为序）

曹湘洪　陈芬儿　陈建峰　戴厚良　段　雪　付贤智　何鸣元　李洪钟　李静海
刘昌胜　刘中民　欧阳平凯　钱　锋　钱旭红　任其龙　孙丽丽　谭天伟　田　禾
涂善东　谢在库　徐春明　徐南平　杨俊林　张　涛　郑裕国

编写组

组长

张锁江　彭孝军　朱旺喜　张国俊

成员（以姓氏汉语拼音为序）

安全福　安　哲　白仲虎　包信和　鲍晓军　陈飞国　陈光文　陈建华　陈　强
陈修来　陈延佩　陈　瑶　成怀刚　成卫国　程芳琴　程　力　初广文　褚良银
崔希利　代　岩　丁明珠　董超芳　董晋湘　都　健　杜健军　杜文莉　段昊泓
段学志　段玉清　樊江莉　范代娣　方光宗　方　莉　房倚天　冯连芳　高　鑫
高雄厚　葛　蔚　巩金龙　顾　林　管小平　郭宝华　郭　力　韩布兴　何　静
何盛宝　贺高红　贺益君　黄漫娜　黄文来　黄延强　黄永东　黄　云　纪红兵
江　浩　江莉龙　姜晓滨　姜忠义　蒋军成　焦纬洲　孔祥贵　雷乐成　雷晓东
李伯耿　李成祥　李　春　李春山　李春忠　李　峰　李　华　李华明　李会泉
李建荣　李晋平　李立博　李群生　李松庚　李伟华　李先锋　李小年　李晓霞
李鑫钢　李雪辉　李　垚　李永旺　历　伟　练　成　廖伍平　廖祖维　林彦军
林志峰　刘传奇　刘法谦　刘桂莲　刘立成　刘立明　刘瑞霞　刘天罡　刘雅宁
刘永忠　刘有智　刘　宇　刘振宇　刘　铮　刘植昌　刘志敏　刘中民　楼宏铭
卢春山　鲁波娜　陆小华　吕兴梅　罗双江　罗英武　骆广生　马光辉　马海乐
马新宾　马紫峰　满　奕　孟祥海　潘　明　潘秀莲　潘宜昌　彭孝军　漆志文
齐　涛　秦　磊　邱学青　任竞争　任其龙　阮雪华　邵明飞　佘远斌　申威峰
石　琪　宋　伟　宋宇飞　苏海佳　粟　杨　孙靖元　孙其诚　孙　彦　孙予罕
孙　峙　汤亚杰　田　禾　田于杰　涂善东　万一千　万印华　汪　伟　王从敏
王　慧　王建国　王靖岱　王　静　王军武　王乃鑫　王　维　王文俊　王　珍
魏　飞　魏　伟　魏子栋　吴林波　夏诏杰　项　项　谢　涛　谢在库　辛加余
邢华斌　邢卫红　胥传来　徐春明　徐　骥　徐建鸿　徐铜文　徐　至　许建和
薛　铭　阳庆元　阳永荣　杨伯伦　杨朝合　杨皓程　杨立荣　杨　宁　杨启炜
杨思宇　杨为民　杨　勇　尧超群　姚　臻　叶光华　叶　茂　应汉杰　于新海
元英进　袁志宏　曾少娟　詹瑛瑛　张国俊　张海晖　张海涛　张山林　张锁江
张　涛　张香平　张　勇　张正国　赵凤玉　赵华章　赵黎明　赵　玲　赵宇飞
赵志坚　郑　默　仲崇立　周兴贵　朱庆山　朱旺喜　朱为宏　朱贻安　朱玉山
朱育丹　庄英萍　邹吉军

秘书组

张香平　樊江莉　杨晓伟　赵志坚

序一

我国化学工业产值位居世界第一，全球占比已超过40%。在快速增长的同时，不足之处愈益凸显。一方面，化工低端产品过剩，而新能源、电子信息、生命健康等新兴产业对高端化工产品和新材料的需求却无法满足；另一方面，众多化工过程原子利用率低、能耗高、碳排放和环境污染严重等问题依然比较突出，面向“双碳”目标更感压力巨大。尤其是，从工业革命自动化、智能化、智慧化的总体方向看，现有的设备、工艺流程、数字化进程、循环经济实施等方面进展缓慢，难以推动智能化生产、智慧化管理的发展。如何通过原始创新系统性地开发变革性技术，从单元装置、工厂、工业园区直到地区和国家的范畴，系统而协调地解决目前存在的一系列瓶颈问题，实现可持续发展，是化工业界同仁需要深入思考的问题。

在此背景下，国家自然科学基金委员会（以下简称基金委）化学科学部五处组织百余位国内优秀学者，开展化工学科“十四五”战略研究，明确提出高端化、绿色化、智能化的发展趋势。在该战略研究的基础上，基金委化学科学部五处牵头组织，由张锁江院士和彭孝军院士会同国内专家编写了《化学工程发展战略：高端化、绿色化、智能化》一书。该书系统介绍了国内外化工领域基础理论和新技术研发的新概念、新方法和新成果，归纳总结了未来重点发展方向与目标，具有很高的学术价值和应用价值。此书的出版有助于科研人员瞄准国家重大战略需求及国际学术前沿，正确把握科研方向，对提升科研水平、促进变革性技术研发及培养高水平人才具有重要的指导作用。

何鸣元

（中国科学院院士）

2022年4月15日

序二

化学工程作为化学工业的基础学科，是推动化学工业高速发展和进步的引擎。“十三五”期间，我国化工学科在基础研究方面取得了较大进展，形成了布局合理的化工学科知识体系；在纳微介观结构、界面与介尺度的观测、模拟和调控，非常规和极端过程及其相应信息化、智能化等方面呈现新的发展态势；支撑和引领了煤化工、石油化工、精细化工、智能化工等诸多领域的技术进步，涌现出一批具有自主知识产权的重大应用示范，形成了高水平的产学研全链条的人才培养模式，人才队伍不断发展壮大。

当前，世界百年未有之大变局加速演进，新型冠状病毒肺炎疫情影响广泛而深远，“贸易摩擦”“卡脖子”对我国经济和社会发展的挑战巨大，“碳中和”倒逼制造业的绿色低碳变革。化工学科既面临着前所未有的大挑战，更是迎来了历史性的重大机遇。我国化工产业存在低端产品过剩、高端产品“卡脖子”的严峻问题，高端化是迫切需求；面对能耗高、碳排放大、污染重等问题，在“双碳”目标下，绿色化是必由之路；化工流程面临信息量大、系统复杂等问题，亟须在研发、试验、生产等环节加大人工智能、大数据等前沿技术的研发和应用，智能化是必然趋势。由此可见，高端化、绿色化和智能化是化学工程未来高水平发展的必然趋势。

国家自然科学基金委员会化学科学部组织化工领域专家编写的《化学工程发展战略：高端化、绿色化、智能化》一书，较系统地介绍了国内外化工领域近年来的新概念、新方法和新成果，具有较高的学术水平和应用价值，为我国化工技术发展提供了新思路、新方向，也将为科研工作者及管理决策者提供重要参考。本书的出版将有效引导科研人员面向国计民生的重大需求，开展高水平基础和应用研究，推动我国化工学科基础研究水平和重大技术创新，为我国化学工业的高端化、绿色化和智能化发展提供战略性指导。

杨俊林

（国家自然科学基金委员会化学科学部常务副主任）

2022年3月

前言

化学工业是我国国民经济的支柱产业，具有重要的战略地位。目前，我国已经形成了较为完善的化学工业体系，化学工业规模居世界首位，但是国际竞争压力大、高端产品发展受限、化学工业能耗物耗高等瓶颈问题仍然突出，特别是在“双碳”目标下，面临的挑战更加不可忽视。化工学科是研究化学工业及其他相关过程工业中的一门工程技术学科，集成了物质化学转化中高值化与规模化所包含的科学与技术问题。随着学科交叉的不断深入，逐渐形成了现代化工学科发展的新范式，推动了化工学科的不断融合创新。“十三五”期间，我国化工学科研究水平不断提高，在介科学、煤制烯烃、绿色介质、分子辨识、合成生物学等基础研究方面取得了突出成就，对我国化学工业发展起到重要的支撑作用。国家自然科学基金委员会近年来也不断提升了对化工学科的资助力度，新设立了一批重大项目，支撑着化工领域人才的培养，极大促进了化工学科的发展。

国家自然科学基金委员会化学科学部五处组织专家开展了化工学科“十四五”战略研究，围绕介尺度科学核心内涵和化工过程高端化、绿色化、智能化的发展趋势，聚焦与化工学科交叉融合等优先发展及国际合作优先领域，在分子、过程和系统三个层次依次布局，凝练了化工学科发展存在的关键科学问题，提出要加大对重大源头创新、基础科学引领和人才的支持力度。进一步强调化工学科要面向国家重大需求，通过科学基金引导和政策的支持，推动化工学科理论的源头创新，提高成果转化能力，为解决化学工业中的“卡脖子”技术和实现“双碳”目标提供重要手段。

本书在国家自然科学基金委员会化工学科中长期及“十四五”战略研究的基础上，由化学科学部五处组织，汇集了百余位国内化工领域的学者参与编撰。紧密围绕化学工程高端化、绿色化、智能化的发展趋势，重点突出和体现了四个面向，即着眼于化工学科及与其他学科交叉融合的基础科学前沿，凝练化工学科多个方向的关键科学问题，通过典型实例展示重大研究进展及成果，并对未来重要发展方向进行展望。

自 2020 年 5 月确定本书编写大纲，经过线上和线下多次研讨、审稿及专家咨询，逐步明确撰写定位和思路，不断提升书稿水平，最终完成了《化学工程发展战略：高端化、绿色化、智能化》。本书共分为 7 章。第 1 章为绪论，系统分析了化学工业的战略地位、作用、贡献及目前面临的挑战，重点介绍了化工学科发展的现状、态势及未来的发展方向；第 2 章～第 6 章分别介绍了分子设计与产品高端化、化工过程绿色化、重要资源的高效绿色转化利用、安全智能系统与循环经济、跨尺度关联——介科学与智能过程等领域的主要研究进展及成果；第 7 章为未来发展趋势与展望，重点论述了化工高端化、绿色化、智能化、学科交叉及前沿等方向今后的发展趋势。

最后，诚挚感谢国家自然科学基金委员会对本书的大力支持，感谢顾问组、编写人员、统稿人及秘书组对本书的贡献，还要感谢化学工业出版社在编辑出版工作中的辛勤付出。限于编写人员的时间与精力，本书难免存在疏漏，敬请读者批评指正！

编者

目录

1 绪论

2 分子设计与产品高端化

3 化工过程绿色化

4 重要资源的高效绿色转化利用

7 未来发展趋势与展望

索引

化学工程发展战略

高端化、绿色化、智能化

Chemical Engineering Development Strategy

Premium Greenization Intelligentization

1 绪论

1.1 化学工业的战略地位及挑战

化学工业泛指生产过程中化学及化学工程方法占主要地位，生产交通运输燃料、化工材料及化学品的过程工业。经过半个多世纪的持续快速发展，中国化学工业已扩展成为在能源、材料、冶金、环境、生物、医药、食品等诸多领域进行物质与能量转化的过程工业，并不断与其他工业交叉融合，满足了国民经济发展的需求，占据了不可替代的战略地位[1]。

化学工业是国民经济支柱产业，市场规模巨大。截至 2019 年底，我国规模以上石油和化工企业约占全国工业企业总数的 7.05%，进出口贸易总额占全国进出口总额的 15.8%，上缴税金占全国工业税金总额的 12.6%[2]。我国化学工业具有品种多、层次多、服务面广、配套性强等特点，对汽车、电子、电器、建筑、纺织等相关产业的发展有重要影响，也为国防、航空航天、信息等产业提供了有力支撑，在社会发展和国民经济中占有举足轻重的地位。

化学工业经济拉动效应明显，解决了众多人口就业。截至 2019 年底，石油和化工行业规模以上企业共计 26271 家，资产总计 13.46 万亿元，占全国规模工业总资产的 11.3%；我国石油和化学工业注册从业人员 2018 年已达 1380 万人以上，联动相关产业人员达上亿人[2]。化学工业属于劳动密集型和技术密集型产业，解决了大量人口就业。

化学工业为保证农业发展和国家粮食安全做出了重大贡献。它为农业生产提供化肥、农药、农用塑料薄膜，以及农业现代化发展所需要的各种化工产品，是农业发展的重要动力。化肥作为确保粮食增产、农民增收的重要物质基础，已成为现代农业生产中不可或缺的战略性物资；化学防治以其快速、高效、经济和方便的突出优点，在农业有害生物的综合防治体系中，仍然占据了主导地位。

化学工业为经济发展供应必要的能源。化工行业生产的许多产品均与我国能源的供应相关，部分产品可作为汽车、飞机、轮船等交通工具的燃料；部分用作化工生产原料，生产数万种下游化工产品，用于支撑国民经济各个领域的可持续发展。因此，充分利用化工学科特点，发挥化工技术的优势，提高传统能源转化效率，发展和推广新能源，对国民经济的发展具有十分重要的意义。

总体来看，中国已形成了规模较大、门类齐全、配套完善的化学工业体系，但总体上仍存在许多瓶颈问题，主要体现在以下几方面。

① 大而不强，经济效益低下，国际竞争压力巨大。中国化工产业产值已经超过美国和日本，位居世界第一，但是利润率远低于国外企业，许多产品和技术还面临着国外的垄断和限制。因此整个行业国际竞争压力大，效益低下。

② 进口受限，高端产品“卡脖子”；出口受阻，低端产品过剩。我国化学工业高端产品进口依赖程度大，比如芯片中的核心电子化学品。目前贸易摩擦和新型冠状病毒肺炎疫情叠加下的国际形势复杂多变，相关产业阻力很大。同时，低端化工产品存在产能过剩的问题，出口受阻，库存积压严重[3]。

③ 化学工业能耗、物耗高，存在污染等问题。化工企业属于典型的高能耗、高物耗企业，行业的“三废”排放量一直居高不下。此外，化工企业重大安全事故时有发生，“谈化色变”心理普遍存在，行业形象亟待改善。

1.2 化工学科的现状及态势

1.2.1 化工学科的战略地位及学科内涵

化工学科包括化学工程及工业化学，是研究化学工业及其他相关过程工业中所进行的物质与能量转化，改变物质组成、性质和状态，及其所用设备与过程的设计、操作和优化的共同规律和关键技术的一门工程技术学科。研究对象为物质的化学、物理及生物转化过程，研究内容为物质的运动、传递、反应及其相互关系，主要任务是创建高效清洁的工艺、流程、设备和技术，解决实验室成果向产业化过渡中的关键瓶颈问题，为工业过程的可持续、绿色化发展提供科学理论和技术支持。化工学科是一门工具性学科，何鸣元院士高度概括为“化学工程学科是化学转化过程及其高值化与规模化所包含的科学与技术的问题的集成”，其目的是从根本上解决物质转化过程中的量化、设计、放大和调控等瓶颈问题，建立物质组成 - 结构 - 性质关系的系统关联，设计、合成各种功能化产品，拓展过程工业的产业链，推进过程工业的科学基础向分子层次、介观和生态系统层次扩展。

化工学科充分集成了化学转化过程中高值化与规模化所包含的科学与技术问题，揭示了物质转化过程中物质传递、分离和反应之间的关系，及其对物质组成 - 结构 - 性质的影响和规律，据此创建高效、清洁、节能、安全、经济的物质转化工艺及相关系统。化工学科着力于解决从实验室的基础研究到工业化应用整个过程的关键科学问题，为化学工业提供先进的工业化技术和各种功能化产品，以满足高新技术产业的发展和人民对美好生活的需求。近年来，化工学科与化学、能源、环境、生物、材料等学科的交叉越来越广泛，使其成为能源、环境、生物、材料、食品、制药、电子和化肥等众多行业工业化发展的应用基础科学。在满足高新技术产业发展的同时，化工学科最大限度地促进资源的高效、高附加值利用，实现节能减排。因此，化工学科是一门具有独特理论体系的工程基础学科，是物质化学转化、能量转换与储存过程中所包含的科学与技术的集成。

1.2.2 化工学科的现状及问题

2014 ～ 2019 年间，我国化工学科在基础研究方面取得了较大突破，论文发表总量已位居世界第一，总体趋势从重视数量向重视质量转变。“十三五”期间，我国科学家在合成生物学、合成气直接制烯烃、烯烃烷烃分离等基础研究方面取得了重大突破，在 *Science*、*Nature* 等国际顶级期刊上发表了多篇论文。国家自然科学基金委员会在“十三五”期间新设立了“生物质催化定向转化制备重要含氧小分子化合物的科学基础”“离子液体功能调控及绿色反应分离新过程研究”“面向高端化学品制造的微化工科学基础”“甲醇及其耦合反应催化原理及新过程应用”“非常规激发染料的构效调控及产品工程科学基础”“面向重要化工分离的金属 - 有机框架材料设计及过程调控机制”等一系列重大项目，在化工领域着力孕育变革性技术和解决“卡脖子”技术，促进了学科发展[4]。“多相反应过程中的介尺度机制及调控”重大研究计划持续发挥作用，推动了国内化工学科多个领域的创新发展，培育了一批化工领域优秀的青年人才。

以应用为导向是我国化工学科一贯坚持的研究特色，支撑和引领了煤化工、石油化工等众多行业的技术进步。化工过程是典型的多尺度复杂体系，“三传一反”理论及介

尺度科学引领了整个学科的发展，以过程强化、绿色化工、产品工程、生物合成等为代表的研究方向在国际上居领先地位，产生了重要影响。专利的申请和授权表明了技术创新的能力和活力，也是化工基础研究的重要显性指标，我国化工领域专利数量在世界已排名第三，表明基础研究支撑下的自主创新能力不断加强，支持了一系列重大应用技术和重大工程的成功实施，如百万吨级煤制烯烃、百万吨级煤制油，在石油化工、煤化工、新能源、生物医药、过程强化、高效分离等多个领域的研究荣获国家级科技奖励。

人才是化工学科可持续发展的保障。新中国成立以来，化工学科培养了大批优秀的专业人才，服务于化工、能源、材料、环境、医药、食品、汽车、航空航天和国防等国民经济主战场和重大战略性工程，成为各行各业不可或缺的关键技术人才。高端人才的培养力度不断加强，目前化工领域拥有 50 多位两院院士，基金委创新群体 12 个，86 名优秀学者获国家杰出青年基金支持，95 名获优秀青年基金支持，约 160 名学者入选国家科技创新领军人才，人才队伍不断壮大，覆盖了化工学科所有研究领域，已具有较为明显的优势。自主培养和人才引进并举，营造了良好的人才成长氛围。优秀人才队伍的培养和引进，不仅增添了创新活力，壮大了学术队伍，还极大地推动了我国化工学科的发展。

学科交叉是化工学科创新发展的特色和需求。“三传一反”+X 是化工及其他过程工业最重要的科学基础，也是化工学科发展的重要方向。与不同学科，特别是化学、材料科学、生物技术、能源和环境科学等的交叉融合、相互渗透不断增强，催生出更多新的创新点，极大丰富了化工学科的内涵，提升了化工学科服务于其他行业的能力；同时化工学科的应用导向研究也在一定程度上为化学等理论学科的发展提供了新方向[4]。一个较为明显的现象是，随着学科交叉融合程度的不断提高，纯粹的“三传一反”项目申请数减少，而更多地体现在其他学科中，表明“三传一反”核心化工科学基础渗透到了不同学科研究领域，在保持典型化工特色的同时，通过与其他学科的有机融合，形成了现代化工学科发展的新范式，为解决跨领域和跨学科研究中化学工程的瓶颈性科学难题，提供了新思维和新方法。在“三传一反”理论基础上，强化了对全产业链中能量流、物质流、信息流、资金流的研究，加大了在智能化、虚拟现实、大数据等方面的支持力度。此外，分子设计与化工过程相结合的产品工程，大大提升了我国高端化学品和生物制品的研发能力。

综合来看，我国化工学科的发展已取得如下成就。

① 形成了基础坚实、布局合理、交叉融合的化工学科知识体系；

② 基础研究方面取得了显著成绩，多个研究方向已实现国际引领；

③ 发挥了对化学工业产业升级的重要支撑作用，涌现了一批具有自主知识产权和国际领先的重大示范和应用工程；

④ 建立了中国特色的全方位产学研研究模式，形成了一支高水平的学科研究队伍，营造了良好的人才培养氛围；

⑤ 构筑了研究方向分布合理、覆盖面广、持续有序的基金资助体系。

近几十年来，随着国家投入的不断增加、基础研究队伍的不断壮大，我国化工学科的研究水平不断提高，在服务于国民经济主战场方面取得了重大成就，形成了从基础到应用的新模式。

但是，学科发展依然存在诸多问题，还有很大的提升空间，这是“十四五”期间需要重点关注的问题，通过科学基金引导和政策的支持，使化工学科最大化地发挥作用。突出的问题主要体现在重大源头创新较少、基础研究引领不够，以及高端人才规模不大且支持力度不够等，具体体现如下。

（1）重大源头创新较少

化工学科的特点是以应用为导向，一定程度上影响了自由探索的范围，在激发创新理念和开拓创新能力方面需进一步提升；在学科理论体系建设和人才教育方面，研究领域和研究方向追踪国外热点较多、自主创新亮点工作较少。因此，创新思维及科研素养的培养和训练有待加强。专利的申请和授权可以部分反映出一个国家的自主研发能力和创新水平，需要进一步提高专利的转化率和实施率。中国化学化工领域专利数量虽然已在世界排名第三，但 PCT（专利合作条约）专利申请数量仅为美国的 15%、日本的 32%。

（2）基础研究引领不够

基础研究成果很大程度上反映在论文和专著上，近五年化工学科的论文仍然以工程类为主，其次是材料科学、生物技术、环境科学和新能源化工等领域。这表明化工学科目前已迅速与其他学科进行了交叉融合，催生出了更多新的发展方向，同时也极大丰富了化工学科的内涵。但真正能够丰富“三传一反”科学基础理论的新观点、新思路和新测试方法的研究工作较少，而探索化工学科理论新范式、新体系的研究工作相对更少。片面追求论文影响因子的现象突出，这种现象难以支撑化工学科的均衡和高质量发展，更无法解决“卡脖子”技术和重大创新工程的建设。因此，未来本学科基金指南设置和立项应支持化工学科理论传承与创新发展，保持化工学科特色，解决跨领域和跨学科研究中的化学工程科学问题，为中国特色资源的高效、高附加值利用提供科技支撑。

（3）人才支持力度亟待加强，评价体系需进一步完善

人才培养是学科可持续发展的基础。化工学科的研究范畴涉及基础科学、技术创新与产业化多个环节。一个原创的化工技术从提出思路，到实验室研究，再到中试放大与技术验证，最后转移到工程化，需要较长的周期和较大的团队才能完成。相对而言，化工学科的人才成长和形成成果需要更长时间的积累，其成果的表现形式不仅仅是论文，也需要专利或者其他形式来体现其研究工作的价值和作用。目前，作为对社会贡献度占比 1/5 以上的工程学科，化工学科基本沿用理科的论文形式作为评价体系，并放在一起比较，评选出来的化工类优秀人才比例偏低、话语权偏少。因此，需要建立符合化工学科特点的综合绩效评价体系，创新国家自然科学基金支持体系，加强化工人才支持力度，要引导学者树立为国家和人民做科研的思想，将论文写在祖国大地上。解决真正影响国家安全、国计民生的重大问题，解决“卡脖子”产品与技术的基础科学问题，是未来化工学科发展需要关注的重点，也是未来人才培养的主导方向之一。

1.3 化学工程的发展趋势

1.3.1 化工高端化

化工高端化指传统化工产业通过在原料替代、绿色生产、产品升级等方面的技术

创新，实现化工产品高端化、原料多元化和生产绿色化。我国石油和化学工业经济规模已位居世界前两位，但产品大多处于产业价值链的中低端，且80%以上产品产能超过国内市场需求。产能过剩导致价格大幅下滑、装置开工率低、效益下降。而高端化工产品，例如高端电子化学品、聚碳酸酯、己二腈等，还不能规模生产，造成进口量居高不下，产业转型势在必行。《中国制造2025》发展纲要中，更加明确了国家未来发展高端制造的大趋势。高端化是促进能源化工产业转型升级和迈向高端产业链的关键路径，化工产品实现高端化是化工产业转型升级成功与否的重要标志。本小节围绕实现化工高端化这一核心，结合实例，论述在提高化工新材料、专用化学品和关键中间体等的自给率方面的新趋势。

提高化工新材料中高性能高分子材料自给率。2014年全国工程塑料消费量达到300多万吨，其中2/3依赖进口。以聚碳酸酯（PC）为例[5,6]，我国聚碳酸酯消费量居全球首位，但国内自给率却不到50%，特别是高端聚碳酸酯仍完全依赖进口，相关技术掌握在日本三菱、沙特基础等国外企业手中，存在技术壁垒。目前国际上聚碳酸酯的工业化生产技术主要有三种：界面缩聚光气法、熔融聚合法和非光气熔融酯交换法[7-9]。主流的聚碳酸酯生产技术是界面缩聚光气法，该工艺反应条件苛刻，能耗高，且原料光气剧毒，不易存放和运输，副产物腐蚀性强，环境污染严重，已成为企业发展的严重障碍。中国科学院（以下简称中科院）过程工程研究所提出了离子液体催化CO_2合成碳酸酯/聚碳酸酯的绿色新技术[10-12]，并通过功能离子液体设计、反应器优化以及反应精馏耦合强化，建立了十万吨级示范装置，达到了国际领先水平，从根本上提高了我国新能源电解液碳酸酯与高端聚碳酸酯产业链和市场后续发展的竞争力。

提高高端专用化学品材料自给率。专用化学品是指具有特定功能的小批量制造和应用、技术密集、附加值高、纯度高的化工产品。以电子化学品和新能源化学品为例，目前我国存在着低端过剩、高端依赖进口的结构性矛盾，形成了“卡脖子”局面。据统计，目前我国高端电子化学品市场，如国产芯片的高端市场占有率还不足1%，如果按照国产化率30%计算，未来我国高端电子化学品市场还有近千亿美元的替代增量空间，发展空间巨大[13]。同时，电子信息化学品自给能力不仅关系到我国产业竞争力，而且关系到国家安全。2019年7月，日本对韩国半导体材料出口实行了管制，因在光刻胶和蚀刻气体领域，日本厂商的全球份额高达90%左右，此事件给韩国企业带来严重影响，也给予了我们极大的警示。因此，尽快实现高端电子信息材料全面国产化和产业化，具有十分重要的经济价值和战略意义。但是，目前我国从光刻胶、高纯试剂、高纯气体、封装材料，到动力电池的关键材料等高端电子化学品主要依赖进口，大部分领域的自给率不足30%，尤其是高端芯片制造核心材料——光刻胶，国产化率还不到5%，亟待开发自有技术。此外，随着新能源行业和聚酯行业快速发展，电池电解液溶剂碳酸二甲酯（DMC）和聚酯级乙二醇（EG）需求不断增加[14]，价格持续升高。近年来国内产能有较快提升，自给率已超过70%，但主要依靠引进国外技术，自主技术相对落后[15]。国内高端产品主要受限于提纯技术和生产工艺的固有不足[16-21]。中科院过程工程研究所提出了固载离子液体催化二氧化碳转化制备碳酸二甲酯/乙二醇（DMC/EG）绿色工艺，大幅降低了能耗，显著提高了经济性，减少了设备投资，该技术为二氧化碳资源化利用、现有乙二醇工艺节能及延伸环氧乙烷产业链开辟了新途径。

提高高端产品关键中间体自给率。作为通用工程塑料的聚酰胺（PA），俗称尼龙，具有强度高、刚性好、抗冲击、耐油及耐化学品、耐磨和自润滑等优点，主要应用于汽车工业和电子电气领域。我国是全球尼龙 66 的主要生产国和消费国，但是尼龙 66 的主要原料己二腈，多依赖进口，其生产技术大部分被国外的一些企业所垄断，包括美国的英威达（Invista）和奥升德（Ascend）、法国的罗地亚（Rhodia）、日本的旭化成（Ashi Kasei）和德国的巴斯夫（Basf）等[22,23]。因此，突破己二腈技术封锁对我国尼龙产业具有重大意义。中科院过程工程研究所提出了煤基丁二烯“氢酯化 - 腈化”制备己二腈的全新技术。相对于国外已工业化的丁二烯氢氰化法和丙烯腈电解二聚法技术，煤基己二腈技术过程相对简单、反应步骤少、能耗低、不涉及剧毒化学品，绿色安全；同时，以煤为原料，呼应中国自然资源禀赋的现实，更有利于相关产业链安全和煤的清洁利用，开辟了尼龙 66 关键原料己二腈的全新绿色生产路径。

1.3.2 化工绿色化

绿色过程工程是指在综合考虑环境因素与社会可持续发展的前提下，通过介质 / 材料（如催化剂、溶剂等）的原始创新、反应器结构创新和新工艺的集成创新，形成变革性绿色原创技术并实现其产业化。2020 年 9 月，我国向全世界做出了“2030 年碳达峰，2060 年碳中和”的庄严承诺，《中华人民共和国国民经济和社会发展第十四个五年规划纲要》中也要求各行业锚定目标，争取 2060 年前实现碳中和。化工行业年碳排放约为 10 亿吨，减排任务艰巨，“碳中和”加速倒逼化工绿色化转型。随着化石资源的枯竭和环境问题的日益突出，化工过程绿色化成为实现可持续发展的必然要求。本书围绕绿色化工过程这一核心，结合实例，论述在绿色介质、过程强化、反应器优化设计等方面的新进展；同时还对绿色分离、新能源利用、储能以及高分子化工等绿色工程现状进行介绍，以期为化工绿色化的理论发展和技术创新提供重要的依据和参考。

在化工过程中，约 90% 的反应及分离过程要在介质辅助下完成，因而介质创新是实现化工过程温和高效转化的基础，该过程通常伴随重大的技术变革，对传统的理论方法、研究手段和计算模型提出了挑战。部分典型化学品的生产过程，由于排放大量废物并使用有毒有害的溶剂 / 催化剂，迫切需要进行绿色化升级换代。例如，甲基丙烯酸甲酯（MMA）是生产有机玻璃、航空航天材料、光导纤维等高端聚合材料的重要原料。生产 MMA 主要采用氢氰酸工艺，该工艺的原料氢氰酸有剧毒，反应介质腐蚀性强，反应路线长，迫切需要绿色技术替代。目前国内科研院校及企业已开展了新型清洁工艺的自主研发，异丁烯法、乙烯法和醋酸法在环境友好性和成熟度上具有较大优势，发展前景广阔。

发展绿色化工，不仅需要创新核心催化材料 / 介质，还要解决过程放大的难题。反应器为物质转化提供场所，核心是针对不同反应及产品，设计特定物理结构的反应器，从而达到提高效率、减少污染和降低成本的目的。研发先进的通用型科学仪器、实验设施和实验方法，是当前该领域面临的挑战。从纳微尺度深入研究“三传一反”规律

[24-28] 研发新型反应器，如设计和使用微通道、超重力、旋转床、物理场强化等反应器，提高反应过程转化率、选择性及分离效率，实现设备的强化和创新，为解决工程难题、化工学科发展提供了重要理论支撑。

传统工艺过程存在大量温室效应气体、酸性气体、粉尘、固废等废弃物的排放，极易造成水污染、土壤污染等问题，因此实现过程绿色化还需要对生产工艺进行绿色设计，以实现真正意义上的清洁生产和生态循环。当前绿色工艺相关过程，如绿色分离、高分子化工、矿产及可再生资源高效转化利用等的研究，已成为国际学术界和工业界的研究前沿和热点，形成的新理论和技术突破将开辟一个全新的绿色过程工程学科领域。

1.3.3 化工智能化

化工过程涉及将资源转化为产品的流程。其中，设计过程复杂、新技术开发周期长、物耗和能耗高等因素使得化工行业面临严峻挑战。2011 年，德国在汉诺威工业博览会中提出“工业 4.0”概念后，美国提出“国家制造业创新网络”计划，拟通过“互联网 + 工业”驱动工业变革，实现再工业化发展。2015 年，立足国际产业变革大势，国务院正式印发《中国制造 2025》计划，旨在实现制造强国的战略目标 [29-31]。云计算和人工智能等新兴技术的迅猛发展，促使数字化及智能化成为化工行业发展的趋势。自 2013 年诺贝尔化学奖表彰“开发多尺度复杂化学系统模型”后，越来越多的实验通过计算机辅助揭示化学化工过程和设计化学产品，该技术不受时间和空间的限制，且涉及多学科的交叉融合，已被广泛应用于化学化工领域。

由于真实化学反应发生的速度往往堪比光速，追踪化学反应的每个步骤几乎是不可能完成的任务。量子化学计算和分子动力学模拟可以从原子 / 分子尺度设计不同的产品和反应，二者的交叉融合不仅可从微观的电子结构层面理解基团片段的相互作用本质和最优组合方式，从电荷转移和原子间的空间位置解析原子本质对反应发生难易程度的影响规律，揭示化学反应过程，还能从微纳尺度理解局部环境（如气、液、固相）对基团片段、分子甚至反应的影响和调控。

化工设备的功能是为物质转化的“三传一反”提供场所。量子化学计算和分子动力学模拟主要解决不同原子结构本质对具体化学反应机制的影响规律，这一方法限制了对反应器中各种微环境（如气泡颗粒等）演变的理解。因此，需要进一步通过建立数学模型，提出模型化方法，将某些细微的对宏观反应没有显著影响的结构片段甚至分子和反应环境等参数化，从介观尺度理解反应器中微环境的演化行为，以期快速优化反应和设备。这一方法可有效地预测反应热力学、反应动力学以及传递等性质，能够从更为宏观的物料能量以及绿色度方法和模型来模拟化工过程并对其分析评价。

人工智能可以更真实地模拟、评价化工反应，实现真正的“化工系统智能化”。通过构筑高维神经网络，结合各种优化算法，对海量设备数据、过程数据以及反应数据等对应的多维特征进行深度学习，从中寻找特征与数据的内在联系和规律，使内在联系和规律数学模型化。利用该数学模型，在不进行任何实验的情况下，快速对反应周期和结果作出预测与评估，实现对新反应、产品乃至设备的理性设计与高通量筛选。

化工系统智能化不仅可从多层次建立调控模型，用原子分子微观机理、介尺度连续模型，以及人工智能方法预测、设计反应和高通量筛选产品，还能够从不同层面理解化工反应本质和加速新产品研发。将这些方法相结合，不仅可以从微观的原子层面更为深入地理解化学化工反应以及过程的本质，还能够从宏观的信息数据角度辅助实验进行合理充分的评估筛选，缩短整个化工技术研发周期。

1.4 化工学科发展任务及目标

“十四五”期间，化工学科的发展要面向国家重大需求和国际科学前沿，瞄准“双碳”目标要求，针对我国可利用资源短缺、生态环境恶化、低端产品过剩、高端产品“卡脖子”及智能化水平较低等严峻问题，亟须引领我国化工行业由“高能耗、高污染、高投入”的粗放型生产模式向“资源节约、环境友好、高附加值、高端化和智能化”的新模式转变。需要加强“三传一反”理论在过程与产品创新中的应用基础研究，不断丰富和发展其理论体系，形成以介科学为核心的化工研究新范式，推动化工学科理论创新，引领国际化工学科的发展；大力发展绿色化工技术[32]、产品导向的高端化学品和生物产品生产技术，提升化工过程的智能化和信息化水平；鼓励和促进学科的交叉融合，通过科学原理及技术的创新，支撑影响国计民生的重大工程建设，为解决与化工学科相关的“卡脖子”技术和产品提供有效手段，保障我国化学工业可持续发展。

“十四五”期间，化工学科的科学发展目标重点是从根本上解决物质转化过程中的量化、设计、放大和精准调控等瓶颈问题，建立物质组成 - 结构 - 性质的科学关联及其制造过程关系，设计、合成各种功能性产品，推动化学工业向高端、高值发展，拓展化学工业的产业链，推进化学工业的科学基础向分子层次、介观和宏观生态系统层次扩展。加强信息技术和互联网技术在化工领域的应用，提高物质和能量转化效率和综合利用率，降低化工生产过程的环境影响，提高生产过程安全性，实现节能增效。

此外，化工学科发展要紧密结合我国中长期科学发展规划，面向我国的重大战略需求和关系国计民生的重大问题，强化化工基础科学和前沿技术研究，完善知识创新及评价体系，提高科学研究水平和成果转化能力，抢占科技发展战略制高点，具体体现在以下四个方面。

（1）加强基础研究

基础研究是整个科学体系的源头，是所有技术问题的总开关，在整个科研创新链中具有至关重要的地位。“碳中和”新形势下，化工要向绿色低碳、高端智能转型，迫切需要流程再造的新理论和新方法。这就要求化工基础研究要拓展研究体系，升级研究目标，发展多尺度、介科学的新理论、新方法，设计研发绿色新介质、功能新材料，支撑流程再造的创新。

（2）坚持重大需求为导向

以化工学科的前沿思想和先进方法解决国民经济发展的实际需求，包括提高过程工业整体技术水平、提高资源利用率，进一步提升传统能源利用水平，大力发展新能源，解决过程工业环境与安全性问题，最大限度满足社会发展对短板技术和高端产品的迫切需求等，解决“卡脖子”问题。

（3）发展和完善学科体系

进一步从“三传一反”拓展到“三传一反 +X”为基础的化工学科理论体系，例如“三传三转化”概念，即传质、传热和传动，物质转化、能量转化和信息转化，可以更好地涵盖包括生命现象和生态变化在内的复杂化工过程的核心科学内涵；建立普适性的介科学理论和化工研究新范式，充分发挥化工科学理论在不同应用体系中的基础指导作用；开展非常规条件下的过程探索，注重过程强化手段、传递理论和反应 - 传递耦合机制研究，包括微化工技术、微波、超声、等离子体、光电化学、电场、重力场和过程耦合等技术；借鉴先进光谱、能谱等表征手段，推进极端条件下的化工科学研究。

（4）注重学科交叉和深度融合

化工学科既是能源与化学工业发展的核心，也是新材料发展的基础和生物与环境工程产业发展的重要技术源头，还是现代农业与食品产业的先导、信息及电子产业的支撑。化工学科可与生物、医药和农业等学科结合，在生物合成、疫苗和药物制造、营养健康和绿色食品等方面形成新的突破点；与航空航天、海洋、新能源等领域结合，在高性能材料、循环利用技术、高性能清洁燃料等领域形成新的学科方向；与人工智能和信息等新兴学科交叉融合，完善和开发复杂体系的模型和算法，加强流程工业的智能化和信息化基础研究，使化工过程更加安全和高效。

基于上述分析，化工学科在“十四五”期间应以介尺度科学作为理论指导，发展过程强化技术及其科学基础，建立适应于新体系的“三传一反 +X”的过程放大理论和方法，揭示化工过程与产品工程的智能调控机制与共性科学规律，为引领绿色化工新技术和高端产品的变革，研发制约产业发展的“卡脖子”技术提供重要支撑。围绕介尺度科学核心内涵，化工学科拟在分子层次、过程层次和系统层次进行布局，重点关注以下优化发展领域和方向。

（1）分子层次

重点开展“高端产品的分子设计与智能制造”研究，具体包括：非常规过程热力学与分子工程；重要化学反应的催化剂工程；高效分离膜的限域传递机制；高端专用化学品功能调控机制；化工新材料设计与结构调控；合成生物学与分子生物催化；疫苗抗原和递送系统的设计与制造工程；药物新剂型的研发及应用；环境友好安全型杀菌灭毒新材料等。

（2）过程层次

重点开展“面向新兴产业的过程工程绿色化”研究，具体包括：工业生物过程的绿色化与跨尺度调控；绿色介质设计与绿色工程新机制；过程强化新原理、新机制；反应 - 分离耦合工程；高端超纯化学品的精准制造新过程；绿色节能分离工程；低碳高效煤化工新过程；油气和煤炭资源的精细化高值利用；新能源化工与储能工程等。

（3）系统层次

重点开展“化工过程介科学与智能系统工程”研究，具体包括：化工复杂体系的介科学与虚拟过程；重大特色战略资源的高效利用新途径；化工废弃物的循环利用过程；化工过程的污染控制与环境化工；生物炼制的系统集成与智能制造；生态系统工程与化工安全等。

参考文献

[1] 李寿生. 抓住大有作为的战略机遇期 实现扎扎实实有质有量跨越[J]. 中国石油和化工, 2019(3): 4-11.
[2] 中国石油和化学工业经济运行报告. 2019年中国石油和化学工业经济运行报告[J]. 现代化工, 2020, 40(3): 230-232.
[3] 白颐. “十四五”我国石化和化工行业高质量发展思路及内涵[J]. 化学工业, 2020, 38(1): 1-12.
[4] 张国俊, 付雪峰, 郑企雨, 等. 转型中的中国化学——基金委化学部“十三五”规划实施纪行[J]. 中国科学: 化学, 2020, 50(6): 681-686.
[5] 熊翰波. 熔融酯交换法合成低双折射共聚碳酸酯的研究[D]. 天津: 天津大学, 2004.
[6] 李复生, 殷金柱, 魏东炜, 等. 聚碳酸酯应用与合成工艺进展[J]. 化工进展, 2002, 21(6): 395-398.
[7] 张廷健, 杨先贵, 马楷, 等. 酯交换缩聚法合成聚碳酸酯的研究进展[J]. 工业催化, 2010, 18(8): 12-17.
[8] 邓成, 王涛, 林润雄. 非光气熔融酯交换缩聚法合成聚碳酸酯[J]. 青岛科技大学学报: 自然科学版, 2017 (S1): 116-120.
[9] 梅刚志, 魏东炜, 鄢鄢, 等. PC熔融酯交换法合成工艺研究进展[J]. 合成树脂及塑料, 2004, 21(6): 63-66.
[10] Sun W, Xu F, Cheng W, et al. Synthesis of isosorbide-based polycarbonates via melt polycondensation catalyzed by quaternary ammonium ionic liquids [J]. Chinese Journal of Catalysis, 2017, 38(5): 908-917.
[11] Ma C, Xu F, Cheng W, et al. Tailoring molecular weight of bioderived polycarbonates via bifunctional ionic liquids catalysts under metal-free conditions [J]. ACS Sustainable Chemistry & Engineering, 2018, 6(2): 2684-2693.
[12] Zhang Z, Xu F, He H, et al. Synthesis of high-molecular weight isosorbide-based polycarbonates through efficient activation of endo-hydroxyl groups by an ionic liquid [J]. Green Chemistry, 2019, 21(14): 3891-3901.
[13] 刘全昌, 张香. 市场风口 国家使命——电子化学品产业迎来十年黄金发展期[J]. 中国石油和化工, 2019(6): 18-24.
[14] 佚名. 电池级碳酸二甲酯报价频繁上调[J]. 乙醛醋酸化工, 2019(11): 40.
[15] 郑军. 电池级碳酸二甲酯装置工程设计[D]. 青岛: 中国石油大学, 2007.
[16] 张丽红, 张艳华. 碳酸二甲酯提纯方法的研究进展[J]. 河北化工, 2012, 35(5): 39-43.
[17] 汪国杰. 电池级碳酸酯类溶剂的一种提纯方法[J]. 化学试剂, 2001, 23(4): 244-245.
[18] 程耀丽, 冯锐, 侯雷. 锂二次电池用有机碳酸酯类溶剂的制备方法[P]: CN1338789A. 2001-09-25.
[19] 张宗涛. 电池级碳酸二甲酯提纯工艺研究[J]. 云南化工, 2004, 31(1): 42-43.
[20] 窦雅利. 电池级碳酸二甲酯提纯节能新工艺研究[D]. 福州: 福州大学, 2018.
[21] 艾硕, 郑明远, 庞纪峰, 等. 新型乙二醇合成工艺的产品精制与节能技术[J]. 化工进展, 2017, 36(7): 2344-2352.
[22] 琚裕波, 童明全, 潘蓉, 等. 己二腈合成工艺路线研究进展[J]. 河南化工, 2017, 34(1): 12-15.
[23] 石广雷, 王文强, 段继海, 等. 己二腈生产技术的研究进展[J]. 化工进展, 2016, 35(9): 2861-2868.
[24] 吕小林. 鼓泡流化床中结构与“三传一反”的关系研究[D]. 北京: 中国科学院研究生院 (过程工程研究所), 2015.
[25] 袁晴棠. 绿色低碳引领我国石化产业可持续发展[J]. 石油化工, 2014, 43(7): 741-747.
[26] 陈光文, 袁权. 综述与专论 微化工技术[J]. 化工学报, 2003, 54(4): 427-439.
[27] Charpentier J C. The triplet “molecular processes-product-process” engineering: The future of chemical engineering ? [J]. Chemical Engineering Science, 2002, 57(22-23): 4667-4690.
[28] 郭慕孙, 李静海. 三传一反多尺度[J]. 自然科学进展, 2000, 10(12): 1078-1082.
[29] 王喜文. 从德国工业4.0战略看未来智能制造业[J]. 中国信息化, 2014, 15(6): 8-9.
[30] 丁明磊, 陈宝明. 美国国家制造业创新网络战略规划分析与启示[J]. 全球科技经济瞭望, 2016, 31(4): 1-5.
[31] 郭朝先, 王宏霞. 中国制造业发展与“中国制造2025”规划[J]. 经济研究参考, 2015(31): 1-12.
[32] Zimmerman J B, Anastas P T, Erythropel H C, et al. Designing for a green chemistry future [J]. Science, 2020, 367(6476): 397-400.

（联络人：张锁江。主稿：张锁江，其他编写人员：李垚、张香平）

化学工程
发展战略

高端化、绿色化、智能化

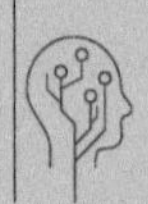

Chemical
Engineering
Development
Strategy

Premium
Greenization
Intelligentization

2

分子设计与产品高端化

分子设计是连接化学工业中的过程工程和产品工程的重要桥梁。其中，从分子水平上理解和认识化工过程是从分子到产品开发及过程设计优化的基础，对推动现代化工研发从实验“试错”模式升级到智能化设计模式，实现分子水平上材料的开发设计极为重要。如在化学工业生产中，催化过程占据全部化学过程的80%以上，对经济发展和社会进步起到了巨大的推动作用。针对特定的化学反应，发展高效可控的新型催化材料制备方法，控制催化活性中心结构及结构稳定性，以实现可控催化反应过程的高转化率、高选择性、长寿命，一直是催化学科的核心目标。同时，随着社会发展过程中对超高纯化学品、清洁能源、生物医药、特种化学品的需求日益增加，高效分离材料的精准设计制备以及变革性分离技术的开发是未来发展的重要趋势，也是解决我国高端产品依赖进口的核心环节。目前，我国专用化学品产业发展迅速，成为国民经济的重要支柱产业之一，在产品种类、规模、质量和效益等方面都有巨大上升空间，需要开展功能化、高附加值专用化学品的结构设计，功能调控和清洁制备等方面的科学研究和技术创新。其中聚合反应和聚合物的化学反应直接决定了聚合物的最基本结构、链结构和聚集态结构。如何对这些结构进行精准调控，是实现聚合物产品性能的最优化和多元化，继而实现高端化的关键。另外，合成生物学研究在基因组化学合成与功能再造等前沿领域形成了颠覆性技术，并在医药、化学品、能源、材料等领域展现了巨大的潜力，尤其在特种生物产品制造方面已取得重要进展。因此，本章将从分子热力学与分子设计、典型化学反应的催化材料与反应机制、高效分离材料及传递机制、高端专用化学品功能调控机制、合成生物学及生物医药产品和聚合物产品工程及高端聚合物等方面，阐述其发展现状、关键科学问题、主要进展和成果，并展望未来发展方向。

2.1 分子热力学与分子设计

从分子水平上理解和认识化工过程，是从分子到产品开发及过程设计优化的基础，也是分子工程的核心。其中，纳微尺度界面处的传递既是科学上的难点问题之一，也是新一代化工过程的共性关键问题。传统分子热力学并未考虑固体界面的贡献，无法阐明界面微观作用机制，对界面现象的认知和调控具有巨大挑战。要准确描述界面处流体的行为，需要引入能描述复杂流体 - 固体界面（粗糙度、表面非均一性、表面电荷）相互作用的分子热力学模型。目前主要的研究方法还是大量实验“试错”模式，如何变为智能化可预测模式极为重要。需要借助智能化机器学习来对真实体系模型参数进行修正，期望通过“界面分子热力学 + 机器学习 + 材料设计”三者的互动，实现复杂界面的模型预测。此外，深入研究分子层面的相互作用机制，以及连接微观分子世界和宏观复杂体系的性能，也是化学工程领域活跃的前沿，而通过分子间相互作用可以帮助我们认识分子聚集体结构调控、构筑规律，进而从机理上解释宏观性能产生的本源。

2.1.1 发展现状与挑战

重大需求牵引科学研究新范式，是我国短时间贯通式从科学到技术的一条重要途径。传统的科学研究方法是从科学原创出发，先发现现象，然后克服技术问题，最后变成一种发明，比如原子能的利用（从分子到工厂）。另一种途径是从技术牵引开始，先具备技术，然后实现科学原理突破，最后产生重大的应用突破，比如合成氨工业（从工厂到分子再到工厂，包含多目标、多机制的组合）。将多目标、多机制耦合在一起，才能实现这种短时间贯通式从科学到技术的新研究范式。

现代化学工程面临的挑战就是在纳微尺度下界面传递的“共性”规律还有待凝练。传统化工往往针对的是体相流体，通过提高温度、压力、搅拌等常规手段进行过程强化，通过“三传一反”凝练“共性”规律。现代化工过程强化主要通过纳微界面引入介观相互作用来实现，不仅涉及多学科交叉，而且不断向纳微尺度延伸。以膜分离和多相催化为代表的新一代分离和反应过程为例，在纳米孔膜技术中（如纳滤和反渗透），利用纳米孔壁与不同流体分子之间相互作用的差异实现无相变分离，大大降低了能耗[1, 2]。然而缺乏对膜材料内纳米受限流体分子传递机理的深刻认识，导致了膜材料的渗透性与选择性的 Trade-off 现象，即渗透性和选择性不能同时提高[3]。与此同时，多相催化过程中催化剂表面积的不断增加，导致了反应物和产物的纳米受限效应。然而，纳米受限分子在催化位点之间的传递行为仍未完全弄清楚[4-6]。因此，流体分子在界面处的传递是现代化学工程中普遍存在的过程，也是一个基础的共性科学问题。

纳微界面引入会导致流体分子传递过程发生数量级变化。比如在直径为 0.6nm 的碳纳米管中，常压即可实现原本需要在超高压条件下才能实现的金属相变，压力相差 5 个数量级[7]。对于一个简单的费托合成反应，在介孔沸石分子筛中，选择性的理论极限值也比体相值高得多[8]。在生物离子通道中同时具有高通量和高选择性，与膜相比高出 4 ～ 5 个数量级，能够突破 Robeson 上限[3]。这些反常现象的根本原因是界面的引入改变了热力学极限。经典热力学作为化学工程的基础学科，在揭示化工“三传一反”中物质和能量的有效利用极限中发挥了举足轻重的作用，然而在纳微界面处的流体传递研究方面遇到了新的挑战，亟须根本性发展。

非平衡热力学可以为纳微界面传递提供统一框架。Lu 等提出限域传质模型框架建立的新思路，即基于非平衡热力学建模，将传质速率通过推动力和阻力来表达。传统化工强化方法如提高温度、压力、浓度等都是通过提高化学位来增强推动力，强化方法有效，但能耗较大。通过引入新系统（材料、界面）可以改变热力学极限，从而提高传质推动力，同时还可以通过降低传质阻力以强化传质，从宏观上解决了界面非平衡热力学模型的实际应用问题[9-11]。然而，上述研究还未能从微观上证明其参数的物理意义及模型普遍化。分子热力学先驱、美国三院院士 John Prausnitz 因成功将分子特征参数引入真实体系平衡性质的模型化中而获得美国最高科学奖，“将化学工业从爱迪生式的反复试验引领到可定量预测的时代”，为传统的能源生产、材料合成、化学加工、现代制药和环境做出了重大贡献。其中，材料基因组学作为材料科学领域的一种颠覆性研发模式，旨在借助大数据驱动的理性设计与模拟筛选，通过“理论预测、实验验证”方式减少实验工作量，加速先进功能材料“按需设计”的创新步伐[12, 13]。将此前沿研究模式引入分离材料（介质）的研发过程，可为化工领域的技术创新和发展瓶颈突破提供强劲动力。

在化工分离领域，科学家们面向特定应用对各种纳微结构材料（介质）进行了众

多研究，如碳材料、沸石、高分子化合物、离子液体，以及金属 - 有机骨架（MOF）和共价有机骨架（COF）材料等。从材料基因组的方法学上来说，相对于其他传统材料，微结构非常清晰的 MOF 和 COF 是非常理想的模型对象。从这两类材料来讲，基础研究相当活跃，国内外学者近年来在 *Nature*、*Science* 等刊物上陆续报道其在分离领域取得的重要进展；但由于它们的种类 / 结构变化多样（理论上有无限多种），其设计也需要借助于基因组学方法。因此，以化工分离应用为导向，将传统热力学研究拓展至以 MOF/COF 为主要对象的材料基因组学层面，发展纳微尺度上的分子热力学，有利于推动新材料的创制以及热力学内涵的发展。

然而，传统的分子热力学研究对象仅针对体相流体，无法预测纳微界面处流体行为。针对这一问题，解决思路是将其拓展至纳微界面分子热力学。对于各向同性的体相流体，其化学位仅取决于流体自身所处的宏观热力学状态[14]。引入界面以后，其化学位除了体相的贡献外还有界面、材料的贡献，当材料界面的尺寸小到纳米以后，往往它的性质是由界面性质所决定的[15, 16]。介观条件下，界面作用力复杂，粒子数庞大。纳微界面的复杂性包括复杂流体（如金属团簇、离子液体、蛋白等）、复杂表面（如粗糙度、化学非均一性、电荷等）和不同条件（如温度、压力、pH 值等），而纳微尺度下粒子间的非对称作用是造成复杂性的根本原因。

分子热力学模型化方法拓展至纳微界面传递问题及分子层面的相互作用与宏观性质关联时，需要纳微尺度实验和模拟手段的有机配合。利用原子力显微镜（AFM）实验获取复杂流体与界面的粗粒化参数，通过分子模拟获取针对纳微尺度传递的固体表面结构参数。原子力显微镜是介观尺度研究界面非对称作用的有效工具，可以直接反映原子 / 分子尺度的作用力。实验上通常用 AFM 来观测几何形貌，但实际上其本征应用在于纳米力学的测定。通过 AFM 不仅可以得到水平方向的摩擦力，还可以测量垂直方向的黏附力，进而获得复杂界面作用力。An 等[17]定性研究了不同粗糙度 TiO_2 材料表面纳微结构，发现摩擦系数发生了数量级变化，粗糙度较大的介孔结构 TiO_2 表面的摩擦系数反而是平整 TiO_2 的 1/26。此外，研究了离子液体在不同纳微粗糙结构 TiO_2 表面的润湿性能，发现离子液体润湿性呈现明显差异，粗糙度较大的介孔 TiO_2 表面离子液体由于作用力强，润湿性明显高于平整 TiO_2 表面，CO_2 吸附性能也更高[18]。类似地，利用 SEM/TEM 实验获取纳米颗粒形貌，通过与分子动力学模拟数据建立的接触角模型进行比对，实现分子间相互作用与宏观形貌的直接关联[19]。

假设以上这些现象是由于接触面积、相互作用的不同，但如何用模型来定量描述流体在固体界面的复杂行为仍然需要进一步研究。一旦能够定量调控这些数量级的变化，将给现代化工过程强化带来非常大的帮助。因此，如何把分子热力学模型拓展到复杂界面尤为重要。前面介绍过复杂界面包括了很多因素，因此首先将平整表面作为一个理想的参照系进行研究，然后再拓展到复杂表面。

存在的重大问题与挑战主要总结为以下几点。

（1）发展描述复杂界面相互作用的预测模型

目前，化工过程强化主要通过纳微界面引入介观非均一相互作用来实现。然而，传统分子热力学并未考虑界面处固 / 液纳微结构的贡献，使得传统模型预测值和实验值存在数量级偏差，亟需建立可反映复杂流体 - 复杂固相界面相互作用的分子热力学模型，揭示纳微结构导致宏观量突变的本质，明晰界面处固 / 液纳微结构间的相互作用和调控规律，为推动化工行业向“智能化”和“高端化”发展提供化学工程学科理论基础层面的模型支持，为人工智能在化工行业的应用打下扎实的基础。

（2）面向应用的材料原位设计与计算技术

目前，由于材料性能的计算精度和时间 / 空间尺度难以满足实际需要，利用计算设计的材料往往与实验结果相差较大，大大降低了分子设计 / 工程的实用价值。因此，需要研发快速准确的材料构筑、性能计算和基于人工智能的结构再调整方法，从而实现材料的“结构设计—性能预测—结构调整”原位一体化设计路线，高效设计出目标材料。

（3）分离材料的高效精准设计

目前，分离材料（吸附分离和膜分离）主要基于经验或构效关系进行设计，难以实现针对特定应用的高效精准设计，需要研发融合人工智能的大数据驱动的高效精准设计新方法——“机器学习 + 材料基因组”方法。

（4）发展具有自主知识产权的高通量分子与材料设计软件

目前，分子与材料设计相关的软件均为国外公司开发的商业软件，在灵活应用上受到极大限制，而针对材料研发的新范式——材料基因工程，更是缺乏具有自主知识产权的相关计算软件。因此，研发具有自主知识产权的高通量分子与材料设计软件与相关的计算平台，为亟需解决的问题之一。

（5）数字催化剂的研发

新的研发模式为催化剂的开发提供了新的途径，传统的试错法催化剂研发方法耗时长，难以满足目前对于催化剂的精细化、多样化要求。随着计算理论方法、计算硬件的发展，数字催化剂开发成为可能。但需要解决理论催化与工业催化之间的材料、环境鸿沟，也需要建立具有自主知识产权的相关计算程序与软件。

2.1.2 关键科学问题

通过实验、分子模拟和分子热力学建模的结合，从分子层面解决纳微界面的传递及分子间相互作用与宏观性质关联问题，揭示其分子热力学机制。关键科学问题包含以下四点。

（1）定量获得复杂流体与界面间相互作用

在 AFM 实验测定中，粗糙度影响难以定量，它既与复杂固体表面的特性（几何形状、表面非均一、电荷分布）相关，也与复杂固体表面影响下流体尺寸相关，流体分子的大小还与所处的环境如 pH 值、浓度等相关。由于影响因素同时作用，如何进行适当的因素分离并获得关键影响因素是实验的研究重点。AFM实验所获得的是多个分子团和固体界面的作用力，如何量化到介尺度下单个分子和固体界面作用是关键科学问题之一。

（2）拓展分子热力学模型到界面

Prausnitz 是建立体相分子热力学的先驱，现代化工过程中界面的引入使得系统的

化学位由远离表面的体相流体化学位和表面流体化学位共同构成，界面处的流体分子受到的作用力和结构性质均不同于体相，导致了化学位的差异。纳微尺度下，界面处的化学位起主导作用，因而发展复杂界面的热力学模型尤为重要。

（3）构建纳微尺度界面传递模型

由于纳微界面结构的复杂性，需关注界面结构的影响；而分子模拟是认识微观结构的有效手段。如何准确计算界面扩散系数，建立传质结构参数和界面结构的定量关系，从微观上证明纳微界面传递模型参数的物理意义和普遍化是关键问题。

（4）关联分子层面的相互作用与宏观性质

化工过程中涉及诸多体系和领域，涉及的分子聚集体种类及相态也各不相同，从分子间相互作用到形成的结构再到表现出的宏观性能跨越了多个时间 / 空间尺度，而如何结合不同尺度的模拟方法或有效的计算策略，在保证结果有效性的前提下，实现分子层面的相互作用与宏观性质的跨尺度关联，就显得尤为重要。

2.1.3 主要研究进展及成果

2.1.3.1 分子热力学与分子工程

（1）平整表面界面分子热力学研究

以纳米多相催化为例，纳米负载金属催化剂的稳定性和活性的博弈是影响纳米多相催化性能的关键。例如，减小金属的粒径能够提高金属催化剂的活性，但随之带来的问题是催化剂的稳定性下降。研究表明，将金属催化剂负载于载体上可以同时提高催化剂的活性与稳定性。然而负载金属催化剂稳定性提高的原因和机制还不清楚，仍需进一步探索。

催化剂稳定性降低的原因通常在于金属发生团聚、流失等现象，因此可以用反应前后粒径的变化来反映稳定性的高低。例如，Bai 和 Wu 等分别在平整和多孔氧化钛以及碳表面负载铂，发现反应前后多孔氧化钛表面活性中心的粒度不变，但是在平整氧化钛以及碳表面发生了明显的团聚[20, 21]。这可能是由于接触面积以及相互作用力大小不同，因此可以从载体与流体间的相互作用出发进行研究。

传统的热力学模型没有考虑界面的影响，比如经典的 Gibbs-Thomson 方程仅仅考虑了尺寸的影响，在纳米尺度下存在明显的偏差，需要基底引入后修正。美国国家工程院 Gubbins 院士首次提出用微观润湿参数 α_w 来表征流体与平整表面的相互作用强弱，并将其与分子参数相关联。通过宏观实验发现微观润湿参数与接触角定性相关[22, 23]。

基于此，Wu 等[16] 基于金属熔点数据，通过相平衡原理分析了颗粒固相的总自由能，其组成为本体的自由能和粒径减小带来的固相的自由能变化，液相的组成同样也包括本体和表面相，同时也必须考虑与载体接触的界面自由能，并且基于对应状态的原理以及微观润湿参数，建立了液相的界面自由能和分子参数之间的普适化分子热力学模型：

$$G_{\text{l-sub}} = 0.0025 \times \frac{\rho_{\text{metal}}\varepsilon_{\text{mm}}\sigma_{\text{mm}}^3 M_{\text{w}}}{\rho_{\text{substrate}}\Delta_{\text{substrate}}\sigma_{\text{m-sub}}^3\varepsilon_{\text{m-sub}}} \times \frac{\gamma_{\text{sl}}V_{\text{s,m}}}{r^2} \tag{2-1}$$

同时，用该模型成功地预测了 Pt-C 和 Pt-TiO_2 体系的熔点，解释了两种催化剂稳定性的问题：Pt 纳米颗粒的活性最佳粒径为 2nm，此时当 Pt 负载于 TiO_2 表面时稳定的熔点为 1827K 左右，如果负载于 C 表面，要维持此种稳定状态，Pt 颗粒需要长大至 3.5nm。并且，如果在两种催化剂上保持 Pt 颗粒为 2nm 左右时，Pt 在 TiO_2 上的熔点比在 C 上高 200K（图 2-1）。该模型成功解释了纳米金属催化剂在不同基底表面的稳定性。

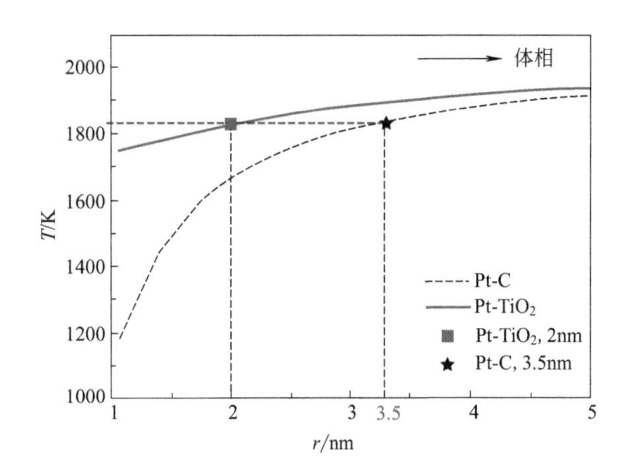

图 2-1
Pt 纳米颗粒负载于不同载体上的熔点预测

进一步，将受限纳米粒子分子热力学模型成功拓展到负载离子液体体系。利用热重分析仪，测定 CO_2 在三种不同类型离子液体负载在两种载体上的吸收量，系统考察了负载材料、负载量对溶解度的影响。通过受限纳米粒子分子热力学模型，解释了膜厚、界面作用对于负载离子液体吸收 CO_2 的受限效应[24]。然而，该模型是基于流体与平整固体表面间的相互作用，如何将其拓展到复杂表面，建立复杂界面分子热力学普遍化模型，需要进一步研究。

（2）复杂表面界面分子热力学研究

复杂流体和复杂界面的研究一直是科学关注的重点，由于流体与界面在空间结构和化学性质等方面的复杂作用，很难定量化各个因素带来的影响[25]。随着计算机的发展，使用计算机模拟来获得分子的系统性质成为热门方法[26, 27]。其中，Shi 等通过使用蒙特卡罗模拟方法来研究小分子流体在复杂表面的吸附行为[28, 29]。Yethiraj 等使用粗粒化模拟方法考察了蛋白质、胶体等复杂流体分子的性质[30]。Yang 等开发了新的蒙特卡罗模拟方法，研究了高分子系统流体行为，并能很好地与实验结果契合[31, 32]。

一般来说，定量获得分子间相互作用主要有两种方法：第一种是基于量子化学的自下而上的方法，其获得的分子参数较为准确，但对于大的复杂分子如生物分子，则会消耗大量的计算资源；第二种是基于宏观实验性质获得分子参数的自上而下的方法，这种方法较为方便，但往往是体相分子的研究，并且主要通过拟合热力学性质来获得分子参数。

目前基于分子参数概念研究复杂流体分子和复杂表面相互作用关系的研究较少，其精确度有限。AFM 是获得介观尺度上复杂分子和固体表面相互作用的有效手段。通过 AFM 可以获得单个蛋白质分子和固体表面的相互作用力，并将该相互作用力作为参

数引入蛋白分子和固体表面的相互作用模型，获得粗粒化的力场参数，去预测蛋白质等复杂流体在复杂固体表面的行为。这将对复杂流体在复杂界面处的研究（如 HPLC 和痕量吸附测量等方面）起到预测指导作用。

AFM 能够直接感知纳微尺度复杂界面非对称微粒作用，但是其定量化存在挑战，即难以获得单个粒子与表面的微观相互作用。Dong 等将 AFM、Johnson-Kendall-Roberts（JKR）理论以及 Langmuir 吸附模型相结合，首次建立了一套定量获得从蛋白团簇分解出来的单个蛋白分子与固体表面微粒作用的方法，实现了 AFM 定量描述微粒作用的强度（微粒作用）与广度（材料结构）贡献。如图 2-2 所示，不同粗糙度的 TiO_2 表面反映出有效接触面积的差别，导致蛋白与 TiO_2 表面的黏附力随粗糙度的增加而增加，但是单个粒子与固体界面作用力（$\varepsilon_{1\text{-sub}}$）与粗糙度无关[33]。

复杂环境所带来的影响不同于几何形貌，如静电环境会带来电荷密度分布不同。Dong 等研究了不同 pH 值条件下粒子与表面的相互作用情况，发现单个粒子与固体界面作用力（$\varepsilon_{1\text{-sub}}$）与粒子带电球径（$\sigma_{1\text{-sub}}$）相关[34]。此外，得到了单个粒子与表面的相互作用力后，可以结合分子模拟和实验数据来构筑一个宏观的粗粒化力场，来进行宏观性质预测。Dong 等进一步采用 AFM 定量获得的单个蛋白与固体表面微观作用，创新性地预测蛋白在固体表面的宏观吸附性能，架起从微观作用预测宏观性质的桥梁，为复杂流体在界面处宏观热力学和传递性质的定量预测奠定了基础[35]。

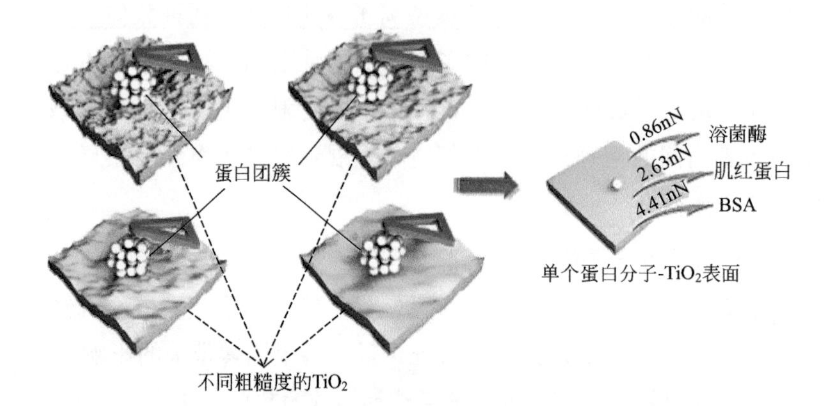

图 2-2
基于 AFM 黏附力获得单个蛋白分子与 TiO_2 表面作用力

（3）分子层面的相互作用与宏观性质

深入研究分子层面的相互作用机制对宏观性能的影响，是分子工程的重要研究内容。以多相催化反应过程为例，分子与催化剂的吸附强度是决定催化性能的关键因素，太强不利于吸附粒子在表面迁移、接触和反应，太弱则会在反应之前脱附流失。反应物种的吸附受金属性质的影响，金属催化剂的粒度及结构对反应也有很大影响。粒径越小，其比表面积越大，不饱和位点越多。Wang 等提出了从反应位到纳米晶粒模拟计算新思路，建立催化剂粒度与反应活性、选择性的关系，并通过实验和理论计算的配合，应用到铂催化糠醛选择性转化反应[36]、钯催化二氧化碳转化反应[37]，以及 PtZn 电催化合成臭氧反应[38]等。通过分子层面相互作用进行结构调控，预测和关联催化性能涉及大规模的催化剂筛选，通过机器学习方法实现这一过程也是当前的研究热点，如神经网络、支持向量机和随机森林等算法，在预测或筛选高活性催化剂方面均取得了良好效果[39, 40]。此外，多尺度模拟方法也是关联微观机理和宏观尺度性能的有效手段，如通过密度泛函理论数据拟合力场参数，并建立相互作用力与团簇接触角之间的关系，实现微观性质与宏观结构的关联[19]。

多相催化反应过程一般涉及内外扩散、吸脱附和反应等过程，从微观层面看，扩散和反应发生的驱动力是分子及原子间的相互作用，因此通过在分子层面揭示相互作用力和宏观性质的关系并建立构效关系，可为催化剂的合理设计提供理论依据。反应物种的扩散受催化剂活性组分相互作用力的影响，富集反应物 / 移除产物 / 改变中间体分布可以改变反应的微平衡，提高反应性能。小分子在模拟的反应微环境（限域空间）中的扩散受到结构及环境因素（如介质粗糙度、空间尺寸、温度、压力等）的影响，针对该体系的深入研究可以帮助我们从扩散角度进行催化剂材料结构筛选，如气体扩散系数与体系结构、环境性质之间的关联[41]，基于分子筛分机理研究气体的扩散分离过程等[42]。通过分子间相互作用的调控实现反应扩散偶联也是一个重要的科学问题，如通过密度泛函理论结合微观动力学，研究反应与扩散之间的关联，控制催化剂组分的比例，实现对反应能垒及产物扩散能力的调控，提高反应活性并指导实验合成最优催化剂[43]。Wang 等基于 Na^+ 的门控效应对水分子的选择吸附效果，应用 NaA 型分子筛的水通道机理，通过在反应器上构筑 NaA 分子筛膜，实现了 CO_2 加氢反应中水分子的高效分离及生成甲醇性能的大幅提升，从分子间相互作用出发为复杂结构体系反应 - 扩散调控提供了新思路[44]。

2.1.3.2 介质 / 材料的基因组设计

（1）材料基因组学设计方法及结构数据库

可靠的材料数据库被列为材料基因工程的三大基础之一，其中建立材料结构的数字化开放数据库为重要基础。传统的材料结构数据库主要来源于实验合成的材料，例如剑桥晶体结构数据库（CSD）为主要收集实验报道物质信息的载体，目前虽然包含有超过 10 万多个 MOF 结构，但 Chung 等从中只收集出 14142 个可容纳最小气体分子的材料，并建立了相应的 CoRE-MOF 2019 开放数据库[45]。相较于 MOF 材料，COF 材料目前实验报道的结构还非常少，且几乎未收集在 CSD 数据中。我们基于文献跟踪的积累，于 2017 年构建出国际上第一个开放使用的结构数据库平台 CoRE-COF[46]，其最新版目前包含约 520 个结构。从化学的角度来说，MOF/COF 的结构在理论上有无限多种，因此材料基因工程的一个重要发展方向是建立材料的基因组学设计方法，高通量地构筑出具有丰富拓扑类型和孔道化学性质的庞大结构空间，以更加全面地剖析材料的构效关系，识别出综合性能最优的可能材料，为实验研究人员提供理论指导。

在材料基因组学研究中，难点在于如何确定材料的“基因”。严格地说，材料中并没有生物学意义上的天然基因，而材料基因组学的要求是对材料能够进行拆分，而且拆分后的基因能够用于结构重构，组合成各种功能体。因此，材料基因研究是有效释放科技创新活力的科学理论基础。目前的主要做法是从现有材料结构中截取分子簇层次上的次级构建基元（SBU）作为材料的“基因”。现有高通量构筑材料结构的基因组学设计方法，大体上可归纳为采用“自上而下”和“自下而上”两种思路。前者也称

为拓扑网络导向型方法，是基于网状化学结构资源数据库（RSCR）中各种拓扑蓝图[47]，利用建立的算法将材料基因映射至特定拓扑网络中的顶点和桥连边位置，并通过分子力学松弛过程获得最终结构。比如：基于各自建立的算法，美国西北大学 Snurr 等[48]构筑出具有 41 种不同拓扑类型的 13512 种 MOF 结构；加州伯克利大学 Smit 等通过尝试 RSCR 数据库中所有拓扑类型，构建出 61199 种三维和 8641 种二维 COF 结构[49]。

自下而上的构筑模式也称为连接性导向方法，它是基于几何递归算法，通过在立体空间中穷举基因之间的各种组合来生成材料的周期性结构。在这方面，一个很具代表性的例子是 Snurr 等的 MOF 设计工作[50]。MOF 材料通常通过有机配体和金属盐溶液合成，其中虽然采用相同的反应物，但最终所合成材料的无机 SBU 的结构取决于反应合成条件，很难提前进行预测。与此不同，COF 合成是基于有机单体（或分子）的缩聚反应，并且单体的原始构象基本上会保持在所得材料结构中。基于此特征，提出了一种“仿化学反应”划分 COF 基因的学术思想[51]，建立了“遗传结构基元”（GSU）的材料基因概念，其是通过模仿 COF 自然生长过程，衍生而得到的含有反应位点信息的结构基元（因此具有遗传性）；同时构建出一个包含 130 种 GSU 的材料基因库，并分成连接中心、配体和官能基团三种类型。通过借鉴鲍林（Pauling）规则，针对材料重构提出了 GSU 之间的一些组合规则，如：在每一中心基元周围形成与配体基元的空间立体式配对成键，键长取决于成键原子对的类型；每一基元周围与其他不同类型基元的连接数目取决于其反应末端成键数目等。在此基础上，形成了一种“似反应连接组装算法”（QReaxAA）的高通量构筑方法，其中采用了三种几何定位方式来连接各种 GSU 中预先设定的反应位点，同时提出了一种“自适应算法”解决 2D 结构的层间距问题。利用建立的基因组学设计方法，实现了目前最大 COF 通用结构库（约 47 万种）的建立，发现了系列新拓扑结构，并率先通过实验合成出 ffc 新拓扑的 3D-COFs。通过进一步将该设计方法向 MOF 拓展，构建出了一个包含约 30 万种结构的 MOF 结构数据库[52]。这些工作极大地丰富了材料的数量和拓扑类型，同时所形成的相关软件 MGPNM（基于材料基因组学的纳米多孔材料构筑软件），获得了国家版权局的原创计算机软件著作权（登记号：2016SR301763），建立的相关数据库在网络上也予以共享，以促进符合材料基因工程理念的数据库建设。

（2）以应用为导向的分离材料大规模计算筛选

材料的高通量计算模拟与筛选是实现材料“按需设计”的基础，通过在原子层次上揭示材料的结构与性能之间的联系和预测新材料，可为高通量实验提供科学依据，有效缩小其研究范围。因此，发展高通量模拟计算方法与筛选工具是实施材料基因工程需优先解决的核心问题。

材料结构数据库作为高通量计算的基础，其建设如前所述已取得了较大进展。对于一些难分离的化工体系，许多材料由于不具有特殊的作用力微环境，无法实现其有效分离。如果对数据库中的所有材料逐一进行计算评估，需耗费巨大的人力物力资源。为此，建立了一种名为“特征结构基因（CSG）”的材料大数据搜索算法[53]，根据材料基因的空间几何结构及其在材料中的成键环境，采用基于原子连接性的判断规则来实现特定材料的快速筛选。此外，借鉴化工热力学理论中“基团贡献法”的学术思想，建立了一种“基于键连接性的原子贡献法（CBAC）”，认为材料中某个原子的电荷由其直接相连的原子类型决定[54]。因此以“原子 + 成键类型”作为材料的电荷基因，假设其在不同材料中是不变的，并由此建立相应的原子电荷数据库，有效地解决了电荷快速计算难题，使得大规模材料计算筛选成为可能。通过综合所建立的各种模拟算法，对前期的“复杂体系吸附与扩散性质模拟软件”进行了扩展，形成了高通量版的材料性能模拟软件（HT-CADSS；国家版权局原创计算机软件登记号：2016SR110434），实现了材料的自动化批量计算。该软件与前述 MGPNM 软件的集成，形成了较为完整的多孔材料基因组学设计平台。

烯烃、烷烃和炔烃等结构高度相似体系的高效分离，对实现石油化学工业绿色可持续发展具有重要的意义。乙烯装置裂解气中常常掺杂着乙炔气体，而乙炔在乙烯聚合过程中会使催化剂遭到破坏。因此，乙炔、乙烯分离是聚合物级乙烯生产过程中的一个至关重要的环节。目前工业化的主要技术为深冷精馏、溶剂吸收和乙炔选择性加氢等，但存在高能耗、高物耗等缺点，亟需发展新型分离技术。基于多孔材料限域效应的吸附分离技术相对于传统方法具有显著的优势，但是设计 / 筛选出兼具高工作容量和高分离选择性的材料为其中的关键。鉴于 C_2H_2 和 C_2H_4 分子在 C-C 键上饱和度的差异性，含有不饱和金属位点（或开放金属点，OMS）的 MOF 材料由于可施加独特的化学环境，其在二者的分离上具有较大的潜力。为此，基于建立的特征结构基因搜索算法，从现有数据库中构建出一个含有双桨轮结构 $Cu_2(COO)_4$ 的 MOF 材料数据库（包含 797 个结构），并采用建立的计算平台开展了 C_2H_2/C_2H_4 分离材料的筛选研究[55]。考虑到通用分子力场对描述客体分子与开放金属位点相互作用的不足，首先基于色散校正的密度泛函理论计算，建立了能够精确表征 C_2H_2 和 C_2H_4 分子与 Cu 位点之间相互作用的势能模型。在此基础上通过大规模的分子模拟计算，发现了一些比现有报道材料具有更加综合性能的材料。进一步的改性研究发现，金属 Cu 与配体上 F 之间的协同吸附作用，可极大地提高材料对 C_2H_2 的分离效果。此外，工业上乙炔的一个重要来源为烃类的部分氧化，其中不可避免地会产生一些杂质气体如 CO_2。采用类似的多尺度模拟筛选思路，从上述数据库中也发现一些材料的 C_2H_2/CO_2 分离性能超过了目前文献已报道的所有材料，为进一步实验研究提供了理论参考[54]。

随着二氧化碳导致全球气候变暖问题的日益严峻，如何高效、低成本地对其进行减排已成为全球关注的焦点。同时，二氧化碳的脱除也是天然气处理工艺中的关键环节。因此，高性能 CO_2 分离材料的筛选与设计是目前开展最为密集的研究领域之一，其中调控材料的孔道微环境为提升其分离性能的关键技术。离子液体（ILs）作为一种新型绿色介质，已在 CO_2 分离方面展现出良好性能。若将少量的离子液体固载于多孔材料的孔道中，形成的独特微环境可兼具二者优良特性，其协同效应有助于提高材料的 CO_2 分离能力。从本质上说，该思路符合基于“吸附度”概念所提出的分离材料性能强化策略：同时提高吸附热差、降低孔隙率[56]。为此，基于 2 种咪唑类离子液体{1, 3- 二甲基咪唑四氟硼酸 [MMIM][BF_4] 和 1- 丁基 -3- 甲基咪唑鎓双（三氟甲基磺酰胺）[BMIM][Tf_2N]}，高通量地构建出了 550337 种 IL@MOF 复合材料，并针对 CO_2/CH_4

分离进行了大规模筛选研究[52]。通过分析发现，当 IL 分子在孔径合适的 MOF 管柱状孔道中形成阴阳离子交替排列且连续不间断的纳米线，进而与 MOF 形成一种“芯 - 管”结构的协同吸附位点时，可同时提高材料对 CO_2 的分离选择性和工作容量，为高分离性能复合材料的开发提供了新的设计思路。

2.1.4 未来发展方向与展望

传统化工研发过程主要基于“试错”法，按照“提出假设 - 实验验证”的方式顺序迭代，具有周期长、成本高等缺陷，更容易造成研发与实际应用割裂。解决问题的关键所在是推动现代化工研发从实验“试错”模式升级到智能化设计模式，实现分子水平上材料（如催化剂）的开发设计。其中，核心技术是基于传统化工研发过程产生的大规模物性数据，提炼出精准的描述，利用智能算法构建材料物性可预测模型，建立新材料的大规模筛选设计平台。建立受界面、介质、外场等显著影响及极端条件下各向异性的受限流体数据库，是研究非常规过程分子工程的基础。AFM 可以为复杂表面模型的建立提供分子参数。但是往往实验都是针对个例来研究的，如何将这些个例转变成一种能够普遍化使用的模型呢？首先需要以平整表面为切入点，把分子间相互作用参数和纳微尺度现象关联起来，再拓展至复杂表面。分子参数是界面复杂性的函数，本身受温度、压力、pH 值、表面亲疏水性、流体结构等多因素影响、不同的参数、复杂条件、复杂界面以及复杂流体构成了多维的参数，必须考虑建模的复杂性。为了减少大量实验的“试错”模式，需要机器学习方法的介入。

机器学习从本质上是一个多学科的领域。它吸取了人工智能、概率统计、计算复杂性理论、控制论、信息论、哲学、生理学、神经生物学等学科的成果。经典的学习算法有决策树算法[57]、随机森林算法[58]、人工神经网络算法[59]、支持向量机算法[60]、贝叶斯学习算法等[61]。最近，机器学习和数据科学在化学和材料科学领域的兴起[61-64]，使得回归和分类算法广泛应用，这些算法旨在增强材料筛选以及对理论模型建立进行加速和参数优化[65, 66]。

国内外学者对智能化工的研究已经取得许多重要进展。比如，使用计算化学方法（如密度泛函理论）结合人工智能算法高通量筛选材料。卡内基梅隆大学 Ulissi 教授课题组[67]设计出一种全自动筛选方法，自动搜索各类金属间化合物的表面活性位点“指纹”；该筛选方法指导新催化剂的发现无需以往合成经验，可以大幅降低试错成本，从 31 种不同元素合金组成的数据库中，预测 54 个合金中 131 个候选表面可用于 CO_2 转换反应和 102 个合金中 258 个表面可用于析氢反应。Ulissi 课题组与多伦多大学 Sargent 课题组[68]合作制备了一种高法拉第效率的铜 - 铝电催化剂，法拉第效率在电流密度为 $400mA/cm^2$ 时超过 80%，其阴极乙烯的能量转换效率约为 55%（$150mA/cm^2$）。人工智能不仅在化工研发中起到指导与预测作用，同时还加速了化工研发自动化进程。利物浦大学 Andrew Cooper 教授课题组[69]制造出可以独立执行化学实验中所有任务（如称量、分液、运行催化反应等）的机器人，可对比实验结果进行多维度的变量分析，确定下一步要进行的最佳实验步骤，最终在 8 天时间里研发出一种全新的化学催化剂。最近，格拉斯哥大学 Leroy Cronin 教授课题组[70]开发出一种能自动阅读文献并构建合成操作流程的 AI 化学反应系统，通过阅读文献提取相关操作信息后，对简单反应步骤的分子进行合成，其中最多可涉及需 5 步反应的复杂合成过程，在合成氟化剂 AlkylFluor 的过程中实现了 23% 的总收率。

目前的机器学习基本是从数据库出发，需要大量的数据。但是针对纳微界面处的流体行为，相关物性数据库以及机器学习辅助建模的研究还较少，相较于基于互联网用户行为的大数据机器学习，纳微界面处的流体行为具有数据稀缺、高维、高噪声、关系复杂等特点，但模型的物理概念更清楚，可以基于物理概念建立纳微界面流体与固体分子之间的相互作用模型。此外，在分子层面的相互作用与宏观性质关联方面同样存在数据稀缺或获取困难的问题，可以根据相对较为可靠的密度泛函理论计算数据拟合分子力场，并基于该力场获取较大规模的模拟数据，采用机器学习方法实现宏观性能的预测或材料的智能筛选。

将多维的参数进行分解，利用机器学习分别进行调整，建立针对成千上万复杂流体和复杂表面的真实体系普遍化模型，再建立网格化数据，通过神经网络的方法优化并且筛选最佳点，再次通过机器学习的方法搜索参数对应的材料结构信息，有望从分子层面实现催化、膜材料结构优化和筛选。

然而，对于机器学习方法的实施，目前严重滞后的一个关键原因是我国缺乏具有自主知识产权的材料计算软件。现有的商业化材料设计与模拟软件大多数来源于国外并且各有侧重，并不能完全满足计算材料学发展的需求，同时还会受制于人。此外，真实材料体系的时间 / 空间尺度跨度大，涉及的问题复杂，依靠单一的计算方法难以解决实际材料中的问题。因此，需大力发展多层次、多尺度相协同的高通量材料集成计算方法与软件平台，为提高材料模拟筛选与理性设计的效率和可靠性提供强有力的手段。

2.2 典型化学反应的催化材料与反应机制

催化科学与技术作为关键技术之一，对我国经济发展和社会进步起到了巨大的推动作用。现代化学工业、石油加工工业、能源、制药工业以及环境保护等领域广泛使用催化剂。在化学工业生产中，催化过程占据全部化学过程的 80% 以上。先进的催化材料与催化技术是调控化学反应速率与方向的核心科学。针对特定的化学反应，发展高效可控的新型催化功能材料的制备方法，控制催化活性中心结构及结构稳定性，以实现可控催化反应过程的高转化率、高选择性、长寿命，一直是催化科学的核心目标。本节针对典型的催化反应，例如不对称催化反应、选择性氧化反应、选择性加氢 / 脱氢反应、基于 C—C 键生成反应的精细化学品合成等，介绍相关的催化材料及催化机制。

2.2.1 发展现状与挑战

催化材料是指在反应条件下，能与反应物相互作用并不断产生活性中心，进而提高整体反应速率而不改变热力学平衡以及材料本身量和质的一种功能材料 [71]。催化材料因其加速化学反应的特性，降低了工业生产的成本，使得一些反应的工业化成为可能。因此，在众多化学工业领域，如能源利用、生物医药合成、精细化工、环境保护

等，催化材料扮演着重要的角色。一种新的催化材料的问世，往往可以将一种物质的生产从不可能变为可能，直接带动整个产业链的出现。

催化化学的进步以及催化材料的广泛应用，更加突出了设计和开发的重要性。催化材料的设计和开发，是指有效利用未系统化的法则、知识和经验，制备出合适的新型催化材料[72-75]。在目的反应热力学可行的基础上，再对副反应进行热力学评价，研究副反应与目的反应之间的竞争。根据热力学计算建立初步的设计假设，参考与目的反应类似的反应，如加氢、脱氢、氧化等基本反应或几种基本反应的综合，讨论可能的反应机理，研究反应物分子的活化过程。然后，根据主要基本反应选定催化材料的活性组分、次要组分和载体，进行功能材料的合成以及活性测试。若不能得到很好的活性结果，就需要再重新进行设计假设，最终选出具有一定活性的催化材料。在确定活性组分的基础上，还需要对功能材料进行更加细致的优化以及微观调控，次要组分以及载体的合理选择和设计都在很大程度上影响着最终的反应活性、选择性以及催化材料的寿命。

表征手段的层出不穷也为催化材料的设计提供了有力的帮助。辛勤院士等发展了系列原位分子光谱方法，并先后被国内外广泛采用，促进了催化原位表征技术在国内外的普及与推广[76]。李灿院士等则对拉曼光谱技术进行了深入探索，将紫外拉曼光谱推向产业化，使中国拉曼光谱的催化表征研究处于国际领先水平。厦门大学的孙世刚院士在2020年成功研发出“基于可调红外激光的能源化学大型实验装置”。该装置是国内首台红外自由电子激光用户装置，也是国际上首台面向能源化学领域研究的红外自由电子激光装置。该装置的成功研发将显著提升从原子/分子水平研究固/气和固/液表界面过程、团簇结构及其反应动力学和红外振动态激发分子反应动力学的能力，有力地推动催化材料研发领域的若干科学前沿工作的进展。

在实际的催化材料设计过程中还存在一些疑点，从实验和表征的角度无法获得有效的结论，理论模拟的开展实现了原子尺度下对活性位点本质特性的探索。比如，密度泛函理论（DFT）与第一性分子动力学相结合，可以获取基元反应的基本动力学信息，探索活性位点的动态变化过程和本质特征。此外，系统地认识催化剂和催化性能的关系，有助于合理设计催化剂。例如：在甲烷重整反应过程中，涉及的是多种可能的反应路径并存的问题，通过计算先行对不同的反应路径进行模拟，有助于寻找到具有不同最优路径的催化剂，从而更具有目的性地展开实验。

总体而言，催化材料领域的进展可分为基础研究和工业转化两个方面。在基础研究方面，我国科研工作者已经取得了较为广泛的突破。以经典的铂基催化材料的研究为例，近五年相关的研究论文约有20000篇之多，其中在*Nature*、*Science*等高影响因子期刊上的论文达到了600篇左右，这些高水平的基础科研工作的成果直接证明了近五年来我国科研工作者在催化材料领域的显著进展。具体而言，这些工作通过对催化材料构效关系的解析、活性位点以及反应机理的确定，从分子和原子层面的表征和机理研究出发，对催化材料的设计提供最深层次的指导。

对于催化材料的工业转化方面的研究，中国科研工作者也取得了重大的进展。中科院大连化学物理研究所和原轻工部日用化学工业科学研究所、南京烷基苯厂等研发了正构长链烷烃 NDC-2 型 Pt-Sn-Li/Al_2O_3 长链烷烃脱氢催化剂。该催化剂吸附氢的能力强，同时抑制积碳，具有卓越的稳定性，受到了市场的青睐[77]。该催化剂还于 2015 年出口印度等国家，创造了巨大的经济效益。中国科研人员和科研机构在环境催化领域同样贡献着自己的“中国方案”，其中机动车尾气净化作为较为突出的领域彰显了我国科研工作者对环境催化的贡献。清华大学、天津大学等科研院校通过对稀土与金属组分相互作用、活性组分和制备工艺等深入的研究，设计了以“稀土 - 非贵金属 - 微量贵金属”为活性组分的汽车尾气净化催化剂，形成且完善了高性能的稀土基储氧材料和复合氧化铝等关键材料，以及“真空喷涂 - 真空抽提”整体式催化剂制备技术。上述技术已在各汽车尾气催化净化企业中实现工业化生产。

目前存在的重大问题与挑战主要总结为以下几点。

（1）反应条件下催化剂结构的理论预测与构效关系的建立

实验研究早已表明催化反应过程中催化剂的纳米结构及活性位点在不同的反应氛围下会产生动态变化。由于量子化学计算，特别是密度泛函理论计算的复杂性，传统的计算催化研究主要基于单晶表面构建的静态模型，计算尺度一般为数百个原子，难以描述催化剂的动态结构及其构效关系。近年来人工智能算法在各个领域频频取得突破。在计算催化领域，以神经网络势函数为代表的新一代通用力场计算量较密度泛函理论有显著下降，预期能够有效支撑大尺度催化体系的模拟计算过程。

（2）“多催化”过程实现简单原料高效合成复杂高附加值产物

“多催化”过程是指多种催化中心能够在同一反应中作为催化剂，或者以“一锅法”形式对多个催化反应进行精确调控。尤为引人关注的一点在于，多催化剂不仅能够实现传统催化反应无法实现的过程，而且能够有效地节约催化反应时间，避免生成副产物，减少了合成步骤。“多催化”过程包括协同催化、多米诺催化、接力催化等。针对一些需要精确立体结构调控、新反应路径构建、热力学熵难以实现的反应，协同催化具有明显的优势；针对一些用线型底物构建多重键、用不同反应物熵构建多个化学键等反应，多米诺催化或接力催化具有节约多步反应过程时间、在温和条件中实现选择性、兼容不稳定中间体物种等优势。

（3）生物催化剂分子的智能设计和优化改造

合成生物学技术及产业的出现和发展给生物催化剂的分子设计提出了新挑战、新要求，同时也为化工学科的快速发展展现了全新的领域和无限的机遇。生物催化剂的本质是蛋白质，其关键科学问题是结构 / 功能与其氨基酸序列及所处微环境的定量关系。蛋白质（酶）分子编码序列的从头设计及其结构 / 功能的计算机预测，当前仍然是一个巨大挑战，但基于大数据科学的 AlphaFold（谷歌）或 T-Fold（腾讯）等蛋白质结构预测软件的开发和完善，已经给生物催化剂分子的智能设计和优化改造带来了新的曙光和机遇。

2.2.2 关键科学问题

新型催化材料的设计和开发过程中，最核心的三个考量因素就是催化活性、选择

性和稳定性，除此之外，还需要考虑设备材质对催化剂的要求、材料本身的毒性、环保性以及经济性等因素。因此，如何合理有效地设计出廉价、高效、稳定的催化材料具有重要的研究意义，而且一直是催化领域研究的重点。紧紧围绕“高端化及绿色化”的目标，现阶段涉及的主要关键科学问题如下。

（1）催化剂活性位结构的精准控制以强化反应活性及选择性

几何结构和电子结构的精确调控是实现上述目标的两个尤为重要的出发点和方向 [78-80]。通过对催化活性中心空间分布形式或表面电子密度的可控调节，进而对反应势垒以及中间物种的吸附产生影响，实现催化反应活性的大幅度提升。催化材料几何结构的调节中对活性中心的形貌、尺寸和分散程度调控的研究较为广泛。催化材料电子结构的调控则主要通过合金效应 [81-85]、催化剂酸碱性 [86-88]、金属载体的相互作用 [89-93] 等手段实现。

（2）催化剂结构稳定性以提高使用寿命

通过限域效应将活性组分限定在特定的空间结构中，在促进活性相分散的同时又能够抑制其扩散与团聚，从而抑制烧结导致的催化剂失活。此外，金属与载体的相互作用的研究 [79, 94]，更多的是通过金属与载体之间的电子转移对活性组分的电子性质进行调控，或是利用二者之间的强相互作用对活性位点进行锚定，从而抑制活性组分的迁移与团聚。

（3）催化材料本身的绿色性与经济性

除上述对催化材料结构的调控定向控制反应的活性、选择性及稳定性外，还需考虑材料本身的毒性、环保性、经济性，以及设备材质对催化剂的要求等因素。

2.2.3 主要研究进展及成果

2.2.3.1 选择性脱氢 / 加氢反应的催化材料与反应机制

（1）丙烷脱氢

20 世纪 30 年代环球油品公司以及 Haensel 等科学家分别发现了 Cr 金属与 Pt 金属对烷烃脱氢的反应活性，拉开了烷烃脱氢的研发及工艺设计的序幕 [95]。目前实现工业应用的主要有 UOP 的 Oleflex 工艺、ABB Lummus 的 Catofin 工艺及 Uhde 的 Star 工艺等 [96]，而随着科技不断突破，近年来对烷烃脱氢的研发和工艺优化也取得了较大进展。由于烷烃脱氢反应的热力学性质，大多数工艺需要在 550℃以上操作，这就导致催化组分高温不稳定以及副反应的发生，比如深度脱氢、碳碳键断裂等 [97, 98]。

2017 年，何静教授课题组 [99] 基于层状双金属氢氧化物（layered double hydroxides，简写为 LDHs）主体层板阳离子以原子水平高度分散的结构特点，利用受限于主体层板晶格内的 $Sn^{Ⅳ}$对 Pt 的诱导效应，控制 Pt 在载体表面以二维“筏状”原子簇形式稳定分散。将其应用于丙烷脱氢制丙烯过程，550℃下获得了高达 30% 的丙烷转化率及大于 99% 的丙烯选择性，反应运行 10d 无明显失活；甚至在 600℃，依然表现出大于 98% 的丙烯选择性，丙烷转化率 48%。限域于层板晶格、高分散的 $Sn^{Ⅱ/Ⅳ}$与 Pt 的强相互作用促进了 Pt 的高分散，并使 Pt 中心富电子，从而抑制了氢解反应且促进了丙烯的离去。

受限于Mg(Al)O晶格中的$Sn^{II/IV}$在高温下不易发生迁移，是Pt原子级稳定分散的关键因素。

2018年，巩金龙教授带领团队则采用了单原子合金的结构，将单原子Pt分散在Cu纳米颗粒上，促进了丙烯的脱附并抑制深度脱氢，达到了极高的选择性及稳定性[100]。2020年该团队又构建了原子尺度上规则的PtZn金属间合金，该材料在丙烷脱氢中表现出比其他Pt基催化剂更加优越的性能：在520～620℃范围之内，丙烯的整体选择性在95%以上，而且在160h的测试过程中没有出现失活现象[101]。

而在将实验室成果放大的工业生产中，也对传统工艺进行了进一步的优化。国内，渤海化工、卫星石化、东华能源、万华化学等多家企业分别采用Oleflex工艺或Catofin工艺投产。除上述的海外工艺，国内科研工作者也对此进行了深入且广泛的研究。2014年中国石油大连石油化工研究院自行开发了MPDH工艺，采用了Pt系催化剂及移动床进行生产。西南化工研究设计院利用分子筛对烷烃脱氢工艺开展了研究。

"十三五"期间，丙烷脱氢的生产更是得到进一步的发展。2017年间东华能源、东明石化分别在宁波及东明，展开了以Oleflex为工艺的丙烷脱氢设施的建设及投产。2018年11月，霍尼韦尔与江苏斯尔邦石化签订协议，标志着在中国授权的第36套Oleflex技术。而在2020年8月延长石油也签订投资协议，决定在海南建设60万吨/年的丙烷脱氢项目。但是开发并规模使用有自主知识产权的丙烷脱氢成套技术，依然是国内烷烃催化脱氢行业的工作重心。

（2）生物质平台分子的选择性加氢

立足于国家绿色能源化工的重大发展战略，有效且高效地利用可再生的生物质资源是目前科学家研究的热点。生物质平台分子，例如糠醇、糠醛、5-羟甲基糠醛（HMF）等，经选择性加氢反应可转化为多种高附加值下游产品。然而，这些物质富含C—C、C—O、C═O、C—H、O—H等多样的化学键，如何实现其选择性的活化是目前面临的巨大挑战。

针对糠醇的高值转化，何静教授课题组[102]在前期工作基础上，调控LDHs拓扑转变条件实现负载Pt活性中心的高分散结构的控制：单原子、二维（2D）Pt原子簇或三维（3D）Pt原子簇，实现了糠醇分子中C—OH、C═C或C—O—C键的选择活化及定向加氢转化。在Pt单原子上高选择性获得了甲基呋喃（2-MF），选择性达到93%；在3D Pt簇上，高选择性获得了1, 2-戊二醇（1, 2-PeD），选择性达到86%；在2D Pt簇上得到了四氢糠醇（THFA）。利用FT-IR光谱示踪糠醇分子在不同分散结构Pt中心上的原位表面反应，揭示了糠醇分子中C—OH、C═C或C—O—C键的活化机制。

针对糠醛的高值转化，何静教授课题组[103]创新性地提出"梯度还原"的策略，实现了负载型Cu催化剂活性中心缺陷结构的有效调控。基于LDHs层板内二价金属不规避原则，利用Cu-LDHs向负载型纳米Cu颗粒转变，控制升温速率可促使结构中两种不同局域环境的Cu中心（Cu^{II}-O-Cu^{II}和Cu^{II}-O-M, M≠Cu）梯度还原：较慢还原升温速率（2℃/min）时，Cu^{II}-O-Cu^{II}物种先由Cu^{II}离子还原生长形成Cu颗粒，之后源于Cu^{II}-O-M物种的Cu^{II}离子再以附近Cu颗粒为核继续还原生长，最终获得表面"富缺陷"

的负载型 Cu 纳米孪晶颗粒；而较快还原升温速率（10℃/min）时，两种 Cu^{II}同时被还原并成核生长，最终获得常规 Cu 纳米颗粒。应用于糠醛制环戊酮反应中，Cu 纳米孪晶颗粒上糠醛完全转化，环戊酮选择性达到 92%；环戊酮收率较常规 Cu 颗粒上提高了 50%。利用 FT-IR 光谱示踪原位表面反应，发现来源于孪晶中面缺陷的表面缺陷位 Cu 中心能有效断裂 C—O 键，并选择性活化 C=C 键同时保留 C=O 键，进而高选择性获得环戊酮。

针对 5- 羟甲基糠醛的高值转化，李殿卿教授课题组[104]采用 LDHs 内源法制备了系列高分散 Cu/ZnO-Al_2O_3 催化剂，并揭示了铜物种的价态对 5-HMF 选择性加氢催化性能的影响。Cu^+ 位点起到了吸附活化 C—O 键的作用，Cu^0 位点起到了吸附活化 C=O 键及吸附解离氢的作用。在 Cu^0 和 Cu^+ 的协同作用下，Cu/ZnO-Al_2O_3 催化剂同时实现了 5- 羟甲基糠醛加氢制 2, 5- 二甲基呋喃反应的高活性（100%）和高选择性（94.7%）。在此工作基础上，该团队[105]进一步以 CuMgAl-LDH 及 CuCoAl-LDH 为前驱体制备了 Cu/$MgAlO_x$ 与 Co@Cu/$CoAlO_x$ 系列催化剂，并揭示了 LDHs 结构对于金属 - 氧化物界面结构以及金属 - 金属界面结构的可控构建。将该系列催化剂应用于 5-HMF 加氢反应，发现仅具有金属 - 氧化物界面的 Cu/$MgAlO_x$ 催化剂只对 C=O 氢化具有活性，获得了 92.7% 产率的 2, 5- 二羟甲基呋喃；而同时具有金属 - 金属以及金属 - 氧化物界面的 Co@Cu/3$CoAlO_x$ 则可依次催化 C=O 氢化和 C—OH 氢解，获得产率高达 98.5% 的 2, 5- 二甲基呋喃。但将 Co/Cu 比例提高至 5/1 时，金属 - 金属界面比例增加且 Co 配位数提高，则会开启呋喃环 C=C 键加氢（图 2-3）。

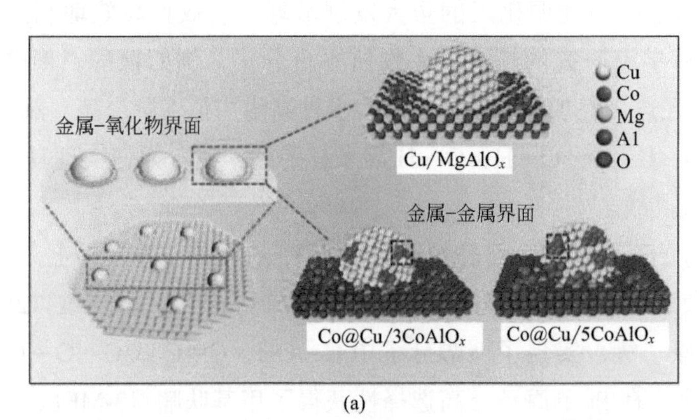

(a)

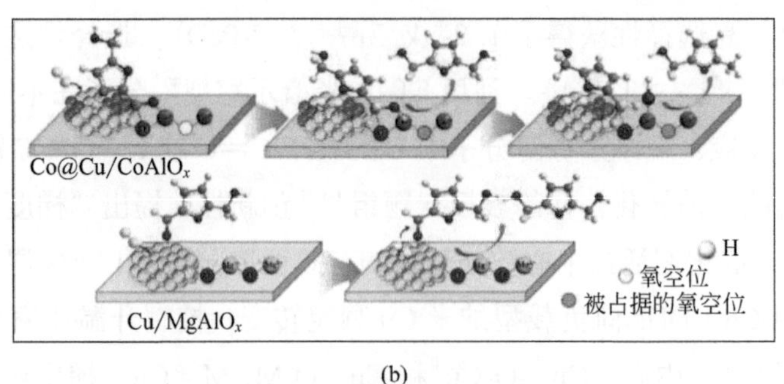

(b)

图 2-3
Cu/$MgAlO_x$（a）和 Co@Cu/$CoAlO_x$（b）上 5-HMF 加氢反应机理[105]

2.2.3.2 合成氨反应相关材料及反应机制

合成氨是目前工业上最为重要的反应之一，氨作为氮肥的主要原料，为人类的生存与发展做出巨大的贡献。但是建立在 Haber-Bosch 工艺基础上的合成氨工业是一高能耗过程，消耗占全球能源供应总量的 1% ～ 2%[106]。

大连化物所陈萍老师课题组研究结果表明，向 3d 过渡金属（记为 3d TM），如 V、Cr、Mn、Fe、Co、Ni 中加入第二非过渡金属组分，如氢化锂（LiH），可使其合成氨活性提高 1 ～ 4 个数量级。而 LiH 的存在使得 Cr-LiH、Mn-LiH 的催化活性与 Fe-LiH、Co-LiH 相当，甚至优于现有的 Ru 基催化剂。LiH 作为第二催化中心，可及时转移过渡金属表面的 N 物种形成 $Li_2NH/LiNH_2$，继而加氢释放氨，同时使得金属表面有更多的位置用于 N_2 的活化。这种双中心的催化机制打破了单一过渡金属上反应物种的活化能垒和吸附能之间的限制关系，使得氨的低温低压合成成为可能。基于对碱（土）金属氢化物在催化合成氨反应中作用机制的认识，陈萍老师课题组提出了一种以碱（土）金属亚氨基化合物为氮载体的低温化学链合成氨技术，即碱（土）金属的氢化物首先通过“固定”N_2 生成相应的亚氨基化合物，随后将反应气氛切换为氢气使得亚氨基化合物加氢释放出 NH_3。其中，Li_2NH/LiH 和 $BaNH/BaH_2$ 体系具有适中的氮化及加氢反应热力学，在 200 ～ 500℃温度区间内即可实施化学链合成氨过程 [107]。

福州大学江莉龙老师课题组从金属与载体的相互作用、助剂的促进作用等方面进行了较为系统的研究。稀土氧化物，如 CeO_2、La_2O_3、Pr_2O_3、$La_{0.5}Ce_{0.5}O_{1.75}$ 等的活性要显著优于 Ru/MgO 催化剂，其可能的原因是稀土氧化物经高温还原后生成的低价态物种，与 Ru 之间存在较强的金属 - 载体相互作用，增加了 Ru 的电子密度，因而有助于 N_2 的吸附活化 [108]。

福州大学与北京三聚环保科技有限公司等其他完成单位针对新型钌基氨合成催化剂及其配套工程技术存在的关键技术难题，从理论和实验入手，经过 20 多年长期联合攻关，实现催化剂的革新及其配套工程技术的创新，建成了世界首套 20 万吨 / 年以煤为原料的“铁钌接力催化”氨合成工业装置，形成了高性能钌基氨合成催化剂生产 - 应用 - 回收成套工程化新技术。目前已建成四套约 80 万吨 / 年合成氨工业装置，其中两套已实现长周期稳定运行。相关成果通过了中国石油和化学工业联合会组织的鉴定，其中高性能钌基氨合成催化剂制备技术及以煤为原料的“铁钌接力催化”氨合成工艺处于国际领先水平。

2.2.3.3 选择性氧化反应相关材料及反应机制

（1）烯醇环氧化反应

基于 LDHs 层间阴离子种类和数量的可调控性，在 LDHs 层间引入具有选择性氧化催化活性的无机阴离子或配合物阴离子能有效提高催化性能，并可实现催化剂重复使用。多氧代金属离子（POM）以其高氧化活性及高稳定性受到了广泛关注。Liu 等 [109] 将 $[WZn_3(ZnW_9O_{34})_2]^{12-}$ 引入 LDHs 层间，应用于烯醇环氧化反应，TOF 值最大可达 $18000h^{-1}$。催化剂易回收，且重复使用多次，活性保持不变。作者进一步将客体 POM 扩展至 $[WCo_3(CoW_9O_{34})_2]^{12-}$ 和 $[WZnMn_2(ZnW_9O_{34})_2]^{12-}$[110]。

Zhao 等 [111] 报道了 $Na_{12}[Zn_5W_{19}O_{68}]\cdot 46H_2O$、$K_{11}[Zn_2Mn^{III}{}_3W_{19}O_{69}]\cdot 27H_2O$ 及 $K_{11}[Zn_2Fe^{III}{}_3W_{19}O_{69}]\cdot 44H_2O$ 插层 LDH 的催化肟化性能，发现 LDHs 层内限域空间有效提

高了肟化反应的选择性。Li 等 [112] 在总结多酸催化剂设计的基础上，用柔性离子液体共价修饰水滑石层板，构筑新型多酸插层水滑石结构催化剂。将所设计的多酸插层水滑石催化剂 Mg_3Al-ILs-Cn-LaW_{10} 应用于烯醇环氧化反应中，结果表明，催化剂可实现在温和无溶剂条件下高效催化烯醇环氧化。离子液体的存在显著提高了固液反应体系中底物与催化活性组分的传质性能。以反 -2- 己烯 -1- 醇（*trans*-2-hexene-1-ol）的环氧化为例，在室温条件下反应 2.5h，转化率达到 96% 并保持 99% 的选择性。同文献报道的多相催化体系相比，反应更加高效、反应条件更加温和、反应体系绿色环保，这是目前已知的催化烯醇环氧化反应的高效催化剂之一。此外，该多酸插层结构催化剂具有反应活性高、易于回收、适用范围广等特点。Liu 等 [113] 采用有机阴离子柱撑法制备了一系列新型 POM/LDH 纳米复合材料 Mg_3Al-$P_2W_{17}X$，其中 X=Mn、Fe、Co、Ni、Cu 和 Zn。与纯多酸相比，多酸的组分和结构未发生改变。将催化剂 Mg_3Al-$P_2W_{17}X$ 用于硫醚选择性氧化的反应中，乙醇作为溶剂，H_2O_2 作为氧化剂，在室温条件下显示出高效的催化活性。苯甲硫醚氧化成亚砜的转化率达到 96%，选择性高达 99%。

（2）仿生催化轻烃选择性氧化

烃类催化氧化是提供合成树脂、合成纤维和合成橡胶等大宗化学品以及各类精细化学品的生产原料的基本工艺。烃类氧化涉及碳氢键和氧分子的活化，三线态排布的氧分子与碳氢化合物的反应属于自旋禁阻反应，现有化学催化是在较高的温度和压力下活化分子氧，并使碳氢键均裂产生自由基后实施氧化，反应条件苛刻且难以有效控制反应进程，导致转化率低、选择性差且环境不友好。仿生催化可在较温和的条件下实现氧气活化和烃类的高效转化，与化学催化相比，条件相对温和，产物选择性高。

仿生催化轻烃、氧气选择性氧化的核心是仿酶催化剂的设计合成和酶催化历程的模拟，其中涉及的科学问题包括：温和条件下的分子氧活化机制——以均相替代气固相，温和条件下通过反应过程中生成的活性物来实现分子氧的活化机制；活性氧物种的传递机制——分子氧经活化后生成的活性氧物种，其传递规律和机制是影响产物生成的关键；仿生催化氧化过程的自由基调控机制——体系中的转化率和产物选择性差别，主要受体系中自由基的稳定性和数量的影响，阐释自由基的调控规律和机制对提高产物选择性至关重要；气液相传质强化及对产物选择性的调控机制——传质强化使得气液相界面的传递和流动发生了改变，不仅提高了转化效率，而且还提高了产物的选择性。

针对仿生催化氧化的氧气活化，纪红兵教授课题组进行了系列研究，提出了引入递氢体调变氧气的活化历程，以醛类、烯烃及烷烃等作为递氢体，在金属卟啉的作用下脱氢生成自由基，通过自由基的调变完成了温和条件下氧气的活化。利用原位紫外和原位电子顺磁共振等表征手段证明了该反应机理，环己烯易失去 α-H 生成活性自由基，该活性自由基易活化分子氧生成过氧化物，进一步与金属卟啉相互作用生成具有高活性的金属 - 氧高价化合物，从而促进甲苯催化氧化反应的进行 [114]。此外，通过原位紫外光谱和质谱分析方法，在钒氧卟啉催化烯烃环氧化的过程中获得了高价金属氧代活性物种生成的直接证据，并证实了活性氧物种参与底物实现氧转移的关键步骤 [115]。该课题组进一步研究了锰卟啉（MnTPPCl）驱动叔碳基自由基活化 O_2，及催化氧化过程中电子转移机制[116]。在常压及80℃下，环氧化物收率达到59%～99%，酮收率达到50%～96%。研究表明，共底物异丙苯氧化是一个自由基反应，中间产物过氧化氢异丙苯与MnTPPCl相互作用，通过O—O键异裂得到高价锰氧自由基正离子（$Mn^{IV}=O^{\cdot +}$）；该物种夺取底物二苯甲烷的氢原子得到烷基自由基，倾向于从自由基笼中逃离，与残余的$Mn^{IV}=O^{\cdot +}$通过自由基偶联得到二苯甲酮。

佘远斌教授课题组针对仿生催化环烷烃及芳烃侧链的选择性氧化开展了广泛研究。以简单的卟啉钴（Ⅱ）和卟啉锌（Ⅱ）、卟啉钴（Ⅱ）和卟啉铜（Ⅱ）组成二元催化剂，O_2为氧化剂，120℃实现了环烷烃的催化氧化，高选择性合成了环烷醇和环烷酮（＞99%）[117, 118]。此外，以四（4-氯苯基）卟啉氯化锰（Ⅲ）为催化剂、苯甲酸为助催化剂、O_2为氧化剂，140℃实现了环己烷的催化氧化，无溶剂条件下环己烷转化率达到16.4%，己二酸和戊二酸的总选择性达到56%[119]。针对芳烃苄位伯、仲及叔位C—H键的催化氧化，该团队以四（2-甲氧基苯基）卟啉钴（Ⅱ）和NHPI为催化剂，无溶剂条件下甲苯转化率达到35%，苯甲酸选择性达到92%[120]；分别以四（2, 3, 6-三氯苯基）卟啉钴（Ⅱ）及四（4-氯苯基）卟啉锰（Ⅱ）为催化剂，120℃、无溶剂条件下4-硝基乙苯转化率达到47%及52%，4-硝基苯乙酮选择性达到87%及93%[121, 122]；以四（2, 3, 6-三氯苯基）卟啉锰（Ⅱ）为催化剂，70℃、无溶剂条件下异丙苯转化率达到57%，2-苯基-2-丙醇选择性达到70%[123]。以上催化体系对其他芳烃苄位伯、仲、叔位C—H键的催化氧化，均具有很好的底物普适性。

中山大学纪红兵教授研究团队在研究仿生催化氧化的基础之上，开发了在温和条件下仿生催化氧化制备ε-己内酯的连续化中试工艺（300t/a），如图2-4所示，目前已在山东淄博试车成功。该团队针对仿生催化制备ε-己内酯新工艺，攻克了复杂反应动力学、高精度要求的反应器设计、产品分离难度大等技术难题，研究了氧气在反应溶液中的扩散系数，构建了包含传质因素在内的反应动力学模型，设计了100L的中试反应器，同时提出了两段精馏的分离工艺。建立了仿生催化氧化的中试装置（300t/a），实现了仿生催化环己酮氧化制备ε-己内酯的连续化中试工艺。

图2-4
仿生催化氧化制备ε-己内酯300t/a的中试工艺

2.2.3.4 基于 C—X 键生成反应的精细化学品合成

(1) C—N 键生成反应

含 N 有机化合物广泛应用于医药、化工及生物领域，高效生成 C—N 键具有重要意义。胺与不饱和碳碳键加成的氢胺化反应是高效生成 C—N 键的途径之一，然而，烯烃氢胺化的区域选择性控制仍是目前的巨大挑战。鉴于此，何静教授课题组 [124] 提出单原子 Pt 催化烯烃高效反马氏氢胺化的研究思路。利用 LDHs 层板晶格诱导 Pt，通过简单的浸渍法获得 Zn(Al)O 负载的单原子 Pt 催化剂。该单原子 Pt 催化剂成功催化氢胺化反应，通过调变 Pt 分散结构并关联其与氢胺化反应活性，确定了原子级分散的 $Pt(Pt_1)$ 是活性中心；关联单原子 Pt 电子结构与氢胺化反应区域选择性，发现 Pt_1^{2+} 是催化马氏氢胺化活性中心，Pt_1^0 和 $Pt_1^{\delta+}$ 是催化反马氏氢胺化的活性中心，并且获得了高达 331 的 TON 和高达 92% 的反马氏选择性（图 2-5）。该工作为负载型单原子催化剂的设计制备和应用扩展性能强化提供了新方法，具有一定的理论价值和应用前景。

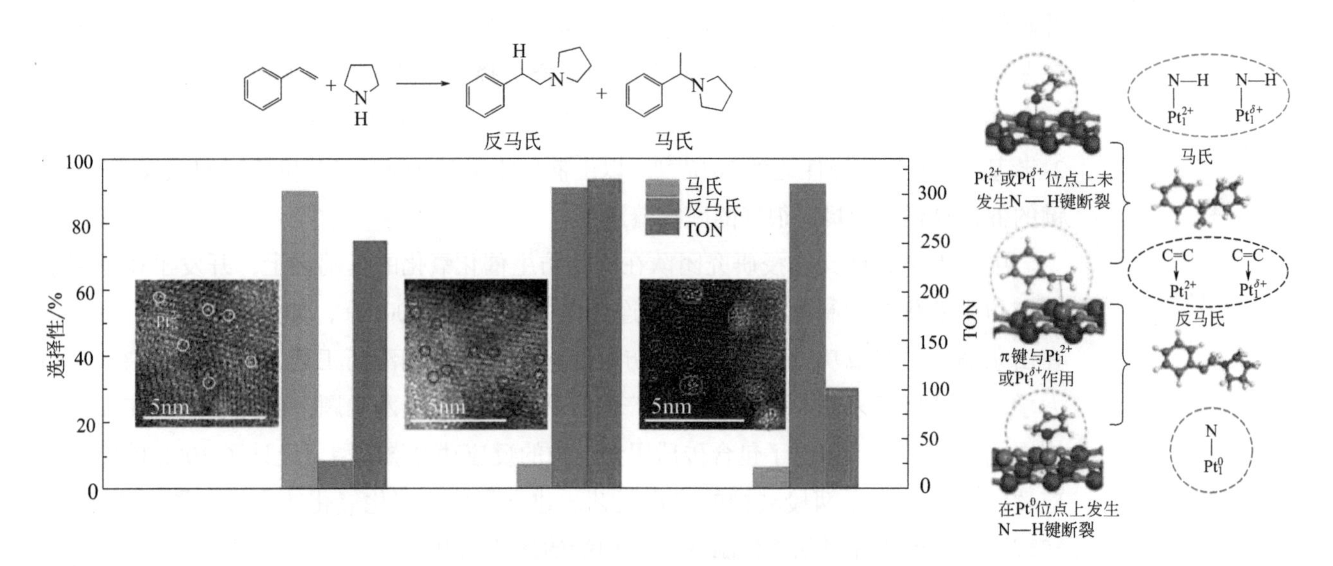

图 2-5

Pt_1^0 和 $Pt_1^{\delta+}$ 位点协同催化反马氏氢胺化构筑 C—N 键 [124]

氮杂环化合物是有机化合物的重要组成部分，约 60% 的药物分子中都含有氮杂环化合物。其中，哌啶环和吡咯啉类化合物在美国 FDA 认证的 25 类含氮杂环药物分子中分别位列第一和第五位。目前，哌啶环或吡咯啉类化合物主要通过不饱和的吡啶或吡咯及其衍生物的加氢制得，原料全部依赖非可再生的石化产品。Zhang 等 [125] 创新性地发展了一种全部或部分由可再生的生物质资源如生物乙醇制备哌啶环和吡咯啉类化合物的通用方法，利用水滑石前躯体法制备了均分散的 Ni-NiAl-LDO 催化剂，首次实现了无外加碱条件下纳米催化的乙醇分子氢转移反应同时构筑 C—C 键和 C—N 键。通过调变 Ni 颗粒粒径以及对 Ni 颗粒进行微量氧处理以对 Ni 颗粒表面进行调控设计，一步实现了醇脱氢、C=C/C=N 键构筑及 C=C/C=N 键转移加氢制备 C—C/C—N 键（图 2-6）。研究表明乙醇脱氢为反应速控步。表界面位的氧化态 Ni 和金属态 Ni 协同催化乙醇脱氢过程，从而实现高选择性制备四氢喹啉（97%）。

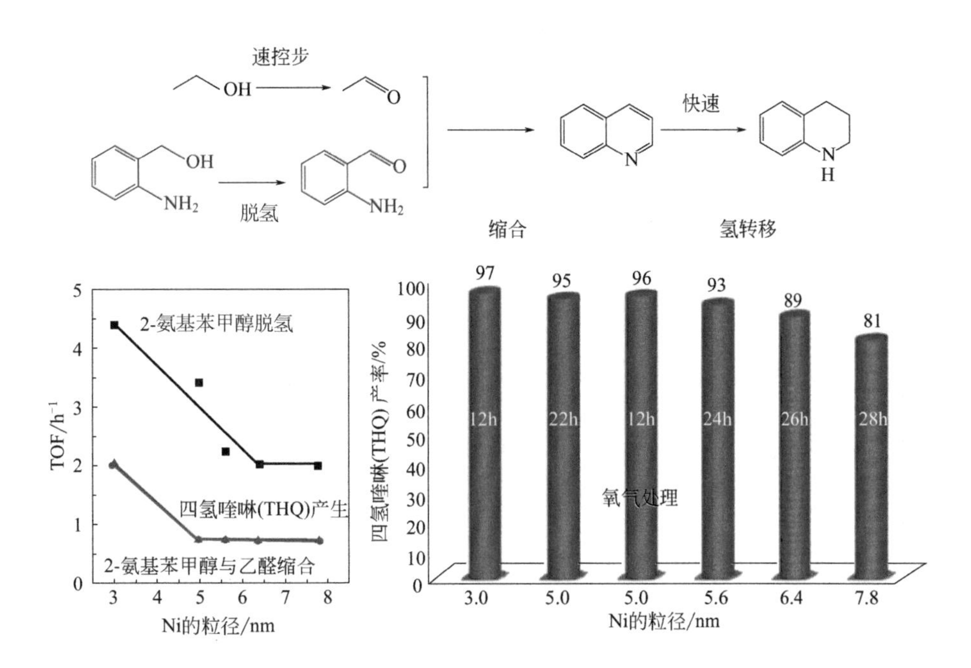

图 2-6

$Ni^{\delta+}$-Ni^0 协同催化乙醇脱氢示意图 [125]

（2）羟醛缩合 C—C 生成反应

羟醛缩合反应是重要的 C—C 键形成反应之一，是指具有 α 氢原子的醛或酮在一定条件下与另一分子羰基化合物发生加成反应，生成 β- 羟基羰基化合物。LDHs 由于主体层板表面丰富的羟基，可用作有效的固体碱催化剂催化羟醛缩合反应。此外，在控制适中温度下（300 ～ 600℃）对 LDHs 进行焙烧可转化为均匀分散的复合金属氧化物（MMOs），基于 LDHs 的记忆效应对 MMOs 进行无 CO_2 条件下的水合复原，MMOs 可重新转化为 LDHs 结构，且其层间引入了大量 OH^-，OH^-可以提供丰富 Brϕnsted 碱性位点的数量和强度，强化反应性能。

Lei 等 [126] 对比研究了尿素法和共沉淀法制备的两种 LDHs 前驱体经焙烧 - 复原得到的层状催化材料的结构及其在丙酮羟醛缩合反应中的性能。研究发现，尿素法制备的 LDHs 经焙烧 - 复原后很好地保持了前体的晶格结构，LDHs 表面的 OH^- 有序排列，提高了催化活性。进一步在 PAO/Al 基质上 [127] 原位生长的 LDHs 多级结构，焙烧 - 复原后也观察到了显著的羟醛缩合反应活性的提高。卫敏教授课题组 [128] 以 CaAl-LDHs 为前体，得到层间为 OH^-的 LDHs 固体碱催化剂（re-CaAl-LDHs）。在异丁醛与甲醛的羟醛缩合制备羟基新戊醛反应中，获得了 61.5% 的羟基新戊醛产率，初始生成速率为 53mmol/(g • h)，明显优于传统固体碱催化剂，且在循环使用 6 次后催化性能没有明显下降。对弱碱性位结构与催化性能之间的关联及 DFT 理论计算，发现这种弱布朗斯特碱性位点作为活性中心可促进产物羟基新戊醛的脱附，抑制了深度缩合副反应，从而显著提高了产物的选择性（图 2-7）。

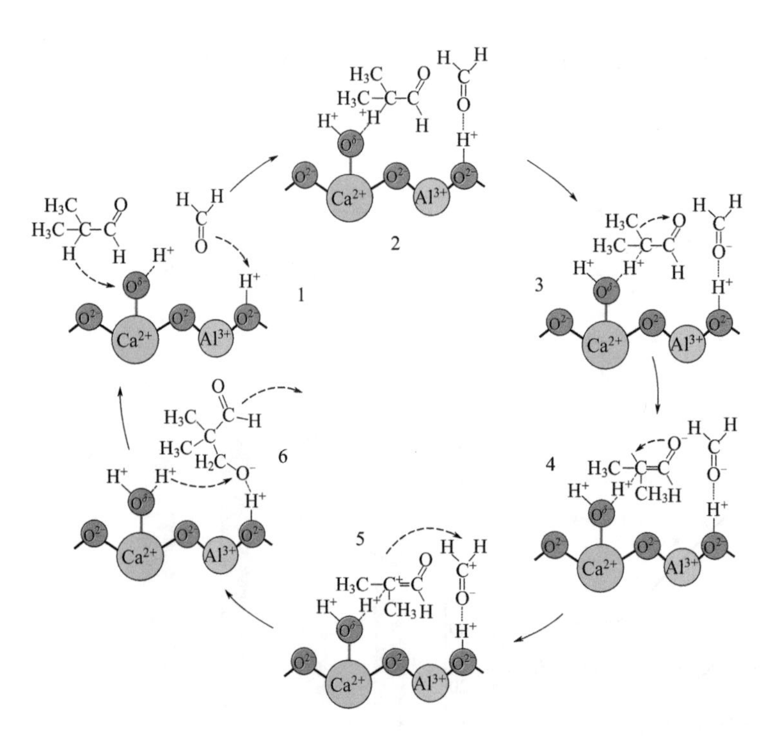

图 2-7

异丁醛与甲醛在 re-CaAl-LDHs 催化剂上的羟醛缩合反应机理示意图 [128]

2.2.3.5 不对称催化反应

（1）超分子插层手性催化材料

不对称催化反应是高效合成单一对映体手性化合物的重要途径之一。传统的均相催化剂在使用过程中经常会出现催化剂失活、反应后难于回收再利用以及反应体系分离过程耗费大量溶剂等问题 [129]。将均相催化剂以物理和化学方法固定在载体表面或孔道，实现均相催化剂多相化，符合绿色化学发展趋势的要求，成为近年来不对称催化领域的研究热点，但其同时也面临巨大挑战：一方面，多相化后，体系不可避免出现相界面，如液 - 液、液 - 固、气 - 液 - 固界面等，界面阻力限制了反应物分子向催化活性中心的扩散，从而导致催化活性大幅度下降；另一方面，对于大多数的不对称催化过程，得到（R）- 产物与（S）- 产物的对映异构体过渡态之间的能量差值非常小，仅为 15kJ/mol[130]，而多相化后载体表面存在多种弱相互作用，如范德华力、氢键以及物理吸附等，与其在一个数量级，很容易进一步缩小两种对映异构体过渡态之间的能量差值，使得不对称选择性被削弱甚至完全丧失 [131]。此外，多相催化体系也经常面临催化剂活性组分反应后流失严重的问题。以上这些成为制约多相不对称催化快速发展的不利因素。因此，如何设计构筑具有高活性及高选择性的多相手性催化材料，定向强化多相不对称催化过程，是有机合成、多相催化、材料科学等领域密切关注的焦点。基于 LDHs 层间阴离子种类和数量的可调控性，在 LDHs 层间引入具有不对称催化活性中心的阴离子，利用层内空间的限域效应和主体层板的协同效应强化手性活性中心的不对称诱导性，利用多相反应体系类均相化和 LDHs 层板功能协同提高反应活性。

超分子插层的方法是实现均相手性催化活性中心固载化的有效途径之一。LDHs 可作为“分子容器”来储存和运输不稳定的生物分子及药物。何静教授课题组[132]采用焙烧 复原法制备得到了L-脯氨酸插层LDHs，应用于苯甲醛与丙酮的不对称羟醛缩合（aldol）反应，获得了与均相体系相当的反应转化率及对映体过量值（enantiomeric excess，简写为ee值），催化剂循环使用三次后，催化活性及不对称选择性保持不变。

层状材料二维层内空间的“限域效应”可提高多相催化反应的不对称选择性。弹性的、可调控的层内空间，一方面可以适应不同大小的手性分子进行静电组装，另一方面对同一手性分子可提供不同的限域环境。除了静电作用，层间的多种弱相互作用如氢键、范德华作用力等的能量差与对映异构体过渡态之间的能量差相近，进而影响到对映体选择性。何静教授课题组[133]将手性酒石酸钛配合物通过静电作用引入LDHs层间，将其应用到甲基苯基硫醚的选择性氧化反应的不对称选择性中，反应的不对称选择性从均相的几乎没有增大到50%，LDHs层内空间的限域效应是反应不对称选择性从无到有显著突破的关键因素。通过溶剂溶胀调控层内受限环境，强化不对称选择性[134]。LDHs层间通道高度可以被调控，溶胀实验证实反应能够在层内空间发生。通过调控溶剂极性可调控层间通道高度，进而调控层内空间的限域效应。关联溶胀后的层内通道高度和ee值发现，ee值随溶胀后通道高度的减小而增大，进一步说明LDHs层内空间起到了明显的空间限域效应。进一步采用层间原位络合的方法制备酒石酸钛配合物插层LDHs，利用层内限域空间限制金属配合物的配位结构，从而提高反应的不对称选择性[135]。

受到均相催化剂配体设计的启发，何静教授课题组[136]创新性地提出以具有二维有序刚性层板的LDHs作为配体大取代基，利用LDHs二维层板的空间/电子协同效应促进不对称选择性的新思路（图2-8）。以LDHs作为金属配合物中L-氨基酸配体的大取代基，将L-氨基酸以一定的排布方式引入层状材料LDHs层内空间，作为金属中心的配体与金属（钒、锌）原位配位，提高了钒中心和锌中心催化的烯丙醇环氧化反应[136]的不对称选择性[137]。L-谷氨酸插层LDHs原位配位钒体系催化的2-甲基-3-苯基-烯丙醇不对称烯丙醇环氧化反应中，顺式产物的ee值由均相的16%提高到68%，反式产物的ee值由53%提高到90%以上。L-谷氨酸插层LDHs原位配位锌体系催化硝基苯甲醛和环己酮的不对称羟醛缩合反应，反式产物的ee值由均相的0上升至70%，实现了从无到有的突破。LDHs插层结构氨基酸配体可直接以固-液分离方式通过简单过

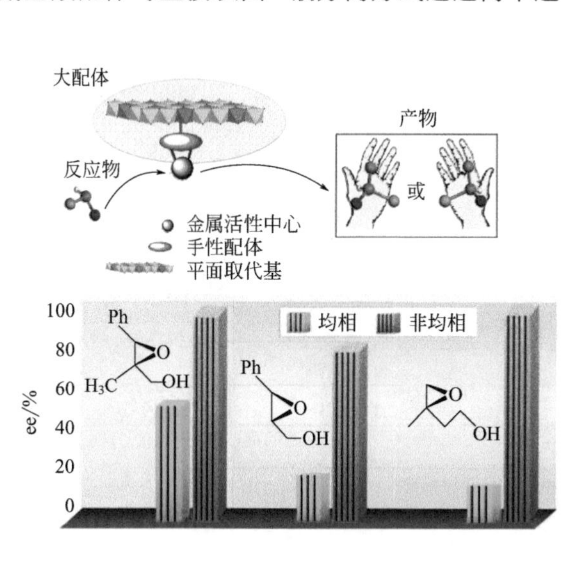

图2-8
二维纳米片作为刚性取代基显著提高钒催化烯丙醇环氧化反应的不对称选择性[136]

滤实现回收，三次重复使用产率和主产物 ee 值保持不变。在此基础上，研究了 LDHs 作为大取代基的不同 L- 氨基酸体系的多重主客体相互作用与催化剂重复使用性及活性中心稳定性的关联 [138]。围绕空间效应和电子效应两方面对催化体系做了大量的理论计算，探讨了主体层板和多客体之间氢键作用提高不对称选择性的机理 [137, 139]。

当 LDHs 层内空间无限增大的时候，层状材料可实现剥离，得到单个或几个以片层形式存在的 LDH 片。层板剥离可使位于层板及层间的催化活性位得以充分暴露，更易被反应物所接近，接近均相催化体系水平，成功实现了多相催化反应的类均相化过程。进一步以水为介质对氨基酸插层 LDHs 进行剥离，以水溶性的 $VOSO_4$ 为钒源，催化反应结束后，胶体催化剂位于上层水相，产物则分散在下层有机相，通过简单的液 - 液分离直接实现了胶体催化剂的回收 [136]。

在 LDHs 层板的类取代基作用提高反应不对称选择性工作基础上，该课题组 [140] 进一步提出利用 LDHs 的空间 / 碱性协同同时提高活性和区域选择性，在以 LDHs 层板改性氨基酸作为 Rh 中心配体催化 C—H 键活化反应体系中，LDHs 层板除了提供大的位阻以提高不对称选择性（> 20 : 1）外，同时还提供碱性以提高反应活性（> 99%），如图 2-9 所示。在肉桂醛的不对称环氧化反应中，LDHs 层板作为胺的刚性取代基提高反应不对称选择性的同时，还利用层板碱性协同提高了反应的转化率和产率 [141]。何静课题组 [142] 基于前期超分子插层手性催化材料的研究工作，为《中国科学：化学》杂志社撰写了特邀综述文章，对近几年来基于超分子插层手性催化材料的研究进展进行了总结。

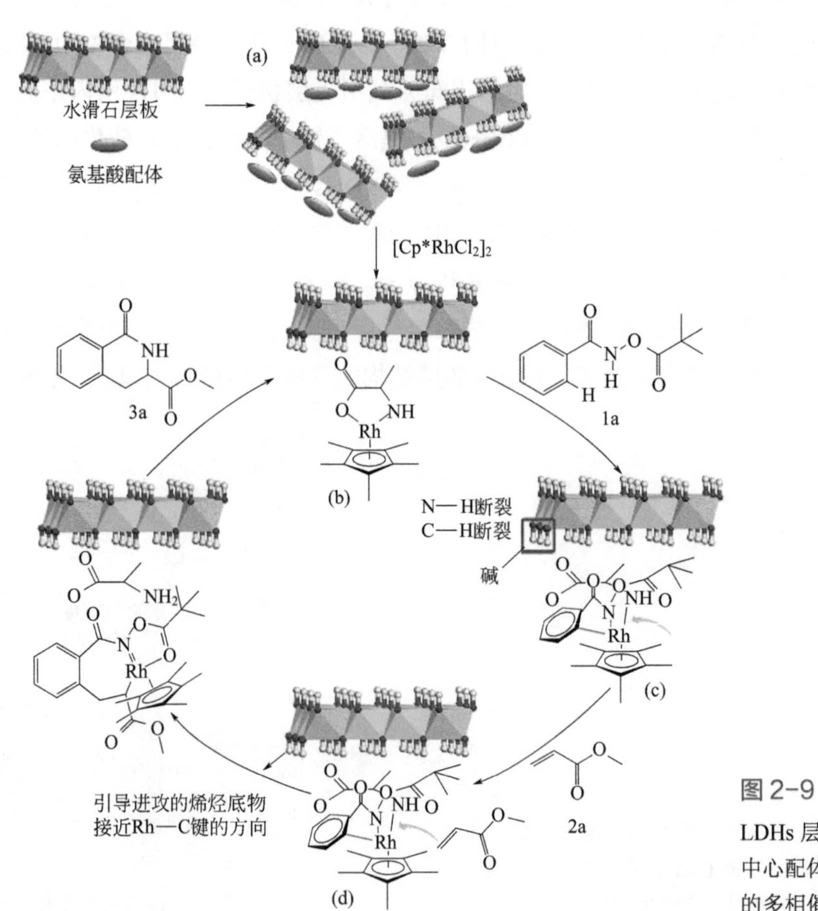

图 2-9
LDHs 层板改性氨基酸作为 Rh 中心配体催化 C—H 键活化反应的多相催化机理 [140]

（2）基于新型多孔催化材料的多相手性催化材料

金属有机框架（MOFs）、金属有机多面体（MOPs）、共价有机框架（COFs）与氢键有机框架（HOPs）是近年来兴起的几种新型晶态多孔材料。相对于沸石、活性炭等传统多孔材料，这些新型多孔材料在催化应用上拥有着独特的优势。例如，这几种类型的新型多孔材料是由无机金属簇或/和有机配体之间通过共价键、配位键或氢键连接而成的。这使得人们可以通过对其结构基元在分子层面上的设计来精确地引入催化活性中心，并控制其种类、位置与密度，为提升其催化活性，实现其对底物的识别 / 选择提供了结构基础 [143]。另外，基于分子轨道理论、软硬酸碱理论等理论和实践的指导，研究人员已合成出了一系列具有良好热稳定性、化学稳定性和 / 或机械稳定性的新型多孔材料，为这些材料作为催化剂的实际应用奠定了基础。

近年来报道的新型多孔催化剂研究相关代表性工作如下。

2015 年，Jiang 等 [144] 报道了一例对高温、酸、碱和各种有机溶剂具有强耐受能力的 COF 材料——TPB-DMTP-COF。他们通过配体修饰和 Click 反应在该 COF 框架上引入具有催化活性的手性基团。修饰后的 COF 材料（$[(S)\text{-Py}]_x$-TPB-DMTP-COF）可以作为迈克尔加成反应的催化剂，对一系列底物都表现出了极高的立体选择性。这为进一步开发具有手性催化活性的新型多孔材料提供了重要参考。

2011 年，Fujita 团队 [145] 通过 Pd^{2+}、乙二胺与联三吡啶配体合成了一例笼状 MOP，并通过配体交换的方法用手性分子取代了末端配位的乙二胺分子，赋予了该 MOP 笼手性。在荧蒽（fluoranthrene）与 *N*- 环己基马来酰亚胺（*N*-cyclohexylmaleimide）分子被吸附到该 MOP 笼内部的过程中，由于 MOP 自身的低对称性，这两种分子只能以特定的构型被吸附到 MOP 笼中。随后，在光照的条件下，这两种分子之间可发生 [2+2] 环加成反应，所得的产物也具有了特定的立体构型。

2019 年，Liu 等 [146] 利用含多金属位点的配合物分子与含多个手性中心的环糊精分子之间的氢键作用构建了一例 HOP 材料。其中，金属位点呈现的路易斯酸催化活性，和手性位点对反应路径提供的立体选择性，二者协同作用，使得该催化剂对一系列吲哚 - 醌肟之间 [3+2] 的环加成反应实现了最终产物近 100% 的立体专一选择性。

随着化工产业不断细分，不同分支产业对催化剂会有着各自不同的需求。未来新型多孔催化剂的研究重点将围绕着如何针对性地为不同化工过程涉及的化学反应步骤，设计及合成具有高反应活性和专一选择性的催化剂。同时，通过分子设计、性能评价、理论模拟等手段进一步研究催化剂的构效关系，从而为未来开发新型多孔催化剂提供更多的基础理论指导。

（3）酶设计与分子生物催化

酶是一种高效催化剂，能加快化学反应的速度，最高可达非酶催化反应速度的 10^{12} 倍；而且酶催化剂的用量较少，一般摩尔比在 10^{-3} ～ 10^{-4} 水平甚至更低。酶催化反应还具有化学、区域和立体选择性。许多酶的反应不仅仅限于它们的天然底物，通常经过适当结构改造之后可以扩展到非天然底物。现代生物技术的迅猛发展，为酶的分子设计、高效制备以及生产应用提供了科学基础和技术支撑，使得更多工业规模的生物

催化合成成为可能。

由于天然酶的结构和性能是其对自然底物和环境进行适应性进化的结果，故通常不能全面满足工业底物生物转化的要求。通过蛋白质工程手段对天然酶分子进行重新编程和结构改造，使其满足工业制造的要求，是生物工程研究的重要方向。获得 2018 年诺贝尔奖的定向进化技术已经成为蛋白质改造的一种通用手段，但随机突变和盲目筛选不仅费时费力，而且效率低下；基于结构机理的理性设计，特别是聚焦于酶活性中心区域的迭代和组合进化技术，则可有效降低酶分子改造的工作量和盲目性。未来随着生物信息学和人工智能技术的进步，可望对酶的序列 - 活性关系实验数据进行统计分析和机器学习，进而对单点突变库进行有效鉴定和智能重组，可望以最小的工作量获得更理想的突变体 [147]。

多酶级联催化是模拟自然界复杂化合物的体内生物合成过程，将不同的酶组合起来，实现更复杂产物的合成目标。相比于其他催化剂，由于不同酶的反应条件比较接近，因此兼容性更好；酶的底物专一性强，因而更有利于实现多成分组合反应的精确调控 [148]。通过结构设计大幅度提高单个酶的催化效率或者拓展酶催化的底物范围已成为可能 [149]，这为提高多酶组合催化的效率提供了必要条件。因此，多酶组合催化已成为当今生物催化的研究热点，众多成功案例不断涌现 [150]。

例如，为了开发熊脱氧胆酸的酶法合成途径，许建和等构建了一条两步四酶的合成途径（图 2-10）[151]，通过“两步一锅法”将廉价易得的鹅脱氧胆酸（CDCA）完全转化为药用价值更高的熊脱氧胆酸（UDCA），且无中间产物（7-Oxo-LCA）的积累，从而简化了终产物的提取分离，为熊脱氧胆酸的合成构建了一个高效、绿色的多酶催化体系，为其产业化应用奠定了科学基础。

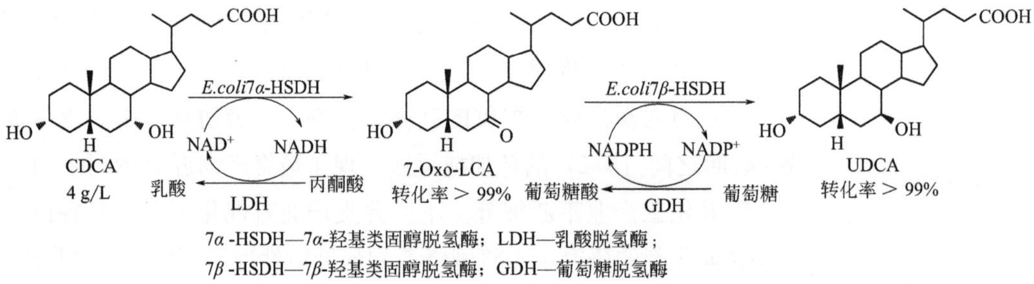

COOH　COOH　COOH
*E.coli*7*α*-HSDH　*E.coli*7*β*-HSDH
HO　H　OH　NAD+　NADH　HO　H　O　NADPH　NADP+　HO　H　OH
CDCA 4 g/L　乳酸　丙酮酸　LDH　7-Oxo-LCA 转化率 > 99%　葡萄糖酸　葡萄糖　GDH　UDCA 转化率 > 99%

7*α* -HSDH—7*α*-羟基类固醇脱氢酶；LDH—乳酸脱氢酶；
7*β* -HSDH—7*β*-羟基类固醇脱氢酶；GDH—葡萄糖脱氢酶

图 2-10
多酶级联两步法合成熊脱氧胆酸 [151]

胺类化合物是重要的合成砌块，在手性药物分子中约 40% 含有手性胺单元。Rother 等设计了硫胺素二磷酸依赖的乙酰羟酸合酶和转氨酶的级联反应，实现了由苯甲醛和丙酮酸连接后胺化合成手性羟基胺 [152]。李智等构建了三种整细胞催化剂，分别组装了 4 ～ 8 个酶，实现了从苯乙烯类底物出发一步转化合成手性 *α*- 羟基酸、1, 2- 氨基醇和 *α*- 氨基酸 [153]。

酶固定化载体材料设计中，载体材料的化学结构和效应对酶催化剂性能的影响机制是研究的关键。化学结构的设计可以有效提升酶在非常规催化环境下的活性。气相酶催化在生物医疗、环境治理、香精香料合成等领域有重要应用价值。然而，在气相无水环境下酶分子的结构刚性使其催化活性极低，给气相酶催化的应用带来了巨大挑战。研究工作以氧化石墨烯气凝胶作为载体进行酶的固定化，通过载体材料化学结构的设计，以氧化石墨烯和蛋白表面氨基酸残基形成的氢键作用替代水分子和蛋白分子间的氢键，构造了气相环境中酶分子周围的“类水”环境。氧化石墨烯气凝胶固定化脂肪酶LGA［图 2-11（a）］在气相无水环境中的催化活性达到其最优水活度的 70%，在 20℃时连续稳定催化超过 500h 保持活性不变［图 2-11（b）］，而 CALB 酶粉在此条件下完全丧失活性。该方法的有效性在皱褶假丝酵母脂肪酶（CRL）和猪胰脂肪酶（*Porcine pancreatic* Lipase，PPL）中也都获得了验证[154]。

化学结构的设计可以有效兼顾固定化酶的稳定性和活性。研究发现无机晶体、金属 - 有机框架、高分子等对酶分子的限制性空间包埋均能够稳定蛋白构象，酶的稳定性均获得显著提高，揭示了催化剂限域效应对酶稳定性的影响机制[155-159]。在此基础上，在金属 - 有机框架原位包埋酶分子的过程中，调控有机配体浓度可以在载体中产生配位缺陷[160]，通过同步辐射 X 射线吸收精细结构谱表征 Zn^{2+} 和有机配体 2- 甲基咪唑间的配位缺陷；分子动力学模拟分析表明该配位缺陷会导致载体中产生介孔，采用冷冻电镜断层成像技术直接观察到该配位缺陷使得载体中产生了 2 ～ 8nm 介孔［图 2-11（c）］；酶催化反应 - 扩散模型计算进一步表明介孔有利于酶底物的传质，最终实验测定证实了葡萄糖氧化酶、脂肪酶、过氧化氢酶，在葡萄糖氧化、酯水解、过氧化氢分解反应中的表观活性均得到显著提高［图 2-11（d）］，实现了固定化酶稳定性和活性的兼顾[161]。

化学结构的设计可以有效改善酶和金属催化剂的适配性。催化科学前沿研究的一个重要方向是生物催化与化学催化的融合，满足生物制造、药物生产、医学检测等重要领域中，复杂、级联的生物化学反应对新催化技术的迫切需求。温和条件下生物催化和化学催化的高效耦合是需要解决的挑战性问题。研究工作以脂肪酶 -Pluronic 结合物为载体，在结合物内部原位还原 Pd^{2+}，可控合成了 Pd 亚纳米团簇［图 2-11（e）］，最小粒径达到 0.8nm，并且粒径均一。原位动态光散射分析表明，采用传统方法，仅以酶分子作为载体，酶 -Pd 颗粒复合物的尺寸在合成过程中快速增长；而采用酶 -Pluronic 结合物作为载体，则可以有效控制 Pd 团簇在较小尺寸，实现限域还原。同步辐射 X 射线吸收精细结构谱研究发现，随着 Pd 颗粒尺寸减小，表面 Pd—O 键增加，酶分子表面氨基酸残基中氧原子与 Pd 颗粒的相互作用增强，表明酶分子对 Pd 团簇结构的调控和稳定作用。在 45 ～ 70℃范围内，Pd 亚纳米团簇在胺外消旋化反应中的催化活性均显著高于商业催化剂 Pd/C，并且其活性随着 Pd 颗粒尺寸的减小而增加，存在明显的尺寸效应，密度泛函理论计算发现 Pd 颗粒尺寸减小使得表面 Pd—O 键增加，降低了反应活化能。在 55℃，尺寸为 0.8nm 的 Pd 亚纳米团簇的活性达到了 Pd/C 的 52 倍，这一温度也正好是酶催化的最适温度，解决了二者适配的难题。将脂肪酶 -Pd 亚纳米团簇（0.8nm）复合催化剂应用于（*R*，*S*）-1- 苯乙胺的动态动力学拆分，在 55℃反应 10h，获得接近 100% 转化率和 99% ee 对映选择性，反应速率比采用诺维信固定化脂肪酶 Novo435 和 Pd/C 两种商业化催化剂的简单组合提高了 10 倍［图 2-11（f）］。将复合催

化剂应用于其他胺类化合物（*R*，*S*）-1- 氨基茚满、（*R*，*S*）-1, 2, 3, 4- 四氢 -1- 萘胺的动态动力学拆分，耦合催化效率同样显著高于商业催化剂。采用多种 Pluronic 高分子、酶分子、金属前体（Pd、Au、Ag、Ru 等），都可以制备酶 - 金属亚纳米团簇复合催化剂，并且具有高耦合催化效率，证实了该方法具有较好的普适性 [162]。

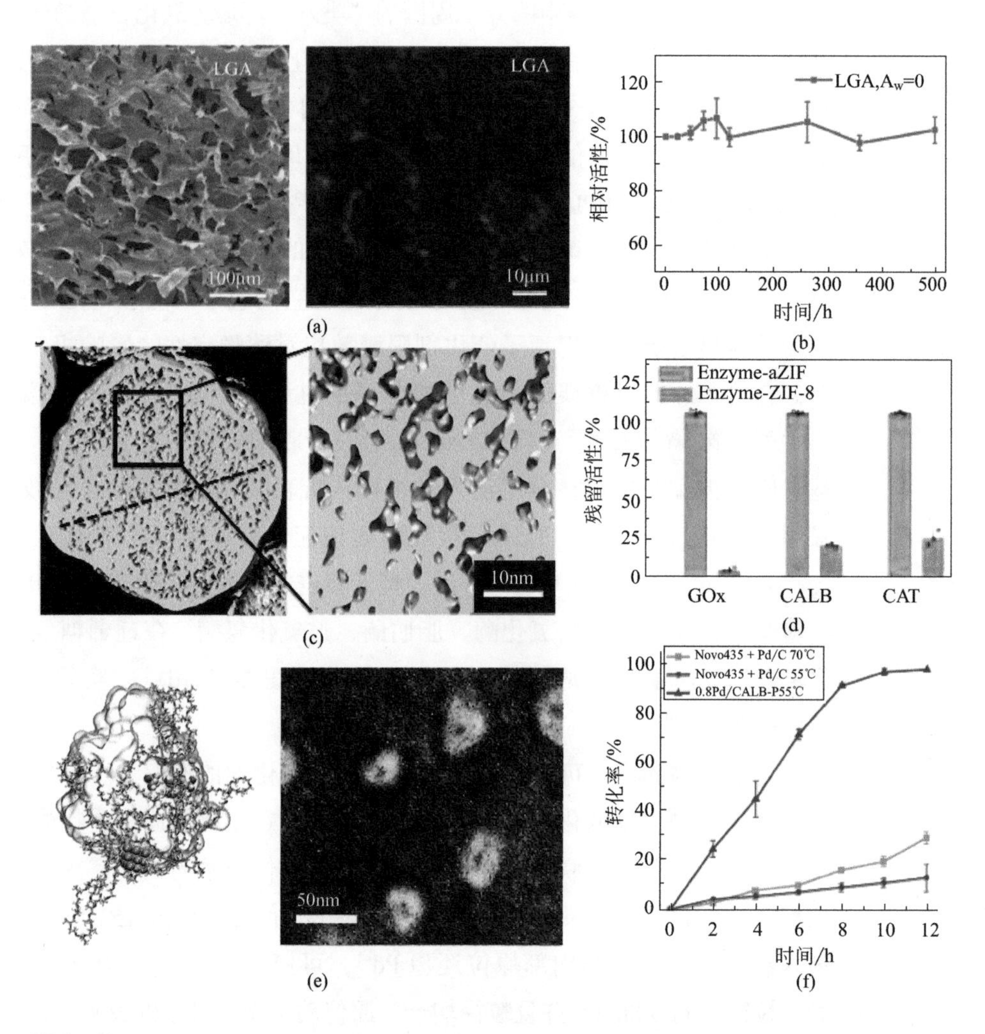

图 2-11

氧化石墨烯气凝胶固定化酶的扫描电镜和激光共聚焦照片（a）[154]；气相无水环境中氧化石墨烯气凝胶固定化脂肪酶连续稳定催化（b）[154]；冷冻电镜断层成像观察酶 - 无机晶体复合物中缺陷形成的介孔（c）[161]；缺陷型载体中葡萄糖氧化酶、脂肪酶、过氧化氢酶的表观活性与非缺陷型载体中对比（d）[161]；脂肪酶 -Pluronic 结合物内部原位形成 Pd 亚纳米团簇的分子模拟结构示意图和透射电镜照片（e）[162] 和脂肪酶 -Pd 亚纳米团簇复合催化剂应用于（*R*, *S*）-1- 苯乙胺的动态动力学拆分过程（f）[162]

LGA— 氧化石墨烯气凝胶固定化脂肪酶；Enzyme-aZIF—缺陷型载体固定化酶；Enzyme-ZIF-8—非缺陷型载体固定化酶；GOx—葡萄糖氧化酶；CALB—南极假丝酵母脂肪酶 B；CAT—过氧化氢酶

2.2.4 未来发展方向与展望

经过科研人员多年的努力与付出，如今我国已发展成世界催化大国。但从催化大国到催化强国仍需全体催化从业人员的共同努力。催化作为一个古老的学科有着丰富的学术和技术积累，是一门应用性的学科，是多个学科之间协同作用，它的未来依赖于工业界和学术界的共同努力，在对新构思、新方法、新技术的长期共同认识的基础上，需要更加紧密地结合和相互作用。在此过程中，学术界产生更多的新知识，工业界开发新的催化工艺，创造新的财富。创新是促进此种协同的必经之路。可以预见，未来将不断涌现出过程的创新、技术的进步，从而使催化跃升到一个新的高度。

以阴离子插层结构材料水滑石为例，其结构上多因素调变性赋予了水滑石极大的结构设计空间，将其各种功能组合，在催化领域已经展现出了广阔的应用前景，正受到越来越广泛的关注。以 LDHs 为前驱体制备的高分散硼酸酯固体酸催化剂、高分散负载型金属加氢催化剂、多酸插层 LDHs 甘油酯化催化剂及稀土催化裂化硫转移剂已实现产业化的应用。此外，针对催化重整、选择性加氢反应、生物质的高效转化、海水制氢等重要催化转化过程，可控制备基于 LDHs 前驱体的高分散催化材料，并实现催化反应过程的高转化率、高选择性、高稳定性等目标，仍是今后的研究重点。

2.3 高效分离材料及传递机制

化工产品制备通常涉及多种分离单元操作过程，其中，精馏、蒸发、干燥等操作的能耗占到了化工生产总能耗的 50% ～ 70%。以膜分离、吸附分离等为代表的不依赖气液相变的分离过程，可显著降低分离能耗，推进化工过程绿色化进程。同时，随着社会发展过程中对超高纯化学品、清洁能源、生物医药、特种化学品的需求日益增加，高效分离材料的精准设计制备以及变革性分离技术的开发是未来发展的重要趋势，也是解决我国高端产品依赖进口的核心任务之一。

因此，不断开发新型分离技术、研制高效分离材料并揭示其与分离体系的相互作用机制、强化传递分离过程、提高生产效率、降低过程能耗，是推进化工产业向绿色化、高端化升级的重要方向。近年来，在高效气体分离、液体分离膜材料、高效吸附材料和面向生物医药的分离材料设计和应用等领域形成了具有特色的系列研究成果，解决了分离材料高效筛选与设计合成、材料微尺度结构调控、客体分子传递扩散机制调控等关键科学问题，有力推动了高效分离材料设计理论、规模制备和系统应用等方面的重要突破和跨越式发展。

2.3.1 发展现状与挑战

化工分离过程依赖高效分离材料创制和规模化应用技术。以高效分离膜、高效吸附剂以及高效生物分离介质为代表的高效分离材料，在化工、能源、环保、生物医药等领域具有重要意义，受到广泛关注，同时也形成了从核心分离材料创制到传递机制研究的较系统的发展模式。

例如，选择性透过膜通过在其两侧施加推动力（如压力差、蒸气分压差、浓度差、电位差等），使得原料侧组分有选择地透过膜，从而达到分离、纯化和浓缩的目的，具有分离效率高、能耗低、环境友好与设备集约化程度高等优点。我国膜技术研究与应用已有 50 年历史，气体膜分离主要包括气体分子分离、气汽分离及气固分离等过程，在环保、能源、石油化工及传统产业改造等领域发挥着越来越重要的作用。随着气体

分离膜技术的积累与发展，目前已成功应用于有机蒸气回收、氢气回收、天然气净化、气体除尘等领域[163, 164]。另外，烃类气体分离膜，氢气分离、纯氧分离的高温混合导体透氧膜，以及高温氢气分离膜与膜反应器等均呈现良好的发展前景。

传统液体分离膜材料主要包括聚合物和分子筛，已经得到了广泛的应用。近年来，液体分离膜技术在特种分离领域也取得了长足的发展，例如渗透汽化、正渗透、膜蒸馏、燃料电池等。随着社会和经济的发展，人们对能源和环境等领域的需求越来越紧迫，发展高效清洁的膜分离技术已成为当前的研究热点，液体分离膜在海水和苦咸水淡化、水体软化、饮用水制备、工业废水处理、食品浓缩与精制、医药中间体回收等领域具有越来越重要的影响。随着纳米科技和材料科学的不断发展，新型液体分离膜材料不断涌现，除了传统的聚合物和分子筛材料以外，新型纳米材料、多孔材料和二维层状材料等都已被用于液体分离膜的制备，展现出较大的应用前景[165-169]。

高效吸附材料的设计制备是吸附分离技术的核心，直接影响产品的质量、生产成本以及在国际市场上的竞争能力，也是目前工业界和学术界的研究前沿。吸附材料的发展历史先后经历了无序多孔材料（包括早期的天然吸附材料，如活性铝土矿和硅藻土等；人工合成无序多孔材料，如硅胶、活性氧化铝、吸附树脂等）、有序无机骨架材料（包括沸石分子筛、磷酸盐等）、无机 - 有机骨架材料（MOFs）以及共价有机框架材料（COFs）。预计到 2021 年，全球吸附剂市场将达到 45.6 亿美元，复合年均增长率为 6.3%。随着社会发展过程中能源结构的调整和新兴产业的快速发展，面向新需求的吸附材料的精准设计及制备至关重要。近年来，吸附材料在烯烃 / 烷烃分离、二甲苯分离以及污染物脱除等领域取得了重要的研究进展，显示出广阔的应用前景，亟待解决其工业化应用过程中存在的瓶颈问题。吸附材料的应用已由吸附、分离、离子交换等传统领域向能量存储、环境治理、生物医药等高新技术领域拓展。

我国生物制药所需的分离介质，90% 以上从国外进口，主要有 3 大类，分别为多糖（琼脂糖、葡聚糖等）、高分子聚合物（聚苯乙烯、聚甲基丙烯酸酯类等）和无机物（硅胶等），其中多糖类介质生物相容性好，应用最为广泛。但多糖类介质属于“软胶”，存在耐压低和流速低的不足，开发高交联技术、提高琼脂糖浓度、采用复合基质等方式，是提升多糖类介质机械强度和流速的重要手段。此外，由于制备技术的限制，现有的分离介质还存在粒径不均一、孔径小等问题，影响了其应用性能。机械搅拌法制备的微球粒径不均一、分辨率低，种子溶胀法、膜乳化法是实现均一微球制备、提高介质分辨率的有效方法，也是现阶段生物分离材料研发的主要方向。

目前存在的重大问题与挑战主要总结为以下几点。

（1）高性能分离材料的分子合成及规模化研制

针对气体分离、液体分离等领域对高性能膜材料的需求，从分子结构设计出发，揭示聚合物主链结构、扭曲非共平面结构单元、MOFs、COFs 等与膜材料溶解性、稳定性、渗透性等核心性能的关系，优化高性能膜材料的设计理论，实现膜材料的规模化研制。例如，开发兼具超高渗透速率和选择性的 CO_2 分离膜材料，同碳数烃分离的高渗透速率、高稳定性的分子筛膜材料，耐溶剂、耐温性能、耐酸碱性能优异的液相分离膜材料，精准有机分子吸附和捕集的吸附材料，病毒样颗粒疫苗、病毒载体等超大生物分子纯化的超大孔介质、膜色谱介质材料等。

（2）高效分离材料微观结构精准调控及传递机制

高性能分离材料内部的微观结构与分离体系间有复杂的作用机制。例如气体分离的复合膜通常包括涂层、基膜表层、表层孔、涂层嵌入段和支撑层等多重传质阻力结构；液体分离膜中新型二维材料膜内限域传递通道和传递控制机制尚不明晰。为最大限度发挥分离材料本征分离性能，需要对超薄、无缺陷、超高孔隙率、二维层状等微观结构进行精准构筑，实现可控制备；同时，需要借助分子模拟建立传递机制调控模型、依靠大科学仪器对微观结构进行精准解析，探究膜材料微结构形成机理与控制方法，将经验与半经验的方法相结合，在高效分离材料的设计基础理论方面取得新突破。

（3）高效分离过程准确模拟及动力学强化理论

实现面向具体分离体系的、具有工业应用价值的高效分离材料和过程定向设计，建立新的高效、绿色分离过程是新时期化工、生物医药、能源领域分离的重要挑战。例如，相比传统吸附剂的物理吸附分离方法，基于弱化学键的可逆吸附分离新策略可以打破传统限制；受限空间内的分子取向与扩散传递，是突破分离材料选择性、通量上限的重要方向。分离过程的准确模拟对于相关动力学过程强化有重要意义。此外，以大量实验数据为基础，开发人工智能的高效分离过程设计及性能预测，将在近期成为新的挑战和发展方向。

（4）原创性分离材料和制备技术发展

以气体分离膜、液体分离膜、吸附剂、生物分离介质为代表的高效分离材料有非常广阔的应用前景，其市场和产业价值巨大。然而，目前相关分离材料的核心分子结构、设计方案和制备技术国有化率还不够高，一定程度上受国际垄断和专利制约。需要着力研发具有高度自主知识产权、原创性结构和新功能的系列分离材料、制备技术，实现该领域的跨越式、引领式发展。

2.3.2　关键科学问题

不同需求和分离体系的分离材料，其面临的关键科学问题有其特殊性和针对性，具体表现为以下几方面。

① 气体分离膜材料设计与制备的关键科学问题。建立面向实际应用过程与需求的膜材料设计理论，解决气体分子与膜材料相互作用及气体在膜材料中的传递机制不明晰的问题；进一步，建立气体分离膜微结构精准调控技术，解决实验室制备的膜材料性能与规模化后的工业产品性能差别较大的共性问题，关键是建立定量控制制备技术；此外，气体分离膜在苛刻环境下运行稳定性的评价方法也是一个关键问题。

② 液体分离膜设计制备和应用过程中的关键科学问题。分离传质通道的构建与结构优化，膜孔的传质阻力决定了膜的分离性能，降低传质通道阻力是制备高性能分离

膜的关键；分离膜的选择性和渗透性之间具有博弈效应，难以同时获得高选择性和高渗透性的分离膜；膜表面形貌和化学性质的调控，例如表面粗糙度和亲疏水性等，对于提高膜的分离性能和抗污染性具有重要意义。

③ 高效吸附材料的研制和工业应用中的关键科学问题。传统基于实验的多孔材料设计研究范式工作量庞大，难以满足当前快速且多样化的需求，亟需发展基于人工智能的新型吸附材料，以实现高效的筛选、设计及合成；深入研究吸附材料与吸附质之间的相互作用方式及强弱、受限空间内的分子取向与扩散传递机理以及构效关系，是遴选吸附剂材料的关键问题；此外，吸附材料宏量合成过程中的传质、传热与晶化动力学，多孔材料的成型、造粒或器件化新方法和新工艺，也是关键科学问题之一。

④ 生物分离介质研制和应用的关键科学问题。粒径均一性控制和结构精准调控、与目标生物分子相匹配的高效分离工艺是关键科学问题。分离材料的粒径均一性和结构决定了其应用性能，无论是微球的粒径大小与均一性、孔道大小与分布、交联度与机械强度，还是功能基团密度与间隔臂，都对其分离性能具有重要影响。基于目标生物分子的特性、目标分子与体系中其他分子的性质差异，尤其要特别关注生物分子的结构稳定性和失活问题，设计和目标分子相匹配的分离介质，设计和建立高效的分离纯化工艺，实现高纯度、高活性生物分子的快速制备。

2.3.3 主要研究进展及成果

2.3.3.1 气体分离膜材料设计与应用

（1）氢分离膜

氢气在石油化工过程的诸多工艺中发挥着重要作用，氢气组分的回收利用对于提高整体炼油系统的经济性意义重大。与低温精馏法、变压吸附法相比，采用氢气分离膜技术从炼厂气中回收氢气，具有能耗低、投资小等优点，且技术可靠度高、性能衰减率小，特别适用于氢气含量高于 50%（摩尔分数）的原料气的处理[170]。2013 年，中石油大连石化分公司基于大连理工大学研发的“氢气分离膜 +PSA 组合工艺”[171]建造了处理能力达到 83000m^3/h 的富氢气体回收装置，增产氢气达 44000m^3/h，投资回收期仅为半年，间接实现二氧化碳减排 15.7 万吨 / 年，经济效益超 3 亿元 / 年（图 2-12）；同时，回收 H_2 还使燃料气氢浓度降低，燃料加热炉运行更稳定；富氢回收单元投产也使氢量的变化快速反应至氢网，使氢网压力控制更为平稳。最近，瑞士洛桑联邦理工学院制备的 RUB-15 沸石超薄膜在 250 ～ 300℃的高温下仍可实现 H_2/CO_2 的高效分离（选择性高达 100%），且 H_2 渗透率高于 100GPU[172]。美国伯克利国家实验室基于氢键界面作用力构筑了 Zr-MOF/ 聚酰亚胺混合基质膜，具有优异的气体渗透性，其 H_2/CH_4、H_2/N_2 分离性能超过了当前罗宾森[3]上限，且膜制备工艺温和，有望应用于大规模高效氢气分离领域[173]。大连理工大学针对传统干湿相转化制膜过程中致密层厚度与皮层缺陷的制衡效应，建立具有梯度湿空气环境的新型聚酰亚胺膜制备工艺，制备出厚度小于 80nm 的一体化超薄分离层，氢气渗透速率提高近 1 倍，为进一步降低炼厂氢回收成本提供了新契机[174]。

镇海炼化|氢气回收

大连石化|富氢气体回收

辽河石化|高纯氢制备

图 2-12
氢分离膜代表性工业应用

（2）二氧化碳分离膜

天然气、沼气、页岩气等中含有的 CO_2 具有腐蚀管道和降低燃点值的缺点，需要脱除；燃烧等过程产生的 CO_2 会导致温室效应，需要捕集，因此采用膜技术进行 CO_2 分离成为研究热点。南京工业大学[175]开发的新型 ZIF-7-NH_2/XLPEO 混合基质膜在天然气脱碳过程中表现出极大的应用潜力，显著提升了原有膜材料的分离选择性的同时，通过 ZIF-7-NH_2 与 XLPEO 之间的螯合作用，也有效改善了分离膜的抗塑性。中国科学院过程工程研究所制备了含有功能化离子液体的复合膜，通过化学改性离子液体提升离子液体对 CO_2 的强吸附作用，可显著提升 CO_2 的渗透率[176]。天津大学采用金属诱导方法合成超薄大面积有序微孔膜用于 CO_2/N_2 分离，通过与其他工艺相耦合，即可满足美国能源部 CO_2 捕集成本目标要求，为气体分离膜制备提供新途径[177]。美国佐治亚理工学院利用干 - 湿相转化法制备了高通量超薄皮层 6FDA 聚酰亚胺中空纤维膜，交联反应后中空纤维膜具有优异的抗 CO_2 塑化能力，其 CO_2 渗透率高达 120GPU，同时具备较高的 CO_2/CH_4 选择性（约 37）[178, 179]。大连理工大学综合考虑离子液体、氧化石墨烯和金属有机框架材料的优势，设计合成了鳞片状 ZIF-8/GO 填料，其 CO_2/N_2 选择性超过 75，渗透系数为 136.2 Barrer[180]；采用吸附 - 渗入方法制备离子液体空腔占位的 MOFs，实现 MOFs 有效孔径的精准调控，制备了具有尺寸筛分作用的混合基质膜，CO_2/N_2 选择性超过 84.5，渗透系数达到 117 Barrer[181]。

（3）挥发性有机物回收膜

挥发性有机物（VOCs）排放不仅造成资源浪费和经济损失，还会污染环境。南京工业大学开发的有机无机复合膜，可提升膜的运行稳定性和抗溶胀性，通过以该膜为核心开发的膜 - 冷凝耦合工艺，用于处理医药生产过程中 800m^3/h 的富含正己烷的蒸气，每天可回收高纯度正己烷 2.5t，有效实现了正己烷的资源化利用和医药生产尾气的达标排放。由大连理工大学开发的基于硅橡胶复合膜的多技术集成耦合工艺，通过技术互补，提高了污染控制的覆盖范围，实现了低成本、低能耗的炔烃综合增收，炔烃回收率高于 90%，回收能耗降低 20% 以上。

（4）烃分离膜

目前低碳烯烃 / 烷烃、正 / 异构烷烃等分离过程主要是通过低温精馏、吸附分离等实现，存在能耗高等问题。面向丙烯 / 丙烷的高效分离（图 2-13），南京工业大学开展了关于高性能 ZIF-8 分子筛膜制备的系统研究[182]；已可在 50cm 长的多孔陶瓷管表面

制备出膜面积高达 130cm^2 的高质量 ZIF-8 膜，丙烯渗透率超过 50GPU，丙烯 / 丙烷分离选择性超过 50，分离性能满足工业分离要求。华南理工大学 [183] 采用电化学驱动法快速制备了 ZIF-8 超薄高性能分离膜，对丙烯 / 丙烷的分离选择性高达 300 以上，为相关分离膜规模化制备提供了新途径。美国加州大学将金属有机骨架材料 Ni_2(dobdc) 纳米晶体掺杂于聚酰亚胺膜中，可显著提升原有膜材料的乙烯渗透率和乙烯 / 乙烷分离选择性，使得分离性能远远超出当前高分子膜的分离上限 [184]。南京工业大学制备的 SSZ-13 沸石分子筛膜也可实现乙烯 / 乙烷的有效分离，在室温以及进料压力为 0.2MPa 时，分离选择性为 11，乙烯的渗透速率为 2.9×10^{-9}mol/（m^2 • s • Pa）[185]。针对正丁烷 / 异丁烷的分离，南京工业大学在管状载体上制备了高度（*h*0*h*）取向的 MFI 分子筛膜，并制备出 2.5m^2 管式膜组件：在 90℃和 0.1MPa 压差操作条件下，将含 70%（体积分数）异丁烷的混合物提纯至 97%（体积分数）以上 [186]。

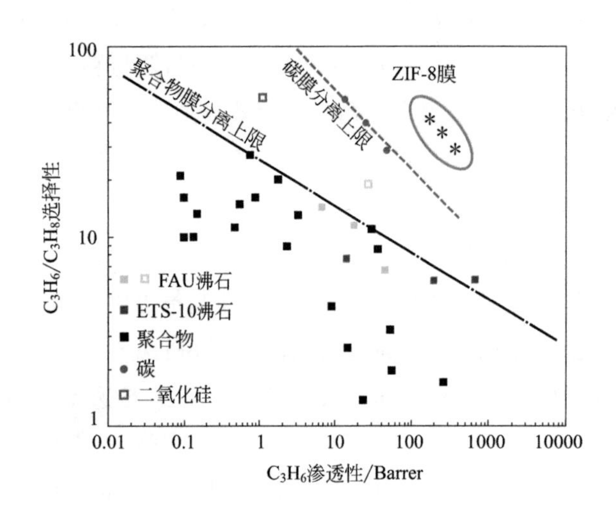

图 2-13 面向丙烯 / 丙烷高效分离的 ZIF-8 分子筛性能 [182]

（5）气固分离膜

气固分离膜是指能够实现气体和超细颗粒分离的一种膜材料，主要应用于含尘气体净化或粉体的回收，具有耐高温、耐腐蚀、分离精度高和透气性能好等特点。南京工业大学 [187] 以复杂组分气体净化为应用对象，通过膜微观结构、表面功能化，建立面向应用过程的聚四氟乙烯（PTFE）膜的设计与制备方法，已经实现了工程化应用。采用气固分离膜除尘器对闪蒸干燥后的分子筛催化剂（平均粒径 1 ～ 2μm）进行回收，催化剂回收率高于 99.99%，催化剂回收更加彻底，每年可多回收催化剂产品 5t 左右，增加了经济效益。与普通过滤材料相比，膜材料以通过表面过滤的方式使分子筛催化剂被截留在膜材料表面，保障了运行稳定性，膜材料的运行寿命比布袋过滤延长了 4 倍。在燃煤电厂烟气处理中，能耗下降 30% 以上，出口粉尘浓度小于 5mg/m^3，实现了尾气的超低排放。

2.3.3.2 液体分离膜材料设计及应用

近年来，液体分离膜材料进入了蓬勃发展期，研究者通过对新材料设计和制备手段的优化不断发展新型分离膜，提高膜的分离性能。目前新型液体分离膜材料主要包括纳米多孔材料和二维层状材料等。

目前已经获得应用的纳米多孔材料主要是沸石分子筛，主要成分为硅铝酸盐，利用孔道的吸附 - 扩散和筛分特性可实现分子之间的分离。分子筛膜主要采用水热合成法制备，通常以多孔陶瓷载体支撑，分离层厚度一般为 1 ～ 10μm。目前，用于有机溶剂脱水的 NaA 分子筛膜已经实现了产业化，广泛应用于醇类、酯类、醚类、酮类等多种溶剂体系的分离与提纯。与精馏技术相比，可节约能耗 60% 以上。NaA 分子筛膜有效孔径为 0.42nm，骨架具有强亲水性，表现出高水通量和分离选择性。然而，NaA 分子筛骨架的硅铝比较低，主要适合于中性溶剂体系的脱水。对于酸性环境下的溶剂脱水，可采用 CHA 型、T 型、MOR 型等高硅铝比的分子筛膜，但其水通量和分离选择性相对较低[188-192]。

与分子筛类似的金属有机框架（MOFs）材料近年来也受到了广泛关注，MOFs 通常生长在多孔基底上构建连续的膜，或作为填料形成混合基质膜。与具有刚性骨架的传统无机粒子相比，MOFs 骨架的有机性质可以促进其与聚合物的相互作用，从而实现良好的相容性。所获得的 MOFs 膜有望表现出优异的渗透性和选择性。水稳定性 MOFs 的出现在很大程度上解决了早期 MOFs 在潮湿环境中化学 / 水热稳定性差的问题。然而，基于 MOFs 的液相分离膜的开发尚处于起步阶段，在制备策略和液体分离的应用方面尚显欠缺[166]。

完美的分离膜应尽可能薄以使其通量最大化，并且应具有窄的纳米通道尺寸分布以保证其选择性。近年来，石墨烯及其二维材料大家族以其独特的单原子厚度、优异的机械强度和柔韧性以及易于大规模生产等特点，被认为是实现超快分子分离的理想膜材料[165]。然而，研究表明石墨烯在原始状态下是一种不透水的材料。最初的研究集中在石墨烯片上钻孔和功能化纳米孔，以通过化学或物理方法进行分子分离来获得功能化多孔石墨烯膜。分子动力学模拟和实验结果表明，通过具有功能化纳米孔的石墨烯超薄膜，离子和液体具有高选择性和快速传输性，其效率远高于最先进的过滤膜。然而，精确控制孔径和分布以及大面积制造，仍然是难以克服的技术挑战。相比之下，氧化石墨烯（GO）等石墨烯衍生物可通过真空过滤、喷涂、旋涂、浸涂或逐层自组装方法组装成层状结构。此外，层间廊道、边缘间隙褶皱等扩展通道、膜间纳米孔以及片层表面的官能团为快速和选择性的传输提供了途径。除了碳基二维材料外，很多具有二维层状结构的材料也被用于液体分离，例如层状双金属氢氧化物、二维过渡金属硫化物和二维 MXene 纳米片[193, 194]（图 2-14）。

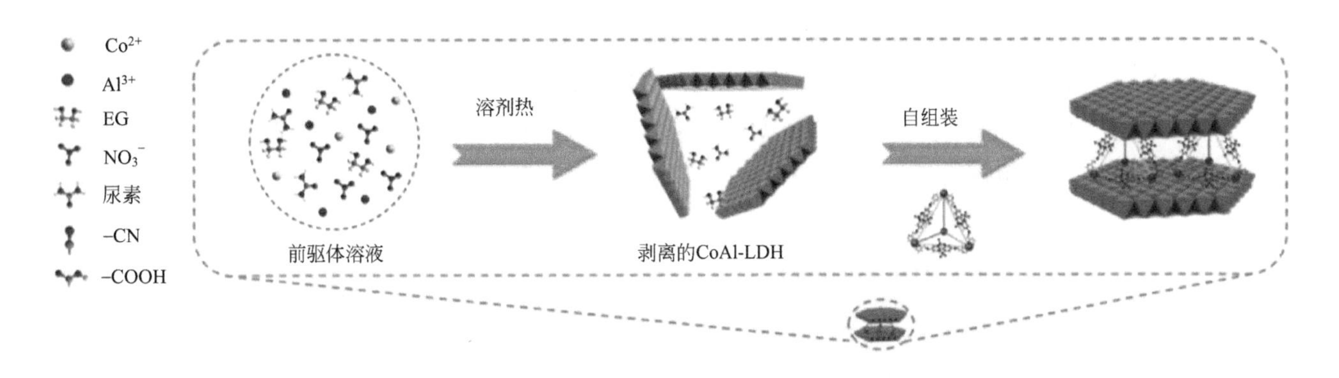

图 2-14

面向液体分离的典型二维层状结构材料设计构建思路[194]

EG—乙二醇；LDH—层状双金属氢氧化物

除了新型纳米多孔材料和二维层状材料以外，聚合物材料也不断获得新的突破，其中一个典型代表就是聚电解质络合物[195-201]。相反电荷聚电解质在水溶液中快速络合形成“离子对”结构，是荷电高分子功能化的重要途径。然而，传统共混法制备的络合物受限于离子过度交联，加工性能差，成为膜制备与功能化的瓶颈。通过调控聚电解质荷电基团种类、静电络合程度、化学结构，以及制备溶液加工的荷电聚电解质络合物纳米粒子，可实现铸膜基元从高分子链向聚电解质络合物纳米粒子的转变，不仅提高了膜表面亲水性，同时还增加了膜内部传质通道。聚电解质络合物膜材料有效突破了膜渗透汽化脱水过程中存在的 Trade-off 现象，同时获得优异的渗透性和选择性。与传统交联聚乙烯醇膜性能相比，在保持高选择性同时，渗透通量提高了 3 倍。同时，聚电解质络合物的“离子对”结构（离子络合度 30% ～ 50%）相比交联聚乙烯醇膜的交联度（通常 10% 左右）提高 2 ～ 3 倍。因此，在进料液水含量低时聚电解质络合物结构保持稳定，有利于连续操作制备高纯有机溶剂。聚电解质络合物结构膜具有尺寸为埃米的自由体积孔穴和纳米左右的通道孔，二者协同作用促进了水分子快速传质，实现了膜的高渗透性和高选择性。

2.3.3.3 高效吸附材料设计及应用

（1）有序无机骨架材料

有序无机骨架材料包括沸石分子筛、磷酸盐等，目前商业上沸石分子筛主要以 A 型、X 型、Y 型及离子交换型作为吸附剂，被广泛用于干燥、净化、氮氧分离、正异构 Molex 分离工艺、二甲苯异构体分离等体系[202]。

2017 年，瓦伦西亚理工大学 Corma 课题组[203]开发出一种具有柔性的纯硅分子筛 ITQ-55，其较高的柔性使得分子尺寸更大的乙烷扩散比乙烯慢，从而实现动力学分离乙烯和乙烷。2020 年，南开大学李兰东课题组[204]基于弱化学键的吸附分离新策略，将配位不饱和的 Ni（Ⅱ）位点限制封存在 FAU 的六元环中，实现了化学选择性吸附的炔烃 / 烯烃分离。继沸石分子筛之后，金属磷酸盐分子筛的合成极大地丰富了分子筛材料的组成化学和结构化学。太原理工大学董晋湘课题组[205]合成了具有 7 元环孔窗的磷酸锆微孔材料 ZrPOF-EA，对 CO_2 和 CH_4 具有很好的筛分效应。太原理工大学李晋平等[206]提出利用“电中性”骨架纯硅（或高硅）沸石 Silicalite-1 对 CH_4 和 N_2 进行分离，CH_4/N_2 选择性可以达到 3.6 ～ 3.8，优于低硅 A 型和 X 型沸石分子筛。此外，将 Silicalite-1 分子筛成型后（50N/ 颗），采用双床六步 -VPSA（真空变压吸附分离）法可以将甲烷含量为 20% 的低浓度煤层气经过一个循环提升至 45%（图 2-15），且能保持 80% 的回收率。

（2）无机 - 有机骨架材料

随着晶体工程和网格化学的快速发展，多孔材料取得了新突破。金属有机框架材料（MOFs）因其丰富的自组装单元以及多样的配位方式，可以精准调控其孔道尺寸 / 形状和孔表面，有望实现对工业上分子尺寸差异仅有 0.01nm 的气体混合物的分离，在吸附分离领域受到广泛关注。

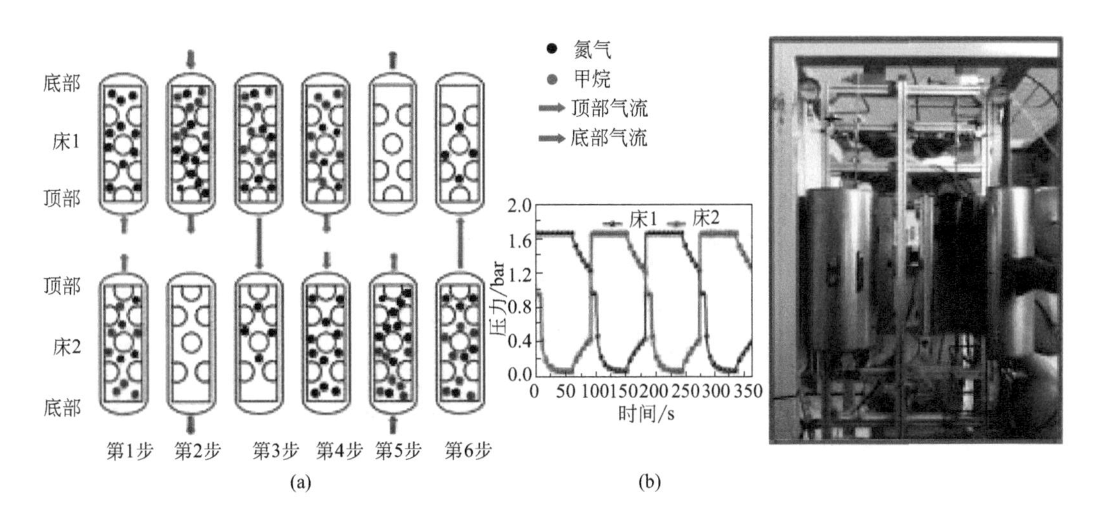

图 2-15

双床六步法分离甲烷和氮气的工艺 [206]

烯烃、烷烃、炔烃等是现代化学工业的基石，低碳烃的高效分离是化学工业可持续发展的关键过程之一。2016 年，浙江大学邢华斌等 [207] 报道了系列离子杂化多孔材料，通过调控无机阴离子的空间几何分布和孔径大小，可获得极高的乙炔吸附容量和乙炔 / 乙烯吸附选择性，突破了传统吸附剂选择性和容量难以兼具的难题。2017 年，中山大学陈小明、张杰鹏团队 [208] 提出了"控制柔性客体分子构型可反转吸附选择性"的概念，首次实现丁二烯的最弱吸附及高效纯化，丁二烯纯度高达 99.9%。2018 年，太原理工大学李晋平等 [209] 构建了高度刚性框架 UTSA-280 材料，合适的孔道尺寸实现了乙烯 / 乙烷的尺寸筛分和低浓度乙烯的有效富集。此外，通过对 Fe-MOF-74 材料中的不饱和金属空位进行修饰 [210]，在阻挡其与乙烯的 π 键相互作用的同时，构建乙烷优先吸附位点（图 2-16），实现乙烯的高效纯化。2019 年，西北工业大学陈凯杰等 [211] 利用三种 MOF 材料的协同吸附作用，实现了四组分混合物中高纯乙烯的一步纯化。浙江大学邢华斌团队 [212] 制备了多种双重穿插结构的阴离子柱撑型超微孔材料，通过改变柱撑阴离子的种类，可在 0.01nm 尺度下精准调控孔穴尺寸和氟功能位点的空间分布，实现正丁烯 / 异丁烯吸附分离，选择性高达 48。

污染物的脱除在工业生产、环境保护、经济发展等方面都扮演着十分重要的角色。北京工业大学李建荣课题组 [213, 214] 在筛选大量 MOFs 的基础上设计合成出一种新的水稳定 Zr（Ⅳ）-MOF 材料（BUT-66），其对空气中痕量苯系物表现出极强的吸附作用，去除性能优异，低压下苯吸附能力优于众多已报道的吸附剂材料。其独特的孔道结构能够对大气中的苯及其衍生物等挥发性有机物（VOCs）[213] 和二噁英类化合物 [214] 显示出很好的分离效果（图 2-17）。美国加州大学伯克利分校 J. R. Long 课题组 [215] 利用烷基乙二胺改造 M_2(dobpdc) 系列 MOFs 材料，成功实现了基于协同插入机制的 CS_2 吸附。阿卜杜拉国王科技大学 M. Eddaoudi 等 [216] 报道了一例氟化 MOF 吸附剂（AlFFIVE-1-Ni），能在较宽的温度范围内从天然气中同时脱除不同含量的 CO_2 和 H_2S 杂质。2019 年，英国曼彻斯特大学杨四海团队 [217] 开发了 MFM-520，可在室温下快速、高效、可逆地吸附二氧化氮（NO_2），并且该 MOF 可将捕捉的 NO_2 高效地转化为硝酸。

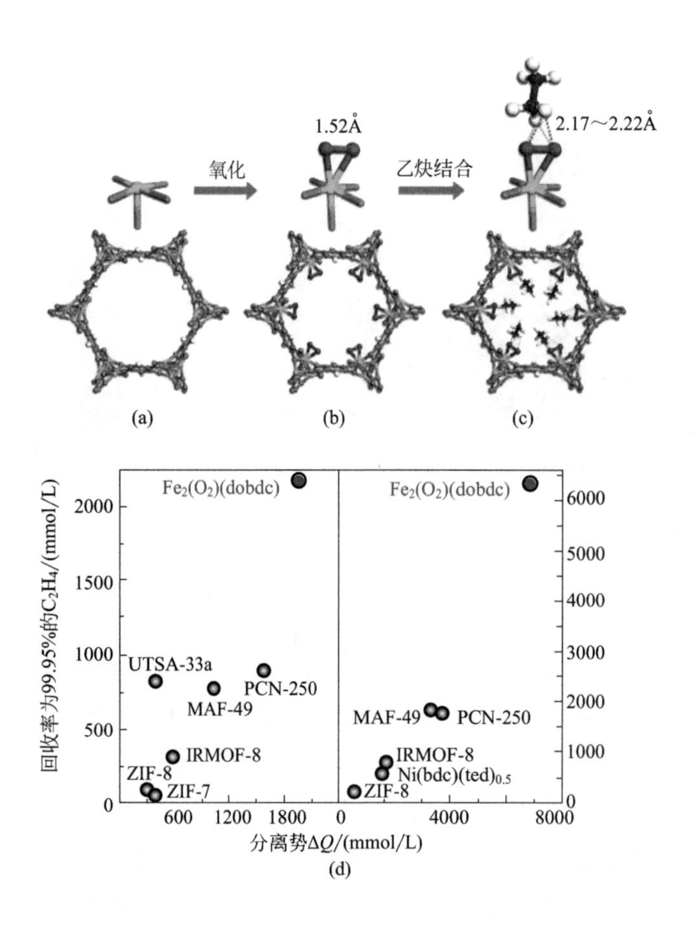

图 2-16
Fe-MOF-74 对不饱和金属空位进行修饰前后结构图（a）、(b)、(c）及分离性能比较（d）[210]
1Å=0.1nm

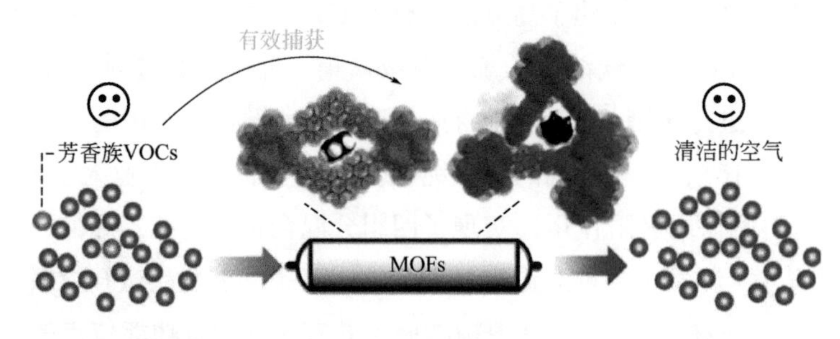

图 2-17
BUT-66 用于吸附去除空气中痕量苯系物示意图 [213]

（3）有序有机骨架材料

多孔有机材料由有机分子通过共价键连接形成，相比基于配位键的无机 - 有机复合多孔材料具有更稳定的物理化学性质。根据结晶状态不同，多孔有机材料可分为结晶的共价有机框架材料（covalent organic framework，COF）和无定形的多孔有机聚合物。2005 年，O. M. Yaghi 首次合成结晶的共价有机框架材料 COF-1 和 COF-5[218]。此后，COFs 材料在气体吸附储存领域受到广泛关注。

COFs 在化工废气脱除中也有大量研究报道，其中最具代表性的例子是 COFs 材料对 NH_3 的捕获。美国加州大学伯克利分校 O. M. Yaghi 等于 2010 年报道了一例 COF 材料（COF-10）[219]，其在 298K、1bar 条件下的 NH_3 吸附量高达 15mol/ kg，超过了一些沸石分子筛、大孔树脂、介孔硅材料。吸附饱和的 COF-10 在真空条件下加热至 200℃可以实现 NH_3 脱附。2020 年，O. M. Yaghi 合成了一种具有空心方格拓扑结构的多孔、二维亚胺化 COF-432[220]，该材料具有 S 形的吸水等温线，满足空气取水要求，且在较低的相对湿度下具有陡峭的孔填充步骤和优异的水解稳定性，可以在超低温下实现再生。

（4）碳材料与多孔聚合物

碳基多孔材料作为最重要工业吸附剂之一，被广泛应用于气体净化、水处理等领域，例如制氮工艺采用的吸附剂大部分为碳分子筛。2000 年以前我国超过 50% 的碳分子筛依赖进口。为提高碳材料吸附容量，拓展应用范围，近年来对碳材料的研究主要集中在有序微孔结构碳材料制备以及表面功能化。华南理工大学李忠团队[221]使用沥青作为原料合成了系列具有乙烷选择性的多孔碳材料，这些材料具有较高的乙烷 / 乙烯选择性及乙烷吸附容量。

多孔聚合物具有丰富的孔道结构、高比表面积、低骨架密度、易于功能化等特点，展现出优异的吸附分离性能。邢华斌课题组[222]基于超支化两亲性离子液体制备了具有高阴离子密度和窄孔径分布的离子超微孔聚合物，实现了乙烯 / 乙炔高选择性分离。橡树岭国家实验室 Dai Sheng[223]将 4- 氯乙烯基苯和二乙烯基苯聚合得到多孔聚合物，经功能化引入酰胺肟基团，用于海水中铀的回收。在高盐度模拟海水中具有较高的铀捕获能力和较快的吸附速度。南佛罗里达马胜前课题组[224]借鉴生物系统，通过引入辅助基团增强结合基与铀的配位作用，在真实海水中铀捕获能力达到 4.36mg/g。

2.3.3.4 生物医药分离材料设计和应用

近年来，分离材料制备和应用取得了长足的进展，涌现出一批新型制备技术、产品和应用，部分代表性进展和成果如下。

（1）粒径均一微球制备技术

为解决传统的机械搅拌法所制备微球存在粒径不均一、分辨率低的问题，研究人员先后开发了种子溶胀法[225]、膜乳化法[226]，实现了粒径均一微球的制备。种子溶胀法是一种制备粒径均一微球，甚至单分散微球的有效方法，主要适用于由单体聚合形成的高分子聚合物微球体系。但种子微球在达到溶胀平衡时的溶胀度是有限的，对于粒径较大微球的制备，一步溶胀法难以满足所需尺寸要求，必须采用多步溶胀才可以达到目的。膜乳化法是另一种制备粒径均一微球的高效方法，既能以单体又能以多糖等天然高分子为原料制备微球。中科院过程工程研究所发展了直接膜乳化法和快速膜乳化法，分别实现了粒径在数微米～数百微米之间及 0.1 ～ 30μm 之间的均一可控。通过理论计算和实验相结合，该技术广泛适用于 W/O、O/W 和复乳体系，已成功实现粒径均一的多糖分离介质（图 2-18）、硅胶介质、聚合物微球介质（聚甲基丙烯酸缩水甘油酯、聚甲基丙烯酸羟乙酯、聚苯乙烯）等分离介质的制备[226-229]。其自主开发的 35μm 均一琼脂糖介质的流速和美国进口介质（90μm、不均一）相当，分辨率远高于进口介质。

美国 GE Healthcare 公司采用中科院过程工程研究所开发的粒径均一的小粒径、高浓度琼脂糖微球制备的专利技术，开发和推出了高流速和高分辨率的新一代分析柱产品（Superdex Increase 系列分析柱，微球粒径 8.6 ～ 9μm）。

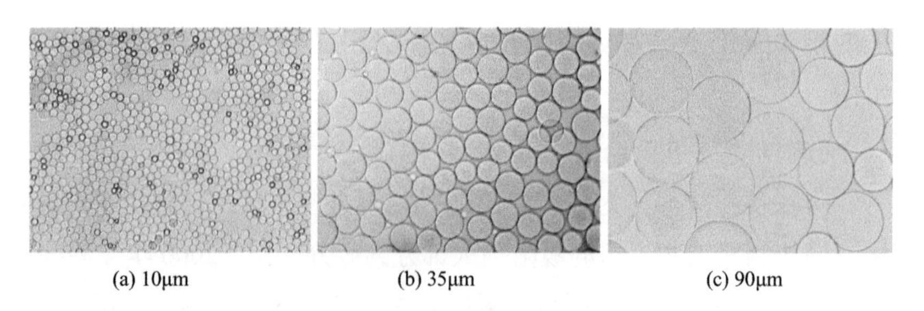

图 2-18

膜乳化技术制备粒径均一、可控的琼脂糖微球

（2）微球孔道结构调控与超大孔介质制备

常规的琼脂糖微球等多孔分离材料，孔径较小、传质慢，病毒样颗粒（VLP）疫苗等超大生物分子难以扩散进入其内部孔道，导致分离速度慢、载量低等问题。为克服上述不足，研究者先后研发了复乳法、固体颗粒法、反胶团溶胀法、复乳液滴模板法等新型致孔技术，用于具有数百纳米，甚至微米级孔道微球的制备[230-232]。利用反胶团溶胀法（图 2-19），结合膜乳化技术，制备了孔径 450nm 的多种超大孔微球，并实现 100 ～ 800nm 孔径范围的精确调控。以复乳液为模板（图 2-20），结合膜乳化技术，制备了孔径 1000nm 的超大孔微球，通过调控内水相液滴大小，还可实现 800 ～ 2000nm 孔径范围的精确调控。

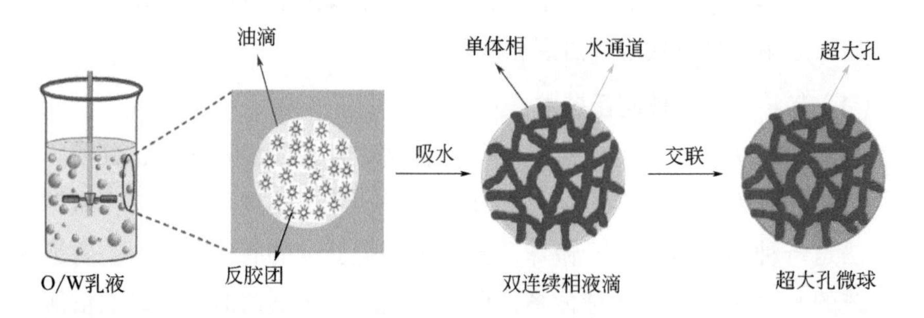

图 2-19

反胶团溶胀法制备超大孔微球流程示意图

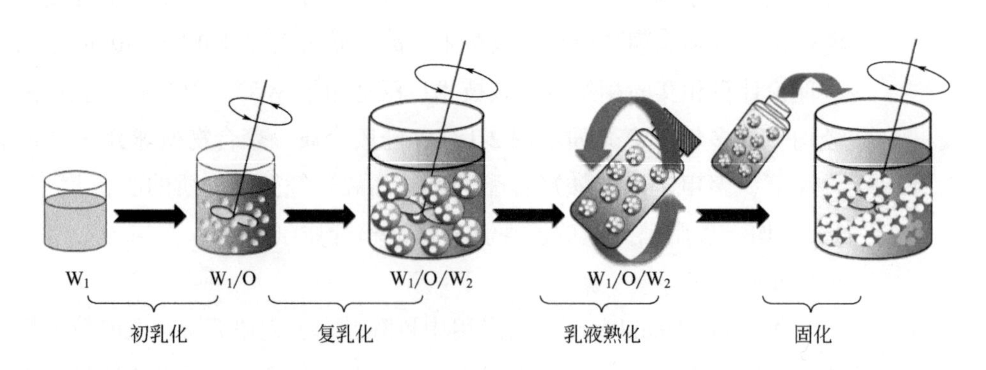

图 2-20

复乳液滴模板法制备超大孔微球流程示意图

（3）颗粒型疫苗的高效分离纯化开发

乙肝疫苗、口蹄疫疫苗等病毒样颗粒（VLP）疫苗具有分子量大、结构复杂、稳定性差的特点，在纯化过程中普遍存在活性回收率低的问题。研究者主要从如下三方面进行突破与提升。①设计和筛选与 VLP 疫苗大分子相匹配的分离介质。对于颗粒大小在 20 ～ 30nm 之间的乙肝疫苗和口蹄疫疫苗的分离纯化，与孔径 30 多纳米的琼脂糖基质离子交换介质相比，孔径在 100 ～ 300nm 之间的超大孔离子交换介质具有更高的传质速度，载量提升约 10 倍，同时有利于疫苗的结构稳定和更高的活性回收率[233, 234]。②筛选有利于疫苗结构稳定的溶液条件，包括缓冲液的种类、盐的种类和浓度、保护剂等。③通过工艺设计、单元操作优化和工艺的合理衔接，开发了用于乙肝疫苗纯化的 3 步组合色谱法工艺（离子交换色谱法、疏水色谱法、超滤浓缩、凝胶过滤色谱法）和用于灭活口蹄疫疫苗的 2 步组合色谱法工艺（疏水色谱法、超滤浓缩、凝胶过滤色谱法）[235, 236]。

2.3.4 未来发展方向与展望

（1）面向气体的分离膜材料及设计

定向开发在不同分离体系中具备高效分离性能与稳定性的膜材料，延长操作寿命，降低制备与使用成本，提升分离过程的经济性，推动研究成果从实验室向工业化应用转化，已成为当前气体膜分离技术发展面临的新挑战。通过膜材料多尺度结构调控及精准构建原理的突破，发展出新结构和新功能的气体分离膜材料；利用膜材料独特的纳微结构特性，突破 Trade-off 效应的限制，使分离效率呈现数量级的提升，为过程工业流程再造提供颠覆性的膜分离技术。重点发展方向包括以下三方面。

① 开发兼具超高渗透速率和选择性的二氧化碳捕集膜材料，突破氢分离膜与加/脱氢反应的耦合、氧分离膜与膜反应器技术，研制低成本且能实现同碳数烃分离的高渗透速率、高稳定性的分子筛膜（MOF/沸石膜、碳膜），开发耐溶剂、耐温性能更好的蒸气分离膜材料、气固分离膜材料等。

② 加强膜材料的原创设计。构建膜分离功能与微结构之间的关系，面向实际应用体系性质与需求来设计膜材料；借助分子模拟建立膜材料传质结构模型，将经验与半经验的方法相结合，在膜材料设计理论方面取得新突破。

③ 强化膜材料定量制备研究。面向工程化应用，探究膜材料微结构的形成机理与控制方法，建立膜结构参数与膜制备过程控制参数的定量关系；引入化学工程学科中反应与传递的基本原理，建立面向应用过程的膜材料设计与制备理论，揭示应用过程中的膜与膜材料的微结构演变规律，在膜材料规模化制备及工程化应用上取得新进展。

（2）面向液体的分离膜材料及设计

目前迫切需要一种具有超高渗透性和良好机械性能的分子级分离膜。新型液体分离膜的进一步发展必须考虑工业应用对严格分离标准和环境安全的要求，包括其最新的制备、结构设计、模拟和应用。通过控制微结构以获得提高渗透性和液体分离选择性的设计和策略，以及可以充分解释液体传输和分子分离行为的最新机制和模型。到

目前为止，大多数分离膜都是基于工业和实验室的聚合物和无机材料。然而，由于每种类型的膜都受到通量、选择性、稳定性和高制造成本之间的权衡制约，因此很难根据其应用选择其中一种作为首选膜。

目前限制二维材料膜广泛应用的挑战包括：从大块晶体中剥离高长径比和完整的纳米孔单层，在石墨烯纳米薄片中钻取均匀、高密度、大面积、亚纳米尺寸的孔，以及如何将这种原子膜缩放成适用的分离装置。为了应对这些挑战，未来的方向可能集中在探索新型的二维材料膜上，包括已经在其他相关领域取得成功的新型二维材料。理论模型需要更新，以准确描述通过二维材料膜的特殊受限传输行为，同时对传输通道进行深入的描述。

对于聚电解质络合物等聚合物膜而言，在酸性溶剂和强极性体系下，聚电解质络合物基元的界面通道不稳定，超高渗透性的传质机理尚不明确，需要通过新型分析手段获得物质在膜内的传质行为、膜微观结构动态演变规律和选择性分离机理，面向典型化工分离体系规模化制备高性能分离膜。

（3）面向吸附的分离材料及设计

以分子筛、聚合物和有机 - 无机复合材料为代表的吸附材料在吸附分离应用领域已经取得了诸多进展。针对未来全球能源、环境、医药等领域的关键分离体系，高效分离材料可以围绕以下几方面开展研究工作。

① 新型吸附材料的设计及结构调控，可以创造性地实现针对具体分离体系、具有工业应用价值的吸附分离材料定向设计，发展具有原创性结构、新功能的吸附材料。

② 新型分离机理以及相互作用方式的研究，吸附材料与吸附质之间的相互作用方式及强弱影响材料的吸附分离性能。例如，相比传统吸附剂的物理吸附分离方法，基于弱化学键的可逆吸附分离新策略可以打破传统限制。

③ 吸附质扩散传质研究，研究受限空间内的分子取向与扩散传递，建立适宜的吸附质孔道内扩散模型，为传质强化提供必要的理论依据。

④ 解决吸附剂可控制备、流程放大过程中的关键问题，加强对大型反应装置合成过程中的传质、传热和沸石晶化动力学等问题的研究。发展无模板剂（或少量模板剂）、反应时间短和沸石产率高的绿色合成路线。

⑤ 以大量实验数据为基础，开发基于人工智能和大数据驱动的高效吸附材料精准设计及高精度性能预测方法。

（4）面向生物医药的分离材料及设计

随着生物技术产业的快速发展，分离介质市场需求快速增加，对分离介质的性能和制备技术也提出了更高的需求和更大的挑战。① 微球结构的精准调控，包括粒径均一性控制和孔道大小调控、小粒径高强度微球制备，仍然是提高分离介质分辨率和应用性能的基础，还需继续加强和获得整体性突破；②对于病毒样颗粒、基因治疗用病毒载体、外泌体等超大生物分子，设计和开发与其分子大小相匹配的专用分离介质（如超大孔介质、膜色谱介质等）成为一种必然和有效的选择；③发展新型、高效的介质制备技术，简化制备过程和减少溶剂用量，开发更加绿色、节能的分离介质生产工艺；④更加关注产业界需求，加强与生物医药企业的合作，推动更多新技术、新产品在产业界的应用。

今后还需加强如下 4 方面工作。①建立具有自主知识产权的高性能分离材料制备技术，开发系列产品，避免被“卡脖子”。②强化产品质量提升和系统验证工作，提高市场竞争力。③加强上下游产业链的合作，加速推进分离介质产品的大规模产业化应用和国产化替代。④简化国产替代进口介质的报批程序。希望通过 10 ～ 15 年的攻关和积累，突破分离材料制备关键技术和产业化瓶颈，使得分离材料在生物技术产业得到广泛应用，实现生物医药分离纯化介质的国产化。

2.4　高端专用化学品功能调控机制

专用化学品产业具有技术含量高、附加值高、涉及面广等特点，产品涉及多个行业及门类。目前，我国专用化学品产业发展迅速，成为国民经济的重要支柱产业之一。但由于起步较晚以及技术瓶颈等制约，不能满足我国产业转型升级和提高发展质量的需要，高性能、高技术含量和高附加值的高端专用化学品严重依赖进口。因此，我国高端专用化学品在产品种类、规模、质量和效益等方面都有巨大上升空间，是最具活力和发展前景的领域之一。

近年来，高端专用化学品领域以应用基础研究为主线，面向学科前沿、国家重大战略需求、国民经济的主战场以及人民生命健康，不断向科学技术广度和深度发展，开展功能化、高附加值专用化学品的结构设计、功能调控和清洁制备等方面的科学研究和技术创新，在生物分子荧光探针及功能染料、有机光致变色材料及有机太阳能敏化染料、特种化学品与材料、可降解绿色高端专用化学品等方面取得了重要进展，有力支撑和引领了我国专用化学品领域的科技创新和产业发展。

2.4.1　生物分子荧光探针及功能染料

2.4.1.1　发展现状和挑战

自 1857 年 Perkin 合成苯胺紫至今，合成染料工业蓬勃发展。进入 21 世纪后，与传统染料主要关注染料基态的颜色行为不同，随着激光、电子、信息、生命等高新技术领域的发展，染料正向以数码打印、发光显示、生物标记、光动治疗等为代表的新应用领域拓展。当染料吸收入射光的能量，从基态跃迁到激发态，激发态能量高、不稳定，可通过热能散发、荧光发射、电子转移和光化学反应等多种过程释放能量回到基态（图 2-21）。因此，通过染料激发态释能过程的有效调控即可实现不同特殊功能或应用性能[237]。传统染料在光谱性能、稳定性、功能性等方面难以满足新领域的应用性能需求，使染料工业面临新的机遇和挑战。例如，在信息材料领域，需要发展能在强光、高温、电驱动等苛刻条件下长期工作的新型功能染料；在生物医学领域，急需发展既可克服生物环境信息干扰，对靶标选择性识别，又具有生物相容性的荧光探针。

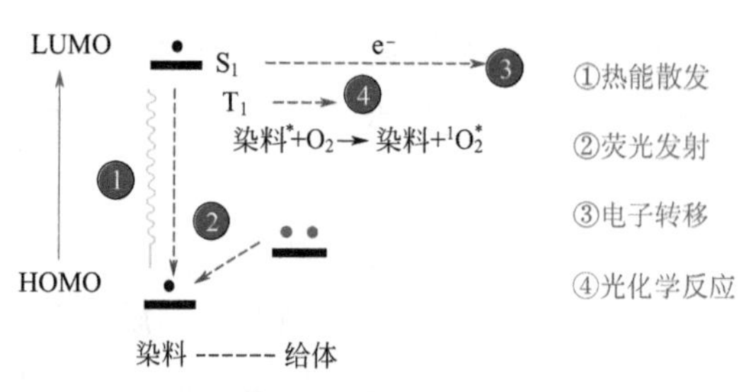

图 2-21
染料激发及其激发态释能过程
HOMO 为最高占据分子轨道；LUMO 为最低未占分子轨道；S_1 为激发态

2.4.1.2 关键科学问题

目前，荧光染料已成为生物医学研究的重要工具，应用于活细胞及体内分子荧光成像和疾病诊断，如 DNA 分析、癌症诊断、免疫分析等。当激发态染料通过系间窜跃到达三线态后，其寿命可达到微秒级，与化学反应的时间尺度相匹配，高活性的激发态染料通过光化学反应产生活性氧和自由基等活性物种可以杀死肿瘤细胞 [238]。本质上，染料激发态的不同释能过程之间相互竞争，此消彼长。因此，染料激发态的有效调控将直接决定功能染料的不同应用及性能。

2.4.1.3 主要研究进展及成果

（1）生物识别荧光染料

生物分子在体内分布范围广、浓度极低，且光源的激发会造成染料分子光漂白。因此，荧光染料的灵敏性、靶向性和耐受性已经成为评价其性能的主要指标，同时也是制约其大规模应用的关键共性难题 [239]。染料识别目标分子前后的信噪比是决定其灵敏度的重要参数。例如白血病癌细胞中的次氯酸浓度为亚纳摩尔级，但已报道的探针灵敏度仅为微摩尔级，其灵敏度不能满足临床需要。大连理工大学樊江莉和彭孝军等利用电子云密度更高的吡咯替代传统单氮原子供电基团，创制了“增强型分子内电子转移”机理的超灵敏荧光探针，极大降低背景荧光，检测限低至 0.56nmol/L[240]（图 2-22）。

选择性一直都是荧光探针真实反映客体的重要参数之一。目前，肿瘤的诊断和治疗依然是世界各国尚未解决的医疗难题，研究发现肿瘤细胞会过量表达某些特殊的蛋白酶（环氧合酶 -2、氨肽酶等），这给予我们广阔的选择空间去利用这些靶点来设计荧光探针。例如，Roger Y. Tsien 等利用蛋白酶水解底物的寡肽序列连接荧光染料、聚阳离子多肽（易穿透细胞膜）和聚阴离子多肽（中和电荷），利用肿瘤组织中过表达的蛋白酶的选择性剪切实现肿瘤组织的特异性荧光标记 [241]。樊江莉等通过肿瘤细胞中过表达的环氧合酶 -2 和其抑制剂吲哚美辛之间专一的锁 - 钥识别设计荧光探针，通过调控染料分子和抑制剂之间的电子转移实现对肿瘤细胞快速、选择性的荧光响应 [242, 243]。彭孝军和 Yoon 等将氨肽酶 N 底物引入荧光染料分子中，通过简单喷洒即可实现肿瘤荧光标记 [244]。此类荧光染料可进一步用于流式细胞筛查血液中的循环肿瘤细胞以及作为荧光手术导航染料指示肿瘤边界（图 2-23）。

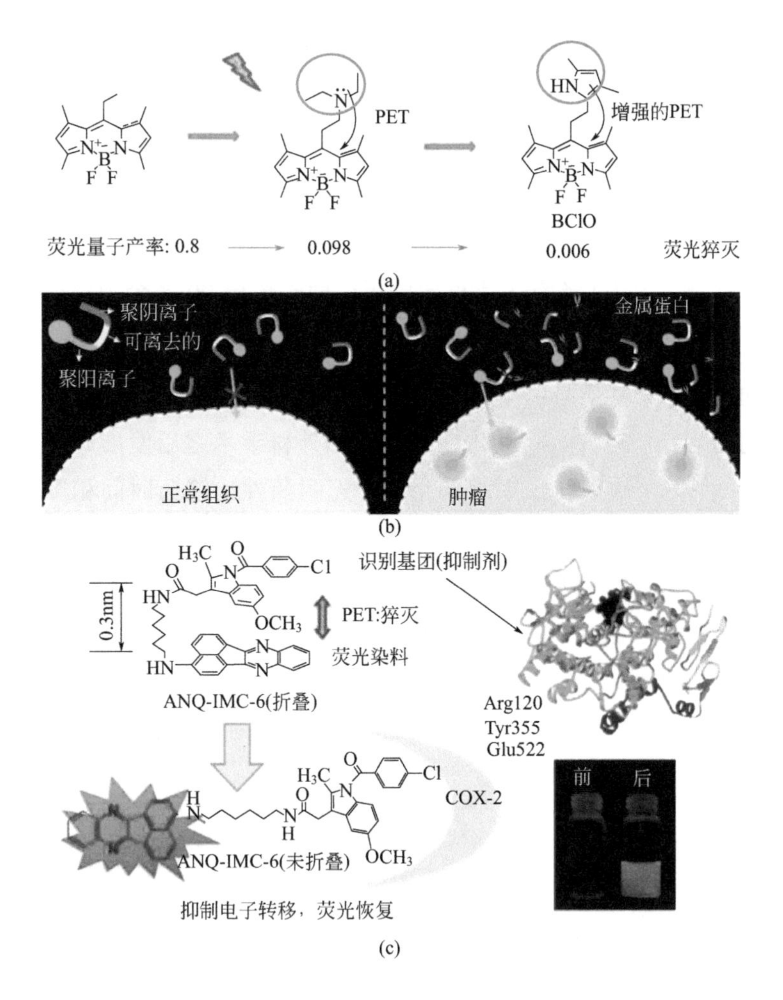

图 2-22

生物识别染料

(a) 荧光增强型次氯酸探针；(b) 基于酶 - 底物型肿瘤标记用荧光染料；(c) 基于酶 - 抑制剂型肿瘤标记用荧光染料

PET——光诱导电子转移

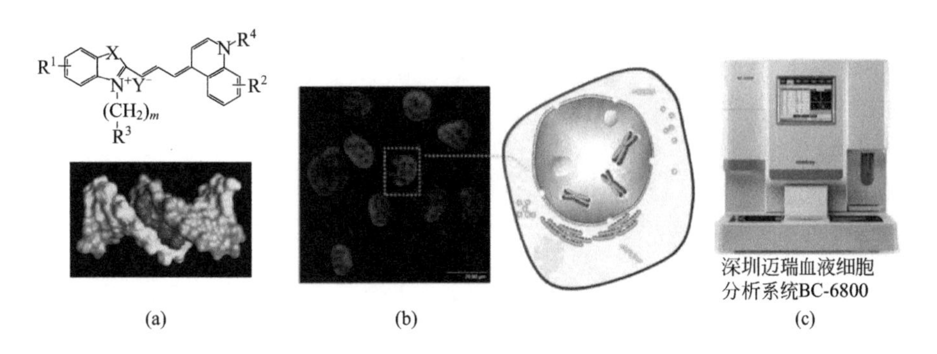

图 2-23

核酸探针及应用

(a) 靶向 DNA 小沟槽型 DNA 荧光染料；(b) 细胞核内 DNA 荧光成像；(c) 基于 (a) 中染料开发的血液细胞分析系统

荧光探针试剂作为新型的功能染料，快速推动了生物医学的发展，市场价值巨大。但生物荧光探针试剂通常耐受性不足，在储存和运输过程中大量分解或漂白。针对这

一难题，大连理工大学彭孝军等从染料分子设计出发，创制了DNA选择性系列近红外长波长荧光染料（结合DNA荧光增强97倍，高于商业化染料溴化乙锭13.5倍）[245]。通过激发态释能过程有效调控，利用分子内电子转移和内转换等快速释能过程（皮秒级，10^{-12}s）猝灭激发态，从时间尺度上极大降低了染料光化学反应（微秒级，10^{-6}s）的概率[246]。通过与产业联动开发了高端“五分类血液细胞分析系统”，已在国内700多家三级医院及2400多家医疗机构应用；同时出口90多个国家的上千家医院，有力推动了我国在该领域从国内空白到国际一流的跨越。

（2）光动力治疗荧光染料

光动力治疗（PDT）是继化疗、放疗和外科手术之后发展起来的新型肿瘤治疗方法（图2-24），具有创伤和毒副作用小、无耐药性、给药时间和部位可控等优点。目前，已得到美、英、德、法、日等国家政府相关部门的正式批准，成为肿瘤治疗的一项常规手段，并已成功地用于治疗多项恶性肿瘤，如皮肤肿瘤、呼吸系统肿瘤、消化系统肿瘤、泌尿系统肿瘤以及妇科肿瘤等。尽管PDT迅速发展成为数十亿美元的医疗产业，但获得批准的光敏药物有限。高氧依赖性、肿瘤靶向性差、治疗深度有限被认为是PDT临床应用面临的主要难题。随着PDT机制研究逐渐深入到分子水平，发现光敏染料是解决上述难题的关键。

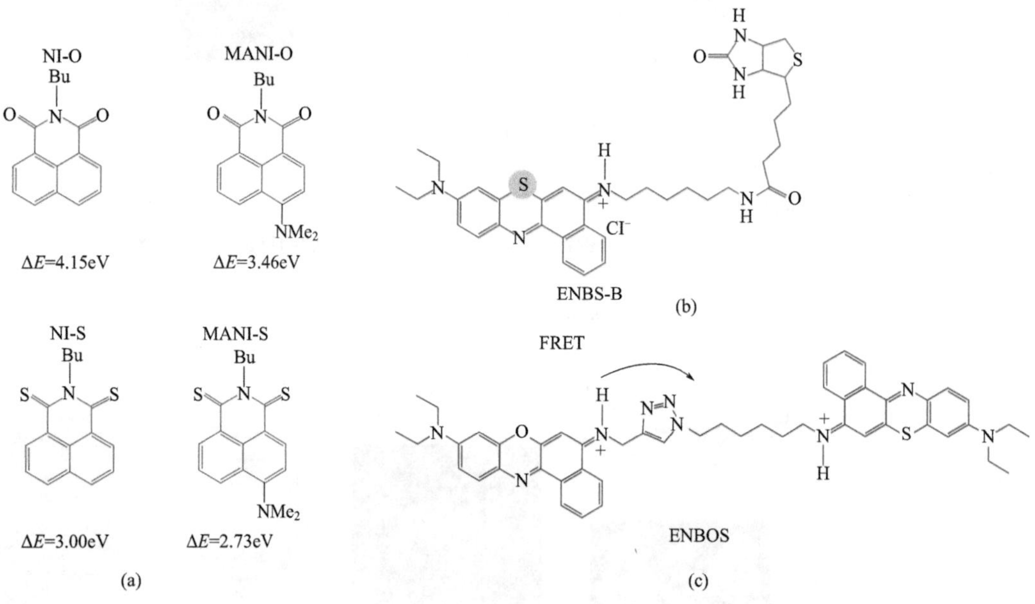

图2-24

Ⅰ型机理光敏剂设计

(a) 非重原子效应的乏氧光敏剂；(b) 基于硫代尼罗蓝的Ⅰ型光敏剂的乏氧光动力治疗；(c) 基于荧光共振能量转移机理的增强型光敏剂

结构决定性能，通过染料结构设计，有效调控激发态释能过程，可显著提高光动力治疗的效果。研究表明，Ⅰ型自由基机理的光敏剂可解决肿瘤组织乏氧对PDT的限制。彭孝军课题组和韩国Yoon、Park课题组等通过分子结构设计，相继开发出光触发分子超氧化物自由基的光敏剂，降低PDT对氧气的依赖。即使在严重低氧环境（2% O_2）

下，仍能产生大量超氧阴离子，并通过串联反应生成羟基自由基，损伤细胞内溶酶体，继而引发癌细胞凋亡，呈现出良好的低氧光动力治疗效果[247, 248]。在分子设计中引入肿瘤特异性配体是光敏染料设计中常用的靶向策略，如利用肿瘤细胞表面过表达的受体（叶酸受体和EGFR等）和肿瘤细胞中过表达的酶等。最近，彭孝军等从分子结构角度出发，提出了“结构固有靶向”光致诊疗试剂的概念，赋予传统光敏剂特异性肿瘤靶向能力，并且明显提升其光敏活性，从而实现了利用小分子对肿瘤的精准诊断与光动力治疗，为未来的肿瘤精准诊断与治疗用光敏剂的开发提供了新的思路[249]。近红外组织穿透窗口的光敏染料不但可以降低对生物体的光毒害，还能明显增加肿瘤组织治疗深度。基于共振能量转移理论，在近红外光敏剂中引入能量供体，显著提高近红外光谱吸光度和光子利用效率，更容易在深层组织被激活并产生更多的$O_2^{-\bullet}$[250]。将上述几方面因素统一反映在染料分子设计中，将极大提升光动力治疗的临床应用性，有效推动光敏染料在肿瘤光动力治疗等领域的产业化。

2.4.1.4 未来发展方向与展望

生物识别荧光染料在临床应用中有着广阔的发展空间。基于现有的开发思路推而广之，设计合成可以用于不同客体对象的识别、成像，并推动其在生物学和临床医学等领域的应用是生物医用荧光染料未来主要的发展方向和目标。例如，发展基于肿瘤标志物识别的白血病肿瘤细胞识别和筛查荧光染料、血栓组织成像的心血管疾病预警荧光染料、基于前哨淋巴结靶向的肿瘤转移成像荧光染料、脑胶质瘤和胰腺癌等疑难肿瘤的手术导航荧光染料、基因测序用荧光染料等，为医生诊断提供有力的判断依据和工具。在治疗领域，研究光敏染料Ⅰ/Ⅱ型机理有效调控，筛选性能优异的光敏染料进行探索性的临床前应用研究是目前PDT发展的方向和目标。同时，对染料激发态通过热释放能量（即光热治疗）的有效利用，可降低肿瘤乏氧对光动力治疗和化疗的不利影响[251]。由于超声波可以穿透10cm以上组织，因此开发超声敏化染料试剂实现对肿瘤的精准诊断与治疗，成为探索生命信息和向体内递送能量（声动力）的新通道[252]。这些领域国内外都尚在探索中，需要进一步拓展研究以及推广应用。

新型功能染料正推动染料工业形成新的历史跨越，对促进我国染料及相关产业的转型、带动诸多相关传统产业和新兴产业的发展，具有重要的战略意义。

2.4.2 有机光致变色材料及有机太阳电池敏化染料

2.4.2.1 发展现状

有机光致变色材料是指受到光激发后能够发生颜色变化的一类有机功能材料[253]。光致变色化合物在可逆的分子结构异构化过程中，除了颜色改变这一直观表现外，其他重要的物化性能，如荧光发射、折射率、介电常数、偶极性、电导率以及几何构型都能够通过光照而调节[254]。这一显著特点使得光致变色材料具有广阔的应用范围，如生活中常见的变色眼镜、防伪墨水、光变色纺织品等；在利用光刺激实现对特定分子功能的调控研究工作中，光致变色体系都起到了关键性的作用。

染料敏化太阳电池利用分子染料代替传统无机半导体作为吸光材料，具有制备成

本低廉、器件颜色可调、易实现柔性及透明性等优点，是有机功能染料的一个重要应用方向[255]。

2.4.2.2 关键科学问题

① 影响有机光致变色材料应用的因素很多，包括光反应量子效率、转化率、抗疲劳度、光谱范围及不同色态的稳定性等，其中稳定性是诸多应用中普遍面临的瓶颈。

② 有机敏化染料的光学特性与稳定性是影响其光电应用的重要因素，传统有机敏化染料的分子设计主要遵循电子给体 - 共轭桥联 - 电子受体（D-π-A）模型，但其在设计宽光谱、高效率、高稳定性的有机敏化染料时存在明显的局限性。

2.4.2.3 主要研究进展及成果

近年来，田禾与朱为宏研究团队聚焦于功能染料稳定性强化及其应用，基于强吸电子受体，系统性地通过分子内电荷分离、轨道能级与芳香离域度调控等策略，创新建立了精细化应用过程中染料的稳定性强化机制及原理：创新引入额外受体，提出敏化染料 D-A-π-A 新模型，显著提升稳定性及光电转换效率；基于强受体的烯桥芳香离域度调控构建光致变色染料新体系，阐明了光响应双稳态机制。主要研究进展及成果列举如下。

① 创新引入额外受体，提出 D-A-π-A 新模型，建立了高稳定性敏化染料设计策略。基于推拉电子离域效应，创新实现了辅助受体强化分子内电荷转移及有效分离；通过分子前线轨道能级定向调控染料氧化电位，抑制光、电应用中的降解副反应；创新提出在额外受体上引入抗聚集单元，解决了富电子 π- 桥联引入功能单元导致染料稳定性不利的局限性（图 2-25）。

具有高摩尔消光系数、宽吸收光谱特征的给体 -π- 受体（D-π-A）型敏化染料，在太阳能的光 - 电、光 - 化学转换等方面有广泛的应用，但其抗聚集态行为、光电转化效率、稳定性方面仍存在很大制约。在传统 D-π-A 模型基础上，以强给电子基团吲哚啉为给体，引入额外的苯并噻二唑强吸电子基团，充分利用分子内推拉电荷作用调控染料分子前线轨道能级，表现出减弱由去质子引起的吸收光谱蓝移效应、新产生跃迁吸收带、红移分子吸收光谱等优势[256]。基于推拉电子离域效应，创新实现了辅助受体强化分子内电荷转移及有效分离，并定向调控染料氧化电位，抑制光、电应用中的降解副反应，极大地提升了敏化染料的稳定性。基于上述研究创新提出敏化染料 D-A-π-A 新模型设计策略，针对提出的“D-A-π-A”新模型，系统地研究并比较了苯并噻二唑、喹喔啉、酞亚胺、苯并噁二唑等系列不同额外受体基团引入的影响[257-261]。创新提出在额外受体上引入抗聚集功能团[262]，解决了传统 π- 桥联引入长碳链导致染料稳定性不利的局限性，为增强敏化染料的光稳定性、光电转换效率提供了很好的指导意义。全面系统地分析了该模型敏化染料的结构特征与波长调控、电子转移、抗聚集态、稳定性等性能方面的关系[263]，确立了高稳定性敏化染料 D-A-π-A 设计策略[264]。该模型已成为近年来高效、稳定敏化染料理性设计的基础，被国内外同行广泛采用[265]。

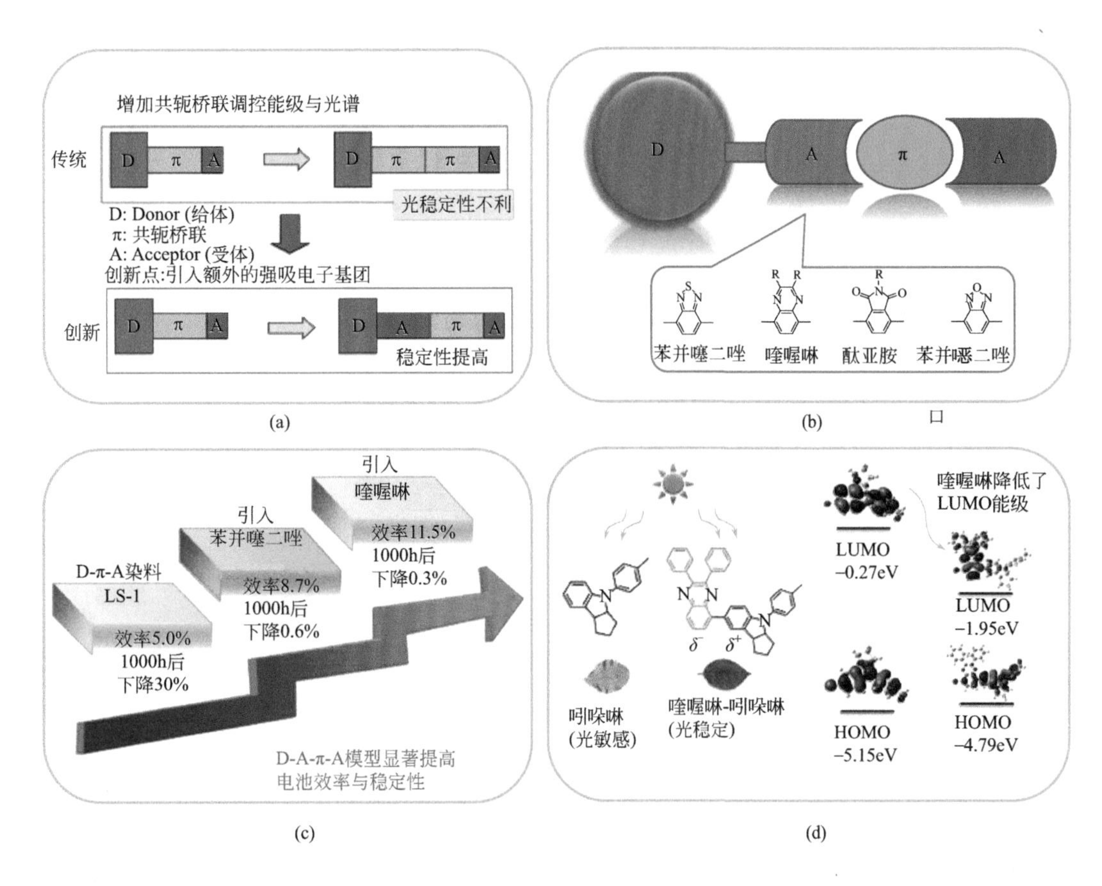

图 2-25

发展 D-A-π-A 新模型高稳定性敏化染料

(a) 不同于传统扩大共轭桥联结构调控染料光谱，创新地引入额外受体发展 D-A-π-A 新模型，充分利用分子内推拉电荷作用调控染料能级与光谱，改善稳定性、聚集性等问题；(b) 系统采用苯并噻二唑、喹喔啉、酞亚胺、苯并噁二唑等系列不同额外受体单元构建 D-A-π-A 新模型体系；(c) 通过额外受体优化电池性能及稳定性；(d) 基于强吸电子额外受体，创新实现了辅助受体强化分子内电荷转移及有效分离，通过分子前线轨道能级定向调控，抑制光、热诱导的染料降解副反应

② 基于强受体烯桥，揭示了芳香离域度和自组装调控光致异构反应能垒的机制，构建了双稳态光致变色染料新体系。将强受体萘酰亚胺、苯并噻二唑等引入二噻吩乙烯的烯桥中，从分子轨道理论、分子势能面、单晶结构等多角度，深入分析了取代基位置与光致变色性能之间的关系，系统研究了烯桥芳香性与对应光致变色闭环体热稳定性以及光致变色双稳态之间的关系 [266, 267]。创新地以具有更强吸电子性的苯并双噻二唑为六元环烯桥，发展了“位阻性烯桥”明星光致变色体系 [268]，成功地获得了溶液及晶体状态的高双稳态光致变色染料，改变了传统六元环烯桥闭环体不稳定观念，突破性实现了平行与反平行构象异构体、手性异构体的分离（图 2-26）。进一步引入空间受限效应，通过光活性响应的构象异构体分离、切断分子内电荷转移等机制，分步将闭环光量子效率有效调控至 90.6%，提升了 3 倍以上 [269]，这种高双稳态性能的位阻性苯并双噻二唑体系有望成为高效的光响应开关 [270]。

光致变色染料进一步利用超分子自组装可实现光致变色材料双稳态、定量闭环转化。通过金属 Pt 与吡啶的自组装配位作用，创新地构建了结构可精确控制的六元环自组装体系，通过超分子自组装成功地实现了光诱导下分子层面上开环结构到闭环结构的可逆、定量构型转换，具有双稳态、定量闭环转化、可逆的光响应特征 [271, 272]。

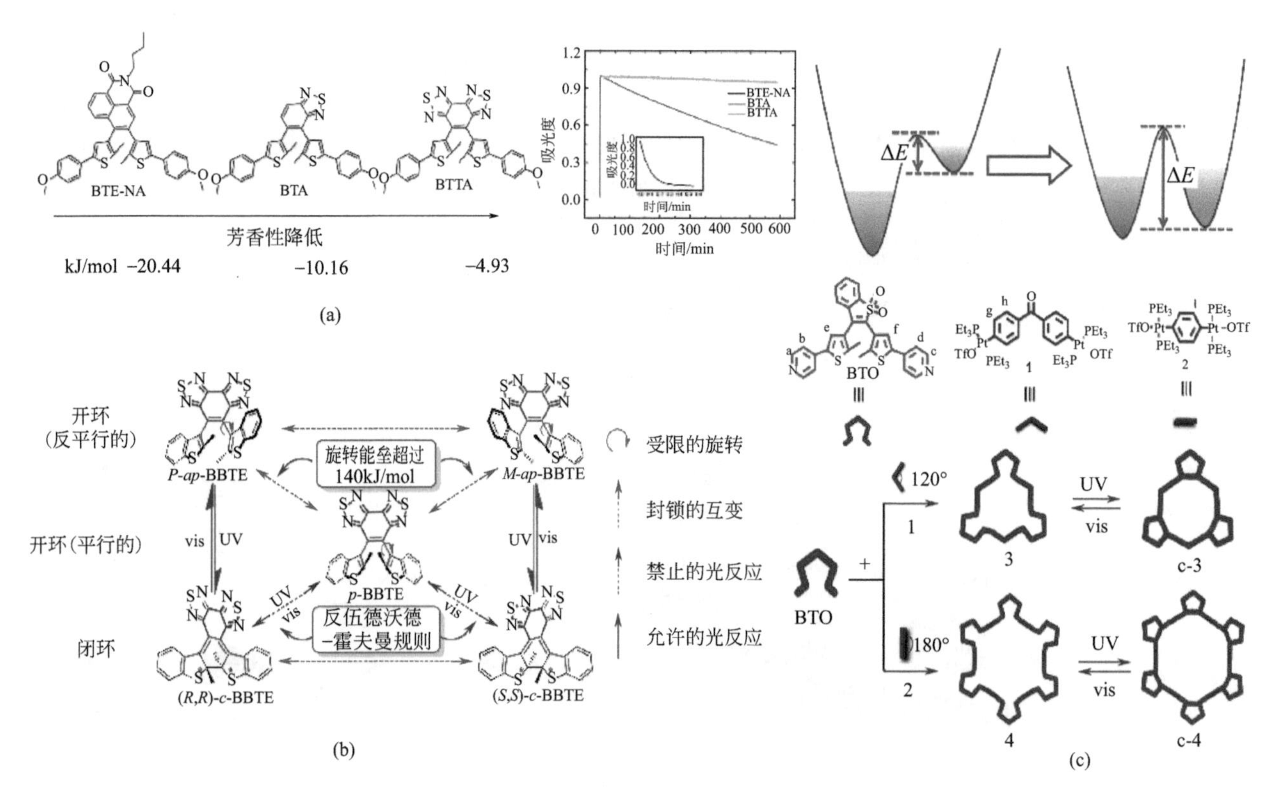

图 2-26

基于强受体烯桥，构建了双稳态光致变色染料新体系

(a) 双稳态六元环烯桥体系的芳香性与双稳态之间的关系（烯桥芳香性递减，闭环体稳定性增强）；(b) 含位阻性烯桥双稳态光致变色体系（实现了动态的手性拆分、化学反应的光调控）；(c) 通过超分子自组装实现双稳态（具有定量闭环转化、可逆的光响应特征）

2.4.2.4 未来发展方向与展望

基于强吸电子受体提升有机功能染料稳定性这一策略可进一步推广。在有机敏化染料方面，所发展的含额外受体的 D-A-π-A 新模型染料结构设计策略的应用将不局限于敏化染料的开发，其对纯有机光伏、有机发光等其他领域同样具有指导意义。针对有机光致变色材料，前期工作重点聚焦于烯桥修饰、功能化，主要通过六元环烯桥修饰，所发展的分子体系——位阻性苯并双噻二唑砌块（building block）作为烯桥，构筑了新型“位阻性烯桥”光致变色染料体系，成功地实现了具有位阻效应的二芳基乙烯体系的特有构象异构体分离，并突破了活性构象异构体的动态拆分，实现了光诱导手性对映专一性响应，探索并建立了具有手性信号响应的手性开关及光存储。

围绕功能染料产品工程科学基础问题，有待解决的瓶颈如：双稳态光致变色的门控效应一般依赖于外界的刺激，但所采用的刺激手段、门控效率、可逆性仍具有挑战性；需要进一步发展光致变色非线性材料设计策略，进行液晶辅助的光响应可逆调控，并通过吸收、氧化还原、荧光输出等实现多重态表达；有待拓展全可见光响应的宽光谱、双稳态光致变色染料体系。有机染料敏化太阳电池的光电转换效率仍不能满足实用化的要求，进一步的研究需特别解决以下难题：提升纯有机敏化染料在近红外波段（800 ～ 1100nm）的吸收；系统优化 HOMO-LUMO 能级调控电子注入与染料再生，增加电荷分离效率、提高染料分子非平衡寿命、降低复合；通过结构设计抑制染料在非平衡态（如失去电子后的氧化态等）的降解反应。

2.4.3 有机发光二极管（OLED）关键化学品

2.4.3.1 发展现状和挑战

自1987年邓青云（C. W. Tang）博士报道了高效的三明治结构有机发光二极管（OLED）[273]之后，有机电致发光的材料和器件得到了广泛的关注和飞速的发展。OLED因其“面发光、宽视角、轻薄、高对比度、柔性”等特性，在高端显示和白光照明中展示了广阔的应用前景[274]。当前，尽管OLED已成功商业化，成为智能手机、电视、电脑、可穿戴设备的标配，但是与无机发光二极管的材料性能和稳定性以及液晶显示的技术成熟程度等方面相比，开发具有高效率和低成本双重优势的OLED材料与器件仍面临着新的机遇和挑战。OLED可分为辅助功能层和发光层。功能层方面，需要开发能在低电压驱动条件下长期工作的新型功能材料；发光层方面，急需发展既具有优异的热稳定性和成膜性，又具有高发光性能低效率滚降的新型发光材料。

面向国家OLED产业核心材料技术缺失的重大战略需求，以发展具有自主知识产权的OLED关键化学品为目标，显著提升我国在OLED领域的原始创新能力，保障国家在新型OLED显示技术方面的战略安全。

2.4.3.2 关键科学问题

OLED关键化学品是实现高效、稳定OLED器件的重要物质基础。在电致发光过程中，它们各司其职，实现激子的形成及其辐射跃迁和非辐射失活过程的竞争。因此，这里的关键科学问题是OLED关键化学品的功能协同、激发态调控与激子利用机制；明确新型化学品的分子基础，揭示分子基础与材料激发态及其光电性能之间的关联，发展精准和规模制造OLED关键化学品的关键技术。

2.4.3.3 主要研究进展及成果

（1）高效热活化延迟荧光材料

基于热活化延迟荧光（TADF）材料的OLEDs，从发光机制上可提高激子利用率和器件内量子效率[275]，具有水平优势取向的TADF材料则能进一步提高光取出效率和器件外量子效率。控制发光材料跃迁偶极矩取向的难点，在于如何将发光材料分子取向的调控与激发态跃迁偶极矩的控制有效结合。华南理工大学苏仕健团队开发了一系列棒状的荧光分子，由于其具有较高的跃迁偶极矩水平取向度，获得了超过35%的外量子效率[276]。武汉大学/深圳大学杨楚罗团队构建了基于1, 8-萘二甲酰亚胺受体和吖啶给体的橙红光TADF材料，获得了较好的跃迁偶极矩水平取向度和高达29.2%的外量子效率［图2-27（a)］[277]。在后续工作中，该团队通过“受体平面拓展”策略，在不改变TADF分子光物理性能的前提下，将其跃迁偶极矩水平取向度提高到85%，实现了高达33.9%的外量子效率［图2-27（b)］[278]。另外，以中节能万润股份有限公司控股的江苏三月科技股份有限公司（三月科技）为代表的国内民族企业，已经拥有数量可观的TADF材料基础专利[279]及创新应用专利[280]。

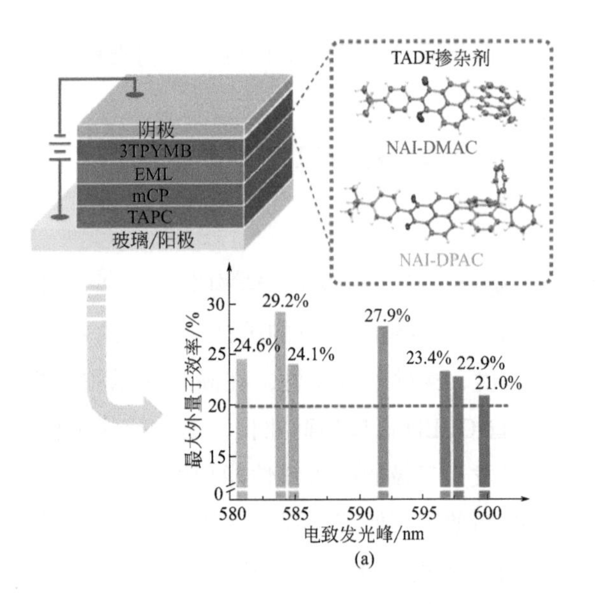

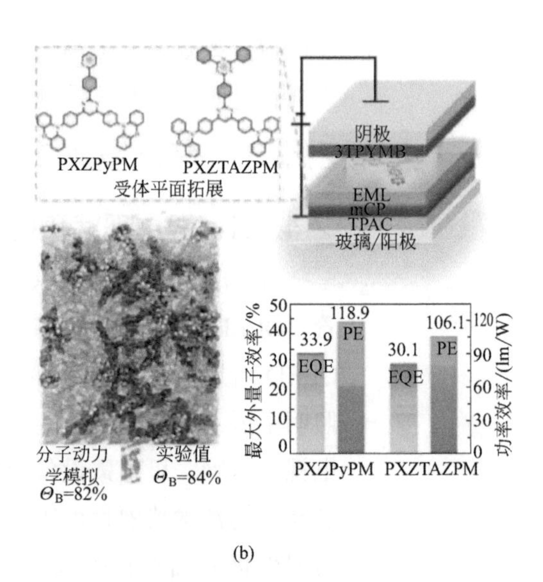

图 2-27
高效橙红光（a）和绿光（b）热活化延迟荧光材料及其器件性能

溶液加工型 OLED 能应用于低成本、大面积显示，展示出巨大的应用前景，但是高效溶液加工型发光材料的匮乏是导致其效率低下的主要原因之一，其难点在于如何实现发光材料的溶液加工性、激发态特性与发光性能的协调统一。中科院长春应化所王利祥团队提出了通过“空间电荷转移”策略构筑荧光聚合物的新途径。他们在高能隙的非共轭聚合物主链上分别引入含有电子给体或受体的侧链，通过限制侧链之间的距离有效形成空间电荷转移激发态，获得了从深蓝光到红光的全色系荧光聚合物及 OLED[281]。武汉大学 / 深圳大学杨楚罗团队利用“侧链工程”策略构建了一系列 TADF 聚合物，通过高能隙 TADF 小分子敏化这些聚合物，使荧光量子效率提升至 95%，其蓝绿光荧光聚合物 OLED 实现了高达 16.1% 的外量子效率[282]。

（2）金属配合物发光材料

目前商品化 OLED 产品中的红光和绿光元件都是利用第二代发光材料，即过渡金属磷光配合物，具体是采用红光和绿光铱配合物磷光材料。美国学者 S. R. Forrest 教授和 M. E. Thompson 教授[283]是研究铱配合物磷光材料的先驱，在开发铱配合物磷光材料方面做出了举世瞩目的贡献。大连理工大学李久艳团队在不参与分子前线轨道的配体位置引入功能基团，使橙光铱配合物的发光效率显著提升，得到了高效的橙红光 OLED[284]。另外，该团队通过环金属配体多氟取代，构建了高效绿光铱配合物，获得了超过 30% 的外量子效率[285]。香港大学支志明院士开发了全色系的高效铂配合物磷光材料[286]，并发布了相关国际、国内专利，其中部分铂配合物在器件效率和稳定性方面已经能够与商品化的铱配合物磷光材料相媲美，有望打破国外 UDC 公司在铱配合物磷光材料方面的技术垄断。此外，香港大学任詠华院士[287]和支志明院士[288]等创新性地构建了一系列高效三价金配合物发光材料，发现了热活化延迟荧光和热活化延迟磷光等发光机制，在非贵重金属发光材料和金属激发态研究方面取得了原创性的研究成果，为突破国外铱配合物磷光材料专利限制提供了新途径。

（3）新机制发光材料

如何高效利用三重态激子发光一直是OLED发光材料的研究重点。近年来，伴随着对有机半导体激发态的认识逐渐深入，研究者们提出了一些新机制发光材料。华南理工大学马於光团队和吉林大学杨兵教授提出“热激子”发光机制[289, 290]，即利用高能量激发态之间的反向系间穿越过程来获得理论上100%的激子利用率，构建了从深蓝光到近红外的全色系高效荧光材料及OLED。吉林大学李峰团队为了规避三重态到基态的自旋禁阻，原创性地提出了自由基双重态发光[291, 292]，开发了一系列稳定的碳自由基发光材料，得到了长波长的高效发光OLED。此外，南京工业大学黄维院士[293]、香港科技大学唐本忠院士[294]、日本九州大学Adachi教授[295]等发展了一系列纯有机室温磷光材料，能直接利用三重态发光，为发展OLED材料提供了新思路。

（4）电荷传输及主体材料

磷光有机电致发光器件和热活化延迟荧光发光器件，由于具有突出的效率优势而一直成为OLED领域的研究热点，为了抑制三重态激子通过浓度猝灭和三重态-三重态湮灭等途径失活，这两类器件均采用主客体掺杂的方式制备。因此，主体材料对器件的综合性能起到重要作用。双极性主体材料（bipolar hosts）能同时传输电子和空穴，有利于提高效率并延缓效率衰减。台湾大学汪根欉[296]、日本山形大学Kido教授[297]、清华大学段炼教授[298]、武汉大学/深圳大学杨楚罗教授[299]、黑龙江大学许辉教授[300]、苏州大学张晓宏教授[301]等都在开发新型双极性主体材料方面取得了创新性成果。一般而言，N型有机半导体的电子迁移率通常会低于P型有机半导体的空穴迁移率。因此，常规的双极性有机主体材料的载流子传输不平衡依然是制约进一步提升OLED效率和减缓效率滚降的主要难题。大连理工大学李久艳团队提出“双N型双极性主体材料”概念[302]，构建了新型双极性主体分子，获得了良好的载流子平衡，使构筑的磷光和延迟荧光OLEDs的发光效率大幅提升。

2.4.3.4　未来发展方向与展望

目前，OLED产业对高分辨率、低成本显示的迫切需求推动着OLED关键化学品的不断迭代更新。面向高分辨率显示的需要，发展高色纯度、窄峰宽的高效发光材料是OLED关键化学品未来的主要发展方向之一。最近，日本关西学院大学Hatakeyama教授[303]、日本九州大学Yasuda教授[304]、吉林大学王悦教授[305]、清华大学段炼教授[306]等基于多重共振效应构建了一系列B/N杂化多环芳烃体系，为发展多色高效窄峰宽荧光材料提供了一条有效途径。清华大学段炼教授[307]、日本九州大学Adachi[308]和三月科技等，研发的基于TADF材料的荧光敏化技术、氘代OLED材料等，都可能为突破铱配合物磷光材料的国外专利壁垒提供新的可能途径。OLED材料的纯度和先进生产工艺同样是降低材料成本、实现自主制造的关键环节。就OLED器件制备工艺而言，喷墨打印技术在实现大面积、低成本OLED显示方面拥有巨大潜力。因此，发展适用于喷墨打印技术的高效功能墨水，也是OLED关键化学品未来的主要发展方向之一。同时，量子点和钙钛矿发光材料近年来在电致发光领域也展现出应用前景。将量子点、钙钛矿等新兴发光材料与传统OLED化学品协调融合，也是OLED关键化学品未来的主要发展方向之一。这些领域国内外都尚在探索中，需要进一步拓展研究以及推广应用。

新型 OLED 关键化学品的研究对促进我国显示产业的转型、带动诸多相关传统产业和新兴产业的发展，具有重要的战略意义。

2.4.4 纺织染整助剂

2.4.4.1 发展现状和挑战

染料及有机颜料是具有特定共轭结构（称为发色体）的有机化学品，主要用于纺织纤维、皮革、纸张等着色，使其具有鲜艳色彩。我国已连续多年是世界染料生产和使用第一大国，占世界染料总产量的 70% 以上[309]。但是，随着技术进步和环境保护要求的日益提升以及新型纤维的不断涌现，对高性能染料以及有机颜料的需求也在快速增加，一方面需要不断淘汰着色性能低的染 / 颜料，以满足环境保护、新的高效着色技术需求，另一方面满足新的着色技术和新型纤维的着色需求。所以，在“十四五”期间，重点开展染 / 颜料分子亲 / 疏水平衡和 / 或聚集态结构基础研究，开展结构组装替代化学合成的无机 / 有机颜料的基础研究，开展高效助剂结构对其全生命周期生态相容的主控机制研究，以及开展染 / 颜料的自动控制连续合成的关键技术基础研究。将通过 5 ～ 10 年基础研究，使我国引领国际染 / 颜料行业发展。

2.4.4.2 关键科学问题

① 染料分子亲 / 疏水平衡和 / 或聚集态对其染色性能的影响。如果按照染料与待着色纤维的结合方式分，具有反应性基团的反应性染料与纤维呈化学键结合，不具有反应性基团的染料与纤维呈盐键、亲和力或共融体方式结合，有机颜料则借助黏合剂黏附在着色基底上。染料与纤维无论以哪种方式结合，染料分子亲 / 疏水平衡和 / 或聚集态都是决定染 / 颜料染色性能的重要因素，从根本上研究清楚该关键科学问题，将能从基本原理上提升染 / 颜料的综合性能。

② 结构生色材料增颜增亮机制及微球表面性能对其大面积组装的控制机制。具有艳丽而明亮色彩的无角度依存结构生色材料，是替代有机 / 无机颜料的廉价而易制得、符合绿色环保发展理念的新型着色材料；具有艳丽而明亮色彩的有角度依存结构生色材料，则是用于标识、显示、防伪、光电转换等的廉价而易制得、符合绿色环保发展理念的新型着色材料。所以研究产生艳丽而明亮色彩的结构生色材料的机制是这类材料是否具有实用性的关键科学问题之一；其大面积组装控制机制是这类材料具有实用性的另一关键科学问题。

③ 高效助剂结构对其全生命周期生态相容性的主控机制。助剂结构不同、性能不同、应用条件和环境不同，能够建立各自不同的印染助剂在全生命周期中具有的生态相容性，其各自的主要控制因素均不相同。所有的印染助剂能够在全生命周期中具有生态相容性，是对生命健康及环境保护的重要贡献。

④ 复杂多相体系在微通道反应器中的传递机制及对染料连续化制备的影响。染 / 颜料产品的生产，其中间体或产品多为黏稠状、絮状、悬浮状或颗粒状溶液，在微通

道反应器内实现其自动连续化生产受到传质的限制。因此，针对不同反应中间体或产物溶液状态，研究其在不同结构微通道内的传递机制，进而建立不同的微通道体系，完成复杂多相体系在微通道反应器中的连续自动化生产，是改变我国精细化工生产落后状态，一跃成为世界精细化工先进生产技术引领者的至关重要的关键科学基础问题。

2.4.4.3 主要研究进展及成果

（1）基团功能强化的新型反应性染料创制与应用

反应性染料是最重要的天然纤维染色用染料类别。但其染色棉纤维时，即使是双反应基团的反应性染料，过去染料固色率主要为 70% ～ 80%[310]，没有固色到纤维上的染料留存在染色残液中，需要处理达标后排放，否则会造成环境污染。

张淑芬教授团队在保证双反应基团反应性染料在棉纤维上反应率高于 90% 以上的基础上，通过调控发色体结构，开发出系列双反应基团高固色率反应性染料[311, 312]，其中苯并咪唑酮黄色反应性染料在棉纤维上的固色率为 88.8%[313]，含磺酰胺基团的红色反应性染料为 83.7%[314, 315]，蒽醌偶氮型蓝色反应性染料高达 94%[312]，均为在棉纤维上固色率最高的反应性染料（图 2-28）。该团队通过将发色体和可交联反应基团同时引入大分子中，创制出在棉纤维上近 100% 固色的大分子交联染料[316]，满足了纤维数码印花对染料染色性能的需求。

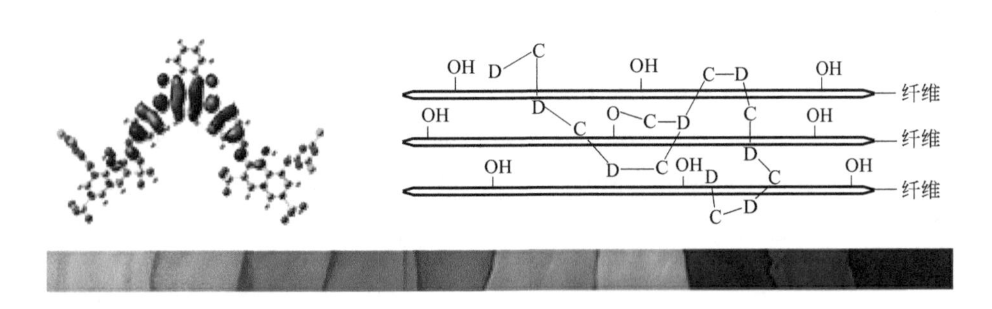

图 2-28

双 H- 酸单偶氮蒽醌型染料共轭结构染料、交联剂和纤维间的共价交联示意图

C——交联剂；D——染料

（2）结构生色材料的基础研究与应用探索

两种以上具有一定折射率、形貌规整的材料形成周期性阵列，光在这种周期性阵列材料中传播时，由于布拉格散射的调制作用，会形成某一特定频率范围内的光子禁带（即光不能传递），波长处在光子禁带范围内的光会被反射回来。被反射回来的光在可见光波长范围内时，就会形成光子晶体的结构色。与传统的染 / 颜料因对光的选择性吸收而产生颜色的化学显色不同，光子晶体结构色材料基本不吸收光，结构不被破坏就不褪色，具有作为着色材料的颜色和牢度基础。以形貌规整的微球形成周期性阵列产生的颜色需要黏附材料使其具有结构稳定性，这类似于颜料需要黏合剂才能在基底上形成鲜明而牢固的颜色。它优于颜料之处在于不需要烦琐而复杂的化学合成过程，仅需要有限的原料就能组装出赤橙黄绿青蓝紫全色系颜色的着色材料，既能代替有机颜料，也能代替无机颜料，能从根本上解决染料和有机颜料自身所无法解决的多原料、

多合成步骤、废弃物处理难度大、着色材料牢度需要提高等一系列问题（图2-29）。不仅可作为着色材料[317]、高牢度性能喷墨打印材料[318-320]，还可以做无染料水写材料[321]、彩色包装材料[322]、装饰材料以及多功能防伪材料[318-320]、光开关材料等[323, 324]。

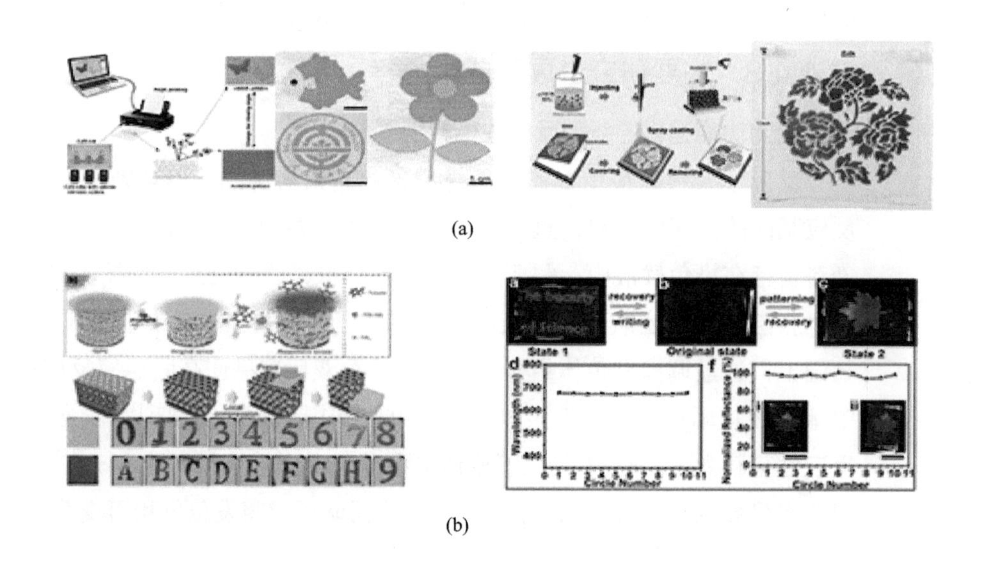

(a)

(b)

图2-29
制备高折射率微球墨水，通过数码打印和喷涂实现无角度依存结构图案（a）和防伪、亚敏、水写纸、可循环使用的彩色包装材料（b）

（3）偶氮染料的连续化制备研究

重氮化反应和偶合反应是制备偶氮染料必须经过的两个反应步骤。大多数芳伯胺的重氮化反应是快速放热反应，甚至有些芳伯胺在遇到重氮化试剂时数秒时间就完成了重氮化反应。重氮化反应结束后，向其中加入偶合组分完成偶合反应，偶合反应也是快反应。但现有偶氮型染料生产设备，几十甚至上百立方米的间歇反应釜，存在传质传热效率低、副反应多、影响产品质量等问题。为了解决间歇反应釜生产偶氮染料中存在的上述问题，国内外的科研工作者开展了众多研究，如张淑芬等分别开发出水溶性偶氮染料的螺旋管混沌混合连续化制备方法和雾化器 - 管路耦联连续化制备水溶性偶氮染料的方法等[325-327]；陈华祥采用釜内自循环和管式反应器装置制备分散染料，使重氮化和偶合过程具有更高的传质、传热效率[328]；Wang 等采用微反应器完成偶氮染料的连续化生产[329]。

2.4.4.4 未来发展方向与展望

染料是纺织服装色彩的基础。我国不仅是染料生产大国，更为重要的是我国也是纺织服装、皮革等关系国计民生等重要行业的生产大国，这些行业的发展亟需高性能着色染料、颜料及其清洁生产和高效应用技术。因此，在“十四五”期间，进行上述关键科学问题的研究，为纺织行业提供高染色性能、免除着色之后污水处理等后处理过程的高固色率染料的研究基础；为超纤等新型纤维的高效着色提供新的着色材料的应用研究基础；结构生色材料广泛替代无机 / 有机颜料，研究实现几种关键物质的制造、大量结构生色微球的制造与组装，实现结构生色材料在着色、标识、显示、防伪和光电转换等行业领域应用，具有广阔的发展前景；“十四五”期间完成复杂多相体系在微通道反应器中的传递机制及对染料连续化制备影响的研究，将为我国在2030年以后实现典型精细化工行业染料领域连续自动化生产提供应用基础研究。

2.4.5 绿色农药的研究进展及展望

2.4.5.1 发展现状和挑战

农药是最重要的农业生产资料之一，是关系粮食安全、食品安全、生态安全的重要战略物资。作为农药生产大国和全球最大的农药出口国，我国农药产业体系不断完善，科技创新能力不断增强，国际竞争力不断提高，从仿制国外品种到仿创结合再到自主创新，我国已经成为世界上继美国、日本、德国、英国、瑞士之后第六个具有新农药创制能力的国家。20世纪六七十年代，我国就研制成功多菌灵、井冈霉素、水胺硫磷、甲基异硫磷、杀虫双等多个重要农药品种。进入21世纪以来，又成功创制出氟吗啉、乙唑螨腈、毒氟磷、环氧虫啶、喹草酮、环吡氟草酮等一批具有完全自主知识产权的农药新品种，为农业重大病虫害防控做出了重要贡献。但是，与世界领先水平相比，我国在农药基础理论创新、原创性分子靶标发现以及全新分子骨架发现等方面尚有一定差距，还没有研制出具有重大国际影响的农药产品。

当前，世界农药科技创新已经进入一个新时代，多学科之间的协同与渗透、新技术之间的交叉与集成、不同行业之间的跨界与整合已经成为新一轮农药创新浪潮的鲜明特征[330]。随着人们对农药安全性的要求不断升级，生物技术尤其是基因编辑技术对农业科技创新的影响不断深化，绿色农药创制面临的挑战也更加严峻。①农业病虫害抗药性发展极其迅猛，传统农药逐渐失效，急需更高效、更安全的绿色农药；②绿色农药基础理论研究薄弱，尤其是农药作用机制研究不深入，新作用靶标匮乏；③生物技术尤其是转基因和基因编辑技术与农药创制的结合越来越紧密，传统农药创新模式已无法适应时代要求。因此，推动多学科交叉融合，建立并发展全新的绿色农药分子设计理论体系，创制出综合性能更优异的绿色农药新品种，为农药工业和现代农业的高质量发展提供可持续的科技支撑。

2.4.5.2 关键科学问题

绿色农药创制是一项十分复杂的多学科交叉集成的系统工程，具有投资大、周期长、风险高的特点，创制一个绿色农药新品种需要合成筛选约16万个化合物，耗资2.86亿美元，从首次合成到正式上市平均历时11.3年[331]。随着人类社会对生态环境的日益重视，生态友好成为农药创制的必然趋势，而高效性、选择性以及规避抗药性（或反抗性）是农药实现生态友好的前提，也是绿色农药的本质特征。因此，从本质上来讲，绿色农药基础研究需要着重解决的关键科学问题主要有两个：一是先导结构创新，即根据作用机制或靶标，通过合理设计发现结构新颖的先导化合物，或者利用某种生物活性评价模型通过对大量化合物（化合物库、天然产物等）的筛选来发现结构新颖的先导化合物，或者通过对已知生物活性的天然产物开展结构优化，从而获得结构新颖的先导化合物；二是农药作用靶标或作用机制创新，即综合运用生物信息学、分子

生物学和药理学等方法发现农药作用新靶标（农药分子的作用对象）和新作用机制，进而指导新先导结构的发现。农药分子设计，就是通过深入理解先导结构与作用靶标间的相互作用规律，设计出具有高效性、选择性和规避抗药性的绿色农药。

需要指出的是，农药作用靶标并不是指单一物种的某种特定的生物大分子（酶、受体、核酸等），而是指由来源于不同种属的野生型同源靶标以及突变型靶标所构成的“靶标组”。在开展农药分子设计时，既要考虑不同种属的野生型作用靶标与农药分子的相互作用，以实现农药分子的高效性和选择性，同时还要考虑不同种属的突变型作用靶标与农药分子的相互作用，以规避抗药性（即反抗性），这就是基于靶标组结构的分子设计（targetome structure-based design，TSBD，图 2-30）[332]。TSBD 方法的建立和发展有利于进一步丰富和完善农药创新研究体系，是农药分子设计未来的发展方向。

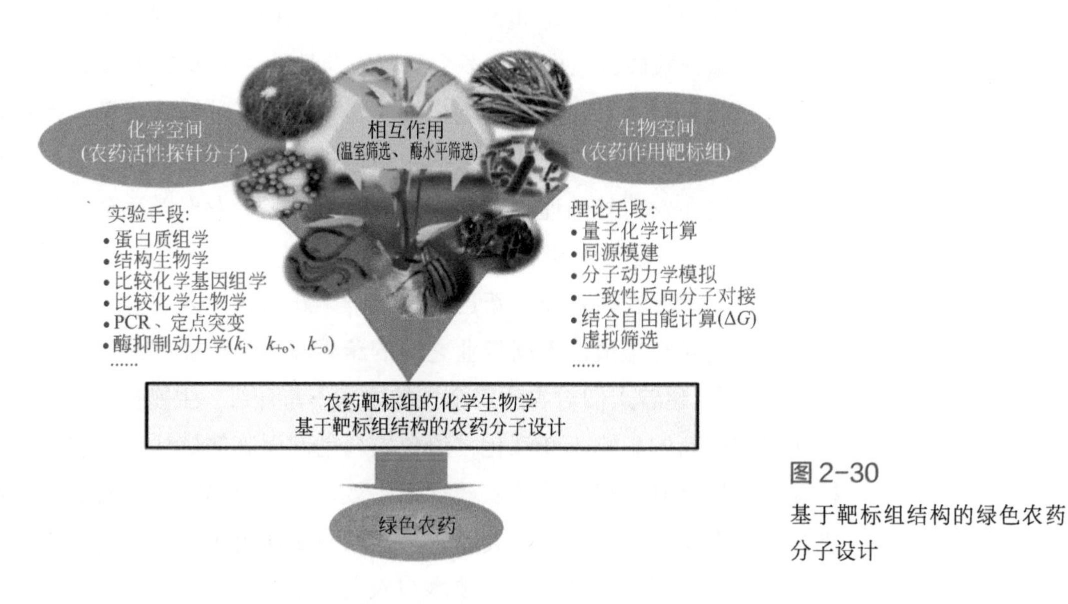

图 2-30
基于靶标组结构的绿色农药分子设计

2.4.5.3 主要研究进展及成果

(1) 农药分子设计方法

分子设计理论创新是提高农药创制效率的关键。杨光富带领的研究团队集成现代有机合成技术、现代分子生物学技术、计算模拟技术以及人工智能技术，发展了一系列农药分子设计新方法及相应的在线服务器和数据库（包括 ACFIS、AIMMS、AILDE、PIIMS、HISNAPI、ACID、LARMD、PADFrag、Cloud 3D-QSAR、BeeTox、InsectiPAD、FungiPAD、HerbiPAD 等）[333-344]，构建了较为完善的绿色农药分子设计技术平台，为深入理解农药作用靶标组与农药活性小分子间的相互作用机制奠定了技术基础。该技术平台涵盖了作用靶标发现、苗头化合物产生、从苗头到先导、先导优化、类农药性分析、抗药性预测、毒理学性质预测等多个研究环节，显著提高了新农药创制效率。例如，ACFIS[333-344] 是国际上第一个应用“药效团连接碎片虚拟筛选”方法进行碎片筛选的云计算平台［图 2-31（b）］，评测的准确性在 75% 以上；AIMMS[334] 服务器可以在蛋白 - 小分子的互作界面上搜索热点残基，并预测蛋白质突变对小分子的抗性［图 2-31（a）］，准确性在 83% 以上；BeeTox[344] 是首个基于人工智能，应用深度图卷积神经网络和主成分分析方法预测蜜蜂毒性和机理的云计算平台［图 2-31（c）］，预测准确性为 83%。此外，还发展了一系列分子成药性预测方法，如杀菌剂类药性预测方法 FungiPAD[107]、杀虫剂类药性预测方法 InsectiPAD[344] 和除草剂类药性预测方法 HerbiPAD[345] 等。

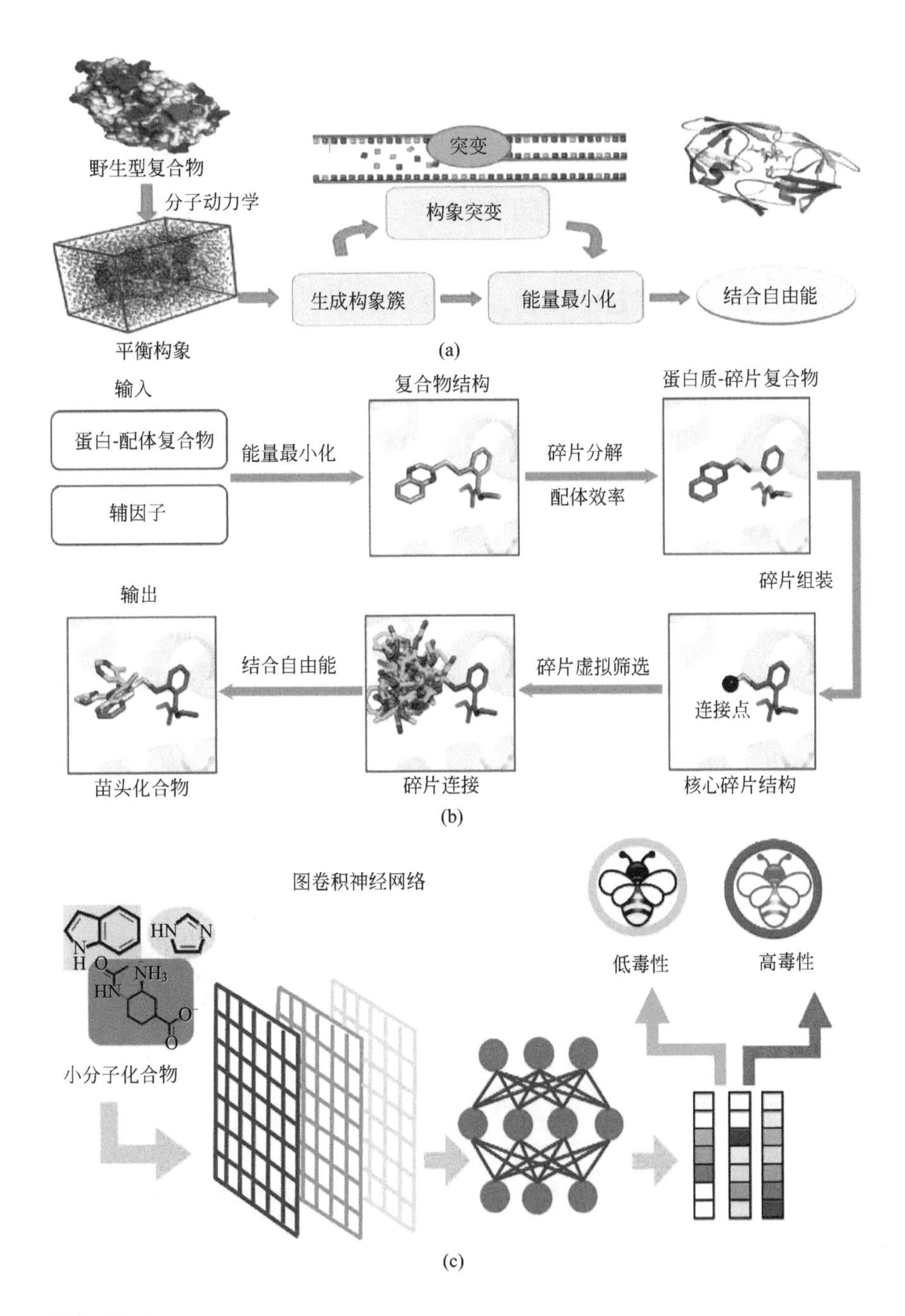

图 2-31

AIMMS 在线服务器可用于预测由蛋白质突变引起的小分子抗性（a）；基于碎片虚拟筛选的网络平台 ACFIS（b）与基于人工智能方法预测蜜蜂毒性和机理的云计算平台 BeeTox（c）

（2）除草剂与植物生长调节

我国是世界上受抗性杂草危害最为严重的五个国家之一[346, 347]。目前我国杂草抗药性问题已经呈现出愈演愈烈的趋势，不仅增加了防治成本，而且导致药害事件频发。因此，创制出作用机制新颖、抗性风险低的超高效除草剂以替代传统除草剂，是综合防治抗性杂草、实现减量增效和绿色发展的根本途径。杨光富团队以对羟苯基丙酮酸双加氧酶（HPPD）为靶标，采用基于碎片的药物设计，发现了喹唑啉二酮类全新骨架的 HPPD 抑制剂，成功创制出全球第一个高粱地选择性除草剂喹草酮（ISO 通用名：benquitrione；2020 年获得登记[348]），并解析了其与 HPPD 的共晶结构［图 2-32（a）］，破解了杂草防控这一长期制约高粱产业发展的关键技术瓶颈。进一步，结合水稻代谢除草剂机制研究和前药设计理论，针对喹唑啉二酮类分子骨架开展结构优化，成功创制出防控稻田抗性千金子和稗草的超高效除草剂吡唑喹草酯，为解决我国稻田抗性千金子和抗性稗草防控难题提供了新的解决方案。此外，采用基于结构的农药设计方法设计了一系列吡唑异吲哚 -1, 3- 二酮杂合物，其中化合物 4ae 与 HPPD 的抑制活性（K_i = 3.92nmol/L）较上市农药磺酰草吡唑（K_i = 44nmol/L）提高了超过 10 倍［图 2-32（b）］[349]。这些结果表明，利用计算化学、蛋白质晶体学和合成化学相结合的方法，开展基于靶标的农药合理设计具有十分重要的应用前景。

植物生长调节剂被广泛应用于农作物和园艺作物，能够显著增加作物产量，也是确保粮食安全的重要途径。脱落酸（ABA）是常用的植物生长调节剂，在阳光下很容易降解并失去其生物活性。中国农业大学段留生发现的木质素磺酸盐是一种在紫外线辐射下保持 ABA 活性的生态友好型高效剂。该研究可用于对紫外线敏感的水溶性农用化学品，并优化 ABA 的施用时间和剂量［图 2-32（c）］[350]。此外，段留生教授课题组发现 *N,N*-二乙基 -2- 己酰基氧自由基乙胺（2- 乙基氯）膦酸盐（DHEAP）是一种植物生长调节剂，能够显著提高玉米抗倒伏能力，同时塑造紧凑型玉米植物类型，有利于增加华北平原夏玉米的种植密度［图 2-32（d）］[351]。这些工作表明利用植物生长调节剂可以有效调节作物的生育过程，达到稳产增产、改善品质、增强作物抗逆性等目的[352, 353]。

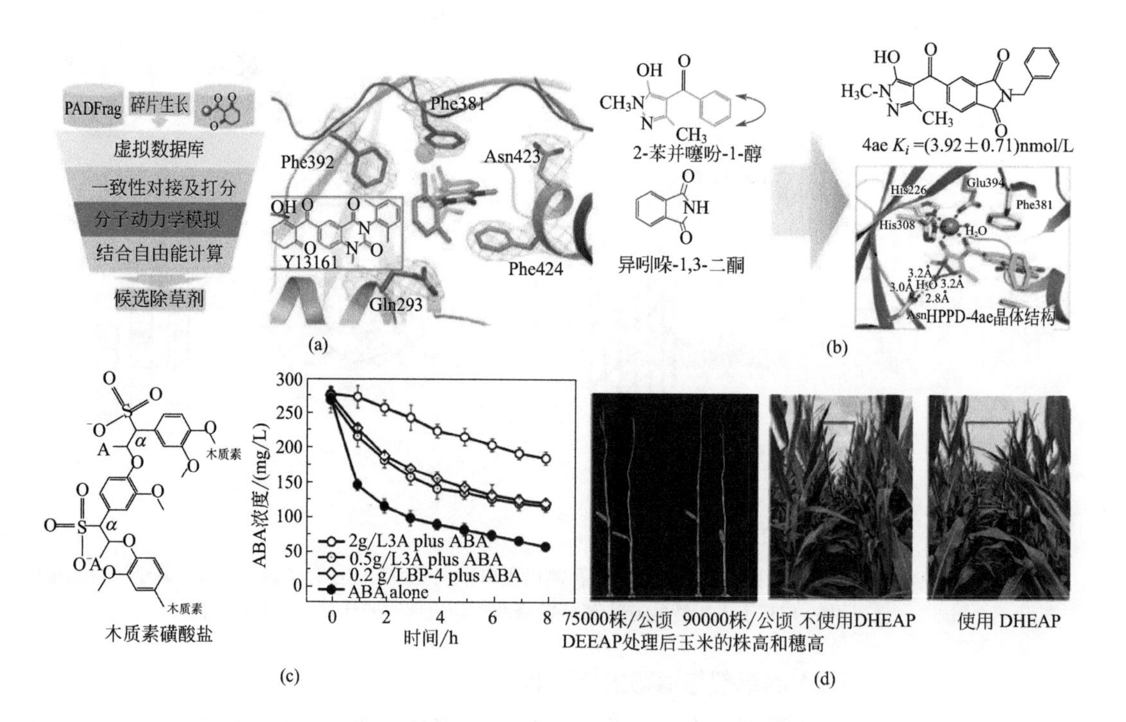

图 2-32

HPPD 除草剂喹草酮及与其 HPPD 的结合模式（a）；基于结构的农药设计发现的吡唑异吲哚 -1, 3- 二酮类 HPPD 抑制剂（b）；在紫外线辐射下保持 ABA 活性的生态友好型高效剂木质素磺酸盐（c）和 DHEAP 能够显著提高玉米抗倒伏能力（d）

（3）杀虫剂

新烟碱类杀虫剂是目前用量最大的杀虫剂。然而，新烟碱类药物的优越性也因其频繁和不合理使用而产生的抗药性受到挑战。应对这些挑战的一种重要策略是加入杀虫增效剂。杀虫增效剂是提高控制效力和减少活性成分使用的关键成分。华东理工大学李忠和南京农业大学刘泽文等发现了一种新型的新烟碱类杀虫剂的特异性增效剂IPPA08[354-358]。研究表明尽管IPPA08本身几乎对昆虫没有活性，但它通过一种独特的方式发挥协同作用，可以提高大多数新烟碱类杀虫剂的杀虫效果［图2-33（a）］。

此外，新型杀虫剂的设计与发现也是杀虫剂研究的热点问题。昆虫几丁质酶在蜕皮过程中对脱落旧表皮起着不可或缺的作用。靶向几丁质酶抑制是一种有前途的害虫防治策略。大连理工大学杨青和中国农业大学张莉等采用基于口袋的先导优化策略，设计并合成了几丁质酶抑制剂[359-362]。在生物测定中，该化合物显示出优异的抑制活性，其K_i值为0.71μmol/L。这项工作是理论计算和实验研究相结合针对原创性作用靶标发现农药新先导结构的一个典型案例，对新农药创制研究具有重要借鉴意义［图2-33（b）］。此外，中国农业大学张莉等发现的七环吡唑酰胺衍生物也可以通过调节昆虫的蜕皮过程而显示出高效的杀虫活性［图2-33（d）］[363, 364]。

另一类新型杀虫剂的研究着眼于昆虫激肽神经肽类似物。昆虫激肽神经肽是一类参与调节后肠收缩、利尿和消化酶释放的多肽。这类物质可能作为新型的环保杀虫剂。中国农业大学杨新玲等设计并合成了三个系列的新型昆虫激肽类似物[365-367]。生物测定结果表明，这些类似物中大多数均能表现出相当高的杀蚜活性［图2-33（c）］。

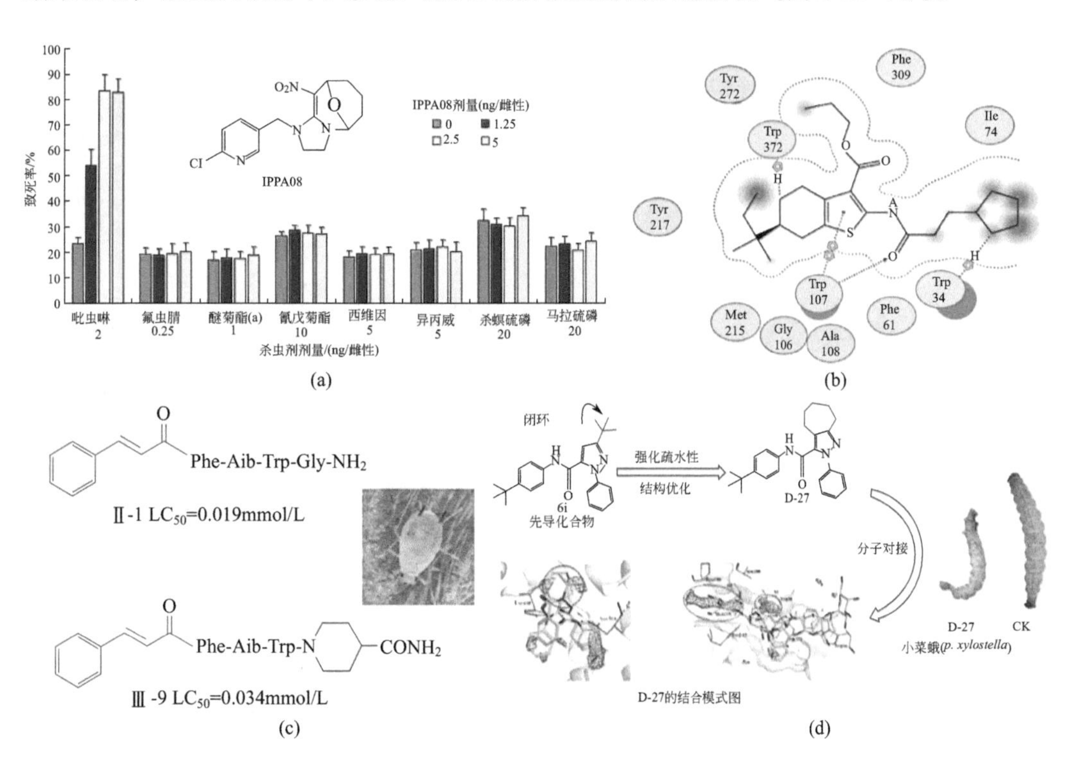

图2-33

新烟碱类杀虫剂的特异性增效剂IPPA08的增效作用（a）；靶向几丁质酶抑制的作用机理（b）；昆虫激肽神经肽类似物作为环保杀虫剂（c）和七环吡唑酰胺衍生物通过调节昆虫的蜕皮过程而显示出杀虫活性（d）

Phe—苯丙氨酸；Tyr—酪氨酸；Trp—色氨酸；Ile—异亮氨酸；Met—甲硫氨酸；Gly—甘氨酸；Ala—丙氨酸

(4)杀菌与抗病毒剂

农业病害是危害我国农业生产的主要灾害之一，具有种类多、影响大、抗药性形成快且时常暴发成灾的特点，对我国国民经济特别是农业生产常造成重大损失。因此，持续创制出具有新颖作用机制的杀菌剂是农业生产的重大现实需求。

酰胺类杀菌剂是目前国际农药市场上发展十分迅猛的一类新型杀菌剂。杨光富研究团队以琥珀酸脱氢酶（SDH）为靶标，系统揭示了酰胺类杀菌剂与 SDH 的作用机制[368]，在此基础上，采用药效团连接碎片筛选技术（PFVS），发现了吡唑酰胺二苯醚类全新骨架的 SDH 抑制剂，成功创制出具有自主知识产权的杀菌剂氟苯醚酰胺（ISO 通用名：flubeneteram）、苯醚唑酰胺和多个高活性候选化合物［图 2-34（a）］[369-372]。氟苯醚酰胺对小麦条锈病、赤霉病、叶斑病、茎腐病等多种病害均具有优异防效，苯醚唑酰胺对小麦条锈病、白粉病、纹枯病、叶枯病等重大病害具有极其优异的防效，有望成为替代三唑类杀菌剂防治小麦重大病害的重要产品。

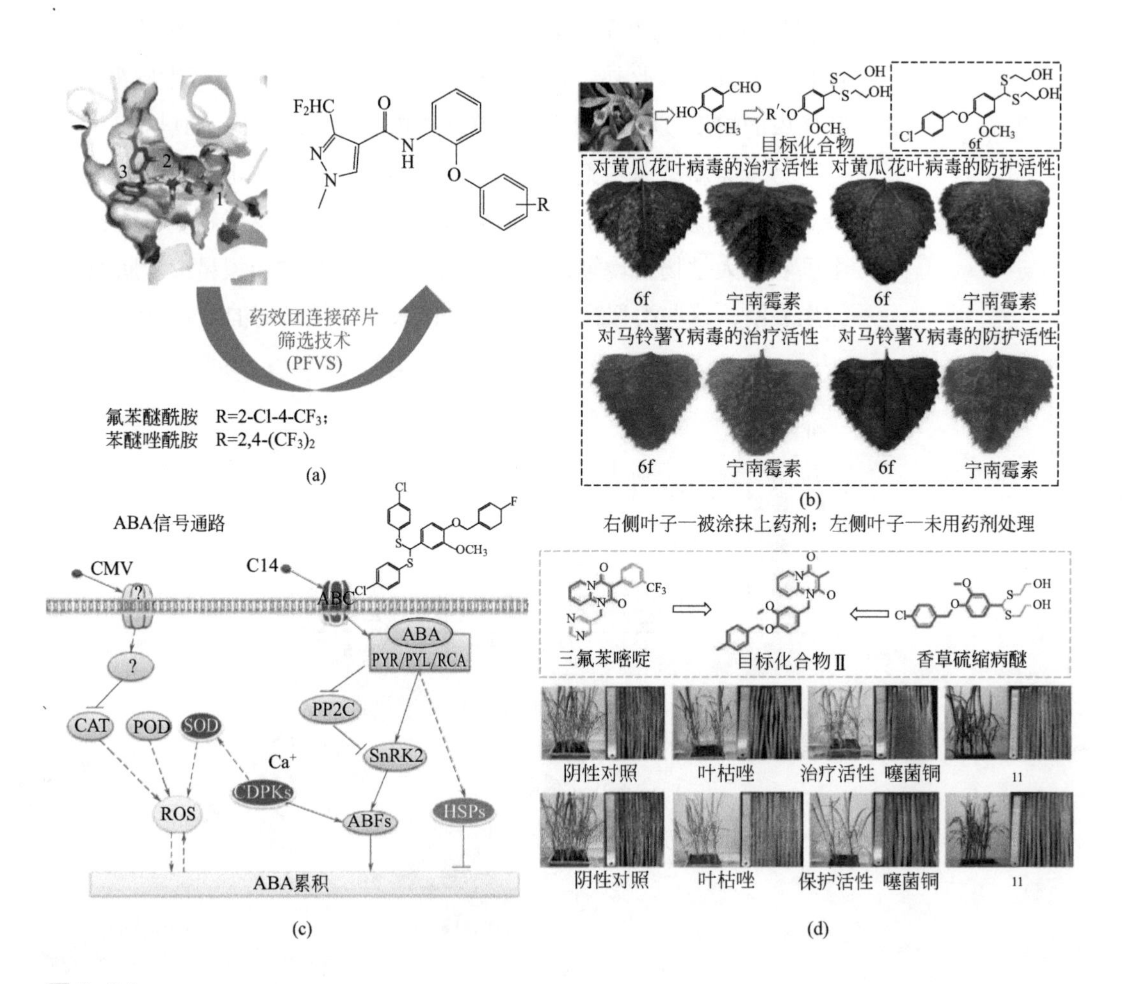

图 2-34

以琥珀酸脱氢酶为靶标的吡唑酰胺二苯醚类杀菌剂（a）；植物抗病免疫激活剂香草硫缩病醚的设计与防治效果（b）；植物抗病免疫激活剂氟苄硫缩诱醚的结构与其对 ABA 信号通路的影响（c）和吡啶并（1, 2-*a*）嘧啶酮类中性离子化合物及其杀菌效果（d）

ABA—脱落酸; CMV—黄瓜花叶病毒; CAT—过氧化氢酶; POD—过氧化物酶; SOD—超氧化物歧化酶; ROS—活性氧类; CDPKs—钙依赖蛋白激酶; PYR—抗帕雷巴克汀蛋白; PYL—类抗帕雷巴克汀蛋白; RCA—脱羧酸受体的调控组分; PP2C—蛋白磷酸酶 2C ; SnRK2—蔗糖非依赖 1 蛋白激酶 2; ABFs—脱落酸应答元件结合因子; HSPs—热休克蛋白

近些年，生态农药备受关注。它通常是天然物或天然修饰物，具有高效、低风险、对生物和生态环境安全有益等优点。宋宝安团队先后发现了以香草硫缩病醚和氟苄硫缩诱醚等为代表的多种植物抗病毒剂[373-378]。测试数据表明，香草硫缩病醚对蜜蜂、家蚕、鸟类安全，是一种高效低风险植物抗病免疫激活剂（诱抗剂）[图 2-34（b）]；而氟苄硫缩诱醚对马铃薯 Y 病毒、黄瓜花叶病毒和烟草花叶病毒具有较高的活性，同时也具有较好的治疗和防护作用 [图 2-34（c）][379]。此外，他们还首次报道了一种可作为潜在植物抗菌剂的中性离子结构，该类化合物对水稻叶枯病具有防护和治疗作用 [图 2-34（d）]，其中一个化合物对黄单胞菌有着优异的体外活性（EC_{50}=1.1μg/mL），远优于美噻唑（EC_{50}= 92.7μg/mL）和噻二唑酮（EC_{50}= 105.4μg/mL）[380, 381]。

2.4.5.4 未来发展方向与展望

面向我国农业现代化及生产重大需求，针对原创性分子靶标与新先导结构缺乏等关键科学问题，结合我国的农业病虫害防治需求，从平台建设、创制体系建设以及人才培养方面着手，开展我国绿色农药基础理论研究和应用技术创新体系构建，需从以下几个方面进行重点探索。

一是加强大数据等信息技术和人工智能技术与农药创制的结合，发展基于人工智能和高性能计算模拟的农药大数据平台和分子设计新方法[382, 383]，构建覆盖广泛化学空间的小分子化合物库和发展高通量筛选方法，设计出衍生空间广的新农药先导骨架。二是原创性靶标和新机制的发现[384, 385]，开展基于微生物组学、基因组学、蛋白组学、代谢组学等多组学技术手段的分子靶标挖掘，以天然产物为探针开展化学生物学研究，发掘新作用靶标，进而开展基于靶标组结构的分子设计与优化，提高新农药创制效率。三是加强植物免疫激活调控剂的创新研究[386-390]，解析免疫诱抗剂在植物体内的代谢调控网络、分子基础和调控机制，明确免疫诱抗剂作用靶标、受体识别及关键激活位点。创新植物免疫诱抗剂的创制途径，实现多途径创制和协同发展。

2.4.6 高端绿色表面活性剂

2.4.6.1 发展现状和挑战

表面活性剂是一类两亲性化合物，分子结构中一般含有亲油性基团和亲水性基团，能够显著降低水的表面张力，具有润湿、渗透、乳化、分散、去污、增溶等特性。在民用、工业、农业等领域具有广泛的应用，享有“工业味精”的美誉，是人民生活和工农业生产中不可或缺的物质。

最早的表面活性剂——肥皂，已有几千年的历史。合成表面活性剂自 1917 年德国巴斯夫公司开发烷基萘磺酸盐以来发展迅速。按照亲水基团种类划分，表面活性剂主要可分为阴离子型、阳离子型、非离子型和两性离子型；按照分子构型划分，表面活性剂可分为单头单尾型、单头双尾型、双子型、Bola 型等；此外还有一系列具有特殊结构的表面活性剂，如含硅、含氟、含硼、冠醚、高分子以及生物表面活性剂等特种表面活性剂。国际上表面活性剂品种有 30000 余种。2020 年全球销售额达到约 540 亿美元，消费量达到 1786 万吨，亚太地区由于人口密集，已成为国际市场的中心区域。

随着人们对生态环境的日益重视，表面活性剂的传统制备工艺不能满足可持续发展的社会需求，现有表面活性剂难以满足高端领域的应用需求，使表面活性剂工业面临新的机遇和挑战。

2.4.6.2 关键科学问题

表面活性剂的科学原理已经比较成熟，产品特点是品种多、应用领域广泛。这样的特点决定了科学研究方向分散，针对应用的研究难以满足社会需求。对其中科学问题加以凝练，可以归纳为以下几个方面。

① 高效率绿色制造研究。通过科学创新实现原料优化、合成工艺改善，不断提高生产效率、有效降低污染，是表面活性剂绿色制造急需解决的关键问题。

② 新型表面活性剂分子设计与特性研究。设计合成新型分子结构的表面活性剂，揭示应用性质，服务于应用需求。

③ 表面活性剂自组装行为研究。从微观到宇宙，世界的构成都是原子、分子的有序组装。表面活性剂自组装行为研究，能够为揭示生命活动规律、拓展应用领域等提供重要的科学指引。

④ 与应用相结合的合成与特性研究。针对洗涤、能源、环境、电子信息等应用领域的需求，研究适合应用特性的表面活性剂产品与应用体系，实现产品的高端化、绿色化。

2.4.6.3 主要研究进展及成果

（1）高效率绿色制造研究

大宗表面活性剂生产的现状是依靠石油和热带植物油脂作为亲油基团，因此全球表面活性剂生产成本都明显受制于石油和热带地区原料生产状况的波动。拓展原料来源，生产性能优良表面活性剂，是本领域的发展方向。

微生物（酵母、细菌或真菌）通过生物转化合成生物表面活性剂取得了学术进展，获得了脂肽、糖脂、磷脂、中性脂质和聚合物等类型表面活性剂（图 2-35）。由于其绿色安全的特性，在化妆品、生物医学等领域展现出良好的应用前景[391-394]。

煤化工生产的初级产品，如煤基合成油、乙烯、煤焦油等，也具备生产表面活性剂的可能性。长链烯烃通过氢甲酰化反应可以合成高碳醇，进而生产非离子表面活性剂[395-397]。长链烯烃与苯的烷基化反应可以合成长链烷基苯来生产阴离子表面活性剂[398, 399]。相关的学术研究已经取得一定进展。

（2）新型表面活性剂分子设计与特性研究

双子、寡聚等新型分子结构表面活性剂，具有显著降低表面活性剂的临界胶束浓度、增强表 / 界面活性、提高调控聚集体结构和功能的能力。在表面改性、杀菌、润湿、乳化等方面表现出许多优越的性能，突破了传统表面活性剂的限制（图 2-36）。

围绕表面活性剂分子结构与液滴在特殊浸润性表面的动力学行为和热力学状态之间的关系，中科院化学所王毅琳和中科院理化所江雷等开展了系列且深入的研究。发展了一种廉价的磺基琥珀酸二辛酯钠，能够自组装形成囊泡，在 3‰浓度下就能够抑制农药液滴在超疏水植物表面的弹射和溅射。这一研究打破了十几年的国际权威研究结论[400]：小分子表面活性剂无法抑制液滴在超疏水表面的弹射和溅射。在此基础上，通过采用动态组装的方式，利用亚胺基动态共价三聚表面活性剂构建了快速形成网状结构的蠕虫状胶束，促使液滴与超疏水基底碰撞后牢固地黏附在其表面；同时，基于亚胺基动态共价三聚表面活性剂，构建了一种凝聚体的组装形式，协同控制杀虫剂在超疏水植物叶面上的包封、沉积、保留和释放。保证了高速撞击和抑制风 / 雨侵蚀后在超疏水植物表面上完全沉积。

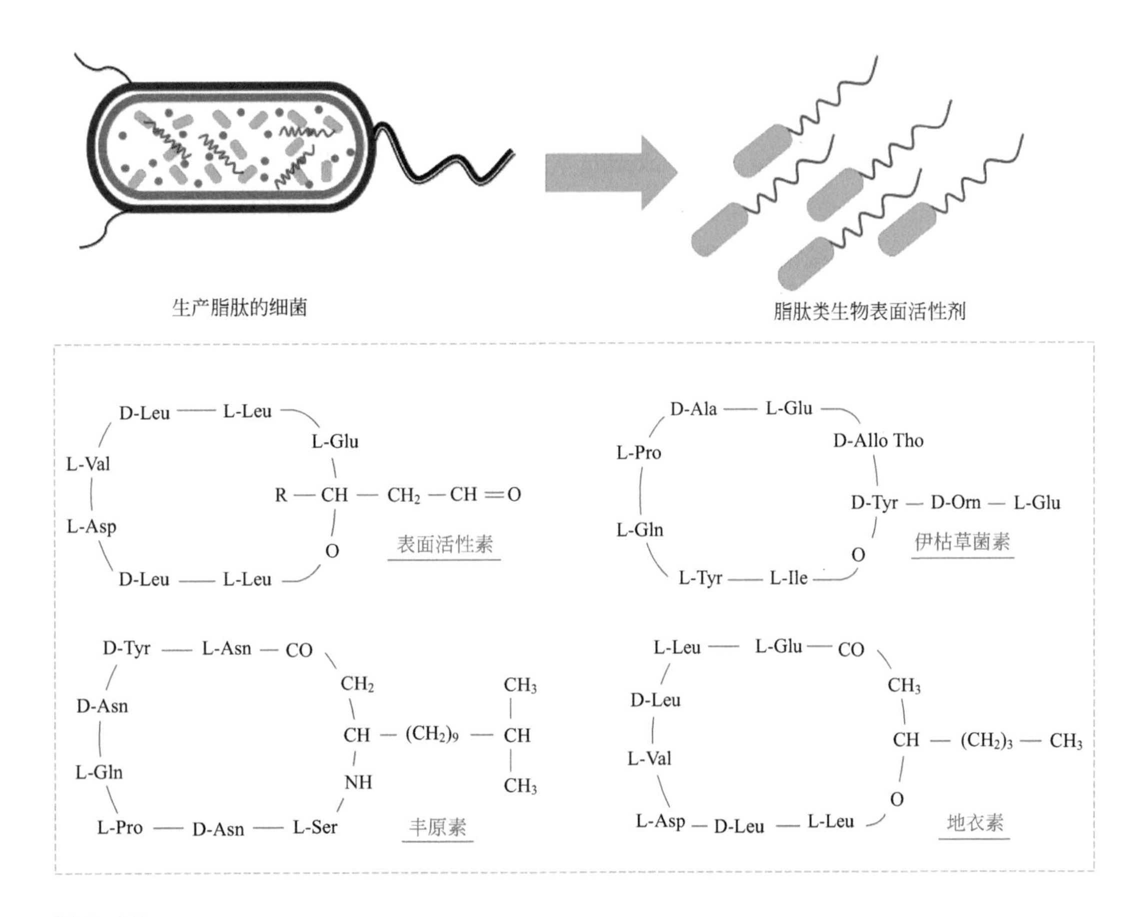

图 2-35

常见的脂肽类生物表面活性剂[391]

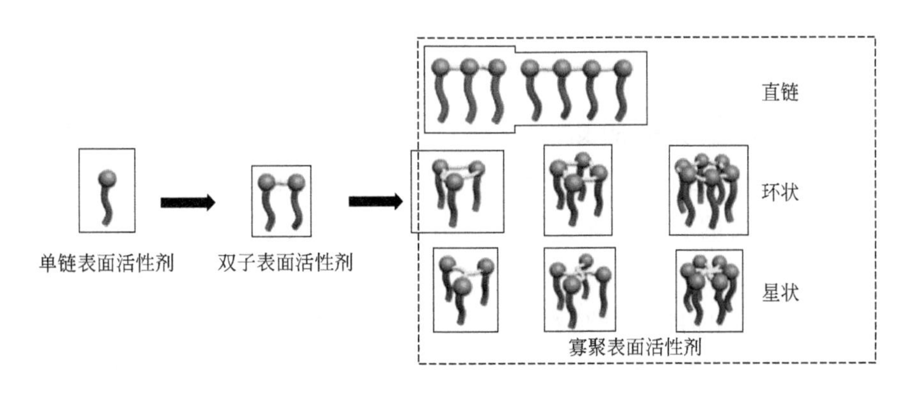

图 2-36

双子、寡聚表面活性剂的结构示意图

（3）表面活性剂自组装行为研究

表面活性剂分子能够发挥诸多功能的前提便是分子的自组装。此方面的研究，国内外学者都取得了重要的学术成果。北京大学黄建滨和阎云课题组，从分子结构以及外界物理化学因素等方面对分子间弱相互作用进行调控，对两亲分子自组装的形成机制及调控方法进行了充分的探究，并进一步探索具有材料学、医学应用价值的微纳尺度的超级分子自组装结构[401-404]。

化妆品、医疗健康中功效成分的包覆与经皮输送也成为表面活性剂应用的一个热点。一些新的包覆运载体系，比如多重乳液、脂质体、微纳颗粒、纳米乳液、微乳液、Pickering 乳液等，受到人们的极大关注。传统的乳状液或泡沫由表面活性剂或两亲大分子稳定。而 Pickering 乳液是由两亲性纳米颗粒吸附于油 / 水或气 / 液界面来稳定，一方面使得乳状液具有超稳定性，另一方面还可以减少表面活性剂的用量，达到了节能减排的效果。如杨恒权教授课题组开发了 Pickering 乳液催化技术，拓展了表面活性剂在催化领域的应用[405, 406]。崔正刚课题组等采用智能型表面活性剂，获得了具有开关或响应功能的 Pickering 乳液体系（图 2-37），并可用于油品输送等领域[407, 408]。利用带相同电荷的纳米颗粒和离子型表面活性剂协同新型乳状液，与常规乳状液相比，乳化剂的使用浓度降低了 90% 以上[409]。

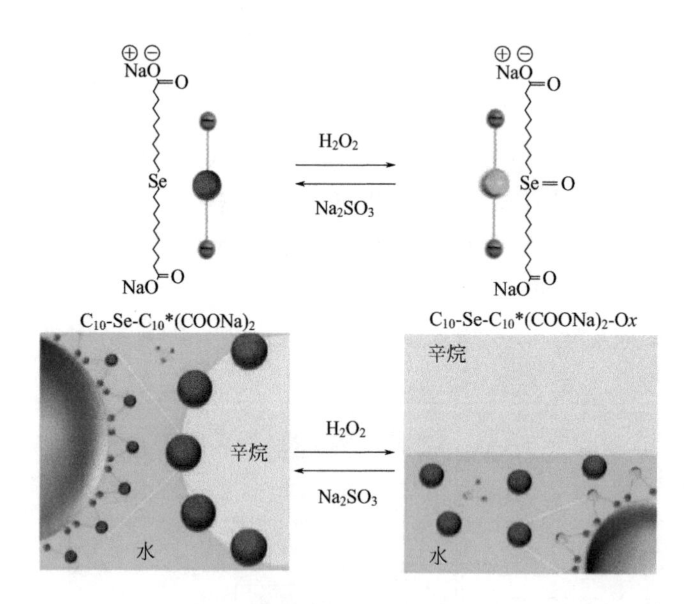

图 2-37
氧化还原响应型表面活性剂构筑智能化乳状液示意图

（4）针对应用需求的表面活性剂

伴随着交通运输等行业的快速发展，高铁、汽车等工业清洗要求表面活性剂具有优良的表面活性、优异的硬表面铺展润湿和渗透性能，以及低泡或快速破泡性能。

以古尔伯特醇为疏水端原料合成的古尔伯特醇醚硫酸盐、古尔伯特醇聚氧乙烯醚等，疏水端为支链结构。疏水端支链结构的引入增强了表面活性剂降低表面张力的能力和效率，提升了表面活性剂的润湿性能，降低了表面活性剂的泡沫稳定性[410-413]。支链表面活性剂作为一种低表面能材料，其性能能够满足工业清洗的基本需求，在高端和精密清洗领域也已经取得了应用（图 2-38）。

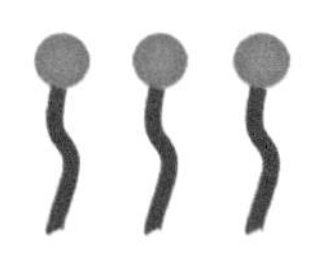

图 2-38
典型的直链和支链表面活性剂分子结构示意图

2.4.6.4 未来发展方向与展望

① 新型表面活性剂分子设计与特性研究，是表面活性剂领域发展的方向。合成具有化学环境响应性新型分子结构的表面活性剂，研究不同表面活性剂的自组装行为与应用，为其应用提供全新的选择。

② 合理利用非粮低值生物质，合成高质量表面活性剂；以煤化工初级产品为原料，合成传统与新型表面活性剂，是抵御原料价格波动风险的重要发展方向。

③ 通过催化剂、合成工艺、原料、设备的科学创新，提高表面活性剂纯度与品质，减少消耗，是表面活性剂绿色化发展方向之一。

④ 乳液、胶束体系替代有机介质，减少有机物的使用，是降低 VOCs 和水污染的重要方法，是表面活性剂绿色化应用的发展方向。

⑤ 结合应用需求，研究新型高品质表面活性剂，满足电子产品、交通运输、医疗健康等领域需求，是高端表面活性剂的发展方向。

2.4.7 香料香精

2.4.7.1 发展现状和挑战

香料香精作为一类具有特征芳香气味的功能产品，目前广泛应用于食品、化妆品、纺织、皮革、造纸、药物等行业，相关行业年产值约 20 万亿元，已经成为人民现代生活不可或缺的“高端精细化学品”，是美好生活的一个重要组成部分。但我国香料香精行业技术水平与国外差距较大，在香料技术领域，全球 6000 多种香料产品中，欧美和日本等发达国家拥有 90% 的产品技术，我国拥有自主知识产权的不足 10%；在香精制备及应用领域，外企垄断国内高端香精产品 80% 以上，我国自主开发的不到 20%。因此，如何基于香气协同作用原理、香料分子与基材之间的作用机制，将不同的香料进行有效的搭配或包覆，设计出香气逼真、留香持久的高品质香精产品，是香料香精行业亟待解决的难题。

2.4.7.2 关键科学问题

目前香精普遍存在天然逼真感不足、香气舒适度差的问题。主要原因在于我们对天然产物特征香气成分间相互作用机制尚不清楚。因此，如何基于香气成分间的相互协同作用（图 2-39）和气味传导原理（图 2-40）提升香气品质和满足消费者需求，是亟待解决的关键科学问题。

图 2-39
香气协同作用示意图

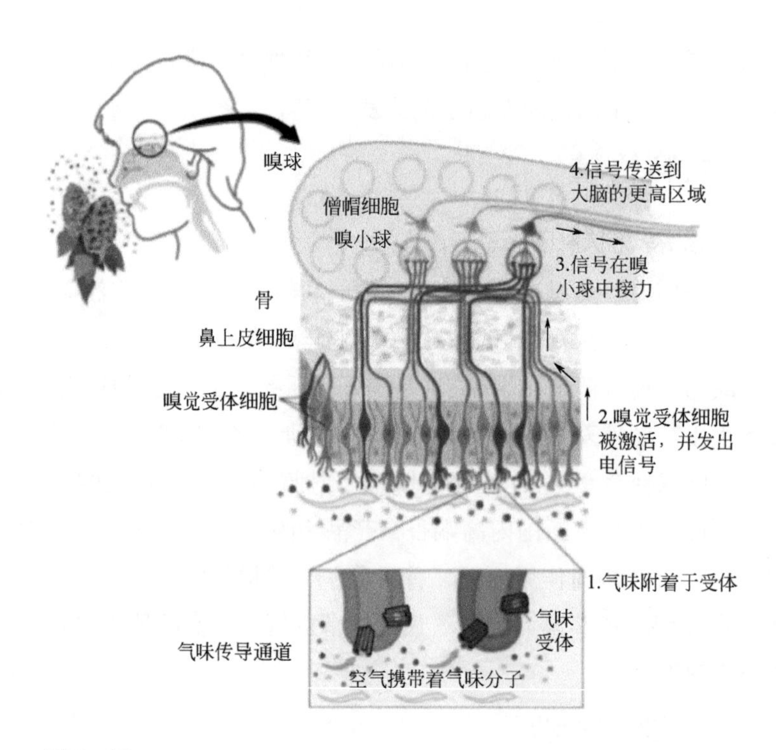

图 2-40
气味传导原理图

此外，香料香精高挥发性的特点使得直接加香会造成香气很快流失，难以达到持久留香的效果。因此突破长效芳香关键技术瓶颈，需要解决香料香精分子在具多孔纤维材料上的吸附与解吸机制的关键科学问题（图 2-41）。

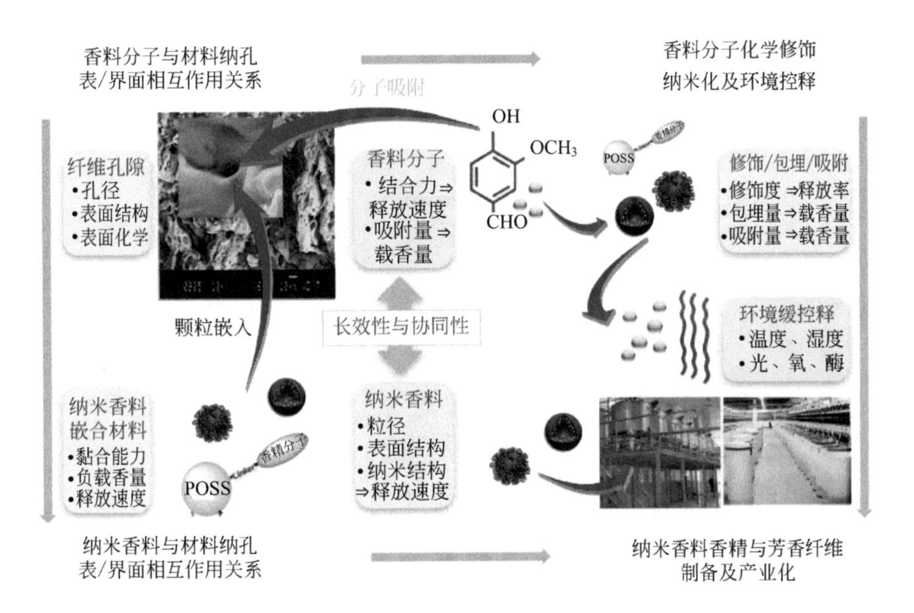

图 2-41
长效芳香关键技术示意图

2.4.7.3 主要研究进展及成果

（1）香气协同

自然界中存在大量的香气分子，通过对嗅觉器官的刺激作用，产生了各种各样的香气特征。香气的形成不是各个香气简单加和，而是这些成分间复杂的相互作用（协同、加成、掩盖等）相统一。

通过实验研究和理论分析相结合的方法，并采用阈值法、σ-τ 法、S 型曲线法和 OAV 法探究不同香韵及香气物质之间的相互作用，重点研究不同香气物质的种类及含量与香韵结构、香气质量之间的关系，总结归纳出香气物质分子结构特点与协同效应之间的关系，并用其指导设计新的香精体系，从而实现对天然产物特征香气的有效调控。基于香气协同作用机制，开发出一系列不同天然产物制备新技术，具有香气天然逼真、协调、透发等特点，有效提升天然产物的香气品质，并实施产业化生产，提升企业产品的核心竞争力。

目前，研究人员主要采用感官强度分析法 [414, 415]、阈值法 [416, 417]、OAV 法 [418]、S 型曲线法 [419, 420]、σ-τ 法 [421] 等研究葡萄酒、普洱茶、杧果、樱桃酒等香气成分的相互作用。如 Coetzee 等 [414] 采用感官强度分析法，探究了热带水果中重要香气成分相互作用关系，结果表明，菠萝醛对 3- 巯基己醇、3- 异丁基 -2- 甲氧基吡嗪的香气强度分别具有明显的抑制和增强作用；肖作兵等 [419] 采用 S 型曲线法和 σ-τ 法，研究了樱桃酒中重要酯类和其他成分间的相互作用，发现丁酸乙酯、己酸乙酯等成分的添加显著降低了芳香重组溶液的阈值，成分间发生了协同作用（图 2-42、图 2-43）。

肖作兵等 [420] 以红枣为研究对象，采用 S 型曲线法和感官分析法，验证己醛（hexanal）和乙酸 -3- 巯基己酯（3-mercaphexyl acetate）对红枣香气的贡献程度，结果表明，这两种成分添加后红枣重组溶液（AR）的阈值由 6.41mL 分别降低到 2.71mL、4.76mL，而红枣重组溶液烘烤香（roast）、果香（fruity）、青香（green）、酸香 [223] 等

香气强度增强明显，即己醛、乙酸-3-巯基己酯与红枣中的香气成分发生了协同作用（图2-44）。

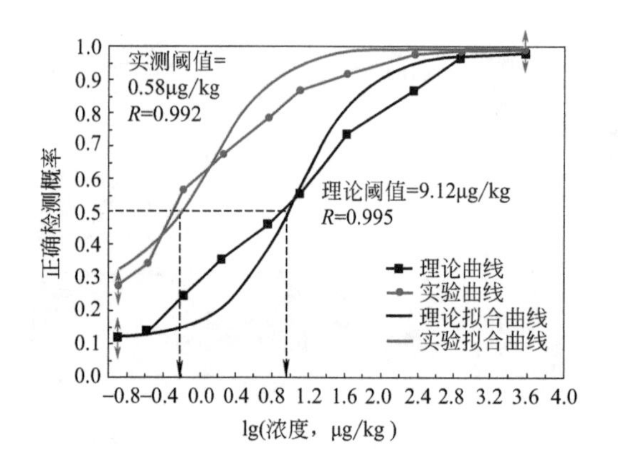

图2-42
丁酸乙酯与基质S型曲线作用图

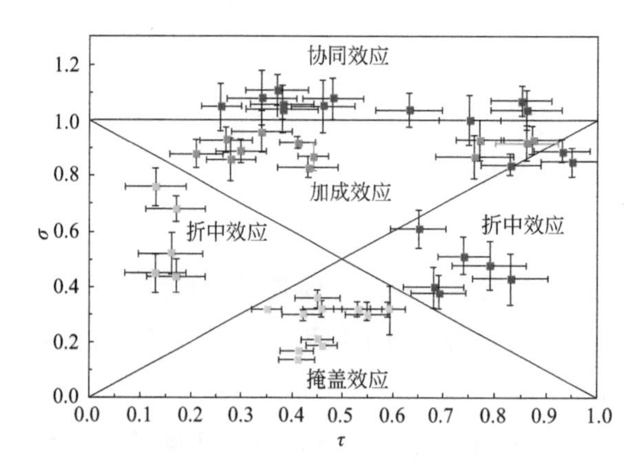

图2-43
丁酸乙酯、己酸乙酯相互作用σ-τ图

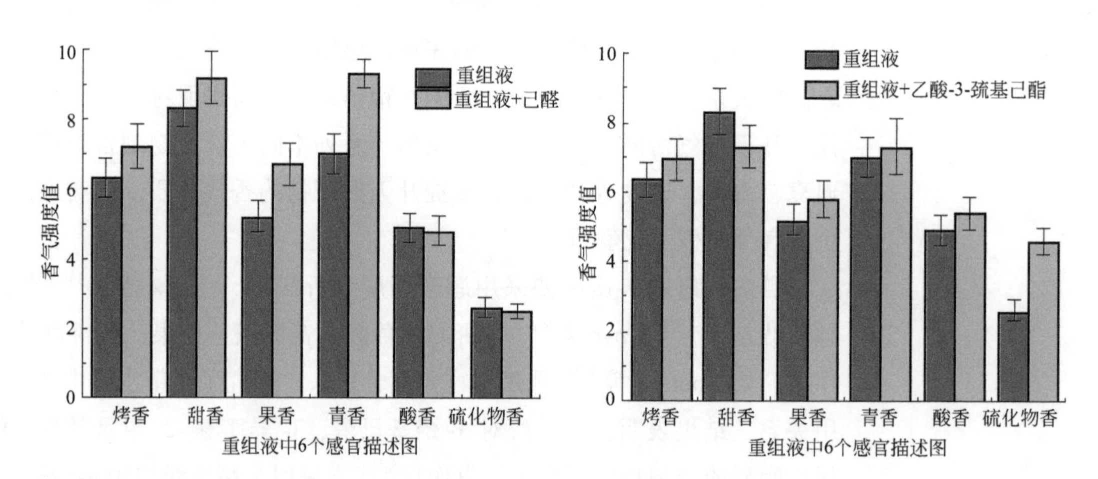

图2-44
己醛、乙酸-3-巯基己酯添加对红枣香气强度的影响

（2）香气释放

针对香料香精高挥发性的特点，华东理工大学朱为宏团队发展了可控释香的潜香体系，实现香气品质和释放性能的调控。通过暴露在可见光照射的环境条件下，活化断裂化学桥酯基团实现香气可控释放。新的光敏性香气传送系统实现了“一箭双雕”：

①精确光控释放香气分子，比游离香料缓慢释放983倍；②率先提出以荧光强度监控香气分子的释放过程[422]。另外，以氢键为作用媒介，基于纳米尺寸的POSS为骨架发展了一类新颖的硫脲类香气缓释体系，实现了芳香化合物的可控释放。基于该潜香体，以水作为外部驱动力，切断缓释体系中的氢键，使得芳香化合物游离出来，从而实现香气的可控缓释（图2-45）[423]。

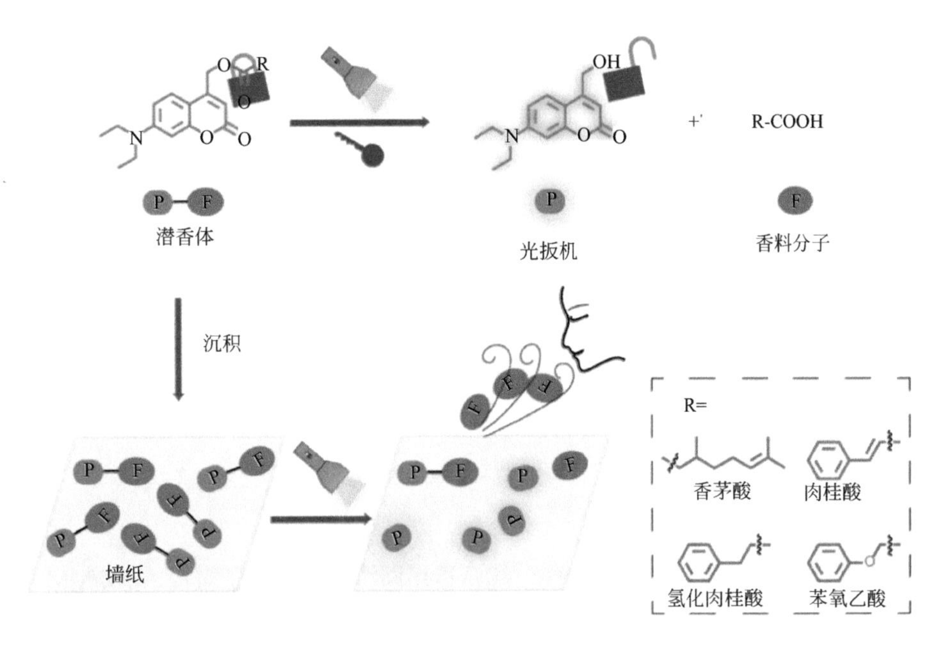

图2-45
香豆素潜香体的光控释放示意图

肖作兵教授团队基于天然纤维的表/界面空隙尺度及特征化学基团，利用分子间的弱键作用，采用纳微香精胶囊直接加香，开发了新型纳微香精及其宏量制备技术。课题组前期基于香精颗粒与纤维基材的空隙尺度与特征基团，并结合分子动力学，探究了香精与基材间物理-化学作用机制及规律，实现皮革、纺织品、墙纸可控释香，主要性能指标明显优于国际现有产品。首先，针对纺织纤维纳米空隙特征结构（20～40nm），利用空腔超分子结构，采用改性β-环糊精，率先开发了粒径和包埋率可控的纳米香精（粒径＜35nm、包埋率＞30%）制备关键技术[424]。其次，针对皮革纤维纳微空隙特征结构（40～200nm），采用聚丙烯酸酯与聚脲，开发了粒径和包埋率可控的纳微香精（粒径60～200nm、包埋率＞30%）制备关键技术[425, 426]。针对墙纸纤维的微米空隙特征结构（1～10μm），采用麦芽糊精，开发了粒径和包埋率可控的微米香精（粒径1～7μm、包埋率＞30%）制备关键技术（图2-46）[427]。

2.4.7.4 未来发展方向与展望

香料香精不但让人们感受到了令人愉悦的香气，同时具有潜在的预防和治疗疾病功能，如某些特定的香料分子对抑郁症、老年痴呆、帕金森病的早期筛选诊断与治疗具有一定的功效。因此，香料香精与医学学科的结合是未来发展的方向之一。

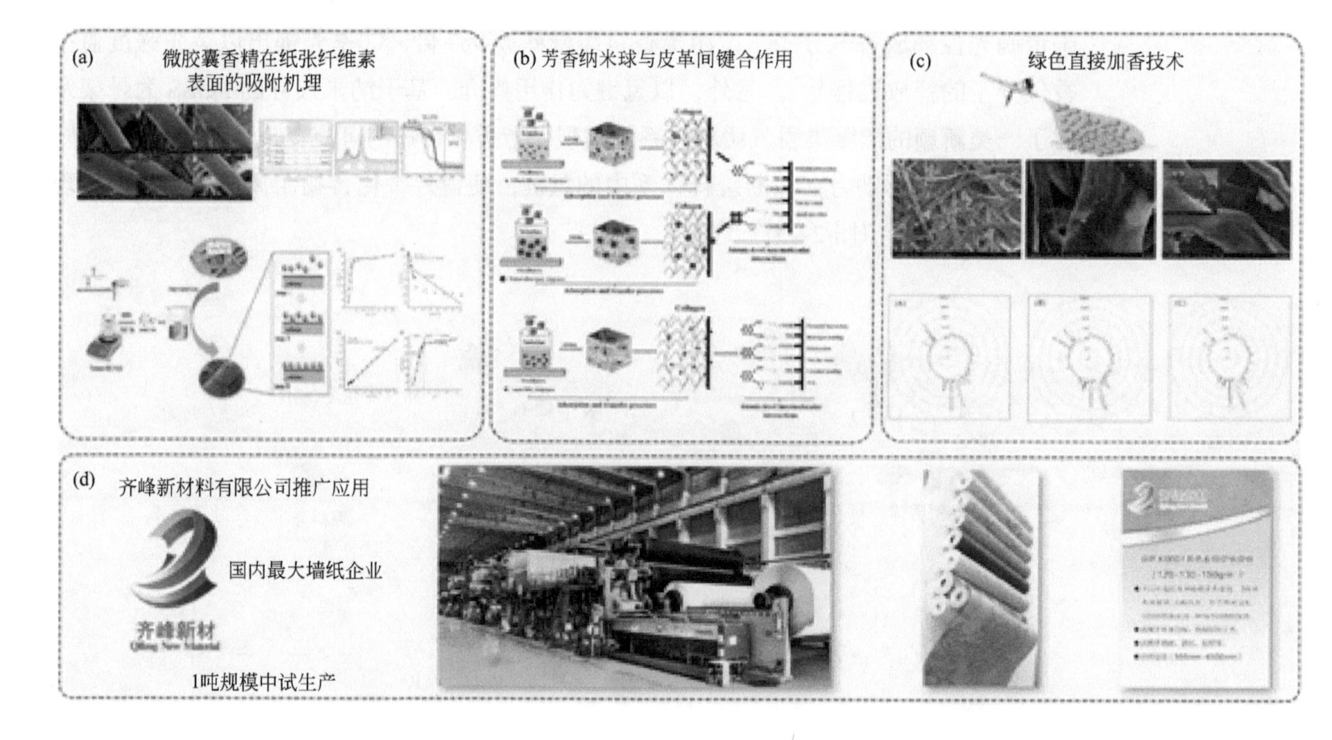

图 2-46

缓释香精与基材互作机制及绿色加香产业化技术

在香气形成机理方面，综合运用同源模建、分子对接、QM/MM 计算、分子动力学模拟、定量构效关系模型及定点突变实验等手段，预测、分析、验证香气分子与嗅觉受体的作用机理模型，构建香气 - 受体对应关系网络，为设计出香气愉悦的香精产品提供重要的理论依据。在疾病预防与治疗方面，筛选出特定的香料用于芳香疗法研究，通过生理仪、面部表情分析系统和匹兹堡睡眠指数量表，分析香料分子与舒适度、心脑生理参数、睡眠效果的关系，对改善不同人群的睡眠质量具有重要的作用。通过研究不同香料分子对抑郁症、老年痴呆、帕金森病的作用，可对疾病起到早期筛选诊断与治疗的功效。

此外，由于香料香精具有高挥发性 [428]，需要控制释放以延长其使用周期。现今大多数释放载体仍处于理论验证阶段，控制多种香料香精的释放并保证恒定的香气性能面临挑战。为克服上述挑战，针对不同的基材与香料香精分子之间的相互作用机理进行理论和实验研究，由此可为针对性载体的设计提供指导 [429]。香料香精与生命健康的研究，以及香料香精分子与基材间的缓控释机制研究，将推动香料香精行业形成新的历史跨越，对促进我国香料香精及相关产业的转型，带动诸多相关传统产业和新兴产业的发展，具有重要的战略意义。

2.4.8 新一代氯氟烃替代物

2.4.8.1 发展现状和挑战

自 1930 年 T. Midgei 成功筛选出 CFC-12 作为制冷剂，并于 1931 年商业化以来，氯氟烃（CFCs）工业蓬勃发展。进入 20 世纪 70 年代以后，科学家研究发现 CFCs 中的氯原子对臭氧层有强烈的破坏作用，属于消耗臭氧层物质（ODS），同时 CFCs 的红外吸收主要集中在大气窗口区，属于强温室气体。因此，国际社会先后签订了《蒙特利尔议定书》《京都议定书》《巴黎协定》等一系列国际环保公约，旨在避免臭氧层的进一步破坏，限制乃至逐步淘汰氢氟烃（HFCs）、SF_6等强温室气体。在CFCs替代物的研发过程中，遵循降低臭氧破坏能力和温室效应能力的原则，科学家先后开发出了氢氯氟烃（HCFCs）、氢氟烃（HFCs）或氢氟醚（HFEs）、氢氟烯烃（HFOs）或环状氟化物（*c*-HFCs）、杂原子氟化物[430]（见图2-47）。

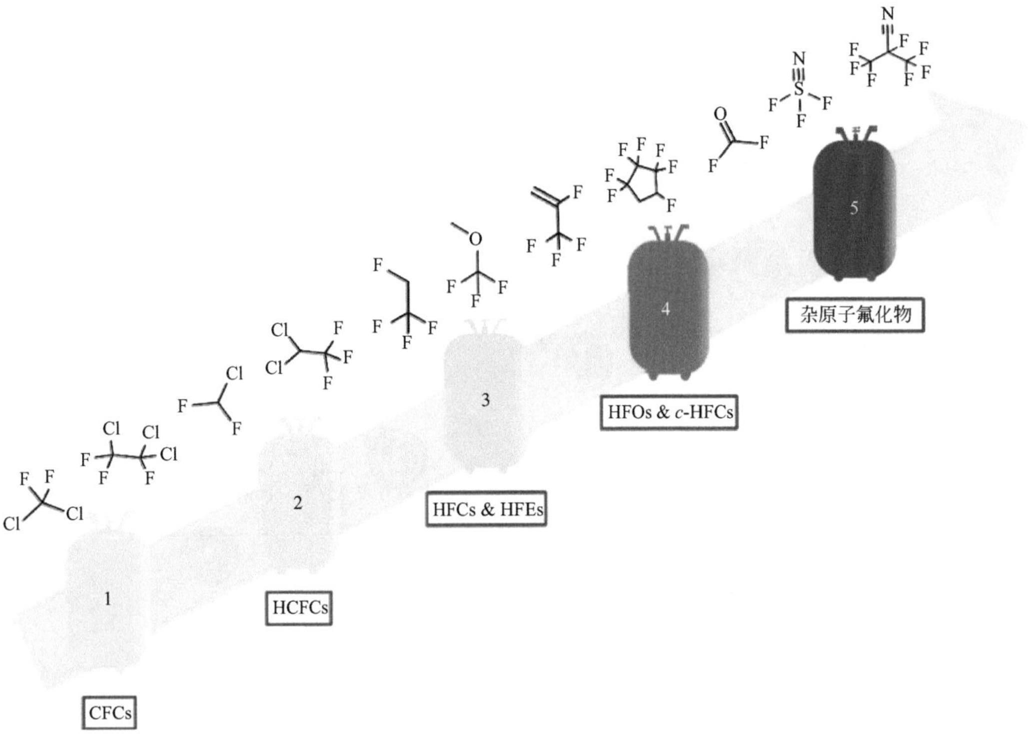

图2-47

CFCs替代物发展历程

长久以来，CFCs替代物开发的重点主要集中在制冷剂、发泡剂等大宗应用领域，目前开发的HFOs在环境性能和应用性能方面均可满足上述应用领域的需求。然而，CFCs替代物研究仍存在两大难题。①HFOs合成和应用的知识产权主要被霍尼韦尔、杜邦等发达国家的公司垄断，国内在该领域仍需深入研究；②在超低温制冷、清洗、刻蚀、传热流体以及电器绝缘等具有特殊应用要求的领域，始终无法实现对CFCs的理想替代。因此，亟需开发新型的含氟化合物来解决上述难题，在保证应用性能的同时，尽可能提高其环境性能，这是目前CFCs替代物设计与开发所面临的关键问题。

此外，在合成工艺方面，为了在替代物分子中引入合适的氟原子，需要进行科学的合成路线设计和过程催化剂的开发及连续化的制造工艺开发，为产业化奠定技术基础。另外，产业化过程中通常面临强放热、高腐蚀、中间产物多、分离提纯控制复杂等问题，使CFCs替代物研发面临新的机遇和挑战。

2.4.8.2 关键科学问题

CFCs替代物的分子设计在于建立分子结构与环境性能、应用性能之间的构效关系。基于环境性能的主要评测指标（消耗臭氧潜能值ODP、全球增温潜能值GWP、二

次污染评估等），其核心问题在于降低物质在大气中的寿命。因此，需要建立完备可靠的测试系统平台，研究C≡N、C=O及具有不同基团的分子的大气降解速率、红外吸收特性、降解路径及产物，基于大量可靠的实验数据，建立分子结构与环境性能的构效关系，从而指导新一代CFCs替代物的开发。此外，需同时与应用性能相结合，在提高环境性能的同时，保证其满足制冷、清洗、刻蚀、绝缘等领域的应用要求（见图2-48）。

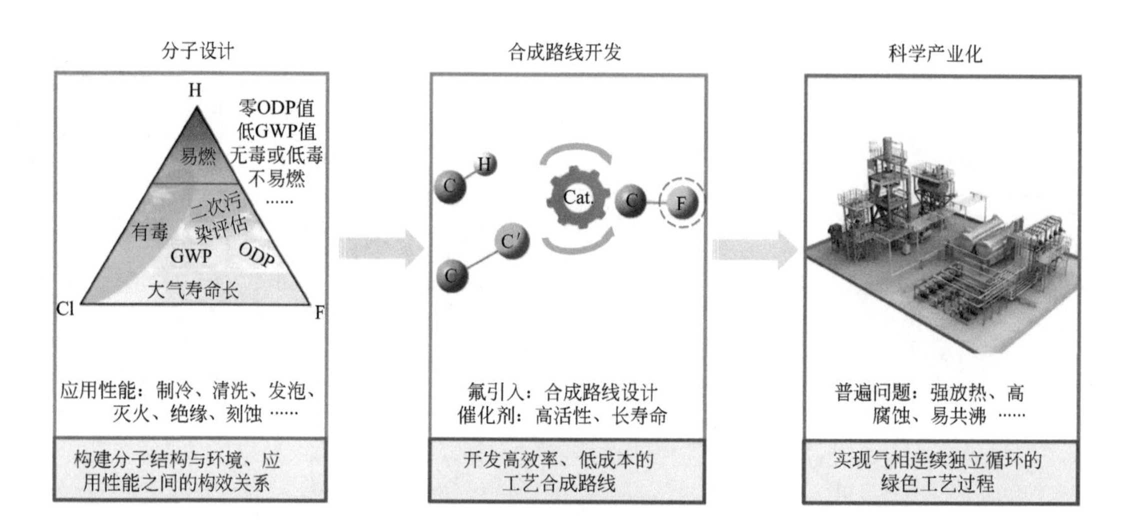

图2-48
CFCs替代物的分子设计、合成和产业化

CFCs替代物的合成关键是如何在分子中引入氟元素，其面临两大难题：首先，氟源是来自氟气、HF、金属氟化物还是含氟砌块，这需要进行合成路线的科学设计；其次，过程催化剂的活性物种对高温、强腐蚀应用环境的耐受性，在苛刻的反应条件下发挥其稳定的高活性，是氟化工过程催化剂的一大挑战。

CFCs替代物的产业化面临强放热、高腐蚀、中间产物多等问题，通过耐腐蚀材料选型、气相连续独立循环技术、干法分离等，运用材料科学、工程科学、分离科学等领域的技术，实现绿色生产工艺（见图2-48）。

2.4.8.3 主要研究进展及成果

（1）CFCs替代物的分子设计及物性评测体系

替代物分子以材料的性能、环境安全及产业化为核心，开展含氟材料分子设计及物性评测。权恒道团队通过模拟计算和实验相结合完成对其燃烧性、能效比等特性指标的测定；基于自有开发的国内首套相对速率法大气化学研究平台，对材料的消耗臭氧潜能值（ODP）、全球增温潜能值（GWP）和大气降解机理等环境物性指标进行研究，实现新型含氟材料分子从提出到验证并进一步开发的系统性研究。

基于含氟材料分子设计及物性评测体系，提出以c-$C_5F_{8-x}H_x$系列五元环烯烃和c-$C_5F_{10-x}H_x$系列五元环烷烃为CFCs替代物[431-433]，其中七氟环戊烷（c-HFC-447ef）、六氟环戊烷（c-HFC-456fef）和八氟环戊烯（c-PFO-1418）已分别作为新一代环境友好型清洗剂、高温换热流体和电子刻蚀剂，开拓了CFCs替代物研究的新方向。

以高端芯片制造用含氟电子气体的功能要求和环境友好为导向，基于F等离子体与Si基材料反应生成SiF_4气体，实现刻蚀、清洁的功能以及含氟化合物高蒸发潜热与高临界温度的特性，提出并验证了芯片先进制程中设备洁净气体COF_2和各种高性能散热介质，为高端芯片制造与应用提供了新的材料[434]。

（2）建立了耐高温、耐强腐蚀的多孔金属氟化物催化剂体系

在高温、强腐蚀介质（如HF、HCl、HBr、HI、F_2、Cl_2、Br_2、I_2等）中维持氟化催化剂的高活性是氟化工领域的巨大挑战。

权恒道团队[435-437]提出高渗透力气态HF与掺杂Si材料反应生成SiF_4气体逸出催化剂表面的造孔原理，合成了系列耐高温、耐腐蚀的多孔金属氟化物，用作催化剂和载体，其中多孔氟化铬比表面积达187m^2/g，远高于传统的氟化铬（仅约30m^2/g），工业使用寿命超过2万小时，为CFCs替代物的工业化奠定了坚实的技术基础。

在多孔性金属氟化物的基础上，还开发出了高价态金属氟化物、嵌段型Sb基催化剂[438-441]。其中，基于对反应过渡态的量子化学计算与实验研究，发现高价态金属氟化物有利于氟氯交换反应。开发了系列高价态多孔金属氟化物，作为催化剂广泛应用于氟氯交换反应中，具有高活性、高稳定性的优点，解决了气相氟化催化活性低、选择性差、寿命短的难题。另外，将$SbCl_5$负载于多孔金属氟化物上，经HF活化，制得嵌段型Sb基催化剂，用于气相氟化反应中，解决了卤代化合物易结碳的难题，打破了传统Sb基催化剂仅能用于液相氟化反应的局限，避免了Sb基催化剂在液相氟化中引起的环境污染，使Sb基催化剂得到更广泛应用[442-445]。

（3）实现了环境友好型系列含氟材料的产业化

针对氟化工生产强腐蚀、易爆炸等特点，需要攻克产业化过程中工艺放大难、时空收率低、质量调控复杂等诸多技术壁垒，开发具有自主知识产权的绿色清洁生产技术，建立系列氟化物生产线，实现含氟材料的商业化。

经过多年努力，实现了系列五元环含氟化合物、系列高端芯片用环境友好含氟电子气体、高压电气绝缘用$(CF_3)_2CFCN$、多种制冷剂的产业化。

在系列五元环含氟化合物产业化项目中，以五元环氯代烃为原料，集成气相氟化、异构化、干法分离等多项核心技术[446-451]，实现了系列五元环含氟化合物联产的产业化，得到了联合国开发计划署的高度认可。其中七氟环戊烷、六氟环戊烷、八氟环戊烯等系列产品出口日、美等国。

在系列高端芯片用环境友好含氟电子气体产业化项目中，首先，发明了安全绿色的COF_2合成工艺，建成了世界首条生产线，实现了4.6N级COF_2的绿色工业化生产[452]。在JNC、CASIO等公司实现大量应用，满足了半导体设备腔体深度清洁的要求。其次，开发了芯片散热用各种含氟换热流体的制造技术[444, 453-456]，实现了工业化生产，产品广泛应用于5G基站换热系统。再次，开发了气相卤化法制造$CF_2{=}CFCF{=}CF_2$和CF_3I的工艺技术[457, 458]，高纯产品广泛应用于芯片的高精度刻蚀。

在高压电气绝缘用$(CF_3)_2CFCN$产业化项目中，建成了$(CF_3)_2CFCN$规模化生产线[459-461]，为构建绿色安全电网提供了技术与产品支撑。

2.4.8.4 未来发展方向与展望

CFCs 替代物发展到现在 HFOs 和 *c*-HFCs 的阶段，主要存在以下问题。① HFOs 在某些领域的应用性能还不能完全满足行业使用的性能需求；② HFOs 的合成和应用的知识产权主要掌控在西方发达国家少数的氟化工巨鳄手中，形成了很强的专利壁垒；③环状氟化物的下游产品及其应用研究较少。因此，我国未来发展主要集中在以下几点：①开展下一代 CFCs 替代物的设计与开发，包括分子设计、合成、应用、产业化等环节。下一代 CFCs 替代物不但环境友好、应用性能优越，涵盖制冷、发泡、清洗、刻蚀、绝缘、传热等应用领域，而且可以规避目前 HFOs 产业化的专利壁垒，夺取 CFCs 替代物领域的未来话语权。目前，权恒道团队提出以杂原子氟化物（杂原子为 N、O、S 等）作为下一代 CFCs 替代物（见图 2-47），其 ODP 值为零，GWP 值很低，如七氟异丁腈、碳酰氟、三氟碘甲烷等[430]。②开展环状氟化物下游产品及其应用的研究与开发，获取高性能的功能含氟材料，开发的以环状氟化物为原料合成的含氟传热流体，不但环境性能良好，而且热传递性能优异[462-464]。

下一代 CFCs 替代物正推动氟化工形成新的历史跨越，对促进我国氟化工及相关产业的转型，带动诸多相关传统产业和新兴产业的发展，具有重要的战略意义。

2.4.9 高端含能化学品

2.4.9.1 发展现状与挑战

含能化学品是一类含有爆炸性基团或氧化剂和可燃剂，能独立进行燃烧、爆轰等快速化学反应的化合物或复合物[465, 466]。自 19 世纪中期三硝基甲苯（TNT）和硝化甘油问世至今，含能化学品的发展经历了多次更新换代，并得到了广泛应用。在民用领域，含能化学品广泛应用于深空探测、矿山爆破、石油开采、冶金加工、医疗救险等；在军事领域，它是弹药终点毁伤的威力能源与武器火力系统发射和运载的动力能源，发挥着不可替代的作用。近年来，随着国民经济和国防建设的不断发展，对含能化学品的综合性能提出了更高的要求，同时也为其发展带来了新的机遇和挑战。例如，在深井爆破领域，亟待发展能够耐受更高温度且稳定爆轰的新型耐热含能化学品；在深空探测领域，急需发展在宽温域、高真空、强辐射环境下保持良好安定性的含能化学品。

2.4.9.2 关键科学问题

含能化学品是一种特殊的能量载体，其分子内、分子间和宏观复合等不同空间尺度的复杂相互作用直接影响着能量、稳定性和功能性等，相应的关键科学问题可以归纳为三个层面（图 2-49）。

（1）含能化学品多尺度设计理论与构筑方法

从微观尺度认知化学键能量状态，从介观尺度认知组分间的组装状态和相互作用，揭示含能化学品多层级结构与性能之间的本质关联，探索多尺度结构的构筑途径。

（2）含能化学品宏量化制备与过程控制基础

阐明强放热、高腐蚀、高固、高黏度复杂体系中化学反应机理、化工传递过程及规律，研究复合含能化学品构建过程中物料的流变特性、热传导特性、表 / 界面特性、分散机理和耦合加载响应，建立反应、传递过程强化和控制策略与方法。

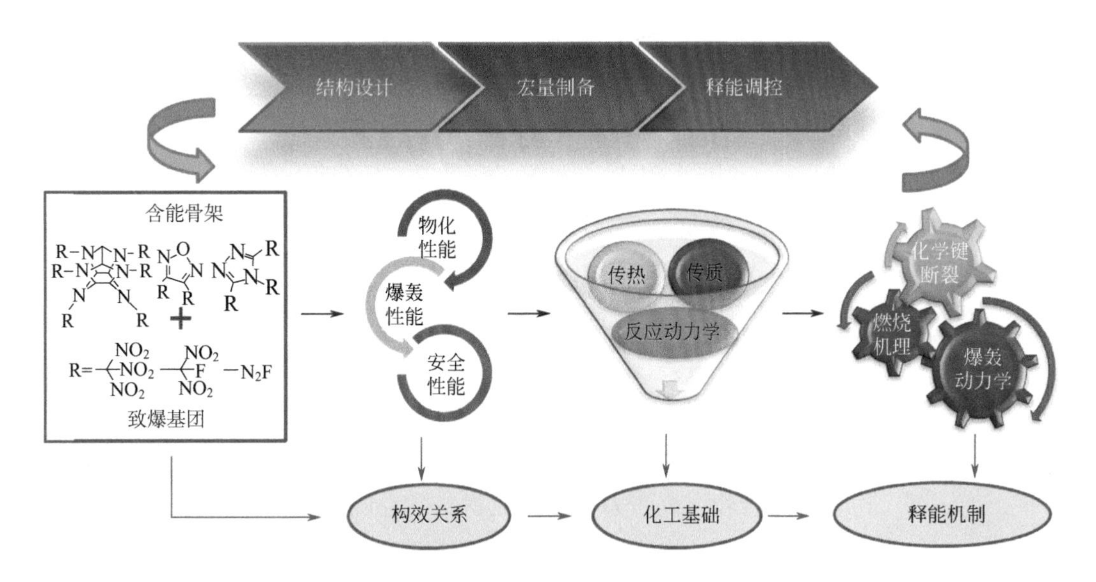

图 2-49
含能化学品研究关键科学问题

（3）含能化学品能量释放与调控机制

探索含能化学品热解、燃烧、爆轰等过程中的化学键断裂、反应动力学、反应物理波等特性，阐明基于不同时空尺度下的能量转换与输出机制，建立能量释放调控和高效利用方法。

2.4.9.3 主要研究进展及成果

（1）高端含能化学品的设计合成

传统含能化学品是指基于碳、氢、氮、氧（C、H、N、O）元素的有机化合物，其能量来源于致爆基团对骨架氧化所释放的热能以及骨架蕴含的环应变能。随着性能要求和应用环境日趋严苛，传统含能化学品的创制向高能量密度、高安全性、多功能性不断发展。

高张力氮杂骨架、高生成焓氮氧杂环及高致爆基团的构建和引入，是合成高能量密度化学品的主要手段。高张力氮杂骨架包含异伍兹烷、立方烷、碳硼烷等，以六硝基六氮杂异伍兹烷（CL-20）[467]和八硝基立方烷（ONC）[468]为代表性化合物，其中CL-20 爆速达 9400m/s；高生成焓氮氧杂环包含呋咱、氧化呋咱、氧化四嗪等，以 3, 4-双（4′-硝基呋咱-3′-基）氧化呋咱（DNTF）[469]和 1, 2, 3, 4-四嗪并 [5, 6-*e*]-1, 2, 3, 4-四嗪-1, 3, 6, 8-四氧化物（TTTO）[470]为代表性化合物，其中 TTTO 理论爆压可达 43.2GPa；三硝基甲基、氟代偕二硝基、二氟氨基等高致爆基团的引入可进一步提高能量密度，如 3, 4-双（3-氟二硝甲基氧化呋咱基）氧化呋咱（BFTF）的爆速高达 10800m/s[471]（图 2-50）。引入弱相互作用和调节晶体堆积方式是提高含能化学品安全性的重要手段。1, 1′-二羟基-5, 5′-联四唑二羟胺盐（TKX-50）分子内存在大量氢键网络结构，可有效提高化合物整体稳定性[472]。构建共轭大 π 键是提高含能化学品热稳定性的有效途径，如耐热温度达 320℃的六硝基芪（HNS）已广泛应用于超深井油田射孔弹，新设计合成的 4, 8-二苦基双呋咱并吡嗪（TNBP）热分解起始温度高达 400℃以上[473]。

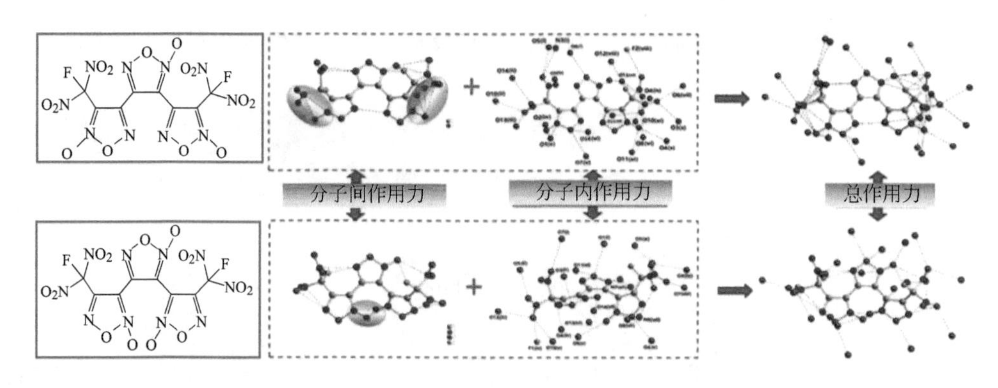

图 2-50

BFTF 的结构和分子间作用力

新型含能化学品包括 MOF（金属有机型）/ABX_3（钙钛矿型）等框架含能化合物、全氮化合物、高张力键能释放材料、金属氢等，其能量主要来源于化学键键能或外层电子跃迁能。构筑新型含能化学品是突破传统 CHNO 类结构能量极限的重要途径。美国科学家在低温下合成了全氮阳离子（N_5^+）盐[474]，在 110GPa 下制备了立方偏转结构聚合氮（cg-N）[475]，通过静高压技术获得了室温稳定的聚一氧化碳（P-CO）[476]，并在 496GPa 下获得了固态金属氢，其预估能量高达 216kJ/g[477]。我国科学家首创了钙钛矿型 $(H_2dabco)[M(ClO_4)_3]$ 含能化合物[478]，呈现了优良的热稳定性；首次合成了全氮阴离子（N_5^-）盐（图 2-51），实现了由金属到非金属、由无机到有机、由 1D 到 3D 的突破[479, 480]；制备了 VN_9^+、TiN_{12}^+ 团簇[481] 以及层状黑磷结构聚合氮（BP-N）等[482, 483]；提出了在碳纳

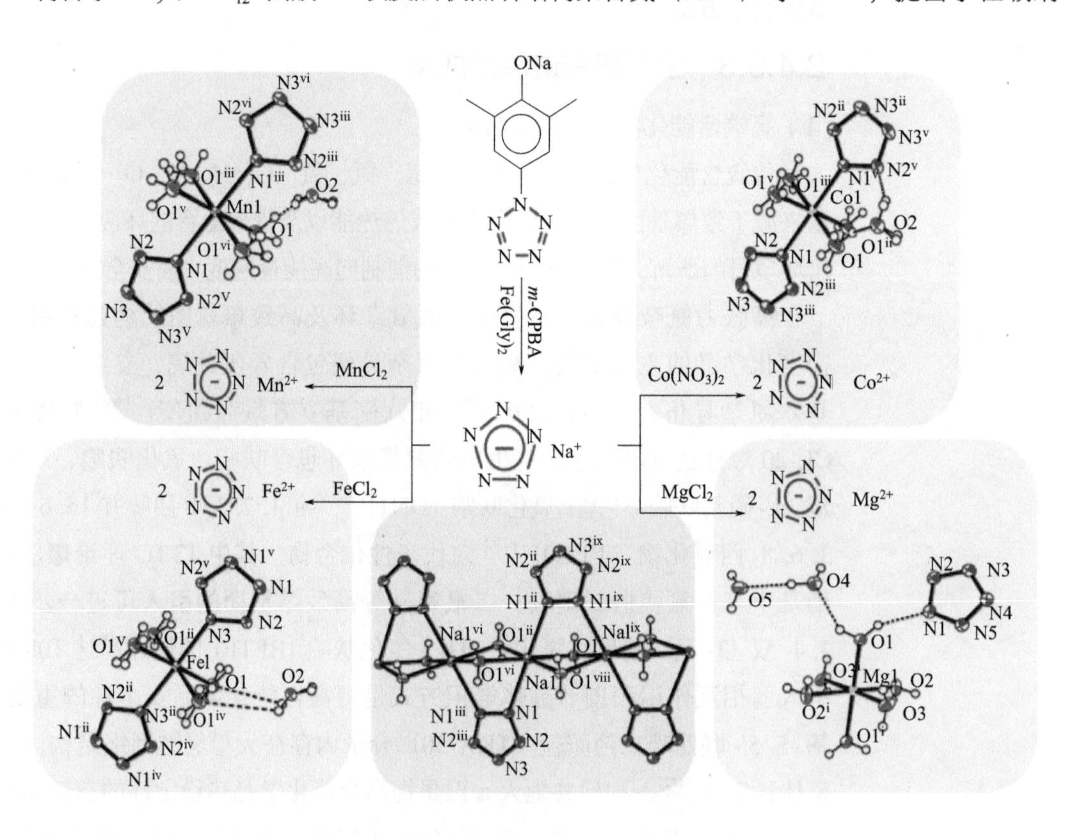

图 2-51

全氮阴离子（N_5^-）盐的制备

米管内形成超高密度准一维金属氢的方法，理论上可在相对“较低”压力（163.5GPa）下实现氢的金属化[484]。上述成果标志着我国新型含能化学品的研究已跻身世界前列。

（2）含能化学品绿色安全制造

含能化学品的制造多为强放热、强酸、高黏稠的多相复杂体系。近年来，随着微流控反应、共振声混合、增材制造等技术的发展，在含能化学品合成过程控制、宏量化制备及其本质安全性提高等方面的应用研究取得了显著进展。比利时科学家利用管式反应器，在温和硝化条件下完成了 TNT 的制备[485]，反应转化率达 99% 以上，反应收率和安全性显著提高。美国科学家针对高黏度、易分解、易爆炸的多组分含能化学品体系，创建了复合含能化学品的 3D 打印成型技术，为其数字化安全制造提供了一种新途径[486]。我国将连续流微反应技术引入硝化、氧化等强放热单元反应中，阐明了微通道反应器内的流场分布规律，显著提高了传热、传质效率，实现了多元醇的安全高效硝化，硝化剂用量降低 30% 以上；突破了五氧化二氮的高效电解制备及清洁硝化技术难题，实现了含能化学品的绿色硝化，“三废”量减少 30% 以上；基于宏观振动混合和微观声流混合的耦合作用，强化了高固含量复杂体系中多组分的均匀分散，实现了 92% 高固含量复合含能化学品的安全高效制备[487]。

（3）含能化学品能量释放与调控

国内外主要从微观 - 介观 - 宏观的空间尺度和热化学 - 燃烧 - 爆轰的时间尺度，对含能化学品的释能机制与调控方法开展了广泛研究。在释能机制研究方面，欧美科学家建立了硝酸铵与硝酸酯化合物的气相燃烧详细反应动力学模型[488]，在 C-J 模型和 ZND 模型基础上发展了本征爆轰理论[489]；我国科学家阐明了金属氢化物燃烧释能过程中的物理变化和化学反应机制[490]。在释能调控研究方面，国内外科学家通过将氧化剂与高能燃料在微纳米尺度上复合，构建了 Al@PDA@AP、Al-PTFE 等亚稳态分子间复合材料（MIC），缩短了质量传输和扩散行程，提高了释能速率和效率[491]；将单原子 Pb 催化剂应用于 NC/NG/RDX 含能复合体系，与传统 Pb 基燃烧催化剂相比，其燃烧速率提高了 2 倍[492]（图 2-52）。

2.4.9.4 未来发展方向与展望

高端含能化学品在能源矿产、航天航空、特种加工、国防安全等领域有着广阔的发展空间。设计合成具有高能、高效、高安全的含能化学品，并推动其应用，依然是将来主要的发展方向和目标。

① 围绕高能氟氮、全氮化合物、高张力键能释放材料等高端含能化学品创制，结合人工智能与计算化学方法发展其设计理论，探索并揭示其微 / 介观结构，获得结构和性能之间的本构关系定量描述，建立多尺度结构精准构筑方法，突破已有含能化学品的能量限制并提高其稳定性。

② 围绕特种反应体系（强放热、强腐蚀、高黏稠等）及极端条件（超低温、超高压、等离子体等）下含能化学品宏量化制备过程，研究反应热力学、动力学、流变学、表界面化学等，阐明化学反应机制及化工传递规律，为宏量化制备单元过程强化、污染物排放控制和资源化利用提供依据，提升含能化学品高效、绿色、安全制造水平。

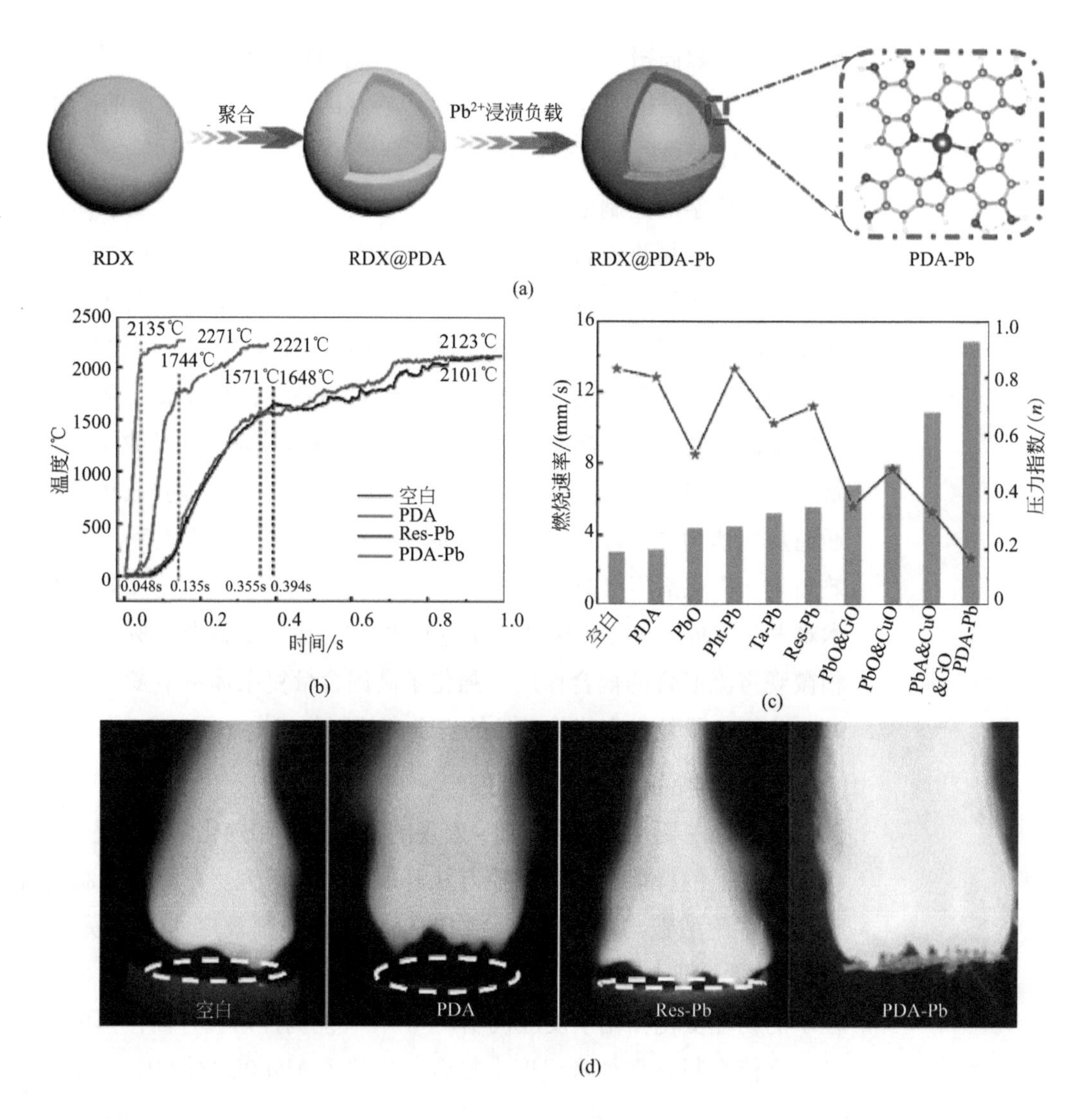

图 2-52

单原子 Pb 基催化剂及燃烧调控

③ 围绕含能化学品的能量释放与调控，研究非理想体系爆轰反应动力学、多场耦合作用下的燃烧机理等，阐明不同时空尺度下结构与释能的关系，建立燃烧爆轰引发及能量输出结构的调控方法，获得能量释放精准调控技术途径，使能量释放效率及有效利用率得到显著提升。

高端含能化学品将推动特种能源、动力等领域的跨越式发展，对促进我国相关传统产业的转型，培育和发展高新技术产业，提升化工、材料、能源等学科水平，具有重要的战略意义。

2.4.10 重要小分子药物的先进制备

2.4.10.1 发展现状和挑战

近年来，虽然生物技术的突破促进了大分子药物（比如单抗药物、基因载体药物等生物药）的快速发展，但是小分子药物（化学药）依然占据着全球市场的重要份额。相较于新技术条件下催生的生物药，一方面，化学制药历史悠久，但也面临着生产技术相对落后、工艺繁复、环境不友好等诸多问题；另一方面，虽然有机化学尤其是催化剂的研究已经取得了很多重要的突破和进展，但这些新的化学方法依然面临着与制药工艺不兼容等问题，特别是工业纯化技术（例如膜技术）与实验室常规操作（例如柱色谱法）有着很大的区别，使得最新的化学方法无法及时有效地应用于实际生产过程中。面对这些问题，需要化学、化工、制药、环境、材料等多领域的专家协同合作，从原料、催化剂、生产工艺、纯化技术、新反应装置和环境保护等方面综合考虑，才能应对化学制药面临的诸多挑战并促使其取得新的发展。

2.4.10.2 关键科学问题

小分子药物的制备主要有化学合成和生物合成两大途径。化学制备过程中，针对特定药物分子，不仅需要探索新反应底物（逆合成分析与从头合成[493]）、先进催化材料（如小分子不对称催化剂[494]）和新反应装置（如连续流动反应器[495]），还要优化合适的分离纯化工艺，进而完成从实验室研发到工业生产的转化。对于生物制备，尤其针对天然产物来源的药物分子，需要阐明其在生物体内的合成路径，找到关键步骤的酶及其与底物的作用机制，才能更好地指导体内 / 体外药物分子的生物合成。此外，仿生的有机小分子催化使传统的化学合成逐步向条件温和、高对映选择性的生物合成转变，从而避免了后期复杂的手性拆分工艺。更为重要的是，通过药物分子的精准修饰，有望快速获得新的药物分子实体，进而缩短小分子药物的研发周期。

2.4.10.3 主要研究进展及成果

（1）紫杉醇的先进制备

紫杉醇（商品名 Taxol，图 2-53）是一种具有优异抗肿瘤活性的天然产物。经过近 30 年的临床使用，目前依然是活性最高的化疗药物。然而，紫杉醇在红豆杉树皮中的含量极低，从植物中提取远远不能满足市场需求，且会造成植物资源的严重破坏。因此，紫杉醇的人工合成一直备受关注。目前，Taxol 的化学合成工艺依然沿用了 20 世纪 90 年代百事施贵宝公司（Bristol-Myers Squibb）的研究人员与佛罗里达州立大学 Holton 教授共同研发的以 10- 去乙酰巴卡亭Ⅲ为原料的半合成路线。近年来围绕 Taxol 的化学合成出现了许多新的路线。例如，美国 Scripps 研究所 Baran 小组近期开发的两相法合成策略[496]等。但这些新的合成路线距离工业化生产还有很长的距离。而利用合成生物学手段，通过代谢工程和重组 DNA 技术构建的细胞工厂有望实现 Taxol 的规模化制备[497]。

（2）磺达肝癸钠的先进制备

磺达肝癸钠，又称为磺达肝素，是一种人工合成的临床上广泛使用的抗凝血类药物，其分子结构是端基为甲苷的磺酸化五糖钠盐（图 2-54）。与普通肝素和低分子量肝素相比，小分子磺达肝素具有靶点专一、体内半衰期长、副作用小等优点。作为一种纯化学合成的寡糖药物，磺达肝癸钠的制备需要解决诸如糖分子多羟基结构所带来的反应位点选择性和糖基化反应所带来的立体选择性等糖化学面临的关键问题。近期，美国 Scripps 研究所的翁启惠小组利用硫苷糖基供体的反应活性差异，设计了一釜三组分［1+2+2］的磺达肝素程序合成策略[498]。同时，南开大学的赵炜小组利用硫苷糖基供体预活化策略，也完成了磺达肝癸钠的一釜合成[499]。此外，四川大学的秦

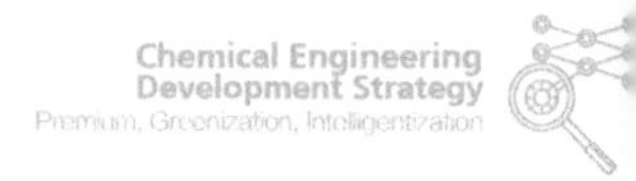

勇小组从商业化单糖原料出发，最终利用［3+2］偶联策略实现了磺达肝素的化学合成，并进一步向工业化生产推进[500]。这些新的方法和策略为磺达肝素制备工艺的改进提供了依据。

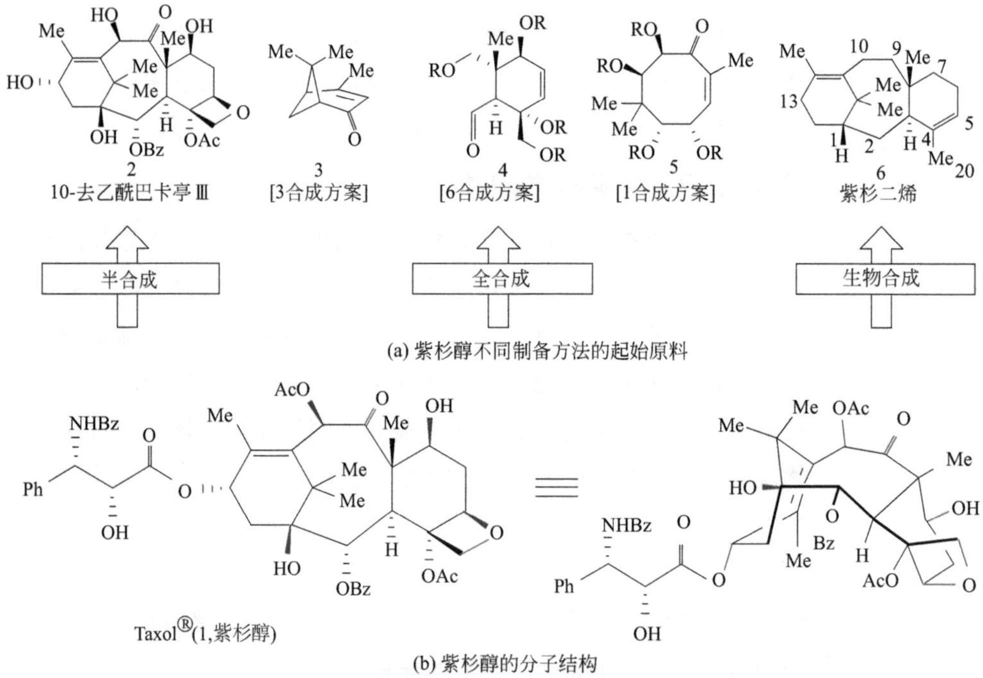

2
10-去乙酰巴卡亭Ⅲ
3
[3合成方案]
4
[6合成方案]
5
[1合成方案]
6
紫杉二烯
半合成
全合成
生物合成
(a) 紫杉醇不同制备方法的起始原料
Taxol®(1,紫杉醇)
(b) 紫杉醇的分子结构

图 2-53

紫杉醇的分子结构及主要制备路线

RRV=0
RRV=2.14
RRV=132.0
活化剂
脱保护和化学磺酸化
磺达肝素

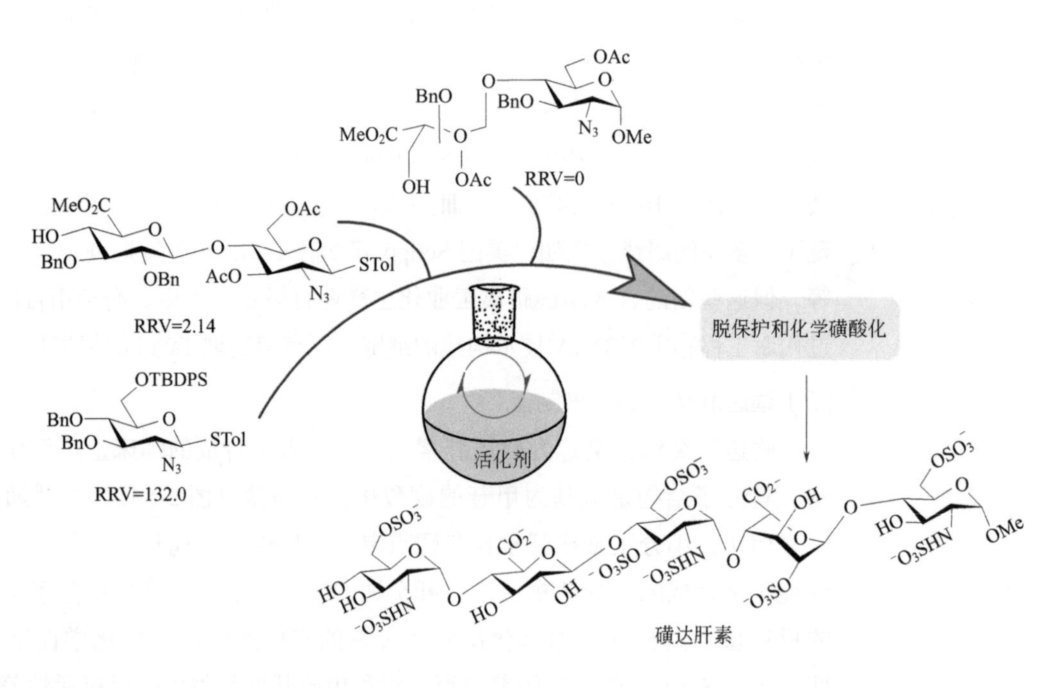

图 2-54

磺达肝癸钠的程序化一釜合成路线

RRV 为相对反应性常数（数值越大活性越高）

(3) 抗病毒药物的先进制备

奥司他韦（商品名：达菲）作为一种唾液酸苷酶抑制剂，广泛用于甲型流感、禽流感等疾病的治疗。目前，达菲的工业化合成主要采用美国罗氏公司改进的以莽草酸为前驱物的制备路线。为了使这一明星药物的生产更加高效，近年来全球许多著名的化学家都相继开展了达菲的合成工艺优化研究。2009 年，日本东北大学的林雄二郎小组首次报道了有机小分子催化条件下的达菲全合成[501]。该工艺需要九步反应，包括三个一釜合成，总收率达到 57%。另一个代表性的工作来自上海有机所的马大为小组，他们利用容易制备的β-乙酰氨基硝基烯参与的 Michael 加成反应，将达菲的合成路线缩短为七步［图 2-55（a）］[502]。这些基础研究将有力地推进达菲的产业化升级。

另外，瑞德西韦（Remdesivir）作为潜在的治疗新型冠状病毒肺炎药物而备受关注。传统的制备工艺，因为无法控制手性中心的立体选择性，常常需要手性色谱柱进行后期手性拆分，这种苛刻的纯化工艺导致其产能不足。2020 年，上海交通大学的张万斌小组利用手性双环咪唑催化剂实现了瑞德西韦的高效不对称合成［图 2-55（b）］[503]。该方案不需要进行后期手性拆分，是目前技术路线最短、收率最高的瑞德西韦合成工艺，具有极高的工业化潜力。

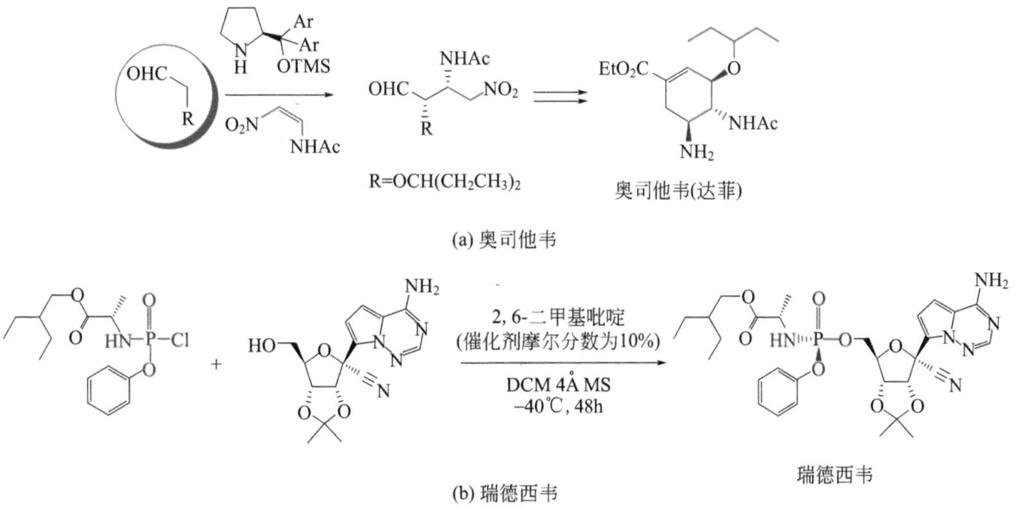

R=OCH(CH$_2$CH$_3$)$_2$

奥司他韦(达菲)

(a) 奥司他韦

2, 6-二甲基吡啶
(催化剂摩尔分数为10%)
DCM 4Å MS
−40℃, 48h

瑞德西韦

(b) 瑞德西韦

图 2-55

两种代表性抗病毒药物的合成路线

(4) 新型抗生素的先进制备

面对新出现的病原微生物和耐药菌的威胁，开发新型抗生素及其先进制备工艺显得尤为重要。作为微生物或者植物在生理过程中产生的次级代谢产物，抗生素可以干扰病原微生物的细胞发育。大多数抗生素都源自天然产物，因此生物合成在抗生素的制备中占据着主要地位。武汉大学邓子新团队在此领域做了很多重要的研究工作（例如在放线菌中生物合成核苷类抗生素）[504]。2020 年他们首次揭示了 StvP2 酶在曲张链霉素生物合成中的作用与机制，为优化其体外合成工艺提供了基础［图 2-56（a）］[505]。而化学合成可以为抗生素带来更多的结构修饰可能性，通过简单的位点修饰就可以赋予母体化合物

原本不具备的新药物活性。2020 年加州大学的 Seiple 小组通过化学模块化策略，将链阳霉素 A 的原始结构分为七个模块，对每个模块进行相应的化学修饰，经过对修饰物的体内 / 体外活性筛选，最终发现了一种可以抵抗耐药菌的新抗生素［图 2-56（b）］[506]。这些工作可以有效拓展已有抗生素的化学空间，降低新药的研发成本和缩短研发周期。

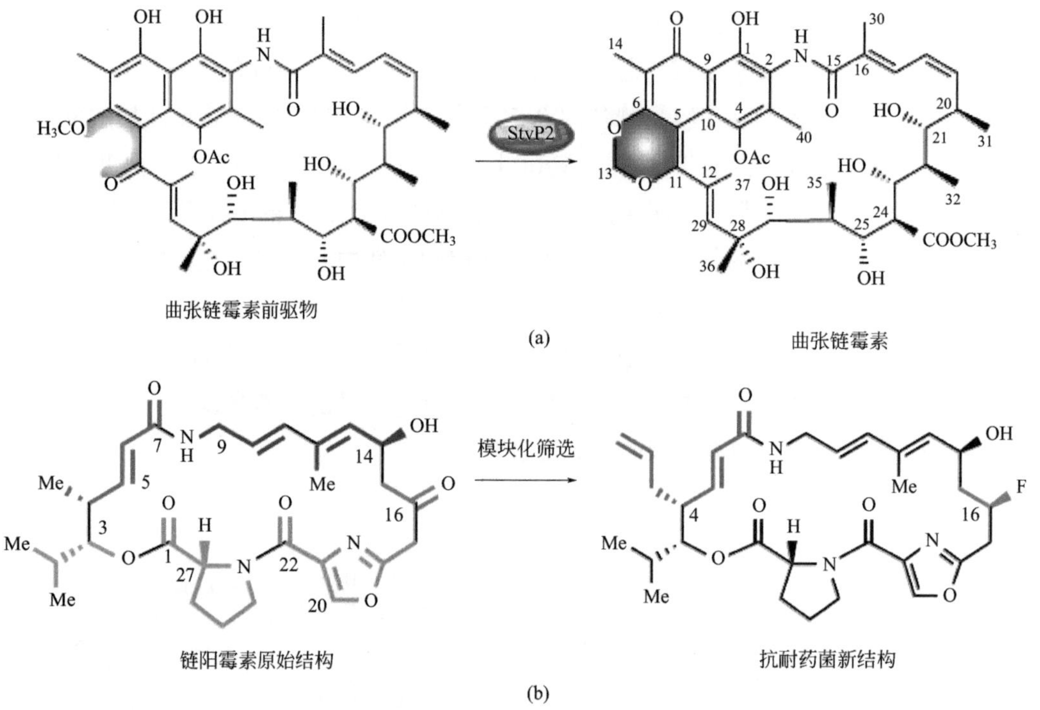

曲张链霉素前驱物　StvP2　曲张链霉素

(a)

链阳霉素原始结构　模块化筛选　抗耐药菌新结构

(b)

图 2-56

两种代表性抗生素的研究工作

(a) 曲张链霉素的生物合成关键步骤机制研究；(b) 化学模块化策略合成新抗生素

2.4.10.4 未来发展方向与展望

经过研究人员的不懈努力，在小分子药物的制备方面已经取得了很多重要的成就。除了上面介绍的之外，还有许多突出的工作，例如上海交通大学张万斌教授利用化学方法高效人工合成了青蒿素 [507]；西湖大学施一公团队成功研发了新一代的布鲁顿氏酪氨酸激酶（BTK）选择性抑制剂奥布替尼，并在 2020 年获批上市，用于慢性淋巴细胞白血病和小淋巴细胞淋巴瘤的治疗；等等。这里受篇幅限制不再一一列举。

未来小分子药物的制备技术同其他化学工业类似，也将按照高效、绿色、可持续的原则发展。虽然目前的制药工业中间歇过程和分段单元操作依然是主流，但具备诸多优点且兼容各种反应条件（如微波化学、光化学、电化学等）的连续流动反应装置，可能会改变传统的药物制备方式。利用酵母人工染色体大片段装载、转化、复制和表达的细胞工厂策略，也代表了一条重要的小分子药物先进制备路线 [508]。此外，通过体外生物催化或者化学途径，有望实现无需中间体纯化的“一釜法”制备具有多个手性中心的重要小分子药物 [509]。

最后，利用人工智能技术和大数据平台，设计具备一定学习和思考能力的自动化小分子药物制备平台，已经成为欧美国家关注的热点。2019 年，美国麻省理工学院的 K. F. Jensen 和 T.

F. Jamison 就报道了一种基于 AI 技术的小分子药物自动合成平台（图 2-57）[510]。该平台最大的特点就是基于化学家参与开发的基础软件和算法，根据目标化合物的分子结构，可以智能设计、筛选合成路线和反应条件，同时根据反应步骤数和预测产率评估最佳路线，然后进行合成。这种多学科交叉的智能平台将会极大促进小分子药物先进制备新技术的发展。

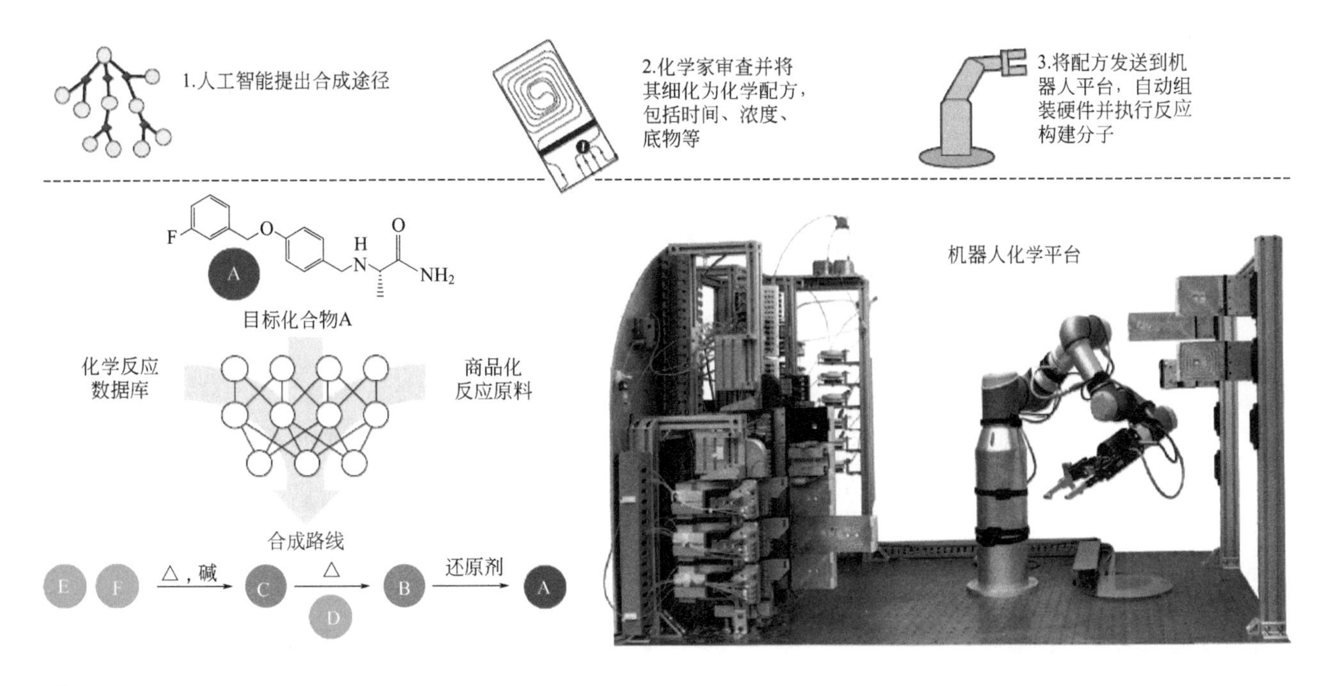

图 2-57
人工智能（AI）辅助的小分子药物自动合成平台

2.4.11 疫苗用工程纳米佐剂

2.4.11.1 发展现状和挑战

传染性疾病传染性强、传播速度快，严重威胁人类健康和生命安全。如 2019 年底暴发的新型冠状病毒肺炎，截至 2021 年 4 月已经使全球超过 1.2 亿人感染，272 万人死亡[511]，并仍继续在全球肆虐，给人类的生命、健康、生产和生活等多方面造成了严重的影响。疫苗是富含免疫原性的生物制品，能有效地防控传染性疾病的暴发和大规模流行。疫苗制剂中，佐剂是疫苗发挥作用的重要组成部分。佐剂添加在灭活疫苗、类毒素疫苗及重组疫苗中，能增强并加速疫苗诱导的免疫应答，减少疫苗中抗原用量和接种次数，提高疫苗的免疫功效和持久性。然而，当前疫苗佐剂的免疫保护作用机制尚不明确，且传统疫苗佐剂难以有效提高或调节免疫原性。另外，目前国内外上市疫苗中使用的佐剂种类有限，仅有铝盐、MF59、AS01、AS03、AS04 和 CpG ODN 等少量佐剂（图 2-58）[512]。这些佐剂存在免疫应答低、缺少多种类型免疫应答等问题，极大地限制了疫苗的研发进程。同时，疫苗佐剂专利及制剂技术均被国外垄断。在这次新型冠状病毒肺炎疫情中，GSK 凭借 AS03 佐剂，在新型冠状病毒肺炎疫苗研发中占得先机[513]。随着疫苗研发的深入，佐剂也正在面临着关键技术和产品的“卡脖子”问题，极大地限制了疫苗的研究开发。因此，研发具有自主知识产权的、安全高效的新型疫苗佐剂，具有重要的理论意义和实际应用价值。

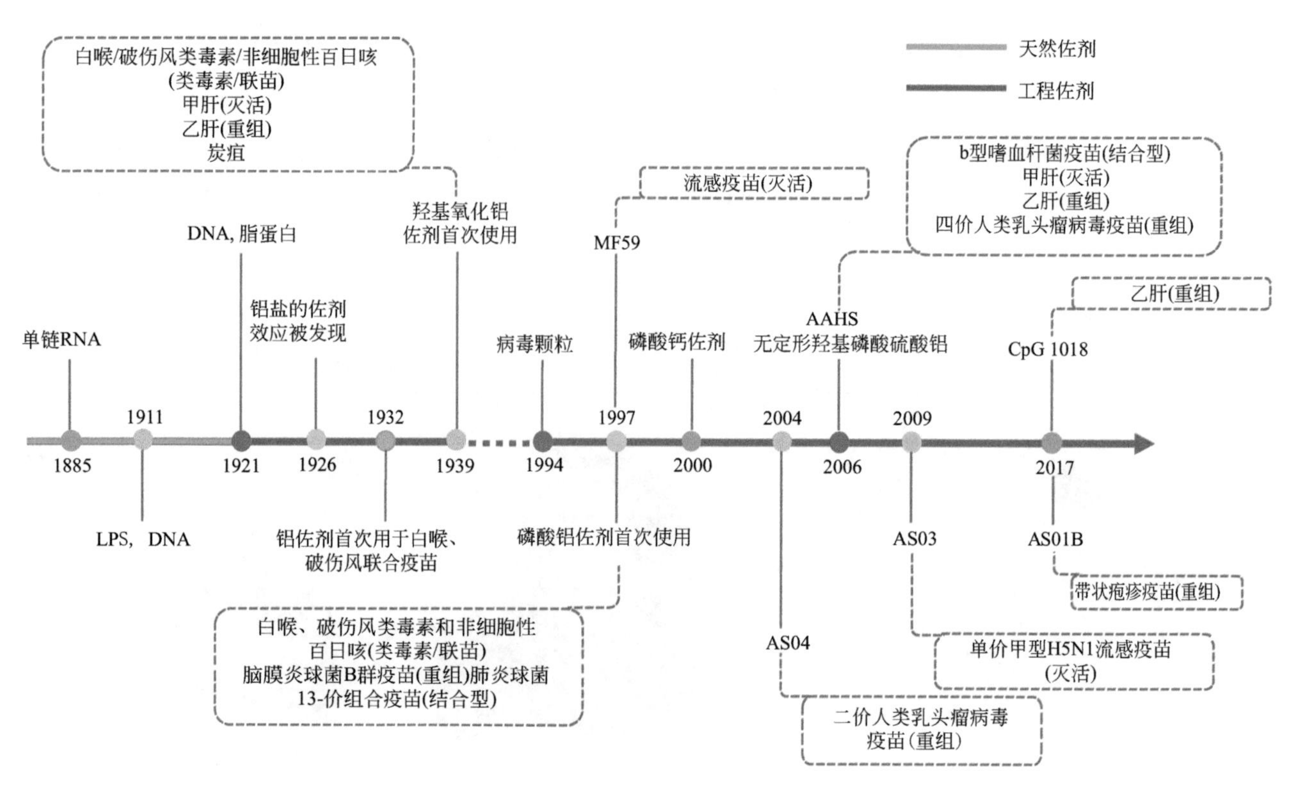

图 2-58

疫苗佐剂研发主要事件时间表

2.4.11.2 关键科学问题

疫苗通过激活人体先天性免疫和适应性免疫来实现对疾病的预防。因此，先天性免疫和适应性免疫激活机制的研究是疫苗研发的重点研究领域。在此领域，一个尚未明确的科学问题是疫苗及其成分如佐剂如何激活免疫系统。由于佐剂本身的多样性和结构的无序性，针对佐剂的作用机制并没有统一的认识。以铝盐佐剂为例，目前认为铝盐可以：①储存和缓释抗原，即“储库效应”[514]；②增强抗原递呈细胞对抗原的摄取、递呈[515]；③激活 NLRP3 炎性小体，在注射部位引发炎症反应[516, 517]（图 2-59）。然而，这些假说又受到了一些研究结果的质疑[518, 519]。因此，亟待设计出具有可控物理化学特性的佐剂，并以此为基础进行佐剂作用机理研究，进一步指导佐剂的设计、制备工艺开发，从而满足疫苗开发过程中对佐剂使用的需求。

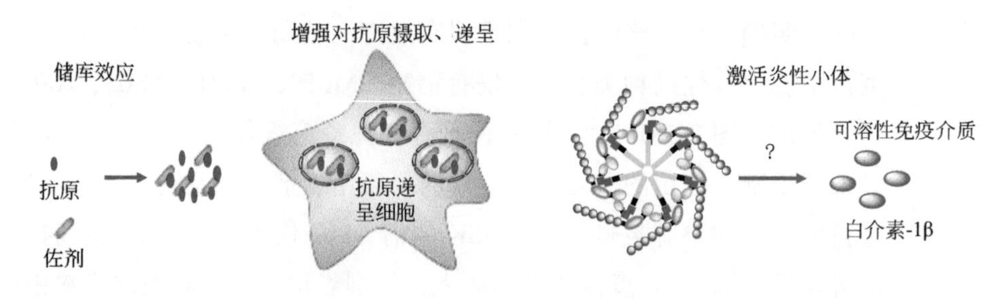

图 2-59

佐剂对免疫系统激活机制的假说

2.4.11.3 主要研究进展及成果

(1)纳米铝盐疫苗佐剂

纳米材料具有可控的物理化学特性，这为疫苗用纳米佐剂的设计提供了独特的思路。铝盐是目前获批疫苗中使用最广泛的佐剂。孙冰冰等通过工程的方法，系统地调控了羟基氧化铝纳米颗粒的物理化学特性，包括形状、结晶度和表面羟基含量，并探究其对树突细胞的激活机制，揭示了纳米佐剂在免疫细胞界面上的构效关系[517]（图 2-60）。基于纳米材料在生物界面上免疫响应的调控研究，孙冰冰等进一步揭示了纳米羟基氧化铝表面官能团对疫苗佐剂效应的关键作用及具体作用机制[520]。与乙肝、乳头瘤病毒等抗原复合后，优化的工程疫苗佐剂表现出了更强的免疫功效和更好的免疫持久性。相关研究结合化学工程学、化学、材料学、免疫学等多学科的理论基础和研究方法，体现了学科交叉融合的研究理念。

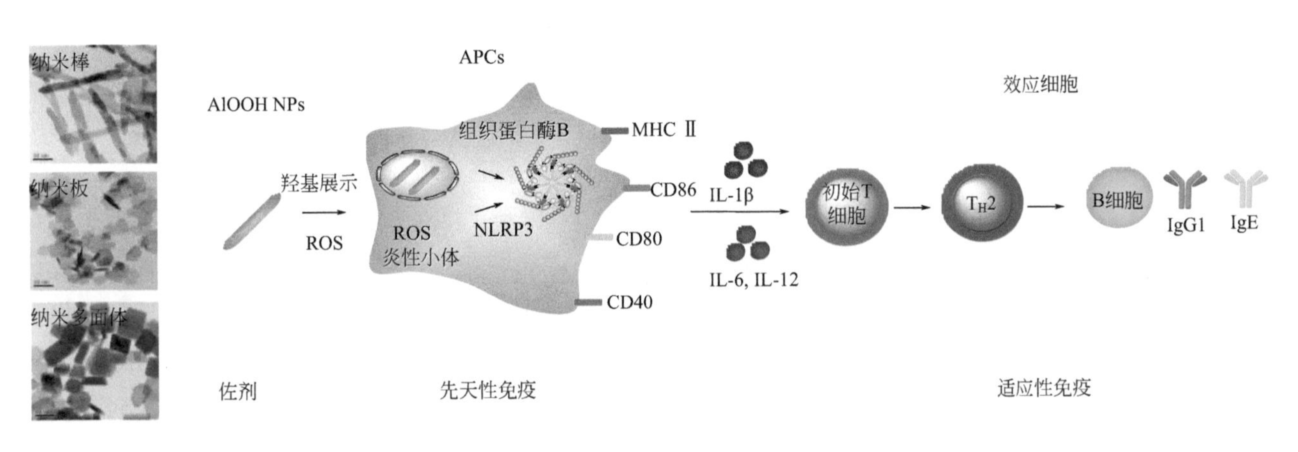

图 2-60

基于纳米铝的工程疫苗佐剂设计

ROS—应激氧; IL-1β—白介素 1β ; IL-6—白介素 6; IL-12—白介素 12; IgG1—免疫球蛋白 G1; IgE—免疫球蛋白 E

羟基氧化铝佐剂的尺寸大小也是影响抗体滴度的重要因素。Li 等研究表明羟基氧化铝纳米粒子佐剂的活性比传统羟基氧化铝微粒高。进一步的机制研究发现，纳米颗粒提升了与抗原的结合能力[521]。同时，针对铝盐佐剂诱导弱细胞免疫这一科学问题，Orr 等使用聚丙烯酸（PAA）作为稳定剂，对商业化羟基氧化铝佐剂 Alhydrogel 进行表面改性，形成纳米尺寸的纳米铝佐剂，来有效诱导 Th1 偏向的细胞免疫[522]。同时，研究发现，体系 pH 值依赖的 PAA 吸附能力是影响纳米铝佐剂性能的关键参数，并且与小鼠的免疫应答直接相关。这些研究证明了纳米铝佐剂的物化特性与免疫反应之间的相关性，为铝佐剂的工程设计和使用提供了指导。

(2)复合疫苗佐剂

对抗新型冠状病毒的免疫响应中，中和抗体起到了至关重要的作用，但也需要多种类型免疫应答，如特异性 $CD4^+$ 和 $CD8^+$ T 细胞的参与，来提升免疫效果[523]。铝盐佐剂诱导弱细胞免疫一直是铝佐剂开发过程中的一个科学问题。为解决这一问题，孙冰冰等提出基于铝佐剂的新型复合佐剂策略。该策略通过对纳米铝佐剂进行化学修饰，并与具有 Th1 型细胞免疫应答的 Toll 样受体激动剂进行复合，构建复合佐剂平台。在

以 SARS-CoV-2 RBD 为抗原的新型冠状病毒肺炎疫苗模型中，复合佐剂能够同时诱导体液免疫和细胞免疫应答。该研究为复合佐剂的设计提供了指导，为需要多种类型免疫应答疫苗的研发提供了有效策略。

（3）疫苗佐剂生产工艺、质量控制和特性鉴定技术

为规范和指导含铝佐剂的疫苗研发，2019 年国家食品药品监督管理总局药品审评中心发布了《预防用含铝佐剂疫苗技术指导原则》。依据该指导原则，针对疫苗佐剂生产工艺稳定性、一致性等问题，孙冰冰等通过智能控制，在全混流反应器中精确调控纳米佐剂的物理化学特性，为纳米铝佐剂生产的工艺设计、标准化和规模化提供了理论依据。同时，针对佐剂、佐剂 - 抗原复合物的制备工艺、质量控制和有效性进行了系统研究，为现有疫苗佐剂工艺改造和新型疫苗佐剂的研发及应用提供依据和指导。

（4）新型疫苗佐剂

除对传统铝佐剂进行调控改进之外，新型佐剂的设计与开发也取得了一定成果。马光辉等开发了一种 PLGA 纳米颗粒稳定的 Pickering 乳液佐剂，其具有和天然病原体相似的黏弹性、流动性以及表面粗糙性，从而使疫苗佐剂的研究上升到智能仿生的阶段。该乳液佐剂避免了表面活性剂的引入，具有高度生物安全性和抗原装载能力，展现出了优异的预防性与治疗性效果，显著提升了小鼠在 EG7 淋巴瘤、H1N1 流感病毒以及 B16 黑色素瘤攻毒模型中的存活率，为抗肿瘤、抗病菌、抗病毒疫苗佐剂的设计提供了新思路。应对突发的新型冠状病毒肺炎疫情，马光辉等进一步利用该颗粒化乳液技术，构建了羟基氧化铝纳米颗粒稳定的乳液佐剂（PAPE），并装载 SARS-CoV-2 病毒受体结合域蛋白（RBD）抗原，成功制备了仿生型新型冠状病毒肺炎疫苗[524]。该佐剂增强了对细胞摄取的亲和力，诱导抗原的溶酶体逃逸，促进抗原的交叉递呈，以协调有效的体液免疫和细胞免疫应答，为安全、高效的新型冠状病毒肺炎疫苗佐剂构建提供了新策略。

2.4.11.4 未来发展方向与展望

在深入了解佐剂作用机制的基础上，研发安全性高且能稳定、有效刺激机体产生多种类型特异性免疫应答的佐剂，是疫苗研发的关注点[525]。针对新型冠状病毒肺炎、流感等传染性疾病，以纳米技术为基础：①研究基于纳米铝、纳米乳液、Toll 样受体激动剂、天然植物源性等新型佐剂，提升重组亚单位疫苗、灭活疫苗的安全性和有效性；②研究佐剂生产工艺、质量控制、特性鉴定技术以及佐剂和抗原配方；③通过佐剂的工程设计，使用高通量、高内涵等方法，对佐剂配方进行筛选，研究并揭示佐剂作用机制，建立佐剂结构与免疫响应的构效关系，提升佐剂的安全性和有效性，为新型疫苗佐剂的设计开发提供基础和依据。

疫苗是预防传染性疾病暴发的最重要手段，关系到人民群众健康、公共卫生安全和国家安全。因此，研发具有自主知识产权、安全高效的新型疫苗佐剂，能够为新型冠状病毒肺炎疫苗以及其他新型传染性疾病疫苗的研发提供充分的保障。工程纳米疫苗佐剂的研究，在解决关键科学问题、提升基础科研水平的同时，可以全方位支持疫苗的开发，填补国内先进疫苗佐剂研发和技术平台的空白，对人用疫苗及兽用疫苗产

业的发展起到积极的推动作用；同时，也能为国家相关产业输送相应的科学、技术及人才储备。

2.4.12 单原子催化剂

2.4.12.1 发展现状与挑战

催化剂是现代化学工业的心脏，90% 以上的化工过程、60% 以上的化工产品与催化技术有关。这些催化过程中，有一半左右用到贵金属催化剂。尽管贵金属资源稀缺、价格昂贵，但独特的催化性质又使其在多种催化反应中不可替代。因此，提高贵金属的原子利用效率一直是催化剂制备科学的核心问题之一。催化反应往往在金属表面发生，表面的配位不饱和原子是催化活性中心。将贵金属高度分散在大比表面积的载体上，提高表面原子比例，这已成为提高催化剂活性和贵金属利用率的重要途径。而使活性金属完全以单原子的形式分散，获得金属分散的极限，即单原子催化剂（SAC），则是催化领域长期追求的目标之一。

在追求高分散的研究历程中，有些研究工作已经有意无意地涉及原子级分散。例如早在 1999 年日本科学家 Iwasawa 通过 X 射线吸收谱（XAS），推测原子级分散的 Pt 可能具有与纳米粒子相同的本征活性[526]。2003 年美国科学家 Flytzani-Stephanopoulos 采用氢氰酸刻蚀的方法，发现催化剂中留存的非金属态 Au 和团簇才是真正的活性中心[527]。2005 年我国科学家徐柏庆等也发现类似现象，他们认为表面孤立的金离子是加氢反应活性中心[528]。2007 年英国 Adam Lee 教授结合球差校正电镜和 XAS 证实氧化物表面孤立的 Pd 有催化作用。

中国科学院大连化学物理研究所张涛课题组在长期从事高分散催化剂研究基础上，于 2009 年实现了氧化铁负载 Pt 单原子催化剂的实用方法制备。随后与清华大学李隽教授、亚利桑那州立大学刘景月教授合作，对单原子催化剂的制备、表征、反应、机理、理论模拟进行了系统研究，基于此提出了“单原子催化”的新概念[529]。在表征方面，首次采用了电镜、XAS、探针分子红外光谱与理论计算相结合的方式。通过球差校正电镜直接观测催化剂上的单个 Pt 及其落位，确立理论计算模型；利用 XAS 排除了催化剂中 Pt—Pt 键的存在，并解析了 Pt 单原子的周边配位环境；利用 CO 探针分子的红外光谱确认了 Pt 的价态和孤立特性，并与理论模型计算所得光谱进行对比验证。这三种表征方法已经成为单原子催化剂表征的研究范式并沿用至今。

单原子催化剂，顾名思义，是指催化剂中活性金属以单原子的形式分散于载体上，且每个孤立的原子之间没有任何形式的相互作用。活性位点一般由单个金属和载体表面上邻近的其他原子组成。单个金属位点之间的催化活性可相同也可不同。这主要取决于单个金属原子和相邻原子之间的化学配位环境是否一样。

单原子催化剂不同于单位点催化剂（SSHC）。SSHC 这一概念由剑桥大学的 Thomas 教授于 2005 年首次提出[530]，是指金属位点在空间上相互分离且结构均一的催化剂。其中，金属位点可以包含一个或者多个原子，且每个金属位点具有完全相同的配位结构以及和反应物相同的相互作用。SAC 与 SSHC 的异同如图 2-61 所示，SAC 侧重强调分散在载体上的单原子的孤立性，而 SSHC 则更侧重于强调催化剂中每个活性

位点的化学环境是相同的。只有当 SSHC 只含有一个中心原子或者 SAC 所有中心原子的微环境都一样的时候，两者才是一样的。但是对于真实的多相催化剂来说，想要做到所有位点完全一致极其困难。

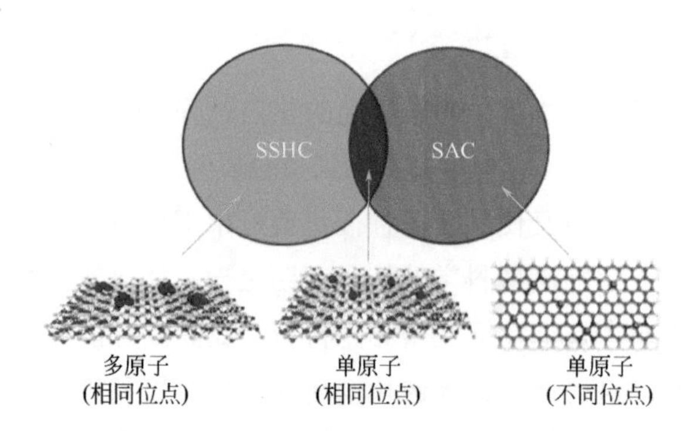

图 2-61
单原子催化剂与单位点多相催化剂的异同

现阶段，关于单原子催化的理论和应用研究仍面临巨大的挑战。

① 对单原子催化剂的活性位及其稳定机制的认识尚不清晰，仍需加强对反应过程中单原子的配位环境和分散状态的研究；

② 在单原子催化剂中，金属单原子与载体表面的局域配位环境赋予了其特殊的催化性能，然而对于如何通过调控金属单原子的配位环境（包括配位原子种类和配位数）来调控其结构性质，进而提升其催化性能，仍缺乏系统研究和依据；

③ 单原子催化的研究需借助超高空间和能量分辨率的原位表征技术和现代理论计算方法，实现在催化原位 / 工况条件下研究单原子催化剂的动态演变、反应物种的动态转化，以及在气氛 / 溶剂、温度、压力反应条件下的精准模拟，对表征技术和理论计算提出了更高的挑战。

2.4.12.2 关键科学问题

单原子催化研究发展至今，围绕单原子催化过程的催化剂工程及反应机理的前沿研究领域，主要存在以下几方面的关键科学问题。

① 亟需发展结构可控单原子催化剂的合成新策略；

② 利用超高时间、空间、能量分辨率的催化剂先进表征技术，揭示单原子中心在催化过程中的动态演变以及反应物种的动态衍化，借助理论计算的精准模拟，在原子层面建立催化剂活性位结构与反应性能的本征关联；

③ 单原子催化的作用机理研究可实现从原子尺度辨识复杂的多相催化过程，并促使催化科学进入“原子经济催化”的新时代，通过相关研究加速单原子催化的工业化应用进程。

2.4.12.3 主要研究进展及成果

单原子催化为在原子尺度深入理解催化作用机理提供了新契机。首先，单原子催化为基础催化理论的发展提供了一个简单且清晰的模型体系。单原子催化剂具有相对明确的结构特征，为反应机理的准确阐明和定量刻画提供了可能。其次，单原子催化的特异性可进一步丰富基础催化理论。因单原子活性中心几何结构和电子结构区别于纳米晶，所以单原子催化剂通常表现出不同的吸附与催化特征，从而具有不同于传统纳米催化剂的活性、选择性和稳定性。最后，单原子催化是实现均相和多相催化理论统一的桥梁。单原子催化剂在原子尺度上与均相催化剂具有相似性，可视为单原子活性金属与载体表面形成“配体”，因此，其催化机理兼具多相与均相特征。

单原子催化不仅能够从原子层次认识复杂的多相催化反应，而且由于其优异的催化性能，在工业催化领域具有巨大的应用潜力。因此，有关单原子催化研究的重要成果不断涌现。

① 发展单原子催化高效转化新体系。单原子催化由于其催化剂活性金属以单原子分散的形式存在，不仅达到了金属原子利用效率的极限，而且能够调控金属活性中心的电子性质，进而在多个催化体系中表现出优于传统纳米催化剂的反应性能。单原子催化剂已成功应用于选择性加氢[531, 532]、氧化[533, 534]、电催化[535]以及光催化[536]等反应中，并表现出超越纳米催化剂的反应性能。

② 利用单原子催化剂调控反应选择性。单原子催化剂活性中心结构相对均一，使得定向调控反应选择性成为可能。例如：包信和等创造性地构建了硅化物晶格限域的单铁中心催化剂，实现了甲烷在无氧条件下一步高选择性生成乙烯、芳烃等高值化学品，为天然气、页岩气的高效利用开辟了一条全新的途径[537]。徐柏庆[528]、陆军岭[538]、马丁[539]、李亚栋[540]等团队设计单原子催化剂用于炔烃、二烯烃选择性加氢反应。王爱琴、张涛课题组[541]及郑南峰团队[542]在单原子催化剂上实现了硝基苯加氢产物的高选择性。

③ 实现单原子催化剂的“准均相”应用。依据单原子催化剂均一活性中心及多相载体的特性，实现单原子催化剂在传统均相催化过程中的高活性及循环使用性。例如，丁云杰等人利用单原子催化剂开发出烯烃多相氢甲酰化技术[543]，实现 5 万吨 / 年乙烯氢甲酰化制备丙醛 / 正丙醇工业装置成功投产，为单原子催化剂的工业应用提供了范例。

2.4.12.4 未来发展方向与展望

对单原子催化剂的活性位及其稳定机制的认识尚不清晰，仍需加强对反应过程中单原子的配位环境和分散状态的研究。在单原子催化剂中，金属单原子与载体表面的局域配位环境赋予了其特殊的催化性能，并直接决定了其稳定性。因此，亟需发展结构可控单原子催化剂的合成新策略，通过调控金属单原子的配位环境（包括配位原子种类和配位数）来调控其结构性质，进而提升其催化性能，并强化其抗金属聚集/流失、毒化和积炭的能力。

单原子催化的研究需借助超高空间和能量分辨率的原位表征技术和现代理论计算方法，并依赖于多学科技术的发展及融合应用。超高分辨率的电子显微技术、同步辐射光源技术以及理论计算方法已经广泛应用于单原子催化的研究中。

单原子催化是一个由中国催化界提出并影响着国际催化领域发展的概念，经过近十年的发展，在单原子催化剂的理性设计与精准构筑、研究方法和手段以及应用领域方面取得飞速发展，已经成为多相催化领域最活跃的研究前沿。单原子催化剂的研究能够带动催化剂制备科学、先进表征技术以及现代理论计算方法的发展，所形成的催

化基础理论有望揭开催化化学的“黑盒子”，从而真正实现在原子尺度上设计和构筑催化剂活性位，为高效工业催化剂的开发带来启示。

基于此目的，提出如下建议。①集中优势力量发展超高时空分辨率的单原子催化剂表征技术，重点支持单原子催化机理研究所涉及的关键仪器的研发；②加强理论计算与实验研究的结合，借助理论计算模拟出更加接近真实机理的催化反应机理，缩小或消除当前理论计算与实验研究之间的“鸿沟”；③拓展单原子催化剂的外延，构建具有精确原子序数和结构、定义明确的模型催化剂，包括二聚体、三聚体或更大的金属簇；④在注重基础研究的同时，加速推进单原子催化的工业应用研究，推动单原子催化在各个领域的广泛应用；⑤在优势单位成立科学研究中心，形成中国原创性的特色研究领域。

2.4.13 可降解绿色高端专用化学品

2.4.13.1 发展现状和挑战

近年来，随着日益严重的环境污染，“可持续发展”的理念逐渐深入人心。其中，尤为严重的是高分子聚合物，如聚乙烯、聚丙烯、聚氯乙烯、聚对苯二甲酸乙二醇酯（PET）等塑料废弃物带来的白色污染。对于这些塑料废弃物的处理，主要采取填埋、焚烧和回收再利用等三种方法。废弃塑料在填埋、焚烧后对土壤、大气造成了不可逆的损害。面对这一亟待解决的“白色污染”问题，一方面，以美国、日本、欧洲国家等发达国家为代表，推出了一系列法规条例，在废弃物处理技术、处理原则、处理流程等方面做出了具体规定；我国也在近几年出台多项政策，限制一次性塑料制品的使用。另一方面，各国也在生物可降解塑料领域投入了相当的人力与资金进行研究，试图研发、生产更好的可降解聚合物。近三十年来开发了聚羟基脂肪酸酯（PHA）、聚乳酸[331]、聚丁二酸丁二醇酯（PBS）、二氧化碳共聚物（PPC）和淀粉基材料等[544-546]，并得到了规模化应用。其中，聚呋喃二甲酸乙二醇酯作为最具有潜力替代 PET 的一种可降解聚合物，具有广阔的发展空间，也是当前的研究热点。其他一些可降解单体发展相对比较成熟，已经可以规模化生产。由于 2, 5- 呋喃二甲酸（FDCA）与对苯二甲酸（PTA）结构和化学性质相似，可以作为其替代品来制造聚酯类材料，应用于纤维、薄膜、包装材料、工程塑料等领域[547-549]。本节将以 FDCA 为例，阐述可降解聚合物单体的研究进展和未来发展方向。

FDCA 可以由 5- 羟甲基糠醛（HMF）、糠酸、呋喃、二甘醇酸和己糖二酸等不同起始原料制备得到。由于原料成本高、反应步骤多，这些工艺方法尚未被大规模采用，距离工业化生产仍有差距。因此，从化工绿色化的角度思考，要实现 2, 5-FDCA 的大规模工业化应用，必须面对下述挑战：一是使用廉价原料，通过有限步骤获得产物；二是通过便宜高效的长寿命催化剂实现这一过程，降低处理成本；三是使用绿色溶剂代替常用的高碱性水相催化体系，减少废水排放，实现过程的绿色化。

2.4.13.2 关键科学问题

如图 2-62 所示，FDCA 的分子结构中含有芳香环，用于合成生物基高分子材料可有效提高其耐热性能和力学性能，被认为是石油基单体对苯二甲酸的理想替代品，已被美国能源部评为 12 种最具潜力的生物基平台化合物之一。FDCA 可以由不同起始原料制备得到[550, 551]。目前被认为最有希望的方法是以 HMF 为原料，用贵金属催化剂氧化[552-554]，获得 FDCA。但该方法依然面临诸多难以逾越的问题，主要包括：① HMF 原料成本高，无法实现大规模生产。使用低成本原料，直接转化获得 2, 5-FDCA 是一个长期未能解决的科学难题，国内外关于生物质制备 HMF 有较为广泛的研究，但目前尚未取得重大突破，HMF 的生产成本依然高昂，小规模生产的成本可以达到 100 美元 / 千克以上。过高的价格造成以 HMF 为原料生产 FDCA 目前还无法在工业生产中实现。而原生生物质，如果糖、葡萄糖、淀粉、纤维素等，价格仅仅为 1 美元 / 千克左右。如果以这些物质为原料，直接合成 FDCA，则可以大幅度降低原料成本。②反应在水体系中进行，需要当量的碱来提高产物溶解度[555, 556]，之后再进行水解反应获得产品，过程复杂，废水量大。得到的产物以盐形式存在，需要经过酸化处理生成 FDCA 和无机盐，过量的碱需进行中和。后续分离除去无机盐后才能获得 FDCA，过程较为烦琐，过程中产生的大量废水还需后续处理。因此，高效制备 FDCA 的催化剂体系还有待进一步开发。③反应大多需要贵金属催化剂，生产成本高、寿命短[557]。为了提高收率，研究者开发了系列贵金属催化剂。贵金属主要采用 Au、Pt、Pd 和 Ru。虽然这些催化剂具有很好的活性，但由于在反应体系中催化剂添加量大（与反应物可以达到 1∶1 当量）、成本高，无法大规模应用，亟待开发基于非贵金属的廉价催化剂。

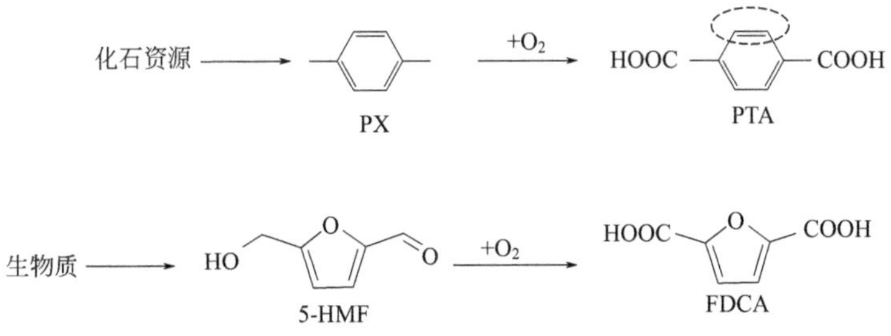

化石资源 → PX → $+O_2$ → HOOC—PTA—COOH

生物质 → HO—5-HMF—O → $+O_2$ → HOOC—FDCA—COOH

图 2-62
FDCA 与 PTA 结构对比

2.4.13.3 主要研究进展及成果

目前关注最多的方法还是以 HMF 为原料制备。由于 HMF 被认为是“联系糖类和矿物油基有机化学品的关键物质”，科学家们开发了诸多以 HMF 为原料的生物基产物[546, 558-560]。首先，生物质（多糖）在催化剂的作用下转化为己糖（葡萄糖或果糖），葡萄糖进一步可通过异构作用转化成果糖，果糖在酸性催化剂的作用下先生成中间体烯醇互变结构体，中间体通过多步脱水生成 HMF。果糖生成 HMF 过程中会产生很多副产物，中间体脱水时会生成可溶性聚合物和不溶性腐植质。此外，HMF 在水溶液中还可进一步生成乙酰丙酸和甲酸等可溶性物质。因此，提高果糖转化为 HMF 的选择性和减少其进一步水解是提高 HMF 收率、降低成本的先决条件。

氧化剂和催化剂是制约 FDCA 工业化生产的另一重要因素，也是当前的研究重点（图 2-63）。FDCA 与 PTA 有相似的化学结构和功能基团，研究者将应用于 PTA 生产的 Co/Mn/Br 催化体系引入 HMF 选择氧化制备 FDCA 中，当采用 $Co(OAc)_2$、$Mn(OAc)_2$

和HBr的混合物作为催化剂时，FDCA的收率最高能达到60%。无机强氧化剂如N_2O_4、HNO_3及铬酸盐（CrO_4^{2-}）、重铬酸盐（$Cr_2O_7^{2-}$）和高锰酸盐（MnO_4^-）也可用于该反应，但收率较低，大多在20%～60%，而且产物不易分离[554, 561]。同样，研究者研究了添加剂三氟乙酸（HTFA）存在时$Co(OAc)_2/Zn(OAc)_2/Br$的均相催化体系制备FDCA的活性，其主要产物为FDCA，且收率可以达到60%。

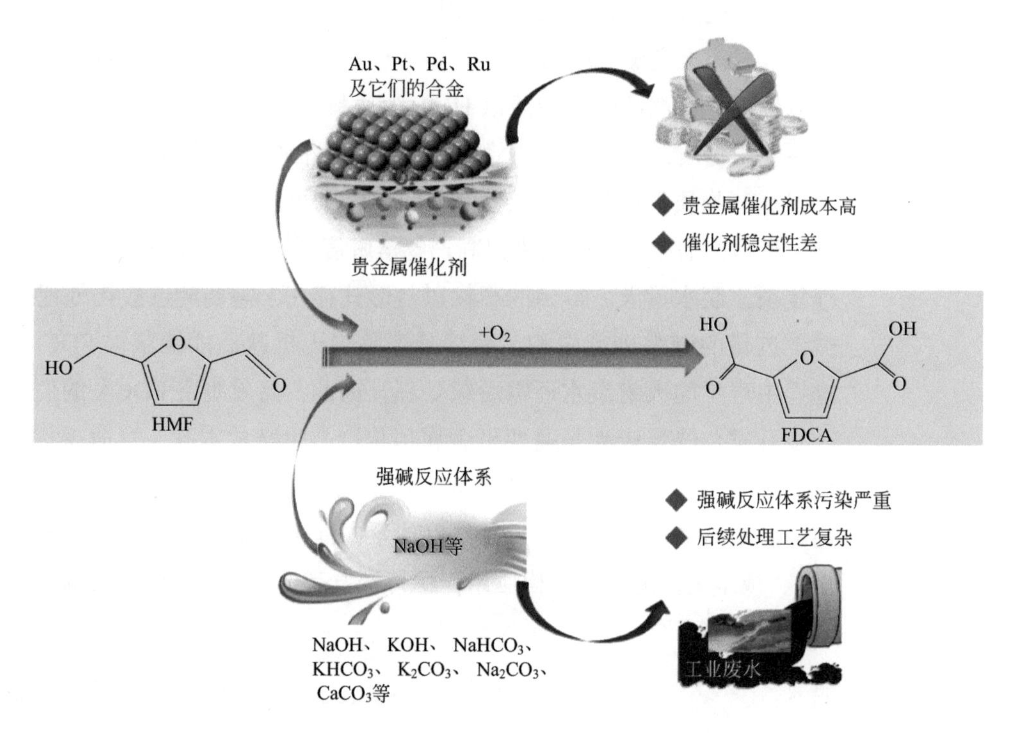

图2-63
贵金属催化剂氧化HMF制FDCA示意图

由于均相催化剂的回收和金属盐中FDCA的纯化困难，这些氧化剂成本高且会向环境中排放剧毒的废物，因此近年来以分子氧作为氧化剂，采用非均相催化剂的研究逐渐成为热点[562-564]。为了提高收率，研究者开发了系列贵金属催化剂。主要采用贵金属Au、Pt、Pd和Ru为活性组分。2008年Christensen课题组[565]最早将Au催化剂用于HMF的选择氧化反应，为避免使用强碱，其采用甲醇-甲醇钠溶剂体系，得到了收率为98%的酯化产物2, 5-呋喃二甲酸甲酯。为了抑制聚合副反应的发生，Corma等[566]加入原料4倍当量的NaOH溶液，比较了在同样的条件下Au负载于不同载体如C、CeO_2、Fe_2O_3和TiO_2的催化情况，其中Au/TiO_2和Au/CeO_2催化剂表现出了最高的活性，且Au/CeO_2活性和选择性比Au/TiO_2更高，其在130℃、10bar(lbar=10^5Pa)的O_2压力下FDCA的收率高达99%。把Au负载于C、CeO_2、Fe_2O_3和TiO_2时，催化剂具有更高的活性和稳定性，其中Au/TiO_2和Au/CeO_2催化剂表现出了最高的稳定性。Albonetti等[567]也发现了相同的规律，他们发现HMF/Au摩尔比为640时，5h后Au/CeO_2催化的收率高达96%，而8h后Au/TiO_2催化的收率为84%。

以上研究中Au催化剂的活性高但稳定性较差，在催化剂的循环实验研究中活性下降较为明显。为了提高Au催化剂的稳定性，Yang等[568]在载体CeO_2中掺入Bi，发现

与 Au/CeO_2 相比，$Au/Ce_{1-x}Bi_xO_{2-\delta}$ 无论是催化活性还是稳定性都大大提高了。研究者引入金属 Cu 与 Au 形成合金，其与单金属催化剂 Au/TiO_2 相比具有更高的活性和稳定性，在 118℃、20bar 的条件下催化反应 4h 得到 99% 的 FDCA 收率，且可以通过调节合金中Cu和Au的比例在一定程度上调节产物的分布[565]。虽然这些催化剂具有很好的活性，但由于在反应体系中催化剂添加量大（与反应物可以达到 1∶1 当量）、成本高，无法大规模应用。

为降低催化剂的成本，国内外科学家开展了大量工作，使用非贵金属替代贵金属成为最有效的尝试之一。Zhang 等[569, 570]开发了纳米 Fe_3O_4-CoO_x 和 Co 基树脂催化剂，当采用 *t*-BuOOH 作为氧化剂时，能获得较高收率的 FDCA。也有研究者尝试采用 Mn_xFe_y 的复合氧化物作为催化剂，但是当使用 HMF 为原料时，即使在高浓度强碱（NaOH）存在的条件下，FDCA 的收率仍然很低（$<30\%$）[571]。MnO_2 及 MnO_x-CeO_2 的复合氧化物也被用于 HMF 的氧化，并在高浓度的 $NaHCO_3$ 或 $KHCO_3$ 存在时显示了优异的催化活性[572, 573]。然而，目前关于非贵金属催化转化 HMF 制备 FDCA 的研究，需要引入非绿色环保且成本较高的 *t*-BuOOH 作为氧化剂；或引入过量的强碱，反应中过量的碱需要用酸中和，得到的产物以羧酸盐形式存在，也需要经过酸化处理，最终无机盐需要除去才能获得 FDCA，使得操作过程非常烦琐且不绿色环保。

2.4.13.4 未来发展方向与展望

目前报道的方法还不能有效降低 FDCA 的生产成本，各种尝试性的工艺研究也未能形成生物质利用的系统科学基础。从分子水平上揭示生物质溶解及催化转化的科学本质，研究开发生物质转化的高效绿色新过程，是国内外学术界和工业界共同追求的目标。

纤维素、果糖、淀粉等原生生物质催化转化是涉及多个步骤的复杂过程，目前缺乏对其在分子水平上的本质和规律性认识[574, 575]。因此，研究基于绿色介质如离子液体体系的生物质催化转化过程中，C—O—C 键的断裂、活性氧的插入、中间产物分子中水的脱除机理、反应热力学和动力学规律、反应调控机制，以及如何通过离子液体 - 催化剂和反应动力学精确匹配，提高目标产物的收率，是实现生物质高效清洁转化过程的关键科学问题。另外，全面替代的瓶颈来源于其数倍于石化聚合物单体的生产成本。未来在 FDCA 的研究中，一方面需要通过催化剂创新、分离提纯技术等的进步提高生产效率、降低成本；另一方面需要进一步开发高新领域中 FDCA 的应用，提高 FDCA 材料的附加值。可以确信的是，在可持续发展需求下，可降解单体的研发将会有更广阔的前景。

2.4.14 胶黏剂

2.4.14.1 发展现状及趋势

胶黏剂是指通过表面相互作用把两个固体表面连接在一起的特种精细化学品，已经用于电子电器、航天航空、医疗保健、建筑交通、包装装饰、日常用品等制造领域，是目前应用领域最为广泛的不可或缺的一种材料。在国防、电子、医疗等高新技术行

业，胶黏剂已经成为制约行业发展的关键材料。特种合成胶黏剂现代高技术产业有重要的支撑作用，具有广阔的应用领域。但是，胶黏剂粘接的影响因素很多，包括被粘基材的表面性质、线胀行为、两种被粘基材的差异、胶黏剂与基材表面化学和物理键合构建、胶黏剂本体强度 / 界面强度 / 基材强度之间的协同、原位固化工艺限制，等等，存在许多基础的科学问题和现实的难题亟待解决。归根结底，需要围绕胶接材料构效关系、特种树脂设计与制备、材料复合及原位固化等科学问题，从分子设计、有机合成、多固化及微观结构等方面，进行新概念、新理论、新方法、新技术和新材料研究。

2.4.14.2 关键科学问题

（1）胶黏剂基本科学问题

从胶黏剂粘接原理来看，界面润湿、原位固化和界面黏附是影响粘接性能和使用性能的关键，这些最终与其结构、配方、粘接工艺和实用条件有关。从精细化工角度来看，通过创新思路和想法，设计制备出特殊树脂、固化剂或助剂，解决胶黏剂快速固化与长期保持液体稳定之间的矛盾，并能精确控制其流变和黏附性能，以适应不同的应用场景，这是胶黏剂的关键基本科学问题。

（2）胶黏剂功能化存在的关键应用科学问题

在胶黏剂实际应用中，还存在着许多关键科学问题亟待人们解决。

① 电子级用高纯度、低介电、耐高温胶黏剂体系的制备方法问题。封装材料是电子行业的关键材料，这些材料发展速度远远跟不上电子行业的发展，主要集中在超高纯度、耐高温和低介电等方面。传统的方法难于有所突破。

② 基于胶黏剂结构及配方的固化收缩及线胀系数影响及调控。由于固化收缩及线胀系数差异引起的粘接问题是所有粘接领域的关键，包括电子灌封及封闭体系的粘接。这一问题最近受到人们的关注，但是进展缓慢。

③ 低表面能被粘材料的黏附界面助剂设计及作用机制。目前材料使用范围不断扩大，像 PTFE、PBT、PI、PPA、PA 等材料都存在着难以粘接的问题，现有的表面改性技术也受到了极大限制，如何从胶黏剂本身考虑进行突破也是比较重要的研究课题。

④ 针对结构可演变的胶黏剂对超高 / 低温的适应性及机制。太空探索是人们一直以来的梦想，然而将来太空飞船、火箭、卫星等极端环境需要一系列极端材料，尤其是超高 / 低温环境高可靠粘接仍是一大难题。

⑤ 活体组织粘接机理及生物胶黏剂设计制备学。随着生活水平提高，人们对健康认识不断提高，因此对医疗要求越来越高，生物组织的粘接代替传统的缝合、封闭具有极好的效果，但是受到许多限制，其中相关机制尚不清楚。

2.4.14.3 主要研究进展及成果

（1）针对难粘有机材料的双吖丙啶类化合物光、电激发粘接体系

现有的水凝胶体系、人体组织、非极性面粘接都是胶黏剂行业的难题。人们发现

双吖丙啶类化合物在紫外线或电作用下，能够产生卡宾自由基，再通过插入反应与任何有机基团产生相互作用（图 2-64），从而可以在非极性表面、水凝胶表面形成良好的粘接，这是目前较大的进展。电流激发双吖丙啶产生卡宾自由基的机理如图 2-64 所示，通过 2V 电激发 2min 后，端基含有双吖丙啶基团的水凝胶能够固化并与极板形成稳定粘接力（图 2-65），这对于黏合剂、化妆品、植入式生物材料和柔性生物传感器具有广泛的意义（图 2-66）。

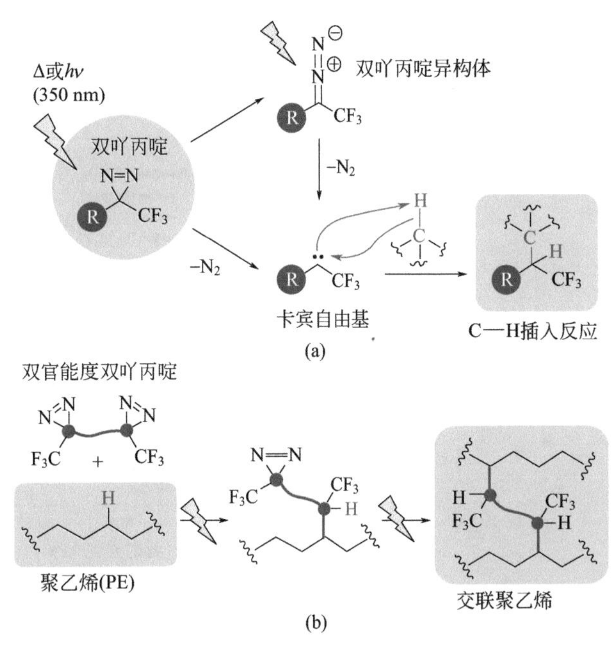

图 2-64

双吖丙啶（diazirine）基团在紫外线激发作用下生成卡宾（carbene）自由基示意图

(a) 双吖丙啶在紫外线激发下，产生 1 分子氮气，并生成卡宾自由基，插入邻近 C—H 等结构；(b) 卡宾自由基的插入反应能够导致分子交联，并且与被粘基底成键[576]

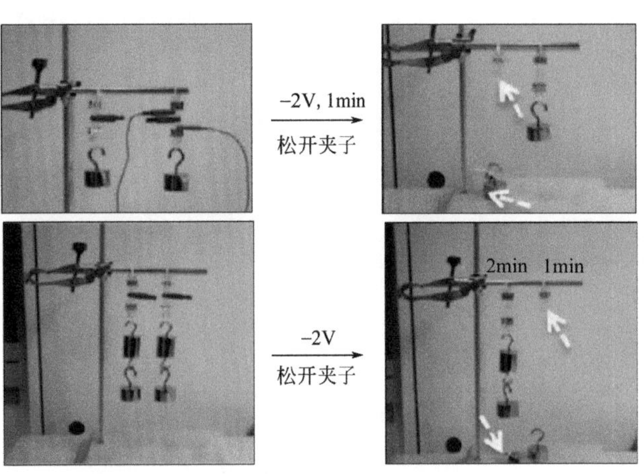

图 2-65

端基含有双吖丙啶的水凝胶在低压电流激发作用下，生成卡宾自由基引发固化，并且与电极基底成键，产生强效粘接效果[577]

（2）基于内部抗塑化的低黏度、高强、高模和高韧胶接体系

对于环氧树脂胶黏剂体系，模量、强度和断裂伸长率称为“魔三角”，相互制约，很难同时提高，成为该行业的难题。围绕环氧树脂高强度、高模量、高韧性等高性能化技术要求，提出了侧链微区自组装“内部抗塑化”理论，实现了低黏度环氧树脂强度、韧性和模量的同步提升（图 2-67）。其中，拉伸强度达到 97.6MPa，拉伸模量 3.5GPa，断裂伸长率 8.1%，混合黏度 1130mPa • s。该思路对热固性树脂胶黏剂有重要的指导意义[579-584]。

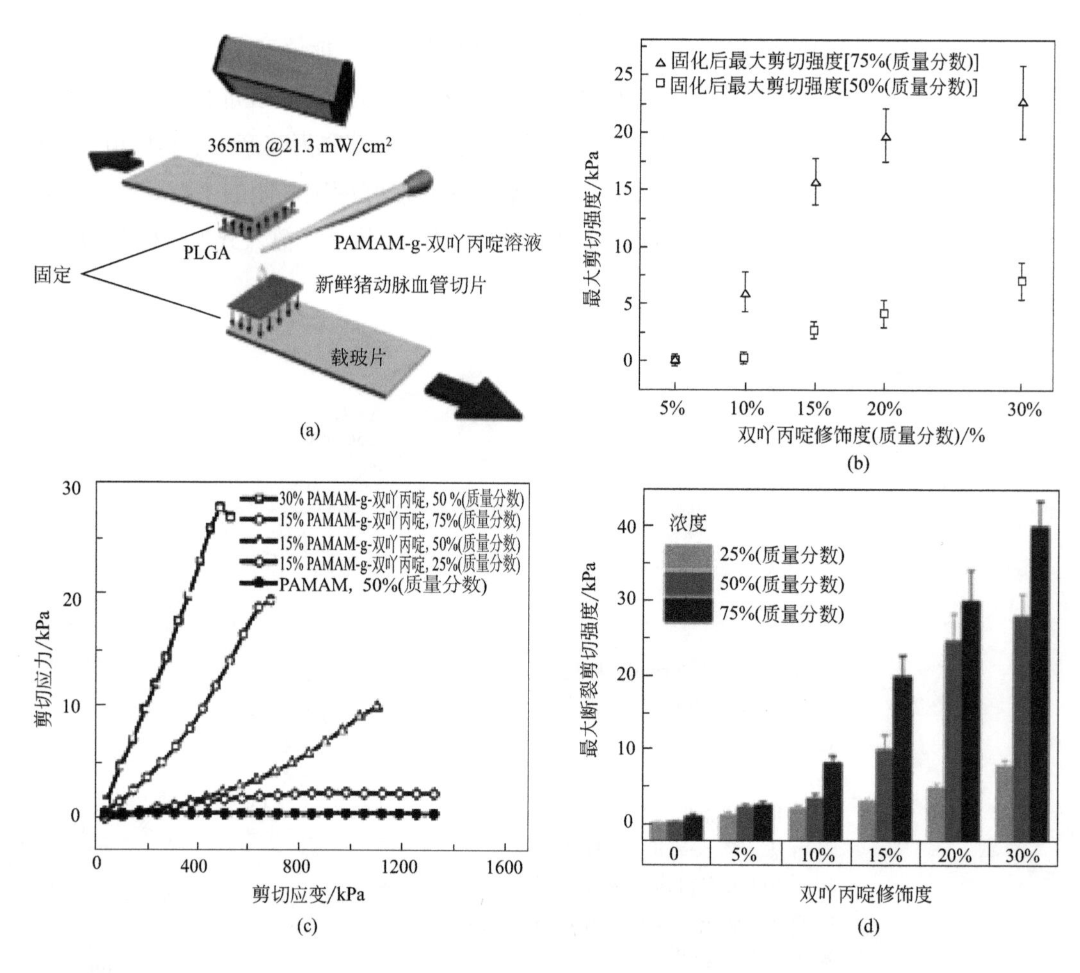

图 2-66

基于双吖丙啶的生物胶黏剂能够在新鲜生物组织表面产生强效粘接力[578]

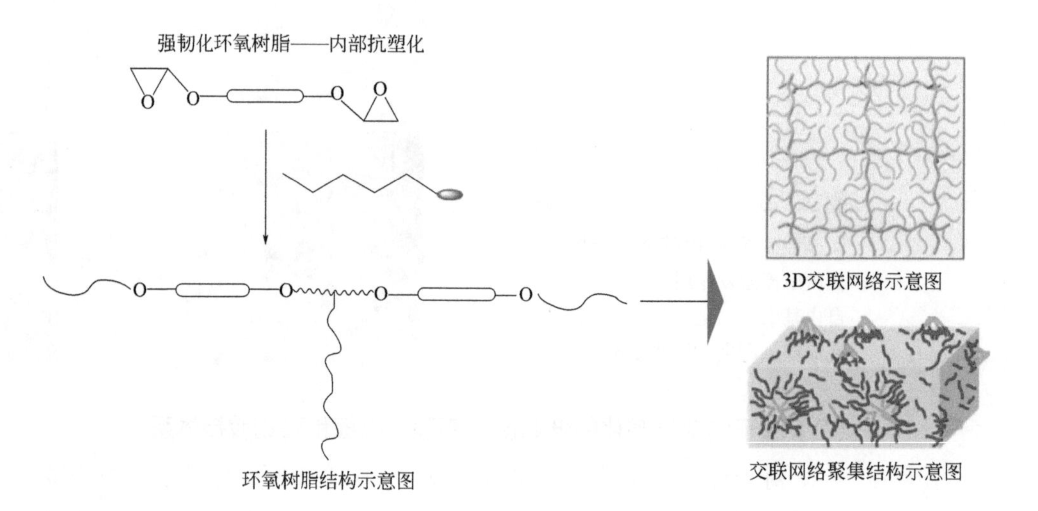

图 2-67

环氧树脂结构示意图

（3）可控光、热解的胶黏剂体系

作为连接技术，胶黏剂已经获得广泛应用，但是在一些领域要求在特定条件下牢固的粘接体系能够方便解胶，如手机屏维修、黑匣子解开、高精密镜头调整、晶元键合等。现有的热固性高强胶黏剂体系一旦形成接头后，很难去除，因此在一些领域应用受限。通过引入可逆键、加热或光照使固化形成的三维内部结构解聚，成为热塑性体系，能够热熔和溶剂溶解，使接头解开，是最近的主要研究方向之一[585-588]（图 2-68 ～图 2-70）。

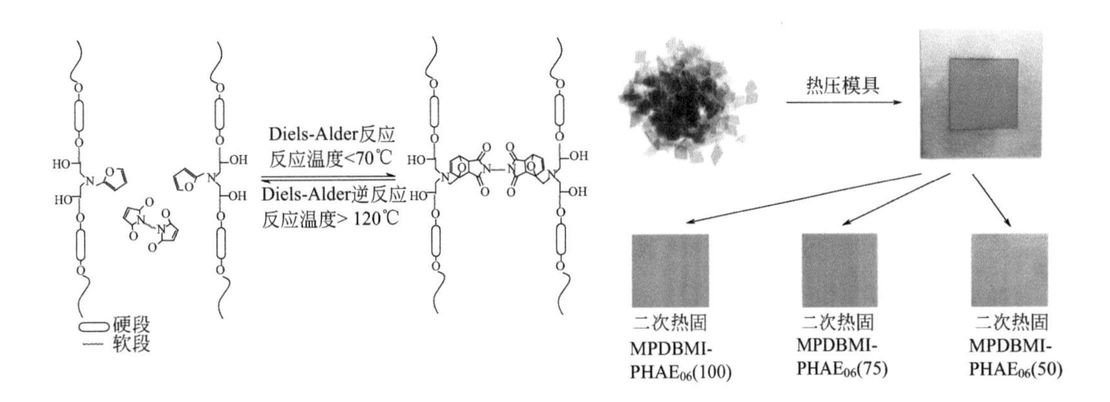

图 2-68

D-A 热可逆键构建环氧网络可再成型示意图

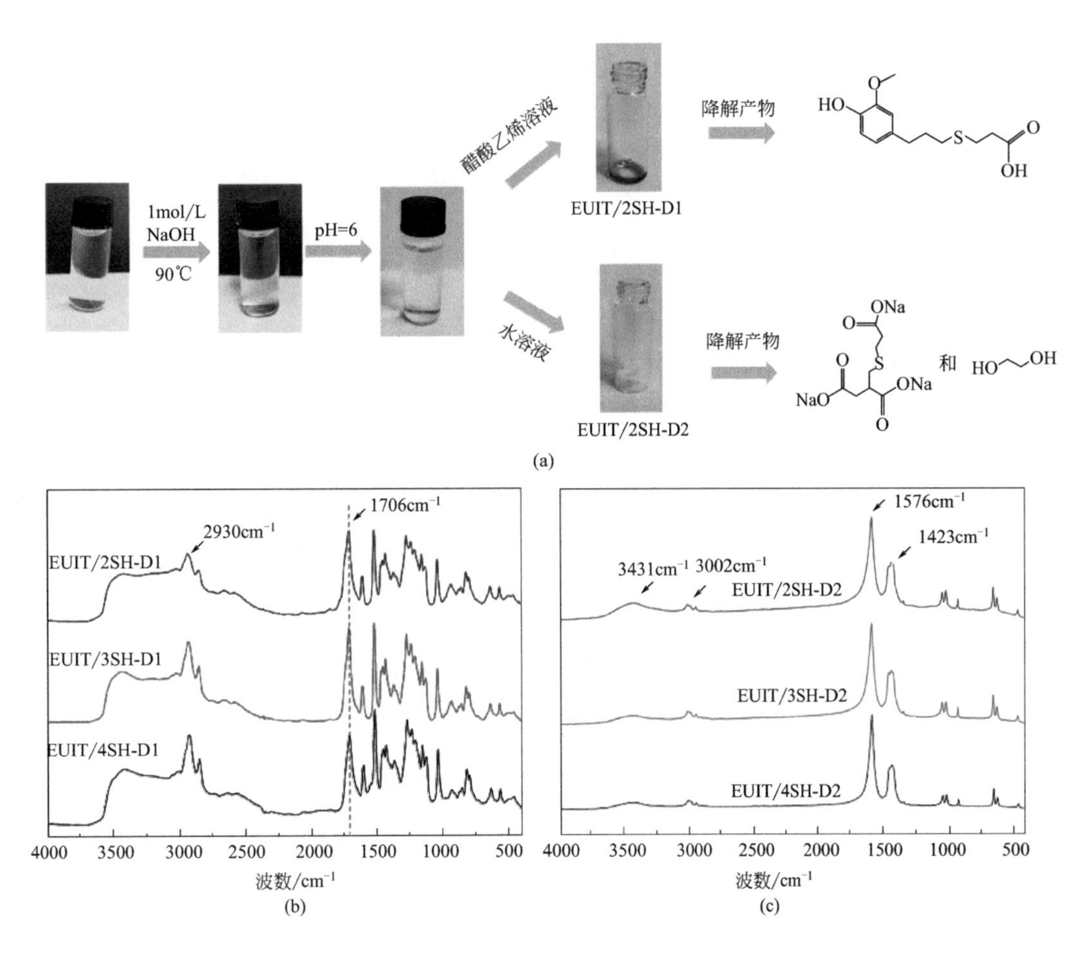

图 2-69

全生物基酸碱诱导可降解

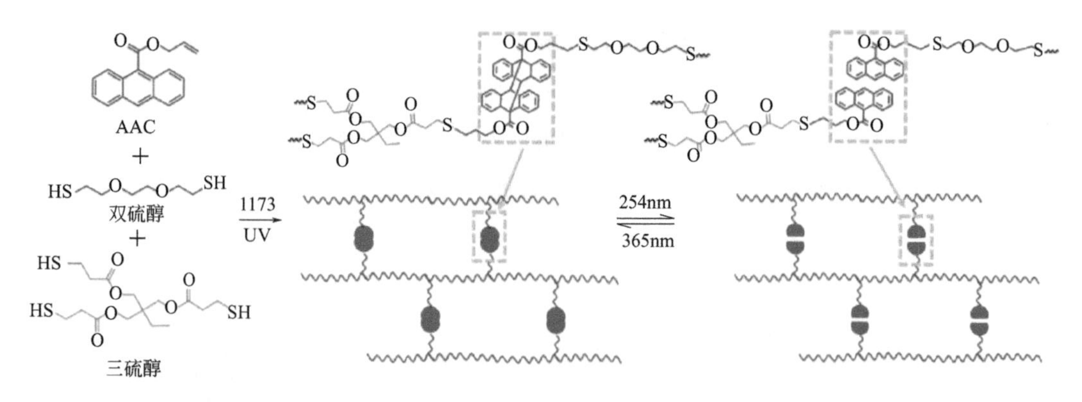

图 2-70
UV 光诱导可拆卸胶黏剂原理示意图

(4) 可控微发泡低收缩胶黏剂体系

胶黏剂固化过程是由分子间作用力转换为化学键的过程，因此固化过程必然伴随着密度升高，体系收缩，最终在粘接接头产生应力，降低了抗载荷能力，对于封闭胶接体系，产生的应力更大，甚至在接头固化过程中直接开裂。为了降低固化收缩，一般加入无机填料或膨胀单体，但是难以控制黏度和模量增加（图 2-71）。通过微发泡调节收缩率，同时强度得到提高，对胶黏剂行业来说是一种创新的思路（图 2-72），目前已经应用于飞机天线罩领域解决了应力开裂的难题 [589-591]。

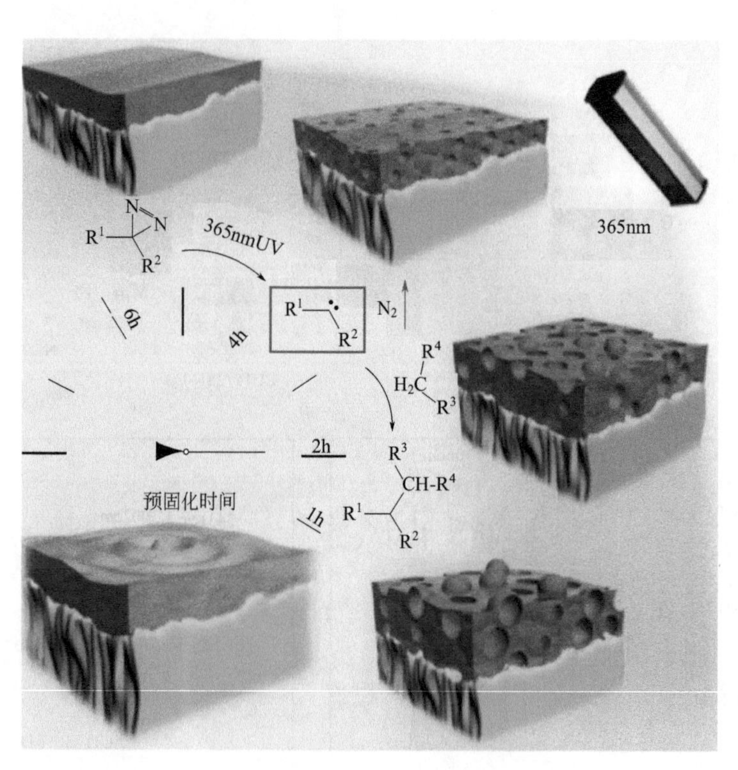

图 2-71
紫外线致发泡机理示意图

(5) 储能相变胶黏剂

胶黏剂已在电子行业获得广泛应用，许多场合需要导热胶黏剂。目前主要通过加入大量无机导热填料来实现，但是这样会增加模量，引起器件失效。通过点击化学引入长侧链烷烃，利用烷烃的结晶和熔化相变只吸收能量，同时也可提高高温下的导热性能，这是目前该方向的研究思路（图 2-73）。但还存在着许多科学和技术问题[592]。

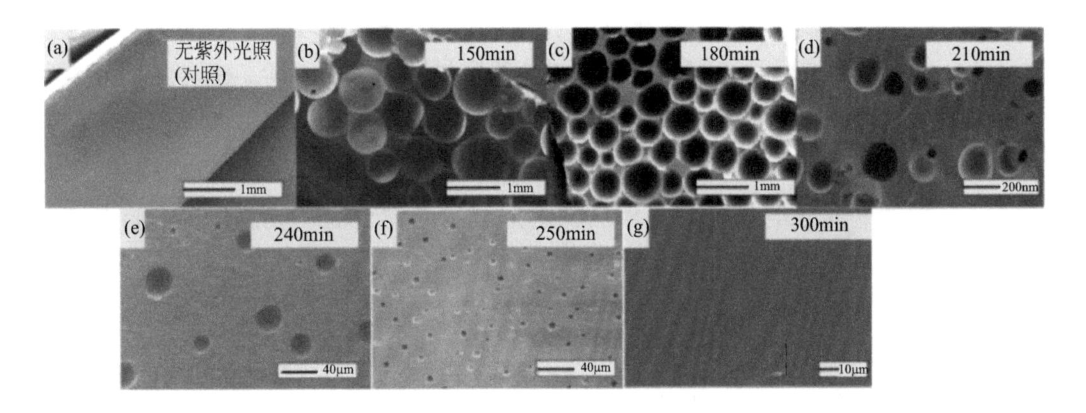

图 2-72

通过改变光照时间，能够实现泡孔尺度的调控，形成具有微纳尺度的发泡结构

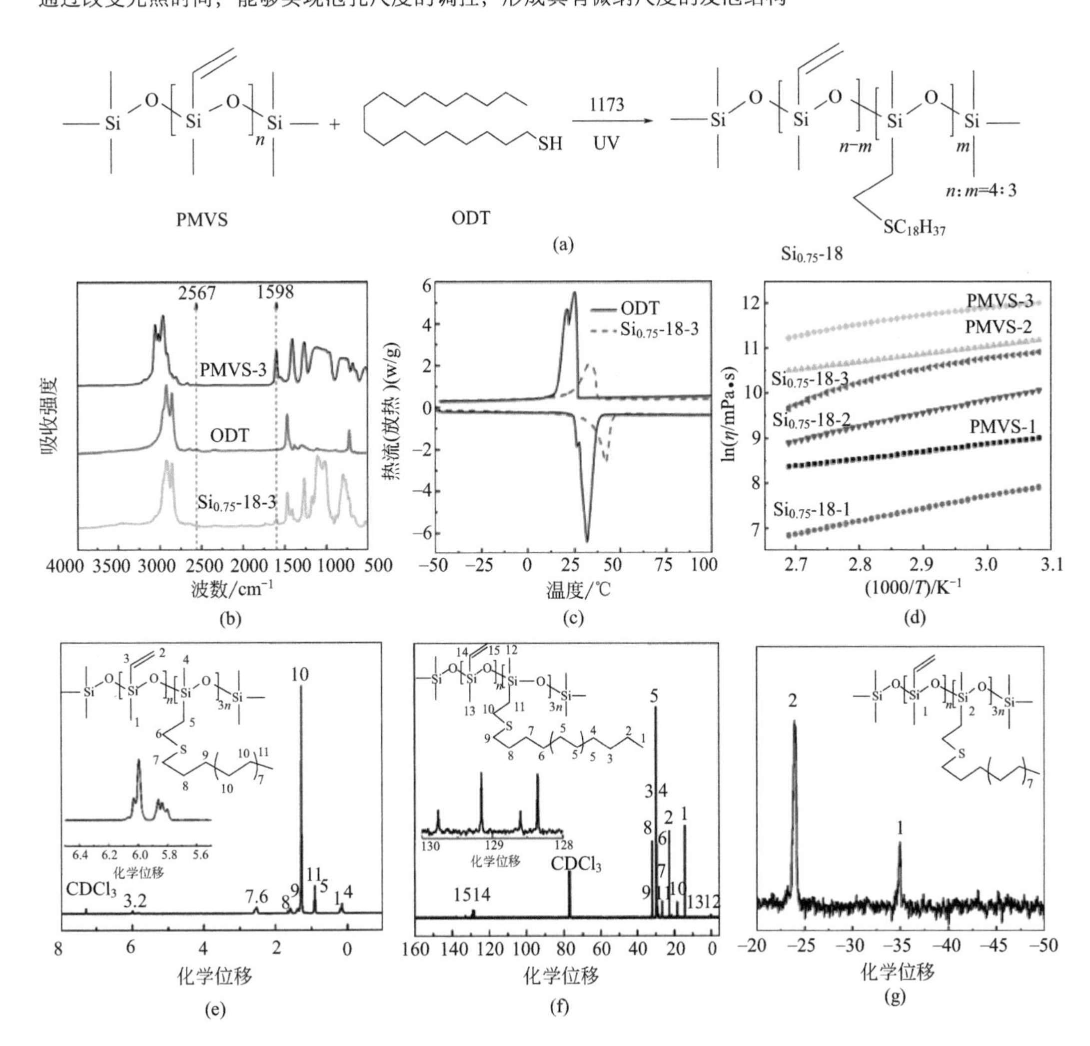

图 2-73

有机硅体系相变储能胶黏剂的合成路线与结构表征示意图

PMVS—聚甲基乙烯基硅氧烷；ODT—1- 十八硫醇

2.4.14.4 未来发展方向与展望

在许多领域胶黏剂已经成为制约行业发展的关键材料，未来发展方向是以应用为导向，针对当前高新技术的需求，通过多学科交叉，从粘接材料设计及制备入手，形成制备综合性能优良的粘接体系新方法和新理论。针对电子、航空航天、医疗、高铁等高技术领域，提升使用性能是关键；对于印刷、建筑、道路、桥梁、纺织、服装等领域，环保、工艺和成本是关键。

总体来说，未来的主要发展方向包括微高 / 低温宽温域低应力电子封装胶黏剂、高导电胶黏剂、导热胶黏剂、晶元键合胶、光刻胶、各向异性导电胶、精密装配胶、芯片巨量转移胶等电子行业用胶黏剂；超高温胶、超低温胶、耐原子氧胶、耐辐射胶、高低温交变密封等航天领域用胶黏剂，高折光、高透明、低应力、低蠕变等光学胶黏剂；电激发、电子束、高能射线、紫外线、可见光、热活化等多种固化形式的单组分胶黏剂，以满足自动化生产需求；高性能的生物蛋白、淀粉、纤维素、木质素等生物质胶黏剂；用于经皮给药、伤口缝合、生物组织粘接、器管封闭等医用胶黏剂。

建议从如下几方面重点支持。

（1）特殊界面（湿面、低表面能、惰性金属）的粘接机理及突破

由于湿面环境下被粘基底表面水膜的存在，化学胶黏剂难以通过浸润 - 原位固化作用在其表面形成稳定的胶接接头结构，造成粘接失效。这成为了水下修复、临床医用粘接等应用领域发展的瓶颈。

（2）新型固化及协同多固化体系

胶黏剂固化方式的创新是解决粘接难题的重要方向，因此双固化、协同固化、新型固化将是未来的发展方向。如芯片用的深紫外线刻，波长不可能太小，因此开发电子束固化的光刻胶会有所进展。另外，开发诸如电激发、“开笼”聚合、“环硫”开环、可见光固化、压力固化等新型固化体系将会极大拓展胶黏剂的应用领域。

（3）极端环境下使用的胶黏剂体系设计及制备

绝大部分高分子聚合物在 500℃以上会不同程度地发生环化、降解，造成胶黏密封结构的失效。然而，在超高速飞行器、太空环境服役装备等武器装备中，要求组件能够耐受 500℃ 以上高温，这对胶黏剂制造业提出了进一步的挑战。在液氮甚至液氦、外太空等极低温环境下，高分子材料的结构变化不再遵循室温环境下的传统规律，造成胶黏剂粘接、密封失效。然而，未来深空探测、低温超导等领域，要求胶黏剂以及结构组件能够在上述低温环境下服役。解决其中的基础科学问题，突破超低温胶黏剂的设计与制备技术，是必要且迫切的。

（4）可控粘接体系的设计及应用基础

为了保证胶黏剂固化后的力学强度以及广谱耐候性，大部分的结构胶都为体型交联，造成了固化后的胶黏剂难以解胶去除。然而，在目前芯片光刻制造、航天装备制造、电子封装等领域中，除了要求胶黏剂需具有优异的力学强度以及耐候性外，还要求胶黏剂固化后能够在适当的激发作用下完全解聚合。

（5）多目标相互作用的高强度、低收缩、低黏度功能性胶黏剂

电子封装领域中以芯片底部填充为例，要求填充胶黏剂在施胶时低黏度、高浸润，在固化过程中低收缩，在固化后具有高强高韧、低线胀系数等特征。这些特征在目前胶黏剂配方设计体系当中相互矛盾，难以同时实现，因此需要进一步探索和研究。

（6）生物组织及医用胶黏剂

以电或可见光激发的医用胶黏剂，具有对人体伤害小、速度快等特点，但是在医用胶黏剂领域，由于对现有的固化放热、生物毒性、长期生物相容性等限制，目前可用种类极少。

2.4.15 电子化学品

2.4.15.1 发展现状和挑战

电子信息化学品又称电子化工材料，一般泛指电子工业中使用的专用电子化工材料，即光刻胶、湿化学品、电子特气、封装材料和液晶材料等，支撑着现代通信、计算机、信息网络技术、微机械智能系统、工业自动化和家电等现代高技术产业。电子信息化学品产业的发展规模和技术水平，已经成为衡量一个国家经济发展、科技进步和国防实力的重要标准，在国民经济中具有重要战略地位，是科技创新和国际竞争最为激烈的材料领域。

目前全球信息产业的市场规模已突破 2 万亿美元，随着全球信息产业的高速增长，与之密切相关的电子化学品市场仍将快速发展。近几年，我国的电子化学产品行业由于市场的刚需，都得到了国家的重视，并出台了相应的扶持政策，使我国的电子化学品行业发展速度越来越快，并且产量与效益都有明显提高。“十三五”以来，电子化学品行业平均年增长率为 17.5%，远高于同期 6.4% 左右的工业增加值增速，在工业经济中的领先作用进一步凸显[593]。据智研咨询估计，得益于我国平面显示和半导体产业的发展，我国光刻胶市场需求在 2022 年可能突破 27.2 万吨。在光刻胶生产种类上，我国光刻胶生产厂商主要生产 PCB 光刻胶，而 LCD 光刻胶和半导体光刻胶生产规模较小，相关光刻胶主要依赖进口。湿化学品市场份额主要被欧美和日韩企业占据，尤其在半导体等高端市场领域，技术壁垒明显。封装领域正向轻薄短小化发展，国内对于单个的 IC 封装已经能够达到要求，但与国外产品相比，在封装材料上仍存在一定的差距，特别是高折光和可靠性好的封装材料，还需要依靠进口。

2.4.15.2 关键科学问题

电子化学品发展日新月异，更新换代快，其关键科学问题主要有三方面：①电子化学品的化学结构设计。化学结构，包括分子结构、分子器件、微纳结构，都决定了产品的应用性能和功能。电子信息产业的高速发展推动电子化学品性能需求的提升，如光刻胶的分辨率，遵循摩尔定律，结构创新永无止境。②超高纯物质的分离纯化技术。由于杂质对电子化学品的性能会造成巨大影响，如单晶硅、电子气体的纯度、湿化学品中金属离子的含量，常常需要达到 ppb(10^{-9}) 级，这给超高纯化及其检测技术带来了机遇和挑战。③产品与应用工艺的融合，是推动电子信息技术发展的关键。由于

电子信息产品制造工艺复杂，如芯片制造需要几百道工艺，制程长达数月，化学品的功能需要在这些复杂的工艺中得到发挥。工艺创新与功能创新完美结合，才能推动电子信息整体技术进步。

2.4.15.3 主要研究进展及成果

以光刻胶、湿化学品和封装材料为例介绍其主要研究进展。光刻胶，又称光致抗蚀剂，是指通过紫外线、电子束、离子束、X 射线等的照射或辐射，其溶解度发生变化的耐刻蚀薄膜材料。经曝光和显影而使溶解度增加的是正型光刻胶，溶解度减小的是负型光刻胶。按曝光光源和辐射源的不同，又分为紫外光刻胶（包括紫外正、负型光刻胶）、深紫外光刻胶、电子束胶、X 射线胶、离子束胶等。到目前为止光学光刻在超大规模集成电路的生产中依旧占据着主导地位。随着 IC 向亚微米、深亚微米方向的快速发展，在光刻工序中原有的光刻机及相配套的光刻胶已经无法满足新工艺的要求。因此，必须对光刻胶成膜材料、感光剂、添加剂进行深入的研究，以适应光刻工序的新要求。另外，随着立体图形制作工艺和微电机制作工艺的不断完善，三维加工和微电机制作用光刻胶也逐步成为研究的焦点。随着集成电路集成度的不断提高，电路的线宽也越来越细。为适应集成电路线宽不断减小的要求，光刻机波长也在由紫外宽谱向 g 线（436nm）→ i 线（365nm）→ 248nm → 193nm 的方向转移，而以相应波长为感光波长的各类光刻胶也应运而生。近年来，波长从可见光区进入深紫外线（DUV），实现了 14 ～ 28nm 节点的分辨率；进一步经过多次曝光、套刻、浸没曝光等技术，DUV 达到了极限的 5 ～ 7nm 分辨节点。但未来发展 5nm 以下的分辨节点，亟需发展 13.5nm 的极紫外线（EUV）光刻技术 [594, 595]（图 2-74）。

20 世纪 80 年代，波长 13.5nm 光源的极紫外光刻技术（EUVL）已经被理论和实际证明了其可行性，荷兰 ASML 公司已经实现了光刻机的产业化。EUV(13.5nm) 比 DUV(193nm) 波长低一个数量级，一次曝光便可以实现 10nm 的分辨节点，采用多次曝光，2nm 分辨节点可望成为可能 [596-600]。但目前使用的 EUV 光刻胶，还是以原有 DUV 的光致产酸剂 - 有机聚合物为基础，进行改进，已达到 5nm 的分辨节点极限，效率和能耗均达到了工程极致。但专用的新型 EUV 光刻胶，特别是 5nm 分辨节点以下的高性能光刻胶，尚处于探索中，未能实现工业应用。

超净高纯试剂（ultra-clean and high-purity reagents）在国际上通称为工艺化学品，欧美和中国台湾地区又称湿化学品，是超大规模集成电路（俗称“芯片”）制作过程中的关键性基础化工材料之一，主要用于芯片的清洗、蚀刻、掺杂和沉淀工艺。超净高纯试剂具有品种多、用量大、技术要求高、贮存有效期短和腐蚀性强等特点，其纯度和洁净度对集成电路的成品率、电性能及可靠性均有十分重要的影响。国外 20 世纪 60 年代开始生产电子工业用试剂，并为微细加工技术的发展而不断开发新的产品。目前国际上从事超净高纯试剂的研究开发及大规模生产的主要有德国的 E. Merck 公司，美国的 Ashland 公司、Olin 公司、Arch 公司、Mallinckradt Baker 公司，英国的 B. D. H. 公司，俄罗斯全苏化学试剂和高纯物质研究所，日本的 Wako、Sumitomo、住友合成、德川、三菱公司等。我国台湾地区主要有台湾 Merck、长春、长新化学、台硝股份及恒谊公司等，韩国主要有东友（Dongwoo Finechem）、东进（Dongjin Semichem）、Samyoung Finechem 等公司。在技术方面，美国、德国、日本、韩国及我国台湾地区目前已经在大规模生产 0.09 ～ 0.2μm 技术用的超净高纯试剂，其中的过氧化氢、硫酸、异丙醇等主要品种一般在 5000 ～ 10000t / 年的规模，65nm 及以下技术用工艺化学品也已完成技术研究，具备相应的生产能力[601]。我国超净高纯试剂的研发水平及生产技术水平与国际先进技术相比尚有一定的差距。目前 5μm IC 技术用 MOS 级试剂的生产技术已经成熟，并已转化为规模生产；0.8 ～ 1.2μm IC 技术用 BV- Ⅲ级超净高纯试剂（相当于国际 SEMI 标准 C7 水平）的产业化技术也已经成熟；0.2 ～ 0.6μm IC 技术用 BV- Ⅲ级超净高纯试剂（相当于国际 SEMI 标准 C8 水平）的工艺制备技术及分析测试技术有较大的突破。

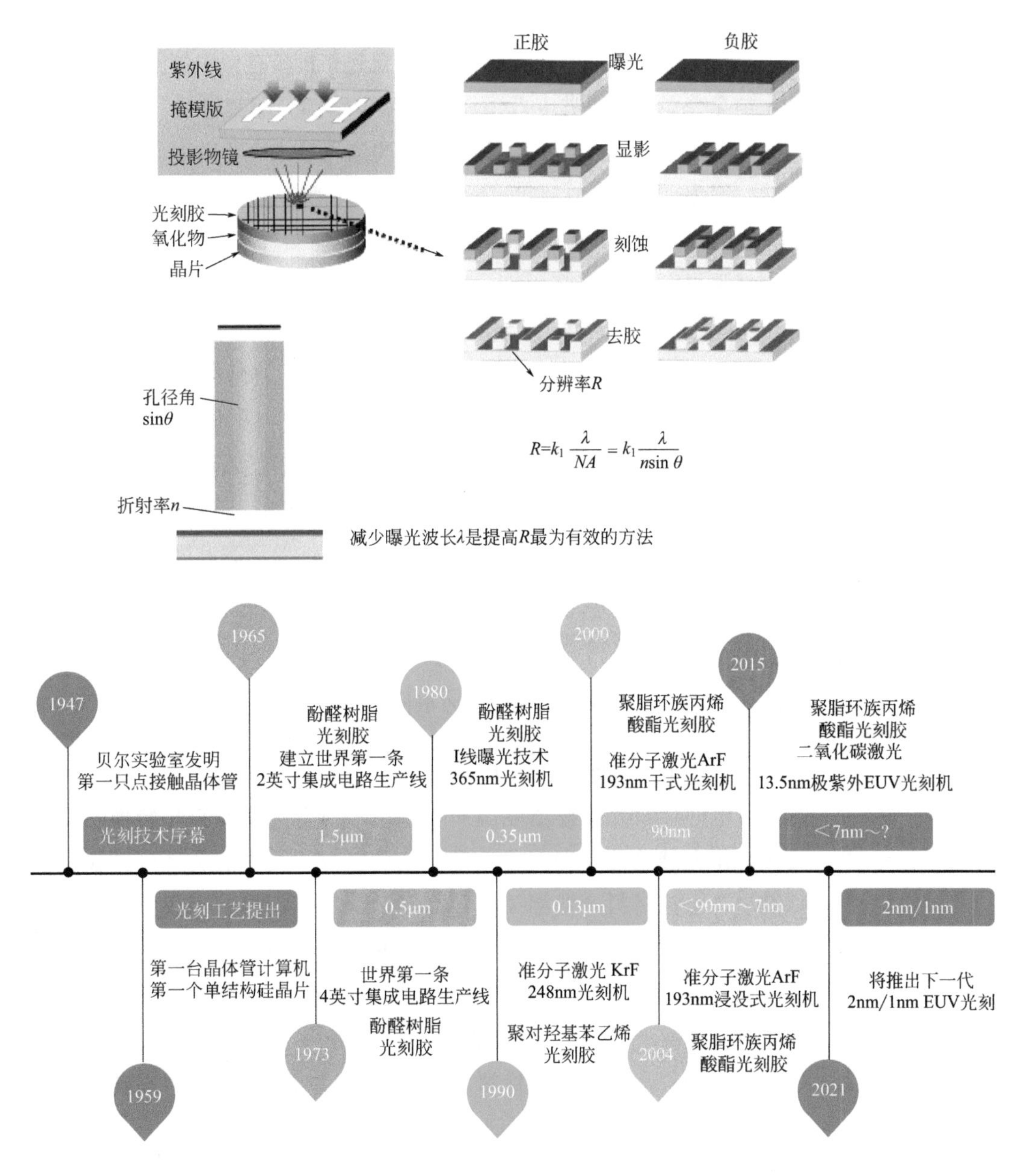

图 2-74

光刻胶激发波长与分辨节点的发展

电子封装技术的重要支撑是电子封装材料。对集成电路封装来说，电子封装材料是指集成电路的包封体。该行业已成为半导体行业中的一个重要分支，一个电路的封装成本几乎已和芯片的成本相当。电子封装材料主要有塑封料、陶瓷封装材料和金属封装材料。我国电子封装材料经过研究者几十年的不懈努力，取得了长足进步。塑封料在电子封装材料中用量最大、发展最快，它是实现电子产品小型化、轻量化和低成本的一类重要封装材料[602]。陶瓷封装材料属气密性封装材料，更适合用于航空航天、军事工程所用的高可靠、高频、耐高温、气密性强的产品封装。目前陶瓷封装虽然在整个封装行业里所占比例不大，却是性能比较完善的封装方式。在高密封的场合，唯一只能选用陶瓷封装。

2.4.15.4 未来发展方向与展望

“十三五”以来，我国已初步建立起一批具有自主创新能力、具备国际竞争力的电子化学品公司，在某些专业领域如集成电路部分配套材料、光电显示配套材料等，已经具有相当实力。“十四五”期间，新一代信息技术产业发展面临重要的机遇期，新型智能终端、增强现实/虚拟现实、智能交通、物联网感知、5G无线通信等业态加速更替，电子化学品行业也迎来更为广阔的发展空间。面向国家信息产业和智能制造领域发展的需求，未来重点发展与集成电路、平板显示器、新能源电池、印制电路板四个领域配套的电子化学品；加快品种更替和质量升级，满足电子产品更新换代的需求。重点发展为集成电路配套的ppb(10^{-9})级和ppt(10^{-12})级高纯试剂、5N级（主产品纯度达到99.999%）及以上级别的电子特种气体、DUV和EUV级光刻胶及配套化学品；为新型显示配套的TFT-LCD液晶材料及取向材料、TFT-LCD用偏光片及原材料TAC膜和PVA膜等光学膜材料；为集成电路、平板显示等配套的低介电常数、低介电损耗、耐高温材料如PI、PBO、LCP、PAE等，满足5G通信、可穿戴、柔性显示等发展所需；加快新一代动力锂电池配套的高性能电子化学品的规模化，如高比能量、高电压正极材料，高容量硅基负极材料，掺杂涂覆及新型锂电隔膜，以及高电压、宽温型、阻燃、长循环型电解液等。

2.4.16 高端化电池材料

2.4.16.1 发展现状与挑战

电池材料是支撑新能源产业发展、具有能量储存和转换功能的先进功能和结构材料，作为战略性新兴产业的重要组成部分，其发展关系到国民经济、社会发展和国家安全。电池材料产业相关技术具有相当高的门槛，不仅需要投入巨额的资金，还要求具备强大的研发和生产团队、纯熟的工艺方案和高水平的生产线，经济回报周期也较长[603]。锂离子电池是新能源汽车和电力调节中最有竞争力的储能技术，燃料电池是氢能时代的核心发电单元。因此，本小节将重点介绍以锂离子电池和燃料电池关键材料为代表的“高端化电池材料”发展情况，指出我国在“高端化电池材料”领域存在的问题，展望国内电池材料研发与产业发展趋势。

2.4.16.2 关键科学问题

电极/电解质界面既是电化学反应场所，又是电子的供受场所，构建合理的电极/

电解质界面对于提升锂离子电池和燃料电池性能至关重要。如图 2-75 所示，在锂离子电池首次充放电过程中，电极材料与电解液在固液相界面上发生反应，形成一层覆盖于电极材料表面的钝化层，这层钝化膜被称为“固体电解质界面膜”（solid electrolyte interface），简称 SEI 膜。SEI 膜的形成对电极材料的性能具有至关重要的影响。一方面，SEI 膜的形成消耗了部分锂离子，使得首次充放电不可逆容量增加，降低了电极材料的充放电效率；另一方面，SEI 膜具有有机溶剂不溶性，在有机电解质溶液中能稳定存在，并且溶剂分子不能通过该层钝化膜，从而能有效防止溶剂分子的共嵌入，避免了因溶剂分子共嵌入对电极材料造成的破坏，因而大大提高了电极的循环性能和使用寿命。因此，深入研究 SEI 膜的形成机理、组成结构、稳定性及其影响因素，并进一步寻找改善 SEI 膜性能的有效途径，一直都是电化学界研究的热点。

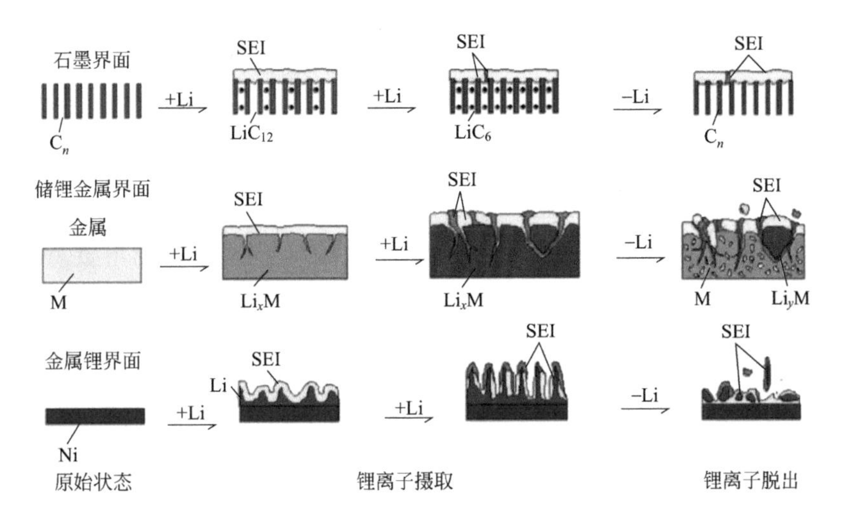

图 2-75
不同界面 SEI 膜形成机制[604]

膜电极由离子交换膜、催化层和气体扩散层组成，是燃料电池的“心脏”，直接影响燃料电池的性能、稳定性、寿命、成本等。在膜电极中，电极反应是在催化层内沿着高度扩展的催化剂/离聚物/反应气体三相界面进行的（图 2-76）。一方面，反应气体、

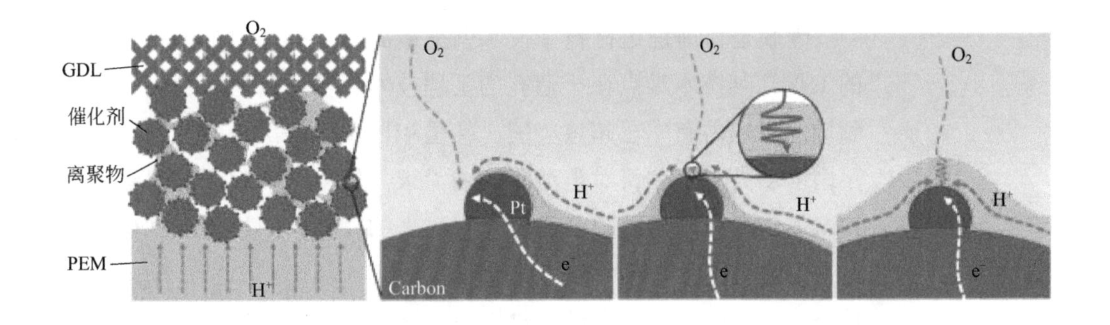

图 2-76
催化剂/离聚物界面结构及传质示意图[605]

质子和水在催化层中的传质效率与催化剂/离聚物界面的微观结构、亲疏水性及离聚物厚度密切相关；另一方面，只有位于反应气体、水、电子以及质子传输通道交汇的三相界面上的催化剂才能参与催化反应。因此，在深入研究催化剂/离聚物界面特性的基础上，设计有利于气体、水和质子传输的膜电极，改善电极动力学过程，提高催化剂利用效率和膜电极性能至关重要。

2.4.16.3 主要研究进展及成果

（1）正负极材料

目前，锂离子电池领域的高端材料技术多被欧盟及美国、日本、韩国等国家掌握。日本松下电器产业株式会社控制了特斯拉汽车公司的电池产业链；韩国乐金（LG）化学公司、三星 SDI 公司、SKInnovation 电池公司是大众、宝马和奔驰等汽车的主力供应商。近年来随着新能源汽车产业的发展，全球对锂离子电池材料的研发投入一直保持较高的水平。在磷酸铁锂和中低镍三元正极材料技术及产品方面，国内企业的产品已在国内市场得到广泛应用，并有部分出口；在高镍多元材料方面，我国目前尚处于追赶阶段，相关企业通过解决关键问题和升级改造量产线设备，有望实现赶超[606-608]；负极材料行业市场集中度较高，我国负极材料的国际市场占有率已处于领先水平，2019 年我国企业的出货量占全球总出货量的 74%[609, 610]。

（2）电解液

从电解液产业角度看，国内电解液生产企业在研发和产业化方面已位于世界前列，可满足国内动力电池公司对电解液的需求。目前，碳酸酯类溶剂和六氟磷酸锂已主要由国内进行生产，代表性企业如广州天赐高新材料股份有限公司、多氟多化工股份有限公司、天津金牛电源材料有限责任公司等，实现了六氟磷酸锂电解质盐的规模化生产。大规模应用的电解液功能添加剂（如碳酸亚乙烯酯、氟代碳酸乙烯酯、1, 3- 丙烷磺酸内酯、1, 3- 丙烯磺酸内酯、硫酸乙烯酯等）也已经实现国产化，但部分用于改善 SEI 膜性能、降低水和 HF 酸含量，防止过充过放的高端添加剂还依靠进口，存在“高端产品需求强劲，低端产品产能无法消耗”问题，有待进一步的技术创新及产业链匹配[611]。

（3）隔膜

隔膜是目前锂电材料中技术壁垒最高的一种高附加值材料，约占锂离子电池成本的 15%，其技术难点在于造孔的工程技术、基体材料以及制造设备。我国在干法隔膜领域的市场占有率已超过美国、韩国和日本，湿法隔膜也进入大幅扩张期，基本可满足国内动力电池公司对电池隔膜的需求，但生产隔膜的原料和核心装备目前仍依赖进口（表 2-1）。国内隔膜公司要想有更大的作为，必须要在基础材料表面处理工艺、胶黏剂配方工艺、产品冲压拉伸等涉及材料、设备和工艺控制等三大领域加大发展力度。此外，在隔膜产业链上游，包括国产涂布机等在内的核心生产装备也要迎头赶上，尽快使国产化实现更大突破[612, 613]。

表 2-1 锂离子电池隔膜产业化现状

隔膜材料	生产企业	应用领域	特点
聚烯烃	Celgard（美国） 上海恩捷（中国）	商品电池	耐热温度低，闭孔后有可能熔毁，但生产与加工工艺简单，成本低
改性聚烯烃	住友（日本） 帝人（日本）	商品电池	耐热温度较（聚乙烯，PE）有略微提升，闭孔后不熔毁，生产加工工艺简单
玻璃纤维	Whatman（英国）	实验室电极性能测试	耐热温度高，电能损耗率低，但价格过高
芳纶	DuPont（美国） 东燃（日本）	动力电池	力学性能、耐热性能、电解液润湿性高，生产效率低，价格较 PE 昂贵
聚酰亚胺	DuPont（美国）	动力电池	力学性能、耐热性能、电解液润湿性高，生产效率低，价格较 PE 昂贵
聚对苯二甲酸乙二醇酯	Degussa（德国）	动力电池	耐热性能良好，尺寸稳定，生产工艺简单

(4) 质子交换膜

质子交换膜生产企业主要集中在美国、加拿大、日本、比利时等（表 2-2），其中美国戈尔公司在全球质子交换膜供应领域中处于领先地位。我国山东东岳化工有限公司在质子交换膜研发和产业化方面发展较快，形成了完善的氟硅材料产业链。浙江汉丞科技有限公司已经掌握超高分子量聚四氟乙烯树脂、含氟质子交换树脂、双向拉伸薄膜及涂膜等质子交换膜全产业链的关键技术，拥有自主知识产权，并已开始质子交换树脂和膜的大规模生产，国内赶超国外水平的趋势明显[614-616]。

表 2-2 质子交换膜产业化现状

产地	生产企业	产品型号	性能特征
国外	DuPont	Nafion 系列膜	目前市场占有率最高
	Gore	Gore-select 复合膜	改性全氟型磺酸膜，技术处于全球领先地位
	3M	PAIF 系列膜	主要用于碱性工作环境
	Asahi Glass	Flemion 系列膜	具有较长支链，性能与 Nafion 膜相当
	Asahi Chemical	Alciplex 系列膜	具有较长支链，性能与 Nafion 膜相当
国内	东岳集团	DF988、DF2801	高性能，适用于高温 PEMFC 的短链全氟磺酸膜
	武汉理工新能源	复合质子交换膜	已向国内外数家研究单位提供测试样品

(5) 车用燃料电池催化剂

目前，车用燃料电池催化剂相关知识产权大多掌握在西方少数发达国家手中，催化剂核心材料长期依赖进口的高成本现状，制约了我国燃料电池产业的自主发展，也影响了我国燃料电池技术的核心竞争力及其产业化前景。整体来看，现阶段国内主要采用田中贵金属（TKK）的 TEC3 系列 PtCo/C 催化剂、庄信万丰（Johnson Matthey）的 HiSPEC 系列 Pt/C 催化剂和比利时优美科的 Elyst 系列 Pt/C 催化剂。其中 TKK 产品在国内市场增长最快，所占市场份额已超过了庄信万丰，并且 TKK 在新型 PtCoMn/C、PtCoMg/C 多组分催化剂方面已经有了一定的专利技术积累。国内对催化剂的研发以大连化物所、清华大学、北京大学、重庆大学等为主，其中清华大学与武汉喜玛拉雅光电科技股份有限公司开展校企深度合作，目前武汉喜玛拉雅光电科技催化剂产能达到 1200g/d 的规模。2019 年 8 月上海济平新能源科技有限公司进行了催化剂小规模投产，一期催化剂产能约 1500kg[617]。

（6）气体扩散层基材

在扩散层基材方面（表 2-3），日本东丽集团生产的碳纸具有高导电性、高强度、高气体通过率、表面平滑等优点，在全球市场上占据较大的市场份额，拥有的碳纸相关专利也较多。国内在该领域尚没有商业化产品，亟需开发自主可控的扩散层产品。目前，中南大学正持续开展燃料电池用碳纸的研究，江苏天鸟高新技术股份有限公司也基于碳纤维产品进行碳纸研发 [618]。

表 2-3 国内外扩散层基材现状对比

生产企业	产品型号	厚度 /mm	密度 / (g/cm^3)	孔隙率 /%	透气率 / [mL・mm/(cm^2・h・mmAq)] ①	电阻率 /mΩ・cm	抗拉强度 /MPa	抗弯强度 /MPa
日本 Toray	TGP-H-060	0.19	0.44	78	1900	5.8	50	—
	TGP-H-090	0.28	0.45	78	1700	5.6	70	39
	TGP-H-120	0.36	0.45	78	1500	4.7	90	—
中南大学	—	0.19	—	78	192.733	5.88	50	—

① 1mmAq（毫米水柱）=9.8Pa。

2.4.16.4 未来发展方向与展望

锂离子电池方面，重点研发高镍低钴或无钴三元正极材料、高压镍锰尖晶石正极材料、富锂锰基正极材料、碳 / 合金等高容量负极材料、陶瓷涂层隔膜等高安全性隔膜、阻燃电解液，以及耐高压隔膜和电解液。研发基于三元 / 高压 / 富锂正极材料和高容量碳 / 合金负极材料的高能量密度单体电池，发展基于模型的极片 / 电池设计技术，提高电池功率和环境适应性；开发高安全性隔膜、电解质和高稳定低电阻电极 / 电解质界面技术，提升动力电池能量密度、功率密度、寿命、安全性以及降低成本等。发展以锂聚合物、锂硫、锂空气、钠空气、全固态等电池为代表的新型电池体系的深度基础研究和制造技术工艺研究开发。

燃料电池方面，重点研发低成本、高性能、长寿命非铂 / 低铂催化剂及其批量制备技术，高机械强度、高化学稳定、高交换容量全氟质子交换膜及成膜聚合物批量制备技术，高性能、长寿命碱性聚电解质膜，低成本、高性能扩散层碳纸批量制备技术，高耐蚀、低电阻质子交换膜燃料电池极板专用基材。以燃料电池关键核心材料的突破为基础，开发燃料电池全产业链需要的技术和设备，包括空压机、回流泵、先进控制器设计集成、轻质化系统、抗震性高以及低温环境适应设备设施等，完善辅助系统与燃料电池电堆的一体化设计，从关键材料、核心部件与辅助系统等方面全方位降低成本、提高使用寿命，强化系统耐久性、可靠性和适应性。

2.5 合成生物学及生物医药产品

合成生物学是指在工程学思想指导下，按照特定目标理性设计、改造乃至从头合成生物体系，即生物学的工程化。它具有基础前沿性、技术颠覆性、产业革命性等特征，正在引领全球生命科学汇聚研究与应用的新范式。合成生物学研究将在基因组化学合成与功能再造等前沿领域形成颠覆性技术，并在医药、化学品、能源、材料等领域展现了巨大的潜力，尤其在生物医药产品制造方面已取得重要进展[619]。本节将对基因组化学合成、基因组结构重排、人工混菌体系设计构建，以及疫苗等重要生物药物产品制造和递送系统、营养强化类产品、大宗化学品、天然产物制造等发展现状与挑战进行梳理，阐释合成生物学的关键科学问题及重要研究进展，并对未来的发展方向进行展望。

2.5.1 发展现状与挑战

合成生物学是生物学、化学、信息学、计算机科学、材料学等多学科的交叉融合，工程学思想的引入推动了合成生物学从模块化、定量化、标准化、通用化等角度系统展开。合成生物技术的突破和推广将对人类社会产生深远影响，已经在生物医药、生物能源、化学品、材料、环境治理等领域展现了巨大的潜力，在基因组化学合成[620-626]、基因组结构与功能关系[627-630]、基因回路设计构建[631, 632]，以及疫苗递送系统、营养强化类产品、大宗化学品、天然产物等生物医药产品制造等方面均取得了突破性进展。

合成生物学未来发展方向与挑战主要体现在以下三个方面：①面对经过亿万年自然选择压力进化形成的高度动态、灵活调控、非线性、不可预测的复杂生命体系，如何以工程化的设计获得特定功能的人工生命系统，是合成生物学自身基础研究所面临的核心挑战；②合成生物学与纳米科技、半导体、信息科学、计算科学等领域的交叉融合，将形成信息的生物化和生物的信息化双向融合，实现生命体系与非生命体系的对话，开启电子与数字化生命体系的颠覆性创新；③面临人类社会快速发展与自然资源不足的终极挑战，合成生物学在新能源、智能材料、未来食品、环境保护等应用领域的渗透，将打造全新的生物化人工生命支撑与应用体系，为医药、工业、农业、健康、环境、国防等领域提供生物化的解决方案。

2.5.1.1 疫苗抗原和递送系统

免疫防控不仅是应对各种病原引起的传染性疾病的重要手段，也是癌症预防和治疗的新希望。随着对疫苗质量和安全性要求的不断提升，疫苗抗原的种类从传统的减毒或灭活病原（如细菌、病毒），向具有更高安全性的亚单位疫苗（多肽、重组蛋白等）、病毒样颗粒（virus like particles，VLPs）疫苗[633]、核酸疫苗（DNA、mRNA）[634]等发展。由于新型疫苗抗原的稳定性和免疫原性通常较弱，疫苗免疫活性的发挥还依赖于稳定的剂型和有效的佐剂。目前，临床批准使用的佐剂主要为铝盐和油乳佐剂（图 2-77），仅与抗原简单混合使用，细胞免疫效果差[635]。新型疫苗 mRNA（如：辉瑞公司的新型冠状病毒肺炎 mRNA 疫苗），甚至需要在 −80℃保存。因此发展可以稳定抗原，兼具免疫活化和优化递送过程的新剂型是最大的挑战。各种新型纳微米材料通过理化性质及与抗原装载方式的设计和优化，在提高疫苗的细胞免疫应答[636]和适应性免疫应答[637]、稳定抗原等方面显示出突出的优势，成为新型疫苗剂型研究的重点。如 2020 年美国 Moderna 公司以及辉瑞 /BNT 公司推出的新型冠状病毒肺炎 mRNA 疫苗所

采用的脂质纳米颗粒技术（lipid nanoparticles，LNP）等。其不仅免疫原性低，而且可以通过调控结构和性质有望实现高效的靶细胞内吞和基因表达[638]。

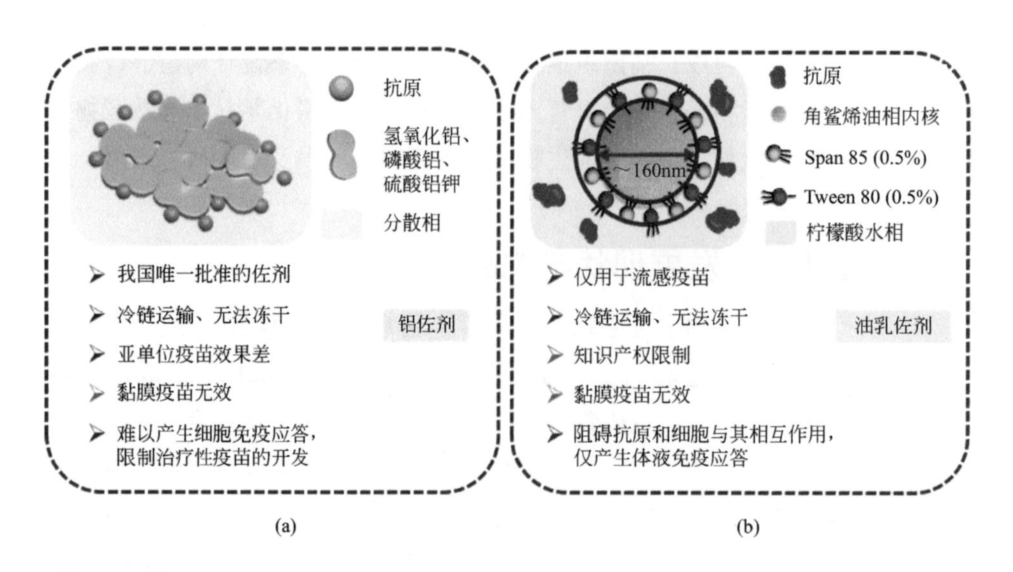

图 2-77
商品化铝佐剂（a）及油乳佐剂（b）

2.5.1.2 蛋白质、多肽、核酸等生物药物的剂型工程

随着基因组学和蛋白质组学的发展，蛋白质、多肽、细胞因子、核酸类生物药物得以规模化生产。但是生物药物分子在胃肠道环境下，极易被胃肠道蛋白酶和胃酸等降解；同时由于无法有效穿透小肠黏液层和上皮层组成的生理屏障，其直接口服生物利用度不足 2%[639]。因此现有的生物药物给药方式多以注射为主，但由于其在体内循环时间短，需频繁注射，导致患者顺应性差。因此，通过用分子偶联修饰、微球包埋等制备长效、缓控释制剂，延长药物的循环半衰期，减轻不良反应和减少给药次数，提高靶向性，是近几十年生物药物制剂研究热点[640, 641]。全球范围内已有 12 个微球制剂产品、10 多个聚乙二醇分子偶联型生物医药品获得美国食品药品监督管理局（Food and Drug Administration，FDA）批准。此外，分子偶联在抗肿瘤药物和疫苗研制中也发挥了重要的作用，通过将单克隆抗体和细胞毒性小分子进行偶联制备抗体偶联药物（antibody drug conjugate，ADC），截至 2021 年 FDA 共批准了 9 款 ADC 药物，预计到 2026 年全球市场规模将达到 164 亿美元[642]；将细菌多糖与蛋白质化学偶联制备的脑炎和肺炎结合疫苗，也已经在小儿脑炎和肺炎预防中发挥着重要作用。核酸类药物，如具有沉默蛋白能力的 siRNA[643]、具有表达蛋白能力的 DNA、mRNA[644]，以及具有基因编辑功能的 CRISPR-Cas9[645]，通过调控基因和蛋白表达实现疾病治疗，或将外源性的基因导入靶细胞，引起免疫应答和记忆，成为基因治疗研究的前沿领域。

2.5.1.3 健康与营养强化类创新产品

营养强化类产品的创制是实现全民健康、提高国民综合素质的必由之路。“十三五”以来国家相继颁布了《“健康中国 2030”规划纲要》《国民营养计划（2017—2030 年）》等一系列重要的纲领性文件，将实现全民健康上升到国家战略高度。近年来，人们的医疗保健策略逐渐从以治病为主导转向以营养健康为主导，实现从“治疗疾病”向“预防疾病”的战略转移。传统的营养强化类产品已经难以满足人们的个性化健康需求。新型营养强化剂的创制是营养强化类创新产品研发的核心。现代分子生物学、分离纯化技术的日趋完善及合成生物学等的兴起，为新型营养强化剂的发现和规模化制备奠定了基础。目前，通过酶工程、基因工程、发酵工程、化学合成等手段创制的代表性营养强化剂及其创新产品主要包括：①天然产物类，如以稀有人参皂苷[646-649]、红景天苷、黄芪甲苷、花色苷、原花青素、大豆异黄酮、虾青素等及其衍生物为基础开发的强化类产品，可调节人体微循环，激活和强化自身免疫系统；②有益菌类，如以益生菌、冠突散囊菌等为基础开发成的具有改善肠道微生态、提高免疫力的营养强化类产品[650,651]；③新型蛋白 / 多肽类，如胶原蛋白 / 多肽 - 金属元素复合物[652-654]、乳铁蛋白、酪蛋白磷酸肽、储铁蛋白 / 多肽等纳米蛋白类营养强化剂，可预防骨质疏松、缺铁性贫血等营养缺乏症；④氨基酸衍生物类，如 L- 硒 - 甲基硒代半胱氨酸，具有抗氧化、抗衰老、解重金属毒性等作用，可作为相关个性化营养强化产品进行创制[655]。但此类新产品的创制仍然面临如下挑战：①开发安全、高效的新型营养强化剂种类与剂型，创制针对不同人群的专用型、个性化、特殊营养强化产品，达到精准营养和慢性病预防的目的；②创制药膳、特膳等适合重大慢性病用优势营养强化类产品，并实现其产业化、标准化及现代化；③通过体内外代谢等基础研究制定新型营养强化类产品的科学评价体系。

2.5.1.4 基于合成生物学的化学品制造

近年得益于国家政策的支持，乙醇等生物燃料发展迅速，步入多元化发酵原料并存的阶段。在国际石油价格的冲击下，未来更多醇基化学品产业的发展需要突破原材料与生产成本的重要障碍。在生物基材料单体方面，近年来生物基材料产业关键技术不断出现、产品种类速增，生物基材料正在成为学术研究和产业投资的热点，戊二胺等一批新型生物基材料单体已经或正在步入产业化阶段。在氨基酸、有机酸等传统大宗化学品方面，生产菌株和生产体系不断迭代升级，但行业竞争激烈并受到核心知识产权技术缺乏的制约。未来生物基化学品产业的发展需进一步加强在廉价原材料利用、高性能菌种自主开发、绿色制造工艺等方面的研发，降低生产成本，完善产业体系，以增强生物基化产品的产业竞争力。

2.5.1.5 天然产物的生物合成途径

天然产物药物及其衍生物，如青霉素、紫杉醇、青蒿素等，在人类健康和社会发展过程中发挥着举足轻重的作用。目前来源于天然产物的药物主要生产形式为纯天然提取以及有机合成。然而，受限于有限的生物原料供给以及化学全合成反应复杂、产率低等问题的困扰，目前许多重要天然产物的规模化生产仍未实现。近年来，代谢工程和合成生物学技术的突破使得我们能够在微生物体内实现法尼烯[656]、青蒿酸[657]、大麻素[658]等一系列重要天然产物的规模化生产。然而，目前仍有大量天然产物药物的生物合成途径尚未得到完全解析。此外，一些重要天然产物药物如紫杉醇[659]、除虫菊酯[660]、阿片碱[661]等的高效生物合成尚未实现。因此，对天然产物生物合成途径及其

高效合成的研究依然任重而道远。

2.5.1.6 药用高活性天然产物生物制造技术

天然活性产物是自然界长期进化合成的次生代谢物，结构复杂多样，具有诸多生理学和药理学功效，是开发创新药物、发现候选药物结构和先导药物结构的重要源泉。随着我国慢性疾病发病率的逐年攀升，加之国家“健康中国”战略的实施，人们对药食兼用、安全、高效的高活性天然产物的需求越来越多。高活性天然产物因其在恶性肿瘤和糖尿病、高脂血症等重大慢性病的防治方面展现出巨大潜力，已成为全球生物医药领域竞相研发的重点。然而，由于来源受限、含量低、结构相似难以分离、结构复杂难以合成、产业化难度大等限制了其规模化生产。绿色生物制造具有环境友好、专一性强和生产效率高等显著优势，已成为获取结构复杂高活性天然产物的一种变革性生产模式，可从上游源头上根本解决我国“卡脖子”技术。然而，要实现高活性天然产物药用级原料的产业化，目前仍然面临诸多挑战：①如何通过功能酶的定点修饰技术，发掘高活性天然产物及其衍生物转化关键酶系并揭示其催化机制；②如何通过微生物改造技术，发掘高活性天然产物及其衍生物转化的生物合成模块，构建高效细胞工厂，并阐明其微生物合成路径；③如何实现稀有高活性天然产物生物合成生产的新模式，强化高值高活性天然产物的设计与修饰；④如何构建高活性天然产物及其衍生物发酵合成途径的智能化，及其功能产品的绿色制造及产业化。

2.5.2 关键科学问题

2.5.2.1 合成生物学

合成生物学的关键科学问题是基因组理性设计与化学再造的基本原理、细胞工厂的设计构建及调控，以及基因线路在时间和空间上的精准性。即发掘基因组规模上的结构功能关系与特定生命过程的工作原理，以化学合成基因为基础，从头设计、合成基因组，再造细胞结构与功能，实现人工合成生物的重大突破；通过对复杂生命体的工程化重构，研究细胞新功能的设计构建准则，实现特定功能、特定性状生物系统的基因设计与人为调控，以及目标产品的可控和高效合成。

2.5.2.2 疫苗抗原和递送系统

抗原结构的稳定和免疫活性的提升，是疫苗合成生物学需要解决的关键科学问题。具体包括：①疫苗抗原的可灵活设计、快速组装以及规模化制造，获得高纯度、高活性、结构稳定的抗原分子；②合理化设计疫苗递送系统，优化细胞、组织、黏膜多尺度递送过程，提升疫苗免疫应答。

2.5.2.3 生物技术药物的剂型工程

剂型对于生物技术药物的药效和药代动力学具有至关重要的影响，是药物发挥功能的重要保障。生物技术药物剂型的研发，需要解决如下关键科学问题。①微球制剂生产过程中的粒径均一性、批次间重复性问题，药物载药量与包埋率、药物活性、突释率的研究和调控，生产过程的放大等。②分子偶联型生物药物生产过程中的定点偶联、过程控制、产物分离纯化，以及修饰剂或偶联剂的潜在免疫反应或生理毒性等问题。③核酸类药物（特别是 siRNA、CRISPR-Cas9 基因编辑系统等），其递送系统还需要降低基因编辑脱靶率，提升核酸类药物的安全性。

2.5.2.4 健康与营养强化类创新产品

探寻安全、高效、结构稳定、药食兼具的新型营养强化剂，挖掘其制造新途径是创制营养强化类新产品的基础；探明核心营养组分在体内外代谢、吸收及调控机制是营养强化类产品创制的核心；实现强化产品中核心营养组分配比合理、协同增效是营养强化类新产品剂型选择、优化的难点；通过建立疾病动物模型、临床人群干预模型等，检验营养强化产品的临床有效性，并揭示其提高免疫力、改善心脑血管疾病、预防癌症等代谢性疾病的分子机制，是营养强化类产品创制的关键。

2.5.2.5 基于合成生物学的化学品制造

基于合成生物学的化学品制造的关键科学问题是工业生物催化剂代谢反应的机制及其调控，以及高效生物催化过程的原理与构建。即解析细胞物质与能量代谢的耦合适配规律，建立高性能生物催化剂改造的关键技术，提升化学品合成路径的原子经济性；探索生物催化剂生理功能与生物学效应的基础，构建新型细胞培养与应用体系，实现生物催化过程的强化集成与时空高效性。

2.5.2.6 天然产物的生物合成途径

寻找关键节点，充分发挥生物合成和有机合成的优势，开发高效的化学半合成方案，是实现天然产物高效合成的关键。为此，关键科学问题可以概括为：①如何提供种类丰富的化学半合成底物，并以此为基础设计化学半合成途径；②如何实现化学半合成底物的高效生物合成，为下游有机合成步骤提供大量的底物；③如何寻找合适的节点，充分发挥并利用生物合成和有机合成的优势，经济高效地合成目标产物。

2.5.2.7 药用高活性天然产物生物制造技术

① 解析高活性天然产物及其衍生物合成酶系的催化机制与设计原理，建立酶系的理性改造、高通量筛选及生物催化技术体系。

② 解析高活性天然产物从头合成细胞工厂的生理适配与调控机制，建立产物合成元件快速组装与底盘细胞合成的精准调控技术。

③ 阐明高活性天然产物对重大慢性疾病防控的分子机制，建立天然活性产物的理性设计和定向修饰合成技术体系。

④ 解析天然产物及其衍生物生物合成与工业放大环境的互作应答机制，建立高辨识选择性分离及稳态化技术体系。

2.5.3 主要研究进展及成果

2.5.3.1 合成生物学及应用

合成生物学在基因组化学合成、基因组重排、人工细胞工厂构建等方面已取得重要进展。通过化学全合成酿酒酵母人工染色体，建立基因组缺陷序列快速定位和精准修复方法，使化学合成基因组可成功调控酵母生长和环境响应，成为人工基因组合成

研究的普适方法。以化学合成酿酒酵母基因组为研究对象，探索基因组重排系统的设计再造原则，获得不同层次基因组序列与功能的关系，重构快速进化体系。下面简要介绍部分主要进展。

（1）基因组的化学合成

“设计（design）—构建（build）—检验（test）—纠错（debug）—学习（learn）”的研究循环，已经成为基因组重新设计和化学合成的一般过程。自下而上的基因组合成策略是经过理性设计，采用从头合成路线，利用标准化元件和模块化方式逐步组装构建的，可以实现对基因组的定制化合成，以及对染色体结构、功能与进化的系统性研究。

借助计算机的辅助设计，向天然基因组中引入大量的定制化“设计”，增强基因组的遗传稳定性和操作柔性；从寡核苷酸链开始“构建”，开发和利用各种组装方法逐步实现全基因组的构建；随后对合成型基因组进行“检验”，以确认其功能性和遗传稳定性；在设计构建过程中，可能会导致细胞的生长缺陷甚至致死，通过缺陷的“纠错”，进一步完善基因组设计和重新构建；合成型基因组的构建加深了我们对生命的“学习”和理解，指导对基因组的再设计。

DNA 的化学合成是合成生物学的底层技术。DNA 化学合成法在合成长度和合成通量上不断取得突破，合成成本不断下降。基因组合成工作取得了一系列重大突破，最具代表性的工作为蕈状支原体基因组的合成、最小化大肠杆菌基因组的重编码和酿酒酵母染色体的化学合成。

原核生物基因组的化学合成增强了对基因组的设计能力。2010 年，利用化学方法合成出含有完整的基因组且具有生命活性的全新支原体细胞（JCVI-syn1.0），标志着人工合成基因组实现了对生命活动的调控[662]。2016 年，化学再造了自然条件下可以自我复制的最小功能性基因组（JCVI-syn3.0）[663]。2016 年，设计出含有 57 个遗传密码的大肠杆菌基因组[664]。2019 年，对大肠杆菌基因组密码子进行简化设计并实现了从头合成，获得了首个具有生命活性的 61 个密码子人工生命体，进一步提升了人造基因组的研究水平[665]。

真核生物基因组的化学合成大大加深了人类对生命的认知。2014 年，实现了具有生物学活性的酿酒酵母完整Ⅲ号合成型染色体（syn Ⅲ）的人工设计与化学再造[624]，标志着基因组的人工合成工作进入真核生物领域。2017 年，包括天津大学、清华大学、华大基因在内的“人工合成酿酒酵母基因组”Sc2.0 国际联盟完成了 5 条酿酒酵母人工染色体的化学合成（图 2-78）[620-623]，基因组人工设计和化学合成的尺度大大提升。2018 年，研究者将酵母染色体融合，获得含有一条或两条染色体的酵母细胞[666, 667]。

在基因组化学全合成过程中，缺陷修复伴随着整个过程，而生长缺陷的化学本质是基因组序列的碱基异常。早期，对缺陷序列定位与修复非常困难，需要逐段对比，费时费力。在酵母基因组的合成过程中，通过建立混菌标签缺陷定位新方法（PoPM）（图 2-79）[620]，实现了对缺陷序列的快速高效定位；通过人工特异序列的精准介导，建立了双标靶向精准修复方法，实现了全基因组缺陷序列纠错全覆盖，完成了化学合成染色体与设计序列的完全相同（图 2-80）[621]。上述方法的建立，成功破解了人工基因组化学合成中普遍存在的“缺陷导致失活”难题，实现了从单链短核酸到长染色体的精准定制合成，化学合成了Ⅴ号和Ⅹ号两条酵母长染色体。

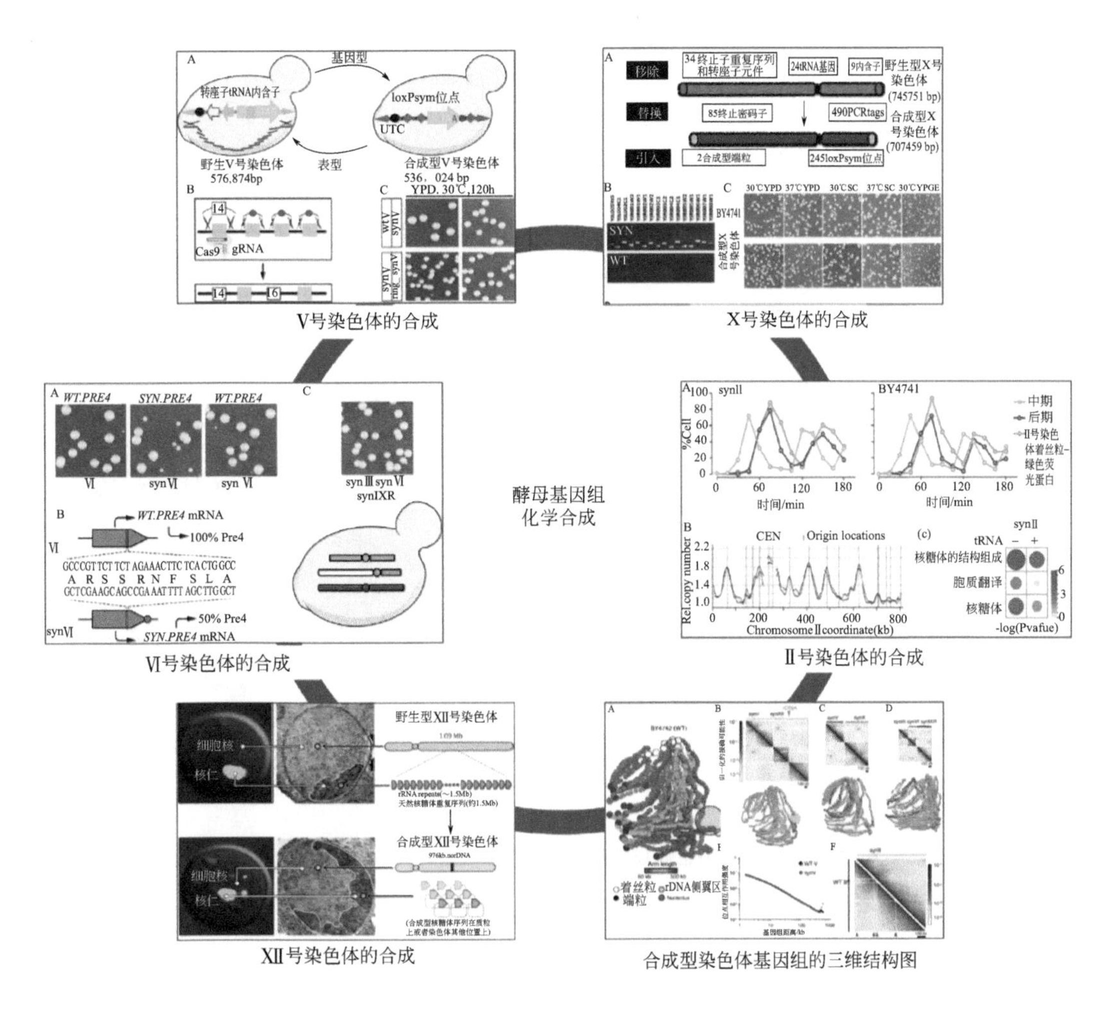

图 2-78

真核酵母基因组化学合成 [620-623, 625, 626]

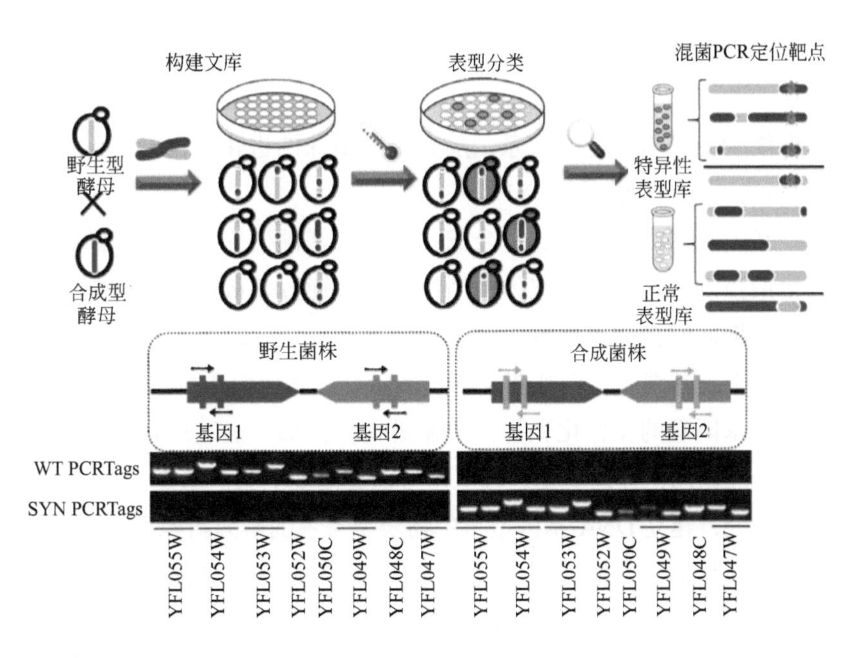

图 2-79

高通量混菌标签缺陷序列分析（PoPM）策略 [620]

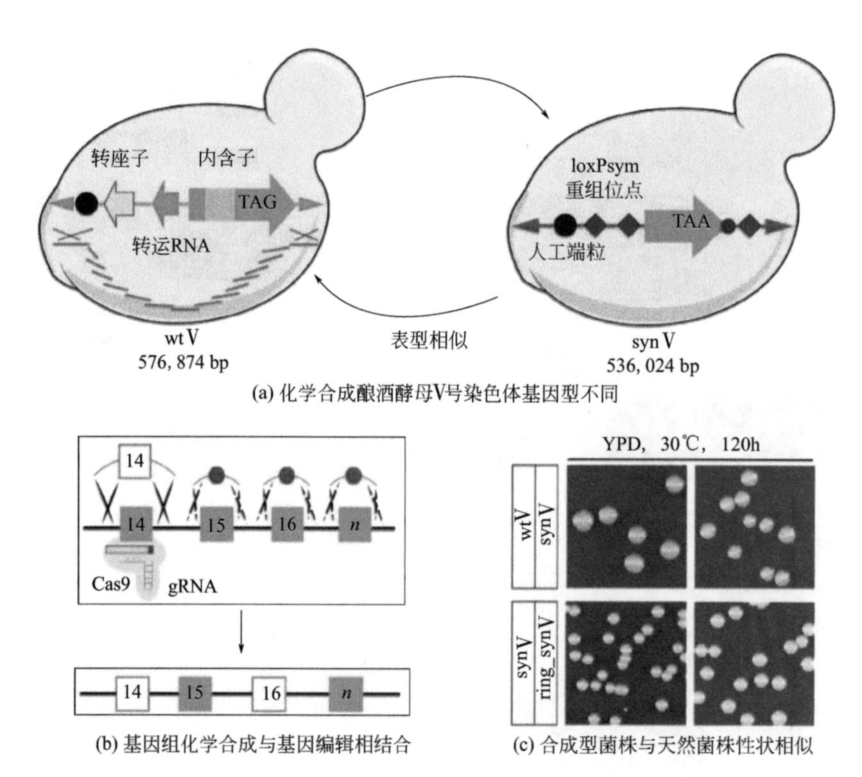

(a) 化学合成酿酒酵母V号染色体基因型不同

(b) 基因组化学合成与基因编辑相结合

(c) 合成型菌株与天然菌株性状相似

图 2-80

酿酒酵母 V 号染色体设计构建与精准修复[621]

（2）基因组结构重排

基因组重排的研究，对于揭示基因组变异规律和进化演化机制具有重要意义。基于化学合成基因组中引入的重组元件（LoxP 位点），可进行基因组重排（SCRaMbLE），实现人工诱导的基因组结构变异[668]。通过化学合成基因组重排系统的设计再造，研究精准控制合成型酵母基因组重排[627]、环形染色体重排[628]、体外 DNA 重排[629]、杂合二倍体和跨物种基因组重排[630]等规律，开发基因重排“筛选系统”[669]等，为解析基因组结构变异与功能的关系，加速生产菌株的进化，提升能源、医药、化学品的生产等奠定良好的基础（图 2-81）。

基因回路的研究开启了合成生物学的基础研究。基因回路需要对多个基因表达进行精细控制，才能实现整体的精细功能。通过基因逻辑门控制基因组重排，用雌二醇和半乳糖同时控制，提高了重排的精准性，可实现基因组重排的动态可控。基因组重排有助于提升细胞工厂性能。利用多轮迭代基因组重排策略，可提升重排效果和效率，实现了基因组的多样化和持续快速进化。例如：通过对合成型酿酒酵母基因组重排过程的精准调控，经过多轮迭代重排可以使胡萝卜素产量提升 38.8 倍[627]。通过基因组重排的研究，建立 DNA 基因型与生物表型关系的研究新模型，可获得基因组结构和功能关系的新认知，为提高菌株合成能力提供新的解决方案。基于人工构建的酿酒酵母环形染色体，开展环形染色体结构变异与功能分析研究，揭示人工环形染色体重排的基本特征和演化路径[628]。

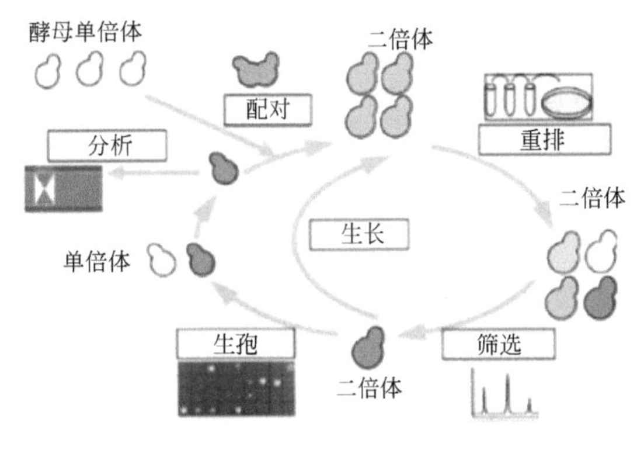

(a) 多轮迭代基因组重排

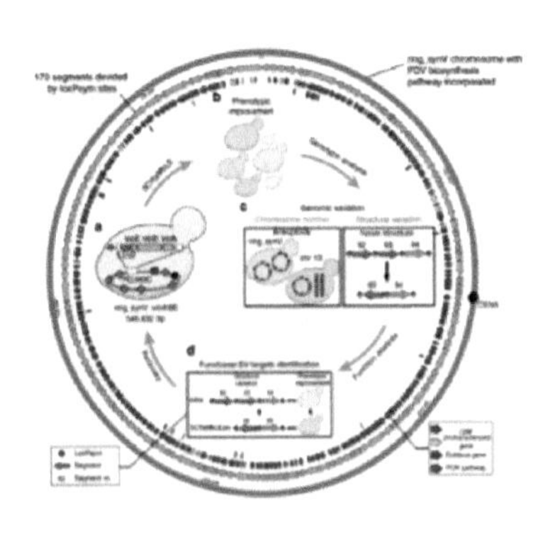

(b) 环形染色体重排

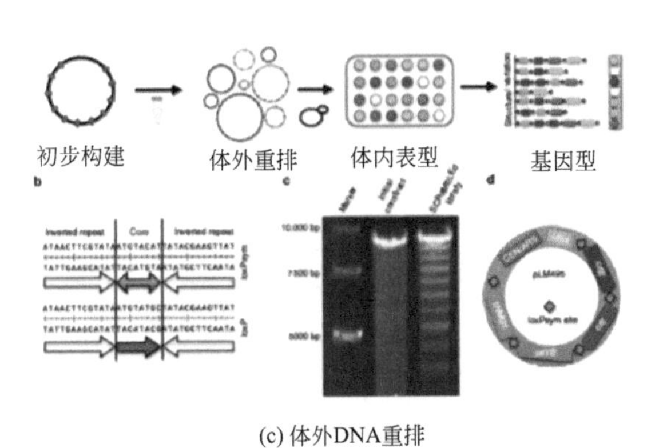

(c) 体外DNA重排

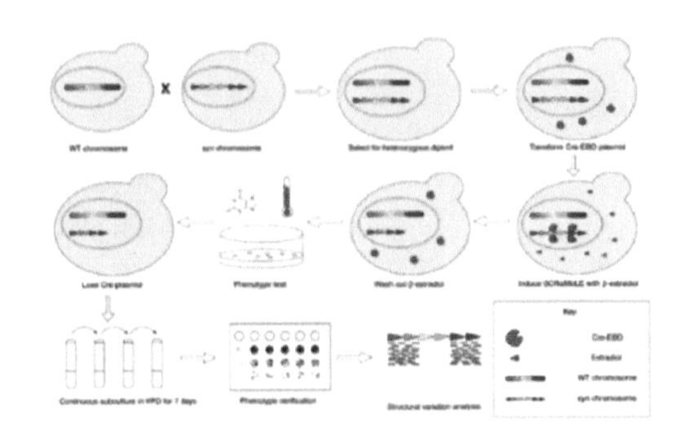

(d) 杂合二倍体和跨物种基因组重排

图 2-81
合成型酵母基因组重排 [627-630]

（3）人工混菌体系设计构建

人工混菌体系已成为合成生物学研究的重要方向。依据劳动分工原则构建人工混菌体系，可减轻单个底盘细胞的代谢负担，降低中间代谢物的过度积累和毒害，避免功能间的交叉影响，对环境波动具有更强的适应性和鲁棒性，在提高效率等方面具有显著优势 [670, 671]。例如，通过“劳动分工合作”的多菌重构策略，建立了人工三菌产电体系（图 2-82）[671]，阐明了菌株间合作的物质交换机制，实现了物质代谢和能量代谢的耦合及高效转化，解决了复杂多步代谢途径效率低和可控性差等共性问题。通过构建人工混菌体系，还可实现紫杉醇前体 [672]、黄酮类化合物 [673]、红景天苷 [674]、黏康酸 [675]、丁醇 [676] 等的高效合成。人工混菌体系在环境污染物降解、土壤修复等方面也表现出巨大潜力。

2.5.3.2　疫苗抗原和递送系统的设计与制造工程

针对疫苗制造过程中需要解决的科学技术难题，交叉融合了化工、免疫学、颗粒学、材料学等多个学科领域的疫苗合成学技术，为疫苗抗原和递送系统的创新制造带来突破。例如，从颗粒学的角度研究 VLPs 等生物颗粒的组装规律和在工程环境下的失活机理，发展了疫苗抗原抗失活制备策略并获得应用；通过化学化工方法构建结构稳定的蛋白质或人工合成的生物颗粒以此作为“底盘”，将优化的“免疫插件”灵活组合装载到底盘上，构建结构稳定且可以更好模拟天然病原体的结构、功能和感染免疫过程的新型疫苗抗原

和剂型。面向临床需求的非病毒基因递送系统研究为核酸疫苗的创新制造和临床应用带来重大突破，例如利用化工微流控技术制备粒径均一的脂质纳米颗粒（LNP），通过优化mRNA包埋率、释放性能、细胞内吞效果以及溶酶体逃逸效率，实现mRNA的高效递送[677]。2018年8月，FDA批准了基于LNP的第一款siRNA药物（Onpattro）[678]。在新型冠状病毒肺炎疫情暴发后，LNP已经广泛用于新型冠状病毒肺炎mRNA疫苗的开发和批量制备，已经成为世界科学前沿和研究热点问题[679]。下面简要介绍代表性的进展。

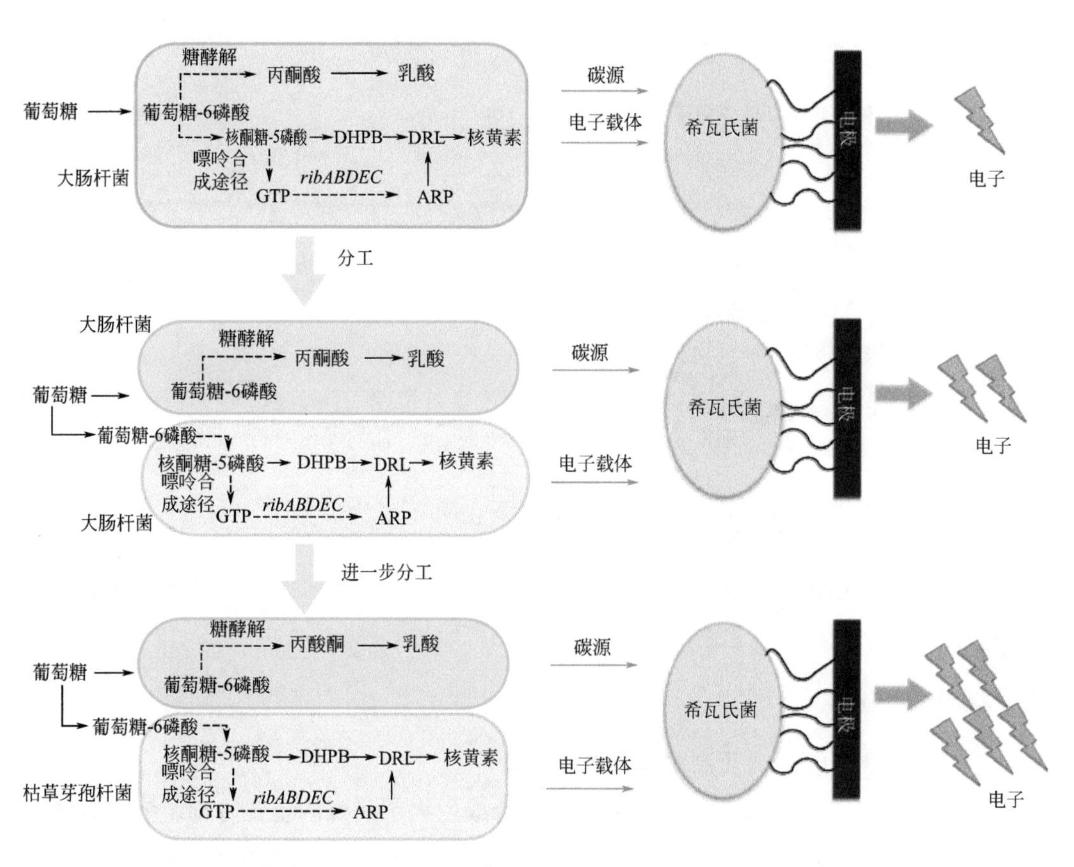

图 2-82

人工三菌产电体系的设计构建[671]

（1）病毒样颗粒的界面失活机理及规模化分离纯化

针对VLPs颗粒尺寸大、结构复杂、易失活的结构特点，建立和发展了高效凝胶过滤-多角度激光散射、场流分级、双偏振极化干涉、等温量热滴定检测、差示扫描量热等一系列新的检测技术（图2-83）[680]，通过对生物颗粒在固液界面聚集/解聚规律的在线测量、亚基解聚热力学的系统研究，阐明了介质孔径、配基密度、溶液环境等对VLPs在色谱法分离固/液界面上失活的规律和影响因素。在此基础上开发了超大孔、低密度色谱法介质，建立了分子伴侣膜分离和色谱法分离等一系列抗失活技术，并成功应用于重组酵母乙肝VLPs抗原的分离纯化，活性收率从30%提高到65%[681]。

（2）以VLPs为“底盘”的疫苗合成技术

新型疫苗研发过程中面临着抗原多样性和高度变异性的挑战，例如流感疫苗的研发。以结构稳定的去铁铁蛋白AFt、HBc VLPs等纳米颗粒为“底盘”，发挥其抗原提呈和免疫刺激的佐剂效应；以流感病毒的 HA、M2e、NP 等重要抗原为“免疫插件”，通过化学修饰偶联、基因融合表达及创新的物理加热包埋等技术，模拟各抗原“插件”在天然病毒上的空间分布特点，在 VLPs“底盘”的内部和外部组装，仿生构建出可自由组合的新型流感疫苗，在无需添加佐剂的情况下免疫小鼠显示出针对多种异源毒株的交叉保护能力[682, 683]（图 2-84）。

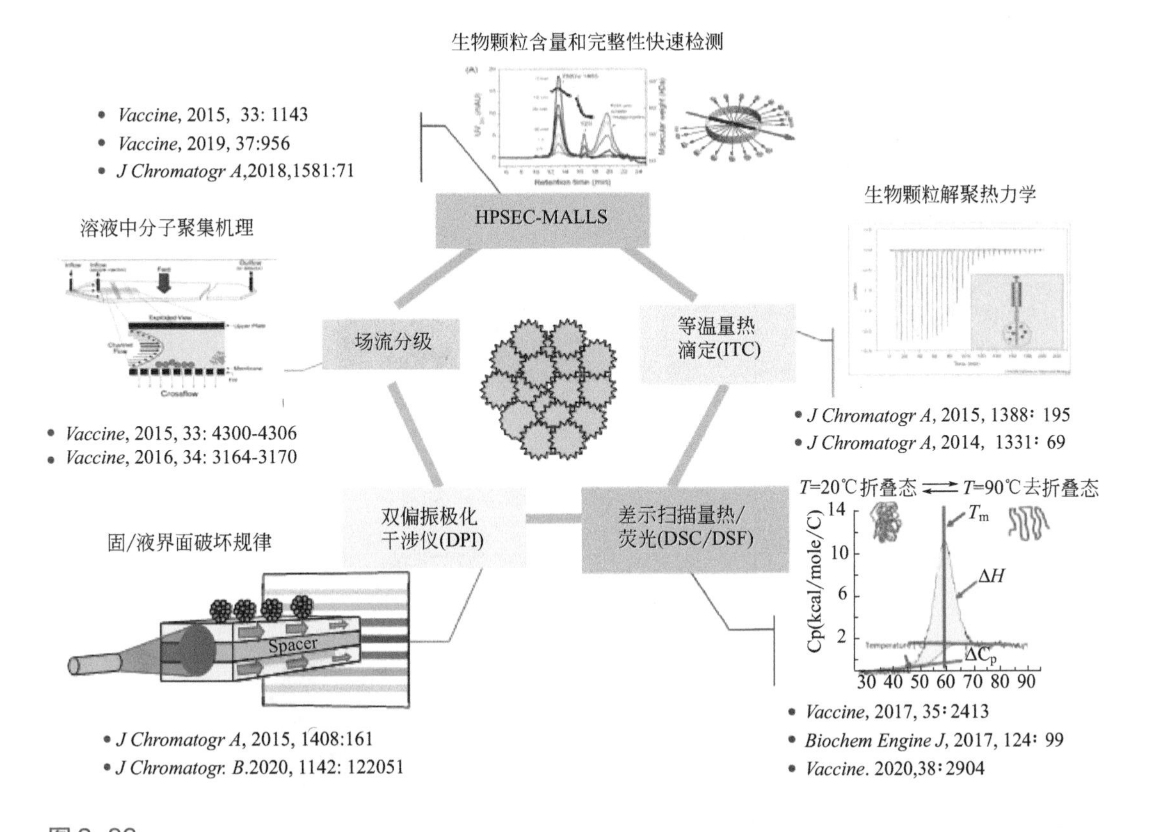

图 2-83

复杂超大生物颗粒失活过程机理研究的分析技术[680]

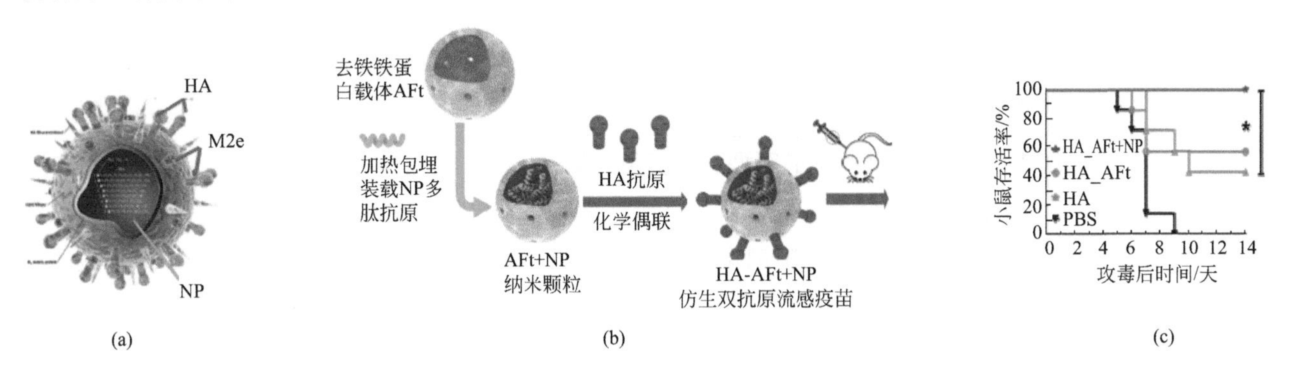

图 2-84

天然流感病毒的结构及主要抗原空间分布（a），以 AFt 为底盘的双抗原仿生流感疫苗（b）和疫苗免疫小鼠针对异源毒株的交叉保护效果[683]（c）

（3）柔性仿生的颗粒化乳液疫苗剂型：具有抗原流动性的“底盘”

用传统化工中的 Pickering 乳液模拟天然病原体的感染免疫过程，以 Pickering 乳液为“底盘”，将抗原“部件”装载到底盘上，构建出结构稳定、免疫活性高的新型疫苗，

具有如下突出优势：①人工颗粒间限域空间与油水界面的共同作用能实现高抗原载量并稳定抗原；②乳液的可变形性可增加佐剂与抗原提呈细胞的接触面积；③抗原可在颗粒间隙间自由流动，进一步促进了抗原递呈细胞表面分子的激活。以颗粒化乳液为技术平台，已经在流感、手足口、疟疾、肿瘤等多种抗原实现了高效的免疫应答（图 2-85），相关论文发表在 *Nat Mater* 2018，17: 187[684] 上。近期利用铝佐剂稳定的颗粒化乳液，在新型冠状病毒肺炎重组疫苗的小鼠实验中取得了显著优于商品化铝佐剂的体液免疫和细胞免疫应答效果，有望为新型冠状病毒肺炎疫苗佐剂研究提供安全、高效的新策略。相关研究成果作为封面文章发表于 *Adv Mater* 2020: e2004210[524]（图 2-86）。

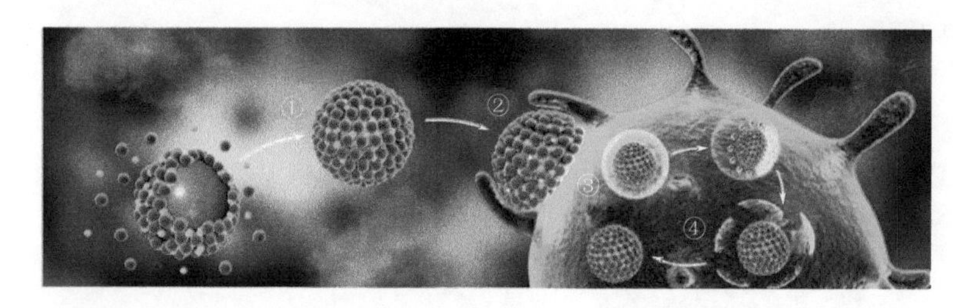

图 2-85
颗粒化乳液活化免疫应答示意图 [684]

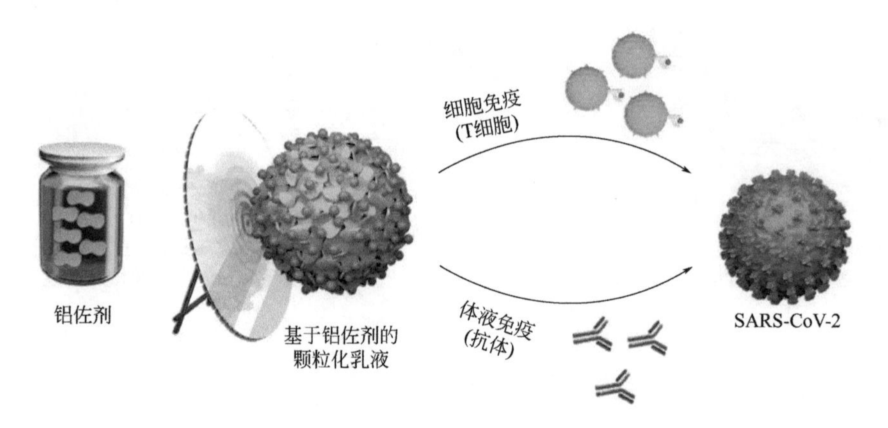

图 2-86
颗粒化乳液作为新型冠状病毒肺炎疫苗递送体系研究 [524]

（4）自愈合大孔微球的新型肿瘤疫苗剂型

利用自愈合大孔微球“后包埋”抗原，不仅具有包埋条件温和、易于保护抗原活性、便于医院现场配制剂型的优势，同时，还可以调控免疫细胞募集和抗原释放的时空耦合效应，提升抗原的摄取效率。颗粒降解产生乳酸分子可以诱导局部酸性环境，促进 Th1 型免疫应答。该肿瘤疫苗剂型单次注射后即可诱导高效且长期的特异性免疫应答，在多种肿瘤模型（淋巴瘤、黑色素瘤、乳腺癌）上取得了优于商品化剂型的疗效，相关研究发表于 Sci Adv 2020, 6: eaay7735[685]（图 2-87）。

（5）基于脂质纳米颗粒的新型冠状病毒肺炎 mRNA 疫苗输运系统

通过优化生物可降解的卵磷脂、聚乙二醇嵌段共聚物、胆固醇和阳离子脂质分子的比例，实现了核苷修饰的 mRNA 疫苗核酸抗原的高效包埋，并利用微流控技术高通量制备了基于脂质纳米颗粒的 mRNA 疫苗。该疫苗编码新型冠状病毒 S 蛋白 RBD 结构域（mRNA-RBD）。实验结果表明，这一 mRNA 疫苗的单剂免疫接种即可引起强大的中和抗体和细胞免疫应答，并为 hACE2 转基因小鼠对抗野生新型冠状病毒感染提供近乎完全的保护（图 2-88）。进一步研究表明，该 mRNA 疫苗诱导的高水平中和抗体至少维持 6.5 个月。相关研究有望为 mRNA 疫苗提供安全、高效、低成本的递送新策略[686]。

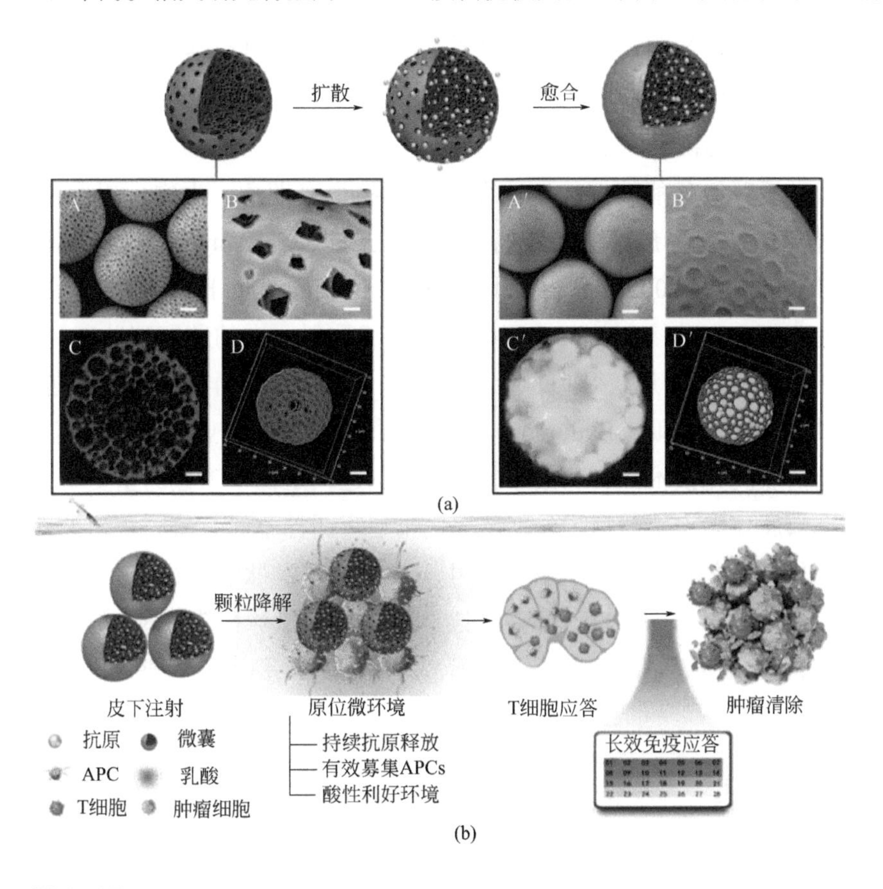

图 2-87
“后包埋”策略高效装载肿瘤抗原（a）和抗原释放与细胞募集耦合提升免疫应答（b）[685]

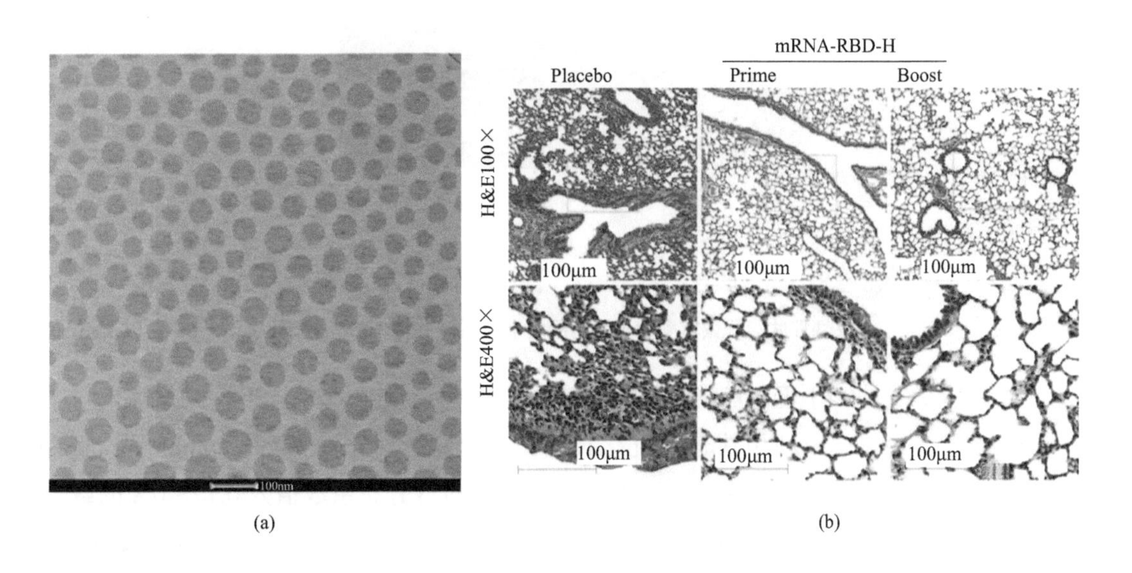

图 2-88
基于 LNP 的新型冠状病毒肺炎 mRNA 疫苗（a）和 mRNA 疫苗单次免疫和两次免疫的免疫保护效果（b）[686]

2.5.3.3 面向临床需求的生物药物剂型工程

对于多肽、蛋白类、细胞因子等大分子药物，缓释微球制剂以及分子修饰和偶联技术的发展，解决了传统剂型半衰期短、生物利用度低、靶向性差等问题。近年来已有众多商品化的载药微球和分子偶联药物进入市场；对于近年来蓬勃发展的核酸类药物，通过交叉融合化工、生物学、材料学等多学科，已经进行了面向临床需求的非病毒基因输运系统研究，为临床应用带来了重大突破。下面分别进行详细的介绍。

（1）多肽药物缓释微球和微囊制剂

缓释微球能较好地解决多肽类药物半衰期短、生物利用度低的问题，还能在注射部位持续释放药物，维持稳定的血药浓度。Amylin 公司研制的艾塞那肽注射液（Byetta®）在 2005 年获得美国 FDA 批准上市。但每日皮下注射两次，给患者带来极大的不便。为此，Amylin 公司研制出一周注射一次的艾塞那肽载药微球（Bydureon®），并于 2012 年 1 月获得 FDA 批准上市。它以 PLGA 作为膜材制备包埋艾塞那肽的微球。其临床实验表明，Bydureon® 比 Byetta® 降血糖效果更佳，副作用更小 [687, 688]。建立创新的膜乳化技术，实现微球制剂可控制造，是化学工程的重要研究课题，例如，以艾塞那肽作为模型药物，分别用均质和超声两种不同方式制备初乳，然后利用“复乳膜乳化＋溶剂挥发”法制备出尺寸均一的艾塞那肽缓释微球，分别为 HMS（均质）与 UMS（超声），并分析这两种初乳制备方法对微球释放行为、降解过程和体内药效的影响 [641]。结果表明，艾塞那肽缓释微球降糖效果稳定，能避免血糖浓度波动过大的现象（图 2-89）。

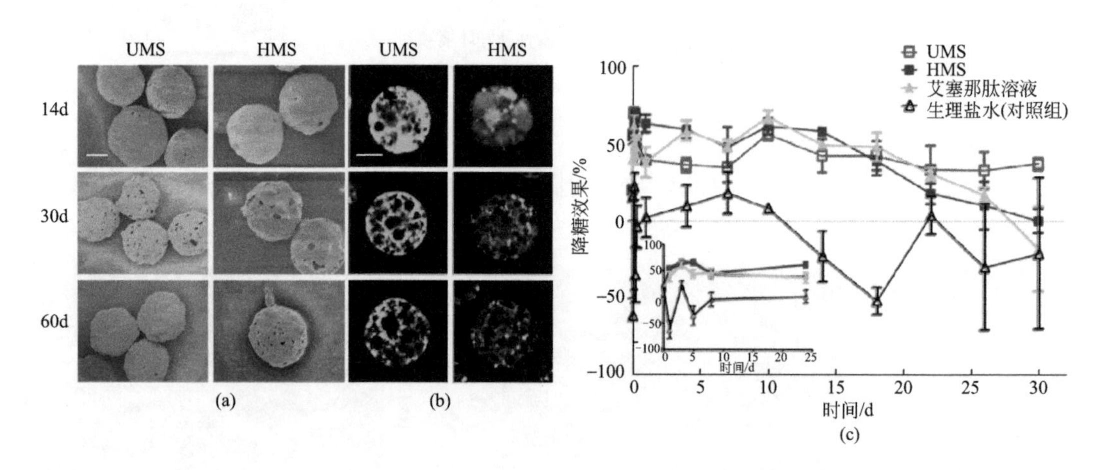

图 2-89

艾塞那肽缓释微球降解不同时间的电镜照片（a）、激光共聚焦照片（b），以及制剂的降糖效果（c）[641]

（2）蛋白药物缓释微球和微囊制剂

利用快速膜乳化技术，以重组人生长激素（recombinant human growth hormone, rhGH）为蛋白药物模型，制备了粒度分布系数值为 0.7 ～ 0.8 的载药微球，并比较两亲性材料聚乳酸 - 聚乙二醇共聚物［poly(monomethoxypolyethylene glycol-*co*-D，L-lactide), PELA］与疏水材料 PLA、PLGA 的体内释药效果 [689, 690]。由于膜乳化技术成功保障了所制颗粒粒径的均一性，解决了由于粒径不均一导致的释放规律重复性差的问题，为不同材料的对比奠定了基础。大鼠皮下注射 rhGH 溶液和微球制剂的血药浓度随时间的变化如图 2-90 所示。注射 rhGH 溶液后，大鼠血浆中的 rhGH 在 0.5h 达到峰值（773ng/mL），随即下降，在 8h 后接近于零。而缓释微球能持续释放 rhGH，其中 PELA 微球释放的 rhGH 浓度在前 28d 一直高于 13ng/mL，而 PLA 微球和 PLGA 微囊释放的 rhGH 浓度在 20d 后开始下降，在 23d 以后低于 5ng/mL，说明此阶段释放 rhGH 缓慢。PELA 微球组释放的 rhGH 浓度在 40d 以后才开始下降，且高于其他两组。

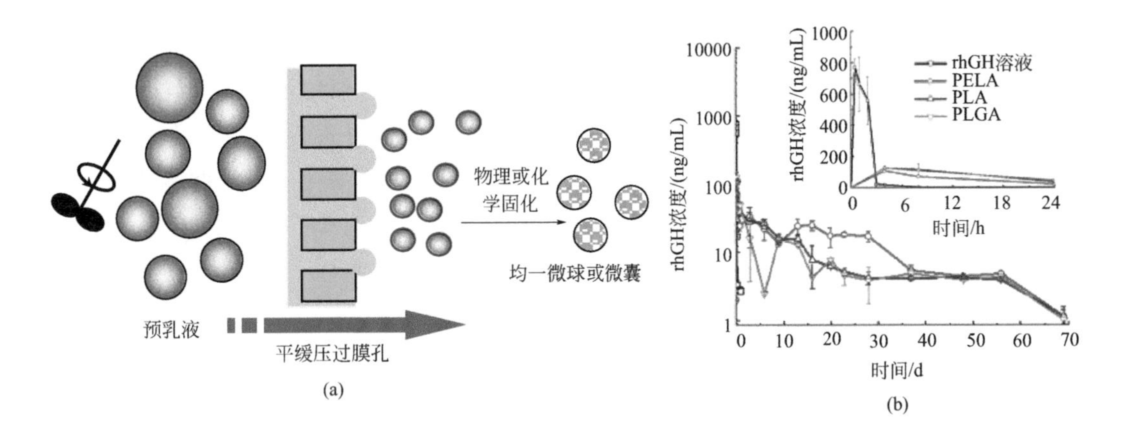

图 2-90

快速膜乳化技术 (a) 及所制备的重组人生长激素 rhGH 载药微囊大鼠皮下注射后血药浓度随时间的变化[690] (b)

(3) 建立了膜乳化微球制剂平台

为了促进我国特殊生物药物制剂技术的快速转化和临床应用，建立了膜乳化技术制备高端制剂的研发和服务平台（图 2-91），打破了国际微球制备技术对我国的垄断，提升了我国创新能力。开发建设的均一微球制剂制备平台普适性高，可以适用于制备各类创新型微球制剂产品，在抗病毒、慢性病、肿瘤等领域有广泛的应用前景，可促进我国创新缓释制剂的开发进程和提高国际竞争力。

图 2-91

膜乳化技术制备微球制剂 GMP 中试生产线

(4) 分子偶联型生物医药

针对生物药物的分子修饰和偶联，国内外都进行了一系列的研究[691]。最有效的是

定点修饰剂或偶联剂的开发。例如蛋白质上的巯基并不多，有的只有1～2个，因此研究者们开发了专用的巯基亲和偶联剂，该偶联剂只和蛋白质上的巯基反应，而不和其他基团反应，由此可以实现定点定量偶联。虽然蛋白质上的氨基非常多，但位于多肽链N末端的氨基与其他侧链的氨基反应活性有所不同。由此开发了针对多肽链N末端氨基的特异性定点修饰剂。对于某些蛋白质定点偶联位点要求高的情况，可以将生物法与化学法相结合，在基因表达时，将某一位置上的氨基酸替换为半胱氨酸，由此产生的巯基就很容易与巯基偶联剂反应，实现了定点修饰。

采用反应工程的方法控制偶联是近年来化学工程的贡献。通过对反应时空尺度的把握，可以将反应停止在某一个时间段，避免延长时间导致副反应增多。另外，将蛋白质固定在固相介质上，再引入偶联剂进行反应，可以利用固相介质的空间屏蔽作用，实现定点偶联。采用有机溶剂和离子液体，可以调节反应的微环境，有利于某些埋藏在生物大分子内部的反应基团暴露出来，实现定点偶联。例如针对以往的PEG修饰反应都在水溶液中进行，修饰率极低且工艺复杂的不足，发展了创新的有机溶剂中进行蛋白质修饰的新方法，在有机溶剂中对临床上应用于治疗多发性硬化症最有效的重组人干扰素β-1b(IFN-1b)进行PEG修饰。与水相中修饰相比，降低了修饰剂的水解，总修饰率和单修饰产物收率分别提高了37%和36%，产物的活性提高了18%（图2-92），而且实现了纯化与修饰过程的集成[692]。

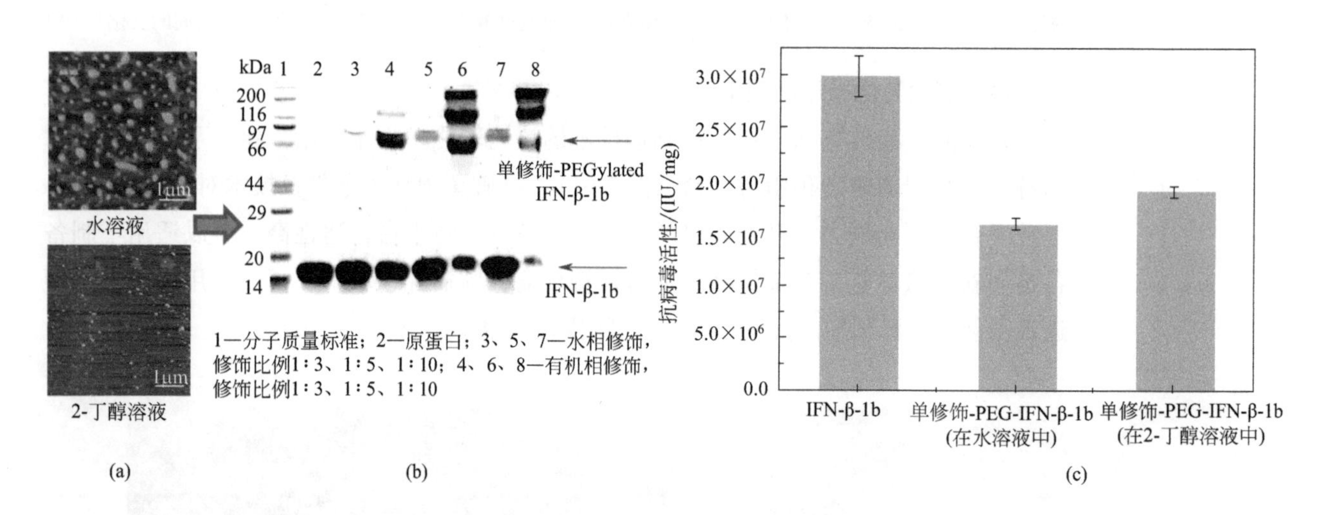

图2-92

有机溶剂中与水相中PEG修饰重组人干扰素β-1b(IFN-1b)的比较

(a) 原子力显微镜照片比较IFN-1b的聚集；(b) 电泳分析；(c) 抗病毒活性分析结果

（5）可转化基因药物输运系统

针对基因类药物易失活、脱靶率高等难题，通过交叉融合化工、生物学、材料学等多学科，进行面向临床需求的非病毒基因输运系统研究，为基因治疗的创新制造和临床应用带来重大突破。2018年8月，FDA批准了基于LNP的第一款siRNA药物（Onpattro）[678]。随着近年来的研究不断深入，基因输运系统的构效关系也逐渐清晰。例如，针对基因输运系统器官选择性富集的需求，提出了对靶向递送LNP的普适性设计原则，通过调节LNP的阳离子型脂质分子和阴离子型脂质分子比例，精准优化

LNP 的电荷平衡，依据不同需求，实现了快速肝、肺和脾的基因靶向递送。在 siRNA、mRNA 靶向递送和 CRISPR/Cas9 介导的基因编辑中均得到了高效的基因递送效果（图 2-93）。这种优化 LNP 内部电荷平衡的研究策略有望推广到其他基于 LNP 的基因输运系统中，进而对已有递送系统进行改造，提升基因输运系统的器官选择性[693]。

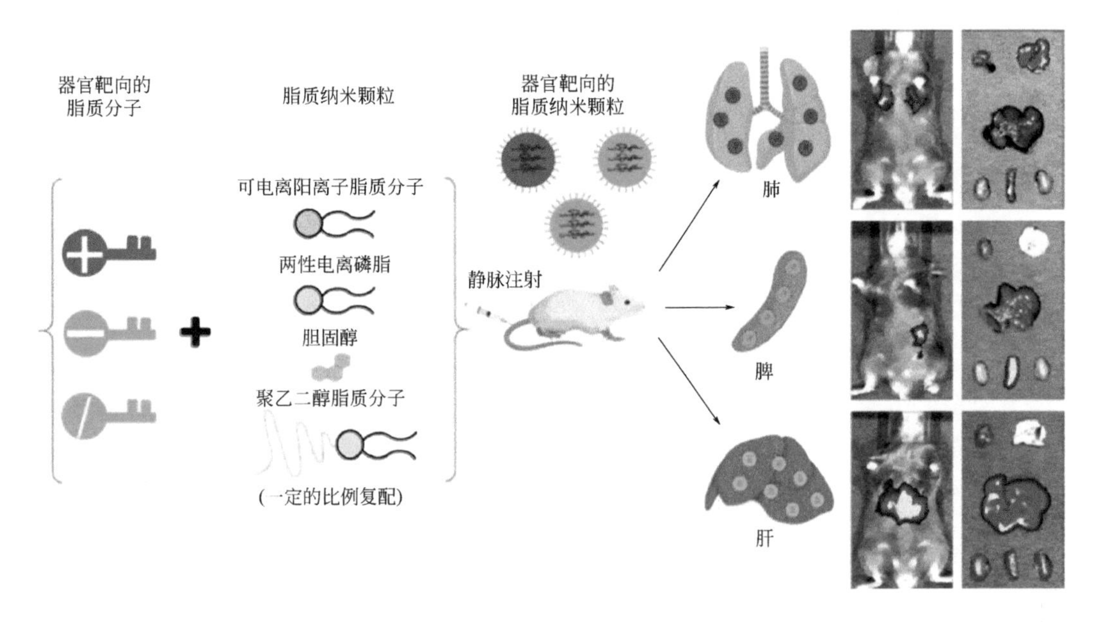

图 2-93
精准调控 LNP 内部电荷平衡实现了 mRNA 的器官选择性递送[693]

在到达靶细胞后，核酸类药物需要从细胞内涵体中逃逸出来，进入细胞质或细胞核起效，以防止被过氧化物酶等在内涵体中降解。然而，现有 LNP 输运系统往往仅有 1% ～ 4% 的 RNA 逃出内涵体，导致核酸类药物生物利用度低。为此，研究人员设计并构建了生物膜结构同源的新型可变构磷脂结构，由一个叔胺和一个磷酸基团组成的两性离子头部。而在中性生理 pH 下，脂质分子整体带负电，难以插入内涵体膜中，保证了材料的低毒性。在酸性内涵体环境下，叔胺质子化，磷脂形成一个较小的两性离子头部和一个较大的多疏水链尾部，插入磷脂膜中形成一个锥形结构，促使膜向六方晶相转变，从而实现内涵体逃逸（图 2-94）。通过强化膜融合过程，优化了输运系统细胞质递送效率，相关输运系统取得了极高的体内 mRNA 递送和 CRISPR/Cas 基因编辑效率[694]。

2.5.3.4 健康与营养强化类创新产品的研发与制造

（1）稀有人参皂苷的规模化制造及其营养强化产品创制

为解决高活性稀有人参皂苷产率低、稳定性差、难以实现工业化生产等技术瓶颈，西北大学范代娣团队构建了重组糖苷酶微生物发酵体系，创立了低共熔溶剂绿色催化体系及动态程序结晶分离技术，实现了五种稀有人参皂苷（Rk3、Rh4、Rk1、Rg5 和 CK）的百千克以上生产，解决了稀有人参皂苷来源受限、稳定性差等难题；发现了稀有人参皂苷新功效（修复胰岛细胞、提高皮肤免疫及镇静催眠等）；创制了预防糖尿病、提高免疫功能、改善睡眠及抗衰老等系列营养强化新产品（图 2-95）。

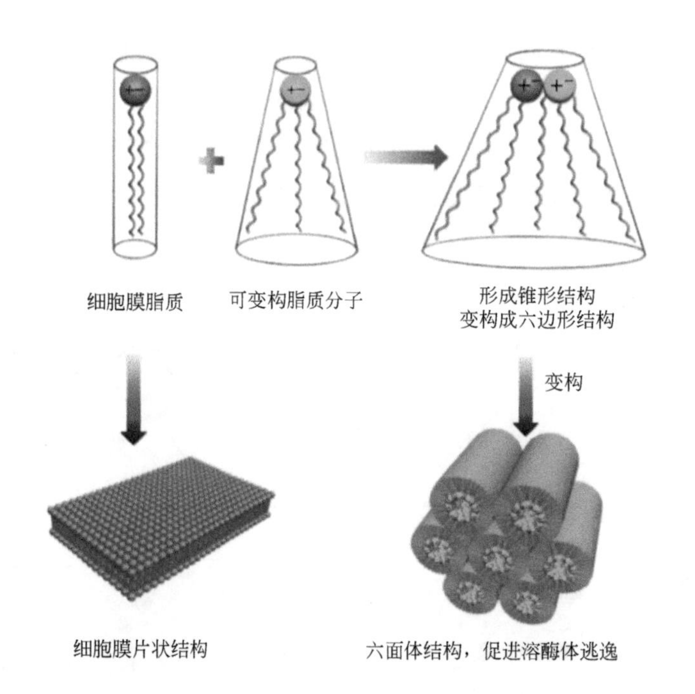

图 2-94

新型可变构磷脂有助于内涵体膜的相转变，从而提高内涵体逃逸性能 [694]

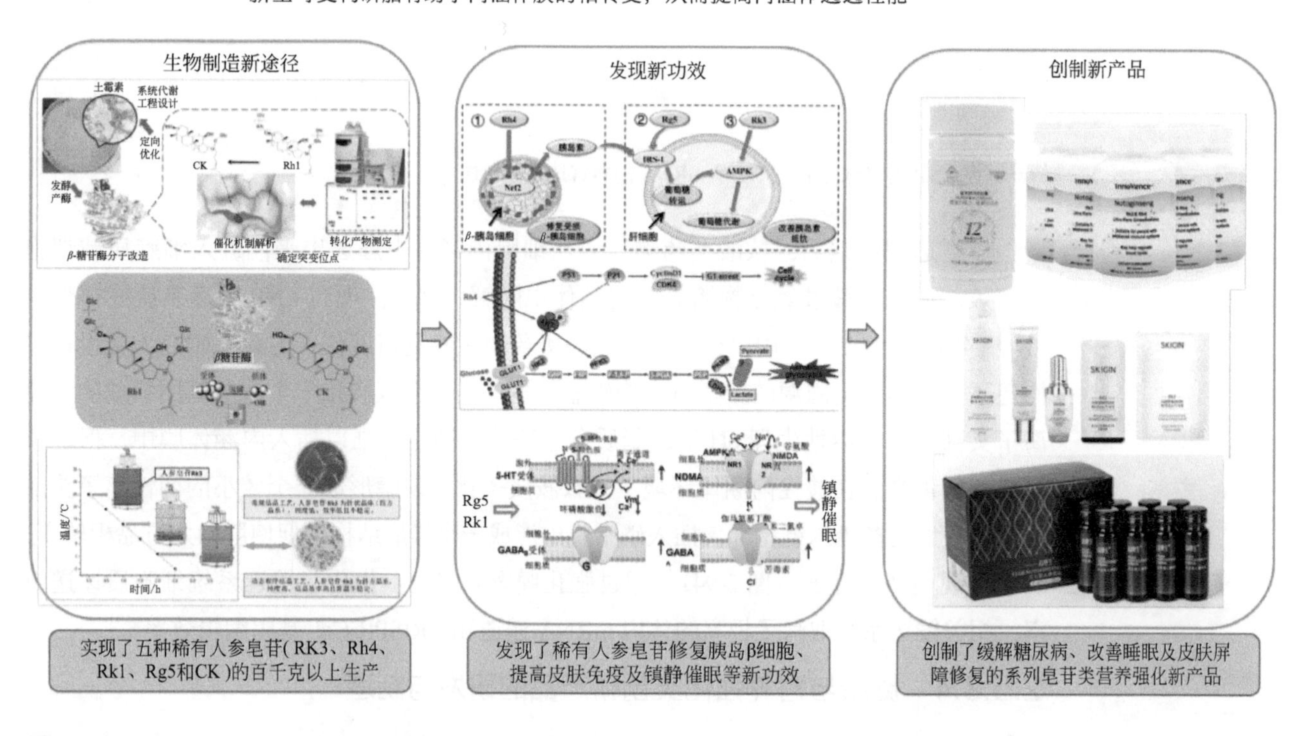

图 2-95

稀有人参皂苷的规模化制造及其营养强化产品创制 [646-649]

cell cycle—细胞循环；cyclin D1—细胞周期蛋白 1；G1 arrest—G1 周期阻滞；CDK4—细胞周期蛋白依赖激酶 4；Glucose—葡萄糖；GLUT1—葡萄糖转运蛋白 1；HK2—己糖激酶 2；PFK-1—磷酸果糖激酶 1；G6P—6- 磷酸葡萄糖；F6P—果糖 -6- 磷酸；F-1, 6-P—D-果糖 -1, 6- 二磷酸；3-PGA—3- 磷酸甘油酯；PEP—磷酸烯醇式丙酮酸；LDHA—乳酸脱氢酶；PKM2—M2 型丙酮酸激酶；Lactate—乳酸；Pyruvate—丙酮酸；Aerobic glycolysis—有氧糖酵解；5-HT—5- 羟色胺；GABA—*γ*- 氨基丁酸；NMDA—*N*- 甲基 -D- 天冬氨酸

（2）益生菌的高效制备及其营养强化产品创制

为解决益生菌菌种老化、功效单一、难以规模化生产等技术瓶颈。西北大学范代娣

团队构建了高效的益生菌菌种，通过发酵技术的突破实现了益生菌的规模生产及应用；通过天然高分子材料使益生菌微囊化，克服了益生菌通过胃液失活的难题并且实现了益生菌靶向到达肠道，使之稳定且长效发挥作用；发现了冠突散囊菌的改善肠道微生态、降血糖、提高免疫力等新功效；创制了系列益生菌类营养强化新产品（图 2-96）。

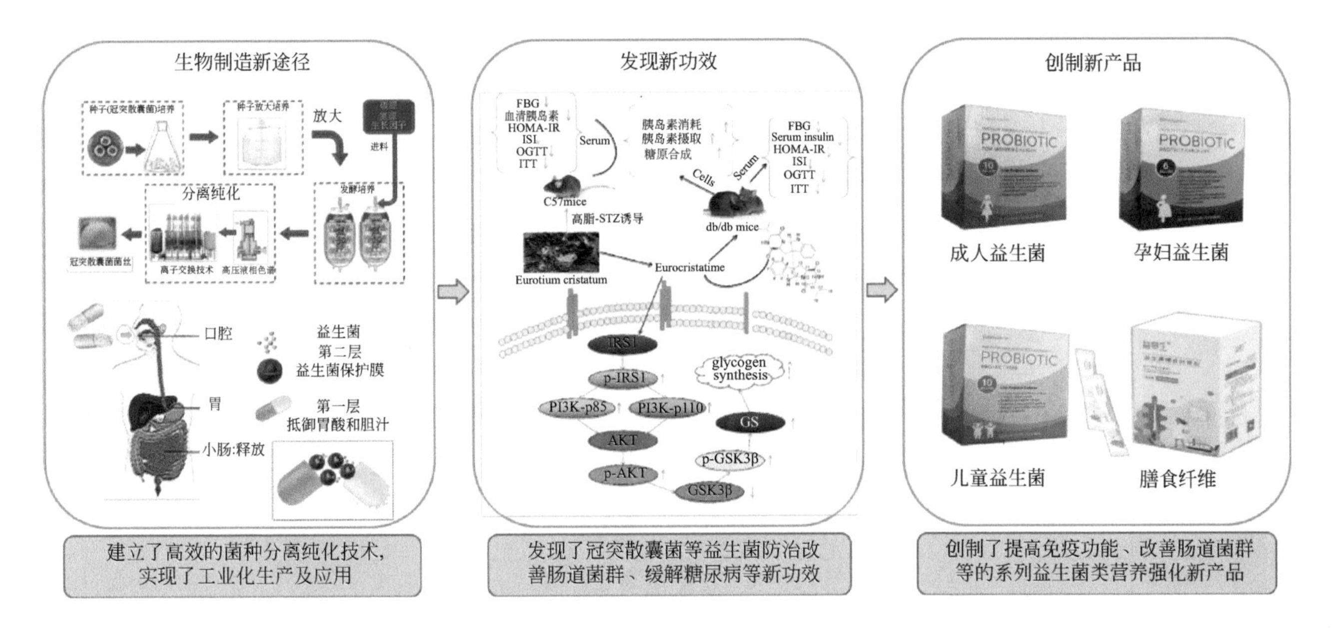

图 2-96

益生菌的高效制备及其营养强化产品创制 [652-654]

FBG—空腹血糖；HOMA-IR—胰岛素抵抗指数；ISI—胰岛素指数；OGTT—口服葡萄糖耐量试验；ITT—胰岛素耐受试验；IRS1—胰岛素受体底物 1；p-IRSI- 磷酸化胰岛素受体底物 1；PI3K-p85—磷脂酰肌醇 4, 5- 二磷酸 3- 激酶 p85；PI3K-p110—磷脂酰肌醇 4, 5- 二磷酸 3- 激酶 p110；AKT—丝氨酸 - 苏氨酸蛋白激酶；p-AKT—磷酸化丝氨酸 - 苏氨酸蛋白激酶；GS—糖原合成酶；p-GSK3β—磷酸化糖原合酶激酶 3β；GSK3β—糖原合酶激酶 3β

2.5.3.5 基于合成生物学的化学品制造方法研究

（1）生物基化学品发酵原料的开发利用

我国生物基化学品的发酵生产处于原料多元化的阶段，主要以玉米、小麦等陈粮，木薯等非粮作物，木质纤维素、炼钢废气等废弃物为主。开发利用秸秆等木质纤维素作为原料，是研发的关注点和难点。针对现有生物质精炼利用过程路线设计不合理等问题，目前已形成了从源头设计经济效益可行的生物质精炼利用路线的新思路 [695]，图 2-97 为木质纤维素糖平台关键技术的研究，创建了物理 - 化学 - 生物三者级联的秸秆综合炼制多联产技术。由于普通酿酒酵母无法代谢木糖，因此能同时代谢木糖和葡萄糖的酵母成为纤维素乙醇商业化过程中的关键。通过对酵母菌株进行理性设计和定向进化，成功开发出对木质纤维素木糖和葡萄糖共利用的酵母，与诺维信公司共同推出用于纤维素乙醇商业化生产，并在巴西和美国投入商业应用，在燃料乙醇领域取得显著经济效益 [696]。

（2）高性能细胞工厂的构建

合成生物学的发展使得越来越多的化学品可以通过在微生物底盘细胞中构建人工合成途径来进行生产。针对途径基因和代谢速率的不平衡以及有毒中间代谢产物的积累等问题，通过设计动态代谢调控策略，基于辅因子工程耦合代谢模块和底盘细胞，

对菌株代谢网络进行系统性重构等技术手段，构建出一批原子经济性更高、生理适应性更佳的高性能工业菌种。基于还原力补偿机制的丁醇发酵过程溶剂产率达到 0.44g/g，打破了原有产物产率的局限[697]；基于基因组规模理性设计的赖氨酸基因工程菌种[698]产酸水平≥ 250g/L，糖酸转化率≥ 72%；由生物柴油副产物甘油制备 1, 3- 丙二醇的工艺已建成多个产业化装置；构建出 45℃高温发酵的 D- 乳酸、L- 苹果酸细胞工厂，产量分别达 150g/L、180g/L，实现了产业化，打破了国外垄断；发掘高效硫解酶，构建基因工程大肠杆菌，利用甘油发酵可产生 68g/L 己二酸[699]；通过系统优化甘油代谢的醛脱氢酶，3- 羟基丙酸的产量已高达 102.6g/L[700]，均展现出良好的工业化潜力[701, 702]。

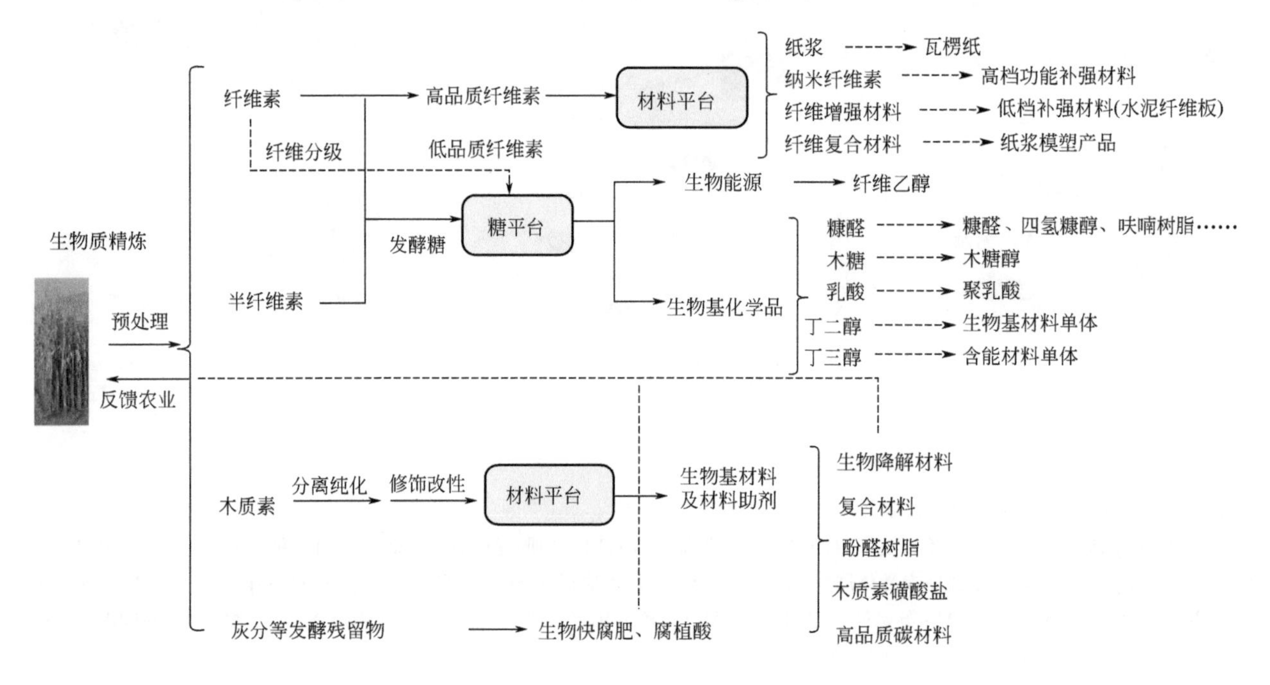

图 2-97
秸秆等木质纤维素原料的精炼路线设计

（3）催化剂创新应用的制造过程强化

除发酵原料和菌株之外，细胞的使用过程决定了发酵生产的时空效率。现行发酵多采用 20 世纪 40 年代以来建立起来的深层液态发酵，但因细胞世代寿命短、易衰亡，每批均需制备新的催化剂，其过程须不断地停工、洗罐、消毒，效率低下。此问题半个多世纪以来一直没有得到有效解决。针对深层液态发酵存在的问题以及现有细胞固定化方法的不足，研究者参考动物体中胃肠道菌群高效定植的原理，开发了具有自修复功能的细胞表面固定化连续发酵技术。发明了一种通过调控基因实现胞外聚合基质分泌到细胞外固定细胞的新方法；而死亡细胞会自行脱落，在脱落的介质上活细胞又会自增殖，实现了死 / 活细胞的原位更替，表现出自修复的智能特征，见图 2-98。该技术应用于燃料乙醇的生产，在广西中粮生物质能源有限公司 320t 发酵罐上完成了世界首次工业性试验[703]，以木薯 / 玉米和陈化粮为原料时其利润可分别增加 159.4% 和 51.6%。2020 年对中粮生化的 120 万吨燃料酒精生产线进行了改造。另外该技术在有机酸、氨基酸以及生物污水处理等体系中的时空效率分别提高了 30% ～ 400%，此项研究有望成为生物催化过程的变革性技术。

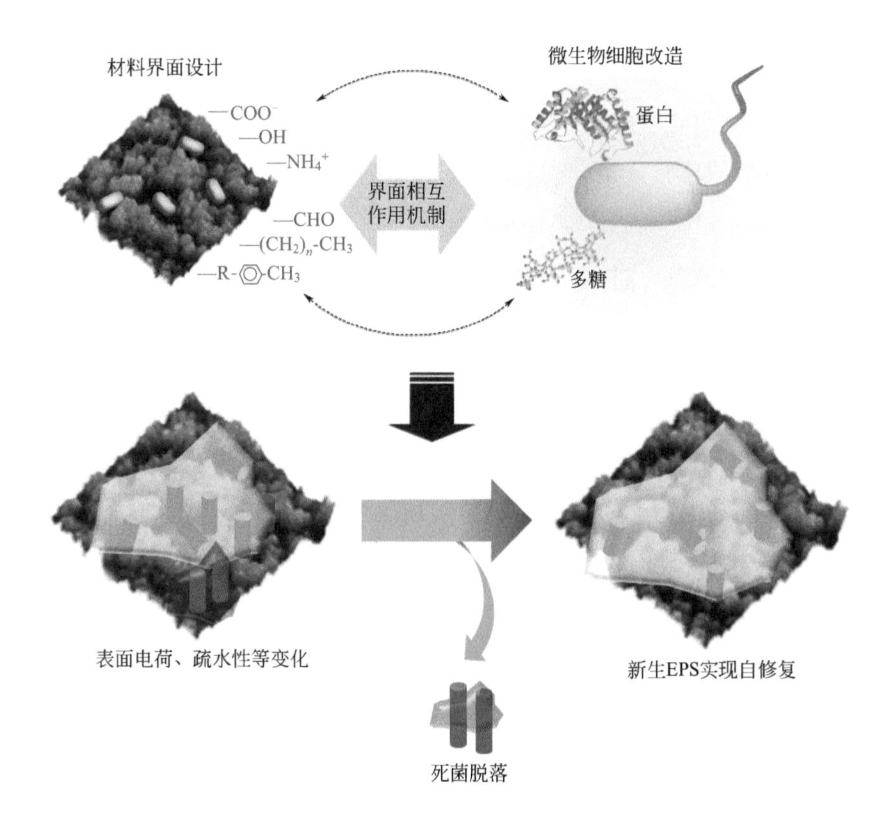

图 2-98

具有自修复功能的表面固定化细胞连续发酵体系

2.5.3.6 天然产物的生物合成途径的设计

众多天然产物生物合成功能元件的解析，赋予我们设计新的化学半合成途径的能力。通过经典的异源表达以及新兴的基于高效底物供给平台的天然产物挖掘策略，研究人员从自然界中挖掘并鉴定了一系列结构高度多样化的天然产物及生物合成基因[704]。这些天然产物结构的解析为化学半合成提供了更多的可操作空间，使得我们能够设计开发更为高效的化学半合成路径。下面简要介绍代表性研究进展。

（1）以法尼烯为底物商业化生产维生素 E

维生素 E 在提高生育能力、维持中枢神经系统正常代谢、延缓机体氧化衰老等方面发挥着重要作用。目前最为经典的维生素 E 有机合成方法为以 2, 3, 4- 三甲基氢醌和异植物醇两种中间体通过“一步缩合法”合成。其中，侧链异植物醇的经典合成路径为以异丁烯和甲醛为底物，通过“一锅法”化学合成柠檬醛，随后以柠檬醛和丙酮为底物，通过 7 步催化反应而获得。

为了实现维生素 E 更为高效的合成，研究人员创新性地设计了以法尼烯和乙酰乙酸酯为前体生产异植物醇的化学半合成方法，实现了 3 步有机合成方法替代传统的 7 步有机合成工艺（图 2-99）。为了实现法尼烯的高效合成，研究人员借助代谢工程和合成生物学理念，结合代谢途径改造以及转录组、代谢组和蛋白质组信息，系统地改造并成功地在微生物体内实现了法尼烯的高效生物合成和商业化生产[656]。这为利用化学半合成方法生产维生素 E 提供了强有力的保障，也使得该方法在短期内成功替代传统的化学全合成工艺。

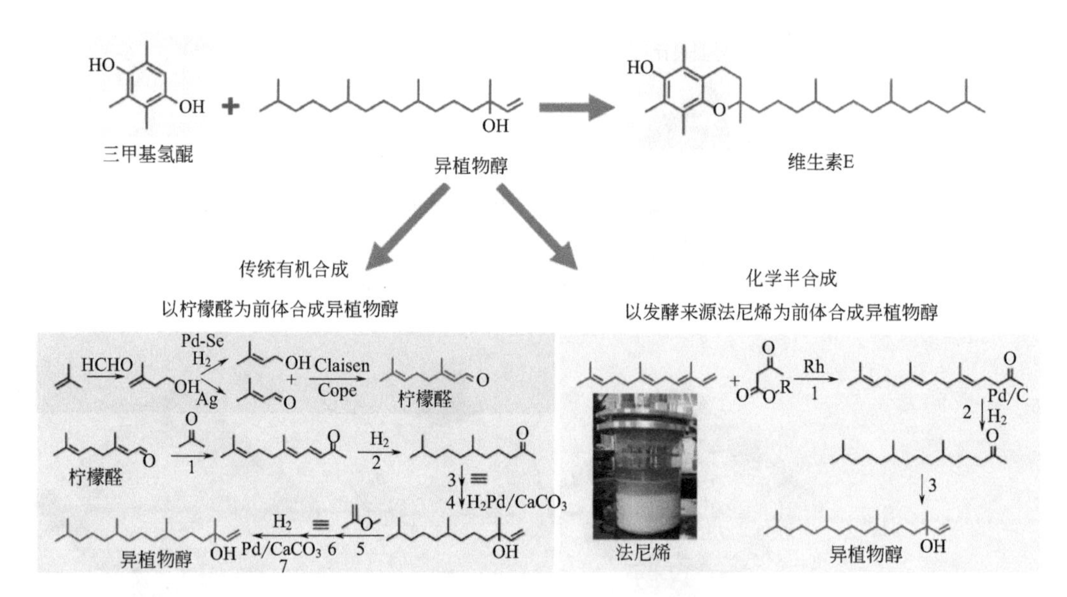

图 2-99

维生素 E 的有机合成及化学半合成

（2）以 guaia-6, 10(14)-diene 为底物高效合成抗肾癌化合物 (−)-Englerin A

植物来源的愈创木烷类倍半萜类化合物 (−)-Englerin A 具有显著的抗肾癌活性。目前该产物的有机合成因受限于苛刻复杂的合成路径以及产物收率低等问题而难以推广应用；因受限于代谢途径尚不明确，利用生物合成方法高效合成该产物也变得遥不可及。如何利用已有的资源开发 (−)-Englerin A 高效合成工艺是一个值得深思的问题。

来源于丝状真菌的 guaia-6,10(14)-diene 与 (−)-Englerin A 具有相同的核心骨架，这启示我们以 guaia-6, 10(14)-diene 为底物设计化学半合成途径高效合成 (−)-Englerin A[705]。为了实现前体物质的高效合成，研究人员以酿酒酵母为平台，借助 CRISPR/Cas9 技术，系统地增强了上游底物供给以及下游 guaia-6,10(14)-diene 合成途径，最终将 (−)-Englerin A 产量提升到 0.8g/L（图 2-100）。随后以微生物合成的 guaia-6, 10(14)-diene 为底物，通过 7 步（38% 总产率）化学半合成实现 (−)-Englerin A 最为高效的合成，为这一产物的规模化生产奠定了坚实的基础。

（3）抗真菌棘白菌素类药物化学半合成

天然产物衍生物是药物的一个重要来源，对天然产物进行化学修饰可以赋予其更好的生物活性及更低的毒副作用。如棘白菌素类抗生素是一类新型高效低毒副作用的抗真菌药物。目前研究人员主要通过微生物合成方法生产前体物质纽莫康定 B_0、FR901379 和棘白菌素 B，随后通过化学半合成方法合成对应的抗真菌药物卡泊芬净、米卡芬净和阿尼芬净[706]（图 2-101）。而这些前体物质生物合成途径的解析，则为我们进一步提升前体物质的产量，降低棘白菌素类药物的生产成本奠定重要基础。

2.5.3.7 药用高活性天然产物生物制造技术

（1）高活性天然产物酶法合成催化机制解析与关键技术

基于晶体结构、冷冻电镜技术、分子模拟等解析关键酶结构，通过现代计算生物学手段实现酶的理性设计改造，为高活性天然产物生物合成构建高效酶系（图 2-102）。山东大

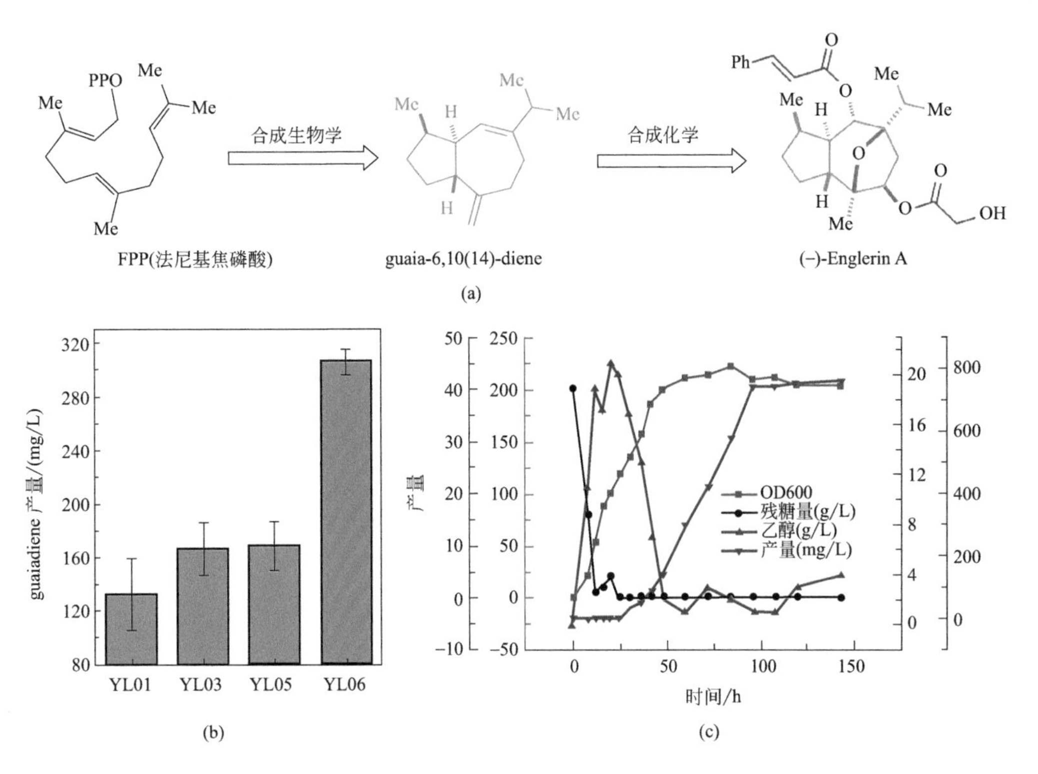

图 2-100

基于微生物生物合成的 Englerin A 的化学半合成

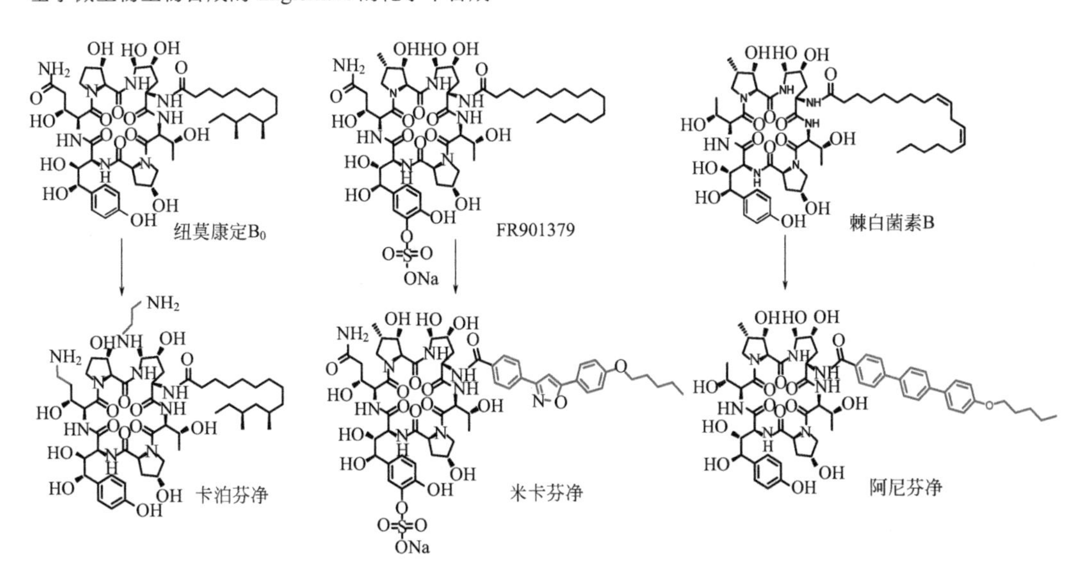

图 2-101

棘白菌素类抗生素化学半合成

学汤亚杰团队通过成功解析高抗癌活性天然产物——鬼臼类生物催化关键酶（如糖基转移酶）结构、功能位点及催化机制［图 2-103（a）］，建立了一种通用的元件再挖掘策略，基于计算生物学和“bump-and-hole”策略，实现了糖基转移酶结合口袋的重塑改造和产物的高特异性合成[707]，成功挖掘到系列纳摩尔级抗肿瘤活性、安全性、水溶性强的鬼臼类候选化合物，目前正实质性推进国家Ⅰ类新药临床前开发；西北大学范代娣团队构建了高效定向转化稀有人参皂苷的重组糖苷酶体系，通过低共熔 DES 催化转化反应体系创建了适合稀有人参皂苷的催化转化工艺，解决了多种稀有人参皂苷规模生产的瓶颈问题，实现了 Rg5、Rh4、Rk3、Rk1、CK 等稀有人参皂苷医用产品百千克级生产［图 2-103（b）］[646, 708]。

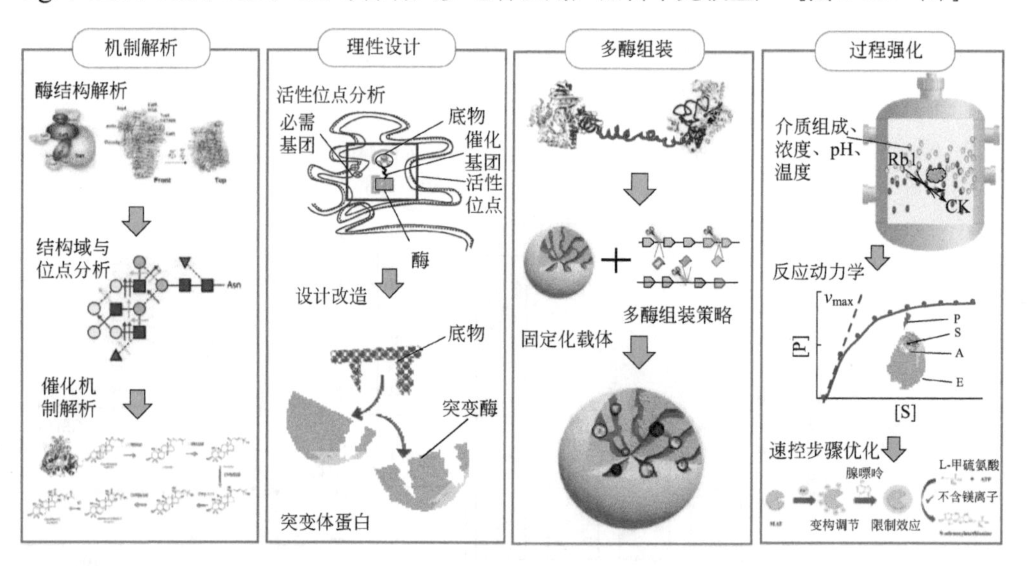

图 2-102

构建高活性天然产物关键酶系催化机制、理性设计改造、多酶模块化装配及过程强化技术体系

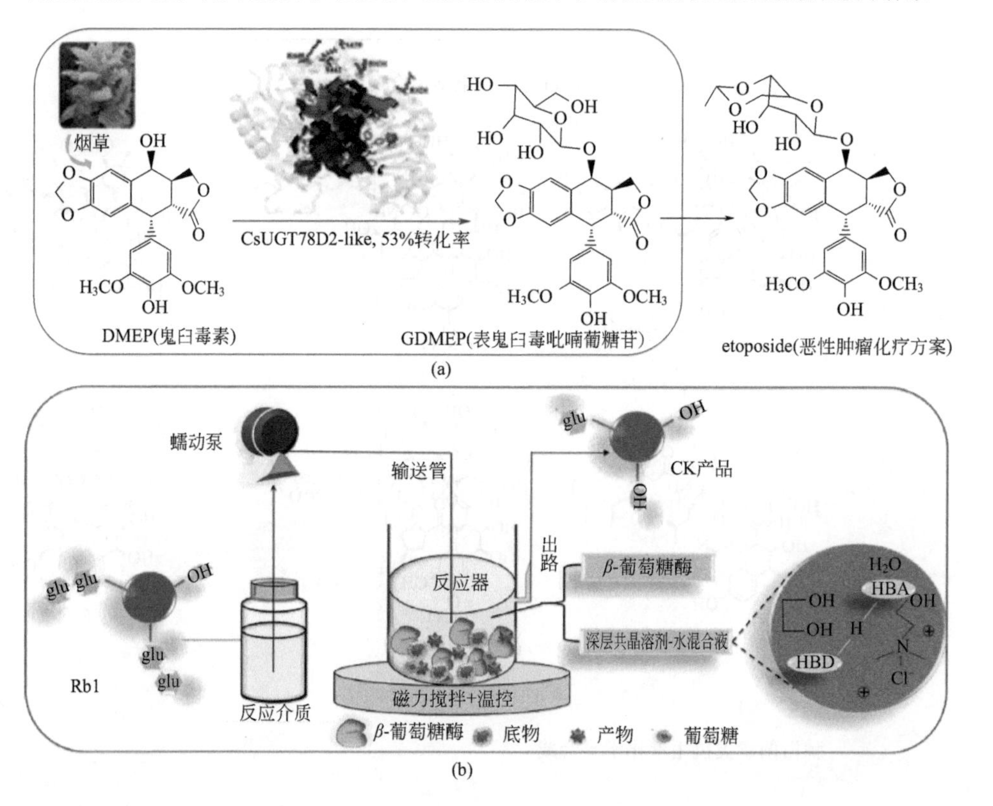

图 2-103

鬼臼类生物催化糖基转移酶的结构、功能位点及催化机制（a）及稀有人参皂苷低共熔 DES 催化转化工艺体系构建（b）[646, 708]

（2）高活性天然产物从头合成的细胞工厂设计及关键技术体系构建

基于大片段、多拷贝、多位点的基因组快速组装技术，与“外源途径组装代谢网络平衡关键酶区室化分工”的细胞工厂适配调控技术，针对性地解决天然产物合成细胞工厂的

构建与适配调控等方面的瓶颈，可实现目标高活性天然产物的从头合成（图 2-104）。北京化工大学袁其朋团队构建了三七素、水飞蓟素、熊果苷、4- 羟基香豆素等多个天然产物生物制造微生物细胞工厂[709-711]，并通过 CRISPR 等基因编辑调控技术提升合成效率，发酵产量居国内领先水平; Chen 等通过对原核高效分泌表达系统、底盘细胞及发酵过程调控优化，构建了 β- 榄香烯等植物源倍半萜类天然产物微生物合成途径和细胞工厂，开发了新一代天然甜味剂莱鲍迪苷和稀有人参皂苷等系列产物的新型生物合成工艺[712-715]。

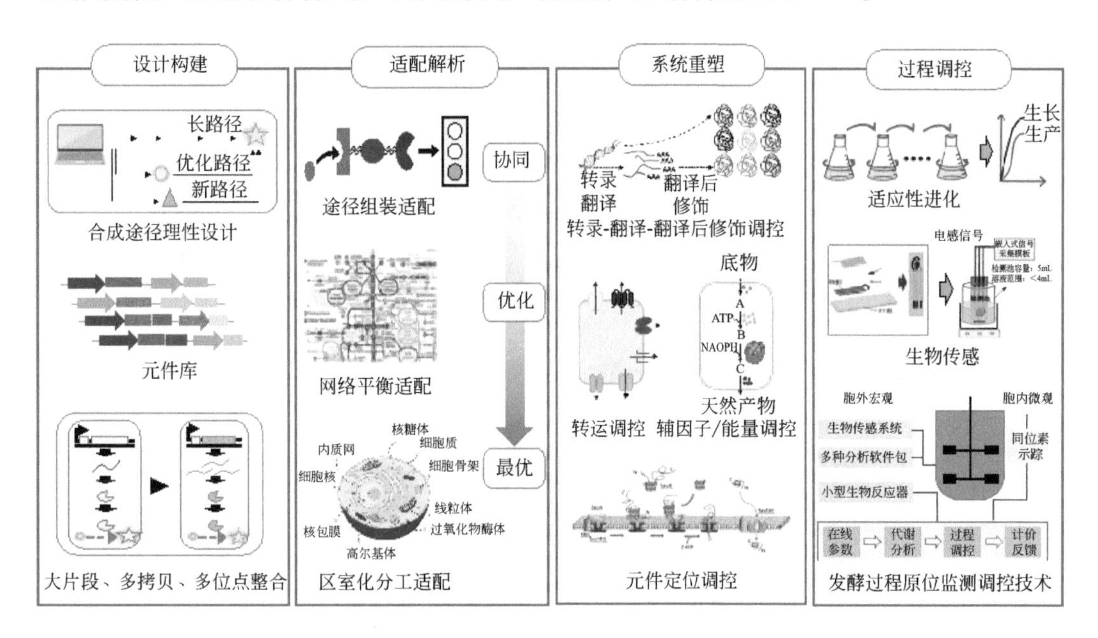

图 2-104

构建从头合成高活性天然产物的细胞工厂关键技术体系

（3）高活性天然产物对重大慢性疾病的防控及分子机制研究

高活性天然产物在预防和治疗恶性肿瘤、糖尿病、高血糖、高血脂、炎性诱导慢性疾病等方面具有不可替代的作用。西北大学范代娣团队在成功实现不同构型稀有人参皂苷生物转化的基础上，通过构建体内外肿瘤模型、糖尿病模型及炎症诱导的疾病模型，系统阐明了稀有人参皂苷对恶性肿瘤、2 型糖尿病及慢性肠炎的缓解及作用机制（图 2-105）。发现稀有人参皂苷 Rh4 通过激活结肠 / 直肠癌细胞中的 ROS/JNK/p53 途径触发细胞凋亡和自噬，有效抑制结肠 / 直肠癌细胞增殖，但对正常结肠上皮细胞没有显著的细胞毒性[716]；Rg5 以剂量依赖性方式通过抑制 PI3K/Akt 信号发挥抗乳腺癌的作用[717]，也可诱导 ROS 产生并激活 MAPK 信号通路引起 G2/M 期阻滞来抑制胃癌细胞增殖[718]；Rk1 可激活 ROS/PI3K/Akt 途径诱导三阴性乳腺癌细胞 MDA-MB-231 凋亡[719]；Rk3 通过死亡受体介导的线粒体依赖途径抑制 H460 异种移植非小细胞肺肿瘤的生长[719]。此外，稀有人参皂苷具有潜在抗糖尿病和抗炎活性，Rg5 通过抑制氧化应激和 NLRP3 炎性体激活以减少炎症反应来减轻糖尿病小鼠的肾损伤[648]；Rg5 也可降低血糖、缓解内毒素血症相关炎症、逆转 2 型糖尿病诱发的肠道微生物群失调和糖尿病相关代谢紊乱[720]; Rk3 通过激活 AMPK/Akt 信号通路缓解高脂诱导的 2 型糖尿病[721]，Rk3 还可通过增加紧密连接蛋白的表达来修复肠屏障功能障碍，改善肥胖诱导的肠道菌群的代谢紊乱，降低结肠炎症细胞因子、氧化应激和巨噬细胞浸润水平，进而抑制

TLR4/NF-κB 信号通路，抑制炎症级联反应，以减轻慢性肥胖诱导的结肠炎[722]。

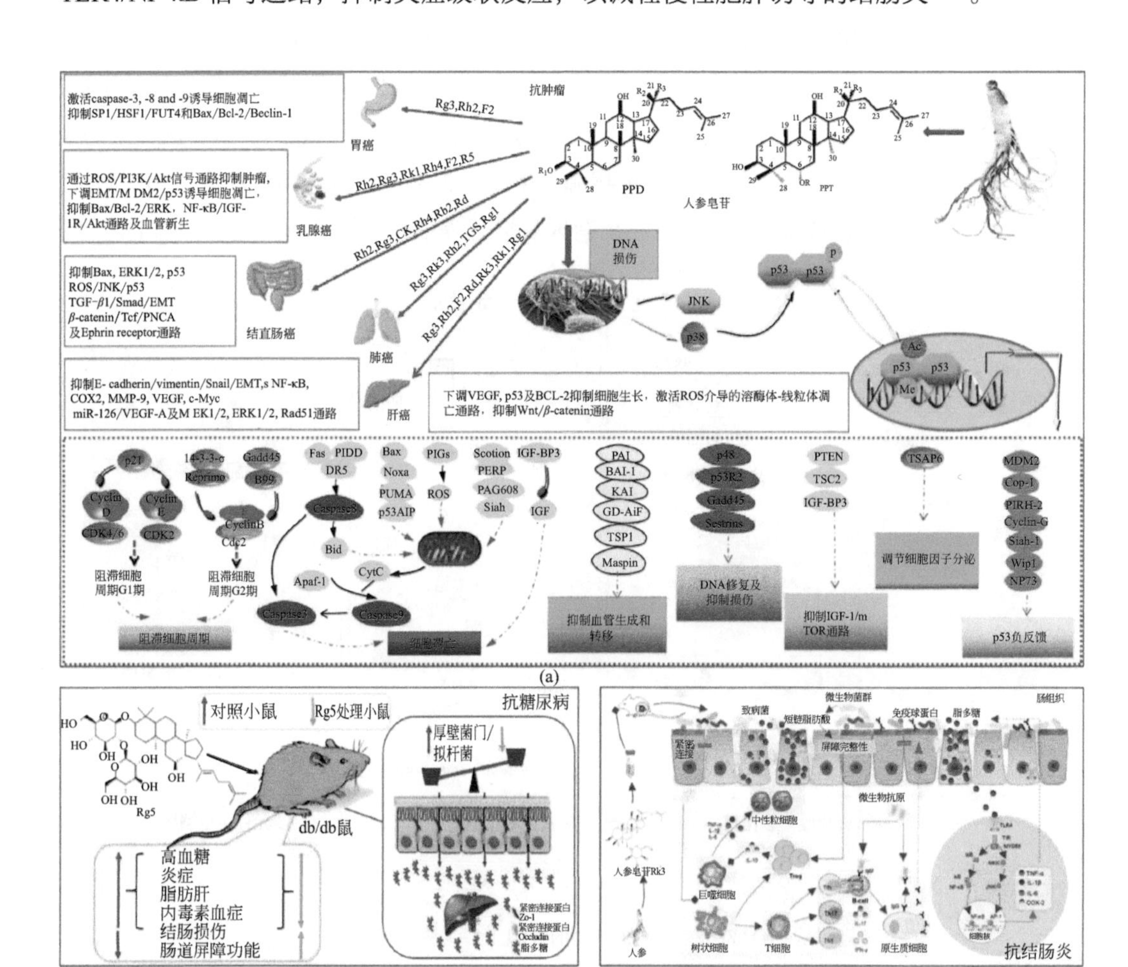

图 2-105

稀有人参皂苷对恶性肿瘤（a）、糖尿病（b）及结肠炎（c）的防控及潜在的分子作用机制[720,722,723]

Caspase-3—半胱氨酸蛋白酶 -3；
Caspase-8—半胱氨酸蛋白酶 -8；
Caspase-9—半胱氨酸蛋白酶 -9；
HSF1—热休克因子 1；
FUT4—岩藻糖转移酶 4；
Bcl-2—B 细胞淋巴瘤 / 白血病 -2；
ROS—活性氧；
PI3K—磷脂酰肌醇 3- 激酶；
Akt—蛋白激酶 B；
EMT—上皮细胞 - 间充质转化；
MDM2—小鼠双微粒体；
ERK—胞外信号调节激酶；
NF-κB—核因子 -κB；
IGF-1R—胰岛素样生长因子 -1 受体；
JNK—氨基末端激酶；
TGF-β1—转化生长因子 β1；
β-catenin—*β*- 连环蛋白；
Tcf—转录因子；
Ephrin receptor—肾上腺素受体；
E-cadherin—E 钙黏蛋白；
Vimentin—波形蛋白；
MMP-9—基质金属蛋白酶 -9；
VEGF—人血管内皮生长因子；
MEK—丝裂原活化蛋白激酶；
Cyclin D—细胞周期蛋白；
CDK—细胞周期蛋白依赖激酶；
DR5—死亡受体 5；
Apaf-1—凋亡酶激活因子；
CytC—细胞色素 C；
PAI—纤溶酶原激活物抑制物；
TSP1—血小板反应蛋白 1；
mTOR—雷帕霉素靶蛋白；
Maspin—乳腺丝抑蛋白；
PTEN—蛋白酪氨酸磷酸酶基因；
TSC2—结节硬化 2；
EGF—表皮细胞生长因子；
MDM2—双微粒体；
Cop-1—组成型光形态建成 1；
NP73—核蛋白 73；
Wip1—蛋白磷酸酶 1；
GADD45—生长阻滞与 DNA 损伤诱生蛋白 45；
TGF-α—转化生长因子 α；
IL-1β—白细胞介素 -1β；
IL-6—白介素 6；
Treg—调节 T 细胞；
Tfh—泡辅助性 T 细胞；
Th—辅助性 T 细胞；
IFN-γ—干扰素 γ；
IgG—免疫球蛋白 G；
TLR4—Toll 样受体 4；
AP-1—激活蛋白 -1；
Myd88—髓分化因子 88

2.5.4　未来发展方向与展望

（1）合成生物学

合成生物学将多学科进行深度交叉融合，充分发挥定量、设计、工程化等特征，正在发展成为一个基础性和工具性学科。合成生物学的发展将对更多的领域产生重要影响和推动作用，为解决人类社会发展面临的重大难题提供全新的解决方案。从发展趋势分析出发，未来我国合成生物学的重点发展方向主要聚焦在基础研究创新和关键技术突破方面，并进一步向产业拓展。

基因组设计合成是合成生物学的重大前沿方向，DNA 合成是基因组化学合成的最基础层技术，DNA 合成技术正在颠覆农业、医药、环境、信息等产业的技术发展，将成为未来发展的重要方向之一。基因组的化学合成拓宽了我们改造生物的尺度，深化了人工设计合成的深度，使我们可以理性地设计能源、医药等重要产品的合成，还可能扩展到农业育种、人类重大疾病诊疗等方面。

合成生物学在与信息、计算机、自动化、高端装备等学科前沿领域的深度融合过程中又产生了一些新的方向，如高等生物合成基因组学、细胞工厂的智能化设计、生物新分子和新功能的创建、DNA 信息存储、生物与材料耦合系统、无细胞蛋白合成等。

合成生物学已广泛应用于医药、化学品、能源、材料等领域，尤其在天然产物、营养化学品、疫苗等生物医药产品制造方面已取得重要进展。未来，围绕我国工业、农业、健康、环境等领域重大需求，通过进一步借助自动化、信息化的手段，创新产品生物制造的前沿技术，构建天然产物、重大化学品、生物农药、生物新分子等先进人工细胞工厂，为促进生物产业创新发展，重塑经济增长方式，创造新业态以及生物经济社会的形成提供战略科技支撑。

（2）疫苗抗原和递送系统

疫苗合成生物学作为一个新的交叉学科，尽管刚刚起步，但是已经在创制具有更高稳定性、更优免疫活性的新型疫苗抗原和剂型中显示出巨大潜力，并有望实现如下目标。

① 疫苗的快速创制和常温存储。通过设计和筛选更有利于抗原分子稳定的“底盘”，发展更高效、灵活、快速的“免疫部件”（包括抗原、佐剂、靶向分子等）组装技术，并探索二者之间相互作用的规律，构建高效、安全的疫苗，以应对突发疫情和个体化免疫治疗等需求，并最终实现可常温储存的新型疫苗的快速创制。

② 疫苗的种类和应用领域不断拓展。通过技术和理论研究的深入，合成疫苗学将从传染性疾病疫苗的构建，进一步拓展至基于精准医疗的个体化肿瘤治疗疫苗的快速组装和精准递送、基于基因技术的新型 mRNA 疫苗的快速创制和应用、基于免疫过程的合理化递送，以从免疫所涉及细胞募集、内吞、活化、淋巴结组织归巢等多尺度级联提升免疫应答效果。

（3）生物药物剂型工程

剂型工程经过近二三十年的发展，建立了基于纳微米微球、微囊技术的缓控释制剂，基于蛋白质分子修饰偶联的制剂，以及基于脂质纳米粒的基因药物制剂等，成为

引领生物医药第三次产业革命的关键技术。未来，在材料和修饰剂的选择、剂型智能设计的过程控制、药效和安全性评价等方面，仍需要加大研究力度。

① 微球制剂放大和评价的问题。需要提升制备过程的自动化程度，提升产品大规模制备的可控性和重复性，降低成本；载药微球进入人体后，降解释放以及与组织间发生作用的机制机理尚不清晰明确，毒性和安全性评价还需进一步验证。

② 分子修饰偶联制剂的智能设计和制造。借助计算机模拟技术的快速发展，通过分子模拟预测生物药物分子可能的修饰位点以及对生物活性的影响，研究分子修饰偶联制剂的智能设计；将分子偶联法制造过程上升到工程科学的层面，开发新的生物反应器如智能补料式反应器、固相修饰反应器、微流控反应器等，开发高效的生物大分子吸附色谱、膜分离和萃取过程，缩短新药开发的周期，确保分子偶联医药产品的纯度、稳定性和药效。

③ 靶向特定组织器官及细胞的基因编辑系统。深入优化输运系统的尺寸、电荷、形状、靶向分子、表面蛋白冠性质等影响因素，并调控输运系统环境响应性功能，使核酸类药物精准靶向特定的器官和组织，降低脱靶率，提升药物的安全性。

（4）健康与营养强化类创新产品

营养缺乏与营养摄入不均衡是最大的健康隐患，应加大科技投入，从源头研究人体营养素与疾病的关系；研究创新营养强化产品各组分之间的合理配比、营养素之间的协同增效及互作机制、营养物质与细胞微环境、代谢及吸收规律；加强营养强化产品的安全性、有效性评价体系研究；建立健全科学、严格的营养强化产品法规标准和监管体系。从国家战略层面统筹解决关系健康的重大和长远问题。

（5）基于合成生物学的化学品制造

合成生物学新技术、新方法的应用，有力地推动了传统化学品发酵生产技术的升级进步，并在新化学品合成路线创制方面展示出巨大的效力。未来，在微生物合成菌种、原材料研发、产品成型加工技术及装备、规模化应用示范等方面仍需不断进步。

① 突破木质纤维素、工业废气、非粮作物等更多廉价原料的经济性利用瓶颈，实现一批具有明显经济和社会效益的重要化学品的规模化生物制造。

② 建立高性能细胞工厂构建与调控的合成生物学技术原理与方法，开发更多菌种的高效遗传改造方法，创新工业生产用菌的细胞底盘和功能模块。

③ 加强生物制造过程强化以及生产工艺的集成创新，建立化学品连续化发酵生产新体系，开发高温、耐酸、耐污染等节能减排新工艺。

（6）天然产物的生物合成途径

生物技术的飞速发展和越来越多天然产物生物合成途径的阐明，为我们实现重要天然产物的高效生物合成提供了广阔的空间。天然产物有机合成学科的飞速发展，也为我们提供了众多切实可行的重要天然产物工业化生产案例。在取得一系列成果的同时，我们应该注意到在生物合成方面，受一些关键功能基因尚未阐明、复杂的代谢和调控机理等因素的困扰，目前仍有大量的天然产物在短期内难以实现高效生物合成和规模化生产。因此，需要我们在基因功能及产物挖掘方面取得更多的突破，为化学半合成提供更多的底物选择空间。

在今后的研究中，除了利用现有生物合成底物之外，还可以根据化学半合成底物需求，对酶进行理性设计和改造，改变酶的催化功能，实现化学半合成底物的个性化定制。此外，应尽量将那些反应条件苛刻、试剂昂贵的有机合成步骤通过生物合成途径来解决，从而各司其职，结合并发挥有机合成和生物合成的优势，开发高效的化学半合成方法，实现重要天然产物的高效合成和规模化生产。我们可以预期，这种建立在微生物合成与有机合成优势上的化学半合成方法将为合成具有复杂结构的生物活性天然产物提供一个高效通用的方案。

(7) 药用高活性天然产物生物制造

尽管利用酶催化和生物合成技术生产高活性药用级天然产物已经取得了一定进展，但仍存在量产和生物合成效率低等关键问题。未来用于重大慢病防治的高活性天然产物研究目标，要从生物催化、生物合成、功能强化、放大生产等多个方面解决生物制造过程中的关键科学技术问题。重点解决关键酶系筛选及催化机制解析、细胞工厂生理适配与调控、高活性天然产物衍生物定向设计、天然产物稳态化分离、天然产物及其衍生物生物制造工业放大环境的互作应答机制解析、晶型控制和微囊化包被，以提高生物利用度，最终实现高活性天然产物的量产，并开发出对于恶性肿瘤、糖尿病、高脂血症和高血压等重大慢病防治具有显著效果的药用原料和功能产品。

2.6 聚合物产品工程及高端聚合物

聚合物又称合成高分子，是国民经济和国防建设不可或缺的重要基础材料与战略物资。我国聚合物的产能已超 1.5 亿吨 / 年，居世界首位。其中合成树脂与工程塑料的产能已达 1 亿吨 / 年，按体积产量计，已超过钢铁和其他有色金属年产量之和；合成橡胶的产能约 650 万吨 / 年；合成纤维的产能约 6620 万吨 / 年，产量约占世界总产量的 70%。但我国高分子化工产品的结构性供需矛盾仍然非常突出，高端聚烯烃、高性能工程塑料、高性能热塑性弹性体等高端聚合物甚至它们的单体仍需要大量进口。

聚合物的品种丰富，性能或功能各异，但它们的原料——单体就简单几种。其千差万别的性能或功能主要取决于聚合物的多层次结构。可以说，聚合物是最典型的结构化学品。聚合反应和聚合物的化学反应直接决定了聚合物的最基本结构——链结构和聚集态结构（图 2-106）。所谓聚合物产品的高端化，就是要在工业规模的聚合与聚合物的加工过程中对这些结构进行精准的调控，实现聚合物产品性能的最优化和多元化。

长期以来，我国高分子化工科技工作者围绕国家和行业发展的重大战略需求，依托聚合物产品工程这一化学工程分支学科的发展，在精准调控聚合物产品结构，进行高端聚烯烃、工程塑料、热固性树脂和聚合物热塑性弹性体开发等方面，开展了大量

基础和应用研究，取得了重要的突破与进展，持续不断地推动着我国高分子化学工业的技术进步与发展[724]。

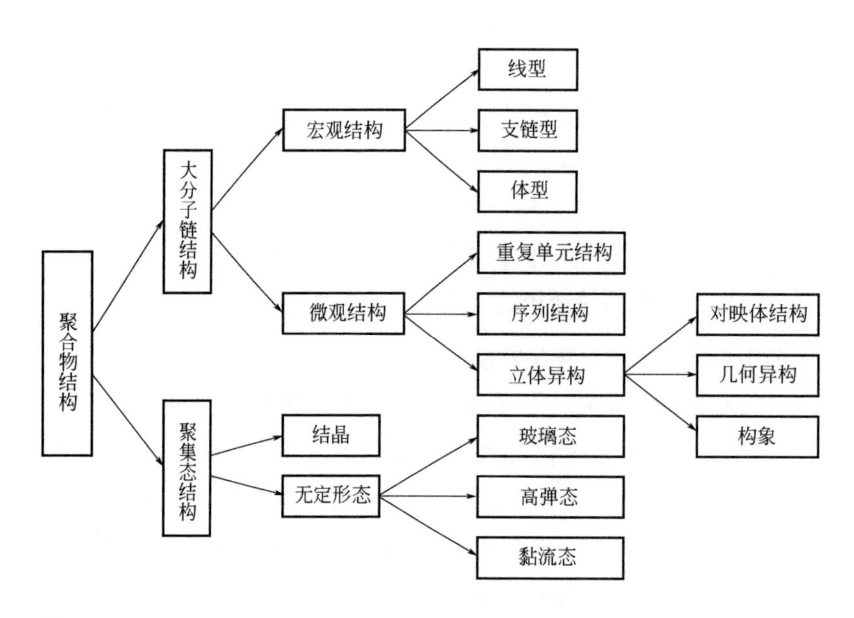

图 2-106
聚合物产品的主要结构

2.6.1 聚烯烃

2.6.1.1 发展现状与挑战

我国的聚烯烃工业近年来又有了飞速的发展，产能已近6000万吨/年，产量约占我国所有合成高分子产量的一半以上。但我国高端聚烯烃塑料的自给率严重不足；航空航天、电力、新能源汽车等领域所用的聚烯烃产品的进口率甚至接近100%，呈现行业低端产品过剩、中高端产品不足、高端产品严重依赖进口、核心技术长期受制于国外的“卡脖子”现象。

所谓高端聚烯烃，主要指具有高性能的专用化和功能化聚烯烃，其中以茂金属配位化合物为催化剂生产的茂金属聚烯烃占有相当大的比例。全世界目前已开发的茂金属聚烯烃主要有：茂金属聚乙烯（mPE）、茂金属线型低密度聚乙烯（mLLPE）、茂金属聚丙烯（mPP）、茂金属乙丙橡胶（mEPDM）、茂金属塑性体（POP）、茂金属弹性体（POE）、茂金属环烯烃共聚物（COC）等。陶氏化学、杜邦化工、沙伯基础、埃克森美孚、利安德巴塞尔、博禄、三井化学、LG化学等国外石化企业均有此类聚烯烃的开发。我国中石化、中石油等企业通过催化剂和聚合工艺的创新，开发出了一些颇具特色的茂金属聚乙烯、茂金属聚丙烯、高透聚丙烯，以及超高分子量聚乙烯（UHMWPE）等产品，但与国外相比尚有一定的差距。

按密度和结晶性能分，乙烯类聚合物的主要品种如图2-107所示。我国目前已工业化的聚乙烯类产品，主要是图中右虚框所示的高密度聚乙烯和线型低密度聚乙烯。左虚框所括及的乙丙橡胶也只是在近十年才有了较大规模的发展。应用广泛且价格高企的COC、POP、POE、mEPDM等一些特殊性能的乙烯共聚物目前都还是空白。正因为如此，我国仍有近40%的聚烯烃产品要依靠进口。

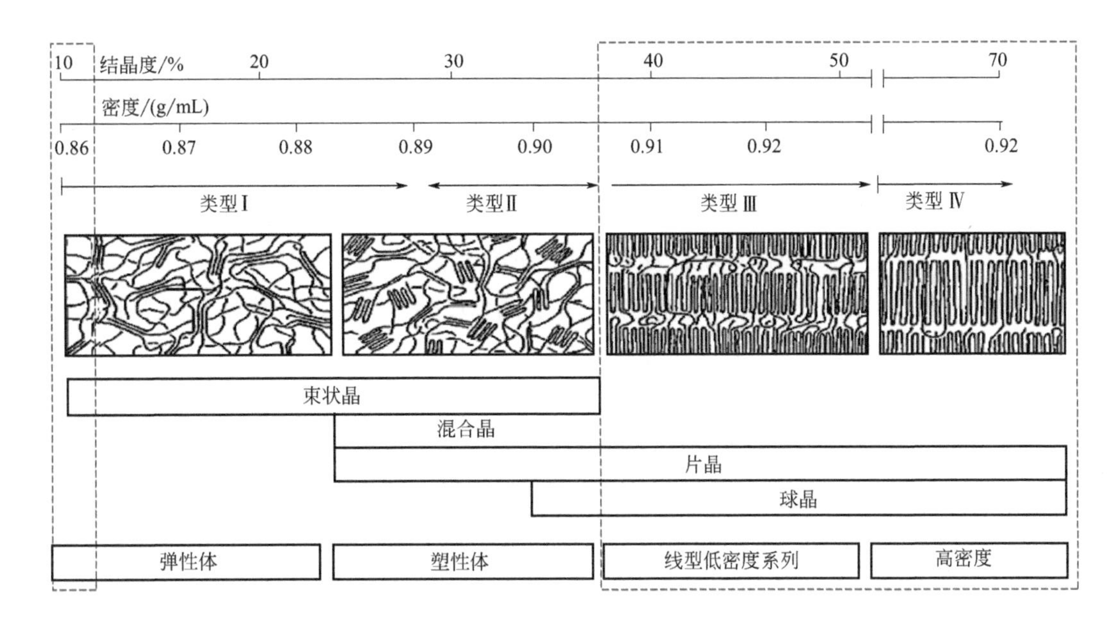

图 2-107

乙烯类聚合物的主要品种[726]

我国高端聚烯烃生产面临的问题与挑战主要有:

(1)适合于工业应用的高活性、高共聚能力的催化剂体系

共聚是实现聚烯烃产品高端化、品种多元化的最关键途径。开发具有自主知识产权，并适合于工业应用（如低助催比、负载型高活性、均相耐高温等）的乙烯（或丙烯）与 α- 烯烃、环烯烃，甚至极性烯类单体共聚的催化剂十分迫切。然而，自 20 世纪 80 年代以来，许多高性能的茂金属催化剂的结构都已受国外公司专利的保护，我国进行新颖结构的聚烯烃催化剂的创制空间不大。

(2)α- 烯烃的高选择性合成或高纯分离

α- 烯烃用途广泛，但用作聚烯烃共聚单体，则要求直链、碳数在 4 ～ 10 之间，且有较高的纯度；否则，共聚困难。然而，我国在高选择性的 α- 烯烃的合成、混合 α- 烯烃的高纯分离以及这两过程中低分子量聚乙烯的抑制方面尚存在较大的问题。

(3)高压、超高压聚合反应器

均相催化的烯烃共聚合反应极易在聚合过程中发生聚合物的析出，而出现聚合物粘釜、缠桨等问题，使聚合过程难以进行。因此，与大多数橡胶的生产一样，不得不采用高温高压下溶液聚合工艺[725]。乙烯自由基溶液聚合制低密度聚乙烯（LDPE）及乙烯 / 醋酸乙烯自由基溶液共聚制高 VAc 含量的 EVA 树脂，更需在 200 ～ 300MPa 压力下进行。如此高压的聚合反应器的设计与制造，对我国的装备制造业也是一个大的挑战。

2.6.1.2 关键科学问题

实现我国高端聚烯烃的自主开发，应解决以下几个关键的科学问题：

① 新颖结构的耐高温茂金属催化剂的创制；

② 烯烃高温高压溶液共聚的动力学及共聚过程中产物结构的精准调控；

③ 低密度聚乙烯支化链长度和密度的精准调控；

④ 超高分子量聚乙烯（UHMWPE）中超长分子链的解缠结问题。

2.6.1.3 主要研究进展及成果

我国高端聚烯烃的研究开发近年来取得了重要进展。2016 年，中石化集团齐鲁石化塑料厂成功开发了“宽分布茂金属聚乙烯”等四种新产品，填补了国内空白。2018 年，中石化燕山石化成功开发了茂金属聚丙烯产品，这是我国工业化连续生产装置上首次实现茂金属聚丙烯的生产。此外，中国石化北京化工研究院进行了高温催化剂的研制，开发了一种桥联双茂茂金属催化剂 [727]。

中石油方面，继 2007 年，大庆石化分公司引进美国 Univation Technoloqies 公司的气相法茂金属聚乙烯技术，在 6 万吨 / 年的线型低密度聚乙烯装置上生产出 mLLDPE。此后，他们使用国产茂金属催化剂，用于生产耐高温非交联聚乙烯管材。独山子石化分别于 2015 年和 2017 年成功产出两个系列共 4 个牌号的茂金属低密度聚乙烯产品。新产品在韧性、热黏性、热封温度、低气味等方面明显优于传统聚乙烯产品。

化学工程联合国家重点实验室浙江大学分室在国家“973”计划项目的资助下，自 2011 年起，开始了以聚烯烃弹性体（POE）自主开发为目标的乙烯 /α- 烯烃的高温高压连续溶液共聚技术的开发。在连续聚合装置上进行了乙烯 /1- 己烯和乙烯 /1- 辛烯的高温高压溶液共聚实验，全面考察了聚合工艺参数对共聚活性、聚合速率、分子量及分布、共聚物组成等聚合反应动力学以及熔点、玻璃化转变温度、结晶度等热性能的影响规律，还研究了聚合条件对最大拉伸强度、断裂伸长率等力学性能的影响，系统掌握了 POE 共聚物链结构的调控技术，实现了 POE 产品的批量制备，样品的性能与国外同类产品相当。项目还完成了千吨级 POE 装置的工艺包编制和专利成果的转让 [728, 729]。

在低缠结 UHMWPE 开发方面，历伟等 [730, 731] 建立了研究聚合过程中链缠结演变规律的方法，认识了活性链缠结形成的基本属性；先后提出了活性链限域生长、活性微区分隔、活性链休眠生长等活性链解缠结的过程强化方法，获得了满足工业生产要求、能够制备低缠结 UHMWPE 的负载型催化剂和聚合工艺，使得 UHMWPE 的加工和使用性能得到根本改善。

此外，王靖岱等 [732, 733] 提出了气液法聚乙烯工艺，通过冷凝液的分离、雾化、注入，形成温度和组分浓度差异化的气液固云区和气固非云区，打破了传统流化床固有的床层均一化，利用相对廉价的丁烯、己烯和常规钛系催化剂，生产超低、极低密度等高性能聚乙烯系列产品。进一步，在气液法聚乙烯工艺中，借助于气液固三相区中低温的特点，使得链结晶速率大于链生长速率，因此在三相区生成了低缠结 UHMWPE，并与气固高温区生成的高密度聚乙烯（HDPE）实现原位共混，得到高性能的通用聚乙烯产品。

2.6.1.4 未来发展方向与展望

虽然人们已经通过催化剂工程、聚合反应工程和加工成型技术三个层面，对聚烯烃产品的高性能化进行了有益的研究，但是，由于各个层面所控制的聚烯烃产品结构要素不同，各个层面在分子结构和聚集态结构上的调控无法兼顾、协调和匹配，无法达到技术综合的最优效果。因此，通过协同催化剂结构设计、聚合反应工程以及加工成型技术，推动聚烯烃产品向高端化、差异化、功能化迈进，是提升我国聚烯烃产业综合竞争力的必由之路。

2.6.2　工程塑料

2.6.2.1　发展现状与挑战

工程塑料通常是指力学性能优异、使用温度高的高分子材料。它既有通用塑料的低密度及易加工性，又在机械性能和耐久性上可媲美金属材料，被广泛应用于电子电气、交通工具、机械设备、航空航天等众多领域。如图 2-108 所示，工程塑料有无定形和结晶型之分，其中聚酰胺（PA）、聚酯（PBT/PET）、聚甲醛（POM）、聚碳酸酯（PC）和聚苯醚（m-PPO）并称为五大通用工程塑料，它们占工程塑料产量的主要份额。近年来，随着使用环境要求的不断提高，涌现出了一批特种工程塑料，如特种尼龙、聚酰亚胺（PI）、聚醚酰亚胺（PEI）、聚醚醚酮（PEEK）、聚芳醚酮（PAEK）、聚苯硫醚（PPS）、聚砜（PSU）、液晶聚合物（LCP）等[734]。据估计，全球工程塑料年销售约 1000 亿美元，并保持着 8% ～ 9% 的年增长率。

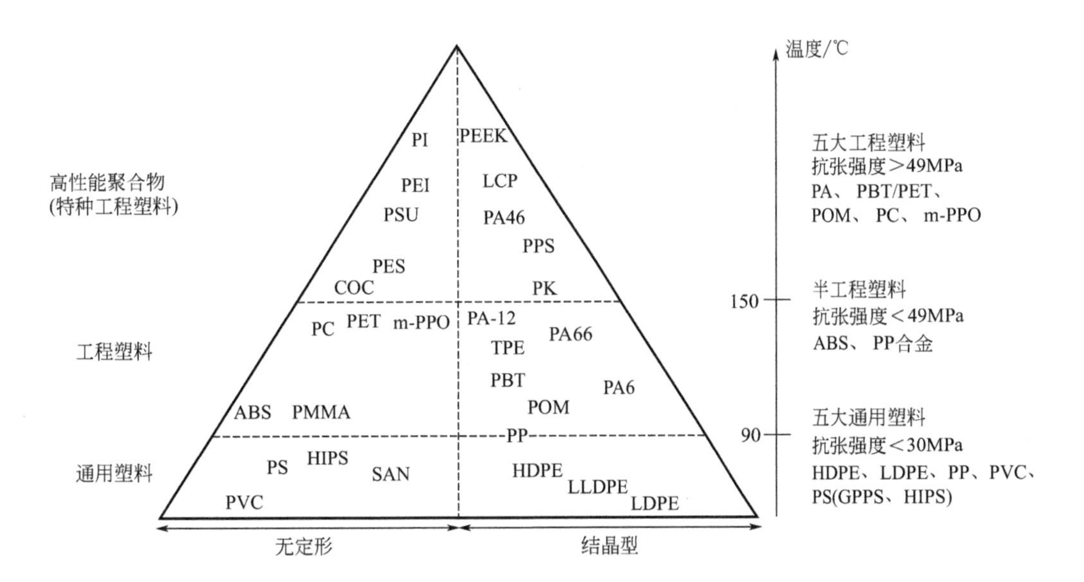

图 2-108
工程塑料的主要品种及性能[735]

我国工程塑料的发展与发达国家的差距较聚烯烃通用高分子材料更大，多数高性能工程塑料产品在我国尚为空白。鉴于部分高性能工程塑料系用于国防军工和高技术领域，西方国家对我国更是采取了禁售和禁止技术转让的措施。发展这些高性能工程塑料也是高分子化工工作者急迫的任务。

我国工程塑料发展面临的问题与挑战主要有：

（1）合成过程中的副反应问题

大多数工程塑料合成的主反应已被研究得比较透彻，但因这些合成反应的条件苛刻，往往伴有不少副反应。这些副反应的产物极难分离，它们的存在往往影响到产品的性能。

（2）合成工艺和设备问题

工程塑料的生产通常涉及高温、高黏、强放热、极致传质等，因此对反应器及周边设备提出了很高的要求，如何将工艺优化与设备设计制造相结合，实现理想的温度场、浓度场和传热传质能力，是工程塑料稳定生产的关键问题。

（3）产品结构与性能的调控问题

目前针对工程塑料原生结构的研究较多，但是在制件的形成过程中，原生结构易被破坏。制件多尺度结构的形成过程，及其与原生结构、加工条件、制件性能的关系，仍有待深入研究。此外，标准化测试的性能指标往往不能直接反映实际应用场景对材料性能的要求，比如柔性线路板对耐反复弯折的要求就不能简单地归结为抗冲性能。因此亟需将器件的性能“翻译”成标准化的性能测试。

2.6.2.2 关键科学问题

① 工程塑料合成过程中的副反应机理及副反应产物对产品机械物理性能的影响规律；

② 高温、高黏（变黏）等极端条件下的热、质传递及其过程强化规律；

③ 工程塑料加工、制件过程中原生态结构的变化及其与制件多尺度结构的关系；

④ 工程塑料制品性能和标准化测试性能的关联与相互“翻译”；

⑤ 工程塑料制品长期使用过程中的降解与热老化反应规律。

2.6.2.3 主要研究进展及成果

工程塑料的最新研究报道层出不穷，列举两个与化工行业转型密切相关的品种。

（1）聚酮（PK）[736]

随着煤化工的发展，大量CO需要被合理利用。聚酮系由CO与烯烃直接交替共聚而得，其性能接近特种工程塑料，韧性和耐湿性优于尼龙，强度与尼龙相当；而且聚酮还可在自然条件下光降解，被认为是一种绿色工程塑料。

（2）聚双环戊二烯（PDCPD）[737]和环烯烃共聚物（COC）[738]

由于大型石化综合装置的使用及油品消耗预期的下降，C_5资源变得越来越丰富。基于C_5为主要成分的双环戊二烯可制得PDCPD和COC两类工程塑料。前者力学性能、化学耐受性均优于尼龙；后者为光学性能优异的材料，大量用于手机镜头、医疗器械等领域。

2.6.2.4 未来发展方向与展望

工程塑料的未来发展方向主要从性能来考虑：

① 强化工程塑料的传统优势，向力学性能更佳、耐热温度更高的方向发展；

② 根据柔性电子设备的发展需求，在适当降低强度的同时，大幅度提高柔韧性，特别是动态载荷、反复弯折条件下的耐久性；

③ 根据5G等新一代信息化设备向高频高速方向发展的要求，明显提升工程塑料的电磁性能；

④ 根据3D打印的发展需求，在保持优异的力学性能和耐热性的同时，赋予工程

塑料合适的流变特性;

⑤ 作为光学材料，赋予工程塑料更高的透光率、折射率、Abbe 指数和更低的双折射率。

总之，工程塑料的未来发展，一方面应充分融合聚合反应、工艺及装备的研究工作，实现产品结构的灵巧与精准控制；另一方面，要按化学产品工程的原理，积极地参与器件的设计，从应用端出发确定合理的材料性能要求。通过构效关系的研究，将两方面结合起来，实现工程塑料的定制化生产。

2.6.3 热固性高分子

2.6.3.1 发展现状与挑战

热固性高分子是指相对低分子量的预聚物，在加热或外加固化剂的作用下，使其中潜在的官能团因反应而交联并固化、成型的一类高分子。这种交联反应是不可逆的，再加热时不能熔融塑化，也不溶于溶剂，因而具有优良的耐热和耐溶剂性能。

热塑性高分子的加工仅涉及高效的加热熔融及冷却成型两个步骤，但其终端产品的性能与高分子的分子量密切相关，因此合成必须在严苛的条件下进行，难以实现合成、加工一体化。相比之下，热固性高分子在加工成型过程中由小分子在模具中直接反应形成，反应动力学限制了其加工成型的效率。但其反应物的较低黏度以及合成加工一体化的两个特点，使得热固性高分子在诸多工业领域中有不可取代的作用[739]，包括结构复合材料、泡沫材料、涂料、胶黏剂等。

热固性高分子发展面临的问题与挑战在于:

① 其不能重加工回收利用所带来的环保问题。如何克服这一问题多年来一直是基础研究和工业研发的重要方向，并在近年来随着社会环保意识的提高受到越来越多的关注。不少发达国家近期已出台政策明令限制一些领域中热固性高分子的使用。解决这一迫切的世界性难题既是一个挑战，但也孕育着未来相关产业发展的新机遇。

② 热固性高分子的应用目前基本集中在量大但附加值低的传统工业领域，其在新兴领域的高附加值功能应用较为缺失。

2.6.3.2 关键科学问题

鉴于以上现状，主导热固性高分子未来发展的关键科学问题如下。

① 通过创新性分子设计赋予热固性高分子可高效回收的特性;

② 热固性高分子的功能化分子设计策略。

2.6.3.3 主要研究进展及成果

在热固性高分子体系中引入动态共价键以赋予其可重加工性，这一方法通常需要改变热固性体系的化学组成，如近期出现的类玻璃体（vitrimer）[740]。尽管类玻璃体提供了一个有益的思路，但需要对材料的化学结构做出改变，这大大提高了其实际应用的难度，因此尚未得到工业化推广。另一个解决方案则倾向于对现有热固性高分子进行直接化学回收，其中最具代表性的例子为聚氨酯弹性泡沫。商业化的聚氨酯弹性材

料可以通过醇解的方法部分回收其起始的二醇单体，但这一方法的低回收效率及高成本阻碍了其大规模产业化应用。因此，具有工业化价值的热固性高分子的高效回收利用仍是个悬而未决的难题。从功能化的角度，针对一些新兴技术，热固性高分子近期在形状记忆、软体机器、柔性电子等方面[741]逐渐展现出其功能可设计的优势。

2.6.3.4 未来发展方向与展望

从解决热固性高分子回收利用的角度来看，未来需要有新的策略/技术解决其回收效率低及附加值低的核心问题，高效增值化学回收是一个可期的方向。此外，社会的发展以及新技术的涌现对热固性高分子提出了一些全新的功能性要求。以新兴的柔性电子为例，其为人机交互及数字健康提供了一个必不可少的硬件平台。柔性电子的大规模制造以及全新功能的拓展均对高分子材料提出新的挑战[741]。另外，3D 及 4D 打印的出现为未来制造提供了全新思路，但其制造效率及材料性能仍是大规模工业应用的瓶颈[742]。如何针对这些新兴应用提出的需求，对热固性高分子进行创新性的功能化设计以突破现有的局限，是未来这类材料研究的重要方向。

针对以上热固性高分子发展的现状、存在的突出问题，我们建议：①组织国内科研院所和相关企业联合攻关，将热固性高分子不可回收的挑战转变为全新的机遇，占领相关产业发展的战略制高点；②加大对热固性高分子功能化的支持，给这一传统材料赋予新生命。

2.6.4 热塑性弹性体

2.6.4.1 发展现状与挑战

热塑性弹性体兼具硫化橡胶弹性和塑料的可再加工性，可解决硫化橡胶难以二次加工、回收利用的难题，被称为第三代橡胶。因天然橡胶在硫化橡胶中有很大的占比，多年来我国及世界合成橡胶产能的扩张并不显著，乳聚丁苯、顺丁等一些合成橡胶甚至出现了产能过剩。但热塑性弹性体则发展迅猛，尤其在我国近年来随着高速公路、高速铁路、汽车、医疗及运动器械、电子及通信器材等行业的飞速发展，年增长率始终保持在 10% 以上。

热塑性弹性体的技术进步，主要表现在聚烯烃和聚苯乙烯类热塑性弹性体两大类。前者得益于耐高温茂金属催化剂的发展，通过乙烯与碳数为 4 ～ 8 的 α- 烯烃高温高压溶液共聚，研制出了具有微相分离结构的聚烯烃弹性体（POE）。其中的分散相为有较长序列的乙烯均聚单元的聚集体，具有结晶性；连续相为无规共聚物的聚集体，具有低的玻璃化转变温度。正是因为这种结晶性和低玻璃化转变温度，POE 兼具橡胶弹性和塑料的易加工性。近年来，陶氏化学还开发出了一种链穿梭聚合技术[743, 744]，进一步强化了聚合物链中乙烯均聚与共聚的多嵌段结构，因而产品（olefin block copolymer，OBC）具有更优的机械性能、耐高低温性能和耐溶剂性。

聚苯乙烯类热塑性弹性体主要是聚（苯乙烯 -*b*- 丁二烯 -*b*- 苯乙烯）三嵌段聚合物（简称 SBS）。它是由两端为高玻璃化转变温度的聚苯乙烯塑料、中间为低玻璃化转变温度的聚丁二烯橡胶组成的三嵌段聚合物。SBS 自问世以来，一直采用活性阴离子聚合技术制备。该聚合方法条件苛刻，要求聚合体系严格地无水无氧，且不适合于其他单体。许多极性功能单体无法引入，应用上面临耐热温度低、不耐油、难印刷、易老化、无法直接制备水性胶乳等方面的局限。

20 世纪 90 年代，活性 / 可控自由基聚合方法获得突破，且进展迅速，形成了以可逆加成 / 碎化转移聚合（RAFT 聚合）为代表的“活性” / 可控自由基聚合体系 [745]。“活性” / 可控自由基聚合结合了传统自由基聚合和阴离子聚合的优点，既可利用众多合适的自由基聚合单体，又可在温和、简便的条件下实现嵌段共聚物的可控制备，因而受到广泛关注 [746]。

热塑性弹性体发展面临的主要问题与挑战在于:

① 耐热性与耐溶剂性尚待进一步提高。SBS 热塑性弹性体是以非极性的无规聚苯乙烯链段间物理的相互作用替代硫化橡胶中的化学交联，因而它的耐热、耐溶剂及力学性能并不理想。POE、OBC 等聚烯烃热塑性弹性体以及聚酯、聚酰胺类热塑性弹性体，由于硬段聚合物间的结晶性，提高了分子间相互作用力，一定程度上改善了相应产品的性能。但通过极性和结晶性构成的可逆“交联”，大分子间的作用力仍属次价键力，仅依靠它们来提高热塑性弹性体的耐热性与耐溶剂性空间不大。

② 橡塑多嵌段结构与产品性能的构效关系还不是非常清晰。因软硬段单体种类的不同，每一种热塑性弹性体，软段和硬段长度与其力学性能的关系均不一样，不宜从一种热塑性弹性体最合适的结构去推测另一种热塑性弹性体最合适的结构。

2.6.4.2 关键科学问题

发展高性能聚烯烃类热塑性弹性体需要解决的关键科学问题，我们在 2.6.1 中已述及。发展高性能聚苯乙烯类热塑性弹性体制备的活性 / 可控自由基聚合技术，需要解决如下两个关键科学问题。

① 如何高效地进行高分子量橡塑多嵌段共聚物的可控制备;

② 深刻揭示橡塑多嵌段结构与聚合物各种力学性能的构效关系。

2.6.4.3 主要研究进展及成果

活性 / 可控自由基聚合产业化应用主要瓶颈在于，产物分子量偏低（通常小于 5 万）、力学性能差、难以作为高性能材料使用 [746]。针对这一瓶颈问题，浙江大学在过去 10 余年来在国家自然科学基金委的支持下，对 RAFT 乳液聚合展开了系统的基础研究，以期大幅度抑制不可逆，终止副反应，提高产物分子量。在活性自由基聚合机理 [747-750]、动力学 [751]、分子链结构调控 [752-754] 和乳液聚合乳液稳定性 [747, 749, 755, 756] 等基础研究方面取得重要进展。在高分子量聚合物的可控制备、分子链结构的可控制备方面取得了多项突破，在国际上率先报道成功的苯乙烯 RAFT 乳液聚合 [755, 756]，发展了双亲性 RAFT 试剂的合理设计、后中和、两阶段聚合等系列技术，制备得到高分子量、分子量可控、分子量分布窄、力学性能优良的三嵌段共聚物 [757]。通过 RAFT 乳液聚合，成功实现分子量超过 50 万的活性聚苯乙烯的可控制备 [758, 759]，改变了 RAFT 聚合仅能实现低分子量聚合物可控制备的观念，为可控制备新型的高性能热塑性弹性体奠定了重要基础。

浙江大学还在国际上首先报道了通过 RAFT 乳液聚合制备得到 SBS 水性胶乳 [760]、苯乙烯 - 丙烯酸酯 - 苯乙烯三嵌段共聚物（SMAS[761]、SEAS、SBAS、SEHAS[760]），苯乙烯 / 丙烯腈 - 丙烯酸丁酯 - 苯乙烯 / 丙烯腈三嵌段共聚物胶乳 [762]，具有优良的力学性能。在此基础上，进一步将该技术拓展至多嵌段共聚物的可控合成 [755, 761, 763-765]，由苯乙烯和丙烯酸丁酯两种单体，通过控制各嵌段单体组成，设计制备出嵌段组成在分子链内成线型和 V 型变化的梯度共聚物 [755, 761]、交替型多嵌段共聚物 $(SBA)_n$ (n=1, 2, 3, 4)、$(SBAS)_x$(x=1, 2, 3) 型多嵌段共聚物 [264]。研究发现通过复杂的多嵌段共聚物链结构的设计，调控独特的纳米微相分离结构，使材料表现出软而强 [766]、强而韧 [767,768] 的力学特性，以及可记忆多个形状 [761]、电场响应优异 [766, 769-771] 等多功能特性。这类极性的弹性体新材料难以通过传统的聚合技术制备得到，表明以工业上常见的“旧”单体为原料，通过 RAFT 乳液聚合这一平台新技术，设计与 [766] 可控制备多嵌段结构，可以创制出前所未有的高性能与多功能聚合物新材料，这些材料作为高性能水性胶黏剂 [772, 773]，与涂料、生态合成革、极性热塑性弹性体等，支撑我国在相关领域的绿色发展，有望发展出多形状记忆材料 [761]、柔性可拉伸电池 [774]、柔性可拉伸电致发光器件 [775, 776]、柔性电致驱动材料 [766, 769-771] 等新型智能弹性体材料，应用于柔性电子、柔性机器人 [772] 等前沿领域。

2.6.4.4 未来发展方向与展望

RAFT 乳液聚合已发展成为定制新型高性能热塑性弹性体材料的重要平台技术，我国科学家已为该领域发展做出了基础性、系统性的原创贡献，开发了系列具有重要应用价值的新型绿色弹性体材料，大力支持该技术的工业化，抢占该领域的制高点，将成为我国合成材料领域引领全球发展的重要突破口之一。高性能热塑性弹性体的未来发展，还应注重：① RAFT 乳液聚合制备极性热塑性弹性体的工业技术；②高性能介电弹性体及其在柔性机器人等前沿领域中的应用。

参考文献

[1] Bano S, Mahmood A, Kim S J, Lee K H. Graphene oxide modified polyamide nanofiltration membrane with improved flux and antifouling properties [J]. Journal of Materials Chemistry A, 2015, 3(5): 2065-2071.

[2] Wang J, Zhang P, Liang B, Liu Y, Xu T, Wang L, Cao B, Pan K. Graphene oxide as effective barrier on a porous nanofibrous membrane for water treatment [J]. ACS Applied Materials & Interfaces, 2016, 8(9): 6211-6218.

[3] Park H B, Kamcev J, Robeson L M, Elimelech M, Freeman B D. Maximizing the right stuff: The trade-off between membrane permeability and selectivity [J]. Science, 2017, 356(6343): 1138-1148.

[4] Chen X, Yu L, Wang S, Deng D, Bao X. Highly active and stable single iron site confined in graphene nanosheets for oxygen reduction reaction [J]. Nano Energy, 2016, 32: 353-358.

[5] Cui X, Ren P, Deng D, Deng J, Bao X. Single layer graphene encapsulating non-precious metals as high-performance electrocatalysts for water oxidation [J]. Energy & Environmental Science, 2016, 9(1): 123-129.

[6] Fu Q, Bao X. Surface chemistry and catalysis confined under two-dimensional materials [J]. Chemical Society Reviews, 2017, 46(7): 1842-1874.

[7] Fujimori T, Morelos-Gomez A, Zhu Z, Muramatsu H, Futamura R, Urita K, Terrones M, Hayashi T, Endo M, Hong S Y, Choi Y C, Tomanek D, Kaneko K. Conducting linear chains of sulphur inside carbon nanotubes [J]. Nature Communications, 2013, 4(1): 2162.

[8] Jiao F, Li J, Pan X, Xiao J, Li H, Ma H, Wei M, Pan Y, Zhou Z, Li M, Miao S, Li J, Zhu Y, Xiao D, He T, Yang J, Qi F, Fu Q, Bao X. Selective conversion of syngas to light olefins [J]. Science, 2016, 351: 1065-1068.

[9] Lu X, Ji Y, Liu H. Non-equilibrium thermodynamics analysis and its application in interfacial mass transfer [J]. Science China Chemistry, 2011, 54(10): 1659-1666.

[10] 陆小华. 材料化学工程中的热力学与分子模拟研究[M]. 北京：科学出版社, 2011.

[11] Lu X, Jiang G, Zhu Y D, Feng X, Lu L H. Preliminary study on controlling nanoconfined fluid behavior and modelling molecular thermodynamics: progress in development of high-specific surface area TiO_2 [J]. CIESC Journal, 2018, 69(1): 1-8.

[12] Service R F. Materials Scientists Look to a Data-Intensive Future [J]. Science, 2012, 335: 1434-1435.

[13] 汪洪, 向勇, 项晓东, 陈立泉. 材料基因组——材料研发新模式[J]. 科技导报, 2015, 33(10): 13-19.

[14] Gross J, Sadowski G. Perturbed-Chain SAFT: An Equation of State Based on a Perturbation Theory for Chain Molecules [J]. Industrial & Engineering Chemistry Research, 2001, 40(4): 1244-1260.

[15] Xie W, Ji X, Feng X, Lu X. Mass-transfer rate enhancement for CO_2 separation by ionic liquids: Theoretical study on the mechanism [J]. AIChE Journal, 2016, 61(12): 4437-4444.

[16] Wu N H, Ji X Y, An R, Liu C, Lu X H. Generalized Gibbs free energy of confined nanoparticles [J]. AIChE Journal, 2017, 63(10): 4595-4603.

[17] An R, Yu Q M, Zhang L Z, Zhu Y D, Guo X J, Fu S Q, Li L C, Wang C S, Wu X M, Liu C, Lu X H. Simple Physical Approach to Reducing Frictional and Adhesive Forces on a TiO_2 Surface via Creating Heterogeneous Nanopores [J]. Langmuir, 2012, 28(43): 15270-15277.

[18] An R, Zhu Y, Wu N, Xie W, Lu J, Feng X, Lu X. Wetting Behavior of Ionic Liquid on Mesoporous Titanium Dioxide Surface by Atomic Force Microscopy [J]. ACS Applied Materials & Interfaces, 2013, 5(7): 2692-2698.

[19] Qiu C, Zhao C, Sun X, Deng S, Zhuang G. Multiscale Simulation of Morphology Evolution of Supported Pt Nanoparticles via Interfacial Control [J]. Langmuir the ACS Journal of Surfaces & Colloids, 2019, 35(19): 6393-6402.

[20] Bai Y, Li W, Liu C, Yang Z, Feng X, Lu X, Chan K Y. Stability of Pt nanoparticles and enhanced photocatalytic performance in mesoporous Pt-(anatase/TiO_2(b)) nanoarchitecture [J]. Journal of Materials Chemistry, 2009, 19(38): 7055-7061.

[21] Wu X B, Zhuang W, Lu L H, Li L C, Zhu J H, Mu L W, Li W, Zhu Y D, Lu X H. Excellent performance of Pt-C/TiO_2 for methanol oxidation: Contribution of mesopores and partially coated carbon [J]. Applied Surface Science, 2017, 426: 890-896.

[22] Radhakrishnan R, Gubbins K E, Sliwinska-Bartkowiak M. Global phase diagrams for freezing in porous media [J]. Journal of Chemical Physics, 2002, 116(3): 1147-1155.

[23] Gubbins K E, Long Y, Sliwinska-Bartkowiak M. Thermodynamics of confined nano-phases [J]. Journal of Chemical Thermodynamics, 2014, 74: 169-183.

[24] Wu N, Ji X, Xie W, Liu C, Feng X, Lu X. Confinement Phenomenon Effect on the CO_2 Absorption Working Capacity in Ionic Liquids Immobilized into Porous Solid Supports [J]. Langmuir, 2017, 33(42): 11719-11726.

[25] Enkavi G, Javanainen M, Kulig W, Rog T, Vattulainen I. Multiscale Simulations of Biological Membranes: The Challenge To Understand Biological Phenomena in a Living Substance [J]. Chemical Reviews, 2019, 119(9): 5607-5774.

[26] Smith J S, Nebgen B T, Zubatyuk R, Lubbers N, Devereux C, Barros K, Tretiak S, Isayev O, Roitberg A E.

Approaching coupled cluster accuracy with a general-purpose neural network potential through transfer learning [J]. Nature Communications, 2019, 10: 2903.

[27] Zhao J B, Wu L L, Zhan C X, Shao Q, Guo Z H, Zhang L Q. Overview of polymer nanocomposites: Computer simulation understanding of physical properties [J]. Polymer, 2017, 133: 272-287.

[28] Shi K H, Santiso E E, Gubbins K E. Bottom-Up Approach to the Coarse-Grained Surface Model: Effective Solid-Fluid Potentials for Adsorption on Heterogeneous Surfaces [J]. Langmuir, 2019, 35(17): 5975-5986.

[29] Shi K H, Santiso E E, Gubbins K E. Conformal Sites Theory for Adsorbed Films on Energetically Heterogeneous Surfaces [J]. Langmuir, 2020, 36(7): 1822-1838.

[30] Yethiraj A, Hall C K, Dickman R. Interaction Between Colloids in Solutions Containing Dissolved Polymer [J]. Journal of Colloid and Interface Science, 1992, 151(1): 102-117.

[31] Yang H Y, Yan Q L, Liu H L, Hu Y. A molecular thermodynamic model for binary lattice polymer solutions [J]. Polymer, 2006, 47(14): 5187-5195.

[32] Yang J Y, Peng C J, Liu H L, Hu Y, Jiang J W. A generic molecular thermodynamic model for linear and branched polymer solutions in a lattice [J]. Fluid Phase Equilibria, 2006, 244(2): 188-192.

[33] Dong Y, An R, Zhao S, Cao W, Huang L, Zhuang W, Lu L, Lu X. Molecular Interactions of Protein with TiO_2 by the AFM-Measured Adhesion Force [J]. Langmuir, 2017, 33(42): 11626-11634.

[34] Dong Y, Laaksonen A, Cao W, Ji X, Lu X. AFM Study of pH-dependent Adhesion of Single Protein to TiO_2 Surface [J]. Advanced Materials Interfaces, 2019, 6(14): 1900411.

[35] Dong Y, Ji X, Laaksonen A, Cao W, An R, Lu L, Lu X. Determination of the small amount of proteins interacting with TiO_2 nanotubes by AFM-measurement [J]. Biomaterials, 2019, 192: 368-376.

[36] Cai Q X, Wang J G, Wang Y G, Mei D. Mechanistic insights into the structure-dependent selectivity of catalytic furfural conversion on platinum catalysts [J]. AIChE Journal, 2015, 61(11): 3812-3824.

[37] Gao D, Zhou H, Wang J, Miao S, Yang F, Wang G, Wang J, Bao X. Size-Dependent Electrocatalytic Reduction of CO_2 over Pd Nanoparticles [J]. Journal of the American Chemical Society, 2015, 137(13): 4288-4291.

[38] Yuan B, Yao Z, Qiu C, Zheng H, Wang J. Synergistic effect of size-dependent PtZn nanoparticles and zinc single-atom sites for electrochemical ozone production in neutral media [J]. Journal of Energy Chemistry, 2020, 51: 312-322.

[39] Sun X, Zheng J, Gao Y, Qiu C, Wang J. Machine-learning-accelerated Screening of Hydrogen Evolution Catalysts in MBenes Materials [J]. Applied Surface Science, 2020, 526: 146522.

[40] Zheng J, Sun X, Qiu C, Yan Y, Wang J. High-Throughput Screening of Hydrogen Evolution Reaction Catalysts in MXene Materials [J]. The Journal of Physical Chemistry C, 2020, 124(25): 13695-13705.

[41] Qiu C, Wang Y, Li Y, Sun X, Wang J. A Generalized Formula for Two-Dimensional Diffusion of CO in Graphene Nanoslits with Different Pt Loadings [J]. Green Energy & Environment, 2020, 5(3): 322-332.

[42] Deng S, Hu H, Zhuang G, Zhong X, Wang J. A strain-controlled C_2N monolayer membrane for gas separation in PEMFC application [J]. Applied Surface Science, 2018, 441: 408-414.

[43] Wei Z, Yao Z, Zhou Q, Zhuang G, Zhong X, Deng S, Li X, Wang J. Optimizing Alkyne Hydrogenation Performance of Pd on Carbon in Situ Decorated with Oxygen-Deficient TiO_2 by Integrating the Reaction and Diffusion [J]. ACS Catalysis, 2019, 9(12): 10656-10667.

[44] Li H, Qiu C, Ren S, et al. Na^+-gated water-conducting nanochannels for boosting CO_2 conversion to liquid fuels [J]. Science, 2020, 367(6478): 667-671.

[45] Chung Y G, Haldoupis E, Bucior B J, Haranczyk M, Lee S, Zhang H, Vogiatzis K D, Milisavljevic M, Ling S, Camp J S, Slater B, Siepmann J I, Sholl D S, Snurr R Q. Advances, Updates, and Analytics for the Computation-Ready, Experimental Metal-Organic Framework Database: CORE MOF 2019 [J]. Journal of Chemical & Engineering Data, 2019, 64(12): 5985-5998.

[46] Tong M, Lan Y, Yang Q, Zhong C. Exploring the structure-property relationships of covalent organic

frameworks for noble gas separations [J]. Chemical Engineering Science, 2017, 168: 456-464.

[47] O'keeffe M, Peskov M A, Ramsden S J, Yaghi O M. The Reticular Chemistry Structure Resource (RCSR) Database of, and Symbols for, Crystal Nets [J]. Accounts of Chemical Research, 2008, 41(12): 1782-1789.

[48] Colon Y J, Gualdron D A, Snurr R Q. Topologically Guided, Automated Construction of Metal-Organic Frameworks and Their Evaluation for Energy-Related Applications [J]. Crystal Growth and Design, 2017, 17(11): 5801-5810.

[49] Mercado R, Fu R S, Yakutovich A V, Talirz L, Haranczyk M, Smit B. In Silico Design of 2D and 3D Covalent Organic Frameworks for Methane Storage Applications [J]. Chemistry of Materials, 2018, 30(15): 5069-5086.

[50] Wilmer C, Leaf M, Lee C Y, Farha O, Hauser B, Hupp J, Snurr R. Large-scale screening of hypothetical metal-organic frameworks [J]. Nature Chemistry, 2012, 4: 83-89.

[51] Lan Y, Han X, Tong M, Huang H, Yang Q, Liu D, Zhao X, Zhong C. Materials genomics methods for high-throughput construction of COFs and targeted synthesis [J]. Nature Communications, 2018, 9: 5274.

[52] Lan Y, Yan T, Tong M, Zhong C. Large-scale computational assembly of ionic liquid/MOF composites: synergistic effect in the wire-tube conformation for efficient CO_2/CH_4 separation [J]. Journal of Materials Chemistry A, 2019, 7(20): 12556-12564.

[53] Zhang C, Wang L, Maurin G, Yang Q. In Silico Screening of MOFs with open copper sites for C_2H_2/CO_2 separation [J]. AIChE Journal, 2018, 64(11): 4089-4096.

[54] Xu Q, Zhong C. A General Approach for Estimating Framework Charges in Metal-Organic Frameworks [J]. The Journal of Physical Chemistry C, 2010, 114(11): 5035-5042.

[55] Liu L, Wang L, Liu D, Yang Q, Zhong C. High-throughput computational screening of Cu-MOFs with open metal sites for efficient C_2H_2/C_2H_4 separation [J]. Green Energy & Environment, 2020, 5(3): 333-340.

[56] Wu D, Yang Q, Zhong C, Liu D, Huang H, Zhang W, Maurin G. Revealing the Structure-Property Relationships of Metal-Organic Frameworks for CO_2 Capture from Flue Gas [J]. Langmuir, 2012, 28(33): 12094-12099.

[57] Silver D, Huang A, Maddison C J, Guez A, Sifre L, van den Driessche G, Schrittwieser J, Antonoglou I, Panneershelvam V, Lanctot M, Dieleman S, Grewe D, Nham J, Kalchbrenner N, Sutskever I, Lillicrap T, Leach M, Kavukcuoglu K, Graepel T, Hassabis D. Mastering the game of Go with deep neural networks and tree search [J]. Nature, 2016, 529(7587): 484.

[58] Breiman L. Random forests [J]. Machine Learning, 2001, 45(1): 5-32.

[59] Hansen L K, Salamon P. Neural Network Ensembles[J]. Ieee Transactions on Pattern Analysis and Machine Intelligence, 1990, 12(10): 993-1001.

[60] Cortes C, Vapnik V. Support-Vector Networks [J]. Machine Learning, 1995, 20(3): 273-297.

[61] Ferguson A L. Machine learning and data science in soft materials engineering [J]. Journal of Physics-Condensed Matter, 2018, 30(4): 043002.

[62] Kitchin J R, Gellman A J. High-throughput methods using composition and structure spread libraries [J]. AIChE Journal, 2016, 62(11): 3826-3835.

[63] Chmiela S, Sauceda H E, Muller K R, Tkatchenko A. Towards exact molecular dynamics simulations with machine-learned force fields [J]. Nature Communications, 2018, 9(1): 3887.

[64] Yang H, Zhang Z, Zhang J, Zeng X C. Machine learning and artificial neural network prediction of interfacial thermal resistance between graphene and hexagonal boron nitride [J]. Nanoscale, 2018, 10(40): 19092-19099.

[65] Chmiela S, Tkatchenko A, Sauceda H E, Poltavsky I, Schuett K T, Mueller K R. Machine learning of accurate energy-conserving molecular force fields [J]. Science Advances, 2017, 3(5): 1603015.

[66] Jackson N E, Bowen A S, Antony L W, Webb M A, Vishwanath V, de Pablo J J. Electronic structure at coarse-grained resolutions from supervised machine learning [J]. Science Advances, 2019, 5(3): eaav1190.

[67] Kevin T, Ulissi Z W. Active learning across intermetallics to guide discovery of electrocatalysts for CO_2 reduction and H_2 evolution [J]. Nature Catalysis, 2018, 1(9): 696-703.

[68] Zhong M, Tran K, Min Y, Wang C, Wang Z, Dinh C T, Luna P D, Yu Z, Rasouli A S, Brodersen P. electrocatalysts using active machine learning [J]. Nature, 2020, 581(7807): 178-183.

[69] Burger B, Maffettone P M, Gusev V V, Aitchison C M, Cooper A I. A mobile robotic chemist [J]. Nature, 2020, 583(7815): 237-241.

[70] Mehr S H M, Craven M, Leonov A I, Keenan G, Cronin L. A universal system for digitization and automatic execution of the chemical synthesis literature [J]. Science, 2020, 370(6512): 101-108.

[71] Schlögl R. Heterogeneous Catalysis [J]. Angewandte Chemie International Edition, 2015, 54(11): 3465-3520.

[72] BordejéG E, Armenise S, Roldán L. Toward Practical Application of H_2 Generation From Ammonia Decomposition Guided by Rational Catalyst Design [J]. Catalysis Reviews, 2014, 56(2): 220-237.

[73] Schiffer H S. Catalysts by Design: The Power of Theory [J]. Accounts of Chemical Research, 2017, 50(3): 561-566.

[74] Liu W. Multi-scale catalyst design [J]. Chemical Engineering Science, 2007, 62(13): 3502-3512.

[75] Wang Z, Hu P. Towards rational catalyst design: a general optimization framework [J]. Philosophical Transactions of the Royal Society A: Mathematical, Physical and Engineering Sciences, 2016, 374(2061): 20150078.

[76] 辛勤, 罗孟飞. 现代催化研究方法[M]. 北京: 科学出版社, 2009.

[77] 卢泽湘, 周忠良, 银凤翔, 季生福, 辉 刘, 李成岳. Pt-Sn-Li/Al_2O_3/FeCrAl催化剂的制备、表征和长链烷烃脱氢催化性能[J]. 化工学报, 2008, 59(1): 71-76.

[78] Chen S, Pei C, Sun G, Zhao Z J, Gong J. Nanostructured Catalysts toward Efficient Propane Dehydrogenation [J]. Accounts of Materials Research, 2020, 1(1): 30-40.

[79] van Deelen T W, Hernández Mejía C, de Jong K P. Control of metal-support interactions in heterogeneous catalysts to enhance activity and selectivity [J]. Nature Catalysis, 2019, 2(11): 955-970.

[80] Lei Y, Lee S, Low K B, Marshall C L, Elam J W. Combining Electronic and Geometric Effects of ZnO-Promoted Pt Nanocatalysts for Aqueous Phase Reforming of 1-Propanol [J]. ACS Catalysis, 2016, 6(6): 3457-3460.

[81] Margossian T, Larmier K, Kim S M, Krumeich F, Müller C, Copéret C. Supported Bimetallic NiFe Nanoparticles through Colloid Synthesis for Improved Dry Reforming Performance [J]. ACS Catalysis, 2017, 7(10): 6942-6948.

[82] Soler L, Casanovas A, Ryan J, Angurell I, Escudero C, Dieste V, Llorca J. Dynamic Reorganization of Bimetallic Nanoparticles under Reaction Depending on the Support Nanoshape: The Case of RhPd over Ceria Nanocubes and Nanorods under Ethanol Steam Reforming [J]. ACS Catalysis, 2019, 9(4): 3641-3647.

[83] Palmer C, Upham D C, Smart S, Gordon M J, Metiu H, Mcfarland E W. Dry reforming of methane catalysed by molten metal alloys [J]. Nature Catalysis, 2020, 3(1): 83-89.

[84] Yan B, Yang X, Yao S, Wan J, Myint M, Gomez E, Xie Z, Kattel S, Xu W, Chen J G. Dry Reforming of Ethane and Butane with CO_2 over PtNi/CeO_2 Bimetallic Catalysts [J]. ACS Catalysis, 2016, 6(11): 7283-7292.

[85] Kim S M, Abdala P M, Margossian T, Hosseini D, Foppa L, Armutlulu A, van Beek W, Comas-Vives A, Copéret C, Müller C. Cooperativity and Dynamics Increase the Performance of NiFe Dry Reforming Catalysts [J]. Journal of the American Chemical Society, 2017, 139(5): 1937-1949.

[86] Liu G, Zeng L, Zhao Z J, Tian H, Wu T, Gong J. Platinum-Modified ZnO/Al_2O_3 for Propane Dehydrogenation: Minimized Platinum Usage and Improved Catalytic Stability [J]. ACS Catalysis, 2016, 6(4): 2158-2162.

[87] Wu P, Tao Y, Ling H, Chen Z, Ding J, Zeng X, Liao X, Stampfl C, Huang J. Cooperation of Ni and CaO at Interface for CO_2 Reforming of CH_4: A Combined Theoretical and Experimental Study [J]. ACS Catalysis, 2019, 9(11): 10060-10069.

[88] Zhang X, Tu Z, Li H, Huang K, Hu X, Wu Y, Macfarlane D R. Selective separation of H_2S and CO_2

from CH_4 by supported ionic liquid membranes [J]. Journal of Membrane Science, 2017, 543: 282-287.

[89] Liu Z, Lustemberg P, Gutiérrez R A, Carey J J, Palomino R M, Vorokhta M, Grinter D C, Ramírez P J, Matolín V, Nolan M, Ganduglia-Pirovano M V, Senanayake S D, Rodriguez J A. In Situ Investigation of Methane Dry Reforming on Metal/Ceria(111) Surfaces: Metal-Support Interactions and C—H Bond Activation at Low Temperature [J]. Angewandte Chemie International Edition, 2017, 56(42): 13041-13046.

[90] Zhang F, Liu Z, Zhang S, Akter N, Palomino R M, Vovchok D, Orozco I, Salazar D, Rodriguez J A, Llorca J, Lee J, Kim D, Xu W, Frenkel A I, Li Y, Kim T, Senanayake S D. In Situ Elucidation of the Active State of Co-CeOx Catalysts in the Dry Reforming of Methane: The Important Role of the Reducible Oxide Support and Interactions with Cobalt [J]. ACS Catalysis, 2018, 8(4): 3550-3560.

[91] Li J, Guan Q, Wu H, Liu W, Lin Y, Sun Z, Ye X, Zheng X, Pan H, Zhu J, Chen S, Zhang W, Wei S, Lu J. Highly Active and Stable Metal Single-Atom Catalysts Achieved by Strong Electronic Metal-Support Interactions [J]. Journal of the American Chemical Society, 2019, 141(37): 14515-14519.

[92] Liu Z, Zhang F, Rui N, Li X, Lin L, Betancourt L E, Su D, Xu W, Cen J, Attenkofer K, Idriss H, Rodriguez J A, Senanayake S D. Highly Active Ceria-Supported Ru Catalyst for the Dry Reforming of Methane: In Situ Identification of $Ru^{\delta+}$-Ce^{3+} Interactions for Enhanced Conversion [J]. ACS Catalysis, 2019, 9(4): 3349-3359.

[93] Liu Z, Grinter D C, Lustemberg P G, Nguyen-Phan T D, Zhou Y, Luo S, Waluyo I, Crumlin E J, Stacchiola D J, Zhou J, Carrasco J, Busnengo H F, Ganduglia-Pirovano M V, Senanayake S D, Rodriguez J A. Dry Reforming of Methane on a Highly-Active Ni-CeO_2 Catalyst: Effects of Metal-Support Interactions on C—H Bond Breaking [J]. Angewandte Chemie International Edition, 2016, 55(26): 7455-7459.

[94] Tauster S J, Fung S C, Baker R T K, Horsley J A. Strong Interactions in Supported-Metal Catalysts [J]. Science, 1981, 211(4487): 1121-1125.

[95] Bhasin M M, Mccain J H, Vora B V, Imai T, Pujad΄O P R. Dehydrogenation and oxydehydrogenation of paraffins to olefins [J]. Applied Catalysis A: General, 2001, 221(1-2): 397-419.

[96] Sattler J J H B, Ruiz M J, Santillan-Jimenez E, Weckhuysen B M. Catalytic Dehydrogenation of Light Alkanes on Metals and Metal Oxides [J]. Chemical Reviews, 2014, 114(20): 10613-10653.

[97] Lian Z, Ali S, Liu T, Si C, Li B, Su D S. Revealing the Janus Character of the Coke Precursor in the Propane Direct Dehydrogenation on Pt Catalysts from a kMC Simulation [J]. ACS Catalysis, 2018, 8(5): 4694-4704.

[98] Vu B K, Song M B, Ahn I Y, Suh Y W, Suh D J, Kim J S, Shin E W. Location and structure of coke generated over Pt-Sn/Al_2O_3 in propane dehydrogenation [J]. Journal of Industrial and Engineering Chemistry, 2011, 17(1): 71-76.

[99] Zhu Y, An Z, Song H, Xiang X, Yan W, He J. Lattice-Confined Sn (Ⅳ/Ⅱ) Stabilizing Raft-Like Pt Clusters: High Selectivity and Durability in Propane Dehydrogenation [J]. ACS Catalysis, 2017, 7(10): 6973-6978.

[100] Sun G, Zhao Z J, Mu R, Zha S, Li L, Chen S, Zang K, Luo J, Li Z, Purdy S C, Kropf A J, Miller J T, Zeng L, Gong J. Breaking the scaling relationship via thermally stable Pt/Cu single atom alloys for catalytic dehydrogenation [J]. Nature Communications, 2018, 9(1): 4454.

[101] Chen S, Zhao Z J, Mu R, Chang X, Luo J, Purdy S C, Kropf A J, Sun G, Pei C, Miller J T, Zhou X, Vovk E, Yang Y, Gong J. Propane Dehydrogenation on Single-Site [$PtZn_4$] Intermetallic Catalysts [J]. Chem, 2020, 7(2): 387-405.

[102] Zhu Y, Zhao W, Zhang J, An Z, Ma X, Zhang Z, Jiang Y, Zheng L, Shu X, Song H, Xiang X, He J. Selective Activation of C—OH, C—O—C, or C═C in Furfuryl Alcohol by Engineered Pt Sites Supported on Layered Double Oxides [J]. ACS Catalysis, 2020, 10(15): 8032-8041.

[103] Zhu Y, Zhang J, Ma X, An Z, Guo S, Shu X, Song H, Xiang X, He J. A gradient reduction strategy to produce defects-rich nano-twin Cu particles for targeting activation of carbon-carbon or carbon-oxygen in furfural conversion [J]. Journal of Catalysis, 2020, 389: 78-86.

[104] Wang Q, Yu Z, Feng J, Fornasiero P, He Y, Li D. Insight into the Effect of Dual Active Cu^0/Cu^+ Sites in a Cu/ZnO-Al_2O_3 Catalyst on 5-Hydroxylmethylfurfural Hydrodeoxygenation [J]. ACS Sustainable Chemistry & Engineering, 2020, 8(40): 15288-15298.

[105] Wang Q, Feng J, Zheng L, Wang B, Li D. Interfacial Structure-Determined Reaction Pathway and Selectivity for 5-Hydroxymethyl Furfural Hydrogenation over Cu-Based Catalysts [J]. ACS Catalysis, 2019, 10: 1353-1365.

[106] Erisman J W, Sutton M A, Galloway J, Klimont Z, Winiwarter W. How a century of ammonia synthesis changed the world [J]. Nature Geoscience, 2008, 1(10): 636-639.

[107] Wang P, Chang F, Gao W, Guo J, Wu G, He T, Chen P. Breaking scaling relations to achieve low-temperature ammonia synthesis through LiH-mediated nitrogen transfer and hydrogenation [J]. Nature Chemistry, 2016, 9(1): 64-70.

[108] Lin B, Liu Y, Heng L, Wang X, Ni J, Lin J, Jiang L. Morphology Effect of Ceria on the Catalytic Performances of Ru/CeO_2 Catalysts for Ammonia Synthesis [J]. Industrial & Engineering Chemistry Research, 2018, 57(28): 9127-9135.

[109] Liu P, Wang H, Feng Z, Ying P, Li C. Direct immobilization of self-assembled polyoxometalate catalyst in layered double hydroxide for heterogeneous epoxidation of olefins [J]. Journal of Catalysis, 2008, 256(2): 345-348.

[110] Liu P, Wang C, Li C. Epoxidation of allylic alcohols on self-assembled polyoxometalates hosted in layered double hydroxides with aqueous H_2O_2 as oxidant [J]. Journal of Catalysis, 2009, 262(1): 159-168.

[111] Zhao S, Xu J, Wei M, Song Y F. Synergistic catalysis by polyoxometalate-intercalated layered double hydroxides: oximation of aromatic aldehydes with large enhancement of selectivity [J]. Green Chemistry, 2011, 13(2): 384-389.

[112] Li T, Wang Z, Wei C, Miras H N, Song Y. Rational Design of a Polyoxometalate Intercalated Layered Double Hydroxide: Highly Efficient Catalytic Epoxidation of Allylic Alcohols under Mild and Solvent-Free Conditions [J]. Chemistry, 2016, 23(5): 1069-1077.

[113] Liu K, Yao Z, Song Y F. Polyoxometalates Hosted in Layered Double Hydroxides: Highly Enhanced Catalytic Activity and Selectivity in Sulfoxidation of Sulfides [J]. Industrial & Engineering Chemistry Research, 2015, 54(37): 9133-9141.

[114] Chen H Y, Lv M, Zhou X T, Wang J X, Han Q, Ji H B. A novel system comprising metalloporphyrins and cyclohexene for the biomimetic aerobic oxidation of toluene [J]. Catalysis Communications, 2018, 109: 76-79.

[115] Liu X H, Yu H Y, Xue C, Zhou X T, Ji H B. Cyclohexene Promoted Efficient Biomimetic Oxidation of Alcohols to Carbonyl Compounds Catalyzed by Manganese Porphyrin under Mild Conditions [J]. Chinese Journal of Chemistry, 2020, 38(5): 458-464.

[116] Jiang J, Luo R C, Zhou X T, Wang F F, Ji H B. Metalloporphyrin-mediated aerobic oxidation of hydrocarbons in cumene: Co-substrate specificity and mechanistic consideration [J]. Molecular Catalysis, 2017, 440: 36-42.

[117] Shen H M, Zhang L, Deng J H, Sun J, She Y B. Enhanced catalytic performance of porphyrin cobalt(Ⅱ) in the solvent-free oxidation of cycloalkanes ($C_5 \sim C_8$) with molecular oxygen promoted by porphyrin zinc(Ⅱ) [J]. Catalysis Communications, 2019, 132: 105809.

[118] Shen H M, Wang X, Guo A B, Zhang L, She Y B. Catalytic oxidation of cycloalkanes by porphyrin cobalt(Ⅱ) through efficient utilization of oxidation intermediates [J]. Journal of Porphyrins and Phthalocyanines, 2020, 24(10): 1166-1173.

[119] Wang T, She Y, Fu H, Li H. Selective cyclohexane oxidation catalyzed by manganese porphyrins and co-catalysts [J]. Catalysis Today, 2016, 264: 185-190.

[120] Shen H M, Qi B, Hu M Y, Liu L, Ye H L, She Y B. Selective Solvent-Free and Additive-Free Oxidation of Primary Benzyli C—H Bonds with O_2 Catalyzed by the Combination of Metalloporphyrin with N-Hydroxyphthalimide [J]. Catalysis Letters, 2020, 150(11): 3096-3111.

[121] Shen H M, Liu L, Qi B, Hu M Y, Ye H L, She Y B. Efficient and selective oxidation of secondary benzylic CH bonds to ketones with O_2 catalyzed by metalloporphyrins under solvent-free and additive-free conditions [J]. Molecular Catalysis, 2020, 493: 111102.

[122] Yang Y, Li G, Mao X, She Y. Selective Aerobic Oxidation of 4-Ethylnitrobenzene to 4-Nitroacetophenone Promoted by Metalloporphyrins [J]. Organic Process Research & Development, 2019, 23(5): 1078-1086.

[123] Shen H M, Hu M Y, Liu L, Qi B, Ye H L, She Y B. Efficient and selective oxidation of tertiary benzylic CH bonds with O_2 catalyzed by metalloporphyrins under mild and solvent-free conditions [J]. Applied Catalysis A: General, 2020, 599: 117599.

[124] Ma X, An Z, Song H, Shu X, Xiang X, He J. Atomic Pt-Catalyzed Heterogeneous Anti-Markovnikov C—N Formation: Pt_1^0 Activating N—H for $Pt_1^{\delta+}$-Activated C═C Attack [J]. Journal of the American Chemical Society, 2020, 142(19): 9017-9027.

[125] Zhang J, An Z, Zhu Y, Shu X, Song H, Jiang Y, Wang W, Xiang X, Xu L, He J. $Ni^0/Ni^{\delta+}$ Synergistic Catalysis on a Nanosized Ni Surface for Simultaneous Formation of C—C and C—N Bonds [J]. ACS Catalysis, 2019, 9(12): 11438-11446.

[126] Lei X, Zhang F, Yang L, Guo X, Tian Y, Fu S, Li F, Evans D G, Duan X. Highly crystalline activated layered double hydroxides as solid acid-base catalysts [J]. AIChE Journal, 2007, 53(4): 932-940.

[127] LüZ, Zhang F, Lei X, Yang L, Xu S, Duan X. In situ growth of layered double hydroxide films on anodic aluminum oxide/aluminum and its catalytic feature in aldol condensation of acetone [J]. Chemical Engineering Science, 2008, 63(16): 4055-4062.

[128] Bing W, Zheng L, He S, Rao D, Xu M, Zheng L, Wang B, Wang Y, Wei M. Insights on Active Sites of CaAl-Hydrotalcite as a High-Performance Solid Base Catalyst toward Aldol Condensation [J]. ACS Catalysis, 2018, 8(1): 656-664.

[129] Blaser H U, Pugin B, Spindler F, Thommen M. From a Chiral Switch to a Ligand Portfolio for Asymmetric Catalysis [J]. Accounts of Chemical Research, 2007, 40(12): 1240-1250.

[130] Thomas J M, Maschmeyer T, Johnson B F G, Shephard D S. Constrained chiral catalysts [J]. Journal of Molecular Catalysis A: Chemical, 1999, 141(1): 139-144.

[131] Sideris P J, Nielsen U G, Gan Z, Grey C P. Mg/Al Ordering in Layered Double Hydroxides Revealed by Multinuclear NMR Spectroscopy [J]. Science, 2008, 321(5885): 113-117.

[132] An Z, Zhang W, Shi H, He J. An effective heterogeneous l-proline catalyst for the asymmetric aldol reaction using anionic clays as intercalated support [J]. Journal of Catalysis, 2006, 241(2): 319-327.

[133] Shi H, Yu C, He J. On the Structure of Layered Double Hydroxides Intercalated with Titanium Tartrate Complex for Catalytic Asymmetric Sulfoxidation [J]. The Journal of Physical Chemistry C, 2010, 114(41): 17819-17828.

[134] Shi H, Yu C, He J. Constraining titanium tartrate in the interlayer space of layered double hydroxides induces enantioselectivity [J]. Journal of Catalysis, 2010, 271(1): 79-87.

[135] Shi H, He J. Orientated intercalation of tartrate as chiral ligand to impact asymmetric catalysis [J]. Journal of Catalysis, 2011, 279(1): 155-162.

[136] Wang J, Zhao L, Shi H, He J. Highly enantioselective and efficient asymmetric epoxidation catalysts: inorganic nanosheets modified withα-amino acids as ligands [J]. Angewandte Chemie International Edition, 2011, 50(39): 9171-9176.

[137] Zhao L W, Shi H M, Wang J Z, He J. Nanosheet-enhanced asymmetric induction of chiralα-amino acids in catalytic aldol reaction [J]. Chemistry-A European Journal, 2012, 18(48): 15323-15329.

[138] Liu H, Zhao L, Wang J, He J. Multilple host-guest interactions in heterogeneous vanadium catalysts: Inorganic nanosheets modified alpha-amino acids as ligands [J]. Journal of Catalysis, 2013, 298: 70-76.

[139] Zhao L W, Shi H M, Wang J Z, He J. Nanosheet-Enhanced Enantioselectivity in the Vanadium-Catalyzed Asymmetric Epoxidation of Allylic Alcohols [J]. Chemistry-A European Journal, 2012, 18(32): 9911-9918.

[140] Liu H, An Z, He J. Nanosheet-Enhanced Rhodium(Ⅲ)-Catalysis in C—H Activation [J]. ACS Catalysis, 2014, 4(10): 3543-3550.

[141] Liu H, An Z, He J. Nanosheet-enhanced efficiency in amine-catalyzed asymmetric epoxidation ofα, β-unsaturated aldehydes via host-guest synergy [J]. Molecular Catalysis, 2017, 443: 69-77.

[142] 安哲, 钟建宁, 何静. 基于水滑石的超分子插层手性催化材料[J]. 中国科学: 化学. 2017, 47(04): 385-395.

[143] Zhu L, Liu X Q, Jiang H L, Sun L B. Metal-Organic Frameworks for Heterogeneous Basic Catalysis [J]. Chemical Reviews, 2017, 117(12): 8129-8176.

[144] Xu H, Gao J, Jiang D. Stable, crystalline, porous, covalent organic frameworks as a platform for chiral organocatalysts [J]. Nature Chemistry, 2015, 7(11): 905-912.

[145] Murase T, Peschard S, Horiuchi S, Nishioka Y, Fujita M. Remote chiral transfer into [2+2] and [2+4] cycloadditions within self-assembled molecular flasks [J]. Supramolecular Chemistry, 2011, 23(3-4): 199-208.

[146] Gong W, Chu D, Jiang H, Chen X, Cui Y, Liu Y. Permanent porous hydrogen-bonded frameworks with two types of Brønsted acid sites for heterogeneous asymmetric catalysis [J]. Nature Communications, 2019, 10(1): 1-9.

[147] 陈琦, 李春秀, 郑高伟, 郁惠蕾, 许建和. 工业蛋白质构效关系的计算生物学解析[J]. 生物工程学报, 2019(10): 1829-1842.

[148] Koehler V, Turner N J. Artificial concurrent catalytic processes involving enzymes [J]. Chemical Communications, 2015, 51(3): 450-464.

[149] Currin A, Swainston N, Day P J, Kell D B. Synthetic biology for the directed evolution of protein biocatalysts: navigating sequence space intelligently [J]. Chemical Society Reviews, 2015, 44(5): 1172-1239.

[150] Muschiol J, Peters C, Oberleitner N, Mihovilovic M D, Bornscheuer U T, Rudroff F. Cascade catalysis-strategies and challenges en route to preparative synthetic biology [J]. Chemical Communications, 2015, 46(22): 5798-5811.

[151] Zheng M M, Chen K C, Wang R F, Li H, Li C X, Xu J H. Engineering 7 beta-Hydroxysteroid Dehydrogenase for Enhanced Ursodeoxycholic Acid Production by Multiobjective Directed Evolution [J]. Journal of Agricultural and Food Chemistry, 2017, 65(6): 1178-1185.

[152] Sehl T, Hailes H C, Ward J M, Wardenga R, von Lieres E, Offermann H, Westphal R, Pohl M, Rother D. Two Steps in One Pot: Enzyme Cascade for the Synthesis of Nor(pseudo)ephedrine from Inexpensive Starting Materials [J]. Angewandte Chemie-International Edition, 2013, 52(26): 6772-6775.

[153] Wu S, Zhou Y, Wang T, Too H P, Wang D I C, Li Z. Highly regio-and enantioselective multiple oxy-and amino-functionalizations of alkenes by modular cascade biocatalysis [J]. Nature Communications, 2016, 7: 11917.

[154] Xu W, Fu Z, Chen G, Wang Z, Liu Z. Graphene oxide enabled long-term enzymatic transesterification in an anhydrous gas flux [J]. Nature Communications, 2019, 10(1): 2684.

[155] Ge J, Lei J, Zare R N. Protein-inorganic hybrid nanoflowers [J]. Nature Nanotechnology, 2012, 7(7): 428-432.

[156] Lyu F, Zhang Y, Zare R N, Ge J, Liu Z. One-Pot Synthesis of Protein-Embedded Metal-Organic Frameworks with Enhanced Biological Activities [J]. Nano Letters, 2014, 14(10): 5761-5765.

[157] Wu X, Ge J, Yang C, Hou M, Liu Z. Facile synthesis of multiple enzyme-containing metal-organic frameworks in a biomolecule-friendly environment [J]. Chemical Communications, 2015, 51(69): 13408-13411.

[158] Zhang C, Wang X, Hou M, Li X, Wu X, Ge J. Immobilization on Metal-Organic Framework Engenders High Sensitivity for Enzymatic Electrochemical Detection [J]. ACS Applied Materials & Interfaces, 2017, 9(16): 13831-13836.

[159] Zhang Y, Ge J, Liu Z. Enhanced Activity of Immobilized or Chemically Modified Enzymes [J]. ACS Catalysis, 2015, 5(8): 4503-4513.

[160] Hu C, Bai Y, Hou M, Wang Y, Wang L, Cao X, Chan C W, Sun H, Li W, Ge J, Ren K. Defect-induced

activity enhancement of enzyme-encapsulated metal-organic frameworks revealed in microfluidic gradient mixing synthesis [J]. Science Advances, 2020, 6(5): eaax5785.

[161] Wu X, Yue H, Zhang Y, Gao X, Li X, Wang L, Cao Y, Hou M, An H, Zhang L, Li S, Ma J, Lin H, Fu Y, Gu H, Lou W, Wei W, Zare R N, Ge J. Packaging and delivering enzymes by amorphous metal-organic frameworks [J]. Nature Communications, 2019, 10(1): 5165.

[162] Li X, Cao Y, Luo K, Sun Y, Xiong J, Wang L, Liu Z, Li J, Ma J, Ge J, Xiao H, Zare R N. Highly active enzyme-metal nanohybrids synthesized in protein-polymer conjugates [J]. Nature Catalysis, 2019, 2(8): 718-725.

[163] 邢卫红, 顾学红. 高性能膜材料与膜技术[M]. 北京：化学工业出版社, 2017.

[164] 史冬梅, 张雷, 李丹. 高性能膜材料国内外发展现状与趋势[J]. 科技中国, 2019, 04: 4-7.

[165] Liu G, Jin W, Xu N. Two-Dimensional-Material Membranes: A New Family of High-Performance Separation Membranes [J]. Angewandte Chemie International Edition, 2016, 55(43): 13384-13397.

[166] Li X, Liu Y, Wang J, Gascon J, Li J, van der Bruggen B. Metal-organic frameworks based membranes for liquid separation [J]. Chemical Society Reviews, 2017, 46(23): 7124-7144.

[167] Wang D, Fan Y, Zhang M, Moore R B, Cornelius C J. Ionomer solution to film solidification dependence upon solvent type and its impact upon morphology and ion transport [J]. European Polymer Journal, 2017, 97: 169-177.

[168] Cao L, He X, Jiang Z, Li X, Li Y, Ren Y, Yang L, Wu H. Channel-facilitated molecule and ion transport across polymer composite membranes [J]. Chemical Society Reviews, 2017, 46(22): 6725-6745.

[169] Ong Y K, Shi G M, Le N L, Tang Y P, Zuo J, Nunes S P, Chung T S. Recent membrane development for pervaporation processes [J]. Progress in Polymer Science, 2016, 57: 1-31.

[170] Drioli E, Barbieri G, Peter L, Pullumbi P. Membrane engineering for the treatment of gases: Gas-separation problems with membranes [M]. Royal Society of Chemistry, 2011.

[171] 贺高红, 陈博, 阮雪华, 等. 一种使用膜分离与变压吸附联合处理炼厂气的方法和系统: ZL201410851664.9. 2014-12-31.

[172] Dakhchoune M, Villalobos L F, Semino R, Liu L, Rezaei M, Schouwink P, Avalos C E, Baade P, Wood V, Han Y, Ceriotti M, Agrawal K V. Gas-sieving zeolitic membranes fabricated by condensation of precursor nanosheets [J]. Nature materials, 2020, 20(3): 362-369.

[173] Ma C, Urban J J. Hydrogen-Bonded Polyimide/Metal-Organic Framework Hybrid Membranes for Ultrafast Separations of Multiple Gas Pairs [J]. Advanced Functional Materials, 2019, 29(32): 1903243.

[174] Dai Y, Li Q, Ruan X, Hou Y, Jiang X, Yan X, He G, Meng F, Wang Z. Fabrication of defect-free Matrimid®asymmetric membranes and the elevated temperature application for N_2/SF_6 separation [J]. Journal of Membrane Science, 2019, 577: 258-265.

[175] Xiang L, Sheng L Q, Wang C Q, Zhang L X, Pan Y C, Li Y S. Amino-Functionalized ZIF-7 Nanocrystals: Improved Intrinsic Separation Ability and Interfacial Compatibility in Mixed-Matrix Membranes for CO_2/CH_4 Separation [J]. Advanced Materials, 2017, 29(32): 1606999-1607006.

[176] Zeng S, Zhang X, Bai L, Zhang X, Wang H, Wang J, Bao D, Li M, Liu X, Zhang S. Ionic-Liquid-Based CO_2 Capture Systems: Structure, Interaction and Process [J]. Chemical Reviews, 2017, 117(14): 9625-9673.

[177] Qiao Z, Zhao S, Sheng M, Wang J, Wang S, Wang Z, Zhong C, Guiver M D. Metal-induced ordered microporous polymers for fabricating large-area gas separation membranes [J]. Nature Materials, 2018, 18(2): 163-168.

[178] Ma C, Zhang C, Labreche Y, Fu S, Liu L, Koros W J. Thin-skinned intrinsically defect-free asymmetric mono-esterified hollow fiber precursors for crosslinkable polyimide gas separation membranes [J]. Journal of Membrane Science, 2015, 493: 252-262.

[179] Ma C, Koros W J. Ester-Cross-linkable Composite Hollow Fiber Membranes for CO_2 Removal from Natural Gas [J]. Industrial & Engineering Chemistry Research, 2013, 52(31): 10495-10505.

[180] Yang K, Dai Y, Ruan X, Zheng W, Yang X, Ding R, He G. Stretched ZIF-8@GO flake-like fillers via pre-Zn(II)-doping strategy to enhance CO_2 permeation in mixed matrix membranes [J]. Journal of

Membrane Science, 2020, 601: 117934.

[181] Guo Z X, Zheng W J, Yan X M, Dai Y, Ruan X H, Yang X C, Li X C, Zhang N, He G H. Ionic liquid tuning nanocage size of MOFs through a two-step adsorption/infiltration strategy for enhanced gas screening of mixed-matrix membranes [J]. Journal of Membrane Science, 2020, 605: 118101.

[182] 潘宜昌, 邢卫红. 丙烯/丙烷分离的ZIF-8膜研究进展[J]. 化 工 进 展, 2020, 39(6): 2036-2048.

[183] Zhou S, Wei Y Y, Li L B, Duan Y F, Hou Q Q, Zhang L L, Ding L X, Xue J, Wang H H, Caro J. Paralyzed membrane: Current-driven synthesis of a metal-organic framework with sharpened propene/propane separation [J]. Science Advances, 2018, 4(10): eaau1393.

[184] Bachman J E, Smith Z P, Li T, Xu T, Long J R. Enhanced ethylene separation and plasticization resistance in polymer membranes incorporating metal-organic framework nanocrystals [J]. Nature Materials, 2016, 15(8): 845-851.

[185] Zheng Y, Hu N, Wang H, Bu N, Zhang F, Zhou R. Preparation of steam-stable high-silica CHA (SSZ-13) membranes for CO_2/CH_4 and C_2H_4/C_2H_6 separation [J]. Journal of Membrane Science, 2015, 475: 303-310.

[186] Wang Q, Wu A, Zhong S, Wang B, Zhou R. Highly (h0h)-oriented silicalite-1 membranes for butane isomer separation [J]. Journal of Membrane Science, 2017, 540: 50-59.

[187] Feng S S, Zhong Z X, Wang Y, Xing W H, Drioli E. Progress and perspectives in PTFE membrane: Preparation, modification, and applications [J]. Journal of Membrane Science, 2018, 549: 332-349.

[188] Wang X, Jiang J, Liu D, Xue Y, Zhang C, Gu X. Evaluation of hollow fiber T-type zeolite membrane modules for ethanol dehydration [J]. Chinese Journal of Chemical Engineering, 2017, 25(5): 581-586.

[189] Chen C, Cheng Y, Peng L, Zhang C, Wu Z, Gu X, Wang X, Murad S. Fabrication and stability exploration of hollow fiber mordenite zeolite membranes for isopropanol/water mixture separation [J]. Microporous and Mesoporous Materials, 2019, 274: 347-355.

[190] Ji M, Gao X, Wang X, Zhang Y, Jiang J, Gu X. An ensemble synthesis strategy for fabrication of hollow fiber T-type zeolite membrane modules [J]. Journal of Membrane Science, 2018, 563: 460-469.

[191] Yu C, Liu Y, Chen G, Gu X, Xing W. Pretreatment of Isopropanol Solution from Pharmaceutical Industry and Pervaporation Dehydration by NaA Zeolite Membranes [J]. Chinese Journal of Chemical Engineering, 2011, 19(6): 904-910.

[192] Liu G, Chernikova V, Liu Y, Zhang K, Belmabkhout Y, Shekhah O, Zhang C, Yi S, Eddaoudi M, Koros W J. Mixed matrix formulations with MOF molecular sieving for key energy-intensive separations [J]. Nature Materials, 2018, 17(3): 283-289.

[193] Wang N, Huang Z, Li X, Li J, Ji S, An Q F. Tuning molecular sieving channels of layered double hydroxides membrane with direct intercalation of amino acids [J]. Journal of Materials Chemistry A, 2018, 6(35): 17148-17155.

[194] Wang N, Li Q, Li X, Zhang W, Ji S, An Q F. Vacuum-assisted assembly of iron cage intercalated layered double hydroxide composite membrane for water purification [J]. Journal of Membrane Science, 2020, 603: 118032-118040.

[195] Guo Y S, Ji Y L, Wu B, Wang N X, Yin M J, An Q F, Gao C J. High-flux zwitterionic nanofiltration membrane constructed by in-situ introduction method for monovalent salt/antibiotics separation [J]. Journal of Membrane Science, 2020, 593: 117441-117451.

[196] Wu J K, Yin M J, Han W, Wang N, An Q F. Development of high-performance polyelectrolyte-complex-nanoparticle-based pervaporation membranes via convenient tailoring of charged groups [J]. Journal of Materials Science, 2020, 55(26): 12607-12620.

[197] Zheng P Y, Zhang W H, Li C, Wang N X, Li J, Qin Z P, An Q F. Efficient bio-ethanol recovery by non-contact vapor permeation process using membranes with tailored pore size and hydrophobicity [J]. Chemical Engineering Science, 2019, 207: 448-455.

[198] Wu J K, Wang N X, Hung W S, Zhao Q, Lee K R, An Q F. Self-assembled soft nanoparticle membranes with programmed free volume hierarchy [J]. Journal of Materials Chemistry A, 2018, 6(45): 22925-22930.

[199] Zheng P Y, Ye C C, Wang X S, Chen K F, An Q F, Lee K R, Gao C J. Poly(sodium vinylsulfonate)/

chitosan membranes with sulfonate ionic cross-linking and free sulfate groups: preparation and application in alcohol dehydration [J]. Journal of Membrane Science, 2016, 510: 220-228.

[200] Ye C C, Zhao F Y, Wu J K, Weng X D, Zheng P Y, Mi Y F, An Q F, Gao C J. Sulfated polyelectrolyte complex nanoparticles structured nanoflitration membrane for dye desalination [J]. Chemical Engineering Journal, 2017, 307: 526-536.

[201] Wu J K, Ye C C, Zhang W H, Wang N X, Lee K R, An Q F. Construction of well-arranged graphene oxide/polyelectrolyte complex nanoparticles membranes for pervaporation ethylene glycol dehydration [J]. Journal of Membrane Science, 2019, 577: 104-112.

[202] 徐如人, 庞文琴, 霍启升. 分子筛与多孔材料化学[M]. 北京：科学出版社, 2015.

[203] Bereciartua P J, CantínÁ, Corma A, JordáJ L, Palomino M, Rey F, Valencia S, Corcoran E W, Kortunov P, Ravikovitch P I, Burton A, Yoon C, Yu W, Paur C, Guzman J, Bishop A R, Casty G L. Control of zeolite framework flexibility and pore topology for separation of ethane and ethylene [J]. Science, 2017, 358(6366): 1068-1071.

[204] Chai Y, Han X, Li W, Liu S, Yao S, Wang C, Shi W, Da-Silva I, Manuel P, Cheng Y, Daemen L D, Ramirez-Cuesta A J, Tang C C, Jiang L, Yang S, Guan N, Li L. Control of zeolite pore interior for chemoselective alkyne/olefin separations [J]. Science, 2020, 368(6494): 1002-1006.

[205] Liu L, Yang J, Li J, Dong J, Šišak D, Luzzatto M, Mccusker L. Ionothermal Synthesis and Structure Analysis of an Open-Framework Zirconium Phosphate with a High CO_2/CH_4 Adsorption Ratio [J]. Angewandte Chemie International Edition, 2011, 123(35): 8289-8292.

[206] Yang J, Bai H, Shang H, Wang J, Li J, Deng S. Experimental and simulation study on efficient CH_4/N_2 separation by pressure swing adsorption on silicalite-1 pellets [J]. Chemical Engineering Journal, 2020, 388: 124222-124230.

[207] Cui X, Chen K, Xing H, Yang Q, Krishna R, Bao Z, Wu H, Zhou W, Dong X, Han Y, Li B, Ren Q, Zaworotko M J, Chen B. Pore chemistry and size control in hybrid porous materials for acetylene capture from ethylene [J]. Science, 2016, 353(6295): 141-144.

[208] Liao P Q, Huang N Y, Zhang W X, Zhang J P, Chen X M. Controlling guest conformation for efficient purification of butadiene [J]. Science, 2017, 356(6343): 1193-1196.

[209] Lin R B, Li L, Zhou H L, Wu H, He C, Li S, Krishna R, Li J, Zhou W, Chen B. Molecular sieving of ethylene from ethane using a rigid metal-organic framework [J]. Nature Materials, 2018, 17(12): 1128-1133.

[210] Li L B, Lin R B, Krishna R, Li H, Xiang S C, Wu H, Li J P, Zhou W, Chen B L. Ethane/ethylene separation in a metal-organic framework with iron-peroxo sites [J]. Science, 2018, 362(6413): 443-446.

[211] Chen K J, Madden D G, Mukherjee S, Pham T, Forrest K A, Kumar A, Space B, Kong J, Zhang Q Y, Zaworotko M J. Synergistic sorbent separation for one-step ethylene purification from a four-component mixture [J]. Science, 2019, 366(6462): 241-246.

[212] Zhang Z, Yang Q, Cui X, Yang L, Bao Z, Ren Q, Xing H. Sorting of C-4 Olefins with Interpenetrated Hybrid Ultramicroporous Materials by Combining Molecular Recognition and Size-Sieving [J]. Angewandte Chemie International Edition, 2017, 56(51): 16282-16287.

[213] Xie L H, Liu X M, He T, Li J R. Metal-Organic Frameworks for the Capture of Trace Aromatic Volatile Organic Compounds [J]. Chemistry, 2018, 4(8): 1911-1927.

[214] Wang B, Wang P, Xie L H, Lin R B, Lv J, Li J R, Chen B. A stable zirconium based metal-organic framework for specific recognition of representative polychlorinated dibenzo-p-dioxin molecules [J]. Nature Communications, 2019, 10(1): 1-8.

[215] Mcguirk C M, Siegelman R L, Drisdell W S, Runčevski T, Milner P J, Oktawiec J, Wan L F, Su G M, Jiang H Z H, Reed D A, Gonzalez M I, Prendergast D, Long J R. Cooperative adsorption of carbon disulfide in diamine-appended metal-organic frameworks [J]. Nature Communications, 2018, 9(1): 1-10.

[216] Belmabkhout Y, Bhatt P M, Adil K, Pillai R S, Cadiau A, Shkurenkol A, Maurin G, Liu G, Koros W, Eddaoudi M. Natural gas upgrading using a fluorinated MOF with tuned H_2S and CO_2 adsorption selectivity [J]. Nature Energy, 2018, 3(12): 1059-1066.

[217] Li J, Han X, Zhang X, Sheveleva A M, Cheng Y, Tuna F, Mcinnes E J L, Mcpherson L J M, Teat S J, Daemen L L, Ramirez-Cuesta A J, Schroder M, Yang S. Capture of nitrogen dioxide and conversion to nitric acid in a porous metal-organic framework [J]. Nature Chemistry, 2019, 11(12): 1085-1090.

[218] Cote A P, Benin A I, Ockwig N W, O'keeffe M, Matzger A J, Yaghi O M. Porous, crystalline, covalent organic frameworks [J]. Science, 2005, 310(5751): 1166-1170.

[219] Doonan C J, Tranchemontagne D J, Glover T G, Hunt J R, Yaghi O M. Exceptional ammonia uptake by a covalent organic framework [J]. Nature Chemistry, 2010, 2(3): 235-238.

[220] Nguyen H L, Hanikel N, Lyle S J, Zhu C, Proserpio D M, Yaghi O M. A Porous Covalent Organic Framework with Voided Square Grid Topology for Atmospheric Water Harvesting [J]. Journal of the American Chemical Society, 2020, 142(5): 2218-2221.

[221] Liang W W, Zhang Y F, Wang X J, Wu Y, Zhou X, Xiao J, Li Y W, Wang H H, Li Z. Asphal-derived high surface area activated porous carbons for the effective adsorption separation of ethane and ethylene [J]. Chemical Engineering Science, 2017, 162: 192-202.

[222] Suo X, Cui X, Yang L, Xu N, Huang Y, He Y, Dai S, Xing H. Synthesis of Ionic Ultramicroporous Polymers for Selective Separation of Acetylene from Ethylene [J]. Advanced Materials, 2020, 32(29): 1907601-1907609.

[223] Yue Y, Mayes R T, Kim J, Fulvio P F, Sun X G, Tsouris C, Chen J, Brown S, Dai S. Seawater Uranium Sorbents: Preparation from a Mesoporous Copolymer Initiator by Atom-Transfer Radical Polymerization [J]. Angewandte Chemie-International Edition, 2013, 52(50): 13458-13462.

[224] Sun Q, Aguila B, Perman J, Ivanov A S, Bryantsev V S, Earl L D, Abney C W, Wojtas L, Ma S Q. Bio-inspired nano-traps for uranium extraction from seawater and recovery from nuclear waste [J]. Nature Communications, 2018, 9: 1644-1652.

[225] Kim J W, Suh K D. Monodisperse polymer particles synthesized by seeded polymerization techniques [J]. Journal of Industrial and Engineering Chemistry, 2008, 14(1): 1-9.

[226] Zhou Q Z, Wang L Y, Ma G H, Su Z G. Preparation of uniform-sized agarose beads by microporous membrane emulsification technique [J]. Journal of Colloid and Interface Science, 2007, 311(1): 118-127.

[227] Wang R, Zhang Y, Ma G, Su Z. Modification of poly(glycidyl methacrylate-divinylbenzene) porous microspheres with polyethylene glycol and their adsorption property of protein [J]. Colloids and Surfaces B: Biointerfaces, 2006, 51(1): 93-99.

[228] Qu H, Gong F, Ma G, Su Z. Preparation and characterization of large porous poly(HEMA-co-EDMA) microspheres with narrow size distribution by modified membrane emulsification method [J]. Journal of Applied Polymer Science, 2007, 105(3): 1632-1641.

[229] Hao D X, Gong F L, Wei W, Hu G H, Ma G H, Su Z G. Porogen effects in synthesis of uniform micrometer-sized poly(divinylbenzene) microspheres with high surface areas [J]. Journal of Colloid and Interface Science, 2008, 323(1): 52-59.

[230] Tiainen P, Gustavsson P E, Ljunglöf A, Larsson P O. Superporous agarose anion exchangers for plasmid isolation [J]. Journal of Chromatography A, 2007, 1138(1-2): 84-94.

[231] Zhou X, Sun Y, Liu Z. Superporous pellicular agarose-glass composite particle for protein adsorption [J]. Biochemical Engineering Journal, 2007, 34(2): 99-106.

[232] Zhou W Q, Gu T Y, Su Z G, Ma G H. Synthesis of macroporous poly(styrene-divinyl benzene) microspheres by surfactant reverse micelles swelling method [J]. Polymer, 2007, 48(7): 1981-1988.

[233] Yu M, Zhang S, Zhang Y, Yang Y, Ma G, Su Z. Microcalorimetric study of adsorption and disassembling of virus-like particles on anion exchange chromatography media [J]. Journal of Chromatography A, 2015, 1388: 195-206.

[234] Liang S, Yang Y, Sun L, Zhao Q, Ma G, Zhang S, Su Z. Denaturation of inactivated FMDV in ion exchange chromatography: Evidence by differential scanning calorimetry analysis [J]. Biochemical Engineering Journal, 2017, 124: 99-107.

[235] Huang Y, Bi J, Zhang Y, Zhou W, Li Y, Zhao L, Su Z. A highly efficient integrated chromatographic

procedure for the purification of recombinant hepatitis B surface antigen from Hansenula polymorpha [J]. Protein Expression and Purification, 2007, 56(2): 301-310.

[236] Li H, Yang Y, Zhang Y, Zhang S, Zhao Q, Zhu Y, Zou X, Yu M, Ma G, Su Z. A hydrophobic interaction chromatography strategy for purification of inactivated foot-and-mouth disease virus [J]. Protein Expression and Purification, 2015, 113: 23-29.

[237] 樊美公, 姚建年, 佟振合. 分子光化学与光功能材料科学[M]. 北京：科学出版社,2009.

[238] Celli J P, Spring B Q, Rizvi I, Evans C L, Samkoe K S, Verma S, Pogue B W, Hasan A T. Imaging and Photodynamic Therapy: Mechanisms, Monitoring, and Optimization [J]. Chemical Reviews 2010, 110: 2795-2838.

[239] Gu K, Zhu W H, Peng X. Enhancement strategies of targetability, response and photostability for in vivo bioimaging [J]. Science China Chemistry, 2019, 62(2): 189-198.

[240] Zhu H, Fan J, Wang J, Mu H, Peng X. An "enhanced PET" -based fluorescent probe with ultrasensitivity for imaging basal and elesclomol-induced HClO in cancer cells [J]. Journal of the American Chemical Society, 2014, 136(37): 12820-12823.

[241] Nguyen Q T, Olson E S, Aguilera T A, Jiang T, Scadeng M, Ellies L G, Tsien R Y. Surgery with molecular fluorescence imaging using activatable cell-penetrating peptides decreases residual cancer and improves survival [J]. Proceedings of the National Academy of Sciences, 2010, 107(9): 4317-4322.

[242] Zhang H, Fan J, Wang J, Zhang S, Dou B, Peng X. An off-on COX-2-specific fluorescent probe: targeting the Golgi apparatus of cancer cells [J]. Journal of the American Chemical Society, 2013, 135(31): 11663-11669.

[243] Zhang H, Fan J, Wang J, Dou B, Zhou F, Cao J, Qu J, Cao Z, Zhao W, Peng X. Fluorescence discrimination of cancer from inflammation by molecular response to COX-2 enzymes [J]. Journal of the American Chemical Society, 2013, 135(46): 17469-17475.

[244] Li H, Yao Q, Sun W, Shao K, Lu Y, Chung J, Kim D, Fan J, Long S, Du J, Li Y, Wang J, Yoon J, Peng X. Aminopeptidase N Activatable Fluorescent Probe for Tracking Metastatic Cancer and Image-Guided Surgery via in Situ Spraying [J]. Journal of the American Chemical Society, 2020, 142(13): 6381-6389.

[245] Peng X, Wu T, Fan J, Wang J, Zhang S, Song F, Sun S. An effective minor groove binder as a red fluorescent marker for live-cell DNA imaging and quantification [J]. Angewandte Chemie International Edition, 2011, 50(18): 4180-4183.

[246] Peng X, Yang Z, Wang J, Fan J, He Y, Song F, Wang B, Sun S, Qu J, Qi J, Yan M. Fluorescence ratiometry and fluorescence lifetime imaging: using a single molecular sensor for dual mode imaging of cellular viscosity [J]. Journal of the American Chemical Society, 2011, 133(17): 6626-6635.

[247] Nguyen V N, Qi S, Kim S, Kwon N, Kim G, Yim Y, Park S, Yoon J. An Emerging Molecular Design Approach to Heavy-Atom-Free Photosensitizers for Enhanced Photodynamic Therapy under Hypoxia [J]. Journal of the American Chemical Society, 2019, 141(41): 16243-16248.

[248] Li M, Xia J, Tian R, Wang J, Fan J, Du J, Long S, Song X, Foley J W, Peng X. Near-Infrared Light-Initiated Molecular Superoxide Radical Generator: Rejuvenating Photodynamic Therapy against Hypoxic Tumors [J]. Journal of the American Chemical Society, 2018, 140(44): 14851-14859.

[249] Zeng S, Liu L, Shang D, Feng J, Dong H, Xu Q, Zhang X, Zhang S. Efficient and reversible absorption of ammonia by cobalt ionic liquids through Lewis acid-base and cooperative hydrogen bond interactions [J]. Green Chemistry, 2018, 20(9): 2075-2083.

[250] Zhao X, Li J, Tian P, Wang L, Li X, Lin S, Guo X, Liu Z. Achieving a Superlong Lifetime in the Zeolite-Catalyzed MTO Reaction under High Pressure: Synergistic Effect of Hydrogen and Water [J]. ACS Catalysis, 2019, 9(4): 3017-3025.

[251] Zhao X, Long S, Li M, Cao J, Li Y, Guo L, Sun W, Du J, Fan J, Peng X. Oxygen-Dependent Regulation of Excited-State Deactivation Process of Rational Photosensitizer for Smart Phototherapy [J]. Journal of the American Chemical Society, 2020, 142(3): 1510-1517.

[252] Nyborg W L. Biological effects of ultrasound: development of safety guidelines. Part Ⅱ: general

review [J]. Ultrasound in Medicine & Biology, 2001, 27: 301-333.

[253] Irie M. Photochromism: Memories and switches-introduction [J]. Chemical Reviews, 2000, 100(5): 1683-1684.

[254] Zhang J, Zou Q, Tian H. Photochromic materials: more than meets the eye [J]. Advanced Materials, 2013, 25(3): 378-399.

[255] Hagfeldt A, Boschloo G, Sun L, Kloo L, Pettersson A H. Dye-Sensitized Solar Cells [J]. Chemical Reviews 2010, 110: 6595-6663.

[256] Zhu W, Wu Y, Wang S, Li W, Li X, Chen J, Wang Z S, Tian H. Organic D-A-π-A Solar Cell Sensitizers with Improved Stability and Spectral Response [J]. Advanced Functional Materials, 2011, 21(4): 756-763.

[257] Li W, Wu Y, Zhang Q, Tian H, Zhu W. D-A-π-A featured sensitizers bearing phthalimide and benzotriazole as auxiliary acceptor: effect on absorption and charge recombination dynamics in dye-sensitized solar cells [J]. ACS Applied Materials & Interfaces, 2012, 4(3): 1822-1830.

[258] Wu Y, Marszalek M, Zakeeruddin S M, Zhang Q, Tian H, Grätzel M, Zhu W. High-conversion-efficiency organic dye-sensitized solar cells: molecular engineering on D-A-π-A featured organic indoline dyes [J]. Energy & Environmental Science, 2012, 5(8): 8261-8272.

[259] Wu Y, Zhang X, Li W, Wang Z S, Tian H, Zhu W. Hexylthiophene-Featured D-A-π-A Structural Indoline Chromophores for Coadsorbent-Free and Panchromatic Dye-Sensitized Solar Cells [J]. Advanced Energy Materials, 2012, 2(1): 149-156.

[260] Jiang H, Ren Y, Zhang W, Wu Y, Socie E C, Carlsen B I, Moser J E, Tian H, Zakeeruddin S M, Zhu W H, Gratzel M. Phenanthrene-Fused-Quinoxaline as a Key Building Block for Highly Efficient and Stable Sensitizers in Copper-Electrolyte-Based Dye-Sensitized Solar Cells [J]. Angewandte Chemie International Edition, 2020, 59(24): 9324-9329.

[261] Zhang W, Wu Y, Bahng H W, Cao Y, Yi C, Saygili Y, Luo J, Liu Y, Kavan L, Moser J E, Hagfeldt A, Tian H, Zakeeruddin S M, Zhu W H, Grätzel M. Comprehensive control of voltage loss enables 11.7% efficient solid-state dye-sensitized solar cells [J]. Energy & Environmental Science, 2018, 11(7): 1779-1787.

[262] Cui Y, Wu Y, Lu X, Zhang X, Zhou G, Miapeh F B, Zhu W, Wang Z S. Incorporating Benzotriazole Moiety to Construct D-A-π-A Organic Sensitizers for Solar Cells: Significant Enhancement of Open-Circuit Photovoltage with Long Alkyl Group [J]. Chemistry of Materials, 2011, 23(19): 4394-4401.

[263] Wu Y, Zhu W. Organic sensitizers from D-π-A to D-A-π-A: effect of the internal electron-withdrawing units on molecular absorption, energy levels and photovoltaic performances [J]. Chemical Society Reviews, 2013, 42(5): 2039-2058.

[264] Wu Y, Zhu W H, Zakeeruddin S M, Gratzel M. Insight into D-A-π-A Structured Sensitizers: A Promising Route to Highly Efficient and Stable Dye-Sensitized Solar Cells [J]. ACS Applied Materials & Interfaces, 2015, 7(18): 9307-9318.

[265] Ren Y, Flores Díaz N, Zhang D, Cao Y, Decoppet J D, Fish G C, Moser J E, Zakeeruddin S M, Wang P, Hagfeldt A, Grätzel M. Blue Photosensitizer with Copper(Ⅱ / Ⅰ) Redox Mediator for Efficient and Stable Dye-Sensitized Solar Cells [J]. Advanced Functional Materials, 2020, 30(50): 2004804.

[266] Meng X, Zhu W, Zhang Q, Feng Y, Tan W, Tian A H. Novel Bisthienylethenes Containing Naphthalimide as the Center Ethene Bridge: Photochromism and Solvatochromism for Combined NOR and INHIBIT Logic Gates [J]. Journal of Chemical Physics, 2008, 112: 15636-15645.

[267] Zhu W, Meng X, Yang Y, Zhang Q, Xie Y, Tian H. Bisthienylethenes containing a benzothiadiazole unit as a bridge: photochromic performance dependence on substitution position [J]. Chemistry, 2010, 16(3): 899-906.

[268] Zhu W, Yang Y, Metivier R, Zhang Q, Guillot R, Xie Y, Tian H, Nakatani K. Unprecedented stability of a photochromic bisthienylethene based on benzobisthiadiazole as an ethene bridge [J]. Angewandte Chemie International Edition, 2011, 50(46): 10986-10990.

[269] Li W, Jiao C, Li X, Xie Y, Nakatani K, Tian H, Zhu W. Separation of photoactive conformers based on hindered diarylethenes: efficient modulation in photocyclization quantum yields [J]. Angewandte

Chemie International Edition, 2014, 53(18): 4603-4607.

[270] Yoon J, de Silva A P. Sterically Hindered Diaryl Benzobis(thiadiazole)s as Effective Photochromic Switches [J]. Angewandte Chemie International Edition, 2015, 54(34): 9754-9756.

[271] Chen S, Chen L J, Yang H B, Tian H, Zhu W. Light-triggered reversible supramolecular transformations of multi-bisthienylethene hexagons [J]. Journal of the American Chemical Society, 2012, 134(33): 13596-13599.

[272] Li M, Chen L J, Cai Y, Luo Q, Li W, Yang H B, Tian H, Zhu W H. Light-Driven Chiral Switching of Supramolecular Metallacycles with Photoreversibility [J]. Chem, 2019, 5(3): 634-648.

[273] Tang C W, Vanslyke S A. Organic electroluminescent diodes [J]. Applied Physics Letters, 1987, 51(12): 913-915.

[274] Zhang D, Duan L, Li Y, Li H, Bin Z, Zhang D, Qiao J, Dong G, Wang L, Qiu Y. Towards High Efficiency and Low Roll-Off Orange Electrophosphorescent Devices by Fine Tuning Singlet and Triplet Energies of Bipolar Hosts Based on Indolocarbazole/1, 3, 5-Triazine Hybrids [J]. Advanced Functional Materials, 2014, 24(23): 3551-3561.

[275] Peng C C, Yang S Y, Li H C, Xie G H, Cui L S, Zou S N, Poriel C, Jiang Z Q, Liao L S. Highly Efficient Thermally Activated Delayed Fluorescence via an Unconjugated Donor-Acceptor System Realizing EQE of Over 30 [J]. Advanced Materials, 2020, 32(48): e2003885.

[276] Liu M, Komatsu R, Cai X, Hotta K, Sato S, Liu K, Chen D, Kato Y, Sasabe H, Ohisa S, Suzuri Y, Yokoyama D, Su S J, Kido J. Horizontally Orientated Sticklike Emitters: Enhancement of Intrinsic Out-Coupling Factor and Electroluminescence Performance [J]. Chemistry of Materials, 2017, 29(20): 8630-8636.

[277] Zeng W, Lai H Y, Lee W K, Jiao M, Shiu Y J, Zhong C, Gong S, Zhou T, Xie G, Sarma M, Wong K T, Wu C C, Yang C. Achieving Nearly 30% External Quantum Efficiency for Orange-Red Organic Light Emitting Diodes by Employing Thermally Activated Delayed Fluorescence Emitters Composed of 1,8-Naphthalimide-Acridine Hybrids [J]. Advanced Materials, 2018, 30(5): 1704961.

[278] Xiang Y, Li P, Gong S, Huang Y H, Wang C Y, Zhong C, Zeng W, Chen Z, Lee W K, Yin X, Wu C C, Yang C. Acceptor plane expansion enhances horizontal orientation of thermally activated delayed fluorescence emitters [J]. Science Advances, 2020, 6(41): eaba7855.

[279] 张兆超, 李崇. 一种以三嗪和苯并咪唑为核心的有机化合物及其在有机电致发光器件上的应用: ZL201710261803.6 [P/OL]. 2019-03-08[2017-05-11].

[280] 李崇，叶中华，张兆超．一种以激基复合物作为主体材料的有机电致发光器件：ZL 201810455724.3 [P/OL]. 2019-11-22[2018-05-14].

[281] Hu J, Li Q, Wang X, Shao S, Wang L, Jing X, Wang F. Developing Through-Space Charge Transfer Polymers as a General Approach to Realize Full-Color and White Emission with Thermally Activated Delayed Fluorescence [J]. Angewandte Chemie International Edition, 2019, 58(25): 8405-8409.

[282] Xie G, Luo J, Huang M, Chen T, Wu K, Gong S, Yang C. Inheriting the Characteristics of TADF Small Molecule by Side-Chain Engineering Strategy to Enable Bluish-Green Polymers with High PLQYs up to 74% and External Quantum Efficiency over 16% in Light-Emitting Diodes [J]. Advanced Materials, 2017, 29(11): 1604224.

[283] Baldo M A, O'brien D F, You Y, Shoustikov A, Sibley S, Thompson M E, Forrest S R. Highly efficient phosphorescent emission fromorganic electroluminescent devices [J]. Nature, 1998, 395(6698): 151-154.

[284] Wang R, Liu D, Ren H, Zhang T, Yin H, Liu G, Li J. Highly efficient orange and white organic light-emitting diodes based on new orange iridium complexes [J]. Advanced Materials, 2011, 23(25): 2823-2827.

[285] Liu D, Deng L, Li W, Yao R, Li D, Wang M, Zhang S. Novel $Ir(ppy)_3$ Derivatives: Simple Structure Modification Toward Nearly 30% External Quantum Efficiency in Phosphorescent Organic Light-Emitting Diodes [J]. Advanced Optical Materials, 2016, 4(6): 864-870.

[286] Li K, Ming Tong G S, Wan Q, Cheng G, Tong W Y, Ang W H, Kwong W L, Che C M. Highly phosphorescent platinum(ii) emitters: photophysics, materials and biological applications [J].

Chemical Science, 2016, 7(3): 1653-1673.

[287] Li L K, Tang M C, Lai S L, Ng M, Kwok W K, Chan M Y, Yam V W W. Strategies towards rational design of gold(iii) complexes for high-performance organic light-emitting devices [J]. Nature Photonics, 2019, 13(3): 185-191.

[288] Zhou D, To W P, Tong G S M, Cheng G, Du L, Phillips D L, Che C M. Tetradentate Gold(Ⅲ) Complexes as Thermally Activated Delayed Fluorescence (TADF) Emitters: Microwave-Assisted Synthesis and High-Performance OLEDs with Long Operational Lifetime [J]. Angewandte Chemie International Edition, 2020, 59(16): 6375-6382.

[289] Li W, Pan Y, Yao L, Liu H, Zhang S, Wang C, Shen F, Lu P, Yang B, Ma Y. A Hybridized Local and Charge-Transfer Excited State for Highly Efficient Fluorescent OLEDs: Molecular Design, Spectral Character, and Full Exciton Utilization [J]. Advanced Optical Materials, 2014, 2(9): 892-901.

[290] Xu Y, Liang X, Zhou X, Yuan P, Zhou J, Wang C, Li B, Hu D, Qiao X, Jiang X, Liu L, Su S J, Ma D, Ma Y. Highly Efficient Blue Fluorescent OLEDs Based on Upper Level Triplet-Singlet Intersystem Crossing [J]. Advanced Materials 2019, 31(12): e1807388.

[291] Peng Q, Obolda A, Zhang M, Li F. Organic Light-Emitting Diodes Using a Neutral pi Radical as Emitter: The Emission from a Doublet [J]. Angewandte Chemie International Edition, 2015, 54(24): 7091-7095.

[292] Ai X, Evans E W, Dong S, Gillett A J, Guo H, Chen Y, Hele T J H, Friend R H, Li F. Efficient radical-based light-emitting diodes with doublet emission [J]. Nature, 2018, 563(7732): 536-540.

[293] Gu L, Shi H, Bian L, Gu M, Ling K, Wang X, Ma H, Cai S, Ning W, Fu L, Wang H, Wang S, Gao Y, Yao W, Huo F, Tao Y, An Z, Liu X, Huang W. Colour-tunable ultra-long organic phosphorescence of a single-component molecular crystal [J]. Nature Photonics, 2019, 13(6): 406-411.

[294] Bhardwaj A, Kaur J, Wuest M, Wuest F. In situ click chemistry generation of cyclooxygenase-2 inhibitors [J]. Nature Communications, 2017, 8(1): 1-14.

[295] Kabe R, Adachi C. Organic long persistent luminescence [J]. Nature, 2017, 550(7676): 384-387.

[296] Chaskar A, Chen H F, Wong K T. Bipolar host materials: a chemical approach for highly efficient electrophosphorescent devices [J]. Advanced Materials, 2011, 23(34): 3876-3895.

[297] Su S J, Cai C, Kido J. RGB Phosphorescent Organic Light-Emitting Diodes by Using Host Materials with Heterocyclic Cores: Effect of Nitrogen Atom Orientations [J]. Chemistry of Materials, 2011, 23(2): 274-284.

[298] Zhang D, Song X, Cai M, Kaji H, Duan L. Versatile Indolocarbazole-Isomer Derivatives as Highly Emissive Emitters and Ideal Hosts for Thermally Activated Delayed Fluorescent OLEDs with Alleviated Efficiency Roll-Off [J]. Advanced Materials, 2018, 30(7): 1705406.

[299] Tao Y, Yang C, Qin J. Organic host materials for phosphorescent organic light-emitting diodes [J]. Chemical Society Reviews, 2011, 40(5): 2943-2970.

[300] Han C, Zhang Z, Ding D, Xu H. Dipole-Dipole Interaction Management for Efficient Blue Thermally Activated Delayed Fluorescence Diodes [J]. Chemistry, 2018, 4(9): 2154-2167.

[301] Liu X K, Chen Z, Zheng C J, Chen M, Liu W, Zhang X H, Lee C S. Nearly 100% triplet harvesting in conventional fluorescent dopant-based organic light-emitting devices through energy transfer from exciplex [J]. Advanced Materials, 2015, 27(12): 2025-2030.

[302] Li W, Li J, Liu D, Li D, Zhang D. Dual n-type units including pyridine and diphenylphosphine oxide: effective design strategy of host materials for high-performance organic light-emitting diodes [J]. Chemical Science, 2016, 7(11): 6706-6714.

[303] Hatakeyama T, Shiren K, Nakajima K, Nomura S, Nakatsuka S, Kinoshita K, Ni J, Ono Y, Ikuta T. Ultrapure Blue Thermally Activated Delayed Fluorescence Molecules: Efficient HOMO-LUMO Separation by the Multiple Resonance Effect [J]. Advanced Materials, 2016, 28(14): 2777-2781.

[304] Yang M, Park I S, Yasuda T. Full-Color, Narrowband, and High-Efficiency Electroluminescence from Boron and Carbazole Embedded Polycyclic Heteroaromatics [J]. Journal of the American Chemical

Society, 2020, 142(46): 19468-19472.

[305] Wang Y, Xu Y, Li C, Li Z, Wei J. Constructing Charge Transfer Excited State Based on Frontier Molecular Orbital Engineering: Narrowband Green Electroluminescence with High Color Purity and Efficiency [J]. Angewandte Chemie International Edition, 2020, 59(40): 17442-17446.

[306] Zhang Y, Zhang D, Wei J, Liu Z, Lu Y, Duan L. Multi-Resonance Induced Thermally Activated Delayed Fluorophores for Narrowband Green OLEDs [J]. Angewandte Chemie International Edition, 2019, 58(47): 16912-16917.

[307] Zhang D, Duan L, Li C, Li Y, Li H, Zhang D, Qiu Y. High-efficiency fluorescent organic light-emitting devices using sensitizing hosts with a small singlet-triplet exchange energy [J]. Advanced Materials, 2014, 26(29): 5050-5055.

[308] Nakanotani H, Higuchi T, Furukawa T, Masui K, Morimoto K, Numata M, Tanaka H, Sagara Y, Yasuda T, Adachi C. High-efficiency organic light-emitting diodes with fluorescent emitters [J]. Nature Communications, 2014, 5: 4016.

[309] 王丽娜. 2018年全国染颜料行业经济运行情况分析[J]. 精细与专用化学品, 2019, 27(5): 8-20.

[310] 张淑芬. 中国染料工业现状与发展趋势[J]. 化工学报, 2019, 70(10): 3704-3711.

[311] Zhang Q, Xiong W, Zhang S, Ma W, Tang B. Synthesis and application of KM-type reactive dyes containing 2-ethoxy-4-chloro-s-triazine [J]. Coloration Technology, 2019, 135(5): 335-348.

[312] Shan B, Tong X, Xiong W, Qiu W, Tang B, Lu R, Ma W, Luo Y, Zhang S. A new kind of H-acid monoazo-anthraquinone reactive dyes with surprising colour [J]. Dyes and Pigments, 2015, 123: 44-54.

[313] Tao T B, Fen Z S, Wei M. 苯并咪唑酮偶氮型黄色活性染料：ZL201310180961 [P/OL]. 2014-10-29[2013-05-15].

[314] Wei M, Fen Z S. 含磺胺结构的红色偶氮类活性染料：ZL 201310497284 [P/OL]. 2015-12-30[2013-10-18].

[315] Wei M, Bin C, Shufen Z. 一种高光牢度偶氮型红色活性染料：ZL201610594255.4 [P/OL]. 2017-12-05[2016-07-26].

[316] Zhang S T B, Yang J, Tang Y, Ma W. Crosslinking Dyes [M]. //Kirk-Othmer. Encyclopedia of Chemical Technology. John Wiley & Sons Inc, 2013: 1-28.

[317] Li Y, Fan Q, Wang X, Liu G, Chai L, Zhou L, Shao J, Yin Y. Shear-Induced A ssembly of Liquid Colloidal Crystals for Large-Scale Structural Coloration of Textiles [J]. Advanced Functional Materials, 2021, 31(1a): 2010746.

[318] Li F, Tang B, Wu S, Zhang S. Facile Synthesis of Monodispersed Polysulfide Spheres for Building Structural Colors with High Color Visibility and Broad Viewing Angle [J]. Small, 2017, 13(3): 1602565.

[319] Su X, Xia H, Zhang S, Tang B, Wu S. Vivid structural colors with low angle dependence from long-range ordered photonic crystal films [J]. Nanoscale, 2017, 9(9): 3002-3009.

[320] Chu L, Niu W, Wu S, Ma W, Tang B, Zhang S, Li H, Liu Z. A two-step approach for size controlled preparation of monodisperse polysaccharide-based nanospheres [J]. Materials Research Express, 2019, 6(5): 055013.

[321] Yu S, Cao X, Niu W, Wu S, Ma W, Zhang S. Large-Area and Water Rewriteable Photonic Crystal Films Obtained by the Thermal Assisted Air-Liquid Interface Self Assembly [J]. ACS Applied Materials & Interfaces, 2019, 11(25): 22777-22785.

[322] Yu S Z, Niu W B, Wu S L, Ma W, Zhang S F. Robust and flexible thermal-plasticizing 3D shaped composite films with invariable and brilliant structural color [J]. Journal of Materials Chemistry C, 2018, 6(47): 12814-12821.

[323] Qi Y, Chu L, Niu W, Tang B, Wu S, Ma W, Zhang S. New Encryption Strategy of Photonic Crystals with Bilayer Inverse Heterostructure Guided from Transparency Response [J]. Advanced Functional Materials, 2019, 29(40): 1903743.

[324] Qi Y, Niu W, Zhang S, Wu S, Chu L, Ma W, Tang B. Encoding and Decoding of Invisible Complex

Information in a Dual-Response Bilayer Photonic Crystal with Tunable Wettability [J]. Advanced Functional Materials, 2019, 29(48): 1906799.

[325] Liang D, Zhang S. A Contraction-expansion Helical Mixer in the Laminar Regime [J]. Chinese Journal of Chemical Engineering, 2014, 22(3): 261-266.

[326] Shufen Z B T, Rongwen L. Method For Continuously Preparing Water-Soluble Azo Dye By Coupling A nebulizer with a Pipeline: US 9394445[P]. 2016-07-19[2012-11-30].

[327] 张淑芬, 梁栋, 吕荣文. 水溶性偶氮染料的螺旋管混沌混合的连续化制备方法: ZL201210062046.7 [P/OL]. 2013-11-20[2012-03-09].

[328] 陈华祥. 偶氮类分散染料自动化连续生产工艺研究[D]. 上海: 华东理工大学, 2018.

[329] Wang F, Huang J, Xu J. Continuous-flow synthesis of azo dyes in a microreactor system [J]. Chemical Engineering and Processing-Process Intensification, 2018, 127: 43-49.

[330] Mullard A. The drug-maker's guide to the galaxy [J]. Nature, 2017, 549(7673): 445-447.

[331] Lamberth C, Jeanmart S, Luksch T, Plant A. Current Challenges and Trends in the Discovery of Agrochemicals [J]. Science, 2013, 341(6147): 742-746.

[332] 杨光富. 化学生物学导向的绿色农药分子设计[J]. 中国科学基金, 2020, 34(04): 495-501.

[333] Hao G F, Jiang W, Ye Y N, Wu F X, Zhu X L, Guo F B, Yang G F. ACFIS: a web server for fragment-based drug discovery [J]. Nucleic Acids Research, 2016, 44(W1): W550-W556.

[334] Wu F X, Wang F, Yang J F, Jiang W, Wang M Y, Jia C Y, Hao G F, Yang G F. AIMMS suite: a web server dedicated for prediction of drug resistance on protein mutation [J]. Briefings in Bioinformatics, 2018, 21(1): 318-328.

[335] Wu F X, Yang J F, Mei L C, Wang F, Hao G F, Yang G F. PIIMS Server: A Web Server for Mutation Hotspot Scanning at the Protein-Protein Interface [J]. Journal of Chemical Information and Modeling, 2021, 61(1): 14-20.

[336] Mei L C, Wang Y L, Wu F X, Wang F, Hao G F, Yang G F. HISNAPI: a bioinformatic tool for dynamic hot spot analysis in nucleic acid-protein interface with a case study [J]. Briefings in Bioinformatics, 2021, 22(5): 1-11.

[337] Wang F, Wu F X, Li C Z, Jia C Y, Su S W, Hao G F, Yang G F. ACID: a free tool for drug repurposing using consensus inverse docking strategy [J]. Journal of Cheminformatics, 2019, 11(1): 73.

[338] Yang J F, Wang F, Chen Y Z, Hao G F, Yang G F. LARMD: integration of bioinformatic resources to profile ligand-driven protein dynamics with a case on the activation of estrogen receptor [J]. Briefings in Bioinformatics, 2020, 21(6): 2206-2218.

[339] Yang J F, Wang F, Jiang W, Zhou G Y, Li C Z, Zhu X L, Hao G F, Yang G F. PADFrag: A Database Built for the Exploration of Bioactive Fragment Space for Drug Discovery [J]. Journal of Chemical Information and Modeling, 2018, 58(9): 1725-1730.

[340] Wu F, Zhuo L, Wang F, Huang W, Hao G, Yang G. Auto In Silico Ligand Directing Evolution to Facilitate the Rapid and Efficient Discovery of Drug Lead [J]. iScience, 2020, 23(6): 101179.

[341] Wang Y L, Wang F, Shi X X, Jia C Y, Wu F X, Hao G F, Yang G F. Cloud 3D-QSAR: a web tool for the development of quantitative structure-activity relationship models in drug discovery [J]. Briefings in Bioinformatics, 2020, 22(4): bbaa276.

[342] Wang F, Yang J F, Wang M Y, Jia C Y, Yang G F. Graph attention convolutional neural network model for chemical poisoning of honey bees' prediction [J]. Science Bulletin, 2020, 65(14): 1184-1191.

[343] Wang M Y, Wang F, Hao G F, Yang G F. FungiPAD: A Free Web Tool for Compound Property Evaluation and Fungicide-Likeness Analysis [J]. Journal of Agricultural and Food Chemistry, 2019, 67(7): 1823-1830.

[344] Jia C Y, Wang F, Hao G F, Yang G F. InsectiPAD: A Web Tool Dedicated to Exploring Physicochemical Properties and Evaluating Insecticide-Likeness of Small Molecules [J]. Journal of Chemical Information and Modeling, 2019, 59(2): 630-635.

[345] Huang J J, Wang F, Ouyang Y, Huang Y Q, Jia C Y, Zhong H, Hao G F. HerbiPAD: a free web

platform to comprehensively analyze constitutive property and herbicide-likeness to estimate chemical bioavailability [J]. Pest Management Science, 2021, 77(3): 1273-1281.

[346] Heap L. International Survey of Herbicide-Resistant Weeds [J]. Weed Technology, 1990, 4(1): 220.

[347] Qu R Y, He B, Yang J F, Lin H Y, Yang W C, Wu Q Y, Li Q X, Yang G F. Where are the new herbicides? [J]. Pest Management Science, 2021, 77(6): 2620-2625.

[348] Lin H Y, Chen X, Chen J N, Wang D W, Wu F X, Lin S Y, Zhan C G, Wu J W, Yang W C, Yang G F. Crystal Structure of 4-Hydroxyphenylpyruvate Dioxygenase in Complex with Substrate Reveals a New Starting Point for Herbicide Discovery [J]. Research, 2019(1): 795-805.

[349] He B, Dong J, Lin H Y, Wang M Y, Yang G F. Pyrazole-Isoindoline-1,3-dione Hybrid: A Promising Scaffold for 4-Hydroxyphenylpyruvate Dioxygenase Inhibitors [J]. Journal of Agricultural and Food Chemistry, 2019, 67(39): 10844-10852.

[350] Gao F, Yu S, Tao Q, Tan W, Duan L, Li Z, Cui H. Lignosulfonate Improves Photostability and Bioactivity of Abscisic Acid under Ultraviolet Radiation [J]. Journal of Agricultural and Food Chemistry, 2018, 66(26): 6585-6593.

[351] Huang G, Liu Y, Guo Y, Peng C, Tan W, Zhang M, Li Z, Zhou Y, Duan L. A novel plant growth regulator improves the grain yield of high-density maize crops by reducing stalk lodging and promoting a compact plant type [J]. Field Crops Research, 2021, 260: 107982.

[352] Liu Y, Zhou Y, Huang G, Zhu N, Li Z, Zhang M, Duan L. Coronatine inhibits mesocotyl elongation by promoting ethylene production in etiolated maize seedlings [J]. Plant Growth Regulation, 2019, 90(1): 51-61.

[353] Liu S, He Y, Tian H, Yu C, Tan W, Li Z, Duan L. Application of Brassinosteroid Mimetics Improves Growth and Tolerance of Maize to Nicosulfuron Toxicity [J]. Journal of Plant Growth Regulation, 2019, 38: 701-712.

[354] Bao H, Shao X, Zhang Y, Deng Y, Xu X, Liu Z, Li Z. Specific Synergist for Neonicotinoid Insecticides: IPPA08, a cis-Neonicotinoid Compound with a Unique Oxabridged Substructure [J]. Journal of Agricultural and Food Chemistry, 2016, 64(25): 5148-5155.

[355] Liu X, Xu X, Li C, Zhang H, Fu Q, Shao X, Ye Q, Li Z. Degradation of chiral neonicotinoid insecticide cycloxaprid in flooded and anoxic soil [J]. Chemosphere, 2015, 119: 334-341.

[356] Tian Z, Shao X, Li Z, Qian X, Huang Q. Synthesis, Insecticidal Activity, and QSAR of Novel Nitromethylene Neonicotinoids with Tetrahydropyridine Fixed cis Configuration and Exo-Ring Ether Modification [J]. Journal of Agricultural and Food Chemistry, 2007, 55(6): 2288-2292.

[357] Shao X, Lee P W, Liu Z, Xu X, Li Z, Qian X. cis-Configuration: A New Tactic/Rationale for Neonicotinoid Molecular Design [J]. Journal of Agricultural and Food Chemistry, 2011, 59(7): 2943-2949.

[358] Shao X, Fu H, Xu X, Xu X, Liu Z, Li Z, Qian X. Divalent and oxabridged neonicotinoids constructed by dialdehydes and nitromethylene analogues of imidacloprid: design, synthesis, crystal structure, and insecticidal activities [J]. Journal of Agricultural and Food Chemistry, 2010, 58(5): 2696-2702.

[359] Dong Y, Hu S, Jiang X, Liu T, Ling Y, He X, Yang Q, Zhang L. Pocket-based Lead Optimization Strategy for the Design and Synthesis of Chitinase Inhibitors [J]. Journal of Agricultural and Food Chemistry, 2019, 67(13): 3575-3582.

[360] Chen L, Liu T, Zhou Y, Chen Q, Shen X, Yang Q. Structural characteristics of an insect group I chitinase, an enzyme indispensable to moulting [J]. Acta Crystallogr D: Biol Crystallogr, 2014, 70(4): 932-942.

[361] Chen L, Liu T, Duan Y, Lu X, Yang Q. Microbial Secondary Metabolite, Phlegmacin B1, as a Novel Inhibitor of Insect Chitinolytic Enzymes [J]. Journal of Agricultural and Food Chemistry, 2017, 65(19): 3851-3857.

[362] Chen L, Zhou Y, Qu M, Zhao Y, Yang Q. Fully deacetylated chitooligosaccharides act as efficient glycoside hydrolase family 18 chitinase inhibitors [J]. Journal of Biological Chemistry, 2014, 289(25): 17932-17940.

[363] Jiang B, Jin X, Dong Y, Guo B, Cui L, Deng X, Zhang L, Yang Q, Li Y, Yang X, Smagghe G. Design,

Synthesis, and Biological Activity of Novel Heptacyclic Pyrazolamide Derivatives: A New Candidate of Dual-Target Insect Growth Regulators [J]. Journal of Agricultural and Food Chemistry, 2020, 68(23): 6347-6354.

[364] Dong Y, Jiang X, Liu T, Ling Y, Yang Q, Zhang L, He X. Structure-Based Virtual Screening, Compound Synthesis, and Bioassay for the Design of Chitinase Inhibitors [J]. Journal of Agricultural and Food Chemistry, 2018, 66(13): 3351-3357.

[365] Zhang C, Qu Y, Wu X, Song D, Ling Y, Yang X. Eco-Friendly Insecticide Discovery via Peptidomimetics: Design, Synthesis, and Aphicidal Activity of Novel Insect Kinin Analogues [J]. Journal of Agricultural and Food Chemistry, 2015, 63(18): 4527-4532.

[366] Ling Y, Zhang X, Yang X, Lei P, Sun T, Ma H, Zhang X. Design, Synthesis and Fungicidal Activity of Novel Piperidine Containing Cinnamaldehyde Thiosemicarbazide Derivatives [J]. Chinese Journal of Organic Chemistry, 2019, 39(10): 2965-2972.

[367] Zhang X, Lei P, Li X, Yang X, Zhang X, Sun T, Ling Y. Synthesis and Anti-fungual Activity of Novel Aspernigerin Derivatives Containing Thiocarbonyl Moiety [J]. Chinese Journal of Organic Chemistry, 2018, 38(12): 3197-3203.

[368] Zhu X L, Xiong L, Li H, Song X Y, Liu J J, Yang G F. Computational and experimental insight into the molecular mechanism of carboxamide inhibitors of succinate-ubquinone oxidoreductase [J]. ChemMedChem, 2014, 9(7): 1512-1521.

[369] Xiong L, Zhu X L, Gao H W, Fu Y, Hu S Q, Jiang L N, Yang W C, Yang G F. Discovery of Potent Succinate-Ubiquinone Oxidoreductase Inhibitors via Pharmacophore-linked Fragment Virtual Screening Approach [J]. Journal of Agricultural and Food Chemistry, 2016, 64(24): 4830-4837.

[370] Xiong L, Li H, Jiang L N, Ge J M, Yang W C, Zhu X L, Yang G F. Structure-Based Discovery of Potential Fungicides as Succinate Ubiquinone Oxidoreductase Inhibitors [J]. Journal of Agricultural and Food Chemistry, 2017, 65(5): 1021-1029.

[371] Li H, Gao M Q, Chen Y, Wang Y X, Zhu X L, Yang G F. Discovery of Pyrazine-Carboxamide-Diphenyl-Ethers as Novel Succinate Dehydrogenase Inhibitors via Fragment Recombination [J]. Journal of Agricultural and Food Chemistry, 2020, 68(47): 14001-14008.

[372] Wei G, Huang M W, Wang W J, Wu Y, Mei S F, Zhou L M, Mei L C, Zhu X L, Yang G F. Expanding the Chemical Space of Succinate Dehydrogenase Inhibitors via the Carbon-Silicon Switch Strategy [J]. Journal of Agricultural and Food Chemistry, 2021, 69(13): 3965-3971.

[373] Chen H, Zhou X, Song B. Toxicokinetics, Tissue Distribution, and Excretion of Dufulin Racemate and Its R (S)-Enantiomers in Rats [J]. Journal of Agricultural and Food Chemistry, 2018, 66(28): 7265-7274.

[374] Wei C, Zhang J, Shi J, Gan X, Hu D, Song B. Synthesis, Antiviral Activity, and Induction of Plant Resistance of Indole Analogues Bearing Dithioacetal Moiety [J]. Journal of Agricultural and Food Chemistry, 2019, 67(50): 13882-13891.

[375] Zan N, Xie D, Li M, Jiang D, Song B. Design, Synthesis, and Anti-ToCV Activity of Novel Pyrimidine Derivatives Bearing a Dithioacetal Moiety that Targets ToCV Coat Protein [J]. Journal of Agricultural and Food Chemistry, 2020, 68(23): 6280-6285.

[376] Yang H, Zu G, Liu Y, Xie D, Gan X, Song B. Tomato Chlorosis Virus Minor Coat Protein as a Novel Target To Screen Antiviral Drugs [J]. Journal of Agricultural and Food Chemistry, 2020, 68(11): 3425-3433.

[377] Gan X, Hu D, Wang Y, Yu L, Song B. Novel trans-Ferulic Acid Derivatives Containing a Chalcone Moiety as Potential Activator for Plant Resistance Induction [J]. Journal of Agricultural and Food Chemistry, 2017, 65(22): 4367-4377.

[378] Xie D, Zhang J, Yang H, Liu Y, Hu D, Song B. First Anti-ToCV Activity Evaluation of Glucopyranoside Derivatives Containing a Dithioacetal Moiety through a Novel ToCVCP-Oriented Screening Method [J]. Journal of Agricultural and Food Chemistry, 2019, 67(26): 7243-7248.

[379] Zhang J, Zhao L, Zhu C, Wu Z, Zhang G, Gan X, Liu D, Pan J, Hu D, Song B. Facile Synthesis of Novel Vanillin Derivatives Incorporating a Bis(2-hydroxyethyl)dithhioacetal Moiety as Antiviral

Agents [J]. Journal of Agricultural and Food Chemistry, 2017, 65(23): 4582-4588.
[380] Chen J, Shi J, Yu L, Liu D, Gan X, Song B, Hu D. Design, Synthesis, Antiviral Bioactivity, and Defense Mechanisms of Novel Dithioacetal Derivatives Bearing a Strobilurin Moiety [J]. Journal of Agricultural and Food Chemistry, 2018, 66(21): 5335-5345.
[381] Liu D, Zhang J, Zhao L, He W, Liu Z, Gan X, Song B. First Discovery of Novel Pyrido[1,2-a] pyrimidinone Mesoionic Compounds as Antibacterial Agents [J]. Journal of Agricultural and Food Chemistry, 2019, 67(43): 11860-11866.
[382] Hao G F, Zhao W, Song B A. Big Data Platform: An Emerging Opportunity for Precision Pesticides [J]. Journal of Agricultural and Food Chemistry, 2020, 68(41): 11317-11319.
[383] Jing Y, Bian Y, Hu Z, Wang L, Xie X Q. Deep Learning for Drug Design: an Artificial Intelligence Paradigm for Drug Discovery in the Big Data Era [J]. American Association of Pharmaceutical Scientists Journal, 2018, 20(3): 58.
[384] Yang X, Wang Y, Byrne R, Schneider G, Yang S. Concepts of Artificial Intelligence for Computer-Assisted Drug Discovery [J]. Chemical Reviews 2019, 119(18): 10520-10594.
[385] Zhang L, Tan J, Han D, Zhu H. From machine learning to deep learning: progress in machine intelligence for rational drug discovery [J]. Drug Discovery Today, 2017, 22(11): 1680-1685.
[386] Campe R, Hollenbach E, Kammerer L, Hendriks J, Hoffken H W, Kraus H, Lerchl J, Mietzner T, Tresch S, Witschel M, Hutzler J. A new herbicidal site of action: Cinmethylin binds to acyl-ACP thioesterase and inhibits plant fatty acid biosynthesis [J]. Pesticide Biochemistry and Physiology, 2018, 148: 116-125.
[387] Prael F J, Chen R, Li Z, Reed C W, Lindsley C W, Weaver C D, Swale D R. Use of chemical probes to explore the toxicological potential of the K^+/Cl^- cotransporter (KCC) as a novel insecticide target to control the primary vector of dengue and Zika virus, Aedes aegypti [J]. Pesticide Biochemistry and Physiology, 2018, 151: 10-17.
[388] Wallace M D, Waraich N F, Debowski A W, Corral M G, Maxwell A, Mylne J S, Stubbs K A. Developing ciprofloxacin analogues against plant DNA gyrase: a novel herbicide mode of action [J]. Chemical Communications, 2018, 54(15): 1869-1872.
[389] Wang W, Feng B, Zhou J M, Tang D. Plant immune signaling: Advancing on two frontiers [J]. Journal of Integrative Plant Biology, 2020, 62(1): 2-24.
[390] Gust A A, Pruitt R, Nurnberger T. Sensing Danger: Key to Activating Plant Immunity [J]. Trends in Plant Science, 2017, 22(9): 779-791.
[391] Carolin C F, Kumar P S, Ngueagni P T. A review on new aspects of lipopeptide biosurfactant: Types, production, properties and its application in the bioremediation process [J]. Journal of Hazardous Materials, 2021, 407: 124827.
[392] Sajid M, Ahmad Khan M S, Singh Cameotra S, Al-Thubiani AS. Biosurfactants: Potential applications as immunomodulator drugs [J]. Immunology letters, 2020, 223: 71-77.
[393] Liu K, Sun Y, Cao M, Wang J, Lu J R, Xu H. Rational design, properties, and applications of biosurfactants: a short review of recent advances [J]. Current Opinion in Colloid & Interface Science, 2020, 45: 57-67.
[394] Otzen D E. Biosurfactants and surfactants interacting with membranes and proteins: Same but different？ [J]. Biochimica et Biophysica Acta-Biomembranes, 2017, 1859(4): 639-649.
[395] Pandey S, Raj K V, Shinde D R, Vanka K, Kashyap V, Kurungot S, Vinod C P, Chikkali S H. Iron Catalyzed Hydroformylation of Alkenes under Mild Conditions: Evidence of an Fe(Ⅱ) Catalyzed Process [J]. Journal of the American Chemical Society, 2018, 140(12): 4430-4439.
[396] Franke R, Selent D, Borner A. Applied hydroformylation [J]. Chemical Reviews, 2012, 112(11): 5675-5732.
[397] Hood D M, Johnson R A, Carpenter A E, Younker J M, Vinyard D J, Stanley G G. Highly active cationic cobalt(Ⅱ) hydroformylation catalysts [J]. Science, 2020, 367(6477): 542-548.
[398] Wang J J, Chuang Y Y, Hsu H Y, Tsai T C. Toward industrial catalysis of zeolite for linear

alkylbenzene synthesis: A mini review [J]. Catalysis Today, 2017, 298: 109-116.

[399] Solopova A A, Pasyukova M A, Bunaev A A, Dolganoval I O. Performing the calculations on LAB sulfonation parameters using the mathematical model [J]. Petroleum & Coal, 2019, 61(4): 711-718.

[400] Richard D, Clanet C, QuéréD. Contact time of a bouncing drop [J]. Nature, 2002, 417: 811.

[401] Wang X, Liu Y, Lin Y, Han Y, Huang J, Zhou J, Yan Y. Trojan Antibiotics: New Weapons for Fighting Against Drug Resistance [J]. ACS Applied Bio Materials, 2018, 2(1): 447-453.

[402] Huang T, Zhu Z, Xue R, Wu T, Liao P, Liu Z, Xiao Y, Huang J, Yan Y. Allosteric Self-Assembly of Coordinating Terthiophene Amphiphile for Triggered Light Harvesting [J]. Langmuir, 2018, 34(20): 5935-5942.

[403] Wang A, Shi W, Huang J, Yan Y. Adaptive soft molecular self-assemblies [J]. Soft Matter, 2016, 12(2): 337-357.

[404] Li J, Peng K, Li Y, Wang J, Huang J, Yan Y, Wang D, Tang B Z. Exosome-Mimetic Supramolecular Vesicles with Reversible and Controllable Fusion and Fission [J]. Angewandte Chemie International Edition, 2020, 59(48): 21510-21514.

[405] Yang T, Wei L, Jing L, Liang J, Zhang X, Tang M, Monteiro M J, Chen Y I, Wang Y, Gu S, Zhao D, Yang H, Liu J, Lu G Q M. Dumbbell-Shaped Bi-component Mesoporous Janus Solid Nanoparticles for Biphasic Interface Catalysis [J]. Angewandte Chemie International Edition, 2017, 56(29): 8459-8463.

[406] Huang J, Cheng F, Binks B P, Yang H. pH-Responsive Gas-Water-Solid Interface for Multiphase Catalysis [J]. Journal of the American Chemical Society, 2015, 137(47): 15015-15025.

[407] Pei X, Zhang S, Zhang W, Liu P, Song B, Jiang J, Cui Z, Binks B P. Behavior of Smart Surfactants in Stabilizing pH-Responsive Emulsions [J]. Angewandte Chemie International Edition, 2021, 60(10): 5235-5239.

[408] Xu M, Jiang J, Pei X, Song B, Cui Z, Binks B P. Novel Oil-in-Water Emulsions Stabilised by Ionic Surfactant and Similarly Charged Nanoparticles at Very Low Concentrations [J]. Angewandte Chemie International Edition, 2018, 57(26): 7738-7742.

[409] Zarzar L, Sresht V, Sletten E, Kalow J, Blankschtein D, Swager T. Dynamically reconfigurable complex emulsions via tunable interfacial tensions [J]. Nature, 2015, 518(7540): 520-524.

[410] Varadaraj R, Bock J, Valint P, Zushma S, Thomas R. Fundamental Interfacial Properties of Alkyl-Branched Sulfate and Ethoxy Sulfate Surfactants Derived from Guerbet Alcohols. 1. Surface and Instantaneous Interfaclal Tensions1 [J]. The Journal of Physical Chemistry, 1991, 95(4): 1671-1676.

[411] Varadaraj R, Bock J, Valint P, Zushma S, Brons N. Fundamental Interfacial Properties of Alkyl-Branched Sulfate and Ethoxy Sulfate Surfactants Derived from Guerbet Alcohols. 2. Dynamic Surface Tension [J]. The Journal of Physical Chemistry, 1991, 95(4): 1677-1679.

[412] Varadaraj R, Bock J, Valint P, Zushma S, Brons N. Fundamental Interfacial Properties of Alkyl-Branched Sulfate and Ethoxy Sulfate Surfactants Derived from Guerbet Alcohols. 3. Dynamic Contact Angle and Adhesion Tension [J] .The Journal of Physical Chemistry, 1991, 95(4): 1679-1681..

[413] Varadaraj R, Bock J, Valint P, Zushma S, Brons N. Relationship between Fundamental Interfacial Properties and Foaming in Linear and Branched Sulfate, Ethoxysulfate, and Ethoxylate Surfactants [J]. Journal of Colloid and Interface Science, 1991, 140: 31-34.

[414] Coetzee C, Brand J, Emerton G, Jacobson D, Silva Ferreira A C, du Toit W J. Sensory interaction between 3-mercaptohexan-1-ol, 3-isobutyl-2-methoxypyrazine and oxidation-related compounds [J]. Australian Journal of Grape and Wine Research, 2015, 21(2): 179-188.

[415] Cameleyre M, Lytra G, Tempere S, Barbe J C. Olfactory Impact of Higher Alcohols on Red Wine Fruity Ester Aroma Expression in Model Solution [J]. Journal of Agricultural and Food Chemistry, 2015, 63(44): 9777-9788.

[416] Takoi K, Koie K, Itoga Y, Katayama Y, Shimase M, Nakayama Y, Watari J. Biotransformation of hop-derived monoterpene alcohols by lager yeast and their contribution to the flavor of hopped beer [J]. Journal of Agricultural and Food Chemistry, 2010, 58(8): 5050-5058.

[417] Zhu J, Chen F, Wang L, Niu Y, Xiao Z. Evaluation of the synergism among volatile compounds in Oolong tea infusion by odour threshold with sensory analysis and E-nose [J]. Food Chemistry, 2017, 221: 1484-1490.

[418] CulleréL C J, Ferreira V. An Assessment of the Role Played by Some Oxidation-Related Aldehydes in Wine Aroma [J]. Journal of Agricultural and Food Chemistry, 2007, 55: 876-881.

[419] Niu Y, Wang P, Xiao Z, Zhu J, Sun X, Wang R. Evaluation of the perceptual interaction among ester aroma compounds in cherry wines by GC-MS, GC-O, odor threshold and sensory analysis: An insight at the molecular level [J]. Food Chemistry, 2019, 275: 143-153.

[420] Zhu J, Xiao Z. Characterization of the Major Odor-Active Compounds in Dry Jujube Cultivars by Application of Gas Chromatography-Olfactometry and Odor Activity Value [J]. Journal of Agricultural and Food Chemistry, 2018, 66(29): 7722-7734.

[421] Niu Y, Wang R, Xiao Z, Zhu J, Sun X, Wang P. Characterization of ester odorants of apple juice by gas chromatography-olfactometry, quantitative measurements, odour threshold, aroma intensity and electronic nose [J]. Food Research International, 2019, 120: 92-101.

[422] Liu M, Han J, Yan C, Guo Z, Xiao Z, Zhu W H. Photocontrollable Release with Coumarin-Based Profragrances [J]. ACS Applied Energy Materials, 2019, 2(9): 4002-4009.

[423] Xue C, Liu M, Zhang Z A, Han J, Wang C, Wang L, Xiao Z, Zhu W H. Controllable Fragrance Release Mediated by Spontaneous Hydrogen Bonding with POSS-Thiourea Derivatives [J]. CCS Chemistry, 2020, 2(6): 478-487.

[424] Xiao Z, Zhang Y, Zhu G, Niu Y, Xu Z, Zhu J. Preparation of micro-encapsulated strawberry fragrance and its application in the aromatic wallpaper [J]. Polish Journal of Chemical Technology, 2017, 19(1): 89-94.

[425] Xiao Z, Jia J, Niu Y, Zhu G, Kou X. The adsorption mechanism of poly-methyl methacrylate microparticles onto paper cellulose fiber surfaces without crosslinking agents [J]. Journal of Applied Polymer Science, 2020, 137(42): 49269.

[426] Xiao Z, Xu J, Niu Y, Zhu G, Kou X. Effects of Surface Functional Groups on the Adhesion of SiO_2 Nanospheres to Bio-Based Materials [J]. Nanomaterials, 2019, 9(10): 1411.

[427] Xiao Z, Zhang Y, Zhu G, Zhou R, Niu Y. Preparation and sustained-releasing characterization of aromatic wallpaper [J]. Progress in Organic Coatings, 2017, 104: 50-57.

[428] Vethamuthu M, Lira S, Diantonio E, Fares H. Review of innovations to improve fragrance bloom, release, and retention on skin from surfactant-rich cosmetics [J]. Journal of Cosmetic Science, 2017, 68: 133-136.

[429] Wei M, Pan X, Rong L, Dong A, He Y, Song X, Li J. Polymer carriers for controlled fragrance release [J]. Materials Research Express, 2020, 7(8): 082001.

[430] 张呈平, 庆飞要, 贾晓卿, 权恒道. 五元环氟化物的合成及应用[J]. 化工学报, 2020, 71(09): 3963-3978.

[431] Guo Q, Zhang N, Uchimaru T, Chen L, Quan H, Mizukado J. Atmospheric chemistry for gas-phase reactions of cyc-$CF_2CF_2CF_2CHXCHX$–(X = H or F) with OH radicals in the temperature range of 253-328 K [J]. Atmospheric Environment, 2019, 215: 116895.

[432] Guo Q, Zhang N, Uchimaru T, Chen L, Quan H, Mizukado J. Atmospheric chemistry of cyc-$CF_2CF_2CF_2CH{=}CH$–: Kinetics, products, and mechanism of gas-phase reaction with OH radicals, and atmospheric implications [J]. Atmospheric Environment, 2018, 179: 69-76.

[433] Zhang N, Chen L, Uchimaru T, Qing F, Mizukado J, Quan H, Suda H. Kinetics of gas-phase reactions of cyc-$CF_2CF_2CF_2CHFCH_2$ and trans-cyc-$CF_2CF_2CF_2CHFCHF$ with OH radicals between 253 and 328 K [J]. Chemical Physics Letters, 2015, 639: 199-204.

[434] Zhang N, Chen L, Mizukado J, Quan H, Suda H. Rate constants for the gas-phase reactions of (Z)-CF_3CH CHF and (E)-CF_3CH CHF with OH radicals at 253-328 K [J]. Chemical Physics Letters, 2015, 621: 78-84.

[435] Quan H, Yang H, Tamura M, Sekiya A. Synthesis of a porous chromium fluoride catalyst with a large surface area [J]. Journal of Catalysis, 2005, 231(1): 254-257.

[436] 权恒道, 杨会娥, 田村正则. 多孔性物质及其制造方法: CN1798703B [P/OL]. 2011-01-12[2004-07-23].

[437] 张呈平, 周晓猛, 权恒道. 氟化催化剂制备方法及用途: CN104907065B [P/OL]. 2015-09-16.

[438] Quan H D, Tamura M, Matsukawa Y, Mizukado J, Abe T, Sekiya A. Investigation into chromia-based catalyst and its application in preparing difluoromethane [J]. Journal of Molecular Catalysis A: Chemical, 2004, 219(1): 79-85.

[439] 田村正则, 权恒道, 杨会娥. 氟化催化剂及其制备方法、以及使用了该催化剂的氟化物的制备方法: CN1911512B [P/OL]. 2011-12-07.

[440] 张呈平, 刘冬鹏, 贾晓卿. 高价铬基催化剂、制备方法及用途: CN106824232B [P/OL]. 2017-06-13.

[441] 权恒道, 张呈平, 贾晓卿. 高价金属氟化催化剂制备方法及用途: CN109999788A [P/OL]. 2019-07-24.

[442] Quan H, Tamura M, Sekiya A. Porous aluminum fluoride: US7247289B2 [P/OL]. 2007-07-24.

[443] Quan H D, Yang H E, Tamura M, Sekiya A. SbF_5/PAF-a novel fluorinating reagent in preparing fluorine compounds [J]. Journal of Fluorine Chemistry, 2004, 125(7): 1169-1172.

[444] Yang H E, Quan H D, Tamura M, Sekiya A. Investigation into antimony pentafluoride-based catalyst in preparing organo-fluorine compounds [J]. Journal of Molecular Catalysis A: Chemical, 2005, 233(1-2): 99-104.

[445] Quan H D, Yang H E, Tamura M, Sekiya A. Preparation of 1,1,1,3,3-pentafluoropropane (HFC-245fa) by using a SbF_5-attached catalyst [J]. Journal of Fluorine Chemistry, 2007, 128(3): 190-195.

[446] Zhang C, Qing F, Quan H, Sekiya A. Synthesis of 1,1,2,2,3,3,4-heptafluorocyclopentane as a new generation of green solvent [J]. Journal of Fluorine Chemistry, 2016, 181: 11-16.

[447] Zhang C, Hu R, Qing F, Quan H. Isomerization of Halogenated Cyclopentene over a NH4F Catalyst [J]. ChemCatChem, 2016, 8(8): 1474-1478.

[448] Qing F, Zhang C, Quan H. Synthesis of hydrofluorocyclopentanes by vapor-phase catalytic hydrodehalogenation [J]. Journal of Fluorine Chemistry, 2018, 213: 61-67.

[449] Qing F, Zhang C, Quan H. Deactivation of porous aluminum fluoride-supported noble metallic catalysts used in the hydrodechlorination of 1-chloroheptafluorocylopentene [J]. Greenhouse Gases: Science and Technology, 2018, 8(5): 854-862.

[450] Quan H D, Tamura M, Gao R X, Sekiya A. Preparation and application of porous calcium fluoride-a novel fluorinating reagent and support of catalyst [J]. Journal of Fluorine Chemistry, 2002, 116: 65-69.

[451] Quan H, Liu D, Zhou X, Jia X. Manufacturing method of 1,2-dichlorohexafluorocyclopentene: US10538467B [P/OL]. 2020-01-21.

[452] Quan H D, Tamura M, Sekiya A. Process for production of carbonyl fluoride: US 8513458B2 [P/OL]. 2013-08-20.

[453] Tamura H, 等. フッ素化触媒とその製造方法及びそれら触媒を用いたフッ素化合物の製造方法: JP 4314391B2 [P/OL]. 2009-05-29.

[454] Hu R, Zhang C, Qing F, Quan H. Theoretical and experimental studies for preparing 1, 1-dibromo-1,2,2,2-tetrafluoroethane on gas-phase bromination of 1,1,1,2-tetrafluoroethane [J]. Journal of Fluorine Chemistry, 2016, 185: 91-95.

[455] 权恒道, 周彪, 周晓猛. 一种合成六氟1,3-丁二烯的方法: CN104829415B. [P/OL]. 2015-08-12.

[456] 权恒道, 张呈平, 贾晓卿. 高活性钨基催化剂、制备方法及用途: CN106902808B [P/OL]. 2020-02-11[2017-03-31].

[457] Yang G C, Lei S, Pan R M, Quan H D. Investigation of CF_2 carbene on the surface of activated charcoal in the synthesis of trifluoroiodomethane via vapor-phase catalytic reaction [J]. Journal of Fluorine Chemistry, 2009, 130(2): 231-235.

[458] Yang G C, Jia X Q, Pan R M, Quan H D. The disproportionation of CF_2 carbene in vapor-phase pyrolysis reaction over activated carbon and porous aluminum fluoride [J]. Journal of Molecular Catalysis A: Chemical, 2009, 309(1-2): 184-188.

[459] 权恒道, 张呈平, 庆飞要. 气相催化制备全氟腈的方法: CN109320436B [P/OL]. 2021-03-23[2019-02-12].

[460] 权恒道, 张呈平, 贾晓卿. 全氟腈的制备方法: CN107935884B [P/OL]. 2020-06-12[2017-11-30].

[461] 权恒道, 张呈平, 庆飞要. 全氟腈的制备方法: CN108424375B [P/OL]. 2020-06-02[2018-04-20].

[462] 张呈平, 郭勤, 贾晓卿. 环骨架含氟传热流体、制备方法及其应用: CN112094627B [P/OL]. 2021-06-18[2020-11-03].

[463] 权恒道, 张呈平, 郭勤. 一种含氟传热流体及其制备方法和应用: CN111792985A [P/OL]. 2020-10-20[2020-7-17].

[464] 权恒道, 郭勤, 张呈平. 一种热传递装置及方法: CN111793475A [P/OL]. 2020-10-20[2020-7-17].

[465] 董海山. 高能量密度材料的发展及对策 含能材料[J]. 含能材料, 2004, 12(A01): 1-12.

[466] 王泽山. 含能材料概论[M]. 哈尔滨: 哈尔滨工业大学出版社, 2006.

[467] 庞思平, 申帆帆, 吕芃浩, 董凯, 张义迎, 孙成辉, 宋建伟. 六硝基六氮杂异伍兹烷合成工艺研究进展[J]. 兵工学报, 2014, 35(5): 725-732.

[468] Zhang M X, Eaton P E, Gilardi R. Hepta-and octanitrocubanes [J]. Angewandte Chemie International Edition, 2000, 39: 401-402.

[469] Zhou Y, Wang B, Li J, Zhou C, Hu L, Chen Z, Zhang Z. Study on synthesis, characterization and properties of 3,4-bis(4′-nitrofurazano-3′-yl)furoxan [J]. Acta Chimica Sinica, 2011, 69: 1673-1680.

[470] Klenov M S, Guskov A A, Anikin O V, Churakov A M, Strelenko Y A, Fedyanin I V, Lyssenko K A, Tartakovsky V A. Synthesis of Tetrazino-tetrazine 1,3,6,8-Tetraoxide (TTTO) [J]. Angewandte Chemie International Edition, 2016, 55(38): 11472-11475.

[471] Zhai L, Bi F, Luo Y, Sun L, Huo H, Zhang J, Zhang J, Wang B, Chen S. Exploring the highly dense energetic materials via regiochemical modulation: A comparative study of two fluorodinitromethyl-functionalized herringbone trifuroxans [J]. Chemical Engineering Journal, 2020, 391: 123573.

[472] Fischer N, Fischer D, Klapötke T M, Piercey D G, Stierstorfer J. Pushing the limits of energetic materials-the synthesis and characterization of dihydroxylammonium 5,5’-bistetrazole-1,1′-diolate [J]. Journal of Materials Chemistry, 2012, 22(38): 20418.

[473] Liu N, Shu Y J, Li H, Zhai L J, Li Y N, Wang B Z. Synthesis, characterization and properties of heat-resistant explosive materials: polynitroaromatic substituted difurazano[3,4-b:3′,4′-e]pyrazines [J]. RSC Advances, 2015, 5(54): 43780-43785.

[474] Christe K O, Wilson W W, Sheehy J A, Boatz J A. N^{5+}: A Novel Homoleptic Polynitrogen Ion as a High Energy Density Material [J]. Angewandte Chemie International Edition, 1999, 38(13-14): 2004-2009.

[475] Eremets M I, Gavriliuk A G, Trojan I A, Dzivenko D A, Boehler R. Single-bonded cubic form of nitrogen [J]. Nature Materials, 2004, 3(8): 558-563.

[476] Lipp M J, Evans W J, Baer B J, Yoo C S. High-energy-density extended CO solid [J]. Nature Materials, 2005, 4(3): 211-215.

[477] Dias R P, Silvera I F. Observation of the wigner-huntington transition to metallic hydrogen[[J]. Science, 2017, 355: 715-718.

[478] Chen S L, Yang Z R, Wang B J, Shang Y, Sun L Y, He C T, Zhou H L, Zhang W X, Chen X M. Molecular perovskite high-energetic materials [J]. Science China Materials, 2018, 61(8): 1123-1128.

[479] Zhang C, Sun C, Hu B, Yu C, Lu M. Synthesis and characterization of the pentazolate anion cyclo-N_5-in $(N_5)_6(H_3O)_3(NH_4)_4Cl$ [J]. Science, 2017, 355(6323): 374-376.

[480] Xu Y, Wang Q, Shen C, Lin Q, Wang P, Lu M. A series of energetic metal pentazolate hydrates [J]. Nature, 2017, 549(7670): 78-81.

[481] Ding K W, Li X W, Xu H G, Li T Q, Ge Z X, Wang Q, Zheng W J. Experimental observation of TiN_{12}^+cluster and theoretical investigation of its stable and metastable isomers [J]. Chemical Science, 2015, 6(8): 4723-4729.

[482] Ji C, Adeleke A A, Yang L, Wan B, Gou H, Yao Y, Li B, Meng Y, Smith J S, Prakapenka V B, Liu W, Shen G, Mao W L, Mao H K. Nitrogen in black phosphorus structure [J]. Science Advances, 2020, 6(20): eaba9206.

[483] Liu Y, Su H, Niu C, Wang X, Zhang J, Ge Z, Li Y. Synthesis of black phosphorus structured polymeric nitrogen [J]. Chinese Physics B, 2020, 29(10): 106201.

[484] Xia Y, Yang B, Jin F, Ma Y, Liu X, Zhao M. Hydrogen Confined in a Single Wall Carbon Nanotube

Becomes a Metallic and Superconductive Nanowire under High Pressure [J]. Nano Letters, 2019, 19(4): 2537-2542.

[485] Kyprianou D, Berglund M, Emma G, Rarata G, Anderson D, Diaconu G, Exarchou V. Synthesis of 2,4,6-Trinitrotoluene (TNT) Using Flow Chemistry [J]. Molecules, 2020, 25(16): 3586.

[486] Zunino J L,Schmidt D P, Petrock A M, Fuchs B E. Inkjet printed devices for armament applications [J]. Nanotechnology, 2010, (2): 542-545.

[487] 宁 马, 能 秦, 蒋浩龙, 哲 张, 孙晓朋, 松陈. PBX炸药声共振混合试验研究[J]. 爆破器材, 2016, 45(4): 26-29.

[488] Beckstead M W, Puduppakkam K, Thakre P, Yang V. Modeling of combustion and ignition of solid-propellant ingredients [J]. Progress in Energy and Combustion Science, 2007, 33(6): 497-551.

[489] Baker E L, Stiel L, Balas W, Capellos C, Pincay J. Combined effects aluminized explosives modeling and development [J]. International Journal of Energetic Materials and Chemical Propulsion,2015, 14(4): 283-293.

[490] Yang Y, Zhao F, Huang X, Zhang J, Chen X, Yuan Z, Wang Y, Li H, Li S. Reinforced combustion of the ZrH_2-HMX-CMDB propellant: The critical role of hydrogen [J]. Chemical Engineering Journal, 2020, 402: 126275.

[491] Ma X, Li Y, Hussain I, Shen R, Yang G, Zhang K. Core-Shell Structured Nanoenergetic Materials: Preparation and Fundamental Properties [J]. Advanced Materials,2020, 32(30): 2001291.

[492] Qu W, Niu S, Sun D, Gao H, Wu Y, Yuan Z, Chen X, Wang Y, An T, Wang G, Zhao F. Pb Single Atoms Enable Unprecedented Catalytic Behavior for the Combustion of Energetic Materials [J]. Advanced Science, 2021, 8(5): 2002889.

[493] Reker D. Cheminformatic analysis of natural product fragments [J]. Progress in the Chemistry of Organic Natural Products, Springer, 2019, 110: 143-175.

[494] Aleman J, Cabrera S. Applications of asymmetric organocatalysis in medicinal chemistry [J]. Chemical Society Reviews, 2013, 42(2): 774-793.

[495] Porta R, Benaglia M, Puglisi A. Flow Chemistry: Recent Developments in the Synthesis of Pharmaceutical Products [J]. Organic Process Research & Development, 2015, 20(1): 2-25.

[496] Kanda Y, Nakamura H, Umemiya S, Puthukanoori R K, Murthy Appala V R, Gaddamanugu G K, Paraselli B R, Baran P S. Two-Phase Synthesis of Taxol [J]. Journal of the American Chemical Society, 2020, 142(23): 10526-10533.

[497] Kundu S, Jha S, Ghosh B. Metabolic engineering for improving production of taxol [M]. Transgenesis and secondary metabolism, 2017: 463-484.

[498] Dey S, Lo H J, Wong C H. Programmable One-Pot Synthesis of Heparin Pentasaccharide Fondaparinux [J]. Organic Letters, 2020, 22(12): 4638-4642.

[499] Jin H, Chen Q, Zhang Y Y, Hao K F, Zhang G Q, Zhao W. Preactivation-based, iterative one-pot synthesis of anticoagulant pentasaccharide fondaparinux sodium [J]. Organic Chemistry Frontiers, 2019, 6(17): 3116-3120.

[500] Dai X, Liu W, Zhou Q, Cheng C, Yang C, Wang S, Zhang M, Tang P, Song H, Zhang D, Qin Y. Formal Synthesis of Anticoagulant Drug Fondaparinux Sodium [J]. The Journal of Organic Chemistry, 2016, 81(1): 162-184.

[501] Ishikawa H, Suzuki T, Hayashi Y. High-yielding synthesis of the anti-influenza neuramidase inhibitor (−)-oseltamivir by three “one-pot” operations [J]. Angewandte Chemie International Edition, 2009, 121(7): 1330-1333.

[502] Zhu S, Yu S, Wang Y, Ma D. Organocatalytic Michael addition of aldehydes to protected 2-amino-1-nitroethenes: the practical syntheses of oseltamivir (Tamiflu) and substituted 3-aminopyrrolidines [J]. Angewandte Chemie International Edition, 2010, 49(27): 4656-4660.

[503] Wang M, Zhang L, Huo X, Zhang Z, Yuan Q, Li P, Chen J, Zou Y, Wu Z, Zhang W. Catalytic Asymmetric Synthesis of the anti-COVID-19 Drug Remdesivir [J]. Angewandte Chemie International

Edition, 2020, 59(47): 20814-20819.

[504] Gong R, Yu L, Qin Y, Price N P J, He X, Deng Z, Chen W. Harnessing synthetic biology-based strategies for engineered biosynthesis of nucleoside natural products in actinobacteria [J]. Biotechnology Advances, 2021, 46: 107673.

[505] Li Q, Pellegrino J, Lee D J, Tran A A, Chaires H A, Wang R, Park J E, Ji K, Chow D, Zhang N, Brilot A F, Biel J T, van Zundert G, Borrelli K, Shinabarger D, Wolfe C, Murray B, Jacobson M P, Muhle E, Chesneau O, Fraser J S, Seiple I B. Synthetic group A streptogramin antibiotics that overcome Vat resistance [J]. Nature, 2020, 586(7827): 145-150.

[506] Sun G, Hu C, Mei Q, Luo M, Chen X, Li Z, Liu Y, Deng Z, Zhang Z, Sun Y. Uncovering the cytochrome P450-catalyzed methylenedioxy bridge formation in streptovaricins biosynthesis [J]. Nature Communications, 2020, 11(1): 4501.

[507] Liu D, Zhang W. The development on the research of industrial production of artemisinin [J]. Chinese Science Bulletin, 2017, 62(18): 1997-2006.

[508] Galanie S, Thodey K, Trenchard I J, Interrante M F, Smolke C D. Complete biosynthesis of opioids in yeast [J]. Science, 2015, 349(6252): 1095-1100.

[509] Wu S, Snajdrova R, Moore J C, Baldenius K, Bornscheuer U T. Biocatalysis: Enzymatic Synthesis for Industrial Applications [J]. Angewandte Chemie International Edition, 2021, 60(1): 88-119.

[510] Coley C W, Thomas D A, Lummiss J A M, Jaworski J N, Breen C P, Schultz V, Hart T, Fishman J S, Rogers L, Gao H, Hicklin R W, Plehiers P P, Byington J, Piotti J S, Green W H, Hart A J, Jamison T F, Jensen K F. A robotic platform for flow synthesis of organic compounds informed by AI planning [J]. Science, 2019, 365(6453): 1566.

[511] https://covid19.who.int/.

[512] Shi S, Zhu H, Xia X, Liang Z, Ma X, Sun B. Vaccine adjuvants: Understanding the structure and mechanism of adjuvanticity [J]. Vaccine, 2019, 37(24): 3167-3178.

[513] Liang Z, Zhu H, Wang X, Jing B, Li Z, Xia X, Sun H, Yang Y, Zhang W, Shi L, Zeng H, Sun B. Adjuvants for Coronavirus Vaccines [J]. Frontiers Immunology, 2020, 11: 589833.

[514] Glenny A T Buttle G A H, Stevens M F. Rate of Disappearance of Diphtheria Toxoid Injected into Rabbits and Guinea-Pigs: Toxoid Precipitated with Alum [J]. Journal of Pathology and Bacteriology, 1931, 34: 267-275.

[515] Morefield G L, Sokolovska A, Jiang D, Hogenesch H, Robinson J P, Hem S L. Role of aluminum-containing adjuvants in antigen internalization by dendritic cells in vitro [J]. Vaccine, 2005, 23(13): 1588-1595.

[516] Eisenbarth S C, Colegio O R, O'connor W, Sutterwala F S, Flavell R A. Crucial role for the Nalp3 inflammasome in the immunostimulatory properties of aluminium adjuvants [J]. Nature, 2008, 453(7198): 1122-1126.

[517] Sun B, Ji Z, Liao Y P, Wang M, Wang X, Dong J, Chang C H, Li R, Zhang H, Nel A E, Xia T. Engineering an Effective Immune Adjuvant by Designed Control of Shape and Crystallinity of Aluminum Oxyhydroxide Nanoparticles [J]. ACS Nano, 2013, 7: 10834-10849.

[518] Franchi L, Nunez G. The Nlrp3 inflammasome is critical for aluminium hydroxide-mediated IL-1beta secretion but dispensable for adjuvant activity [J]. European Journal of Immunology, 2008, 38(8): 2085-2089.

[519] Holt L. Developments in Diphtheria Prophylaxis [J]. Journal of the American Medical Association, 1950, 144(16): 1415.

[520] Sun B, Ji Z, Liao Y P, Chang C H, Wang X, Ku J, Xue C, Mirshafiee V, Xia T. Enhanced Immune Adjuvant Activity of Aluminum Oxyhydroxide Nanorods through Cationic Surface Functionalization [J]. ACS Applied Materials & Interfaces, 2017, 9(26): 21697-21705.

[521] Li X, Aldayel A M, Cui Z. Aluminum hydroxide nanoparticles show a stronger vaccine adjuvant activity than traditional aluminum hydroxide microparticles [J]. Journal of Controlled Release, 2014,

173: 148-157.

[522] Orr M T, Khandhar A P, Seydoux E, Liang H, Gage E, Mikasa T, Beebe E L, Rintala N D, Persson K H, Ahniyaz A, Carter D, Reed S G, Fox C B. Reprogramming the adjuvant properties of aluminum oxyhydroxide with nanoparticle technology [J]. NPJ Vaccines, 2019, 4: 1-10.

[523] Rydyznski Moderbacher C, Ramirez S I, Dan J M, Grifoni A, Hastie K M, Weiskopf D, Belanger S, Abbott R K, Kim C, Choi J, Kato Y, Crotty E G, Kim C, Rawlings S A, Mateus J, Tse L P V, Frazier A, Baric R, Peters B, Greenbaum J, Ollmann Saphire E, Smith D M, Sette A, Crotty S. Antigen-Specific Adaptive Immunity to SARS-CoV-2 in Acute COVID-19 and Associations with Age and Disease Severity [J]. Cell, 2020, 183(4): 996-1012.

[524] Peng S, Cao F, Xia Y, Gao X D, Dai L, Yan J, Ma G. Particulate Alum via Pickering Emulsion for an Enhanced COVID-19 Vaccine Adjuvant [J]. Advanced Materials, 2020, 32(40): e2004210.

[525] Reed S G, Orr M T, Fox C B. Key roles of adjuvants in modern vaccines [J]. Nature Medicine, 2013, 19(12): 1597-1608.

[526] Asakura K, Nagahiro H, Ichikuni N, Iwasawa Y. Structure and catalytic combustion activity of atomically dispersed Pt species at MgO surface [J]. Applied catalysis A: General, 1999, 188(1-2): 313-324.

[527] Fu Q, Saltsburg H, Flytzani-Stephanopoulos M. Active Nonmetallic Au and Pt Species on Ceria-Based Water-Gas Shift Catalysts [J]. Science, 2003, 301(5635): 935-938.

[528] Zhang X, Shi H, Xu B Q. Catalysis by Gold: Isolated Surface Au^{3+} Ions are Active Sites for Selective Hydrogenation of 1,3-Butadiene over Au/ZrO_2 Catalysts [J]. Angewandte Chemie International Edition, 2005, 117(43): 7294-7297.

[529] Qiao B, Wang A, Yang X, Allard L F, Jiang Z, Cui Y, Liu J, Li J, Zhang T. Single-atom catalysis of CO oxidation using Pt_1/FeO_x [J]. Nature Chemistry, 2011, 3(8): 634-641.

[530] Thomas J M, Raja R, Lewis D W. Single-site heterogeneous catalysts [J]. Angewandte Chemie International Edition, 2005, 44(40): 6456-6482.

[531] Kyriakou G, Boucher M B, Jewell A D, Lewis E A, Lawton T J, Baber A E, Tierney H L, Flytzani-Stephanopoulos M, Sykes E C H. Isolated Metal Atom Geometries as a Strategy for Selective Heterogeneous Hydrogenations [J]. Science, 2012, 335(6073): 1209.

[532] Pei G X, Liu X Y, Wang A, Lee A F, Isaacs M A, Li L, Pan X, Yang X, Wang X, Tai Z, Wilson K, Zhang T. Ag Alloyed Pd Single-Atom Catalysts for Efficient Selective Hydrogenation of Acetylene to Ethylene in Excess Ethylene [J]. ACS Catalysis, 2015, 5(6): 3717-3725.

[533] Peterson E J, Delariva A T, Lin S, Johnson R S, Guo H, Miller J T, Hun Kwak J, Peden C H, Kiefer B, Allard L F, Ribeiro F H, Datye A K. Low-temperature carbon monoxide oxidation catalysed by regenerable atomically dispersed palladium on alumina [J]. Nature Communications, 2014, 5: 4885.

[534] Li T, Liu F, Tang Y, Li L, Miao S, Su Y, Zhang J, Huang J, Sun H, Haruta M, Wang A, Qiao B, Li J, Zhang T. Maximizing the Number of Interfacial Sites in Single-Atom Catalysts for the Highly Selective, Solvent-Free Oxidation of Primary Alcohols [J]. Angewandte Chemie International Edition, 2018, 57(26): 7795-7799.

[535] Yang H B, Hung S F, Liu S, Yuan K, Miao S, Zhang L, Huang X, Wang H Y, Cai W, Chen R, Gao J, Yang X, Chen W, Huang Y, Chen H M, Li C M, Zhang T, Liu B. Atomically dispersed Ni(i) as the active site for electrochemical CO_2 reduction [J]. Nature Energy, 2018, 3(2): 140-147.

[536] Tiwari J N, Singh A N, Sultan S, Kim K S. Recent Advancement of p-and d-Block Elements, Single Atoms, and Graphene-Based Photoelectrochemical Electrodes for Water Splitting [J]. Advanced Energy Materials, 2020, 10(24): 2000280.

[537] Guo X, Fang G, Li G, Ma H, Fan H, Yu L, Ma C, Wu X, Deng D, Wei M, Tan D, Si R, Zhang S, Li J, Sun L, Tang Z, Pan X, Bao X. Direct, Nonoxidative Conversion of Methane to Ethylene, Aromatics, and Hydrogen [J]. Science, 2014, 344(6184): 612-616.

[538] Yan H, Cheng H, Yi H, Lin Y, Yao T, Wang C, Li J, Wei S, Lu J. Single-Atom Pd(1)/Graphene Catalyst

Achieved by Atomic Layer Deposition: Remarkable Performance in Selective Hydrogenation of 1,3-Butadiene [J]. Journal of the American Chemical Society, 2015, 137(33): 10484-10487.

[539] Huang F, Deng Y, Chen Y, Cai X, Peng M, Jia Z, Ren P, Xiao D, Wen X, Wang N, Liu H, Ma D. Atomically Dispersed Pd on Nanodiamond/Graphene Hybrid for Selective Hydrogenation of Acetylene [J]. Journal of the American Chemical Society, 2018, 140(41): 13142-13146.

[540] Hu M, Zhang J, Zhu W, Chen Z, Gao X, Du X, Wan J, Zhou K, Chen C, Li Y. 50 ppm of Pd dispersed on $Ni(OH)_2$ nanosheets catalyzing semi-hydrogenation of acetylene with high activity and selectivity [J]. Nano Research, 2017, 11(2): 905-912.

[541] Wei H, Liu X, Wang A, Zhang L, Qiao B, Yang X, Huang Y, Miao S, Liu J, Zhang T. FeO_x-supported platinum single-atom and pseudo-single-atom catalysts for chemoselective hydrogenation of functionalized nitroarenes. Nature Communications, 2014, 5: 5634.

[542] Liu P, Zhao Y, Qin R, Mo S, Chen G, Gu L, Chevrier D M, Zhang P, Guo Q, Zang D, Wu B, Fu G, Zheng N. Photochemical route for synthesizing atomically dispersed palladium catalysts [J]. Science, 2016, 352(6287): 797-801.

[543] Jiang M, Yan L, Ding Y, Sun Q, Liu J, Zhu H, Lin R, Xiao F, Jiang Z, Liu J. Ultrastable 3V-PPh3 polymers supported single Rh sites for fixed-bed hydroformylation of olefins [J]. Journal of Molecular Catalysis A: Chemical, 2015, 404-405: 211-217.

[544] 谭天伟, 苏海佳, 晶 杨. 生物基材料产业化进展[J]. 中国材料进展, 2012, 31(02): 1-6.

[545] Sousa A F, Vilela C, Fonseca A C, Matos M, Freire C S R, Gruter G J M, Coelho J F J, Silvestre A J D. Biobased polyesters and other polymers from 2,5-furandicarboxylic acid: a tribute to furan excellency [J]. Polymer Chemistry, 2015, 6(33): 5961-5983.

[546] Jacquel N, Saint-Loup R, Pascault J P, Rousseau A, Fenouillot F. Bio-based alternatives in the synthesis of aliphatic-aromatic polyesters dedicated to biodegradable film applications [J]. Polymer, 2015, 59: 234-242.

[547] Huang W, Hu X, Zhai J, Zhu N, Guo K. Biorenewable furan-containing polyamides [J]. Materials Today Sustainability, 2020, 10: 100049.

[548] Chen C, Wang L, Zhu B, Zhou Z, El-Hout S I, Yang J, Zhang J. 2,5-Furandicarboxylic acid production via catalytic oxidation of 5-hydroxymethylfurfural: Catalysts, processes and reaction mechanism [J]. Journal of Energy Chemistry, 2021, 54: 528-554.

[549] Zuo M, Jia W, Feng Y, Zeng X, Tang X, Sun Y, Lin L. Effective selectivity conversion of glucose to furan chemicals in the aqueous deep eutectic solvent [J]. Renewable Energy, 2021, 164: 23-33.

[550] Yi G, Teong S P, Li X, Zhang Y. Purification of biomass-derived 5-hydroxymethylfurfural and its catalytic conversion to 2,5-furandicarboxylic Acid [J]. ChemSusChem, 2014, 7(8): 2131-2135.

[551] Wu B, Xu Y, Bu Z, Wu L, Li B G, Dubois P. Biobased poly(butylene 2,5-furandicarboxylate) and poly(butylene adipate-co-butylene 2,5-furandicarboxylate)s: From synthesis using highly purified 2,5-furandicarboxylic acid to thermo-mechanical properties [J]. Polymer, 2014, 55(16): 3648-3655.

[552] Choudhary H, Ebitani K. Hydrotalcite-supported PdPt-catalyzed Aerobic Oxidation of 5-Hydroxymethylfurfural to 2,5-Furandicarboxylic Acid in Water [J]. Chemistry Letters, 2016, 45(6): 613-615.

[553] Zheng L, Zhao J, Du Z, Zong B, Liu H. Efficient aerobic oxidation of 5-hydroxymethylfurfural to 2,5-furandicarboxylic acid on Ru/C catalysts [J]. Science China Chemistry, 2017, 60(7): 950-957.

[554] Yuan H, Li J, Shin H D, Du G, Chen J, Shi Z, Liu L. Improved production of 2,5-furandicarboxylic acid by overexpression of 5-hydroxymethylfurfural oxidase and 5-hydroxymethylfurfural/furfural oxidoreductase in Raoultella ornithinolytica BF60 [J]. Bioresource Technology, 2018, 247: 1184-1188.

[555] 韦岳伽, 齐方亚, 佳 廖, 闵永刚, 晨 赵, 李凯欣. 2,5-呋喃二酸的催化合成研究进展[J]. Journal of Functional Materials, 2019, 50(11): 11045-11056.

[556] Bougarech A, Abid S, Abid M. Poly (ethylene 2,5-furandicarboxylate) ionomers with enhanced liquid water sorption and oxidative degradation [J]. Journal of Polymer Research, 2020, 27(8): 1-10.

[557] Yan D, Xin J, Shi C, Lu X, Ni L, Wang G, Zhang S. Base-free conversion of 5-hydroxymethylfurfural to 2,5-furandicarboxylic acid in ionic liquids [J]. Chemical Engineering Journal, 2017, 323: 473-482.

[558] Hardt-Stremayr M, Bernaskova M, Hauser S, Kunert O, Guo X, Stephan J, Spreitz J, Lankmayr E, Schmid M G, Wintersteiger R. Development and validation of an HPLC method to determine metabolites of 5-hydroxymethylfurfural (5-HMF) [J]. Journal of Separation Science, 2012, 35(19): 2567-2574.

[559] Hara M, Nakajima K, Kamata K. Recent progress in the development of solid catalysts for biomass conversion into high value-added chemicals [J]. Science and Technology of Advanced Materials, 2015, 16(3): 034903.

[560] Hansen T S, Sádaba I, García-Suárez E J, Riisager A. Cu catalyzed oxidation of 5-hydroxymethylfurfural to 2,5-diformylfuran and 2,5-furandicarboxylic acid under benign reaction conditions [J]. Applied Catalysis A: General, 2013, 456: 44-50.

[561] 王静刚, 刘小青, 朱锦. 生物基芳香平台化合物2,5-呋喃二甲酸的合成研究进展[J]. 化工进展, 2017, 36(2): 672-682.

[562] Kim H, Lee S, Ahn Y, Lee J, Won W. Sustainable Production of Bioplastics from Lignocellulosic Biomass: Technoeconomic Analysis and Life-Cycle Assessment [J]. ACS Sustainable Chemistry & Engineering, 2020, 8(33): 12419-12429.

[563] Naim W, Schade O R, Saraçi E, Wüst D, Kruse A, Grunwaldt J D. Toward an Intensified Process of Biomass-Derived Monomers: The Influence of 5-(Hydroxymethyl)furfural Byproducts on the Gold-Catalyzed Synthesis of 2,5-Furandicarboxylic Acid [J]. ACS Sustainable Chemistry & Engineering, 2020, 8(31): 11512-11521.

[564] Rao K T V, Hu Y, Yuan Z, Zhang Y, Xu C. Nitrogen-doped carbon: A metal-free catalyst for selective oxidation of crude 5-hydroxymethylfurfural obtained from high fructose corn syrup (HFCS-90) to 2,5-furandicarboxylic acid (FDCA) [J]. Chemical Engineering Journal, 2021, 404: 127063.

[565] Vennestrom P N, Osmundsen C M, Christensen C H, Taarning E. Beyond petrochemicals: the renewable chemicals industry [J]. Angewandte Chemie International Edition, 2011, 50(45): 10502-10509.

[566] Corma A, Huber G, Sauvanaud L, Oconnor P. Biomass to chemicals: Catalytic conversion of glycerol/water mixtures into acrolein, reaction network [J]. Journal of Catalysis, 2008, 257(1): 163-171.

[567] Lolli A, Albonetti S, Utili L, Amadori R, Ospitali F, Lucarelli C, Cavani F. Insights into the reaction mechanism for 5-hydroxymethylfurfural oxidation to FDCA on bimetallic Pd-Au nanoparticles [J]. Applied Catalysis A: General, 2015, 504: 408-419.

[568] Miao Z, Zhang Y, Pan X, Wu T, Zhang B, Li J, Yi T, Zhang Z, Yang X. Superior catalytic performance of $Ce_{1-x}Bi_xO_{2-\delta}$solid solution and Au/$Ce_{1-x}Bi_xO_{2-\delta}$for 5-hydroxymethylfurfural conversion in alkaline aqueous solution [J]. Catalysis Science & Technology, 2015, 5(2): 1314-1322.

[569] Wang S, Zhang Z, Liu B. Catalytic Conversion of Fructose and 5-Hydroxymethylfurfural into 2,5-Furandicarboxylic Acid over a Recyclable Fe_3O_4-CoO_x Magnetite Nanocatalyst [J]. ACS Sustainable Chemistry & Engineering, 2015, 3(3): 406-412.

[570] Gao L, Deng K, Zheng J, Liu B, Zhang Z. Efficient oxidation of biomass derived 5-hydroxymethylfurfural into 2,5-furandicarboxylic acid catalyzed by Merrifield resin supported cobalt porphyrin [J]. Chemical Engineering Journal, 2015, 270: 444-449.

[571] Neaţu F, Marin R S, Florea M, Petrea N, Pavel O D, Pârvulescu V I. Selective oxidation of 5-hydroxymethyl furfural over non-precious metal heterogeneous catalysts [J]. Applied Catalysis B: Environmental, 2016, 180: 751-757.

[572] Hayashi E, Komanoya T, Kamata K, Hara M. Heterogeneously-Catalyzed Aerobic Oxidation of 5-Hydroxymethylfurfural to 2,5-Furandicarboxylic Acid with MnO_2 [J]. ChemSusChem, 2017, 10(4): 654-658.

[573] Han X, Li C, Liu X, Xia Q, Wang Y. Selective oxidation of 5-hydroxymethylfurfural to

2,5-furandicarboxylic acid over MnOx-CeO_2 composite catalysts [J]. Green Chemistry, 2017, 19(4): 996-1004.

[574] Yan D, Xin J, Zhao Q, Gao K, Lu X, Wang G, Zhang S. Fe-Zr-O catalyzed base-free aerobic oxidation of 5-HMF to 2,5-FDCA as a bio-based polyester monomer [J]. Catalysis Science & Technology, 2018, 8(1): 164-175.

[575] Yan D, Wang G, Gao K, Lu X, Xin J, Zhang S. One-Pot Synthesis of 2,5-Furandicarboxylic Acid from Fructose in Ionic Liquids [J]. Industrial & Engineering Chemistry Research, 2018, 57(6): 1851-1858.

[576] Lepage M L, Simhadri C, Liu C, Takaffoli M, Wulff J E. A broadly applicable cross-linker for aliphatic polymers containing C—H bonds [J]. Science, 2019, 366: 875–878

[577] Ping J, Gao F, Chen J L, Webster R D, Steele T W. Adhesive curing through low-voltage activation [J]. Nature Communications, 2015, 6: 8050.

[578] Feng G, Djordjevic I, Mogal V, O'rorke R, Pokholenko O, Steele T W. Elastic Light Tunable Tissue Adhesive Dendrimers [J]. Macromolecular Bioscience, 2016, 16(7): 1072-1082.

[579] Ba L, Zou Q, Tan X, Song J, Cheng J, Zhang J. Structure, morphology and properties of epoxy networks with dangling chains cured by anhydride [J]. RSC Advances, 2016, 6(94): 91875-91881.

[580] Huang Y, Tian Y, Li Y, Tan X, Li Q, Cheng J, Zhang J. High mechanical properties of epoxy networks with dangling chains and tunable microphase separation structure [J]. RSC Advances, 2017, 7(77): 49074-49082.

[581] Zhang D, Li K, Li Y, Sun H, Cheng J, Zhang J. Characteristics of water absorption in amine-cured epoxy networks: a molecular simulation and experimental study [J]. Soft Matter, 2018, 14(43): 8740-8749.

[582] 程珏, 巴龙翰, 邹齐, 张军营. 一种高强度高韧性环氧树脂: CN107641192A [P/OL]. 2018-01-30[2016-07-22].

[583] 程珏, 巴龙翰, 邹齐, 张军营. 一步法制备低粘度高强高韧性环氧树脂: CN107641193A [P/OL]. 2018-01-30[2016-07-22].

[584] 程珏, 黄逸舟, 李媛媛, 张军营. 一种高模量低粘度环氧树脂及制备方法: CN109422867A [P/OL]. 2019-03-05[2017-09-05].

[585] Fan M, Liu J, Li X, Zhang J, Cheng J. Recyclable Diels-Alder Furan/Maleimide Polymer Networks with Shape Memory Effect [J]. Industrial & Engineering Chemistry Research, 2014, 53(42): 16156-16163.

[586] Tian Y, Wang Q, Cheng J, Zhang J. A fully biomass based monomer from itaconic acid and eugenol to build degradable thermosets via thiol-ene click chemistry [J]. Green Chemistry, 2020, 22(3): 921-932.

[587] Liu Z, Cheng J, Zhang J. An Efficiently Reworkable Thermosetting Adhesive Based on Photoreversible [4+4] Cycloaddition Reaction of Epoxy-Based Prepolymer with Four Anthracene End Groups [J]. Macromolecular Chemistry and Physics, 2020, 222(2): 2000298.

[588] Shen L, Cheng J, Zhang J. Reworkable adhesives: Healable and fast response at ambient environment based on anthracene-based thiol-ene networks [J]. European Polymer Journal, 2020, 137: 109927.

[589] Gao F, Sun H, Zhang H, Cheng J, Zhang J. Submicro/nano porous epoxy resin fabricated via UV initiated foaming [J]. Materials Letters, 2019, 251: 69-72.

[590] Wang L, Zhang C, Gong W, Ji Y, Qin S, He L. Preparation of Microcellular Epoxy Foams through a Limited-Foaming Process: A Contradiction with the Time-Temperature-Transformation Cure Diagram [J]. Advanced Materials, 2018, 30(3): 1703992.

[591] Guan B Y, Yu L, Lou X W. Chemically Assisted Formation of Monolayer Colloidosomes on Functional Particles [J]. Advanced Materials, 2016, 28(43): 9596-9601.

[592] Ma J, Ma T, Duan W, Wang W, Cheng J, Zhang J. Superhydrophobic, multi-responsive and flexible bottlebrush-network-based form-stable phase change materials for thermal energy storage and sprayable coatings [J]. Journal of Materials Chemistry A, 2020, 8(42): 22315-22326.

[593] 李岩. 我国电子化学品行业发展现状及趋势研究[J]. 化学工业, 2020, 38(01): 18-20.

[594] Furutani H, Shirakawa M, Nihashi W, Sakita K, Oka H, Fujita M, Omatsu T, Tsuchihashi T, Fujmaki N, Fujimori T. Novel EUV Resist Materials for 7 nm Node and Beyond [J]. Journal of Photopolymer

Science and Technology, 2018, 31(2): 201-207.

[595] Li L, Liu X, Pal S, Wang S, Ober C K, Giannelis E P. Extreme ultraviolet resist materials for sub-7 nm patterning [J]. Chemical Society Reviews, 2017, 46(16): 4855-4866.

[596] 宗楠, 胡蔚敏, 王志敏, 王小军. 激光等离子体13.5 nm极紫外光刻光源进展[J]. 中国光学, 2020, 13(1): 28-42.

[597] Panning E M, Goldberg K A, Pirati A, van Schoot J, Troost K, van Ballegoij R, Krabbendam P, Stoeldraijer J, Loopstra E, Benschop J, Finders J, Meiling H, van Setten E, Mika N, Dredonx J, Stamm U, Kneer B, Thuering B, Kaiser W, Heil T, Migura S. The future of EUV lithography: enabling Moore's Law in the next decade [J]. Extreme Ultraviolet LithographyⅧ, 2017, 10143: 10143.

[598] van de Kerkhof M A, Benschop J P H, Banine V Y. Lithography for now and the future [J]. Solid-State Electronics, 2019, 155: 20-26.

[599] Manouras T, Argitis P. High Sensitivity Resists for EUV Lithography: A Review of Material Design Strategies and Performance Results [J]. Nanomaterials, 2020, 10(8): 1593

[600] Jung W B, Jang S, Cho S Y, Jeon H J, Jung H T. Recent Progress in Simple and Cost-Effective Top-Down Lithography for approximately 10 nm Scale Nanopatterns: From Edge Lithography to Secondary Sputtering Lithography [J]. Advanced Materials, 2020, 32(35): 1907101.

[601] 高媛媛, 张广平, 宋宽广, 郝俪蓉, 郑远洋. 超净高纯试剂的制备、检测及包装技术进展[J]. 化学试剂, 2014, 36(08): 713-718.

[602] 张文毓. 张文毓.电子封装材料的研究与应用[J]. 上海电气技术, 2017, 10(2): 72-77.

[603] Chen L, Shao Z, Zhao W, Huang X. Development Strategies for New Energy Materials in China [J]. Strategic Study of Chinese Academy of Engineering, 2020, 22(5): 60-67.

[604] Wang A, Kadam S, Li H, Shi S, Qi Y. Review on modeling of the anode solid electrolyte interphase (SEI) for lithium-ion batteries [J]. npj Computational Materials, 2018, 4(1): 1-26.

[605] Sun R, Xia Z, Xu X, Deng R, Wang S, Sun G. Periodic evolution of the ionomer/catalyst interfacial structures towards proton conductance and oxygen transport in polymer electrolyte membrane fuel cells [J]. Nano Energy, 2020, 75: 104919.

[606] Kim Y, Seong W M, Manthiram A. Cobalt-free, high-nickel layered oxide cathodes for lithium-ion batteries: Progress, challenges, and perspectives [J]. Energy Storage Materials, 2021, 34: 250-259.

[607] Lv H, Li C, Zhao Z, Wu B, Mu D. A review: Modification strategies of nickel-rich layer structure cath ode (Ni≥0.8) materials for lithium ion power batteries [J]. Journal of Energy Chemistry, 2021, 60: 435-450.

[608] 张盼盼, 黄惠, 何亚鹏. 锂离子电池富锂锰基正极材料的研究进展[J]. 材料工程, 2021, 49(03): 48-58.

[609] Azam M A, Safie N E, Ahmad A S, Yuza N A, Zulkifli N S A. Recent advances of silicon, carbon composites and tin oxide as new anode materials for lithium-ion battery: A comprehensive review [J]. Journal of Energy Storage, 2021, 33: 102096.

[610] Li P, Kim H, Myung S T, Sun Y K. Diverting Exploration of Silicon Anode into Practical Way: A Review Focused on Silicon-Graphite Composite for Lithium Ion Batteries [J]. Energy Storage Materials, 2021, 35: 550-576.

[611] Chen J, Wu J, Wang X, Zhou A A, Yang Z. Research progress and application prospect of solid-state electrolytes in commercial lithium-ion power batteries [J]. Energy Storage Materials, 2021, 35: 70-87.

[612] 盛晓颖, 张学俊, 刘婷. 锂离子电池用PVDF类隔膜的研究进展[J]. 化 工 新 型 材 料, 2011, 39(05): 18-20.

[613] Luiso S, Fedkiw P. Lithium-ion battery separators: Recent developments and state of art [J]. Current Opinion in Electrochemistry, 2020, 20: 99-107.

[614] 洪 周, 魏凤, 牛振恒, 刘文奇. 基于专利分析的质子交换膜电极技术发展研究[J]. 高分子通报, 2020, 256(08): 67-73.

[615] Chen M, Zhao C, Sun F, Fan J, Li H, Wang H. Research progress of catalyst layer and interlayer interface structures in membrane electrode assembly (MEA) for proton exchange membrane fuel cell

(PEMFC) system [J]. eTransportation, 2020, 5: 100075-100092.

[616] Pan M, Pan C, Li C, Zhao J. A review of membranes in proton exchange membrane fuel cells: Transport phenomena, performance and durability [J]. Renewable and Sustainable Energy Reviews, 2021, 141: 110771-110795.

[617] Wang Y, Yuan H, Martinez A, Hong P, Xu H, Bockmiller F R. Polymer electrolyte membrane fuel cell and hydrogen station networks for automobiles: Status, technology, and perspectives [J]. Advances in Applied Energy, 2021, 2: 100011-100035.

[618] 曹婷婷, 崔新然, 马千里, 王茁, 韩聪, 米新艳, 于力娜, 张克金. 质子交换膜燃料电池气体扩散层的研究进展[J]. 化 学 进 展, 2006, 18(4): 508-513.

[619] 丁明珠, 李炳志, 刘夺, 王颖, 谢泽雄, 元英进. 合成生物学重要研究方向进展[J]. 合成生物学, 2020, 1(1): 7-28.

[620] Wu Y, Li B Z, Zhao M, et al. Bug mapping and fitness testing of chemically synthesized chromosome X [J]. Science, 2017, 355(6329): eaaf4704.

[621] Xie Z X, Li B Z, Mitchell L A, et al. “Perfect” designer chromosome V and behavior of a ring derivative [J]. Science, 2017, 355(6329): eaaf4706.

[622] Mercy G, Mozziconacci J, Scolari V F, et al. 3D organization of synthetic and scrambled chromosomes [J]. Science, 2017, 355(6329): eaaf4597.

[623] Zhang W, Zhao G, Luo Z, et al. Engineering the ribosomal DNA in a megabase synthetic chromosome [J]. Science, 2017, 355(6329): eaaf3981.

[624] Annaluru N, Muller H, Mitchell L A, et al. Total Synthesis of a Functional Designer Eukaryotic Chromosome [J]. Science, 2014, 344(6179): 55-58.

[625] Shen Y, Wang Y, Chen T, et al. Deep functional analysis of synII, a 770-kilobase synthetic yeast chromosome [J]. Science, 2017, 355(6329): eaaf4791.

[626] Mitchell L, Wang A, Stracquadanio G, Zheng K, Wang X, Yang K, Richardson S, Martin J, Yu Z, Walker R. Synthesis, debugging, and effects of synthetic chromosome consolidation: Synvi and beyond [J]. Science, 2017, 355(6329): eaaf4831.

[627] Jia B, Wu Y, Li B Z, Mitchell L A, Liu H, Pan S, Wang J, Zhang H R, Jia N, Li B, Shen M, Xie Z X, Liu D, Cao Y X, Li X, Zhou X, Qi H, Boeke J D, Yuan Y J. Precise control of SCRaMbLE in synthetic haploid and diploid yeast [J]. Nature Communications, 2018, 9(1): 1933.

[628] Wang J, Xie Z X, Yuan M, Chen X R, Huang Y Q, Bo H, Jia B, Li B Z, Yuan Y J. Ring synthetic chromosome V SCRaMbLE [J]. Nature Communications, 2018, 9: 3783.

[629] Wu Y, Zhu R Y, Mitchell L A, Ma L, Liu R, Zhao M, Jia B, Xu H, Li Y X, Yang Z M, Ma Y, Li X, Liu H, Liu D, Xiao W H, Zhou X, Li B Z, Yuan Y J, Boeke J D. In vitro DNA SCRaMbLE [J]. Nature Communications, 2018, 9: 1935.

[630] Shen M J, Wu Y, Yang K, Li Y X, Xu H, Zhang H R, Li B Z, Li X, Xiao W H, Zhou X, Mitchell L A, Bader J S, Yuan Y J, Boeke J D. Heterozygous diploid and interspecies SCRaMbLEing [J]. Nature Communications, 2018, 9: 1934.

[631] Wang X, Chen X J, Yang Y. Spatiotemporal control of gene expression by a light-switchable transgene system [J]. Nature Methods, 2012, 9(3): 266-269.

[632] Chen X J, Zhang D S, Su N, Bao B K, Xie X, Zuo F T, Yang L P, Wang H, Jiang L, Lin Q N, Fang M Y, Li N F, Hua X, Chen Z D, Bao C Y, Xu J J, Du W L, Zhang L X, Zhao Y Z, Zhu L Y, Loscalzo J, Yang Y. Visualizing RNA dynamics in live cells with bright and stable fluorescent RNAs [J]. Nature Biotechnology, 2019, 37(11): 1287-1293.

[633] Frietze K M, Peabody D S, Chackerian B. Engineering virus-like particles as vaccine platforms [J]. Curr Opin Virol, 2016, 18: 44-49.

[634] Pardi N, Hogan M J, Porter F W, Weissman D. mRNA vaccines-a new era in vaccinology [J]. Nature Reviews Drug Discovery, 2018 17:(4): 261-279.

[635] Saung M T, Ke X Y, Howard G P, Zheng L, Mao H Q. Particulate carrier systems as adjuvants for

cancer vaccines [J]. Biomaterials Science, 2019, 7(12): 4873-4887.

[636] Behzadi S, Serpooshan V, Tao W, Hamaly M A, Alkawareek M Y, Dreaden E C, Brown D, Alkilany A M, Farokhzad O C, Mahmoudi M. Cellular uptake of nanoparticles: journey inside the cell [J]. Chemical Society Reviews, 2017, 46(14): 4218-4244.

[637] Jiang H, Wang Q, Sun X. Lymph node targeting strategies to improve vaccination efficacy [J]. Journal of Controlled Release, 2017, 267: 47-56.

[638] Wang Z J, Schmidt F, Weisblum Y, et al. mRNA vaccine-elicited antibodies to SARS-CoV-2 and circulating variants [J]. Nature, 2021, 592: 616-622.

[639] Elodie C, Mouhamadou D, Carole M, Anais S, Allan L, William B, Romain N, Aurélien V, Nathalie A, Diane J D, Elisa M, Yves F, Eric M, Michel P, Séverine S. Oral insulin delivery, the challenge to increase insulin bioavailability: Influence of surface charge in nanoparticle system [J]. International journal of pharmaceutics, 2018, 542(1-2): 47-55.

[640] Ma G. Microencapsulation of protein drugs for drug delivery: strategy, preparation, and applications [J]. Journal of Controlled Release, 2014, 193: 324-340.

[641] Qi F, Wu J, Hao D, Yang T, Ren Y, Ma G, Su Z. Comparative studies on the influences of primary emulsion preparation on properties of uniform-sized exenatide-loaded PLGA microspheres [J]. Pharmaceutical Research, 2014, 31(6): 1566-1574.

[642] Do Pazo C, Nawaz K, Webster R M. The oncology market for antibody–drug conjugates [J]. Nature Reviews Drug Discovery, 2021, 20(8): 583-584.

[643] Li W, Qiu J H, Li X L, Aday S, Zhang J D, Conley G, Xu J, Joseph J, Lan H Y, Langer R, Mannix R, Karp J M, Joshi N. BBB pathophysiology-independent delivery of siRNA in traumatic brain injury [J]. Science Advances, 2021, 7(1): 6889.

[644] Zhang N N, Li X F, Deng Y Q, et al. A Thermostable mRNA Vaccine against COVID-19 [J]. Cell, 2020, 182(5): 1271-1283.

[645] Glass Z, Li Y M, Xu Q B. Nanoparticles for CRISPR-Cas9 delivery [J]. Nature Biomedical Engineering, 2017, 1(11): 854-855.

[646] Han X, Li W N, Duan Z G, Ma X X, Fan D D. Biocatalytic production of compound K in a deep eutectic solvent based on choline chloride using a substrate fed-batch strategy [J]. Bioresource Technology, 2020, 305: 123039.

[647] Shao J J, Zheng X Y, Qu L L, Zhang H, Yuan H F, Hui J F, Mi Y, Ma P, Fan D D. Ginsenoside Rg5/Rk1 ameliorated sleep via regulating the GABAergic/serotoninergic signaling pathway in a rodent model [J]. Food & Function, 2020, 11(2): 1245-1257.

[648] Zhu Y Y, Zhu C H, Yang H X, Deng J J, Fan D D. Protective effect of ginsenoside Rg5 against kidney injury via inhibition of NLRP3 inflammasome activation and the MAPK signaling pathway in high-fat diet/streptozotocin-induced diabetic mice [J]. Pharmacological Research, 2020, 155: 104746.

[649] Deng X Q, Zhao J Q, Qu L L, Duan Z G, Fu R Z, Zhu C H, Fan D D. Ginsenoside Rh4 suppresses aerobic glycolysis and the expression of PD-L1 via targeting AKT in esophageal cancer [J]. Biochemical Pharmacology, 2020, 178: 114038.

[650] Liu G, Duan Z, Wang P, Fan D, Zhu C. Purification, characterization, and hypoglycemic properties of eurocristatine from Eurotium cristatum spores in Fuzhuan brick tea [J]. RSC Advances, 2020, 10: 22234-22241.

[651] Li H, Mi Y, Duan Z, Ma P, Fan D. Structural characterization and immunomodulatory activity of a polysaccharide from Eurotium cristatum [J]. International Journal of Biological Macromolecules, 2020, 162: 609-617.

[652] Zhu C H, Chen Y R, Deng J J, Xue W J, Ma X X, Hui J F, Fan D D. Preparation, characterization, and bioavailability of a phosphorylated human-like collagen calcium complex [J]. Polymers for Advanced Technologies, 2015, 26(10): 1217-1225.

[653] Zhu C H, Lei H, Wang S S, Duan Z G, Fu R Z, Deng J J, Fan D D, Lv X Q. The effect of human-like

collagen calcium complex on osteoporosis mice [J]. Materials Science & Engineering C-Materials for Biological Applications, 2018, 93: 630-639.

[654] Zhu C H, Sun Y, Wang Y Y, Luo Y N, Fan D D. The preparation and characterization of novel human-like collagen metal chelates [J]. Materials Science & Engineering C-Materials for Biological Applications, 2013, 33(5): 2611-2619.

[655] 刘建群, 赵元, 张锐, 舒积成, 张小平. 新型营养强化剂L-硒-甲基硒代半胱氨酸的研究进展[J]. 中国食品添加剂, 2011, 2(2): 152-156.

[656] Zhu F, Zhong X, Hu M, Lu L, Deng Z, Liu T. In vitro reconstitution of mevalonate pathway and targeted engineering of farnesene overproduction in Escherichia coli [J]. Biotechnology and Bioengineering, 2014, 111(7): 1396-1405.

[657] Ro D, Paradise E M, Ouellet M, Fisher K J, Newman K L, Ndungu J M, Ho K A, Eachus R A, Ham T S, Kirby J. Production of the antimalarial drug precursor artemisinic acid in engineered yeast [J]. Nature, 2006, 440(7086): 940-943.

[658] Luo X, Reiter M A, D'espaux L, Wong J, Denby C M, Lechner A, Zhang Y, Grzybowski A T, Harth S, Lin W. Complete biosynthesis of cannabinoids and their unnatural analogues in yeast [J]. Nature, 2019, 567(7746): 123.

[659] Ajikumar P K, Xiao W H, Tyo K E J, Wang Y, Simeon F, Leonard E, Mucha O, Phon T H, Pfeifer B, Stephanopoulos G. Isoprenoid pathway optimization for Taxol precursor overproduction in Escherichia coli [J]. Science, 2010, 330(6000): 70-74.

[660] Lybrand D B, Xu H, Last R L, Pichersky E. How Plants Synthesize Pyrethrins: Safe and Biodegradable Insecticides [J]. Trends in Plant Science, 2020, 25(12): 1240-1251.

[661] Thodey K, Galanie S, Smolke C D. A microbial biomanufacturing platform for natural and semisynthetic opioids [J]. Nature Chemical Biology, 2014, 10(10): 837.

[662] Gibson D G, Glass J I, Lartigue C, Noskov V N, Chuang R Y, Algire M A, Benders G A, Montague M G, Ma L, Moodie M M, Merryman C, Vashee S, Krishnakumar R, Assad-Garcia N, Andrews-Pfannkoch C, Denisova E A, Young L, Qi Z Q, Segall-Shapiro T H, Calvey C H, Parmar P P, Hutchison C A, Smith H O, Venter J C. Creation of a Bacterial Cell Controlled by a Chemically Synthesized Genome [J]. Science, 2010, 329(5987): 52-56.

[663] Hutchison C A, Chuang R Y, Noskov V N, Assad-Garcia N, Deerinck T J, Ellisman M H, Gill J, Kannan K, Karas B J, Ma L, Pelletier J F, Qi Z Q, Richter R A, Strychalski E A, Sun L J, Suzuki Y, Tsvetanova B, Wise K S, Smith H O, Glass J I, Merryman C, Gibson D G, Venter J C. Design and synthesis of a minimal bacterial genome [J]. Science, 2016, 351(6280): aad6253.

[664] Ostrov N, Landon M, Guell M, Kuznetsov G, Teramoto J, Cervantes N, Zhou M, Singh K, Napolitano M G, Moosburner M, Shrock E, Pruitt B W, Conway N, Goodman D B, Gardner C L, Tyree G, Gonzales A, Wanner B L, Norville J E, Lajoie M J, Church G M. Design, synthesis, and testing toward a 57-codon genome [J]. Science, 2016, 353(6301): 819-822.

[665] Fredens J, Wang K H, de la Torre D, Funke L F H, Robertson W E, Christova Y, Chia T S, Schmied W H, Dunkelmann D L, Beranek V, Uttamapinant C, Llamazares A G, Elliott T S, Chin J W. Total synthesis of Escherichia coli with a recoded genome [J]. Nature, 2019, 569(7757): 514-518.

[666] Shao Y Y, Lu N, Wu Z F, Cai C, Wang S S, Zhang L L, Zhou F, Xiao S J, Liu L, Zeng X F, Zheng H J, Yang C, Zhao Z H, Zhao G P, Zhou J Q, Xue X L, Qin Z J. Creating a functional single-chromosome yeast [J]. Nature, 2018, 560(7718): 331-335.

[667] Luo J C, Sun X J, Cormack B P, Boeke J D. Karyotype engineering by chromosome fusion leads to reproductive isolation in yeast [J]. Nature, 2018, 560(7718): 392-396.

[668] Shen Y, Stracquadanio G, Wang Y, Yang K, Mitchell L A, Xue Y X, Cai Y Z, Chen T, Dymond J S, Kang K, Gong J H, Zeng X F, Zhang Y F, Li Y R, Feng Q, Xu X, Wang J, Wang J, Yang H M, Boeke J D, Bader J S. SCRaMbLE generates designed combinatorial stochastic diversity in synthetic chromosomes [J]. Genome Research, 2016, 26(1): 36-49.

[669] Luo Z, Wang L, Wang Y, Zhang W, Guo Y, Shen Y, Jiang L, Wu Q, Zhang C, Cai Y, Dai J. Identifying and characterizing SCRaMbLEd synthetic yeast using ReSCuES [J]. Nature Communications, 2018, 9(1): 1930.

[670] Roell G W, Zha J, Carr R R, Koffas M A, Fong S S, Tang Y J. Engineering microbial consortia by division of labor [J]. Microbial Cell Factories, 2019, 18(1): 35.

[671] Liu Y, Ding M Z, Ling W, Yang Y, Zhou X, Li B Z, Chen T, Nie Y, Wang M X, Zeng B X, Li X, Liu H, Sun B D, Xu H M, Zhang J M, Jiao Y, Hou Y A, Yang H, Xiao S J, Lin Q C, He X Z, Liao W J, Jin Z Q, Xie Y F, Zhang B F, Li T Y, Lu X, Li J B, Zhang F, Wu X L, Song H, Yuan Y J. A three-species microbial consortium for power generation [J]. Energy & Environmental Science, 2017, 10(7): 1600-1609.

[672] Zhou K, Qiao K J, Edgar S, Stephanopoulos G. Distributing a metabolic pathway among a microbial consortium enhances production of natural products [J]. Nature Biotechnology, 2015, 33(4): 377-383.

[673] Jones J A, Vernacchio V R, Sinkoe A L, Collins S M, Ibrahim M H A, Lachance D M, Hahn J, Koffas M A G. Experimental and computational optimization of an Escherichia coli co-culture for the efficient production of flavonoids [J]. Metabolic Engineering, 2016, 35: 55-63.

[674] Liu X, Li X B, Jiang J, Liu Z N, Qiao B, Li F F, Cheng J S, Sun X, Yuan Y J, Qiao J. Convergent engineering of syntrophic Escherichia coli coculture for efficient production of glycosides [J]. Metabolic Engineering, 2018, 47: 243-253.

[675] Zhang H, Pereira B, Li Z, Stephanopoulos G. Engineering Escherichia coli coculture systems for the production of biochemical products [J]. Proceedings of the National Academy of Sciences of the United States of America, 2015, 112(27): 8266-8271.

[676] Zhao C H, Sinumvayo J P, Zhang Y P, Li Y. Design and development of a “Y-shaped” microbial consortium capable of simultaneously utilizing biomass sugars for efficient production of butanol [J]. Metabolic Engineering, 2019, 55: 111-119.

[677] Hajj K A, Whitehead K A. Tools for translation: non-viral materials for therapeutic mRNA delivery [J]. Nature Reviews Materials, 2017, 2(10): 1-17.

[678] Garber K. Alnylam launches era of RNAi drugs [J]. Nature Biotechnology, 2018, 36(9): 777-778.

[679] Pardi N, Hogan M J, Weissman D. Recent advances in mRNA vaccine technology [J]. Current Opinion in Immunology, 2020, 65: 14-20.

[680] Yang Y L, Su Z G, Ma G H, Zhang S P. Characterization and stabilization in process development and product formulation for super large proteinaceous particles [J]. Engineering in Life Sciences, 2020, 20(11):451-465.

[681] Yu M R, Li Y, Zhang S P, Li X N, Yang Y L, Chen Y, Ma G H, Su Z G. Improving stability of virus-like particles by ion-exchange chromatographic supports with large pore size: Advantages of gigaporous media beyond enhanced binding capacity [J]. Journal of Chromatography A, 2014, 1331: 69-79.

[682] Wei J, Li Z, Yang Y, Ma X, Zhang S. A biomimetic VLP influenza vaccine with interior NP/exterior M2e antigens constructed through a temperature shift-based encapsulation strategy [J]. Vaccine, 2020, 38(38): 5987-5996.

[683] Wei J X, Li Z J, Yang Y L, Ma G H, Su Z G, Zhang S P. An apoferritin hemagglutinin conjugate vaccine with encapsulated nucleoprotein antigen peptide from influenza virus confers enhanced cross protection [J]. Bioconjugate Chemistry, 2020, 31(8): 1948-1959.

[684] Xia Y F, Wu J, Wei W, Du Y Q, Wan T, Ma X W, An W Q, Guo A Y, Miao C Y, Yue H, Li S G, Cao X T, Su Z G, Ma G H. Exploiting the pliability and lateral mobility of Pickering emulsion for enhanced vaccination [J]. Nature Materials, 2018, 17(2): 187-194.

[685] Xi X, Ye T, Wang S, Na X, Ma G. Self-healing microcapsules synergetically modulate immunization microenvironments for potent cancer vaccination [J]. Science Advances, 2020, 6(21): eaay7735.

[686] Huang Q R, Ji K, Tian S Y, Wang F Z, Huang B Y, Tong Z, Tan S G, Hao J F, Wang Q H, Tan W J, Gao G F, Yan J H. A single-dose mRNA vaccine provides a long-term protection for hACE2 transgenic mice from SARS-CoV-2 [J]. Nature Communications, 2021, 12(1): 1-10.

[687] Beth D M, Leigh M, Viren S, Michael T, Paul H. Encapsulation of exenatide in poly-(D,L-lactide-co-glycolide) microspheres produced an investigational long-acting once-weekly formulation for type 2 diabetes [J]. Diabetes Technology & Therapeutics, 2011, 13(11): 1145-1154.

[688] Wright S G, Christensen T, Yeoh T, Rickey M E, Hotz J M, Kumar R, Fineman M, Smith C, Ong J, Lokensgard D M, Costantino H R. Polymer-based sustained release device: US 09238076 [P/OL]. 2008-5-29[2007-07-20].

[689] Wei Y, Wang Y X, Wang W, Ho S V, Wei W, Ma G H. mPEG-PLA microspheres with narrow size distribution increase the controlled release effect of recombinant human growth hormone [J]. Journal of Materials Chemistry, 2011, 21(34): 12691-12699.

[690] Wei Y, Wang Y, Kang A, Wang W, Ho S V, Gao J, Ma G, Su Z. A novel sustained-release formulation of recombinant human growth hormone and its pharmacokinetic, pharmacodynamic and safety profiles [J]. Molecular Pharmaceutics, 2012, 9(7): 2039-2048.

[691] 马光辉, 苏志国. 聚乙二醇修饰药物——概念、设计和应用[M]. 北京: 科学出版社, 2016.

[692] Peng F W Y, Sun L J, Liu Y D, Hu T, Zhang G H, Ma G H, Su Z G. PEGylation of proteins in organic solution: a case study for interferon beta-1b [J]. Bioconjugate Chemistry, 2012, 23(9): 9.

[693] Cheng Q, Wei T, Farbiak L, Johnson L T, Dilliard S A, Siegwart D J. Selective organ targeting (SORT) nanoparticles for tissue-specific mRNA delivery and CRISPR-Cas gene editing [J]. Nature Nanotechnology, 2020, 15(4): 313-320.

[694] Liu S, Cheng Q, Wei T, Yu X L, Johnson L T, Farbiak L, Siegwart D J. Membrane-destabilizing ionizable phospholipids for organ-selective mRNA delivery and CRISPR-Cas gene editing [J]. Nature Materials, 2021, 20:701-710

[695] 朱晨杰, 张会岩, 肖睿, 陈勇, 柳东, 杜风光, 应汉杰, 欧阳平凯. 木质纤维素高值化利用的研究进展[J]. 中国科学:化学, 2015, 45(05): 454-478.

[696] Diao L, Liu Y, Qian F, Yang J, Jiang Y, Yang S. Construction of fast xylose-fermenting yeast based on industrial ethanol-producing diploid Saccharomyces cerevisiae by rational design and adaptive evolution [J]. BMC Biotechnology, 2013, 13(1): 1-9.

[697] Nguyen N P, Raynaud C, Meynial-Salles I, Soucaille P. Reviving the Weizmann process for commercial n-butanol production [J]. Nature Communications, 2018, 9(1): 3682.

[698] Zhang Y, Cai J, Shang X, Wang B, Liu S. A new genome-scale metabolic model of Corynebacterium glutamicum and its application [J]. Biotechnology for Biofuels, 2017, 10(1): 169-185.

[699] Zhao M, Huang D, Zhang X, Koffas M A G, Zhou J, Deng Y. Metabolic engineering of Escherichia coli for producing adipic acid through the reverse adipate-degradation pathway [J]. Metabolic Engineering, 2018, 47: 254-262.

[700] Zhao P, Ma C, Xu L, Tian P. Exploiting tandem repetitive promoters for high-level production of 3-hydroxypropionic acid [J]. Applied Microbiology and Biotechnology, 2019, 103(10): 4017-4031.

[701] Li Y, Wang X, Ge X, Tian P. High Production of 3-Hydroxypropionic Acid in Klebsiella pneumoniae by Systematic Optimization of Glycerol Metabolism [J]. Scientific Reports, 2016, 6: 26932.

[702] 曾艳, 赵心刚, 周桔. 合成生物学工业应用的现状和展望[J]. 中国科学院院刊, 2018, 33(11): 1211-1217.

[703] 罗虎, 刘庆国, 陈勇, 孙振江, 李永恒, 许旺发. 微生物集群效应的固定化酵母生产燃料乙醇[J]. 生物加工过程, 2018, 16(03): 35-40.

[704] Bian G, Deng Z, Liu T. Strategies for terpenoid overproduction and new terpenoid discovery [J]. Current Opinion in Biotechnology, 2017, 48: 234-241.

[705] Siemon T, Wang Z, Bian G, Seitz T, Ye Z, Lu Y, Cheng S, Ding Y, Huang Y, Deng Z. Semisynthesis of Plant-Derived Englerin A Enabled by Microbe Engineering of Guaia-6, 10 (14)-diene as Building Block [J]. Journal of the American Chemical Society, 2020, 142(6): 2760-2765.

[706] Denning D W. Echinocandin antifungal drugs [J]. The Lancet, 2003, 362(9390): 1142-1151.

[707] Jia K Z, Zhu L W, Qu X D, Li S Y, Shen Y M, Qi Q S, Zhang Y M, Li Y Z, Tang Y J. Enzymatic

O-Glycosylation of Etoposide Aglycone by Exploration of the Substrate Promiscuity for Glycosyltransferases [J]. ACS Synthetic Biology, 2019, 8(12): 2718-2725.

[708] Li W N, Fan D D. Biocatalytic strategies for the production of ginsenosides using glycosidase: current state and perspectives [J]. Applied Microbiology and Biotechnology, 2020, 104(9): 3807-3823.

[709] Shen X L, Wang J, Wang J, Chen Z Y, Yuan Q P, Yan Y J. High-level De novo biosynthesis of arbutin in engineered Escherichia coli [J]. Metabolic Engineering, 2017, 42: 52-58.

[710] Wang J, Shen X L, Yuan Q P, Yan Y J. Microbial synthesis of pyrogallol using genetically engineered Escherichia coli [J]. Metabolic Engineering, 2018, 45: 134-141.

[711] Shen X L, Mahajani M, Wang J, Yang Y P, Yuan Q P, Yan Y J, Lin Y H. Elevating 4-hydroxycoumarin production through alleviating thioesterase-mediated salicoyl-CoA degradation [J]. Metabolic Engineering, 2017, 42: 59-65.

[712] Chen L L, Pan H Y, Cai R X, Li Y, Jia H H, Chen K Q, Yan M, Ouyang P K. Bioconversion of Stevioside to Rebaudioside E Using Glycosyltransferase UGTSL2 [J]. Applied Biochemistry and Biotechnology, 2021, 193(3): 637-649.

[713] Chen L L, Sun P, Zhou F F, Li Y, Chen K Q, Jia H H, Yan M, Gong D C, Ouyang P K. Synthesis of rebaudioside D, using glycosyltransferase UGTSL2 and in situ UDP-glucose regeneration [J]. Food Chemistry, 2018, 259: 286-291.

[714] Chen L L, Sun P, Li Y, Yan M, Xu L, Chen K Q, Ouyang P K. A fusion protein strategy for soluble expression of Stevia glycosyltransferase UGT76G1 in Escherichia coli [J]. 3 Biotech, 2017, 7(6): 1-8.

[715] Li Y, Li Y Y, Wang Y, Chen L L, Yan M, Chen K Q, Xu L, Ouyang P K. Production of Rebaudioside A from Stevioside Catalyzed by the Engineered Saccharomyces cerevisiae [J]. Applied Biochemistry and Biotechnology, 2016, 178(8): 1586-1598.

[716] Wu Q, Deng J, Fan D, Duan Z, Zhu C, Fu R, Wang S. Ginsenoside Rh4 induces apoptosis and autophagic cell death through activation of the ROS/JNK/p53 pathway in colorectal cancer cells [J]. Biochemical Pharmacology, 2018,148: 64-74.

[717] Ylab C, Dfab C. Ginsenoside Rg5 induces G2/M phase arrest, apoptosis and autophagy via regulating ROS-mediated MAPK pathways against human gastric cancer [J]. Biochemical Pharmacology, 2019, 168: 285-304.

[718] Hong Y, Fan D. Ginsenoside Rk1 induces cell cycle arrest and apoptosis in MDA-MB-231 triple negative breast cancer cells [J]. Toxicology, 2019, 418: 22-31.

[719] Duan Z G, Deng J, Dong Y, Zhu C, Li W, Fan D. Anticancer effects of ginsenoside Rk3 on non-small cell lung cancer cells: in vitro and in vivo [J]. Food & Function, 2017, 8(10): 3723-3736.

[720] Wei Y G, Yang H X, Zhu C H, Deng J J, Fan D D. Hypoglycemic Effect of Ginsenoside Rg5 Mediated Partly by Modulating Gut Microbiota Dysbiosis in Diabetic db/db Mice [J]. Journal of Agricultural and Food Chemistry, 2020, 68(18): 5107-5117.

[721] Liu Y, Deng J, Fan D. Ginsenoside Rk3 ameliorates high-fat-diet/streptozocin induced type 2 diabetes mellitus in mice via the AMPK/Akt signaling pathway [J]. Food & Function, 2019, 10(5): 2538-2551.

[722] Chen H, Yang H, Deng J, Fan D. Ginsenoside Rk3 Ameliorates Obesity-Induced Colitis by Regulating of Intestinal Flora and the TLR4/NF-κB Signaling Pathway in C57BL/6 Mice [J]. Journal of Agricultural and Food Chemistry, 2021, 69(10): 3082-3093.

[723] Deng J, Fan D, Yang H, Chen H. The Anticancer Activity and Mechanisms of Ginsenosides: An Updated Review [J]. eFood, 2020, 1(3): 226-241.

[724] Li B G, Wang W J. Progress of Polymer Reaction Engineering Research in China [J]. Macromolecular Reaction Engineering, 2015, 9(5): 385-395.

[725] 李伯耿, 张明轩, 刘伟峰. 聚烯烃类弹性体——现状与进展[J]. 化工进展, 2017, 9(312): 3135-3144.

[726] Bensason S, Minick J, Moet A, Chum S, Hiltner A, Baer E. Classification of homogeneous ethylene, ctene copolymers based on comonomer content [J]. Journal of Polymer Science Part B: Polymer Physics, 1996, 34(7): 1301-1315.

[727] 王红英, 郑刚, 刘长城, 邓晓音, 王伟, 范国强. 一种烯烃共聚物及其制备方法：102464751 [P]. 2012-05-23[2010-11-05].

[728] 王文俊, 刘伟峰, 李伯耿, 范宏, 卜志扬. 一种乙烯和α-烯烃共聚物的溶液聚合制备方法: ZL 2014 1 0102235.1 [P]. 2016-06-15[2014-03-19].

[729] 李伯耿, 王文俊, 刘伟峰, 顾冬生, 王博远, 张明轩, 范宏. 一种乙烯和α-烯烃共聚物的制备方法：ZL 2014 1 0135579.2 [P]. 2016-07-06[2014-04-04].

[730] Li W, Hui L, Xue B, Dong C D, Chen Y M, Hou L X, Jiang B B, Wang J D, Yang Y R. Facile high-temperature synthesis of weakly entangled polyethylene using a highly activated Ziegler-Natta catalyst [J]. Journal of Catalysis, 2018, 360: 145-151.

[731] Chen Y M, Liang P, Yue Z, Li W, Yang Y R. Entanglement Formation Mechanism in the POSS Modified Heterogeneous Ziegler-Natta Catalystts [J]. Macromolecules, 2019, 52(20): 7593-7602.

[732] Zhou Y F, Shi Q, Huang Z L, Liao Z W, Wang J D, Yang Y R. Realization and Control of Multiple Temperature Zones in Liquid-containing Gas-solid Fluiidized Bed Reactor [J]. AIChE Journal, 2016, 62(5): 1454-1466.

[733] Wang J, Wu W, Yang Y, Han G, Huang Z, Sun J, Wang X, Xiaoqiang F, Huanjun D, Jiang B. Olefin polymerization apparatus and olefin polymerization process: US 10266625B2 [P]. 2016-06-16[2015-12-09].

[734] Vikas M. High performance polymers and engineering plastics [M]. Salem: Scrivener, 2011.

[735] https://wenku.baidu.com/view/6a5d6c8890c69ec3d4bb756b.html.

[736] Dall'anese A, Fiorindo M, Olivieri D, Carfagna C, Balducci G, Alessio E, Durand J, Milani B. Pd-Catalyzed CO/Vinyl Arene Copolymerization: when the Stereochemistry is Controlled by the Comonomer [J]. Macromolecules, 2020, 53(18): 7783-7794.

[737] Cuthbert T J, Li T, Wulff J E. Production and Dynamic Mechanical Analysis of Macro-Scale Functionalized Polydicyclopentadiene Objects Facilitated by Rational Synthesis and Reaction Injection Molding [J]. ACS Applied Polymer Materials, 2019, 1(9): 2460-2471.

[738] Seo J, Lee S Y, Bielawski C W. Hydrogenated Poly(Dewar benzene): A Compact Cyclic Olefin Polymer with Enhanced Thermomechanical Properties [J]. Macromolecules, 2020, 53(8): 3202-3208.

[739] 郑宁, 谢涛. 热适性形状记忆聚合物[J]. 高分子学报, 2017, 46(11): 1715-1724.

[740] Aaontarnal D, Capelot M, Tournilhac F, Leibler L. Silica-Like Malleable Materials from Permanent Organic Networks [J]. Science, 2011, 334(6058): 965-968.

[741] 郑宁, 黄银, 赵骞, 冯雪, 谢涛. 面向柔性电子的形状记忆聚合物[J]. 中国科学: 物理学, 力学, 天文学, 2016, 46(4): 3-12.

[742] Wu J J, Huang L M, Zhao Q, Xie T. 4D Printing: History and Recent Progress [J]. Chinese Journal of Polymer Science, 2018, 36(05): 563-575.

[743] Arriola D J, Carnahan E M, Cheung Y W, Devore D D, Graf D D, Hustad P D, Kuhlman R L, Shan C P, Poon B C, Roof G R. Catalyst composition comprising shuttling agent for ethylene multi-block copolymer formation: US8198374 [P]. 2012-06-12.

[744] Arriola D J, Carnahan E M, Hustad P D, Kuhlman R L, Wenzel T T. Catalytic Production of Olefin Block Copolymers via Chain Shuttling Polymerization [J]. Science, 2006, 312(5774): 714-719.

[745] Matyjaszewski K, Davis T. Handbook of Radical Polymerization [M]. Wiley-Interscience, 2002.

[746] Matyjaszewski K, Spanswick J. Controlled/living radical polymerization [J]. Materials Today, 2005, 8(3): 26-33.

[747] Luo Y W, Tsavalas J, Schork F J. Theoretical Aspects of Particle Swelling in Living Free Radical Miniemulsion Polymerization. [J]. Macromolecules, 2001, 34(16): 5501-5507.

[748] Yang L, Luo Y W, Li B G. Reversible addition fragmentation transfer (RAFT) polymerization of styrene in a miniemulsion: A mechanistic investigation [J]. Polymer, 2006, 47(2): 751-762.

[749] Luo Y W, Liu X Z. Reversible addition-fragmentation transfer (RAFT) polymerization of methyl methacrylate (MMA) in emulsion [J]. Journal of Polymer ence Part A Polymer Chemistry, 2006, 44: 2837-2842.

[750] Yan K, Luo Y W. Significantly Suppressed Chain Transfer to Monomer Reactions in RAFT Emulsion Polymerization of Styrene [J]. Industrial & Engineering Chemistry Research, 2019, 58(46): 20969-20975.

[751] Yan K, Gao X, Luo Y W. Correlation between polydispersities of molecular weight distribution and particle size distribution in RAFT Emulsion Polymerization of Styrene [J]. Journal of Polymer ence Part A Polymer Chemistry, 2015, 53(16): 1848-1853.

[752] Luo Y W, Wang R, Yang L, Yu B, Li B G, Zhu S P. Effect of Reversible AdditionFragmentation Transfer (RAFT) Reactions on (Mini) emulsion Polymerization Kinetics and Estimate of RAFT Equilibrium Constant [J]. Macromolecules, 2006, 39(4): 1328-1337.

[753] Yan K, Luo Y. Particle activation/deactivation effect in RAFT emulsion polymerization of styrene [J]. Reaction Chemistry & Engineering, 2017, 2(2): 159-167.

[754] Wang R, Luo Y W, Li B G, Zhu S P. Control of gradient copolymer composition in atom transfer radical polymerization using semi-batch feeding policy: A model simulation and kinetic study [J]. AIChE Journal, 2007, 53(1): 174-186.

[755] Guo Y L, Zhang J H, Xie P L, Gao X, Luo Y W. Tailor-made compositional gradient copolymer by a many-shot RAFT emulsion polymerization method [J]. Polymer Chemistry, 2014, 5(10): 3363-3371.

[756] Wang X G, Luo Y W, Li B G, Zhu S P. Ab Initio Batch Emulsion RAFT Polymerization of Styrene Mediated by Poly(acrylic acid-b-styrene) Trithiocarbonate [J]. Macromolecules, 2009, 42(17): 6414-6422.

[757] Luo Y W, Wang X G, Li B G, Zhu S P. Toward Well-Controlled ab Initio RAFT Emulsion Polymerization of Styrene Mediated by 2-(((Dodecylsulfanyl)carbonothioyl)sulfanyl)propanoic Acid [J]. Macromolecules, 2011, 44(2): 221-229.

[758] Luo Y W, Wang X G, Zhu Y, Li B G, Zhu S P. Polystyrene-block-poly(n-butyl acrylate)-block-polystyrene Triblock Copolymer Thermoplastic Elastomer Synthesized via RAFT Emulsion Polymerization [J]. Macromolecules, 2010, 43(18): 7472-7480.

[759] Yan K, Gao X, Luo Y W. Well-Defined High Molecular Weight Polystyrene with High Rates and High Livingness Synthesized via Two-Stage RAFT Emulsion Polymerization [J]. Macromolecular Rapid Communications, 2015, 36(13): 1277-1282.

[760] Fang J W, Yan K, Luo Y W. Synthesis of Well-Defined Polystyrene with Molar Mass Exceeding 500kg/mol by RAFT Emulsion Polymerization [M]. American Chemical Society, 2018.

[761] Luo Y W, Guo Y L, Gao X, Li B G, Xie T. A General Approach Towards Thermoplastic Multishape-Memory Polymers via Sequence Structure Design [J]. Advanced Materials, 2013, 25(5): 743-750.

[762] Sun X Y, Luo Y W, Wang R, Li B G, Zhu S P. Semibatch RAFT polymerization for producing ST/BA copolymers with controlled gradient composition profiles [J]. AIChE Journal, 2008, 54(4): 1073-1084.

[763] Fang J W, Wang S P, Luo Y W. One-pot synthesis of octablock copolymers of high-molecular weight via RAFT emulsion polymerization [J]. AIChE Journal, 2019, 66(1): e16781.

[764] Fang J W, Gao X, Luo Y W. Synthesis of (hard-soft-hard) x multiblock copolymers via RAFT emulsion polymerization and mechanical enhancement via block architectures [J]. Polymer, 2020, 201: 122602.

[765] Wei R Z, Luo Y W, Zeng W, Wang F Z, Xu S H. Styrene-Butadiene-Styrene Triblock Copolymer Latex via Reversible Addition-Fragmentation Chain Transfer Miniemulsion Polymerization [J]. Indengchemres, 2012, 51(47): 15530-15535.

[766] Zc A, Yxa C, Jf A, Jin H A, Yang G A, Jza B, Xiang G, Ylab C. Ultrasoft-yet-strong pentablock copolymer as dielectric elastomer highly responsive to low voltages [J]. Chemical Engineering Journal, 405: 126634.

[767] Guo Y L, Gao X, Luo Y W. Mechanical properties of gradient copolymers of styrene and n-butyl acrylate [J]. Journal of Polymer Science Part B Polymer Physics, 2015, 53(12): 860-868.

[768] 方进伟. RAFT乳液聚合可控制备多嵌段共聚物及其性能[M]. 杭州: 浙江大学, 2020.

[769] Mao J, Li T F, Luo Y W. Significantly Improve Electromechanical Performance of Dielectric Elastomer via

Alkyl Side-Chain Engineering [J]. Journal of Materials Chemistry C, 2017, 5(27): 6834-6841.

[770] Ma Z P, Xie Y H, Mao J, Yang X X, Li T F, Luo Y W. Thermoplastic Dielectric Elastomer of Triblock Copolymer with High Electromechanical Performance [J]. Macromol Rapid Commun, 2017, 38(16): 1700268.

[771] Xiao Y H, Mao J, Shan Y J, Yang T, Chen Z Q, Zhou F H, He J, Shen Y Q, Zhao J J, Li T F. Anisotropic electroactive elastomer for highly maneuverable soft robotics [J]. Nanoscale, 2020, 12(14): 7514-7521.

[772] Wei D F, Mao J, Zheng Z N, Fang J J, Luo Y W, Gao X. Achieving High Loading Si Anode via Employing Metal Nanowires, Triblock Copolymer Elastomer Binder and a Laminated Conductive Structure [J]. Journal of Materials Chemistry A, 2018, 6(42): 20982-20991.

[773] Xia C M, Luo Y W. Modification of bitumen emulsion via heterocoagulation with SIS triblock copolymer latex [J]. Journal of Applied Polymer Science, 2017, 134(48): 45510.

[774] Zhou A, Sim R, Luo Y W, Gao X. High-performance stretchable electrodes prepared from elastomeric current collectors and binders [J]. Journal of Materials Chemistry A, 2017, 5(40): 21550-21559.

[775] Xie P L, Mao J, Luo Y W. Highly bright and stable electroluminescent devices with extraordinary stretchability and ultraconformability [J]. Journal of Materials Chemistry C, 2019, 7(3): 484-489.

[776] Xie P L, Yang X X, Li T F, Luo Y W. Highly stretchable, transparent, and colorless electrodes from a diblock copolymer electrolyte [J]. Journal of Materials Chemistry C, 2017, 5(38): 9865-9872.

（联络人：樊江莉、杜健军。2.1 主稿：陆小华，其他编写人员：王建国、阳庆元、仲崇立、朱育丹；2.2 主稿：何静，其他编写人员：安哲、巩金龙、纪红兵、江莉龙、李建荣、刘铮、佘远斌、许建和、赵志坚；2.3 主稿：贺高红、姜晓滨，其他编写人员：安全福、崔希利、代岩、董晋湘、黄永东、李建荣、李晋平、李立博、罗双江、马光辉、潘宜昌、阮雪华、石琪、万印华、王乃鑫、邢华斌、邢卫红、徐铜文；2.4 主稿：樊江莉、彭孝军，其他编写人员：董晋湘、杜健军、郭宝华、黄延强、李久艳、吕剑、吕兴梅、权恒道、孙冰冰、田禾、魏子栋、吴林波、肖作兵、杨楚罗、杨光富、叶新山、张军营、张淑芬、张涛、朱为宏；2.5 主稿：元英进，其他编写人员：丁明珠、邓建军、范代娣、柳东、刘天罡、马光辉、汤亚杰、韦祎、夏宇飞、应汉杰、张松平；2.6 主稿：李伯耿，其他编写人员：历伟、罗英武、王文俊、谢涛、阳永荣、姚臻）

化学工程
发展战略

高端化、绿色化、智能化

Chemical Engineering Development Strategy

Premium
Greenization
Intelligentization

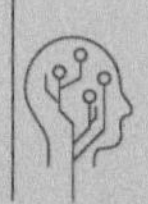

3
化工过程绿色化

煤、石油、矿物及生物质等天然资源是世界加工原料的重要来源，这些天然资源通过转化、改性、分离提纯等化工处理，可加工成能够满足工业和人类需求的化学品。这些天然资源通常化学结构和组成复杂，其加工过程中伴随着复杂的反应、分离等过程，并配套了多种其他工艺，导致资源转化过程路线长、效率低、环境负载重，且产生的废弃资源的循环利用程度差，在造成资源极大浪费的同时也常常严重污染环境，制约经济和社会的可持续发展。因此，资源的高效转化和利用、产品的高值化 / 高端化、化工过程的绿色化是实现化学工业可持续发展的重要途径，也是化学工程发展和技术进步面临的新机遇和挑战。

本节重点论述了近年来我国科学家在化工过程绿色化方面所取得的系列创新性成果。针对煤炭、石油、天然气、矿产等不可再生资源的加工过程，通过原料的绿色替代、过程强化及系统集成，实现传统工艺的绿色化升级换代；开展绿色介质如离子液体的设计合成、低成本规模化制备和循环利用，超临界流体及催化反应，绿色分离及资源循环利用等系统性研究，发展 CO_2 捕集及转化利用、超重力及纳微加工技术、碳四资源高效催化转化、绿色分离及温和转化利用、聚合物绿色加工及高端材料合成、食品生物过程及绿色加工等新一代颠覆性技术。此外，充分利用生物质、太阳能等可再生能源，发展了新一代生物质绿色溶解、生物基材料合成、CO_2 光电转化等新技术，有力地支撑了化学工业过程的可持续发展。

3.1 绿色介质设计与绿色工程

随着全球经济的快速发展，环境污染和资源匮乏等问题凸显，发展绿色化工过程是解决传统过程粗放落后式生产模式、推动工业可持续发展的重要途径。绿色化工过程以绿色化学 12 条原则为根本，以高转化率、高选择性和能源的高效利用为目标，倡导原料、介质和产品的无毒或低毒，废弃物、副产物排放最小等策略，实现经济和环境效益的协调优化。绿色化工过程更加注重工程应用和工业实际需求，不仅要重视原料、介质（溶剂和催化剂）、设备的创新和高效，还需要基于系统工程的理论和方法，通过多尺度调控，形成多目标最优化的绿色技术。

一个实际的化工过程，其中 90% 的反应及分离需要介质的介入才能完成，因此，介质创新对实现过程温和、高效绿色转化具有重要的意义，是产生重大变革性创新技术的关键。本节面向绿色化工重大需求，针对反应、分离、电化学等具体应用过程，简述了绿色介质（如离子液体、超临界流体等）的分子设计、传递 - 反应耦合规律、原料替代及工业应用等方面的主要研究进展及成果，为资源高效转化、绿色介质设计和绿色新技术的开发提供重要指导。

3.1.1 发展现状与挑战

离子液体是在室温下完全由阴、阳离子组成的有机液体，类似于无机盐的结构，但大多数离子液体的熔点低于室温，室温下呈液态，因此又被称为低温熔融盐。离子液体具有溶解能力强、电化学窗口宽、不易挥发等优点，通过设计离子液体阴、阳离子的结构和种类可实现对其物理化学性质的调控，为化工反应和分离提供高效的溶剂、介质和催化剂。目前，离子液体作为一类新型绿色介质在化工、材料、环境、电化学等方面展现出广阔的应用前景。除离子液体之外，超临界流体、绿色固体催化剂等作为绿色介质也成为国内外研究的热点。

近年来，针对离子液体等绿色介质在过程工程中的应用研究，主要围绕以下几方面开展：高活性位点催化剂 / 分离介质设计及其在反应 / 分离过程中的高效应用、面向离子液体结构设计的理论计算、绿色工艺过程开发等。取得了系列标志性成果，为绿色化工的发展提供重要的技术借鉴，但同时也面临一些重大的问题与挑战，主要总结如下。

① 高性能催化剂和分离介质的定向设计。目前大多数催化剂和分离介质结构设计仍然依赖经验尝试，随着对反应 / 分离过程基础理论认识的不断深入，需要结合计算机模拟进一步向定向和定量设计过渡，对反应 / 分离体系进行精准、快速的评价和设计。

② 新型催化剂和分离介质回收及对环境的影响。现有的新型催化剂和分离介质主要考虑了反应 / 分离性能、稳定性等，对于其毒性、可降解性以及对生态环境的影响等还缺乏深入研究，一旦催化剂 / 分离介质失活，需要回收或外排，上述性质和对环境的影响是需要考虑的关键问题。

③ 高效反应器和分离设备的创新设计。反应 / 分离过程中关键反应器的多尺度结构，以及对体系的流动及传递行为、界面性质的影响，最终决定了产品的收率、反应 / 分离过程的能耗及成本。比如，离子液体体系的流动传递规律较常规体系复杂，将适用于水或常规有机溶剂的流体动力学模型用于离子液体体系时偏差很大，甚至会有相反的趋势，导致现有常规设备难以高效应用新型离子液体介质。需要深入研究反应器中分子、颗粒、聚团、气泡和设备多层次间相互关联的多尺度效应，揭示其与传递、反应 / 分离间的定量关系和调控机制，从而针对特定的反应 / 分离体系进行设计和设备结构优化。

④ 反应 / 分离过程绿色化程度的定量评价。生命周期评价是目前应用较广泛的环境影响定量评价方法之一，由荷兰 Leiden 大学环境科学中心提出，但存在对数据要求较高、模型复杂、评价周期较长等问题，导致该方法应用场景有限。目前已提出了绿色度概念及绿色集成方法，通过将生命周期评价的理念与过程特点相结合，将温室效应、臭氧层损害、致癌毒性等多种环境影响集成为综合环境评价指标，对实际过程的物质、流股、单元及过程的绿色度进行定量计算。但由于新型催化剂和分离介质体系的毒性、环境影响以及新型反应 / 分离工艺流股参数等严重缺乏，对这些新体系的定量评价提出了更大挑战。

3.1.2 关键科学问题

在绿色技术开发过程中，介质创新是实现过程温和、高效转化的重要手段。针对离子液体等绿色介质在反应 / 分离中的应用和挑战，拟重点解决如下关键科学问题。

① 高活性位点离子液体的构效关系及分子设计。离子液体活性位点利用率低，离子液体用量较大，增大了工艺后续处理的物耗和难度。此外，离子液体反应活性位点集中，反应热量不易扩散，对离子液体自身稳定性要求较高。面向反应特征和需求设计具有高活性位点的离子液体，在提高活性位点利用率的同时，还需保证离子液体的稳定性。

② 分子水平上离子液体与催化剂 / 反应物间的作用本质。离子液体体系的转化过程中反应原料键的断裂机理、中间产物分子生成机理、反应热力学和动力学规律以及反应调控机制。

③ 离子液体诱导结构相似物分子识别机理及设计策略。离子液体与被分离物质间的相互作用机制决定了其分离效率，离子液体阴阳离子和特殊官能基团可以精准识别不同分子间的细微差异；通过调控体系的分子结构和物性及引入外场强化来提高扩散及流动性能，可有效强化离子液体分离过程。

④ 与介质性质相匹配的设备设计与开发。反应特性要求反应器具有实现物相高效混合及反应分离性能，认识离子液体、超临界流体等新型体系中分子 / 离子的扩散 - 传质 - 反应的耦合规律，可为新型单元设备内构件的优化设计提供重要的科学依据。

3.1.3 主要研究进展及成果

3.1.3.1 离子液体强化反应过程

碳酸二甲酯（DMC）被誉为当今绿色有机合成的“新基石”，支撑聚碳酸酯、高能电池电解液等新兴产业的发展。乙二醇（EG）是仅次于乙烯和丙烯的大宗化工原料，对支撑国民经济基础产业和战略新兴产业具有重大战略意义。DMC 和 EG 的传统工艺污染重、能耗高、效益差。中科院过程所开发了以 CO_2 和环氧乙烷通过羰基化制备碳酸二甲酯联产乙二醇的清洁新工艺，采用高活性的功能离子液体催化剂，产品收率达 99%，且反应属于典型的原子经济性反应，新技术实现了 CO_2 的高值化利用，成功用于万吨级工业示范装置。碳四烷基化是生产高辛烷值清洁汽油调和组分的重要工艺，随着车用汽油质量的不断升级，烷基化油在汽油调和池中的比例逐步提升。传统碳四烷基化技术采用浓硫酸或氢氟酸作为催化剂，存在设备腐蚀严重、废酸排放污染大及人身安全等问题。中国石油大学（北京）研发了新型复合离子液体催化剂，腐蚀性与毒性低，烷基化油辛烷值（RON）可达 97 以上，成功建立了多套工业化装置。

（1）离子液体催化 CO_2 羰基化

为解决离子液体催化 CO_2 羰基化反应平稳控制与高效活化的关键科学难题，近年来中科院过程工程研究所着眼于离子液体分散固定与高效设计，一方面通过离子液体本征结构或者借助载体设计，并利用空间限域将活性位点进行有效分散，形成最优离子簇结构尺寸，有利于活性的发挥和反应热量的扩散；另一方面通过增加离子液体活性位点及氢键功能基团的修饰，提高有效活性，降低使用量。

① 多活性位点功能离子液体及其催化羰基化反应机理。英国诺丁汉大学[1] 首次合成了一种铁基咪唑氯离子液体，铁基阴离子部分可原位解离生成双活性位点的催化体系，铁离子金属中心和氯离子共同作用促进环氧化物开环，可在 80℃条件下催化 CO_2 羰基化。中科院化学所[2] 开发了咪唑 / 四甲基胍双阳离子中心的离子液体，可在室温条件下催化 CO_2 和环氧化物反应，得到 89% 的环状碳酸酯产率。针对 CO_2 羰基化反应在温和条件下催化剂活性低、反应时间长等问题，中科院过程工程研究所[3] 报道了一种多活性位点的质子型离子液体，如图 3-1 所示，其双溴离子中心和质子活性位点可协同活化环氧化物，大大降低环氧化物开环过程的能垒，使其在室温和 1bar($1bar=10^5Pa$)

的 CO_2 压力下反应 6h 即可达到 92% 的环状碳酸酯产率，大大提高了催化活性，使得该离子液体有望作为环境友好型催化剂应用于温和条件下高效催化 CO_2 羰基化反应。

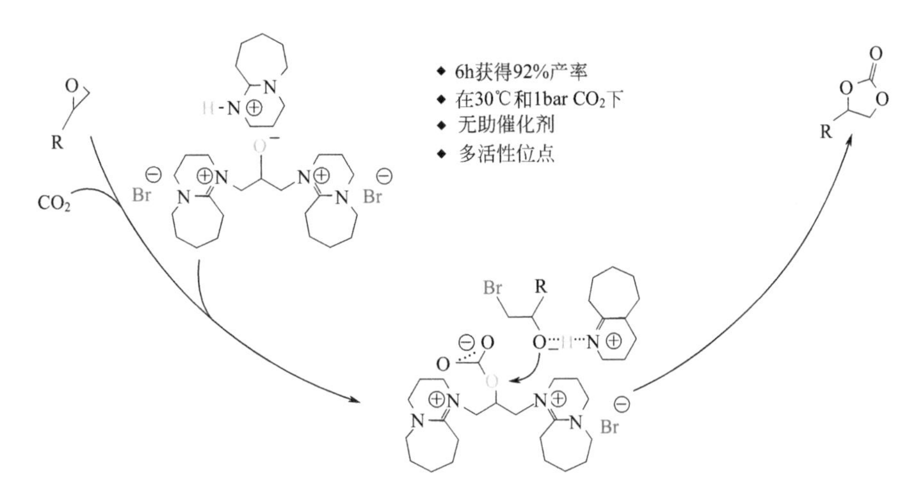

图 3-1
多活性位点质子型离子液体[3]

② 限域分散离子液体。在离子液体分散及固载化方面，中科院过程工程研究所采用一步组装法匹配介孔二氧化硅，合成了限域结构离子液体，成功用于催化羰基化反应。基于离子液体的模板作用［图 3-2（a）］，在调控生成介孔二氧化硅同时实现了离子液体的封装限域［图 3-2（b）］，低限域离子浓度下获得高于体相近 1.7 倍的催化活性[4]，为离子液体高效分散固定及提高其利用率提供了新思路。

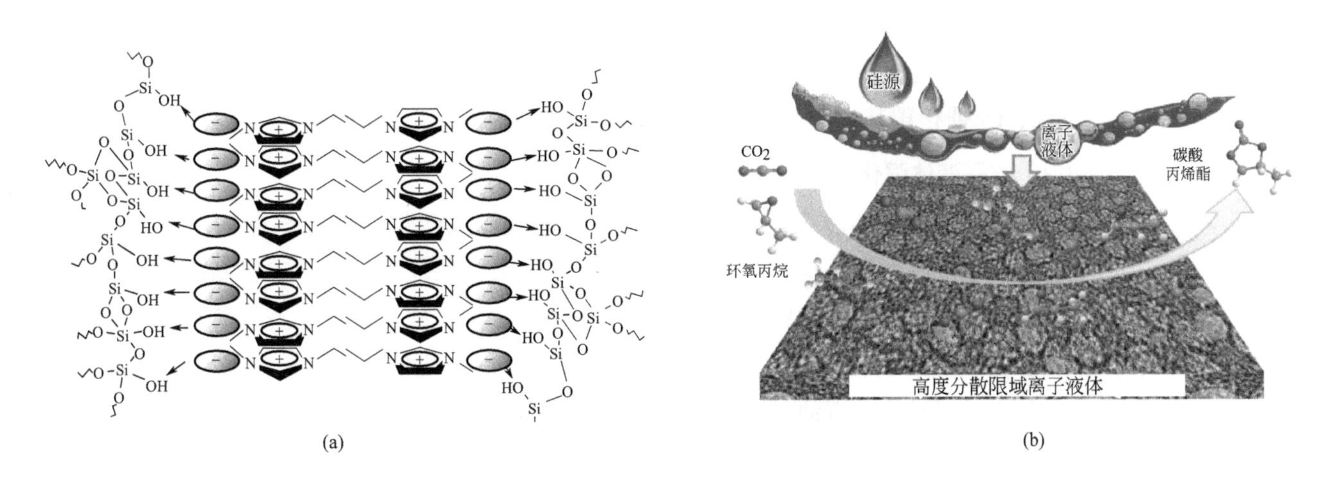

图 3-2
离子液体模板导向介孔二氧化硅生成（a）和限域离子液体催化羰基化反应（b）[1]

③ 线性聚合分散活性位点。通过线性聚合方式，制备出骨架上可分布多位点的聚合离子液体 P[DMAEMA-EtOH]Br，将其用于催化羰基化时表现出相当于等量单体的转化率（96.2%）；X 射线光电子能谱（XPS）分析发现，聚合后单元结构阴阳离子的结合能保持不变；分子动力学模拟发现，随聚合程度增加（单体→三聚体→四聚体），离子结构单元能够有效分隔，三者具有相近的环氧丙烷结合数（图 3-3）[5]。该研究表明，

通过聚合物的骨架来分布活性位点也是一种维持本征位点性质同时提高活性位点利用率的有效手段。

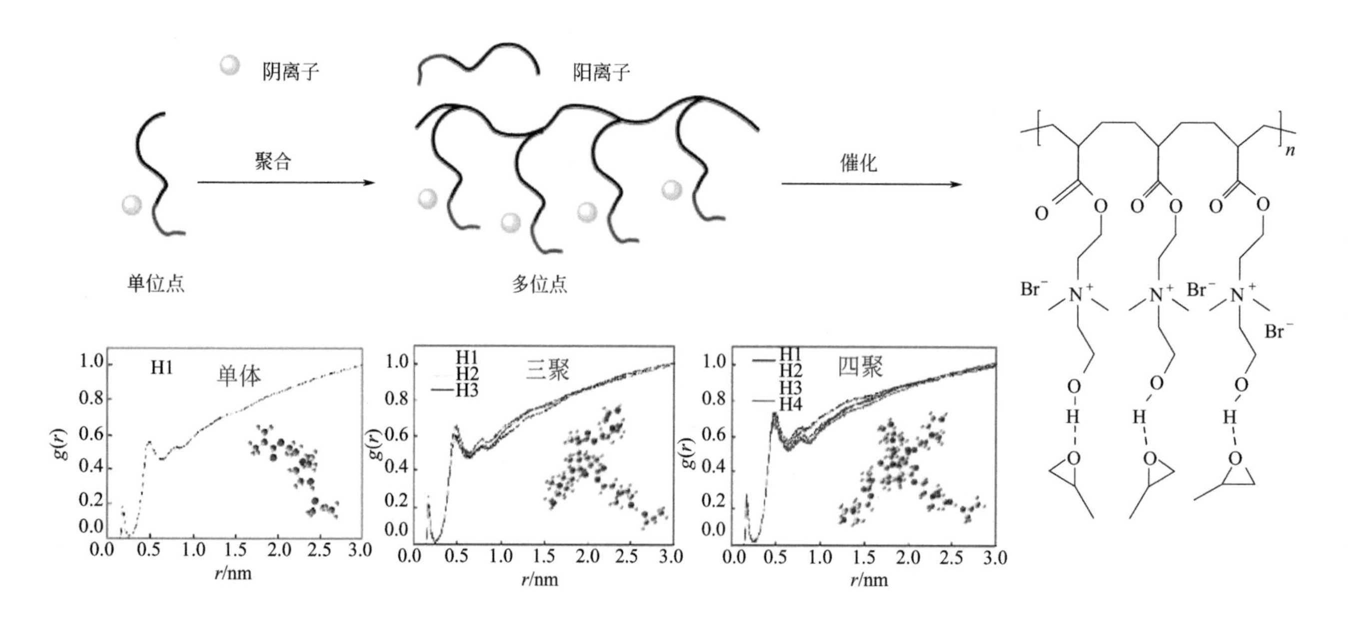

图 3-3
多位点聚合离子液体制备与结构模拟 [5]

④ 多位点离子液体开发与分散。在多位点离子液体开发方面，采用咪唑-4-甲酸与1, 2-二溴乙烷进行双季铵化反应，可以合成多位点双中心咪唑溴离子液体 $[IMCA]_2Br_2$，与 2mL 单咪唑溴 [IMCA]Br 相比，达到相同催化收率（97.0%）所需用量仅为单离子液体的一半 [6]。进一步为实现活性位点的有效分散并保持本征催化活性，通过化学接枝的方式将筛选出的离子液体负载于SBA-15上。表面负载分散的离子液体 $[IMCA]_2Br_2$@SBA-15 催化羰基化的产品收率达 99%，与体相离子液体活性相当。

（2）离子液体强化碳四烷基化

为解决传统碳四烷基化技术采用浓硫酸或氢氟酸作为催化剂存在的设备腐蚀严重、废酸排放大和人身安全等问题，中国石油大学（北京）采用兼具高活性与高选择性且能够循环使用的氯铝酸类复合离子液体催化剂，成功开发了新型烷基化工艺。该工艺生产的烷基化油产品不含硫、烯烃和芳烃，辛烷值（RON）高达 96.5 以上 [7, 8]，完全达到国Ⅵ清洁汽油标准。为进一步促进离子液体在烷基化反应过程中功能最大化利用，通过反应器与分离器等设备结构优化设计，成功匹配了高活性离子液体催化体系。复合离子液体碳四烷基化新技术已在中国石油、中国石化等多家炼油企业推广应用。

① 静态混合反应器强化烷基化反应过程。设计了具有特殊内构件的静态混合器作为烷基化反应器，将多段静态混合反应器串联使用，在反应器之间设置多个进料点，以降低每段反应器内烯烃的浓度，提升烷烯内比，改善反应效果。高速流入反应器的酸烃两相在内构件的作用下破碎为细小液滴，实现了酸烃的高效混合，大大强化了传质和烷基化主反应。

② 旋液分离器强化酸烃快速分离。反应后的混合物料高速进入旋液分离器，实现酸烃两相的快速分离。旋液分离技术基于离子液体和烷基化产物的特性差异，利用超重力离心力场内的压力、速度与浓度梯度场等作用下的破乳、聚结、向心浮升、离心分离等多效耦合技术，有效控制了湍动场内酸相的湍动弥散行为，强化了酸相的聚并行为以及烃相的聚并与向心浮升行为，大幅缩短了离开反应器后酸烃的接触时间，减少了副反应的发生。

③ 工业烷基化装置运行效果。复合离子液体碳四烷基化技术已在中国石油、中国石化等多家炼油企业推广应用。中国石油哈尔滨石化分公司复合离子液体碳四烷基化装置于2018年11月开工投产，以加工醚后碳四为主；烷基化油RON稳定在96.5以上，干点稳定在186℃以下；总离子液体活性平均消耗稳定在2.5kg/t产品以下；标定能耗为每吨烷基化油130kg EO。

3.1.3.2 离子液体强化分离过程

结构可设计是离子液体的重要特点，通过在阴阳离子骨架上引入特定基团可以改变其物理化学性质，调控其对有机物、聚合物、无机物的溶解性，进而实现对于特定混合体系的高选择性分离。20世纪90年代以来，以离子液体为新型介质的分离方法受到国内外学者的广泛关注和研究，已被用于分离天然活性物质、金属离子、有机小分子、气体等体系，并取得一系列重要进展，为工业化应用奠定了良好的基础。

（1）离子液体强化气体分离过程

① CO_2 捕集分离。根据离子液体的结构特征和吸收机理不同，目前用于 CO_2 吸收的离子液体主要有常规离子液体和功能离子液体两大类。常规离子液体主要依靠阴阳离子与 CO_2 间的静电力、范德华力、氢键等物理作用吸收 CO_2，符合亨利定律，因此 CO_2 在离子液体中的溶解度大小与阴阳离子结构有直接关系。Anthony 等[9]研究发现，阴离子的种类对 CO_2 溶解度的影响较明显，其中［Tf_2N］阴离子与 CO_2 的亲和力明显大于［BF_4］和［PF_6］两种阴离子，充分表明阴离子对 CO_2 溶解起关键作用。

与工业醇胺类吸收剂相比，常规离子液体对 CO_2 吸收容量还非常有限，因此设计合成高性能的功能离子液体成为了研究重点。功能离子液体是在离子液体中引入碱性基团，通过化学作用来实现 CO_2 高效吸收，主要包括单氨基、双氨基和非氨基三类功能离子液体。中科院过程工程研究所[10]合成了双氨基阳离子的咪唑类离子液体 1, 3- 双（2- 乙氨基）-2- 甲基咪唑溴盐。由于该离子液体黏度极大，30℃时为 71.25Pa • s，因此采用其水溶液来吸收 CO_2。在 30℃和 0.1MPa 条件下，10% 离子液体水溶液吸收量达到 1.05mol CO_2/mol IL（图 3-4）。针对氨基功能离子液体的高黏度问题，Wang 等[11]设计合成了一类阴离子为苯酚型的功能离子液体 [P_{66614}][SPhO]，系统研究了苯酚阴离子上取代基的位置、数量及其吸电子或供电子性对 CO_2 吸收量的影响。其中 [P_{66614}][4-Me-PhO] 和 [P_{66614}][4-Cl-PhO] 对 CO_2 吸收量较高，分别为 0.91mol CO_2/mol IL 和 0.95mol CO_2/mol IL，吸收速率快，吸收后离子液体黏度也不会明显变化。

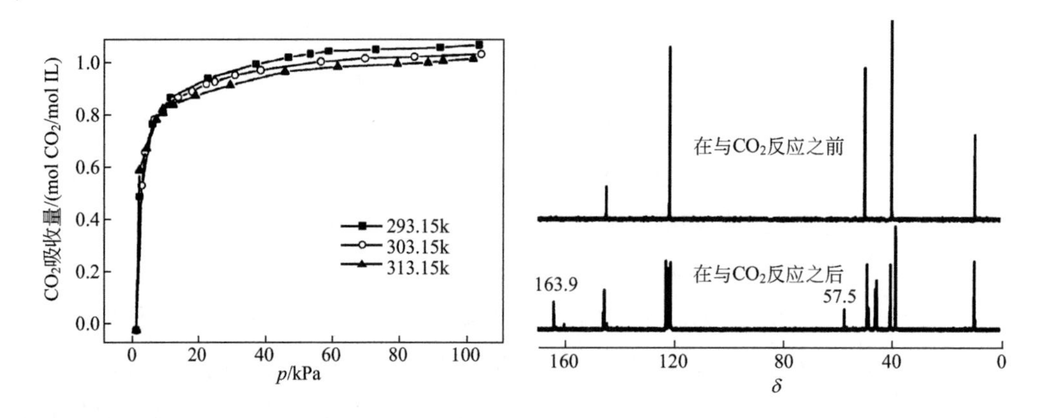

图 3-4

阳离子双氨基离子液体的吸收曲线和吸收前后碳谱 [10]

② NH_3 分离回收。中科院过程工程研究所率先在国内外开展了离子液体吸收 NH_3 的基础和应用研究。结合模拟计算和原位表征，揭示了离子—NH_3^+、阴阳离子间作用对 NH_3 吸收 / 解吸性能的微观调控机制 [12,13]；提出了以强氢键供体、弱金属络合位点修饰提高分子辨识度，降低吸收焓的设计新方法，首次设计合成了高容量 / 选择性、可逆的质子和金属离子液体及功能材料，突破了吸收 - 解吸竞争的限制 [14-16]。设计的金属离子液体可与 NH_3 形成氢键 - 络合协同作用强化吸收，吸收量是常规离子液体的 30 倍，具有优异循环性（图 3-5）。在此基础上，综合考虑吸收性能、稳定性、黏度、成本等因素，获得了满足工业应用需求的离子液体。

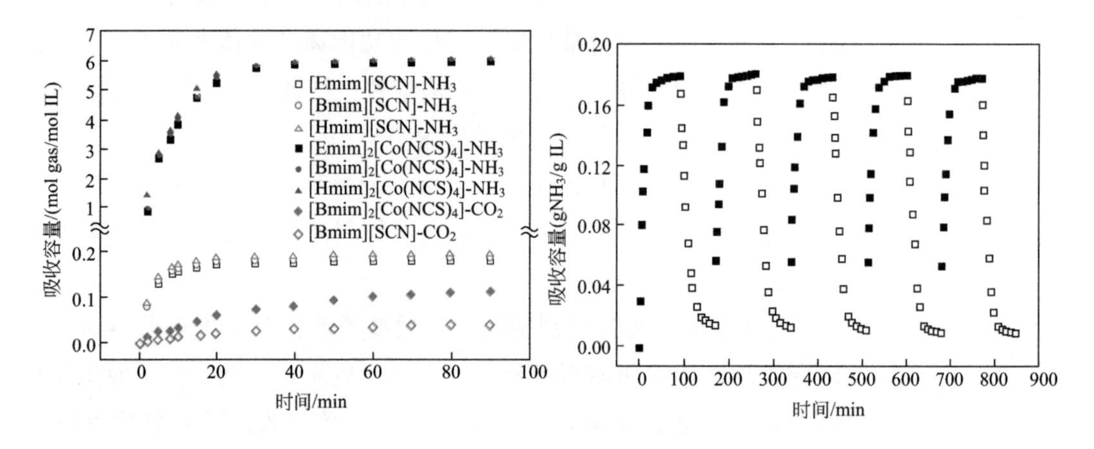

图 3-5

金属离子液体对 NH_3 的吸收容量及循环性能 [14]

针对三聚氰胺尾气氨碳易结晶、难分离的难题，中科院过程工程研究所设计合成了高氨溶解性和氨碳选择性的新型多位点功能离子液体，实现了低成本的规模化制备；采用多级变温吸收 - 解吸循环新工艺，实现了尾气中氨的高效分离回收，获得高纯液氨产品，且无氨氮废水二次污染。该技术通过了中国石油和化学工业联合会组织的科技成果鉴定，可推广应用于合成氨、尿素、电子、冶炼、有机及精细化工等行业的含氨气体处理。

（2）离子液体强化稀土金属提取分离过程

Rogers 等 [17] 首次提出在液 - 液萃取过程中采用 $[Bmim][PF_6]$ 替代有机溶剂。

Nakashima 等[18, 19] 采用咪唑类离子液体 [Bmim][PF_6] 为稀释剂用于稀土元素分离，较采用正十二烷稀释剂的分配系数高 1000 倍，大幅降低萃取剂的使用量。这类离子液体无功能化官能团，本身对稀土萃取能力很弱，主要用作稀释剂，被称为惰性离子液体[20-22]。Binnemans 等[23] 开发了溶解度大的功能离子液体 [Hbet][Tf_2N]，由于含有易络合稀土离子的—COO^-官能团，溶解在离子液体中的 $EuCl_3$ 达到 6%，之后又开发了系列羧基功能离子液体[24]，并将其用于从钕铁硼废料[25]、荧光粉废料[26]等回收稀土金属的研究。Sun 等[27-33] 将碱性季铵类 / 季鏻类萃取剂与酸性磷酸酯类 / 羧酸类萃取剂反应，合成了双功能离子液体 [A336][P204]、[P_{66614}][P204]、[N_{1888}][P507]、[A336][CA12]、[A336][CA100] 和 [N_{1888}][Oleate] 等，用于稀土金属萃取分离，具有内协同萃取效应、萃取性能较高以及成分单一、稳定的优点。

双功能离子液体萃取策略借鉴酸性萃取剂的皂化过程如图 3-6 所示，新工艺解决了传统萃取过程的典型问题：①氨水等碱皂化引入铁硅钙等非稀土杂质；②环烷酸铵或 P507-铵易溶于水，有机相易乳化，萃取剂流失严重；③阳离子交换机理，稀土离子萃取产生含铵皂化废水，污染环境；④需要相修饰剂如仲辛醇等解离萃取剂二聚体，有机相成分复杂，醇和酸在金属离子存在下易反应，萃取性能不稳定。而离子液体强化萃取具有明显优势：①铵基与羧基内协同萃取，提高了萃取性能；②长链疏水性铵基团的引入，提高了有机相的疏水能力，有效降低萃取剂的溶解损失；③离子缔合萃取机理，萃取过程无酸碱消耗，降低成本，并避免了皂化废水排放；④无需相修饰剂，成分简单，性质稳定。

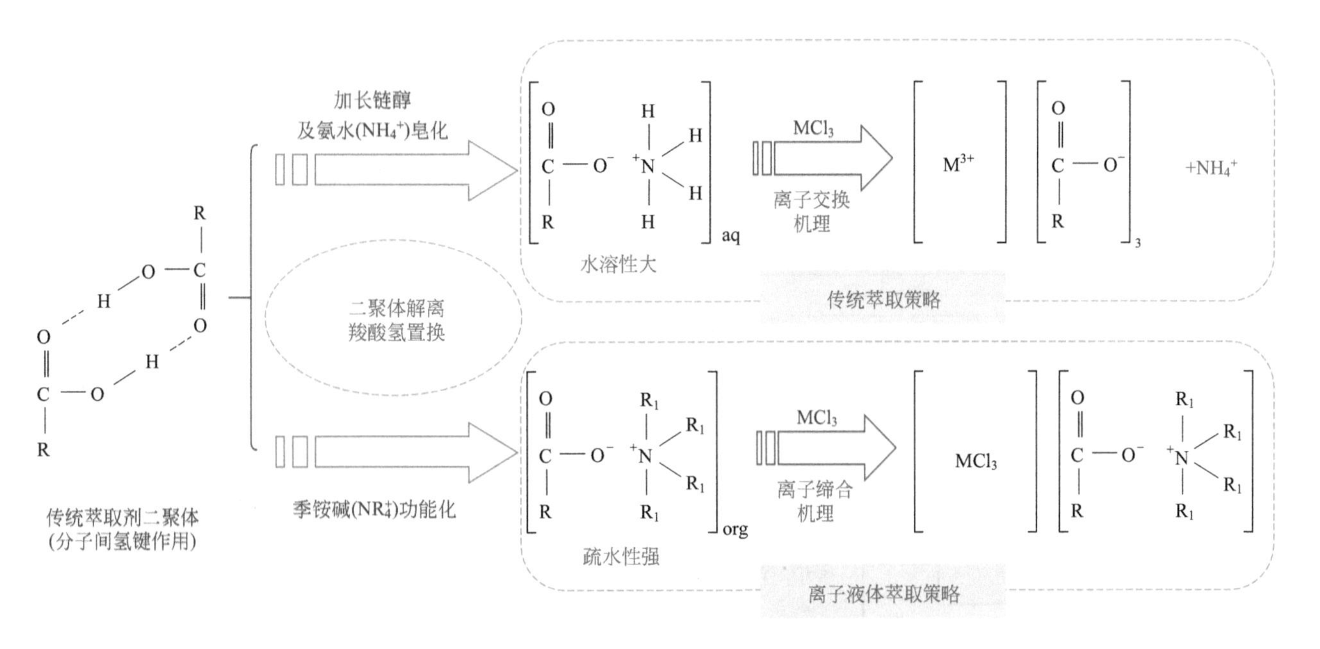

图 3-6
离子液体强化稀土分离策略

（3）离子液体用于结构相似物的精准分子识别及分离过程强化

结构相似物的精准分子识别是实现分离的关键，也是分离过程的难点。利用离子液体结构性质可调控的特性，针对目标分子的结构特点，通过调控离子液体阴阳离子结构调变其物化性质，包括氢键碱性、极性、黏度及热稳定性等，进而调控离子液体与分离对象的相互作用方式和强度，提高分离选择性和容量，实现分离过程强化。氢键碱性是离子液体重要的性质之一，Xu 等[34]探索了离子液体分子内作用以及阴阳离子上的取代基对氢键碱性的影响。研究发现，离子液体阴阳离子之间作用力越弱，氢键碱性越强；阴离子增加碱性位点比阳离子增加碱性位点的离子液体氢键碱性更强。基于离子液体与溶质间较强的相互作用关系，利用溶剂、溶质间的分子自组装行为可以显著提高目标分子的溶解性[35]，这对提高分离效率具有重要意义。Zhao 等[36,37]设计合成了一类具有适宜自由体积和强碱性的四丁基鏻长链脂肪酸盐离子液体，并用于乙炔乙烯分离，该离子液体表现出很高的乙炔吸附容量和乙炔 / 乙烯分离选择性（21.4），优于其他离子液体的性能。

（4）强化难分离体系的离子液体溶剂设计

① 离子液体描述符及热力学计算。离子液体种类繁多、性质各异，因此其结构的定向设计是公认的难题，但也是实现应用的基础。针对离子液体溶剂，目前主要发展了三种分子描述和活度计算方法。基于类导体屏蔽模型（COSMO）理论的基团贡献法，将阳离子分割成主核和替代基团，计算表征基团和分子屏蔽导体表面特征的电荷密度分布，修正基团在分子环境中的基团面积与电荷[38]，其优点在于只需提供分子官能团信息，但计算精度限于 COSMO 理论本身缺陷。基于实验数据的 UNIFAC 方法，在同类体系的全部实验数据基础上拟合缺失的二元交互参数[39]，拟合精度大幅提高，具有极强的拓展性。基于机器学习的方法，采用深度神经网络的推荐系统算法，对文献中缺失的实验数据稀疏矩阵（缺失率 98.16%）进行填充，再拟合得到全部离子液体基团二元交互参数[40]，这是目前较为可靠的离子液体活度系数计算方法，但其分子本身微观机理的研究仍需加强。

② 基于多尺度模拟和优化的离子液体溶剂设计方法。针对难分离体系，研究人员发展了基于多尺度模拟和优化的分离体系离子液体溶剂设计方法（图 3-7）。该方法跨

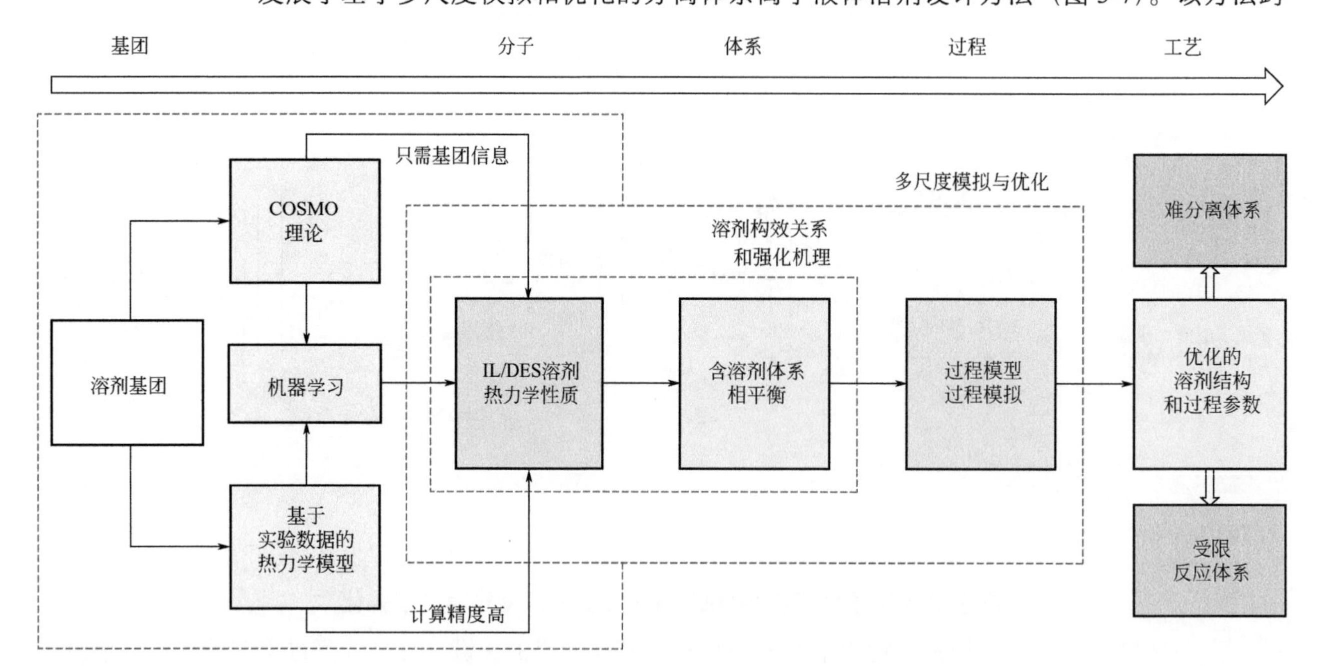

图 3-7
基于多尺度模拟和优化的分离过程离子液体设计方法

越离子液体阴阳离子基团、溶剂分子、分离体系、分离过程等多尺度过程，基于离子液体基团结构与分离效果的构效关系，形成了通用的开发设计模式。同时，发展了基于全局优化算法和分解优化算法的设计方法[41-43]，提出了基于质量指标的优化目标函数，以及包括离子液体结构的可行性、热力学性质和物性等多维度的约束条件。通过优化，获得最佳阴阳离子结构和分离过程参数。该方法应用于难分离体系的液体萃取（脱除低浓度杂质如汽油深度脱硫[42,44]、性质接近混合物如烷烃与芳烃分离[45]）、气体吸收（如酸性气体分离[46]）和天然化合物选择性反应萃取（天然混合物酚羟基产物分离，如维生素E提取[47]、橘皮精油脱萜[48]）等，有望成为具有普适性的应用于分离过程离子液体设计方法。

3.1.3.3 离子液体强化电化学转化

电化学反应是实现物质清洁转化和化学品生产制造的绿色过程，具有反应条件温和、环境友好的特点，在无机和有机化工中扮演着重要角色。随着全球碳减排形势的严峻和可再生电能的大力发展，近年来电还原CO_2、电还原N_2制备氨以及其他各种有机电合成反应成为国际研究前沿和热点[49]。离子液体作为一种优异的电解质，具有宽电位窗口、高电导率和热稳定性等优点，因此基于离子液体电解质的电化学转化向绿色化工生产过程渗透显著，应用研究越来越多。如在电还原CO_2反应中，离子液体电解质可提高CO_2溶解度，避免水溶液电解质的析氢竞争反应，充分发挥离子液体与电极催化剂之间的协同作用，将CO_2转化为高附加值化学品[50-53]。

（1）CO_2电化学还原制CO

将CO_2电化学还原为CO，再通过费-托合成法转化为烷烃、烯烃、含氧化合物等，是极具应用前景的发展方向[54-56]。Zhao等[57]选取13种不同种类的离子液体用于电还原CO_2，发现咪唑类离子液体的催化反应性能更好，原因是咪唑类阳离子是CO_2电还原反应的活性位点，其可作为助催化剂通过电化学双层效应来提高反应速率（图3-8）。离子液体电解质与非贵金属电极材料结合促进CO_2电还原也是研究热点[58-62]。Hu等[63]以Pb为基底材料，将MnO_2涂覆在Pb基底上，发现在[Bmim][PF_6]中CO_2电化学还原制CO反应过电位仅为40mV，同时发现离子液体的结构和类型会大大影响电还原产物的选择性。Feng等[64]合成了具有3配位结构的Mn单原子电极材料用于电化学还原CO_2，将[Bmim][BF_4]离子液体作为电解质时，CO_2还原活性得到很大提高。

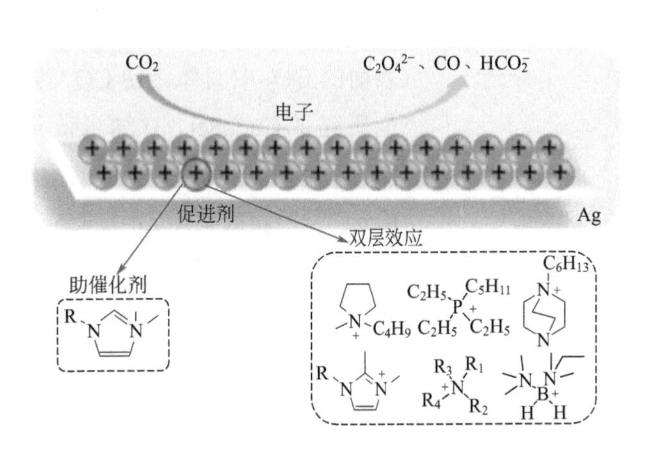

图3-8
咪唑类离子液体催化反应示意图[57]

（2）CO_2 电化学还原制甲酸

甲酸是重要的化工原料、燃料电池燃料和储氢材料，通过电化学方法将 CO_2 还原成甲酸成为近年来的研究热点 [65-69]。Lu 等 [70] 采用氨基功能离子液体 [NH_2C_3MIm][Br] 实现了 CO_2 高效还原制甲酸，法拉第效率高达 94.1%，电能 - 化学能转化效率 86.2%。Feng 等 [71] 设计合成了功能离子液体 [Bmim][124Triz] 用于电还原反应（图 3-9），CO_2 电还原电位由常规离子液体中的－1.97V 正移到－1.78V(vs. Ag/Ag^+)，电流密度达 24.5mA/cm^2，相比于传统离子液体提升了 110%，这是因为 [Bmim][124Triz] 中稳定的 CO_2 分子结构得到有效活化，显著降低 CO_2 电还原为 CO_2^- 的反应电位。电极材料的选择也对电还原产甲酸过程影响显著，除贵金属外，金属氧化物如 MoO_2 [72]、SnO_2 [73]、Ga_2O_3 [74]、PbO_2 [75] 等已被广泛用作催化剂进行 CO_2 转换。Feng 等 [76] 通过离子热法合成了纳米薄片组装的花朵状 In_2S_3，在离子液体中电还原 CO_2 产甲酸，法拉第效率高达 86%，甲酸生成速率 478μmol/（h • cm^2）。

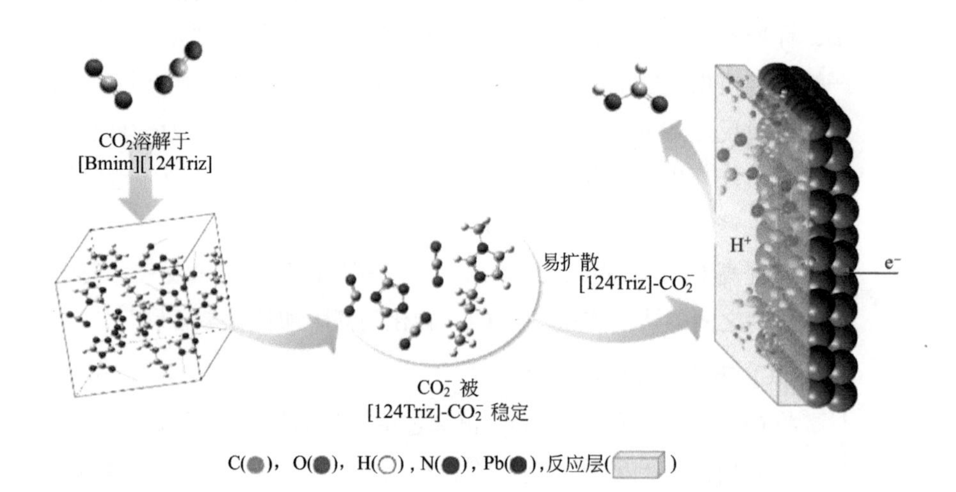

图 3-9
功能离子液体 [Bmim][124Triz] 协助下的 CO_2 电还原 [71]

（3）CO_2 电化学还原制甲醇 / 甲烷

甲醇和甲烷分别是结构最简单的饱和一元醇和烃类，是重要的低碳化工原料和清洁燃料 [77]。CO_2 电催化生成甲醇和甲烷涉及多个电子转移步骤，动力学过程缓慢，提高电流密度和选择性是主要的突破方向。Sun 等 [78] 采用 Mo-Bi 双金属硫化物纳米片电极在 [Bmim][BF_4]/MeCN 电解质中进行 CO_2 还原。Mo 和 Bi 优异的电催化性能使生成甲醇的电流密度和法拉第效率分别达到 12.1mA/cm^2 和 71.2%；其中 Bi 位点稳定电极表面的 CO_2^- 中间体，使 CO_2 转化为 CO，Mo 位点促进 CO 与 H_2 结合生成甲醇。学者们研究了 $Cu_{1.63}Se(1/3)$ 纳米催化剂在 [Bmim][PF_6] 电解质中的催化性能 [79]，催化剂中 Cu 和 Se 的协同作用使生成甲醇的电流密度高达 41.5mA/cm^2，法拉第效率为 77.6%。Kang 等 [80] 首次利用 Zn-1, 3, 5- 苯三甲酸金属有机骨架（Zn-MOFs）多孔结构（图 3-10），为 CO_2 还原制甲烷提供更多活性表面，在 0.25V 过电位下，生成甲烷最大电流密度为 3.1mA/cm^2。Liu 等 [81] 发现超薄膜电极利于增强传质，提供更多催化活性位点，相比大块 $MoTe_2$ 电极，超薄 $MoTe_2$ 膜在 [Bmim][BF_4]/H_2O 体系中生成甲烷的电流密度（25.6mA/cm^2）和法拉第效率（83%）分别增加 2.5 和 4 倍。

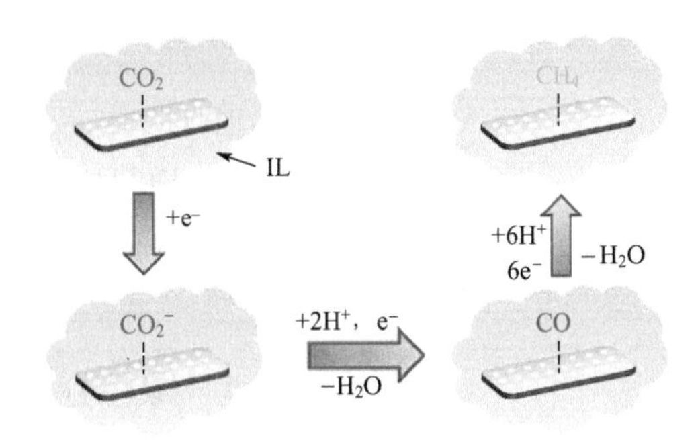

图 3-10
离子液体中 Zn-MOF/CP 电极上 CO_2 电化学还原成 CH_4 可能的路径 [80]

（4）CO_2 电化学还原制 C_2 及以上产物

CO_2 电化学反应除了生成 CO、HCOOH、CH_3OH 等 C_1 产物外，还可将 CO_2 电还原为草酸等 C_2 及以上产物，这是一个更具挑战性的方向，该过程不仅涉及多电子与质子转移，还需中间体 C-C 偶联，难度更大。Bouwman 等 [82] 设计合成了双核 Cu（Ⅱ）配合物，该配合物先还原生成 Cu(Ⅱ) 配合物，继而与 CO_2 反应生成含草酸盐桥的 Cu(Ⅱ) 络合物，该络合物在可溶性锂盐乙腈溶液中处理后可生成草酸和 Cu(Ⅱ) 配合物，该配合物的还原电势接近标准电极电势且具有良好稳定性。Chung 等 [83] 进一步通过量化计算分析了可能的反应路径，认为该催化剂上的两个 Cu(Ⅰ) 首先将一分子的 CO_2 还原成 Cu_2(Ⅰ/Ⅱ)（$CO_2^{\bullet-}$）中间体，再通过亲核进攻 CO_2 分子中的 C 生成 Cu_2(Ⅱ)$^-$ 草酸根结构（图 3-11）。Zhang 等 [84] 利用芳香酯离子液体 [TEA][4-MF-PhO]，在质子惰性环境中电还原 CO_2，离子液体中酚氧基和酯基双活性位点可高效活化 CO_2，形成 [TEA][4-MF-PhO]-COOH 中间体，进而二聚形成草酸，草酸法拉第效率高达 86%[85]。Kang 等 [86] 在 0.1mol/L Bu_4NPF_6/PC 质子惰性电解质中，在较低电势下草酸的法拉第效率为 85.1%，电流密度达 $2mA/cm^2$。Bocarsly 等 [87] 利用 Cr-Ga 电催化剂在 pH 为 4.1 的 KCl 水体系中电还原 CO_2 制草酸，在− 1.48V(vs. Ag/AgCl) 条件下，草酸最大法拉第效率达 59%，过电位仅为 0.69V。

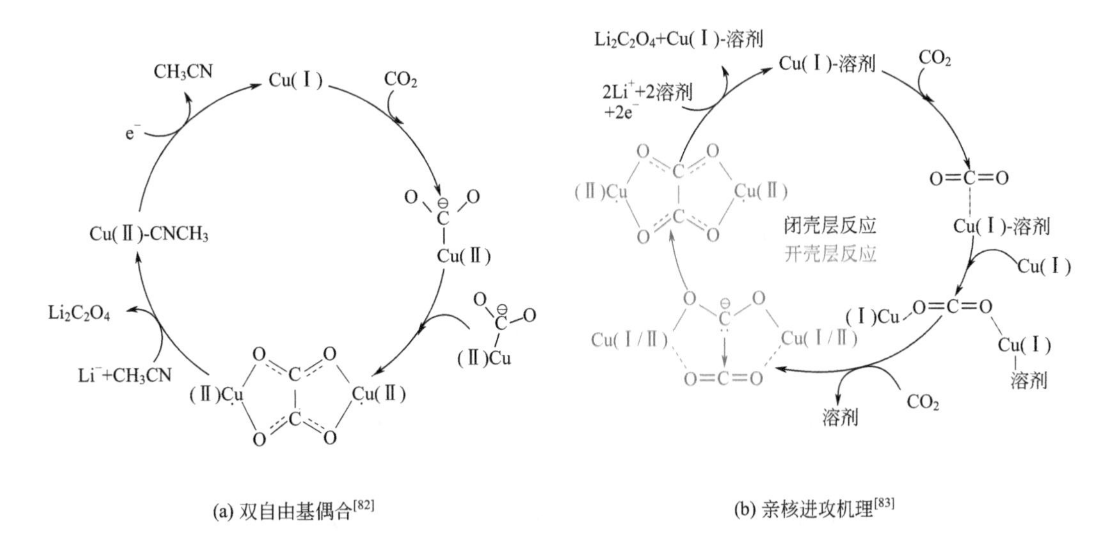

(a) 双自由基偶合[82]　　(b) 亲核进攻机理[83]

图 3-11
Cu 配合物催化 CO_2 制草酸盐机理

德国 Darmstadt 工业大学 Etzold 等通过在泡沫铜催化剂中引入少量离子液体（[Bmim][NTf_2]），反应得到较宽的产品范围，包括甲酸、CO、醇类和烃类等。离子液体可选择性抑制乙烯、乙醇和正丙醇的生成，据此推断了生成不同产物的电催化反应网络。离子液体介入的方法对于推测反应机理，从分子层次调控催化剂性能具有重要意义[88]。

3.1.3.4 绿色介质强化生物质转化利用

生物质作为自然界唯一可再生的有机碳源[89, 90]，其成本低廉，来源广泛且种类多样[91]，可用来合成许多高附加值化学品和燃料[92-94]。以纤维素为原料，可以生产多种高附加值化学品，如醇[95]、酸[96, 97]、5-羟甲基糠醛[98]等，而纤维素水解是其中必不可少的一步。由于离子液体极强的溶解能力和可调的酸性，越来越多的学者将离子液体应用于纤维素水解。此外，5-羟甲基糠醛（5-HMF/ HMF）是一种应用非常广泛的平台分子，由生物质及其衍生物水解制得，进而作为生成其他化合物的原料，如图 3-12 所示，即通过加氢、酯化、氧化脱氢等反应，可将其转化生成多种高附加值化学品[99-102]。

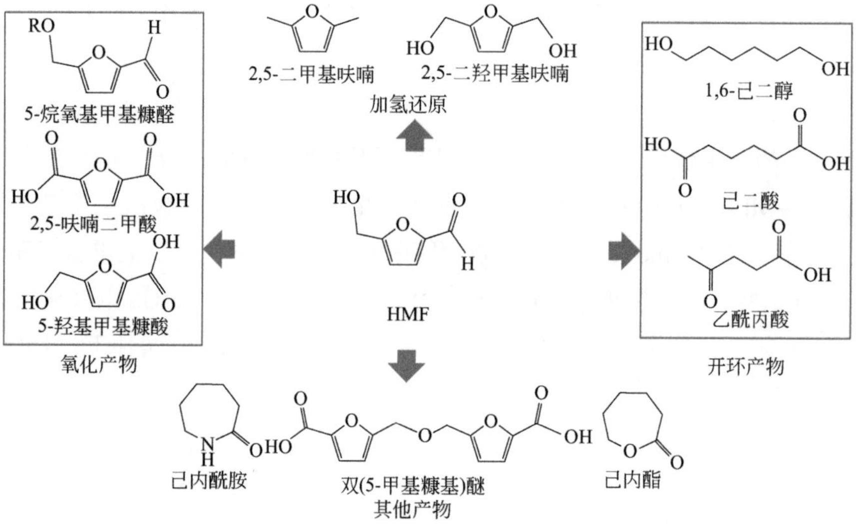

5-烷氧基甲基糠醛
2,5-呋喃二甲酸
5-羟基甲基糠酸
氧化产物
2,5-二甲基呋喃
2,5-二羟甲基呋喃
加氢还原
HMF
1,6-己二醇
己二酸
乙酰丙酸
开环产物
己内酰胺
双(5-甲基糠基)醚
己内酯
其他产物

图 3-12
由 HMF 转化而成的重要化学品和燃料[100]

乙酰丙酸（levulinic acid，LV）的独特结构（一个羰基、一个羧基和 α 氢）决定其可进行卤化、酯化、加氢、氧化脱氢、缩合、成盐等化学反应。乙酰丙酸作为一种平台分子，可以进一步转化为 γ- 戊内酯（GVL）、丁烯、5- 壬酮、2- 甲基四氢呋喃（MTHF）等[103, 104]，如图 3-13 所示。将纤维素转化为乙酰丙酸需要酸催化，通常包含纤维素水解生成葡萄糖、葡萄糖转化为 HMF 以及 HMF 脱水生成乙酰丙酸三个步骤。

传统采用稀酸催化将生物质及其衍生物转化成乙酰丙酸[105]，作为一类替代传统酸催化剂的新型介质，离子液体催化体系能较好地转化纤维素合成乙酰丙酸，其中阴离子对催化性能起到至关重要的作用。例如，离子液体的阳离子为［C_3SO_3Hmim］或磺酸基取代的咪唑阳离子时，其催化活性取决于阴离子种类，阴离子为 HSO_4^- 时，离子液体的催化活性最好。Shen 等[106]以［BSmim］阳离子基离子液体为基础，考察了阴离子对催化纤维素生成乙酰丙酸性能的影响，研究发现催化活性最高的配位阴离子为$CF_3SO_3^-$。机理研究表明，[Smim][$FeCl_4$] 的加入有效降低了反应的活化能，从而促进了葡萄糖的转化。Sun 等[107]以杂多酸离子液体 $[C_4H_6N_2(CH_2)_3SO_3H]_3$-$nH_3PW_{12}O_{40}$ 为催化剂，将纤维素直接转化为乙酰丙酸，在“水＋甲基异丁酮”双相体系中，乙酰丙酸收率最高达 63.1%。在纤维素水解中，离子液体可同时作为溶剂和催化剂，但选择性仍然较差，因此开发多功能的离子液体，对同时实现纤维素水解、转化具有重要意义。

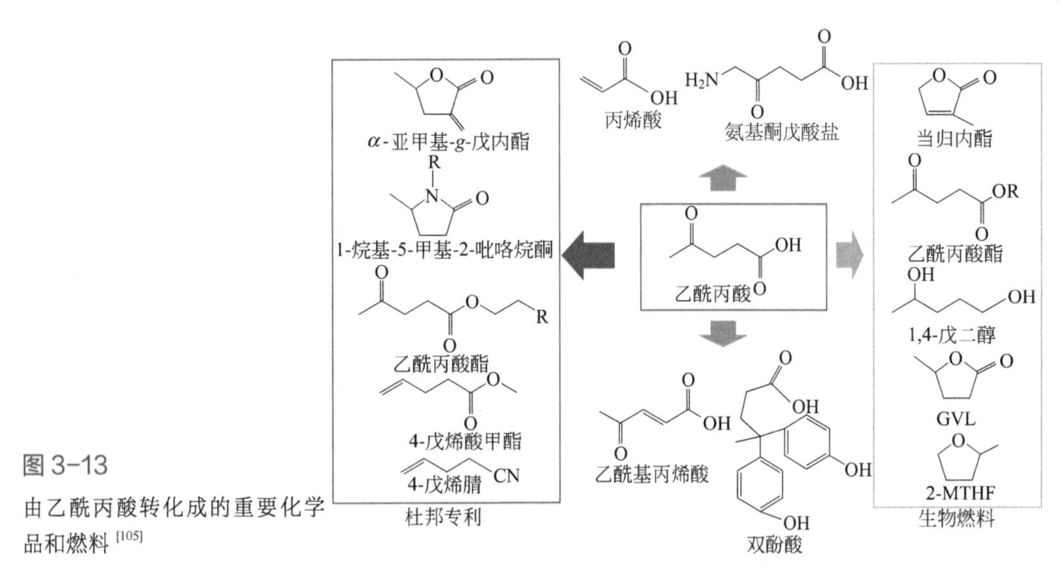

图 3-13
由乙酰丙酸转化成的重要化学品和燃料[105]

木质素作为自然界唯一可再生且储量丰富的芳香族资源，是化学品和燃料产品的重要来源之一[92, 108]。然而，由于木质素化学结构的复杂性（高度复杂交联无定形三维树脂），许多研究者采用降解木质素模型化合物的方法来探究其反应机理和最佳反应条件。木质素的基本结构单元主要包括芥子醇、松柏醇、对香豆醇，这 3 种单体结构见图 3-14，均具有苯丙单元，区别在于甲氧基的数量不同。单体之间以醚键或碳碳键连接，在木质素中 β-O-4 键是最主要的连接形式，占比 45% ～ 60%。因此，对木质素降解的研究主要集中在 β-O-4 键的断裂方面[109, 110]。

木质素及其模型化合物的降解离不开离子液体和酸的催化。Binder 等[111]在“有机酸 / 无机酸＋［Emim］OTf”体系中催化模型化合物丁香油酚转化为愈创木酚，但收率仅 11.6%。Ekerdt 等[112]使用不同的“金属氯化物＋离子液体”协同催化木质素模型化合物 GG（愈创木基甘油基 -β- 愈创木基醚）和 VG（藜芦基甘油基 -β- 愈创木基醚），其中 $FeCl_3$、$AlCl_3$ 和 $CuCl_2$ 对催化 β-O-4 键断裂的活性较高。相较于 GG，非酚类模型化合物 VG 更难降解。针对此差异，学者们提出假设：酚类木质素与金属氯化物在反应中可能形成 HCl，进而提高了体系的酸性。酸性离子液体［Hmim］Cl 同时作为催化剂和溶剂催化 GG 和 VG 降解，两种底物反应的主产物均为愈创木酚。随着研究深入，学者们发现离子液体催化 β-O-4 键断裂的活性并未随着离子液体的 Hammett 酸度呈现规律性变化[113]，即阴离子与醇官能团通过产生氢键作用影响反应效率和路径。酸性离子液体［Hmim］Cl 还可作为溶剂和催化剂，通过水解烷基与芳香基之间的醚键来实现橡木木质素的降解[114]。Zhang 等[115]利用微波辅助快速催化转化木质素模型化合物和水溶性木质素，在离子液体［Bmim］NTf_2 中，用甲基三氧化铼作催化剂，酚产率高达 69%；微波辅助条件下解聚桦树水溶性木质素，2min 内主产物产率为 34.2%。Thierry 等[108]将酸性离子液体［Hmim］Br 作为有效溶剂催化木质素模型化合物分解及脱甲基，产物为多羟基的酚寡聚物。

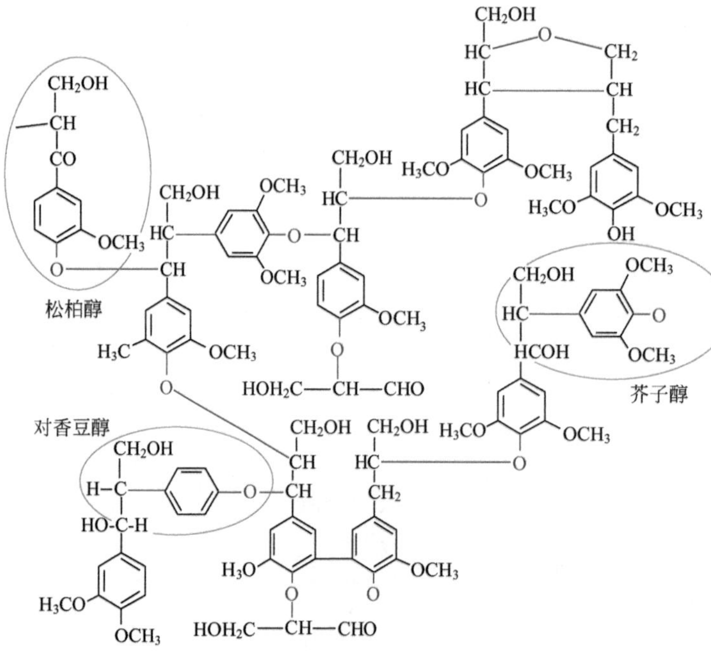

图 3-14
木质素化学结构模型

由于真实木质素结构复杂、难以降解，因而目前对于木质素的研究主要集中在模型化合物上，离子液体在木质素的降解研究中具有不可替代的作用[105]。为了简化产物，木质素的降解反应中往往同时引入加氢反应，使用贵金属或过渡金属作为催化剂。

3.1.3.5 超临界流体及催化反应

近年来超临界流体（SCFs）作为绿色溶剂在化学反应中的应用已有诸多报道，尤其是在加氢[116, 117]、异构化[118]、氢甲酰化[119-121]、氧化反应[122, 123]等方面取得了令人瞩目的进展。此外，超临界流体也用于酯化[124]、烷基化[125]、费 - 托合成[126, 127]、环化[128]、聚合[129, 130]、裂化[131]、歧化[132]等反应以及催化材料制备。超临界二氧化碳（sc-CO_2）和超临界水（sc-H_2O）因具有无毒、丰富、不易燃、反应后无须与反应产物分离的特点，在催化反应中应用最为广泛，逐渐成为研究热点。

SCFs 在化学反应中既可作为反应介质，也可作为反应物直接参与反应。因其特殊的性质，SCFs 作为反应介质在催化反应中的特性、作用及其规律性已获得了一些阶段性的认知。例如，许多有机反应物均可以溶解在 sc-CO_2 和 sc-H_2O 等环境友好溶剂中，形成均一的反应体系。SCFs 具有高的扩散系数和低的黏度，可提高体系中的传质速率，如反应物可以更快地到达催化活性中心、产物则较快远离催化剂，因此受扩散速率限制的反应在 SCFs 中比在传统有机溶剂中进行得更快。对于多孔催化剂，因超临界流体的表面张力为零，使用 SCFs 作为溶剂可以消除毛细力，使得 SCFs 中的多孔非均相催化剂的效率比在液体中更高。由于 SCFs 的性质对温度和压力非常敏感，可以通过调控这些参数有效地调整反应速率和选择性。反应体系减压可高效地实现产品和 SCFs 溶剂的分离，且可重复使用。对于均相催化反应，通过压力或温度的变化可调节 SCFs 溶剂的溶解能力，使得均相催化剂选择性沉淀，因此在超临界流体中的反应可兼具均相和非均相催化反应的优点。对于 SCFs 中的某些化学反应，反应体系的相行为会显著影响反应速率[133]、产物选择性[134]以及平衡转化率[135]。与传统有机溶剂反应体系相比，SCFs 体系中相行为的调控为控制化学反应提供了契机[136]。下面以多相催化反应和均相催化反应中的几个实例进行具体阐述。

(1) 多相催化反应

在多相催化反应体系中，超临界流体的高溶解能力可突破气液固多相反应体系中气体（如 O_2、H_2 和 CO 等）在溶液中溶解度低的限制。此外，超临界流体能增强分子在多孔催化剂中的解吸和传递，减少扩散限制，提高催化效率。同时，超临界流体还可原位分离目标产物，提高目标产物选择性，提高热容，有效改善放热性固定床反应器对参数敏感的问题。

催化加氢反应是合成重要化工中间体的主要手段之一，是 sc-CO_2 绿色溶剂中最具产业化前景的化学反应。英国诺丁汉大学的 Poliakoff 研究组最先研究了 sc-CO_2 中的催化加氢反应，并与 Tomas Swan 公司联合建立了第一套在 sc-CO_2 中加氢的中试反应装置。不饱和醛[137]、苯甲酸[138]、苯酚[139]、顺酐[140]及硝基化合物[141]的加氢反应，在 sc-CO_2 存在下反应速率均有较大提高，而且可以通过控制体系中 CO_2 的压力来调控产物的选择性，主要是因为 sc-CO_2 和 H_2 以及催化加氢反应物可以互溶形成均一相态，提高传质速率，降低动力学黏度，提高扩散速率，提高反应界面 H_2 的浓度，进而提高反应速率。另外，sc-CO_2 与反应物的特定官能团之间存在一定的相互作用或对催化剂表面活性分子结构有影响，使得目标产物选择性提高。

烯烃氢甲酰化反应是工业上生产醛的最重要的方法。典型工业氢甲酰化的一个例子是由德国 Ruhrchemie 和法国 Rhône-Poulenc 联合开发的 RCH/RP 工艺，其采用双水相工艺，催化剂在水相中溶解，反应物和产物大多在有机相中，易于实现催化剂与产物的分离，但该过程仅限于丙烯和正丁烯等在有机相中具有一定溶解度的底物。研究发现 sc-CO_2 可作为正辛烯在 80℃和 12MPa 下，在 SiO_2 负载 Rh 催化剂上连续氢甲酰化反应的介质[142]。

在 Co/SiO_2 催化下的 Fischer-Tropsch(F- T) 合成中，以超临界正戊烷作为反应溶剂，可有效移去反应热，同时改善催化剂的传质速率，使得CO的转化率与烃的收率提高[143]。此外，在 sc-CO_2 中，1- 己烯的异构化反应的顺 / 反异构比提高了 30%，反应速率也大幅度提高，同时在 sc-CO_2 中可避免催化剂 γ-Al_2O_3 因烧结而失活。

(2) 均相催化反应

以超临界流体为溶剂的均相催化反应体系，不仅可通过加快气体溶解度、增加传质传热效率以提高反应速率，还可通过影响配体构型进而改善化学、区域和对映选择性。同时，可通过调控超临界流体状态分离对空气和温度敏感的贵金属配合物催化剂，

因而更具商业开发价值。

均相反应中贵金属配合物催化剂与产物分离难的问题限制了其工业应用。在 Ru/TPP 配合物催化 α，β- 不饱和醛选择性加氢生成不饱和醇的反应中，使用 PEG/sc-CO_2 为溶剂形成两相体系，解决了催化剂分离和再利用的问题。催化剂与反应物溶解在 PEG 相中，反应在 sc-CO_2 溶胀的 PEG 中进行，反应后，产物通过 sc-CO_2 萃取分离，催化剂仍留在 PEG 中，催化剂和 PEG 可直接循环利用 [144]。

SCFs 作为一种绿色溶剂不仅在催化反应中发挥着积极作用，在制备金属氧化物以及负载型金属催化剂等催化材料方面也同样表现出良好的性能 [145, 146]。SCFs 接近于液体的密度和溶解能力，使得大部分金属和氧化物的前驱体在 SCFs 中有很高的溶解度；SCFs 类似于气体的低黏度、高扩散、优异的传质传热性能和零表面张力，使得金属和氧化物的前驱体不受液体毛细作用限制，在孔隙中快速、均一地分散，从而使得金属或氧化物均一分散在基底材料表面。

3.1.3.6 有毒有害原料 / 介质替代过程

针对化学工业过程，有毒有害原料 / 介质替代意味着从源头摒弃传统生产工艺，其关键是基于绿色原料 / 介质的化工技术创新 [147, 148]。绿色化工技术不仅要考虑到原料 / 介质的安全无污染，更重要的是通过工艺创新实现生产过程的温和高效转化，其中包括原料 / 介质、反应器、工艺路线的创新 [149, 150]。

（1）替代有毒有害原料氢氰酸的 MMA 清洁生产技术

甲基丙烯酸甲酯（MMA）是生产有机玻璃的重要单体，近年来也成为航空、电子信息、光导纤维等高端聚合材料的基础原料。最早工业化的 MMA 生产工艺是由英国 ICI 公司提出的丙酮腈醇法（ACH），于 1937 年实现工业化，该工艺目前仍是世界上 MMA 生产的主要方法之一，约占世界总产能的 59%。为了克服传统 ACH 法浓硫酸使用和硫酸氢铵排放等问题，日本三菱瓦斯化学公司和赢创工业集团对 ACH 法进行了改进，新方法避免了浓硫酸的使用，但由于原料 HCN 剧毒，催化剂强酸强碱腐蚀性强，反应路线长，仍然面临巨大挑战，因此新型异丁烯法、乙烯法等成为具有工业前景的绿色替代技术。

随着绿色化工的发展需要和 MMA 需求量的增长，我国科研院所和企业也相继开展了 MMA 绿色技术的自主研发工作，并取得了显著成果。中国科学院过程工程研究所从 2001 年开始 MMA 清洁工艺关键技术研发，开发了异丁烯法、乙烯法和醋酸法制 MMA 工艺，实现了异丁烯法制 MMA 万吨级工业示范和乙烯法制 MMA 千吨级工业试验。

对比各工艺的原料来源、技术成熟度、经济性、环保性和安全性，异丁烯法和乙烯法在环境友好性和成熟度上具有较大优势，具有广阔发展前景。同时，涉及的催化剂性能和工艺优化改进仍有较大的发展空间。随着国内研发能力的快速发展和相关产业化的积累，可以预期国内的 MMA 生产技术将逐步走向成熟和多元化，自主研发的绿色技术将逐步成为国内 MMA 生产的主流技术。

（2）无溶剂催化加氢合成高端精细化学品关键技术

卤代芳胺系列产品是关乎国计民生的大宗化学品，广泛应用于医药、农药、染料、液晶材料、表面活性剂等，也是生产液晶、航空轮胎、消防服、火箭与导弹壳体等的高端精细化学品。传统化学还原法产生大量的含胺“三废”，给生态环境带来了巨大的压力。液相加氢法通常是在固体催化剂上及醇类溶剂中采用氢气还原卤代芳香硝基物，理论上只生成卤代芳胺和水，是绿色友好工艺[151-153]。

浙江工业大学李小年课题组通过理论计算与冷模实验，验证了卤代芳香硝基物催化加氢体系中固（催化剂）- 液（有机物）- 液（产物水）- 气（氢气）四相体系内的浓度场、温度场分布及传质过程机制；研究了催化加氢反应全过程的无溶剂、水、醇及醇 + 水存在下的溶剂效应，发现反应初期溶剂是催化剂初活性的“引发剂”、反应后期溶剂化效应影响选择性的机制；驻留催化活性中心微区的吸附态水发挥了在四相间的“介质强化”作用，构筑了“水强化氢解离环境”和无溶剂反应体系“缺氢环境”，消除反应后期选择性的“溶剂负效应”（图 3-15）、协同钯（111）晶面效应（图 3-16）[154]，构建全反应过程均衡的活性和选择性，阻止偶氮等生成，避免催化剂失活。在高选择性催化加氢合成卤代芳胺无溶剂工艺的应用基础理论方面取得了重要进展，引领催化加氢技术升级换代。

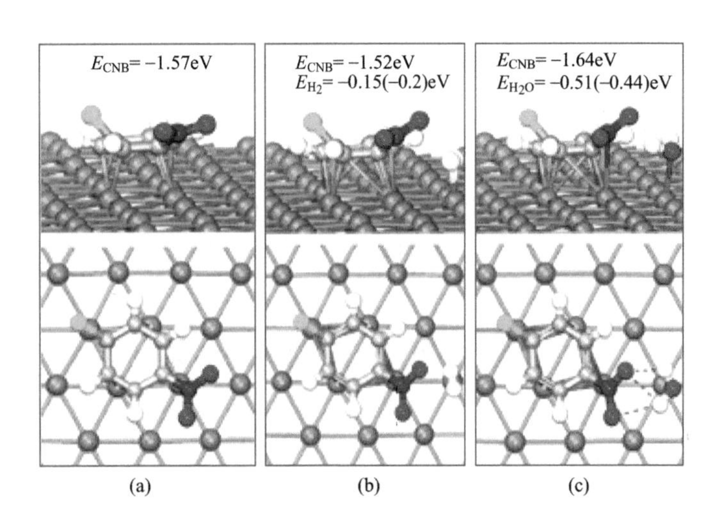

图 3-15
无溶剂环境中氢气和氯代硝基苯在钯活性位上的吸附

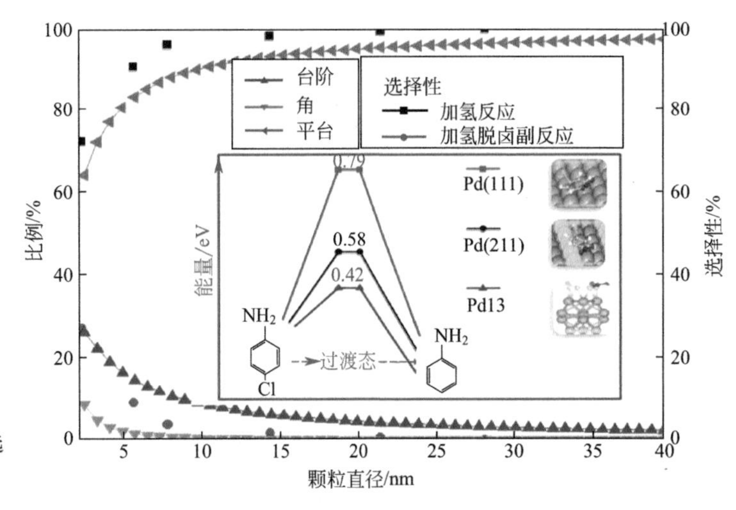

图 3-16
无溶剂环境中副反应活化能 / 选择性与钯晶面的对应关系

在此基础上，该课题组还发明了钯不同优势比例晶面的精准调控技术，攻破了催化剂宏量制备技术，发明了连续化制备工艺及装备；重构了加氢反应器内部结构，开发了高黏稠气 - 液 - 液 - 固四相浓度场分布调控技术，形成了在线高效超细粉末催化剂过滤专用装备与自控系统，突破了高选择性（＞99.9%）催化加氢合成卤代芳胺无溶剂工艺技术。无溶剂、全流程密闭、连续化等技术大大推动了催化加氢工艺的绿色化、安全化、高效化变革，实现了“源头创新”，引领了全行业技术升级。该技术已在浙江某上市公司实现工业化应用，市场占有率达到90%。

（3）无汞催化乙炔氢氯化绿色合成工艺技术

氯乙烯（VCM）是合成聚氯乙烯（PVC）的重要原料。我国是全球最大的PVC生产国和消费国，占全球总量的40%以上。电石法是生产PVC的主要工艺路线，其原理是在氯化汞（$HgCl_2$）催化剂的存在下，将电石水解精制后的乙炔气与氯化氢加成直接合成氯乙烯。但是，汞的易升华特性导致了汞流失，不仅显著降低了催化剂的活性，且对生态环境造成巨大的危害。据统计，我国PVC行业消耗的汞占全球用汞总量的40%以上，成为我国乃至世界最大的耗汞行业和汞污染来源。汞污染防治是电石法生产PVC行业面临的重大生存挑战，而无汞催化合成氯乙烯是解决电石法生产PVC长期可持续发展的根本方法，也是目前亟待解决的世界性难题。现有公开报道的无汞催化剂体系虽具有一定的开发前景，但实现工业化还需解决以下问题：改善催化剂负载方式以降低贵金属的负载量[155, 156]；易被还原和积炭而失活[157, 158]，影响使用寿命；催化剂价格昂贵，尚无成功的工业化实例。此外，从失效催化剂中高效回收贵金属也是无汞催化剂面临的重大挑战[159]。因此，该催化剂技术的研究还没有实现实质性的突破。浙江工业大学李小年课题组围绕无汞催化乙炔氢氯化绿色合成工艺中存在的重要科学问题和工业应用中的技术瓶颈，从催化剂理性设计及构建、催化剂的作用机理与构效关系、反应与扩散以及关键技术开发与工程放大等方面开展了全方位的深入研究，取得了系列研究成果与技术突破。

催化剂的性能与活性中心所处的微环境直接相关。通过对反应机理及分子活化、反应动力学等基础数据研究，开创性提出通过活性中心局部化学微环境调控实现活性中心的稳定以及促进催化性能的思路（图3-17）。

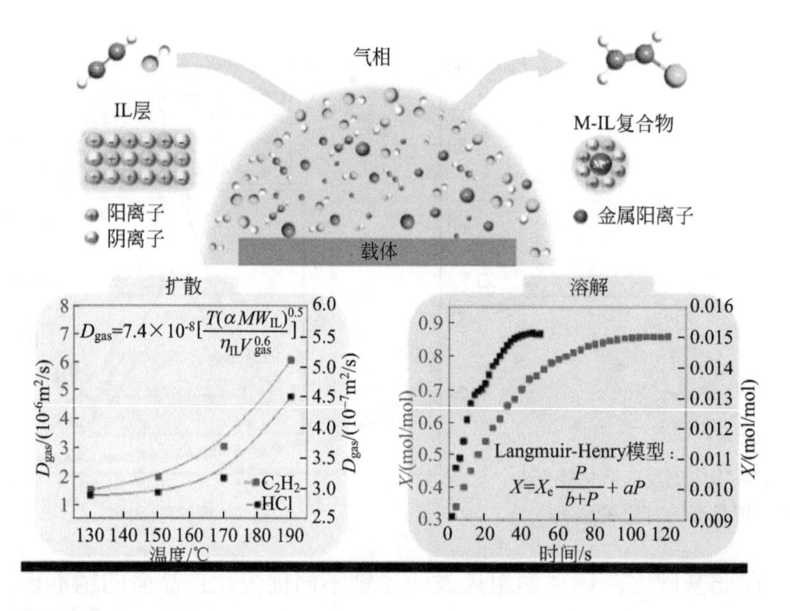

图3-17
活性中心局部化学微环境调控思路及传质计算

通过引入负载离子液体体系实现了原子级单分散金属基催化剂的成功制备（图 3-18），同时提出构建维持催化剂自身化学价态稳定微环境的研究思路[160]。研究发现，离子液体的引入实现了金属（金、钯、钌、铜等）的单原子分散，提高了催化剂的活性，实现了低含量金基催化剂的高效催化。此外，针对催化剂在乙炔氢氯化反应气氛下的变价失活问题，设计并制备了金属基配位离子液体并构建了负载离子液体 - 金 - 铜催化剂体系[161]。铜的引入构建了催化位点自身维持氧化态的微环境，实现了被还原金属态物种的原位氧化再生，具有很好的工业化应用前景。

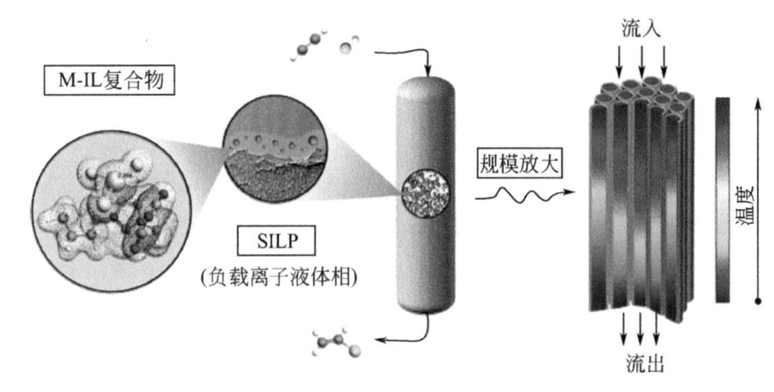

图 3-18
负载离子液体催化剂设计思路及反应器的强化传热模拟

在催化剂制备方面，打破了传统的合成催化剂需要用到酸性强氧化剂的制备思路，以绿色溶剂（有机王水、绿色王水、水）作为浸渍液[162-164]，大大减少了制备催化剂的废酸产生量，实现了乙炔氢氯化反应无汞催化剂的绿色生产。

3.1.4 未来发展方向与展望

离子液体、超临界流体等作为新型介质一直是国内外的热点研究方向。本节围绕国内相关研究，论述了该领域的最新进展和发展趋势，提出了未来发展方向和建议。

在离子液体催化方面，以优化离子液体催化剂、反应分离工艺及全系统资源循环利用为研究重点，面向实际工业应用，形成自主知识产权的创新技术；在离子液体强化分离方面，通过认识构效关系的微观机理，提高分子的精准识别能力，深入研究离子液体在气体分离、萃取分离等过程中的扩散 - 传递现象和规模，指导离子液体功能设计和强化工艺的开发，达到减少剂耗、强化反应与分离效果及提升环保性能的目的。此外，将实验微观表征和多尺度模拟计算相结合，深入认识反应及分离过程的微观机制，为材料设计和工艺开发提供准确的理论依据。

绿色化学合成是从分子到产品的转化过程，包括分子层面的分子机制、宏观层面的催化转化以及过程层面的集成强化，有毒有害原料、溶剂与催化剂的替代离不开各尺度的绿色化学合成基础理论与技术的突破。绿色创新技术开发将主要集中于严格筛选生产原料、开发清洁高效催化剂、提高化学反应选择性、设计节能技术等方面，最终实现全系统的绿色化。

3.2 过程强化新原理新机制

以节能、降耗、提质、增效为目标的化工过程强化技术，如超重力过程强化、纳

微化工技术、微加工与智能过程、反应 - 分离耦合过程强化、纳微界面传质强化等，可以深入认识纳微尺度上的传递和混合机制，解决从分子到纳微尺度“三传一反”规律认知的断层问题，为化学工业转型升级、高端化学品制造技术和装备创新提供基础和示范。

3.2.1 超重力过程强化

3.2.1.1 发展现状与挑战

超重力概念提出之初，其研究领域主要集中在精馏、吸收、解吸等类似塔设备所涉及的化工单元过程中的气液接触范畴方面的研究[165]，同时，在其液相流体的流动形态、气相流体力学等基础理论方面也开展了相关的研究。特别是近十多年来，研究领域逐步扩展到萃取、乳化、液膜分离、吸附等分离过程以及多相反应、反应结晶等反应过程[166, 167]。超重力装置也由原先的逆流旋转填充床发展至错流旋转填充床、并流旋转填充床、气流对向剪切 - 旋转填充床[168]（图 3-19）、撞击流 - 旋转填充床[169]（图 3-20）、多级同心圆筒 - 旋转床[170]、旋转盘反应器等。将超重力技术的研究领域从气 - 液相间的传递强化拓展至液 - 液接触与反应、气 - 固传质与分离等过程[171-174]，部分超重力过程强化技术已经成功工业化，验证了这一新技术的工程与工艺可行性。至此，我国在很多领域已由原来的跟跑、并跑发展到领跑[166, 167, 171, 175-179]。

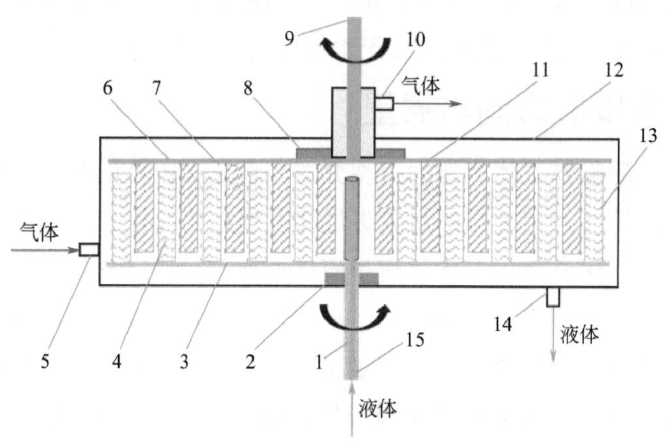

图 3-19
气流对向剪切 - 旋转填充床
1—下盘转轴；2—轴密封；3—下盘；4—下盘填料（支撑体）；5—气体进口；6—上盘；7—上盘填料（支撑体）；8—气密封；9—上盘转轴；10—气体出口；11—液体分布器；12—壳体；13—形体阻力件；14—液体出口；15—液体进口

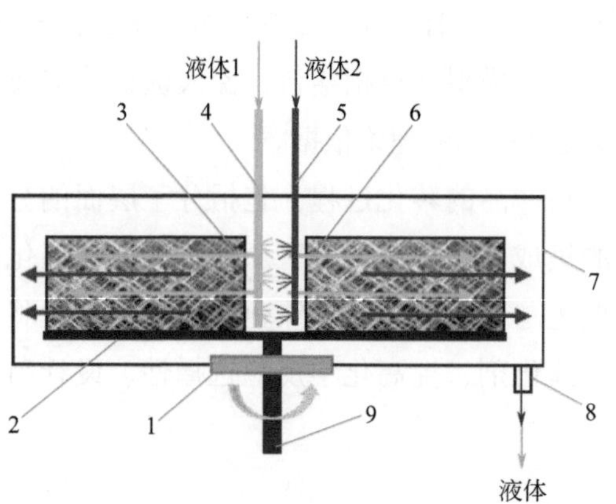

图 3-20
撞击流 - 旋转填充床
1—轴密封；2—填料；3—喷嘴 1；4—液体 1 管路；5—液体 2 管路；6—喷嘴 2；7—外壳；8—液体出口；9—轴

超重力过程强化存在的重大问题与挑战主要总结为以下几点。

① 超重力装置大型化。超重力技术实现的载体是设备，为提高处理能力和效率，

超重力装置面临大型化带来的挑战：一是超重力装置大型化涉及液体沿径向方向流动通道截面逐渐扩大，液体分布密度随半径增大而呈逐渐下降趋势，直接影响气液接触效果；二是随着超重力装置的大型化，转动惯量急剧增大，对稳定运行不利，抗动载荷能力下降；三是超重力装置大型化还涉及运输带来的挑战，能否实现现场组装对大型化装置设计、制造能力和水平提出挑战。

② 特殊环境下超重力技术的应用。超重力过程强化技术受到人们关注，特别是在高温、低温、高压、强腐蚀、高真空等特殊环境下操作和使用将是关注的重点，对超重力装置的材质选择与密封、设计与加工等提出挑战，这些问题亟需解决。

③ 可准确预测超重力环境传递过程的数值模型。液体在超重力环境受限空间内进行湍流流动，这无疑会限制液体中组分的湍流扩散，并且液体同时受到强大离心力作用，沿填料径向呈放射螺旋线形式运动，使这种限制具有明显的方向性。然而，传统湍流扩散模型均为各向同性模型，无法预测出湍流扩散速率在不同方向上的差异，致使预测结果与实验值偏差较大。因此，需建立可反映旋转填料床层内传递过程特征的新模型，揭示超重力环境下的传递规律，为超重力装置结构的设计和优化提供理论支撑。

3.2.1.2 关键科学问题

围绕超重力环境下传递 / 反应规律，基于实验及数值模拟等多种方法开展深入研究，阐明超重力环境下混合 / 传递与反应协调匹配机制，发展并完善超重力环境下传递 - 反应理论模型，指导新结构超重力装备创制及科学放大，为超重力过程强化技术工程应用提供理论基础与支撑。解决的关键科学问题主要包括以下三个方面：

① 超重力环境下多相流动 / 传递特性及模拟方法。

② 超重力环境下混合 / 传递与反应协调匹配机制与过程强化效应。

③ 超重力环境下多尺度传递 - 反应理论模型。

3.2.1.3 主要研究进展及成果

（1）超重力反应过程强化

工业过程中广泛涉及复杂快速反应过程，它们具有如下共同特征：受分子混合限制的液相反应或 / 和传递限制的多相复杂反应。对于这类反应过程，如果以传统搅拌槽等作为反应器，其混合 / 传递速率低会导致反应效率低、过程控制困难以及负放大效应等难题，且存在反应过程选择性和收率低、生产稳定性差、产品分离纯化负荷高等问题。针对上述问题，基于分子混合反应理论基础研究，陈建峰院士原创性提出了超重力强化分子混合与反应过程的新思想，开拓了超重力反应过程强化新方向，开发了反应结晶、多相反应、反应分离等系列超重力反应强化新工艺[12, 13]。并与企业合作，将超重力技术成功应用于万吨级纳米材料制备、100 万吨 / 年 MDI 生产等重大工程中。此外，超重力技术还被用于纳米药物、丁基橡胶、石油磺酸盐以及纳米分散体等产品的制备或生产中，取得了显著的强化效果。

以超重力反应原位萃取相转移技术制备纳米碳酸钙油相分散体为例，原理如图 3-21 所示。在油和水两种完全不互溶的体系中，形成油包水微乳液，反应在水相中进行，生成的碳酸钙颗粒马上被油相中的表面活性剂包覆，转移至油相体系中，去除水后（即油水分离后），形成纳米碳酸钙油相分散体。此工艺实现了纳米颗粒制备和改性过程同步进行，因而被称为一步法[180, 181]。

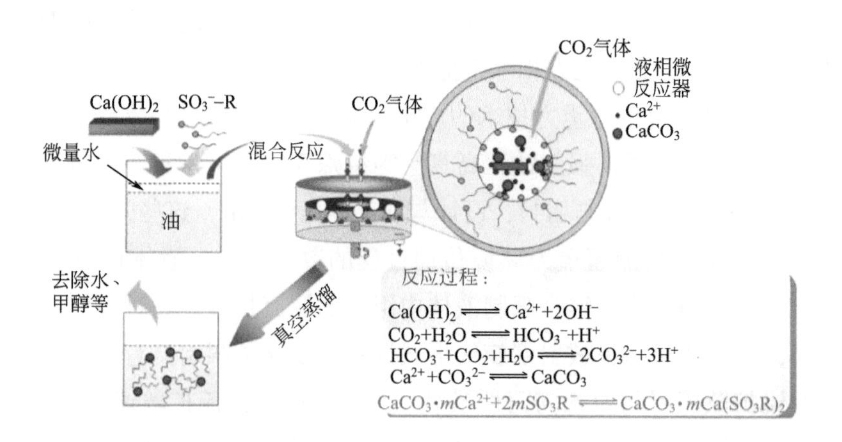

图 3-21
超重力反应原位萃取相转移制备纳米碳酸钙油相分散体原理图

图 3-22 为所制备的不同碱值纳米 $CaCO_3$ 透明分散体的实物照片。所得纳米 $CaCO_3$ 透明分散体具有良好的稳定性，可稳定放置 1 年以上。最高碱值可达 417mgKOH/g。随着碱值增加，分散体的颜色变浅，表明更多的碳酸钙的白色稀释了深的棕红色。

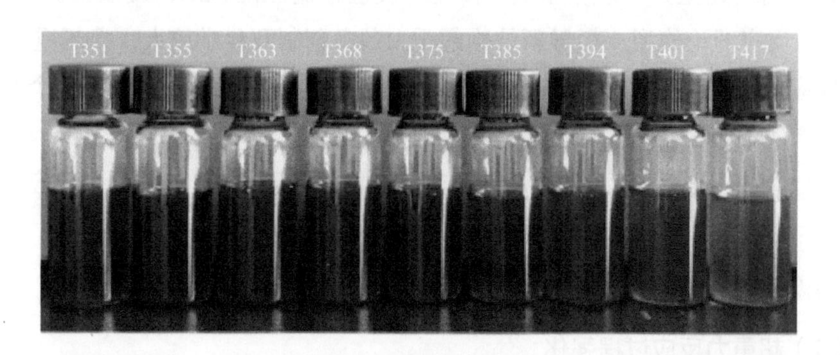

图 3-22
不同碱值纳米 $CaCO_3$ 透明分散体的实物照片[181]

进一步对超重力反应原位萃取相转移法制备的纳米碳酸钙油相分散体进行了中试到工业化生产过程以及装置新技术的研发，建成了 1000t/a 纳米碳酸钙油相分散体工业生产线。与传统釜式工艺相比，相同条件下，超重力法制备纳米碳酸钙油相分散体技术具有明显的技术经济性优势：产率增加 15% 以上，碳酸化反应时间从 130min 减少为 60min，生产效率提高 50% 以上，二氧化碳的利用率提高了 31%，钙渣量从 24.5% 下降到 8.5%，减少 16% 以上，产品具有优越的透光性和流动性，明显优于釜式法制备的产品。

（2）超重力分离过程强化

传质分离是化工领域的主要分离方法，在传统分离设备中因流体湍流强度低、流速受限、相际界面小等因素制约，流体相间传递速率低，造成设备体积大、投资和运行费用高等问题。以强化传质分离过程为目标的超重力分离技术，通过科学构建流体的流动、尺度、形态、接触方式等，极大提高了传质分离效率，呈现出设备体积大幅度减小、分离效率提高、成本降低的优势，开辟了强化传质分离效率、降低能耗的新途径。超重力分离技术创新涉及超重力精馏、吸收、解吸、吸附、细颗粒物捕集等化工分离操作，初步完成了从实验室到工程化的创新历程。多年的研究和工程实践证明，超重力分离技术在选择性脱硫、细颗粒物净化、脱氨除湿、NO_x脱除、VOCs净化等领域，凸显出分离效率更高、速率更快、设备更小、运行更经济、更安全、能耗更低的特点，符合“低碳发展，节约资源，节能减排，可持续发展”的战略需求，有着广泛的应用前景。

以超重力选择性脱除高浓度CO_2体系中的H_2S为例。在煤化工、天然气、合成气、炼厂石油气等生产过程中会排放大量的含H_2S的CO_2工业气体，H_2S和CO_2均为酸性气体且浓度高，选择性脱除硫化氢是行业难题。以某集团低温甲醇洗排放气体为例，排出的气体中CO_2为98.97%，H_2S为0.68%。如果以塔作为吸收设备，用碱性吸收剂脱除H_2S的同时，CO_2也将被大量脱除，导致成本急剧增加。另外，脱除CO_2生成的碳酸氢钠溶解度很小，使得设备和管道严重堵塞，无法连续稳定运行。针对此问题，中北大学进行了选择性脱硫技术创新研究，以超重力装置为吸收设备，科学利用CO_2和H_2S在反应活性和反应速率方面的差异特性，有效抑制CO_2参与吸收过程，实现高浓度CO_2气体中选择性脱除H_2S[182]。工程化实施后，年回收硫黄700余吨，CO_2脱除率≤1.0%，选择性大于99%，开辟了高选择性脱硫新途径，并将其推广应用于冶金、铝业、焦化等行业中的脱硫过程，取得了显著经济效益和社会及环境效益。

3.2.1.4 未来发展方向与展望

经过多年的发展，超重力技术已被认可为典型的过程强化技术之一。未来需要注重建立超重力装备标准化体系，实现常规部件标准化选型和设计，降低装备设计、制造周期和成本，为规模化工业应用提供保障。同时，为支撑超重力强化技术由化工领域向多学科交叉领域发展、由常规操作向苛刻条件操作发展，未来仍需从理论-装备-工艺三个层面进行系统创新研究，主要包括以下几个方向：

① 涵盖纳微尺度及表界面影响的超重力环境多尺度“三传一反”规律。

② 面向极端与/或苛刻条件的超重力装备技术。

③ 超重力耦合/组合强化新工艺。

3.2.2 纳微化工过程与装备

3.2.2.1 发展现状与挑战

微化工过程研究始于20世纪90年代，目前已成为产业前沿和学术的制高点之一。欧盟和日本都为发展面向化学品制造的微化工过程制订了大型研究计划。围绕基于微反应器的硝化、磺化等危险的有机合成过程，新型半导体纳米材料合成，光、电、微波等外场下的化学过程等众多前沿科学形成了一大批研究成果。国内微化工过程相关研究工作起步于20世纪末，清华大学、中科院大连化物所等高校和科研单位是微化工领域研究的重要力量，近年来国内团队在微化工系统的基础研究集成和产业化方面走在了世界的前列。

在微化工相关基本理论体系中，微尺度条件下的多相流形成和演变规律是重要组成部分。在化工过程中多相流体的微分散，即气泡及液滴的生成过程，是研究者关注的重点。借助于20世纪80年代起发展起来的微流控设备，微化工系统通过微尺度下的剪切力、惯性力可控地实现微升至纳升级微小体积流体的破碎，形成单分散、结构复杂的多相体系。十字聚焦型、同轴型、T(Y)型等是产生微气泡和微液滴的典型微结构元件，其中流体流动主要受到黏性力、惯性力和界面力的影响，通常采用毛细数（*Ca*）、Weber数（*We*）来分析多相微分散过程。与常规尺度相比，微尺度下多相流的流型更加多样和复杂。通过微分散结构元件的组合集成，可以制备出具有复杂分散结构的多重乳液。目前对化学品生产制造所涉及的复杂多相体系研究还很少，普适性的流型转变以及流型转变机理还有待深入研究。

微尺度下的混合和传递规律是微化工过程设计开发与应用的重要基础。目前对混合的研究主要是针对液液均相体系，对传递的研究主要是针对液-液、气-液非均相体系的相间传质和传热。微尺度均相混合过程常采用染料示踪或者激光诱导荧光技术观察，通过显微粒子测速和模拟获得流场和浓度场等细节信息，通过快速竞争性反应的选择性来表征微观混合性能。对于多相体系，微反应器内的分散尺度一般在微米量级，较传统非均相体系低1～2个数量级。借助很大的传递比表面积，微反应器内的相间传递过程可以快速地完成。在此基础上，通过引入二次流或者界面湍动可进一步强化热质传递。目前，关于微尺度下相间传热、传质研究以对微化工设备的传递性能评价为主，关于物理规律和模型化的探讨还相对薄弱。

利用连续操作模式的纳微反应器进行化学反应研究在过去的十几年中发展迅猛，其中大多数面向医药、农药、精细化学品及化工中间体合成。目前普遍使用的微反应器的内部通道特征尺寸在数十微米至数百微米，反应体系换热一般通过间壁换热完成。利用微反应器在混合、热质传递性能和停留时间控制方面的优异表现，可使这些反应以接近理想的化学计量比和接近等温的条件下完成，提高了反应的转化效率。虽然微反应器概念提出迄今已20余年，但是目前仍以展示微反应器的特点和优势为主要目的，大多研究停留在对反应结果的直接描述上，对其中传递与反应过程耦合的共性问题缺乏系统而深入的研究。

综上所述，纳微化工过程的基础研究已经展示出其对化工过程强化和精准调控的巨大潜力和独特的科学内涵，但相对于高要求、高难度、高度复杂性的高端化学品制造过程，在纳微化工过程的尺度和界面效应及其动力学特性、纳微化工系统的构建原理和放大方法等方面，还有大量的基础性工作有待开展。微化工领域存在的重大问题与挑战主要总结为以下几点。

（1）发展描述纳微尺度与复杂界面边界的传递－反应过程理论模型

在纳微尺度层次，限域空间和复杂界面带来的严重的非线性问题，使得传递过程（特别是多相传递过程）存在许多复杂的特性，而建立普适性理论模型则是严峻的挑战。亟需建立分子-界面相互作用、润湿现象、界面的形成与稳定等纳微尺度化工热力学和动力学模型，揭示纳微尺度传递-反应过程的耦合与调控规律，为推动纳微化工过程与装备的发展提供理论基础。

（2）纳微尺度原位检测、表征技术与计算模拟方法

从纳微尺度及界面效应出发发展过程强化方法和设备的理念，已经成为现代化工的共识。然而目前对纳微尺度和界面效应的表征、理论和模拟方法均难以满足需求，亟需发展纳微尺度原位检测和表征技术，以揭示纳微尺度或限域空间内流体的流动行为、刚性/柔性边界层流动与传递机理、分子的扩散与反应特征等过程机制；重点关注纳微尺度下范德华力、动电效应、成核现象等多机制/作用力下的理论模型和计算方法；发展结合分子尺度模型（量子力学、分子模拟等）和宏观尺度模型（NS方程）的跨层次、多尺度介观模拟方法。

（3）连续合成的精准设计及智能化响应

目前，基于纳微化工的连续合成技术已经成为精细化工、材料制备和制药等领域的重要技术。但连续合成的过程设计还主要基于经验或大量试验基础，难以针对特定过程进行高效精准设计；同时连续合成的装置难以适用于不同应用过程，柔性度较差。因此，需要结合自动化、机器学习、大数据等技术，形成融合人工智能的高效、精准和柔性生产技术。

（4）纳微化工过程与装备的放大

纳微化工过程与装备的高性能源于设备特征尺寸的微细化，然而也产生了反应时间和停留时间的矛盾，即性能与通量的矛盾。为了满足通量的需求，目前在纳微化工中的应用主要为快速反应或合成过程。随着应用范围的不断拓展，发展并行放大理论并结合尺寸放大原理，解决放大过程中的流体分配、不同尺度设备间耦合匹配等难题，是未来重要的发展方向。

这些领域的实质性突破对于我国化工产业转型升级和实现高端化学品制造的跨越式发展均有十分重大的意义。

3.2.2.2 关键科学问题

围绕纳微尺度受限空间内分子结构、聚集态结构的形成与演变规律，从物理、化学、化工、材料等多学科交叉融合的角度开展深入研究，揭示微通道内复杂多相流的形成机制及其演变规律，认识动态界面现象的时空依赖性及其与流动、传递和反应的相互作用，归纳物性变化影响转化过程的共性规律，阐明微时空尺度下关联过程的耦合与调控机制，提出微结构元件的放大和集成策略，为创制若干典型规模化精准制造化学品的微化工技术与系统提供理论基础。解决的关键科学问题主要包括以下三个方面：

① 纳微化工过程的尺度和界面效应及其动力学特性。

② 微时空尺度下复杂反应的历程和动力学规律。

③ 纳微化工系统的构建原理和放大方法。

3.2.2.3 主要研究进展及成果

（1）纳微尺度传递过程基础

针对微尺度多相传递过程，提出了微尺度液滴与气泡分散、聚并、破碎等过程的

作用力机制，建立了流型分布图表和微液滴气泡分散尺寸数学模型，发展了微分散过程计算流体力学模拟方法，指导微分散体系的可控制备[183, 184]（图 3-23）。建立了纳米光镊测量技术，并将实验测量与模型计算相结合，实现了微液滴间动态相互作用力的定量分析，揭示了其稳定性机制[185]。采用显微激光诱导荧光技术，首次准确测定了微液滴形成阶段的传质系数，并基于界面传质理论建立了考虑对流强化的滴内与滴外传质模型，为化工分离过程强化提供了理论指导[186]，进而基于微混合方法实现纳米粉体材料的快速制备，利用微分散体系强化萃取和吸收等化工分离过程[187]。

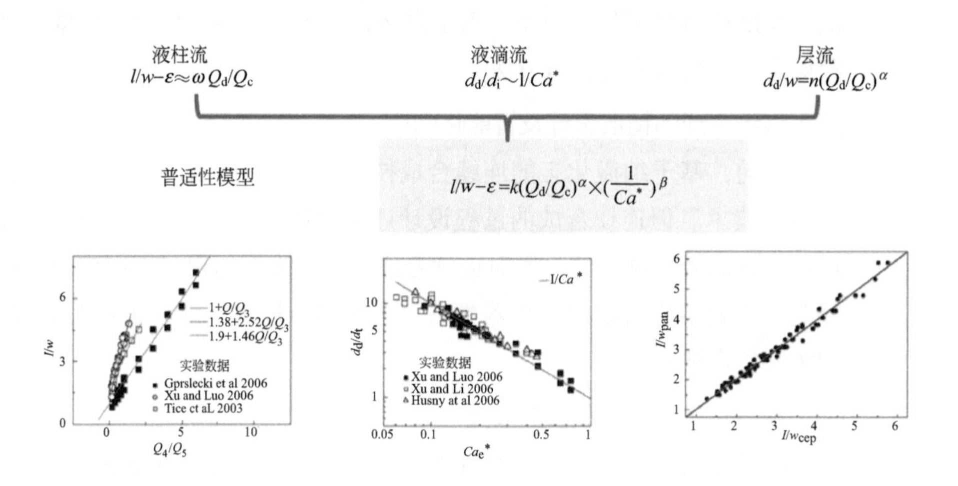

图 3-23

微分散过程的普适性数学模型

系统研究了相间传质和相内传递过程，发现弹状流型下连续相侧对流控制机制下的气泡 / 液滴端部界面主导、端部 - 液膜界面共主导以及液膜界面主导的传质机理及其发生条件，以及分散相液滴内部对流 - 扩散协调控制的传质机制，并分别提出了更为精确的多相传质模型[188-190]。深入认识了微化工系统内流动、传递和反应间的耦合与调控规律，发展出基于传质调控和解耦模型的快速多相反应动力学测量方法，实现了多相硝化过程动力学的准确测定与反应工艺优化和放大[191, 192]。以微反应器为平台，开发出声场均匀分布和高效利用的新型超声微反应器，研究了声空化作用下的气泡振动行为、空化声流、空化致乳等行为[193, 194]，实现了混合、传质和反应的大幅强化[195]（图 3-24）。

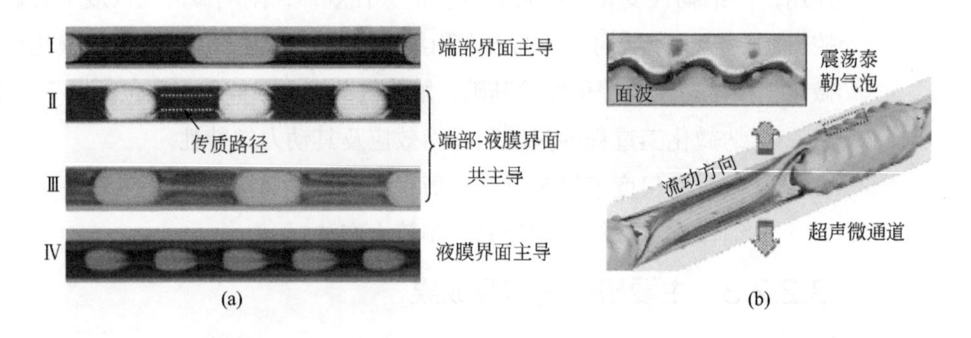

图 3-24

微尺度传质机制（a）和气泡表面振动及空化声流（b）

（2）微化工新技术与新装备及其应用

基于微分散、微混合对传递过程的强化作用，提出基于微反应器的反应强化方法，实现快速、强放热、强腐蚀反应过程的连续化和小型化，在若干典型有机合成过程中得到大规模应用。针对国际上普遍采用的直接数目放大方法所存在的设备通量偏低和操作稳定性差等瓶颈问题，清华大学化学工程联合国家重点实验室骆广生教授团队发明了多通道膜分散、微筛孔分散、堆叠式并流微槽分散、孔槽耦合分散等大型微结构传质设备，单台设备物料处理能力达到 $200m^3/h$，最大产能可达 10 万吨 / 年。微化工新技术与新装备已在湿法磷酸萃取净化、纳米碳酸钙制备、己内酰胺酸团萃取、溴化丁基橡胶合成、二巯基苯并噻唑合成等多项产业化过程中获得应用，在全国范围内形成近 20 项产业化成果，取得了良好的经济效益和社会效益（图 3-25）。

图 3-25
微化工新技术与新装备

（3）利用微液膜反应器实现无机微 / 纳米材料的可控制备

自 1996 年以来，北京化工大学化工资源有效利用国家重点实验室段雪院士团队在溶液体系中进行了大量无机功能材料制备的研究。研究中发现，常规化学沉淀法制备层状双金属氢氧化物（LDHs）由于受扩散制约，反应物难以瞬时完全成核，在晶化过程中不断有新核生成，最终导致产品的晶粒尺寸不同，影响其性能并对材料功能强化造成制约。为解决传统沉淀法制备存在晶粒尺寸分布宽的难题，提出利用处于高饱和度的反应物在液膜中高速旋转，使成核过程瞬间完成并形成均匀胶体，而后续结晶过程中无新核生成的成核与晶化过程相对隔离的思想，设计了微液膜反应器 [196, 197]（图 3-26）。利用微液膜反应器内厚度为几十微米的液膜反应区内剪切力、离心力及其反作用力导致的强制微观混合作用，反应物瞬时充分接触和碰撞，在秒时间量级内强化扩散、传质作用，利用沉淀反应初期过饱和度高的特点，将成核时间大大缩短至几十秒。晶核和各初级粒子在晶化阶段同步生长，实现了晶粒尺寸的窄分布控制 [198]。通过对成核与生长动力学过程的分离以及晶化微环境的调控，突破了无机纳米材料晶粒尺寸及其均分布控制难题，实现了对无机纳米材料晶粒尺寸及其均分布的控制，简单、高效、快速制备了一系列颗粒尺寸可控且分布窄的 LDHs、ZrO_2、CeO_2 和尖晶石型铁氧体等无机微 / 纳米材料 [183, 199-201]，实现了性能的大幅度提升。基于微液膜反应器的相关创新性研究，被国际上从事相关研究的 50 余个实验室或课题组在其发表的论文中引用和采用。在此基础上，课题组利用液膜反应器成功创制了一系列高抑烟无卤阻燃剂等层状及超分子结构无机功能材料，并且面向应用突破系列关键技术，发展形成了层状功能材料的全套生产技术，现已在多套年产千吨级和万吨级工业装置上获得成功应用。

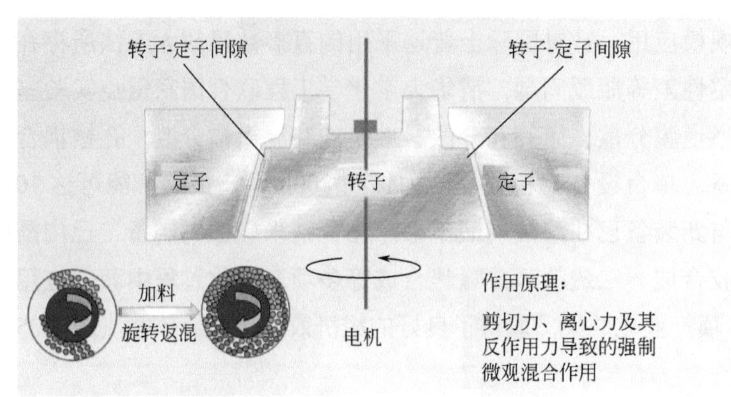

图 3-26
微液膜反应器结构示意图

3.2.2.4 未来发展方向与展望

化工技术和装备的自主创新是我国化工产业转型和绿色发展的迫切需要，微化工科学与技术将为实现化学工业高效、绿色和安全提供重要支撑。近年来我国在微化工科学与技术的基础研究和产业化方面走在了世界的前列。

该领域的发展目标为：揭示微时空尺度下“三传一反”新特性及其内在机制，突破微化工技术在过程耦合与调控机制、微结构设备放大和工艺优化集成方面的瓶颈，为化学工业转型升级、高端化学品制造技术和装备创新提供基础和示范。具体的研究方向建议如下：

① 揭示纳微尺度化工基本规律，构建微化工科学体系，推动纳微化工过程涉及的多学科协同创新。

② 开发有机合成工艺开发平台、纳微尺度流动和界面现象测试平台、反应动力学研究平台。

③ 开发移动式微型化工厂和空间化工装置。

④ 开发高端专用化学品绿色制造系统、战略性矿产资源合理利用系统和系列化精细化学品柔性制造系统。

⑤ 揭示流动化学、界面及外场强化过程新原理，探索和构建基于微化工技术的光电化学反应系统。

3.2.3 微加工与智能过程

3.2.3.1 发展现状与挑战

计算机的小型化和微型化促进了微加工技术的突破，使毫米 / 微米级微机械系统（MMS）、微电子机械系统（MEMS）和光微电子机械系统（PMEMS）相继产生[202-204]。随着融合微加工技术的微尺度过程器件制造方法研究的深入，一门新型的多领域交叉学科——微化工技术迅速发展起来，它集微机电系统设计思想和化学化工基本原理于一体，并借鉴集成电路和微传感器制造技术方法，主要研究时空特征尺度在数百微米和数百毫秒以内的微型设备和并行分布系统的过程特征和规律。

20 世纪 90 年代，将核反应高效的微流道换热技术转化为微反应技术，发挥其管道尺寸小、换热面积大的技术优势，可更加有效地研究反应动力学和流体行为，被一些科学家应用于实验室中。自21世纪以来，微尺度流道形状设计、反应器材质选择、配套设备等技术水平不断提升，微反应技术的应用范围随之不断扩大，在分析化学与物质检测、精细化工反应、高效催化、高传质传热效率化工过程强化、医学诊断、细胞筛选、基因分析、药物输运、生物传感、军事装备等多个前沿性高端工业领域展现出了重要的应用价值和可观的产品附加值[205-207]。尤其以微流控芯片（microfluidic chip）与微反应器（micro-reactor）技术产品为代表的新型过程器件，已从最初的单一功能流体控制器、微通道反应器，发展到现今具有多功能集成、耐高温、耐腐蚀、大幅宽密集微结构阵列等新产品特点[207, 208]。目前，用于制作微流控芯片、微反应器的微加工技术大多继承自半导体工业，微束加工、化学蚀刻等传统加工方式多是在二维平面结构和材料上进行减材制造，再由二维结构层叠组装或焊接封装成三维结构实体，因其加工过程工序繁多、耗时，且依赖价格高昂的先进设备和富有经验的技术人员，综合制造成本高，难以扩大生产。此外，传统微加工工艺无法直接制造具有任意几何结构的三维微通道器件[5]。因此，微尺度激光沉积、3D打印等增材制造技术促使微尺度过程器件几何构型更加复杂化、器件材质更加多样化、器件功能更加集成化，相比于传统减材微加工，大大降低了微流控芯片和微反应器的技术门槛及制造成本，缩短了生产周期，有利于实现微流体器件产品的大批量生产，对微流体器件产品推广应用及提升器件微结构的设计自由度，具有颠覆性创新意义和重要应用价值[207-211]。

同时，近十年来，微尺度过程器件的研发正朝着高通量、智能化方向发展[212-215]。例如，微化工技术业已成为实现药品和特种化学品连续智能制造的有效手段，通过深度融合人工智能（AI）技术，微尺度过程器件开始展现出高通量自测控、自分析、自筛选、自学习的智能过程特征。

3.2.3.2 关键科学问题

关键科学问题1：面向适用于微流体高通量构型、大幅宽微结构高度集成、多材料结构功能一体化的制造需求，基于增材制造技术原理建立构筑微尺度过程器件的新型工艺控制理论体系，重点突破高可靠微制造与高精度成形性调控的关键方法。

关键科学问题2：面向高通量、智能化、多功能集成微尺度过程器件结构功能一体化的设计需求，提出模块化构型设计准则与自测控、自分析、自筛选、自学习的人工智能微反应过程控制算法，重点突破高通量精细过程智能逻辑自洽设计理论。

3.2.3.3 主要研究进展及成果

（1）微尺度过程器件增材制造

基于激光选区熔化（SLM）、激光选区烧结（SLS）、微立体光固化（SLA）、喷墨沉积（ink-jet）、电流体直写（EDW）等3D打印技术方法，国内外已有研究者实现快速制造高纯金属或合金、聚合物、陶瓷、复合材料等材质的微流体器件。2017年，Gutmann等[216]采用SLM增材制造316L不锈钢微反应器，在−65℃二氟甲基化反应温度下快速、高收率地获得了理想产物；2018年，华中科技大学柳林等[217]利用SLM增材制造/脱合金化复合技术成功制备了三维分级纳米多孔Cu催化结构，比表面积相比

传统非晶条带增加了660倍，表现出优异的催化降解性能；2019年，Li等[218]通过高精度SLA制造的微流控器件实现了高通量$CH_3NH_3PbX_3$（X=Br，I）纳米晶的连续高产率合成，同时设计和增材制造了加速光催化反应微流控芯片；Gal-Or等[219]首次研究基于FDM增材制造玻璃材质微流控芯片，利用透光特性，在微流体药物合成过程中实现在线质谱分析的工程应用（图3-27）；Ahn等[220]通过SLM制造了多并行微通道螺旋体铜基催化器件，实现在高效混合效应下高通量药品催化反应合成（图3-28）；2020年，麻省理工学院[221]开发了基于FDM低成本工艺微反应器制造技术的高致密度银-铜复合材质微反应器件，用于催化分解过氧化氢；Yu等[222, 223]基于光固化3D打印技术制造了荧光流体光化学微反应器，通过光转换介质和微流体化学的集成，可为高效利用太阳能驱动的化学反应提供新路径（图3-29）；Liu等[224]基于SLM制造出可作为制氢微反应器的催化剂多级多孔骨架结构，研究了具有多级多孔和不同金属材料特征的催化剂高效载体特性。可见，增材制造的微尺度过程器件正向着成本更低、通量更高、多层多级化微流道、多材料高度集成以及更加微型化，耐超高温、超高压、超腐蚀等方向发展。

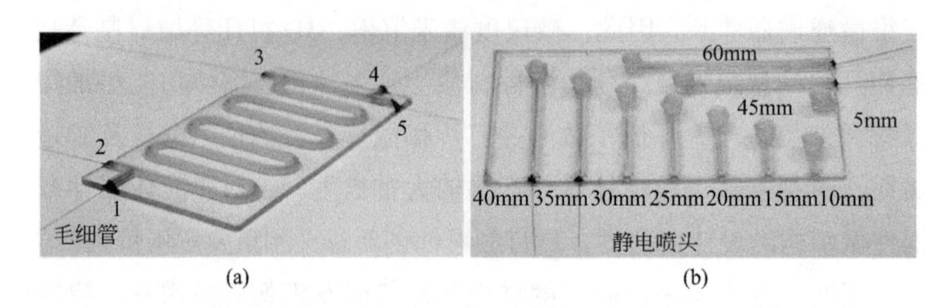

图3-27

3D打印玻璃材质微流控器件[219]

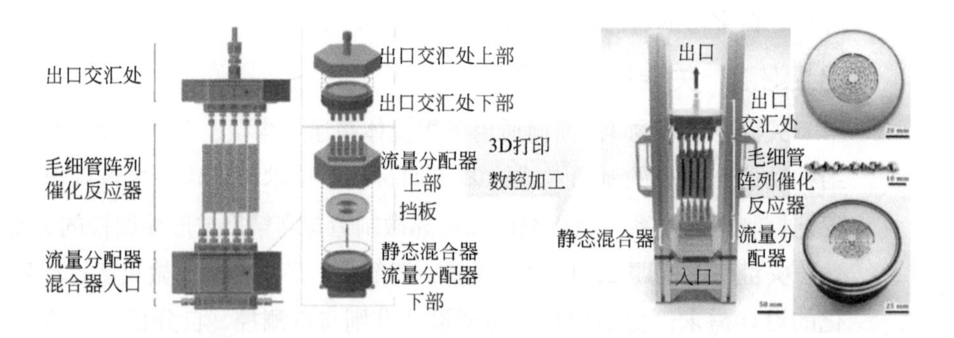

图3-28

SLM增材制造多孔微结构、多通道微反应器件[220]

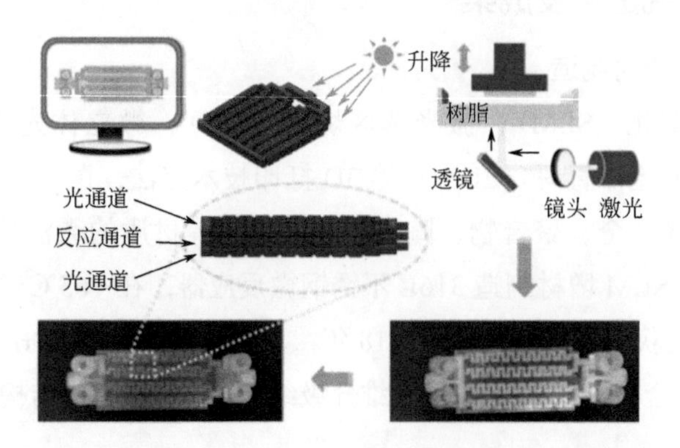

图3-29

3D打印荧光流体光化学微反应器[223]

（2）微尺度过程器件智能设计

当前，微尺度过程器件的设计思想和产品开发正朝着高通量、智能化的方向迅猛发展。2017 年，美国默克集团在《科学》杂志上报道，利用微量滴定板系统每日即可评估上千个催化偶联反应条件[225]；2018 年 1 月，美国辉瑞公司宣布成功打造出化学反应高速自动筛选平台，包括几台计算机控制单元、两套可以相互切换的液质联用（LC/MS）系统及连续流动微管反应系统，研究人员利用该系统对 Suzuki-Miyaura 偶联反应进行筛选，每天筛选的条件数量高达 1500 个，开发的这种自动化的化学合成系统，可以取代人工完成化学实验过程中许多较烦琐的事务，使化学家有更多的时间用来研究更具有分析性和创造性的事务[226]；2018 年，《自然》杂志报道英国格拉斯哥大学发明了一种利用人工智能算法和软件控制系统发现新分子的微尺度过程机器人，可通过机器学习（machine learning）技术创造化学反应、产生新药物和材料[227]（图 3-30）。可以预见，智能化微流体系统有望高效地取代人工完成化工过程中烦琐的操作流程，通过自学习和不断进化，高效实现更精细可靠的化工过程目标。

图 3-30
融合人工智能的高通量微尺度过程系统[227]

3.2.3.4 未来发展方向与展望

① 基于增材制造技术推动实现“三高一低”（即高通量、高工况参数、高度集成、低成本）的微流控芯片及微反应器的产品化开发，面向金属、陶瓷等高熔点、长寿命、高可靠性器件材质，研发适用于微流体高通量、微结构高度集成、多材料结构功能一体化的增材制造技术新工艺原型及制造装备，特别是基于激光精密制造关键技术推动微结构高纯金属或合金微反应器产品化，建立多级多孔、微构表面粗糙度可控、微流道悬垂结构可靠性构筑关键工艺，突破金属基微流体器件大批量、低成本、高可靠制造关键技术。

② 融合人工智能拓扑构型设计技术，提升适用于 3D 打印的微流控芯片及微反应器件关键微结构的设计自由度，形成增材制造微流体器件结构设计 - 制造技术标准，为批量产品规范化和定制产品质量 - 性能可溯性奠定基础；更加注重面向智能微化工过程设计需求，深度融合人工智能，开发高通量、大幅宽、微尺度过程器件，研发微尺度过程关键参量软测量及智能测控软件装备，建立模块化的微流控芯片及微反应器件的几何构型设计准则，通过高通量精细过程智能逻辑的高度自洽功能设计，实现微反应

过程控制的自测控、自分析、自筛选、自学习。

3.2.4 反应-分离耦合强化过程

3.2.4.1 发展现状与挑战

反应和分离是化工生产的两大重要过程，在传统的化工观念中，它们分别在两类相互独立的设备中完成。化学反应一般在各式反应器中进行，反应器出口的混合物包括未转化的反应物、生成物与副产物，有时还有催化剂或溶剂。为得到高纯度的产品，须在后续的各类分离设备中对此混合物进行处理。将化学反应与分离两种操作耦合在同一个设备中同时进行，便产生了反应-分离耦合强化的概念[228]。

在诸多反应分离技术中（如反应精馏、反应吸收、反应萃取、反应吸附、反应结晶和反应膜分离等），反应精馏技术是最为成熟和能大规模生产的过程强化技术，已经广泛应用于化工生产过程，尤其是在酯化、醚化、水解等过程中的应用取得了令人瞩目的成果。虽然将反应与分离过程耦合的概念不再新颖，但是对反应精馏过程的设计研究和操作优化从未间断，而且对反应精馏技术的研究也更加多元化。

据不完全统计，1990～2020年期间，反应-分离领域被SCI收录的论文情况如图3-31所示，该研究领域内被收录的科技论文数量说明，在近30年的时间里，对反应-分离的研究和将反应-分离技术应用于工业生产的热度不减，所发表的论文数量整体上呈逐年增长的趋势，最近几年更是持续高位，保持了良好的发展势头。

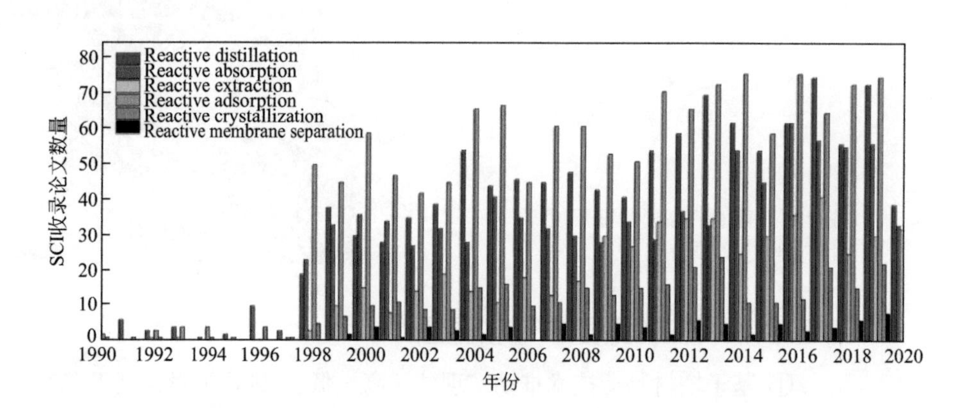

图 3-31

1990～2020年反应-分离领域发表学术论文情况

目前存在的重大问题与挑战主要总结为以下几点。

（1）发展耦合过程的可行性分析方法

尽管反应-分离耦合技术的潜在应用范围非常广泛，但并不是所有的化学反应和分离过程都适合采用反应-分离耦合技术进行强化。因此在进行反应-分离耦合过程开发之前，首先要进行过程的可行性分析与判断。可行性分析的主要目的是研究可达到的产品组成是否满足生产要求，所采用的方法是否可行。

（2）反应-分离耦合过程的概念设计

由于存在多组分传质、传热、热力学、流体力学和化学反应的交互作用，反应-分离耦合设计过程十分复杂。需要确定的设计参数包括：分离部分和反应部分的序列以及进料位置、操作条件（包括压力、温度等）、合适的催化剂、反应 - 分离内构件类型（包括催化剂量和持液量）等信息。初步概念设计的结果可为后续的过程设计与优化提供重要信息。

（3）建立新型耦合过程模拟与设计优化方法

经过初步概念设计之后，还要对反应 - 分离耦合过程进行详细的设计与优化，通常需要建立合理的数学模型并进行模拟。耦合过程设计与优化对工艺设计、工程放大、实际生产操作等有重要指导意义。

（4）开发具有自主知识产权的反应 – 分离关键设备

反应 - 分离关键设备是同时具有催化反应以及分离功能的装备，要同时满足催化反应与分离两种操作的应用条件，要求催化反应与分离过程能够有机结合，既有较高的反应效率，又要有较好的分离效率。该技术正是目前反应 - 分离耦合技术工业应用的瓶颈问题之一，受到各界的广泛关注，也是反应 - 分离耦合技术研究的热点问题之一。

3.2.4.2 关键科学问题

由于化学反应 - 分离耦合过程的高度复杂性和非线性特点，目前各类反应 - 分离过程大多仍处于研究开发阶段，反应精馏技术仍然没有一套较为准确的全过程设计策略与方法，这已成为制约反应精馏工艺快速发展和应用的重要因素。该领域拟解决的关键科学问题包括可行性分析、概念设计、过程设计与优化、关键装备开发、系统控制，以及根据反应、分离过程的详细设计进行环境、安全、经济等方面的评估。通过上述科学问题的探索研究，能够减少试验工作量，缩短开发周期，节省人力和投资，加快过程工业化应用的步伐。

3.2.4.3 主要研究进展及成果

（1）汽油醚化反应精馏过程

近年来我国机动车尾气排放对东部地区空气污染中的雾霾问题“贡献”占 30% 以上。为改善我国空气质量，政府已出台多项环保法规，对车用汽油标准进行提升[229]。轻汽油醚化技术是降低油品烯烃含量、同时提高汽油辛烷值的有效手段，开发轻汽油深度醚化技术对我国清洁汽油生产乃至大气污染防治具有重要意义[230]。目前，我国已有的轻汽油醚化技术是“两器一塔”工艺，该工艺包括两个醚化反应器加一系列分离精馏塔，受醚化反应化学平衡的限制，该技术存在醚化深度有限、能耗偏高的问题[231]。而过程耦合集成与强化是目前化学工业的发展趋势，以实现过程的集约化与节能[232-234]。因此，将反应精馏过程耦合集成强化技术应用于轻汽油醚化生产过程，是提升汽油生产过程绿色度的有效措施。

针对轻汽油醚化反应精馏过程强化技术难题，完成了催化剂及关键催化分离装置的研发及反应精馏理论模型的构建，有效地解决了催化反应与精馏分离耦合过程放大的若干技术难题，取得了如下重要创新成果：①醚化树脂催化剂关键技术的发明与应用。发明了适用于轻汽油醚化过程的高效强酸性大孔阳离子交换树脂类催化剂，该催化剂增大了催化剂孔体积与比表面积，提高了催化剂交换容量，从而提高了轻汽油醚

化反应转化率，延长了催化剂的使用寿命。②反应精馏塔专用塔内件关键技术的发明与应用。发明了适用于反应精馏特性的、具有较高设计灵活性的渗流型催化剂填装内构件，该内构件可针对不同反应体系特点进行结构设计优化，解决了反应精馏过程中化学反应与精馏分离的精确匹配问题，实现了装置的高效、低能耗、长周期稳定运行。③轻汽油醚化反应精馏模型及模拟方法的建立。基于所开发树脂催化剂的醚化反应体系反应动力学、相平衡数据以及催化分离内构件的特性参数，建立了严格的反应精馏数学模型，实现了轻汽油醚化反应精馏过程的精准模拟与过程优化设计。④轻汽油醚化反应精馏过程耦合关键技术与集成。将反应精馏技术与节能技术相结合，工艺中运用自主研发的催化剂及催化分离内构件，构建了完整的过程耦合关键技术，形成高效率、低能耗轻汽油醚化反应精馏成套工艺技术。

该技术已形成具有自主知识产权的轻汽油醚化反应精馏过程强化关键技术品牌，整体研究思路如图 3-32 所示，并成功应用于中国石油天然气股份有限公司广西石化分公司、宁夏恒有化工科技有限公司等 10 余套装置中。经过考核和几年时间的运转证明，该技术的应用已实现了预期的攻关目标，起到了支撑和示范作用，主要经济技术指标达到了国际同类装置的领先水平，取得了良好的社会和经济效果。本技术的成功开发与应用，使我国轻汽油醚化反应精馏技术、催化剂及相关技术与装置设备已实现全面国有化，也促进了国内相关设备制造业的发展，为催化反应精馏技术在化工行业的推广奠定了坚实的基础。

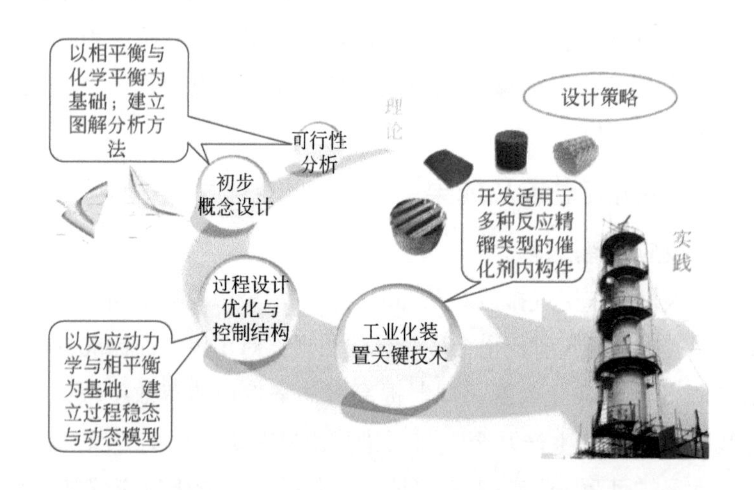

图 3-32
反应精馏耦合成套技术研发策略

（2）基于石墨烯改性的固体酸催化烷基化反应精馏脱硫

我国油品中的硫主要来自催化裂化汽油中噻吩类含硫化合物，因此噻吩硫的脱除已成为生产清洁燃油的关键。汽油烷基化脱硫工艺因脱硫效率高、操作条件温和、运行成本低及辛烷值损失小，受到越来越多国内外研究者的关注。在此过程中，油品中烯烃组分先与固体酸中的质子 H^+ 形成碳正离子，该碳正离子接着与吸附在催化剂上的噻吩硫化物反应，生成分子量更大且沸点大于 200℃的烷基噻吩化合物，进而利用沸点差异进行蒸馏切割分离，使硫化物存留在相对较少的重馏分中，从而达到脱硫目的。但现有烷基化脱硫催化剂存在活性较低、烯烃自聚副反应严重等问题。

为提高烷基化脱硫的活性和选择性，研究者利用石墨烯与噻吩硫之间的 π-π 相互作用，使用石墨烯对固体酸催化剂进行改性。首先采用量子化学计算和吸附实验结合的方法，研究石墨烯与噻吩硫相互作用的本质。吸附实验表明，还原程度更高的石墨烯拥有更大的二苯并噻吩（DBT）吸附容量。色散力校正的密度泛函理论计算结果也表明，具有完整 π-π 共轭结构的石墨烯对 DBT 的吸附能最高。进一步的表面电荷分析显示，这种 π-π 相互作用主要是由色散力引起的。接枝改性和后续的还原处理使石墨烯 π-π 共轭结构得到有效的恢复，增强了其与噻吩硫的 π-π 相互作用。因此石墨烯改性固体酸催化剂有望提高烷基化脱硫活性和选择性。

为了进一步有效抑制烯烃聚合副反应发生，在烷基化反应的同时引入了精馏操作，即烷基化催化精馏过程。由于精馏过程的导入，可在反应段形成有利于烷基化主反应、而抑制烯烃自聚副反应的浓度与温度梯度分布。在实验基础上建立了汽油烷基化脱硫反应精馏的严格计算模型，然后对反应精馏塔的设计变量和操作变量进行灵敏度分析，研究各变量对脱硫效率及烯烃自聚转化率的影响，得到优化的反应精馏塔参数。优化后的工艺可以将 1000mg/kg 的含硫催化裂化汽油的硫含量降低到 3.85mg/kg，3-MT 的转化率高于 99.12%，烯烃自聚的转化率低于 2.9%，表明烷基化脱硫反应精馏过程能有效降低汽油中硫含量，同时可以明显减少烯烃聚合反应，保证了汽油的液收率和催化剂的稳定性。同时利用灵敏度分析对催化精馏装置内多稳态行为进行研究，结果显示，反应精馏塔无分叉现象出现，能保持稳定运行。

（3）高镁锂比卤水镁锂分离过程

盐湖卤水是多离子共存复杂溶液体系，钾、镁、锂等离子的高效分离提取面临挑战，而高镁锂比盐湖镁锂分离是世界性难题。针对这一难题，北京化工大学化工资源有效利用国家重点实验室段雪院士团队提出的反应 - 分离耦合强化盐湖镁锂分离与产品联产的新思路 [235]，原理是基于层状双金属氢氧化物（LDHs）的晶格选择性与离子识别结构特征，通过反应使镁离子进入固相晶格形成镁基 LDHs，而锂离子不能进入 LDHs 晶格，仍保留在溶液里，从而实现镁、锂高效分离（图 3-33）。将反应的成核与晶化过程隔离，利用创制的微液膜反应器强化成核过程，可以大幅减少分离过程的锂离子吸附与夹带损失，锂回收率高于 90%，溶液中镁锂比由反应前的十几到几百显著降至低于 0.1。降低溶液镁锂比可降低后续锂离子浓缩富集过程的能耗 [236, 237]。该反应 - 分离耦合技术对不同地区（察尔汗、东台吉乃尔、西台吉乃尔、一里坪盐湖）的镁锂分离具有普适性。通过调控反应条件，能够制备多种 LDHs 材料，发展镁基功能材料产品群，用于沥青紫外阻隔、轮胎气密层、PVC 热稳定剂、聚合物阻燃、抑烟等诸多领域，使盐湖废弃镁资源得到高值利用。进一步将反应 - 分离耦合用于锂钠分离过程强化，获得了富锂溶液，可用于制备电池级 / 高纯碳酸锂产品 [238]。2019 年 8 月，在青海格尔木察尔汗盐湖建成了世界首条电池级碳酸锂联产镁基功能材料百吨级中试示范线。

由富锂溶液制备电池级碳酸锂，存在工艺流程多、能耗高、不能同时满足杂质含量与产品粒度要求等问题。针对这些问题，提出利用反应 - 分离耦合思想，在微液膜反应器中强化碳酸锂成核反应过程，在反应器微米级狭缝空间的高速剪切力与离心力的作用下，强化反应液料在极短时间内（ms ～ s）的分子水平扩散 / 传质，迅速形成大量稳定的碳酸锂固相晶核，与液相中离子有效分离，成核结束后再进行晶化，有效避免了因二次成核造成溶液中杂质离子在碳酸锂表面的吸附及在其体相结构中包藏，从而一步制备得到符合 YS/T 582—2013《电池级碳酸锂》标准的电池级碳酸锂，同时满足产品纯度（Li_2CO_3 > 99.5%）与粒度指标要求（$d_{10} \geqslant 1\mu m$，$3\mu m \leqslant d_{50} \leqslant 8\mu m$，$9\mu m \leqslant d_{90} \leqslant 15\mu m$）[239]。该技术避免了电池级碳酸锂生产过程中涉及的复杂除杂提纯工艺及高能耗的粒度控制工艺，可大幅节约生产能耗，缩短工艺流程，减少“三废”排放，是符合绿色制造思想的制备技术（图 3-34）。

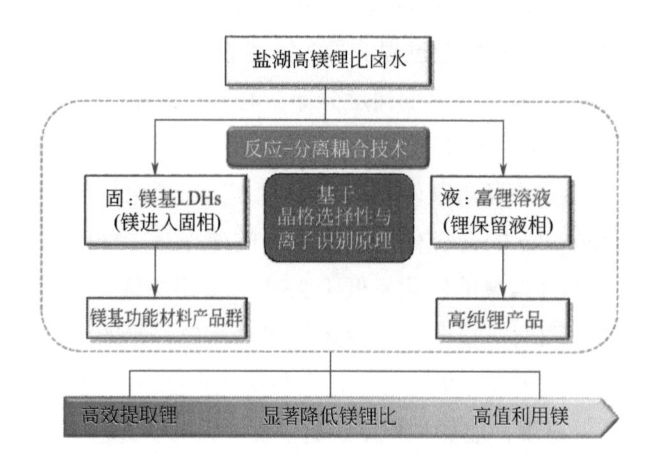

图 3-33
反应 - 分离耦合技术强化高镁锂比卤水镁锂分离过程

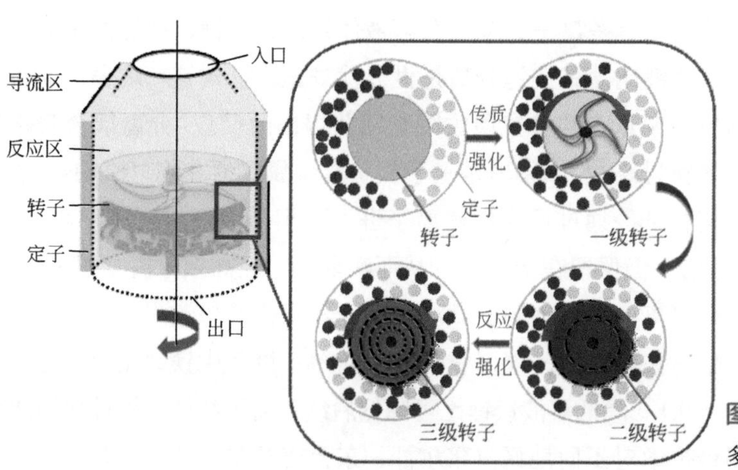

图 3-34
多级微液膜反应器结构示意图

反应 - 分离耦合强化盐湖镁锂分离、实现锂高效提取与镁锂产品联产，是对盐湖资源综合利用技术的有益探索。反应 - 分离耦合将在强化过程节能、高端化学品制备与绿色制造方面发挥巨大优势与潜力。

3.2.4.4 未来发展方向与展望

为了在工业中继续加快拓宽反应 - 分离耦合技术的应用领域，未来可在以下几个方面进行攻关，分别是：①反应 - 分离过程耦合的基础研究（热力学、反应动力学）；②反应 - 分离过程的可行性分析；③反应 - 分离过程设计方法的建立与计算；④反应 - 分离工艺过程的稳态模拟及实验研究；⑤反应 - 分离控制系统的建立与开发；⑥新型反应 - 分离内构件的开发与工业放大。随着上述几个方面的显著进步，反应 - 分离技术正在成为过程耦合、集成与强化最重要的方法之一。

由于反应精馏具有独特的优势，近年来成为重点研究的分离技术。关于其初步概念设计，基于优化的方法克服了图解法和进化 / 启发法的缺陷，应成为未来重点研究的方向。反应精馏的稳态模拟技术已经比较成熟，未来应重点关注过程的动态行为，开发合适的控制方法，特别是同时设计和控制的方法。此外，值得引起关注的是反应精馏新工艺，特别是反应精馏与其他技术耦合的设计。最后，反应精馏研究应结合先进的计算机模拟工具，开发反应精馏专业设计工具。

3.2.5 纳微界面传质强化

3.2.5.1 纳微界面传质强化的概念

自然界化学物质的转化和人类生产活动产生新物质的过程大多数属于多相化学反应过程，而多相化学反应发生的必要条件之一是相际传质。即使是在宏观上表现为同一相或均相的体系内，由于存在微观上的非均匀性（温度、压力、浓度、电位等），也存在相内的分子传递现象，即此处的分子向彼处扩散。因此，传质是化学反应体系客观存在的物理现象。在很大程度上，可以说传质效率的高低将直接影响体系的化学反应效率，特别是对于那些本征快速的多相化学反应体系。

多相体系的传质一般是指气 - 液、气 - 固、液 - 固、液 - 液、气 - 液 - 固、气 - 液 - 液、液 - 液 - 固、气 - 液 - 液 - 固等相界面上以及相内发生的质量传递。经典的传质理论认为，多相体系的传质速率一般取决于体系流体的理化性质、温度、压力、流体运动特征和界面面积等参数，而基本忽略了发生传质行为的界面结构的尺度效应。因此，可将经典的传质理论称为宏观传质学。

纳微界面传质是在纳米尺度和微米尺度的界面上及其两侧发生的传质行为，其尺度范围一般为 1nm ～ 1000μm。从研究角度可将其分为三个不同的层次：①纳尺度传质，尺度为 $1\text{nm} \leqslant \lambda \leqslant 100\text{nm}$；②纳 - 微跨尺度传质，尺度为 $100\text{nm} < \lambda \leqslant 10\mu\text{m}$；③微尺度传质，尺度为 $10\mu\text{m} < \lambda \leqslant 1000\mu\text{m}$。对于纳尺度传质，其传质特性由纳米效应和介观尺度效应主导。因此，研究纳尺度传质不仅要考虑宏观传质学的基本规律，同时还要重视纳米效应和介观尺度效应所造成的重要影响。若忽略这一点，其任何计算结果和应用理论都将失去科学性。对于纳 - 微跨尺度传质，其主要表现为介观尺度效应。在此尺度上的传质现象及其特征可能难以单独用量子力学或经典力学加以解释，特别是在传质界面厚度 δ 范围内，其内部的独特介观结构及其所包含的流体特征与性质对传质特性的影响至今尚属未知。对于微尺度传质，基本上可认为其仅遵从宏观传质学原理，介观尺度效应已相当微弱。因此，对于不同尺度的纳微界面传质，它们所遵循的基本科学规律各有所异。前二者既遵从宏观传质学原理，又必须考虑纳米结构和介观结构效应所带来的重要影响。而在影响的量级上，后者往往远大于前者。在此，可以将其简称为介观传质学。

微尺度传质强化一般是通过成倍甚至数十倍、上百倍地增加传质界面面积 a，以提高传质速率；而纳尺度传质强化和纳 - 微跨尺度传质强化，则既借助于成百上千倍地提高传质界面面积 a 以提高传质速率，又通过传质界面尺寸的缩小所呈现的纳米、介

观效应而更进一步使传质系数 K 值倍增。因此，对于不同情况下的纳微界面传质强化，要采用不同的科学方法和技术手段。

3.2.5.2 纳微界面传质强化的科学、技术与工程问题

纳微界面传质强化属于化学工程新的前沿研究领域，涉及许多未知的科学问题：

① 在纳微尺度界面上，宏观传质理论和经典传质计算模型是否仍然适用？如何修正？

② 对于纳微尺度气泡界面及其液膜内，可能存在尺寸更小的非气非液的动态纳微结构流体，如何表征此种时空变化的流体特性？其传质特性如何描述？传质系数、传质面积如何计算？其动态变化的时间尺度与哪些因素相关？

③ 纳微尺度的气泡、液滴与宏观气泡、液滴相比，呈现哪些不同的热力学性质和化学性质？它们的物理稳定性和化学稳定性如何？哪些关键理化特性参数决定纳微界面传质？

④ 如何实现对动态流体纳微界面结构的实时表征？如何测试和表征动态纳微结构界面上及界面膜内的传质速率？

⑤ 如何在动态纳微界面结构参数与传质参数、传质效率之间建立起普遍化的数学表达，从而最终实现对纳微界面传质的构效调控？

研究已经发现，纳微尺度界面传质能够大幅度强化传质效率，使传质速率成倍甚至数十倍地提高，这不仅表现在界面尺度由大变小使得传质界面面积数十倍增加，同时也由于纳微界面及其传质膜内纳微结构的尺度效应进一步提高了传质系数。这在超重力技术、微通道技术、无机膜技术和微界面技术的研究中已得到较为充分的认识。然而，对于其中深层次科学问题的深度解析尚待更多实质性的突破。

纳微界面传质强化能否在工程上实现的关键在于如何构建纳微尺度界面体系，而这首先必须发展相应的材料、器件和设备。如超重力技术需要设计超重力机械及其材料和内部构件；超滤技术则必须设计制造出超滤膜材料和膜组件；微界面技术也同样需要设计和制造出产生微界面的材料、组件和设备；等等。发展材料、研发组件和制造设备必然会遇到各式各样的技术与工程问题，归纳起来主要有下列几个方面。

① 如何针对工程上千差万别的流体特性和技术要求，稳定且大规模地构建纳微界面传质体系及其传质材料结构？

② 如何设计构建相应的检测表征方法和仪器装备，准确测试动态纳微界面结构及其传质特性？

③ 如何解决设备材料和设备结构的耐候性问题，以满足工程上传质与反应体系常有的高温、高压、高腐蚀、脏堵等苛刻工况要求？

④ 如何实现对设备材料或结构的调控，进而调控纳微界面传质效率，最终达到对传质 - 反应体系整体效率的精准调控？

解决好上述问题，是实现从概念到实验室再到工厂的关键步骤，这需要大量的基础研究和技术开发工作。

3.2.5.3 纳微界面传质强化技术的应用

纳微界面传质强化技术在化学制造和生物制造过程中都有着十分广泛的用途。采用纳微界面传质强化技术可数十倍、上百倍地提升传质效率，因此，对于受传质影响，特别是受传质控制的多相反应过程，效率提升十分显著。以下举两个例子进行说明。

实例1：用于间二甲苯（MX）连续空气氧化制备间甲基苯甲酸（MTA）

某公司采用有机钴为催化剂，以MX为原料，空气氧化生产MTA，原反应器为鼓泡塔反应器。生产过程存在三大问题：

其一，反应效率低。在鼓泡塔反应器内，加压空气以鼓泡形式与间二甲苯液相接触，并在催化剂作用下与氧分子发生反应。在此反应过程中，空气中的氧分子向液相的传质步骤控制着整个反应进程。由于该鼓泡塔反应器内空气气泡的尺度处于几毫米到几厘米之间，气-液相界面面积有限，且上升速度快，气液接触时间很短，因而气-液传质效率较低，导致宏观反应效率低、反应时间长、副反应严重。

其二，能耗物耗高、污染重。为了加速反应进程，操作人员采用加压升温方法，这不仅加剧了反应器顶部空气尾气排放的压力能和热能浪费，同时也导致反应物间二甲苯随空气尾气过量带出，造成物料损失和严重环境污染。

其三，副产物多，主产品收率低。反应温度高和停留时间长，导致物料在高温下受热时间过长，缩合、酯化等副反应显著增加。

为此，南京大学将自主研发的微界面传质强化技术应用于该生产过程，通过传质强化进而强化该氧化反应过程，如图3-35所示。采用微界面强化反应（MIR）后，对生产装置进行72h标定，其结果如表3-1所示。研究表明其主要技术指标远远优于国外先进技术指标。

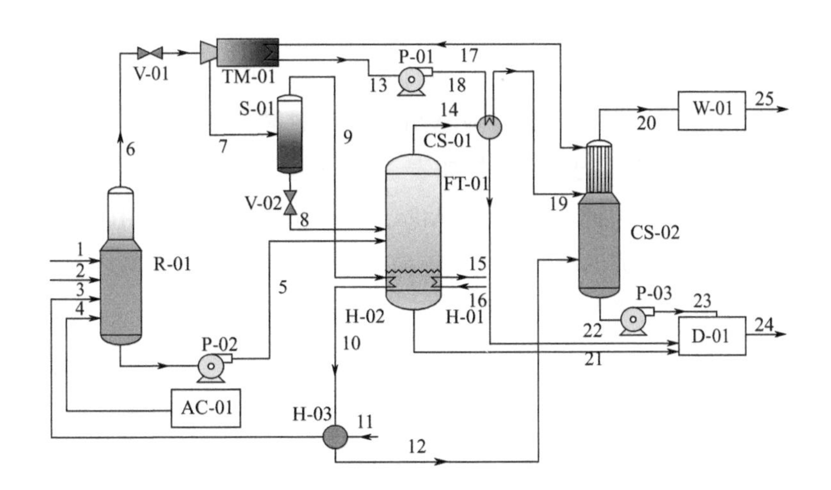

图3-35

间二甲苯微界面强化空气氧化制备MTA工艺示意图

CS-01—换热器；CS-02—能量回收塔；D-01—精馏系统；FT-01—产品预分离器；H-01、H-02—加热器；H-03—换热器；P-01、P-02、P-03—泵；R-01—微界面传质强化反应器；S-01—气-液分离器；TM-01—低压涡轮制冷机；V-01、V-02—阀门，W-01—洗涤器；1～25—管道

表 3-1 微界面强化技术与普通鼓泡塔反应器技术对比

技术指标	鼓泡塔	MIR	对比值
产品纯度（质量分数）/%	99.0	99.5	提高 0.5%
反应物停留时间 /h	5	2	缩短 60%
反应温度 /℃	140	125	下降 15
反应压力 /MPa	0.5	0.35	下降 0.15
吨产品 MX 消耗 /（t/t）	1.3	1.1	下降 15.38%
反应器生产强度 /［kg/（m^3 • h）］	18.5	51.2	提高 177%
主产品收率 /%	59	83.3	提高 41.2%
空气中氧利用率 /%	62.8	97	提高 54.4%
吨产品综合能耗 /（kW • h/t）	2351.3	2085.6	下降 11.3%
吨产品水耗 /（t/t）	3.5	0.25	下降 93%

微界面强化技术在间二甲苯空气氧化制间甲基苯甲酸过程的应用表明，在降温、降压和降空气流量（“三降”）但催化剂不变的情况下，氧化反应速率和主产品的选择性均获得大幅度提高。

$$-r_A''' = \frac{1}{\dfrac{1}{H_A k_G a} + \dfrac{1}{k_L a} + \dfrac{1}{k_S a_S} + \dfrac{1}{(k_A''' \overline{c_B}) x_A f_s}} \times \frac{P_G}{H_A} \tag{3-1}$$

对于主产品选择性的提高，可以理解为是由于反应温度大幅度降低和停留时间缩短。但反应速率也同时成倍提高，且无法与“三降”联系在一起，通过一级反应速率方程式（3-1）可从传质强化角度清晰地理解和认识此反应过程的特征。由于该氧化反应过程为典型的传质控制过程，通过微界面传质强化，使得该氧化过程的决定性参数液膜体积传质系数 $k_L a$ 得到了数十倍乃至上百倍增大，其中不仅仅是传质面积的增加，同时也表现为 k_L 值的相应提高。因此，即使反应体系中的“三降”同时发生，该氧化反应的速率与普通鼓泡塔反应器相比仍然净提高了 1.77 倍。

实例 2：用于高盐高化学需氧量（COD）农药废水的湿法氧化处理

某公司位于长江上游，专业从事农药草甘膦（双甘膦）生产，产生大量高盐高 COD 有毒废水，废水的各项指标如表 3-2 所示。若采用普通湿法氧化（WAO）技术降解 COD，其操作压力通常为 8～10MPa，操作温度一般需要 210～250℃，设备投资高、安全风险高、处理成本高。因此，该公司希望采用微界面强化湿法氧化（M-WAO）技术，以高效率、低成本处理此废水。

表 3-2 双甘膦母液废水的各项指标

项目	指标值
废水量 /（m^3/d）	1274.4
COD/（mg/L）	31340
氨氮 /（mg/L）	1103
总磷 /（mg/L）	5000
氯化钠 /（mg/L）	205273

续表

项目	指标值
甲醛 /（mg/L）	5936
磷酸盐 /（mg/L）	35463
甲酸 /（mg/L）	12.0
pH 值	10

本项目首先建立 M-WAO 过程的氧传输动力学模型，重点是将该反应体系的理化特性参数、操作参数、微界面强化反应器结构参数等与气泡直径、相界面面积、气泡停留时间、氧传输速率进行数学关联，形成计算机软件，求算得到反应效率随气液传质速率变化的规律，从而找到优化结构参数和操作参数，并以此为基础设计微界面强化湿法氧化反应器。在计算基础上制定出 M-WAO 的工艺路线，流程简图如图 3-36 所示。

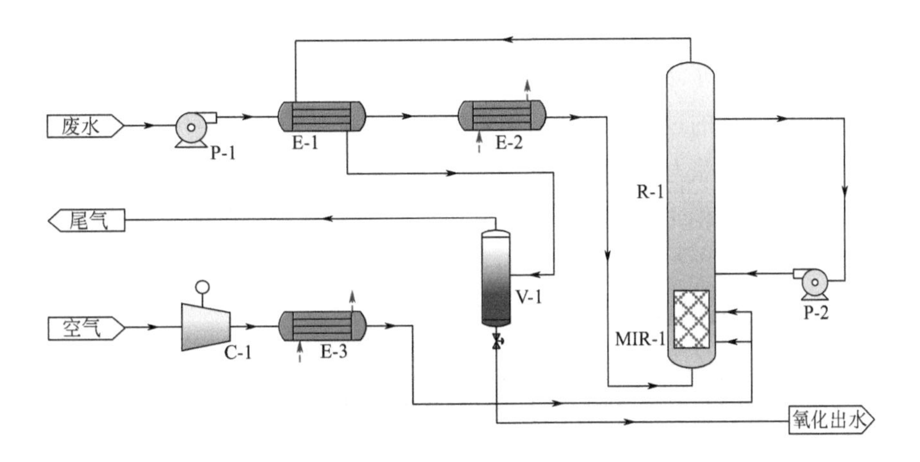

图 3-36
处理草甘膦（双甘膦）废水的 M-WAO 工艺简图

该项目于 2019 年 8 月建成，一次试车成功。生产数据如表 3- 3 所示。结果显示，采用 M-WAO 反应器系统后，无论是反应温度、反应压力，还是反应效率和压缩机功耗，与国际上先进的 WAO 技术相比均有大幅降低。

表 3-3 M-WAO 与国际 WAO 先进技术对比

技术指标	WAO	M-WAO	对比值
反应温度 /℃	220	180.9	下降 39.1
反应时间 /h	1	0.72	下降 28%
反应压力 /MPa	8	4.15	下降 3.85
吨废水空气耗量 /（t/t）	0.109	0.063	下降 35%
反应器生产强度 /［t/（m^3 • h）］	26.625	39	提高 46.47%
空气中氧利用率 /%	49	85	净提高 30%
吨水综合能耗 /（kW • h）	46	39	下降 15.2%

3.2.5.4 未来发展方向与展望

如上所述，在研究角度上可将纳微界面传质强化分为三个不同的层次：纳尺度传质、纳 - 微跨尺度传质和微尺度传质。对于后者，国内的多位学者已在此方面开展了较为系统的研究工作，进一步的研究应主要集中于下列两方面：一是微尺度传质强化相关理论计算模型的建立，以及界面结构与传质速率的精准测试方法的研发；二是微尺度传质强化对于千差万别的应用对象和场景的适应性研究，以及传质强化所必需的通用性传质模块与组件的开发与应用。而对于前两者，人们仅仅开启了大多以固体多孔材料性能研究为目标的限域通道内物质传输的探索性研究，如对膜材料中限域结构及限域分离增强效应的研究，以及对具有纳米结构的吸附材料、催化剂材料等内部孔道中分子扩散的探索。而对于本文所述的纳微界面传质内涵的纳尺度传质和纳 - 微跨尺度传质，特别是其传质强化的研究，只有极少的尚处于萌芽状态的研究方案。其典型例子是斯坦福大学 Fritz B.Prinz 教授和 Richard N.Zare 院士课题组研究发现，水冷凝成小于 10μm 大小的水滴后，在短时间内就会自发形成过氧化氢，浓度最高可达 4×10^{-6}。这个案例所隐藏的内在科学本质是，纳 - 微跨尺度传质的界面结构效应数倍甚至成百上千倍地强化了水滴与空气中氧之间的传质和反应性能。这种界面结构从宏观尺度向介观尺度变化的过程中，它所引发的纳微表面效应也将经历从量变到质变的过程。其间，水滴的表面张力变化将遵从 Tolman 方程。同时，随着水滴尺度的不断减小，其表面的吸附性质、相平衡性质、反应热力学性质、表观活化能、反应动力学性质以及电化学性质都将发生急剧变化，所有这些效应作用的最终结果是在宏观尺度上似乎不可能发生的现象将在纳微尺度上得以实现。

有关纳尺度传质和纳 - 微跨尺度传质强化研究，涉及气泡与液体之间、液滴与气体之间、液滴与液滴之间、固体颗粒与液体或气体之间在纳尺度和纳 - 微跨尺度界面上的传质。要实现其传质效率与界面结构之间的构效调控，就必须同时匹配相应的测试和表征手段。这方面的工作不仅需要大量的投入和高素质的专业队伍进行深入而细致的基础研究，同时还需要后续跨学科、跨领域且具有创新思维的技术研发人才，进行大量的技术创新和深度应用研发，方能实现真正意义上的纳微界面传质强化。一旦此目标实现，世界的化学制造和生物制造将迎来颠覆性的绿色革命。

3.3 绿色高效反应工程

3.3.1 发展现状与挑战

绿色是化学工业可持续发展的必由之路，而高效反应新技术则是绿色化工过程得以实现的关键和保障。高效体现在工艺流程简化、反应时间缩短、生产效率提高、产品质量提升、能耗和物耗降低、废物排放减少、设备和操作成本降低，不仅符合化学工业的发展趋势，也意味着巨大的经济效益、社会效益和生态环境效益。

化学反应工程作为化学工程学科的分支，自 20 世纪 50 ～ 60 年代成立以来，一直以工业反应过程为主要研究对象，以反应技术的开发、反应过程的优化和反应器设计为主要研究内容[240-242]。化学反应工程的理论框架在20世纪90年代前就已基本确立，之后虽然出现了反应过程强化技术、多功能反应器技术、微反应器技术等，但化学反应工程基本理论并未见重大突破。目前的石油与化学工业技术高度发达，绝大多数大宗化学品产能日趋饱和，以扩大产能为目标、采用相同原料和工艺的反应器开发与放大的需求越来越少。与此相比，以非石油资源与可再生资源利用、环境保护、高附加值产品生产等为目标的反应器开发与放大还有较大需求，现有的化学反应工程理论可基本满足这些需求。因此，以开发大型反应器为主要研究目标的化学反应工程学科需要寻找新的生长点，以满足石油与化学工业新的发展需求。

工业反应器在建成后，通常要使用几十年。但催化剂由于失活问题，通常只能使用1～3年，较长的也不过5～6年，较短的只有几个月，需要定期更换。催化剂（尤其是贵金属催化剂）十分昂贵，又对反应器的生产效率（产率和收率）起至关重要的作用，需要不断降低成本、提高性能。而绝大多数工业催化剂尽管已实现应用，但因其设计与开发很大程度上依赖于经验，在技术上还有很大的发展空间。石油与化学工业在使用非石油资源与可再生资源、保护环境、生产产品等方面的需求，也很大程度上依赖催化剂的技术突破。因此，无论对现有工艺，还是新反应工艺，催化剂的设计与开发都有持续、重要和迫切的发展需求。

挑战一：基于动力学分析的催化剂理性筛选和设计。催化剂的理性筛选和设计一直都是化学家以及化学工程师追求的目标。高活性、选择性、稳定性和低成本催化材料，是催化剂研究与开发的方向和目标，是实现反应绿色和高效的基本前提。在对催化剂进行理性筛选前，首先需要清晰地认识催化反应。在没有定量甚至定性原则指导的前提下，过去催化剂的筛选完全依赖于经验和反复尝试（trial and error），因此效率不高[243-245]。而今天，随着基于表面化学的微观动力学分析方法与催化材料的多尺度结构表征和结构可控合成技术的发展和进步，这种情况正在逐步得到改善[246-249]。

挑战二：基于传质 - 反应分析的工业催化剂孔结构和外形设计。除活性组分的组成与结构外，催化剂的尺寸、孔结构和外形也对反应器内催化剂使用性能有重要影响。现有的西勒理论不能描述异形催化剂的内扩散阻力，欧根方程描述不了床层存在多尺度空隙结构时的流动阻力，现有的传递参数关联式也不能预测异形催化剂的外扩散阻力。考虑催化剂孔结构参数和外形参数，结合反应扩散或反应流动模型，有可能对催化剂的孔结构、粒径和外形进行优化。利用反应动力学分析、反应与传递耦合过程模拟指导催化剂的理性设计和优化，是化学反应工程面向绿色、高效化工过程的重要发展趋势和重点研究内容。

3.3.2 关键科学问题

关键科学问题1：催化表面反应网络构建和描述符筛选。在进行微观动力学分析时，构建的反应网络必须足够丰富而详细，使微观动力学模型可以重现所有已有的实验数据。但过分详细的机理又可能会导致动力学参数估计的不确定性，从而限制微观动力学模型作为理解催化现象工具的有用性。由于影响催化反应速率的因素较多，利用一系列的线性关系确定总包反应速率的描述符，通常为吸附热或反应条件等，不仅可以使得催化剂设计过程更加高效，还可以帮助理解不同催化剂上催化性能的变化规律。

关键科学问题 2：催化剂结构参数对宏观反应动力学的影响规律。目前催化反应动力学研究主要关注速率常数的提取、计算和测定，几乎不关注其与催化剂活性位组成、结构及性质的关系。为了实现催化性能的优化，首先需要确定催化剂的主要活性位，进而辨识出决定催化剂性能、易通过实验测量的描述符，在此基础上定量关联活性位性能与描述符之间的关系，用以指导催化剂的合成和性能优化。

关键科学问题 3：工业催化剂内孔结构及参数动态变化对表观反应动力学的影响规律。首先，催化剂内结构复杂，具有多级、非均匀和动态变化的特点，这些复杂结构如何影响其中的多尺度传递 - 反应耦合过程是催化剂结构设计的理论基础。其次，要确定反应器尺度上传递过程对催化剂性能的影响规律，将催化剂设计与反应器开发有机结合在一起。

3.3.3 主要研究进展及成果

3.3.3.1 金属催化剂筛选

（1）微观动力学分析

微观动力学分析是通过来自实验或者理论计算的表面热力学和动力学数据，建立微观动力学模型，在分子水平上描述化学反应包含的所有基元步。与宏观动力学不同，微观动力学在描述反应时，对于整个过程的反应速率控制步和表面最丰物种不做任何假定，而是通过微观动力学计算得出反应中间产物的表面覆盖率。然后结合基元步的速率常数，获得每一步基元步的反应速率，从而确定主反应路径及速控步。在进行微观动力学分析前，通常需采用碰撞理论（collision theory）或过渡态理论（transition state theory）进行基元反应速率常数的估计。碰撞理论难以在速率常数的估计中考虑分子结构的影响，因此较常用的是过渡态理论。过渡态理论的主要假设是反应物与活化络合物之间建立平衡，活化络合物是处于反应物向产物转变的过渡状态的一种活性化学物种。式（3-2）为用过渡态理论估算基元反应速率常数（$k^{\ddagger}$）。指前因子的计算如式（3-3）所示。

$$k^{\ddagger}=\frac{k_{\mathrm{B}}T}{h}\mathrm{e}^{-\Delta G_{\mathrm{TS}}{}^{\ominus\ddagger}/k_{\mathrm{B}}T}=\frac{k_{\mathrm{B}}T}{h}\mathrm{e}^{\Delta S_{\mathrm{TS}}{}^{\ominus\ddagger}/k_{\mathrm{B}}}\mathrm{e}^{-\Delta H_{\mathrm{TS}}{}^{\ominus\ddagger}/k_{\mathrm{B}}T} \tag{3-2}$$

$$\upsilon=\frac{k_{\mathrm{B}}T}{h}\mathrm{e}^{\Delta S_{\mathrm{TS}}{}^{\ominus\ddagger}/k_{\mathrm{B}}} \tag{3-3}$$

式中，$\Delta G_{\mathrm{TS}}{}^{\ominus\ddagger}$、$\Delta S_{\mathrm{TS}}{}^{\ominus\ddagger}$、$\Delta H_{\mathrm{TS}}{}^{\ominus\ddagger}$分别为反应物生成活性络合物的标准自由能变、标准熵变和焓变；k_{B} 为玻尔兹曼常数；h 为普朗克常数。

如图 3-37 和图 3-38 所示，基于密度泛函理论（density functional theory，DFT）计算的动力学模型模拟出的催化剂上的催化反应性能，包括催化活性及选择性，与实验结果的一致性非常高，这说明仅基于 DFT 计算的反应能垒、反应热及熵等构建的微观动力学模型可以有效评估催化反应总包动力学。此外，还可以看到，微观动力学分析可以预测催化反应的反应机理。如图 3-38（b）所示，研究者通过考虑了吸附质相互作用的微观动力学模拟发现，Pt(111) 面上丙烷脱氢制丙烯遵循反向 Horiuti-Polanyi 机理，但是 Pt(211) 面上丙烷更倾向于通过先脱去两个 β 氢原子再加氢的非反向 Horiuti-Polanyi 机理生成丙烯。微观动力学分析不仅能够计算出基元步的反应速率，预测反应机理，而且可以抽象出标识催化反应活性的描述符，并确定其最优范围。确定描述符的方法依赖于一系列的线性关系。

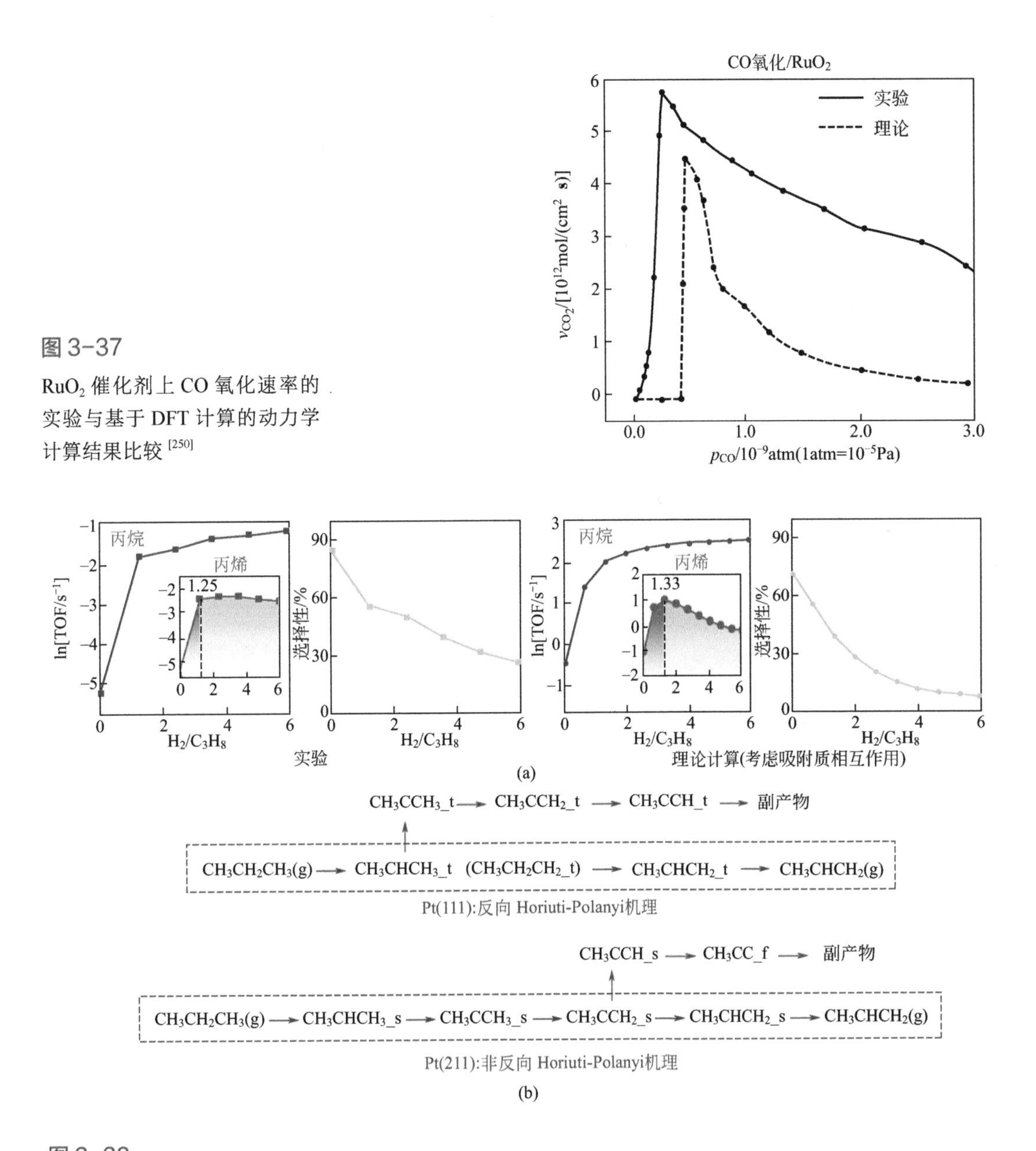

图 3-37

RuO_2 催化剂上 CO 氧化速率的实验与基于 DFT 计算的动力学计算结果比较 [250]

图 3-38

Pt 催化剂上丙烷脱氢反应的丙烷消耗速率、丙烯生成速率和丙烯选择性的实验与基于 DFT 计算的动力学计算结果比较（a）和动力学计算预测的 Pt 催化剂的不同晶面上的丙烷脱氢反应机理（b）[251]

Hammer 和 Nørskov[252-254] 提出的 d 带模型，可以近似地描述吸附质在过渡金属上的成键过程，对于理解过渡金属的吸附行为非常有帮助。如图 3-39 所示 [255]，在吸附过程中，吸附质能带首先与金属的 s 带相互作用，并且被位移和拓宽。由于所有的过渡金属都有一个半充满的、很宽的 s 带，因此在 d 带模型中假设吸附质与金属的 s 带的相互作用大小对于所有过渡金属来说是无差别的。随后，这个被拓宽的吸附质能带再与过渡金属较窄的 d 带相互作用，并分裂为成键态与反键态。此时，吸附的强弱由反键态的填充程度决定，而后者与金属 d 带中心相对于费米能级的位置密切相关，因此 d 带中心可用于预测过渡金属表面上化学键的强弱程度。一般来讲，d 带中心相对于费米能级的位置越高，则形成的反键态能量越高，而化学键越强。

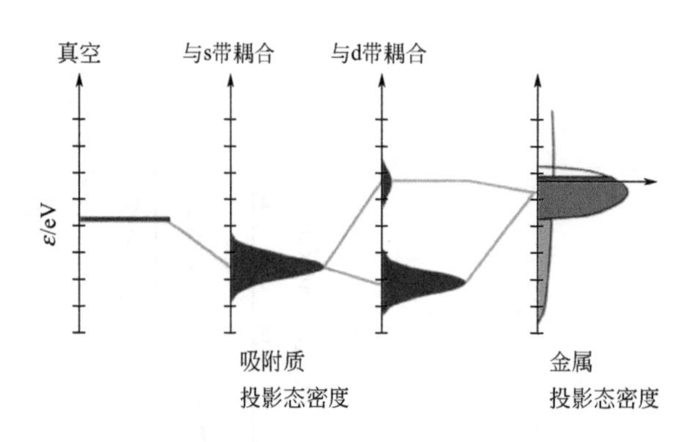

图 3-39
吸附质与过渡金属表面成键示意图 [255]

在非均相催化反应中，还存在着吸附能线性标度关系及过渡态能量线性标度关系 [256]。吸附能线性标度关系为不同过渡金属间吸附能与吸附能之间的线性关系 [257, 258]，如图 3-40 所示。过渡态能量线性标度关系则包含两种含义：一为不同过渡金属间基元步过渡态能量与相关联的初态或者末态能量存在线性关系 [259]；二为不同过渡金属间反应热与活化能之间的线性关系，即为 BEP（Brønsted-Evans-Polanyi relations）关系 [260-262]。吸附能线性标度关系表示了描述符与反应步热力学间的关联，而过渡态能量线性标度关系则表示了反应步热力学与动力学间的关联。

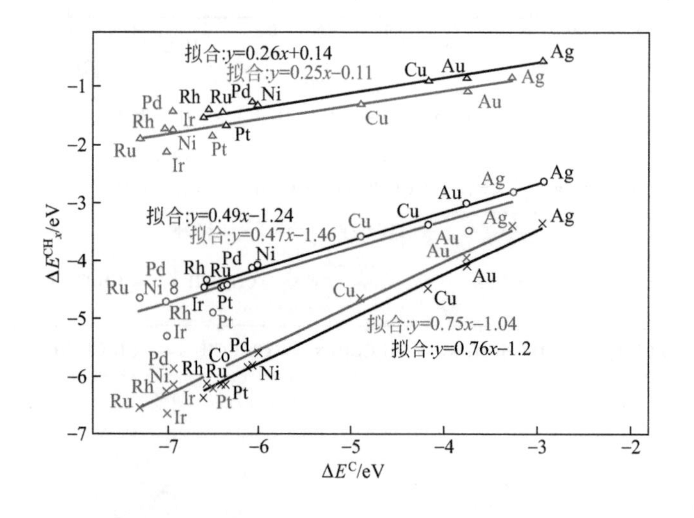

图 3-40
CH_x 在不同过渡金属上的吸附能与 C 原子吸附能的线性关系图 [257, 258]

（2）合金催化剂筛选

线性关系是辨识描述符的有力工具，也是建立基于描述符的微观动力学模型的先决条件。通过将总包反应转换频率（turnover frequency，TOF）或产物选择性与描述符进行关联，能够构建火山型曲线并确定该描述符的最优取值范围。在此基础上，只需计算合金催化剂表面上描述符的值，将其与火山型曲线结合，就可以高效地筛选出性能优异的合金催化剂，从而节省大量的人力和物力。近年来，基于微观动力学分析的催化剂设计取得了长足的进展，涌现出一批性能优异的工业催化剂。

研究者采用基于 DFT 的第一性原理和统计热力学计算，将不同单金属台阶表面上合成氨反应的转换频率与 N 的吸附能进行关联。结果发现两者之间呈现很好的火山型曲线关系。其中，Ru 和 Os 处于火山口，是最好的合成氨单金属催化剂。然而，这两种催化剂均为贵金属材料，工业应用成本过高，因此，目前工业生产中退而采用活性第三的 Fe 基催化剂。之所以存在上述火山型曲线关系，是由于 N_2 的解离是合成氨反应的速控步，而且这个基元反应的过渡态在势能面上接近反应终态（N 吸附态），因此过渡态构型的能量在不同金属表面上随着 N 吸附能的变化而变化，从而使得 N_2 解离反应活化能与 N 的吸附能之间呈现线性关系。通过以上微观动力学分析，不仅获得了合成氨反应的机理，而且发现 N 吸附能可以作为标识催化剂对于合成氨反应活性的描述符，计算结果表明，Co-Mo 合金拥有适中的 N 吸附能，恰好位于接近火山型曲线顶峰的位置，如图 3-41 所示。后续的实验结果证实，Co-Mo 合金确实具有比 Ru 更好的合成氨反应催化性能，是替代 Fe 基催化剂的最佳候选 [263-265]。

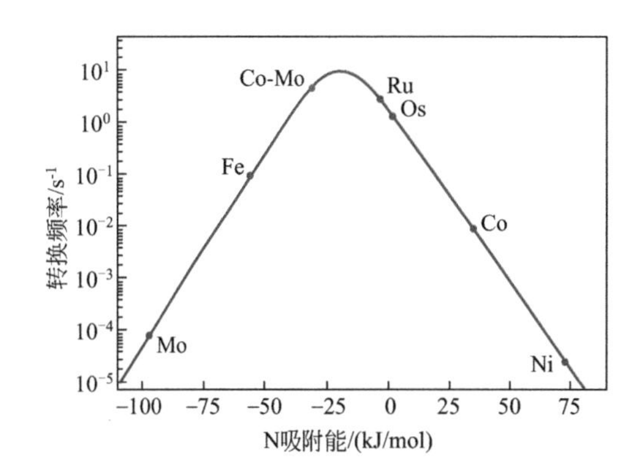

图 3-41
N 吸附能为描述符的合成氨反应速率火山型曲线

Andersson 等通过 DFT 计算发现 CO 的解离反应在密堆积面上的活化能很高，而台阶和边缘可以显著地提高解离反应速率，是反应的活性中心 [266]。计算结果还显示 CO 解离吸附反应的过渡态构型与终态构型相似。在一部分金属表面上，CO 的解离吸附控制总包反应速率，由于其反应活化能与反应热之间呈 BEP 线性关系，因此 CO 解离吸附热可以作为标识总包反应速率的描述符。当 CO 解离吸附热（绝对值）随着金属表面的改变逐渐增大时，CH_4 和 H_2O 生成反应的活化能将随着初态能量的降低而逐渐升高，最终会取代 CO 解离反应成为速控步。由于 CH_4 和 H_2O 生成反应的活化能与 CO 解离吸附热之间亦存在线性关系，因此，后者能够在所有金属表面上标识化学反应速率。通过将实验中获得的转换频率与 CO 解离吸附热关联，研究者获得了火山型曲线，并且发现最高反应速率对应的 CO 解离吸附热在 0.06eV 左右。在此基础上，研究者首先筛选出 117 种能够在甲烷化反应条件下稳定存在的合金催化剂，然后计算出相应的 CO 解离吸附热，发现 Ni_3Fe 对于 CO 的解离吸附热同位于火山型曲线顶端的 Ru 以及 Co 近乎相等。针对该体系的进一步系统计算和实验都证明 Ni_3Fe 具有非常好的甲烷化反应催化活性，同时价格十分低廉，已经被丹麦的 Haldor Topsøe 公司转化为实用催化剂。

(3) 氧化物负载金属单原子催化剂筛选

除了金属体系外，该研究方法在近年来热门的金属单原子体系中仍然适用。研究者将 13 种常用的后过渡金属单原子引入 ZnO 体系，通过分析化学吸附热和过渡态能量的线性关系，发现 H 和 2-C_3H_7 的吸附热可以线性关联丙烷脱氢反应网络中所有物种的能量，即可以选取 H 和 2-C_3H_7 的吸附热作为描述丙烷脱氢反应活性的描述符，并绘制了如图 3-42 所示的二维火山型曲线，结合丙烯选择性和催化剂稳定性分析，最终筛选出非贵金属 Mn 和 Cu 掺杂的 ZnO 作为候选的丙烷脱氢催化剂[267]。

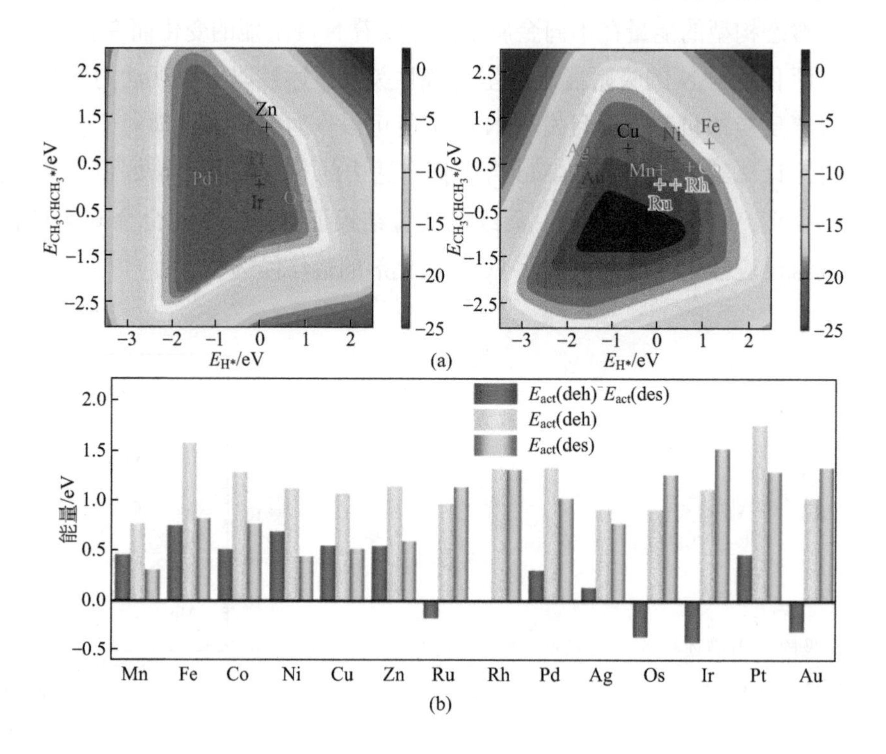

图 3-42
以 H 和 2-C_3H_7 的吸附热为描述符的丙烷脱氢反应速率火山型曲线和丙烯选择性分析[267]

3.3.3.2 金属催化剂优化

(1) 催化剂活性中心结构辨识及调控

催化剂的活性位可能是金属颗粒的晶面、棱、角原子，其活性与选择性可能存在很大差别。为了确定主要活性位，就要先测量并改变这些活性位的数目，这可通过实验调控金属颗粒粒径与晶面取向，借助高分辨率电镜分析并辅以模型计算。为了确定哪些活性位是主要活性位，需要比较活性位数目与催化剂活性的一致性。这种方法的前提是在可能的活性位（面、棱、角）中存在主要的活性位，因此只适用于结构敏感性催化剂。当然，对非结构敏感性催化剂，也就不存在主要活性位的辨识问题，此时为了提高催化剂活性位的数目，只需提高金属的分散度，而不需要关注其晶面取向。

为了准确区分催化剂表面不同位点的催化活性与选择性，一种较为常用的策略是制备表面结构规整、活性中心位均一的模型催化剂，并结合各种谱学表征与动力学分析，获得催化剂表面的分子尺度信息并用以比较。Goodman 等比较了 Ni(111) 与 Ni(100) 表面催化 CO 加氢反应的反应速率以及表观活化能，发现两种表面的催化性质几乎一样，这表明 CO 催化加氢反应的 Ni 基催化剂主要为一种非结构敏感性催化剂[268-270]。Xia 等采用晶种生长的方式，通过调控原子沉积与其表面扩散的速率，制备了立方体［图 3-43（a）］、十四面体［图 3-43（b）］以及八面体［图 3-43（c）］的 Pd 模型催化剂，并将其用于燃料电池中的甲酸电催化氧化体系进行性能研究[271]。结果如图 3-43（d）所示，可以发现立方体的 Pd 催化剂表现出最优异的催化性能，这表明 Pd(100) 面相比于 Pd(111) 面表现出更佳的催化性能，是该反应的主要活性晶面。

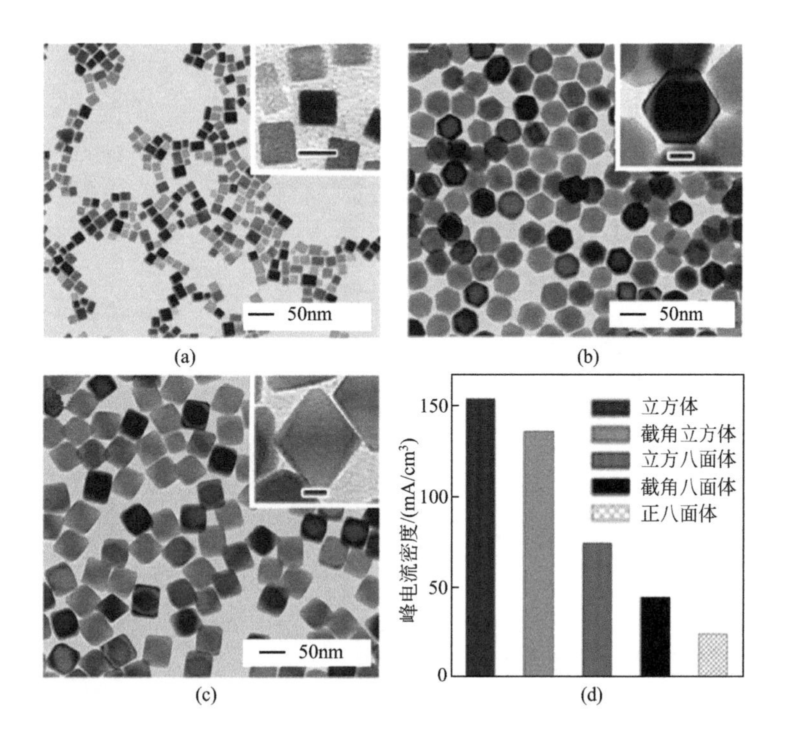

图 3-43
Pd 晶面效应对甲酸电催化氧化性能的影响[271]

Chen 等分别制备了 Au(111) 和 Au(100) 单晶表面，并将 Pd 沉积在两种 Au 表面，再通过真空退火的方式制备 Pd 单原子催化剂［Pd/Au(111) 与 Pd/Au(100)］，并将其用于醋酸与乙烯氧化制醋酸乙烯酯的反应体系研究[272]。结果如图 3-44 所示，可以发现产物醋酸乙烯酯的生成速率随 Pd 覆盖度的降低而增大，其中 Pd/Au(100) 上的活性比 Pd/Au(111) 大得多。进一步通过动力学分析结果表明，该催化剂的主要活性表面和活性位分别是 Au(100) 晶面和该面上的一对被 Au 隔离的孤立 Pd，该活性位可以有效弱化反应中间体以及产物一氧化碳的吸附，从而抑制催化剂的中毒失活；同时可以抑制反应物在催化剂表面深度分解副反应的发生，从而提高催化剂的选择性。

Buonsanti 等采用胶体法制备了粒径分别为 24nm、44nm 以及 63nm 的立方体 Cu 模型催化剂，并将其用于 CO_2 电化学还原的性能研究，发现 44nm 的 Cu 催化剂显示出最优异的催化性能[273]。通过晶体结构的建模，他们计算了 Cu 催化剂表面不同活性位原子的数量随粒径的变化趋势，结果图 3-45 所示。进一步将催化剂表面各个活性位原子的数量与催化性能关联，可以发现 44nm 的 Cu 催化剂具有较优的棱与（100）位原子数量比（$N_{棱}/N_{100}$=0.025），据此他们认为棱以及（100）位是该反应选择性生成乙烯的主要活性位。

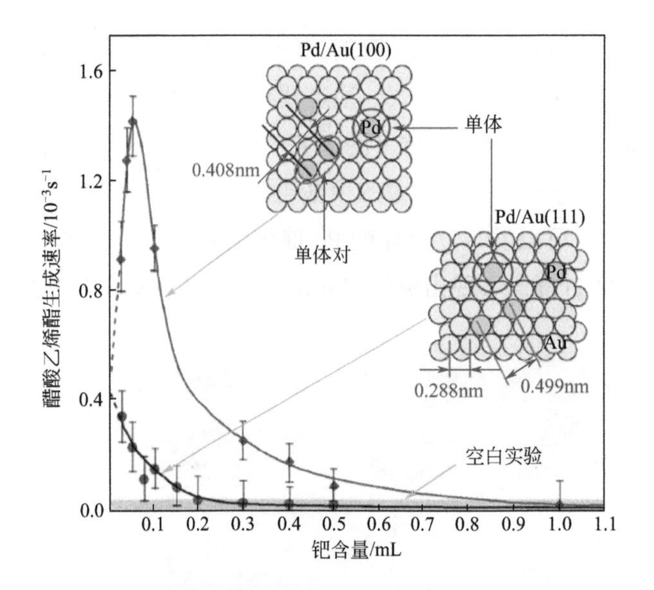

图 3-44
Pd/Au(100) 和 Pd/Au(111) 催化剂表面醋酸乙烯酯化速率与 Pd 覆盖度的关系 [272]

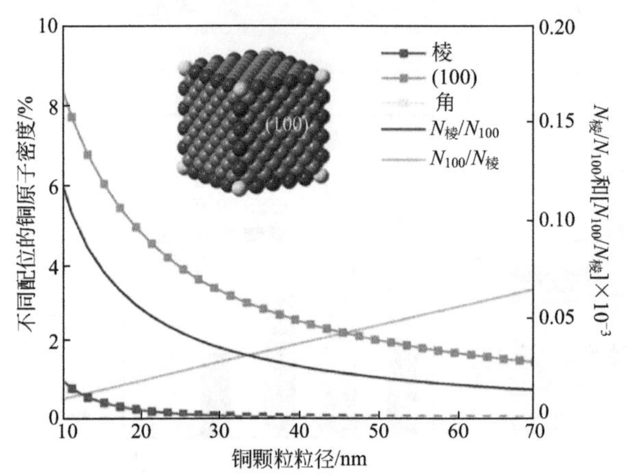

图 3-45
立方体 Cu 催化剂表面活性位原子数量随粒径的变化趋势 [273]

在此基础上，Duan 等首先提出了基于动力学分析与晶体原子结构模型计算辨识碳载贵金属催化剂活性中心的方法 [274]。该方法的主要思想是以晶体的原子结构模型为基础，建立不同活性位及其组合随金属粒径大小和形貌变化的物理规律，之后与具有不同金属粒径大小和形貌的催化剂的实验结果比较，从而辨识出起主要催化作用的金属活性中心结构，最后再通过第一性原理计算加以验证。利用这种方法，确定了纳米碳纤维负载 Pt、Pd、Ru 催化剂的活性中心，在催化剂制备时控制纳米金属颗粒大小，并定向调控其形貌，大幅度提高了催化剂活性 [275-277]。

（2）催化剂活性中心描述符辨识及调控

从催化剂活性位角度，负载型金属催化剂的反应速率（r）可表达为活性位数量（N_i）与活性位活性（TOF_i）之积，即 $r=N_i \times TOF_i$。可见，除了催化剂活性中心数目的调控外，催化剂活性中心活性（即活性位电子结构的性质）的调控也至关重要。其中，催化剂电子结构与反应活性的定量关联是催化理论发展的关键科学问题之一，也是精准设计和调控催化材料结构的科学基础。Norskov 等通过理论计算得到的过渡金属表面 d 带能量，可定性描述金属表面与反应物分子的相互作用过程，因而可以作为标识反应速率的描述符 [252, 278]。此外，Hu 等通过理论计算发现吸附物种的吸附热或速控步的反应热可以定量关联于吸附质与催化剂表面之间的结合能，因而也可作为催化剂活性中心的描述符[279]。值得指出的是，上述使用的 d 带能量或吸附热作为催化描述符难以用于复杂的催化反应体系，同时这些基于理论计算的描述符也难以被实验定量测量。

Wan 等利用原子组成可调的金钯合金，实验测量了金属表面 d 带电荷密度。如图 3-46 所示，他们发现反应的熵变（活化熵）以及转换频率（TOF）与 Pd 表面 d 带电荷密度存在良好的线性关系[280]。根据其研究结果可以发现，当 Au 与 Pd 配比在（1:4～4:1）变化范围内，该合金催化剂的催化反应速率随着反应熵变的增加而增大。这表明通过调节 AuPd 合金催化剂的电子结构，增强反应物与催化剂表面的相互作用力，可以大大提高其催化活性，为该双金属催化剂的进一步设计与优化提供了一条有效途径。

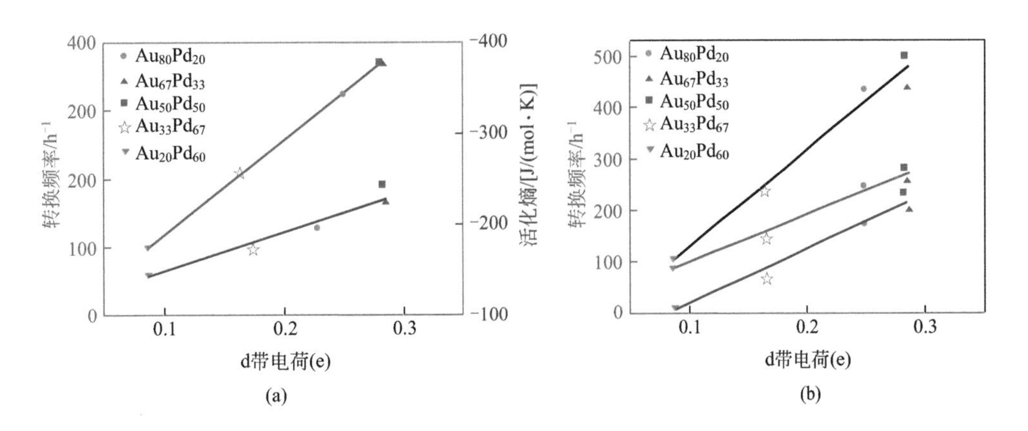

图 3-46

AuPd 双金属催化剂活化熵与转换频率随 d 带电荷的变化趋势[280]

近期，Chen 等建立了催化剂电子结构与催化剂动力学参数、活性及选择性之间的关系，发现易于通过实验测量的金属电子结合能 / 电荷可作为催化剂活性描述符[274]。他们提出了排除金属粒径效应、指认和明确碳载体表面缺陷和官能团及助剂对负载金属电子结构影响的新方法，建立了包含催化剂活性位数目和活性的反应动力学模型（图 3-47），在制氢反应中使碳载 Pt 催化剂比质量活性呈数量级提升。

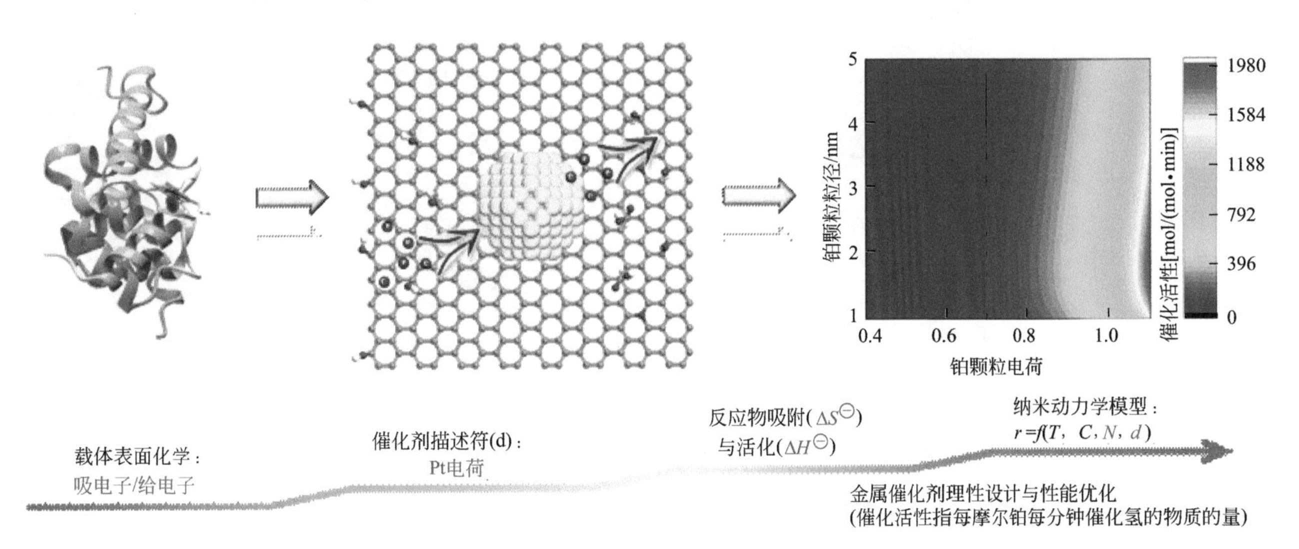

图 3-47

包含催化剂活性位数目和活性的反应动力学模型建立方法

（3）动力学分析辅助的催化剂选择性调控

对于反应路径更为复杂的非均相催化反应过程，如催化选择性加氢反应，目标产物的选择性以及催化剂稳定性调控往往更为重要。如何基于反应动力学分析辨识目标产物选择性和催化剂稳定性的主控因素，对于高效设计和优化催化剂具有重要意义。以乙炔催化选择性加氢反应为例，Cao 等 [276] 将多晶面动力学分析和晶体原子结构模型计算拓展到主副反应活性位的辨识，发现 Pd 催化乙炔加氢中乙炔转化生成乙烯和副产物 C_4 组分生成的主导活性位均为 Pd(111) 面。因此，无法通过择优暴露 Pd(111) 的策略来调控乙烯选择性和稳定性（C_4 组分是“绿油”生成的前驱体）。吸附热力学分析表明，若乙炔以热力学不稳定的 π 键吸附，可选择性加氢生成乙烯。基于此，研究者提出了 Pd 位点隔离的策略，调控乙炔吸附构型为 π 键构型，显著提升了乙烯选择性和催化剂稳定性 [281-283]。如 Pd 位点隔离的 Pd-In/Al_2O_3 金属间化合物催化剂，乙烯选择性比商业催化剂提高了近 20 倍 [283]。该策略也用于非贵金属 Ni 基催化剂上乙烯选择性的调控 [284-286]。相比于 Ni 和 Ni_5Ga_3 金属间化合物催化剂上多 σ 吸附形态，Ni 位点被 Ga 完全隔离的 NiGa 金属间化合物催化剂（图 3-48）上乙炔和乙烯分子以 π 构型吸附，有效地抑制了乙烷和“绿油”的生成 [286]。类似地在 Ni 催化间甲酚加氢反应中，将反应速率和表观活化能等动力学数据与催化剂结构信息关联，发现台阶等配位不饱和的缺陷位点是加氢脱氧生成甲苯反应路径的活性位点，而台阶位点是 C-C 氢解生成甲烷的活性位点 [287]。通过减小活性金属 Ni 粒径至 2nm，显著提高了配位不饱和位点数量，从而将目标产物甲苯生成速率提高了 6 倍，副产物甲烷的生成速率降低了 75%。

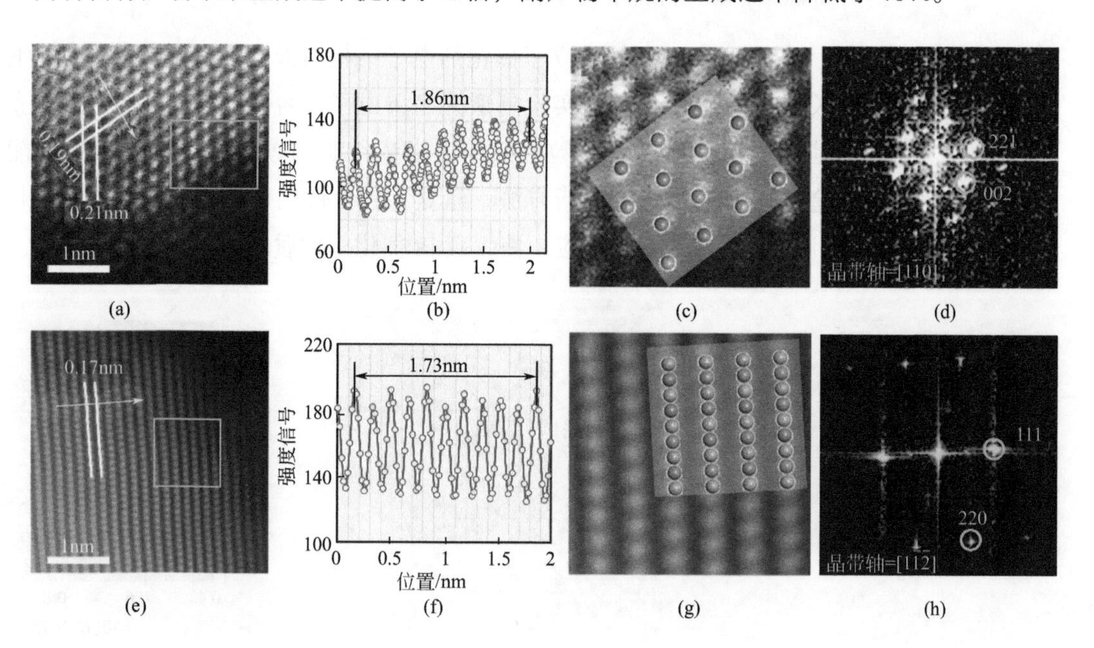

图 3-48

Ni 位点部分隔离的 Ni_5Ga_3（a）～（d）和完全隔离的 NiGa（e）～（h）金属间化合物催化剂 [286]

3.3.3.3 催化剂工程结构优化

（1）成型催化剂的孔结构设计

目前，成型催化剂颗粒内传递 - 反应的建模方法可分为连续建模方法和离散建模方法。连续建模方法假设催化剂颗粒为拟均相，其中催化剂结构往往假设为均匀分布，该建模方法简单、适用性好、计算消耗小，因此广泛用于催化剂颗粒的建模和模拟[288]。Coppens 等建立了具有多级孔道结构的催化剂颗粒的连续模型，并利用该模型优化了多个重要工业反应体系中催化剂颗粒的孔道结构[289-291]。例如，Wang 和 Coppens 采用连续模型优化了甲烷自热重整 Ni/Al_2O_3 催化剂颗粒的多级孔道结构，发现在孔径为 20nm 和孔隙率为 0.4 的介孔网络中引入孔径为 1μm 和孔隙率为 0.2 ～ 0.3 的大孔网络，会使催化剂的表观活性提高 40% ～ 300%，此外他们还发现可以通过调控孔结构改变产物中 H_2/CO 比例。Rao 和 Coppens 采用连续模型优化了加氢脱金属 Ni-Mo/Al_2O_3 催化剂颗粒的多级孔道结构，发现优化后催化剂的寿命在催化剂颗粒尺度上提高了 100%，在反应器尺度上提高了 40%，而催化材料的用量减少了 29%[292]。Li 等采用连续模型研究了 ZSM-5 沸石催化剂颗粒中晶体尺寸和分布对催化剂性能的影响，研究发现当晶体占比为 0.623 且随机分布时催化剂效率因子最高[293]。

离散建模方法假设催化剂颗粒内的空隙为孔道网络，该假设更为合理，能够很好地描述催化剂结构的非均匀性，能模拟催化剂颗粒内一些复杂的化工过程，如气液固三相反应过程和结焦失活过程。Keil 等构建了加氢脱金属催化剂颗粒的离散模型，并对孔径、孔隙率和孔道连通性进行了优化，发现较优的孔径为 5 ～ 13nm，较优的孔隙率为 0.2 ～ 0.4，此外孔道连通性、催化剂颗粒尺寸和操作时间都会影响较优孔径和孔隙率的数值[294, 295]。Gladden 等采用孔道网络模型研究了 Co-Mo/Al_2O_3 催化剂中的噻吩加氢过程，发现反应过程中气液固三相共存，并且气液两相的分布受到孔道结构和反应条件的强烈影响，而连续模型很难模拟这一个复杂的气液固三相反应过程[296]。近年来，Ye 等开发了一套新颖的孔道网络模型构建方法，该方法首先建立一个外形为立方体或正方形的孔道网络，然后采用一套“切割”算法“裁剪”出具有任意几何外形的孔道网络，最后在孔道网络中嵌入所需要的控制方程，便可以模拟扩散、反应、结焦、相变等复杂化工过程。Ye 等采用孔道网络模型对苯加氢[297]、丙烷脱氢[298]和克劳斯脱硫[299]催化剂颗粒内的传递 - 反应过程进行了研究，研究结果显示孔道网络模型不仅能准确预测实验数值，还能提供连续模型无法获得的传递 - 反应过程信息（图 3-49）。此外，Ye 等还采用孔道网络模型优化了丙烷脱氢 Pt-Sn/Al_2O_3 催化剂颗粒中的孔道结构，发现在考虑结焦失活时较优的孔隙率为 0.4，孔道连通性需要大于 6，较大的孔径更有利于提高催化剂的表观活性，优化后的催化剂颗粒相比于商业催化剂颗粒性能可提高 13 倍。

（2）成型催化剂的外形设计

催化剂颗粒粒径和外形影响催化剂床层的空隙结构，进而影响催化剂床层中流体的流动以及传热。通过设计优化催化剂粒径和外形，能够有效提高催化剂利用率并同时降低催化剂床层阻力，从而降低物耗和能耗。为了设计优化催化剂颗粒粒径和外形，需要建立包括催化剂床层空隙结构的流动 - 传热 - 反应过程数学模型。早期的反应器模型假设反应器为拟均相，忽略了催化剂床层局部结构的非均匀性，这些模型简单、计算消耗小，因此应用十分广泛。但是，这些早期的反应器模型不能给出准确的局部浓度和温度信息，无法用于指导催化剂粒径和外形的设计。近 20 年来，随着计算机性能的大幅度提升，对计算资源要求较高的颗粒分辨计算流体力学模型应运而生[300]。在构建颗粒分辨计算流体力学模型时，首先通过离散元模拟或者刚体动力学模拟获得催化剂床层的堆积结构[301]；然后对催化剂颗粒和空隙区域进行网格划分，其中气固界面处的网格建议采用较为密集的棱柱层网格；最后在不同计算区域中嵌入不同的流动、反应、传质和传热等方程（图 3-50）。

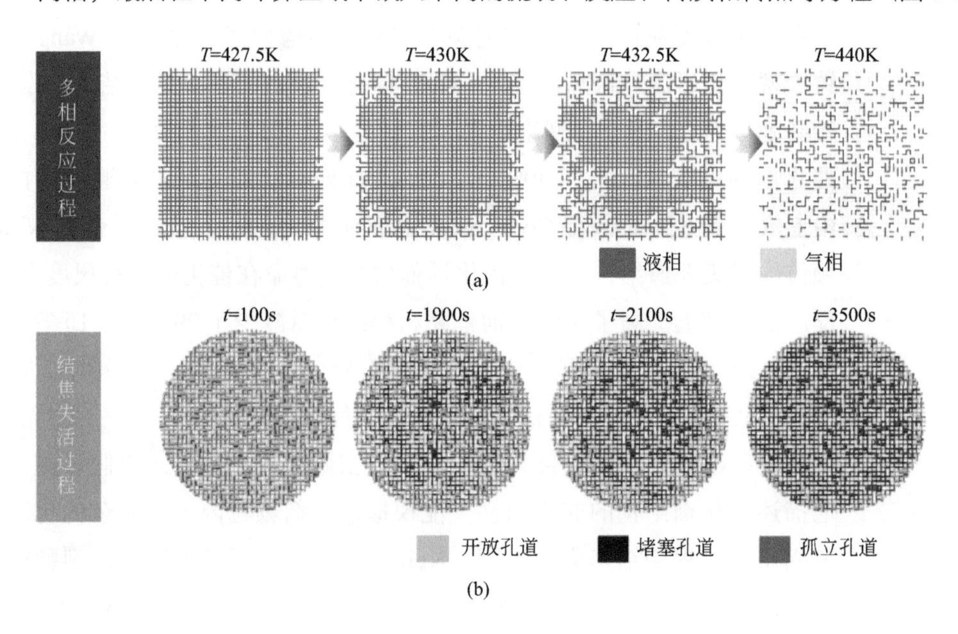

图 3-49

利用离散模型模拟获得的催化剂内相态随反应温度的变化（a）和焦炭分布随时间的变化（b）[297, 298]

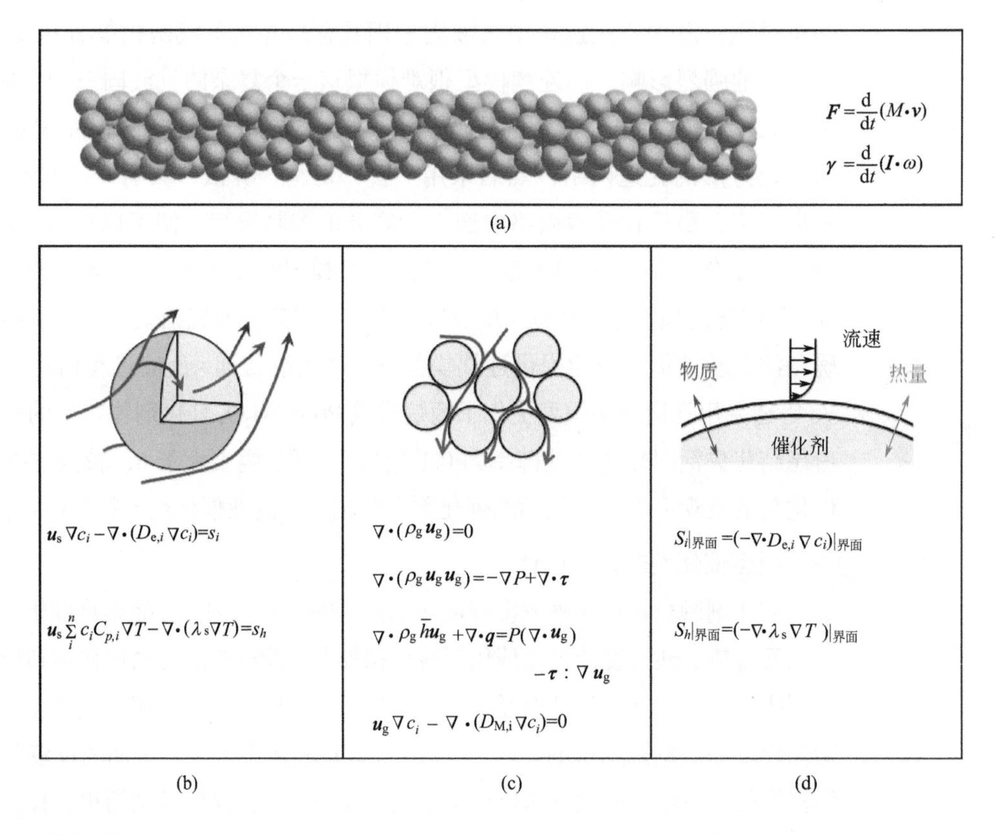

图 3-50

构建颗粒分辨计算流体力学模型示意图

(a) 催化剂颗粒堆积结构；(b) 固相催化剂内的控制方程；(c) 气相空隙中的控制方程；(d) 气固相界面的耦合方程

Dixon 等针对颗粒分辨计算流体力学模型开展了较为深入的研究，建立了描述固定床反应器内流体流动[302, 303]、流动与传热耦合[304]以及包含反应流[305-307]的颗粒分辨计算流体力学模型。Dixon 等[308]提出了四种催化剂颗粒接触点的简化方法，并研究了这四种简化方法的适用范围，从而提高了颗粒分辨计算流体力学模型的求解效率和稳定性。Partopour 和 Dixon 采用颗粒分辨计算流体力学模型研究了甲醇部分氧化催化剂颗粒外形对反应器出口转化率和选择性的影响，发现单孔柱催化剂颗粒的转化率和选择性较好[309]。Wehinger 等在颗粒分辨计算流体力学中加入微观动力学，研究了甲烷重整体系中固定床反应器内的传递 - 反应过程，但是并没有考虑催化剂颗粒内部的传递过程[310]。Karthik 和 Buwa 采用颗粒分辨计算流体力学模型研究了丙烷脱氢体系中催化剂颗粒外形对催化剂失活的影响，发现三叶草催化剂颗粒抗失活性能最好[311]。尽管颗粒分辨计算流体力学模型的计算结果准确可靠，但是该模型的计算量很大，计算成本会随着催化剂颗粒数目的增多呈指数上涨，这也是限制其发展和应用的一个重要原因。Liu 等开发了固定床反应器的孔道网络模型，能描述催化剂床层中局部结构的非均匀性并兼顾了计算效率，他们采用该模型研究了催化剂颗粒外形对催化剂床层中流动压降的影响，发现球形和单孔柱催化剂的压降较低[312]。

3.3.4 未来发展方向与展望

微观动力学研究对催化剂表面物理化学性质的定性表征和定量化均十分重要。可将繁杂的实验数据组织起来，用于描述发生在催化剂表面的关键化学变化；在揭示催化剂活性中心的组成和结构效应的基础上，可逐步优化催化反应，并为催化新材料的设计提供理论依据。微观动力学分析的准确性很大程度上取决于建立的催化反应机理。因此，需要构建尽可能完整详尽的动力学模型，使其能够重现已知的实验数据。此外，动力学参数的估算受近似方法的限制会导致反应速率计算值的偏差，对动力学参数的有效校正是微观动力学分析的另一方向。将微观动力学分析与反应器模型有机结合，能够更好地描述真实反应条件下的催化反应结果，从而为反应器优化和设计提供支持，这是微观动力学研究未来需要努力的方向。

基于宏观动力学分析的催化剂设计研究，对当前一些反应物及其分子转化数较少的模型催化体系具有良好的适配性，可以有效辨识催化剂表面的活性中心与性能描述符，并与催化性能定量关联，为设计活性位数量多、转换频率高的催化剂提供坚实的基础。对于工业涉及的复杂催化转化过程，存在多种活性位之间以及多种反应物及产物之间的相互竞争与协同机制，其所涉及的反应路径通常也随操作条件的变化而改变，因而在先前的工业催化剂设计过程中往往当作一个“黑箱”处理，获得的动力学特征也当作一个“总包”信息分析，为开展系统的宏观动力学分析增加了巨大难度。因此，需要开发新的反应动力学分析方法，可在线进行原位或准原位动力学信息的提取，实现不同活性位间结构性质的解耦，这将会是宏观动力学分析发展的一大方向。另外，近年来快速发展的原位光谱与电子显微技术，为辨识不同反应物、产物与催化剂表面间的相互作用提供了重要工具，如何将这些技术与动力学分析进行有效的结合，实现不同催化物种间动力学信息的解耦与准确提取，也将成为基于宏观动力学分析的催化剂设计研究发展方向。相信随着动力学分析方法与理论的发展与丰富，可以有效规避现有动力学分析的不足，通过认识和理解催化剂不同活性位结构与性质动态变化引起的动力学效应，建立相应的数学描述方法及动态动力学模型，从而实现高效、稳定催化剂的理性设计与动态优化。

目前的研究已经表明，成型催化剂颗粒的孔道结构和外形能够大幅度影响整个反应过程的转化率、选择性和稳定性，设计优化这些结构是催化剂工程设计的重要研究内容。这一研究领域的发展依赖于精准的多尺度动态数学模型的构建以及计算机技术的发展，以实时模拟催化剂和反应器中复杂动态的传递 - 反应过程，认识催化剂和反应器多尺度动态结构对反应性能的影响。同时还需要构建多目标的优化策略，从多尺度、多层次、多方面设计优化催化剂的结构，以实现整个反应系统性能的最大化。催化剂结构设计还需要紧密结合催化剂材料制备技术、传递 - 反应过程实验实时测量技术以及现代表征实验技术，不断修正建立的数学模型。此外，成型催化剂颗粒孔道结构和外形的设计优化方法可以拓展至其他多孔材料（如吸附剂、电极、多孔膜等）的设计和优化，以强化其他化工过程。

采用基于 DFT 计算的微观动力学模拟研究多相催化反应的反应机理，进而依据反应特性理性筛选过渡金属催化剂，是一个切实可行的研究方向。然而，采用该方法进行催化剂筛选依然面临一些问题。首先，DFT 计算的精度依赖于其交换 - 相关泛函（exchange-correlation functional）的精度。过去交换 - 相关泛函的发展主要聚焦于如何合理地描述分子的构型以及解离能，而对于决定化学反应动力学的反应能垒以及弱相互作用的描述（特别是 van der Waals 相互作用）却不甚精确。另外，由于 DFT 用于计算电子 - 电子排斥作用的交换 - 相关泛函（甚至 DFT 本身）是在单粒子近似的基础上发展起来的，因此，传统的电子结构计算方法不能很好地描述强电子相关（strongly correlated）体系，例如过渡金属氧化物或氮化物，这就限制了基于 DFT 计算的微观动力学模拟的应用范围。其次，采用多金属合金催化剂代替贵金属催化剂是一个发展方向，但是这种替换增加了反应系统的复杂性。如何在工业生产中保持催化剂活性、金属颗粒的热稳定性和催化稳定性，是将要面临的一个课题。尽管存在上述问题，但是应该相信随着高性能计算机、电子结构理论的进一步发展和催化剂材料制备水平的提高，在不久的将来，完全采用理论计算发现和优化催化剂将不再遥不可及。

采用基于宏观动力学分析辨识催化活性中心结构及其描述符，进而根据反应特性对其进行调控，以设计高活性与选择性的催化剂，是一个新兴且充满潜力的研究方向。该方法尚处于起步发展阶段且面临一些实验研究难题。首先，这种活性位辨识方法通常假定催化剂活化能基本不变，即催化剂表面有且仅有单一类型的金属活性位，因此该方法对于多金属共存催化体系的活性位辨识准确性并不高。对于复杂反应体系，如何辨识催化剂表面可能的活性位类型，并分别定量其对催化性能的影响，以探究其内部间的相互协调机制，是该动力学方法发展将要面临的一个课题。其次，对于催化活性中心描述符的辨识方法隐含着催化剂活性位结构稳定、在反应过程中未发生变化这一假定，通常将新鲜催化剂或使用后的催化剂的结构特性与动力学信息关联，因此该方法对于一些存在强吸附物种、易结焦失活的催化体系并不适用。

设计优化成型催化剂的孔道结构和外形是一条提升催化剂性能的有效途径，建立这些催化剂结构的设计优化方法和策略是工业催化剂开发中重要的研究内容。尽管目前研究者在这一研究领域已经取得了一定的成果，但是仍然存在一些问题，因此这一研究领域的发展较为缓慢。首先，成型催化剂颗粒孔结构和外形设计所采用的传递 - 反应模型大多数还是基于经典的传递理论，但是在纳米限域环境下这些经典的传递理论往往是不准确的，因此亟需发展新的传递理论，特别是限域环境下的传递理论，为传递 - 反应模型的构建提供更加准确的传递描述方程。其次，催化反应过程非常复杂，具有多尺度、多物理场耦合、非均匀以及动态变化等特点，因此需要建立多尺度动态数学模型，该模型的建立和求解需要开发尺度之间模型方程的耦合方法，以实现大变量跨尺度的计算。再次，催化剂孔道结构和外形的设计优化方法需要结合催化剂可控制备技术、传递 - 反应过程实验实时测量技术以及现代表征实验技术，将计算机的设计优化结果应用于工业生产。最后，其他化工过程，如膜分离、吸附分离、电化学反应等，都会用到多孔材料，也都会遇到传递限制的问题，催化剂孔道结构的设计优化方法同样可以拓展至多孔膜、吸附剂、电极等多孔材料的设计优化。

3.4 绿色高效分离工程

化工分离过程是化学工业中能耗、投资、成本最集中的环节，也是决定产品纯度和品质的关键之一。我国在化工分离技术领域积累了丰富的基础研究与工业应用经验，取得了一批有重要价值的原创性成果，但在整体上与国外先进水平相比仍有一定差距，分离过程消耗大、排放高，产品品质难以满足国民经济和社会发展的重大需求，天然药物、高纯气体、电子化学品、生物产品等高端化学品的进口依存度居高不下。未来需围绕绿色化、高端化、智能化的总体目标，聚焦基于人工智能的分离材料多目标设计理论、非常规体系界面分子传递理论、分离过程耦合强化机制等关键科学问题，推进分离介质与分离过程的创新，从分离热力学、传质动力学、流程构建与系统集成等多个方面突破物耗、能耗、排放和成本瓶颈。面对生命健康、电子信息、环境保护等领域的迫切需求，加强产学研结合和化学、生物、物理、工程、数学、计算机等多学科协同合作，重点开展生物基原料复杂体系分子辨识分离技术、离子液体气体吸收技术、超纯化学品精准连续制备、生物分离介质设计与过程高效强化等方向的研究工作，形成若干重要大宗产品和新产品的绿色高效分离技术并实现工业应用。

3.4.1 发展现状与挑战

分离过程是化学工业中的能耗大户，我国化学工业的能耗占全国总能源消费量的 15% 左右，其中 40% ～ 70% 来源于化工生产中的分离过程。在全流程设备总投资中，分离过程占比高达 60% ～ 75%。一方面，创新绿色高效的分离方法和技术是实现分离过程节能减排的关键。另一方面，高端化学品的先进制造是目前的学科前沿与产业热点，其重要特征之一在于产品的高纯度，这对绿色高效分离过程的开发也提出了迫切需求。面向信息、健康、材料、国防等领域的国家重大需求，推动化学品制造过程的高端化、绿色化、智能化，是化工分离技术领域正面临的重要挑战和机遇。

我国在化工分离技术领域积累了十分丰富的基础研究与工业应用经验，但在关键技术与重大流程方面与国外先进水平相比仍有一定差距。例如，具有独特化学结构与生理活性的天然药物是人类生命健康的重要物质基础，贡献了全球52%的获批新药、70%的抗癌药，但由于缺乏组分极复杂生物基原料的高效分离技术，我国长期处于“低端原料出口、高端产品进口”的不利局面，90%以上的高端天然药物依赖进口[313, 314]。同时，分离过程需大量使用甲醇、苯、丙酮等有机溶剂作为分离介质，每吨产品的溶剂消耗高达1000～3000m^3。在集成电路生产工艺中，需要使用氢氟酸[315]、过氧化氢[316]、氯化氢[317]等多种超纯电子化学品，但生产关键技术大部分掌握在国外领先企业的手里。国内高纯化学品领域涌现出多家化工企业，部分产品质量已达到国际先进水平，但整体上仍存在一定差距，我国6英寸及以下晶圆用高纯试剂自给率约为70%，8英寸及以上仅占10%左右[318]。在清洁能源生产、大气污染防治等领域，气体的净化是十分重要的技术环节，传统工艺主要采用以挥发性有机溶剂为介质的吸收分离方法脱除杂质气体，存在溶剂易挥发降解、二次污染严重、选择性差、能耗高等问题。在生物工程产品如生物小分子（氨基酸、有机酸、脂、酚、醇、酮、胺等）、多肽、蛋白质、核酸、病毒、细胞及生物组织等的制造中[319]，受制于产物浓度较低、稳定性较差、体系复杂、质量标准严格等因素，现有分离工艺的效率普遍较低，分离成本可达总成本的80%以上，已成为免疫治疗、基因治疗、疫苗创制、合成生物学等世界科技前沿领域亟待突破的技术难题[320]。

当前，围绕高端化、绿色化、智能化的总体目标，绿色高效分离技术的发展呈现以下趋势。一方面，以离子液体、超临界流体、多孔吸附材料等为代表的绿色高效分离介质和材料不断涌现，其结构设计和性能调控是国际上研究的热点。离子液体是由阴阳离子组成、具有特殊氢键的一类新型溶剂，它们具有极低的饱和蒸气压，在分离过程中不会像传统有机溶剂那样挥发而造成损失和污染，且容易和气体或低沸点溶质发生分离，再生能耗低、可循环利用。另一方面，离子液体结构可设计，通过调节阴阳离子结构、引入官能团，可设计对目标物质有高溶解度和选择性且满足吸收、萃取等分离过程使用需求的离子液体。分子印迹聚合物、金属-有机框架材料、共价有机框架材料等新型多孔吸附材料具有比活性炭、硅胶、氧化铝等传统吸附材料更加有序的孔道结构和丰富多变的结构和物化性质，有望根据分离需求定制具有特定孔径、孔结构形态、孔道表面富集高密度吸附功能基团的多孔吸附材料，强化对结构相似杂质和痕量杂质的分子辨识能力，获得更高选择性、更大吸附容量，降低扩散阻力。在生物分离领域，兼具无机类介质和有机类介质各自优势的复合型分离介质（如无机-有机复合介质、天然多糖类复合介质等），成为分离介质创新发展的重要方向，智能材料和先进制造技术（如3D打印）的创新应用也逐渐成为该领域的研究热点[321, 322]。在超纯化学品制备领域，部分方法如亚沸蒸馏技术[323]，目前尚只能应用于量少的化学品的制备，而精馏等分离方法可以用于大规模连续生产，因此，开发和应用适用于非清洁物系和清洁物系的新型塔板、高效填料等塔内新型构件，已成为突破超纯化学品精馏分离技术瓶颈的关键。此外，以反应-分离耦合、分离-分离耦合等为代表的分离过程强化技术和流程系统集成技术，是绿色高效分离技术发展的另一重要方向。例如，在生物反应体系中，利用反应-分离耦合技术，可以选择性地将对反应有抑制或毒害作用的产物（或副产物）即时移除，实现生物催化剂活性的长期保持或细胞的高密度生长，进而提高目标产物的产率和质量。在超纯化学品制备领域，可针对不同原料物系，通过不同提纯技术集成或分离过程耦合实现分离效果强化，并发展膜结晶等新型分离过程，实现分离过程的耦合强化。同时，对于某些电子工业用超纯试剂，有时即使含ppb(10^{-9})、ppt(10^{-12})级的痕量金属杂质也会劣化产品性能，在生产包装运输过程中混入的尘埃、微粒等也会给后续集成电路等下游产品生产造成严重问题，因此需要开发超纯化学品“生产、包装、运输”容器技术，形成覆盖全流程的生产供应体系，保障产品纯度和质量。

目前存在的重大问题与挑战主要总结为以下几点。

（1）天然活性物质高纯单体的绿色高效分离制备

天然活性物质产品的功能和附加值与其纯度息息相关，往往只有高纯单体才能用于高端药物或其前体的制备。然而，天然活性物质在原料中的含量普遍很低，且与大量结构和性质相似的杂质组分共存，分离难度大、成本高。同时，随着国内外市场对重金属、农残等有害杂质的限量要求日益严苛，现有分离工艺更加难以满足对产品品质的要求。因此，亟需进一步开发具有优异分子辨识能力的新型分离介质和材料，建立分子辨识分离新技术与新工艺，突破分离选择性和分离容量的瓶颈，同步提升产品纯度和收率，降低过程消耗和成本。同时，分离介质和材料应具有本征的绿色性，为从源头上缓解和消除溶剂残留、“三废”排放等问题奠定基础。

（2）气体分离过程创新

气体分离广泛用于能源、资源、环境、产品纯化等方面，如空气分离、天然气脱碳、烟气脱硫、高纯氢制备、轻烃分离、电子特气生产等，发挥了举足轻重的作用。目前气体分离技术主要有吸收、吸附、低温精馏、膜分离等，但通常面临能耗高、成本高、产品纯度控制难、二次污染等难题。为此，需重点突破新型材料设计、关键设备放大和工艺优化集成的科学技术难题，通过新材料如MOF、离子液体等的原始创新，超重力、微通道等装备的强化，以及多种技术的优化组合，有望形成新一代气体分离绿色变革性新技术。

（3）超纯化学品的精准连续制备

高纯度化学品的生产，需要针对产品纯度目标，根据物系的物化性质选择相宜的分离路线。同时，由于产品纯度要求的不断提高，对现有生产装备的分离效率也提出了更高的挑战。因此，亟需进一步开发和应用反应-分离、分离-分离过程耦合/组合创新工艺，新型高效塔内件、高效膜分离器等过程强化技术，新型分子筛、膜材料等材料技术，以提高过程的分离能力，同时降低操作成本，减少废料、副产物产出。此外，在高纯化学品生产、包装、运输领域，开发有效的装备材料技术，降低容器壁金属元素对产品的污染，也是亟待解决的问题。

（4）生物分离过程的高效强化

生物分离过程的面向发酵液、细胞培养液等具有生物活性的复杂多相体系，目标产物浓度较低且稳定性较差，而蛋白质、抗体、疫苗等生物产品对环境敏感，要求分离过程高效、快速，因此，保持产物活性和功能并实现高效生物分离具有较大挑战，亟需基于过程工程一体化思想发展生物分离过程的高效集成与强化技术。此外，生物分离所制备的产品对产品的纯度和质量要求很高。亟需有针对性地重点开发重要大宗生物产品（如疫苗）和新型生物产品（如基因治疗、免疫治疗）的下一代平台生产技术。

3.4.2 关键科学问题

（1）关键科学问题 1：基于构效关系的分离材料多目标设计理论

绿色高效分离过程的建立，不仅要求分离材料具备高选择性、高分离容量，而且要求传质阻力小、易循环利用、对环境影响小。传统的经验式设计方法难以满足多目标优化的要求，因此一方面要深入认识材料结构与分离性能的构效关系，另一方面要基于理论计算和机器学习等算法，形成基于构效关系的分离材料分子设计新方法。

（2）关键科学问题 2：非常规体系界面分子传递理论

界面分子传递性能对分离过程效率有重要影响。一方面，离子液体具有强静电场和团簇结构，多孔吸附剂具有纳微受限空间，其传递特性显著不同于传统介质。另一方面，蛋白质、疫苗等现代生物产品的脆弱性要求分离过程高效、快速，这有赖于对大分子和超分子的界面分子传递规律进行揭示。

（3）关键科学问题 3：分离过程耦合强化机制

高纯、超纯化学品的生产对各种杂质的限量要求都极为严苛，单一分离方法往往难以胜任。需要针对不同体系的组成特点，开发分离 - 分离、反应 - 分离等耦合 / 组合技术，实现物料和能量的系统优化，降低过程的物耗和能耗，提升产品品质和全流程的技术经济性。

3.4.3 主要研究进展及成果

3.4.3.1 天然活性物质绿色高效分离技术

天然活性物质具有丰富的化学结构和广泛的生理活性，是功能化学品和药品的重要物质基础[313]。然而，天然活性物质普遍与分子结构相似的一系列物质甚至同系物共存，沸点、分子自由程、溶解度和分子尺寸十分相近，形成极复杂的体系，从中分离出高纯度、高品质的特定活性成分极具挑战[314]。分子蒸馏、溶剂萃取、结晶等方法的分离选择性不高，难以满足生命健康领域对医药产品品质越来越高的要求。吸附色谱法是目前国际通用的天然活性物质分离纯化的主要方法，但存在吸附容量小、溶剂用量大、传质阻力大、过程能耗高等固有不足。液 - 液萃取具有处理量大、传质阻力小、过程连续、容易放大等突出优点，能够克服传统吸附色谱法技术的固有不足，但常规萃取剂种类少、分子辨识能力弱、选择性低，难以实现结构相似物质的高选择性分离。

离子液体是由阴、阳离子组成的液体介质，具有结构和性质可设计、易形成液 - 液两相等特点，为萃取分离技术的发展提供了新的机遇[324, 325]。浙江大学研究团队针对天然活性同系物普遍含有含氧基团和不饱和键、在氢键酸碱性和 π 电子作用能力上存在细微差异的特点，构建了具有较强氢键作用和多位点协同作用能力的功能化离子液体（图 3-51），建立了以离子液体为介质选择性萃取分离天然活性同系物的新方法，并将其应用于疏水性同系物（生育酚、胆固醇等）、强亲水性同系物（抗坏血酸、棉籽糖等）、疏水疏油性同系物（异黄酮、辣椒碱等）、两亲性同系物（磷脂等）等四大类、十余种天然活性同系物体系的高效分离 [326-328]。结果表明，其分离选择性可达常规有机溶剂体系的 4 ～ 7 倍，部分溶质的分配系数可达 50 倍以上，仅需 5 ～ 20 块理论塔板即可分离得到高纯度单体化合物，溶剂消耗比传统色谱方法下降 80% 以上。以高效液 - 液萃取分离为核心，浙江大学开发了 24- 去氢胆固醇、磷脂酰胆碱等高端医药化工产品的全流程生产新工艺（图 3-52），打破了国外的技术垄断。华东理工大学提出一种在线生成低共熔溶剂（一类特殊的离子液体）的缔合萃取分离技术 [47, 329]，即通过萃取过程中特定有机盐与特定天然活性物质之间形成低共熔溶剂而将其分离回收的方法，已在生育酚 / 脂肪酸甲酯、芳樟醇 / 柠檬烯混合物等结构相似物质的分离中成功得到验证，获得了纯度 99.6% 的 α- 生育酚和纯度 98.7% 的芳樟醇产品。

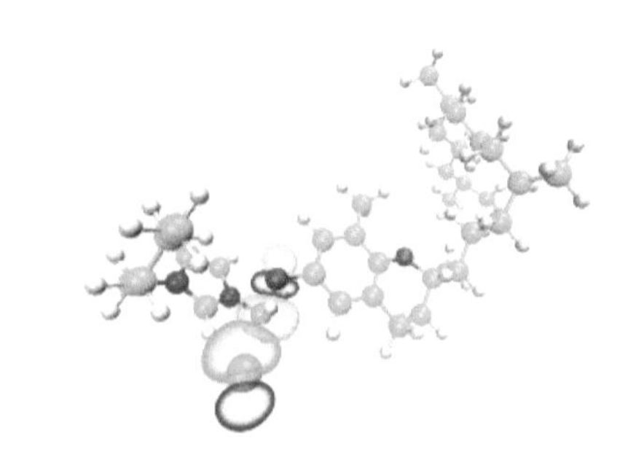

图 3-51
离子液体与天然活性物质的氢键作用

图 3-52
甾类同系物萃取分离工业装置

超临界流体分离技术由于其温和的操作条件、良好的传质及绿色特性，在近年来成为天然活性物质分离领域中的研究热点。超临界 CO_2 的高扩散特性使超临界流体色谱的分离效率是液相色谱的 3 ～ 5 倍，而有机溶剂的消耗通常只有液相色谱的 5% ～ 20%，且其温和的操作条件有利于纯化过程中热敏性天然活性物质的“保鲜”[330]。新型固定相的开发是该领域的研究热点之一，例如基于手性固定相的超临界流体色谱技术，已在分析规模和制备规模下实现了三萜类等活性物质的高效分离 [331]。与模拟移动床技术结合后，超临界流体模拟移动床技术可进一步降低溶剂消耗，提高分离效率 [332]。虽然设备投资大仍然是目前超临界流体技术发展的瓶颈，但该技术在高附加值

产品的绿色制备中依然具有良好的应用潜力。

3.4.3.2 气体分离过程创新

气体分离广泛应用于能源、资源、环境等领域。气体分离技术有助于提高原料气或工业气体中有效组分纯度，满足下游生产需求，还可实现工业废气中有用组分的资源化回收利用及污染组分的达标排放。例如，天然气是现代清洁能源的主体，因其来源不同，天然气中含有约10%～55%的杂质成分CO_2，会降低天然气热值、腐蚀管网、增加运输成本等。传统以有机胺、低温甲醇、聚二乙醇二甲醚等为吸收剂的吸收分离方法，存在工艺难控制、溶剂易挥发降解、选择性差、能耗高等问题。挥发性有机物（VOCs）是一类典型的大气污染物，易导致酸雨、雾霾等环境问题，极大危害人类健康。其主要处理方法包括冷凝、吸收、吸附、催化燃烧、生物法等方法。工业过程常采用催化燃烧技术，但资源浪费严重，且对含氯有机物的处理困难。

离子液体（ILs）具有几乎不挥发、结构和性质可设计的特点，在CO_2的捕集分离方面已成为研究热点，具有良好的应用前景。常规离子液体吸收CO_2主要通过静电力、范德华力等物理作用，吸收过程符合亨利定律，其中阴离子对CO_2吸收溶解度的影响明显强于阳离子[333, 334]。但常规离子液体的CO_2吸收容量较低，相比于工业上应用的醇胺类吸收剂竞争力较弱。功能离子液体则通过引入氨基等特殊官能团，与CO_2发生化学作用，可获得更高的吸收量和选择性[335]。吸收CO_2的功能离子液体可分为单氨基、双氨基和非氨基三类。例如，双氨基离子液体1, 3-双（2-乙氨基）-2-甲基咪唑溴盐，其每摩尔可吸收CO_2 1.05mol(30℃，0.1MPa)[336]。由于离子液体与CO_2作用后体系黏度显著增加，影响传质速率等。因此，开发低黏高吸收量的离子液体成为发展趋势。如1, 1, 3, 3-四甲基胍咪唑盐（[TMGH][Im]）质子型离子液体，具有较低的黏度和较快的CO_2吸收速率，且能和CO_2反应得到氨基甲酸盐，具有较高的CO_2吸收容量（图3-53）[337]。基于离子液体的特殊物性，中科院过程工程研究所团队结合实验和数值模拟，研究了离子液体介质流动传递及工程放大规律[338-340]，建立了适用于离子液体体系的数值模拟新模型，获得了气含率、气泡形成-聚并的形貌变化规律[341, 342]，离子液体气体吸收（如CO_2等）的传递规律[36, 343, 344]（图3-54），以及离子液体液膜流动及调控规律，为离子液体体系反应器放大设计提供了理论指导。

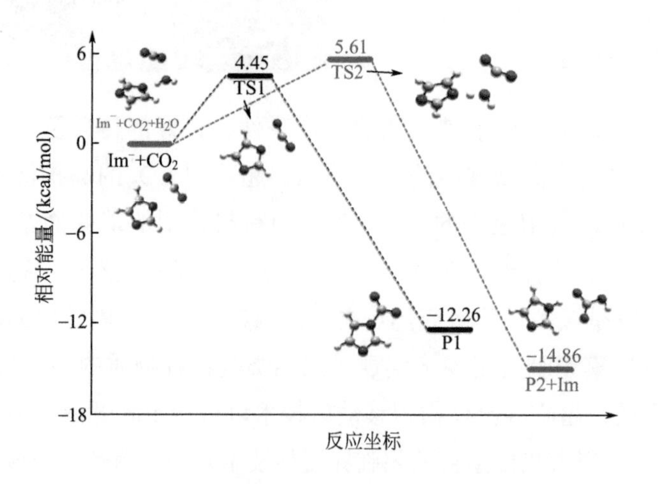

图3-53

[TMGH][Im]及[TMGH][Im]-H_2O体系吸收CO_2过程反应路径[337]

1kcal=4.184kJ

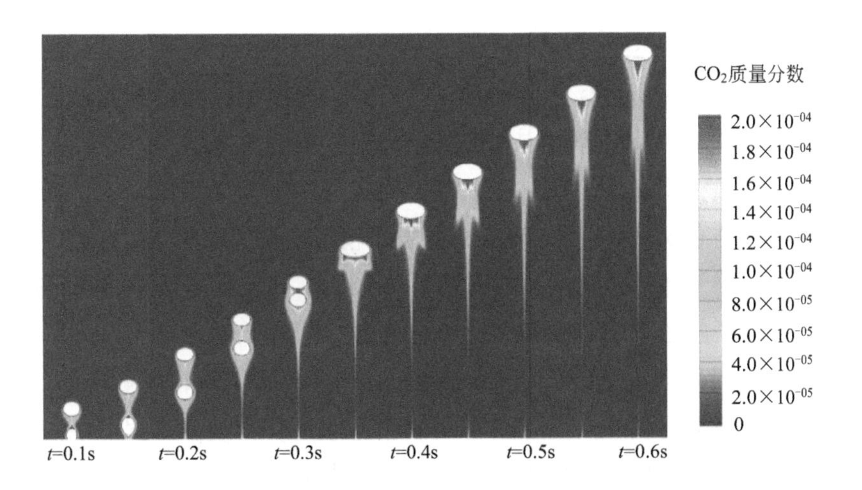

图 3-54

[Bmim][BF_4] 吸收 CO_2 过程中气泡聚并 CO_2 浓度场变化规律（$T=313K$，$p=2MPa$）[344]

工业废气中的二氯甲烷（DCM）是典型的 VOCs 之一，大量排放将导致严重的环境污染和资源浪费。离子液体的独特性质为 DCM 的高效回收提供了新途径，具有巨大的应用潜力。研究发现 DCM 在离子液体中的分配系数是在水体系中的 10 ～ 47 倍，表明 DCM 在离子液体中具有较高的溶解度[345]。此外，随着阳离子上的咪唑环侧链碳数增大，DCM 的吸收能力增强，而阴离子对于 DCM 容量有较大影响，其中 SCN^- 阴离子的离子液体具有较大吸收量，每克离子液体对 DCM 的吸收量可达 1.46g(30℃, 60kPa)，其原因是阴离子与 DCM 之间形成了较强的氢键[346, 347]。

3.4.3.3 超纯化学品的精准连续制备新过程

超纯化学品是电子信息，尤其是集成电路制造、液晶显示屏等领域急需的高端基础化工材料[348]，其生产关键技术是分离提纯。随着电子产品制程的不断提高，与之匹配的超纯化学品纯度要求也越来越高[349]。随着半导体产业的发展，我国超纯化学品市场需求及规模也在不断扩大，以超纯试剂为代表的湿电子化学品需求量的年复合增速未来几年可能达到 15%[350]。近年来，大连理工大学、湖北兴发化工集团、北京化工大学等，在工业黄磷生产电子级磷酸关键技术、高纯 / 超高纯化学品精馏关键技术与工业应用等方面取得了突破性的进展。

电子级磷酸是常用于大屏液晶显示器和超大规模集成电路等微电子行业的超高纯度试剂[351, 352]。湖北兴发化工集团等开展了工业黄磷逐级净化、电子级磷酸防腐控制等关键技术的研究，开发了高纯度黄磷、电子级磷酸生产技术和芯片用磷酸系蚀刻液等专用产品，建成了 10kt/a 高纯黄磷、30kt/a 电子级磷酸和 50kt/a 专用型电子化学品生产线。在高纯度黄磷的生产中，集成了活性炭吸附、硝酸氧化和连续减压真空精馏工艺，进行逐级提纯净化，制备出电子级磷酸专用黄磷。在电子级磷酸生产中，针对黄磷燃烧以及高温 P_2O_5 水合过程中设备腐蚀带来的金属离子污染，通过控制燃烧段设备壁温使内壁形成磷酸酐膜阻隔层，以及充分高效冷却生成的 P_2O_5 蒸气等手段，减少设备的腐蚀，降低带入工艺介质的金属元素含量。据报道，制备出的高纯黄磷，纯度超过 99.9999%；制备出的电子级磷酸中金属离子及砷含量均小于或等于 10μg /kg，使得电子级磷酸国产化率达到 45%，其中在中芯国际使用比例达到 60% 以上[353]。

超纯化学品精馏存在分离难、效率低、能耗随纯度提高急剧增长等难题，开发和应用新型塔板、填料等塔内件来提高精馏过程的分离效率，对突破超纯化学品精馏的瓶颈具有重要意义。北京化工大学发明了适用于非清洁物系的抗堵新型塔板、适用于清洁物系的高效填料（图 3-55），开发了精馏全流程节能的优化技术。高效、抗堵的新型塔板应用于高纯硅生产，规模达到 3000t/a，硅纯度高达 99.99999999%，可用于芯片生产；用于氯乙烯提纯，纯度达 99.999%，可用于聚合高端聚氯乙烯。将高效率、大通量的填料用于电子级二氯二氢硅的生产，产品杂质含量硼 5ng/kg、磷 20ng/kg、砷 15ng/kg，实现了外延硅和芯片原材料自主生产。精馏全流程节能的优化技术，结合新型塔板、新型填料精馏技术，为实现超纯化学品精馏提纯过程的优化节能提供了重要手段。

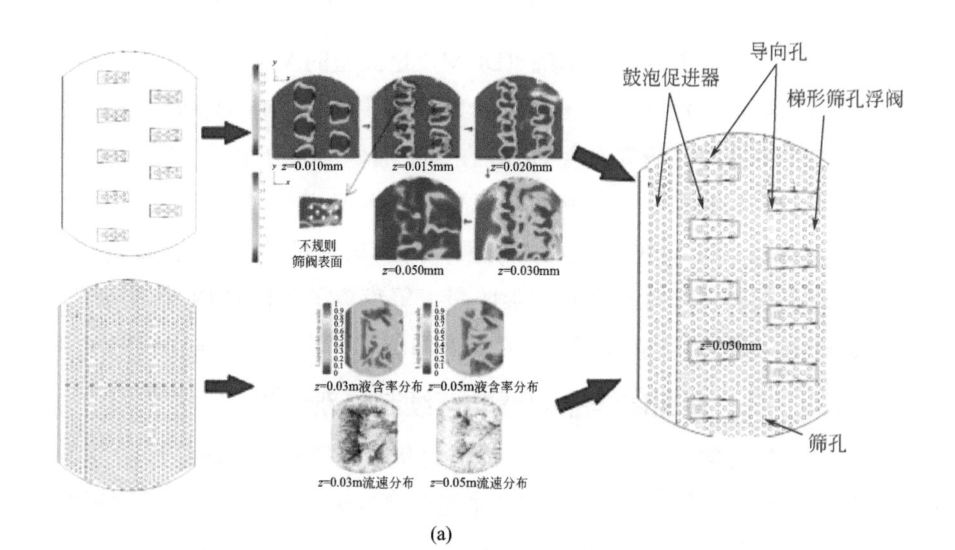

(a)

(b)

图 3-55

新型塔板开发过程（a）和高效填料结构示意图（b）

此外，在分离过程耦合强化制备超纯化学品领域，大连理工大学的膜科学与技术团队提出膜结晶这一新型耦合分离过程，已将膜结晶应用于蒸发、冷却、溶析沉淀 / 反应等典型结晶过程，用于制备高纯、超纯晶体[354-357]。该技术通过在膜组件内建立膜界面微尺度耦合力场 - 浓度场，实现亚微米级高精度混合和浓度控制，将在同一时空竞争的成核和生长过程，分解为膜内可控成核、结晶器内快速生长，实现过程解耦调控的同时有效强化超纯晶体制备过程。该理论指导多级过程的耦合流程设计优化，在超纯硫脲、车用尿素、亚硫酸铵等高端化学品制备方面展现了重要的应用潜力。

3.4.3.4 生物分离介质与过程高效强化

生物分离是指在微生物发酵液、动植物细胞培养液、酶反应产物和生物体本身提取目标产物的过程[319]，是生物制造实现产业化发展的关键环节。生物分离过程具有诸多特点，其处理对象多为发酵液、酶反应液或动植物细胞培养液等具有生物活性的复杂多相体系，其中目标产物浓度较低且稳定性较差。因此，保持产物活性和功能并实现高效生物分离具有较大挑战。生物分离所制备的产品，如生物试剂、生物药等，均有严格的试剂标准或药典规范，对产品的纯度和质量要求很高。因此，生物分离成本较高，具有较强的技术壁垒[320]。

随着生物制造产业的兴起，其产品在能源、化工、食品及医药等核心部门广泛应用，生物分离技术创新发展和转型升级的需求也越来越迫切。20 世纪 90 年代以来，生物技术与分离技术、材料科学的交叉融合极大推进了生物分离领域的创新发展，生物分离技术不断转型升级，向“高端化、复合化、精细化”发展，而分子印迹、微流控、3D 打印等技术也逐渐被引入生物分离过程中[358]（图 3-56）。

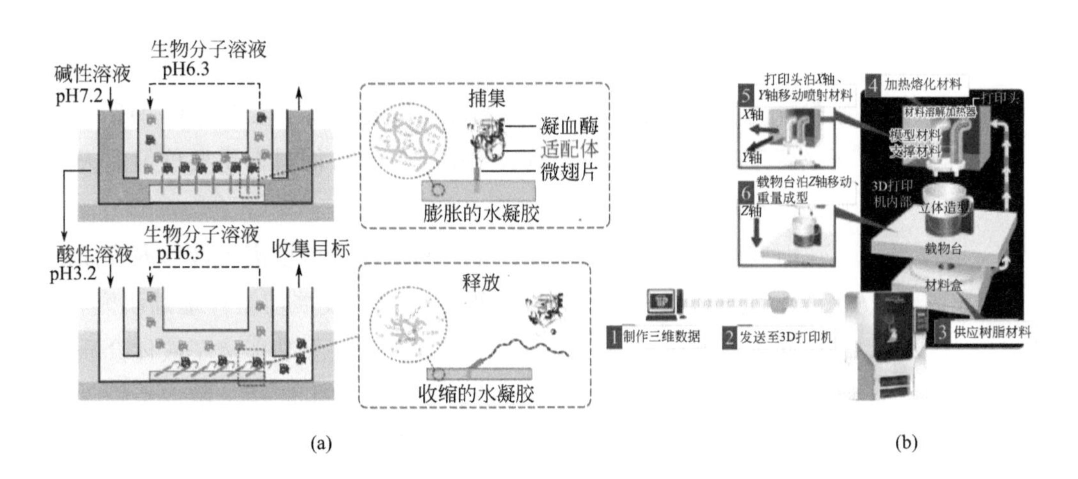

图 3-56

微流控技术吸附分离生物分子（a）和 3D 打印功能材料（b）

复合化发展是分离介质创新的重要方面，在生物分离中展现出优异的性能[359]。例如，将纤维素纳晶材料与磁性 Fe_3O_4 和 Cu(Ⅱ) 离子复合，得到具有磁性且可对蛋白质特异性吸附的复合分离介质，实现在蛋清中分离提取溶菌酶[360]。共价有机框架（COFs）等新型多孔材料具有结构和功能可设计性强的特性，也成为分离介质研究的热点。例如，将具有手性的生物分子与 COFs 复合，制备高效分离柱，可实现包括天然产物在内的多种物质的手性分离[361]。智能响应性材料也逐渐应用于生物分离过程[362, 363]。例如，以具有 pH 响应性的聚（丙烯酸 - 丙烯酸甲酯）为分离介质，从复杂的生物样品（如小鼠大脑）中有效地富集痕量糖蛋白 / 糖肽[364]。

在分离过程强化方面，发展了多种反应分离耦合形式，如反应与膜分离的耦合、反应与色谱分离的耦合等[365]。例如，利用循环回流发酵与膜分离耦合生产多黏菌素 E，与非耦合发酵过程相比，发酵产物的效价提高了 21%[366]。此外，将智能化分离介质与微流控技术相结合，可进一步实现分离过程的强化。如利用微流控系统，同步操纵凝血酶适配体的展开 / 折叠与 pH 响应水凝胶的体积变化，可实现凝血酶的高效分离，提供了在复杂体系中智能分离特定生物分子的新方法[367]。随着 3D 打印分辨率的提升和印刷材料多样化的发展，3D 打印技术在生物分离领域的应用潜力愈发明显。其可用于液相色谱、薄层色谱和整体固相萃取等多种生物分离介质的制备，实现了多种混合蛋白的分离提取[368-370]。

随着大健康产业的发展和人民对健康需求的不断提升，生物分离产品的应用向高端化、高附加值方向发展，这对生物分离技术提出了新的要求。生物分离技术的转型升级将极大推动生物化工和生物制造产业的发展。

3.4.4 未来发展方向与展望

面向高端天然药物的先进制造，发展生物基原料复杂体系分子辨识分离技术。针对生物基原料组成复杂、结构相似的特点，创建以离子液体等新型溶剂和新型多孔材料为主导的分子辨识萃取或吸附分离新方法，突破中等分子量同系物及痕量有害物质选择性低的瓶颈。研究纳微受限空间、离子环境、超临界等非常规条件下天然活性物质分子扩散传递的科学规律，揭示界面结构与界面传递的调控机制，实现分子间相互作用 - 结构 - 扩散关系的量化描述，建立天然活性物质分子传递强化机制，实现萃取、吸附分离工艺的无级放大。大幅降低传统分离工艺的溶剂消耗、能耗和“三废”排放，形成若干在抗肿瘤、心血管、生殖健康等方面具有重要价值的天然活性物质分离制备原创技术并实现工业应用。

面向清洁能源与环境保护重大需求，发展以离子液体为介质的气体分离技术。离子液体在气体吸收分离方面展现了良好的发展前景，基础研究和工业应用均已开展。在面向工业化应用的过程中，不仅要开发新型功能离子液体介质，还需要综合考虑吸收 - 解吸全工艺，以获得高吸收容量、低再生能耗、稳定性好、成本低的离子液体溶剂和新型装备及工艺，推进气体分离过程创新及应用。同时，气体分离过程的创新将向多元介质耦合、多技术方法耦合发展，比如离子液体复合溶剂、离子液体吸附材料、离子液体膜材料等，以及吸收 - 吸附过程耦合、吸收 - 膜分离耦合等多技术协同，同时发展绿色高效分离与资源化回收利用，突破资源和环境“瓶颈”。

面向电子信息领域产业前沿，发展以耦合分离技术和高效精馏技术等为代表的超纯化学品精准连续制备新过程。5G、物联网、自动驾驶等电子信息领域科技的兴起，为集成电路、液晶面板等产业的发展注入了新的活力。超纯化学品未来的发展方向及目标，主要还是跟踪下游生产商的需求，研究开发质量和品种与芯片、液晶面板等新制造工艺相匹配的高纯试剂。此外，还需积极参与超纯化学品的国内和国际标准制定，进一步推动相关行业转型升级。在当前国际贸易环境不稳定的情况下，我国超纯化学品行业需要形成持续创新发展的研究开发环境，实现产品质量级别与种类数量的提高，尤其是对目前尚无法国产的高纯化学品，要投入更多的精力，以满足下游市场的需求，使我国的超纯化学品供应实现从依赖进口到生产、技术本土化的蜕变。

面向生物制造产业科技创新趋势，发展智能化生物分离介质及分离过程高效强化方法。智能分离系统的构建可实现对整个工艺过程的实时监控和精确调控，而利用计算机技术辅助过程强化可以高效优化工艺流程和资源配置[371]。近年来，3D 打印技术为方便快捷地实现分离介质结构和功能多样化以及多种材料（介质）的复合提供了新的可能，有望服务于与高端定制化制备与分离设备相适配的分离介质；人工智能、物联网等新技术快速发展并逐渐向过程强化领域渗透，为生物分离技术的发展提供了新的机遇。因此，需要加强产学研结合和化学、生物、物理、工程、数学、计算机等多学科协同合作，发挥我国在人工智能等领域的已有基础优势，重点开发重要大宗生物产品（如疫苗）和新型生物产品（如基因治疗、免疫治疗）的下一代平台生产技术，在分离介质设计和过程强化技术开发方面达到国际领先水平。

3.5 聚合与聚合物加工过程

合成高分子又称聚合物，包括合成树脂、合成橡胶、合成纤维以及涂料、黏合剂等，是国民经济和国防建设不可或缺的重要基础材料与战略物资。聚合物材料的生产包含聚合反应和聚合物加工两个过程，国际上它们均被列入化工学科，我国学界则通常把聚合物合成与加工中的聚合反应及聚合物交联、接枝、扩链、嵌段等化学反应过程列为化工学科，而把聚合物的物理改性与加工列为材料学科。

与一般化学反应过程相比，聚合与聚合物的化学反应过程具有如下主要特点：①大多数聚合反应（如烯类单体、环醚类单体的连锁聚合反应）为强放热反应，而聚合体系则为高黏甚至非牛顿流体，或为液 - 固、气 - 固两相流或气液固多相流，传热问题突出。②部分聚合反应有低分子副产物生成，其存在往往会影响到聚合物的分子量；此外，残单、催化剂和痕量聚合反应介质也会影响到产品的品质。但要从高黏体系中去除这些低分子物则十分困难，扩散传质问题也很突出。③产物结构十分复杂，如分子量及其分布、共聚组成及其分布、共聚单元序列分布、支化链密度与长度分布、立构规整性等分子结构，链缠结、微相分离、结晶、晶型等聚集态结构。这些结构直接决定了聚合物的性能（或功能）、应用领域与价格。因此，聚合物产品的高端化实际上是要实现其结构的最优化。

聚合反应与聚合物化学反应的产物通常为不同链结构同系物的混合物，没有产品收率的概念。在高分子化工研究者和产业领军人士的共同努力下，目前大多数聚合及聚合物化学反应过程已在无溶剂或少溶剂的气相本体、液相本体或熔体中进行。绝大多数溶液聚合过程已使用了毒性较小的溶剂，有些甚至以水为介质。一些聚合物发泡过程的发泡剂也以水和超临界二氧化碳代之。然而，聚合与聚合物加工过程能耗高，

急需传热及扩散传质过程强化，实现节能减排的问题仍很突出，已成为这两过程绿色化的关键。

长期以来，我国高分子化工科技工作者围绕国家和行业发展的重大战略需求，结合聚合物产品工程等学科前沿，在聚合与聚合物加工过程的强化、绿色化和智能化以及聚合物产品的高端化等方面，开展了大量基础和应用研究，取得了重要的突破与进展，持续不断地推动着我国高分子化学工业的技术进步与发展[372]。

3.5.1 聚合过程的强化与绿色化

3.5.1.1 发展现状与挑战

我国现阶段大宗聚合物的生产技术与装置，大多是经由引进—消化吸收—再创新的路线发展起来的。早期自主开发的溶液聚合法顺丁橡胶和悬浮聚合法聚氯乙烯成套技术，经不断的技术革新与改造，过程的能耗、物耗不断降低，产品的牌号不断丰富，已达到国际先进水平。一些早期引进的聚合过程技术与装置，如气相聚合法聚烯烃生产技术、熔融缩聚法聚酯生产技术，经国内高校和科研机构深入的冷、热模试验，不仅探明了相关工艺及设备的设计原理，实现了过程的扩能、放大和操作工艺的优化，也为自主创新技术的融入打下了良好的基础；过程的物能消耗水平和产品的性能也达到了国际先进水平。

事实上，国内外学术界和企业研发机构对于聚合过程的开发与强化都极为重视，但是重要的产业化技术成果则鲜有报道。因为聚合过程的开发、强化、运行优化是公司的技术秘密和壁垒，是高端聚合物原材料生产技术的关键，多被国外行业领导型企业垄断和封锁。我国新颖聚合物合成的基础研究多有报道，但要改变我国高端牌号进口、低端牌号竞争激烈、特种聚合物材料及其生产技术被严密封锁的现状，瓶颈仍然是以聚合过程强化与绿色化为核心的聚合工艺与装备技术的自主开发[373]。其面临的问题与挑战主要有以下几方面。

① 构建链接聚合物产品本征质量与聚合过程条件的全流程模型及其优化计算方法。建立聚合物产品本征质量指标体系（分子量分布、共聚物组成与分布、序列分布、聚集态结构），构建面向本征质量的、基于聚合反应机理的全流程模型，发展超大规模聚合过程模型的联立求解与动态优化的高效算法。实时预测聚合反应过程中的产品本征质量，实时优化、调控聚合过程条件。

② 发展遵循聚合反应动力学、聚合过程相态演变和流混特性的聚合过程强化方法。深刻认识并掌握全程聚合反应动力学与聚合过程相态演变规律，依据聚合过程的非均相特性、高黏非牛顿特性，发展流场结构化聚合反应装置，强化聚合过程的传递特性，研发创新结构的高效聚合反应装置，突破高性能聚合物规模化制造的瓶颈。

3.5.1.2 关键科学问题

进行聚合工艺与装备技术的自主开发，关键是要：①深刻理解聚合反应过程的特点和相态特征，探明聚合反应器内物料流场、温度场和浓度场对聚合物分子结构的影响规律；②明晰聚合过程传热与传质强化的瓶颈问题，揭示高黏非牛顿性、非均相等状态下装备的几何尺寸与操作条件等对过程传热与传质规律的影响。在此基础上，现有聚合装置的强化与工艺再造，或工艺与装备技术的集成创新，是解决工程难题的关键。

3.5.1.3 主要研究进展及成果

近年来快速发展的气相法聚烯烃、熔融缩聚法聚酯分别展现了我国在非均相和均相聚合过程中引进—消化吸收—再创新方面的突出成绩。

（1）非均相聚合过程强化——以气相法聚烯烃过程为例

气相法聚烯烃工艺中，聚合物以颗粒的状态在流化床中长大，循环反应气体经过床层后吸收反应热而升温，再通过循环管线上的冷却器将热量移出系统。

由于聚合反应在颗粒内进行，宽分布、黏结性强的颗粒流态化是重点关注的问题，反应器与气体分布板结构、催化剂进料位置、搅拌辅助流化、多区循环流化等一系列技术的突破，调控了烯烃聚合过程流态化，形成了多种专利技术，典型的有 Unipol 工艺、Innovene 工艺、Spherilence 工艺、Spherizone 工艺、Novolen 工艺等[374]。

由于气体的潜热很小，所能吸收的热量有限，限制了聚烯烃的空时产率，单程聚合率不超过 3%[375]。超冷凝态操作工艺革命性地在循环气体中注入冷凝液体，聚合热通过流化气体的升温显热和冷凝液体的蒸发潜热协调移除，可将气相聚乙烯反应器的时空收率提高 2 倍以上[376]。

气相流化床反应器中引入搅拌器，可以使大粒径的颗粒产生散式流态化，强化流态化过程，同时可以清除反应器釜壁上的粘釜物，从而可制备乙烯质量分数达 30%、乙丙橡胶质量分数达 50% 的抗冲聚丙烯共聚物[377]。

多区循环流化床技术[378]、气液相分区流态化工艺[362]，可使聚合物颗粒在反应器中实现均聚与共聚气氛的快速、多次切换，聚合物中形成了大量的微嵌段共聚物，使起增韧作用的橡胶相与聚烯烃基体相间产生很强的结合力，抗冲性与刚性的平衡得到最大程度的优化[379]。

（2）均相高黏聚合过程强化——以聚酯缩聚过程为例

溶液聚合或液相本体聚合过程的后处理，就会涉及聚合物溶液中小分子物质（溶剂、未反应单体）的脱除问题。缩聚过程中小分子不脱除就无法得到高分子量的聚合物，聚合物产品中挥发分的含量都要求控制在 ppm(μg/g) 级。因此，“脱挥”操作就成为高黏聚合过程强化的重要组成部分[373]。

国内从德国吉玛引进的聚酯（聚对苯二甲酸乙二醇酯）装置中，终缩聚釜采用了卧式圆盘片搅拌反应器。圆盘片液下部分起搅拌混合作用，气相部分圆盘片形成流动膜，极大地增加了气液界面，同时在搅拌旋转过程中圆盘片上的膜是及时更新的，显著强化了总传质能力[380]。随着缩聚过程的发展，物系黏度不断增加，在卧式圆盘搅拌反应器的结构设计时，缩聚进程发展>聚合物系黏度提高>盘片结构设计梯级变化，而搅拌速度影响界面更新速率，综合平衡各因素才能达到聚酯终缩聚的最优设计和运行。经过消化吸收再创新，国内聚酯后缩聚反应器的产能已经提升了 10 倍以上。

由于操作黏度的限制，传统圆盘式反应器无法生产高黏度聚酯产品。研究表明，

双轴圆盘反应器的传质性能优于单轴圆盘反应器，从而拓展了圆盘反应器的高黏适应性[381]。采用特殊结构的眼镜翼双轴搅拌反应器，同时在贴近釜壁处增加小刮板，强化了液相部分的混合，消除了高黏操作时叶片之间的物料融合，可以适应更高黏度体系的脱挥操作。可用于高分子量聚对苯二甲酸乙二醇酯（PET）的生产，也能用于聚对苯二甲酸丁二醇酯（PBT）的生产[382]。

微通道被认为是强化混合与传热的有力工具。近年来国内研究者也尝试将其用于强放热的环醚类单体的均相聚合[383]。与传统的搅拌釜内的半连续聚合相比，通过微通道反应器的连续聚合反应可以大幅度地提高反应器的撤热能力和聚合反应的效率，且聚合产物分子量分布的变化规律有别于基于传统聚合反应工程理论的推测。

3.5.1.4 未来发展方向与展望

未来聚合过程强化与绿色化将更针对特定的聚合过程，遵循其独特的聚合反应动力学（反应机理、产物链结构演变规律）和聚合过程特性（流变特性、颗粒特性），通过强化流动、混合、传热与传质、耦合工艺与装备，实现聚合过程效能的最大化、过程的绿色化和聚合物产品结构的可控化。将聚合动力学和聚合过程的传递特性紧密关联，并以新型聚合过程和装备的形式呈现，是工业聚合过程发展的重要标志。

（1）面向大宗聚合物制造过程的聚合过程机理模型化与工艺再造

国内聚合物产能已近 1.5 亿吨，不可能再进行大规模重建。基于现有装置的新产品开发、牌号切换过程优化、流程结构组合优化等工艺再造是发展策略。

聚合物产品的结构具有明显的多分散性，且由于分析表征困难、滞后性大，不得已采用了能较快测试的宏观性能作为早期聚合过程系统强化的优化目标或中控指标。随着聚合物微观结构分析表征技术、模型化方法及模型求解能力的发展，以微观质量作为目标函数的系统强化技术将得以快速发展。即以面向分子量及其分布、共聚物组成等为目标，基于反应机理的流程模型，用于聚合过程系统的强化，包括新产品设计、流程重构强化和牌号切换过程的优化方法等。

未来聚合物质量指标将拓展至共聚物组成分布及序列结构分布。引入活序列和死序列的概念，基于链增长和序列增长的反应机理，可同时建立分子量分布模型、平均共聚组成模型和序列结构模型等，对共聚反应过程的微观结构进行全面的预测[372, 384]。当然，这一技术的扩展与应用有待于对共聚物组成分布、序列结构分布更为准确的表征。

（2）面向特种聚合物制造过程的高黏复杂聚合物系的过程强化

近年来，特种高性能聚合物材料的需求日趋增长并出现“卡脖子”现象，例如对位芳纶、聚苯硫醚、聚芳醚酮、聚砜树脂、氟硅树脂等。这些聚合物材料制备过程往往涉及高黏、变黏、黏弹性等复杂流变特性，聚合体系的黏度从数厘泊增大到数百万厘泊，或涉及特殊溶剂的复杂物系，物料的流动、混合、传热和传质越来越难，聚合装置的操作工况越来越严苛，相关聚合工程技术国际领先型公司均秘而不宣。

从流场结构化和能质强化的角度，研发适用于复杂物系的自清洁搅拌聚合技术与装备，形成短流程低能耗的少溶剂或本体聚合、聚合物溶液直接脱挥的工艺与设备一体化技术十分关键。

聚合反应动力学在高黏状态下往往会发生凝胶效应，不仅影响生产效率，也会影响产品的质量。聚合物体系的特殊性与复杂性、流体本构方程的不足，以及流动、传热和传质与聚合反应的相互耦合性，致使高黏物系的聚合反应器开发和强化仍有很大的发展空间。

3.5.2 聚合物加工过程的强化与绿色化

3.5.2.1 发展现状与挑战

聚合物从原料到成为具有实用价值的材料与制品，必须通过加工成型才能获得应用所需要的形状、结构与性能。虽然聚合物的加工方法已呈现多元化的特点，但更精密、更节能、更高效、更绿色始终是其发展方向。基于拉伸形变、混沌混合、场协同、3D打印和复印、微积分思想等作用原理的新型高效加工设备和微成型精密加工设备，引入振动场、超声波场、磁场、高能辐射场、微波场等能量场的外场强化聚合物加工技术，以及采用超临界流体和离子液体等绿色溶剂辅助的聚合物加工和处理过程，是近年来实现聚合物加工过程强化和绿色化的关注点与热点。其面临的问题与挑战主要有以下几方面。

（1）不同形变场和加工介质中的聚合物分子链缠结状态变化及其效应

聚合物加工成型是外力场作用下的形变过程，由于形变导致的屈服，聚合物缠结链中的拓扑关系会发生变化，并进一步引起分子间相互作用、聚合物结晶行为、流变行为等改变，因此需要了解不同形变的构建与调控，并认识不同模式形变和加工条件下聚合物链缠结状态变化及其效应，理性指导聚合物加工新方法和新装备的开发。

（2）快速精密的聚合物纳微加工技术

以毫克和纳微米为单位的聚合物微成型技术作为制造科学的前沿技术，可以满足光电通信、影像传输、电子产品、医疗器械、精密机械等诸多领域对于高端精细部件的需求。一方面需要提高纳微加工设备的性能，不断提升加工速度和三维精度，另一方面需要将多种设备有效组合集成创新生产工艺。

（3）塑料产品全生命周期的环境友好

除持续提高全生物可降解聚合物的可加工性及性能和功能之外，还需要开发低成本的聚合物到聚合物、聚合物到单体或低聚物再到聚合物的绿色加工和处理技术。

3.5.2.2 关键科学问题

聚合物加工过程强化与绿色化的关键科学问题主要包括：①聚合物加工过程中若干特殊作用力、特殊能量场、特殊介质和独特加工原理的作用机制，以及有效实施和调控的方法、手段与装备；②这些特殊作用力、能量场和介质中聚合物多层次、多尺度结构的演变以及相关的热力学、动力学规律。

3.5.2.3 主要研究进展及成果

聚合物加工成型实际是外力场作用下的形变过程。近年来，强化混合的聚合物加工新设备不断涌现[385]，新型分散混合元件CRD螺杆、偏心转子挤出机和叶片挤出机均引入拉伸流动增强混合作用；嵌入式行星挤出机和新型混沌触发挤出机引入混沌作用增强混合效果；场协同螺杆利用多个流道中的扭转元件增加速度和热流的协同程度强化传热。瞿金平等提出的体积拉伸流变塑化输运技术，实现了聚合物加工成型原理和方法由“剪切形变”到“拉伸形变”的变革，偏心转子塑化输运装置利用物料加工体积周期性变化强制物料混合、混炼，完成了以拉伸流变为主导的正位移体积输送，具有热机械历程短、能量损耗低、混合分散效果好等优异特性，在多相多组分、难熔难加工、极端流变行为、剪切热敏感等高分子材料的加工成型方面具有独特优势[386]。聚合物固相剪切加工新技术则是利用磨盘形力化学反应器独特的三维剪结构提供挤压、剪切及环向应力，对物料施加剥离、粉碎、分散、混合以及力化学反应等多重功能，可以常温粉碎工程塑料和特种工程塑料，已成功应用于聚合物基纳微米功能复合材料规模化制备和高值高效回收利用废弃高分子材料[329, 387, 388]。

3D 打印技术的快速发展使其成为近几年国内外快速成型技术研究的重点，目前用量最大、应用最广、成型方式最多的 3D 打印材料是聚合物材料，包括 ABS、PLA、PCL、TPU、光敏树脂、高分子水凝胶及其复合材料等。人们将 3D 打印塑料视为相比于注塑成型更加经济高效的替代方式，以三维数字模型为基础逐层打印构造实物让 3D 打印技术制造具有复杂结构的塑料零件变得非常简单，但成型效率低，可使用的聚合物原料有限，制品精度达不到一些应用要求，聚合物 3D 打印加工技术一般面向多品种、小批量制品。相比于 3D 打印的增材制造，基于聚合物模塑成型发展的三维立体复制聚合物 3D 复印技术的等材制造加工成型效率高，无论是大批量生产单一产品还是高精度制造均有明显优势[389]，模具的智能制造和自适应将为未来模具快速制造与制品个性化定制 3D 复印成型提供可能性。另外，聚合物加工设备的微型化以及纳微尺度聚合物制品的加工成型也日益受到关注，螺杆直径 12mm 的微型注塑可用于加工质量仅有 0.0009g 的制件，特别是杨卫民等提出的聚合物加工“微积分”思想[389]，采用对聚合物熔体进行微尺度分割和微单元叠加的方法，成功发明了聚合物熔体微分静电纺丝、熔体微积分叠层复合挤出、熔体微分注射成型和熔体微积分三维打印等一系列聚合物加工成型的新方法和新装备，实现了纳微米尺度的突破，成功生产出可见光波长范围的纳米纤维、纳微层叠制品、微注射制品及 3D 打印弹性体等，打破了“小设备生产小制品，大设备生产大制品”的局限。

聚合物加工中引入能量场一方面可以加大高分子链之间的摩擦，增加其热运动能，分子间空穴增大，导致聚合物分子链的蠕动能力增强；另一方面能量场的振动不断对聚合物进行挤压和释放，导致了分子链的取向，从而使聚合物熔体的流动性增加。如引入振动场的动态加工技术有效强化了聚合物体系的分布混合和分散混合，聚合物电磁动态塑化挤出机通过引入振动场实现了电磁功率直接转换为热能、压力能及动能，设备体积减小了 50% ～ 70%，能耗降低了 30% ～ 50%，挤出温度降低和挤出胀大明显减小，成型制品质量提高。微波橡胶硫化设备已广泛应用，微波挤出机被预测为未来可研制出熔融和塑化塑料的新技术。但不同能量场与聚合物的相互作用机理，以及其参数与加工工艺过程的作用关系和对加工成型产品质量影响的内在规律等，目前仍缺乏深入研究。

超临界流体除已工业应用于聚合物染色和聚合物颗粒制备外，在聚合物发泡、聚合物脱挥和聚合物循环回收等方面的应用也一直受到青睐，超临界二氧化碳和氮气被视为可以取代传统物理发泡剂氯氟烃、氟代烷烃、烷烃的绿色发泡剂。近年来国内外学者围绕超临界流体与聚合物相互作用及其发泡行为，涉及气体溶解扩散、塑化、流变和结晶行为，以及气泡成核、生长和固定等，开展了大量的基础研究，制备了泡孔形貌可调控的微孔发泡材料甚至纳米泡孔发泡材料[390-393]。挤出发泡、模压发泡、微孔注塑发泡、釜压发泡制备珠粒等多种超临界流体发泡工艺技术均已逐步发展成熟，实现了聚苯乙烯、聚丙烯、聚乙烯、聚酯、聚氨酯弹性体等系列高性能轻量化材料的规模化绿色制造。今后为了实现可降解塑料和特种工程塑料等聚合物发泡材料的制备，需要采用微波等外场强化超临界流体发泡聚合物过程，以及采用聚合物改性与发泡一体化技术缩短加工流程。随着人们对塑料污染和聚合物废弃物回收循环利用的重视，利用超临界流体处理废弃聚合物是亟需发展的新兴技术，它通过高热和高压条件下的物理分离和提纯去除再生聚丙烯的添加剂和杂质。目前宝洁公司开发的超临界丁烷萃取废旧聚烯烃生产接近原生状态的透明聚丙烯颗粒技术，正在美国实施产业化。超临界醇、水、烷烃等既可以作为溶剂又可以作为反应原料，将聚酯、聚酰胺、聚烯烃等废弃聚合物解聚成相对低分子量的产物或单体[394, 395]，与聚合物热裂解和常规溶剂中聚合物解聚相比，在超临界流体介质中进行聚合物解聚不仅反应速率快、产物选择性好，而且产物可控。另外，离子液体所具备的良好相容性、热稳定性、润滑性、宽液程、强极性等特点使其能作为聚合物的绿色增塑剂，离子液体作为绿色溶剂或催化剂解聚聚合物也已进行了一些有益探索[396]。

3.5.2.4 未来发展方向与展望

功能化、轻量化、生态化、微成型和智能化是未来聚合物加工发展趋势，绿色、高效、高质量、低成本的聚合物加工先进技术始终是健康可持续发展的必然选择。因此，一方面要继续探索聚合物加工过程强化和绿色化的新方法与新途径，深入、系统地研究其作用机制及其影响聚合物结构形态动态演变的规律；另一方面要发展聚合物加工强化和绿色化过程的工程化、系统集成与经济运行策略，融合以大数据、人工智能、互联网为代表的新科技，不断形成新技术、新工艺、新装备，建立聚合物加工的数据工厂与数字设施，实现聚合物加工过程的精密化和智慧化以及加工产品的低成本化和高端化，并最大限度降低对环境的影响。

3.5.3 聚合过程在线监测与智能化

3.5.3.1 发展现状与挑战

聚合反应是低分子量单体通过多步复杂反应转化为高分子量聚合物的过程。对聚合过程的关键参数进行在线监测与精准控制，是保障工业聚合装置的操作稳定性、生产安全性和产品高质量的关键。

一般而言，需要监控的聚合过程参数可以分为3类：①与生产能力和产品性质相关的条件参数，包括进料流量、反应温度、反应压力、反应物浓度及比例等；②与操作稳定性相关的过程参数，包括压降、流速、料位、浆液密度等，以及结块、爆聚等故障状态的提前预警；③表征聚合产品性质的参数，包括密度、熔融指数、分子量、分子量分布、支链分布等。其中，温度、压力、压差、流量、转速、功率等参数可采用常规仪表测量，技术成熟、稳定可靠且精度高，已广泛应用于工业生产。例如，用于分析反应物浓度的在线气相色谱或在线液相色谱，用于测量料位 / 液位、浆液密度、颗粒结块等参数的放射性测量仪表，用于测量静电势或静电流的静电检测仪等，已在众多工业聚合过程中大规模地应用。然而，除此之外，其他聚合过程参数由于缺乏在线分析仪表，或现有在线分析仪表测量精度低、稳定性差、数据滞后、维护复杂、价格昂贵等原因，尚不能满足聚合过程和产品质量控制的要求。

对于难以测量的重要过程参数及其实时性，通过检测技术与生产过程的结合，应用计算机技术实现软测量是一种可行的方法。基于此构建的聚合过程监控系统和先进控制系统已经应用于许多工业聚合过程，实现了装置生产能力、产品熔融指数、密度、牌号切换过程的自动控制，极大地提高了聚合过程的操作稳定性和产品质量，是当前研究和应用的热点。然而，软测量方法需要可计算性和实时性，因此有其局限性。因此，开发操作稳定性的在线监控技术，特别是聚合过程故障提前预警技术、聚合产品性质的在线测量方法等，仍是实现聚合过程智能化需要重点解决的问题。其面临的问题与挑战主要有以下几方面。

（1）多相聚合反应器中介尺度流动结构的在线捕捉与识别

多相聚合反应器中宏观反应器尺度与微观颗粒尺度流动参数的在线检测方法已获得了长足进步，但颗粒团聚体、气泡等介尺度流动结构因具有极强的时空动态特征，其在线捕捉与识别仍为难点。因此，需要发展介尺度流动结构的在线捕捉与识别方法，特别是利用这些方法揭示介尺度结构的时空分布特征和演化特性，为反应器的精准设计和反应过程的精准控制奠定基础。

（2）聚合物产品性质的在线监测与软测量模型

实现高性能聚合物结构的精准设计与产品定制，其核心难点在于聚合物产品性质的实时快速在线检测。因此，需要开发聚合物产品性质的在线监测技术，特别是借鉴智能算法，发展具有高精度、高运算速率、高响应频率的产品性质软测量模型，实现微观尺度聚合物链拓扑结构的快速检测与精准控制。

（3）具备自我学习能力的智能监测与控制模型

结合具备自我学习能力的人工智能算法，通过在多工况切换过程中自主采集和分析数据、丰富数据库，并结合理论建模与分析筛选有效数据，构建具备自我学习能力的智能监测与控制模型，是聚合过程监测与控制智能化面临的主要挑战。

3.5.3.2 关键科学问题

多数工业聚合过程是至少包含两相的含固多相复杂反应过程，流动、混合与扩散偏离理想状态，具有时空不均匀、多尺度的特征，存在反应物组分浓度分布和温度分布等现象，直接导致聚合产物平均分子量及分子量分布的变异，从而影响产品的机械性质。传统的单点检测需要向多尺度流动结构及空间分布检测拓展。需要解决的关键科学问题是：聚合过程中复杂流动结构的时空多尺度解析及关键过程参数测量。

3.5.3.3 主要研究进展及成果

近年来，结合“声光电磁”等多种新型检测手段，用于操作稳定性的在线监控技术和聚合产品性质的在线表征技术取得了长足进步。

操作稳定性的在线监控方面，研究者利用不同相态“声光电磁”响应的差异或示踪颗粒的特异性响应，基于实验室冷模装置开发了诸如颗粒示踪[397]、光纤[398]、电容成像[399]、核磁[400]等一系列新型的多相流监测方法，实现了颗粒运动行为、气泡等多相流动结构以及流型的在线识别与检测，丰富了多相流理论，可用于多相流动稳定状态的在线判别。但是，上述方法均因检测精度、现场环境、安装要求、设备投资等问题，尚未应用到工业聚合过程中。通过对流化床聚合反应器中声发射、静电和压力脉动信号的多尺度结构解析，发现声发射信号富含颗粒尺度的运动信息，压力脉动信号和静电信号富含气泡尺度的信息，据此发明了流化床聚合过程的声发射和静电在线检测技术（简称流化床声电检测技术），见图 3-57[401-404]。该技术一方面通过测量解析颗粒摩擦碰撞流化床壁面产生的声发射信号，实现了包含颗粒粒径分布、颗粒聚团、细粉夹带量、颗粒脉动速度等十多种参数及其变化规律的计量；另一方面，采用自行研制的防爆型接触式静电检测仪，发现了流化床中静电势呈以料位为分界面的双马鞍型非均匀分布特征。进一步，结合声电检测，基于聚合热力学和聚合动力学模型的软测量参数，开发了流化床反应器生产监控系统，可有效避免爆聚停车，大幅提高装置运行的安全可靠性。该技术已推广应用于中国石化十余套流化床聚合反应装置。近年来，应工业需求，进行了声电检测技术的换代升级。一方面，开发了耦合屏蔽型导波杆的侵入式声发射阵列检测技术，使得声发射技术逐渐由壁面单点测量发展为内部结构与空间分布的测量；另一方面，对接触型静电探头的信号来源进行溯源与分类[405]，通过信号解耦，在监测静电大小的同时实现了循环流化床下行床料位的准确检测和结块预警，实现了一器多用。

在聚合产品性质的在线表征方面，利用不同官能团或物质的光学响应差异，原位紫外、原位红外、原位拉曼等[406-408]一系列先进的在线光学检测方法，已经被用于高分子聚合物的合成研究、产品质量检测（密度、共聚物组分、结晶度）、聚合过程监测等领域。这些方法在实验室中通常被应用于聚合物的生成过程研究，对于揭示聚合机理的研究、催化剂和聚合物新牌号的开发具有重要意义。但是，在工业过程中，这些方法仍局限于部分特殊工艺的产品质量检测和反应物浓度检测。例如，在线拉曼光谱仪被用于杜邦、埃克森美孚、泉州石化、广州石化等多家企业的高密度聚乙烯装置，实现了氢气、乙烯、α-烯烃等浓度的实时在线检测与控制；在线核磁共振分析仪已经用于燕山石化聚丙烯装置等聚合过程的产品质量在线检测，在线分析聚丙烯产品的熔体流动速率、乙烯含量、等规度、结晶度、密度等产品指标，从而有效控制聚丙烯产品质量。

最近，我国研究者基于他们早期取得的专利技术[409]，通过反应器尾气线上差压式、热式和 Coriolis 三个气体质量流量计的串联，实现了乙丙气相共聚中乙烯 / 丙烯 /

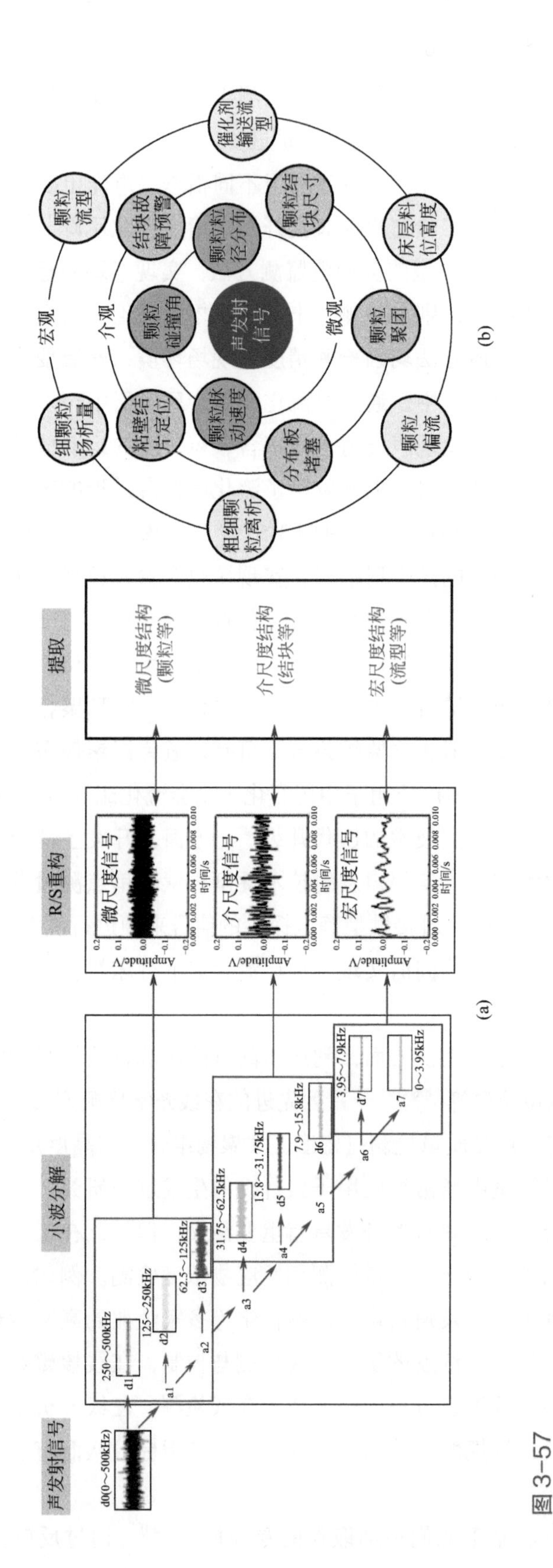

图 3-57
流化床声发射检测技术
(a) 声信号多尺度解析方法；(b) 流体力学参数的多尺度测量

氢气三元气相组成的快速在线检测与控制，使烯烃气相共聚反应器内组成在线检测的响应时间缩短到 3s 以内，测试精度达到 0.015 [410]。

3.5.3.4 未来发展方向与展望

尽管产品质量等聚合过程关键参数的在线检测方法在近年取得了长足进步，然而其检测精度和稳定性仍有待进一步提高，应用范围也需要拓展。特别是聚合物的分子量及其分布、支化度等在线检测或软测量方法仍为空白，亟需突破。此外，人工智能算法的快速发展极大地促进了软测量技术的发展，但软测量模型的计算精度和效率仍有待提高，以加快工业化应用的进程。在聚合过程在线检测方法突破的基础上，与先进控制系统深度结合，实现聚合过程的智能化监测和控制，也是未来发展的方向之一。

3.6 食品绿色加工与安全控制

我国正处在经济和社会的转型期，限于资源紧张和环境保护压力剧增，提高食品加工资源和副产物的综合利用效率成为食品工业技术发展的必然趋势。通过现代绿色加工技术，挖掘副产物中的有效组分并进行综合利用，将其转化开发为高附加值产品，从而走上减少废弃物产生、降低环境污染的绿色可持续发展道路。

为了节约食品资源，减少食品加工过程中对环境的污染，食品绿色加工技术应运而生，在食品加工领域得到越来越广泛的关注。在食品功能性成分制备的过程中，基于食品物料的特性，结合分离理论与技术以及设计和调控分离设备，高效分离工程技术得到了快速发展。现代生物技术也在食品的加工过程中得到了广泛应用。利用生物技术对食品及食品原料进行生产、加工和改良，可以提高食品资源的利用率及营养价值。

3.6.1 发展现状与挑战

食品生物工程，是生物工程在食品领域中的应用。传统的食品生物工程主要是指食品发酵与酿造。近年来随着技术的飞速发展，食品生物工程有了新的内涵，即利用现代生物技术，如基因工程、酶工程、代谢工程、现代发酵工程、组学技术等，进行食品及食品原料的生产、加工和改良 [411]。进入 21 世纪后，随着环境污染、气候变化和人口增长，安全、营养和可持续的食品供给面临巨大挑战，利用细胞工厂创制以“人造肉”“人造蛋”“人造奶”为代表的人造食品合成生物学，将可再生原料转化为重要食品组分、功能性食品添加剂和营养化学品，来解决食品原料和生产过程中存在的不可持续问题，实现更安全、更营养、更健康和可持续的食品获取方式，成为食品生物工程发展的必然趋势 [412]。尤其在新型冠状病毒肺炎疫情发展的不确定性给农业和粮食安全带来威胁的背景下 [413]，人造食品的优势尤为凸出。

合成生物学以工程化设计理念对生物体进行有目标的设计、改造乃至重新合成，是从理解生命规律到设计生命体系的关键技术 [414-416]。合成生物学包含三个内涵 [417]：①工程学内涵。在人工设计的指导下，采用正向工程学“自下而上”的原理，对生物元件进行标准化的表征，建立通用型的模块，在简约的“细胞”或“系统”底盘上，通过学习、抽象和设计，构建人工生物系统并实现其运行的定量可控。②生物技术内涵。在分子水平上对生命系统重新设计和改造，线路工程、基因组工程、细胞代谢工程等是其核心的技术与工程展现。③科学内涵。与“自上而下”的系统生物学相辅相成，从“合成”的理念和策略出发，突破生命科学传统研究从整体到局部的“还原论”策略，通过“从创造到理解”的方式，开辟理解生命本质的新途径，建立生命科学研究的新范式（图 3-58）。

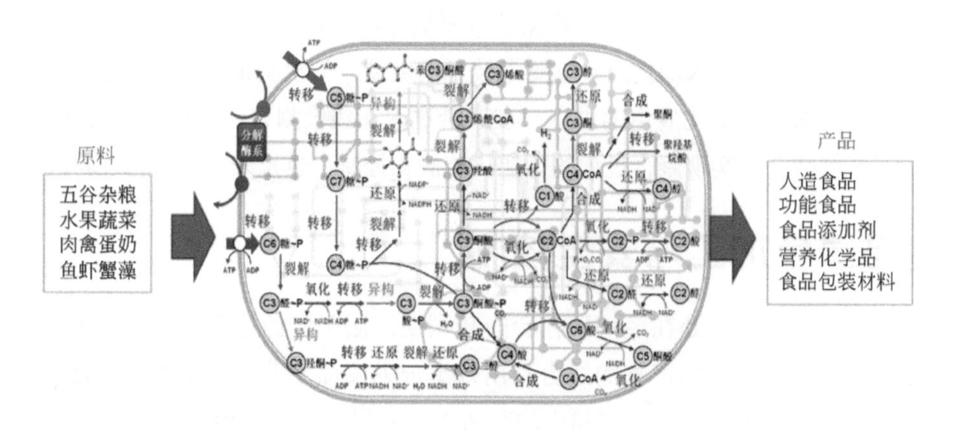

图 3-58
合成生物学：未来食品产业的细胞工厂

近年来食品领域的研究人员和科学家们在生物合成领域做了大量工作，取得了丰硕的成果，为食品合成生物学奠定了良好的基础，但是还是存在一些问题和挑战。

本领域存在的重大问题与挑战主要总结为以下几点。

（1）合成生物学工程及生物工程智能装备的构建

合成生物学在医药、化工、农业、环保等领域的应用取得了重要进展，然而，在食品领域合成生物学的基础和应用研究起步相对较晚，发展相对薄弱[418]。因此，开发应用具备独立知识产权的高效生物制造系统，对于提升我国传统发酵食品技术水平，摆脱传统的手工作坊式生产，保障食品产业健康持续发展，具有重要作用。

（2）食品高效分离技术的创制

随着食品产业前沿在精准营养、肠道微生态、智能制造等新理论、新技术、新装备方面的快速发展，为消费者提供更精准、更营养、更健康的食品成为食品工业发展的战略目标。为了实现这一目标，需要从食品产业结构上推动从追求数量向提质增效、从初级加工向精深加工、从高污染和高能耗向节能环保的多重转变，这些转变都需要食品分离工程的加速升级。食品分离工程在现代食品工业中的重要性逐年增加，已成为我国重点发展的工程模块。

（3）食品资源高效利用工程

我国食品加工技术整体上仍处于初加工多、综合利用低、能耗高的发展阶段，存在“低端产能过剩、高端需求供给不足”的产品结构失衡的现象，并且在食品资源高效综合利用技术领域也相对落后。因此，对食品资源各组成要素进行多层次、多用途的开发利用，在食品加工过程中对共生、伴生产物进行综合开发与合理利用，对生产过程中产生的废渣、废水（液）、废气等进行回收和合理利用，以及对食品加工和消费过程中产生的各种废物进行回收和再生利用的技术亟需开发。

（4）食品安全控制

我国食品安全工作面临着国际协调、贸易全球化、环境污染、疫情防控等多方面的挑战。防止污染、保证可追溯的相关程序和设施的构建，是食品安全控制的核心内容。

3.6.2 关键科学问题

基于食品绿色加工与安全控制这一目标，利用现代生物技术对食品及食品原料进行生产、加工和改良，以期提高食品资源的利用率、营养价值及加工和流通过程中的安全性。关键科学问题包含以下四点。

（1）关键科学问题 1：构建合成生物学工程及创制生物工程智能装备

利用生物系统工程的全局理念，揭示发酵食品中微生物生长与代谢特性及产物生成规律，构建适合食品工业应用的底盘细胞，设计基于现代生物智能制造的食品生物工程智能装备。

（2）关键科学问题 2：食品物料体系中组分的定向分离技术及其机理

针对食品分离过程需定向保留或富集功能因子、有效成分或风味物质等特殊要求，利用分子模拟分析分离介质与物料中各类分子之间的相互作用，推导分离效果及机理，建立膜技术、色谱技术等分离单元操作模型，并通过数学与计算机技术辅助优化食品分离过程。

（3）关键科学问题 3：食品资源高效利用工程的构建

针对食品资源高效综合利用不足的问题，提升粮油精准适度加工和产品品质，实现果蔬高效保鲜与梯次化高值利用，以及解析畜禽水产等加工副产物的功能组分构效关系。阐释发酵过程中微生物互作关系，实现原料的高效综合利用和发酵过程优化控制以及相关副产物的利用和节能减排的多重目标[418]。

（4）关键科学问题 4：食品风险控制和监测及食品安全预警、溯源与控制

提升食品制造过程中的风险甄别水平，重点突破食品安全全链条过程控制、食品安全智能控制等关键技术；全面建设基于人工智能（AI）、大数据和物联网技术的智慧监测、控制平台，构建无人值守、全面智能化的食品安全预警和控制体系。

3.6.3 主要研究进展及成果

3.6.3.1 食品生物工程

CRISPR-Cas9 系统的发现使基因组编辑发生了革命性的变化，并获得了 2020 年的诺贝尔化学奖。近年来，CRISPR-Cas9 系统作为一种强大的基因编辑工具已经应用于食品和农业等领域，特别是在开发具有更高质量和生产力的抗性作物方面得到广泛应用[419]。例如，调控番茄成熟度提高储藏性能[420]，在同一基因组背景下对水稻中复杂的基因调控网络进行切割和重要性状在栽培品种中的叠加[421]，构建一种高效、快速、精确的乳酸菌基因组编辑工具，用于发展食品发酵菌株以及益生菌株[422-424]。

传统的动植物性来源食品酶被微生物来源及通过生物工程改造的工程酶所替代[425]。以凝乳酶为例，乳制品行业日益增长的需求使得传统凝乳酶（动物性来源）无法满足市场需求，自20世纪60年代初开始，在世界范围内人们就已经开始寻找动物性凝乳酶的替代物。早在20世纪90年代，重组小牛凝乳酶已经由美国食品和药品监督管理局（FDA）登记注册，成为第一种由DNA重组技术制造的食品添加剂[426]。此后，水牛、骆驼、山羊以及牦牛来源的凝乳酶也在不同的微生物中进行表达，例如骆驼凝乳酶、牦牛凝乳酶在毕赤酵母中的表达[427, 428]。重组酶不仅具有稳定的酶活性，同时也实现了高产。

血红蛋白作为生物可利用铁制剂、食品级着色剂和调味品等有着广泛的应用。由于随着人造肉的发展而日益增长的对血红蛋白的需求，以及化学提取存在的缺点，生物合成血红蛋白已成为一种有吸引力的替代方法（图3-59）。近年来，科研人员利用微生物通过代谢工程和合成生物学合成了几种血红蛋白[429]。目前，主要的表达宿主为大肠杆菌、毕赤酵母和酿酒酵母[430, 431]，其中在毕赤酵母中表达的大豆来源的血红蛋白已经可以用于人造肉的着色[432]。

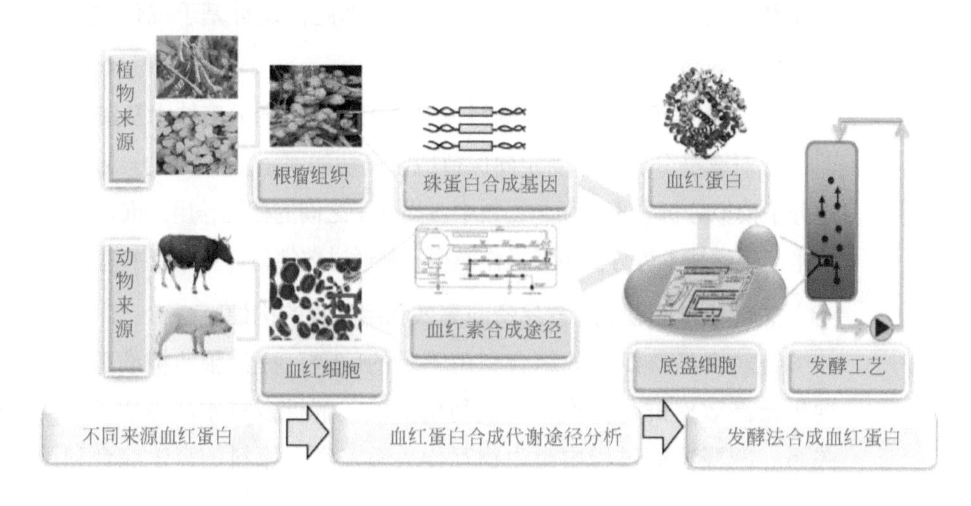

图3-59
合成生物学：血红蛋白生物合成

食品发酵工程方面，针对环境恶化以及资源紧张的全球性问题，以食品加工废弃物为原料的发酵过程成为新的发展方向，如小球藻生产叶黄素等功能成分[433]、人造牛羊瘤胃对秸秆和食品废弃物的发酵[434]，以及大豆副产物作为益生菌的发酵底物等[435]。

在全球暴发的新型冠状病毒肺炎疫情，也对食品生物工程产生了重要的影响。通过功能性食品来提高人体自身免疫力，将是对抗这样全球性传染病的可供选择的手段之一。维生素C、维生素D、锌、碘、黄酮、多酚等常见食品中的营养成分或活性成分具有提高免疫力的作用。最新的分子对接结果表明，黄酮类分子可以抑制SARS-CoV 3CL蛋白酶活性，进而抑制新冠病毒[436]；可以与ACE2受体上的棘突糖蛋白、解旋酶和蛋白酶位点结合，从而阻止新型冠状病毒与ACE2结合[437, 438]。

3.6.3.2 食品高效分离工程

近年来，在众多食品分离方法中，以膜分离和色谱分离技术及工程研究最为集中。在膜分离实验技术中，研究主要集中于新膜结构设计、膜材料合成与改性、工业应用、膜技术与其他分离技术联合应用、过程控制与优化[439-444]。在膜材料研究中，膜单体（PTFE、PP、PE、PVDF、PES、CPVC）的选择、聚合交联形式、膜的合成与改性、分离机理研究和膜污染控制是其基础部分[439]。在此之上，基于流场[445]和分子模拟[446]的数值计算，提升和辅助新膜设计的研究也备受关注。膜分离技术与其他分离技术（如色谱、结晶）的联用也是提升分离效率的重要方法。

在色谱实验技术中，研究主要集中于新固定相的研究与合成[447]、分析检测技术串联[448]、多柱色谱模式及其过程控制优化[449-455]、分离机理拓展研究[456, 457]。基于传统的色谱固定相（如分子筛、极性、离子交换、亲和色谱法），新的固定相也在被探索，比如core-shell 树脂[447]、multi-modal 树脂[458]，以期直接在单柱色谱中获得更好的分离效果。批模式的单柱色谱更适用于分析检测，对于制备分离，研究多集中于多柱的闭 / 开路循环系统以提高产量，如模拟移动床（SMB）[449]、序列多柱色谱系统（SMCC）[450]、周期性错流色谱系统（PCC）[451]、梯度稳态循环系统（GSSR）[452]、多柱溶剂梯度洗脱纯化系统（MCSGP）[453]和捕获 SMB 系统（capture SMB）[454]等。在复杂多柱系统中，过程设计和控制就是一个难点，尤其是流动相梯度的精确控制。在不断开发新树脂、新色谱分离模式的情形下，色谱分离机理的研究仍需要跟进。从热力学的视角探究组分在固定相上发生的行为是具有潜力的[456, 457]。数学建模可以更进一步地解释实验科学中观测到的无法解释的现象，是未来实现食品分离自动化和智能化的基础。目前关于数学模型的研究主要集中于模型校正[459]、模型选择[460]和模型预测[461]，其中每一部分的工作都涉及模型的数值求解，可以辅助实验科学进行更好的设计。在偏微分方程模型求解方面，有限差分法（FDM）是最经典的方法；有限元正交配置法（finite element orthogonal collocation）可以获得更高的计算精度；有限体积法（FVM）配合 WENO（weighted essentially non-oscillatory method）策略可高精度地获得色谱单柱的数值解[459]。在多柱复杂色谱系统的复杂计算中，CE/SE（space-time conservation element and solution element method）数值求解法可以大大减少 CPU 计算负荷[462, 463]。模型降维（model order reduction）和代理模型法（surrogate model）也可以在略微损失计算精度的情形下高效获得数值解[464, 465]。基于模型工作的分离纯化研究，已经广泛地应用到功能食品组分的大规模分离提取中[466]。

分离工程除了被大量地应用于提取和浓缩活性化合物（如糖类、肽类、脂类、生物碱、皂苷、萜类等）[467-471]和废水处理[472]之外，其在天然和加工产品的香气回收[473, 474]以及非酒精饮料的生产[475]等方面的应用也被快速开发。

3.6.3.3 食品资源高效利用工程

（1）粮油资源高效利用领域

美、加、澳等国基于营养特性的加工控制理论和技术，推动了保留粮食制品风味、营养的适度加工、碾磨等新技术的发展，并实现了小麦胚、麸皮等副产物的高效综合利用。我国在共轭亚油酸甘油酯、植物甾醇酯、维生素酯等方面实现了产业化，并不断加大结构脂的研发力度，解决副产物残留、能耗高、环境不友好等问题。

（2）果蔬资源高效利用领域

在新型果蔬加工技术开发与应用方面，超高压、高压脉冲电场、超声波辅助等非

热或低温加工技术被广泛用于果蔬加工。一方面以果蔬加工副产物中的膳食纤维为基础，开发了低脂加工肉制品、高膳食纤维食品；另一方面利用果蔬资源中的多糖、果胶、花青素、多酚类化合物、膳食纤维、黄酮类化合物等益生元，制备含有活性益生菌的果蔬汁及其发酵饮品等技术，逐渐得到了推广和应用[476]。

（3）传统发酵食品资源高效利用领域

传统发酵食品的副产物中多含有丰富的膳食纤维、优质蛋白质、多种微量元素和矿物质等。我国针对白酒酒糟资源的综合利用进行了多方面的系统研究，主要包括饲料、肥料、食品、板材、曲药、燃料棒等，取得了显著的学术型和实用型成果；基于微生物发酵豆渣衍生出多种产品，如维酶素、核黄素、豆渣碳酸饮料、豆渣乳清饮料、豆渣酱油、大豆膳食纤维、甜酒药粉等[477]。

（4）畜禽水产资源高效利用领域

国内外利用高压技术、酶法加工技术提取和制备皮/骨胶原蛋白、明胶、胶原肽、硫酸软骨素、磷脂质、磷蛋白等高值功能性配料产品[478, 479]，并初步挖掘皮/骨胶原蛋白肽等成分的ACE抑制、肾素抑制、抗氧化、金属螯合、免疫刺激、降血糖、降脂、促进成骨细胞增殖、治疗骨质疏松、抗关节炎、皮肤再生、骨/软骨组织损伤修复、抗菌等生理活性[480]。

3.6.3.4 食品安全控制

“十三五”期间，我国食品安全科学技术研究计划从前沿基础研究、前沿关键科学技术和重大成果示范应用3个领域进行了部署，并开展了相关研究。

（1）前沿基础研究

开展了食品污染物健康效应的毒性通路与分子毒理机制研究，分析食品与农产品中重金属、环境持久性有机污染物、真菌毒素等污染物的迁移转化与消减规律。探究了食品中病原微生物耐药性传播机制，构建了食源性耐药致病菌/耐药基因分子标志物数据库，同时对传统食品在加工过程中新兴化学危害物的生成规律和控制原理展开了研究。

（2）前沿关键科学技术

发展组学分析技术，突破人源性细胞体外替代毒性测试瓶颈。中科院生态中心江桂斌院士领衔创制了高通量多功能毒理学分析系统，开展了食品中化学危害物等非定向筛查，开发了食品污染物生物标志物的监测技术。例如，为满足食品包装物流无人值守和全面智能化发展迫切需要，基于新兴可视化功能材料和卷积神经网络等技术模拟人的嗅觉系统，将食物劣变过程中的气味信号转化为可视化信号；研发智能食品包装，在食品包装上可视化地监测储存食物的品质变化。基于指示剂变色原理和深度卷积神经网络，通过手机扫描实现了包装食品的新鲜度实时监测，这对于食品的合理出库、销售，减少资源浪费，保障消费者食用安全具有重要意义（图3-60）。

近年来，科研机构研制了食品安全检验检测所需的系列实物基体标准物质，开展并建立食品欺诈与食品真实性溯源技术体系，构建了国家食源性疾病分子溯源网络（TraNetChina）。由国家食品安全风险评估中心（CFSA）部署的BioNumerics服务器端与省级、地市级疾病预防控制中心安装的本地客户端对接组成，实现全国各地菌株信息、分子分型图谱和药敏实验等数据的实时上报、在线分析和数据共享，对及时发现和控制食源性疾病暴发，追踪溯源病因食品具有重要意义。

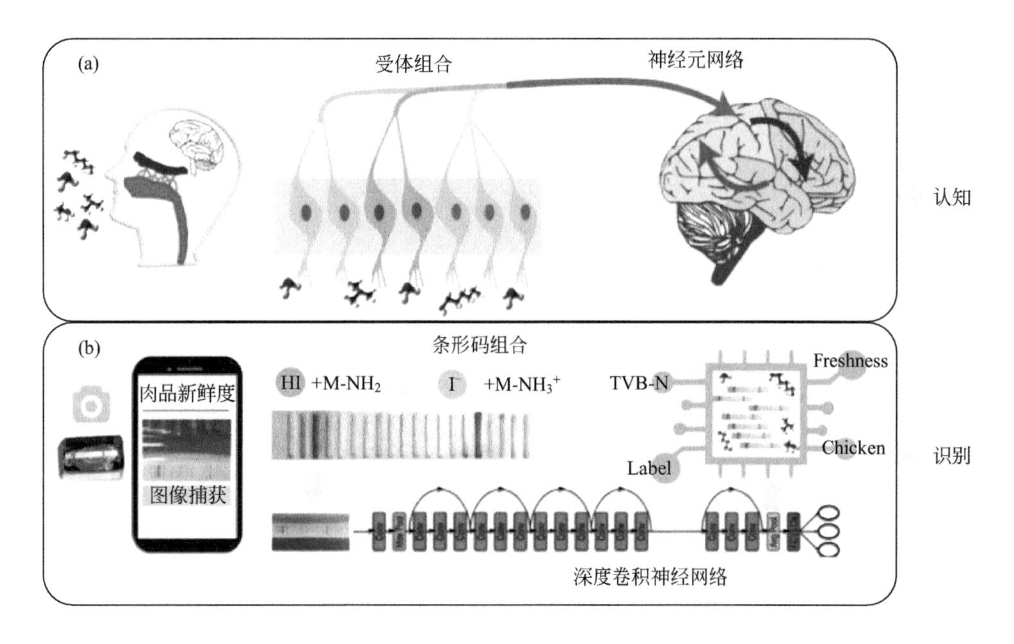

图 3-60
人工嗅觉系统（a）和深度彩色条码（b）的工作原理[481]

（3）重大成果示范

“十三五”期间，我国在食品安全现场和在线监管新型试剂与装备研发、智慧城市/智慧食品安全云平台构建、食品安全风险预警的大数据系统开发等方面取得长足进步。建立了自主知识产权的单克隆抗体、受体、重组抗体筛选平台，构建了涵盖重金属、农兽药、致病微生物等500余种危害物的食品安全用抗体库，研发了现场快速、定量检测装置和设备，各省、市、区通过构建统一的智慧食安大数据云平台，为食品安全全方位控制提供了技术支持（图3-61）。

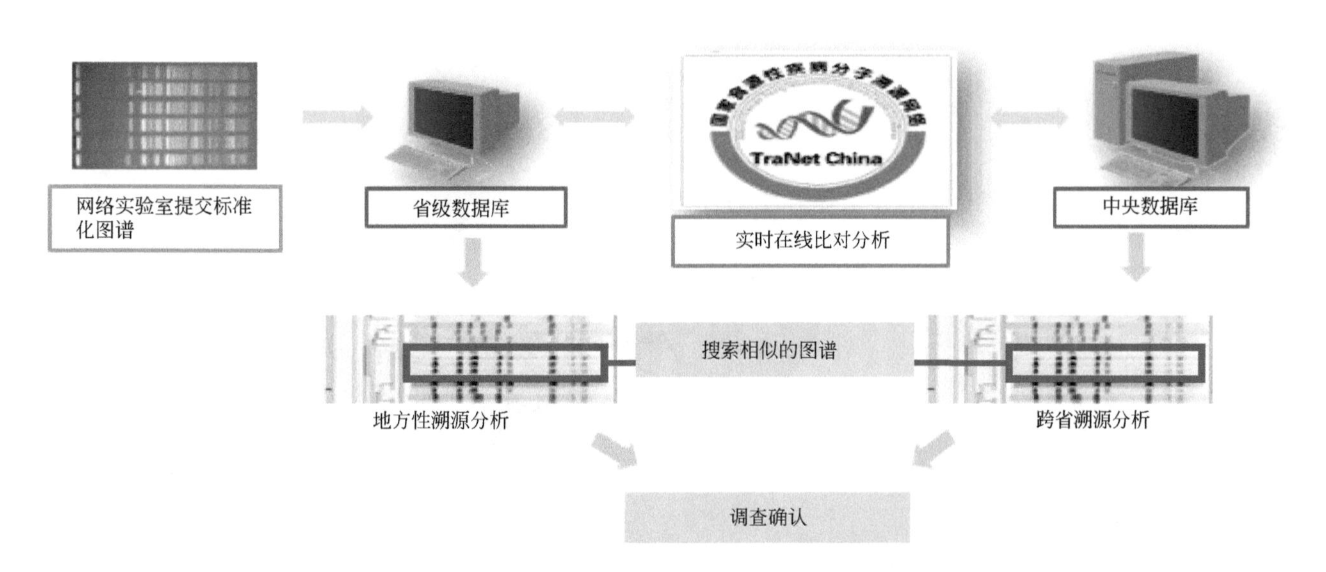

图 3-61
国家食源性疾病分子溯源网络（TraNetChina）

3.6.4 未来发展方向与展望

食品科技发展是系统生物学、合成生物学、物联网、人工智能、增材制造、医疗健康、感知科学等技术的集成研究，未来食品技术组成将更加完备，将从食品加工领域扩展到营养健康、食品生物工程、智能制造等相关领域[412]。食品生物工程是未来食品产业发展的重要组成部分，并且是具有决定作用的技术支撑，是实现食品产业资源绿色最大化利用、后新型冠状病毒肺炎疫情时代新常态下保障食品营养和安全性的首要科学和技术手段。

目前我国食品生物技术在集约化、产业化程度的提高，标准体系和检测程序的完善，以及创新性和特色性的开发等方面还有着很大的发展空间[411]。因此，食品生物工程的未来发展方向将以食品合成生物学作为科学基础，各类组学作为关键技术，肠道菌群作为标志物，定向发酵调控和过程工程作为实现手段，智能化装备作为生产载体，对资源进行最大化的绿色利用，极大提升食品加工效率，实现现代先进生物技术提高食品品质和安全性的战略目标，并最终实现食品营养的精准化和个性化。

为了提取或分离纯化高品质的食品原辅料、功能营养成分，或者实现精准液态物料分离纯化、低温除菌、固液分离等工艺目标，需对食品原料或过程料液、营养化学品的生物制造过程料液进行高效分离纯化。目前我国的食品分离工程领域在部分分离纯化设备如膜、连续色谱等方面已达到国际领先水平，但在过程集成、自动化控制方面与国际领先水平尚有差距，关键技术及装备自主研发水平较低，新产品技术储备不足。应着力于开发新型材料，争取实现分离材料的定制化；利用数学与计算机技术辅助设计优化分离过程；融合膜分离、萃取、结晶等多种技术手段，实现1+1＞2的飞跃。食品分离工程的智能化、网络化、自动化、连续化、一体化和高效化进程，将对推动我国绿色生物制造技术发展，促进我国食品工业循环经济发展水平，提升科技创新水平，具有重要的战略意义（图 3-62）。

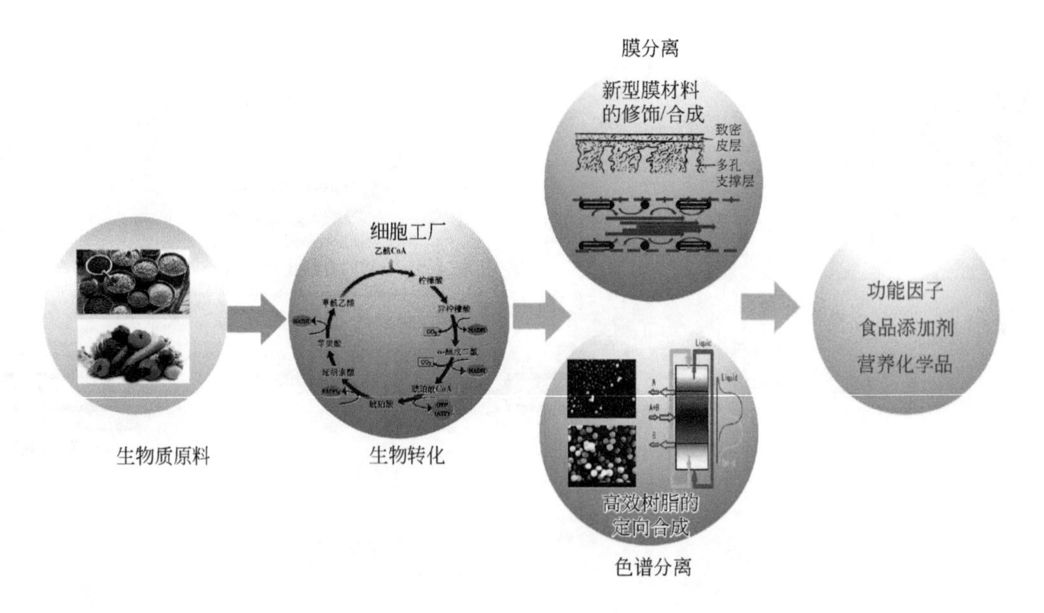

图 3-62
食品分离工程的发展方向

食品资源高效利用，是对食品资源各组成要素进行多层次、多用途的开发利用过程，是指在食品加工过程中对共生、伴生产物进行综合开发与合理利用，对生产过程中产生的废渣、废水（液）、废气等进行回收和合理利用，对食品加工和消费过程中产生的各种废物进行回收和再生利用的技术。我国食品加工技术整体上仍处于初（粗）加工多、综合利用率低、水耗能耗高、污染排放严重的发展阶段。当前，在国家实施大健康产业发展战略的背景下，天然优质蛋白质、肽、多糖等功能性成分及其健康产品越来越受市场欢迎。可加大项目资助和支持力度，重点关注不同食品加工废弃物中关键组分的识别、评价和高效开发利用的关键科学与技术问题，并大胆探索生产的新技术、新工艺、新方法，持续提高对食品加工资源的综合利用水平。通过绿色现代综合加工技术，将我国丰富的食品加工副产物资源转化为高附加值的蛋白质、肽、多糖等功能性配料及健康产品，以促进食品加工业的绿色可持续发展，具有广阔的发展前景和显著的经济效益、社会效益和生态效益。在食品资源高效利用工程的基础研究领域，系统研究不同类型的食品贮藏、运输和加工过程中结构变化、相互作用，及对其营养特性和最终食品质构、安全、营养、色泽以及风味等品质的影响规律，为推动食品资源的高效利用、实现食品产业高质量发展奠定理论基础。

食品产业是农业的延伸，是农业资源实现市场转化的关键环节。构建并实施规范化的食品安全控制体系，是保障食品工业健康发展的根本途径。全球的气候变化、自然灾害和公共卫生等给食品工业带来了巨大的压力和挑战。开展食品的绿色加工和安全控制，实现食品的安全供给，满足消费者对多元化高品质食品的需求，是推动食品行业高质量发展的基础[482]。开展食品学科前沿、基础理论及重大关键技术研究，突破产地污染（农兽药、重金属、真菌毒素和海洋毒素等）与农畜水产品安全控制关键技术，开展食品安全信息传播规律和预警大数据汇聚融合的理论与方法研究，是未来食品安全控制领域研究的重点内容。基于研发现场在线智能化检测仪器与高端装备，结合多元危害物快速识别与检测、智能化监管、区块链等技术，构建食品风险识别、风险监测和安全追溯体系，将推动食品行业的绿色、可持续、高质量发展。

参考文献

[1] Leu M K, Vicente I, Fernandes J A, de Pedro I, Dupont J, Sans V, Licence P, Gual A, Cano I. On the real catalytically active species for CO_2 fixation into cyclic carbonates under near ambient conditions: Dissociation equilibrium of [BMIm][Fe(NO)$_2$Cl$_2$] dependant on reaction temperature [J]. Applied Catalysis B: Environmental, 2019, 245: 240-250.

[2] Hu J, Ma J, Liu H, Qian Q, Xie C, Han B. Dual-ionic liquid system: An efficient catalyst for chemical fixation of CO_2 to cyclic carbonates under mild conditions [J]. Green Chemistry, 2018, 20(13): 2990-2994.

[3] Meng X, Ju Z, Zhang S, Liang X, von Solms N, Zhang X, Zhang X. Efficient transformation of CO_2 to cyclic carbonates using bifunctional protic ionic liquids under mild conditions [J]. Green Chemistry, 2019, 21(12): 3456-3463.

[4] Su Q, Qi Y, Yao X, Cheng W, Dong L, Chen S, Zhang S. Ionic liquids tailored and confined by one-step assembly with mesoporous silica for boosting catalytic conversion of CO_2 into cyclic carbonates [J]. Green Chemistry, 2018(14): 3232-3241.

[5] Ying T, Tan X, Su Q, Cheng W, Dong L, Zhang S. Polymeric ionic liquids tailored by different chain groups for the efficient conversion of CO_2 into cyclic carbonates [J]. Green Chemistry, 2019, 21(9): 2352-2361.

[6] Shi Z, Su Q, Ying T, Tan X, Deng L, Dong L, Cheng W. Ionic liquids with multiple active sites supported by SBA-15 for catalyzing conversion of CO_2 into cyclic carbonates [J]. Journal of CO_2 Utilization, 2020, 39: 101162.

[7] Huang C P, Liu Z C, Xu C M, Chen B H, Liu Y F. Effects of additives on the properties of chloroaluminate ionic liquids catalyst for alkylation of isobutane and butene [J]. Applied Catalysis A: General, 2004, 277(1): 41-43.

[8] Liu Z, Meng X, Zhang R, Xu C, Dong H, Hu Y. Reaction performance of isobutane alkylation catalyzed by a composite ionic liquid at a short contact time [J]. AIChE Journal, 2014, 60(6): 2244-2253.

[9] Anthony J L, Anderson J L, Maginn E J, Brennecke J F. Anion effects on gas solubility in ionic liquids [J]. J Phys Chem B, 2005, 109(13): 6366-6374.

[10] Zhang J, Jia C, Dong H, Wang J, Zhang X, Zhang S. A novel dual amino-functionalized cation-tethered ionic liquid for CO_2 capture [J]. Industrial & Engineering Chemistry Research, 2013, 52(17): 5835-5841.

[11] Wang C M, Luo H M, Li H R, Zhu X, Yu B, Dai S. Tuning the physicochemical properties of diverse phenolic ionic liquids for equimolar CO_2 capture by the substituent on the anion [J]. Chemistry-A European Journal, 2012, 18(7): 2153-2160.

[12] Shang D W, Zhang X P, Zeng S J, Jiang K, Gao H S, Dong H F, Yang Q Y, Zhang S J. Protic ionic liquid [Bim][NTf_2] with strong hydrogen bond donating ability for highly efficient ammonia absorption [J]. Green Chemistry, 2017, 19(4): 937-945.

[13] Shang D W, Bai L, Zeng S J, Dong H F, Gao H S, Zhang X P, Zhang S J. Enhanced NH_3 capture by imidazolium-based protic ionic liquids with different anions and cation substituents [J]. Journal of Chemical Technology and Biotechnology, 2018, 93(5): 1228-1236.

[14] Zeng S J, Liu L, Shang D W, Feng J P, Dong H F, Xu Q X, Zhang X P, Zhang S J. Efficient and reversible absorption of ammonia by cobalt ionic liquids through lewis acid-base and cooperative hydrogen bond interactions [J]. Green Chemistry, 2018, 20(9): 2075-2083.

[15] Wang J L, Zeng S J, Huo F, Shang D W, He H Y, Bai L, Zhang X P, Li J W. Metal chloride anion-based ionic liquids for efficient separation of NH_3 [J]. Journal of Cleaner Production, 2019, 206: 661-669.

[16] Zeng S J, Wang J L, Li P F, Dong H F, Wang H, Zhang X C, Zhang X P. Efficient adsorption of ammonia by incorporation of metal ionic liquids into silica gels as mesoporous composites [J]. Chemical Engineering Journal, 2019, 370: 81-88.

[17] Huddleston J G, Willauer H D, Swatloski R P, Visser A E, Rogers R D. Room temperature ionic liquids as novel media for ‘clean’ liquid-liquid extraction [J]. Chem Commun, 1998(16): 1765-1766.

[18] Nakashima K, Kubota F, Maruyama T, Goto M. Ionic liquids as a novel solvent for lanthanide extraction [J]. Anal Sci, 2003, 19(8): 1097-1098.

[19] Nakashima K, Kubota F, Maruyama T, Goto M. Feasibility of ionic liquids as alternative separation media for industrial solvent extraction processes [J]. Industrial & Engineering Chemistry Research, 2005, 44(12): 4368-4372.

[20] Sun X Q, Luo H M, Dai S. Ionic liquids-based extraction: A promising strategy for the advanced nuclear fuel cycle [J]. Chem Rev, 2012, 112(4): 2100-2128.

[21] Wang L Y, Guo Q J, Lee M S. Recent advances in metal extraction improvement: Mixture systems consisting of ionic liquid and molecular extractant [J]. Sep Purif Technol, 2019, 210: 292-303.

[22] Binnemans K. Lanthanides and actinides in ionic liquids [J]. Chem Rev, 2007, 107(6): 2592-2614.

[23] Nockemann P, Thijs B, Pittois S, Thoen J, Glorieux C, van Hecke K, van Meervelt L, Kirchner B, Binnemans K. Task-specific ionic liquid for solubilizing metal oxides [J]. J Phys Chem B, 2006, 110(42): 20978-20992.

[24] Nockemann P, Thijs B, Parac-Vogt T N, van Hecke K, van Meervelt L, Tinant B, Hartenbach I, Schleid T, Ngan V T, Nguyen M T, Binnemans K. Carboxyl-functionalized task-specific ionic liquids for solubilizing metal oxides [J]. Inorg Chem, 2008, 47(21): 9987-9999.

[25] Dupont D, Binnemans K. Recycling of rare earths from NdFeB magnets using a combined leaching/ extraction system based on the acidity and thermomorphism of the ionic liquid [Hbet][Tf_2N] [J]. Green Chemistry, 2015, 17(4): 2150-2163.

[26] Dupont D, Binnemans K. Rare-earth recycling using a functionalized ionic liquid for the selective dissolution and revalorization of Y_2O_3:Eu^{3+} from lamp phosphor waste [J]. Green Chemistry, 2015, 17(2): 856-868.

[27] Sun X Q, Ji Y, Hu F C, He B, Chen J, Li D Q. The inner synergistic effect of bifunctional ionic liquid extractant for solvent extraction [J]. Talanta, 2010, 81(4-5): 1877-1883.

[28] Sun X Q, Luo H M, Dai S. Solvent extraction of rare-earth ions based on functionalized ionic liquids [J]. Talanta, 2012, 90: 132-137.

[29] Sun X Q, Do-Thanh C L, Luo H M, Dai S. The optimization of an ionic liquid-based talspeak-like process for rare earth ions separation [J]. Chemical Engineering Journal, 2014, 239: 392-398.

[30] Dong Y M, Sun X Q, Wang Y L, Chai Y J. The development of an extraction strategy based on EHEHP-type functional ionic liquid for heavy rare earth element separation [J]. Hydrometallurgy, 2015, 157: 256-260.

[31] Wang Y L, Huang C, Li F J, Dong Y M, Zhao Z Y, Sun X Q. The development of sustainable yttrium separation process from rare earth enrichments using bifunctional ionic liquid [J]. Sep Purif Technol, 2016, 162: 106-113.

[32] Li F J, Xiao Z, Zeng J Y, Chen J Q, Sun X Q. Recovery of REEs from leaching liquor of ion-adsorbed-type rare earths ores using ionic liquid based on cooking oil [J]. Hydrometallurgy, 2020, 196: 105449.

[33] Li F J, Zeng J Y, Sun X Q. Functionalized ionic liquids based on vegetable oils for rare earth elements recovery [J]. Rsc Adv, 2020, 10(45): 26671-26674.

[34] Xu D, Yang Q W, Su B G, Bao Z B, Ren Q L, Xing H B. Enhancing the basicity of ionic liquids by tuning the cation-anion interaction strength and via the anion-tethered strategy [J]. J Phys Chem B, 2014, 118(4): 1071-1079.

[35] Jin W B, Yang Q W, Zhang Z G, Bao Z B, Ren Q L, Yang Y W, Xing H B. Self-assembly induced solubilization of drug-like molecules in nanostructured ionic liquids [J]. Chem Commun, 2015, 51(67): 13170-13173.

[36] Zhao X, Yang Q W, Xu D, Bao Z B, Zhang Y, Su B G, Ren Q L, Xing H B. Design and screening of ionic liquids for C_2H_2/C_2H_4 separation by COSMO-RS and experiments [J]. Aiche Journal, 2015, 61(6): 2016-2027.

[37] Zhang Y, Zhao X, Yang Q W, Zhang Z G, Ren Q L, Xing H B. Long-chain carboxylate ionic liquids combining high solubility and low viscosity for light hydrocarbon separations [J]. Industrial & Engineering Chemistry Research, 2017, 56(25): 7336-7344.

[38] Zhang J A, Peng D L, Song Z, Zhou T, Cheng H Y, Chen L F, Qi Z W. COSMO-descriptor based computer-aided ionic liquid design for separation processes. Part Ⅰ: Modified group contribution methodology for predicting surface charge density profile of ionic liquids [J]. Chem Eng Sci, 2017, 162: 355-363.

[39] Song Z, Zhou T, Qi Z W, Sundmacher K. Extending the UNIFAC model for ionic liquid-solute systems by combining experimental and computational databases [J]. Aiche Journal, 2020, 66(2): e16821.

[40] Chen G Z, Song Z, Qi Z W, Sundmacher K. Neural recommender system for activity coefficient prediction and UNIFAC model extension of ionic liquid-solute systems [J]. AIChE Journal, 2020:

[41] Zhang J A, Qin L, Peng D L, Zhou T, Cheng H Y, Chen L F, Qi Z W. COSMO-descriptor based computer-aided ionic liquid design for separation processes part Ⅱ: Task-specific design for extraction processes [J]. Chem Eng Sci, 2017, 162: 364-374.

[42] Song Z, Zhang C, Qi Z, Zhou T, Sundmacher K. Computer-aided design of ionic liquids as solvents for extractive desulfurization [J]. AIChE Journal, 2018, 64(3): 1013-1025.

[43] Song Z, Hu X, Zhou Y, Zhou T, Qi Z, Sundmacher K. Rational design of double salt ionic liquids as extraction solvents: Separation of thiophene/n-octane as example [J]. AIChE Journal, 2019, 65(8): e16625.

[44] Song Z, Zhou T, Zhang J A, Cheng H Y, Chen L F, Qi Z W. Screening of ionic liquids for solvent-sensitive extraction -with deep desulfurization as an example [J]. Chem Eng Sci, 2015, 129: 69-77.

[45] Lyu Z X, Zhou T, Chen L F, Ye Y M, Sundmacher K, Qi Z W. Simulation based ionic liquid screening for benzene-cyclohexane extractive separation [J]. Chem Eng Sci, 2014, 113: 45-53.

[46] Wang J W, Song Z, Cheng H Y, Chen L F, Deng L Y, Qi Z W. Computer-aided design of ionic liquids as absorbent for gas separation exemplified by CO_2 capture cases [J]. Acs Sustain Chem Eng, 2018, 6(9): 12025-12035.

[47] Qin L, Li J S, Cheng H Y, Chen L F, Qi Z W, Yuan W K. Association extraction for vitamin E recovery from deodorizer distillate by in situ formation of deep eutectic solvent [J]. Aiche Journal, 2017, 63(6): 2212-2220.

[48] Li J W, Wang J W, Wu M Y, Cheng H Y, Chen L F, Qi Z W. Deep deterpenation of citrus essential oils intensified by in situ formation of a deep eutectic solvent in associative extraction [J]. Industrial & Engineering Chemistry Research, 2020, 59(19): 9223-9232.

[49] Shirini F, Abedini M, Atghia S V. Ionic liquids as green solvents for the oxidation of alcohols [M]. Springer, 2012.

[50] Zhu W, Michalsky R, Metin N, Lv H, Guo S, Wright C J, Sun X, Peterson A A, Sun S. Monodisperse Au nanoparticles for selective electrocatalytic reduction of CO_2 to CO [J]. Journal of the American Chemical Society, 2013, 135(45): 16833-16836.

[51] García Rey N, Dlott D D. Structural transition in an ionic liquid controls CO_2 electrochemical reduction [J]. Journal of Physical Chemistry C, 2015, 119(36): 20892-20899.

[52] Kuwabata S, Tsuda R, Nishida K, Yoneyama H. Electrochemical conversion of carbon dioxide to methanol with use of enzymes as biocatalysts [J]. Chemistry Letters, 1993, 9(9): 1631-1634.

[53] Xu B H, Wang J Q, Sun J, et al. Fixation of CO_2 into cyclic carbonates catalyzed by ionic liquids: A multi-scale approach [J]. Green Chemistry, 2015, 17(1): 108-122.

[54] Zhu Q, Ma J, Kang X, Sun X, Hu J, Yang G, Han B. Electrochemical reduction of CO_2 to CO using graphene oxide/carbon nanotube electrode in ionic liquid/acetonitrile system [J]. Science China-Chemistry, 2016, 59(5): 551-556.

[55] Chen T Y, Shi J, Shen F X, Zhen J Z, Li Y F, Shi F, Yang B, Jia Y J, Dai Y N, Hu Y Q. Selection of low-cost ionic liquid electrocatalyst for CO_2 reduction in propylene carbonate/tetrabutylammonium perchlorate [J]. ChemElectroChem, 2018, 5(16): 2295-2300.

[56] Zhou F, Liu S, Yang B, Wang P, Alshammari A S, Deng Y. Highly selective electrocatalytic reduction of carbon dioxide to carbon monoxide on silver electrode with aqueous ionic liquids [J]. Electrochemistry Communications, 2014, 46: 103-106.

[57] Zhao S F, Horne M, Bond A M, Zhang J. Is the imidazolium cation a unique promoter for electrocatalytic reduction of carbon dioxide? [J]. Journal of Physical Chemistry C, 2016, 120(42): 23989-234001.

[58] Abbasi P, Asadi M, Liu C, Sharifi-Asl S, Sayahpour B, Behranginia A, Zapol P, Shahbazian-Yassar R, Curtiss L A, Salehi-Khojin A. Tailoring the edge structure of molybdenum disulfide toward electrocatalytic reduction of carbon dioxide [J]. Acs Nano, 2017, 11(1): 453-460.

[59] Asadi M, Kumar B, Behranginia A, Rosen B A, Baskin A, Repnin N, Pisasale D, Phillips P, Zhu W, Haasch R, Klie R F, Kral P, Abiade J, Salehi-Khojin A. Robust carbon dioxide reduction on molybdenum disulphide edges [J]. Nature Communications, 2014, 5(1): 1-8.

[60] Zhang Z, Chi M, Veith G M, Zhang P, Lutterman D A, Rosenthal J, Overbury S H, Dai S, Zhu H.

Rational design of bi nanoparticles for efficient eectrochemical CO_2 reduction: The elucidation of size and surface condition effects [J]. Acs Catalysis, 2016, 6(9): 6255-6264.

[61] Sacci R L, Velardo S, Xiong L, Lutterman D A, Rosenthal J. Copper-tin alloys for the electrocatalytic reduction of CO_2 in an imidazolium-based non-aqueous electrolyte [J]. Energies, 2019, 12(16): 3132.

[62] Bruzon D A, Tiongson J K, Tapang G, Martinez I S. Electroreduction and solubility of CO_2 in methoxy- and nitrile-functionalized imidazolium (FAP) ionic liquids [J]. Journal of Applied Electrochemistry, 2017, 47(11): 1251-1260.

[63] Oh Y, Hu X. Ionic liquids enhance the electrochemical CO_2 reduction catalyzed by MoO_2 [J]. Chem Commun, 2015, 51(71): 13698-13701.

[64] Feng J, Gao H, Zheng L, Chen Z, Zeng S, Jiang C, Dong H, Liu L, Zhang S, Zhang X. A Mn-N_3 single-atom catalyst embedded in graphitic carbon nitride for efficient CO_2 electroreduction [J]. Nat Commun, 2020, 11(1): 4341.

[65] Huan T N, Simon P, Rousse G, Génois I, Artero V, Fontecave M. Porous dendritic copper: An electrocatalyst for highly selective CO_2 reduction to formate in water/ionic liquid electrolyte [J]. Chemical Science, 2017, 8(1): 742-747.

[66] Zhu Q, Ma J, Kang X, Sun X, Liu H, Hu J, Liu Z, Han B. Efficient reduction of CO_2 into formic acid on a lead or tin electrode using an ionic liquid catholyte mixture [J]. Angewandte Chemie International Edition, 2016, 55(31): 9012-9016.

[67] Hollingsworth N, Taylor S F R, Galante M T, Jacquemin J, Longo C, Holt K B, de Leeuw N H, Hardacre C. Reduction of carbon dioxide to formate at low overpotential using a superbase ionic liquid [J]. Angewandte Chemie International Edition, 2015, 54(47): 14164-14168.

[68] Watkins J D, Bocarsly A B. Direct reduction of carbon dioxide to formate in high-gas-capacity ionic liquids at post-transition-metal electrodes [J]. ChemSusChem, 2014, 7(1): 284-290.

[69] Wu H, Song J, Xie C, Hu Y, Ma J, Qian Q, Han B. Design of naturally derived lead phytate as an electrocatalyst for highly efficient CO_2 reduction to formic acid [J]. Green Chemistry, 2018, 20(20): 4602-4606.

[70] Lu W, Jia B, Cui B, Zhang Y, Yao K, Zhao Y, Wang J. Efficient photoelectrochemical reduction of carbon dioxide to formic acid: A functionalized ionic liquid as an absorbent and electrolyte [J]. Angewandte Chemie International Edition, 2017, 56(39): 11851-11854.

[71] Feng J, Zeng S, Liu H, et al. Insights into carbon dioxide electroreduction in ionic liquids: Carbon dioxide activation and selectivity tailored by ionic microhabitat. ChemsusChem, 2018, 11: 3191-3197.

[72] Oh Y, Vrubel H, Guidoux S, Hu X. Electrochemical reduction of CO_2 in organic solvents catalyzed by MoO_2 [J]. Chem Commun, 2014, 50(29): 3878-3881.

[73] Qi J, Han J, Zhou X, Guo C, Yang D, Qiao W, Li Y, Ma D, Wang Z Y. End-group engineering of low-bandgap compounds for high-detectivity solution-processed small-molecule photodetectors [J]. The Journal of Physical Chemistry C, 2015, 119(45): 25243-25251.

[74] Sekimoto T, Deguchi M, Yotsuhashi S, Yamada Y, Masui T, Kuramata A, Yamakoshi S. Highly selective electrochemical reduction of CO_2 to HCOOH on a gallium oxide cathode [J]. Electrochemistry Communications, 2014, 43: 95-97.

[75] Wu H, Song J, Xie C, Hu Y, Han B. Highly efficient electrochemical reduction of CO_2 into formic acid over lead dioxide in an ionic liquid-catholyte mixture [J]. Green Chemistry, 2018, 20(8): 1765-1769.

[76] Feng J, Gao H, Feng J, Liu L, Zeng S, Dong H, Bai Y, Liu L, Zhang X. Morphology modulation-engineered flowerlike In_2S_3 via ionothermal method for efficient CO_2 electroreduction [J]. ChemCatChem, 2020, 12(3): 926-931.

[77] Qiao J L, Liu Y Y, Hong F, Zhang J J. A review of catalysts for the electroreduction of carbon dioxide to produce low-carbon fuels [J]. Chemical Society Reviews, 2014, 43(2): 631-675.

[78] Sun X F, Zhu Q G, Kang X C, Liu H Z, Qian Q L, Zhang Z F, Han B X. Molybdenum-bismuth bimetallic chalcogenide nanosheets for highly efficient electrocatalytic reduction of carbon dioxide to

methanol [J]. Angew Chem-Int Edit, 2016, 55(23): 6771-6775.

[79] Yang D X, Zhu Q G, Chen C J, Liu H Z, Liu Z M, Zhao Z J, Zhang X Y, Liu S J, Han B X. Selective electroreduction of carbon dioxide to methanol on copper selenide nanocatalysts [J]. Nature Communications, 2019, 10: 677.

[80] Kang X C, Zhu Q G, Sun X F, Hu J Y, Zhang J L, Liu Z M, Han B X. Highly efficient electrochemical reduction of CO_2 to CH_4 in an ionic liquid using a metal-organic framework cathode [J]. Chemical Science, 2016, 7(1): 266-273.

[81] Liu X J, Yang H, He J, Liu H X, Song L D, Li L, Luo J. Highly active, durable ultrathin $MoTe_2$ layers for the electroreduction of CO_2 to CH_4 [J]. Small, 2018, 14(16): 1704049.

[82] Angamuthu R, Byers P, Lutz M, Spek A L, Bouwman E. Electrocatalytic CO_2 conversion to oxalate by a copper complex. Science, 2010, 327 (5963): 313-315.

[83] Lan J, Liao T, Zhang, T, Chung L W. Reaction mechanism of Cu(I)-mediated reductive CO_2 coupling for the selective formation of oxalate: cooperative CO_2 reduction to give mixed-valence $C(u)_2(CO_2$ center dot-) and nucleophilic-like attack. Inorganic Chemistry, 2017, 56 (12): 6809-6819.

[84] Yang Y, Gao H, Feng J, Zeng S, Liu L, Liu L, Ren B, Li T, Zhang S, Zhang X. Aromatic ester-functionalized ionic liquid for highly efficient CO_2 electrochemical reduction to oxalic acid [J]. ChemSusChem, 2020, 13: 4900-4905.

[85] Gennaro A, Isse A A, Severin M G, Vianello E, Bhugun I, Saveant J M. Mechanism of the electrochemical reduction of carbon dioxide at inert electrodes in media of low proton availability [J]. J Chem Soc Faraday T, 1996, 92(20): 3963-3968.

[86] Cheng Y, Hou P, Pan H, Shi H, Kang P. Selective electrocatalytic reduction of carbon dioxide to oxalate by lead tin oxides with low overpotential [J]. Applied Catalysis B: Environmental, 2020, 272: 118954.

[87] Paris A R, Bocarsly A B. High-efficiency conversion of CO_2 to oxalate in water is possible using a Cr-Ga oxide electrocatalyst [J]. ACS Catalysis, 2019, 9(3): 2324-2333.

[88] Zhang G R, Straub S D, Shen L L, Hermans Y, Schmatz P, Reichert A M, Hofmann J P, Katsounaros I, Etzold B J M. Probing CO_2 reduction pathways for copper catalysis using an ionic liquid as a chemical trapping agent [J]. Angew Chem Int Ed Engl, 2020, 59(41): 18095-18102.

[89] Huber G W, Iborra S, Corma A. Synthesis of transportation fuels from biomass: Chemistry, catalysts, and engineering [J]. Chem Rev, 2006, 106(9): 4044-4098.

[90] Gallezot P. Conversion of biomass to selected chemical products [J]. Chem Soc Rev, 2012, 41(4): 1538-1558.

[91] Sun N, Rodriguez H, Rahman M, Rogers R D. Where are ionic liquid strategies most suited in the pursuit of chemicals and energy from lignocellulosic biomass？ [J]. Chem Commun (Camb), 2011, 47(5): 1405-1421.

[92] Tuck C O, Perez E, Horvath I T, Sheldon R A, Poliakoff M. Valorization of biomass: Deriving more value from waste [J]. Science, 2012, 337(6095): 695-699.

[93] Alonso D M, Wettstein S G, Dumesic J A. Bimetallic catalysts for upgrading of biomass to fuels and chemicals [J]. Chem Soc Rev, 2012, 41(24): 8075-8098.

[94] Chatterjee C, Pong F, Sen A. Chemical conversion pathways for carbohydrates [J]. Green Chemistry, 2015, 17(1): 40-71.

[95] Liang G, He L, Cheng H, Zhang C, Xiaoru L, Fujita S I, Zhang B, Arai M, Zhao F. ZSM-5-supported multiply-twinned nickel particles: Formation, surface properties, and high catalytic performance in hydrolytic hydrogenation of cellulose [J]. Journal of Catalysis, 2015, 325: 79-86.

[96] Jin F, Zhou Z, Moriya T, Kishida H, Higashijima H, Enomoto H. Controlling hydrothermal reaction pathways to improve acetic acid production from carbohydrate biomass [J]. Environ Sci Technol, 2005, 39(6): 1893-1902.

[97] Albert J, Wolfel R, Bosmann A, Wasserscheid P. Selective oxidation of complex, water-insoluble biomass to formic acid using additives as reaction accelerators [J]. Energ Environ Sci, 2012, 5(7):

7956-7962.

[98] Nandiwale K Y, Galande N D, Thakur P, Sawant S D, Zambre V P, Bokade V V. One-pot synthesis of 5-hydroxymethylfurfural by cellulose hydrolysis over highly active bimodal micro/mesoporous H-ZSM-5 catalyst [J]. Acs Sustain Chem Eng, 2014, 2(7): 1928-1932.

[99] Rosatella A A, Simeonov S P, Frade R F M, Afonso C A M. 5-hydroxymethylfurfural (HMF) as a building block platform: Biological properties, synthesis and synthetic applications [J]. Green Chemistry, 2011, 13(4): 754-793.

[100] van Putten R J, van der Waal J C, de Jong E, Rasrendra C B, Heeres H J, de Vries J G. Hydroxymethylfurfural, a versatile platform chemical made from renewable resources [J]. Chem Rev, 2013, 113(3): 1499-1597.

[101] Chen J, Liu R, Guo Y, Chen L, Gao H. Selective hydrogenation of biomass-based 5-hydroxymethylfurfural over catalyst of palladium immobilized on amine-functionalized metal-organic frameworks [J]. ACS Catalysis, 2014, 5(2): 722-733.

[102] Li S, Su K M, Li Z H, Cheng B W. Selective oxidation of 5-hydroxymethylfurfural with H_2O_2 catalyzed by a molybdenum complex [J]. Green Chemistry, 2016, 18(7): 2122-2128.

[103] Yan K, Jarvis C, Gu J, Yan Y. Production and catalytic transformation of levulinic acid: A platform for speciality chemicals and fuels [J]. Renew Sust Energ Rev, 2015, 51: 986-997.

[104] Pileidis F D, Titirici M M. Levulinic acid biorefineries: New challenges for efficient utilization of biomass [J]. ChemSusChem, 2016, 9(6): 562-582.

[105] 陈茹茹, 王雪, 吕兴梅, 辛加余, 李益, 张锁江. 离子液体在生物质转化中的应用与研究进展[J]. 轻工学报, 2019, 34(03): 1-20.

[106] Shen Y, Sun J K, Yi Y X, Wang B, Xu F, Sun R C. One-pot synthesis of levulinic acid from cellulose in ionic liquids [J]. Bioresour Technol, 2015, 192: 812-816.

[107] Sun Z, Cheng M X, Li H C, Shi T, Yuan M J, Wang X H, Jiang Z J. One-pot depolymerization of cellulose into glucose and levulinic acid by heteropolyacid ionic liquid catalysis [J]. Rsc Adv, 2012, 2(24): 9058-9065.

[108] Thierry M, Majira A, Pégot B, Cezard L, Bourdreux F, Clément G, Perreau F, Boutet-Mercey S, Diter P, Vo-Thanh G. Imidazolium-based ionic liquids as efficient reagents for the C—O bond cleavage of lignin [J]. 2018, 11(2): 439-448.

[109] Chen L, Xin J, Ni L, Dong H, Yan D, Lu X, Zhang S. Conversion of lignin model compounds under mild conditions in pseudo-homogeneous systems [J]. Green Chemistry, 2016, 18(8): 2341-2352.

[110] Yang S, Lu X, Yao H, Xin J, Xu J, Kang Y, Yang Y, Cai G, Zhang S. Efficient hydrodeoxygenation of lignin-derived phenols and dimeric ethers with synergistic [Bmim]PF_6-Ru/SBA-15 catalysis under acid free conditions [J]. Green Chemistry, 2019, 21(3): 597-605.

[111] Binder J B, Gray M J, White J F, Zhang Z C, Holladay J E. Reactions of lignin model compounds in ionic liquids [J]. Biomass Bioenerg, 2009, 33(9): 1122-1130.

[112] Jia S, Cox B J, Guo X, Zhang Z C, Ekerdt J G. Hydrolytic cleavage of β-O-4 ether bonds of lignin model compounds in an ionic liquid with metal chlorides [J]. Industrial & Engineering Chemistry Research, 2011, 50(2): 849-855.

[113] Cox B J, Jia S Y, Zhang Z C, Ekerdt J G. Catalytic degradation of lignin model compounds in acidic imidazolium based ionic liquids: Hammett acidity and anion effects [J]. Polym Degrad Stabil, 2011, 96(4): 426-431.

[114] Cox B J, Ekerdt J G. Depolymerization of oak wood lignin under mild conditions using the acidic ionic liquid 1-H-3-methylimidazolium chloride as both solvent and catalyst [J]. Bioresour Technol, 2012, 118: 584-588.

[115] Zhang B, Li C Z, Dai T, Huber G W, Wang A Q, Zhang T. Microwave-assisted fast conversion of lignin model compounds and organosolv lignin over methyltrioxorhenium in ionic liquids [J]. Rsc Adv, 2015, 5(103): 84967-84973.

[116] Chatterjee M, Ishizaka T, Kawanami H. Selective hydrogenation in supercritical carbon dioxide using metal supported heterogeneous catalyst [J]. ACS Symposium Series, 2015, 1194: 191-250.

[117] More S R, Yadav G D. Effect of supercritical CO_2 as reaction medium for selective hydrogenation of acetophenone to 1-phenylethanol [J]. ACS Omega, 2018, 3(6): 7124-7132.

[118] 肖建平, 范崇政. 超临界流体技术研究进展[J]. 化学进展, 2001, 13(02): 94-101.

[119] Kleman A M, Abraham M A. Asymmetric hydroformylation of styrene in supercritical carbon dioxide [J]. Industrial Engineering Chemistry Research, 2006, 45(4): 1324-1330.

[120] Lyubimov S E, Petrovskii P V, Rastorguev E A, Verbitskaya T A, Kalinin V N, Davankov V A. The use of carboranylphosphite ligands in Rh-catalyzed hydroformylation of alkenes in supercritical carbon dioxide [J]. Russian Chemical Bulletin, 2011, 60(10): 2074-2077.

[121] Bektesevic S, Kleman A M, Marteel-Parrish A E, Abraham M A. Hydroformylation in supercritical carbon dioxide: Catalysis and benign solvents [J]. Journal of Supercritical Fluids, 2006, 38(2): 232-241.

[122] Pinkard B R, Purohit A L, Moore S J, Kramlich J C, Reinhall P G, Novosselov I V. Partial oxidation of ethanol in supercritical water [J]. Industrial Engineering Chemistry Research, 2020, 59(21): 9900-9911.

[123] Zhu Z L, Xu H, Jiang D F, Yue G Q, Li B R, Zhang N Q. The role of dissolved oxygen in supercritical water in the oxidation of ferritic–martensitic steel [J]. Journal of Supercritical Fluids, 2016, 108: 17-21.

[124] Rezende C A, Julian M. Activity of immobilized lipase from candida antarctica (Lipozyme 435) and its performance on the esterification of oleic acid in supercritical carbon dioxide [J]. The Journal of Supercritical Fluids, 2016, 107: 170-178.

[125] Shiriyazdanov R R. Regeneration of zeolite-containing catalysts of alkylation of isobutane with the butane-butene faction in supercritical carbon dioxide [J]. Russian Journal of Physical Chemistry B, 2011, 5(7): 1080-1083.

[126] Mogalicherla A K, Elmalik E E, Elbashir N O. Enhancement in the intraparticle diffusion in the supercritical phase fischer–tropsch synthesis [J]. Chemical Engineering Processing: Process Intensification, 2012, 62: 59-68.

[127] Roe D P, Rui X, Roberts C B. Influence of a carbon nanotube support and supercritical fluid reaction medium on Fe-catalyzed Fischer-Tropsch synthesis [J]. Applied Catalysis, A, 2017, 543: 141-149.

[128] Meng F Q, Feng X J, Wang W H, Ming B. Synthesis of 5-vinyl-2-norbornene through Diels-Alder reaction of cyclopentadiene with 1,3-butadiene in supercritical carbon dioxide [J]. Chinese Chemical Letters, 2017, 28(4): 900-904.

[129] Yeo S D, Kiran E. Formation of polymer particles with supercritical fluids: A review [J]. The Journal of Supercritical Fluids, 2005, 34(3): 287-308.

[130] Mase N, Moniruzzaman, Yamamoto S, Sato K, Narumi T, Yanai H. Epimerization-suppressed organocatalytic synthesis of poly-l-lactide in supercritical carbon dioxide under plasticizing conditions [J]. Tetrahedron Letters, 2019, 60(34): 150987.

[131] Dardas Z, Süer M G, Ma Y H, Moser W R. High-temperature, high-pressure in situ reaction monitoring of heterogeneous catalytic processes undersupercritical conditions by CIR-FTIR [J]. Journal of Catalysis, 1996, 159(1): 204-211.

[132] Tiltscher H, Schelchshorn J, Westphal F, Dialer K. Instationäre Reaktionsführung unterÄnderung des Fluidzustandes gasförmig/überkritisch bei heterogenkatalysierten Umsetzungen [J]. Chemie Ingenieur Technik, 1984, 56(1): 42-44.

[133] Song J Y, Hou M Q, Liu G, Zhang J L, Han B X, Yang G Y. Effect of phase behavior on the ethenolysis of ethyl oleate in compressed CO_2 [J]. J Phys Chem B, 2009, 113(9): 2810.

[134] Ballivet-Tkatchenko D, Chambrey S, Keiski R, Ligabue R, Plasseraud L, Richard P, Turunen H. Direct synthesis of dimethyl carbonate with supercritical carbon dioxide: Characterization of a key organotin oxide intermediate [J]. Catalysis Today, 2006, 115(1-4): 80-87.

[135] Hou Z S, Han B X, Liu Z M, Jiang T, Yang G Y. Synthesis of dimethyl carbonate using CO_2 and methanol: Enhancing the conversion by controlling the phase behavior [J]. Green Chemistry, 2002,

4(5): 467-471.
[136] Parzuchowski P G, Gregorowicz J, Wawrzyńska E P, Wiacek D, Rokicki G. The phase behavior in supercritical carbon dioxide of hyperbranched copolymers with architectural variations [J]. Journal of Supercritical Fluids, 2016, 107: 657-668.
[137] Fujita S I, Akihara S, Zhao F Y, Liu R, Hasegawa M, Arai M. Selective hydrogenation of cinnamaldehyde using ruthenium-phosphine complex catalysts with multiphase reaction systems in and under pressurized carbon dioxide: Significance of pressurization and interfaces for the control of selectivity [J]. Journal of Catalysis, 2005, 236(1): 101-111.
[138] Wang H J, Zhao F Y. Catalytic ring hydrogenation of benzoic acid with supported transition metal catalysts in $scCO_2$ [J]. International Journal of Molecular Sciences, 2007, 8(7): 628-634.
[139] Wang H J, Zhao F Y, Fujita S I, Arai M. Hydrogenation of phenol in $scCO_2$ over carbon nanofiber supported rh catalyst [J]. Catalysis Communications, 2008, 9(3): 362-368.
[140] Wang Q, Cheng H Y, Liu R X, Hao J, Yu Y, Cai S, Zhao F. Selective hydrogenation of maleic anhydride toγ-butyrolactone in supercritical carbon dioxide [J]. Catalysis Communications, 2009, 10(5): 592-595.
[141] Meng X C, Cheng H Y, Akiyama Y, Hao Y, Qiao W, Yu Y, Zhao F, Fujita S I, Arai M. Selective hydrogenation of nitrobenzene to aniline in dense phase carbon dioxide over Ni/γ-Al_2O_3: Significance of molecular interactions [J]. Journal of Catalysis, 2009, 264(1): 1-10.
[142] Chem Market Rep, 2002: 4.
[143] Benoit J, Perry D, Mondal K. Fischer-Tropsch synthesis in supercritical CO_2–inhibition of CO_2 selectivity for enhanced hydrocarbon production [J]. Fuel, 2017, 209: 383-393.
[144] Liu R X, Cheng H Y, Qiang W, Wu C, Ming J, Xi C, Yu Y, Cai S, Zhao F, Arai M. Selective hydrogenation of unsaturated aldehydes in a poly(ethylene glycol)/compressed carbon dioxide biphasic system [J]. Green Chemistry, 2008, 10(10): 1082-1086.
[145] Zhuo L H, Wu Y Q, Wang L Y, Ming J, Yu Y, Zhang X, Zhao F. CO_2-expanded ethanol chemical synthesis of a Fe_3O_4@ graphene composite and its good electrochemical properties as anode material for Li-ion batteries [J]. Journal of Materials Chemistry A, 2013, 1(12): 3954-3960.
[146] Wang L Y, Zhuo L H, Zhang C, Zhao F. Supercritical carbon dioxide assisted deposition of Fe_3O_4 nanoparticles on hierarchical porous carbon and their lithium-storage performance [J]. Chemistry–A European Journal, 2014, 20(15): 4308-4315.
[147] 张锁江, 张香平, 聂毅, 鲍迪, 董海峰, 吕兴梅. 绿色过程系统工程[J]. 化工学报, 2016, 67(01): 41-53.
[148] 王明明, 张文一. 我国替代含有毒有害物质材料的技术创新系统研究[J]. 科技进步与对策, 2012(05): 29-34.
[149] 董泽义. 绿色化工对化工产业的应用研究[J]. 中国化工贸易, 2019, 011(035): 148.
[150] 刘志立, 史庚鑫, 闫一诺. 绿色化工技术探究[J]. 中国化工贸易, 2020, 12(7): 104,106.
[151] Cárdenas-Lizana F, Hao Y, Crespo-Quesada M, Yuranov I, Wang X, Keane M A, Kiwi-Minsker L. Selective gas phase hydrogenation of p-chloronitrobenzene over Pd catalysts: Role of the support [J]. ACS Catalysis, 2013, 3(6): 1386-1396.
[152] Chen T, Li D, Jiang H, Xiong C. High-performance Pd nanoalloy on functionalized activated carbon for the hydrogenation of nitroaromatic compounds [J]. Chemical Engineering Journal, 2015, 259: 161-169.
[153] Lu C, Zhu Q, Zhang X, Ji H, Zhou Y, Wang H, Liu Q, Nie J, Han W, Li X. Decoration of Pd nanoparticles with N and S doped carbon quantum dots as a robust catalyst for the chemoselective hydrogenation reaction [J]. Acs Sustain Chem Eng, 2019, 7(9): 8542-8553.
[154] Lyu J, Wang J, Lu C, Ma L, Zhang Q, He X, Li X. Size-dependent halogenated nitrobenzene hydrogenation selectivity of Pd nanoparticles [J]. The Journal of Physical Chemistry C, 2014, 118(5): 2594-2601.
[155] Johnston P, Carthey N, Hutchings G J. Discovery, development, and commercialization of gold catalysts for acetylene hydrochlorination [J]. Journal of the American Chemical Society, 2015, 137(46): 14548-14557.

[156] Zhou K, Jia J, Li C, Xu H, Zhou J, Luo G, Wei F. A low content Au-based catalyst for hydrochlorination of C_2H_2 and its industrial scale-up for future PVC processes [J]. Green Chemistry, 2015, 17(1): 356-364.

[157] Nkosi B, Adams M D, Coville N J, Hutchings G J. Hydrochlorination of acetylene using carbon-supported gold catalysts: A study of catalyst reactivation [J]. Journal of Catalysis, 1991, 128(2): 378-386.

[158] Zhang J, He Z, Li W, Han Y. Deactivation mechanism of $AuCl_3$ catalyst in acetylene hydrochlorination reaction: A DFT study [J]. Rsc Adv, 2012, 2(11): 4814-4821.

[159] 铁安年. 关于氯金酸的挥发性及其对测定金结果的影响[J]. 分析化学, 1982(01): 67.

[160] Zhao J, Gu S, Xu X, Zhang T, Yu Y, Di X, Ni J, Pan Z, Li X. Supported ionic-liquid-phase-stabilized Au(Ⅲ) catalyst for acetylene hydrochlorination [J]. Catalysis Science & Technology, 2016, 6(9): 3263-3270.

[161] Zhao J, Yu Y, Xu X, Di S, Wang B, Xu H, Ni J, Guo L, Pan Z, Li X. Stabilizing Au(Ⅲ) in supported-ionic-liquid-phase (SILP) catalyst using $CuCl_2$ via a redox mechanism [J]. Applied Catalysis B: Environmental, 2017, 206: 175-183.

[162] Lai H, Wang B, Yue Y, Sheng G, Li X. An alternative carbon carrier in green preparation of efficient gold/carbon catalyst for acetylene hydrochlorination [J]. ChemCatChem, 2019, 11(14): 3318-3326.

[163] Zhao J, Wang B, Xu X, Yu Y, Di S, Xu H, Zhai Y, He H, Guo L, Pan Z, Li X. Alternative solvent to aqua regia to activate Au/AC catalysts for the hydrochlorination of acetylene [J]. Journal of Catalysis, 2017, 350: 149-158.

[164] Zhao J, Wang B, Yue Y, Di S, Zhai Y, He H, Sheng G, Lai H, Zhu Y, Guo L, Li X. Towards a greener approach for the preparation of highly active gold/carbon catalyst for the hydrochlorination of ethyne [J]. Journal of Catalysis, 2018, 365: 153-162.

[165] Burns J R, Ramshaw C, Process intensification: Visual study of liquid maldistribution in rotating packed bed [J]. Chem Eng Sci, 1996, 51: 1347-1352.

[166] 陈建峰, 等. 超重力反应工程[M], 北京: 化学工业出版社, 2020.

[167] 刘有智, 等. 超重力分离工程[M], 北京: 化学工业出版社, 2020.

[168] Liu Y, Zhang F, Gu D, Qi G, Jiao W, Chen X. Gas-phase mass transfer characteristics in a counter airflow shear rotating packed bed [J]. The Canadian Journal of Chemical Engineering, 2016, 94(4): 771-778.

[169] Jiao W, Liu Y, Qi G. A new impinging stream–rotating packed bed reactor for improvement of micromixing iodide and iodate [J]. Chemical Engineering Journal, 2010, 157(1): 168-173.

[170] Gao J, Liu Y, Chang L, Treatment of phenol wastewater using high gravity electrochemical reactor with multi-concentric cylindrical electrodes [J]. China Petroleum Processing & Petrochemical Technology, 2012, 14: 71-75.

[171] Jiao W, Luo S, He Z, Liu Y. Applications of high gravity technologies for wastewater treatment: A review [J]. Chemical Engineering Journal, 2017, 313: 912-927.

[172] Qi G, Ren H, Zhang S, Wei S, Li W, Jiao W, Liu Y. Dust removal performance in counter airflow shear rotating packed bed [J]. Process Safety and Environmental Protection, 2019, 127: 16-22.

[173] Jiao W, Luo S, He Z, Liu Y. Emulsified behaviors for the formation of methanol-diesel oil under high gravity environment [J]. Energy, 2017, 141: 2387-2396.

[174] Gao W, Song Y, Jiao W, Liu Y. A catalyst-free and highly efficient approach to ozonation of benzyl alcohol to benzoic acid in a rotating packed bed [J]. Journal of the Taiwan Institute of Chemical Engineers, 2019, 103: 1-6.

[175] Wei X, Shao S, Ding X, Jiao W, Liu Y. Degradation of phenol with heterogeneous catalytic ozonation enhanced by high gravity technology [J]. Journal of Cleaner Production, 2020, 248: 119179.

[176] Zhang J, Liang P F, Luo Y, Guo Y, Liu Y Z. Liquid sheet breakup mode and droplet size of free opposed impinging jets by particle image velocimetry [J]. Industrial & Engineering Chemistry Research, 2020, 59(24): 11296-11307.

[177] Jiao W, Qin Y, Luo S, He Z, Feng Z, Liu Y. Simultaneous formation of nanoscale zero-valent iron and degradation of nitrobenzene in wastewater in an impinging stream-rotating packed bed reactor [J].

Chemical Engineering Journal, 2017, 321: 564-571.
[178] Cheng S Y, Liu Y Z, Qi G S. Experimental study of CO_2 capture enhanced by coal fly ash-synthesized NH_2-MCM-41 coupled with high gravity technology [J]. Chemical Engineering Journal, 2020, 400: 125946.
[179] Guo Q, Liu Y, Qi G, Jiao W. Adsorption and desorption behaviour of toluene on activated carbon in a high gravity rotating bed [J]. Chemical Engineering Research and Design, 2019, 143: 47-55.
[180] Pu Y, Kang F, Zeng X F, Chen J F, Wang J X. Synthesis of transparent oil dispersion of monodispersed calcium carbonate nanoparticles with high concentration [J]. AIChE Journal, 2017, 63(9): 3663-3669.
[181] Kang F, Wang D, Pu Y, Zeng X F, Wang J X, Chen J F. Efficient preparation of monodisperse $CaCO_3$ nanoparticles as overbased nanodetergents in a high-gravity rotating packed bed reactor [J]. Powder Technology, 2018, 325: 405-411.
[182] Jiao W, Yang P, Qi G, Liu Y. Selective absorption of H_2S with high CO_2 concentration in mixture in a rotating packed bed [J]. Chemical Engineering and Processing - Process Intensification, 2018, 129: 142-147.
[183] Geng Y, Ling S, Huang J, Xu J. Multiphase microfluidics: Fundamentals, fabrication, and functions [J]. Small, 2020, 16(6): 1906357.
[184] Dou H, Jiang B, Xu M, Zhang Z, Wen G, Peng F, Yu A, Bai Z, Sun Y, Zhang L, Jiang Z, Chen Z. Boron nitride membranes with distinct nanoconfinement effect toward efficient ethylene/ethane separation [J]. Angewandte Chemie International Edition, 2019, 58(39): 13969-13975.
[185] Jing G, Qian Y, Zhou X, Lv B, Zhou Z. Designing and screening of multi-amino-functionalized ionic liquid solution for CO_2 capture by quantum chemical simulation [J]. Acs Sustain Chem Eng, 2018, 6(1): 1182-1191.
[186] Chen Y, Liu G T, Xu J H, Luo G S. The dynamic mass transfer of surfactants upon droplet formation in coaxial microfluidic devices [J]. Chem Eng Sci, 2015, 132: 1-8.
[187] Chen Z, Wang W T, Sang F N, Xu J H, Luo G S, Wang Y D. Fast extraction and enrichment of rare earth elements from waste water via microfluidic-based hollow droplet [J]. Sep Purif Technol, 2017, 174: 352-361.
[188] Yao C, Ma H, Zhao Q, Liu Y, Zhao Y, Chen G. Mass transfer in liquid-liquid taylor flow in a microchannel: Local concentration distribution, mass transfer regime and the effect of fluid viscosity [J]. Chem Eng Sci, 2020, 223: 115734.
[189] Yao C, Zhao Y, Zheng J, Zhang Q, Chen G. The effect of liquid viscosity and modeling of mass transfer in gas-liquid slug flow in a rectangular microchannel [J]. AIChE Journal, 2020, 66(5): e16934.
[190] Liu Y, Zhao Q, Yue J, Yao C, Chen G. Effect of mixing on mass transfer characterization in continuous slugs and dispersed droplets in biphasic slug flow microreactors [J]. Chemical Engineering Journal, 2021, 406: 126885.
[191] Wen Z, Yang M, Zhao S, Zhou F, Chen G. Kinetics study of heterogeneous continuous-flow nitration of trifluoromethoxybenzene [J]. Reaction Chemistry & Engineering, 2018, 3(3): 379-387.
[192] Wen Z, Jiao F, Yang M, Zhao S, Zhou F, Chen G. Process development and scale-up of the continuous flow nitration of trifluoromethoxybenzene [J]. Organic Process Research & Development, 2017, 21(11): 1843-1850.
[193] Yang L, Xu F, Zhang Q, Liu Z, Chen G. Gas-liquid hydrodynamics and mass transfer in microreactors under ultrasonic oscillation [J]. Chemical Engineering Journal, 2020, 397: 125411.
[194] Zhao S, Dong Z, Yao C, Wen Z, Chen G, Yuan Q. Liquid-liquid two-phase flow in ultrasonic microreactors: Cavitation, emulsification, and mass transfer enhancement [J]. AIChE Journal, 2018, 64(4): 1412-1423.
[195] Zhao S, Yao C, Dong Z, Chen G, Yuan Q. Role of ultrasonic oscillation in chemical processes in microreactors: A mesoscale issue [J]. Particuology, 2020, 48: 88-99.
[196] 段雪, 矫庆泽, 李峰, 何静, 郭灿雄. 全返混液膜反应器及其在制备超细阴离子层状材料中的应用:

CN 1358691[P]. 2002-07-17.

[197] Zhao Y, Li F, Zhang R, Evans D G, Duan X. Preparation of layered double-hydroxide nanomaterials with a uniform crystallite size using a new method involving separate nucleation and aging steps [J]. Chemistry of Materials, 2002, 14(10): 4286-4291.

[198] Guo S, Evans D G, Li D, Duan X. Experimental and numerical investigation of the precipitation of barium sulfate in a rotating liquid film reactor [J]. Aiche Journal, 2009, 55(8): 2024-2034.

[199] Gu Z, Xiang X, Fan G, Li F. Facile synthesis and characterization of cobalt ferrite nanocrystals via a simple reduction-oxidation route [J]. Journal of Physical Chemistry C, 2008, 112(47): 18459-18466.

[200] Cao W, Kang J, Fan G, Yang L, Li F. Fabrication of porous ZrO_2 nanostructures with controlled crystalline phases and structures via a facile and cost-effective hydrothermal approach [J]. Industrial & Engineering Chemistry Research, 2015, 54(51): 12795-12804.

[201] Wei S, Zhao Y, Fan G, Yang L, Li F. Structure-dependent selective hydrogenation of cinnamaldehyde over high-surface-area CeO_2-ZrO_2 composites supported Pt nanoparticles [J]. Chemical Engineering Journal, 2017, 322: 234-245.

[202] 兰红波, 李涤尘, 卢秉恒. 微纳尺度3D打印[J]. 中国科学：技术科学, 2015, (9): 919-940.

[203] 刘泽. 先进微制造力学[J]. 固体力学学报, 2018, 39(3): 223-247.

[204] 关婷婷, 郑成, 苏育志. 微型化工过程的研究现状和发展趋势[J]. 广东化工, 2005, 32(12): 8-10.

[205] 邱京江. 基于增材制造的个性化微流控芯片定制方法及关键技术研究[D]. 杭州: 浙江大学, 2018.

[206] 李林梅. 基于微流控芯片的细胞培养及实时电化学检测[D]. 武汉: 武汉大学, 2013.

[207] Bazaz S R, Rouhi O, Raoufi M A, Ejeian F, Asadnia M, Jin D, Warkiani M E. 3D printing of inertial microfluidic devices [J]. Scientific Reports, 2020, 10(1): 1-14.

[208] Lee H J, Roberts R C, Im D J, Yim S J, Kim H, Kim J T, Kim D P. Enhanced controllability of fries rearrangements using high-resolution 3D-printed metal microreactor with circular channel [J]. Small, 2019, 15(50): 1905005.

[209] 范一强, 王玫, 张亚军. 打印微流控芯片技术研究进展[J]. 分析化学, 2016(4): 551-561.

[210] 邹士博. 基于3D打印技术的化学合成微反应器快速制造工艺研究[D]. 上海: 华东理工大学, 2015.

[211] 蔡诗轩. 基于3D打印微流控技术制备海藻酸钙微/纳米凝胶及其载药应用[D]. 西安: 西安电子科技大学, 2020.

[212] Fetah K L, Dipardo B J, Kongadzem E M, Tomlinson J S, Elzagheid A, Elmusrati M, Khademhosseini A, Ashammakhi N. Cancer modeling-on-a-chip with future artificial intelligence integration [J]. Small, 2019, 15(50): 1901985.

[213] 徐欢, 陈鸣. 基于智能手机的微流控芯片及其在病原体检测中的应用[J]. 中华检验医学杂志, 2019, 42(10): 821-826.

[214] 汪伟, 彭减, 林硕, 等. 智能微流控检测芯片的构建及其Pb^{2+}检测性能[J]. 化工进展, 2020, 39(1): 42-48.

[215] 王宇, 方群. 人工智能在微流控系统中的应用[J]. 分析化学, 2020, 48(4): 439-448.

[216] Gutmann B, Koeckinger M, Glotz G, Ciaglia T, Slama E, Zadravec M, Pfanner S, Maier M C, Gruber-Woelfler H, Kappe C O. Design and 3D printing of a stainless steel reactor for continuous difluoromethylations using fluoroform [J]. Reaction Chemistry & Engineering, 2017, 2(6): 919-927.

[217] Yang C, Zhang C, Liu L. Excellent degradation performance of 3D hierarchical nanoporous structures of copper towards organic pollutants [J]. Journal of Materials Chemistry A, 2018, 6(42): 20992-21002.

[218] Li C, Ding B, Zhang L, et al. 3D-printed continuous flow reactor for high yield synthesis of $CH_3NH_3PbX_3$ (X=Br, I) nanocrystals [J]. Journal of Materials Chemistry C, 2019, 7(30): 9167-9174.

[219] Gal-Or E, Gershoni Y, Scotti G, et al. Chemical analysis using 3D printed glass microfluidics [J]. Analytical Methods, 2019, 11(13): 1802-1810.

[220] Ahn G N, Yu T, Lee H J, Gyak K W, Kang J H, You D, Kim D P. A numbering-up metal microreactor for the high-throughput production of a commercial drug by copper catalysis [J]. Lab on a Chip, 2019, 19(20): 3535-3542.

[221] Segura-Cardenas E, Velasquez-Garcia L F. Additively manufactured robust microfluidics via silver clay extrusion [J]. Journal of Microelectromechanical Systems, 2020, 29(3): 427-437.

[222] Zhang L, Zhu Z, Liu B, Li C, Yu Y, Tao S, Li T. Fluorescent fluid in 3D-printed microreactors for the acceleration of photocatalytic reactions [J]. Advanced Science, 2019, 6(13): 1900583

[223] Zhu Z, Yang L, Yu Y, Zhang L, Tao S. Scale-up design of a fluorescent fluid photochemical microreactor by 3D printing [J]. Acs Omega, 2020, 5(13): 7666-7674.

[224] Liu J, Gao Y, Fan Y, Zhou W. Fabrication of porous metal by selective laser melting as catalyst support for hydrogen production microreactor [J]. International Journal of Hydrogen Energy, 2020, 45(1): 10-22.

[225] Dirocco D A, Ji Y, Sherer E C, Klapars A, Reibarkh M, Dropinski J, Mathew R, Maligres P, Hyde A M, Limanto J, Brunskill A, Ruck R T, Campeau L C, Davies I W. A multifunctional catalyst that stereoselectively assembles prodrugs [J]. Science, 2017, 356(6336): 426-429.

[226] Perera D, Tucker J W, Brahmbhatt S, Helal C J, Chong A, Farrell W, Richardson P, Sach N W. A platform for automated nanomole-scale reaction screening and micromole-scale synthesis in flow [J]. Science, 2018, 359(6374): 429-434.

[227] Granda J M, Donina L, Dragone V, Long D L, Cronin L. Controlling an organic synthesis robot with machine learning to search for new reactivity [J]. Nature, 2018, 559(7714): 377.

[228] 广翠. 轻汽油醚化的反应精馏技术研究[D]. 天津: 天津大学, 2008.

[229] 张锐. 基于渗流催化剂的轻汽油醚化催化精馏过程研究[D]. 天津: 天津大学, 2010.

[230] 李鑫钢, 张锐, 高鑫, 等. 轻汽油反应精馏醚化过程模拟[J]. 化工进展, 2009, 28: 364-367.

[231] 高鑫, 赵悦, 李洪, 张雅囡, 李洪, 李永红. 反应精馏过程耦合强化技术基础与应用研究述评[J]. 化工学报, 2018, 69(1): 218-238.

[232] Li H, Xiao C, Li X, Gao X. Synthesis of n-amyl acetate in a pilot plant catalytic distillation column with seepage catalytic packing internal [J]. Industrial & Engineering Chemistry Research, 2017, 56(44): 12726-12737.

[233] Li H, Meng Y, Li X, Gao X. A fixed point methodology for the design of reactive distillation columns [J]. Chemical Engineering Research & Design, 2016, 111: 479-491.

[234] 刘有智. 谈过程强化技术促进化学工业转型升级和可持续发展[J]. 化工进展, 2018, 37(4): 1203-1211.

[235] 项顼, 王瑞瑞, 周辰, 段雪. 从卤水中提取镁、锂同时生产水滑石的工艺方法: CN 105152193A[P]. 2015-12-16.

[236] Guo X, Hu S, Wang C, Duan H, Xiang X. Highly efficient separation of magnesium and lithium and high utilization of magnesium from salt lake brine by a reaction-coupled separation technology [J]. Industrial & Engineering Chemistry Research, 2018, 57(19): 6618-6626.

[237] Hu S, Sun Y, Pu M, Yun R, Xiang X. Determination of boundary conditions for highly efficient separation of magnesium and lithium from salt lake brine by reaction-coupled separation technology [J]. Sep Purif Technol, 2019, 229: 115813.

[238] Sun Y, Guo X, Hu S, Xiang X. Highly efficient extraction of lithium from salt lake brine by lial-layered double hydroxides as lithium-ion-selective capturing material [J]. Journal of Energy Chemistry, 2019, 34: 80-87.

[239] 项顼, 王琪. 一种利用微液膜反应器制备电池级碳酸锂的方法: CN 111252787A[P]. 2020-06-09

[240] Aris R. On stability criteria of chemical reaction engineering [J]. Chem Eng Sci, 1969, 24(1): 149-169.

[241] Lerou J J, Ng K M. Chemical reaction engineering: A multiscale approach to a multiobjective task [J]. Chem Eng Sci, 1996, 51(10): 1595-1614.

[242] Kreutzer M T, Kapteijn F, Moulijn J A, Heiszwolf J J. Multiphase monolith reactors: Chemical reaction engineering of segmented flow in microchannels [J]. Chem Eng Sci, 2005, 60(22): 5895-5916.

[243] Tamaru K. Catalytic ammonia synthesis: Fundamentals and practice [M]. New York: Plenum Press, 1991.

[244] Mittasch A, Frankenburg W. Early studies of multicomponent catalysts [J]. Advances in Catalysis, 1950, 12: 81-104.

[245] Yu Y X, Yang J, Zhu K K, Sui Z J, Chen D, Zhu Y A, Zhou X G. High-throughput screening of alloy catalysts for dry methane reforming[J]. ACS Catalysis, 2021, 11(14): 8881-8894.

[246] Cao A, Schumann J, Wang T, Zhang L, Xiao J, Bothra P, Liu Y, Abild-Pedersen F, Nørskov J K. Mechanistic insights into the synthesis of higher alcohols from syngas on CuCo alloys [J]. ACS Catalysis, 2018, 8(11): 10148-10155.

[247] Hansen M H, Nørskov J K, Bligaard T. First principles micro-kinetic model of catalytic non-oxidative dehydrogenation of ethane over close-packed metallic facets [J]. Journal of Catalysis, 2019, 374: 161-170.

[248] Hansgen D A, Vlachos D G, Chen J G. Using first principles to predict bimetallic catalysts for the ammonia decomposition reaction [J]. Nature chemistry, 2010, 2(6): 484-489.

[249] 朱贻安, 周兴贵, 袁渭康. 多相催化微观动力学与催化剂理性设计[J]. 化学反应工程与工艺, 2014, 30(3): 205-211.

[250] Nørskov J K, Bligaard T, Rossmeisl J, Christensen C H. Towards the computational design of solid catalysts [J]. Nature Chemistry, 2009, 1(1): 37-46.

[251] Xiao L, Shan Y L, Sui Z J, Chen D, Zhou X G, Yuan W K, Zhu Y A. Beyond the reverse Horiuti-Polanyi mechanism in propane dehydrogenation over Pt catalysts [J]. ACS Catalysis, 2020, 10(24): 14887-14902.

[252] Hammer B, Nørskov J. Why gold is the noblest of all the metals [J]. Nature, 1995, 376(6537): 238-240.

[253] Hammer B, Nørskov J K. Theoretical surface science and catalysis—calculations and concepts [J]. Advances in Catalysis, 2000, 45: 71-129.

[254] Nørskov J K, Bligaard T, Logadottir A, Bahn S, Hansen L B, Bollinger M, Bengaard H, Hammer B, Sljivancanin Z, Mavrikakis M. Universality in heterogeneous catalysis [J]. Journal of Catalysis, 2002, 209(2): 275-278.

[255] Nørskov J K, Abild-Pedersen F, Studt F, Bligaard T. Density functional theory in surface chemistry and catalysis [J]. Proceedings of the National Academy of Sciences, 2011, 108(3): 937-943.

[256] Medford A J, Shi C, Hoffmann M J, Lausche A C, Fitzgibbon S R, Bligaard T, Nørskov J K. Catmap: A software package for descriptor-based microkinetic mapping of catalytic trends [J]. Catalysis Letters, 2015, 145(3): 794-807.

[257] Jones G, Studt F, Abild-Pedersen F, Nørskov J K, Bligaard T. Scaling relationships for adsorption energies of C_2 hydrocarbons on transition metal surfaces [J]. Chem Eng Sci, 2011, 66(24): 6318-6323.

[258] Abild-Pedersen F, Greeley J, Studt F, Rossmeisl J, Munter T, Moses P G, Skulason E, Bligaard T, Nørskov J K. Scaling properties of adsorption energies for hydrogen-containing molecules on transition-metal surfaces [J]. Physical Review Letters, 2007, 99(1): 016105.

[259] Wang S, Petzold V, Tripkovic V, Kleis J, Howalt J G, Skulason E, Fernandez E, Hvolbæk B, Jones G, Toftelund A. Universal transition state scaling relations for (de)hydrogenation over transition metals [J]. Physical Chemistry Chemical Physics, 2011, 13(46): 20760-20765.

[260] Bligaard T, Nørskov J K, Dahl S, Matthiesen J, Christensen C H, Sehested J. The Brønsted-Evans-Polanyi relation and the volcano curve in heterogeneous catalysis [J]. Journal of Catalysis, 2004, 224(1): 206-217.

[261] Evans M, Polanyi M. Inertia and driving force of chemical reactions [J]. Transactions of the Faraday Society, 1938, 34: 11-24.

[262] Brønsted J N. Acid and basic catalysis [J]. Chem Rev, 1928, 5(3): 231-338.

[263] Logadottir A, Rod T H, Nørskov J K, Hammer B, Dahl S, Jacobsen C J H. The Brønsted-Evans-Polanyi relation and the volcano plot for ammonia synthesis over transition metal catalysts [J]. Journal of Catalysis, 2001, 197(2): 229-231.

[264] Jacobsen C J H, Dahl S, Clausen B S, Bahn S, Logadottir A, Nørskov J K. Catalyst design by interpolation in the periodic table: Bimetallic ammonia synthesis catalysts [J]. Journal of the American Chemical Society, 2001, 123(34): 8404-8405.

[265] Honkala K, Hellman A, Remediakis I N, Logadottir A, Carlsson A, Dahl S, Christensen C H, Nørskov J K. Ammonia synthesis from first-principles calculations [J]. Science, 2005, 307(5709): 555-558.

[266] Andersson M P, Bligaard T, Kustov A, Larsen K E, Greeley J, Johannessen T, Christensen C H,

Nørskov J K. Toward computational screening in heterogeneous catalysis: Pareto-optimal methanation catalysts [J]. Journal of Catalysis, 2006, 239(2): 501-506.

[267] Ma F, Chang Q, Yin Q, et al. Rational screening of single-atom-doped ZnO catalysts for propane dehydrogenation from microkinetic analysis [J]. Catalysis Science & Technology, 2020, 10(15): 4938-4951.

[268] Kelley R D, Goodman D W. Catalytic methanation over single crystal nickel and ruthenium: Reaction-kinetics on different crystal planes and the correlation of surface carbide concentration with reaction rate [J]. Surf Sci, 1982, 123(2-3): L743-L749.

[269] Goodman D W, Kelley R D, Madey T E, Yates J T. Kinetics of the hydrogenation of CO over a single crystal nickel catalyst [J]. Journal of Catalysis, 1980, 63(1): 226-234.

[270] Goodman D W. Single crystals as model catalysts [J]. J Vac Sci Technol, 1982, 20(3): 522-526.

[271] Jin M S, Zhang H, Xie Z X, Xia Y N. Palladium nanocrystals enclosed by {100} and {111} facets in controlled proportions and their catalytic activities for formic acid oxidation [J]. Energ Environ Sci, 2012, 5(4): 6352-6357.

[272] Chen M S, Kumar D, Yi C W, Goodman D W. The promotional effect of gold in catalysis by palladium-gold [J]. Science, 2005, 310(5746): 291-293.

[273] Loiudice A, Lobaccaro P, Kamali E A, Thao T, Huang B H, Ager J W, Buonsanti R. Tailoring copper nanocrystals towards C_2 products in electrochemical CO_2 reduction [J]. Angew Chem-Int Edit, 2016, 55(19): 5789-5792.

[274] Chen W Y, Ji J, Feng X, Duan X Z, Qian G, Li P, Zhou X G, Chen D, Yuan W K. Mechanistic insight into size-dependent activity and durability in Pt/CNT catalyzed hydrolytic dehydrogenation of ammonia borane [J]. Journal of the American Chemical Society, 2014, 136(48): 16736-16739.

[275] Pan M J, Wang J N, Fu W Z, Chen B X, Lei J Q, Chen W Y, Duan X Z, Chen D, Qian G, Zhou X G. Active sites of Pt/CNTs nanocatalysts for aerobic base-free oxidation of glycerol [J]. Green Energy Environ, 2020, 5(1): 76-82.

[276] Cao Y Q, Fu W Z, Sui Z J, Duan X Z, Chen D, Zhou X G. Kinetics insights and active sites discrimination of Pd-catalyzed selective hydrogenation of acetylene [J]. Industrial & Engineering Chemistry Research, 2019, 58(5): 1888-1895.

[277] Fu W Z, Chen W Y, Qian G, Chen D, Yuan W K, Zhou X G, Duan X Z. Kinetics-assisted discrimination of active sites in Ru catalyzed hydrolytic dehydrogenation of ammonia borane [J]. Reaction Chemistry & Engineering, 2019, 4(2): 316-322.

[278] Xin H L, Vojvodic A, Voss J, Norskov J K, Abild-Pedersen F. Effects of d-band shape on the surface reactivity of transition-metal alloys [J]. Phys Rev B, 2014, 89(11): 115114.

[279] Chen J F, Mao Y, Wang H F, Hu P. A simple method to locate the optimal adsorption energy for the best catalysts directly [J]. Acs Catalysis, 2019, 9(3): 2633-2638.

[280] Zhu X J, Guo Q S, Sun Y F, Chen S J, Wang J Q, Wu M M, Fu W Z, Tang Y Q, Duan X Z, Chen D, Wan Y. Optimising surface *d* charge of AuPd nanoalloy catalysts for enhanced catalytic activity [J]. Nature Communications, 2019, 10(1): 1-11.

[281] Feng Q C, Zhao S, Wang Y, Dong J C, Chen W X, He D S, Wang D S, Yang J, Zhu Y M, Zhu H L, Gu L, Li Z, Liu Y X, Yu R, Li J, Li Y D. Isolated single-atom Pd sites in intermetallic nanostructures: High catalytic selectivity for semihydrogenation of alkynes [J]. Journal of the American Chemical Society, 2017, 139(21): 7294-7301.

[282] Zhou H R, Yang X F, Li L, Liu X Y, Huang Y Q, Pan X L, Wang A Q, Li J, Zhang T. Pdzn intermetallic nanostructure with Pd-Zn-Pd ensembles for highly active and chemoselective semi-hydrogenation of acetylene [J]. Acs Catalysis, 2016, 6(2): 1054-1061.

[283] Cao Y Q, Sui Z J, Zhu Y, Zhou X G, Chen D. Selective hydrogenation of acetylene over Pd-In/Al_2O_3 catalyst: Promotional effect of indium and composition-dependent performance [J]. Acs Catalysis, 2017, 7(11): 7835-7846.

[284] Rao D M, Zhang S T, Li C M, Chen Y D, Pu M, Yan H, Wei M. The reaction mechanism and

selectivity of acetylene hydrogenation over Ni-Ga intermetallic compound catalysts: A density functional theory study [J]. Dalton T, 2018, 47(12): 4198-4208.

[285] Liu Y X, Liu X W, Feng Q C, He D S, Zhang L B, Lian C, Shen R A, Zhao G F, Ji Y J, Wang D S, Zhou G, Li Y D. Intermetallic Ni_xM_y (M = Ga and Sn) nanocrystals: A non-precious metal catalyst for semi-hydrogenation of alkynes [J]. Adv Mater, 2016, 28(23): 4747-4754.

[286] Cao Y Q, Zhang H, Ji S F, Sui Z J, Jiang Z, Wang D S, Zaera F, Zhou X G, Duan X Z, Li Y D. Adsorption site regulation to guide atomic design of Ni-Ga catalysts for acetylene semi-hydrogenation [J]. Angew Chem-Int Edit, 2020, 59(28): 11647-11652.

[287] Yang F F, Liu D, Zhao Y T, Wang H, Han J Y, Ge Q F, Zhu X L. Size dependence of vapor phase hydrodeoxygenation of m-cresol on Ni/SiO_2 catalysts [J]. Acs Catalysis, 2018, 8(3): 1672-1682.

[288] Sahimi M, Gavalas G R, Tsotsis T T. Statistical and continuum models of fluid solid reactions in porous-media [J]. Chem Eng Sci, 1990, 45(6): 1443-1502.

[289] Johannessen E, Wang G, Coppens M O. Optimal distributor networks in porous catalyst pellets. Ⅰ. Molecular diffusion [J]. Industrial & Engineering Chemistry Research, 2007, 46(12): 4245-4256.

[290] Wang G, Coppens M O. Rational design of hierarchically structured porous catalysts for autothermal reforming of methane [J]. Chem Eng Sci, 2010, 65(7): 2344-2351.

[291] Wang G, Coppens M O. Calculation of the optimal macropore size in nanoporous catalysts and its application to $DeNO_x$ catalysis [J]. Industrial & Engineering Chemistry Research, 2008, 47(11): 3847-3855.

[292] Rao S M, Coppens M O. Increasing robustness against deactivation of nanoporous catalysts by introducing an optimized hierarchical pore network-application to hydrodemetalation [J]. Chem Eng Sci, 2012, 83: 66-76.

[293] Li H, Ye M, Liu Z M. A multi-region model for reaction-diffusion process within a porous catalyst pellet [J]. Chem Eng Sci, 2016, 147: 1-12.

[294] Keil F J, Rieckmann C. Optimization of catalyst pore structures [J]. Hung J Ind Chem, 1993, 21(4): 277-286.

[295] Keil F J, Rieckmann C. Optimization of 3-dimensional catalyst pore structures [J]. Chem Eng Sci, 1994, 49(24A): 4811-4822.

[296] Wood J, Gladden L F, Keil F J. Modelling diffusion and reaction accompanied by capillary condensation using three-dimensional pore networks. Part 2. Dusty gas model and general reaction kinetics [J]. Chem Eng Sci, 2002, 57(15): 3047-3059.

[297] Ye G H, Zhou X G, Zhou J H, Yuan W K, Coppens M O. Influence of catalyst pore network structure on the hysteresis of multiphase reactions [J]. Aiche Journal, 2017, 63(1): 78-86.

[298] Ye G H, Wang H Z, Zhou X G, Keil F J, Coppens M O, Yuan W K. Optimizing catalyst pore network structure in the presence of deactivation by coking [J]. Aiche Journal, 2019, 65(10): e16687.

[299] Liu X L, Zhang Q F, Ye G H, Li J J, Li P, Zhou X G, Keil F J. Deactivation and regeneration of claus catalyst particles unraveled by pore network model [J]. Chem Eng Sci, 2020, 211: 115305.

[300] Partopour B, Dixon A G. 110th anniversary: Commentary: CFD as a modeling tool for fixed bed reactors [J]. Industrial & Engineering Chemistry Research, 2019, 58(14): 5733-5736.

[301] Bender J, Erleben K, Trinkle J. Interactive simulation of rigid body dynamics in computer graphics [J]. Comput Graph Forum, 2014, 33(1): 246-270.

[302] Dixon A G. Heat transfer in fixed beds at very low (<4) tube-to-particle diameter ratio [J]. Industrial & Engineering Chemistry Research, 1997, 36(8): 3053-3064.

[303] Dixon A G, Nijemeisland M. CFD as a design tool for fixed-bed reactors [J]. Industrial & Engineering Chemistry Research, 2001, 40(23): 5246-5254.

[304] Dixon A G, Taskin M E, Nijemeisland M, Stitt E H. Wall-to-particle heat transfer in steam reformer tubes: CFD comparison of catalyst particles [J]. Chem Eng Sci, 2008, 63(8): 2219-2224.

[305] Dixon A G, Boudreau J, Rocheleau A, Troupel A, Taskin M E, Nijemeisland M, Stitt E H. Flow, transport, and reaction interactions in shaped cylindrical particles for steam methane reforming [J]. Industrial & Engineering Chemistry Research, 2012, 51(49): 15839-15854.

[306] Dixon A G. Local transport and reaction rates in a fixed bed reactor tube: Endothermic steam methane reforming [J]. Chem Eng Sci, 2017, 168: 156-177.

[307] Dixon A G, Taskin M E, Nijemeisland M, Stitt E H. CFD method to couple three-dimensional transport and reaction inside catalyst particles to the fixed bed flow field [J]. Industrial & Engineering Chemistry Research, 2010, 49(19): 9012-9025.

[308] Dixon A G, Nijemeisland M, Stitt E H. Systematic mesh development for 3D CFD simulation of fixed beds: Contact points study [J]. Comput Chem Eng, 2013, 48: 135-153.

[309] Partopour B, Dixon A G. Effect of particle shape on methanol partial oxidation in a fixed bed using CFD reactor modeling [J]. Aiche Journal, 2020, 66(5): e16904.

[310] Eppinger T, Wehinger G D, Jurtz N, Aglave R, Kraume M. A numerical optimization study on the catalytic dry reforming of methane in a spatially resolved fixed-bed reactor [J]. Chemical Engineering Research & Design, 2016, 115: 374-381.

[311] Karthik G M, Buwa V V. Effect of particle shape on catalyst deactivation using particle-resolved CFD simulations [J]. Chem Eng J, 2019, 377: 120164.

[312] Liu X, Peng C, Bai H, et al. A pore network model for calculating pressure drop in packed beds of arbitrary-shaped particles [J]. AIChE Journal, 2020, 66(9): 16258.

[313] Newman D J, Cragg G M. Natural products as sources of new drugs from 1981 to 2014 [J]. Journal of Natural Products, 2016, 79(3): 629-661.

[314] Ren Q L, Xing H B, Bao Z B, Su B G, Yang Q W, Yang Y W, Zhang Z G. Recent advances in separation of bioactive natural products [J]. Chinese J Chem Eng, 2013, 21(9): 937-952.

[315] 应韵进. 电子级氢氟酸的研究进展[J]. 有机氟工业, 2016(01): 12-14.

[316] 柴春玲, 郭晓冉, 沈冲, 赵晓东. 电子级过氧化氢水溶液制备技术进展[J]. 化学推进剂与高分子材料, 2017, 15(03): 42-45.

[317] 曾晓国, 李阳, 张伟, 张晓伟. 电子级氯化氢精制工艺的研究进展[J]. 低温与特气, 2020, 38(04): 1-4.

[318] 李岩. 我国电子化学品行业发展现状及趋势研究[J]. 化学工业, 2020, 38(1): 18-20.

[319] 孙彦. 生物分离工程[M]. 北京: 化学工程出版社, 2013.

[320] 沈飞, 苏仪, 陈向荣, 杭晓风, 齐本坤, 宋伟杰, 曹伟锋, 冯世超, 岳英, 万印华. 我国生物制造分离过程技术与装备研究进展[J]. 生物产业技术, 201406: 14-22.

[321] Liang Y, Zhang L, Zhang Y. Well-defined materials for high-performance chromatographic separation [J]. Annual Review of Analytical Chemistry, 2019, 12(1): 451-473.

[322] Qiao J Q, Liang C, Zhu Z Y, Cao Z M, Zheng W J, Lian H Z. Monolithic alkylsilane column: A promising separation medium for oligonucleotides by ion-pair reversed-phase liquid chromatography [J]. Journal of Chromatography A, 2018, 1569: 168-177.

[323] 孙建平, 方芳, 徐志刚, 吴勇强, 陈青如. 亚沸蒸馏制备超净高纯盐酸工艺条件的研究[J]. 氯碱工业, 2006(1): 30-34.

[324] 杨启炜, 鲍宗必, 邢华斌, 任其龙. 离子液体萃取分离结构相似化合物研究进展[J]. 化工进展, 2019, 38(01): 98-106.

[325] Ventura S P M, E Silva F A, Quental M V, Mondal D, Freire M G, Coutinho J A P. Ionic-liquid-mediated extraction and separation processes for bioactive compounds: Past, present, and future trends [J]. Chem Rev, 2017, 117(10): 6984-7052.

[326] Yang Q W, Guo S C, Liu X X, Zhang Z G, Bao Z B, Xing H B, Ren Q L. Highly efficient separation of strongly hydrophilic structurally related compounds by hydrophobic ionic solutions [J]. AIChE Journal, 2018, 64(4): 1373-1382.

[327] Cao Y F, Ge L W, Dong X Y, Yang Q W, Bao Z B, Xing H B, Ren Q L. Separation of hydrophobic compounds differing in a monounsaturated double bond using hydrophilic ionic liquid/water mixtures as extractants [J]. Acs Sustain Chem Eng, 2018, 6(2): 2379-2385.

[328] Yang Q W, Xing H B, Su B G, Yu K, Bao Z B, Yang Y W, Ren Q L. Improved separation efficiency using ionic liquid-cosolvent mixtures as the extractant in liquid–liquid extraction: A multiple

adjustment and synergistic effect [J]. Chemical Engineering Journal, 2012, 181-182: 334-342.

[329] Li J, Wang J, Wu M, Cheng H, Chen L, Qi Z. Deep deterpenation of citrus essential oils intensified by in situ formation of a deep eutectic solvent in associative extraction [J]. Industrial & Engineering Chemistry Research, 2020, 59(19): 9223-9232.

[330] Caroline W. Current trends in supercritical fluid chromatography [J]. Analytical and Bioanalytical Chemistry, 2018, 410: 6441-6457.

[331] Caroline W. Recent trends in chiral supercritical fluid chromatography [J]. TrAC Trend Anal Chem, 2019, 120: 115648.

[332] Johannsen M, Brunner G. Supercritical fluid chromatographic separation on preparative scale and in continuous mode [J]. The Journal of Supercritical Fluids, 2018, 134: 61-70.

[333] Aki S N V K, Mellein B R, Saurer E M, Brennecke J F. High-pressure phase behavior of carbon dioxide with imidazolium-based ionic liquids [J]. J Phys Chem B, 2004, 108(52): 20355-20365.

[334] Zhang X, Zhang X, Dong H, Zhao Z, Zhang S, Huang Y. Carbon capture with ionic liquids: Overview and progress [J]. Energ Environ Sci, 2012, 5(5): 6668-6681.

[335] Zeng S, Zhang X, Bai L, Zhang X, Wang H, Wang J, Bao D, Li M, Liu X, Zhang S. Ionic-liquid-based CO_2 capture systems: Structure, interaction and process [J]. Chem Rev, 2017, 117(14): 9625-9673.

[336] Zhang J Z, Jia C, Dong H F, Wang J Q, Zhang X P, Zhang S J. A novel dual amino-functionalized cation-tethered ionic liquid for CO_2 capture [J]. Industrial & Engineering Chemistry Research, 2013, 52(17): 5835-5841.

[337] Han X, Ling X, Wang Y, Ma T, Zhong C, Hu W, Deng Y. Generation of nanoparticle, atomic-cluster, and single-atom cobalt catalysts from zeolitic imidazole frameworks by spatial isolation and their use in zinc-air batteries [J]. Angewandte Chemie International Edition, 2019, 58(16): 5359-5364.

[338] Zhang X, Dong H F, Huang Y, Li C S, Zhang X P. Experimental study on gas holdup and bubble behavior in carbon capture systems with ionic liquid [J]. Chemical Engineering Journal, 2012, 209: 607-615.

[339] Wang X, Dong H, Zhang X, Xu Y, Zhang S. Numerical simulation of absorbing CO_2 with ionic liquids [J]. Chemical Engineering & Technology, 2010, 33(10): 1615-1624.

[340] Dong H F, Wang X L, Liu L, Zhang X P, Zhang S J. The rise and deformation of a single bubble in ionic liquids [J]. Chem Eng Sci, 2010, 65(10): 3240-3248.

[341] Bao D, Zhang X P, Dong H F, Zeng S J, Shang D W, Zhang S J. A new FCCS-CFD coupled method for understanding the influence of molecular structure of ionic liquid on bubble behaviors [J]. Chemical Engineering and Processing - Process Intensification, 2018, 125: 266-274.

[342] 鲍迪, 张香平, 张欣, 董海峰, 张锁江. 非常规介质离子液体中气泡行为研究进展[J]. 工程研究-跨学科视野中的工程, 2015, 7(03): 305-312.

[343] Zhang X B D, Huang Y, et al. Gas-liquid mass-transfer properties in CO_2 absorption system with ionic liquids [J]. AIChE Journal, 2014, 60(8): 2929-2939.

[344] Bao D, Zhang X, Dong H F, Ouyang Z L, Zhang X P, Zhang S J. Numerical simulations of bubble behavior and mass transfer in CO_2 capture system with ionic liquids [J]. Chem Eng Sci, 2015, 135: 76-88.

[345] Castillo A S R, Biard P F, Guiheneuf S, Paquin L, Amrane A, Couvert A. Assessment of VOC absorption in hydrophobic ionic liquids: Measurement of partition and diffusion coefficients and simulation of a packed column [J]. Chemical Engineering Journal, 2019, 360: 1416-1426.

[346] 王斌琦, 张香平, 尚大伟, 冯建朋, 吴慧, 张彦春, 李建伟. [Bmim][PF_6]高效吸收二氯甲烷及流程模拟[J]. 过程工程学报, 2018, 18(01): 82-87.

[347] 吴文亮, 李涛, 高红帅, 尚大伟, 涂文辉, 王斌琦, 张香平. 咪唑类离子液体高效吸收二氯甲烷(英文)[J]. 过程工程学报, 2019, 19(01): 173-180.

[348] 乔超. 浅析电子化学品现状及发展趋势[J]. 当代化工研究, 2018(9): 1-2.

[349] 赵海燕, 李德高. 高纯电子化学品技术研发现状及必须解决的基本问题[J]. 云南化工, 2009 (05): 27-31.

[350] 魏建东, 谭良谋, 邵玉昌. 浅析电子化学品现状及发展趋势[J]. 化工管理, 2018, 507(36): 30-31.

[351] Jiang X, Li M, He G, Wang J. Research progress and model development of crystal layer growth and impurity distribution in layer melt crystallization: A review [J]. Industrial & Engineering Chemistry Research, 2014, 53(34): 13211-13227.

[352] 范相虎, 周聪, 袁军, 郭嘉. 电子级磷酸研发现状及芯片级磷酸展望[J]. Adhesion, 2019, 40(5): 61-64.

[353] 工业黄磷生产电子级磷酸关键技术及产业化[J]. 硫酸工业, 2019(01): 42.

[354] Jiang X B, Lu D P, Xiao W, Ruan X H, Fang J, He G H. Membrane assisted cooling crystallization: Process model, nucleation, metastable zone, and crystal size distribution [J]. Aiche Journal, 2016, 62(3): 829-841.

[355] Li J, Sheng L, Tuo L H, Xiao W, Ruan X H, Yan X M, He G H, Jiang X B. Membrane-assisted antisolvent crystallization: Interfacial mass-transfer simulation and multistage process control [J]. Industrial & Engineering Chemistry Research, 2020, 59(21): 10160-10171.

[356] Tuo L H, Ruan X H, Xiao W, Li X C, He G H, Jiang X B. A novel hollow fiber membrane-assisted antisolvent crystallization for enhanced mass transfer process control [J]. Aiche Journal, 2019, 65(2): 734-744.

[357] Lu D P, Li P, Xiao W, He G H, Jiang X B. Simultaneous recovery and crystallization control of saline organic wastewater by membrane distillation crystallization [J]. Aiche Journal, 2017, 63(6): 2187-2197.

[358] Yan M, Wu Y, Zhang K, Lin R, Jia S, Lu J, Xing W. Multifunctional-imprinted nanocomposite membranes with thermo-responsive biocompatibility for selective/controllable recognition and separation application [J]. Journal of Colloid and Interface Science, 2021, 582: 991-1002.

[359] Taniguchi A, Tamura S, Ikegami T. The relationship between polymer structures on silica particles and the separation characteristics of the corresponding columns for hydrophilic interaction chromatography [J]. Journal of Chromatography A, 2019, 1618: 460837.

[360] Guo J, Filpponen I, Johansson L S, Mohammadi P, Latikka M, Linder M B, Ras R H A, Rojas O J. Complexes of magnetic nanoparticles with cellulose nanocrystals as regenerable, highly efficient, and selective platform for protein separation [J]. Biomacromolecules, 2017, 18(3): 898-905.

[361] Zhang S, Zheng Y, An H, Aguila B, Yang C X, Dong Y, Xie W, Cheng P, Zhang Z, Chen Y, Ma S. Covalent organic frameworks with chirality enriched by biomolecules for efficient chiral separation [J]. Angew Chem Int Ed Engl, 2018, 57(51): 16754-16759.

[362] Li L Y, Shields C W, Huang J, Zhang Y Q, Ohiri K A, Yellen B B, Chilkoti A, López G P. Rapid capture of biomolecules from blood via stimuli-responsive elastomeric particles for acoustofluidic separation [J]. Analyst, 2021, 145(24): 8087-8096.

[363] Tan S, Saito K, Hearn M T. Stimuli-responsive polymeric materials for separation of biomolecules [J]. Current Opinion in Biotechnology, 2018, 53: 209-223.

[364] Bai H, Fan C, Zhang W, Pan Y, Ma L, Ying W, Wang J, Deng Y, Qian X, Qin W. A pH-responsive soluble polymer-based homogeneous system for fast and highly efficient *N*-glycoprotein/glycopeptide enrichment and identification by mass spectrometry [J]. Chem Sci, 2015, 6(7): 4234-4241.

[365] Drioli E, Brunetti A, di Profio G, Barbieri G. Process intensification strategies and membrane engineering [J]. Green Chemistry, 2012, 14(6): 1561.

[366] 徐丹丹, 郑辉杰, 高迎迎, 吴兆亮. 循环回流发酵与膜分离, 泡沫分离耦合工艺生产多粘菌素E [J]. 高校化学工程学报, 2017, 31(001): 126-132.

[367] Shastri A, Mcgregor L M, Liu Y, Harris V, Nan H, Mujica M, Vasquez Y, Bhattacharya A, Ma Y, Aizenberg M, Kuksenok O, Balazs A C, Aizenberg J, He X. An aptamer-functionalized chemomechanically modulated biomolecule catch-and-release system [J]. Nature Chemistry, 2015, 7(5): 447-454.

[368] Zhang C, Manicke N E. Development of a paper spray mass spectrometry cartridge with integrated solid phase extraction for bioanalysis [J]. Analytical Chemistry, 2015, 87(12): 6212-6219.

[369] Macdonald N P, Currivan S A, Tedone L, Paull B. Direct production of microstructured surfaces for planar chromatography using 3D printing [J]. Analytical Chemistry, 2017, 89(4): 2457-2463.

[370] Gupta V, Talebi M, Deverell J, Sandron S, Nesterenko P N, Heery B, Thompson F, Beirne S, Wallace G G, Paull B. 3D printed titanium micro-bore columns containing polymer monoliths for reversed-phase liquid chromatography [J]. Analytica Chimica Acta, 2016, 910: 84-94.

[371] Anantasarn N, Suriyapraphadilok U, Babi D K. A computer-aided approach for achieving sustainable process design by process intensification [J]. Comput Chem Eng, 2017, 105: 56-73.

[372] Li B G, Wang W J. Progress of polymer reaction engineering research in china [J]. Macromolecular Reaction Engineering, 2015, 9(5): 385-395.

[373] 冯连芳, 张才亮, 王嘉骏等. 聚合过程强化技术[M]. 北京：化学工业出版社, 2020.

[374] Soares J B, Mckenna T F. Polyolefin reaction engineering [M]. Wiley-VCH: Weinheim, 2012.

[375] Farag H, Ossman M, Al M M E. Modeling of fluidized bed reactor for ethylene polymerization: Effect of parameters on the single-pass ethylene conversion [J]. International Journal of Industrial Chemistry, 2013, 4(1): 1-10.

[376] Chinh J C, Filippelli M C, Newton D, Power M B. Polymerization process: US5804677 [P]. 1998-09-08.

[377] Ichimura M, Yamamoto R, Horimoto K. Fluid bed reactor system composed of cylindrical reaction vessel equipped with distribution plate and agitator: US 4521378 [P]. 1985-06-04.

[378] Covezzi M, Mei G. The multizone circulating reactor technology [J]. Chemical Engineering Science, 2001, 56(13): 4059-4067.

[379] 田洲. 高性能多相聚丙烯共聚物制备的新方法—气氛切换聚合过程及其模型化[D]. 杭州: 浙江大学, 2012.

[380] 郭松林. 吉玛公司聚酯装置终缩聚圆盘反应器[J]. 聚酯工业, 1996, 2: 55-64.

[381] 陈忠辉. 卧式双轴圆盘反应器研究[D]. 杭州: 浙江大学, 2001.

[382] 上川将行, 松尾俊明, 近藤健之, 佐世康成, 丹藤顺志. 聚酯的制造装置及制造方法: CN 201380056301.X[P]. 2013-11-07.

[383] Zhao J, Li B G, Bu Z Y, Fan H. Ring-opening polymerization of propylene oxide by double metal complex in micro-reactor [J]. Macromolecular Reaction Engineering, 2020, 14(1): 1900048.

[384] 程锡佩. 基于序列结构分布的乙丙共聚过程建模[D]. 杭州: 浙江大学, 2019.

[385] 马建新, 张有忱, 鉴冉冉, 谢鹏程, 杨卫民. 新型聚合物加工设备研究进展[J]. 现代塑料加工应用, 2019, 31(4): 60-63.

[386] 瞿金平, 吴婷. 体积拉伸流变塑化输运技术助力材料创新发展[J]. 科技导报, 2020, 38(14): 54-62.

[387] Yang S Q, Zhong F, Wang M, Bai S B, Wang Q. Recycling of automotive shredder residue by solid state shear milling technology [J]. Journal of Industrial & Engineering Chemistry, 2018, 57: 143-153.

[388] Yang S Q, Wei B J, Wang Q. Superior dispersion led excellent performance of wood-plastic composites via solid-state shear milling process [J]. Composites Part B-Engineering, 2020, 200: 108347.

[389] 杨卫民, 鉴冉冉. 聚合物3D打印与3D复印技术[M]. 北京：化学工业出版社, 2018.

[390] Jacobs L J, Kemmere M F, Keurentjes J T. Sustainable polymer foaming using high pressure carbon dioxide: A review on fundamentals, processes and applications [J]. Green Chemistry, 2008, 10(7): 731-738.

[391] di Maio E, Kiran E. Foaming of polymers with supercritical fluids and perspectives on the current knowledge gaps and challenges [J]. The Journal of Supercritical Fluids, 2017,134:157-166.

[392] Chen Y C, Xia C Z, Liu T, Hu D D, Zhao L. Application of CO_2 pressure swing saturation strategy in PP semi-solid state batch foaming: Evaluation of foamability by experiment and numerical simulation [J]. Industrial & Engineering Chemistry Research, 2020, 59(11): 4924-4935.

[393] Ryan J J, Mineart K P, Lee B, Spontak R J. Ordering and grain growth in charged block copolymer bulk films: A comparison of solvent-related processes [J]. Advanced Materials Interfaces, 2018, 5(8): 1701667.

[394] Goto M. Chemical recycling of plastics using sub- and supercritical fluids [J]. Journal of Supercritical Fluids, 2009, 47(3): 500-507.

[395] Queiroz A, Pedroso G B, Kuriyama S N, Fidalgo-Neto A A. Sub- and supercritical water for chemical recycling of plastic waste [J]. Current Opinion in Green and Sustainable Chemistry, 2020, 25: 100364.

[396] 王婵, 宋修艳, 刘福胜. 基于离子液体的聚合物材料化学解聚研究进展[J]. 科学与工程, 2017, 33(1): 186-190.
[397] Guo X, Fang G, Li G, et al. Direct, nonoxidative conversion of methane to ethylene, aromatics, and hydrogen [J]. Science, 344(6184): 616-619.
[398] Taofeeq H, Aradhya S, Shao J B, Al-Dahhan M. Advance optical fiber probe for simultaneous measurements of solids holdup and particles velocity using simple calibration methods for gas-solid fluidization systems [J]. Flow Measurement and Instrumentation, 2018, 63: 18-32.
[399] Sun G, Zhao Z J, Mu R, Zha S, Li L, Chen S, Zang K, Luo J, Li Z, Purdy S C, Kropf A J, Miller J T, Zeng L, Gong J. Breaking the scaling relationship via thermally stable Pt/Cu single atom alloys for catalytic dehydrogenation [J]. Nature Communications, 2018, 9(1): 1-9.
[400] Zhang Q, Zhou Y, J W. Particle motion in two- and three-phase fluidized-bed reactors determined by pulsed field gradient nuclear magnetic resonance [J]. Chem Eng & Tech, 2015, 38(7): 1269-1276.
[401] He Y J, Wang J D, Cao Y J, Yang Y R. Resolution of structure characteristics of ae signals in multiphase flow system—from data to information [J]. AIChE Journal, 2009, 55(10): 2563-2577.
[402] He L L, Zhou Y F, Huang Z L, Wang J D, Lungu M, Yang Y R. Acoustic analysis of particle–wall interaction and detection of particle mass flow rate in vertical pneumatic conveying [J]. Industrial & Engineering Chemistry Research, 2014, 53(23): 9938-9948.
[403] Wang J D, Ren C J, Yang Y R. Characterization of flow regime transition and particle motion using acoustic emission measurement in a gas-solid fluidized bed [J]. AIChE Journal, 2010, 56(5): 1173-1183.
[404] Wang F, Wang J D, Yang Y R. Distribution of electrostatic potential in a gassolid fluidized bed and measurement of bed level [J]. Industrial & Engineering Chemistry Research, 2008, 47(23): 9517-9526.
[405] Lou Z D, Ge S Y, Yang Y, Huang Z L, Yang Y R. Electrostatic effects on hydrodynamics in the riser of the circulating fluidized bed for polypropylene [J]. Industrial & Engineering Chemistry Research, 2019, 58(27): 12301-12311.
[406] Tang F G, Bao P T, Roy A, Wang Y X, H Z. In-situ spectroscopic and thermal analyses of phase domains in high-impact polypropylene [J]. Polymer, 2018, 142: 155-163.
[407] Yoshida T, Bera M K, Narayana Y S, Mondal S, Higuchi M. Electrochromic Os-based metallo-supramolecular polymers: Electronic state tracking by in situ XAFS, IR, and impedance spectroscopies [J]. Rsc Adv, 2020, 10(41): 24691-24696.
[408] Bossers K W, Valadian R, Zanoni S, Smeets R, Weckhuysen B M. Correlated X-ray ptychography and fluorescence nano-tomography on the fragmentation behavior of an individual catalyst particle during the early stages of olefin polymerization [J]. Journal of the American Chemical Society, 2020, 142(8): 3691-3695.
[409] 李伯耿, 范宏, 胡激江, 卜志扬, 张军伟. 烯烃气相聚合反应在线控制装置及其方法: CN 1657543 [P]. 2005-08-24.
[410] Zheng Z, Yang Y L, Huang K, Hu J J, Jie S Y, Li B G. Real-time detection of atmosphere composition in three-component gas-phase copolymerization of olefins [J]. Macromolecular Reaction Engineering, 2018, 12(6): 1800042.
[411] 陈坚. 推动食品生物技术及产业快速创新发展[J]. 生物产业技术, 2019, 4: 1.
[412] 陈坚. 中国食品科技：从2020到2035 [J]. 中国食品学报, 2019, 19(12): 1-5.
[413] Nakat Z, Bou-Mitri C. COVID-19 and the food industry: Readiness assessment [J]. Food Control, 2021, 121: 107661-107671.
[414] Cameron D E, Bashor C J, Collins J J. A brief history of synthetic biology [J]. Nature Reviews Microbiology, 2014, 12(5): 381-390.
[415] Way J, Collins J, Keasling J, et al. Integrating biological redesign: Where synthetic biology came from and where it needs to go [J]. Cell, 2014, 157(1):151-161.
[416] Benner S A, Sismour A M. Synthetic biology[J]. Nature Reviews Genetics, 2005, 6(6): 533-543.
[417] 赵国屏. 合成生物学：开启生命科学“会聚”研究新时代[J]. 中国科学院院刊, 2018, 33(11):

1135-1149.

[418] Pretorius I S. Synthetic genome engineering forging new frontiers for wine yeast [J]. Critical Reviews in Biotechnology, 2017, 37(1): 112-136.

[419] EşI, Gavahian M, Marti-Quijal F J, Lorenzo J M, Khaneghah A M, Tsatsanis C, Kampranis S C, Barba F J. The application of the CRISPR-Cas9 genome editing machinery in food and agricultural science: Current status, future perspectives, and associated challenges [J]. Biotechnology Advances, 2019, 37(3): 410-421.

[420] Li R, Fu D, Zhu B, Luo Y, Zhu H. CRISPR/Cas9-mediated mutagenesis of lncRNA1459 alters tomato fruit ripening [J]. Plant Journal, 2018, 94(3): 513-524.

[421] Meiru L, Xiaoxia L, Zejiao Z, et al. Reassessment of the four yield-related genes Gn1a, DEP1, GS3, and IPA1 in rice using a CRISPR/Cas9 system [J]. Frontiers in Plant, 2016, 7: 377-386.

[422] Song X, Huang H, Xiong Z, Ai L, Yang S. CRISPR-Cas9^{D10A} nickase-assisted genome editing in lactobacillus casei [J]. Appl Environ Microbiol, 2017, 83(22): 1259-1276.

[423] Lee M H, Lin J J, Lin Y J, Chang J J, Ke H M, Fan W L, Wang T Y, Li W H. Genome-wide prediction of CRISPR/Cas9 targets in kluyveromyces marxianus and its application to obtain a stable haploid strain [J]. Scientific Reports, 2018, 8(1): 7305-7317.

[424] Leenay R T, Vento J M, et al. Genome editing with CRISPR-Cas9 in lactobacillus plantarum revealed that editing outcomes can vary across strains and between methods [J]. Biotechnology Journal, 2019, 14(3): 1700583-1700595.

[425] Jaros D, Rohm H. Rennets: Applied aspects [M]//Thorpe L. The book of cheese: The essential guide to discovering cheeses you'll love Flatiron Books. St Martin, 2017: 53-67.

[426] Flamm L E. How FDA approved chymosin: A case history [J]. Nature Biotechnology, 1991, 9(4): 349-351.

[427] Wang N, Wang K Y, Li G Q, et al. Expression and characterization of camel chymosin in Pichia pastoris [J]. Protein Expression and Purification, 2015, 111: 75-81.

[428] Ersöz F, İnan M. Large-scale production of yak (Bos grunniens) chymosin A in Pichia pastoris [J]. Protein Expression and Purification, 2018, 154: 126-133.

[429] Zhao X, Zhou J, Du G, Chen J. Recent advances in the microbial synthesis of hemoglobin [J]. Trends in Biotechnology, 2020, 39(3): 286-297.

[430] Anwised P, Jangpromma N, Temsiripong T, et al. Cloning, expression, and characterization of siamese crocodile (Crocodylus siamensis) hemoglobin from Escherichia coli and Pichia pastoris [J]. The Protein Journal Science, 2016, 35: 256-268.

[431] Martínez J L, Liu L, Petranovic D, Nielsen J J B. Bioengineering. Engineering the oxygen sensing regulation results in an enhanced recombinant human hemoglobin production by Saccharomyces cerevisiae [J]. Biotechnology and Bioengineering, 2014, 112(1): 181-188.

[432] Jin Y, He X, AndohkgUmi K, Fraser R Z, Goodman R E. Evaluating potential risks of food allergy and toxicity of soy leghemoglobin expressed in Pichia pastoris [J]. Molecular Nutrition and Food Research, 2017, 62(1): 1700297-1700302.

[433] Wang Z , Zhou R , Tang Y , et al. The growth and lutein accumulation in heterotrophic Chlorella protothecoides provoked by waste Monascus fermentation broth feeding[J]. Applied Microbiology and Biotechnology, 2019, 103(21-22):8863-8874.

[434] Xing B S, Cao S, Han Y, et al. A comparative study of artificial cow and sheep rumen fermentation of corn straw and food waste: Batch and continuous operation [J]. Science of the Total Environment, 2020, 745: 140731-140742.

[435] Fuentes A P C, Genevois C E, Flores S K, et al. Valorisation of soy by-products as substrate for food ingredients containing L. casei through solid state fermentation [J]. LWT-Food Science and Technology, 2020, 132: 109779-109789.

[436] Bhati S, V Kaushik, Singh J . Rational design of flavonoid based potential inhibitors targeting SARS-CoV 3CL protease for the treatment of COVID-19 [J]. Journal of Molecular Structure, 2021(13): 130380.

[437] Ngwa W, Kumar R, Thompson D, Lyerly W, Toyang N J M. Potential of flavonoid-inspired phytomedicines against COVID-19 [J]. Molecules, 2020, 25(11): 2707-2719.

[438] 曲一帆, 徐凤英, 王玉珍, 谢基明. 基于网络药理学和分子对接技术探索黄酮类化合物治疗新型冠状病毒肺炎(COVID-19)的作用机制[J]. 包头医学院学报, 2020, 3: 74-78.

[439] Ulbricht M. Advanced functional polymer membranes [J]. Polymer, 2006, 47(7): 2217-2262.

[440] Yao Z, Li Y, Cui Y, Zheng K, Zhu B, Xu H, Zhu L. Tertiary amine block copolymer containing ultrafiltration membrane with pH-dependent macromolecule sieving and Cr (Ⅵ) removal properties [J]. Desalination, 2015, 355: 91-98.

[441] Mohan D, Pittman Jr C U. Arsenic removal from water/wastewater using adsorbents—A critical review [J]. Journal of Hazardous Materials, 2007, 142(1-2): 1-53.

[442] Nady N, Franssen M C, Zuilhof H, Eldin M S M, Boom R, Schroën K. Modification methods for poly (arylsulfone) membranes: A mini-review focusing on surface modification [J]. Desalination, 2011, 275(1-3): 1-9.

[443] Poulin J F, Amiot J, Bazinet L. Simultaneous separation of acid and basic bioactive peptides by electrodialysis with ultrafiltration membrane [J]. Journal of Biotechnology, 2006, 123(3): 314-328.

[444] Striemer C C, Gaborski T R, Mcgrath J L, Fauchet P M. Charge-and size-based separation of macromolecules using ultrathin silicon membranes [J]. Nature, 2007, 445(7129): 749-753.

[445] Wang Z, Wang C, Chen K. Two-phase flow and transport in the air cathode of proton exchange membrane fuel cells [J]. Journal of Power Sources, 2001, 94(1): 40-50.

[446] Melnikov S M, HöLtzel A, Seidel-Morgenstern A, Tallarek U. Composition, structure, and mobility of water-acetonitrile mixtures in a silica nanopore studied by molecular dynamics simulations [J]. Analytical Chemistry, 2011, 83(7): 2569-2575.

[447] Shao M F, Ning F Y, Zhao J W, Wei M, Evans D G, Duan X. Preparation of Fe_3O_4@SiO_2@layered double hydroxide core-shell microspheres for magnetic separation of proteins [J]. Journal of the American Chemical Society, 2012, 134(2): 1071-1077.

[448] Washburn M P, Wolters D, Yates J R. Large-scale analysis of the yeast proteome by multidimensional protein identification technology [J]. Nature Biotechnology, 2001, 19(3): 242-247.

[449] Rajendran A, Paredes G, Mazzotti M. Simulated moving bed chromatography for the separation of enantiomers [J]. Journal of Chromatography A, 2009, 1216(4): 709-738.

[450] Girard V, Hilbold N J, Ng C K, Pegon L, Chahim W, Rousset F, Monchois V. Large-scale monoclonal antibody purification by continuous chromatography, from process design to scale-up [J]. Journal of Biotechnology, 2015, 213: 65-73.

[451] Pollock J, Bolton G, Coffman J, Ho S V, Bracewell D G, Farid S S. Optimising the design and operation of semi-continuous affinity chromatography for clinical and commercial manufacture [J]. Journal of Chromatography A, 2013, 1284: 17-27.

[452] Silva R J, Rodrigues R C, Osuna-Sanchez H, Bailly M, Valéry E, Mota J P. A new multicolumn, open-loop process for center-cut separation by solvent-gradient chromatography [J]. Journal of Chromatography A, 2010, 1217(52): 8257-8269.

[453] Aumann L, Morbidelli M. A continuous multicolumn countercurrent solvent gradient purification (MCSGP) process [J]. Biotechnology and Bioengineering, 2007, 98(5): 1043-1055.

[454] Kaltenbrunner O, Diaz L, Hu X, Shearer M. Continuous bind-and-elute protein a capture chromatography: Optimization under process scale column constraints and comparison to batch operation [J]. Biotechnology Progress, 2016, 32(4): 938-948.

[455] Osberghaus A, Drechsel K, Hansen S, Hepbildikler S K, Nath S, Haindl M, von Lieres E, Hubbuch J. Model-integrated process development demonstrated on the optimization of a robotic cation exchange step [J]. Chemical Engineering Science , 2012, 76: 129-139.

[456] Mollerup J M. A review of the thermodynamics of protein association to ligands, protein adsorption, and adsorption isotherms [J]. Chemical Engineering & Technology: Industrial Chemistry-Plant

Equipment-Process Engineering-Biotechnology, 2008, 31(6): 864-874.

[457] Mollerup J M. Modelling oligomer formation in chromatographic separations [J]. Journal of Chromatography A, 2011, 1218(49): 8869-8873.

[458] Johansson B L, Belew M, Eriksson S, Glad G, Lind O, Maloisel J L, Norrman N. Preparation and characterization of prototypes for multi-modal separation media aimed for capture of negatively charged biomolecules at high salt conditions [J]. Journal of Chromatography A, 2003, 1016(1): 21-33.

[459] von Lieres E, Andersson J. A fast and accurate solver for the general rate model of column liquid chromatography [J]. Comput Chem Eng, 2010, 34(8): 1180-1191.

[460] Alberton A L, Schwaab M, Lobão M W N, Pinto J C. Experimental design for the joint model discrimination and precise parameter estimation through information measures [J]. Chem Eng Sci, 2011, 66(9): 1940-1952.

[461] Osberghaus A, Hepbildikler S, Nath S, Haindl M, von Lieres E, Hubbuch J. Determination of parameters for the steric mass action model—a comparison between two approaches [J]. Journal of Chromatography A, 2012, 1233: 54-65.

[462] Yao C Y, Tang S K, Lu Y H, Yao H M, Tade M O. Combination of space-time conservation element/solution element method and continuous prediction technique for accelerated simulation of simulated moving bed chromatography [J]. Chemical Engineering and Processing-Process Intensification, 2015, 96: 54-61.

[463] Lim Y I, Jorgensen S B. A fast and accurate numerical method for solving simulated moving bed (SMB) chromatographic separation problems [J]. Chem Eng Sci, 2004, 59(10): 1931-1947.

[464] Li S Z, Feng L H, Benner P, Seidel-Morgenstern A. Using surrogate models for efficient optimization of simulated moving bed chromatography [J]. Comput Chem Eng, 2014, 67: 121-132.

[465] Li S Z, Yue Y, Feng L H, Benner P, Seidel-Morgenstern A. Model reduction for linear simulated moving bed chromatography systems using krylov-subspace methods [J]. Aiche Journal, 2014, 60(11): 3773-3783.

[466] Hu C, Bai Y, Hou M, Wang Y, Wang L, Cao X, Chan C W, Sun H, Li W, Ge J, Ren K. Defect-induced activity enhancement of enzyme-encapsulated metal-organic frameworks revealed in microfluidic gradient mixing synthesis [J]. Science Advances, 2020, 6(5): eaax5785.

[467] Yao L, Qin Z, Chen Q, Zhao M, Zhao H, Ahmad W, Fan L, Zhao L. Insights into the nanofiltration separation mechanism of monosaccharides by molecular dynamics simulation [J]. Sep Purif Technol, 2018, 205: 48-57.

[468] Gao H Y, Makarov A, Smith R D. 2016 ASMS workshop review: Next generation LC/MS: Critical insights and future perspectives [J]. J Am Soc Mass Spectrom, 2017, 28(7): 1248-1249.

[469] Castro-Muñoz R, Yáñez-Fernández J, Fíla V. Phenolic compounds recovered from agro-food by-products using membrane technologies: An overview [J]. Food Chemistry, 2016, 213: 753-762.

[470] Giacobbo A, do Prado J M, Meneguzzi A, Bernardes A M, de Pinho M N. Microfiltration for the recovery of polyphenols from winery effluents [J]. Sep Purif Technol, 2015, 143: 12-18.

[471] Castro-Munoz R, Barragan-Huerta B E, Yanez-Fernandez J. The use of nixtamalization waste waters clarified by ultrafiltration for production of a fraction rich in phenolic compounds [J]. Waste and Biomass Valorization, 2016, 7(5): 1167-1176.

[472] Castro-Muñoz R, Boczkaj G, Gontarek E, Cassano A, Fíla V. Membrane technologies assisting plant-based and agro-food by-products processing: A comprehensive review [J]. Trends in Food Science & Technology, 2020, 95: 219-232.

[473] Paz A I, Blanco C A, Andres-Iglesias C, Palacio L, Pradanos P, Hernandez A. Aroma recovery of beer flavors by pervaporation through polydimethylsiloxane membranes [J]. Journal of Food Process Engineering, 2017, 40(6): e12556.

[474] Darvishi A, Aroujalian A, Moraveji M K, Pazuki G. Computational fluid dynamic modeling of a pervaporation process for removal of styrene from petrochemical wastewater [J]. Rsc Adv, 2016, 6(19): 15327-15339.

[475] Castro-Munoz R. Pervaporation-based membrane processes for the production of non-alcoholic

beverages [J]. Journal of Food Science and Technology-Mysore, 2019, 56(5): 2333-2344.
[476] Majerska J, Michalska A, Figiel A. A review of new directions in managing fruit and vegetable processing by-products [J]. Trends in Food Science & Technology, 2019, 88: 207-219.
[477] 王慧琳, 周炜城, 任聪, 徐岩. 传统发酵食品微生物学研究进展[J]. 生物学杂志, 2018, 035(006): 1-5.
[478] 张旭, 王卫, 汪正熙, 张佳敏, 白婷. 畜禽血食用产品及其研究进展[J]. 中国调味品, 2020, 045(004): 194-196.
[479] 郭战阳, 郑召君, 刘元法. 凝胶乳的制备及其理化特性的研究[J]. 中国油脂, 44(8): 65-71.
[480] Ferraro V, Anton M, Santé-Lhoutellier V. The "sisters" α-helices of collagen, elastin and keratin recovered from animal by-products: Functionality, bioactivity and trends of application [J]. Trends in Food Science & Technology, 2016, 51: 65-75.
[481] Guo L, Wang T, Wu Z, Wang J, Wang M, Cui Z, Ji S, Cai J, Xu C, Chen X. Portable food-freshness prediction platform based on colorimetric barcode combinatorics and deep convolutional neural networks [J]. Adv Mater, 2020, 32(45): 2004805.
[482] 吴永宁. 我国食品安全科学研究现状及"十三五"发展方向[J]. 农产品质量与安全, 2015, (6): 3-6.

（联络人：张香平、李群生。3.1 主稿：张香平、曾少娟，其他编写人员：成卫国、李春山、李小年、李雪辉、刘立成、刘瑞霞、刘植昌、卢春山、漆志文、辛加余、邢华斌、张锁江、赵凤玉；3.2 主稿：徐建鸿，其他编写人员：陈光文、初广文、高鑫、焦纬洲、李峰、李鑫钢、刘有智、骆广生、涂善东、项项、徐至、杨伯伦、尧超群、于新海、张志炳；3.3 主稿：周兴贵，其他编写人员：段学志、叶光华、朱贻安；3.4 主稿：李群生，其他编写人员：陈瑶、贺高红、姜晓滨、姜忠义、李晋平、任其龙、孙彦、杨启炜、张香平；3.5 主稿：王靖岱，其他编写人员：冯连芳、李伯耿、杨遥、赵玲；3.6 主稿：王静，其他编写人员：程力、胥传来、张慧娟、赵黎明）

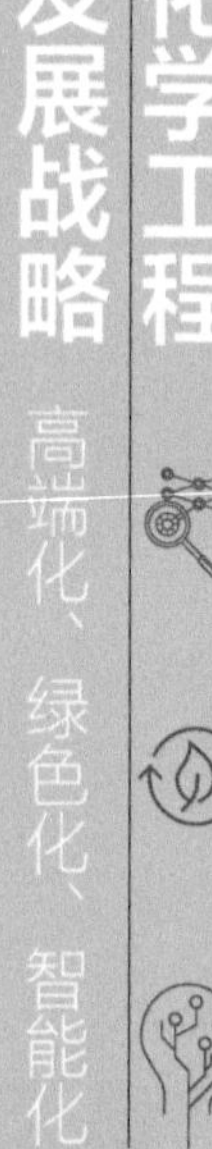

Chemical Engineering Development Strategy

Premium
Greenization
Intelligentization

4

重要资源的高效绿色转化利用

现代社会经济发展的物质基础之一，来源于自然资源经转化而得的各种工业化学品，资源的转化与利用是化学工业的重要研究方向。近十余年来，国内资源化工研究的社会需求发生了一些变化，其中包括新型产品的开发导向在被逐步加强，若干资源中品位较为贫劣的部分也急需予以消纳。在这种新形势下，化学转化的新方法、新原理成为不同类型资源利用与开发研究的关键，其核心要素之一在于提高资源转化的效率。

资源的高效转化还有另一个时代背景，即绿色清洁生产的发展需求。资源开发与环境保护既可能演变为矛盾，也可以彼此相辅相成，其关键在于资源的转化是否能形成循环型的产业链，从而达到资源化全利用与减排的良性互动。总体来看，资源的高效绿色转化利用已经成为时代的主题。

数十年以来，国内对化学品的索求途径之一来自煤炭、石油、天然气、矿产等大宗工业资源，与此同时随着工业发展过程中对环境问题重视程度的加强，生物资源、新能源与储能工程也成为了化学工程与工业化学研究的重要组成部分。

对于国民经济发展的能源与资源需求而言，碳资源是极其重要的一环，并且固、液、气形式的代表性碳资源当属煤炭、石油、天然气。我国的国情特点决定了能源与资源的重要供应源是煤炭，这一局面在未来一段时期内仍然不会改变。经历了半个多世纪的高强度开采与开发之后，国内煤炭的利用形式已经从以燃烧为主转变为燃烧与转化并重，在煤制油、煤制气等煤炭催化转化技术的支撑下，煤炭成为了不可或缺的化工原料。与之类似，石油的应用也呈现出多元资源化的趋势，例如在成熟的石油炼制过程基础上，重油的裂化、加氢、焦化都在进行着技术创新。随着石油工业规模的扩大，石油炼制的各种低值副产总量也在增加，这些低值品既需要开辟利用与消纳的新途径，也需要在转化中进一步实现高值化。作为清洁资源的天然气由于密度较低，导致实际的加工利用成本较高，因此也同样存在高能量密度、高附加值化学转化的需求。天然气的重整、氧化等间接转化工艺与直接转化为碳氢化合物的路线已研究多年，其活化和选择性转化仍是催化领域的重要课题之一，技术瓶颈的突破还需要催化理论研究的支持。

矿产资源在国民经济的健康可持续发展中发挥着不可替代的作用，国内矿产资源的开发技术和理论研究也已经取得了瞩目的成就。与此同时，国内矿产资源的一个特色是种类较为齐全但总量还不丰富，并且随着矿产资源的持续性、高强度开采，组分杂的贫劣尾矿依然存在大量弃积现象，致使很多矿产的品位普遍呈现出较为明显的降低趋势，具体表现为高品位资源供需矛盾越来越突出，而矿产的低品位、共伴生、难处理的特征日益凸显，甚至已经出现了一些资源枯竭型城市。低品位矿产资源的开发势在必行，这对矿产资源的利用提出了新的要求。在矿产资源逐渐向低品位化发展的背景下，原有基于优质矿物的加工技术及原理需要重新适应新的资源体系，因此资源开发与利用技术需要做出创新与突破，矿产资源及其废弃物的深度利用成为了新形势下工业发展的一个技术瓶颈。在低品位资源的处理工艺研究中，往往对高含量单一有价元素的提取分离比较注重，因此如何避免其它元素的浪费和二次污染的产生将成为今后的研究方向之一，例如多种类型矿物的除杂提质、有用元素产品工程、高值产品制备等方面的新技术研发和产业化示范工作。

生物资源的开发是社会经济发展过程中新的助力途径。与基于煤炭、石油、天然气、矿产的传统化学产品相比，基于生物资源的新型化学品往往具有高的附加值、极佳的生物与环境友好性等特点，属于循环型资源。与此同时，生物资源技术往往也蕴含着较高的科技含量，其产业化发展具有很好的社会经济促进效应。在这种情况下，生物资源的转化利用研究也就成为了国内外的科技前沿话题，被很多国家和地区纳入战略规划。随着我国经济发展所面临的资源与环境压力加大，生物资源的转化与综合利用也引起了领域内的高度重视。以生物基产品替代塑料、橡胶、纤维等石油基产品成为重要的发展趋势，面向发酵过程的微生物细胞工厂理念被提出和认可，发酵工业菌种的系统改造、生物过程智能装备与过程控制研究引起了行业内的重视，这将有助于将可再生生物质资源大规模地转化为工业发展所需的能源、化工、医药、食品及农业等原材料产品。生物资源的开发也同样面临着设法突破转化效率制约等问题，这有赖于发酵、催化、反应工程等方面研究的进一步深化。

资源工程研究的一个视角是如何连接能源与资源，或者是面向能源工程的资源转化。除了煤炭、石油和天然气之外，近年来太阳能、风能、生物质能等新能源开始进入了国家规划，用于弥补一次能源的不足。从资源与环境的角度来看，新能源技术实质上提供了一个解决社会经济发展与资源环境矛盾的新途径，展现了广阔的研发和应用前景。开发新的能源形式是该领域研究的一个方面，另一个方面应为与新能源有关的储能工程研发，以实现新能源化工的效率化和系统化应用。由于新能源材料结构与新能源化工过程都比较复杂，因此所涉及的化工传递、反应工程、相平衡及其转化等问题，既具有经典科学研究的特征，也急需在原位观测、储能机制等问题上实现突破。新能源化工是一个多尺度、多层面、交叉性强的学科方向，面向新能源化工的储能工程集成了化学工程领域的诸多热点课题，这使得储能工程的技术问题和科学问题都表现出了前沿性，在化工热力学、电化学、合成化学、物理化学等传统科学领域也都体现出颠覆性的创新和发展，在今后一段时间内将是化工领域引领性的研究方向。

农业资源的开发是资源可持续利用的一个重要方面，其中既包括农用化学品的生产，也包括农作物提取物的加工利用。农用化学品是增强农业预防和减免灾害风险的重要保障之一，农业化工是用农产品生产工业产品。农用化学品绿色化发展涉及化学工程、无机化学、有机化学、配位化学、表面科学、分析化学等多个学科领域，产品类型包括化肥、农药、农膜、耕地修复材料等不同种类。从农业栽培的各种粮食作物和经济作物中提取具有一定生理功能或营养保健作用的农作物提取物，属于农业资源的一条高值化利用途径，其提取物具有抗氧化、抗菌、抗病毒等多种生物活性和营养保健作用，在日用化学品、食品、医药、农业等领域广泛应用。从化工角度来看，农业资源的绿色利用、高值利用属于新兴交叉学科方向的重要课题之一。

海洋资源是极为重要的资源类型，其开发技术与利用形式与陆地资源有很大的不同。海洋资源包含的种类非常丰富，海洋生物、海水溶解物、滨海矽沙及海底矿藏等均属其中，因此基于化学工程与技术的开发手段也并不唯一，生物化学、矿物工程、机械、大数据等现代工程手段也都用于海洋资源的开发之中。海洋资源的开发并不仅

仅局限于陆地资源的传统开发模式，而是在现有技术与原理的基础上呈现出极为广阔的扩展，故对于化学工程而言已经形成了新的学科发展方向。

资源转化工程可以被视为解决新形势下资源、环境问题的关键之一，也是开辟新的经济发展基点的一条重要途径，适应新型资源工程的化工新过程成为核心支点，是工业稳定发展的重要保障。本章选取了煤炭、石油、天然气、矿产、生物、新能源、储能、农业化学品、农作物提取物、海洋资源等研究方向，对部分重要资源的高效绿色转化利用研究提出了一些可以推敲及讨论的观点和建议，并着重分析了其资源转化的背景、特点、发展趋势及展望，以供领域内的科研工作者参考。

4.1 煤炭资源利用绿色过程

我国缺油少气，煤炭资源相对丰富，而石油对外依存度高，油品供给与安全是当前制约我国经济与社会发展的重大问题。自主开发以煤炭为原料的资源绿色高效利用过程，建立我国煤炭资源高效利用产业体系，对实现煤炭清洁高效转化、降低石油对外依存度、保障国家能源安全具有重大战略价值和现实意义。但是将煤炭这一氢碳比较低的化石资源由传统制备燃料向生产较高氢碳比的烯烃、芳烃等化学品转变，亟需对煤炭转化过程存在的科学问题进行深入研究，为新技术突破提供理论支撑，实现煤炭资源绿色高效利用。

4.1.1 煤热解过程

近年来，煤热解在分子层面（微尺度）和挥发物反应层面（介尺度）的研究进展很大，提出了煤键合结构模型，构建了基于共价键分布和键能的 BMCP 和大规模 ReaxFF MD 热解模型，借助 MBMS 及多种解耦反应器，揭示了自由基反应历程、自由基诱导热解、自由基反应与反应热等重要过程的规律，认识到传递影响挥发物反应的原理，设计了新型反应器。这些进展推动了煤热解和以其为核心的煤分级转化系统的产业化进程。

4.1.1.1 发展现状与挑战

煤热解是煤在无氧加热条件下生成焦油、煤气和焦炭等的技术。历史最悠久、应用规模最大的煤热解技术是高温焦化，副产焦油（质量分数约 4%）和煤气。以多产焦油为目的煤中低温热解技术在我国发展较快，移动床技术的规模曾超过 1 亿吨煤 / 年，副产焦油约 1000 万吨 / 年[1]。其它被认为优于移动床的煤热解技术也进行了广泛研发，但还未有效解决焦油产率低、含尘高、系统运行不畅等问题。

鉴于煤中低温热解可多产焦油，半焦可燃烧发电和供热或经气化生产合成气用于合成油品和化学品，全系统热效率高，资源利用合理，近几十年来我国政府及一些企业支持了该技术的研发，虽然尚未形成大规模长周期高焦油产率的工业技术，但在微尺度和介尺度层面取得了重要进展，认识了煤结构与本征反应机理和复杂反应网络关系、传递过程及反应器结构对反应的调控机制，并进行了中试研发。技术挑战是提高焦油产率和品质、优化利用半焦、开发高效反应器。

4.1.1.2 关键科学问题

煤热解常被分为煤升温产生挥发物（一次反应）和挥发物反应（二次反应）两个阶段，由于二次反应降低焦油产率，因而以“快速升温 + 快速冷却”为特征的煤快速热解思路得到重视，以缩短二次反应时间，但工程化效果一直不佳，说明这些认识还较宏观，且这些反应之间还存在相互作用。原理上，煤热解在分子（微观）层面涉及两个相互影响的本征化学反应：煤中弱共价键断裂产生自由基碎片及自由基碎片的反应，后者包括挥发性自由基碎片之间的反应、挥发性和非挥发性自由基之间的反应以及非挥发性自由基诱导的焦结构自组装[2]，而且这些反应受传递的影响很大。因此，煤热解的关键科学问题包括：煤键合结构、自由基反应规律以及传递对自由基反应的调控原理。

4.1.1.3 主要研究进展及成果

（1）煤的键合结构和自由基反应

任何化学反应仅改变元素的键合方式，即断键和成键的种类和数量。传统表述煤的方法局限于其中不同“物质”的含量，如元素、显微组分、官能团（红外）、原子类型（核磁）以及标态下热解产物的质量（工业分析）等，这些数据不体现煤中共价键的种类和数量，无法与热解中煤分子的断键和成键相关联。近年来，Zhou 等基于煤的核磁和元素分析数据提出了煤的键合结构模型（图 4-1），量化了主要共价键的分布与碳含量的关系[3]。Guo 等基于煤的共价键分布和键能通过玻尔兹曼分布、蒙特卡洛机制和渗透理论，构建了描述煤热解反应的 BMCP 模型，模拟结果在宏观上与实验现象匹配[2]。

$$\begin{bmatrix} C_{ar}-C_{ar} \\ C_{ar}-C_{al} \\ C_{al}-C_{al} \\ C_{ar}-H \\ C_{al}-H \\ C-C \\ C-H \\ C-O \end{bmatrix} = C\text{含量}(\%) \begin{bmatrix} 1.7 \\ -0.1 \\ -0.1 \\ 0.7 \\ -1 \\ 1.5 \\ -0.3 \\ -0.7 \end{bmatrix} + \begin{bmatrix} -0.7 \\ 0.1 \\ 0.2 \\ -0.3 \\ 1 \\ -0.4 \\ 0.7 \\ 0.6 \end{bmatrix}$$

图 4-1
煤的键合结构模型[3]
图中单位：10^{-1}mol/g

李等用 ReaxFF MD 和 GPU 高性能计算程序 GMD-Reax 模拟了数万原子规模的煤及模型化合物的热解过程，并利用化学反应与可视化分析工具 VARxMD 显示了中间产物，发现主要产物的规律与 TOF-SVUV-PIMS 和 Py-GC/MS 实验结果相似，揭示了实验难以发现的自由基反应历程[4]。刘等发现煤及其在热解中的稳定自由基浓度（RD，ESR 测定）和活性自由基浓度（RH，供氢溶剂测定）与煤的碳含量有关，得出了与传统质量动力学不同的断键动力学，确定出煤中可断裂的共价键总量和断键速率常数，量化了煤中弱键的分布和反应规律[2]。

有研究认为热解包含自身热解和自由基诱导热解两类反应（图 4-2），实验测定了多种模型物热解中二者的量。也有研究发现自由基诱导热解是共热解协同效应的原因，包含先热解物生成的挥发性自由基碎片吸附于后热解物并诱导其提前热解，以及后热解物生成的挥发物被先热解物的残焦催化裂解。

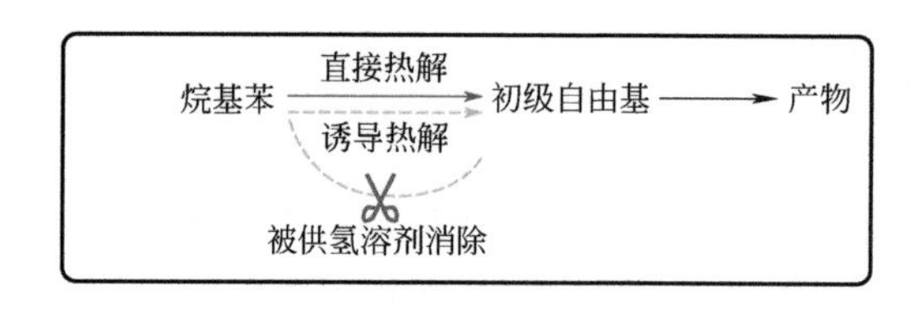

图 4-2
自由基诱导热解的测定思路

Li 等将热解与真空紫外单光子电离及分子束质谱系统耦合（MBMS，图 4-3），研究了多种煤模型物热解的中间产物，发现桥键越长断裂温度越低。联苄桥键的 β 位于 300℃断裂生成苄基自由基，α 位于 800℃以上断裂生成苯乙烯自由基；二苯基甲烷的 $C_{ar}-C_{al}$ 键在 1000℃以上断裂生成苯亚甲基自由基[5]，$C_{al}-H$ 键在 600℃断裂产生二苯基甲烷自由基，同时发生氢转移促进芳环缩聚。含氧模型物苯甲醚、苯乙醚和对甲基苯甲醚在 700℃以上才发生显著裂解。多种煤模型物热解的共性历程[6]如图 4-4 所示。

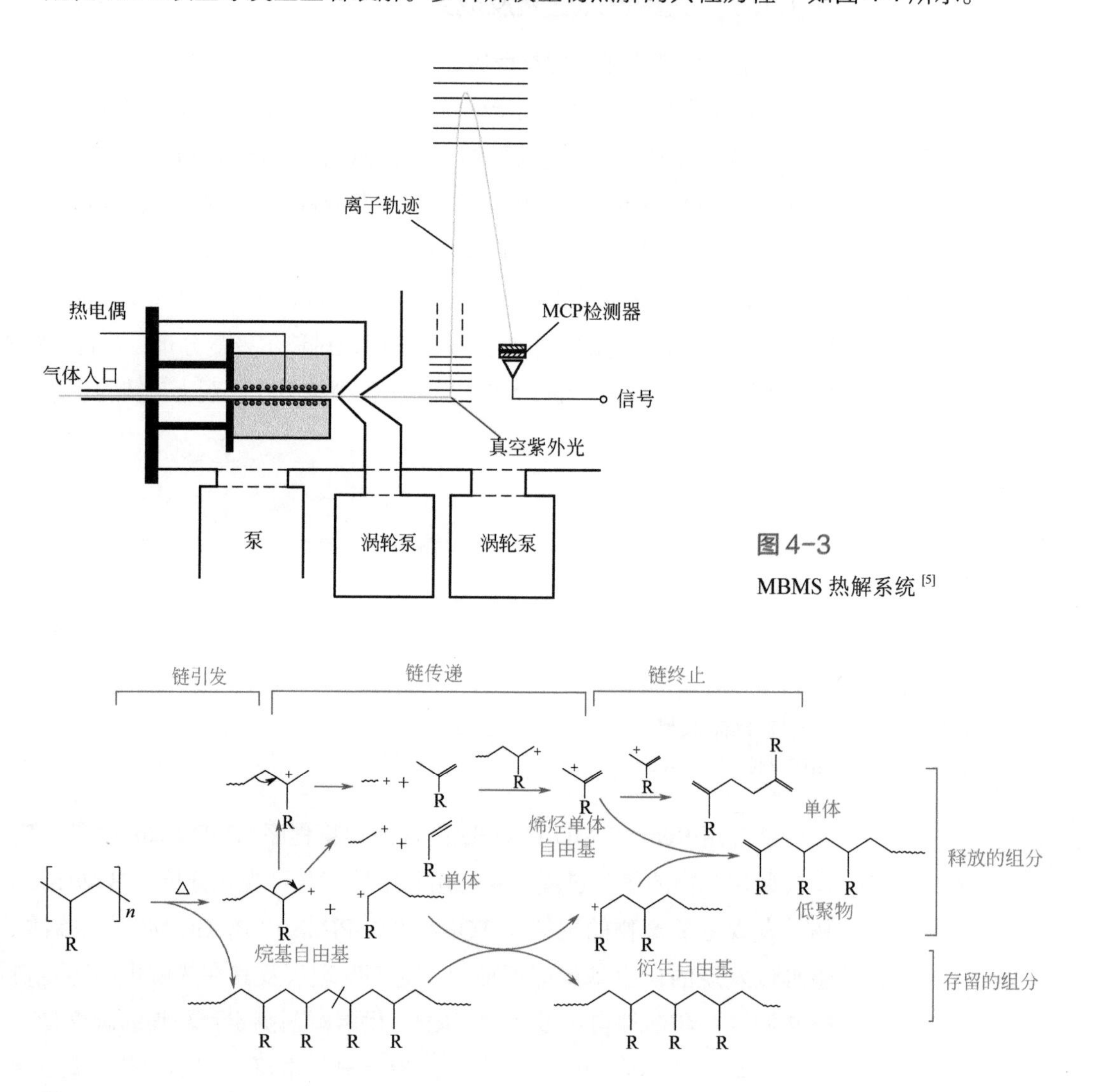

图 4-3
MBMS 热解系统[5]

图 4-4
多种煤模型物热解的自由基机理

Cheng 等用 TG-DSC-MS 研究了多种酸洗煤的热解，发现以煤的瞬时挥发速率为基准的瞬时反应热 $q_{r\text{-}DTG}$ 可很好地与煤的碳含量关联，DTG 主峰涉及的断键量较少，焦油和焦炭含有自由基，焦自由基在高温自组装过程中耦合放热[7]。

（2）煤热解挥发物的反应及调控

煤热解虽常被分为煤结构解离生成挥发物及挥发物反应两个阶段，但工业技术很少关注挥发物反应温度，仅认为热解时间越短越好。刘振宇发现在任何反应器中煤颗粒的传热方向总与挥发物流动方向相反（图 4-5），挥发物在向高温方向流动中不断裂解，煤升温速率越快挥发物升温幅度越大，焦油裂解为气体和析炭的量越多[1]。

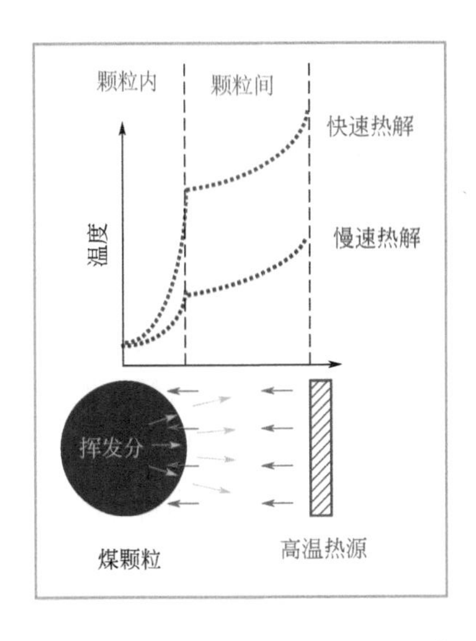

图 4-5
煤颗粒的传热和挥发物流动方向[1]

Zhou 等用两段反应器解耦了煤挥发物的生成和反应过程，发现挥发物在 440℃时几秒内就显著裂解析炭，同时伴随系统的自由基浓度升高、g 值和线宽下降[3]。有研究发现煤焦油的稳定自由基浓度在 350℃显著上升，源于裂解、缩聚和析炭，且析炭颗粒不断长大。Zhang 等通过内构件改变煤热解挥发物的流向，证实了挥发物流向高温区（反应器 A）导致焦油产率下降，流向低温区（反应器 D）导致焦油产率升高（图 4-6）[8]。

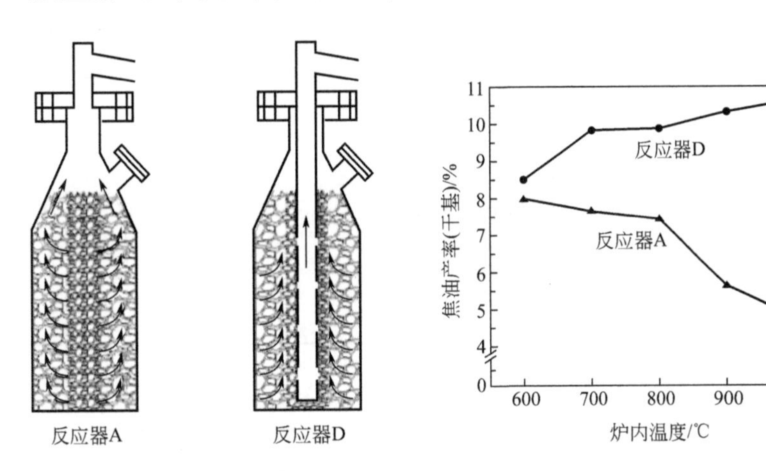

图 4-6
挥发物流向对焦油产率的影响[8]

4.1.1.4　未来发展方向与展望

煤热解的未来发展方向是拓展微尺度和介尺度认识，发展产物定向调控理论，提升工程化设计的科学水平，形成高焦油产率和品质、半焦优化利用的高效反应器和多联产系统，强化系统的节能、节水、降耗。

以热解为核心的煤分级转化系统效率高，联产焦油和化学品，是缓解我国巨量石油和天然气进口的重要措施，也是特种化学品和材料的重要源头，应加强关键科学和技术问题的甄别和研发，突破产业化进程的瓶颈问题。

4.1.2 煤气化过程

4.1.2.1 发展现状与挑战

煤气化是固态煤炭转化成燃料气和合成气过程。经过 150 多年的发展，煤气化经历了上百种炉型[9]，按气化炉内原料煤与气化剂的接触方式可划分为固定床、流化床和气流床三种类型[10]，其代表性技术见表 4-1。在中国现代煤化工蓬勃发展过程中，国家和各相关方面在气化技术研发上投入了大量的人力、物力、财力，进行了大量卓有成效的技术创新研发工作，获得了一大批学术研究及产业化成果，为中国现代煤化工的快速发展奠定了坚实的基础，具有自主知识产权的大型加压煤气化技术在国际上保持领先地位[11]。目前我国先进气化炉的应用已经超过 678 台，用户数量超过 231 家，整体投煤量超过 69 万吨 / 天，不同的气化炉主要业绩见表 4-2。此外，在气化与废水、固废协同处理（共气化）方面也做了有益的尝试[11]。各类气化技术应用于不同领域，同时正在朝着强化优点、补齐短板的方向发展。

表 4-1 代表性气化技术基本情况表

炉型		代表性技术	典型商业运行的规模 / (t/d)	特点
固定床		传统固定床	约 50	投资中等、热效率高、技术成熟，但需要块状弱黏结煤，废水处理难度大
		Lurgi、BGL、云煤炉	约 1000	
流化床		HTW、恩德、Ugas（SES）、灰熔聚、科达、黄台、中科合肥、新奥催化气化	300 ～ 1500	投资低、技术相对成熟，但需要活性较高煤种，碳转化率低
气流床	水煤浆	GE、EGAS、多喷嘴、多元料浆、晋华炉	1000 ～ 4000	投资高、气化温度高、易于大型化、气体易处理，但需要低灰、低灰熔点煤，或增加助熔剂
	干煤粉	SHELL、GSP、Prenflo、科林 CCG、HT-L、五环炉、宁煤炉、两段干煤粉、SE 东方炉、晋煤炉、沈鼓炉		

表 4-2 各种气化炉装备在国内的业绩统计

技术名称	技术类型	投产或在建台数
碎煤加压气化炉	固定床	130
云煤炉	固定床	13
灰熔聚	流化床	8
黄台炉	流化床	60
多喷嘴水煤浆	水煤浆气流床	159
HTL 炉	干粉气流床	73
多元料浆	水煤浆气流床	100

续表

技术名称	技术类型	投产或在建台数
两段干煤粉炉	干粉气流床	12
晋华炉	水煤浆气流床	26
SE 东方炉	干粉气流床	8
宁煤炉	干粉气流床	4
GE	水煤浆气流床	156
SHELL	干粉气流床	28
GSP	干粉气流床	35
CCG	干粉气流床	10

4.1.2.2 关键科学问题

由于煤组成及结构的复杂性，在苛刻的反应条件下强化“三传一反”过程效率、污染物的迁移转化及脱除技术，实现能量的高效转化及废弃物合理回收等，都是煤气化的关键科学问题[12]。

（1）煤中高、低活性组分在燃烧和气化反应上的优化

主流气化技术中，粉煤经喷嘴喷出后，煤中的挥发分等高活性组分先燃烧，之后才是剩余低活性组分的气化。而低活性组分 + 气化慢反应是导致气化炉不得不在高温高压下操作进而降低热效应的主要原因之一。因此，煤中高活性和低活性 2 类组分在气化和燃烧 2 个反应中的优化利用是煤气化的关键科学问题。

（2）反应和流动的匹配问题

煤气化过程涉及燃烧、热解、气化等复杂的反应，且气化自身需要不完全氧化、避免过度氧化的特点[12]，决定了反应与气化炉内物料的流动必须完全匹配。而反应和流动的复杂性、多样性，决定了匹配问题将会是未来较长时间内研究的难点。

（3）煤气化过程的灰化学基础

高温下，煤中矿物质的演化、熔融行为会代替碳的气化，成为气化炉稳定运行最关键的影响因素，这点在液态排渣的气化技术上体现得更为明显。同时，高铝、高灰熔点煤液态排渣时普遍存在排渣不畅、结渣等问题。此外，煤气化过程中灰的化学行为也是矿物质中重金属等污染物排放和防控、气化灰利用的重要研究内容。

（4）煤催化气化、加氢气化等新型气化技术的化学基础

煤催化气化、加氢气化、化学链气化、地下气化、与生物质 / 垃圾等含碳污染物共气化等新型气化技术，在速率、能效、反应条件、煤气中特定组分选择性等方面的优势使得其可作为现有技术的有益补充，或者随着技术的发展，成为下一代气化技术。但对新型气化技术在能量耦合的化学本质、特定产物生成路径、催化剂催化机制[13]、构效关系等方面的认识还十分有限。

4.1.2.3 主要研究进展及成果

在 20 世纪 80 年代先后引进 Lurgi 固定床加压技术、Texaco 水煤浆气化等技术的基础上，通过消化、吸收，在反应、热质传递、流动、灰化学、污染物防控等相关基础研究的支持下，获得了一大批具有自主知识产权的产业化成果。而煤气化本身就是侧

重于工程类的应用学科，因此以下产业化应用代表了煤气化的进展及成果。

（1）多喷嘴对置水煤浆气化技术

多喷嘴对置水煤浆气化技术属于水煤浆进料、气流床气化技术。2005 年就在国家"863"项目的支持下建成了示范装置，实现了从大型化向超大型化的跨越。目前在建和运行的气化炉超过 110 台，单炉最大日处理能力达到 3000 吨。2008 年与美国签订了大型煤化工成套技术出口协议（图 4-7）。

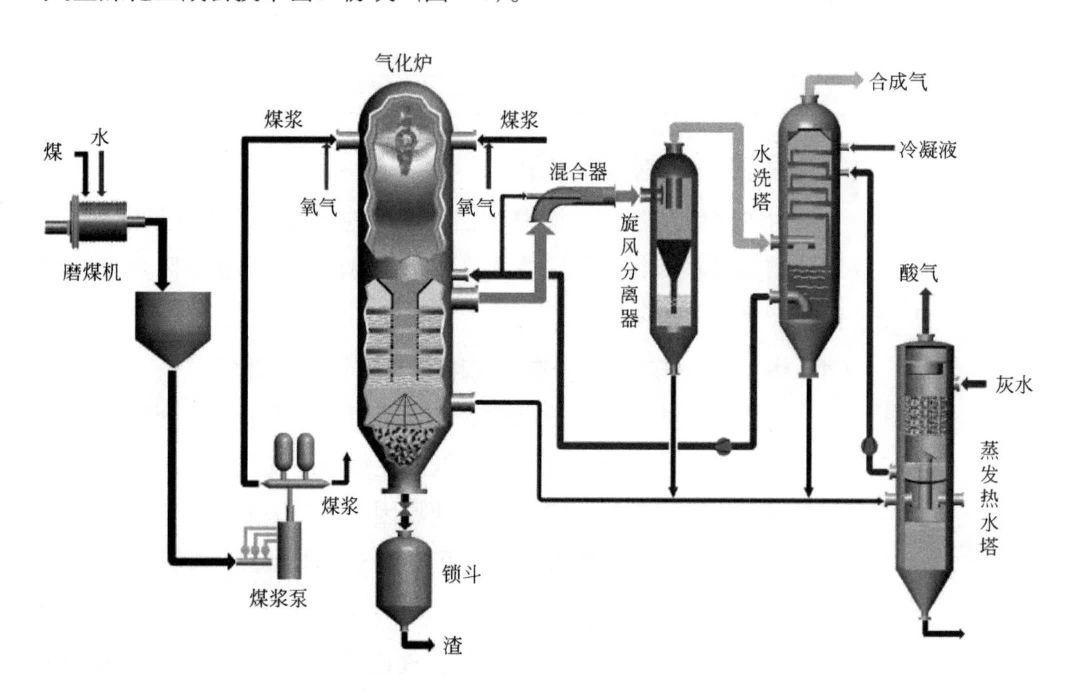

图 4-7
多喷嘴对置水煤浆气化装置流程示意图[14]

（2）航天 HTL 气化技术

航天 HTL 气化技术属于干粉进料、气流床气化技术。通过十年的持续创新，航天粉煤加压气化技术已经形成了具有鲜明特点和技术优势的气化技术，其稳定性好、烧嘴使用寿命长、煤种适应性广。目前累计签约已超过 100 台。此外，HTL 气化技术单炉处理量已达到 3500t/ 天，是世界上最大的干粉进料气化炉（图 4-8）。

（3）灰熔聚流化床加压气化技术

中科院山西煤炭化学研究所开发的灰熔聚气化技术属流化床加压气化技术，发挥了流化床气化传质传热好、气化强度高、成本低、原料适应性好的特点（图 4-9）。目在山西晋城、云南文山等建有多套工业化装置[15]。工艺特色体现在：以当地劣质煤为原料，降低了原料成本，生产环境友好，废水处理简单，运行稳定安全[16]。

（4）R-GAS 气化技术

R-GAS 气化技术属干法粉煤加压超高温气流床气化技术。采用固体泵或超密相输送，活塞流流场，火焰和气化温度分别达 2760℃和 1800℃，反应时间极短，气化强度极高，有望处理其它气化技术不能直接使用的高灰熔点煤。由美国燃气技术研究院开发，阳煤集团合作引进，800t/ 天工业装置已建成，正准备开车（图 4-10）。

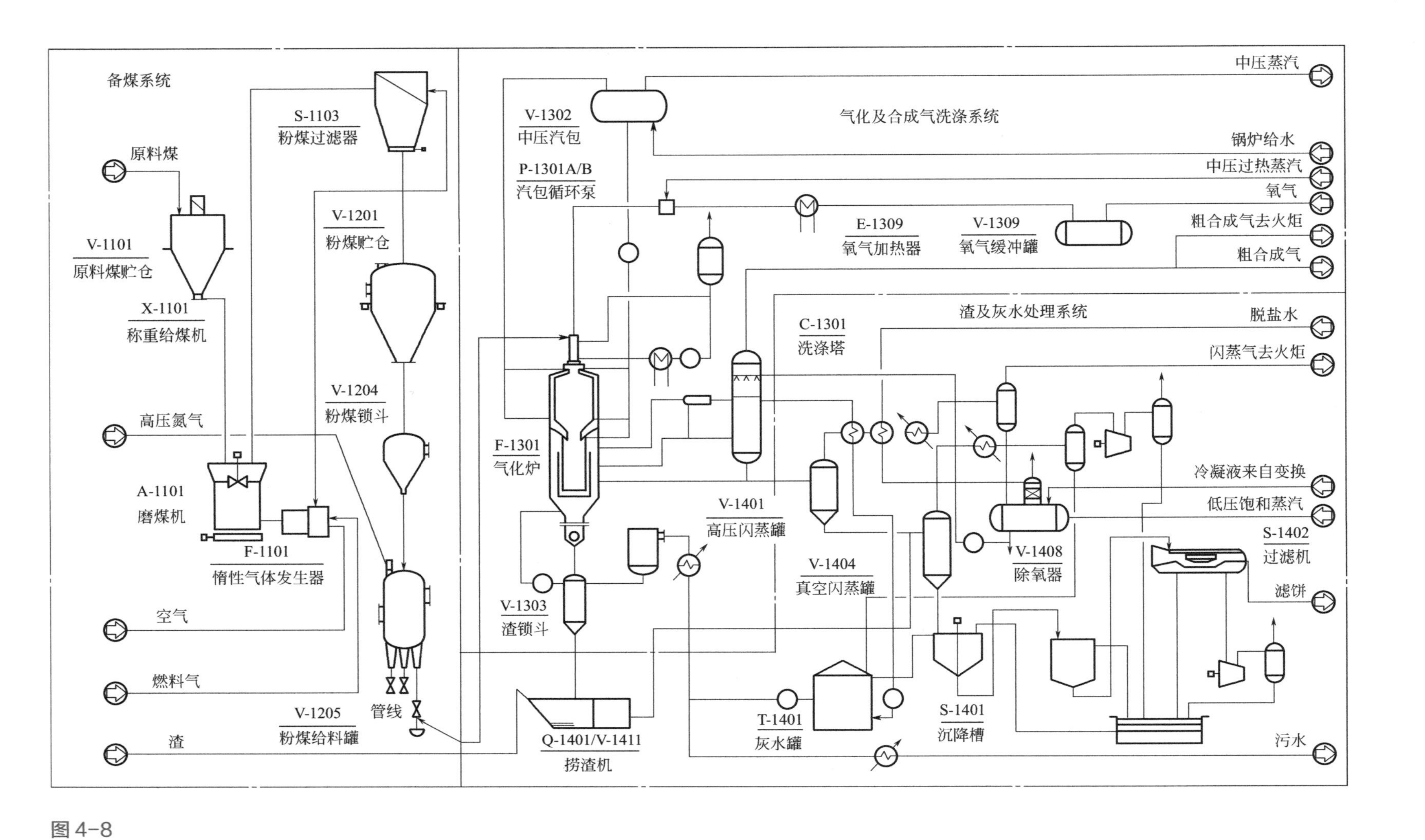

图4-8
HTL气化装置流程示意图

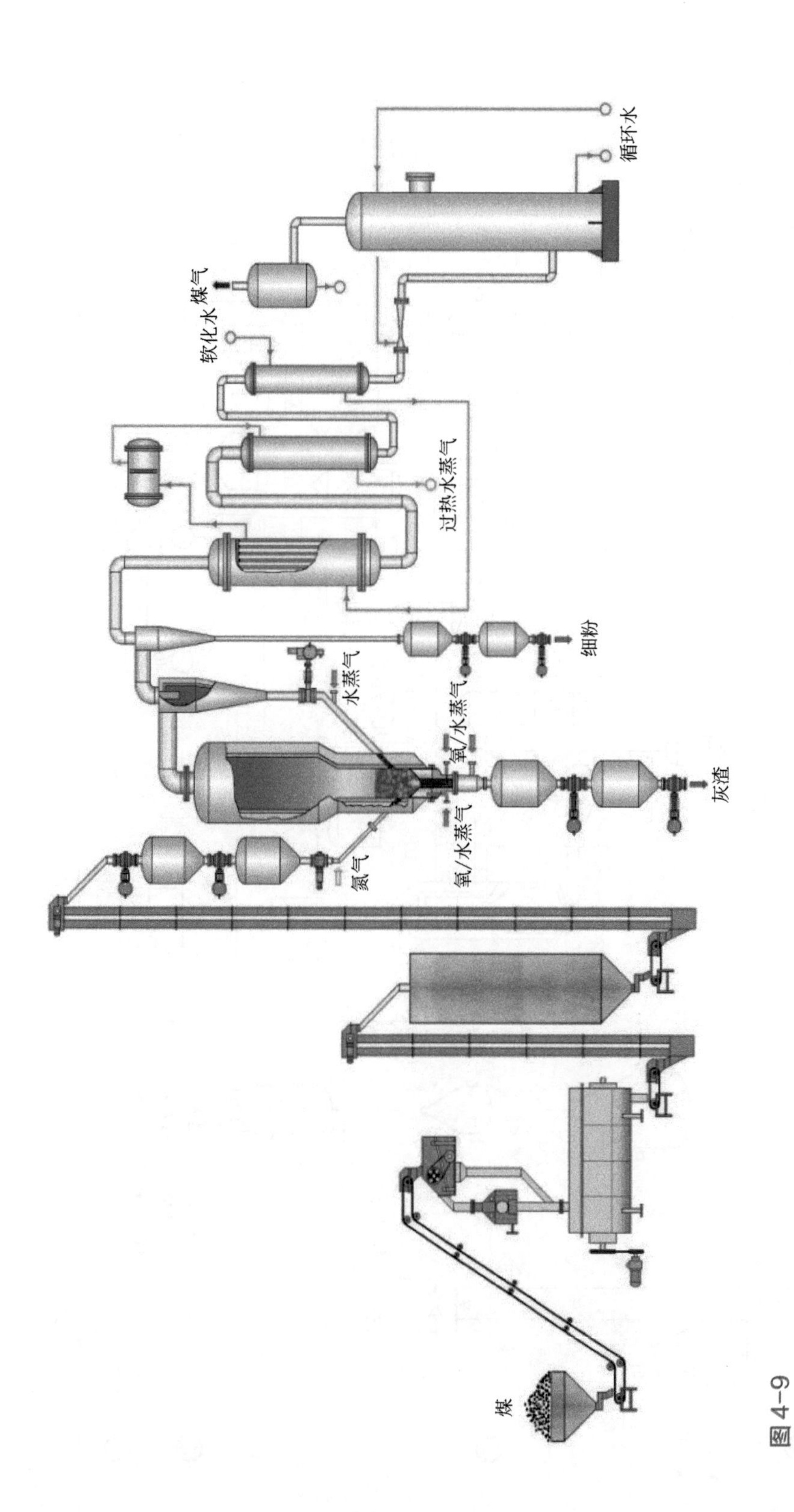

图 4-9 灰熔聚流化床加压气化装置流程示意图

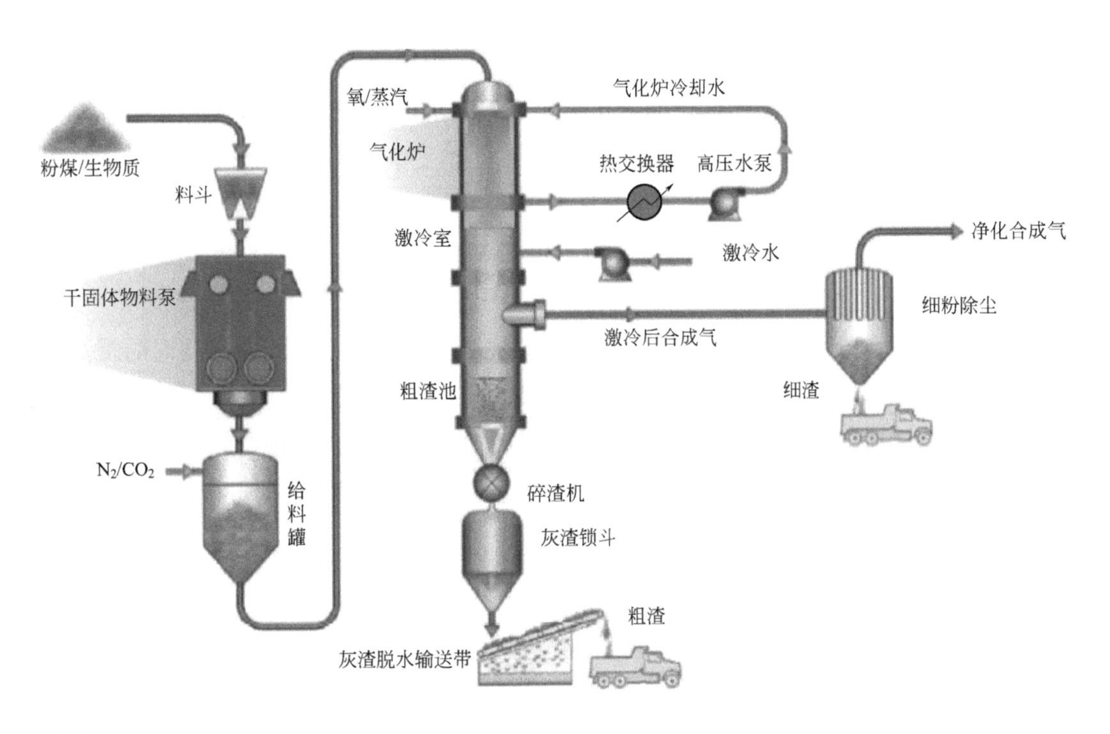

图 4-10
R-GAS 煤气化装置流程示意图 [17]

4.1.2.4　未来发展方向与展望

高效化、清洁化、宽煤种适应性仍然是未来的发展方向。具体来说，固定床气化正在向加压和高温液态排渣的方向发展，以在提高处理量的同时解决焦油和酚类污染物的问题；流化床气化正开展加压千吨级 / 日工业示范，以进一步提高单炉处理量和碳转化率；气流床气化技术正在向超高温、拓展煤种适应性、节能降耗的方向发展。同时，高温熔渣气化在污染物（特别是二噁英）排放、重金属固化方面的优势决定了其在废水、固废处理方面的应用价值较大。此外，气化灰的规模化消纳和无害化、高值化利用已迫在眉睫 [18]。同时，也必须注意到现有技术多是为了实现大型化而进行的工程设计与突破，并没有从物质和能量利用合理性的角度来设计整个气化过程，因此，提升能效是主流气化技术的发展方向。

未来煤气化的主要研究工作，包括含碳固体原料气化反应动力学、灰化学、低阶煤改性制高浓度水煤浆、多种原料共气化机理、微量有害元素迁移转化机理、气化炉内多相混合与热质传递、高温高压下熔渣流动与传热、气化系统集成优化等方面，以建立完整的高效清洁煤气化过程的理论体系，支撑煤气化关键技术的发展。

同时，要重视催化气化、加氢气化、化学链气化等方面的化学基础研究。在完善现有技术、满足当前过程工业对煤气化需求的同时，必须从物料和能量利用的合理性出发，开发新的气化技术，以从源头和本质上提高煤气化的物质和能量利用水平。

4.1.3　煤制烯烃过程

4.1.3.1　发展现状与挑战

甲醇制烯烃（MTO）是实现从煤炭、天然气、生物质等非石油资源生产低碳烯烃

（包括乙烯、丙烯）的重要途径。中科院大连化物所等相关单位合作开发了基于SAPO-34分子筛催化剂的甲醇制烯烃DMTO工艺，成功应用于神华包头60万吨/年烯烃工业装置，并于2010年8月在世界上率先实现工业运行[19]。该装置采用了直径约11m的大型浅层湍动流化床反应器，由中石化洛阳石化工程公司设计，反应器完全国产化。截至2020年底，我国已投产MTO工业装置达28套，烯烃产能1549万吨/年。目前MTO基础研究的挑战是：①开发高性能纳米分子筛合成技术，实现对SAPO分子筛硅含量、硅配位环境和晶体形貌的协同调控，以此为基础同时提高甲醇处理能力和烯烃选择性[20]；②对甲醇转化过程的多尺度反应传质特征以及MTO流态化过程进行深入研究。最近，大连化物所等提出催化剂积炭调控的新方法，并据此开发了高效流化床反应器，形成了DMTO-Ⅲ技术，实现了甲醇处理量和烯烃收率的大幅提高。

4.1.3.2 关键科学问题

到目前为止，SAPO-34仍然是MTO反应最有效的催化剂，但其CHA型的小孔大笼结构使之在反应过程中存在传质受限、易积炭失活等问题。小晶粒、低硅含量的SAPO-34分子筛有利于消除扩散传质限制并抑制MTO过程副反应，但其合成放大仍存在挑战。深入理解SAPO分子筛的晶化机制，开发高效的可调控SAPO分子筛形貌与酸性质（硅含量与分布）的合成与制备方法，是当前面临的一个关键科学技术问题。

催化剂的积炭调控是提升MTO催化效率、优化低碳烯烃选择性的有效手段。根据MTO基础研究结果，催化剂上的积炭含量存在较优分布区间，在该区间内催化剂具有较高的甲醇转化效率和低碳烯烃选择性。因此，调控催化剂积炭分布可以实现MTO反应过程优化。催化剂积炭分布是一个典型的多尺度现象，从微观上看催化剂积炭是指分子筛晶体内积炭物种的空间分布，从宏观上看则表现为催化剂颗粒群体积炭含量分布。深入理解MTO反应过程中微观和宏观两个尺度催化剂积炭变化规律及其相互关联，从而开发高效甲醇转化工艺和相关反应器，是MTO研究的另一个关键科学技术问题。

4.1.3.3 主要研究进展及成果

大连化物所等单位首次提出利用有机胺同时作为溶剂和模板剂的胺热合成方法[21]，发现了多种合成SAPO分子筛的新模板剂。胺热环境下部分有机胺导向生成的SAPO-34展现出优良的MTO催化性能，合成收率高，晶化速度快，且合成后有机胺可以方便地回收再利用。还开展了多级孔/纳米SAPO分子筛的合成研究，先后发展了多种合成新策略，包括自上而下制备策略[22]、表面活性剂辅助法[23]、低温合成法[24]、多功能添加剂辅助合成法[25]、酸/碱后处理法[26]等。制备SAPO-34材料由于扩散传质的改善，多数都展现出显著提升的MTO催化性能（图4-11）。

同时，反应过程积炭演变的介尺度机制研究也得到了重视。根据MTO的双循环反应机理建立催化剂颗粒层次的反应动力学模型，可以描述烯烃循环和芳烃循环对甲醇转化过程中催化剂积炭的影响[27]；同时，基于群平衡理论提出了催化剂颗粒群体的积炭分布模型，并推导流化床反应器催化剂颗粒的积炭分布函数的解析公式，为研究催化剂颗粒群体的积炭分布特征提供了理论基础[28]；采用该理论模型并结合实验研究探索了反应条件对积炭物种的影响[29]，提出了采用不同再生方式调控催化剂积炭进而调控乙烯选择性的新途径[30]。根据催化剂积炭分布调控的理论方法，大连化物所联合相关单位研制了新型高效流化床反应器，完成了千吨级中试，成功开发了DMTO-Ⅲ工艺（图4-12）。

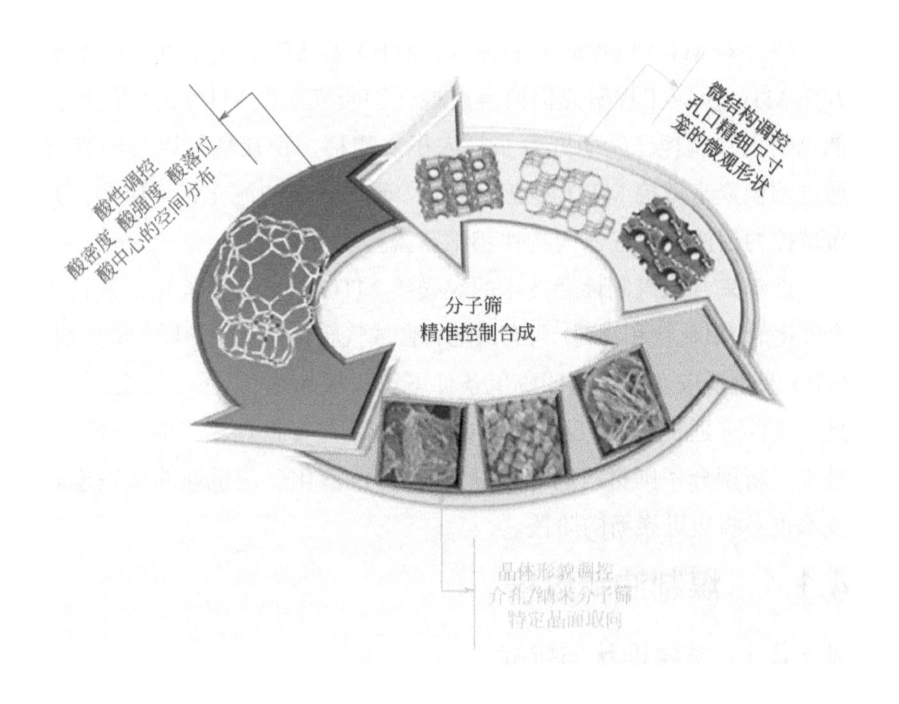

图 4-11
甲醇制烯烃 SAPO-34 分子筛合成策略[22]

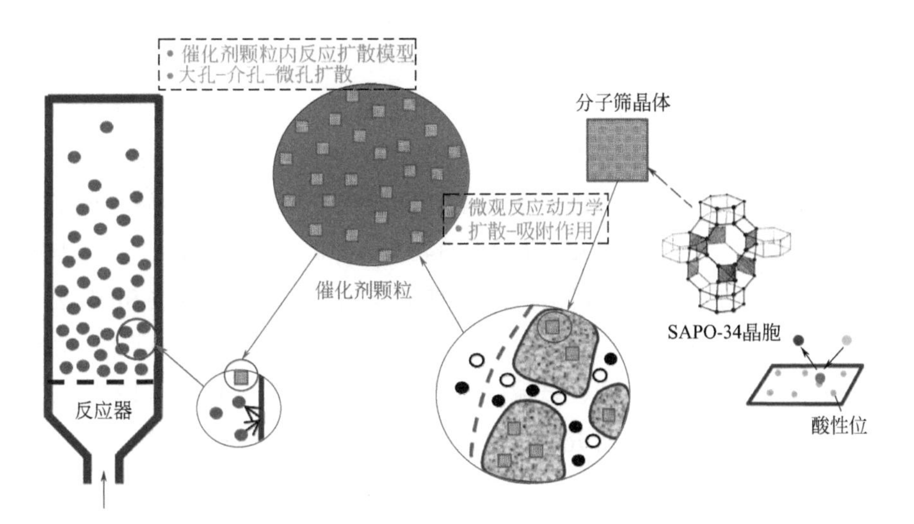

图 4-12
甲醇制烯烃的多尺度模型示意图

4.1.3.4 未来发展方向与展望

虽然SAPO-34分子筛催化剂已广泛应用于MTO工艺中，但进一步提高其催化性

能和合成效率还需要：①合成高质量的纳米或介孔 SAPO-34，同时控制 Si 含量与分布、孔连通性和水热稳定性；②制定高效的无氟策略，合成结晶度高、硅含量低的 SAPO-34；③发展SAPO分子筛的后处理改性研究，发展简便易行的后改性方法，调节分子筛的酸性和孔口尺寸，提高低碳烯烃选择性；④开发适合工业化生产的环保且低成本合成路线，降低合成过程中的能耗和废液排放。另外，为满足市场对乙烯或丙烯需求的变化，开发高乙烯或丙烯选择性的专用催化剂也具有重要意义。

随着对 MTO 机理研究的深入，MTO 工艺的优化改进仍在不断持续。在以下几个方面 MTO 反应工程研究仍值得重视：①研究新型 MTO 再生技术，通过再生直接实现催化剂积炭调控；②研究分子筛内积炭物种、积炭落位以及积炭量的时空演化，实现通过预积炭来调控 MTO 反应性能；③研究高效的流化床反应器，开发以催化剂积炭分布调控为目的的反应器内构件和工艺流程。

近年来合成气制烯烃技术的突破给 MTO 工艺及其催化剂设计带来了新的启示。复合催化剂（氧化物和沸石）可有效地将合成气转化为低碳烯烃，催化剂寿命长（>100h）[31]。MTO 催化反应寿命在高压临氢条件下可以极大延长[32]。这些工作表明了可以通过改变反应条件来延长 MTO 反应寿命或调整产品选择性。相信随着分子筛合成方法和技术的进步、新型分子筛材料的不断开发、MTO 催化反应机理的认识逐渐深入，甲醇制烯烃技术也必将迈进崭新的阶段。

4.1.4 煤制油新过程

4.1.4.1 发展现状与挑战

煤制油技术主要有直接液化和间接液化。直接液化是通过煤油浆高压加氢液化生产油品的制备技术，反应条件较为苛刻，煤种适应性窄，需使用挥发分高的年轻煤种。2008 年国家能源集团在鄂尔多斯建成投产了全球首套百万吨级（108 万吨/年）直接液化厂，反应压力为 18 ～ 20MPa，反应温度为 440 ～ 470℃，生产柴油、石脑油等产品，该工艺与国外直接液化工艺反应压力（30 ～ 70MPa）相比已有较大程度的改进[33]。间接液化是煤经气化生成合成气，合成气通过费托合成生产富含直链烷烯烃的中间产品，进一步加工后即可生产油品和化学品，该工艺路线煤种适应性宽，费托反应条件温和（180 ～ 340℃、2.0 ～ 3.0MPa），产品方案更加丰富，生产装备更利于大型化。目前国外仅有南非 Sasol 公司和荷兰 Shell 公司拥有煤间接液化工业技术，主要有低温铁基固定床合成技术（230 ～ 250℃）、高温熔铁流化床合成技术（300 ～ 340℃）、低温铁基 / 钴基浆态床合成技术（180 ～ 250℃）[34]。中国科学院山西煤炭化学研究所 / 中科合成油技术有限公司等首创了高温铁基浆态床煤炭间接液化工艺技术（260 ～ 290℃），国家能源集团宁夏煤业（以下简称宁煤）公司采用该技术于 2016 年建成投产了全球单体规模最大的 400 万吨 / 年煤间接液化装置[35]。我国煤制油技术无论在工艺和关键性能指标上，还是在规模上，均已处于国际领先水平。当前我国煤制油技术面临的挑战是开发柴油 - 汽油 - 润滑油 - 化学品联产以及煤直接液化与间接液化相耦合的工艺技术，向规模更大、产品更多元与精细化、高端化方向发展。

4.1.4.2 关键科学问题

煤制油是一个涉及煤气化、煤加氢液化、费托合成、油品加工、合成水与废水回收处理等多个单元的系统工程，涉及的关键科学问题包括：①深刻认识费托合成反应机理，解决催化剂活性相结构与产物选择性定向调控的难题，研制高效费托合成催化剂；②理清煤加氢液化活泼氢的传递机理，研制高效的煤温和加氢催化剂；③阐明浆态床费托合成传质传热和反应动力学行为，解决浆态床反应器内强放热与恒温耦合、高空速下物料分布与传质等难题；④针对费托合成产物分子结构特征，研究加氢裂化、催化裂化、催化重整、烯烃聚合等催化反应，解决产品多元化、精细化与高端化问题，开发柴油 - 汽油 - 润滑油 - 化学品联产新工艺；⑤研究煤温和加氢与高温浆态床费托合成相结合的煤分级液化新工艺，解决物料传质传热、液化残渣气化、产物分离、加氢液化油与费托合成油共加工等技术基础问题；⑥研究煤制油节能节水、高浓盐水处理、CO_2 减排工艺技术基础问题。

4.1.4.3 主要研究进展及成果

在煤间接液化领域，李永旺团队[36-38]在国际上首次提出了高温浆态床费托合成工艺（图 4-13），该工艺将反应温区由低温浆态床费托合成工艺的 180 ～ 250℃提升至 260 ～ 290℃，可副产高品位蒸汽（2.5 ～ 3.0MPa），能有效地平衡全系统的热量，克服了低温浆态床合成工艺副产的低品位蒸汽（0.5 ～ 0.8MPa）难以利用的缺点，从而可显著提高系统整体能量利用效率。该团队攻克了费托催化剂在高温浆态床反应温区下活性相复杂多变的难题，研制出以 $\chi\text{-}Fe_5C_2$ 和 $\theta\text{-}Fe_3C$ 为主要活性相，且在高温浆态床反应环境中结构稳定的，具有高活性、低甲烷选择性和高抗磨损性的铁基催化剂。该催化剂在高的合成气空速（＞ $10000h^{-1}$）下，反应活性每小时每克催化剂大于 1.0g C_{3+}，C_{3+} 选择性＞ 96%（质量分数，下同），甲烷＜ 3.0%，产油能力每吨催化剂大于等于 1000 吨油品[39, 40]。团队基于费托合成详细机理，在国际上首次建立了包含烷、烯、醇、酸、酯生成与水煤气变换反应（CO_2）的详细产物分布的费托合成统一动力学模型，结合产物在床层分布的传质传热 CSTR 稳态等温模型与 CFD 流场分析，建立了高温浆态床鼓泡塔反应器双泡模型，发明了分步梯级换热、贯穿式同心圆多层管下吹气式分布、内过滤式蜡 - 催化剂自动过滤、一体式高效旋风分离等核心构件集成的高温浆态床反应器，解决了大型高温浆态床反应器内强放热与恒温耦合、高空速下物料分布与传质、蜡 - 催化剂连续分离、催化剂连续处理与替换等技术难题，设计了单台年产 50 万～ 80 万吨油品的大型高温浆态床合成反应器[37, 38]。高温浆态床费托合成工艺与上下游工艺结合，形成了高温浆态床煤间接液化成套工艺技术。该工艺技术已经成功应用于全球单体规模最大的国家能源集团宁煤公司 400 万吨 / 年（图 4-14）、内蒙古伊泰杭锦旗 120 万吨 / 年、山西潞安 100 万吨 / 年等三个百万吨级商业示范装置。宁煤公司 400 万吨 / 年装置稳定运行已超过 4 年，生产柴油、石脑油、LPG 等产品，合成柴油具有超低硫（≤ 0.5mg/kg）、低芳烃（＜ 0.1%）、高十六烷值（≥ 70）的特点（图 4-14）。其典型运行数据为：吨油品原料煤耗 2.77 吨标煤，综合煤耗 3.54 吨标煤，水耗 5.72 吨，整体能效达到 43.57%。

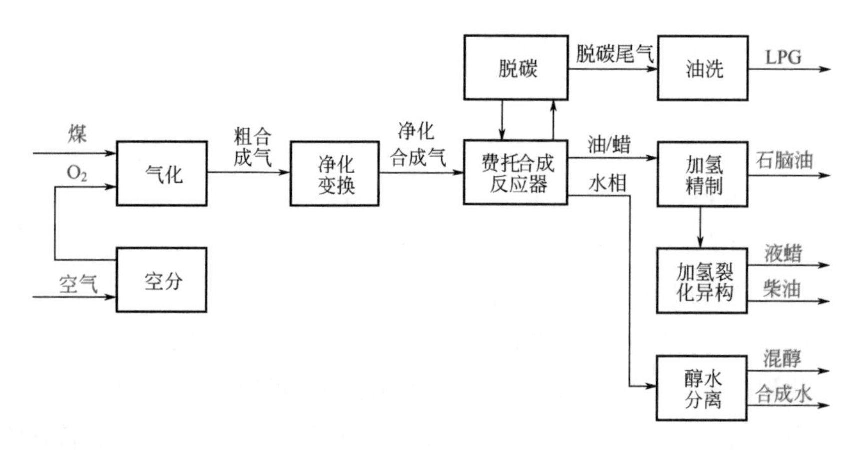

图 4-13
高温浆态床煤炭间接液化工艺流程

图 4-14
宁煤公司 400 万吨 / 年煤间接液化商业示范装置

针对低阶煤含水量高、热值低、灰分高的特点，李永旺团队[41, 42]提出了一种兼具煤直接液化和间接液化技术优点的煤分级液化新工艺（图 4-15）。煤分级液化是先将煤在较温和条件（4.0 ～ 6.0MPa、400 ～ 440℃）下部分加氢液化，获取一部分液化油；液化残渣经气化后制得合成气，合成气再经费托合成制取合成油；液化油与合成油经联合油品加工后即可生产出高品质柴油、汽油等产品。煤分级液化工艺的技术优势体现在：①温和加氢液化与传统直接液化技术的工艺流程相近，但操作压力由直接液化的 18 ～ 20MPa 大幅度降至 4.0 ～ 6.0MPa，工程化难度大幅降低，设备投资低，操作更安全；②通过耦合残渣焦化 - 气化、费托合成等技术，形成液化残渣高效利用方案，可进一步降低过程原料消耗，提高系统能量转化效率；③获取的温和加氢液化油和费托合成油，两种油品化学组成和理化性质具有很强的互补性，适于生产超清洁、高品质的汽柴油产品；④分级液化以低阶煤为主要原料，有利于解决我国低阶煤储量丰富但难以有效利用的难题。近年来中科合成油技术有限公司等建成了一套投煤量为 1 万吨 / 年的煤温和加氢中试试验装置，研制出了性能优异的高分散型铁基催化剂，以新疆哈密煤为原料实现了连续稳定试验运行。在 4.0 ～ 6.0MPa、400 ～ 440℃的温和加氢条件下，煤转化率达到 88.5%，蒸馏油收率达到 42.1%，循环加氢溶剂油可实现过程自平衡。结合液化残渣气化和先进的高温浆态床费托合成工艺技术，已形成了新疆哈密煤200万吨/年分级液化技术方案，推算该技术整体能效可达到53%～55%。

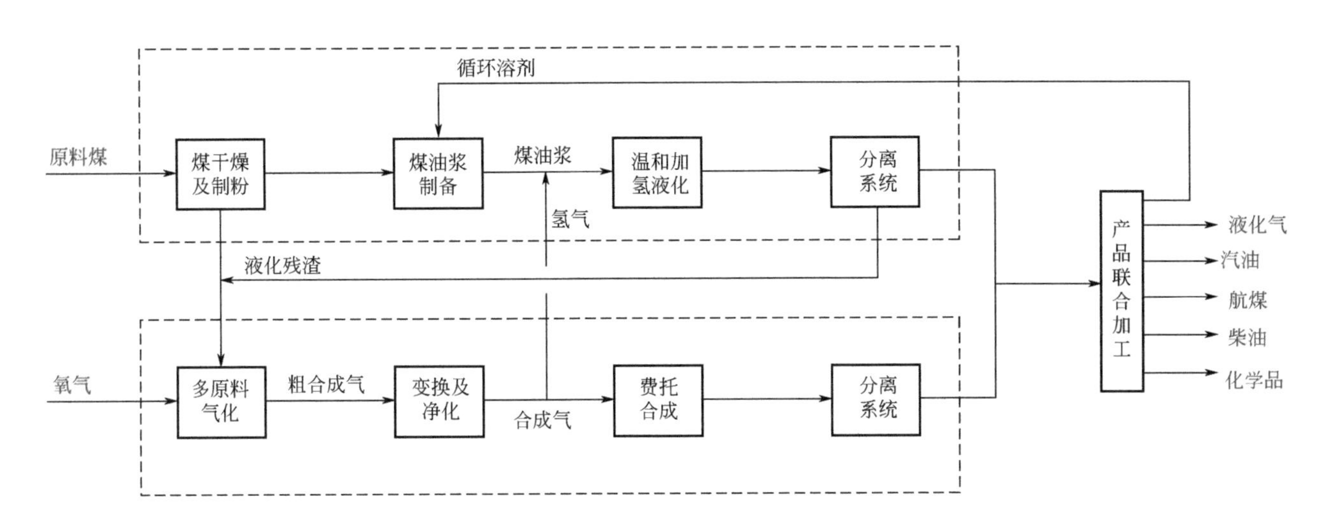

图 4-15
煤炭分级液化工艺简图

4.1.4.4 未来发展方向与展望

未来煤炭间接液化技术将向400万吨级以上规模装置发展，工艺集成度、能量利用效率、水耗与CO_2排放要求更高，产品方案更加多元化、精细化与高端化，在完善和提升柴油-石脑油-LPG生产工艺基础上逐步实现柴油-汽油-润滑油-化学品的联产，形成400万吨级以上规模的标准化、系列化、可复制的煤炭间接液化成套工业技术，在满足国家对油品重大需求的同时提升煤炭间接液化工艺的技术经济性。推进实现煤炭分级液化技术百万吨级工业应用，形成更为先进的新一代煤制油技术。

应针对费托合成初级产品的分子特征，开发煤基石脑油催化重整制汽油、费托蜡催化裂化制汽油、低碳数α-烯烃催化聚合与C_{20}～C40直链烷烃异构化制高端润滑油等技术，形成柴油-汽油-润滑油-化学品联产技术；规划建设百万吨级煤炭分级液化装置；攻关煤制油过程中的节能节水和高浓盐水综合处理技术，进一步降低能耗和水耗；集成对接CO_2资源化及封存技术，降低煤制油过程中的CO_2排放；拓展煤制油技术在天然气制油和生物质制油领域的应用。预计2025年，我国煤制油将达到3000万吨/年左右的产能规模。

4.1.5 煤制芳烃过程

芳烃是一类氢碳比最低的烃类平台化合物，是化工的基础产品，其生产规模仅次于乙烯和丙烯。众多的高端化学品及材料中如芳纶、聚酰亚胺、聚碳酸酯等均离不开芳烃作为基本单元。如以煤这类氢碳比低的原料生产氢碳比低的芳烃，在原子经济性上更具优势。以芳烃中的对二甲苯（PX）为例，我国是全世界最大的PX消费国，如果综合考虑PX生产的上游原料原油的进口对外依存度（2018年为70.9%），则PX对外依存度将超过80%。我国煤炭资源相对丰富，用丰富的煤炭资源生产芳烃成为我国现代煤化工行业重点发展的核心技术之一，是我国新型能源化工的重要组成部分。

4.1.5.1 发展现状与挑战

将煤炭转化为高收率、高纯度化学品的现代煤化工路线，是未来发展的方向。近年来，众多科研院所、高校和企业对煤炭路线制备芳烃技术进行了广泛的研究，包括煤炭热解[43]、加氢液化[44]、合成气制芳烃[45]、煤基甲醇芳构化[46]、甲苯甲醇烷基化[47]等众多技术。煤制芳烃（CTA）是指利用煤制合成气或甲醇这一成熟的产业化路线，煤经合成气制备甲醇后再通过催化剂将合成气或甲醇转化为芳烃产品的工艺，可分为直接合成气制芳烃（STA）与合成气经甲醇制芳烃（MTA）。这一方法经金属氧化物与分子筛限域自催化结合，可高效合成烯烃与芳烃。20 世纪 70 年代，美国 Mobil 公司[48]在开发甲醇制汽油（MTG）过程中发现，采用金属改性的 ZSM-5 分子筛为催化剂将甲醇转化为汽油产品的反应中可以获得芳烃产品，芳烃的收率约为 30%。近年来，随着中国煤化工的快速发展，MTO、MTP 等成功工业化，STA、MTA 技术也得到了迅猛发展。国内的中科院山西煤化所[49]、中科院大连化物所[50]、清华大学[51]、中国石化[52]、厦门大学等均对 STA、MTA 技术进行了研究，并进行了相关工业化尝试。

4.1.5.2 关键科学问题

STA 与 MTA 过程均为金属氧化物与择型分子筛限域催化下进行大规模生产的化学工程问题，在分子尺度上是解决碳一化学中含氧化物的限域转化与碳 - 碳耦联问题，一般的碳一化学的碳 - 碳耦联由于出现碳链的等概率增长造成产品分布宽、收率低的 ASF 分布，而利用分子筛限域下的自催化与单环芳烃的闭环限制生长方法，结合纳米晶面分子筛表面的阻止结焦机制，可得到高收率的 STA 或 MTA 芳烃产率。

4.1.5.3 主要研究进展及成果

清华大学魏飞等[51]提出了流化床甲醇制芳烃（FMTA）工艺，该工艺将甲醇制芳烃流化床反应器与流化床催化剂再生器相连，实现甲醇芳构化与催化剂再生的连续循环操作。利用该工艺可以对催化剂结焦状态和再生性能进行调节，在提高芳烃产率的同时不间断地连续运行。采用该设计理念，2013 年在陕西榆林建成年处理甲醇 3 万吨的全流程工业化试验装置，如图 4-16 所示。经试验考核，实现甲醇转化率 99.99%，甲醇到芳烃的烃基总收率 74.47%，同时副产 2.24% 氢气，典型芳烃产物中苯、甲苯、二甲苯和 C_{9+} 以上芳烃含量分别为 5%、26%、49% 和 20%。经中国石油和化学工业联合会鉴定，总体达到同类技术国际领先水平。在工业试验基础上，2014 年首套 60 万吨 / 年甲醇制芳烃装置的工艺包编制完成。FMTA 技术的反应器型式与甲醇制烯烃技

图 4-16
万吨级流化床甲醇制芳烃工业试验装置

术（MTO）和催化裂化（FCC）有很大的相似性，高度成熟的FCC技术和已商业化的MTO技术可为FMTA技术的工程设计、装备放大及制造提供借鉴，进一步促进了FMTA技术的工业化进程。目前在规划的多个煤基芳烃项目如陕西延长石油百万吨煤制芳烃项目一期工程、内蒙古久泰年产180万吨煤制PTA（精对苯二甲酸）项目及陕西榆能集团煤制芳烃项目均计划采用FMTA技术。

4.1.5.4 未来发展方向与展望

未来产业发展重点和核心问题是怎样实现煤基甲醇制芳烃过程芳烃百万吨级工业装置。从原子经济性来看，煤炭的氢碳比与芳烃相近，然而经过甲醇再到芳烃出现了先加氢后脱水的耗氢过程，目前的煤基合成气一步法制芳烃过程[53]具有明显的优势，是未来煤制芳烃的重要发展方向；随着可再生能源的大量利用，未来当制氢成本极低时，通过CO_2加氢一步制芳烃是绿色煤制芳烃过程的终极目标。

4.1.6 煤制含氧化学品

4.1.6.1 发展现状与挑战

煤经合成气制含氧化合物具有原子经济性高、反应条件温和等特点，是我国煤化工产业高值化、差异化发展的重要方向之一。目前我国煤制甲醇、醋酸及1, 4-丁二醇等含氧化学品规模已稳居全球第一，煤制乙二醇、乙醇等新技术也取得了突破性创新和进展。其中，煤制乙二醇产业规模快速增长，煤制乙醇技术逐渐成型，也将进一步推动下游高值化、多样化产品的技术创新与发展。

煤制乙二醇和乙醇技术的挑战是高效羰化催化剂和加氢催化剂的开发、大型反应器和精馏单元的设计以及装置大型化等。

4.1.6.2 主要研究进展及成果

（1）煤制乙二醇

乙二醇是一种重要的有机化工原料，用于生产聚酯纤维、塑料、橡胶、防冻剂和润滑油等产品[54]。2018年，我国乙二醇消费量已突破1600万吨，跃居全球第一，其中93%以上用于生产聚酯。虽然我国乙二醇产量逐年增加，但其对外依存度仍接近60%。传统的乙二醇生产路线依赖于石油资源，主要以轻质石脑油裂解生成乙烯，进一步经环氧化和水合反应生产乙二醇。近年来，煤制乙二醇技术发展迅速，自2009年底内蒙古通辽金煤20万吨/年全球首套煤制乙二醇工业示范项目打通全流程以来，我国多套煤制乙二醇装置先后投产。

煤制乙二醇技术的关键在于合成气制乙二醇工艺，其主要包括合成草酸酯单元与草酸酯加氢单元。CO与亚硝酸甲酯偶联生成草酸二甲酯和NO，草酸酯进一步加氢生成产品乙二醇，同时加氢反应生成的甲醇与偶联反应生成的NO与氧气进行再生反应生成亚硝酸甲酯，并作为羰基化原料循环利用[55]。该技术路线的关键是羰化催化剂和加氢催化剂的性能，这与系统能耗和产品质量紧密相关。

CO气相偶联合成草酸酯反应是一个强放热快速过程，过快的反应速率与过高的放热量易导致催化剂床层飞温、反应器内流体分布不均等问题，而为避免这一问题所采取的降低反应压力和反应物浓度等措施，又使得该反应受扩散限制，床层压降较大。日本宇部兴产公司和意大利蒙特爱迪生公司于1978年相继开展了气相法CO偶联合成草酸酯技术的研究[56]，国内中科院福建物质结构研究所、华东理工大学和天津大学等也针对该反应的机理与动力学[57, 58]以及再生工艺[59]等方面开展了大量研究工作，并针对Pd系催化剂载体结构[60]、助剂[61]及Pd分布形式[62]对反应-扩散过程的影响机制进行解析，有效提升了Pd利用效率，降低了贵金属负载量，为高效稳定的工业催化剂开发奠定了基础。

铜基催化剂因其良好的碳氧键选择性加氢能力被广泛应用于酯加氢反应中，其表面Cu^0与Cu^+物种的协同作用是提升催化性能的关键[63-65]。但草酸酯加氢反应需在高温富氢（180～240℃，氢酯比80～120）的环境下进行，使铜物种易迁移烧结，且Cu^+易被还原，导致活性下降。复旦大学范康年教授[63, 64]、天津大学马新宾教授[65, 66]、厦门大学袁友珠教授[67]。中科院福建物构所姚元根研究员[68]等，利用类孔雀石单层结构中Cu-O-Si强相互作用实现了Cu^+物种的稳定，同时层间结构促进了铜物种的高度分散，形成了高效稳定的铜基催化剂制备技术，并揭示了催化剂不同制备工艺下的形成过程与演变规律[69, 70]。结合助剂效应[71, 72]与限域环境[73, 74]的构筑，使催化剂活性和稳定性同步提升。此外，针对氢酯比过高的难题，天津大学马新宾教授[75, 76]提出硅酸铜纳米管对氢气具有富集效应，可有效提升反应速率，降低氢酯比，为工业催化剂的改进提供了理论基础。尽管目前加氢催化剂已获得长足的发展与工业应用，但长周期运行仍存在结焦粉化、乙二醇选择性低与产品杂质多等问题，是限制煤制乙二醇装置长周期运行及其产品在下游聚酯行业应用的主要原因。针对这些问题，催化剂优化、失活机制解析与成型技术仍有待探索，也是煤制乙二醇技术进一步提升的重点。

2020年8月，新疆天业集团60万吨/年乙二醇项目顺利产出聚酯级乙二醇产品，在核心反应器及单套生产线大型化、规模化与系统集约化方面取得进步。随着我国乙二醇产能的迅速提升，拓展其高值化、多样化产品链备受关注，如可降解塑料聚乙醇酸、碳酸二甲酯、草酸、PEN聚酯等产品的技术开发。

（2）煤制乙醇

乙醇作为替代燃料和油品添加剂，可有效降低对石油资源的依赖，改善大气环境。同时，作为基础化工原料和绿色溶剂，乙醇应用前景广阔，市场容量巨大。在油气储量相对匮乏、人均耕地面积有限的国家和地区发展煤基合成气制乙醇技术，对保障经济稳定、社会发展和政治独立有重要的作用。现有的煤制乙醇路径如图4-17所示，主要分为以下工艺：①合成气经甲醇/二甲醚经羰化反应实现碳链增长，再经碳氧双键（羧酸或酯）加氢可获得产品乙醇；②合成气直接加氢生成混合醇再分离；③合成气生物发酵法。尽管间接路径①流程较长，但技术相对成熟、产品选择性高。除美国塞拉尼斯工艺外，2010年后国内山西煤化所、浦景化工、大连化物所等自主研发并相继建设了乙酸加氢的中试和示范，其技术核心在于高性能铂系催化剂的开发和后续低能耗分离工艺的提升。近年来经羰基化制乙酸甲酯再加氢路径，催化剂价廉易得，避免了酸腐蚀对设备材质的苛刻要求，且不存在乙醇-水共沸物的分离，工艺固定投资和运行能耗降低，成本优势显著。此外，间接法乙醇工艺也丰富了甲醇、乙酸下游产业链，有助于优化我国现有煤化工产业结构，缓解当前甲醇行业疲软、产能过剩的现状。

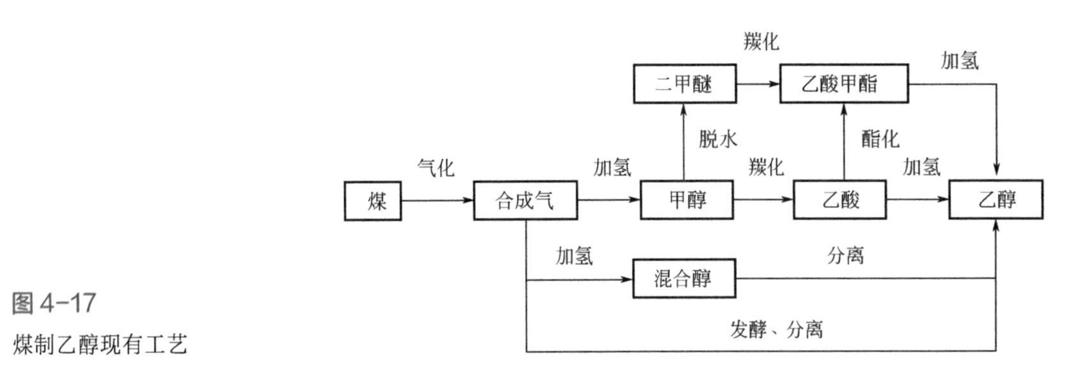

图 4-17
煤制乙醇现有工艺

2006 年美国加州大学伯克利分校 Iglesia 团队首次报道了丝光沸石（MOR）低温下即可高选择性（＞99%）催化二甲醚羰基化反应，并对活性位识别和催化机理作了详细阐释[77, 78]。随后日本富山大学 Tsubaki 教授[79, 80]、天津大学马新宾教授[70, 81]、中国科学院大连化学物理研究所刘中民研究员[82]、申文杰研究员[83, 84]团队等分别独立开展了分子筛催化剂的基础研究和成套工艺的开发。受限于 MOR 分子筛骨架铝分布的热力学限制和酸性位积炭严重的问题，提升分子筛催化剂的活性和寿命成为该工艺发展的核心技术。通过模板诱导[85]、竞争落位[86]等策略可实现特定催化位点的空间富集，提升催化剂效率；通过构建金属 -Brønsted 酸协同位点能够有效降低反应活化能[87, 88]；多级孔[89, 90]或纳米[91-93]分子筛的合成则可降低晶内传质阻力，改善表观活性的同时延缓催化剂失活；新型分子筛催化剂的开发[94-96]也提供了更为广阔的研究思路。与此同时，通过动力学分析[97]、积炭物种解析[98]和吡啶吸附[99, 100]的研究，分子筛失活机制和影响因素逐渐清晰。原位谱学如核磁共振[101, 102]等先进技术和计算化学的应用[103, 104]，为揭示扩散行为、构建反应网络提供了更为直观的证据。这些研究为催化剂理性调控、工艺优化提供了理论指导。对于乙酸甲酯加氢制乙醇反应，目前多采用铜基催化剂。与草酸酯不同，乙酸甲酯分子更难活化，且其产品组成对催化剂表面酸碱位点较不敏感，可采用 ZnO[105]、CeO_2[106]等金属氧化物为载体或助剂，有效提升乙酸甲酯加氢速率。

2017 年 1 月，采用大连化物所自主知识产权的全球首套 10 万吨 / 年煤经二甲醚羰基化制乙醇工业示范项目在陕西延长石油顺利开车，乙醇产品合格。2018 年延长集团 50 万吨装置在榆林开工建设，标志着我国煤制乙醇技术已领跑全球，进入规模化时代。乙醇产量的提高势必推动乙醇汽油全国范围内的推广，其下游工业如乙酸乙烯、氯乙烯、甲基丙烯酸酯等也将蓬勃发展。

4.1.6.3　未来发展方向与展望

与合成气制烯烃、芳烃等工艺路线相比，合成气直接制含氧化合物原子经济性更高，产品可涵盖醇、酯、羧酸、酰胺等大宗化学品和精细化学品，进而拓展至聚碳、聚酯、聚酰胺等化工材料行业。通过差异化发展可有效弥补石油化工产品的结构性缺陷，形成产品链的有机互补；也可与石油化工耦合，开发新的产品路径，提升行业的抗风险能力。升级迭代核心催化剂、实现低能耗产品精制、优化全流程设计、完善产业链是未来技术发展的主要方向。随着生物质热解、气体捕集净化、新能源制氢等相关技术的不断突破，因地制宜地打造合成气制含氧化合物产业链，有望拉动有机化学品、高分子材料、医药化学品等多产业协同发展，为煤化工产品多元化提供新的机遇。

4.2 石油资源高效利用绿色过程

石油资源高效清洁转化生产，支撑着国民经济快速发展急需的清洁油品、重要化学品及高附加值新材料等，是国家的重大需求。重油作为石油资源的重要组成部分，其高效清洁转化利用是石油加工的核心任务和永恒主题。以催化裂化（FCC）、催化加氢、延迟焦化、溶剂脱沥青为主要加工工艺的重油转化过程一直受到国内外广泛重视，并不断取得技术突破与进展。

随着燃油经济性的提高、替代燃料和电动汽车的快速发展以及“碳中和”的刚性需求，未来石油在交通燃料中的需求增速将持续放缓，而作为生产石化原料的量则持续增长。据国际能源署（IEA）数据显示，2017～2030年，全球石油需求将增加1000万桶/日，其中1/3以上的增量来自石化产品需求，到2050年这一比例将接近一半。石油加工由“生产燃料为主”向“多产化工原料或材料”转型已成为行业共识。为应对这一趋势，各大石油公司和研究机构纷纷布局石油多产化学品技术研发。

随着原油加工能力和乙烯产能持续提高，催化裂化、石脑油蒸汽裂解等炼油化工过程产生大量的低值副产品，包含烷烃、稀乙烯、碳四及以上烯烃、环芳烃等。而在煤化工行业，截至2020年底我国已经投产的甲醇制烯烃（MTO）装置达28套，煤制烯烃产能的快速扩大及迅速发展，更是加速了碳四烯烃的产生，大量的碳四烯烃资源迫切需求新的利用途径。因此，发展稀乙烯、碳四烯烃等炼化低值副产物直接转化为高值化学品技术，可大幅度提高其附加值，实现石油资源的高效利用，具有重要的经济与战略意义。

4.2.1 重油高效清洁利用

4.2.1.1 发展现状及挑战

重油加工技术分为以下四大类。

（1）催化裂化过程

重油在催化剂的作用下转化为高质量产品，如液化气、汽油及柴油。而产生的少量焦炭沉积在催化剂上经再生烧掉后作为能量供裂化反应使用，同时催化剂活性恢复后回到反应器进行下一次催化反应。该过程的主要不足是对重油原料性质有较大限制，如残炭值一般不高于6%、重金属Ni+V含量低于20μg/g等[107]。催化裂化是我国重油高效转化的核心工艺，年加工量达2.0亿吨，生产了约70%的汽油、30%的柴油以及30%的丙烯。催化裂化同时也是一个复杂多相流动反应过程，在长期基础研究指导下重油催化裂化催化剂、催化裂化工艺装备、催化裂化家族技术等方面取得了重要进展。

（2）重油加氢过程

重油在催化剂和氢气作用下，通过加氢反应适度转化后可为催化裂化提供优质原料，也可以直接裂化（取决于重油的劣质程度）生产优质液体产品（柴油、航空煤油、汽油等），并且没有低价值焦炭生成。但该过程投资大、操作费用高，并且对原料性质也有一定限制，如残炭值一般不高于 15%、重金属 Ni+V 含量低于 150μg/g 等 [107]。

渣油固定床加氢工艺相对成熟，主要关注点是催化剂床层因积炭及金属沉积导致的开工周期短的问题，为此，针对保护反应器及脱金属反应器采用了移动床、在线催化剂置换等技术。但在脱金属催化剂开发方面仍面临一些盲区，即重油中金属镍、钒化合物结构的复杂性及其与胶质、沥青质分子间的相互作用，制约了对加氢脱金属反应行为的深入认识，使催化剂的设计开发缺乏直接的理论指导。

沸腾床加氢已经有半个多世纪的工业实践经验，由于其转化率要求不高、反应器生焦倾向低，因此技术相对成熟。而工业化应用不多的根本原因是沸腾床的转化深度不够，近些年出现了沸腾床加氢与尾油溶剂脱沥青的组合工艺。

对于悬浮床重油加氢裂化工艺技术，国内外许多石油公司正在进行研究并尝试工业化应用。目前已有部分工艺正在进行大规模工业化应用试验，如意大利 Eni 公司的 EST 技术、委内瑞拉石油公司的 HDHPlus/SHP 技术、UOP 公司的 UniflexSHC 技术，以及 Chevron-Lummus 公司的 LC-SULLY 技术。悬浮床加氢裂化的根本问题是重油高转化率与生焦倾向之间的矛盾。解决该问题的工艺思路是借鉴工业成熟的重油沸腾床加氢裂化的液体循环反应器平台技术，改进反应器中液体的循环与流动，通过提高液体流速与流动状态，既可强化催化剂的混合、分散，有效发挥催化剂的加氢活性，促进生焦前驱体的快速加氢饱和，同时又可改进传热与传质，实现反应温度的稳定控制，从而防止焦炭的生成。解决该问题的催化剂设计思路是寻求催化剂加氢活性与催化剂成本之间的平衡点。非负载催化剂加氢活性高、抗生焦能力强、劣质尾油少，大比表面积催化剂制备及回收与循环使用是要点；油溶性或水溶性催化剂在兼顾加氢活性与催化剂成本间难作抉择；低成本负载型催化剂则在反应器生焦与含催化剂尾油比例及处理方面左右为难。

（3）焦化过程

重油在加热作用下发生裂化反应转化为汽油、柴油、馏分油等液体产品以及大量的焦炭 [108]。该过程主要优点是工艺简单、投资成本低、原料适应性强；主要缺点是液体产品质量差，且低价值焦炭收率高达 20% ～ 40%。焦化过程包含延迟焦化、流化焦化和灵活焦化三种不同工艺。延迟焦化因其工艺简单、投资费用低等优点，一直是重油轻质化的主要途径之一。2015 年中国加工原油约 5 亿吨，产生重油 3.0 亿吨，焦化处理 1.2 亿吨。延迟焦化是在炉管不结焦的前提下让重油快速通过加热炉管，使焦化反应“延迟”到焦炭塔进行的工艺过程。焦化炉是整个装置的核心，地位与乙烯装置的裂解炉等同，控制炉管结焦是该工艺过程安全平稳运行的关键。常规技术单纯通过提高焦化炉出口温度降低焦炭收率，易导致干气收率高，影响轻油收率，造成炉管结焦过快，制约装置经济效益和操作安全。

（4）重油梯级分离（溶剂脱沥青）过程

利用溶剂脱除重油中的主要污染物，如残炭、Ni+V、沥青质等杂质，为催化裂化、加氢裂化等过程提供原料[109]。随着重油超临界精细分离馏分收率增加，对催化反应具有重要影响的性质组成［如H/C原子比、金属（Ni和V）含量（图4-18)］，以及重油分子在孔道内的扩散系数等，在特定的收率处出现明显拐点；同时重油中80%以上的微量金属和S、N等杂原子以及全部沥青质浓缩在约10%的萃余残渣中，脱去残渣后的重油馏分可催化加工。基于以上对重油多层次化学组成结构的深入认识，提出了“重油梯级分离”新思想以及重油高效清洁转化新工艺路线。在工艺放大过程中，利用超临界溶液喷雾造粒的方法解决了高软化点萃余残渣造粒、气固分离、流化输运等工程技术难题，建成了世界首套1.5万吨/年重油梯级分离示范装置。国际同行评价为“Novel Process”，并列为“Emerging technologies for upgrading of heavy oils”之一(Catalysis Today，2014)。

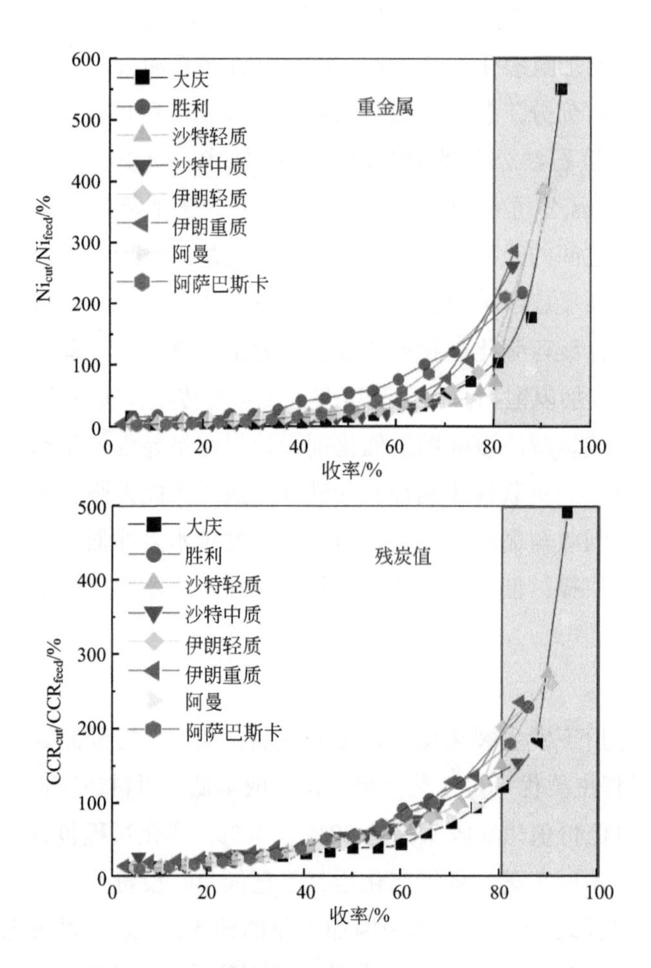

图4-18
重金属及残炭值随超临界萃取收率变化规律

4.2.1.2 关键科学问题

① 重油分子组成的分析和表征：揭示重油分子组成及结构特征，挖掘其与油品物理化学性质及催化转化行为的内在关联，推进重油高效清洁转化的理论向分子层次发展，为优化分离和催化转化过程、调控催化剂设计奠定化学基础。

② 重油关键组分定向分离工程基础：揭示分离过程的多相平衡及传递特征，阐明各分离过程的推动机制和分离机理，形成重油烃类关键组分定向分离方法，开发高效分离技术。

③ 催化材料及催化剂设计和制备：研究不同尺度重油分子的结构和催化转化性能，揭示重油分子高效转化催化材料及催化剂组成 - 结构 - 性能的内在关系，创制重油分子高效转化新型催化剂。

4.2.1.3　主要研究进展及成果

4.2.1.3.1　重油催化裂化催化剂

重油催化裂化焦炭收率高，既影响目标产品汽油收率，又存在催化剂再生烧焦带来的碳排放问题，重油催化裂化成为炼厂最大的碳排放装置。针对增产催化裂化汽油的同时降低碳排放这一重大需求，中国石油大学（北京）和中国石油化工研究院密切合作，通过分段晶化和硅源预处理方法，在局部高碱度条件下快速形成富硅型晶核，解决了晶核生长速度慢、成核诱导期长的技术瓶颈，形成了“晶核形成”和“晶体生长”两种不同的化学环境，发明了高硅铝比 NaY 沸石的低成本制备技术，并成功实现规模化工业生产，提高了工业急需的关键基础材料的结构稳定性。在此基础上首创了基于缺陷诱导方法的 NaY 后改性技术，通过产生独特的含铝羟基窝缺陷、进而生成不可修复的缺陷位，诱导形成了有利于油气大分子转化和传输的 10 ～ 30nm 可调的丰富介孔（图 4-19），介孔体积相对增加了 67%。国际分子筛协会主席 Valentin 教授高度评价了这一原创性工作，指出其必将对介孔分子筛研究领域产生巨大影响。在进一步优化制造工艺的基础上，结合择形分子筛和载体材料技术，成功开发出具有自主知识产权的高汽油收率低碳排放系列催化剂，较好地解决了催化反应过程中增加高辛烷值汽油收率和降低焦炭收率相互制约的世界性技术难题。研制的催化剂在中国、美国、新加坡、加拿大等 11 个国家的 29 套装置实现了大规模成功应用。工业应用数据表明，在不改变工艺和增加投入的前提下，依靠催化剂的技术进步，FCC 装置汽油收率平均提高 2%，辛烷值平均提高 1 个单位，焦炭收率和 CO_2 排放相对降低 5% ～ 10%。

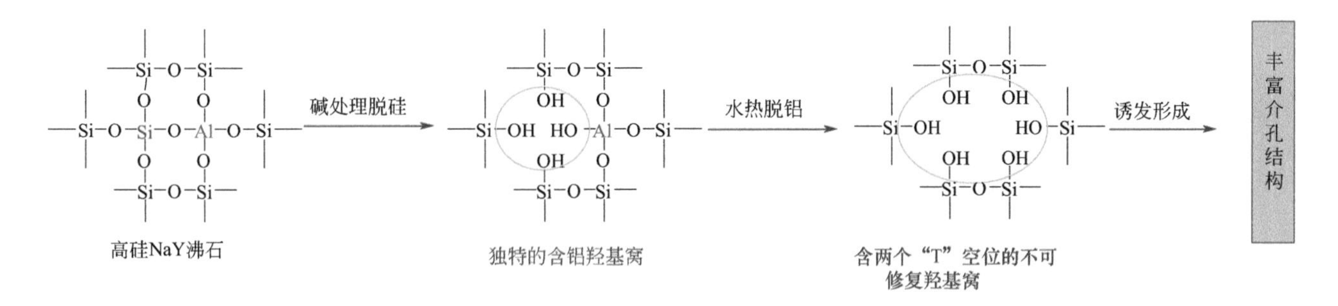

图 4-19
高硅 NaY 脱硅 / 脱铝产生羟基窝及其在水热过程中的进一步演变结构示意图

4.2.1.3.2　重油催化裂化工艺与装备

重油催化裂化采用提升管反应器，是在固体酸性催化剂作用下遵循正碳离子机理的石油烃类裂化反应。由于原料重质化、劣质化发展，反应苛刻度提高，一方面导致其汽油中烯烃含量高达 50%（体积分数）左右，难以满足严格的环保法规要求，成为我国炼油工业汽油产品升级换代的“瓶颈”；另一方面，提升管出口快分汽提和催化剂再生过程的耦合强化，成为提高轻质油收率、实现装置节能减排和长周期运行的关键。

研究发现，重油原料裂化和产物汽油烯烃组分转化所需的最优反应环境和工艺条件差异巨大，因此提出了将重油原料裂化反应和产物汽油改质降烯烃反应分别在不同反应器中进行的“异地改质”调控方法（图 4-20），并通过开展催化转化反应历程以及传递环境 - 反应环境匹配耦合的基础研究，开发了“组合输送床 + 湍动床”汽油改质辅助反应器，形成了与降烯烃反应历程相匹配的多相传递环境，并将该辅助反应器耦合在催化裂化装置中，形成了催化裂化汽油辅助反应器改质降烯烃成套技术。该创新技术成功应用于 5 套百万吨 / 年催化裂化装置，可将汽油烯烃含量降低至 18%（体积分数）以下。

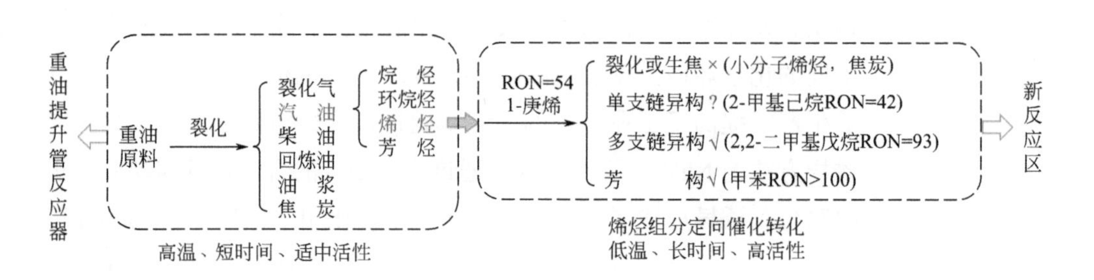

图 4-20
催化裂化汽油降烯烃反应历程示意图

为了最大限度缩短后反应系统油气停留时间，实现油气和催化剂间的高效快速分离，创建了重油催化裂化后反应系统的关键装备技术（图 4-21）。采用气固稀相离心分离和浓相接触两体系间高效耦合、离心力场强化和浓相接触体系传质强化方法，开发了高效气固旋流分离、高效催化剂预汽提和细颗粒流化床强化新技术，并将其进行高效耦合集成，成功构建了一套完整的快分系统放大和优化设计方法，已成功应用于 63 套重油催化裂化装置。

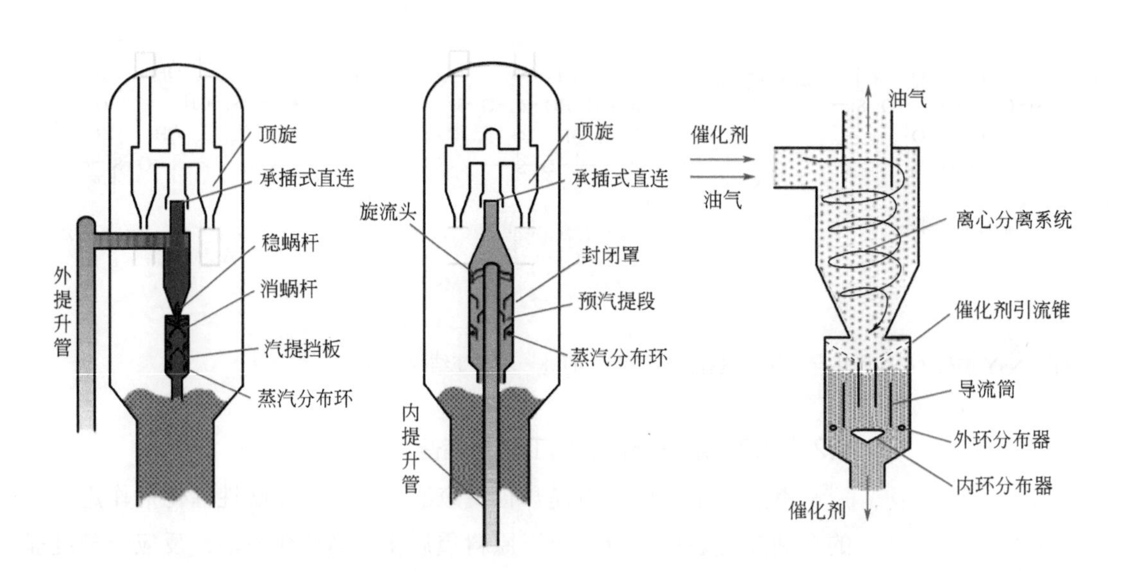

图 4-21
重油催化裂化后反应系统关键装备技术示意图

4.2.1.3.3 MIP 新工艺

（1）反应机理[110]

催化裂化原料中烷烃、环烷烃和支链芳烃一次反应生成烯烃，在此基础上发生各种二次反应；较重要的二次反应有：烯烃裂化、环化、异构化、氢转移、叠合和芳构化，环烷烃脱氢，芳烃缩合，烷基转移和烷基化等。除少数二次反应外，上述二次反应大多是通过烯烃参与进行的。其中涉及生成异构烷烃和芳烃的二次反应有异构化、氢转移和芳构化反应，这些二次反应都与烯烃有关，故烯烃是生成异构烷烃和芳烃的前体物。

裂化反应吸热，而氢转移、异构化和芳构化反应放热。提高反应温度，对裂化反应有利，但对氢转移、异构化和芳构化反应不利；低反应温度对生成异构烷烃有利，但烯烃的生成则需要高温裂化才能实现。为了解决这一矛盾，MIP 工艺将烯烃的生成和反应分成 2 个反应区进行，如图 4-22 所示。

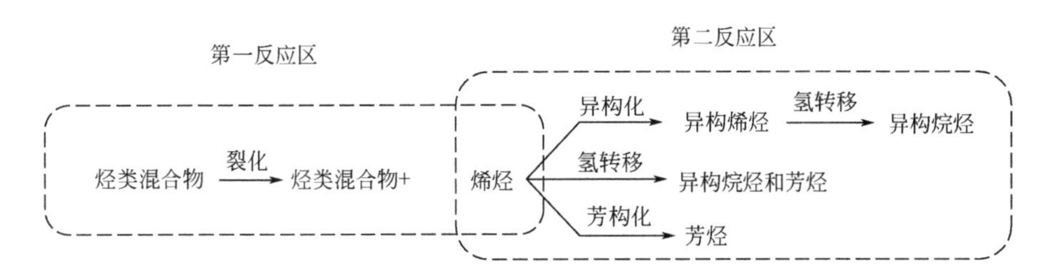

图 4-22

烃类催化裂化与转化生成异构烷烃和芳烃的反应途径

图 4-22 表明两个反应区以烯烃为界，第一反应区主要生成烯烃，故该区反应苛刻度应高于目前催化裂化反应；第二反应区主要是烯烃生成异构烷烃和芳烃，既有平行反应又有串联反应，且反应温度低对其生成有利，故该区采用低反应温度和长反应时间。这样既保证汽油的生成，又促使汽油中烯烃二次反应顺利进行。

（2）工艺串联反应器[111]

中国石化石油化工科学研究院开发了新型提升管反应器[112]。该反应器具有如下特征：在现有的提升管反应器基础上将反应器分成 2 个反应区，第一反应区类似现有的提升管反应器，采用较高的反应强度，即较高的反应温度和剂油比，生成较多的烯烃和处理较重的原料油；经较短的停留时间后进入扩径的第二反应区下部，该反应区与传统的提升管反应器的不同之处在于降低油气和催化剂的流速，可以注入冷介质和采用其它措施，降低该区反应温度，以抑制二次裂化反应，增加异构化、氢转移和芳构化反应，从而使汽油中的异构烷烃和芳烃含量增加；然后油气进入径向收缩的出口区，该区类似传统的提升管反应器顶部出口部分，油气在该区停留时间较短，目的是抑制过度裂化反应和增加流体线速。

该新工艺经过中试放大后，在中国石化某分公司炼油厂 140 万吨 / 年 MIP 装置成功实现工业化。工业试验标定结果表明，与现有的催化裂化工艺相比，MIP 工艺优化了产物分布，干气和油浆收率分别下降 0.41% 和 0.99%，液体收率增加 1.17%，汽油

烯烃含量降低13%～16%，汽油荧光法分析的烯烃含量下降约14.1%，硫含量下降26.5%，汽油辛烷值基本不变。

4.2.1.3.4 重油焦化新技术

中国石油大学（华东）基于重质油热反应化学和辐射传热理论，开发了结焦速率低、处理量大、轻油收率高的深度延迟焦化技术。核心内容包括以下几方面。

① 炉管结焦机理新认识[113-115]。

加热炉炉管结焦是导致操作后期炉管外壁温度上升而损害的根本原因，直接影响装置操作周期。炉管结焦速率与装置操作、加热炉结构及原料物性有关，焦化炉炉管结焦速率等于结焦前体物在炉管内沉积速率与脱落速率之差。研究发现：在裂解深度较低时，检测不到结焦前体物的生成，但当裂化深度增加到结焦前体物出现后，结焦前体物收率随裂化深度增加而急速增加，这是因为重油胶体体系"笼蔽"效应被破坏。结焦前体物收率随裂化深度增加而激增的最小裂化深度，为原料的"最大可裂化度"。此外，原有焦化炉设计只对炉管表面热强度和冷油流速进行校核，没有体现炉管结焦速率与结构、操作及物性之间的相互关系。基于结焦机理研究，提出了用最高油膜温度、管内两相流流型、焦化炉出口反应深度三参数作为指标，将炉出口反应深度控制在原料的最大可裂化度之内，以保证焦化炉管内原料流动及反应过程处于"正常延迟状态"。重油在焦炭塔内的生焦反应是一个裂化（吸热）与缩合（放热）反应同时进行的复杂过程，反应所需的热量全部来自焦化炉内燃料的燃烧。燃料燃烧放出的热量一部分用于重油升温和汽化，另一部分用于重油的热裂化反应。但设计时往往忽略了炉管内重油反应所需的热量。实际上，尽管重油在管内停留时间不长，但反应所需热量在总吸热量中占有相当份额。焦化炉生焦反应给热量越大，反应越彻底，装置焦炭收率越低。

② 焦化炉管内外过程模拟。

生焦反应给热量及炉出口裂化深度不能直接检测，必须通过焦化炉管内外过程模拟才能获得最优的工艺参数。研究开发了重油在焦化炉内反应的集总模型，并建立了基于炉管内停留时间、炉出口热转化率和油膜温度三参数的模型计算方法，开发了专用模拟软件[116]。主要参数的模拟结果与现场标定结果相近，从而将焦化炉设计、操作过程由粗放的"加热炉"层级上升到精细的"反应炉"层级。

③ 工程设备创新。

使焦化炉炉管内最高边界底层温度降低20℃以上，可保证焦化炉的长周期运行。针对老装置改造，在总体结构不变的条件下，对"三炉六塔"中的二号炉实施改造，以延长介质在炉管内的反应停留时间，在原料性质及操作参数相同条件下，可使焦炭收率下降约10%。在新建焦化炉时，开发了一种匹配管内反应过程的低NO_x定向燃烧器以及一种与炉体结构布管方式优化相互匹配的反射墙，尽量降低焦化炉最高油膜温度及结焦速率。

该技术已成功应用于50多套工业装置，总加工量超过5500万吨/年，每年减少石油焦生成量130万吨以上。

4.2.1.3.5 重油梯级分离技术

中国石油大学（北京）围绕超临界流体萃取分离重油技术进行了系统的研究。

① 发展了油浆超临界流体梯级精细分离的方法，多层次揭示了催化油浆的复杂性质与化学组成结构，发现油浆中含有大量的平均芳环数在 3 ～ 5 之间、带短侧链结构的富芳烃组分，油浆经超临界分离后，芳烃组分分段富集，且基本完全脱除沥青质、灰分及金属等非理想组分，可生产制备优质针状焦，提出了油浆超临界流体分离“拔头去尾”制备针状焦的总体思路。

② 研究了高黏度重油与轻烃溶剂混合传递工程基础，揭示了重油 - 轻烃高压相平衡的基本热力学特征，原创性地开发了分段逆流大规模超临界连续萃取分离成套技术；确定了在高压下超（近）临界状态直接回收溶剂的条件判据，大幅度降低了溶剂回收装备的复杂性及能耗。

③ 深入认识了油浆超临界萃取组分制备针状焦过程的反应规律，系统研究了油浆超临界萃取宽窄组分在针状焦制备过程中的反应规律，深入认识了中间相小球生成 - 中间相体相发展 - 针状焦结构形成的发展规律，确定了优化的超临界分离组分、分离条件及针状焦制备条件，成功实现了针状焦生产的分离 - 反应集成创新。

山东益大新材料有限公司 20 万吨 / 年油浆超临界连续萃取装置，于 2014 年 5 月投产至今运行 7 年多，装置运行平稳，工艺指标与实验室研究结果一致，达到国家安全、环保、节能减排等有关法规、规范及标准要求；年产 6 万吨高质量针状焦产品用于负极材料及电极两个领域，得到下游客户的高度认可。超临界分离油浆“拔头去尾”技术得到的富烷烃轻组分可作为催化原料生产汽油、柴油，萃余物可作为沥青调和组分生产高等级道路沥青，实现了“变废为宝、循环利用”，产品方案合理。

4.2.1.4 未来发展方向与展望

随着国民经济高质量快速发展和人们对美好生活的追求，炼油化工行业不断向高品质、精细化、信息化发展，新的重大挑战和需求迫在眉睫。表现在以下几方面。

① 由产能规模向结构调整和质量升级转变。2019 年我国炼油能力达 8.6 亿吨，产能已过剩。同时全国实施的国Ⅵ油品质量标准［硫含量≤ 10μg/g，烯烃含量≤ 15%（体积分数），苯含量≤ 0.8%（体积分数）］，对油品质量在分子层次提出严格要求。

② 由油品向化学品材料转变。国内外乙 / 丙烯和芳烃需求持续增长。2019 年我国丙烯当量消费量为 4210 万吨，增长 5%；苯、甲苯和二甲苯的市场需求增长率分别为 15%、2.5% 和 12%，市场需求旺盛。

因此，未来的发展方向和目标为重油高效转化生产清洁油品和化学品材料。发展石油分子组成、性质与结构的分析表征方法，揭示其催化转化机理，丰富和完善石油转化过程多相流传递及反应工程基础理论体系，保持我国在重油化学与反应基础理论方面的国际先进地位；发展和完善“在分子炼油理念驱动下，以关键组分分离为龙头，以催化转化为核心，以生产高品质燃料和化学品为目标”的石油分子高效清洁转化创新工艺路线。

具体领域包括：

① 推进石油分子组成 - 结构 - 性质及催化转化化学的研究向分子层次发展；

② 发展基于石油分子特性的高效转化催化剂与工艺工程技术；

③ 建立石油组分高效分离及其馏分高效转化过程的放大及优化设计方法；

④ 开展以“分子炼油”理念为指导的新工艺过程的放大及工程实施。

4.2.2 原油多产化学品

生产石化原料成为未来石油需求增长的主要动力，石油加工由“生产燃料为主”向“多产化工原料或材料”转型已成为行业共识。新建的一体化炼厂有的以加氢裂化为核心，最大化生产轻石脑油，再进行蒸汽裂解生产乙 / 丙烯，重石脑油进行连续重整生产 BTX 芳烃，但对原料有较高的要求。目前全球研究热点集中在绕过传统常减压蒸馏等炼油装置，原油直接催化裂解以多产化学品为目标的新型炼化一体化技术。

4.2.2.1 发展现状与挑战

从技术现状看，原油制化学品的两大核心技术是蒸汽裂解和催化裂解，通过配套多种工艺路线实现多产低碳烯烃、芳烃等化学品的目标。蒸汽裂解制烯烃技术相对比较成熟可靠，就目前全球研究热点来看，集中在催化裂解技术和绕过传统常减压蒸馏等炼油装置的新型一体化技术。下面着重介绍催化裂解技术和新型一体化技术。

4.2.2.1.1 催化裂解技术

催化裂解是在高温和酸性催化剂条件下，烃类经自由基反应和正碳离子反应，转化为低碳烯烃的一种技术。加工原料涉及 C_4 烃、石脑油、催化裂化汽油、柴油、减压瓦斯油、重油等，历经近 70 年的发展，主要分为以重质石油馏分为原料的催化裂解技术和以轻质石油馏分为原料的催化裂解技术两类。

（1）以重质石油馏分为原料的催化裂解技术

自 20 世纪 90 年代起，中国企业研发机构及高校对以重质石油馏分为原料的催化裂解技术持续攻关，形成了一批多产基本化工原料的技术，且其中多项技术已实现工业应用，典型技术主要包括以下几种。

① 深度催化裂化（催化裂解，DCC）技术：DCC 技术由中国石化石油化工科学研究院（以下简称石科院）开发[117]，以减压馏分油（VGO）、脱沥青油（DAO）、馏分油和渣油混合油等为原料，在流化床与提升管反应器中，通过高选择性的催化剂，将重质原料裂解为低碳烯烃。该技术分为Ⅰ型催化裂解技术和Ⅱ型催化裂解技术。其中，Ⅰ型反应条件较为苛刻，在 560℃条件下，利用内附床层式提升管反应器，最大化生产以丙烯为主的气体烯烃；Ⅱ型反应条件较为缓和，反应温度约为 530℃，在提升管反应器中，最大化生产异戊烯和异丁烯，兼顾丙烯和优质汽油的生产[118, 119]。研究表明：相较于传统 FCC 技术，DCC 技术乙烯、丙烯收率明显提高。以大庆 VGO 为原料，Ⅰ型的乙烯、丙烯收率（质量分数）分别为 6.1%、20.5%；Ⅱ型的乙烯、丙烯收率分别为 2.3%、14.3%；而传统 FCC 的乙烯、丙烯收率分别为 0.9%、6.8%[120]。

为适应 DCC技术的不同需求，一系列专用催化剂相继开发，如表 4-3 所示[121]，特别是新一代 MMC 系列催化剂，加强了基质大孔的重油转化能力，增加了活性中心的可利用性，其高比表面积和高平衡活性使得丙烯选择性及收率均有较大提高[122]。

表 4-3 DCC 技术专用催化剂

催化剂牌号	适用工艺	工业应用	催化剂主要特点
CHP-1	Ⅰ型	1990-11	高堆比，高丙烯选择性
CHP-2	Ⅰ型	1992-09	中堆比，高丙烯选择性
CRP-1	Ⅰ型	1994-06	水热稳定性好
CRP-S	Ⅰ型	1995-05	低活性的开工剂
CIP-1	Ⅱ型	1994-06	高活性，重油裂化能力强
CIP-2	Ⅱ型	1998-09	高活性，重油裂化能力强，抗金属污染
CIP-3	Ⅰ型 & Ⅱ型	1998-10	重油裂化能力强，丙烯选择性好
CIP-S	Ⅱ型	1998-09	低活性的开工剂，抗金属污染
MMC-1	Ⅱ型	2002-01	高活性，重油转化能力强，丙烯选择性好
MMC-2	Ⅰ型	2002-09	高丙烯收率

② 催化热裂解（CPP）技术：在传统催化裂解技术基础上，石科院通过进一步改进工艺、工程及催化剂，开发了重油直接制取乙烯、丙烯的 CPP 技术，于 2009 年在沈阳化工集团建成并投产了世界首套 50 万吨 / 年的工业装置[123, 124]。与传统的蒸汽裂解技术不同，CPP 技术一方面因催化剂的加入使反应温度大幅度降低，减少了能耗和装置投资；另一方面提高了产品中丙烯的比例[125, 126]。

目前，CPP 技术工业上使用的催化剂主要为新型的择形沸石分子筛，如石科院研发的 CEP-1 催化剂，是一种以含磷及碱土金属的新型五元环族沸石为主活性组元的催化剂，具有良好的水热稳定性以及高的乙烯、丙烯收率。研究表明[127]：采用该催化剂，以 90% 大庆蜡油与 10% 大庆减压渣油的混合油为原料，以多产丙烯为目的，在 576℃条件下，乙烯、丙烯收率（质量分数）分别为 9.77% 和 24.6%；以多产乙烯为目的，反应温度为 640℃，乙烯收率为 20.37%、丙烯收率为 18.23%；乙烯和丙烯兼顾，反应温度为 610℃，乙烯、丙烯收率分别为 13.71% 和 21.45%。

③ 重油接触裂解（HCC）技术：HCC 技术由中国石化洛阳石油化工工程公司开发，以重油催化裂化（RFCC）技术为基础，采用提升管反应器，在 660 ～ 750℃、短接触时间（＜2s）条件下，将烃类直接裂解为乙烯、丙烯、轻质芳烃等。该技术的典型特点是原料适用范围广，不仅可裂解 VGO、焦化蜡油（CGO）、常压渣油（AR）等重质烃类，还可以同时裂解乙烷、丙烷等轻烃。中试研究表明：不同原料性质对产品分布有较大影响，裂解条件相近时，优质 VGO 得到的乙烯、丙烯收率（质量分数）分别为 27.74%、15.77%，AR 裂解得到的乙烯、丙烯收率分别为 25.95%、14.09%，以优质 VGO 为原料的烯烃收率明显优于 AR。此外，HCC 技术液体产品芳烃含量最高可超过 90%，是生产苯、甲苯、二甲苯以及萘系化合物的优质原料。

在开发 HCC 工艺的同时，洛阳石油化工工程公司开发了 LCM-1 ～ 9 系列专用催化剂，并在实验室固定流化床装置上对其进行了评价，研究表明：LCM-5 总体上性能最优，LCM-8 乙烯收率最高，LCM-9 丙烯收率最高[128]。

④ 两段提升管催化裂解多产丙烯（TMP）技术：TMP 技术由中国石油天然气股份有限公司与中国石油大学（华东）联合开发，是基于两段提升管催化裂化（TSRFCC）技术，以重油为原料的多产丙烯兼顾轻油生产的新技术。TMP 技术的最大特点是组合进料，采用两段提升管，每段原料可根据目标产物保持一致或不同。通过组合进料、低温、大剂油比和适宜的停留时间等措施，该技术可以在高收率、高选择性地生产丙烯的同时，兼顾生产高辛烷值汽油和柴油。2007 年，TMP 技术在中国石油大庆炼化分公司建成了 12 万吨 / 年的工业试验装置，工业试验结果表明：一段采用混合 C_4 与大庆常压渣油组合进料，二段采用回炼轻汽油、回炼油和油浆，液化气和丙烯的收率（质量分数）分别达到 34.50% 和 19.64%，总液体收率（质量分数）为 81.57%，干气和焦炭总收率（质量分数）为 14.57%[129-132]。

TMP 技术最初使用的是中国石油集团石油化工研究院兰州中心研发的 LCC-2 催化剂，随后换成中国石油大学（华东）开发的 TMP 技术专用催化剂 LTB-2。LTB-2 是一种以高结晶度 HZSM-5 为裂解活性的催化剂，尽管增产丙烯效果显著，但存在重油转化能力不足的问题，后期研究[133]将 LTB-2 与 LCC-2 配合使用，达到了理想的效果，并同时研发了新型专用催化剂。此外，中国石油集团石油化工研究院兰州中心在分析 TMP 工艺特点的基础上研制出 TMP 专用 LCC-300 催化剂。工业试验结果表明，丙烯收率（质量分数）20.38% 时，总液体收率 82.95%，干气和焦炭总收率（质量分数）13.99%[134]。

（2）以轻质石油馏分为原料的催化裂解技术

目前，以轻质石油馏分为原料的催化裂解技术主要分为 C_4 催化裂解技术和石脑油催化裂解技术。典型 C_4 催化裂解技术有 KBR 的 Superflex 技术、Atoflna 与 UOP 联合开发的 OCP 技术、Lurgi 的 Propylur 技术、ExxonMobil 的 MOI 技术；石脑油催化裂解代表性技术是 KBR 和 SK 的 ACO 技术。表 4-4 比较了以轻油为原料裂解生产烯烃的各工艺特点[135-137]。

表 4-4 以轻油为原料裂解生产烯烃的各工艺特点

专利商	KBR	Atofina/UOP	Lurgi	ExxonMobil	KBR/SK
工艺名称	Superflex	OCP	Propylur	MOI	ACO
催化剂	ZSM-5		ZSM-5	改性 ZSM-5	沸石类
压力 /MPa	0.1 ～ 0.2	0.1 ～ 0.5	0.1 ～ 0.2	1.5 ～ 3.0	0.24
温度 /℃	500 ～ 700	500 ～ 600	500	516 ～ 549	650
丙烯总收率 /%（循环处理后）	48		60	55	28 ～ 35
反应器类型	FCC 类型	固定床	固定床	FCC 类型	FCC 类型

① 多产丙烯 Superflex 技术：Superflex 技术以轻烃（C_4 ～ C_8）为原料，采用类似于 FCC 装置的流化床催化反应器系统，在专用催化剂作用下，将低值原料最大化生成丙烯，同时联产乙烯，丙烯 / 乙烯比值可提高至 0.8。以 C_4、C_5 为原料，该技术的双烯收率可达 70%，且丙烯收率是乙烯的两倍[138]。南非 Sasol 公司采用 Superflex 技术于 2006 年建成投产了一套 25 万吨 / 年丙烯和 15 万吨 / 年乙烯的生产装置，实现了工业化应用。

② OCP 技术：OCP 技术采用固定床反应器和专用催化剂，通常与石脑油蒸汽裂解、FCC、MTO 等装置联合使用。与石脑油蒸汽裂解装置联合使用时，裂解装置副产的低价值 C_4 ～ C_6 经 OCP 装置后，丙烯 / 乙烯比值从 0.6 提高至 0.8。与 FCC 联用时，以 FCC 和焦化装置富含 C_4 ～ C_8 的烯烃物料为原料，在提高乙烯、丙烯收率的同时，可保证辛烷值几乎不损失，且能有效降低汽油中的烯烃含量。与 MTO 装置联合时，在甲醇进料不变的条件下，将 C_4 和 C_5 物料送至 OCP 装置，乙烯和丙烯总收率（质量分数）可由 80% 提高至 90% 以上。2008 年 Total 公司在比利时费鲁建成了世界首套 MTO/OCP 一体化工业示范装置。

③ 先进催化裂解制烯烃（ACO）技术：ACO 技术由 KBR 和 SK 联合开发，KBR 提供 Orthoflow 流化催化裂解反应 / 再生系统，SK 公司负责专用催化剂研发。2010 年 10 月 ACO 技术世界首套 4 万吨 / 年工业示范装置在韩国蔚山建成投产，经商业技术验证后，在我国陕西延长建成 40 万吨 / 年工业化装置，实现了工业应用 [139]。

与蒸汽裂解技术相比，ACO 技术具有明显优势：一是原料适用性更广，除常规蒸汽裂解原料外，FCC 或焦化装置生产的富含烯烃的石脑油和 C_4 馏分也可作为 ACO 装置原料；二是能耗低，反应温度为 600 ～ 700℃，且可节省约 40% 稀释蒸汽量；三是反应 / 再生系统可连续长周期稳定运行，不需定期清焦；四是烯烃和芳烃收率高，乙 / 丙烯收率提高 15% ～ 20%，且丙烯 / 乙烯质量比接近 1，芳烃多产 21% 以上 [140, 141]。

4.2.2.1.2　新型一体化技术

目前实现工业应用的仅有 ExxonMobil 技术，Saudi Aramco 技术正在建设工业化装置，Reliance Industries 技术和中国石化石油化工科学院的技术尚处于研发攻关阶段。

（1）ExxonMobil 技术

2014 年，ExxonMobil 公司在新加坡建成了全球首套商业化原油直接裂解制乙烯装置，乙烯产能为 100 万吨 / 年。该技术绕过常减压蒸馏等炼油装置，将原油直接供给蒸汽裂解炉，并在裂解炉对流段和辐射段之间设置闪蒸罐。经闪蒸后的原油气液组分分离，气态组分（76%，质量分数，下同）进入辐射段进行裂解，液态组分（24%）则作为炼厂原料，共享炼油厂公用工程（图 4-23）。与传统的石脑油裂解工艺相比，该技术每生产 1 吨乙烯可净赚 100 ～ 200 美元，特别是在东南亚等石脑油价格较高的地区更具有溢价优势 [142, 143]。

（2）Saudi Aramco 技术

Saudi Aramco 技术主要包括催化原油直接制化学品（CC2C）技术和热原油直接制化学品（TC2C）技术。截至目前，Saudi Aramco 公司的 CC2C 技术全球专利数量接近 50 件。

① 催化原油直接制化学品技术：CC2C 技术是基于高苛刻度流化催化裂化（HS-FCC）技术的创新，工艺流程如图 4-24 所示，阿拉伯轻质原油直接进入加氢裂化装置，脱硫后的裂化产物进入蒸馏装置分离，蜡油等较轻组分进入蒸汽裂解装置进行裂解，重组分则进入 Saudi Aramco 公司专门研发的深度催化裂化（HS-FCC）装置，最大化生产烯烃。HS-FCC 装置采用独特设计的下行式反应器，相较于提升管反应器，停留时间

更短、轴向返混小、分布均匀，类似于重油催化裂解装置，可以将重油有效转化为低碳烯烃，产生的轻馏分还可通过蒸汽裂解装置继续转化分离[143, 144]。

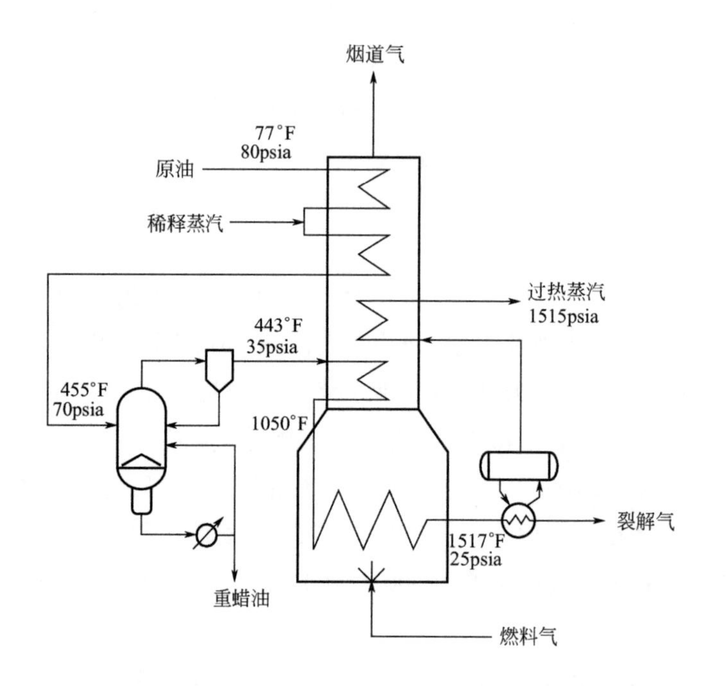

图 4-23
ExxonMobil 技术工艺示意图
psia 为压力单位，磅 / 平方英寸

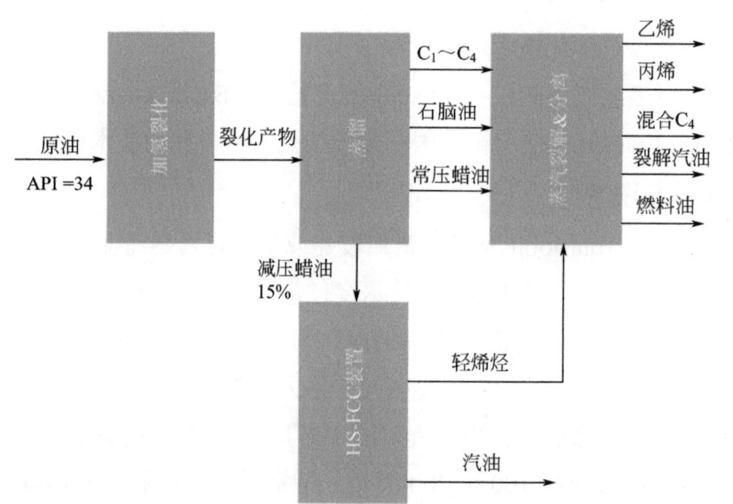

图 4-24
Saudi Aramco 公司的 CC2C 技术流程示意图

2019 年 1 月，Saudi Aramco 与 Axens、TechnipFMC 签署了 CC2C 技术联合开发和合作协议，旨在加速 CC2C 技术商业化应用步伐，并将化学品收率提高至 60%。与传统石脑油裂解技术相比，该技术生产成本低（200 美元 / 吨），但是加氢裂化和催化裂化装置将增加投资成本，以 15% 税前投资回报率计，该技术与当前沙特石脑油裂解成本相当。

② 热原油直接制化学品技术：TC2C 技术采用加氢处理、蒸汽裂解和焦化一体化组合工艺，将原油直接转化成烯烃、芳烃等基本化工原料以及汽 / 柴油等油品，如图 4-25 所示。为了加快 TC2C 技术商业化步伐，2018 年 1 月 Saudi Aramco 与 CB&I、Chevron Lummus Global 签署了一项联合开发协议，致力于通过研发加氢裂化技术将原油直接生产化学品的转化率提高至 70% ～ 80%[145]。同年 6 月，Saudi Aramco 公司与美国

Siluria Technologies 公司签署了一项技术许可协议，以实现 Siluria 甲烷氧化偶联制烯烃（OCM）技术与 TC2C 技术的有机结合，该技术的应用将使乙烯收率提高 10% 以上 [146]。

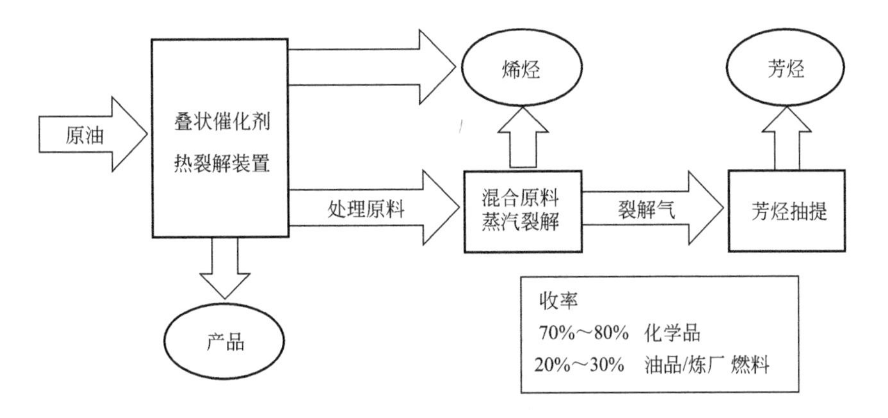

图 4-25
Saudi Aramco 公司的 TC2C 技术流程示意图

（3）Reliance Industries 技术

Reliance Industries 技术采用多区催化裂化（MCC）工艺直接裂解原油，无需使用常减压蒸馏装置，还可以与凝析油、页岩油和致密油等的裂解组合使用。目前 Reliance Industries 公司已评估世界约 120 种适用于 MCC 工艺的原油，且认为这些原油中污染物的含量（例如钒）均在 MCC 工艺允许的范围内。

据报道 [147]，Reliance Industries 公司拟投资约 97.5 亿美元，在公司现有印度贾姆纳加尔（Jamnagar）基地建设一套原油直接制化学品（COTC）联合装置。该项目拟建装置包括一套混合进料蒸汽裂解和多区催化裂化（MCC）装置，还计划将现有的 FCC 装置改造成高苛刻度 FCC(HSFCC) 或 Petro FCC 装置，从而实现最大化生产乙烯和丙烯的目标。据悉，该联合装置以 Saudi Aramco 原油为原料，乙烯和丙烯总产能为 850 万吨 / 年，BTX 总产能为 350 万吨 / 年，对二甲苯（PX）和邻二甲苯总产能为 400 万吨 / 年。

4.2.2.2 关键科学问题

原油直接生产基础化学品总体的创新方向是：构建短流程、低能耗、高产出的全新工艺流程，全面提升传统炼油过程。需要解决三个方面的主要技术难点：①从原油组成及基础化学品种类出发，准确评估原油组成，实现原油结构组成与基础化学品类型在分子结构上高度匹配，从而实现石油资源的高效利用。②原油直接制基础化学品，炼油化工企业生产目标从“混合馏分产品”（汽油、柴油、航空煤油等）向“分子产品”（三烯、三苯等）转变，原油加工深度大幅度提高，需要开发高选择性烃分子裂解工艺，精准控制化学反应转化率，提高产品选择性。③以产品变化为导向，深度集成工艺，突破工艺流程重要节点，解决原油直接制化学品过程按照烃分子结构提高分离效率的问题，降低能耗，增加产出。因此，围绕原油制化学品的主要技术难点，需要解决下述 4 个核心科学问题。

（1）原油组成结构及化学转化过程烃分子精准管理

由于原油的组成和结构具有复杂性和多层次性，既有轻馏分小分子烃类与重馏分大分子烃类，又包括超分子结构的分子聚集体（胶体结构），当化学转化目标从“混合馏分产品”向“分子产品”转变时，需要突破传统的对石油馏分的粗放认知，从分子层次建立原油的组成和转化过程分子管理模型，认识原油分子组成分布的特点，对原油所有分子的特征反应进行解析，并组合形成关键分子的特征反应网络，建立原油分子到化学品产品的反应路径；通过建立原油转化制化学品的反应器模型和过程模型，将复杂反应网络转化成为复杂的微分方程组表达式，确定过程关键参数，利用系统性的特征原油反应数据对参数进行求解，从而建立原油特征分子与产品收率在不同条件下定量关联计算。基于对上述科学问题的分析，获得对原油大、小差异分子组成的深入和系统认识，从分子水平为解决原油制基础化学品加工利用过程中的技术难题提供理论依据。

（2）原油差异化烃类在催化剂表界面选择活化与定向转化

轻馏分小分子烃类转化催化剂应具有超强酸性、小孔结构，以提高小分子转化率和低碳烯烃选择性；重馏分大分子烃类转化催化剂应具有大孔结构、低酸密度，以降低分子扩散阻力和提高低碳烯烃选择性。原油差异化烃类的裂解，需要制备具有由外至里孔道直径逐渐减小、酸性逐渐增强的新型复合孔道催化材料，以提高催化反应的择形性，实现接力式的催化，降低催化剂的结焦失活，改善产品结构。因此，要精准调控催化剂酸分布、酸强度以及孔道结构。催化剂需要采用多种催化材料经过一系列的过程进行制备，掌握不同的催化材料在结合成为催化剂的过程中所发生的物理化学作用，及孔道结构、界面与表面性能、吸附 - 反应活性中心和更为宏观的分子扩散和传递过程的影响，实现基于分子工程的催化剂设计和基于分子剪裁技术的可控制备。

原油直接裂解反应条件苛刻和原油中含有重金属的特点，对催化剂耐高温、耐金属、强耐磨性能提出了更高的要求，需要对黏结剂胶体双电层结构及选择性吸附进行研究，掌握黏结剂胶体“氢键”控制原理，在保证催化剂磨损性能较好的条件下设计并构建催化剂的孔结构，并发展金属组分的改性方法，提高抗金属能力和催化剂的水热稳定性，实现催化剂在原油差异化烃类向低碳烯烃化学品定向转化过程中发挥关键作用。

（3）原油烃分子高选择性深度裂解制烯烃反应控制

催化裂解过程中存在自由基和正碳离子两种反应机理，自由基反应机理有利于裂解生成乙烯，正碳离子反应机理有利于裂解生成丙烯，需要掌握反应环境（例如反应温度、反应时间、剂油比）和催化剂（金属改性）对两种反应机理发生比例的调控机制，以实现最大化生成低碳烯烃的目标。同时，在通过提高反应温度增产低碳烯烃时甲烷收率也明显提高，需要从反应机理上揭示催化裂解过程中甲烷生成机制，获得控制甲烷生成路径的新方法，从而提高低碳烯烃选择性。

在同一个反应器、同一个反应条件及同一种催化剂的化学转化环境中，提高目标产物低碳烯烃收率，需要解决结构差异分子共催化环境的深度裂解和反应性质活泼中间产物（烯烃）的氢转移控制问题。对差异结构烃类需要研究其反应特性，并基于此构建不同流态化床型的反应区，在大剂油比、反应器内催化剂床层密度显著提高的条件下，掌握不同操作气速、催化剂循环量、反应器壁效应、高径比产生的端效应等对新型高密度提升管反应器内气固流动特性的影响规律，以及床层各单元流体分配、压降分布等特性，从流体动力学、化工热力学和化学反应动力学层面，深入揭示反应 - 流动 - 传递三者之间的内在耦合机制，获得多相反应流的调控方法，进而指导反应器的优化设计，以实现在反应器内高效催化裂解全馏程原油。

（4）分子筛表界面限域配位的设计构建与烃分子化学选择性吸附分离

以低碳烯烃为原材料生产高端化学品常要求 ppm(mg/kg) 级别的烷烃及炔烃杂质含量，这对原油直接裂解生成低碳烯烃产物的选择性具有非常高的要求。由于原油裂解的小分子烃类产物种类差异大（烷烃、烯烃和微量炔烃），目前采用的常规分离方法操作成本大且选择性低。针对烃类小分子的分离难题，需要通过研究新型吸附分离材料与分子价键或结构之间的不同强度相互作用，实现小分子烷烃、烯烃及炔烃的高选择性分离。

通过揭示沸点差别小、极性相似的烃类小分子的结构价键特征，系统、科学地掌握低碳烷烃（C—C）、烯烃（C═C）及炔烃（C≡C）的化学键活化及吸附机理以及小分子烃类吸附和解离的热力学和动力学规律，可实现分子筛、MOF、改性凹凸棒黏土等吸附分离材料对烃类小分子（特别是低碳烯烃）的高选择性分离，也是实现限域选择性化学吸附设计和低成本产物分离的理论基础。

基于烃类小分子结构及价键的理论研究，结合限域配位设计的本质，优化设计吸附分离材料的表界面结构及基本单元结构。在保证吸附剂强度、稳定性和活性的基础上，在吸附材料骨架中适当引入金属原子调整酸中心强度并制造不同的多级孔结构以匹配最佳的低碳烃吸附选择性，依靠材料骨架的稳定限域结构及金属离子（不饱和配位）与小分子烃类之间亚稳定的配位作用，实现不同类型小分子烃类的高选择性分离纯化。

4.2.2.3 主要研究进展和成果

（1）原油直接催化裂解多产乙烯 / 丙烯（CTEP）技术

CTEP 技术由中国石油天然气股份有限公司石油化工研究院开发，以全馏程低硫石蜡基原油为原料，采用 Brønsted 酸和 Lewis 酸同时活化的专用催化剂，在灵活调变分区接力的反应器上，采用连续反应再生的先进工艺，原油经催化裂解一次转化为乙烯、丙烯、丁烯、BTX 等基本化工原料。目前该技术已完成实验室研究，进入中试阶段。小试研究结果显示：乙烯和丙烯总收率大于 35%，丙烯 / 乙烯比值大于 2.5；三烯收率大于 52%，在气体产品中三烯选择性大于 82%，最高达 87%，轻质芳烃 BTX 收率在 8% 左右，烯烃与轻质芳烃等化学品收率之和大于 60%；液体（石脑油、柴油和重油）收率小于 30%，焦炭收率在 7% ～ 10%。

（2）高效重油催化裂解（ECC）技术

ECC 技术是中国石油天然气股份有限公司石油化工研究院正在开发的多用途成套

工艺技术，采用不同配套专用催化剂，既可以最大化多产丙烯，又可以按清洁油品方案多产清洁油品。目前该技术已完成实验室研究，进入中试阶段。试验结果显示，如以多产丙烯为目标，以兰州石化催化裂化原料油为原料，在新开发的连续反应再生装置上，通过操作条件优化，使用自主研发的专用催化裂解剂后，丙烯收率可达到 20% 以上。

（3）中国石化石油化工科学研究院技术

中国石化石油化工科学研究院围绕催化裂解技术从下述两条路线进行研发。

路线一是原油切割为轻、重馏分后，分别进行催化裂解生产低碳烯烃，采用双提升管反应器来实施，两个提升管分别进轻、重馏分油，分别给予最适宜的操作参数，最大化生产低碳烯烃。该路线已完成小试，目前进入中试阶段。技术难点是原油中的石脑油、柴油馏分与重油馏分相比尽管氢含量高，但因为分子小，更难裂解，需要专用的催化剂和更苛刻的操作条件。以江苏油田原油为例，小试结果显示，乙 / 丙烯收率达到 33%。如果考虑回炼 C_4 烃和轻汽油，乙 / 丙烯收率进一步提高，与 ExxonMobil 公司在新加坡的原油直接蒸汽裂解的数据（乙 / 丙烯收率为 35%）相当。对原油的适应性是要求石蜡基原油，如果是中间基或环烷基原油，则切割后的重馏分要先加氢再催化裂解。

路线二是将原油进行烃组分分离，芳烃加氢后和非芳烃一起进行催化裂解。这条路线还在实验探索中，难点是如何进行原油的烃组分分离。

（4）中国石油大学 UPC 技术

UPC（ultra process for catalytic cracking of hydrocarbons）技术是中国石油大学（华东）近几年开发的新型催化裂解技术，适用于乙烷、丙烷、C_4、汽油、柴油、蜡油和石蜡基原油的催化裂解制烯烃，产物主要是乙烯和丙烯。对于石脑油、柴油、蜡油和石蜡基原油的催化裂解，在生产乙烯、丙烯的同时，还可以生产芳烃。

UPC 技术采用与传统催化裂化相同的反应再生系统、耐高温水热失活的负载型过渡金属氧化物催化剂，反应在高温、低压条件下进行。反应温度因原料和丙烯 / 乙烯比差异而有所不同，一般在 600 ～ 720℃的范围内。原料中链状组分越多、链越长，反应温度可以越低一些；反应温度低，丙烯 / 乙烯比会提升。反应压力在 50 ～ 100kPa 范围内，进一步提高压力，甲烷的收率升高。催化剂的烧焦再生温度不超过 800℃。对于轻烃的裂解，焦炭收率几乎是零；对于柴油以上的重质进料，才有焦炭生成，但焦炭收率低，难以满足热平衡的需要，再生器仍需补燃。

如果原料只有轻烃，只需要一个提升管反应器；如果同时加工重油，可以用一个多反应区提升管反应器，也可以采用两个提升管反应器，让重油单独在一个提升管内反应。

实验室循环流化床提升管催化裂解装置评价结果表明，大庆原油一次通过的乙烯和丙烯的收率在 46% 以上，乙烷、丙烷一次通过的乙烯和丙烯选择性分别达到 89% 和 71%。

4.2.2.4 未来发展方向与展望

在单项技术方面，原油催化裂解技术能够将原油直接转化为高附加值的低碳烯烃，既解决了油品需求增速放缓趋势下的原油利用问题，又缓解了市场对低碳烯烃资源紧缺的状况，是符合我国国情的一条化工发展路线。

对原油催化裂解技术的研究，催化剂和反应器是核心。目前，提升管反应器是应用最为广泛的催化裂解反应器，随着催化原料日益变重，提升管反应器停留时间长、催化剂失活快且易返混、二次反应多等弊端愈发突出。然而，下行式反应器气固接触时间短、分布均匀、轴向返混小，因其可能替代提升管反应器成为新一代催化裂解反应器，而成为研究的热点。另外，要在催化裂解技术上有所突破还必须结合反应器的特点，积极开发新型催化剂，提高催化剂的抗结焦性能和抗金属中毒能力，以适应重油含有较高残炭和大量重金属的特点，同时更重要的是提高催化剂对低碳烯烃尤其是乙 / 丙烯的转化选择性。

在单项技术取得革命性突破之前，绕过传统常减压蒸馏等炼油装置的新型一体化技术是当前及今后一段时期的发展趋势，即将加氢裂化、催化裂解、催化重整及蒸汽裂解等工艺技术耦合的一体化技术。目前的一体化技术多以加氢裂化为核心，最大化转化渣油为馏分油进行催化裂解生产乙 / 丙烯，或最大化生产石脑油进行蒸汽裂解与连续重整生产乙 / 丙烯与 BTX。然而，仍需解决上述 4 个关键科学问题。

此外，随着原油制化学品技术的发展，对新型石化厂的设计与布局也提出了新要求，以低碳绿色可持续发展为理念，打破传统的加工流程，构建一个原油直接生产化学品的工厂乃至园区，真正实现低排放、低污染、循环可持续发展的原油高效加工转化生态园区，将是今后研究和产业发展的方向。

4.2.3 炼化副产资源高值化利用

近年来，我国炼化产业结构正发生着深刻的变化。随着原油加工能力和乙烯产能持续提高，催化裂化、石脑油蒸汽裂解等炼油化工过程中产生大量的低值副产品，包含烷烃、稀乙烯、碳四及以上烯烃、环芳烃等。据估算，仅来自炼油化工装置尾气中的稀乙烯，每年资源量高达 1900 万吨，折合纯乙烯 200 多万吨。而在煤化工行业，截至 2020 年底我国已经投产的甲醇制烯烃（MTO）装置达到 28 套，煤制烯烃产能的快速扩大及迅速发展更是加速了碳四烯烃副产的产生，大量的碳四烯烃副产资源迫切需要寻求新的利用途径 [148-151]。经预测，2021 年我国可利用的碳四副产总量约 3000 万吨。面对如此丰富的炼化副产资源，我国大多数的企业仍将稀乙烯作为低品位燃料气使用，造成资源严重浪费，同时存在碳四资源化工利用率明显偏低的问题。因此，发展稀乙烯、碳四烯烃等炼化低值副产品直接转化为高值化学品技术，可大幅度提高其附加值，实现石油资源的高效利用，具有重要的经济与战略意义。

4.2.3.1 发展现状与挑战

（1）稀乙烯利用

由于稀乙烯有效成分浓度低（通常乙烯质量分数 10% ～ 20%），杂质组成复杂，包括丙烯、丁烯、炔烃以及氮气、氧气、二氧化碳等，精制分离为纯乙烯的工艺流程极为复杂且投资巨大。而稀乙烯资源不经精制分离，直接通过催化转化生产乙苯、丙

醛 / 丙酸、乙酸乙酯或氯乙烯等化学品，可实现分离和反应的耦合，大幅降低能耗，充分利用乙烯资源。其中乙苯是重要的有机化学品，主要用于生产苯乙烯，进而制造工程塑料、合成树脂及合成橡胶等，用途广泛，需求巨大。因此，稀乙烯增值转化制乙苯技术是最具经济性的途径之一[152-155]。

Mobil 和 Badger 首先开发了利用催化裂化尾气中的低浓度乙烯为原料，与苯进行烷基化生产乙苯的工艺，于 1991 年在英国 Stanlow 建成世界首套 16 万吨 / 年稀乙烯制乙苯装置，该工艺为提高催化转化效率，需对原料进行严格的预处理，工艺流程复杂，经济性不理想。中科院大连化学物理研究所开发了以 ZSM-5/ZSM-11 共晶分子筛为活性组分的催化剂，于 2003 年 9 月在中国石油抚顺石化公司建成 6 万吨 / 年稀乙烯制乙苯装置，催化剂再生周期超过 9 个月，产品中杂质二甲苯含量低于 1000μg/g[156, 157]。中国石化上海石油化工研究院开发了基于 ZSM-5 纳米晶分子筛的 SEB-08 稀乙烯与苯烷基化催化剂，2009 年 8 月在海南石化嘉盛化工有限公司 8.5 万吨 / 年乙苯装置实现工业应用，苯与乙烯摩尔比 6.1 的条件下，再生周期超过 12 个月，关键杂质二甲苯含量＜ 800μg/g。

但与传统的纯乙烯与苯烷基化制乙苯技术相比，稀乙烯制乙苯技术在催化剂再生周期、反应能耗、关键杂质含量方面仍存在较大的技术提升空间，亟待突破催化剂在低浓度下的高活性、抗杂质性、高选择性、长周期稳定性，以及工艺技术的高乙烯利用率、节能反应与分离、高产品质量等多个重大技术瓶颈。

（2）碳四烯烃利用

国民经济的高速发展，也带动了我国丙烯及其下游合成材料市场需求的快速增长。发展高效转化技术，将炼化企业产生的大量低值碳四烯烃转化为丙烯或乙烯，不仅能提高企业的效益，也是化石资源高效利用的重要发展方向。

烯烃催化裂解是一条高效的碳四转化增产丙烯的工艺路线，其采用具有独特择形性和酸性的 ZSM-5 分子筛催化剂，将来自炼厂或煤化工装置的不同浓度组成的碳四 / 碳五烯烃高选择性地转化为丙烯和乙烯。目前，国外已产业化的烯烃裂解增产丙烯工艺主要有旭化成的 Omega 工艺[158, 159] 和 UOP 的 OCP 工艺[160, 161]，均采用 ZSM-5 分子筛为催化剂，以 FCC、乙烯裂解或 MTO 副产混合碳四 / 碳五单烯烃为原料生产丙烯。其中，Omega 工艺于 2006 年实现了工业应用。UOP 将甲醇制烯烃工艺和 OCP 相结合，其特点是丙烯和乙烯收率高，副产少。2013 年在南京惠生公司建成工业装置，并积极对外推广。国内从事烯烃催化裂解制丙烯技术开发的单位主要有中国石化上海石油化工研究院、中科院大连化学物理研究所等。大连化学物理研究所开发的碳四烃流化床催化裂解制丙烯技术，已在陕西省蒲城清洁能源化工有限责任公司建成工业试验装置。中国石化上海石油化工研究院于 2000 年起开展烯烃催化裂解技术的研究，从催化材料的创新入手，自主开发了以全结晶复合孔分子筛为催化剂的烯烃裂解成套工艺技术（OCC），于 2009 年在中国石化中原石化分公司建成工业装置，实现商业运行，并于 2016 年在中天合创能源化工有限责任公司建成并成功运行世界最大规模 20 万吨 / 年烯烃催化裂解装置。

但烯烃裂解反应产物分布复杂，乙烯和丙烯选择性偏低，为进一步提高碳四 / 碳五烯烃副产资源的利用率，需突破高效催化剂与反应大型化等重大科学问题和关键技术。

4.2.3.2 关键科学问题

（1）明晰关键杂质二甲苯的生成路径

二甲苯是影响乙苯产品质量的关键杂质，其与乙苯沸点相近，常规工业分离方法难以有效去除，必须在反应过程中抑制二甲苯的生成。但二甲苯的生成路径目前仍未形成统一的认识，难以从反应机理方面指导高效催化剂的设计与开发。

（2）创制高效烷基化分子筛催化剂及开发相匹配的反应工艺

通过揭示分子筛织构性质与烷基化性能之间的内在关系，调控活性中心、孔道结构及晶体形貌等关键参数，创制具有更高活性、抗杂质性及高选择性的分子筛催化剂。同时，开发与高效催化剂相匹配的高乙烯利用率、节能反应与分离、高产品质量的工艺也是关键问题之一。

（3）复杂反应网络与选择性调控

烯烃催化裂解反应是通过碳四 / 碳五烯烃在分子筛催化剂酸性位上吸附活化生成碳正离子中间体进行的，包括聚合、裂解、氢转移、烷基化、脱烷基、脱氢芳化、结焦等复杂的反应网络。产物分布为从 C_1 到 C_{10} 的各种烃类，种类超过 300 种。为提高目标产物乙烯和丙烯的选择性，需优化设计分子筛催化剂活性中心的分布，构建复合孔道，归纳反应 - 扩散性能影响规律，调控复杂反应网络。

（4）低床层阻力降反应器的大型化

根据烯烃催化裂解反应双烯选择性对反应压力极其敏感、低压有利于提高乙 / 丙烯选择性的反应特性，传统增加反应器直径和提高催化剂床层高度的反应器大型化措施已难以采用。此外，碳四 / 碳五烯烃催化裂解反应催化剂积炭失活行为严重，床层压降会随着积炭量增加而变大。因此超低阻力降固定床反应器大型化设计，也是急需解决的关键科学问题之一。

4.2.3.3 主要研究进展及成果

（1）稀乙烯制乙苯技术

中国石化上海石油化工研究院系统研究了分子筛扩散性能对烷基化反应的影响规律，提出了通过分子筛晶面生长的控制，不增加酸强度，促进扩散，提高活性中心可接近性与低温活性，减少关键杂质二甲苯的生成，进而提高催化剂选择性与稳定性的新思路。利用分子筛高通量合成技术，发展了形貌择向的纳米分子筛合成技术，创制了 *b* 轴择向形貌的 MFI 分子筛材料，进而开发了 SEB-12 催化剂，2014 年首次应用于海南石化嘉盛化工有限公司 8.5 万吨 / 年乙苯装置，在苯与乙烯摩尔比 5.2 的条件下，再生周期超过 17 个月，杂质二甲苯含量低于 600μg/g。另外，还与中国石化洛阳石油化工工程公司、石油化工科学研究院和青岛炼化有限责任公司联合开发了 SGEB 苯与稀乙烯气相烷基化制乙苯成套工艺技术。与同类技术相比，物耗和能耗大幅降低，稀乙烯转化产品价值大幅提升，其中苯耗降低 6%，装置能耗同比降低 27%，整体技术

指标达到国际领先水平。2016 年在中海石油宁波大榭石化建成了世界最大规模 30 万吨 / 年稀乙烯制乙苯装置，实现了装置规模从 8 ～ 10 万吨级到 30 万吨级的跨越。目前，SEB 系列催化剂已成功应用于 15 家生产企业，成套技术已许可 11 家生产企业，经济社会效益显著。

（2）第二代 OCC 技术

中国石化上海石油化工研究院开展了烯烃裂解反应机理和动力学的研究，发现了 C_4 烯烃先聚合再进行 β 裂解的反应机理，且反应速率除了与活性中心的分布正相关以外，还与分子筛晶体的孔道结构紧密相关。在此基础上，通过在催化剂结构上区分相应中间体的结构位阻和反应活性，改变交叉孔道、正弦孔道及直孔道活性位分布，抑制分子筛内氢转移、裂解等副反应，设计出新型全结晶分子筛催化剂。通过与反应工艺结合，相较于第一代 OCC 技术，第二代 OCC 技术的乙 / 丙烯选择性从 50% 提高到 80%，成为高效利用轻烃资源生产高附加值基本有机原料的重要技术路线，是提升煤制烯烃技术经济性的重要途径。同时，针对薄床层反应器问题，采用三维流场模拟结合大型冷模试验，开发了气体预分布器，确定了反应器高径比、上部均化空间和下部发展空间等结构参数，成功开发了大直径、薄床层反应器，该反应器与催化剂异型成型技术集成，实现了反应器的低阻力降。

2020 年 10 月，采用第二代 OCC 成套技术建设的联泓新材料科技股份有限公司 9 万吨 / 年烯烃催化裂解（OCC）装置一次开车成功，标志着第二代 OCC 技术实现了工业转化，OCC 技术持续创新取得突破性进展。

（3）复合离子液体碳四烷基化技术

碳四烷基化是利用催化裂化过程副产品液化气中的异丁烷与丁烯，在强酸催化下生成异辛烷为主的烷基化汽油的过程。烷基化汽油具有辛烷值高、无硫、无烯烃、无芳烃等优点，是清洁汽油必不可少的调合组分。但是，传统碳四烷基化工艺以液体浓硫酸或氢氟酸为催化剂，存在设备腐蚀严重、环境污染以及人身危害等弊端。

中国石油大学（北京）围绕这一世界炼油工业最具挑战性的课题开展持续攻关研究，取得了重大创新：①创新性地设计合成了兼具高活性和高选择性的双金属复合离子液体。揭示了复合离子液体组成结构与催化性能之间的关系，通过双金属阴离子（$[AlCuCl_5]^-$）的设计合成，既精确地调控了离子液体的酸性，抑制了裂化副反应，又有效地稳定了烯烃分子，抑制了聚合副反应，实现了碳四烷基化的高反应活性和高选择性。②突破了离子液体难再生的瓶颈，开发成功复合离子液体烷基化长周期连续生产新工艺。基于复合离子液体中 Brønsted 酸和 Lewis 酸活性组分先后流失导致失活这一重要发现，创新发明了分步协控补充 Brønsted 酸 /Lewis 酸活性组分的再生技术，实现了复合离子液体催化剂活性的实时监控和连续再生，从而开发成功复合离子液体碳四烷基化新工艺。③开发了新型静态混合反应器、新型旋液分离器等专用设备，强化了高黏度、大密度的离子液体与原料烃的充分混合及与产品烃的高效分离，2013 年建成了世界首套 10 万吨 / 年复合离子液体碳四烷基化生产装置。行业专家现场考核表明：烯烃转化率100%，烷基化油辛烷值RON高达97以上，吨烷基化油的催化剂消耗仅3kg。目前已建成与在建工业装置7套，总产能达到150万吨/年。

4.2.3.4 未来发展方向与展望

（1）稀乙烯利用

未来应不断开发原料普适性更广的乙苯生产技术，开发高性能催化剂及相应大型化工艺，进一步降低生产能耗和物耗，使我国乙苯生产技术持续保持国际领先水平。研究关键杂质二甲苯的生成路径，开发高性能烷基化催化剂及绿色制备技术，提高不同浓度稀乙烯原料的适应性。

（2）碳四烯烃利用

将大量炼化副产的碳四烯烃通过催化裂解生产乙/丙烯，是“油化结合”及碳四烯烃资源高效利用的重要途径，也是解决丙烯市场供需缺口的有力补充。这就需要科研人员深入理解催化剂表界面扩散、孔道结构、双功能活性中心与反应网络构效关系，开发新的烯烃裂解反应催化剂与工艺，进而实现碳四烯烃副产资源利用精细化、多元化、高端化的未来发展目标。烯烃裂解技术需紧密围绕烯烃裂解复杂反应网络，阐明分子筛催化剂上活性中心的分布、复合孔道的构建对反应-扩散性能的调控规律，降低氢转移指数，明确颗粒形貌与催化剂床层堆积结构及压降的关系，实现催化剂与反应工艺条件的匹配。

4.3 天然气资源转化利用

天然气是指蕴藏在地下多孔隙岩层（包括煤层）中天然存在的气体，包括油田气、气田气、煤层气、泥火山气和生物生成气等，主要由甲烷和少量乙烷、丙烷、丁烷、氮气等组成，是优质的燃料。随着原油价格的剧烈波动和储量的减少，天然气作为清洁化石能源的重要来源和化学品的原料越来越受到重视，特别是最近发现了大量的页岩气、煤层气和甲烷水合物。BP世界能源统计2019年鉴指出，截至2018年底，全球天然气探明储量196.9万亿立方米，2017～2018年探明储量增速为5.2%，其几乎是近十年平均增速的2倍。我国2017～2018年天然气产量增加0.16万亿立方米，增长速率达到了8.3%。在天然气产量增加的同时，消费量也急剧增加，2018年全球天然气消费量增加了2.9%，其中我国对天然气需求激增是全球天然气消费增长的重要因素之一[162]。

在当前碳达峰和碳中和的背景下，未来的供热、发电将由可再生能源来替代，然而与民生相关的各种含碳的化学品仍需要来自碳资源。因此，未来天然气的利用将由燃料为主转变为材料为主的时代。大量天然气储存于地理位置偏远区域，长距离的运输导致经济效益低下，因此将天然气实地实时转化为高能量密度和高附加值的烯烃、芳烃、含氧化物等基础化学品，可以缓解对石油资源的依赖，对优化能源资源结构具有重要的意义[162, 163]（图4-26）。

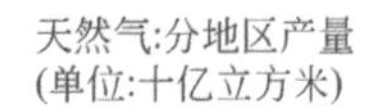

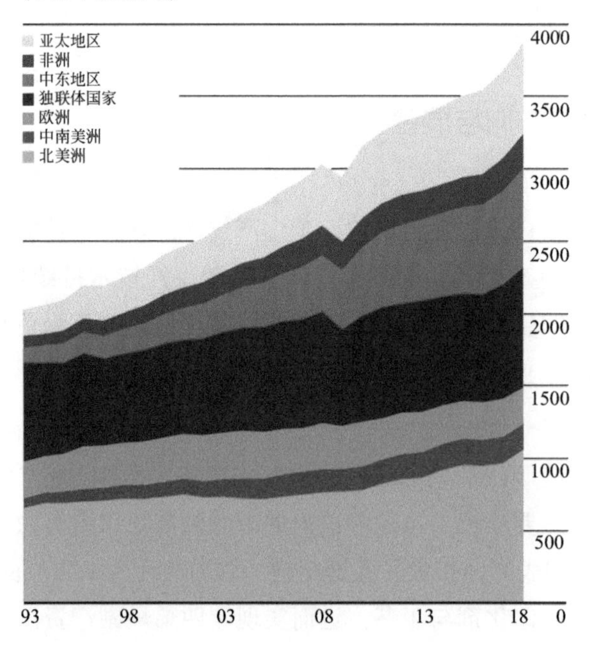

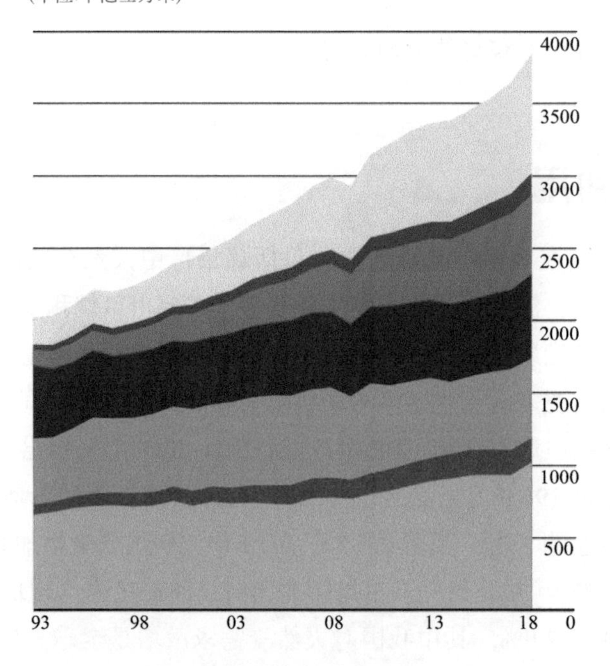

图 4-26
2018 年全球天然气分地区产量和分地区消费 [162]

4.3.1 发展现状与挑战

天然气的主要成分为甲烷，天然气的转化利用主要指甲烷的转化利用（图 4-27）。目前成熟的技术为间接转化技术路线，即首先将天然气通过水汽重整（湿法重整）、二氧化碳重整（干法重整）、部分氧化等过程，先转化成合成气（CO 和 H_2 的混合气，英文称为 Syngas），再经成熟的费托合成（即 Fisher-Tropsch synthesis）技术或最近发展起来的 OXZEO® 技术平台直接转化，或经 $Cu/ZnO/Al_2O_3$ 等的催化作用形成甲醇 [165]，再经甲醇转化技术平台如 MTO(methanol to olefin)[166]、MTG(methanol to gasoline)、MTA (methanol to aromatics)[167, 168] 等过程，制成各种高附加值的基础化学品和油品，如乙烯、丙烯和苯等轻烯烃和芳烃，是化妆品、润滑剂、洗涤剂和聚合物等各种商品的重要合成前体。当今最主要的工业转化方式都采用间接路径，并已经商业运行，包括约翰内斯堡附近的 Sasol 工厂、莫塞尔湾的 PetroSA 工厂、马来西亚的 Shell SMDS（Shell Middle Distillate Synthesis）工厂、卡塔尔的 Oryx GTL（gas to liquid）以及尼日利亚的 GTL 技术。但是，经合成气制备烯烃等化学品的间接路径包含两步高耗能过程，即合成气的合成和压缩，占 60% ～ 70% 的基建费用以及能源耗费。不仅如此，将甲烷转化成合成气需要加入氧，从合成气转化成烃类化学品的过程则要去掉 CO 中的氧，这需要消耗额外的 CO 或者 H_2 用于脱除 CO 中的氧，而目前大量的 H_2 仍来自化石资源，如通过 CO 和 H_2O 进行的水煤气变换制取氢气，则导致该过程不仅能耗高，而且碳原子利用率低，同时还排放 CO_2。

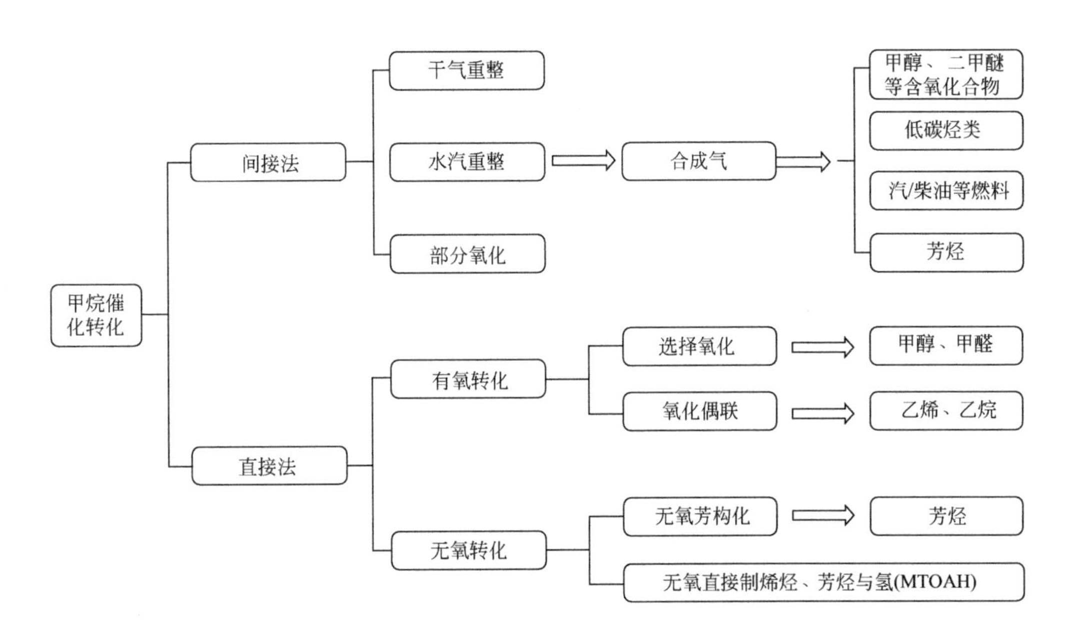

图 4-27
甲烷的催化转化路径

与经过合成气中间步骤的间接转化利用路径相比，将甲烷直接转化为碳氢化合物或含氧化物等高值化学品，是更加高效、经济、环保的技术路线。然而，甲烷是一个高度对称的分子，具有 T_d 四重对称性，C—H 键键能高达 435kJ/mol，其活化和选择性转化一直是一个世界性难题。

经过国内外研究人员坚持不懈的努力，近年来甲烷直接活化并转化生成高附加值化学品研究方面取得了突破性进展，但实现工业化仍面临很多挑战，其中最为重要的挑战是甲烷的利用效率仍有待提高。这将依赖于催化剂活性中心及对其催化作用机理的认识，理性设计高性能催化剂；通过反应过程耦合突破无氧转化过程的热力学限制；降低涉氧转化的碳排放问题等。

① 涉氧转化中的过度氧化问题。涉氧转化主要有甲烷选择氧化（SOM）生成甲醇等、氧化偶联（OCM）生成乙烯等 C_2 烃。氧化性气氛下，甲烷转化不受热力学平衡的

限制，转化率较高，并可避免深度脱氢积炭，但面临的挑战是过度氧化，即生成的产物C_2烃、甲醇等比甲烷活泼，易被氧化生成CO_2等产物，导致目标产物选择性低、碳原子利用率低。此外，涉氧反应的安全性也仍是这些过程一直难以实现产业放大的主要原因之一。因此，如何通过催化剂的理性设计，在保证高转化率的前提下提升目标产物选择性，以及技术上实现安全操作，是甲烷涉氧转化领域的重大挑战。

② 无氧转化中催化剂积炭失活问题。为了避免涉氧转化中一直存在的过度氧化问题，研究人员开发了无氧转化技术路径，包括甲烷直接芳构化制芳烃和氢气（MDA）及无氧直接转化制烯烃、芳烃和氢气（MTOAH）等。无氧转化受热力学限制，同时甲烷易于深度脱氢而形成积炭，将覆盖催化剂的活性中心，导致催化剂快速失活。因此，甲烷无氧转化的主要难题在于如何提升甲烷的转化效率，同时抑制积炭的生成。这需要对反应机理有清楚的认知理解，从而能够针对性地进行催化剂的理性设计。这也是当前面临的极大挑战之一。

③ 反应工艺的优化设计。针对传统催化剂，可以采用固定床与流化床等模式。此外，对于强吸热反应，近年来陆续报道的覆膜型催化剂（通过将催化剂电镀 / 气相沉积等方式，将催化剂固定在反应器内壁）可有效降低催化剂床层压降，加强传热传质交换效率，促进反应性能的提升。这些反应工艺参数都需要进行系统深入的研究和优化。

④ 能源供应与碳排放问题。由于甲烷无氧转化反应强吸热的特性，必须由外界供热。传统供热方式包括燃烧、电力加热等，均会涉及二氧化碳的排放问题，在当前“碳达峰”“碳中和”的背景之下，未来必然要采用绿色、清洁、高效的供热方式，才能在保证能源供应的同时，实现天然气、页岩气等资源优化利用的目标。

4.3.2 关键科学问题

甲烷直接转化制高值化学品和燃料中存在的关键科学问题包括以下几方面。

① 催化剂的构效关系及其理性设计。在甲烷涉氧转化方面，研究人员已经进行了大量的催化剂筛选，其关键科学问题是实现高效转化的同时抑制O_2对产物的氧化；在甲烷无氧转化方面，研究者们对 MDA 与 MTOAH 过程的反应机理进行了大量的研究。如在 MTOAH 过程中晶格限域的单中心 Fe 活性位，可催化甲烷分子脱氢形成甲基自由基中间体，甲基自由基直接脱附到气相中生成热力学较为稳定的烯烃与芳烃并直接脱离反应体系，避免了催化剂表面 C-C 偶联造成积炭的累积。因此，高效催化剂不仅具有解离 C—H 键的活性中心，而且活性中心之间要保持一定的距离，以杜绝相邻的中间体在表面发生 C-C 偶联而形成积炭，原子级分散的催化剂是实现这一目标的极佳策略。但是挑战在于，在保证金属单中心原子级分散的前提下，提高催化剂表面单中心活性位的密度以保证转化率，探索高温稳定的更高效 C—H 活化的金属单中心结构催化剂，是进一步提升甲烷转化效率的关键科学问题。

② 无氧转化的热力学限制及工艺设计。甲烷无氧转化从原理上避免了反应产物的过度氧化和反应过程中的二氧化碳排放，但是其转化效率受热力学的限制。例如甲烷无氧芳构化过程，750℃下热力学平衡转化率为 17.2%（以苯与氢气为产物）。虽然可以

通过提高反应温度来促进甲烷的转化，但也同时增大了能量输入。近年来的研究表明，通过反应器工艺的设计，包括耦合膜反应器、串联反应器、化学链反应等，将产物从反应体系中移走，使反应平衡向产物方向移动，可以有效提高反应效率。然而，如何有效地匹配耦合多个反应单元，促进传质与传热，仍是这个领域急需解决的关键科学和技术问题。

4.3.3 甲烷转化利用技术及研究进展

4.3.3.1 涉氧条件下，甲烷直接转化制含氧化物、烯烃等高值化学品

（1）甲烷选择氧化（SOM）

早在 1906 年，Lance 和 Elworthy [169] 首次报道了气固相催化氧化甲烷制甲醇，在 FeS 催化剂的作用下，甲烷与 O_2 发生反应产生痕量甲醇 / 甲醛 / 甲酸。从 20 世纪 70 年代到 21 世纪初，甲烷选择氧化制甲醇成为该领域的研究热点之一。该反应可由下式表示：

$$CH_4 + \frac{1}{2}O_2 \longrightarrow CH_3OH$$

表 4-5 甲烷氧化反应的吉布斯自由能变 [170]

序号	反应	ΔG_r/（kJ/mol）					
		298K	650K	700K	750K	800K	1000K
R1	$CH_4+\frac{1}{2}O_2 \longrightarrow CH_3OH$	−111	−93	−91	−88	−86	−76
R2	$CH_4+O_2 \longrightarrow HCHO+H_2O$	−288	−294	−294	−295	−296	−298
R3	$CH_4+1.5O_2 \longrightarrow CO+2H_2O$	−544	−573	−578	−582	−586	−603
R4	$CH_4+2O_2 \longrightarrow CO_2+2H_2O$	−801	−800	−799	−799	−799	−798
R5	$CH_4+\frac{1}{2}O_2 \longrightarrow \frac{1}{2}C_2H_4+H_2O$	−144	−147	−147	−147	−147	−147
R6	$CH_4+\frac{1}{4}O_2 \longrightarrow \frac{1}{2}C_2H_6+\frac{1}{2}H_2O$	−80	−69	−67	−65	−63	−55
R7	$CH_4+\frac{1}{2}O_2 \longrightarrow CO+2H_2$	−86	−152	−162	−172	−182	−222
R8	$CH_4+H_2O \longrightarrow CO+3H_2$	142	60	48	36	23	−27
R9	$CH_4+CO_2 \longrightarrow 2CO+2H_2$	171	75	61	47	33	−23

表 4-5 热力学计算结果 [170] 显示，甲烷选择性氧化制备甲醇等含氧化合物理论上是可行的，但是由于甲烷分子由四个等价的 C—H 键构成正四面体结构，键能高达 435.43kJ/mol，分子稳定，极难被活化，因此，需要提高反应温度及压力。甲醇 C—H 键键能是 389kJ/mol，低于甲烷 C—H 键能，比反应物甲烷更容易被活化，因此，产物的过度氧化使得甲烷选择性氧化制甲醇过程的转化率与选择性难以兼顾。特别当反应温度超过 500℃时，主要产物为 CO 和 CO_2，甲醇和甲醛选择性低，不具备工业应用价值。因此，设计催化剂以阻止产物深度氧化，并同时提高甲烷转化率和甲醇等含氧化合物选择性，是甲烷选择氧化的关键 [171]。

针对上述挑战，科学家们进行了深入广泛的研究。在 Fe/ZSM-5 催化剂上观察到单核或二核 Fe═O 中心与甲烷单氧酶（MMO）中的活性中心相似，因此，Fe/ZSM-5 被广泛研究用于甲烷氧化制甲醛 / 甲醇中。Micha lkiewicz 等 [172] 用改性后的分子筛作为载体负载 Fe^{3+}，获得 Fe/H-ZSM-5(Si/Fe=22) 催化剂，在 630℃时，甲烷转化率达到 31%，甲醇与二氧化碳的生成速率相同。研究表明，随着 Fe^{3+} 负载量增加，甲烷转化率提高，但是 CH_3OH 的过度氧化随之加重。以 Fe/Na-ZSM-5(Na/Fe = 45) 为催化剂时甲醇选择性提高至 74%，同时副产少量 CO_2。2008 年，Benlounes 等 [173, 174] 以 N_2O 或 O_2 作氧化剂，在常压、700 ～ 750℃的条件下，采用 $(NH_4)_4SiMo_{11}FeO_{39}$ 和 $(NH_4)_4PMo_{11}FeO_{39}$ 催化剂，显示出较高甲烷氧化活性及含氧化物（甲醇 / 甲醛）选择性。van Bokhoven 团队报道了丝光沸石负载 Cu 催化剂用于甲烷直接转化制甲醇反应 [175]，他们利用水为氧源，取得突破性进展，甲醇选择性高达 97% [176]。Hutchings 团队报道了以聚乙烯吡咯烷酮（PVP）为稳定剂，以 Au-Pd 纳米粒子胶体为催化剂，以 H_2O_2 与 O_2 共同作为氧化剂，在 50℃水溶液的温和条件下，获得 92% 的 CH_3OH 选择性 [177]。尽管近年来甲烷选择氧化方面的研究取得了重要进展，但是甲烷转化率与甲醇选择性难以兼顾，高温时难以避免过度氧化，而较低温度时催化剂活性不够高。Arena 等曾报道，工业化应用首先要求甲醇选择性不低于 80%，同时甲烷转化率不低于 10%[178]。最近，Xiao 研究组取得了重要进展，将 AuPd 合金纳米颗粒固定在硅铝酸盐沸石晶体中，用有机硅烷修饰沸石的外表面，在 70℃下催化 H_2 和 O_2 反应生成过氧化氢，疏水涂层的沸石使过氧化氢保持在金和钯的活性位附近，从而使甲烷选择性地氧化成甲醇，甲烷转化率为 17%，甲醇选择性达到 92%[179]。

（2）甲烷氧化偶联（OCM）

OCM 首先由 Keller 和 Bhasin 于 1982 年提出 [180]，发展至今已有近 40 年的历史。研究表明，催化剂表面的酸碱性是调控 OCM 催化活性的有效手段 [163, 181, 182]。Zavyalova 统计分析了自 1982 年以来发表的 400 多篇关于 OCM 研究的文献，总结了 1850 个催化剂的 OCM 活性数据 [183]，如图 4-28 所示，几乎所有具有较高活性的催化剂都具有强碱性，如基于 MgO、LaO 等的催化体系。碱性表面允许具有弱酸性的甲烷在表面发生解离吸附，断裂 C—H[163]，因而稀土 La 系金属氧化物 [184-191] 和碱土金属氧化物 [192-199] 被认为是理想的 OCM 催化体系。通过掺杂碱金属（Li、Cs 以及 Na）以及碱土金属（Sr 和 Ba）可提高 C_2 选择性，Mn 和 W 的掺杂则有助于提高甲烷转化率。图 4-28 显示，该技术路线可以实现 C_2 选择性 72% ～ 82%，转化率为 16% ～ 26%[183]。最近，范杰团队报道了一种 La_2O_3-Na_2WO_4/SiO_2 双功能催化剂，甲烷首先在 La_2O_3 上解离生成甲基自由基，并在 Na_2WO_4/SiO_2 催化剂表面进行自由基表面偶联，在 570℃较低温度下即可获得 10.9% 的 C_2 收率，是目前报道的低温（$<$ 600℃）下 C_2 收率的最高值 [200]。

Song 等通过 Sr 掺杂 La_2O_3 纳米纤维，表面产生了更多强碱位，同时氧物种类型也发生了变化，显著提高了 OCM 活性及 C_2 产物选择性。当 Sr 含量为 8.6% 时，923K 下，C_2 收率达到 20%，显示出较好的抗烧结能力，避免了 Sr 元素流失以及积炭的生成 [201]。此外，研究人员还通过不同的金属氧化物与载体相互作用 [202-205]、氧空穴浓度 [206, 207]、催化剂纳米尺寸和形貌 [208, 209] 等来调变催化剂的结构和性质，从而调变催化反应性能。

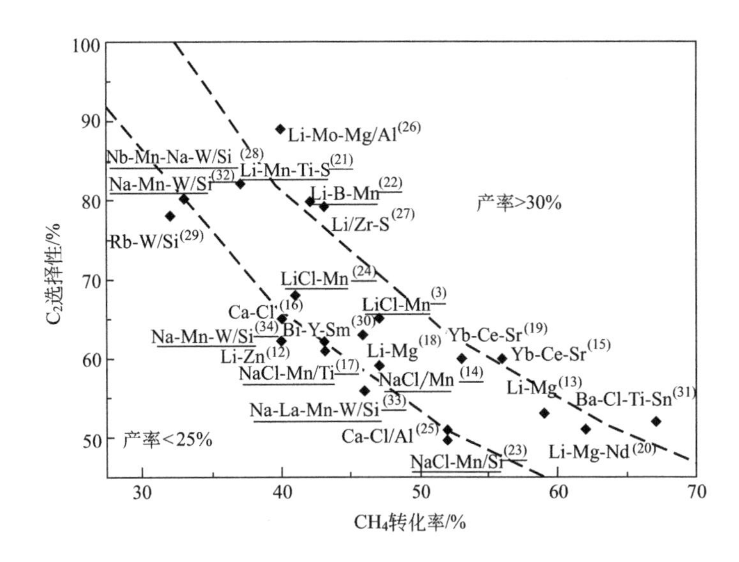

图 4-28
文献报道的 C_2 转化率大于 25% 的 OCM 催化剂及其性能汇总[183]

除此之外，针对产物易于过度氧化的问题，Zhu 等采用氧化性较弱的 S 代替 O_2 作为氧化剂进行 OCM 过程尝试（SOCM）。甲烷转化率与表面金属 M-S 键的强度有直接关系，较弱的 M-S 键更容易活化甲烷，但是较强的 M-S 键可以有效地抑制深度氧化过程，进而提高乙烯选择性[210]。如图 4-29 所示，Peter 等报道了 Pd/Fe_3O_4 催化的 SOCM 过程在 1323K 下实现了 7% ～ 8% 甲烷转化率以及 30% ～ 35% 乙烯选择性，但仍不可避免产生副产物 CS_2 和 H_2S[211]。

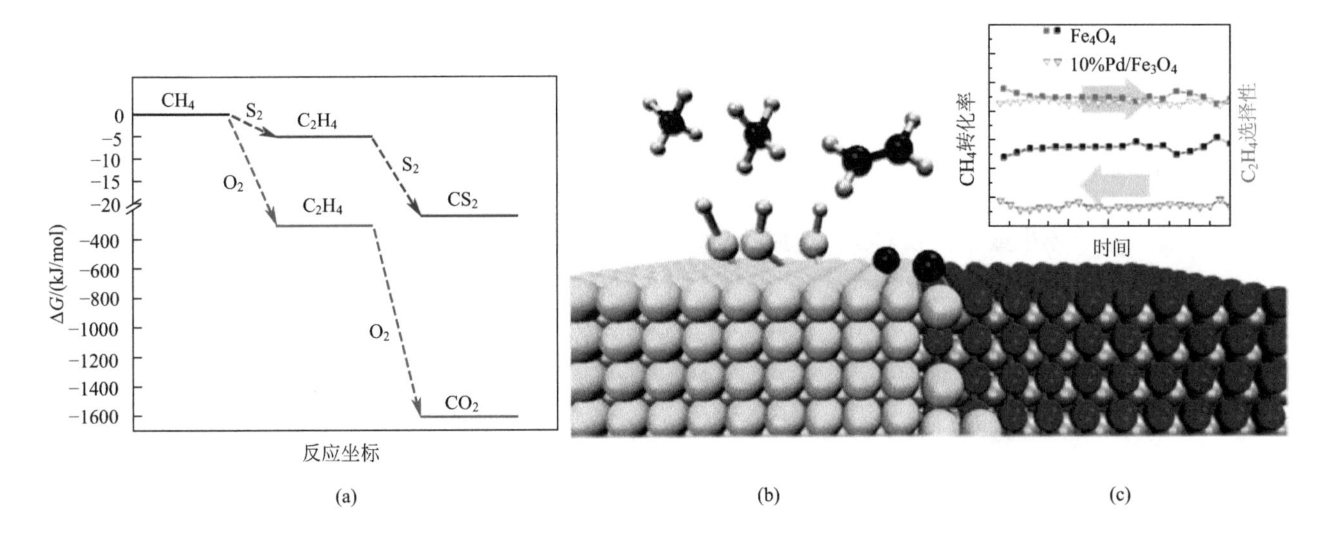

图 4-29
SOCM 反应
(a) 不同氧化剂下 OCM 反应热力学 Gibbs 自由能变的差异（1073 K）；(b) SOCM 反应机理
插图表示 10%（质量分数）Pd/Fe_3O_4 和 Fe_3O_4 催化 SOCM 反应稳定性测试，反应条件：1223K，WHSV=0.785h^{-1}，CH_4/S=7.5[211]

在催化剂不断优化的同时，研究人员对催化剂活性位及反应机理进行了深入的研究。Metiu 研究组研究了甲烷在 La_2O_3（001）表面上的化学解离吸附过程，如果 CH_3 或 H 可以 Lewis 碱的形式分别吸附于氧化物表面，并优先吸附于晶格氧上，当两者同时吸附时，其中一个作为 Lewis 碱进行吸附，同时会促进另一个作为 Lewis 酸进行吸附，共吸附比单独吸附具有更低的解离吸附能垒（ΔE［CH_4］），并且当 H 吸附于晶格氧

而 CH_3 吸附于氧化物阳离子上时，ΔE［CH_4］为最低，但此时 CH_3 脱附也需要最高的脱附能[212]。Lunsford 团队通过 EPR 光谱和 MIESR 进行 OCM 过程的准原位观测，发现了甲基自由基和［LiO］$^+$ 活性位存在的证据，据此最早提出甲基自由基中间物的推论[213]，进而提出了 Li/MgO 催化甲烷转化反应机理[214-217]，即甲基自由基偶联形成乙烷，并进一步脱氢形成乙烯，并伴随过度氧化副反应的发生，生成氧化物、过氧化物等。Luo 等利用同步辐射原位真空紫外光电离质谱系统，对 Li/MgO 体系的甲烷氧化偶联反应进行了原位反应观测[213]。光电离的特点是不破坏中间体的化学组成，而只是诱导其电子激发，使其带电荷而能被质谱仪探测到，因此是观测自由基类反应中间体的有效手段。实验中观测到了大量甲基自由基中间体，证实了甲烷氧化偶联过程的甲基自由基中间体机理。范杰团队报道的 La_2O_3-Na_2WO_4/SiO_2 催化剂上，同样观测到并验证了甲基自由基为中间体的反应机理[200]。

4.3.3.2 无氧条件下，甲烷直接转化制烯烃、芳烃和氢等高值化学品

虽然在氧化性气氛下甲烷转化不受热力学限制，但产物甲醇、甲醛、乙烯等比甲烷活泼，往往会造成产物过度氧化，生成热力学最有利的产物（CO_2 和 H_2O），从而不可避免地造成甲烷的原子利用率降低。因此，为了提高碳原子利用率，研究人员对甲烷无氧转化进行了大量研究。目前主要有两条技术路线：甲烷无氧芳构化（MDA）与甲烷直接转化制烯烃、芳烃和氢气的过程（MTOAH）。

（1）甲烷无氧芳构化（MDA）

1993 年，Wang 等报道 Mo/ZSM-5 催化剂在 973K 下，可在无氧条件下催化 CH_4 直接转化。该报道中，甲烷转化率可达到 7% ～ 8%，芳烃收率可达 18% ～ 23%，为甲烷的高效转化利用提供了一条新路径，被称为甲烷无氧芳构化反应[218]。与 OCM 反应相比，MDA 过程没有氧气参与反应，可以有效地避免甲烷以及产物的过度氧化，不生成副产物 CO_x，因此，芳烃产物选择性较高。经过近 30 年的发展，该催化体系已经取得了显著的成果[218-220]。除了 Mo 基催化剂，其它金属也被陆续研究过，比如 Fe[221, 222]、Co[223, 224]、Ga[224, 225]、Cr[222]、Zn[224, 226]、W[222, 226]、V[222]、Re[227, 228]、Cu[229]、Mn[230, 231] 等。Ma 等对比了各种金属体系的催化活性，其中 Mo 基催化剂 MDA 反应活性最高（表 4-6）[232]。

除了 Mo 以外，Fe 也是甲烷活化和转化的常用催化剂。Weckhuysen 团队报道 Fe/ZSM-5 催化剂上获得甲烷转化率约 4%，苯选择性 74%[233]。Tan 等推测碳化铁为甲烷芳构化的活性中心，而金属铁颗粒则导致催化剂迅速积炭[234]。Lai 等研究了 Fe/ZSM-5 催化剂上 Fe 的性质和尺寸与催化性能的关联[235]，他们观察到苯选择性与 HZSM-5 微孔骨架上高度分散的 Fe/Fe_2 物种存在关联，并提出甲烷在高度分散的 Fe 物种位点上被活化，并在分子筛孔道中进一步环化形成芳烃。

此外，研究人员对分子筛载体也进行了大量的优化研究工作，包括改变分子筛拓扑结构[236, 237]、多级孔结构[238-240]、硅铝比[241, 242]等。Ma 等报道 Mo/MCM-22 的活性比 Mo/ZSM-5 高两倍，认为这是由于 MCM-22 具有更为开放的孔道结构，提高了 Mo 在分子筛内的分散度，减小了芳烃等产物的扩散阻力，从而提高了 MDA

反应活性[243]。Yang 等报道具有多级孔结构的 HMCM-22-HA 分子筛中，微孔有利于活性物种的分散，提高甲烷转化率，而介孔则有利于反应气体以及苯分子的扩散，提高稳定性[240]。

表 4-6 不同金属催化 MDA 反应的性能比较[232]

活性金属	反应条件		甲烷转化率 /%	选择性 /%	
	温度 /℃	流量 / [mL/ (g_{cat}·h)]		苯	萘
Mo	730	1500	16.7	60.4	8.1
Zn	700	1500	1.0	69.9	—②
W	800	1500	13.3	52.0	—②
Re	750	1440	9.3	52	0
Co-Ga	700	1500	12.8	66.5	7.2
Fe	750	800①	4.1	73.4	16.1
Mn	800	1600	6.9	75.6	11.9
V	750	800①	3.2	32.6	6.3
Cr	750	800①	1.1	72.0	3.7

① GHSV/h^{-1}。
②未报道。

对 MDA 催化剂和催化反应过程开展的深入研究表明，MDA 过程甲烷转化率已经接近热力学平衡值。例如 Mo/ZSM-5 的甲烷转化率达到 16.7%，苯收率约为 10.1%，萘收率为 1.4%。然而，由于甲烷在催化剂表面深度脱氢积炭并覆盖催化剂活性中心，导致催化剂寿命短和碳原子利用率降低，这是甲烷芳构化技术面临的重要挑战和工业化主要障碍。针对此问题，国内外研究人员对积炭原理、积炭的抑制及催化剂的再生工艺等开展了大量的研究，以提高催化剂长周期稳定性。

Lu 等[244]考察了 Mo/HZSM-5 催化剂在 H_2 或 O_2 气氛中的再生情况，结果显示 550℃、O_2 气氛或 900℃、H_2 气氛处理催化剂均能恢复催化剂的活性，H_2 气氛再生催化剂的稳定性不如 O_2 气氛再生，这可能是由于 Mo_2C 在高温条件下的烧结或积炭在 H_2 气氛中不能完全消除。另外，H_2 气氛处理催化剂能够缩短反应的诱导期，印证了 Mo_2C 物种是甲烷活化的活性中心。Shu 等[245]也报道了 550℃的 O_2 气氛或 900℃的 H_2 气氛能够有效地再生 Mo/HZSM-5 催化剂。Shu 等[246]通过 30min - 30min 的周期性切换反应气甲烷和再生气 H_2 或 CO_2，如图 4-30 所示，Mo/HZSM-5 催化剂的甲烷无氧芳构化性能得到了较好的维持，其中 H_2 再生气氛效果比 CO_2 气氛更好。Zhang 等[247-249]在周期性切换 CH_4 - H_2 操作模式方面做了大量的研究工作，并取得了很好的进展。Sun 等[250]使用纯氢气作为再生气，在 CH_4 : H_2 = 15min : 45min 反应条件下获得了较好的 MDA 稳定性能，在 1000h 寿命测试中，甲烷转化率保持在 15% ～ 19%，苯的收率大于 12%（如图 4-31 所示）。H_2 再生的优势在于，可以直接在反应温度的条件下进行，不仅能在很大程度上恢复催化剂的活性，而且多次重复再生对催化剂结构的影响较小。

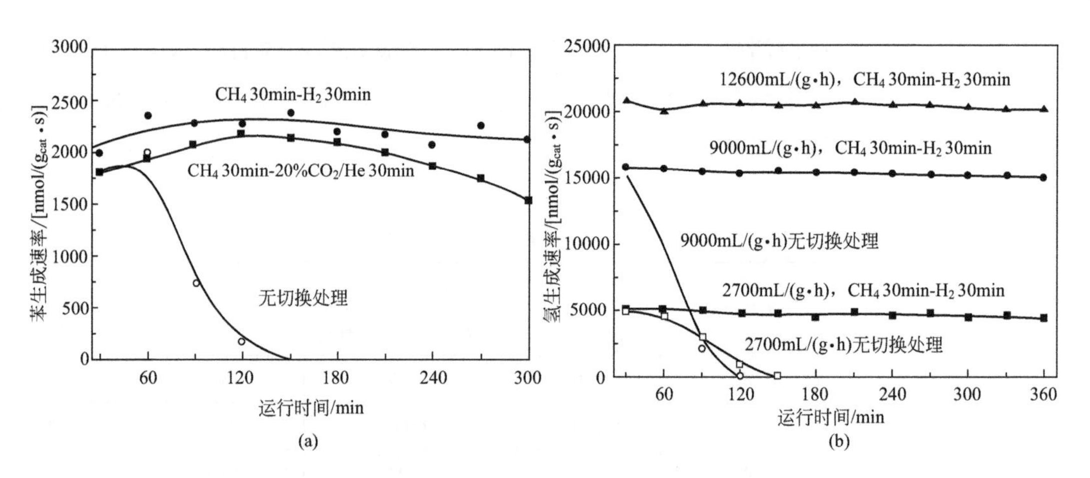

图 4-30

周期性切换 CH_4 和再生气模式下的甲烷无氧芳构化反应 [246]

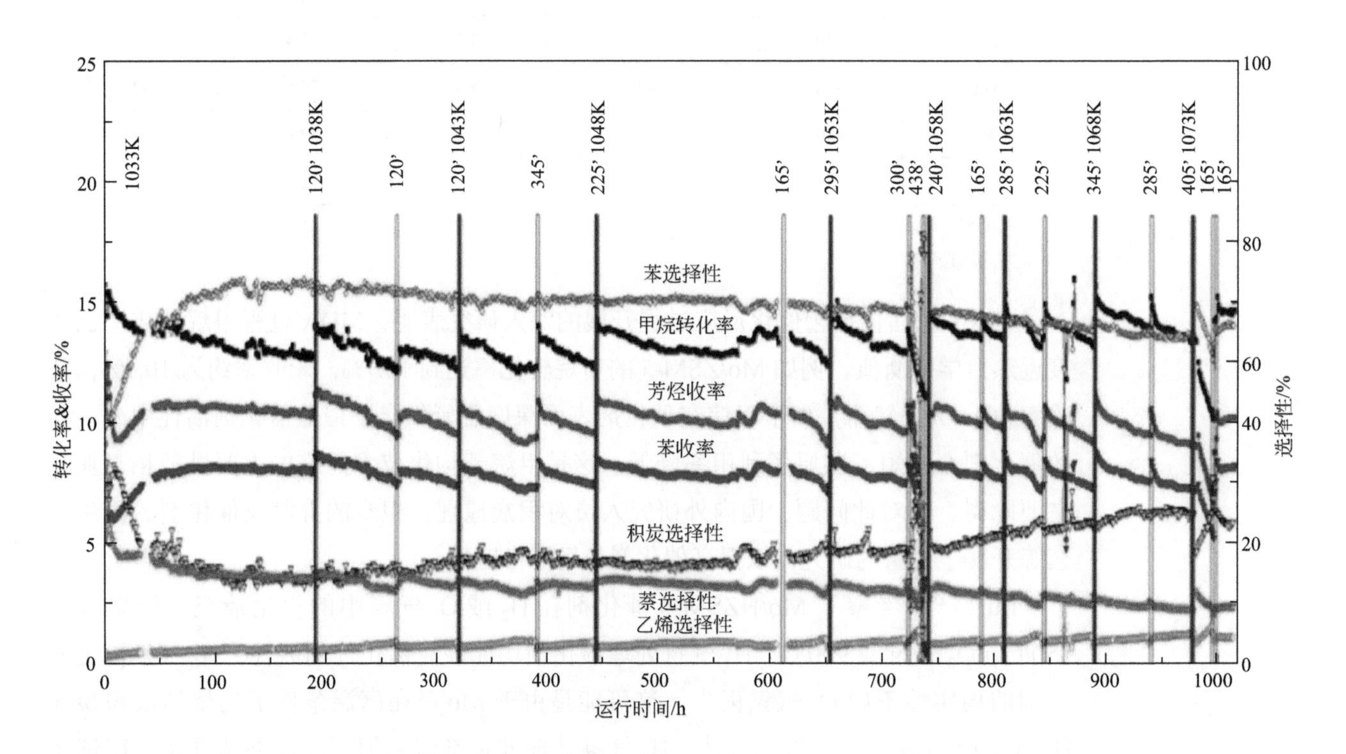

图 4-31

Mo/ZSM-5 的 1000h MDA 稳定性考察

反应温度 1033 ～ 1073K，切换时间 $15(CH_4):45(H_2)$，H_2 流量 25 ～ 40mL/min

为了进一步提高甲烷芳构化反应性能，研究人员采用了反应分离一体化的膜反应器，如 Morejudo 等将钙钛矿 $BaZr_{0.7}Ce_{0.2}Y_{0.1}O_{3-x}$ 透氧膜反应器（MR）用于 MDA 反应 [251]，反应产生的积炭被水煤气变换反应消除，有效降低了积炭的累积与催化剂失活速率，提升了甲烷的碳原子利用率，实现了芳烃持续收率大于 10%（图 4-32）。

Mo/ 分子筛催化甲烷无氧芳构化 MDA 反应发展至今，其中双功能催化机理被广为接受：MoO_x 首先被甲烷还原生成 MoC_x 或 MoC_xO_y 活性位，然后甲烷分子在该活性位上进行脱氢偶联，形成乙烯或类乙烯的中间体，该中间体在分子筛 Brönsted 酸活性

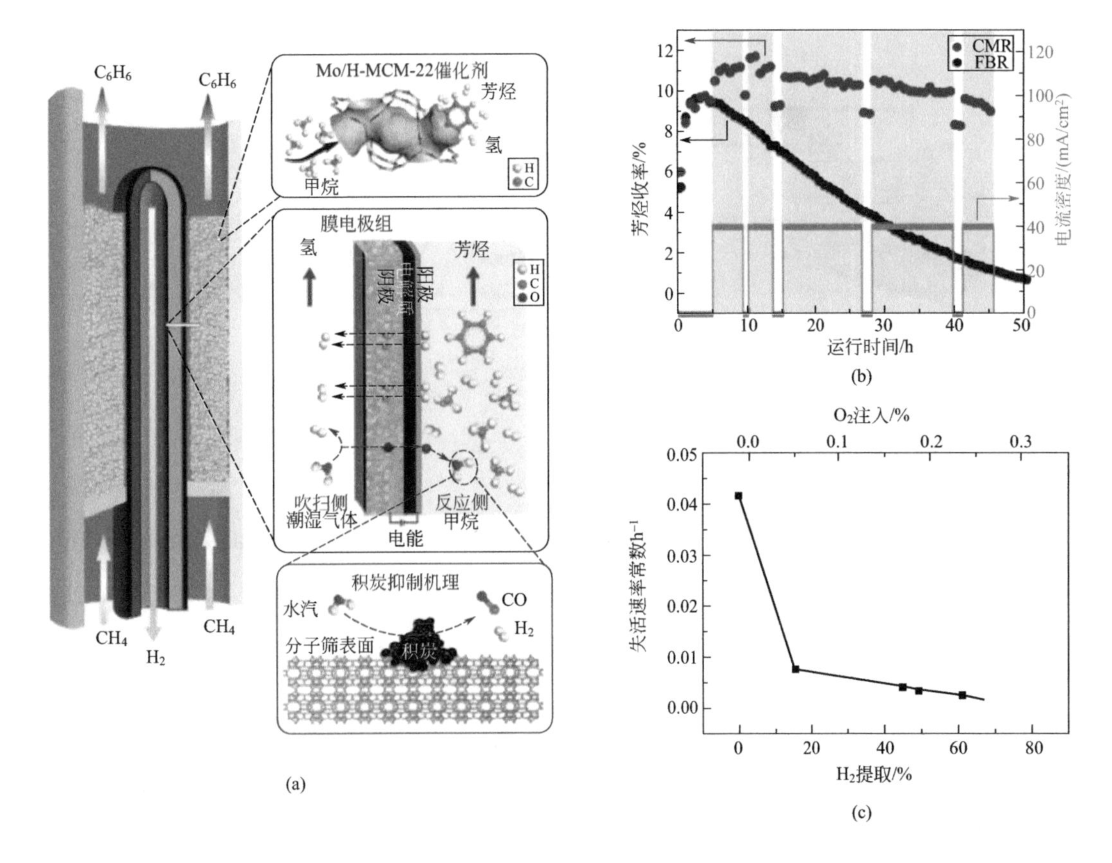

图 4-32

膜反应器应用于 MDA

(a) 离子膜反应器示意图；(b) 芳烃产率随时间变化图（灰色区域表示氢气分离，反应温度为 983K，电流密度为 40mA/cm^2）；(c) 催化剂失活速率常数与氢气分离效率以及氧气注入效率的关系 [251]

位上进行聚合形成芳烃产物 [241]。包信和研究组 [252] 结合 TPSR 和 ^{1}H MAS NMR 表征结果发现，随着反应温度的升高，产物的形成历程经过三个不同阶段：在 820 ～ 960K 范围内，甲烷主要生成 CO_2 和 H_2O；在 960 ～ 1050K 范围内，甲烷的消耗急剧增加，并伴随着 CO_2、H_2O、H_2 和 CO 的产生；高于 1050K 时，苯开始生成。前两个阶段属于诱导期，经过诱导期之后，甲烷活化的温度以及苯的生成温度均会明显降低。Zheng 等采用超高场 ^{95}Mo NMR 谱对 MDA 反应活性中心进行了分析研究，认为 Brönsted 酸性位上被部分还原碳化后形成的交换 Mo 物种是 MDA 反应的活性中心，并不同于体相的 Mo_2C，但是具体结构组成并不清楚，如图 4-33 所示 [253]。Weckhuysen 团队利用 Operando Mo K-edge HERFD-XANES、XRD 以及 XES 等技术，研究了 MDA 反应过程中 Mo/ZSM-5 催化剂上 Mo 物种的演变 [254]。结果显示，经过高温煅烧后形成孤立的 MoO_x 物种，被甲烷还原形成 MoC_xO_y，此物种有助于 C_2H_x/C_3H_x 的形成；MoC_xO_y 经过进一步碳化形成 MoC_3 纳米团簇，而这些 MoC_3 纳米团簇物种有利于苯的产生；但是 MoC_3 物种表面上大环碳氢分子不断聚集导致催化剂快速失活。因此，控制 Mo 物种的类型对苯的选择性形成具有重要的影响。然而，活性位到底是 Brönsted 酸相关的 MoO_xC_y 还是 MoC_x 物种、甲烷活化后的初级产物是什么、乙烯或类乙烯的中间体是怎么形成的等问题，有待于进一步澄清。

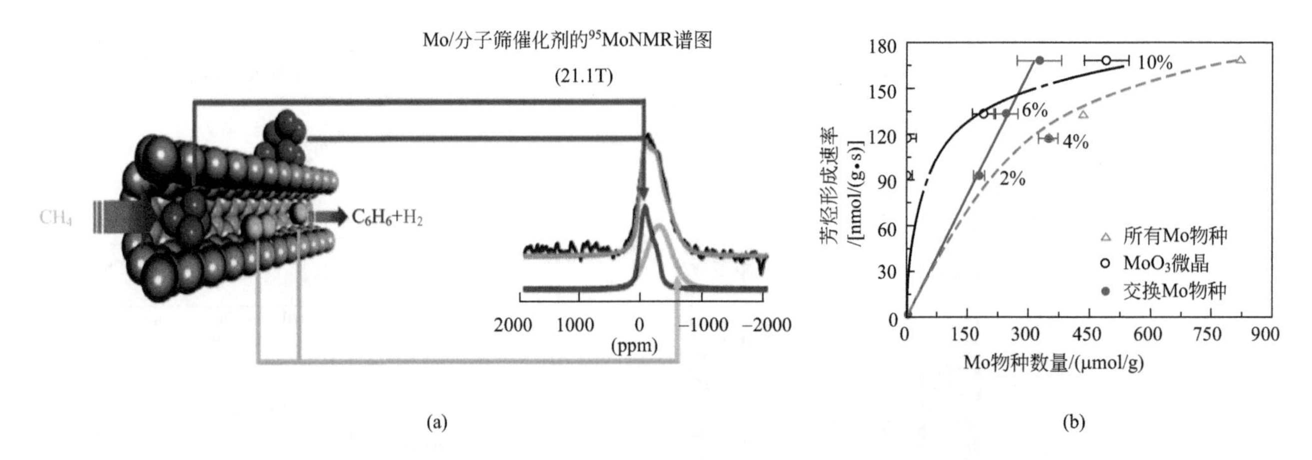

图 4-33

超高场 ^{95}Mo NMR 谱研究 MDA 的 Mo 物种活性中心（a）和芳烃形成速率与不同 Mo 物种浓度的关联（b）[253]

（2）甲烷直接转化制烯烃、芳烃与氢（MTOAH）

尽管 OCM 和 MDA 反应已经取得了巨大的进步，但是两条甲烷转化路径都面临着碳原子利用率低的问题，前者是因为过度氧化，后者是因为酸性载体导致积炭。2014 年，包信和团队报道了采用无酸性的氧化硅晶格限域的单中心铁（Fe©SiO_2）可催化甲烷活化，并可避免积炭。如图 4-34 所示[255]，催化剂首先被甲烷活化，与两个 C 和一个 Si 结合，形成稳定的单 Fe 活性中心 Si-Fe-2C。甲烷在该活性中心上被活化裂解生成甲基，由于催化剂表面不存在相邻的 Fe 位点，这些甲基不能在表面发生 C-C 偶联形成积炭，而是脱附到气相生成甲基自由基。利用原位真空紫外单光子解离质谱，成功地检测到了甲基自由基中间体的生成，气相反应最终产物分布由气相热力学以及动力学共同控制。通过控制反应条件，尤其空速和温度，可选择性生成烯烃、芳烃和氢气等产物，并可避免积炭的形成。该过程碳原子利用率达到 99% 以上，是一个高效的甲烷直接转化过程。

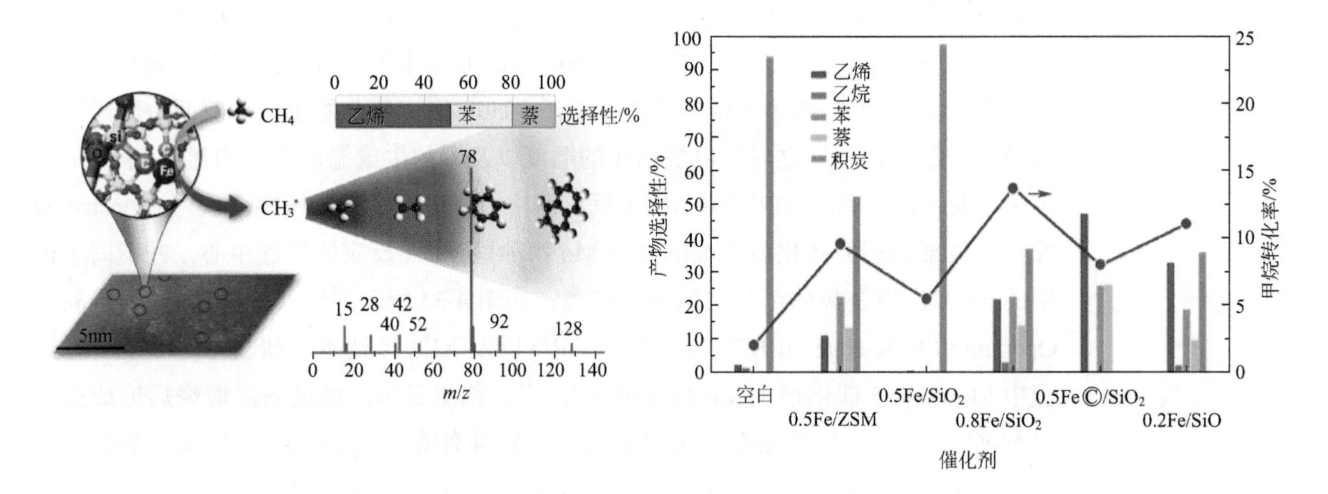

图 4-34

SiO_2 晶格限域的单中心铁（Fe©SiO_2）催化剂直接催化甲烷转化制烯烃、芳烃和氢气[255]

美国马里兰大学 Dongxia Liu 研究组进一步将 Fe©SiO_2 催化剂与管式混合离子电子导体 $SrCe_{0.7}Zr_{0.2}Eu0.1O_{3-\delta}$ 透氢膜（厚度约为 20μm）反应器耦合[256]。实验结果显示，通过透氢膜反应器可以将反应生成的氢气从反应器中分离出去，从而促进甲烷的转化，但不明显影响产物 C_2、芳烃选择性以及催化剂稳定性。在 1303K 反应温度下 60h 的寿命（图 4-35）测试结果显示，甲烷转化率保持在 20% 左右，而且产物 C_2 或芳烃的选择性可由膜分离的吹扫气及其流速来调节，这为甲烷高效转化制备高值化学品以及燃料提供了一条新途径。

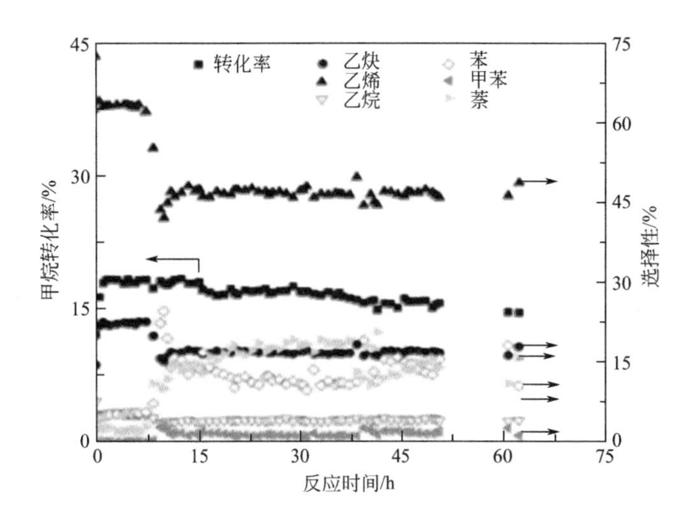

图 4-35

管式固定床透氢膜反应器中 Fe©SiO_2 催化 MTOAH 反应寿命测试 [256]

反应条件: 1303K，3200mL/(g•h)

Liu 研究组还报道了将 Fe/SiO_2 催化活性物种熔融涂覆于石英管内表面，直接作为催化反应器，结构示意如图 4-36 所示 [257]。在反应温度为 1273K、甲烷流速为 20mL/min 条件下，该催化反应器具有良好的稳定性。通过反应过程模拟计算指出，如果将位于石英管一侧吸热的 MTOAH 反应过程与另一侧放热的积炭燃烧反应过程相结合，能量的输入可以降低 10% 以上，从而实现较高能量效率，展现了优异的发展前景。

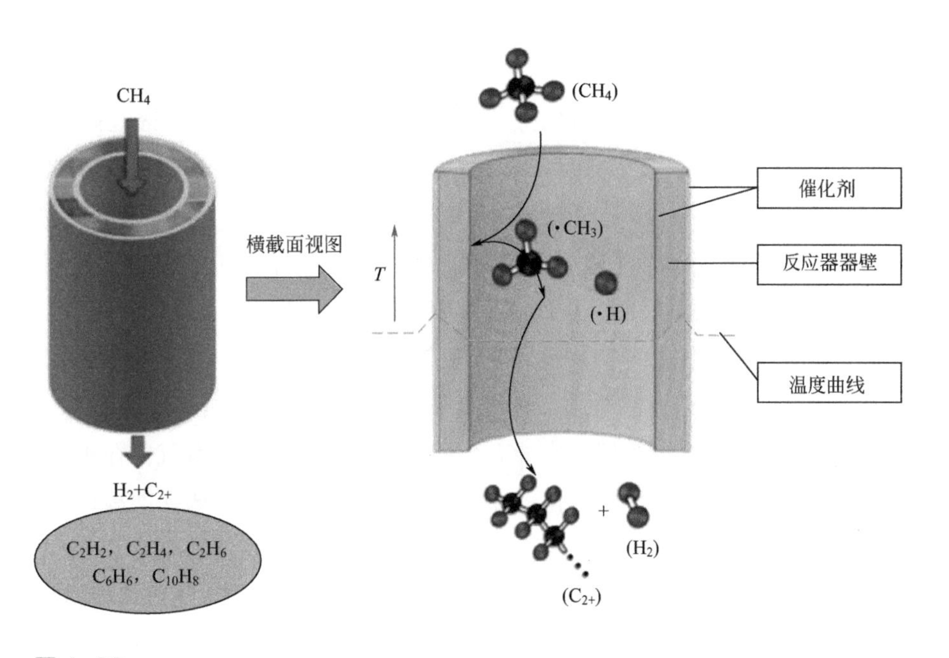

图 4-36

涂覆催化反应器中甲烷活化转化制 C_{2+} 烃类化合物和氢气的示意图 [257]

Hao 等采用管壁直接涂覆 Fe 催化剂形成的 Fe©SiO_2 反应器，实验研究结果证实乙烷是 MTOAH 反应过程中 C-C 偶联的初始产物，乙烷经逐步脱氢反应形成乙烯和乙炔，再经过环化过程生成 BTX、萘以及积炭。采用氢原子里德堡态标识飞行时间谱 - 交叉分子束装置，首次在实验中探测到了 MTOAH 反应过程中产生的氢自由基，且数量随反应温度升高而增大，这为深入理解 MTOAH 反应机理提供了更多的直接实验依据 [258]。通过引入 1, 2, 3, 4- 四氢萘（THN）和苯等供氢分子，进一步证实了氢自由基能促进甲烷的转化，如图 4-37 所示。例如在 1323K 时，当引入 1.41% THN，甲烷转化率由 19.7% 提高到 25.5%。而在甲烷进料中加入 7.7% 的苯，可以使得甲烷的活化温度从 1143K 降低到 1073K[259]。

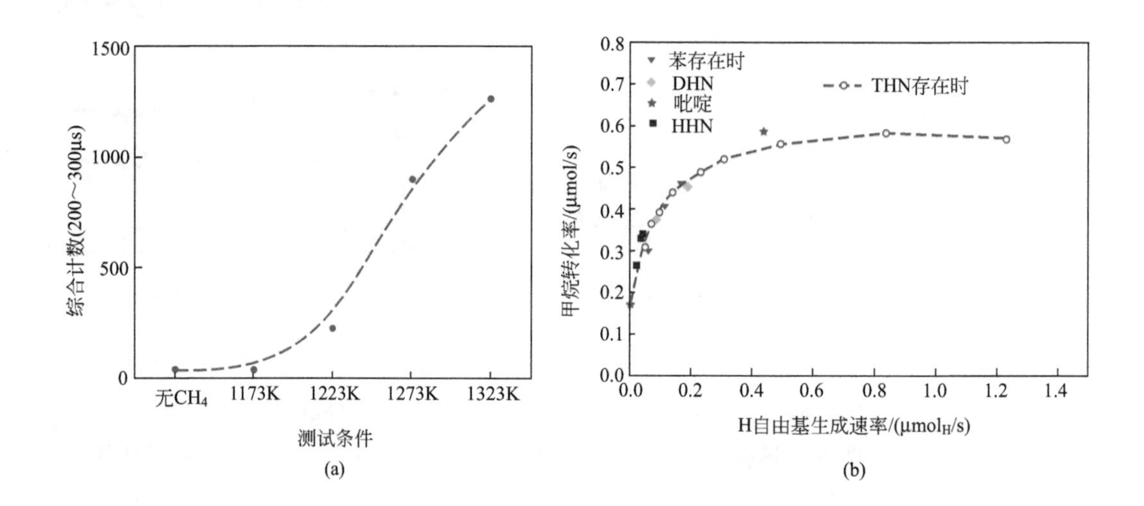

图 4-37

氢原子里德堡标识飞行时间谱 - 交叉分子束检测氢自由基及其对 MTOAH 反应的促进作用

(a) 氢自由基浓度与反应温度的关系；(b) 不同供氢试剂提供的氢自由基生成速率与甲烷转化速率之间的关系

Han 等将铁橄榄石和方英石（CRS）在 1973K 下进行熔融得到 Fe©CRS 催化剂，在 1473K、9400h^{-1} 反应条件下，Fe©CRS 的积炭选择性比其它 Fe 基催化剂以及纯 CRS 相降低了 84% ～ 90%，甲烷转化率 6.5%，C_2 选择性 48.2%，芳烃选择性 26.2%，积炭选择性 2.0%，展示了较好的芳烃选择性以及单位空间甲烷活化速率。H_2-TPR、TEM 和 XAS 分析结果表明，Fe©CRS 催化剂中部分还原的 Fe_3O_4 在 MTOAH 反应中被甲烷碳化形成碳化铁物种，并且以 Si-Fe 键的形式将 Fe 物种晶格限域在 SiO_2 晶格之中。结合理论计算，认为晶格限域的 Fe 活性位相比于 Fe_3C 纳米团簇展现了更为优异的甲基自由基形成能力以及抗积炭能力。通过在反应气中添加氢气，在 1353K 下 100h 的稳定性测试结果显示，甲烷转化率保持在 5.8% ～ 6.9%，C_2 选择性高达 86.2%[260]。

除了 Fe©SiO_2 催化剂，Xie 等报道了 CeO_2 限域的单中心 Pt（Pt@CeO_2 催化剂），同样可催化 MTOAH 反应 [261]。HAADF-STEM、XAS、XPS 以及 DRIFT 表征结果显示，Pt 以单原子的形式存在，是 MTOAH 反应活性中心；虽然 Pt 纳米粒子和团簇也能催化 CH_4 脱氢，但是不能有效控制 C-C 偶联程度，往往导致积炭。DRIFTS 表征结果显示，反应后 Pt@CeO_2 催化剂表面上存在乙烯和乙炔的 π 键，认为 Pt 活性位上吸附的 C_1 物种（$*CH_3$ 和 $*CH_2$）发生偶联反应而生成 C_2 物种，脱附后生成 C_2 气相产物，并经过脱氢以及聚合逐步形成C_3和芳烃产物。在1248K反应温度下40h的寿命测试结果显示，甲烷转化率保持在14.4%，C_2选择性为74.3%[261]。Huang等对MTOAH过程进行了经济评估，认为积炭选择性和甲烷单程转化率是影响经济效益的两个主要因素：只有当甲烷转化率高于25%、积炭低于20%时，才具有经济可行性。若进一步提高乙烯选择性，降低催化剂以及基建费用，可降低市场投资风险[262]。

4.3.4 未来发展方向与展望

MDA、OCM和MTOAH反应具有一定相似性，也有显著不同之处。如图4-38所示，这三个反应都在金属中心上活化甲烷C—H键，且只打断第一个C—H键，从而允许中间体在不同活性位上发生C-C偶联或气相中发生偶联。

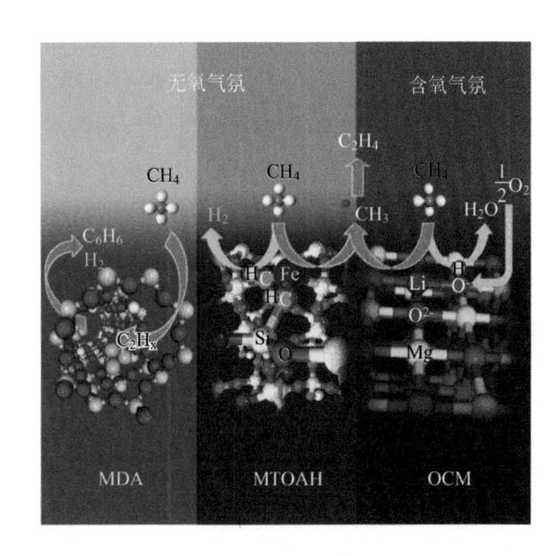

图4-38
甲烷直接转化反应的主要技术路线原理图（包括MDA、MTOAH和OCM）[163]

4.3.4.1 MTOAH与OCM

MTOAH与OCM均以甲基自由基为中间产物，在气相中进行C-C偶联生成乙烯，只是甲烷活化解离以及氢从催化剂表面移除的方式不同（图4-39）。在MTOAH中，甲烷在单中心铁的活性位上进行解离，生成甲基并脱附至气相生成CH_3自由基，然后暴露出Fe位点继续活化第二个甲烷分子，释放另一个甲基自由基（2.19eV），Fe-C-Si中C上的H移至Fe上（能垒为0.58eV），然后在表面产生的两个H以氢气形式脱除（能垒为1.61eV）[255]。

而在OCM反应中，如Li/MgO催化活化甲烷后生成甲基自由基，解离生成的H与O^-中心成键形成羟基。由于MgO—H键解离能高达441kJ/mol（相当于4.57eV），因此表面的氢是以H_2O或羟基自由基的形式脱附[213]。此外，催化剂表面可能形成超氧物种，反应体系中存在高活性氧物种、超氧物种、氢过氧物种以及羟基自由基等，导致过度氧化，也是自由基气相链增长中断的主要原因，因此，OCM产物只能得到C_2烃类及极微量的C_3烃类，无法生成碳链更长的烃类或芳烃等产物。而MTOAH在无氧条件下，自由基气相链增长则不受此限制，因此，MTOAH反应中可以形成苯、萘等热力学相对稳定的高碳化合物。

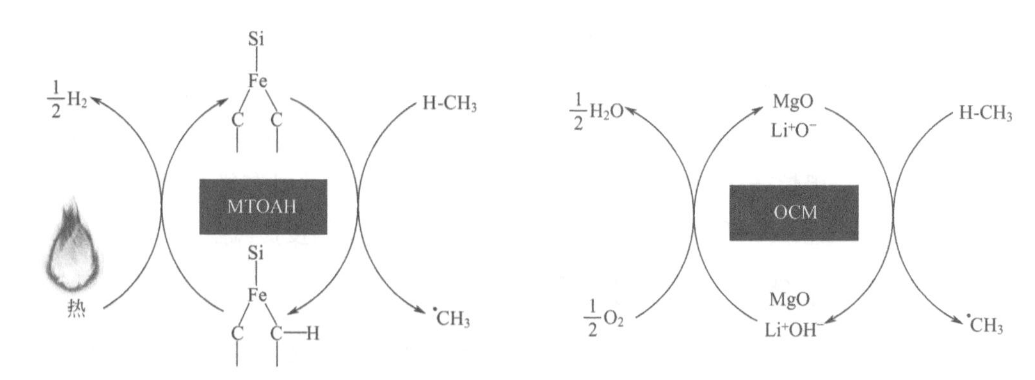

图 4-39

MTOAH 和 OCM 反应机理示意图 [163]

4.3.4.2 MDA 与 MTOAH

MTOAH 与 MDA 相似，反应在无氧条件下发生，其转化受热力学限制，产物为烯烃、芳烃和氢气等。两者不同之处在于，MDA 采用分子筛负载的金属为催化剂，文献普遍认为反应遵循双功能机理，即甲烷在金属活性中心上活化生成 C_2H_x 之后，在分子筛 Brönsted 酸位点上发生芳构化反应生成芳烃和氢气，酸性分子筛促进了中间产物进一步脱氢，因此难以避免积炭并覆盖活性位，导致催化剂快速失活。而 MTOAH 采用几乎没有酸性的 SiO_2 或 SiC 为载体限域的单中心金属如铁，实现 C—H 键的活化并生成气相甲基自由基，甲基自由基在气相中经过一系列的脱氢和 C-C 偶联反应，产物分布主要由热力学与动力学控制，在一定范围的温度与空速条件下，可以避免积炭的生成，获得烯烃、芳烃等碳氢化合物和氢气。

在甲烷高效转化中，高活性、高选择性、高稳定性催化剂的设计研制是十分重要的挑战，不仅要求具有较低的 C—H 键活化能，同时还需要较低的甲基吸附能，以脱附进入气相形成甲基自由基，从而避免甲基在催化剂表面 C-C 偶联而生成积炭。另外，虽然无氧条件下可实现较高碳原子利用率，但受热力学限制转化率较低，需要高温才能实现合理的转化效率。然而，高活性金属基催化剂往往高温不稳定，易烧结，因此，高活性、高选择性和高稳定性将是催化剂研究长期追求的目标，这对于 MDA 和 MTOAH 热力学受限的反应来说尤为重要。另外，膜反应器耦合催化反应和膜分离最近吸引了越来越多的关注 [251]。通过使用透氢膜，将反应产生的氢直接从反应区域分离移除，将推动化学平衡向产物方向移动，以提升甲烷的转化率，也可在保证转化率的同时降低反应的温度，这是促进甲烷高效转化行之有效的手段之一，但是可能因为氢分压降低，促进了积炭的生成。此外，反应器的设计如流化床、移动床，以及反应过程工艺的优化如 H_2 周期切换再生催化剂等，也是未来甲烷高效转化利用中需要重点研究和解决的技术问题。特别地，当前双碳目标对探索更加绿色、高效的甲烷活化路径提出了更高的要求，采用绿色电能的电催化、光催化转化甲烷制高值化学品，都是值得研究的课题。

4.4 低品位矿产资源的高效利用化工过程

低品位矿产资源属于较为宽泛的一个概念，除了贫矿、劣矿以外，还包括原生的优质矿产资源在分选和利用过程中的从属性、剩余性产物。根据当前的行业发展现状，本节从盐湖资源、金属与非金属资源、低品位煤炭无机矿产复合资源、稀土资源等角度对低品位矿产资源的高效利用提出建议。

盐湖、金属 / 非金属、煤炭无机矿物、稀土等矿产都属于国家战略性资源，关系到国家的粮食安全、能源安全、环境安全甚至军事安全，其共同特征在于现阶段的矿区开采已经到了低品位尾矿或废弃物呈现大量堆弃态势的阶段，低品位矿物的总量已经不再低于原生矿物，并且已经开始制约原生矿物的平衡利用。由于高品位矿消耗过快，随之而来的是大量品位低、组分杂的贫劣尾矿，贫化矿的有效利用已成为全行业面临的问题。

低品位矿产资源的利用已经引起了业内的关注，出现了各种新技术和新原理，但主要还是源于原生矿物加工利用的技术形式。原生矿物与贫矿的加工技术匹配性往往不佳，但技术不匹配的科学原因尚不明朗。如果不深入研究这部分低品位矿产的加工利用问题，这些资源就是无法利用的呆矿，其潜在的经济价值无法体现。从这个角度来看，低品位矿产资源的综合利用研究，既是科学与技术的发展需求，也是社会、经济与环境的发展需求。

4.4.1 发展现状与挑战

盐湖资源方面，作为我国自然资源的重要组成部分，盐湖富含十分丰富的无机盐资源。我国盐湖以数量多、类型全、资源丰富并含诸多稀有元素而著称于世。以钾、镁、锂、硼等为代表的盐湖资源在高效农业、信息、新能源、有色金属材料、环保等产业中有着广泛的应用。近年来，盐湖工业发展迅速，盐湖资源开发利用技术不断提高，产业链不断延长，正逐步向循环经济转型。但是，盐湖资源的开发利用过程中，仍然存在环境保护和资源综合利用的压力，需要解决一些关键技术，从而突破产业升级的限制，优化产品结构 [263]。以青海盐湖资源为例，钾盐生产已经形成规模，镁盐工业正在发展之中，锂、硼及其它稀贵资源、盐田生物等非化学资源的利用也已经得到了重视。与此同时，在盐湖化工发展进程中，很多盐湖卤水矿和干盐矿也逐渐暴露出品位降低、组分变杂的倾向。一些低品位的盐矿除含有光卤石、钾石盐等组分，及含钾的硫酸盐、硫酸钙、芒硝甚至白钠镁矾外，还含大量钾硅钙岩盐、云母、辉石等钙铝硅酸盐不溶物，并且含泥量往往过半。与此同时，在青海盐湖地区，每生产 1 吨氯化钾要排放老卤 10 ～ 12 吨，年排放老卤 5000 万立方米以上，除了造成镁资源的巨大浪费外也改变了盐湖卤水平衡。我国盐湖资源还存在高镁锂比特征（从几十到几百甚至上千），而高镁锂比盐湖卤水的镁锂分离及锂提取利用是当前面临的一项世界性难题，使得锂回收率普遍低于 40%，锂盐纯度也比较低。由于锂产业对国外资源依存度高达 80% 以上，因此亟待发展新的核心提锂技术。总体来看，盐湖资源的综合性平衡利用有着重要的战略意义 [264]。

金属及非金属矿产资源方面，经济和社会的快速发展给矿产资源高效清洁利用带来压力，金属及非金属矿产资源利用研究方向已经发展为集选矿工程、环境工程、矿物加工工程及资源利用等多个研究方向的综合型学科，同时与冶金、材料、化学工程等学科形成交叉，综合多学科的基础理论与新成就，促进金属及非金属矿产资源的综合、高效、清洁利用。矿产资源的利用不再是简单地通过选矿得到一类矿产品，而是借助多学科的基础理论成果，形成矿物资源高效综合利用新理论、新方法和新技术，使复杂矿产资源中每类有价元素尽可能地得以开发利用。

煤炭无机矿物方面，本节所述低品位煤炭无机矿产复合资源的指代范围较为宽泛，包括各类贫劣的煤炭及其工业废弃物，这属于当前煤炭综合利用过程中的难利用部分，但又与传统的煤炭利用存在较大的区别，即燃烧、气化、热解等经典技术无法直接且高效地对此类低品位煤炭无机矿产进行加工。煤炭是我国能源与资源的重要供应形式，但随着国内煤炭资源的持续性开采，煤矸石、煤泥、低阶煤等各类低品位资源因缺乏科学系统的清洁高效利用方法，其堆积呈现出快速增长的态势，其消纳与处置已经成为不可回避的工业瓶颈之一。低品位煤炭无机矿产复合资源的开发利用是常规煤炭行业平衡开采和可持续发展的重要保障，其相关学科向减量化、能源化、资源化、高值化综合利用的方向发展。

稀土资源方面，我国作为稀土资源生产大国、出口大国和消费大国，在世界稀土产业格局中占据主导地位。目前稀土资源利用面临的主要矛盾是现有技术水平与日益严格的环保要求和越来越高的资源综合利用之间的矛盾，绿色发展和可持续发展是今后稀土资源利用的发展趋势与根本要求。从源头消减、高效清洁、物料循环等三个维度出发，开发高效、低成本、实用的稀土绿色提取分离技术，是提高资源利用率，达到节能减排、污染近零排放要求的重要途径。

目前存在的重大问题与挑战主要为以下几点。

（1）多元高值化新产品的材料结构设计与制备

针对盐湖钾镁锂元素资源，以功能为导向，面向国民经济重大需求进行材料结构设计，发展多品种及高附加值的镁基插层结构新材料、锂基能源材料、高纯钾盐新产品等，拓展盐湖资源利用新途径；以材料宏量可控制备为目的，突破系列关键制备新技术，实现产品大规模产业化生产。

（2）面向共（伴）生矿物及尾矿的清洁选冶新原理、新方法与新装备

在金属及非金属矿产资源的利用中，矿产资源综合利用率普遍还处于较低的水平，尤其是共（伴）生矿物及尾矿等的利用亟待加强。矿产资源综合利用技术欠缺，选冶过程的自动控制水平低、选冶流程科学性低，缺乏先进装备和创新的采矿和选冶工艺，使得金属和非金属矿产资源选冶加工仍以初级产品为主，产品的科技含量和附加值还需要进一步提高。在清洁利用领域研究尚浅，对矿石选冶过程造成的废水、有毒气体、粉尘及固体废弃物等“三废”的治理和清洁生产模式的实施还在起步阶段。因此，需要开展矿产资源高效清洁利用研究，在资源与环境方面适应新发展形式下的要求。

（3）低品位煤炭无机矿产复合资源的分选提质和全组分利用理论与方法

低品位煤炭由于热值低、灰分高、水含量高，因此直接燃烧、气化、热解分质转化的效率都比较低，同时其仍然含有可观的有机碳，并且伴生战略性金属锂、镓等稀散元素的富集程度较高、储量大，而这些资源大多仍处于难以利用的状态。解决低品位煤炭无机矿产复合资源分选提质、梯级分离的科学问题，是突破此类资源综合利用技术瓶颈的关键之一。

(4)复杂稀土体系的冶金分离物理化学与分离基础

稀土资源的开发研究已经取得了长足的进展，在矿产资源综合利用标准日趋严格的形势下，新型稀土资源选别与提取、有价元素综合利用、共伴生资源开发、稀土绿色冶金短流程工艺等，仍然是稀土利用领域的重要研究课题，具体的挑战包括：稀土多元化储存状态和大宗矿产资源开发过程；稀土及伴生元素的迁移富集规律及提取富集新途径；稀土资源从以铁为主向以稀土和有价元素综合利用开采模式转换的技术基础；低品位离子吸附型稀土的资源化技术与地球化学行为；稀土冶金分离过程物理化学与清洁分离新流程等。

4.4.2 关键科学问题

① 关键科学问题 1：盐湖多组分共存体系的高效分离与提取的新方法、新机理，盐湖资源高效转化与高值利用的新原理。盐湖资源利用的瓶颈是产品结构尚不合理，规模经济效益不高，资源开发和环境保护的矛盾突出，发展盐湖资源循环经济产业链的关键技术尚未解决。因此，发展高效分离利用的新方法与新原理、实现盐湖资源综合利用，是当前急需解决的关键科学问题。

② 关键科学问题 2：复杂贫细金属矿资源清洁高效利用基础理论研究及新技术开发，共生 / 伴生金属矿产资源的组元特性，分离提取过程的矿相演变规律与调控机制。针对我国金属矿产资源复杂贫细、利用难度大的现状，开展理论、放大规律和试验研究，即通过对多元复杂体系热力学及动力学调控机制、选冶分离机理等关键科学问题进行研究，形成复杂贫细金属矿产资源清洁高效利用基础理论体系和新技术。研究共生 / 伴生金属矿产资源中各有价组元在提取利用过程中的矿相结构变化规律，结合矿相演变和不同相的相互作用，揭示有价组元成相、分离的本质特性，依此探明高效分离提取的调控机理和方法，形成共生 / 伴生金属矿产资源综合利用成套技术。

③ 关键科学问题 3：选冶废弃物资源化利用、利用矿产资源制备高附加值材料的科学基础。分析选冶废弃物的本质性质，通过对废弃物基础物理化学性质的研究，建立其与高价值产品之间的内在联系，从而通过共性规律的研究突破废弃物资源化利用的关键难题，形成科学的理论体系和方法，实现固废深度开发和高价值利用。突破传统矿物加工学科，形成矿物加工、化学、冶金、物理、材料等多学科交叉的新的学科生长点，建立“资源 - 材料一体化”的矿物材料学科体系，为硅酸盐矿物直接制备无机新材料提供科学的基础理论，形成由矿物制备高附加值材料的共性技术，为矿产资源的高品质利用开辟一条新路。

④ 关键科学问题 4：低品位煤炭无机矿产复合资源高效利用过程的物理化学规律、分离、传递与强化等基础问题。针对低品位煤炭无机矿产复合资源利用难度大、效率低，需要解决的问题包括分选提质新方法与新原理，以及煤矸石、低阶煤等低热值煤炭资源的高效清洁燃烧理论、燃烧系统的模拟与仿真。另外，煤泥及生物质等资源耦合利用的短流程新方法，以及低品位煤炭资源利用过程中污染物的迁移、转化与释放机理，也需要予以关注。此外，还需要研究煤炭与煤基废弃物中有价元素的协同高效提取及其高值化利用过程的矿相转化与精准分离调控新方法，以及煤基固体废弃物的材料化应用基础理论。

⑤ 关键科学问题 5：稀土冶金过程微观物理化学基础理论问题。包括离子型稀土

资源中非离子态稀土的高效浸出以及浸矿与矿山修复同步进行的问题；岩石型稀土资源中微痕量高价伴生元素的综合选冶问题；二次稀土资源高值综合利用的问题；绿色冶金短流程的模拟与仿真；智能化控制理论与系统工程等科学问题；高效分离材料的分子设计与构效关系问题。

4.4.3 主要研究进展及成果

4.4.3.1 盐湖资源

盐湖资源要走循环经济的道路，按照“走出钾、抓住镁、发展锂、整合碱、优化氯”的发展思路，在钾资源平稳利用的基础上，以镁锂资源的有效利用为切入点，兼顾其它资源和氯平衡问题[265]。

（1）镁资源的材料化利用

镁基建筑材料方面，近年来镁晶须、镁水泥等产品备受关注。例如，以水氯镁石为原料，采用重结晶 - 喷雾干燥 - 低温热解方法制备镁水泥所需原料活性 MgO；或者通过在常温沉淀结晶反应过程中加入不同类型添加剂辅助制备长径比为 30 ～ 40 的 MgO 前驱体晶须，进而结合煅烧手段开发低成本的 MgO 晶须。基于水泥早期水化过程中电阻率与其抗压强度之间的线性关系，可准确预测其不同龄期的抗压强度，并通过掺加粉煤灰、偏高岭土等矿物掺合料，可以开发出质优价廉的碱式硫酸镁水泥。在优化的工艺条件下，通过化学发泡和物理发泡法制备的高性能碱式硫酸镁水泥发泡材料，其力学性能和保温性能可达到 GB/T 11968—2020 中蒸压加气混凝土优等品的指标。

镁基能源材料方面，基于分散式民用冬季取暖、间歇式工业余热回收和太阳能热发电等方面的需求，采用氯化镁尾矿制备相变储热材料，被视为大量消纳氯化镁尾矿的又一途径。根据相图，可以获得镁基氯化物矿盐混合物，基于矿盐的溶解 - 脱水 - 适度水解 - 熔融过程能质传递强化规律，采用控制反应脱水分离技术可以获得由矿盐直接制备的熔盐材料。考虑到我国氯化镁尾矿亟待消纳的现状，开发镁基氯化物熔盐储热技术，不仅未来可大规模消纳氯化镁尾矿解决“镁害”问题，更重要的是可以为我国能源战略发展进行必要的技术储备。

镁基功能材料方面的重要应用途径之一，是基于层状双金属氢氧化物（LDHs）的新材料开发。由于层状双羟基氢氧化物的特殊结构，其主体层板化学组成及电荷密度、层间客体种类和数量及排列方式、晶粒介观形态和尺寸及其分布等结构参数，均可进行合理设计和精确控制[266]。近来在实际工业化生产过程中发现，当对晶化一定时间的 LDHs 浆液采用不同降温速率时，其团聚情况可以发生明显变化。针对这种在工业生产中发现的问题，通过控制晶化时间，采取不同的降温策略，并通过调控 LDHs 层板二价离子和三价离子的比例，可以调控一次粒径和二次粒径的变化。通过控制晶体表面点阵及电荷分布，实现对 LDHs 纳米粒子团聚程度和二次粒径分布的控制，形成粒径可控的 LDHs 产品的宏量制备技术。以镁基、铝基氧化物与二氧化碳为原料，可制备系列镁铝水滑石，实现基于原子经济反应路线 LDHs 的成功合成，制备过程清洁无污染。利用 LDHs 的可插层特性，能够将具有特定功能的无机或有机物种组装进入层间，在获得新结构的同时，材料的性能被极大地强化。插层结构高效抑烟剂、紫外阻隔材料、气体阻隔材料[267]、无铅 PVC 热稳定剂、选择性红外吸收材料等已实现产业化生产，系列产品在海尔集团、玲珑轮胎、江苏联盟、湖北犇星、济南泰星、兴发集团等国内数十家行业龙头企业得到了广泛应用。此外，插层结构橡胶抗老化剂、聚烯烃吸酸剂等已进入中试研究阶段，相关产品经玲珑轮胎、中石化等企业应用评价，表现出了优异的性能。插层结构抗小分子迁移剂、VOC 抑制剂、橡胶抗菌剂和橡胶硫化活化剂等也在实验室取得了初步的成果，表现出了良好的应用前景。

（2）提锂新方法与新原理

锂是重要的能源金属资源，对我国能源安全意义重大[268]。我国盐湖锂资源丰富，占全国总储量的 71%，其中青海柴达木盆地是盐湖锂资源分布最集中地区。围绕盐湖锂资源有效利用，采用反应 - 分离耦合创新技术（图 4-40），基于层状双金属氢氧化物（LDHs）的晶格选择性与离子识别原理，通过反应可以使卤水中的 Mg^{2+} 与外加 Al^{3+} 在碱液作用下发生共沉淀，并使 Mg^{2+} 进入固相，形成 MgAl-LDHs 功能材料产品。由于 Li^{+} 不能进入 LDHs 晶格，仍保留在卤水溶液相，因此能够实现镁 / 锂高效分离[269]。

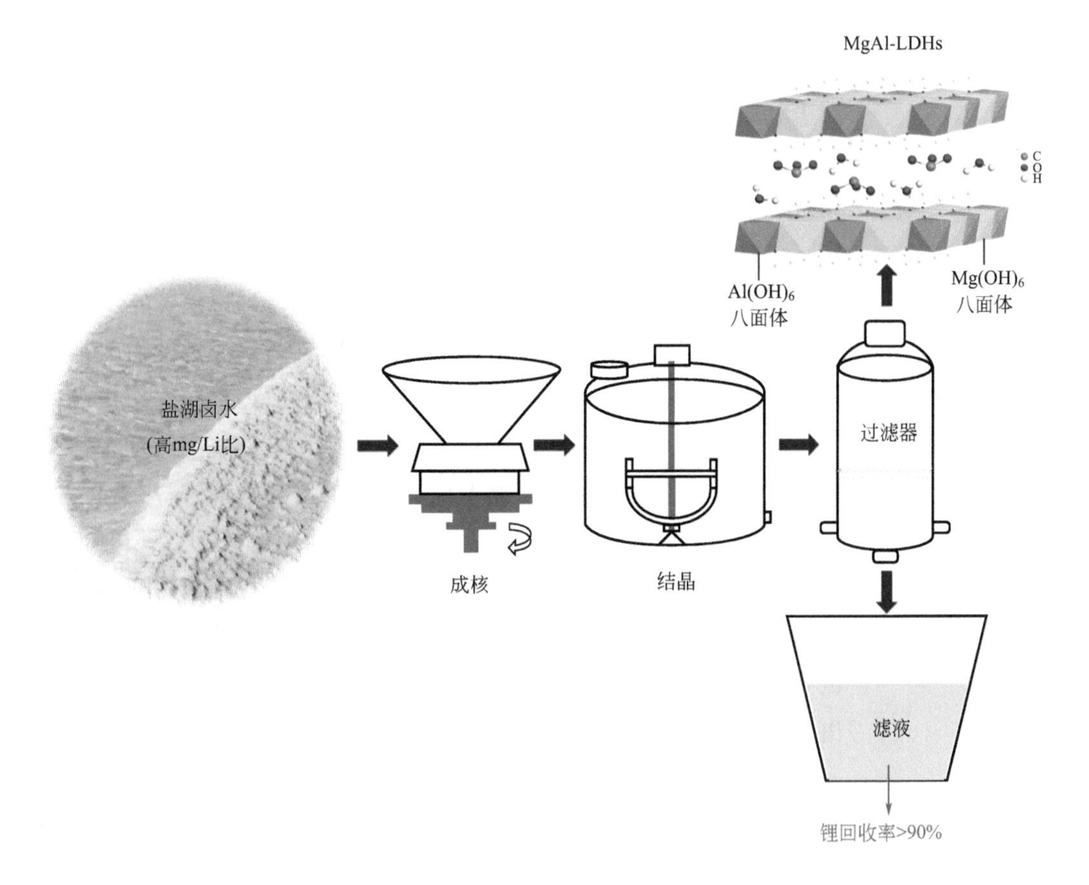

图 4-40
反应 - 分离耦合技术从高镁锂比卤水中分离镁 / 锂、提取锂并制备镁基功能材料产品

在提锂过程中，利用微液膜反应器强化反应成核过程，能够显著降低分离过程的锂损失，卤水镁锂比由初始的几十到几百大幅降低至 0.1 以下。进一步利用该技术可实现高钠锂比溶液的钠 / 锂分离，形成有序空位型 LiAl 复合金属氢氧化物，并在温和条件下将 LiAl 复合金属氢氧化物中的锂离子脱出，获得的纯氯化锂溶液用于制备电池级 / 高纯

锂产品。2019 年，在青海格尔木察尔汗盐湖地区建成世界首条电池级碳酸锂联产镁基功能材料百吨级中试示范线。该技术在实现镁锂高效分离、锂高效提取的同时联产多品种镁基功能材料产品，具有工艺流程简单、能耗低、经济性高的优点，是一种盐湖资源高效、综合利用的新途径。

在溶剂萃取法提锂过程中，已经证实含 $[NTf_2]^-$ 的离子液体和中性配体组成的萃取体系可显著强化中性配位和 Li^+ 的配位作用，实现 Li^+ 向有机相的高效相转移 [270]；通过在弱酸性体系中引入 $FeCl_3$、$AlCl_3$ 盐可克服霍夫迈斯特次序，采用磷酸三丁酯（TBP）为萃取剂可实现 Li^+ 的高效分离，光谱学结果表明 TBP 从该体系中的提锂机制为离子对诱导作用 [271]。特定空穴的冠醚具有选择性识别 Li^+ 的能力，同时利用离子液体作为绿色反应介质的优良特性以及离子液体特殊的内相互作用，可将对 $^6Li/^7Li$ 分离效应显著的 12- 冠 -4- 醚或 14- 冠 -4- 醚功能化至咪唑基离子液体上，和单纯冠醚提取 Li^+ 相比，可显著提高萃取 Li^+ 的能力。基于螺吡喃光致开关的性质以及可以参与络合金属离子的能力，结合光学探针可视化的特点，将螺吡喃荧光团作为母体，连接对锂离子特异络合性能的 12- 冠 -4 或 14- 冠 -4，赋予其特异性识别 Li^+ 的能力；通过光调控螺吡喃“开 - 闭”环，实现对 Li^+ 的可视化俘获和释放 [28]。

（3）低品位钾矿及其它元素资源的综合利用

盐湖提钾主要采用浮选和结晶分离等两类主流技术。低品位钾矿含泥量大多在 50% 以上，并且可溶盐组分种类多、矿物组成变化大，这与早期的盐湖钾矿有很大不同，使得原有的钾盐浮选或结晶分离技术在应用时的效果往往并不理想。

低品位钾盐浮选过程的复杂性之一体现在浮选母液、不溶杂质和浮选药剂的交互作用上。例如，烷基脂肪胺和烷基磺酸钠是钾盐正浮选的主流捕收剂。以加拿大和我国常用的十八胺盐酸盐为例，一般认为其浮选原理是疏水碳链端基和胺解端基分别附于气泡和盐粒，由此实现浮选，也有观点认为是捕收剂沉淀在盐粒之上。捕收过程是在母液的高离子强度和不溶物干扰下进行的，其机理解释曾运用过离子交换模型、溶液热模型、表面水合模型、表面电荷模型、界面水结构模型等手段，但受高离子强度的影响，药剂、盐和不溶物之间的相互作用仍是化学理论研究中难度很大的课题。近年来，基于分子动力学模拟、量子化学计算、和频共振光谱技术及其它表界面化学测试等手段的研究，有观点认为氯化钾浮选收率低的原因之一是晶体界面水结构发生了由“疏散”向“致密”的转变 [272]，并且极性较强的阴离子（SO_4^{2-}、I^-）能够破坏水分子之间的四面体配位结构，进而扰乱十八胺分子在气 / 液界面的有序排列。在此基础上，调控气泡可以促进十八胺分子在氯化钾晶体表面以分子聚集体形式吸附，并通过不同胺类捕收剂的复配技术进一步增强氯化钾晶体表面的疏水性，使氯化钾浮选收率得以提高。

在低品位钾矿的溶采和结晶分离方面，其难点主要是可溶盐组分杂而多变，导致溶采卤水的水盐体系相转化规律不稳定，钠、钾、镁等常量可溶性组分之间的分离难度大，其科学问题主要是基于水盐体系相平衡的溶采和结晶过程强化机理及应用。运用水盐体系相平衡原理解决低品位钾矿分离问题的案例之一是变温溶采 - 结晶技术的应用，例如利用太阳池蓄热并作为热源，在变温过程中利用多元组分的溶解度温度系数的差异，可以实现钠、钾、镁等组分的分离，直接从溶采卤水中提取出 99.5% 以上的高纯度无机盐产品[273]。在该类案例中，变温过程的盐结晶规律及介稳现象，可用五元水盐体系相图予以表述，通过低品位含钾镁卤水溶解含泥贫矿能使得低品位矿快速完成固液转化，快速提高溶采卤水的氯化钾含量；在卤水的一些恒温蒸发阶段制取低钠光卤石和软钾镁矾，并生产硫酸钾盐，从而实现钾资源的深度综合利用。

我国盐湖中除储存有大量的钠、钾、镁、锂等元素外，还含有硼、铷、铯等多种元素。以盐湖中的铷（Rb^{+}）、铯（Cs^{+}）等稀贵金属元素为例，常见提取方法有分步结晶法、沉淀法、离子交换法和萃取法等。其中，萃取法因分离效率高、操作简单、易于连续化和放大操作等优点得到了广泛的研究。目前，常用的萃取剂有冠醚类和酚醇类试剂，但两类萃取剂都无法在中性条件下实施，需加入强酸或强碱，存在环境威胁。对铷、铯等稀贵金属离子具有高选择性高效提取的萃取剂的开发、萃取体系的构建以及相互作用机理的认知成为关键。作为绿色溶剂的离子液体类萃取剂也受到关注，量化计算等研究手段在分离机理的探索中也有很广泛的应用。

4.4.3.2 金属及非金属矿产资源

我国由于幅员辽阔，成矿条件复杂，金属和非金属矿产资源自然禀赋很差，“贫矿多、难选矿多、共伴生矿多”：铁、锰、铝、磷等国民经济紧缺矿产的低品位贫矿比例高达 90% 以上，探明储量的平均品位不及世界平均品位的一半；矿石性质复杂，类似鲕状赤铁矿、胶磷矿等世界上公认的难利用矿在国外几乎不开发，而在我国却是重要资源；共生矿多，我国有色金属矿的 85% 以上是综合矿，伴生占比大，这些国外基本不开发利用，却是我国重大需求的矿产资源，其高效利用无国外技术可借鉴，只能通过自主技术创新来实现。近几十年来，通过科研学者广泛、深入的基础理论与工艺技术研究，我国取得了长足进步，形成了多项具有特色和代表性的金属及非金属矿产资源综合利用新技术、新工艺和先进的技术设备，并在实际生产中得到了应用。

（1）金属矿产资源利用

金属矿产资源方面，提铁降硅选矿工艺优化、磁化焙烧、强磁预选等高效节能的选矿新技术，提高了我国“贫、细、杂、散”难处理铁矿石的开发利用率[274]；氧化锰矿流态化低温高效还原成套新技术、富锰渣法等锰矿资源开发利用，为我国大量赋存的低品位难选冶锰矿的高效综合利用开辟了新途径[275-277]；亚熔盐法钒渣高效清洁提钒、酸浸法从黏土钒矿中提钒、钒钛磁铁精矿还原 - 磨选法综合利用铁钒钛、直接还原等技术的发展，使我国钒钛磁铁矿的综合高效利用有了新的突破[274, 278]；选择性沉淀法、碱压煮工艺、硫磷混酸协同浸出等技术的出现，使我国在钨提取冶金的理论、技术、生产上均居于世界领先地位[279]；预脱硅处理技术使我国高铝、高硅、低铁的铝土矿资源亦能满足拜耳法生产氧化铝的要求[274]，同时，还原 - 磁选、湿法提取等过程基本原理的探索与研究为赤泥中铁、钛、铝、钠以及稀土、镓等稀有金属元素的提取与回收利用提供了方法指导[280]；焙烧氧化、生物氧化预处理工艺及浮选 - 精矿氰化工艺的应用，使黄金等贵金属资源的开发利用取得突破[274]。总体而言，金属矿产资源的综合利用在突破传统选冶工艺限制的基础上发展了新型的先进提取利用流程，以适应新

的资源形势和环境保护要求。

以铁矿的清洁、高效利用为例，为突破传统高炉冶炼流程长、能耗高、污染大等问题，国内外开展了非高炉直接还原流程的攻关探索，即将高炉一个反应器中发生的气相还原（$Fe_2O_3 \rightarrow Fe$）和渣铁分离（熔分）过程分开在两个独立的反应器中进行。先在还原反应器中将大部分铁氧化物还原为金属铁，这个过程得到直接还原铁（DRI），DRI 再在电炉中完成最终还原和熔化分离。经过几十年的研发，开发了竖炉、回转窑和流化床等直接还原反应器[281]。流化床直接还原因具有直接利用粉矿、气固传质和传热效率高、低温综合反应效率高的突出优势而具有广阔的应用前景。例如，由奥钢联与韩国浦项钢铁公司联合开发的 FINEX 工艺即是一种典型的流态化预还原 - 终还原熔分的结构配置，该工艺 2014 年在韩国浦项建成投产年产 200 万吨铁水规模的工业装置，相比传统高炉流程，其 SO_x 和 NO_x 排放降低 20% ～ 50%，粉尘排放减少 41%，环保效益显著[282]（图 4-41）。

此外，面对行业紧缺的金属资源（如锰矿、铜矿等）易开发矿日益枯竭、大量难开发矿品位低、现有技术无法开发利用的严峻资源形势，通过发展新理论与新技术来盘活呆滞资源以适应资源形势的变化，也在近年来取得重要进展。例如，由于碳酸锰矿日益短缺，以氧化锰矿为原料生产电解金属锰是我国必然趋势，但是硫酸不能与氧化锰矿中的二氧化锰反应，需要先将二氧化锰还原为一氧化锰才可用于制备电解金属锰，故氧化锰矿的还原成为其应用于电解金属锰行业的关键。基于这一问题，中国科学院过程工程研究所凭借其多年来在流态化技术领域的研究经验和科技优势，对氧化锰矿还原过程机理、流化床反应器设计、反应停留时间、流态化过程强化等，开展基础科学问题研究和关键技术研发，形成了具有自主知识产权的“氧化锰矿流态化低温高效还原成套新技术”，该技术通过对 MnO_2 还原的化学平衡计算，探明了单纯靠 MnO_2 分解无法获得高的 MnO 转化率，当增加还原剂用量（如 $H_2/MnO_2 > 1.5$）时，还原超过 400℃后，MnO 的转化选择性接近 100%；同时，通过对氧化锰矿还原宏观动力学的研究，探明了 550℃下还原时间 2min，MnO_2 转化率稳定在 97% 左右，由此从热力学和动力学两方面证明了 MnO_2 还原比较容易实现（图 4-42）。在此基础上，中国科学院过程工程研究所综合分析锰矿资源品位、处理量、停留时间、温度等关键因素，设计了高效的流化床反应器，建成了国际首条年处理 20 万吨氧化锰矿产业化示范线，该示范工程至今已稳定运行 5 年左右，与竖炉和回转窑技术相比，该技术在产品浸出率、能耗、成本、产能等方面都具有十分突出的优势，为我国大量赋存的低品位难选冶锰矿的高效综合利用开辟了新途径，缓解了我国因高品位锰矿储量不足带来的金属锰依赖进口的局面，支撑了我国电解锰及相关锰产业的可持续发展[275]（图 4-43）。

再如，我国铜资源储量有限，禀赋不高，对外依存度高达 70%，高品位、易开发铜资源被国际大型矿业公司垄断，世界范围内剩余未开发铜资源主要以低品位硫化铜矿为主，传统冶金技术难以经济环保利用，面对这一难题，中国科学院过程工程研究所积极开展生物冶金基础研究及新技术开发，经多年研究，揭示了生物浸出体系微生物群落活性调控机制，获得微生物调控关键工程技术参数，最终形成“以目的矿物氧化为目标，物理、化学和生物多因素耦合与调控”的技术思路，开发出具有自主知识产权的“微生物群落调控”“生物堆浸酸铁平衡”等成套生物冶金关键技术[283]，在缅甸建成亚洲最大的5万吨/年阴极铜生物冶金生产线，于2016年全面达产，年销售额3亿美元。该技术不仅有利于解决我国特有的复杂铜矿资源加工利用难题，增加我国可开发利用的铜资源储量，而且对于中国企业开发海外低品位资源以及占据技术优势地位都具有重要作用。

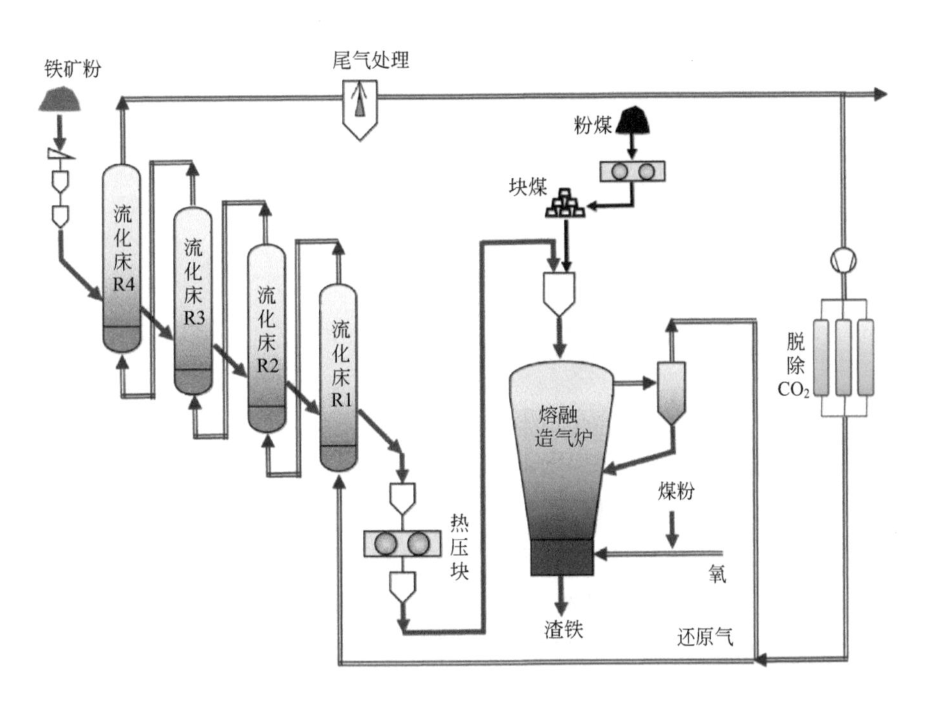

图 4-41

FINEX 流化床直接还原流程图

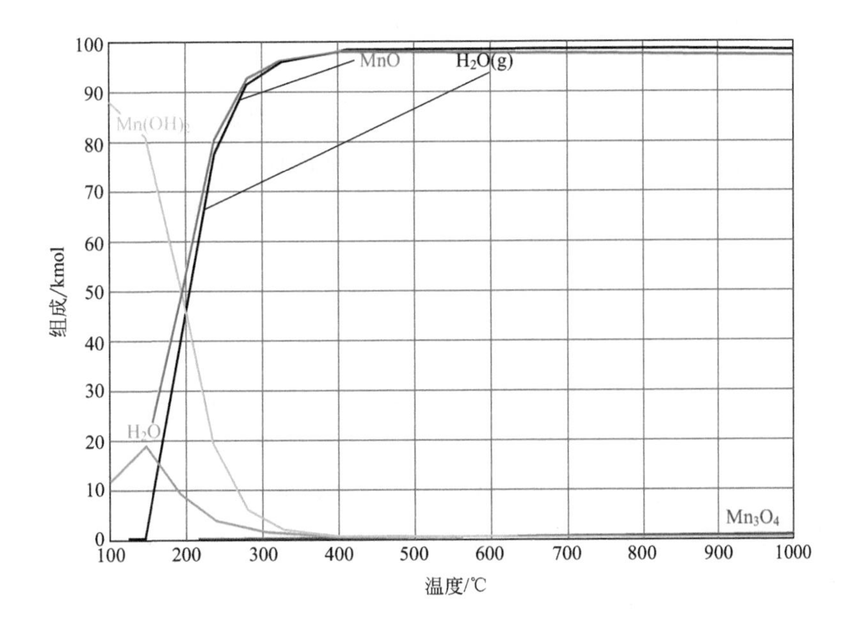

图 4-42

H_2 还原 MnO_2 的平衡组成

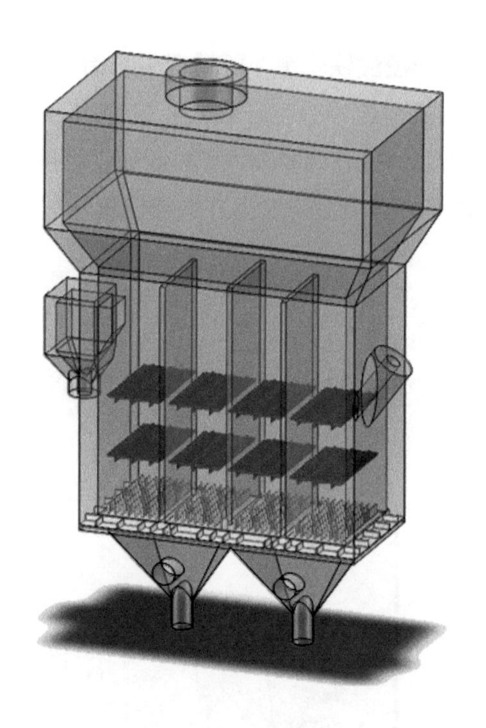

图 4-43
低品位氧化锰矿还原流化床反应器

（2）非金属矿产资源利用

非金属矿产资源方面，石英型萤石矿高效抑硅药剂的研制、重晶石型和碳酸盐型萤石矿高效捕收剂和抑制剂、多次选别工艺流程的开发，开拓了萤石矿的开发利用空间 [274]。例如，长沙矿冶研究院经过 5 年攻关，形成“复杂伴生萤石低温高效浮选技术”，解决了常规萤石浮选药剂耐低温和酸碱性能差而导致萤石回收效果不稳定的难点，工业试验表明，萤石精矿品位可达 93% 以上，回收率可达 70% 以上，稳居世界领先水平，复杂伴生萤石综合回收这一世界难题获得重大突破 [284]。

钾长石矿方面，浮选 - 硫酸酸浸联合、磁选 - 浮选联合等除铁技术，以及焙烧法、水热法、微生物法、氢氟酸法、亚熔盐法等钾长石矿分解方法的提出，为探明钾长石矿浸取过程、综合回收利用 K、Al、Si 资源提供了多种思路 [285]。

磷矿方面，新型浮选药剂、联合选矿工艺的开发，为我国超低品位磷矿的开发利用提供了技术支撑 [274]。例如，针对贫杂细难选胶磷矿的开发利用，云南磷化集团有限公司和北京矿冶研究总院经过多年持续研究，成功开发了“柱 - 槽联合短流程浮选工艺”“含高倍氧化物的硅质及硅酸盐型胶磷矿正 - 反 - 反浮选工艺”“直冲逆流式胶磷矿专用系列浮选柱”“高效复合型、混合型胶磷矿系列捕收剂”等技术，并在国内率先实现了大型浮选柱在胶磷矿浮选中的产业化应用，形成了具有自主知识产权的“贫细杂难选胶磷矿资源规模化开发利用”成套技术，成功应用在晋宁 450 万吨 / 年浮选装置以及红磷分公司 120 万吨 / 年浮选装置上，近三年累计生产磷精矿 1355 万吨、浮选药剂 4 万吨，利润总额 8.17 亿元。该技术提高了难采选胶磷矿资源的利用率，为低品位胶磷矿找到一条行之有效的利用途径 [284]。总之，随着国内专家学者不懈的攻关克难，我国非金属矿的开发利用技术及工业化应用得到了长足的发展和进步。

（3）选冶装备的发展

随着技术进步带来的工艺流程多样化，金属和非金属矿产资源的选冶设备正朝向大型化、智能化、高效化和绿色节能化方向发展。随着多学科、多领域交叉发展不断深化，设备开发系统化愈加紧密，机电一体化、控制技术、数字化水平不断提高，一批高效节能的新设备，如高压辊磨机、立式搅拌磨机等，得到广泛应用。但是，总体上我国选冶过程自动化、信息化、智能化技术与发达国家相比起步晚、差距大，装备智能化水平不足，借助5G通信、云存储以及大数据等技术的发展，实现物联网技术在选矿装备中的应用，提高选矿装备的自动化控制和精准控制水平，实施选矿过程智能优化制造，是选冶装备技术发展的必由之路。

自2012年以来，我国加快推广资源综合利用方面的先进适用技术，截至2019年底公布的360项矿产资源节约和综合利用先进适用技术中，金属及非金属矿产资源的综合利用先进适用技术占230多项[284]，足见近年来金属和非金属矿产资源利用方面取得了较大进展，同时这些技术的推广和转化将为贫、细、杂、难利用矿产的资源化开辟更多新思路。

4.4.3.3 低品位煤炭无机矿产复合资源

低品位煤炭除含有一定量残碳之外，还含有数量可观的硅铝锂镓等元素资源。低品位煤炭由于热值低，并且灰分和水分含量较高，因此直接燃烧、气化、热解转化等传统煤炭利用技术已不再适合使用。在这种情况下，低品位煤炭中的残碳和各种战略性金属元素等资源实际上都处于被流失的状态，因此需要开发有别于传统煤炭的资源利用新原理、新方法。

近年来，低品位煤炭无机矿产复合资源的研究主要聚焦于减量化、能源化、资源化、高值全利用等方向，具体表现在这种资源的分选提质加工、清洁低碳燃烧、元素分离与产品工程、材料化利用等方面。

（1）分选、提质与富集

对于品位低的煤炭资源，其利用过程中存在的主要问题是加工量大且加工过程能耗高，需要通过高效分选提质以实现加工过程低碳化和利用过程减量化，这是低品位煤炭后续残碳与金属元素利用的前提。涉及的科学问题主要是此类体系的分选提质新方法与原理，包括浮选方向的溶液化学、胶体与界面化学等。以褐煤、1/2中黏煤、弱黏煤、不黏煤和长焰煤等低阶煤为例，此类煤种储量很大，风化煤、自燃煤等煤炭仅在晋蒙两省的资源量就高达百余亿吨，其中粒径小于0.2mm（或小于0.5mm）细煤泥在实际生产中尤其难以分选，往往是直接掺入重选精煤中。针对此问题，有研究[286]考察了低阶煤表面含氧官能团对煤/水界面水结构和煤泥浮选特性的影响，以高内相油包水型乳液为低阶煤浮选捕收剂，在明确了乳液浮选性能和浮选作用机制的基础上，通过乳化工艺和内水相添加物调控，提高了乳液的储存稳定性和在矿浆中的分散稳定性，从而实现低阶煤煤泥的经济高效分选与回收（图4-44）。

（2）碳燃烧与减排

尽管煤炭的利用已呈多样化趋势，但燃烧仍然是煤炭资源的主要利用形式，燃烧性能的强化是提高煤炭利用率的重要途径。低品位煤炭中碳的燃烧利用效率很低，然而这种碳仍属于可燃性物质，其燃烧与减排有别于传统煤炭的常规利用过程。对于低

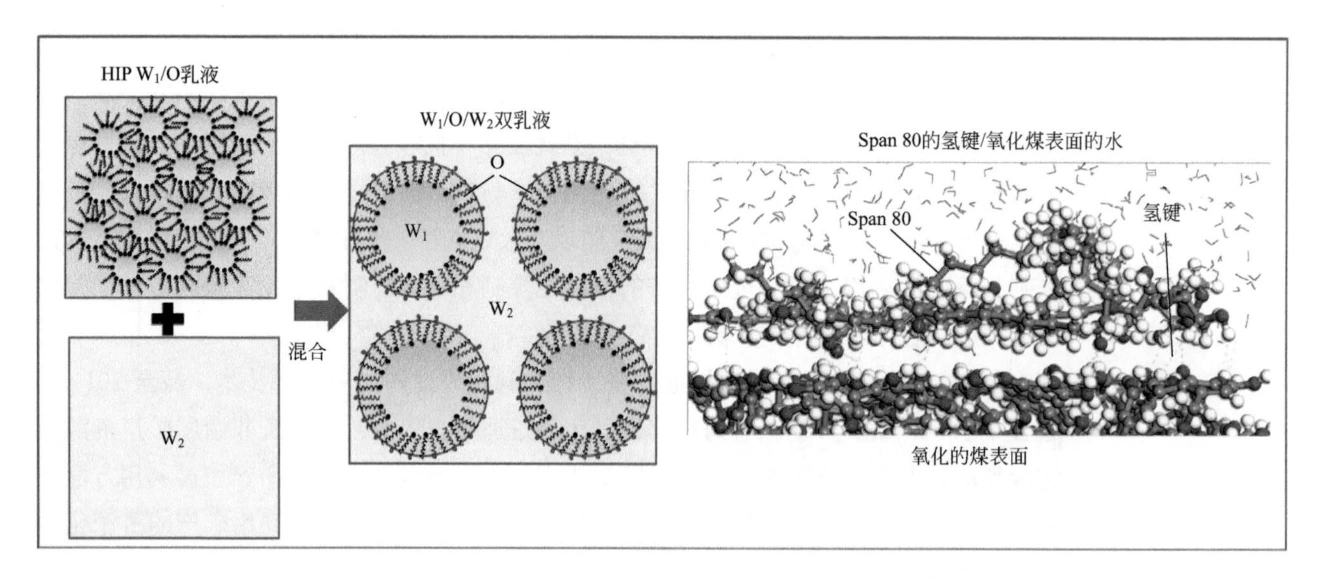

图 4-44
油包水型低阶煤浮选捕收剂促进煤颗粒的捕集

品位煤炭利用过程中的减排，提高燃烧效率是主要的解决途径之一，也是将硅铝锂镓等元素直接富集到粉煤灰等尾渣中的有效手段。近年来的实用性举措及科研探索包括富氧燃烧、煤泥 - 生物质混燃等，燃烧理论的创新与突破显得更为重要。

以煤矸石等高灰分、低热值燃料为例，其燃烧效率与综合利用潜力受限于着火难、燃烬性差、燃烧火焰不稳定等技术瓶颈。煤泥与农林废弃物、城市生活垃圾、工业废渣、人畜粪便等生物质的混燃研究案例表明，生物质的混入对煤的燃烧过程存在重要影响，生物质的挥发分和焦炭等组分的燃烧具有引燃和成孔助燃作用，并且能够改善固硫剂的固硫率[287]。但是，化石燃料与生物质共燃的相互作用机理还不完全清晰，混燃过程交互影响机制的很多研究结论还存在相互矛盾现象，这主要与共燃行为的复杂性有关，因此也是共燃复杂体系研究的一个难点。此外，低碳高效燃烧 - 富氧燃烧等技术的发展对于解决煤矸石[288]等低热值燃料的二氧化碳排放问题是一个促进因素。研究表明煤矸石的燃烧是一个包括低温失重、主要热分解和二次脱气等多个阶段的复杂过程，其化学反应级数也随原料而变化，并且原料间的热影响、矿物分解、碳氧反应限制等都是制约低热值燃料燃烧效率的关键因素。另外，热解过程作为大多数含碳燃料热转化过程的初级阶段，对含碳燃料的后续转化（燃烧、气化、液化、碳化）都会产生重要影响，并进一步影响粉煤灰等固废的资源化。总体来看，低品位煤炭资源的燃烧不仅事关环境，也决定着后续粉煤灰等固废的资源化技术水平。

（3）金属元素资源的分离与提取

低品位煤炭无机矿产复合资源中的元素利用，在广义上包括煤及煤系废弃物中各种元素的提取和转化以及燃烧和提取的过程耦合，主要涉及碳、硅、铝、锂、镓、稀土等元素的产品工程[289]。对于低品位煤炭无机矿产复合资源的元素利用，需要解决由矿相稳定、体系复杂带来的应用瓶颈问题，因此分离新方法及新原理是重要的科学课题之一，而火法与湿法新工艺、矿相转化和调控、湿法过程的溶液化学和界面化学研究，直接决定了元素的定向富集和选择性提取效率。2017 年，内蒙古大唐国际再生资源开发有限公司等多家机构共同完成的“高铝粉煤灰提取氧化铝多联产技术开发与产业示范项目”获得国家科学技术进步二等奖，其元素利用的思路具有一定的参考价值。该方法从粉煤灰中提取非晶态氧化硅并用于高加填造纸，再通过烧结提取氧化铝，最后产生的硅钙渣用于建材产品开发，通过有价资源梯级协同提取而实现综合利用，依次转化为有色金属、化工填料、环境材料与绿色建材等产品。在煤系资源化的综合利用中，煤炭伴生铝锂镓稀土等元素的赋存状态和分布特征、矿相转化规律及元素分离工艺、多元素协同提取新方法、脱硅提铝等常量元素的分离新方法、锂镓等元素的定向富集分离与精炼提纯原理、非常规过程的热力学与动力学研究等，都属于资源化利用的重要科学问题。

（4）无机矿物元素资源的材料化利用

低品位煤炭无机矿产复合资源的材料化利用[289]是高附加值产品工程的重要组成部分，包括煤基碳材料、氮化镓、电极材料、稀土发光材料、煤废材料（建材、涂料等）。在材料产品方面，要解决复杂体系多元组分的交互影响机理，以及材料微观结构、界面相容性及微作用力与材料性能的构效关系问题，例如在白炭黑、碳材料、导电材料、新型建材、涂料、多孔或轻质材料等方面。较为常见的利用方式如将煤矸石制备为均质材料[290]或晶须产品，比较典型的方案是采用熔盐法、粉末煅烧法或溶胶-凝胶法，将煤矸石在高温环境中转化为莫来石晶须，在该过程中煤矸石多元组分对物相转化、晶体生长、结晶度的交互性影响，是制约最终产品形貌与性能的核心问题，相应的机理研究在其材料化应用中也是值得关注的科学问题。

4.4.3.4 稀土资源高效利用

近十年来，围绕包头、四川、山东的矿物型稀土资源和以江西为主南方各省区的离子型稀土资源的高效绿色开发，开展了卓有成效的研究工作，提出了一些新的机理认识、新的提取原理和新的技术方案，并进入工业化试验阶段。但随着各国政府对稀土资源战略地位认识水平的提高，未来稀土资源开发技术的竞争会日益加剧，我国稀土资源开发的主导地位也面临新的挑战。在国际视野下，发现和认识新的稀土资源、提升低品位伴生稀土资源综合回收价值、拓展离子吸附型稀土资源的找矿范围、提高稀土提取和分离技术的绿色化程度，将是今后稀土资源开发应用领域的重点方向。如何从开源、高效、清洁三个维度出发，突破资源综合利用的成本限制和环境污染两大瓶颈难题，是实现稀土绿色提取分离的根本要求。

我国开发利用的稀土矿主要有包头混合型稀土矿、四川氟碳铈矿、南方离子型稀土矿，因其种类、成分和成矿机理不同，分别采用了不同的采选冶工艺。

（1）混合型稀土矿

包头混合型稀土矿主要为氟碳铈矿和独居石，矿物结构和成分复杂，与铁、铌共（伴）生，目前采用磁选、浮选工艺生产品位（REO）为50%左右的稀土精矿，稀土利用率仅为10%～15%，未回收的稀土随尾矿排放堆存于尾矿库内。

目前90%包头稀土精矿采用浓硫酸高温焙烧工艺处理，通过浓硫酸强化焙烧分解、水浸、中和除杂、碳铵沉淀-盐酸溶解或者P507/P204萃取转型、皂化P507萃取分离等工序得到单一稀土产品。该工艺对精矿品位要求不高，易于连续大规模生产，运行成本低，稀土回收率高[291]。但该工艺仍存在一些问题：放射性钍未得到回收；氟、硫废气回收难度大；钙、铝、铁等杂质影响稀土萃取能力和产品质量；废水量大，处理成本高等。

有研稀土公司开发了基于碳酸氢镁水溶液浸矿和皂化萃取分离的新一代包头混合型稀土矿绿色冶炼分离工艺[292]，新技术利用冶炼分离过程产生的硫酸镁废水和回收的 CO_2 气体为原料，连续碳化制备纯净碳酸氢镁溶液，代替液氨、液碱、轻烧氧化镁、碳酸氢铵或碳酸钠等用于中和除杂、皂化 P507 萃取、转型与分离稀土（图 4-45）。整个工艺生产过程无氨氮排放，实现了硫酸镁废水和 CO_2 的循环利用，并消除了铝和铁杂质对萃取过程的影响，大幅度降低环保投入和生产成本，实现稀土绿色环保、高效清洁生产。

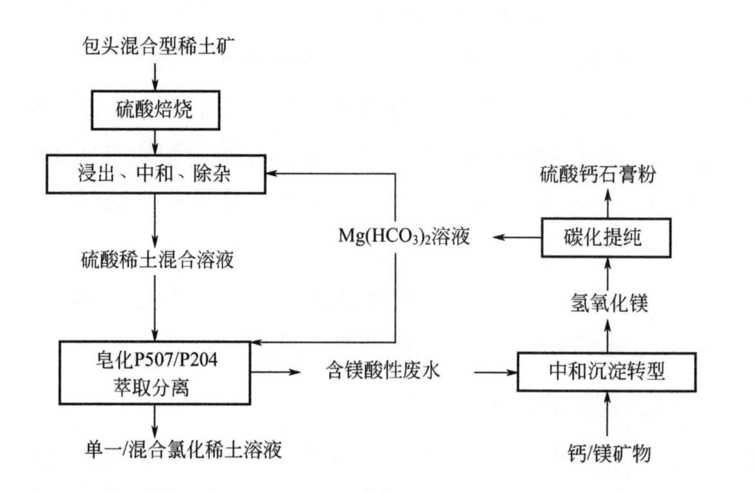

图 4-45
新一代包头混合型稀土矿绿色冶炼分离工艺流程

（2）氟碳铈矿

四川氟碳铈矿也以露天开采为主，目前稀土选矿回收率 75% 左右，精矿品位（REO）为 60% ～ 70%，同时含 8% ～ 9% 氟以及 0.2% 放射性元素钍。氟碳铈矿的分解冶炼技术主要有酸法及碱法。但目前酸法和碱法都存在矿物分解过程产生三废污染、杂质溶出率高、氟钍未得到回收、稀土回收率不高等问题。为此，清华大学、长春应化所等国内科研机构都提出过绿色生产工艺的设想[293]，力求在温和反应条件下获得环境污染小的新方法。

针对氟和钍的回收，长春应化所开发了“一种从氟碳铈矿硫酸浸出液中萃取分离铈（Ⅳ）、钍的工艺”，采用 Cyanex 923 从含氟硫酸稀土溶液中萃取分离 Ce（Ⅳ）和氟，并通过 N1923 提取钍，实现钍与稀土分离，并在四川方兴稀土公司建成年处理 4000 吨稀土精矿（50% REO）的国家产业化示范工程，获得了纯度 3 ～ 5N 的铈产品，Ce（Ⅳ）中 $ThO_2/CeO_2 < 1\times10^{-4}$。工艺流程简单，氟、钍得到了回收，避免了放射性污染。但是 Cyanex923 萃取剂合成困难，依赖进口，价格昂贵[294]。为克服 Cyanex923 的问题，长春应化所设计合成了新型含氮中性膦萃取剂 Cextrant 230，并实现了工业生产，其对四价铈的萃取性能不低于 Cyanex 923，氟以铈氟络离子的形式被萃取，且在低酸度下对钍也具有良好的萃取能力；提出了基于该萃取剂的氟碳铈矿萃取分离新流程（图 4-46），扩大试验获得了满意的结果。相比于 Cyanex 923 工艺，新流程减少了伯胺 N1923 萃取

回收钍的环节，工艺变得更加简洁；相比昂贵的 Cyanex 923，Cextrant 230 易于合成，原料价廉易得，具有良好的应用前景 [295-297]。

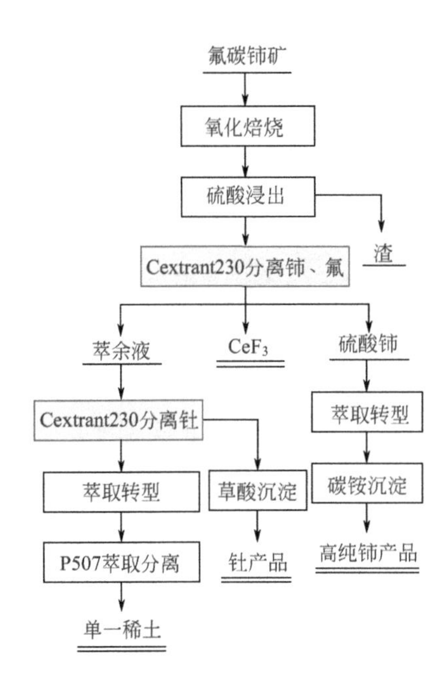

图 4-46
氟碳铈矿铈（Ⅳ）、氟、钍、稀土（Ⅲ）萃取分离原则流程

（3）离子型稀土矿

南方离子型稀土矿主要采用原地浸矿技术开采，有利于山体原貌的保持，对环境影响较小，但技术难度较大，存在浸出液泄漏、稀土回收率不高、污染地下水等问题。目前相关工作主要围绕提高稀土回收率和减少环境污染开展。此外，在矿山广泛使用的铵类浸矿剂均造成了不同程度的氨氮污染。虽然已有一些采用无氨浸取剂的报道，但对产品质量、成本和环境问题仍需更系统深入的研究。

为了提高稀土浸取率、减少氨氮消耗和尾矿残留，稳定稀土尾矿，南昌大学采用多阶段浸矿方法将稀土浸出率提高了 2% ～ 30%，并避免了铵淋滤导致的环境问题，解决了矿山大量预处理渣的处置难题 [298]。采用 N1923 萃取富集稀土技术、硫酸铝絮凝 - 沉淀法、絮凝 - 气浮法除油技术，实现了稀土与大部分铝的分离，萃余液返回浸矿得到循环利用，工艺稳定，有机相的损失量小，油含量降到 10mg/L 以下；再结合黏土和碳纤维吸附法来进一步去除溶解油，可达到循环使用和排放要求 [299]。针对后续的单一稀土分离，应用较为广泛的是萃取分离技术，通过 P507 和环烷酸萃取工艺分离制备 99% ～ 99.999% 的单一稀土产品。近年来，黄小卫提出了离子型稀土原矿浸萃一体化新技术 [300, 301]，以镁盐及其复合盐替代传统的硫酸铵浸取离子型稀土矿，获得的低浓度稀土浸出液以非平衡离心萃取富集工艺取代传统的碳酸氢铵沉淀富集工艺，从源头解决了氨氮污染和含放射性废渣处置的难题，而且成本大幅度降低，工艺流程缩短 5 步，稀土回收率提高 8% 以上。同时，还成功开发了碳酸氢镁法分离提纯稀土原创技术，首次以自制的碳酸氢镁溶液替代液氨、液碱、碳酸氢铵或碳酸钠等，用于皂化萃取（调节平衡酸度）及沉淀结晶制备高纯稀土化合物，实现了低碳、低盐、无氨氮分离提纯稀土。北京大学徐光宪教授提出了串级萃取理论，将计算机技术引入串级萃取分离工

艺最优化参数的静态设计和动态仿真验证，实现了从理论设计到实际工业生产应用的“一步放大”，具有显著降耗减排优势，在工业实践中取得了良好效果。

4.4.4 未来发展方向与展望

以盐湖资源的平衡开采、综合利用和高附加值利用为方向，盐湖资源利用将重点围绕如下几方面开展。首先，镁资源利用要重点发展。只有解决了镁资源高效利用，当盐湖镁产业发展到与盐湖钾肥产业相匹配时，才能实现盐湖资源的综合利用，真正形成循环经济的发展模式。其次，钾资源利用要平稳推进。适度降低钾肥进口依赖度，对于保障我国粮食安全具有重要意义。再次，资源利用中的元素平衡问题要妥善解决。氯的综合利用决定着盐湖钾肥的供给，决定着盐湖地区循环经济的发展进程与水平。最后，锂、硼等资源要协同发展。只有改进工艺，依靠先进技术，提高资源利用的经济性，才能真正实现锂、硼资源的协同利用。

金属及非金属矿产资源利用方面，包括如下发展方向与目标：难处理矿产资源开发与利用；矿物材料的高值化利用，研究不经冶炼而直接由矿物资源加工制备新材料的新技术与基础理论，如超细矿物粉体材料；矿物开发利用过程的信息化管理与控制，促进计算机技术更广泛地应用于矿物资源开发利用；矿产资源综合利用生态化，开发废弃物资源化利用技术，建立发展循环经济的技术示范模式。我国金属和非金属资源的先天性不足，不仅凸显资源综合利用的重要性，也意味着我国矿产资源综合利用有巨大的发展空间和潜力。通过自主创新，加快基础研究、关键技术与装备、成套工艺及工程示范的科技攻关，对于降低我国矿产资源的对外依存度，保障国家资源供应安全，具有重要的战略意义。加强自主知识产权专利技术的研发和推广，必将给金属和非金属矿产资源高效利用的持续发展带来生机。

低品位煤炭无机矿产复合资源是常规煤炭资源利用过程中的附属性产物，其综合利用是煤炭平衡开采与利用的保障之一，属于国家层面的战略性发展需求。预计低品位煤炭无机矿产复合资源的研究仍将集中在减量化、能源化、资源化、高值化的方向，其目标将以资源深度高效利用和低碳化减排为主，并进一步促进主体煤炭资源的平衡利用。多元复杂体系的分离工程、高效燃烧与反应理论、矿相转化及材料化应用方面的创新与突破是未来发展的目标。

稀土资源方面，加快稀土资源采选冶工艺的绿色低碳发展、提高稀土资源综合利用将是今后研究的主要方向。重点开展南方离子型稀土资源开采与生态原位修复一体化技术、包头多金属稀土资源高效选矿与分解、综合回收与分离技术的开发、二次稀土资源综合高值利用技术研发，建立稀土数字矿山及选冶智能化过程，开发高效的稀土分离材料与技术，进一步提高稀土资源综合利用率，降本增效，实现物料循环利用。

4.5 生物资源绿色转化过程

生物经济是人类经济社会发展第四次浪潮，而绿色生物制造是生物经济发展的关键，是生物经济产业化的“最后一公里”[302]。绿色生物制造是以可持续再生的生物质为原料，以生物催化为核心，结合多种物理、化学、生物等处理过程，转化为高附加值生物基化学品（图 4-47）。世界主要国家和地区已将其纳入国家战略规划。我国经济社会发展面临着资源日益减少、环境生态污染加重等严峻挑战，亟需生产原料、加工过程和产品的绿色变革。绿色生物制造对于我国产业升级、新经济形态构建、保障国家经济与国防安全、保护环境、提升人民生活水平具有重要战略意义[303]。

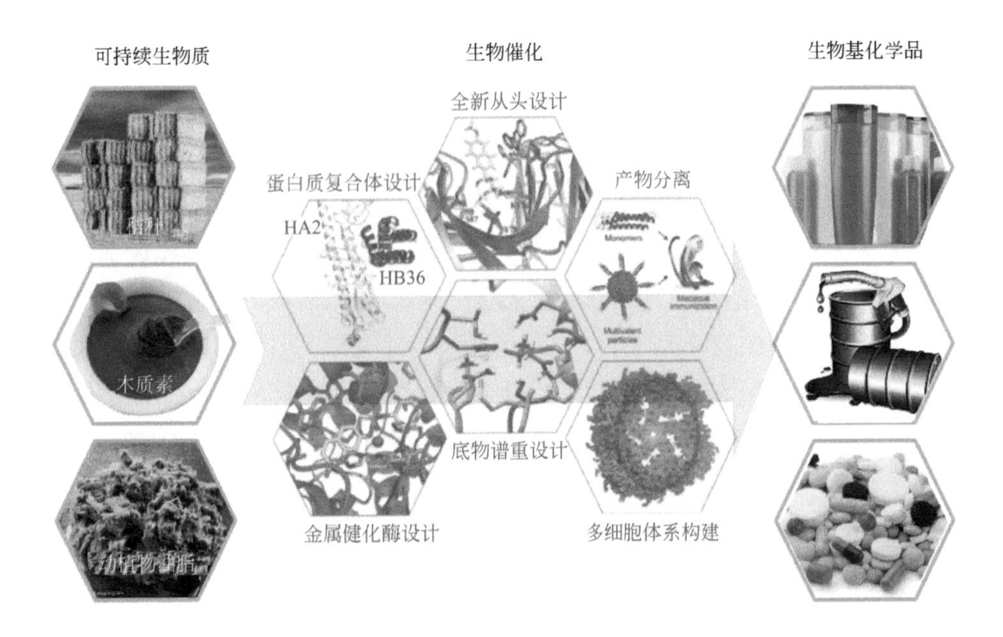

图 4-47
绿色生物制造示意图

4.5.1 生物基化学品的绿色生物制造

4.5.1.1 发展现状与挑战

(1) 国际发展现状和趋势

为破解经济发展的资源环境瓶颈制约，以生物基产品替代石油基产品已成为新一轮国际竞争热点，发达国家和新兴工业国家纷纷制定了相应的路线图和行动计划，并加大对绿色生物制造的资金支持。例如，美国《2020 年制造业挑战的展望》明确将“生物制造技术”作为战略技术；2014 年，欧盟发起了欧洲联合生物基产业发展计划（BBI），在未来 10 年投入 37 亿欧元用于发展新兴生物经济。

随着合成生物技术等新型技术的发展以及多学科交叉融合，生物制造在菌种设计创制、高效工艺构建等方面的技术能力不断提升，有力推进了生物制造技术发展。例如斩获 2020 年诺贝尔化学奖的 CRISPR/Cas9 技术，促使单个基因的编辑成本下降到 500 美元以下，耗时仅需几周；信息技术快速发展促进人工智能驱动生物制造技术产生，并正在推动自动化高通量研究平台建立[304, 305]。

政策鼓励、资金支持和技术支撑促使国际生物制造产业快速发展，塑料、橡胶、纤维等传统石油化工产品被生物基产品替代的趋势日益明显，一个以碳水化合物为基础的全球产业革命已初现端倪。

（2）我国发展现状和趋势

当前，我国生物制造发展呈现以下四个特点。

① 生物发酵产业稳步发展：经过“十二五”以来的稳步发展，发酵产业主要产品产量由2010年的1840万吨增长为2017年的2846万吨，年平均增长率7.8%。同时产值也由1990亿元增长为3290亿元，年平均增长率达到了9.3%。形成了以谷氨酸、赖氨酸、柠檬酸、结晶葡萄糖、麦芽糖浆、果葡糖浆等大宗产品为主体，小品种氨基酸、功能糖醇、低聚糖、微生物多糖等高附加值产品为补充的多产品协调发展的产业格局[306]。

② 部分重大化工产品生物制造率先实现产业化：我国在一批重大化工产品的绿色生物制造工艺方面不断取得突破，并率先实现产业化。如构建了医药原料羟脯氨酸的高效合成细胞工厂，建立了羟脯氨酸绿色生物合成工艺，颠覆了传统的从动物骨骼、毛皮化工萃取提取路线，从每吨产品生产排放超过120吨高盐高氮废水变为近零废水排放，生产成本也从35万元/吨降至7万元/吨，彻底解决了行业发展的“卡脖子”问题。

③ 生物制造技术加速向高污染行业渗透：近年来，生物技术逐步应用于纺织、造纸、饲料等行业，取得了显著的经济和社会效益，累计实现污染物产量减少15%，化学需氧量减少约200万吨，能耗降低10%以上，节约用水10%以上。

④ 新兴技术加速布局：我国在合成生物技术、天然化合物生物合成、新型工业原料路线等诸多生物制造新兴技术领域以及新型化工产品细胞工厂等方向都在积极布局，并已经形成了一定的储备技术。

（3）现存问题与挑战

目前全球的生物制造产业正处于技术攻坚和商业化应用的关键阶段，提升技术创新能力和加快产业化进程至关重要。我国在绿色生物制造的原料利用、产品结构、核心关键技术和装备研发等方面，相比发达国家仍存在一定差距，现存重大问题与挑战主要表现在以下三个方面。

① 核心菌种/工业酶：我国工业菌种和工业酶的知识产权受制于人，这对我国生物产业安全发展造成极大威胁，需要尽快突破。

② 生物转化途径设计基础理论：化工基础和高端精细材料向先进生物制造转型升级迫在眉睫，急需在生物质转化途径设计的基础理论和高原子经济性的生物转化技术以及科学的生物炼制技术方面取得突破，占据战略制高点。

③ 基因编辑等底层核心技术：与欧美等发达国家相比，我国战略架构、底层核心技术、关键装备还存在差距。迄今为止我国尚未在该领域组织国家重大科学计划，自主知识产权的基因编辑等技术尚未突破，生物技术领域关键装备受制于人。

因此，抓住生物制造战略发展和机遇期，加快生物制造战略性布局和前瞻性技术创新，加快从基因组到工业合成技术和装备的突破，支撑万种化学品生产的绿色迭代，对于我国走新型工业化道路，实现财富绿色增长和社会经济可持续发展具有重大战略意义。

4.5.1.2 关键科学问题

核心工业酶和工业菌种是绿色生物制造的“芯片”，构建生物基化学品的生物合成路线，从而形成以生物质为基础原材料的新型生物制造产业链和绿色低碳生物经济格局，重点在于生物催化剂的创制。而制造具有自主知识产权的核心生物催化剂，关键在于阐明核心工业酶和工业菌种的精确设计原理和精准调控机制等基本科学问题。生物催化剂相比化学催化剂具有多尺度、非线性等显著特点，因而其精确设计和精准调控更具挑战性。

① 关键科学问题 1：酶分子结构解析与选择性催化机理。对于酶催化（非细胞催化）而言，蛋白质分子结构与催化特性构效关系以及酶分子对特定底物（包括特定功能基团和化学键）的界面识别机理和选择性活化机制，是其关键科学问题所在。

② 关键科学问题 2：物质能量耦合与信息交流机制。细胞催化可视为多种酶催化在细胞内部的有机组合，因此需要在阐明上述问题的基础上，进一步从细胞层面探明其物质和能量代谢规律；而对于近年来重要性逐渐凸显的人工多细胞体系，其关键问题还包括细胞间的物质交换、信息交流、能量耦合等相互作用机制。

4.5.1.3 主要研究进展及成果

虽然目前以生物转化为核心的化学品绿色制造在整个化学品制造中所占的比重仍较小，但近年来研究者重点围绕“原料、底盘细胞、生物转化过程”等方面开展了卓有成效的研究工作，为建立生物基化学品“高效、清洁、低碳、循环”的绿色制造模式奠定了坚实基础（图 4-48）。

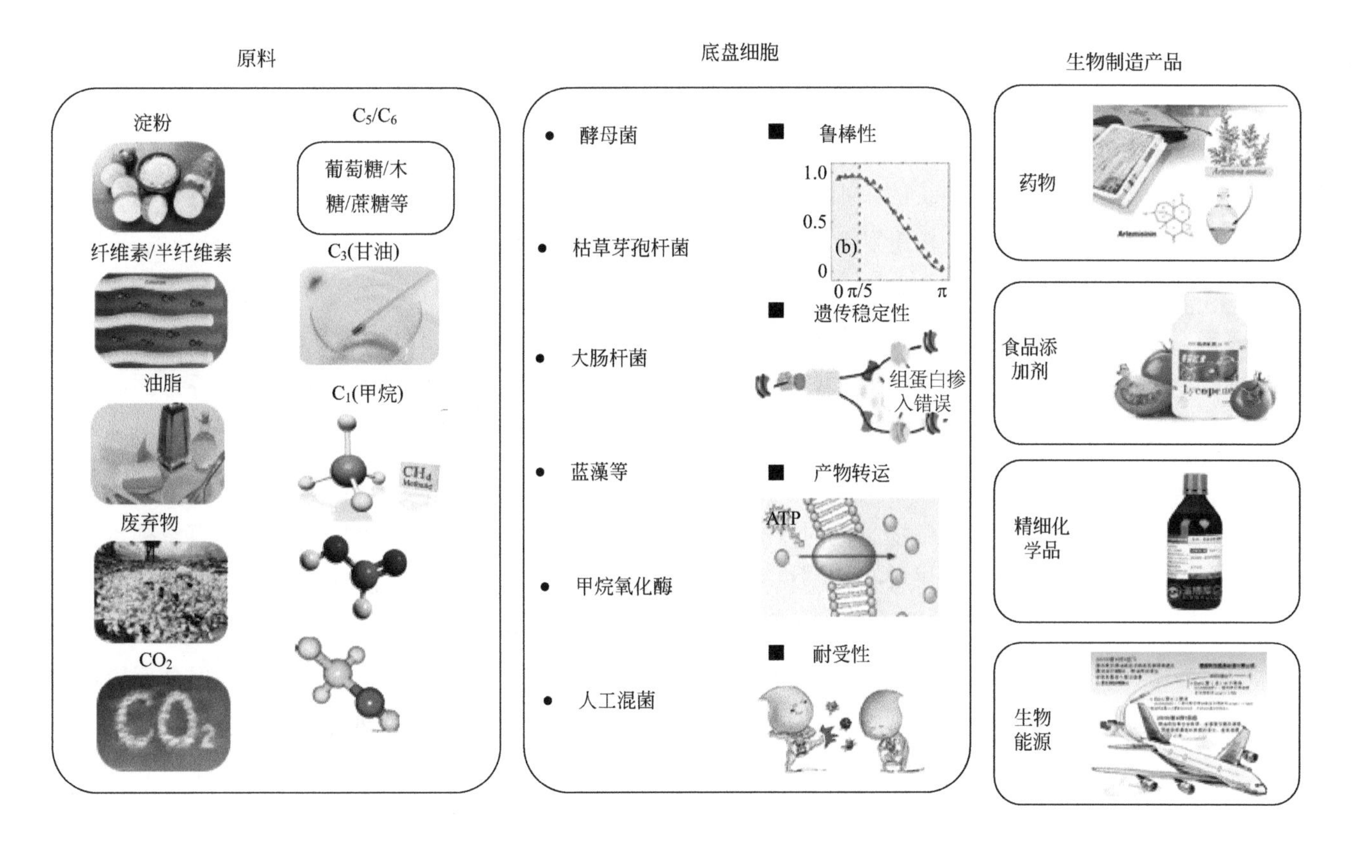

图 4-48
化学品绿色生物制造过程

（1）原料多元化

原料成本占生物基化学品总成本的 30% ～ 40%，开发廉价多元化原料，特别是各类非粮生物质和废弃生物质资源，是绿色化学品制备面临的重要任务[307]。我国每年产生大量农林废弃物、畜禽粪便、餐饮垃圾等废弃生物质，这些低劣生物质是一个有待开发的巨大资源库，近年来引起了研究者的广泛关注[308]。此外，煤炭源 C_1 资源也是化学品转化的重要原料之一，正在构建以 CO_2 等 C_1 气体为原料合成化学品的生产路线，初步打通了碳一气体人工生物转化路径[309, 310]。例如研究者以可再生的亚麻籽油、棕榈仁油等油脂及葡萄糖为初始原料，开发了具有自主知识产权的酶法生产生物增塑剂工艺，解决了当前增塑剂合成过程中绿色化程度不高、产品不环保的问题[311]。目前已建立了年产万吨的生物基增塑剂工业示范装置，并且通过了科技部组织的国家“863”项目现场验收；所开发产品已在儿童玩具、特种纺织、医用制品等多个下游行业得到应用，可 100% 替代传统邻苯二甲酸二辛酯（DOP）、邻苯二甲酸二异壬酯（DINP）等邻苯类增塑剂，并且产品入选了 2017 年工信部《重点新材料首批次应用示范指导目录》，已实现产值 3000 多万元。

(2) 底盘细胞设计

底盘细胞是整个化学品绿色制造链条的核心，而底盘细胞的设计主要依赖于合成生物技术的发展。近年来，合成生物技术在计算机辅助设计、生物元件库、高效基因组编辑、高通量操作平台、基因设计与化学合成等方面均取得了重要进展[312-316]，极大促进了底盘细胞的人工理性设计。例如在天然化合物的绿色生物合成领域，我国已将植物基因组装编辑到啤酒酵母细胞中，构建出在啤酒发酵罐中制造植物物质的新路径，生产效率大幅提升[317, 318]。

除了传统的单细胞体系，人工混菌体系同样具有重要的开发价值，特别是在处理复杂底物、构建复杂功能方面，相比单细胞具有显著优势（图 4-49）。秸秆、发酵废渣、餐饮有机废弃物等复杂低值底物，通常存在特定时空下复杂组分降解速率不同步和有机质转化效率低的瓶颈，通过可控构建高效稳定的人工混菌体系，并通过多组学分析解析混菌体系协同效应机制，实现菌群在复杂底物降解利用和资源转化等方面的分工合作，实现复杂低值生物质功能化和生物资源利用最大化[319-321]。

(3) 生物转化过程优化控制

为实现生物制造的大规模工业化应用，对于过程的优化控制同样不容忽视。生物转化过程的工程化控制具有高度复杂性，需要引进现代控制理论，建立以过程工程为基础的动力学模型，对操作单元即生物反应器进行控制与优化[307]。另外，生物转化过程和化学化工技术的系统集成和深度融合，将充分发挥两者的优势，是提高反应体系转化效率的重要手段，包括当前广受关注的生物化学偶联催化[322]和反应分离耦合技术[323]。例如研究者以酶催化和分子筛双功能催化剂相结合，建立了 30000 吨 / 年酶法生产生物柴油工业生产线，可获得符合 GB/T 20828—2015 标准要求的生物柴油产品[324]，进而开发了一系列油脂原料生物航空燃料的制备方法，生产出符合 ASTM 7566 标准的航空燃料[325]。

4.5.1.4 未来发展方向与展望

近期国际上生物基产品的发展重点主要集中于精细化学品领域，而对于大宗的生

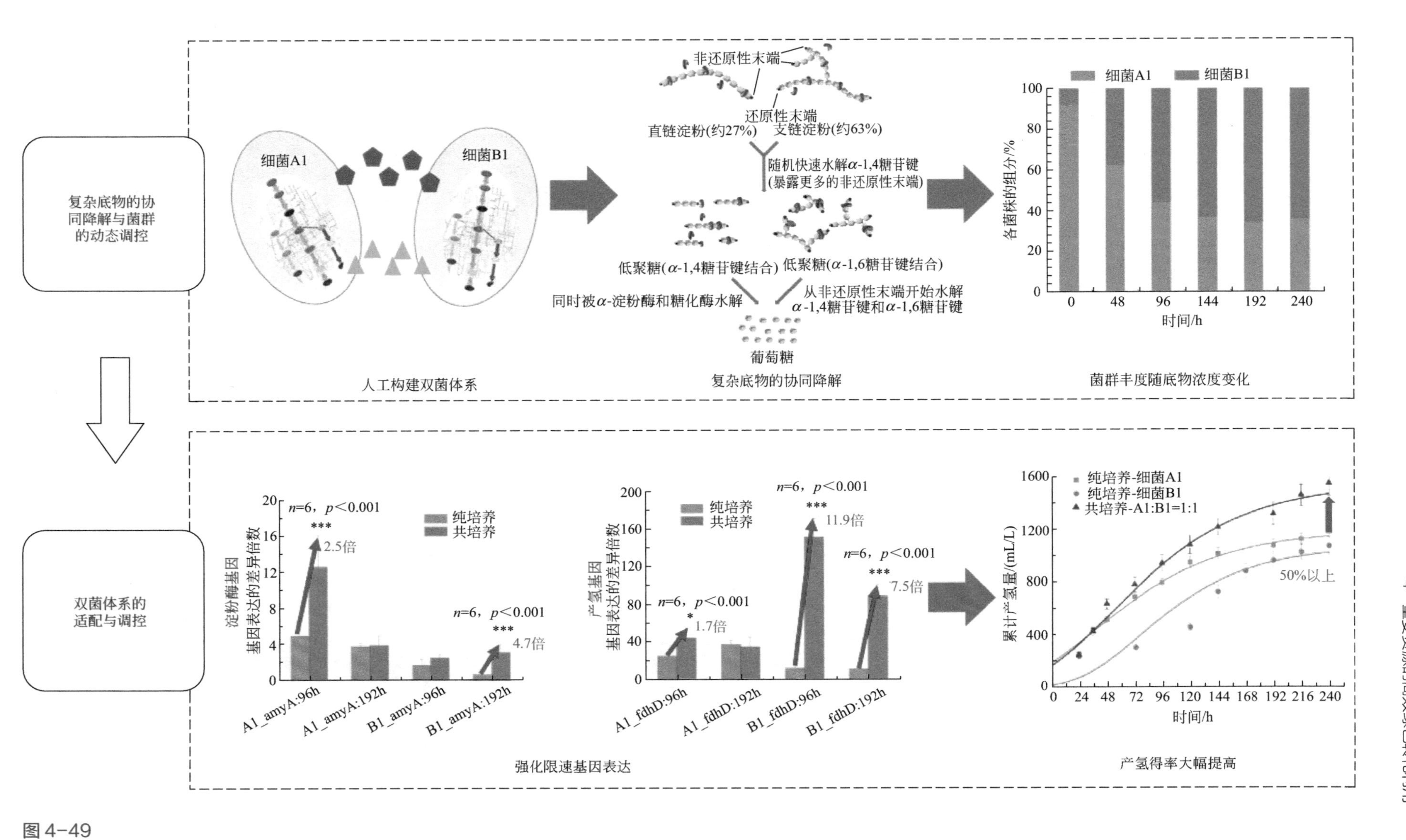

图 4-49
人工双菌体系可控构建与协同作用机制示意图

物基化学品和生物材料而言，其成本竞争力仍明显弱于石油基路径，极少实现大规模商业化，总体以学术机构或者研发型企业的技术储备和中小型试制为主。在这些方面，我国与欧、美、日等国尚未形成较大的技术和产业化差距，如果加大技术研发投入，有可能在中长期的相对更大宗的生物基化学品替代的新一轮竞争中弯道赶超。在中短期内，结合经济效益的考虑，可以重点突破具有重要下游衍生物应用（人体健康、环境保护、国家安全等）或石油基生产相对受限（如对二甲苯）的重要化学单体、中间体和材料的研发。

① 实现生物基精细化学品技术 / 产业化追赶：大力推动特种食品、药品和添加剂、酶制剂等具有高附加值的生物基精细化学品的产品研发、工艺改进和大规模产业化进程；推动下游食品、保健品、医药、化妆品、饲料企业终端产品的竞争力和产业转型升级。

② 实现重点生物基化学品和材料的技术 / 产业化超越：以重大化工产品生物制造及制造业改造升级为切入点，在与国民经济密切相关的高端和大宗化学品领域积极推动生物经济的工艺路线开发，在高原子经济性的生物质转化路线、高效催化剂设计以及生物炼制的引领性技术及核心装备等方面，开展生物经济全链条协同攻关，攻克生物基产品的经济性瓶颈，实现纤维素乙醇商业化应用示范，推动纤维素糖工程炼制和装备技术的集成应用；形成具有国际领先水平的对二甲苯、航煤等重大化工产品的生物制造路线，抢占产业的战略制高点；建立具有带动性的生物经济示范区，培育出新型化工产业链和新的经济增长点。

4.5.2 智能抗逆微生物细胞工厂的设计

菌株作为发酵过程的核心，其鲁棒性和生产能力决定了发酵过程的经济性和绿色指数。在发酵过程中多种胁迫因素会严重影响菌株的发酵性能，因此，在微生物细胞工厂构建中提高菌株的鲁棒性和胁迫智能响应能力将十分重要。通过胁迫响应元件的使用，可以使菌株更加智能化，使生长与生产之间达到动态的平衡，进一步实现细胞工厂的增产与节能降耗。

4.5.2.1 发展现状与挑战

在工业发酵过程中，发酵中的各种胁迫因素会造成细胞生长速率和产物得率下降。以生物乙醇工业发酵为例，酿酒酵母可能受到温度、pH 值、糖、乙醇、钠离子、亚硫酸盐、乙酸、乳酸和糠醛等胁迫因素的影响，当这些胁迫因素的水平超过一定阈值，就会对酿酒酵母的生长造成明显影响[326, 327]。例如，发酵温度高于最适生长温度会导致细胞内蛋白质变性，活性氧自由基（ROS）水平升高，进一步造成染色体、细胞膜、细胞器等结构破坏以及代谢水平降低（图 4-50）。胁迫因素几乎存在于所有微生物发酵体系中，并且通常表现为多因素同时存在，产生胁迫效应的叠加。若要维持微生物的最佳发酵条件，所需的能耗和成本必然提高，从而制约了发酵产业的发展。目前工业菌株普遍存在鲁棒性和抗逆性不足的问题，因此，构建在多重胁迫条件下具有抗逆性、环境自适应性和高鲁棒性的微生物菌株，是发酵过程节能降耗的根本途径。

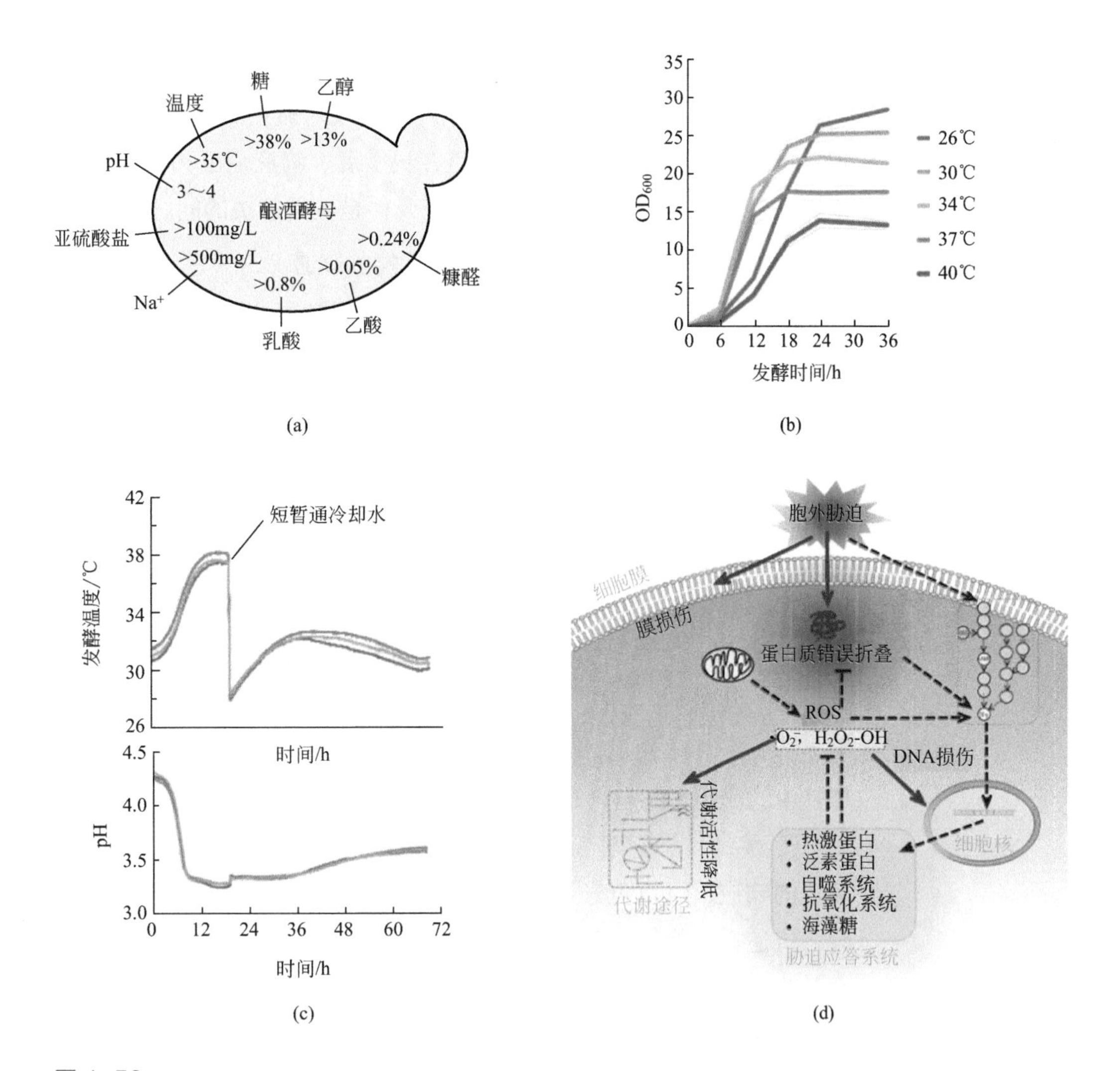

图 4-50

微生物发酵中的胁迫因素

(a) 对酿酒酵母产生抑制的胁迫因素；(b) 发酵温度对酿酒酵母生长的影响；(c) 酿酒酵母发酵过程中的温度和 pH 值变化；(d) 胞外胁迫导致的胞内胁迫、细胞损伤以及细胞胁迫应答系统

目前，智能抗逆微生物细胞工厂设计中存在的问题与挑战主要总结为以下几点。

(1) 微生物胁迫应答系统的解析

虽然一些模式微生物具备较清晰的胁迫应答机制和胁迫信号传递模型，但对于更多非模式工业微生物，以及对于模式微生物面临的特殊胁迫信号，如毒性化合物等，仍缺少完整和清晰的胁迫应答系统和胁迫信号传递模型的解析，从而限制了对微生物鲁棒性和智能性的改造。

(2) 提高微生物鲁棒性的育种技术

菌种鲁棒性不足是我国生物制造中面临的一个重要问题，提升微生物鲁棒性可以分别通过非理性策略和理性策略实现。非理性策略中的各种微生物育种技术是提高微生物鲁棒性的关键，近年来随着育种技术的不断发展，微生物的基因组变异尺度、变异多样性和变异通量均大幅提升。在此基础上，利用逆向代谢工程挖掘关键的基因靶点，进而通过理性策略进一步提升菌株的鲁棒性。

（3）胁迫响应元件的精准开发

生物传感器和逻辑门基因线路能够实现对微生物的精准控制，但目前响应环境胁迫信号的生物传感器仍较少，并且在灵敏度、响应范围和调控严谨性方面仍存在不足，因此，开发更多、更精准的胁迫响应元件是亟需解决的问题之一。

（4）数字化细胞指导微生物智能抗逆性能的改造

近年来，爆炸式增长的生物数据为搭建数字化细胞模型提供了基础，以数字细胞模型指导菌株的构建，将是未来生物制造的必然趋势之一。因此，建立我国独立自主的生物信息数据库和微生物细胞模型，用数字化细胞指导微生物智能抗逆性能的改造，是我们将面临的重要任务。

4.5.2.2 关键科学问题

设计和构建智能抗逆微生物的关键，在于抗逆基因的挖掘和胁迫响应元件的设计。因此，关键科学问题包含以下两方面。

① 关键科学问题 1：抗逆基因提高微生物鲁棒性的作用机制。目前，即使在模式微生物中，仍有大量未注释或功能不清晰的基因存在，而其中很多与环境响应有关。另外，一些调控序列和小 RNA 也被认为与鲁棒性相关。因此，挖掘它们在提高细胞鲁棒性中的作用机制是一个重要的科学问题。

② 关键科学问题 2：胁迫响应系统的工作原理和设计原则。提高微生物应对胁迫环境的响应，可以更好地发挥细胞抗逆能力，使其减少非胁迫状态下的物质和能量消耗。抗逆微生物智能化的基础来自各种调控元件和系统，如何可控、可预测地设计和调节胁迫响应系统，使其在宿主细胞中适配并稳定发挥功能，是一个重要的科学问题。

4.5.2.3 主要研究进展及成果

（1）构建抗逆工程菌株

微生物细胞在胁迫环境下，其自身的信号传导、基因表达、蛋白质和代谢物都会发生一系列的动态变化，通过调节内在胁迫应答系统，维持细胞正常功能。了解细胞对各种胁迫应答的分子机制，对提高细胞抗逆性具有重要帮助（图 4-51）。微生物主要的胁迫应答机制包括：①热激蛋白（HSP），帮助蛋白质在翻译阶段形成正确构象，并且使蛋白质在胁迫环境中维持构象稳定[328]。②抗氧化系统，清除细胞内 ROS，抗氧化系统由酶促体系和非酶促体系组成[329]。③泛素和类泛素蛋白，泛素蛋白可以标记错误折叠的蛋白质，使变性的蛋白质被清除，从而提供氨基酸原料用于新生蛋白合成[330]。④细胞处于长时间的饥饿、高渗、热激等条件时，细胞内海藻糖的含量会显著升高，海藻糖代谢在不同胁迫应答中起关键作用[331]。⑤细胞可以通过改变膜脂组成来提高细胞对有机溶剂的耐受性[332, 333]。⑥有机酸进入细胞会造成细胞内部 pH 降低，过量的质子可经过 ATP 酶泵出细胞外[334]。上述这些胁迫响应机制受一系列应激相关的转录因子和信号通路的调控[335]。

合成生物学融入了工程学思想和策略，将自然存在的基因元件标准化来改造生物系统。对极端环境微生物抗逆基因进行发掘和分类，克隆或合成相关基因，将抗逆基因线路模块化组装，可实现工业菌株抗逆性能的提升。研究者设计了源于嗜热菌 HSP

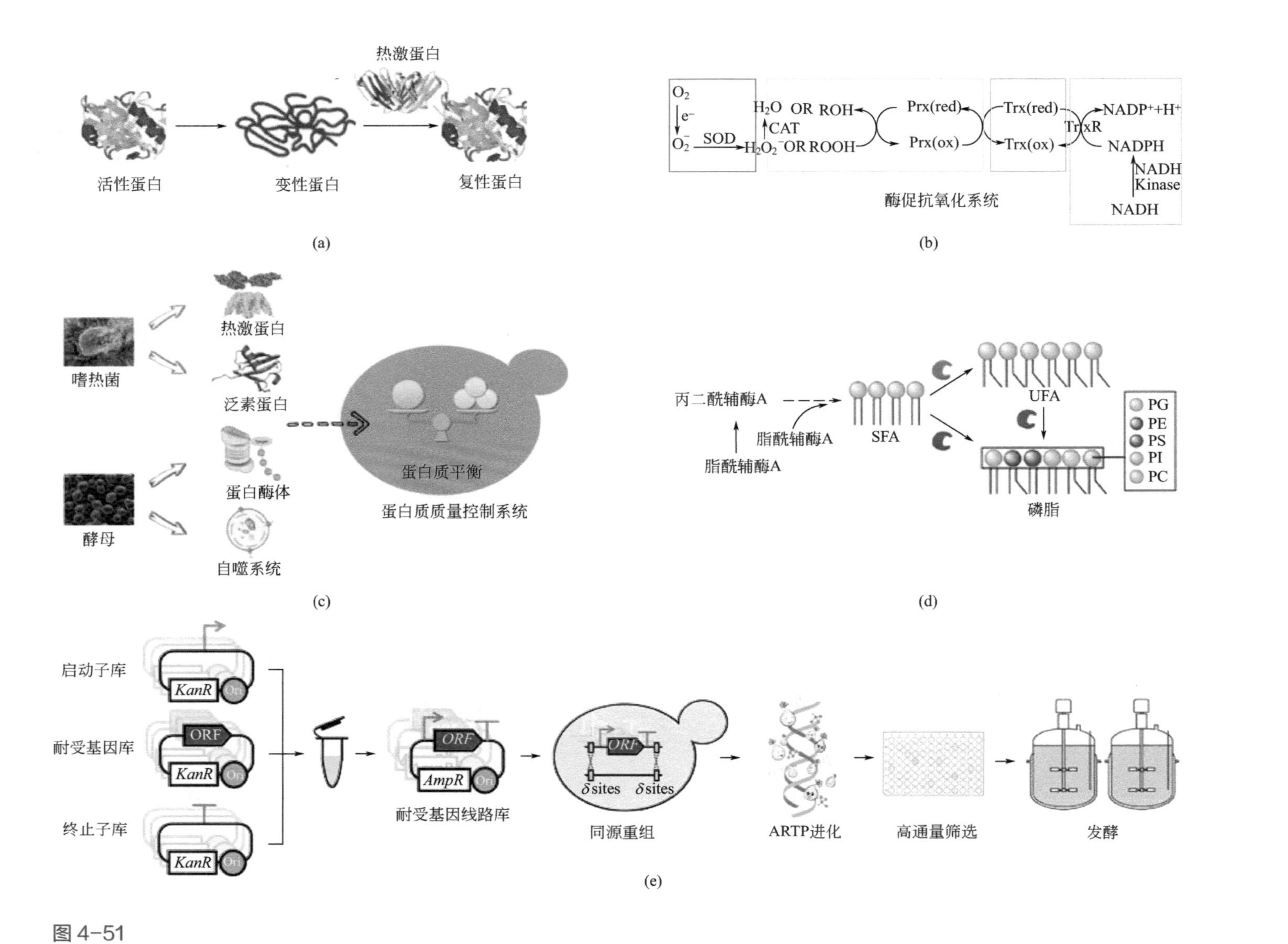

图 4-51

提高微生物抗逆性的改造策略

(a) 热激蛋白 [336]；(b) 酶促抗氧化系统 [337]；(c) 蛋白质质量控制系统 [338]；(d) 细胞膜成分的改变提高抗逆性 [339, 340]；(e) 多重防御系统 [341]

的基因表达盒，整合到酿酒酵母中，使细胞在高温下生长量比对照菌提高了25%，耐热基因能使细胞保持较好的细胞壁完整性、较高的海藻糖含量和代谢活力[336, 342]。研究者挖掘嗜热栖热菌和酿酒酵母内的抗氧化蛋白基因，构建人工抗氧化防御系统整合到酿酒酵母基因组。工程菌在高温下生长量及乙醇产量均比对照有明显提高，ROS含量测定和线粒体完整性检测结果显示导入人工抗氧化防御系统可以减少ROS对宿主细胞的胁迫[337]。研究者从嗜热菌、耐热菌及酿酒酵母中挖掘并验证了泛素蛋白基因与自噬系统相关基因，根据其功能相关性组合成多功能基因线路，构建了人工蛋白质质量控制系统[338]。在上述基础上，针对工业酿酒酵母在实际发酵中面临的多重胁迫问题，研究者提出了构建多重防御系统的研究思路。将具有不同抗逆功能的基因元件进行重排组合，采用Golden Gate洗牌的方式进行多抗逆基因线路的快速构建，获得具有多种抗逆机制的工业酵母菌株库。在高温液化醪下筛选得到具有多重抗逆性的工业酿酒酵母菌株[341]。

（2）抗逆菌株的智能化

使微生物在环境变化中更加智能，根据环境变化调节自身生长和代谢，是工业发酵的一项重要诉求。通过在蛋白质、生物传感器、代谢调控和菌株进化四个层面设计，实现菌株的智能抗逆（图4-52）。

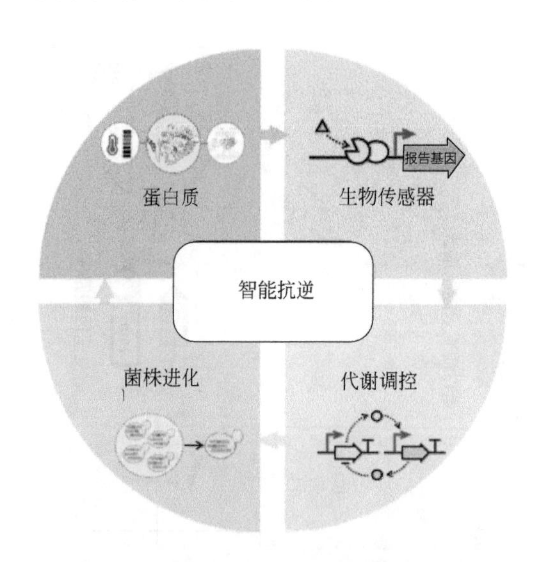

图4-52
智能抗逆菌株改造的四个层面

在蛋白质层面，研究者设计了一系列的蛋白质开关，通过加入配体或改变环境条件可实现目标蛋白的诱导降解，用此降解开关实现了转录因子、Cas蛋白以及信号传递途径等的调控[343]。一些受信号分子调节的荧光蛋白具有检测细胞内ROS、谷胱甘肽、NAD(P)H等物质的功能，这些荧光蛋白探针为实时检测细胞生长状态、抗氧化水平和代谢平衡等抗逆指标提供了重要工具[344]。

在生物传感器层面，通过挖掘或设计胁迫响应的启动子、转录调控元件或翻译调控元件，可实现菌株对胁迫因素的响应［图4-53（a）］。例如，研究者通过理性设计开发了响应萜类合成重要前体——异戊烯焦磷酸（IPP）的人工生物传感器，通过转录因子结构域与IPP结合蛋白的融合表达，实现了IPP的诱导开关[345]。研究者在大肠杆菌中构建了一个低温诱导系统，用定向进化筛选到了温度敏感的转录因子，并且从转

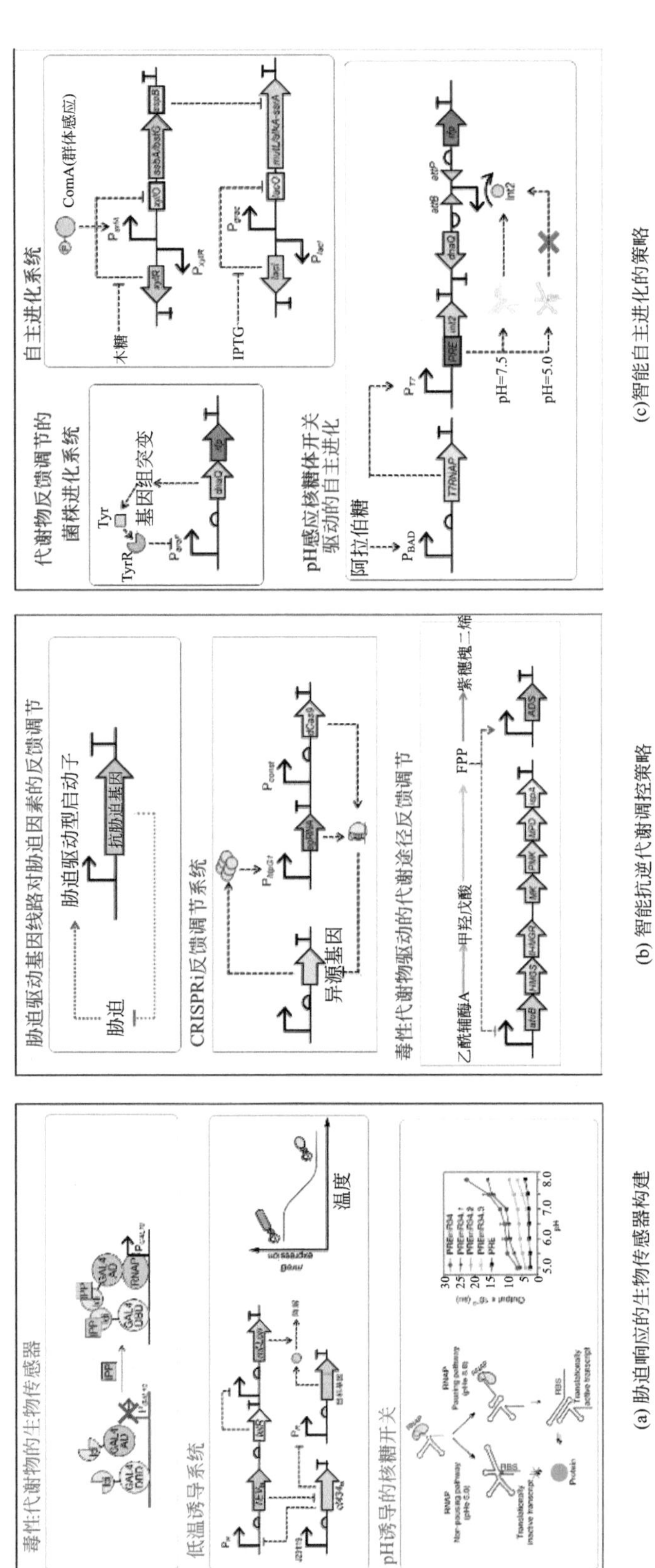

(a) 胁迫响应的生物传感器构建

(b) 智能抗逆代谢调控策略

(c) 智能自主进化的策略

图 4-53
智能抗逆菌株的构建策略

录和蛋白修饰两个水平对目标基因进行调控，实现了低温诱导系统的严谨调控[346]。研究者在大肠杆菌中发现了一个pH敏感的RNA元件PRE，在不同酸碱条件下可实现与RBS（核糖体识别位点）的结合与解离，从而调控翻译过程[347]。

在代谢调控层面，通过智能调节基因线路来消除细胞内的胁迫。智能调节基因线路主要由生物传感器和效应基因组成，生物传感器接收信号并将信号传递给效应基因，再由效应基因产生作用蛋白，从而实现对信号的反馈（振荡）调节［图4-53（b)］。在酿酒酵母的合成生物学改造中，常用组成型启动子对目标基因进行表达，忽视了基因表达的智能性和时序性。同时，采用组成型强启动子对多基因共同表达往往造成细胞代谢负担，导致生长水平下降，这也是工程细胞的一种普遍问题。因此，通过胁迫响应元件来调节目标基因的表达，使菌株更加智能化，可以进一步提高能量利用效率和产物转化效率[348]。为了降低异源基因对底盘细胞的负担，研究者利用外源基因诱导的启动子构建了CRISPRi自主调节细胞负担的系统，当异源基因表达过高时，gRNA的表达也会提高，进而反馈抑制异源基因的表达，使细胞的生长和生产处于平衡状态[349]。法尼基焦磷酸（FPP）为萜类合成途径中的毒性中间物，通过FPP抑制的启动子和FPP诱导的启动子来分别调控FPP上游途径基因和下游途径基因，分别形成反馈抑制和反馈诱导，降低了FPP的积累，提高了产物产量[350]。

在菌株进化层面，研究者发明了菌株自主进化的智能化方法［图4-53（c)］。①代谢物反馈调节的菌株智能进化系统包括三个模块：能够与产物结合并改变与启动子结合力的转录因子、转录因子所调控的启动子以及诱变基因。当产物浓度低时，无产物结合在转录因子上，启动子开启诱变基因表达，使基因组进行随机突变，基因组的突变可获得高产菌株，高产菌株中产物与转录因子相结合，从而抑制启动子，停止诱变基因的继续表达[345]。②自主进化系统，此系统中细胞生长到一定密度后可诱导诱变基因表达，并降解高保真修复酶，使基因组突变[351]。③利用pH感应的核糖体开关的自主进化，研究者利用pH调节的核糖体开关PRE进化得到了耐酸菌株，当细胞处于酸性环境时，PRE处于关闭状态，诱变基因表达引起基因组突变，当突变株获得了抵抗酸性的能力时，细胞质的pH值上升，使启动子方向发生改变，开启荧光蛋白的表达，通过挑选带有红色荧光的菌落，可得到耐酸菌株[347]。

4.5.2.4 未来发展方向与展望

智能化的生物制造逐渐受到人们的关注，其对工业发酵生产过程将起到革命性的作用。利用合成生物学和系统生物学对酿酒酵母进行遗传改造可以快速有效地提高菌株的鲁棒性，未来可从以下方面出发构建智能抗逆菌株：①在抗逆元件方面，通过解析微生物的抗逆机制，挖掘更多的抗逆基因与抗逆调节元件。②在生物传感器方面，开发响应不同信号的生物传感器，调控生物传感器的稳定性、严谨性、灵敏度、检测范围等指标，对生物传感器响应信号的拓展以及性能的优化将是实现智能生物制造过程的重要基础。在此基础上，开发细胞完全自主的动态调控策略，实现对代谢途径或鲁棒性的自主调节，降低发酵过程的生产成本，提高发酵产量。③在育种技术开发方面，依靠合成生物技术开发的多种建库方法和高通量筛选方法，提高突变株基因型和表型的多样性，开发重要代谢物和信号分子的生物传感器，实现菌株快速智能的定向进化。④将合成生物学与人工智能和大数据相结合，实现微生物细胞工厂的数字化，通过计算机模拟能够精确计算细胞生长、生产、应激等状态，利用生物设计自动化（biological design automation，BDA）实现菌株的设计与构建。

4.5.3 生物体的生理特性和调控机制

利用生物体（微生物 / 酶）将可再生生物质资源大规模转化为人类所需的能源、化工、医药、食品及农业原材料的工业生物技术，是支撑 21 世纪社会可持续发展的战略技术。目前，利用合成生物学技术解析与调控生物体生理功能，有利于实现生物体催化效能的最大化，主要体现在：在酶方面，运用生化工程与定向进化原理，定向改变和优化酶的生理和催化特性，实现酶催化效能的高效化；在细胞方面，运用合成生物学原理，改造或创制新型细胞生理功能，提高微生物化学品工厂的合成效率。解析生物体生理特性，调控生物体生理功能，有利于强化生物体合成效率，实现生物体生理功能的系统解析与理性调控。

4.5.3.1 发展现状与挑战

生物体酶活性与生产性能适配，是构建高效微生物细胞工厂的前提条件。对高效和多用途合成方法的需求不断增加，促使了生物催化的创新。通过对酶催化机制的解析，对酶的结构和功能进行设计、调节和多样化，使其可催化新的化学转化，包括一些生物界未知的新反应，如 C—H 氨化、C—Si 键的生成等，以补充甚至取代传统的合成路线。生物体酶在微生物细胞工厂内发挥其催化功能时，需要具有与生产性能适配的精准“分子编辑”能力。

生物体细胞生理功能与生产性能适配，是构建高效微生物细胞工厂的必由之路。通过设计路径非依赖型群体感应回路、构建多功能细胞状态调节器等策略，动态转换（或调节）细胞生理代谢功能，促使细胞生长与化学品合成偶联或解偶联，提高化学品的合成效率。作为代谢工程的重要补充，调节生物体细胞生理功能能够更深层次地提高生物体细胞生产性能。

目前存在的重大问题与挑战主要总结为以下两点。

① 生物体酶在微生物细胞工厂内执行其催化功能时，需要具有与生产性能适配的精准“分子编辑”能力。

生物体酶组成的合成路径是微生物细胞工厂的核心。为突破化学品生物合成局限，高效和多用途合成路径的需求不断增加，使得设计和研发新型高效的酶蛋白元件成为发展工业生物技术的关键。因此，需要开发高效且具有精准“分子编辑”能力的新功能酶，为构建高性能微生物细胞工厂打下扎实的元件基础。

② 对于生物体细胞生理功能的解析与调控，仍然不能满足高效微生物细胞工厂的设计需求。

微生物细胞工厂是实现生物制造的必由之路。一方面，微生物细胞经过长期自然进化，其物质能量代谢已高度适应所处环境，代谢通量的提升必然会扰动或打破自身代谢平衡。另一方面，目标化合物合成途径通常由多种异源酶组成，需要与细胞自身物质能量代谢网络合理适配。因此，需要深入解析生物体细胞生理功能，为构建高性能微生物细胞工厂提供理性的技术指导。

4.5.3.2 关键科学问题

根据生物体的生理特性，借助系统生物学与合成生物学的相关技术手段，从元件和细胞层面正确合理地调控生物体生理功能，使其充分发挥最大催化效能，成为迫切需要解决的问题。关键科学问题包含以下三点。

① 关键科学问题 1：阐明生物体与生产性能适配的设计原理，为化学品生物合成的精准设计提供理论基础。自然进化的生物体具有生理特性的经济性，物质流和能量流平衡分散到生物体需要的各个部分。生物体经过初步设计和进化，合成效率相对较高，但是由于对生物体与生产性能适配的设计原理理解不够，缺乏精确设计的支撑软件与数据环境，难以突破自然局限。因此，需要阐明生物体与生产性能适配的设计原理，为改善生物体生产性能提供理论基础。

② 关键科学问题 2：揭示生物体酶活性与生产性能的适配分子机理，为突破化学品生物合成局限提供元件基础。合成路径中酶活性元件的性能制约着微生物细胞工厂的生产性能。由于缺乏对生物体酶活性与非天然底物分子适配机制的研究，许多由合成化学家发明的有价值的反应过程没有已知的酶能够催化。因此，需要将自然界酶的催化能力和合成化学的需求联系起来，并将人类发明的化学过程引入酶中，为新型化学品合成路径的设计和创建奠定理论基础。

③ 关键科学问题 3：解析生物体细胞生理功能与生产性能的适配应答机制，为创建高效微生物细胞工厂提供调控优化策略。微生物细胞工厂的生产性能，不仅取决于酶活性元件的性能，更取决于细胞生理功能。由于对细胞生理功能与生产性能的适配研究不够深入，细胞生理功能常常不能按预期模式与细胞生产性能互相耦合，造成微生物细胞工厂合成效率较低。因此，需要阐明生物体细胞生理功能与生产性能的适配应答机制，为提升化学品生物合成整体效率提供调控优化策略。

4.5.3.3 主要研究进展及成果

（1）酶的生理功能调控

酶的生理功能调控是现代生物制造技术的核心，设计和研发新型高效的酶蛋白元件是发展工业生物技术的关键，特别是开发用于精准转化或“分子编辑”的新功能酶，主要包括重塑蛋白结构、挖掘辅因子催化潜力、从头设计新酶等。

① 重塑蛋白结构：酶结构按特定空间排列且具有很强的可塑性，其构象变化可影响其催化功能和分子特性（图 4-54）。因此，需要解析结构与功能的关系，重塑蛋白结构，开发新功能，主要包括酶骨架重塑、酶催化口袋重塑、酶底物通道重塑等。在酶骨架重塑方面，酶骨架的构象是柔性、动态的，酶与底物相互作用时，酶构象会发生轻微甚至剧烈变构来保障功能的实施。例如，羧酸还原酶结构域大尺度的变构效应使其能够利用同一个催化口袋先后催化腺苷化及硫酯化反应 [352]。在酶催化口袋重塑方面，酶催化口袋大多包含高柔性的 loop 结构，通过重塑催化口袋可调控酶的催化功能，

包括催化活性、底物特异性、立体选择性、非天然功能等。其中，非天然功能通常是由口袋稳定或精确控制关键过渡态的卓越能力来实现的[353]。在酶底物通道重塑方面，大多数酶（＞60%）的活性口袋位于内部并通过底物通道与溶剂环境相连，改造底物通道可改变酶的多种重要功能[354]，如酶的活性、特异性、杂泛性、选择性和稳定性等[355, 356]。

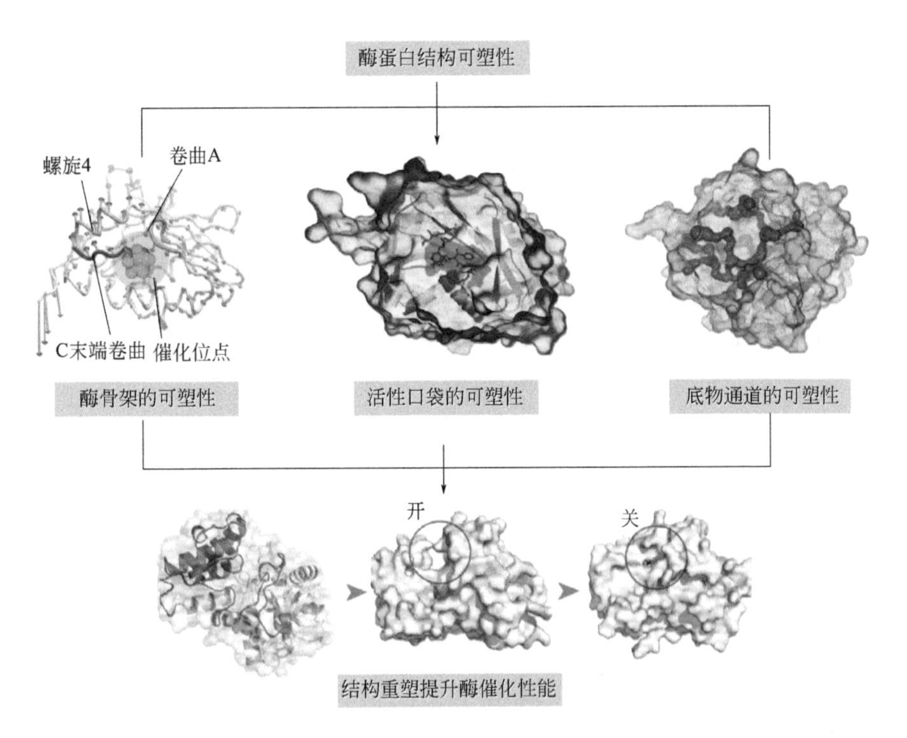

图 4-54
蛋白结构的可塑性

② 挖掘辅因子催化潜力：辅因子具有广阔的催化潜力，自然进化已创造出一系列多功能辅因子，如 NAD(P)H、FMN、FAD、TDP 和 PLP 等。挖掘辅因子催化潜力能够开发酶的新功能，主要包括：有机辅因子催化潜力挖掘、金属酶非天然反应能力挖掘、人工辅因子新酶挖掘等。在有机辅因子催化潜力挖掘方面，特定反应条件能够决定辅因子的可用催化状态，从而导致新型的化学反应。例如，光诱导黄素依赖性烯还原酶能够改变 FMN 的氧化还原状态，使其催化自由基环化，合成内酰胺化合物[357]。在金属酶非天然反应能力挖掘方面，过渡金属电子态和配位模式的多功能性使得依赖金属离子或金属基辅因子的酶能催化具有挑战性的反应。例如，通过挖掘 P450 酶金属卟啉辅因子的催化潜力，获得了卡宾和氮宾转移等非天然反应活性，可催化多种挑战性的反应，包括叠氮酰化、C—H 氨化和环丙烷化等（图 4-55）[358-360]。在人工辅因子新酶挖掘方面，许多化学合成过程中的重要反应需要借助人工催化剂，其候选酶尚未确定。因此，通过在蛋白质中加入具有催化活性的人工辅因子，填补经典催化和生物催化之间的空白。例如，人工金属酶链霉亲和素（mSav）-Rh（Ⅲ）可用于与丙烯酰胺羟肟酯和苯乙烯对映选择性 C—H 活化 / 环化，以合成各种取代的 δ-内酰胺[361]。

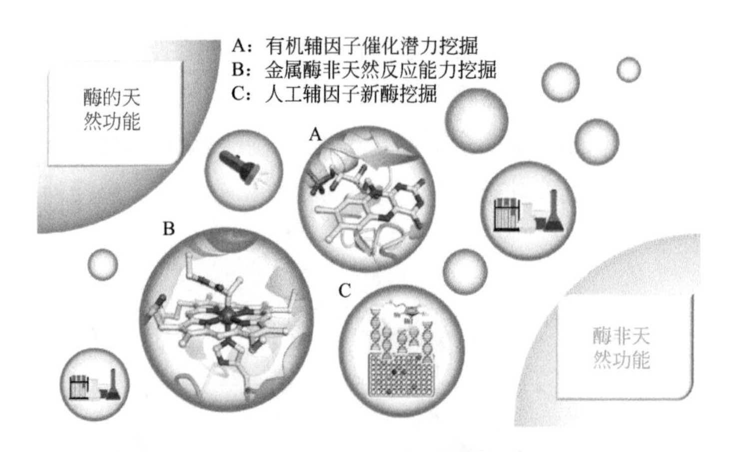

图 4-55
辅因子非天然活性的开发

③ 从头设计新酶：新功能酶的从头设计是从期望的功能反向推测出合适的结构，再计算出最合理的氨基酸序列（图 4-56）。Baker 课题组已成功地实现从头创制催化 Kemp 消除反应 [362] 和 Diels-Alder 反应的酶 [363]，并从头设计了 pH 值环境变化响应蛋白 [364]、构象调节蛋白开关 [343] 等复杂的功能蛋白。此外，谷歌公司 DeepMind 推出了人工智能项目 AlphaFold，利用深度神经网络从基因序列出发快速预测蛋白质的物理性质和三维结构 [365]。利用从头设计和人工智能深度学习获得新功能蛋白，为合成生物学的研究提供了新颖的催化元件。

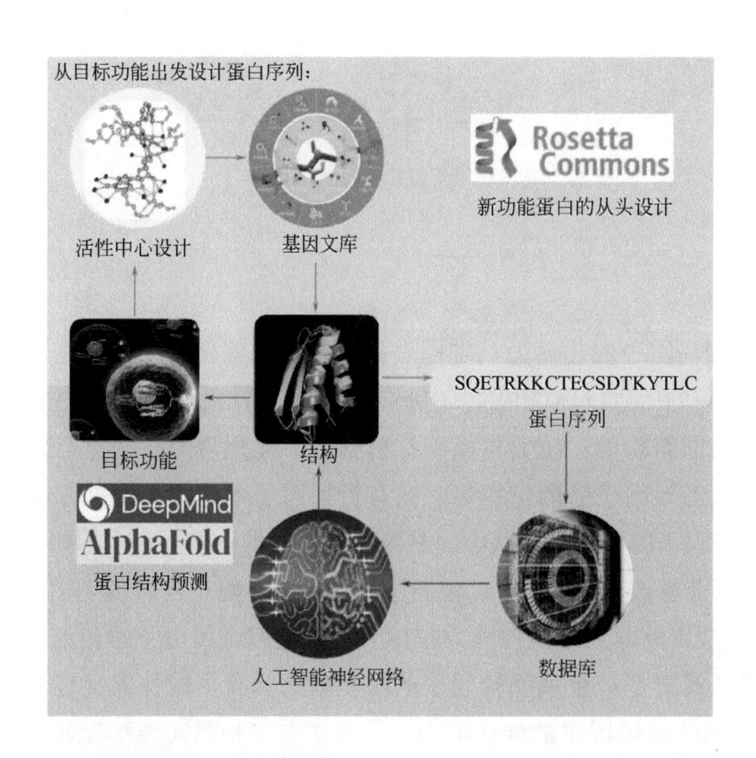

图 4-56
蛋白质从头设计

（2）细胞的生理功能调控

微生物细胞工厂的生产性能由微生物细胞的代谢能力、生理状态和外界环境共同决定，会显著影响工业化学品生产的经济适用性。通过调控微生物细胞生长、细胞形态和细胞寿命，能够有效改善微生物细胞的生理状态、增强微生物细胞的代谢活性、提高微生物细胞对复杂环境的适应性，从而优化微生物细胞工厂的合成效率（图 4-57）。

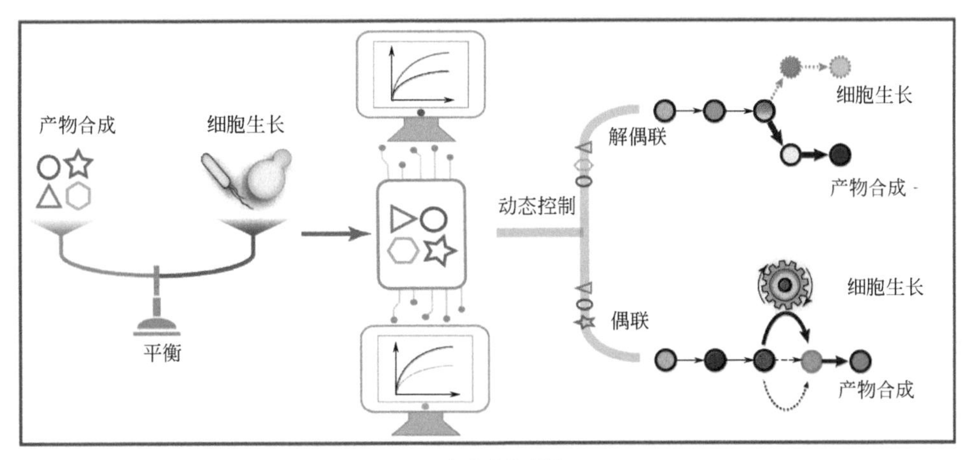

(a) 细胞生长调控

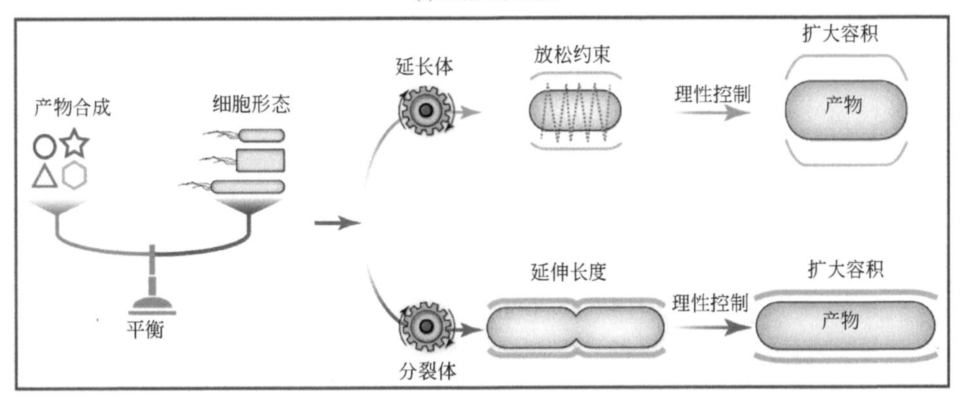

(b) 细胞形态调控

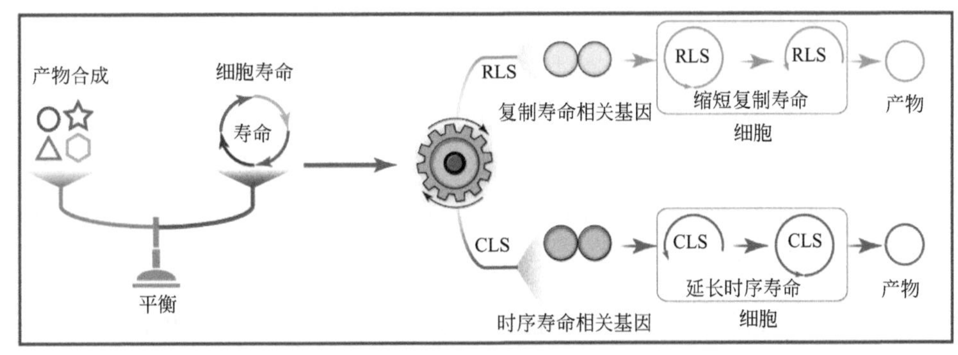

(c) 细胞寿命调控

图 4-57

细胞的生理功能调控

① 细胞生长调控：细胞生长是细胞从周围吸收营养，合成自身的组成物质，并不断长大的过程。微生物细胞生长与代谢物合成既相互依赖又相互竞争。为了优化这种矛盾关系，细胞生长调控策略主要包括动态生长偶联策略、动态生长解偶联策略等[366]。在动态生长偶联方面，通过重布线微生物代谢网络，促使目标代谢物合成成为细胞生长的必要条件，从而获得细胞生长驱动表型，增强目标代谢物合成能力。例如，通过设计代谢转换开关，动态调节丙二酰 CoA 的合成与消耗，有效平衡了细胞生长和脂肪酸形成，使得脂肪酸产量提高了 15.7 倍[367]。在动态生长解偶联方面，借助生物传感器，在特定时间点实现细胞生长与代谢物合成的程序化控制，从而避免细胞生长与代谢物

合成之间的竞争，增强目标代谢物合成效率。例如，通过设计蛋白酶降解动态调节回路，动态调控莽草酸激酶，促使细胞生长与莽草酸合成解偶联，使莽草酸产量增加到12.63g/L[313]。

② 细胞形态调控：细胞形态是微生物细胞在生长过程中所表现出来的宏观状态，如大小、长短、形状等。微生物细胞形态与菌体流变性能、营养物质转运和代谢产物合成密切相关。细胞形态受到延长体和分裂体的共同调控。在延长体调控方面，延长体是一个由转肽酶、细胞骨架蛋白（mreBCD）、青霉素结合蛋白、转糖苷酶和跨膜蛋白等多种蛋白组成的复合体，主要参与肽聚糖的合成和细胞壁延伸[368]。例如，通过CRISPRi技术精确调节mreBCD，有效地平衡了细胞生长和细胞形态的变化，增大了*E. coli*细胞体积，使聚羟基丁酸的含量增加到71%[369]。在分裂体调控方面，分裂体是由Z环蛋白和其相关蛋白组成的蛋白复合体，主要负责细胞分裂时肽聚糖合成，促使细胞伸长、分裂成两个子细胞[368]。例如，通过设计光遗传工具BANA精确调控核苷酸还原酶和细胞分裂基因ftsZA，缩短细胞分裂C和D阶段，进而缩小*E. coli*形态，提高比表面积，使得乙偶姻产量增加到67.2g/L[370]。

③ 细胞寿命调控：细胞衰老是微生物细胞随着年龄增长而发生的退行性功能变化的总和，可分为复制型衰老和时序型衰老[371, 372]。根据衰老类型，细胞寿命分为复制寿命（RLS）和时序寿命（CLS），细胞衰老会降低细胞维持稳态的能力，增加细胞死亡的风险[373, 374]。因此，为了改善微生物细胞的生理功能，细胞寿命调控策略主要包括开发抗衰老药物[375]、强化长寿基因和抑制衰老基因[376]等。基于上述策略，能够有效改变细胞生理状态，如细胞大小[377]、细胞代谢[374]、细胞耐受性[378]、代谢物合成[379]等。在时序寿命调控方面，通过设计多功能逻辑门状态机器调节寿命基因，成功地改变了*E. coli*时序寿命，使得丁酸的产量和生产强度分别达到了29.8g/L和0.414g/（L·h）$^{-1}$[379]。在复制寿命调控方面，通过调节聚3-羟基丁酸/聚羟基链烷酸酯结合蛋白的表达，引起了罗尔斯通氏菌复制寿命的变化，从而改变了聚3-羟基丁酸颗粒的大小和分布[380]。

4.5.3.4 未来发展方向与展望

改造生物体生理功能，能够从更深层次改善生物体性能，提高生物体化学品工厂的合成效率，具有广阔的产业化应用前景。然而，目前生物体生理功能的解析与调控仍然不能与高效化学品制造过程完全匹配，如生物体具有较高的产物耐受性，并不能保证该生物体能够高效合成该产物。因此，未来生物体生理功能解析与调控主要在于：彻底解析生物体生理功能，消除生物体改造过程中的干扰因素；融合机器学习与人工智能，提高生物体生理功能预测和改造效率；探索生物体生理功能调控新策略，改善生物体催化合成效能；扩展生物体生理功能改造方法，降低新型生理功能调控策略的应用局限性。

4.5.4 现代发酵工业菌种的系统改造

4.5.4.1 发展现状与挑战

随着现代生物学及相关联学科的迅速发展，人们不再仅仅从个别基因、蛋白质和代谢途径角度对现代发酵工业菌种进行改造，根据代谢工程的基本原理，综合运用系统生物学、合成生物学、进化工程和计算机辅助等手段，加速了高效微生物细胞工厂的开发。系统生物学提供了强大的工具箱来重新设计现有的细胞功能和创造新的功能，可以在发酵的全过程和全基因组范围内预测细胞状态，设计和构建酶及其代谢途径，使菌株改造朝着更大规模、更并行、更系统化的方向发展[381, 382]。

目前存在的重大问题与挑战主要总结为以下几点。

（1）基因组规模代谢网络模型精度

基因组规模代谢网络模型（genome-scale metabolic model，GEM）中，许多模型构建工具已经发表了一百多种物种的400多个GEMs，但是这些模型构建标准不够统一，所以需要建立一种统一的模型构建和质量评价标准。即使得到了高质量的模型，由于化学反应的计量约束GEMs缺少细胞内酶量、热力学、动力学应急响应等约束信息，也无法预测出如生长延迟、代谢溢流等特定的生物学现象。

（2）转录组数据的不唯一性

转录组学是分析特定细胞的转录水平，从整体水平上显示外界环境对基因的扰动。通过转录组分析可以帮助学者尽快分析到特定的表型或功能相关的未知基因及重要基因的转录规律，并确定潜在的代谢工程靶点。由于细胞内存在多种转录水平，因此转录数据不一定准确反映了细胞代谢的活性，因此只基于转录水平确定潜在靶点不太准确。

（3）蛋白质组学的区分灵敏度

蛋白质组学是测定条件下细胞全蛋白表达水平，并提供蛋白质翻译后的修饰及蛋白质相互作用相关信息。在代谢工程应用方面，蛋白质组学可以确定产物合成途径中关键酶的表达量，并从中找出产物合成限速反应。但是蛋白质灵敏度和定量准确度需要进一步改善，以显著区分噪声与低丰度蛋白质。

（4）代谢组学中代谢物的源头分析

代谢物组学是对特定条件下细胞产生的低分子量代谢物全面地定量分析。代谢组学已经在生物基产品的菌株改造、增强菌株的底物利用能力等方面取得了进展，但是微生物代谢对周围环境非常敏感，测量和制样过程均会影响代谢组，且目前微生物代谢组学研究只关注代谢物本身，很少考虑其来源，宿主和微生物之间的关系仍然是不可忽略的。

（5）多种组学分析组合应用

通量组学是通过代谢通量分析，确定特定条件下细胞代谢通量的具体分布及特征。在代谢工程应用上，通量组数据能够为基因组尺度代谢模型的模拟预测提供更多的约束条件，提高模型的精确度。但是如何将基因组学、蛋白质组学以及代谢通量组学良好地组合并有效地解释其结果，仍然需要进一步探讨。

4.5.4.2 关键科学问题

微生物细胞工厂可以用于多种资源的高效绿色转化，工业菌种的改造是重要的核心问题之一。如何从全细胞水平科学合理并高效地设计和构建工业菌种，是研究人员面临的极其重要的科学问题。系统生物学可以全面解析微生物细胞工厂在各个水平上的调控机制，并通过大量数据分析模拟细胞工厂的生命过程。菌种的系统改造在多个方面为现代发酵工业做出了贡献和指导，如细胞工厂底盘细胞的选择与设计、代谢途径的设计构建与优化、工业发酵工艺优化与放大等。关键科学问题包含以下三点。

① 关键科学问题1：整合多组学及有效挖掘关键信息来精确预测靶点。尽管系统生物学中各种组学研究方法层出不穷，且都有大量的数据集，但是大部分基于组学研究的方法还停留在表征层面，并没有精确预测相关的靶点，从而改变细胞性能。主要是各种数据集没有整合，且没有挖掘的有效信息，导致改变细胞性能的靶点不够准确。

② 关键科学问题2：快速准确确定系统生物学鉴定的潜在靶点。一般情况下，根据系统生物学鉴定的潜在靶点，都需要大量的鉴定测试，除少数几种模式生物外，非模式生物的鉴定更加费时费力，因此要开发更多的生物元件。

③ 关键科学问题3：增加商业化生产的代谢菌株。工程菌株的鲁棒性是限制代谢菌株商业化放大生产的重要因素，所以需要开发更多的非模式底盘微生物，且在菌株改造的过程中也要避免对菌株鲁棒性的负面影响。

4.5.4.3 主要研究进展及成果

目前现代发酵工业菌种的系统改造，主要的研究方向和进展概括为以下几点。

（1）宿主菌株的选择

传统的理性设计策略只能基于代谢网络或调控网络找出相关基因靶点，对菌株进行改造。与之互补的非理性设计策略（进化工程）通过直接高通量筛选/选择目标表型来进化宿主菌株，进而可以研究新基因型-目标表型的关系，有利于对已经理性改造过的菌株再改造。进化工程的实现需要包括两个关键步骤：

① 遗传多样性的构建。近年来伴随基因合成与编辑技术迅速发展，多种提高遗传多样性的工具和策略（例如MAGE、PACE、YOGE、ICE等）被报道，涉及高质量原核以及真核宿主的基因组文库构建；

② 用于高通量筛选/选择的生物传感器的开发（图4-58）。目前，合成生物学技术已经广泛应用到了生物传感器（基于转录因子、核糖开关、酶偶联等）的开发过程，在优化生物传感器的性能参数（配体特异性、动态响应范围、灵敏度、操作范围等）方面起了关键作用，生物传感器的开发及性能优化流程逐渐标准化。另外，模型微生物（例如大肠杆菌和酿酒酵母）仍然是发酵生产各种产品的首选。此外，某些微生物具有得天独厚的优势，也被开发为工业发酵宿主细胞，例如梭状芽孢杆菌用于合成丙酮和丁醇、棒状杆菌用于生产氨基酸、曼海姆氏菌用于合成琥珀酸等。另外，以消耗碳一化学品为原料的宿主，如蓝藻细菌、微藻类和甲烷营养细菌，日益受到关注。非模式菌株的改造，仍主要依赖传统的代谢工程改造策略，有效改造工具正在不断升级。

工业发酵过程往往在微生物的非天然生长环境下（高渗、高浓度底物或产物、有毒底物或产物）进行。在抗逆机制不明晰时，自适应实验室进化（ALE）是一种提高菌株抗逆性的有效定向进化策略。自动化的连续培养也可以在较小的多孔板中进行，从而可以进行大规模平行实验[383]。此外，也可以使用微生物反应器来精细控制培养条件，例如

pH 值、温度、溶解氧和营养。最近发明的用于连续培养和后续筛选的工具和策略（例如 eVOLVER、Mini Pilot Plant、PALE ALE 和 TALE）有望进一步加速高抗逆性菌株的高效筛选，对进化后分离得到菌株基因型的系统分析可能揭示抗逆性的分子机制。

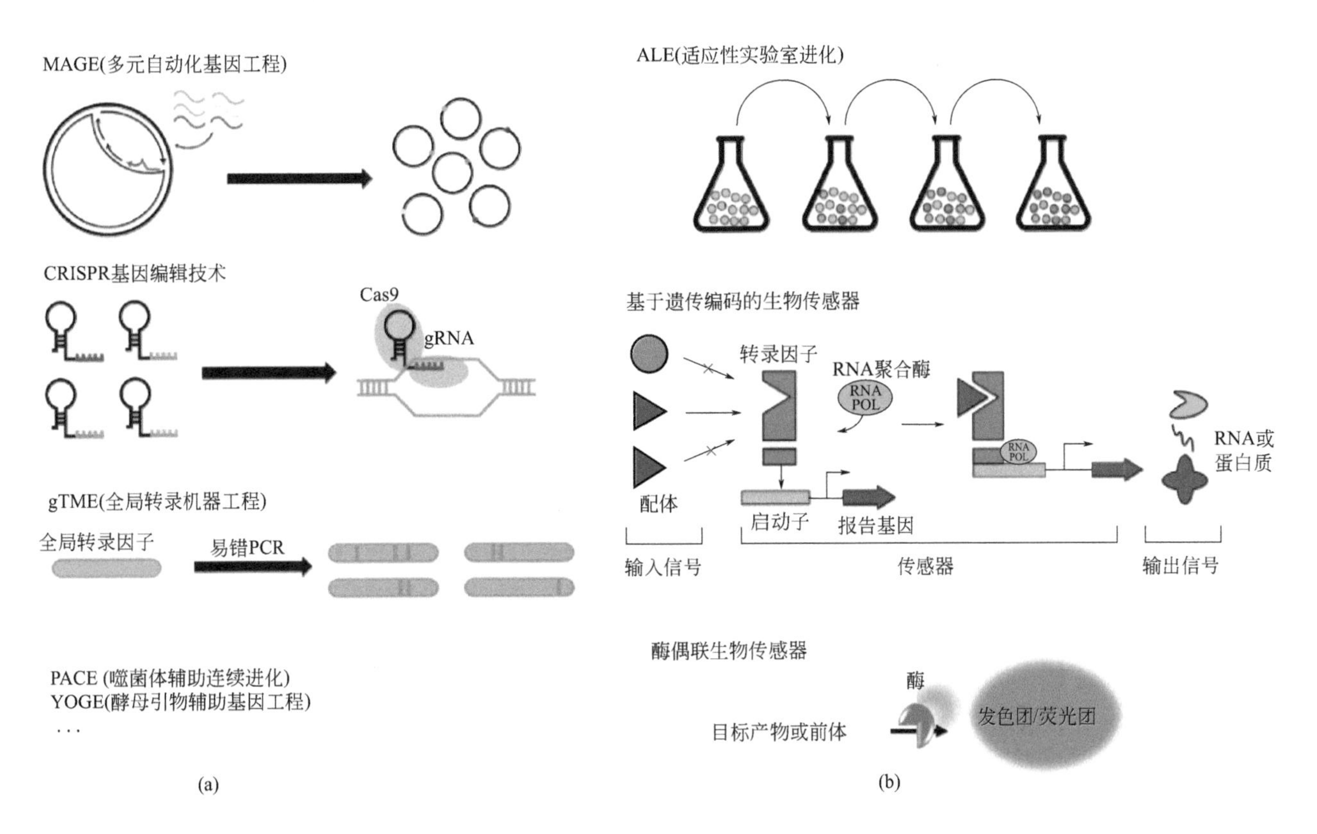

图 4-58
宿主进化工程中遗传多样性的构建策略（a）和高通量筛选 / 选择工具（b）

（2）代谢途径重建

代谢途径重建是一项赋予工业发酵菌种新功能的重要措施，也是工业发酵菌种系统改造的核心内容之一。利用合成生物学和计算生物学能够为所需化学物质设计新颖而特定的代谢途径。通过结合代谢反应 / 途径数据库（例如 KEGG、MetaCyc 和 BRENDA）中已知的代谢反应重建异源代谢途径，在酶促反应中使用基于底物和产物的化学结构的反应规则可以帮助简化设计过程。此外，酶的定向进化和从头设计有助于扩大生产天然和非天然化学物质的范围。通过组学水平可以挖掘出新酶，化学方法与生物合成方法的整合也进一步拓宽了研发视野。在预测所需化学物质和材料的生产中可行的化学合成路线方面，人工智能有望发挥越来越重要的作用[384]。

基因工程工具和策略的进步，加快了将设计的代谢途径成功引入实际生产菌株的速度。新型高效的 DNA 组装工具，例如 BioBrick 组装、Gibson 组装、Golden Gate 组装等，促进了多组分和大型基因簇的组装以及随后基于质粒的代谢途径基因的表达。此外，寡核苷酸和基因合成技术的进步降低了合成成本，已经使得构建最优化的代谢途径以及测试组合重排的基因簇和表达模块变得更加可行。

对于基因编辑，相对于耗时费力的使用反向选择标记的传统同源重组系统，位点特异性重组系统和转座子随机插入系统的程序更简化，但基因整合位点的选择受到限制。近年来备受瞩目的CRISPR/Cas9基因编辑工具，诱导双链/单链断裂，然后进行同源重组，具有高效、无需筛选标记、适用范围广的特点，可用于基因的染色体整合（图4-59）。

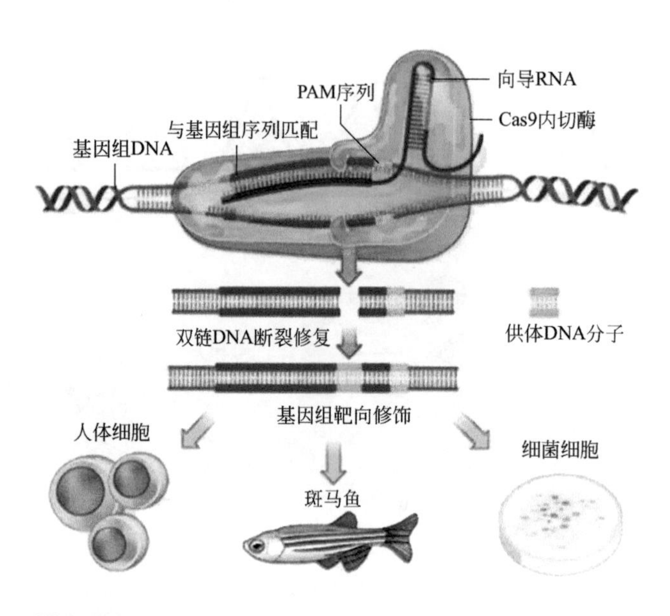

图4-59
CRISPR/Cas9系统定向基因组编辑作用机制[385]

（3）多组学和多学科联合应用的系统改造

通过重构的生物合成途径，构建了能够生产所需产物的基础菌株后，可以使用各种工具和策略来最大化对目标产物的代谢通量。系统水平对宿主代谢网络和其它组学数据的分析为此发挥了关键作用，最初的系统代谢工程研究就证明了这一点，该研究显著提高了L-缬氨酸和L-苏氨酸的产量。DNA/RNA测序、质谱和其它组学策略的最新技术突破允许获取更多与细胞生理学和代谢相关的数据（生物大数据），为优化生产菌株提供了线索[381, 382]。

在高通量DNA/RNA测序技术的支持下，基因组和转录组分析已被用于设计和优化菌株。各个数据库中大量的基因组信息与功能注释，也为微生物菌种的改造提供了数据。通过计算机辅助设计，从基因组水平着手，可以实现高效的新代谢途径的创建、改造靶点的挖掘[386]。蛋白质组学分析比转录组学分析更能代表实际的代谢活动，最近的质谱技术促进了蛋白质组学分析的发展，并有助于对细胞生理学更全面的理解。蛋白质组学的最新进展还使人们能够理解翻译后修饰及其对代谢工程的影响，如在高密度发酵重组大肠杆菌生产生物医药抗体片段时，蛋白质组学分析可提高其产量。但是应注意，蛋白质（尤其是酶）的水平也不一定与它们的酶活性相匹配，在特定条件下直接观察代谢物水平的代谢组学可以补充其它组学的缺陷，因此也已用于优化菌株性能。然而，低浓度代谢物的定量仍然是一个挑战。代谢流分析提供了所有组学研究中最接近的细胞代谢描述，它已被广泛用于开发各种化学药品的工业菌株（图4-60）。

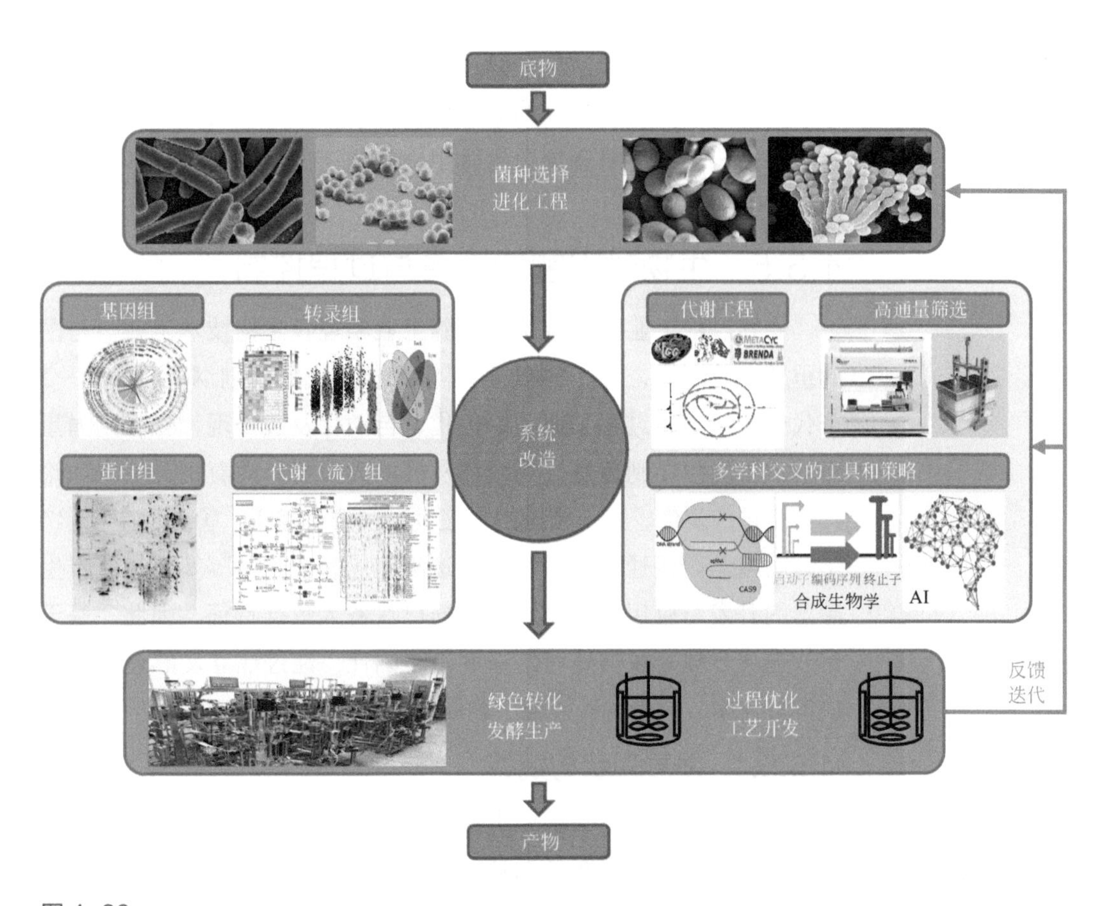

图 4-60
多组学、多学科联合的工业菌种系统改造

结合组学工具和策略，各种计算机辅助的基因组规模的代谢模型（GEM）和相关的模拟方法已成功应用于开发各种高产菌株。该领域的最新趋势是将转录组学、蛋白质组学、代谢组学和代谢流组学数据整合到 GEM 中，以获得对细胞代谢更全面的了解[387]。代谢与表达模型就是一个例子，该模型将从定量蛋白质组学数据中提取的基因表达和蛋白质合成信息整合到 GEM 中。类似地，另一种称为 GECKO 的建模方法通过结合酶的动力学参数提供了一种计算细胞状况的机制方法。通过整合诸如转录组、蛋白质组、代谢组、通量组，甚至酶动力学等组学信息，可以完善生产宿主代谢的计算机模拟，以提供更精确的结果。

4.5.4.4 未来发展方向与展望

目前，对现代发酵工业菌种的系统改造已经实现了多个层面的显著效果，简化了从初始菌株设计到大规模工业生产的整个过程。合成生物学、组学、基因组代谢模拟、基因工程和进化工程等领域的最新进展，拓展了系统代谢工程的工具和策略。结合实际发酵过程的优化与控制，系统代谢工程循环的进一步迭代可以进一步提高菌株的性能。同时，随着计算机辅助和人工智能的发展，对细胞各层次的计算模拟和系统改造也必将越来越精准高效。

对重要资源的高效绿色转化利用离不开细胞工厂的设计与优化，系统生物学层次的基因组规模的生物网络模型将是未来重要研究方向之一，将促进基于数据模拟与仿

真的细胞工厂的设计，与发酵过程研究结合可以解析工业发酵过程中工业菌种的细胞代谢动态变化，实现高效的放大与优化。随着工业菌种系统改造策略的不断发展，未来将开发出更多更具竞争力的微生物细胞工厂，助力于更多重要资源的高效绿色转化利用。

4.5.5 生物过程智能装备与过程控制

生物过程工业包括传统的发酵工业和现代生物技术工业，是国民经济可持续发展的重要支柱之一，《国家中长期科学和技术发展规划纲要（2006—2020年）》明确将新一代生物技术和过程工业的绿色化、自动化及装备现代化等列为重点发展新技术[388]。当前，智能生物制造是生物经济发展的大趋势，随着相关技术理论的提出，正在加快其实用化的步伐。这一领域的快速发展主要得益于：①合成生物学“设计-构建-测试-学习”各个阶段通过人工智能加速细胞的智能化[389, 390]；②随着生物过程新型在线传感器的开发与应用，生物过程数据已具备大数据特征。因此，基于人工智能的机器学习，进一步提升数据处理的速度和准确性，通过建立发酵过程智能控制系统形成智能决策与控制，真正达到智能生物制造的高度[391]。

4.5.5.1 发展现状与挑战

生物反应器是实施工业生物过程的核心设备，其性能直接影响工业生物过程的生产效率。生物反应器本身配套的过程传感设备、相应的数据处理技术与智能化的控制技术、故障诊断与监测技术等，是制约工业生物过程实现自动化、智能化的关键共性技术，也是提升生物制造企业生产效能、发挥微生物细胞最大潜能、实现绿色生物制造产业升级的关键技术。然而，目前我国生物制造企业，尤其是传统发酵企业，运行的生物制造过程仍然存在着检测技术匮乏、生物过程数据科学处理技术欠缺、可实施智能化控制策略的生物反应器装备技术不足，从而严重限制了我国工业生物技术企业工艺开发效率，制约了产业的技术升级。

数字化、网络化以及智能化，为实现生物制造跨越式发展提供了方向与路径。然而，当前我国生物制造过程的智能化还处于起始阶段，存在诸多挑战，亟待技术突破。目前存在的重大问题与挑战主要总结为以下几点。

（1）开发生物过程智能在线检测技术

细胞代谢的智能传感监测是生物过程的大数据之源。目前，过程监测主要依赖常用的色谱仪和生物传感器采用离线检测，无法满足细胞代谢过程实时在线监控的需求。因此，亟需研制生物过程智能传感设备，为生物过程智能感知数据获取提供技术和装备支撑。

（2）基于数据科学与人工智能的生物过程大数据智能分析技术

生物制造过程产生的海量数据，包括微生物组学数据以及大量的宏观过程监测数据。目前针对多源异质生物过程数据进行清洗、特征提取与降维的研究尚处于起步阶段，生物过程多源异质数据来源及种类多，数据之间往往存在复杂关联。迫切需要大力推进生物过程数据科学技术的研究，指导生物过程的智能决策。

（3）生物过程模型化及实时智能分析、诊断与优化控制技术

生物制造已成为制造行业的重中之重，而生物过程的实时智能分析、诊断与优化控制正成为国际生物智能制造的前沿。针对生物过程状态变量在线监控、故障诊断以及优化控制等问题，亟需利用生物过程中丰富的数据信息，结合人工智能方法，开发应用于生物过程的高精度智能分析、诊断与优化控制方法。

（4）开发具有自主知识产权的智能生物反应器

目前，在高端生物反应器研制技术方面，国际主流生产商如 Sartorius 开发的 Amber 系列平行反应器配置拉曼光谱的过程分词技术（PAT）、M2Plabs 公司的 RoboLector 微型阵列反应器可实现基于试验设计（DoE）的生物过程高通量智能优化，Eppendorf 公司的 DASGIP 平行反应器系统逐渐朝向自动化、智能化发展，这些国外企业已开始对此领域形成垄断之势。因此，我国亟需研发具有自主知识产权的智能生物反应器。

4.5.5.2 关键科学问题

实现工业生物过程装备与过程控制智能化这一目标，关键要从智能感知（传感器开发与应用）、智能诊断（生物过程数据科学）、智能控制（智能管控系统）、智能反应器（关键技术集成）四个方面开展相关研究，构建共性关键技术平台，提升对反应器内复杂动态非线性生物过程的精细调控，建立准确描述表征细胞生命过程本征规律的模型，开发过程数据分析、处理的关键技术。为实现智能生物制造，需要解决以下关键科学与技术问题。

① 开发生物发酵过程的先进在线传感技术，实现生物制造过程营养物和胞内外表征代谢特性参数（含代谢物测定）的实时准确检测。生物制造过程中发酵液成分的微小变化会改变细胞的新陈代谢和产出，因此监控发酵罐内关键参数至关重要。目前常用的色谱仪和生物传感器采用离线手段，测试时间长或者动态范围窄，无法满足生物过程实时监控的要求。技术上虽然光谱和酶生物传感有潜能解决此问题，但发酵液成分复杂，颜色深，物质分布不均匀，荧光和光吸收强，细胞生理代谢快速，代谢物种类多、寿命短、浓度低，这都是过程监测需要解决的技术难题。

② 利用生物过程异源异质海量数据的标准化，实现数据清洗、特征提取、参数关联分析，建立生物过程标准化动态数据库。生物制造过程数据层次多、范围广，模型构建涉及模块多，作用机制复杂。实现智能生物制造，需要解决生物过程大数据建设需要什么样的大数据系统，如何基于微生物组学和宏观检测过程数据开发新系统方法、构建基础生物过程大数据库等问题。此外，对异源异质宏观监测生物过程数据进行数据清洗、特征提取与降维，是实现数据可靠性、一致性处理以及高维数据信息在低维空间简洁表征的关键技术难题。

③ 在生物过程海量标准化数据基础上实现生物过程云计算技术，开发生物过程软硬仪表、故障诊断、智能优化、精确控制等关键技术。我国智能生物制造过程与装备面临着诸多问题与挑战：微生物和细胞代谢过程的混沌、多尺度、模糊、强非线性等特性，导致生物过程智能分析的准确率和稳定性不高；生物制造过程故障诊断数据量

偏少以及不同研究者人为选择过程参数等因素，导致生物过程故障诊断的误报率、漏报率偏高；工业生物发酵过程中反应复杂、环境多变、条件切换等因素，导致发酵过程约束条件复杂、动态变化剧烈、难以实时在线精确控制与优化。因此，从典型工业生物过程特性以及微生物生产与细胞代谢过程中的重大难题与挑战出发，建立人工智能、大数据与最优控制技术深度融合的工业生物制造过程智能管控系统，实现生物制造过程的高置信度实时在线智能分析、诊断、优化与精确控制，是亟待解决的关键技术问题。

④ 开发基于智能感知、过程数据智能分析、过程智能诊断与精确控制技术集成的智能生物反应器。生物过程存在混杂的海量数据，从单一生理调控机制出发的研究往往只揭示了局部和某一时段的特点，仅靠高度分支化和分散的数据研究难以在整个生物反应器生物过程全局数据中发挥显著作用。开展安全可控核心智能生物反应器装备集成技术，通过信号转换模块、数据传输与通信标准、数据采集与控制系统以及数据库建设，在生物信息与过程信息相结合的数据库建设基础上，通过各种软件包实施大数据分析，由此实现生物过程智能化、精准优化与智能决策，是智能生物制造亟待解决的关键技术问题。

4.5.5.3 主要研究进展及成果

（1）智能生物反应器

① 生物过程新型在线传感器开发与应用。

由于以微生物细胞为主体的发酵过程的产品生产实际上是以细胞代谢为核心的生命过程，具有高度复杂性和典型的非线性特征，以简单环境操作参数的检测与控制为目的的宏观动力学研究并不能真正针对生物细胞体内的本体特征进行过程优化，需要结合发酵过程中参数相关的代谢特性，系统地分析细胞的代谢变化，强调细胞的生理状态、参数相关是生物反应器中物料、能量或信息传递、转换以及平衡作用的结果。微生物在基因、酶、细胞或反应器等某一个尺度上的反应最终会在宏观过程中有所反映，这就为研究生物反应器中不同尺度的数据关联分析方法提供了线索[392]。

因此，在工业发酵过程关键技术的研究和推广中，需要强化基于生理多参数相关分析来研究工业发酵过程，将先进的在线仪器仪表，如过程尾气质谱仪、活细胞测定仪、在线显微摄像仪、在线电子鼻分析仪、在线拉曼光谱仪、在线近 / 中红外测定仪等，用于微生物细胞生理代谢特性参数的检测（图 4-61），进行发酵过程多尺度相关分析，进而感知生物过程[393, 394]；在获得海量的过程参数变化信息后，建立过程参数的海量数据库（包括组学大数据和过程大数据），为后续的大数据分析奠定基础；进一步开发并应用过程大数据深度学习、数据挖掘等算法，实现实时生物过程智能分析、诊断与精确控制，进而实现智能化制造[395]。

② 生物反应器流场设计。

生物反应器是实现生物过程的核心设备，其结构设计与优化一直是生物过程优化中非常关键的一个环节。通气机械搅拌式生物反应器由于机械结构简单、易于操作，成为工业生物过程中应用最广泛的生物反应器形式。然而，关于机械搅拌反应器内流场特性的研究表明，虽然结构简单，但在湍流操作条件下其内部形成的流场结构却非常复杂。这也使围绕反应器内的混合、相间传质及剪切环境等方面的研究成为进行生物反应器操作条件优化，甚至是实现其智能化，必须进行的一个方面[396, 397]。

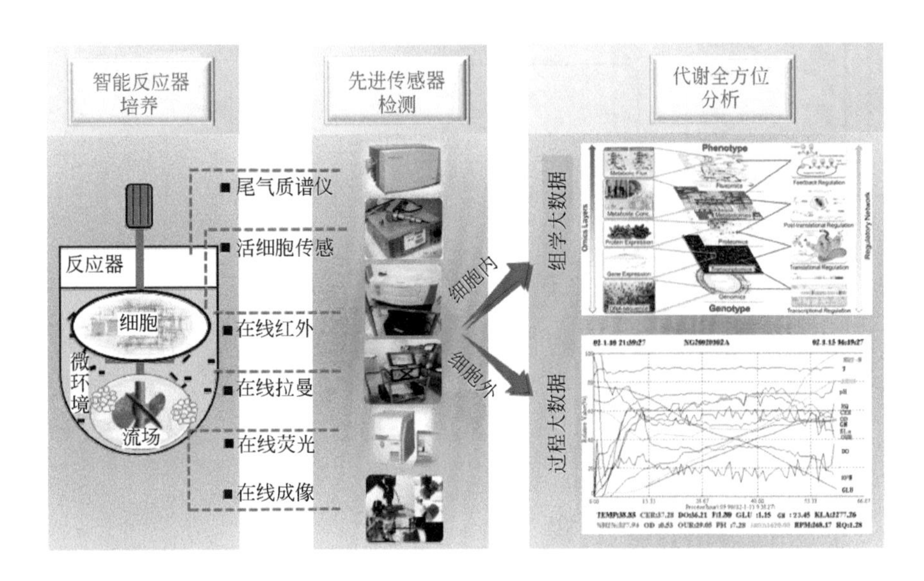

图 4-61
新型传感下全方位代谢参数实时在线检测与智能分析系统

化工过程研究中经典的“三传一反”理论的应用是进行化工过程优化与放大分析的重要指导，这一研究思路也被广泛应用于生物过程优化放大研究中。然而与化工过程不同，生物过程涉及“活”的细胞，细胞内存在复杂而精密（包含大量未知调控机理）、受严密调控的代谢反应网络。并且，该代谢调控网络并非孤立于外部环境而存在，而是与所处的反应器内流场环境之间存在复杂的交互作用。受流场的对流输运作用，细胞会在反应器内随流体流动而在反应器内四处“游走”，在细胞游走过程中会经历不同的浓度场、温度场以及剪切场等，胞内代谢调控网络会对其作出响应，从而调节胞内代谢反应[398]。细胞响应非均一流场的代谢网络会进行代谢重排，通常会从胞内排出副产物，如有机酸、甘油、海藻糖等，进而在放大过程中导致目标产物产率和得率的降低[399]。因此实现生物反应器的智能化，实现反应器对上述细胞生理代谢响应的智能感知，需要从反应器流场角度及反应器流场对细胞生理代谢特性影响方面开展深入的研究[400]。

计算流体力学为研究生物反应器内的流场结构，并开发智能化反应器，提供了高效的模拟工具，然而流场特性研究并不能从根本上解决生物过程放大问题。将反应器内流体力学与细胞反应动力学整合的数值模拟方法正成为认识生物过程放大规律的高效模拟工具，也是进行 Scale-down 反应器设计的必需工具（图 4-62），是今后生物反应器及生物过程实现智能化的一个重要研究方向[400-402]。细胞对外界环境的生理响应机制及其动力学模型的建立，是另一个需要解决的关键科学问题[403]。

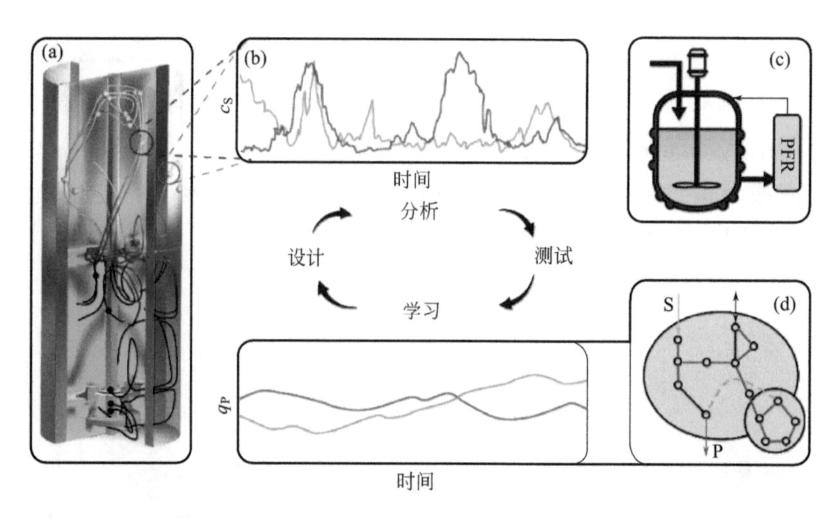

图 4-62

生物反应器设计周期示意图[400]

(a) 设计：全尺度生物反应器设计的 CFD-CRD 分析，以揭示潜在的环境梯度；(b) 分析：通过收集生命线和分析波动统计数据来确定微生物如何经历上述环境；(c) 试验：对微生物进行实验，以评估微生物的反应；(d) 学习：分析微生物对环境波动的响应，转化为动态代谢模型 / 更新现有模型（将该模型应用于一种新的仿真中，以改进设计）[397]

（2）生物过程智能调控

① 生物过程多尺度优化和放大策略。

细胞大规模培养的生物反应过程中，细胞生命代谢过程是一个复杂的系统：微生物菌种的基因决定了该代谢过程的基本特性，然而反应器的设计与操作条件差异又有可能改变细胞代谢的特性，同样是上述菌种的代谢过程，代谢调控策略的变化会引起最终目标产物产量的差异；同时，反应器的不同结构会对物质传递造成很大的影响，最终也会导致代谢产物产量的差异。因此微生物反应过程存在基因尺度、细胞尺度、反应器尺度等多尺度，其反应系统为多输入、多输出的复杂系统，多尺度相关特性见图 4-63。其中物质流、能量流、信息流最为重要，可以决定生物过程特性，因此在实现生物过程优化与放大的进程中，需要对生物反应过程的物质流、能量流、信息流进行跨尺度观察与调控。

生物过程中细胞代谢是在细胞内完成的，但是代谢过程中各种代谢物会在胞内、胞外形成一个动态平衡，这些代谢物浓度的变化往往是过程调控中最为重要的内容，然而实际生物反应过程中实时、准确地检测这些浓度又有较大的困难。从生物制造多尺度系统理论来看，生物反应过程中参数趋势曲线相关有可能是某一尺度的线性或动力学行为，也可能是多尺度系统的结构性突变，因此仅用常规的单一尺度模式无法解释过程中发生的许多现象。虽然在生物反应过程中检测到的大多是环境状态或操作变量，但可以通过进一步分析，研究反映分子、细胞和反应器工程水平不同尺度的问题，实现跨尺度观察和跨尺度操作[404]。参数耦合相关是指生物反应过程中各种直接参数、间接参数以及实验室手工参数随着发酵过程的进行而变化，并且参数间表现出某种相关性的特征。这种参数相关是生物反应器中物料、能量或信息传递、转换以及平衡或不平衡的结果，其微观因素也许只是发生在基因、细胞或反应器工程水平的某一个尺度上，但最终会在宏观过程中有所反映，这就为研究生物反应器中不同尺度的数据关联分析方法提供了线索[392]。另外，虽然搅拌反应器结构比较简单，但其内部流场的结构随着搅拌桨结构形式、操作条件的不同而存在很大差异。细胞在小试反应器获得了优化的工艺后，欲在大型反应器实现相同的优化工艺，其关键在于大型反应器中重现小试研究的细胞生理状态，找到细胞生理代谢不能重现的原因，再进行反应器结构改造、工艺调控策略的调整等，最终实现与小试优化反应时相同的生理代谢特性[401]。因此，通过细胞微观与宏观生理代谢特性相结合、细胞生理代谢特性和反应器流场特性相结合的方法，能够有效实现生物过程的优化和放大。

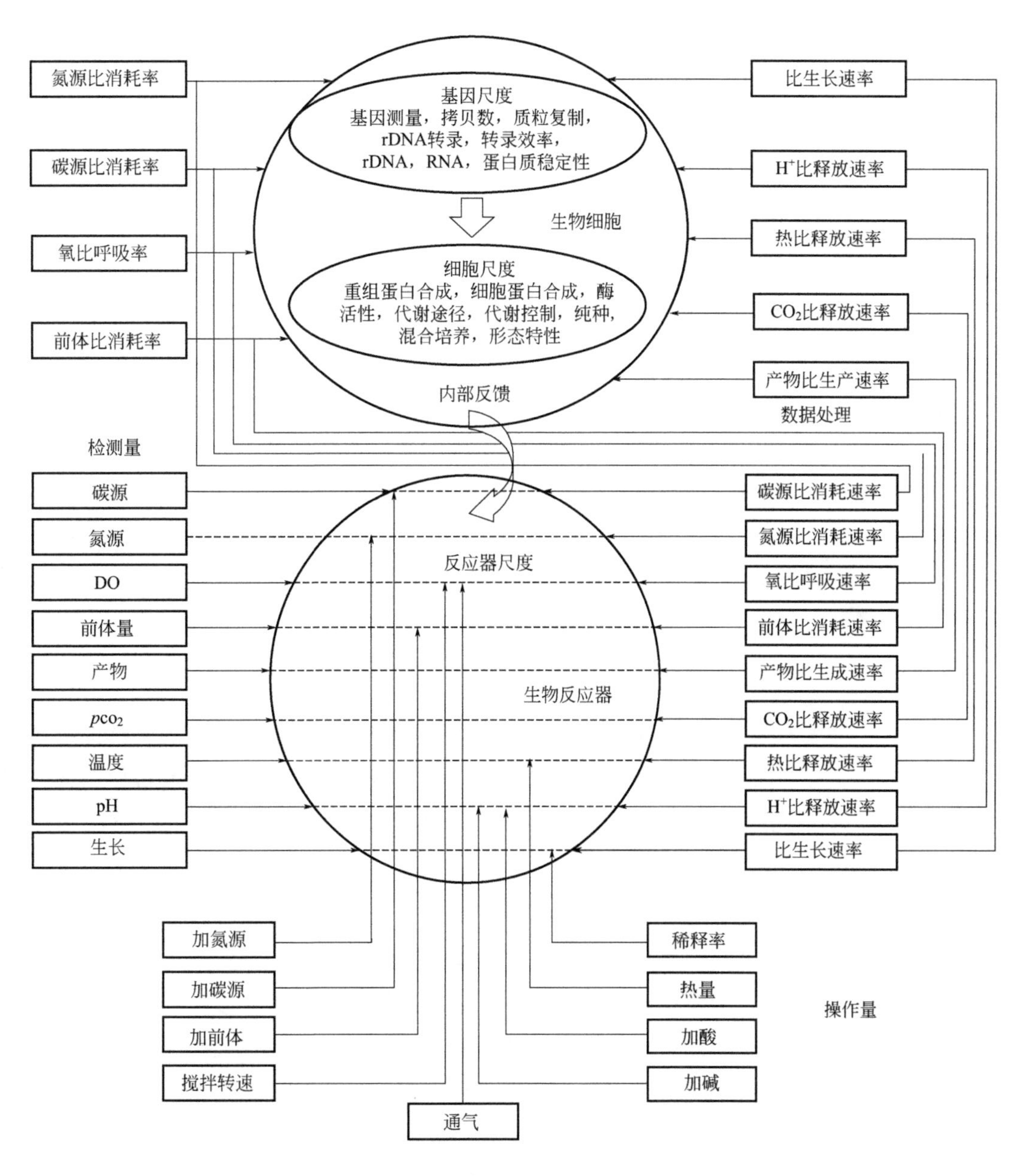

图 4-63
生物过程多尺度关系图[404]

② 生物过程大数据研究。

随着后基因组时代各种组学技术进入生物学的研究中，在面对细胞内高度分析研究的海量数据和反应器过程中所获得的各种传感器数据时，生物过程研究所面临的问题就是研究系统的复杂性与已掌握知识的局限性间的矛盾，表现在“数据超载”的情况下，如何将信息转化为因果关系，由此解决生物过程中的优化问题[405]。很多研究仍只停留在特定条件下的模式生物上，在实际工业生产过程研究中的应用仍很少。

虽然基于数据驱动的多尺度参数相关分析能较好地解决生物制造过程的优化和放大问题，但是在数据处理时仍存在两个关键基本问题[406]：

① 分子级人工智能化问题。具体来说，一个生物技术产品从基因到大规模工业产品生产，历经了从细胞内的生命过程到细胞外的反应器操作，既包括基因结构、转录、表达、蛋白质、各种蛋白质或小分子化合物的相互作用、代谢网络、代谢流，也包括各种中间代谢物的过程参数相关分析，以及在不同反应器操作条件下的流场特性变化等，研究系统的复杂程度与已掌握知识的局限性的矛盾，会出现“数据超载”的情况。因此，如何利用过程中产生的海量数据是过程研究中的重大关键问题。

② 过程级智能化问题。目前工业生产过程中存在的问题，包括菌种、种子质量、不同来源原材料、不同的工艺操作条件等，都会引起生产波动，而这些都需要人工干预和处理，参数相关性也基本靠人工与专家经验来判断，因此人为因素的引入存在很大的局限性，会产生很多互不联系的实验或生产数据，形成“数据孤岛”，无法为高品质系统服务与生产工艺决策提供支持。

面对纷繁的过程参数变化，采用精确的动力学模型或者采用高度分支的生命科学研究，实现过程优化调控是极端困难的，应该不再追求精确性，承认混杂性，从对因果关系的追求中解脱出来，将注意力放在相关关系的发现和使用上。这种数据处理理念的变革也为生物过程优化研究提供了新的思维方向，即采用数据驱动型的相关分析解决过程优化问题[407]。

4.5.5.4 未来发展方向与展望

基于工业大数据背景下实现生产过程智能化，能够全链连接实验室到工厂生产各个环节，以数据指导研发、试验、生产各个环节。随着科技高速发展，各类硬件的升级，计算机算力、算法能力飞速提升，使海量数据的整合分析并指导生产成为可能。对产业研发、生产全链过程底层数据进行理解、整理，形成专家模型，是人类智慧与信息数据的整合。生产过程的智能化，有助于打破现有工业生产瓶颈，进一步在加工环节实现更高效率的生产，提升产业整体工业化水平（图 4-64）。

围绕生物制造对高端、绿色、智能的需求，以关键核心装备—智能化生物反应器为方向，重点突破细胞宏 / 微观代谢活性检测、活细胞检测和原位显微、发酵液流变特性表征等技术，实现生物过程先进在线传感检测设备的开发和应用，从而获取和集成生物过程大数据；突破数据分析整合、专家规则构建、机器深度学习、机理知识融合等技术，实现大数据 - 知识混合驱动的生物过程智能化软件开发，为智能生物制造提供全方位的软硬件支撑。

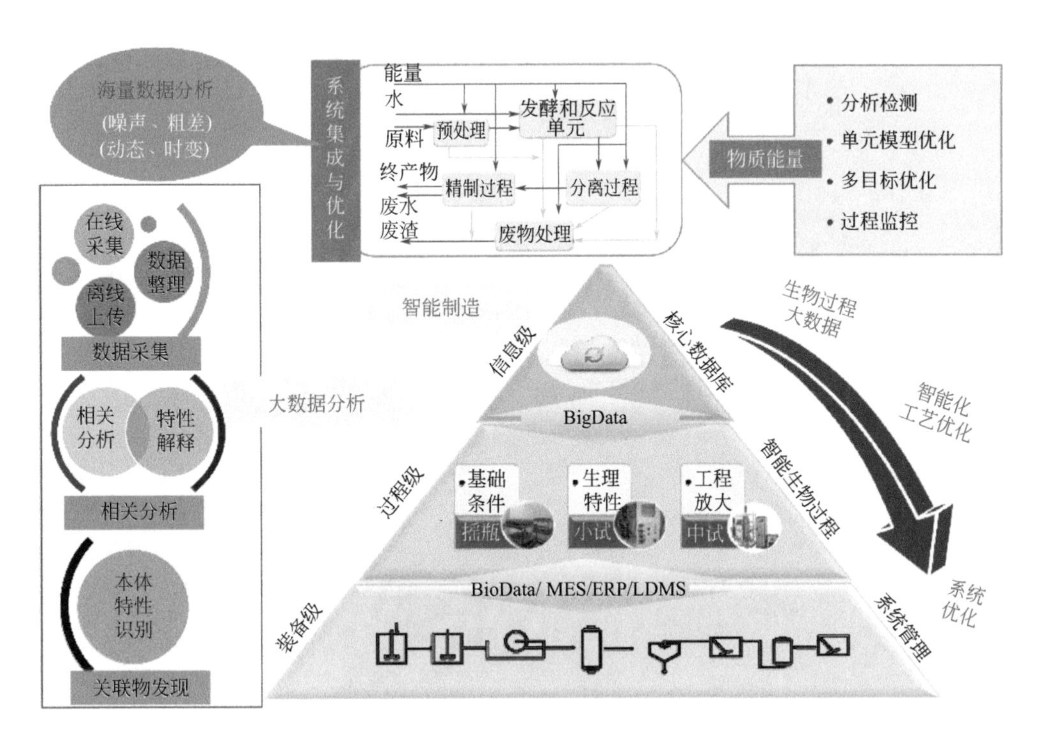

图 4-64
智能生物制造示意图

4.6　新能源化工与储能工程

新能源是区别于传统一次能源（如石油、天然气和煤炭）的可再生能源，包括太阳能、风能、生物质能、氢能、水能、地热能和海洋能等。新能源化工是一门研究可再生能源转换、存储和应用中涉及“三传一反”化工问题的新兴学科，是连接新能源材料化学与新能源应用工程科学的桥梁。新能源化工研究目标是实现可再生能源资源的高效率、经济性、系统性和可循环的大规模利用。储能是新能源高效转换与利用的关键技术，储能工程是新能源化工学科的前沿研究领域。新能源化工主要研究包括：新能源材料化工热力学、新能源转换与化学利用过程、电化学储能器件制造过程、物理储能中的化工问题、新能源化工系统工程等。

4.6.1　新能源材料化工热力学

4.6.1.1　发展现状与挑战

新能源储存和转化过程中材料的设计和制备，每一个生产环节都离不开能源的合理利用，离不开相际之间的传质、传热过程，也离不开化学反应过程等热力学和动力学问题。能够理解新能源材料中的物质传递、电荷转移和电化学反应等过程，就可以从本质上为新能源材料性能提供充分的科学依据。如图 4-65 所示，各种先进表征技术，特别是原位表征技术，被用来研究新能源过程中的热力学和动力学性质，使得对新能源材料储能机理有了更深入的了解[408]。由于新能源材料的复杂结构和性质，目前仍很难直接原位观测新能源材料的热力学和储能机制，仍需通过宏观的性质反推（猜测）

微观界面热力学和动力学性质，使得新型储能材料的开发和设计仍依赖于经验 / 半经验的规律 [409]。

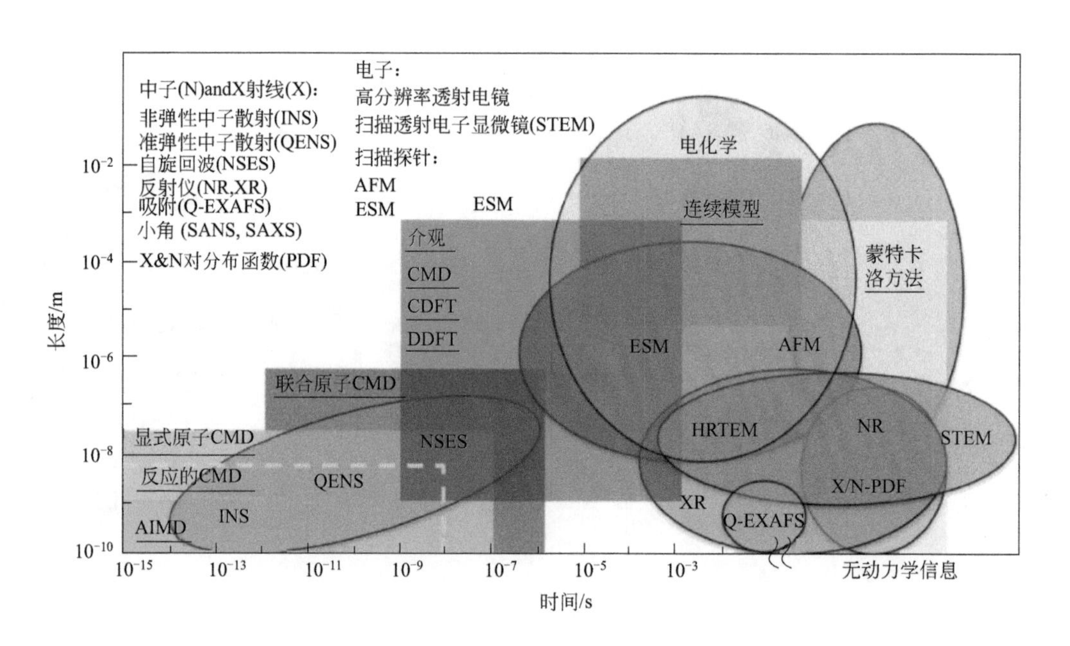

图 4-65

研究新能源材料热力学和动力学的实验、理论和模拟技术的空间和时间尺度

AIMD—第一性原理分子动力学；CMD—经典分子动力学；CDFT—经典密度泛函理论；DDFT—动态密度泛函理论

相比于实验表征手段，基于分子水平的先进化工热力学模拟和计算方法，能更好地研究电解液在新能源材料中的平衡态和非平衡态热力学性质以及电化学过程中的多物理场耦合的非平衡态现象。根据化工热力学，可以研究电解液、电极材料等新能源材料的宏观性质 [409, 410]；从统计热力学出发，可以研究新能源化工过程中表界面结构和性质；从非平衡态热力学角度，可以研究新能源化工过程中的“三传一反”。目前对于新能源材料热力学和动力学研究，大多采用分子动力学模拟、动态密度泛函理论以及连续模型。虽然化工热力学的方法被应用于新能源材料的设计中，但现有的化工热力学理论和模型更多关注平衡态性质，仍难以描述新能源材料制备和使用过程中的非平衡态热力学性质，很难与实验体系关联来指导新能源材料的设计和优化。理解新能源材料制备和使用过程中的平衡态和非平衡态热力学，是当前急需解决的问题，对新能源材料的开发和优化具有重要的意义。

4.6.1.2 关键科学问题

如图 4-66，从经典化工热力学、分子热力学 / 统计热力学、非平衡态热力学等角度，研究新能源材料设计和制备过程中的热力学和动力学问题：

① 新能源材料（电极材料、电解液、隔膜等）宏观性质的研究和预测；

② 新能源电极材料 - 电解液界面结构与电化学性能之间的构效关系；

③ 新能源材料制备和使用过程中的传递 - 反应耦合机制以及调控。

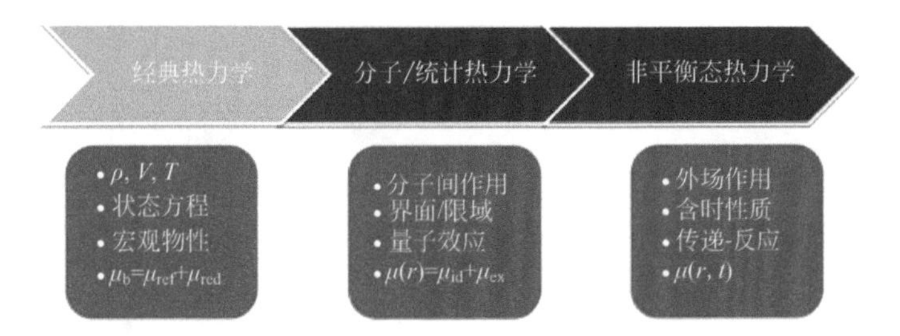

图 4-66

新能源材料设计中的化工热力学

4.6.1.3 主要研究进展及成果

从平衡态热力学出发，用平均场理论（MFT）、分子模拟（MD）、经典密度泛函理论（CDFT）以及机器学习（ML）方法，研究新能源材料中电解质溶液的平衡性质。在电化学过程中，双电层是一个很重要的概念，它描述了离子在电极 - 电解液界面的分布情况，随着模型的不断发展，对它的认识也不断完善。例如，Helmholtz 模型简单地认为电性相反的电荷等量分布在界面两侧，而 Gouy- Chapman(GC) 模型则引入了扩散层的概念，认为电解液一侧的离子在热运动的驱使下向远离界面的主体溶液扩散。但由于电解液中的离子被当作点电荷处理，电势差很大时，电容值会非常大，与实测值不符。进一步，Stern 考虑了电极表面紧密层的离子尺寸，在 GC 模型中引入了一个 Helmholtz 层，构成了 Gouy-Chapman-Stern(GCS) 模型。传统的双电层理论可以用 Poisson-Boltzmann(PB) 方程或 Poisson-Nernst-Planck(PNP) 方程描述双电层的结构，但是它们没考虑电解质溶液中离子的尺寸和溶剂的影响。分子动力学模拟（MD）和蒙特卡洛法（MC）等分子模拟方法，在宏观性质计算上具有更高的准确度和有效性，被广泛应用于研究电极 - 电解质界面以及电解质溶液结构，其结果的准确程度取决于力场的选择 [411]。

同样，经典密度泛函理论（CDFT）是一个可用于研究多孔电极中电解质溶液平衡性质的有效手段，其考虑了离子 / 溶剂体积，比传统的 PB 和 PNP 更为准确，比 MD 计算效率更高。运用 CDFT 研究平板电极表面离子液体电解质的分布情况，由于离子的体积排阻和离子间较强的静电相互作用的影响，阴阳离子呈现出交替排列的层状结构，这一结果已被实验证明。同样，当两个平板相互靠近至分子尺度时，两个固液界面的双电层发生交叠，双电层的结构发生改变。此外，CDFT 不仅可以用于研究电极结构对体系性能的影响，还可以用于对电解液配方的筛选和优化。

为进一步实现对高性能电极和电解液的设计和优化，需要考虑电极材料的影响以获得更准确的结果，如表面化学性质、量子效应、原子掺杂以及亲疏水性等因素 [412]。因此将基于量子化学的电子密度泛函理论（EDFT）与基于统计力学的经典密度泛函理论联系起来，如图 4-67，构建同时考虑电极材料内电子结构和电解液的联合密度泛函理论（Joint DFT）。

近些年来，机器学习（ML）的方法也被发展用于研究和预测新能源材料的构效关系，可以利用大量已有的实验数据训练 ML 模型，用来判断影响储能体系的各种因素中的关键变量。ML 作为一种基于数据的方法，前提是要有充足且合理的数据，可以来源于实验、理论或模拟结果，通过选取合适的 ML 模型，建立材料性质和性能的相互关系[413]（图 4-68）。

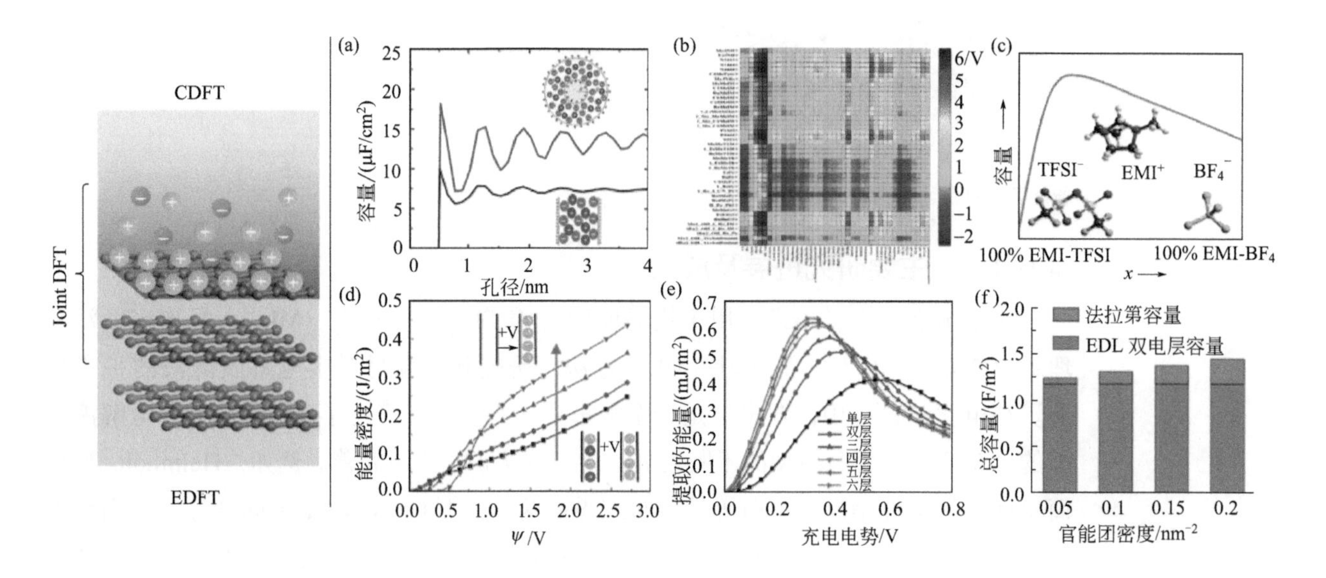

图 4-67
CDFT 和 EDFT 结合用于电极材料和电解质的设计和优化

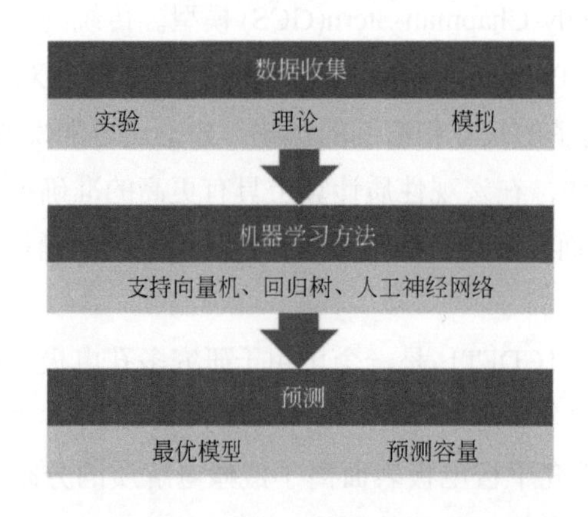

图 4-68
基于大数据和机器学习方法的新能源材料设计

4.6.1.4 未来发展方向与展望

实际上在电解液和电极中涉及的是多个物理场互相耦合的非平衡过程（如图 4-69），因此需要发展非平衡态热力学，运用非平衡态方法分析这一过程。需要从经典的线性非平衡态热力学理论出发，理解新能源材料设计和制备中各种热力学通量和热力学力之间的相互作用和影响[414]。

新能量储存和转化过程中会涉及多种传递过程，包括离子扩散、电场迁移、流体流动、热传递以及化学反应等，它们均是不可逆过程，且相互之间联系非常紧密，或者说它们之间是相互耦合的。因此，仅仅研究某个传递过程是不够的，需要把它们统一到一个框架中去考虑。结合非平衡态热力学理论、化工热力学 / 分子热力学以及连续性模型，研究多物理场耦合的新能源材料中传递 - 反应过程及其相互协调机制[310]。

新能源材料要求有较高的能量和功率密度，稳定性好，操作安全。但是这些新能源转化和储存过程中，气体、液体、离子和电子的多相传递和界面反应高度耦合，使得定量探究其中的本质或者建立普遍的理论指导新能源材料的设计和制备变得很困难。目前，发展的热力学理论和方法被广泛地用于新能源的设计，从经典化工热力学理论和模型，到基于统计热力学 / 分子热力学模型，再到基于非平衡态热力学的模型和计算方法，以及基于大数据的机器学习方法，它们具有各自的优缺点，都能给出一定的物理规律，应根据研究的新能源材料体系的特点以及需要实现的目标选择不同组合的热力学模型和方法。

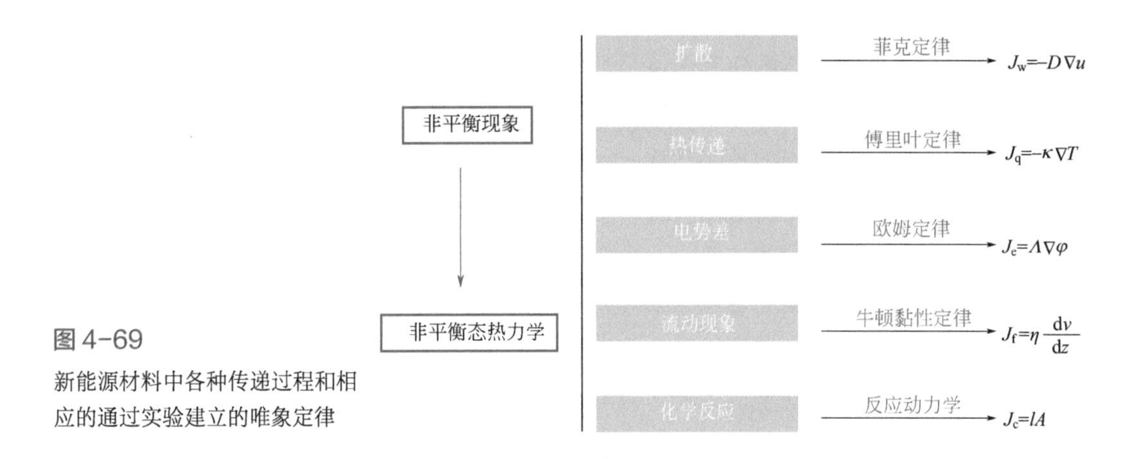

图 4-69
新能源材料中各种传递过程和相应的通过实验建立的唯象定律

4.6.2 新能源转换与化学利用过程

4.6.2.1 发展现状与挑战

能源在人类社会活动中主要起到两个作用，即提供热（或冷）和动力，或者使化学原料转化为有用的产品，两者均与化学工程存在紧密联系。2019 年我国水电、风电和光电占到总发电量的 38%，预计 2050 年将达到 68%。可再生能源的大规模发展为我国 2030 年“碳达峰”、2060 年“碳中和”提供了可能性。新能源转化与化学利用过程，主要包括提供以氢能为核心的清洁动力和以光 / 电化学合成为核心的绿色合成（图 4-70）。

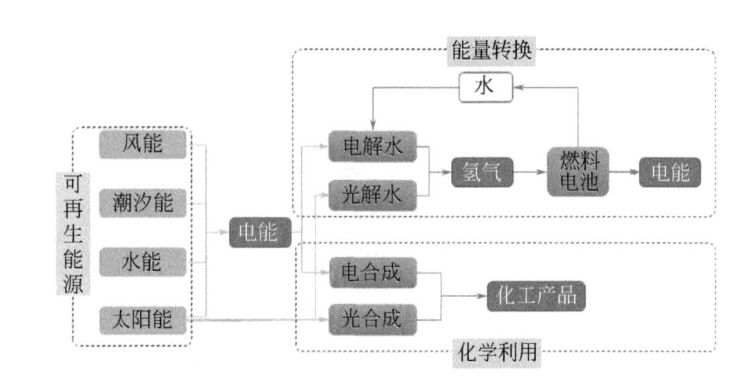

图 4-70
新能源转换与化学利用过程工程

4.6.2.2 关键科学问题

① 催化剂几何 / 电子结构与催化性能之间构效关系及调控；

② 反应器和膜电极组件的系统集成与优化；

③ 反应传热、传质、传递规律与耦合强化。

4.6.2.3 主要研究进展及成果

（1）可再生能源制氢及燃料电池系统

利用可再生能源制氢、储氢和燃料电池构成了以氢气为能量载体的新能源储存与转化系统。与重整制氢相比，可再生能源制氢不需要消耗化石能源，且氢气纯度高，可直接应用于质子交换膜燃料电池（PEMFC）。可再生能源制氢包括光解水制氢、电解水制氢以及光电催化分解水制氢等。其中，电解水制氢技术已比较成熟，但其大规模应用的成本还比较高（1kg 氢气成本约为 4 美元），其中大部分成本为电费。当前电解水制氢的研究热点是开发高活性析氢 / 析氧电极材料，在电流密度一定的情况下降低电极过电势。电极材料的催化活性与其活性氢 / 氧中间物种的吸附能力有关，通过调节活性位点的电子结构，可以制备出比 Pt 或 RuO_2 性能更好的析氢或析氧非贵金属催化剂，如用于析氢的合金材料、金属磷化物、金属硫化物等，和用于析氧的过渡金属氧化物、磷化物等。Zhang 等制备了一种具有大孔连通的 P-CoFeP NPs/Ni 纳米片阵列，利用双金属磷化物提升本征活性，利用多孔结构提高活性面积和传质速率，在碱性介质中表现出优异的析氢和析氧催化活性。

安全高效储氢是实现氢能应用的关键一环。当前，储氢方式主要有气态储氢、液态储氢和固态储氢三种。目前，商用氢燃料电池汽车均采用高压气态储氢（35MPa 或 70MPa），其优点是设备结构简单、压缩储存过程能耗低、加注和释放速度快等，但存在易泄漏扩散、易引发材料氢脆、突然断裂和爆炸的安全隐患，容易造成消费者安全焦虑。研发安全高效的高压储氢容器，是气态储氢面临的关键难题。液态储氢量大，但液化和保温过程的高成本使其难以大规模应用。利用氢气与材料的可逆物理 / 化学反应过程来实现氢气的储存和释放是一种重要的储氢方式，如金属氢化物储氢（MgH_2、$LiBH_4$ 等）、液态有机材料储氢（烯烃、炔烃、芳烃等不饱和有机液体）和碳材料储氢（活性炭等）。

燃料电池是氢能转换利用的核心，燃料电池作为一类复杂的电化学反应器，其电解质和电催化剂研发是热点。对于车用 PEMFC，上海交通大学和山东东岳合作，在全氟离子交换膜材料国产化方面取得重要进展。武汉大学在碱性离子交换膜应用基础研究上有重要突破。但贵金属 Pt 的大量使用使 PEMFC 的成本居高不下。为了进一步提升 PEMFC 的性能，降低贵金属 Pt 的应用，发展高温质子交换膜，提升 PEMFC 的工作温度，是其今后发展方向。

对于高温质子交换膜燃料电池（HT-PEMFC），上海交通大学房建华团队合成出系列含有不同嵌段共聚物的磺化聚苯并咪唑类质子膜材料，开发出具有不同离子交换容量的磺化聚苯并咪唑类质子交换膜，在 170℃、相对湿度为 0% 时的磷酸吸收率达 240%，电导率 37.3mS/cm，在无外部湿度的环境压力下，工作温度为 170℃的 HT-PEMFC 的最高输出功率密度为 $0.58W/cm^2$；还发明了一种磷酸掺杂聚苯并咪唑膜电极的制备方法，并利用四氨基联苯和间苯二甲酸为单体，通过缩聚反应制备了一种分子量为 5000 ～ 16000 的聚苯并咪唑黏结剂。基于气体扩散电极法，采用偏水溶剂体系优化阴阳极浆料配方，调整电极浆料黏度，所开发的 HT-PEMFC 膜电极（MEA）性能优于德国 BASF、美国 Advent 等国外厂家同类产品性能。

对于 PEMFC 电催化剂，提高 Pt 基催化剂的质量活性，或者采用非贵金属催化剂取代 Pt 基催化剂，是研究的热点。特别是氧还原涉及 4 电子转移过程，反应活性低，是 MEA 性能的瓶颈。合金化是降低 Pt 使用量的主要方法，通过合成核壳结构的 PtCo 合金用作氧还原催化剂，在 H_2-O_2 体系下的电流密度可达 1500mA/cm^2@0.7V。M-N-C（M=Fe, Mn, Co 等）是最有希望替代 Pt 的氧还原催化剂，以 Fe-N-C 为阴极催化剂的 MEA 电流密度最高达到了 637mA/cm^2@0.7V[415]，但还需要解决过氧物种对碳的腐蚀和酸性条件对金属的腐蚀。此外，与实验室测试使用的高纯氧气或空气不同，实际应用中空气的 SO_x、NO_x 等组分会对催化剂产生毒化作用。非贵金属催化剂在高温 HT-PEMFC 环境下的稳定性和活性提升值得关注。

（2）新能源为清洁化学合成提供新途径

传统化学合成往往需要使用有毒或昂贵的氧化还原剂，且多以化石资源为能量或原料。利用电催化、光催化和光电催化耦合等以电场或光驱动电子转移，实现反应物氧化或还原，可以合成系列高附加值化学品，为绿色化学合成提供了新途径（图 4-71）。

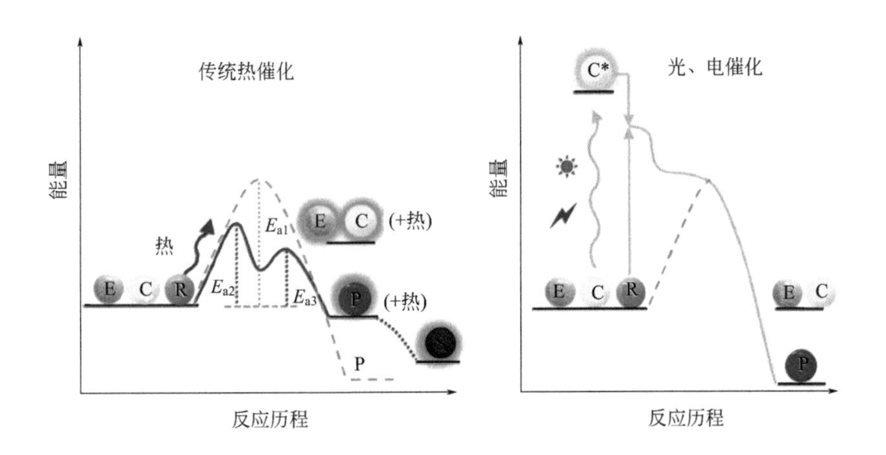

图 4-71

传统化学合成和新能源化学合成中反应物（R）转化为产物（P）的能量图

太阳能用于自然光合作用、光催化、光电催化，是新能源化学合成的前沿科学技术。在太阳能自然光合作用中，微藻光合产氢、微藻转化制造生物燃料、生物固氮等过程给生物能源和新型氨合成提供新思路；在光催化和光电催化过程中太阳能分解水制氢、光催化 CO_2 还原、人工光合成太阳燃料是研究的热点领域。2018 年 7 月，李灿团队在我国兰州启动了千吨级液态太阳燃料合成的工业化示范项目，于 2020 年 1 月成功试车。这是全球首个直接太阳燃料规模化合成的尝试。

在光电催化反应过程中，通过调节电位 / 电流或选择合适能带结构的半导体等，控制目标产物的选择性，提高目标产品收率。例如，以水为反应原料，通过电场或光驱动二氧化碳 - 水合成碳氢燃料、氮气 - 水合成氨、2 电子氧还原合成过氧化氢、甲烷选择性转化制甲醇等过程，克服了传统热催化工艺存在的反应条件苛刻、流程长、能耗高等问题[416]。Zou 等通过同时调节晶面和空位结构激活原本催化惰性的廉价 α-Fe_2O_3，在阴离子交换膜燃料电池中驱动2电子氧还原合成过氧化氢的峰值产率为546.8mmol/L，法拉第效率为80.5%[417]。

氧化、还原半反应的有效耦合和催化剂开发，对提高催化效率和选择性至关重要。Berlinguette等[418]将阳极甲醇氧化反应和阴极的不饱和C-C还原以及析氢反应结合起来，极大提升了电解池效率。不同催化材料和表面改性对分子合成创新策略的发展具有重要意义和影响。Ackermann等[419]开发了具有完全对映选择性控制的钯电催化的CH链烯基化反应，通过新颖的瞬态导向基团电化学策略实现结构复杂螺旋的组装。

新能源化学合成特别是光电化学合成，还能突破传统热催化效率低甚至难以发生反应的限制。例如，通过光催化技术，在选择性切断多糖和木质素大分子的C-O、C-C键，高效活化木质纤维素衍生平台分子中的指定官能团等方面取得了较大突破，包括纤维素C-O键断键，单糖及其衍生呋喃平台分子的中醛/羟基的选择性氧化，单糖C-C断键，呋喃平台分子的C-C偶联，木质素C-C、C-O的断键，木质素衍生芳香醛、芳香酮、酚的C-C偶联、C-N偶联等反应[420]。光催化环加成反应是实现碳链增长的有效途径，在合成高能燃料领域具有重要的应用价值。Zou等[421]提出光催化电子辅助激发环加成反应的新途径，解决［2+2］加成热禁阻和低活性原料难以［4+2］加成的问题，呋喃与环烯酮［4+2］环加成的室温光催化收率达90%，降冰片二烯分子内［2+2］环加成合成高能燃料的收率达95%。

4.6.2.4 未来发展方向与展望

氢能转化利用方面，重点聚焦以下几个方面：①创制高活性低贵金属催化剂或高稳定性非贵金属催化剂，研究高低温、酸碱环境下的电催化反应机理和高稳定性机制，通过燃料电池反应器、膜电极组件一体化设计，强化电化学转化过程传热、传质等；②开发安全高效的氢气储运材料和系统，发展现场甲醇重整制氢与燃料电池系统耦合技术，从原理上解决加氢站建设难题；③优化燃料电池电堆水管理和热管理系统，借助人工智能建立故障诊断及处置方法，提高系统能效，确保电堆的长周期稳定运行。

在绿色化学合成方面则聚焦以下几个发展方向：①利用光、电场突破传统热催化反应效率低甚至难以发生反应的限制，发展光化学与电化学工程理论新体系；②利用高通量理论计算和机器学习方法，开发新型高效催化材料和功能电解质材料，不断完善可再生能源转换化学理论，推动太阳燃料合成等技术创新；③创新光化学与电化学反应器结构，探索新能源绿色合成过程强化途径，提高反应速率和产物选择性，为实现其工业化奠定基础。

新能源转换与化学利用过程是新能源化工的核心。太阳能热转化利用技术成熟，已经惠及民生多年。以光伏发电、风力发电为代表的新能源转换利用，经过多年的技术开发，其发电成本大幅下降，为未来可再生能源大规模应用奠定了良好的基础。氢气作为二次能源，已经从传统的化学原料转变为新能源载体，我国已经将氢能作为能源管理。通过可再生能源制氢，并与CO_2加氢等反应结合，实现可再生能源合成甲醇燃料或其它化学品，为我国实现2030年“碳达峰”和2060年“碳中和”的战略目标，减少化石能源依赖，提供了新的途径。

氢气的绿色制造与安全便捷储运，是未来氢能与燃料电池产业发展的重要环节。通过新能源转换的电能来电解水制氢，成为新能源化工研究的重要课题。如何提高电解水制氢效率，开发高产能电解水装备，降低可再生能源制氢成本，是实现从“灰氢”到“绿氢”的必由之路。通过发展氢气绿色制造技术，可以为新能源绿色合成提供重要的原料基础。

燃料电池是一类新能源转换利用中重要的电化学反应器，发展不同工作温度的燃料电池，如质子交换膜燃料电池、固体氧化物燃料电池（SOFC），对于提高新能源利用效率，推动新能源汽车和分布式智慧能源互联网产业发展，具有重要作用。

4.6.3　化学储能器件与系统制造过程

储能技术是可再生能源规模利用的关键核心技术，是实现能源革命和能源结构转型的关键技术支撑。电化学储能技术在新能源汽车和智慧能源互联网产业应用广泛。锂离子电池和铅酸电池等传统电化学储能技术，成功实现了从示范运行向大规模产业化的方向推进。液流电池、钠离子电池等新型电化学储能技术，取得了系列原创性成果，实施了不同规模级别的应用示范。

器件与系统是电化学储能技术的核心，电极与电解质等关键材料是基础。对于液流电池，钠、钾或锌离子电池等新型电化学储能器件，其关键材料还没有形成完善的供应链，需立足产业发展重大需求，加快物理、化学（电化学）、材料、能源动力、电力电气等多学科多领域交叉融合、协同创新，破解储能材料、器件与系统制造过程中存在的共性和瓶颈技术，加速推进我国电化学储能产业的高质量发展。这里，以液流电池为例展开论述储能器件与系统集成中的过程工程问题。

4.6.3.1　发展现状与挑战

液流电池储能器件及系统制造过程主要体现在关键材料、核心电堆部件、系统集成和关键制造装备等方面。

（1）液流电池电堆制造过程

液流电池系统由单元储能模块、电解液储供单元、控制单元组成。其中电堆是系统的核心组成部分。液流电池电堆由数节单电池串联而成。其主要部件包括：端板、集流板、电极框、电极、离子传导膜以及密封材料等。图 4-72 是由 20 节单电池构成的电堆构成示意图。图中各单电池之间采用串联的形式，由双极板连接相邻两节电池的正、负极，并在电堆的两端由集流板输出端电压，从而形成具有一定电压等级的液流电池电堆。

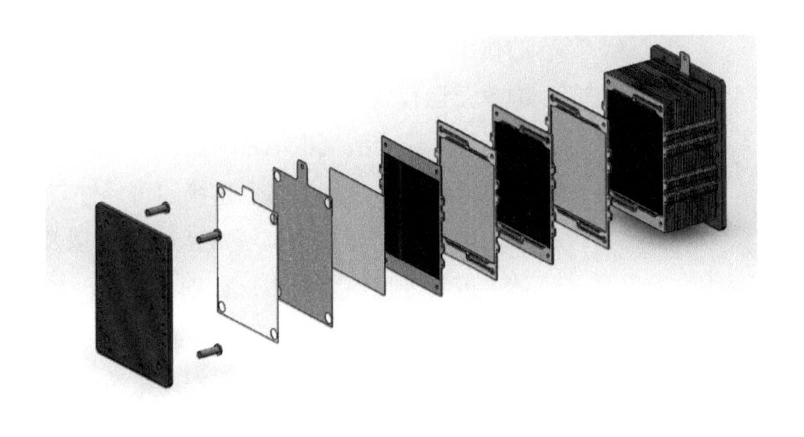

图 4-72
液流电池电堆构成示意图

液流电池系统是多个物理化学过程相互耦合的复杂系统，电池的结构对电池内部反应、传质以及电解质溶液分布与扩散等影响很大，除材料因素外还需要综合考虑电堆内电解质溶液公共管路、电解质溶液分配口形状及尺寸、支管路结构、电极厚度及孔隙率等多方面设计因素。近年来，飞速发展的计算机技术广泛应用于各学科当中，模拟仿真已成为科学研究过程中的一个重要手段。通过建模分析可以了解电池内部物质传递、反应过程，理清物理化学原理及相互作用关系，直观地获得实验所无法测量的重要参数，灵活地调整设计方案，优化相关参数，预测各种工作条件下的电池及系统的性能，为电堆及电池系统结构设计和性能优化提供理论指导。中国科学院大连化学物理研究所团队开发的30kW电堆，工作电流密度在160mA/cm^{2}条件下，能量效率已超过80%。

（2）液流电池系统的构成与制造过程

液流电池系统由电堆、电解液、电解液储罐、循环泵、管道、辅助设备仪表以及监测保护设备组成。图4-73为液流电池系统组成示意图。循环泵是使电解液不停循环的动力设备，一旦循环泵出现故障，电池系统将无法进行正常充放电，循环泵的功耗对系统的能量效率也有很大影响。换热过程将电堆内部的热量及时排出堆外，对于保障系统高效运行十分重要。液流电池系统中的换热装置一般采用直冷或者水冷、风冷等换热方式。

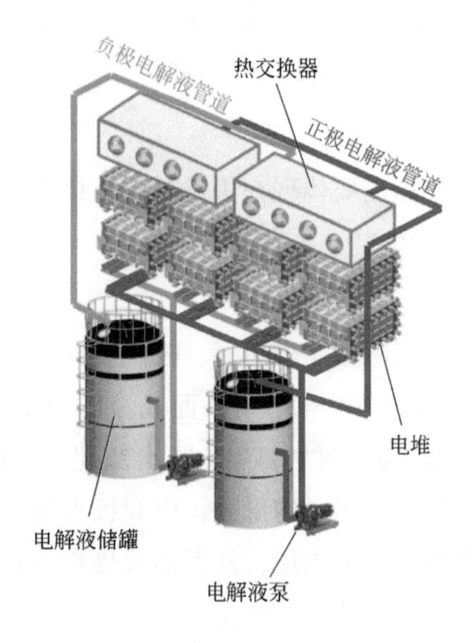

图4-73
液流电池系统组成示意图

电池管理系统（BMS）作为电池系统的重要组成部分，对系统的运行起到了重要的作用。电池管理系统的作用是实现液流储能电池系统中各电堆、设备仪表、储能标准单元运行状态参数的监测、分布式控制及联锁保护等功能，保证液流电池系统的正常运行，防止液流电池系统受到损害。对于BMS来说，故障诊断与安全保护是两个最重要的作用，决定了整个系统的可靠性与安全性。

电堆、循环泵、电解液运输管道以及电池管理系统通常集成组装在专门设计的柜体中或者专用集装箱中，如图4-74所示。该集装箱系统中的正、负极循环泵将电解液经串联/并联电解液分配管路流入/流出电堆，形成电解液流动回路。采用这种高度集成化的设计集成方法，可以提高集装箱产品的性能一致性。

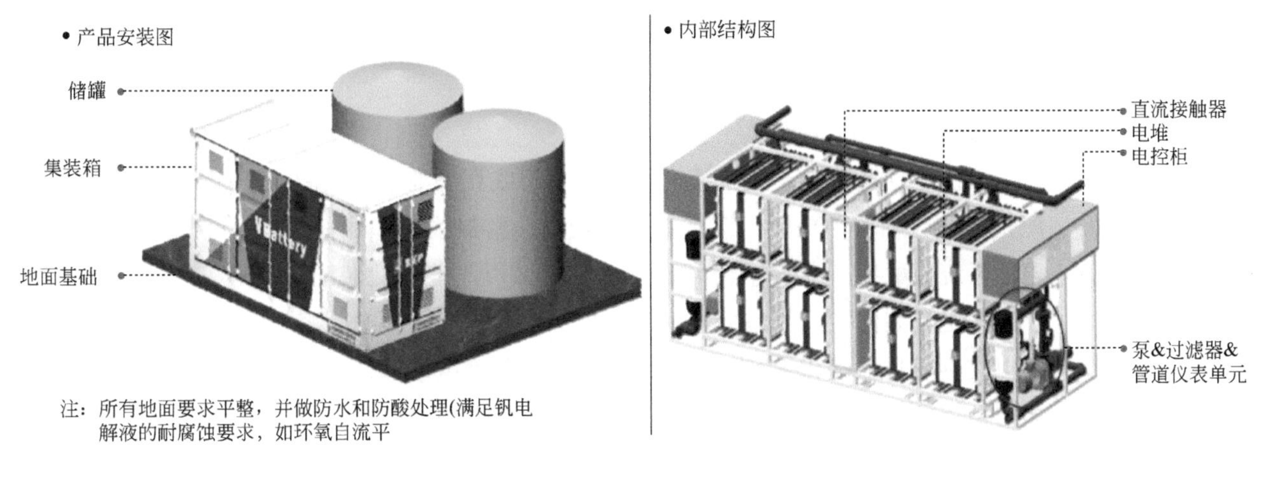

图 4-74
融科储能公司的 250kW/1MWh 单元储能模块

集装箱系统首先应满足用户的外部条件接口。外部条件接口指的是与外部用户或者风电场的连接，其中包括系统功率、储能容量、能量转化效率以及电压等级等要求。鉴于液流电池的先天优势，电池系统的储能容量与功率可以独立设计，可根据需求进行调节和匹配。电池系统的能量转换效率为放电能量与充电能量的比值，主要受电堆能量转换效率、漏电电流损耗和系统构成效应等因素的影响。能量效率越高，充放电能量损失越小。电池系统由多个电堆在电路上通过串联、并联或者串并联相结合的方式构建电路电压，以达到一定功率，满足应用需求。电池系统中构建电路电压比较灵活，可以满足不同等级的应用要求，电路电压等级一般包括 48V、110V、220V 和 380V 等。

集装箱系统应该具有高效、稳定的运行状态。在系统设计过程中，通过专用结构调控系统效率和可靠性的影响因素。主要措施有：设计制造管路结构减小系统漏电损耗；设计监控电池系统荷电状态的装置；设计高效热管理系统。

（3）液流电池材料制备方面

膜、电极、双极板、电解液是液流电池的四大关键材料，其成本占液流电池电堆成本的 70% ～ 80%。在目前商业化应用中，膜以全氟磺酸膜为主，主要厂家为美国科慕化学、美国戈尔、日本旭化成、比利时索尔维等国际公司，从全氟磺酸树脂原料和全氟磺酸膜来看，基本处于国外垄断阶段。国内研究机构在材料合成方面基本达到国际先进水平，但在批量制备工艺和连续生产设备上还有一定差距。

电极采用聚丙烯腈碳毡，主要包括预氧丝、织毡、碳化工艺三个部分。其中预氧丝以日本卓尔泰克预氧丝为主；织毡主要以德国必达福的原毡为主，其设备为自主开发的连续化针刺设备，有效地控制了原毡的精度以及避免了针刺过程对预氧丝的损伤；碳化工艺主要以连续碳化为主，国内生产设备已达到国外生产设备水平，其制品性能较为稳定。

双极板通常采用碳素复合双极板，分为挤出型和热压型两种。挤出型双极板电导率较低，仅为热压型双极板电导率的 1/20。热压型双极板的热压工艺为间歇性，生产工艺较为复杂，成本较高，这是未来需要突破的一个重点方向。

全钒液流电池电解液由于采用高纯钒原料，其成本较高。冶金钒虽然原料成本较低，但是制备的电解液所含杂质较多，不能满足全钒液流电池的要求，需要进一步的除杂过程，因此并没有较大的经济性。

（4）液流电池装配生产线

液流电池装配生产线包括电堆装配生产线和电池系统装配生产线。其中，电堆装配生产线包括膜、电极、双极板、电极框、密封线等部件裁切、封装以及电堆装配；电池系统装配生产线包括塑料管道机械装配和电气自动化装配等。

在电堆装配生产线方面，膜、电极、双极板、电极框、密封线等部件裁切、封装可以实现各自自动化生产。电堆装配是指将各种电堆部件以压滤机的方式装配成包含多节单电池的电堆，尽管采用了机械手臂、自动压力机以及传送设备，但是由于膜材料柔韧性的影响以及各部件精准定位等原因，在电堆部件铺装和内外漏检测方面尚需要额外人为操作，尚不能实现电堆自动化装配过程。全自动电堆生产线，包括部件封装以及材料、电堆检测，是未来的发展方向。

4.6.3.2 关键科学问题

① 非氟离子传导膜的孔径及孔径分布及孔连续性调控技术；高浓度（即高能量密度）电解液稳定性调控机制、固态电解质的钒价态及组分调控技术；高机械强度电极双极板的导电性及热导率调控等关键技术。

② 大功率高功率密度电堆的流场、浓度场、温度场、电场、电流密度、极化的分布特性、影响因素及调控机制；多物理场耦合作用机理及均匀化调控技术；数值模拟和在线实测分析技术。

③ 高可靠性液流电池储能系统模块的设计集成技术，包括全钒液流电池储能系统模块的设计集成方法等。

4.6.3.3 主要研究进展及成果

液流电池以全钒液流电池和锌溴液流电池最为成熟，目前国内外已先后涌现出多个实力强劲的公司。在全钒液流电池方面，如日本的 Sumitomo Electric Industries，美国的 Pacific Northwest Technologies、Avalon Battery，德国的 GILDEMEISTER Energy Solutions、Vanadis Power，英国的 REDT Energy 以及中国的融科储能、北京普能等公司；在锌溴液流电池方面，如澳大利亚的 Redflow，美国的 Ensync Energy Systems、Priums Power，韩国的 LOTTE Chemical 等公司。其中日本的 Sumitomo Electric Industries 实施了目前世界上最大的 15MW/60MW・h 的全钒液流电池储能项目，取得了较好的应用效果，受到用户的高度评价。

依托于中国科学院大连化学物理研究所的技术而建立的大连融科储能技术发展有限公司，在产业化方面取得了较大的进展，实施了 5MW/10MW・h 的全钒液流电池储能项目，已稳定连续运行 8 年以上，在探索全钒液流电池应用方面取得了突破。目前正在承建国家级大规模电化学储能项目，项目规模为 200MW/800MW・h，项目完成后将在全钒液流电池产业化和应用方面取得突破。澳大利亚的 Redflow 实施了 10kW・h 锌溴液流电池，实现了锌溴液流电池在智能微电网中的应用。

依托于中国科学院大连化学物理研究所的技术而建立的陕西华银科技公司，实施了 5kW・h 单液流电池储能项目，验证了其技术可行性。由于商业市场应用程度的不同，液流电池企业生产装备的自动化程度也不尽相同，从市场应用情况来看，日本Sumitomo Electric Industries 和中国大连融科储能技术发展有限公司的批量化生产较强。

4.6.3.4 未来发展方向与展望

以提高液流电池性能、降低液流电池成本为目标，进一步突破液流电池关键材料的设计、制备和规模放大技术，高功率密度电堆的设计集成技术，大规模液流电池储能系统的集成与智能控制技术。到 2025 年建立关键材料的批量化制备平台，实现电池系统寿命大于 20 年、电堆工作电流密度超过 300mA/cm^2、系统初始建设成本低于 1800 元 /kW・h；到 2030 年，实现关键材料全部国产化批量制备，实现电堆电流密度高于 400mA/cm^2、系统寿命超过 20 年、成本低于 1500 元 /kW・h 的目标，建立成熟的上下游产业链，推进全钒液流电池在电网侧储能领域的普及应用。

随着全球能源格局正在发生由依赖传统化石能源向追求清洁高效能源的深刻转变，我国能源结构也正经历前所未有的深刻调整。储能技术的创新突破将成为带动全球能源格局革命性、颠覆性调整的重要引领技术。储能产业和储能技术作为新能源发展的核心支撑，覆盖电源侧、电网侧、用户侧、居民侧以及社会化功能性储能设施等多方面需求。根据 CNESA 全球储能项目库的不完全统计，截至 2019 年底，全球已投运储能项目累计装机规模 184.6GW，同比增长 1.9%。我国已投运储能项目累计装机规模 32.4GW，占全球市场总规模的 17.6%，同比增长 3.6%，其中电化学储能项目累计装机规模为 1640.13MW。从装机增量情况可以看出，电化学储能技术发展势头迅猛，已成为我国加快能源领域供给侧结构性改革的重要力量。因此，应促进储能技术与相关学科深度交叉融合，增强产业关键技术攻关和自主创新能力，破解储能器件和系统制造过程中存在的共性和瓶颈技术，推动我国储能产业和能源高质量发展。

4.6.4 物理储能中的化工问题

4.6.4.1 发展现状与挑战

能源短缺和能源消耗带来的环境污染问题，对人类社会的生存和发展造成了严重的威胁。促进储能技术与产业的健康发展，对提高能源利用效率、节约资源、保护环境具有重大的战略意义。物理储能主要包括物理储电和物理储热两大类，前者包括抽水蓄能、压缩空气储能、飞轮储能、超导储电等，后者包括显热储热和潜热储热。物理储能具有规模大、成本低、寿命长、环保等特点，具有广阔应用领域和巨大发展潜力 [422]。我国科学技术部、国家能源局、中国科学院以及各级地方政府等均对物理储能的发展进行了重要部署与规划 [423]。从学科内涵来看，物理储电与化工学科关联性相对较少，而物理储热则涉及储热材料的制备方法与热物性分析、储热过程的传热建模及储热系统的热力学优化等。

目前，储热技术的研究主要包括高性能储热材料的制备及其储热器件及系统的设计与优化，如复合储热材料的制备 [424]、可靠性分析及热性能调控 [425]、储热过程的传热研究以及储热系统的热性能优化 [426] 等。研究工作主要体现在：采用胶囊等封装手段抑制储热材料的液体流动性、提高与换热介质的相容性并增加传热面积[427]；以多孔无机物或泡沫金属等为载体制备复合储热材料，提高材料的导热性能和可靠性[428]；建立相变储热过程的“焓法”理论模型及提出储热系统的热力学优化方法，指导储热系统的设计[429]。

未来，储热技术在学科发展上将促进化学工程与工程热物理和材料科学等学科的深度交叉融合，实现储热材料的可控制备及其热性能的自主调控，在此基础上开发出储热密度大、性能稳定可靠的新型复合储热材料及相关高效储热器件及系统，实现在不同领域的规模化应用。

4.6.4.2 关键科学问题

① 中高温复合相变材料的微结构设计与宏观储热性能的关联机制；

② 储热单元对流与流固耦合传热强化机理及传热理论建模；

③ 集成储热技术的多过程能量系统的热力学优化及过程控制方法。

4.6.4.3 主要研究进展及成果

（1）高导热定型复合相变材料的制备及在热泵空调系统中的应用

空气源热泵是一种广泛使用的节能产品，在冬季使用过程中室外蒸发器表面容易结霜，既增大了空气的流动阻力，又降低了热泵的制热能力，结霜严重时还会使机组停机。目前普遍采用停机除霜模式，不仅消耗了大量热量，而且影响供热及机组的稳定运行。针对这一行业难题，开发出了储热式热泵机组，实现了热泵机组的不停机化霜。以石蜡为相变材料、膨胀石墨作为载体，采用“吸附法”制备出石蜡 / 膨胀石墨复合相变材料，其热导率高达 6W/(m・K) 且在表面张力和毛细力的相互作用下，复合相变材料在相变过程中保持定型特性，没有液体的流动性问题[430]。建立了复合相变材料的热导率计算模型，其计算精度比经典的 Maxwell-Eucken 模型提高了 14%，可根据热导率值指导复合相变材料的制备[431]。针对储热化霜需求，开发出基于石蜡 / 膨胀石墨复合相变材料的双流路壳管式储热器，储存压缩机的排热并为化霜过程提供热能，从而实现热泵机组不停机化霜。通过对储热器的传热建模和数值求解，优化了储热器的结构参数和复合相变材料的物性参数。测试结果表明，与传统热泵机组对比，储热式热泵机组低温制热量提高 10% 以上，化霜时间缩短 30% 以上，实现了热泵机组的节能并提高了制热舒适性（图 4-75）。

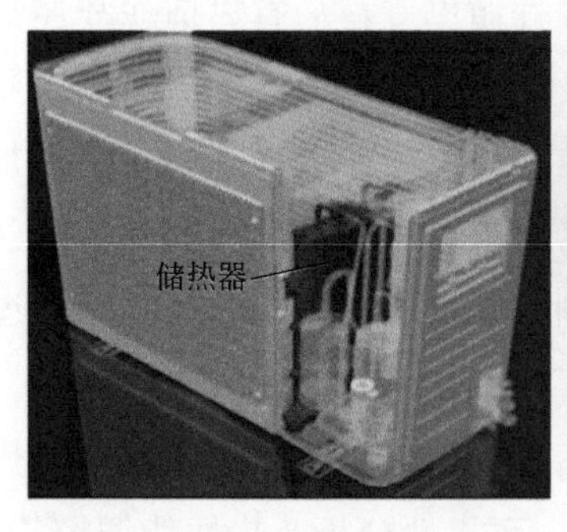

图 4-75
储热式热泵机组模型及实物图

（2）中高温定型复合熔盐储热材料的制备及在工业余热回收系统中的应用

储热技术能够解决能量供求在时间与空间上分配不均匀的问题，可有效提高能源利用率。常用中高温显热储热材料单位体积储热密度和热品质都不高，导致建设空间成本偏高。普通熔盐相变储热材料虽然成本低，但液相存在不稳定性、强腐蚀性，且高温下易发生化学反应，储热性能下降，采用普通熔盐作为中高温储热材料难度较大。针对这一行业难题，构建了宽温区多元复合熔盐的热密度和热品质优化模型，开发了高热密度、高热品质和适宜熔点的中高温复合相变储热材料，发明了相变材料微结构定型调质技术，提出了固体氧化物外层致密包裹和掺杂膨胀石墨增强导热的方法，设计了多段式高温烧结定型工艺[432]，实现了相变储热材料宏观定型封装，其稳定运行温区 200 ～ 650℃，储热密度达到 1394MJ/m^3，储热成本仅为 8 元 /MJ。另外，搭建了激光诊断试验系统，完成了储热材料固相反应过程原位光学测量，研究了载体对材料热稳定性的影响[433]。针对间歇性工业余热的时空特性，提出了一套储热模块堆叠式设计以及全过程多点位精准温控的方法，开发出供热能力兆瓦时级的可移动式储热供暖装置[434, 435]，有效解决了储热换热设备单位体积储热量低以及储热材料腐蚀换热管束等问题（图 4-76）。同时，还实现了百千瓦级至兆瓦级储热系统集成放大：建成了 200kW 微能源示范系统[426]，与原有的分布式电站内燃机系统相比，该系统热利用率由原来的 35.0% 提升到 69.1%，系统散热损失仅为 10%；建成了 2MW 烟气余热综合利用示范系统，现场典型工况的实验测试表明，该系统余热回收率在 65% 以上，并可通过调节释热空气的流量实现不同热功率的输出。

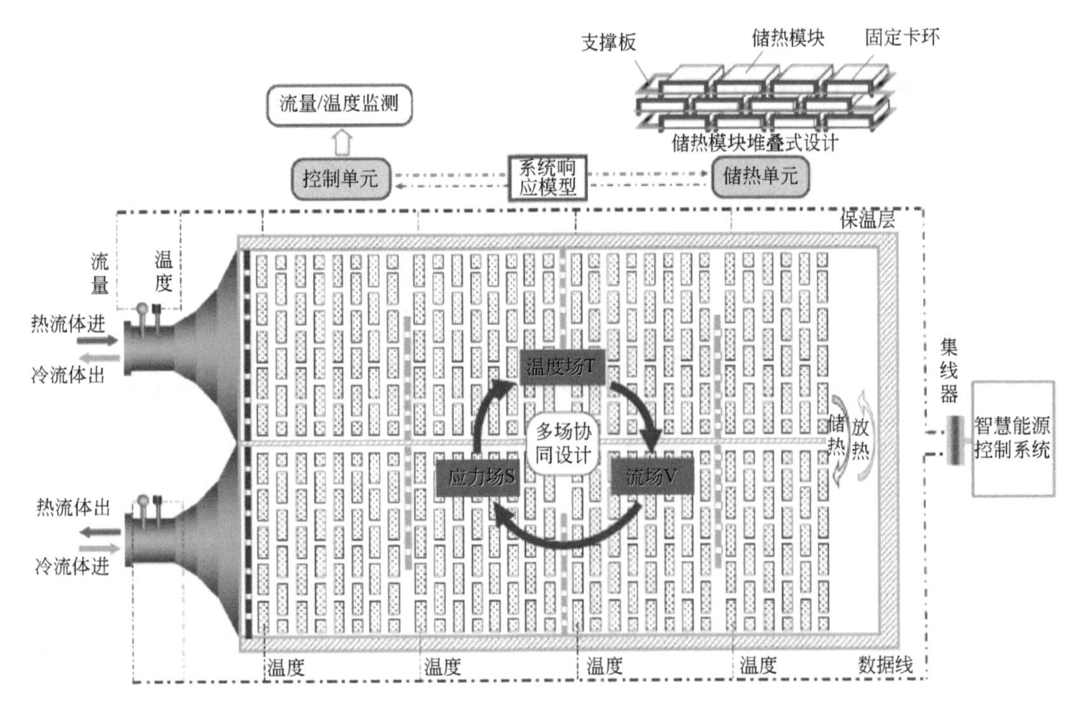

图 4-76
可移动式储热单元结构简图

4.6.4.4 未来发展方向与展望

未来将围绕储热技术的不同应用需求，针对性地开发系列高性能的储热材料及储

热器件和系统，实现储热技术在多领域规模化应用。

在高性能储热材料研究方面：①掌握储热材料相变潜热的调控机制，探明相变潜热提升的分子设计方法及不同分子键促进潜热提升的作用机理，指导开发出高相变潜热的相变材料；②针对不同类型的相变材料，提出有效抑制过冷及相分离的调控方法，维持相变材料在5000次以上的长时间冷热循环稳定；③探明不同类型相变材料与无机物载体的表、界面间的作用机制及对复合相变材料导热性能的影响规律，实现对复合相变材料的导热性调控。

在储热系统研究方面：①针对制备出的新型复合相变材料，利用分子动力学模拟等手段建立其热物性的计算模型，为其在储热系统中的应用提供物性数据；②设计开发高效储热器结构，实现热能的快速存储和释放；③针对导热、对流和热辐射等不同传热模式与储热过程耦合的储热系统，建立产热 - 储热 - 放热的耦合传热模型，提出求解模型的数值方法，指导系统的优化设计；④基于热力学优化方法提出基于储热技术的热能梯级利用方法，提高热、电、冷联供系统中热能利用或转换效率。

物理储能具有巨大的发展潜力，得到了国内外广泛的重视并实现了部分商业化应用，但目前仍然存在一些亟需解决的关键技术问题，如相变材料的成本高、性能可靠性差、储热密度及储热系统的热利用效率低等。随着科技的发展，通过化学工程与其它学科的交叉融合，实现理论和技术创新，开发出高性能的储热材料及其高效的储热系统，不断推进其实用化进程，为新能源的开发利用、节能技术及高新技术的发展和人民生活水平的提高作出更大贡献。

4.7 农用化学品绿色化

农用化学品作为重要的支农产业，在增强农业预防和减免灾害风险、提高粮食产量和保障食品安全方面起着十分关键的作用。通过绿色革命发展出安全、环保、高效、简便的农用化学品，为农业发展保驾护航，是化学工业的一个重点方向。农业化工是用农产品生产工业产品，是应用化学的一个分支。农用化学品的绿色化及功能化与农业化工发展相辅相成。

农用化学品绿色化贯穿生产过程、使用过程和循环利用全生命周期，其发展以化学工程、无机化学、有机化学、配位化学、表面科学、分析化学等多学科为基础，以纳米材料制备技术、现代分子生物学和蛋白质工程技术以及生物基可降解塑料合成技术为支撑。近年来，化肥、农药、农膜、耕地修复材料等农用化学品在高效和生态友好方面取得了长足的进步。但农用化学品绿色化仍需要进一步与农业、信息、电气、自动化、机械、农作物提取加工等学科结合，以推动化肥、农药、农膜、土壤修复材料等功能材料制造过程进一步绿色化和智能化，实现可持续发展。

4.7.1 发展现状与挑战

农用化学品工业主要涉及化肥、农药、农膜、土壤修复材料等行业。利用空气中的氮、化石资源和矿物岩石，化肥行业通过工业合成氨过程以及磷钾矿的开采及加工，实现了含作物营养三要素N、P、K的生产，使作物增产，解决了全球50%人口的生存问题[436]。农药行业则通过无机农药、有机农药、植物性农药和生物农药的生产，解决了农牧业病虫草害所带来的“天灾”[437]。农用薄膜行业主要通过聚乙烯（PE）和乙烯-乙酸乙烯酯（醋酸乙烯）共聚物（EVA）基材生产各类棚膜、地膜，促进农业高产和稳产[438]。这些材料在现代农业科技中的作用越来越重要。但过度使用化肥和农药、农膜弃置、污水灌溉、工业“三废”排放均会污染耕地，特别是重金属镉、汞、铅、砷和铬，对生态环境和人体健康造成巨大威胁。因此，耕地污染修复材料成为农用化学品工业另一重要方向[439]。而提高化肥、农药、农膜的效率并改善其功能成为三者研发的主要目标。与此同时，在能源紧张、生态环境亟待优化的背景下，这些材料制造和使用过程绿色化是发展方向。未来需针对各体系特点，深入研究合成、反应和应用机制，并突破宏观-介观-微观、不同学科、静态与动态之间界限带来的挑战。

4.7.1.1 化肥发展现状

在化肥行业中，合成氨工业是实现氮资源利用的基础，超过80%的合成氨用于化肥生产[440]。合成氨工业因传统Fe基催化剂需在高温（490～520℃）和高压（15.0～32.0MPa）下运行，在化工行业中的能耗列居第一[441]。特别是我国受资源禀赋影响，多数企业以煤造气制氢，吨氨能耗巨大，约是天然气为原料的1.7倍（理论能耗27GJ/t），且实际能耗与理论能耗相比还有较大的提升空间。因此，国内外专家为突破合成氨工业绿色化的壁垒，致力于新型催化剂及其成套技术的开发。1992年英国BP公司和KLG公司共同开发了以天然气为原料的KAAP工艺，采用“一铁三钌”将合成氨压力降低至9.0MPa、反应温度降至445℃，吨氨能耗降至28.35GJ（0.96吨标准煤）。我国也在致力于开发具有自主知识产权的高性能钌基工业合成氨催化剂及其配套工程化技术。同时，以煤为原料的工业合成氨，伴生大量的CO_2（4.2吨CO_2每吨NH_3）和气态硫化物等副产物。目前化肥工业主要通过变压吸附回收CO_2生产尿素、尿素基胶水以及碳酸钙等实现CO_2的利用[442]。对于气态硫化物则主要采用湿法脱硫与干法脱硫两种技术，如低温甲醇洗涤法和氧化锌等吸附脱硫法，但存在脱硫适应性差、硫容低、吸附剂用量大、脱硫后的废剂再生困难、频繁更换、形成二次污染等问题[443]。因此，需加强对伴生气的分离与综合利用，进一步优化配置，实现化肥行业内CO_2的闭环以及硫的资源化，这是实现合成氨工业绿色化的重要环节。

与合成氨工业不同，磷肥工业侧重于提升技术装备水平，加强共生资源的回收和高端综合利用，减少环境污染，提高产业层次以促进产品多样化升级；钾肥工业则侧重于发展钾矿的深度开发利用技术以及难溶性钾矿开发技术，促进资源整合，加强环保高效新型钾肥的开发[444]。

化肥的绿色利用也是一个重要课题。发展缓（控）释包膜材料不仅可促进化肥的高效利用，而且可缓解肥料流失对生态的影响。从20世纪60年代采用硫黄为包膜材料开始，全球包膜肥料历经多次变革。70年代由于硫黄包衣强度低且可能导致土壤酸化，出现了热固型/热塑性树脂和矿物肥包覆肥料。80年代因树脂降解缓慢以及矿物肥包膜易破裂，研究热点转为可生物降解的聚合物。90年代硫衣尿素外层加聚合物受到青睐，在美国普及。进入21世纪，为降低成本，减少对石油资源的依赖及环境污染，

研究重点从石油基可降解聚合物材料转向生物基可降解聚合物材料，同时出现了基于纳米技术的纳米胶结包膜肥料以及含脲酶抑制剂的包膜材料[445]。

4.7.1.2 农药发展现状

农药是主要用于杀灭昆虫、杀灭有害细菌以及除去其它危害作物的精细化工产品，是农业增产增收、提高农产品品质和农业劳动生产率的关键因素。联合国相关数据显示，如果停止使用农药，农作物将减产32%。自19世纪兴起的无机农药及20世纪40年代发展出的有机合成杀虫剂以来，农药产品不断革新。2002年香山科学会议科学家首次提出了“绿色农药”的概念。许多研究以高活性、高选择性、无残留、清洁生产为导向，致力于靶标发现、分子设计和产品开发。目前，中国农药化工规模已达世界第一，形成了包括农药开发、农药原料生产和农药中间体加工等完整的农药化工体系[446, 447]。尽管农药行业已取得一定进展，但与国外相比，我国农药生产以仿制为主，加工相对落后，同质化产品多，新品研发薄弱。进一步化解日趋严重的化学农药污染与低毒生物农药产业不尽人意之间的矛盾，创制对靶标昆虫具有超高活性的农药，有效降低使用量；发展对有益物种或天敌毒性低或无毒性的农药；开发出对植物或农作物生长无负面影响的新产品；开发易降解为无毒物质，在农产品或环境中无残留的新产品；创新绿色工艺，从源头做起，使用无毒原料，在生产过程中不产生废物，是农药化工产业可持续发展的不二选择。生物农药作为农药的重要类别，因毒副作用小、安全、环境兼容性好等特点得到公认，已成为全球农药产业新的发展趋势。同时朝着剂型、转基因植物、种药肥一体化的方向发展，诱导抗性正成为新的技术热点。

4.7.1.3 农膜发展现状

农膜是发展现代设施农业不可缺少的重要生产资料，主要分为棚膜和地膜两大类。在棚膜方面，日本的高端大棚PO涂覆膜技术占主导地位[448]，国内高档大棚农膜依赖进口。在地膜方面，我国地膜防老化技术已经比较成熟，但可降解技术还有待发展。为改变农膜量有余而质不足的局面，近年来我国加紧农膜多功能化研发，农膜产品不断推陈出新，单层/多层棚膜逐渐向多层共挤出涂覆型复合膜发展，以保证复合膜的流滴性、防雾滴性、防尘自洁性与寿命保持一致。为了与作物光合作用所需的温度和光能相匹配，研究者致力于更高效的保温和降温薄膜的开发，并积极完善紫外光、绿光转变为红光、蓝紫光的转光膜技术，利用极性物质或纳米材料功能化改性薄膜的表面性能，研究开发更有效的光生态膜[449]。在满足功能需求的同时，农膜废弃造成的污染问题日益受到重视。农膜表面喷涂氟元素或添加氟助剂等，可改善农膜的高透光性和耐酸碱性，同时使用寿命可达10年以上，使得氟材农膜成为未来发展的重点方向之一。聚乳酸（PLA）、聚己二酸丁二醇酯/对苯二甲酸丁二醇酯（PBAT）、聚羟基烷酸酯（PHAS）、聚己内酯（PCL）等可降解农膜则是另一研究重点[438]。

4.7.1.4 耕地修复材料发展现状

耕地修复材料作为一种农用化学品，通过原位化学钝化法实现重金属污染土壤治理，与物理法[450]和生物法不同[451]。物理法虽通过淋洗、客土、热解吸、电动力修复等方式可将重金属彻底从土壤中彻底分离出，但工程量大，极易破坏原土壤结构，造成营养损失，修复处理成本极高，如湖南省近8000亩砷污染农田土壤修复预计花费为16.9万元/亩。如按该类方法进行土壤修复，仅我国的农业耕地修复最低耗资在10万亿元以上，几乎难以实现。生物法利用土壤中的各种生物——植物、土壤动物和微生物吸收、降解和转化土壤中的污染物，使污染物浓度降至可接受的水平，具有成本低、不改变土壤性质的特点，但该方法治理种类有限，土壤中的重金属含量不能超过修复植物正常生长范围，且耗时过长，有些植物修复地块3～5年才略见效果，容易引起二次污染。原位化学钝化法[452]，主要是向污染土壤添加一种或多种耕地修复材料，通过改变土壤中污染物形态，降低其活性，减少农作物对污染物的吸收，达到安全利用的目的。随着人们对重金属污染土壤研究的不断深入，原位修复已被公认为治理耕地重金属污染的首选。传统的耕地修复材料主要为有机碳、海泡石和坡缕石等，其活性组分单一，在作用过程中以物理吸附和静电引力吸附为主，相互作用力弱，对重金属离子的选择性差，易脱附，导致用量增加且使用频繁，提高了使用成本，成为制约重金属原位钝化技术发展的瓶颈。目前欧美少数国家掌握了相关技术，国内研究者仍需致力于新修复材料的探索。

4.7.2 关键科学问题

4.7.2.1 化肥工业

化肥行业中磷钾肥技术相对成熟，优化产业结构和开拓钾源是磷钾肥发展的焦点。整个行业的技术重点是降低合成氨工业能耗、减少“三废”排放、研发价格低廉环境友好的包膜材料以提高肥料利用率[453]。这些技术瓶颈的突破需解决以下关键科学问题：

① 温和工业合成氨高性能催化剂的可控合成规律；

② 合成氨工业副产物CO_2和气态硫化物等的高效催化转化机制；

③ 低成本、高性能绿色包膜缓释材料的可控制备机制。

4.7.2.2 农药工业

对新靶点的发现和新农药分子的高效创制技术的缺乏[454]，限制了我国农药工业的发展。目前生物催化并未在农药化工生产过程中广泛应用，主要受到生物催化剂的来源、活性、专一性、稳定性、成本及辅酶再生等问题的制约。这些技术瓶颈的突破需解决以下关键科学问题：

① 代谢途径中关键蛋白结构与功能的关系；

② 生物催化剂的家族进化规律及其催化的分子机理。

4.7.2.3 农膜工业

为适应不同农作物种植区域气候和生长特性，兼具多功能化与生态化的膜材开发是农膜工业可持续发展的重点和难点，需解决以下关键科学问题：

① 有益光合作用的高效长寿命转光膜的研发；

② 不同功能助剂之间的协调促进机制；

③ 膜材降解周期的调控机制。

4.7.2.4 耕地修复材料

在耕地重金属污染原位修复中，如何有效抑制重金属的生物有效性并保持良好的长效性是该技术面临的关键问题之一，如何提升复杂多变环境中修复剂的选择性是亟需解决的另一关键问题。当前修复材料发展缓慢主要原因在于对重金属去除（矿化）机制不明确，未能有效理清材料与性能间的构效关系，未能有效指导材料的制备。这些技术瓶颈的突破需解决以下关键科学问题：

① 高性能、低成本的重金属离子土壤修复材料的设计和精准合成规律；

② 重金属离子超稳矿化的原子尺度上化学本质；

③ 土壤和溶液环境中重金属离子矿化的动态反应机制。

4.7.3 主要研究进展及成果

4.7.3.1 化肥工业

（1）绿色合成氨工业技术

化肥工业中合成氨过程能耗最高，构建适应温和条件的高性能催化剂是实现该过程节能降耗的关键所在。基于我国能源禀赋，福州大学江莉龙团队提出了面向以煤为原料的工业 Ru 基合成氨催化剂组成 - 结构 - 性能调控新策略，揭示了工业钌基合成氨催化剂的失活路径，发明了高性能钌基合成氨催化剂稳定性调控新方法，创制出高性能工业钌基合成氨催化剂，首创安全高效低能耗“两铁两钌”合成氨新工艺及其合成氨反应器，形成了新一代安全高效低能耗的“铁钌接力催化”合成氨成套技术 [455-457]。通过校企研究院间的共同合作，建成了世界首套以煤为原料的 20 万吨合成氨装置并一次开车成功，解决了长期困扰我国合成氨工业高温高压的工程技术难题。在合成氨压力约 12.5MPa、钌催化剂热点温度约 440℃、氢氮比约 2.7 及入反应器约含 15%（体积分数）惰气条件下，氨净值达 14.5%，比现行传统铁基氨合成技术的氨净值提高 35% 以上，吨氨综合能耗降低约 0.22 吨标准煤，提高了生产过程的本质安全性，促进了氨相关领域的可持续发展，打破国外技术垄断，突破制约合成氨工业升级的技术瓶颈。同时，还致力于开发面向可再生能源应用的低温低压合成氨催化剂革新技术，通过调控纳米粒子尺寸、载体形貌结构和活性等方法，设计制备具有亚纳米尺寸的 Ru 基（如图 4-77）、Co 基和 Ru-Co 合金等合成氨催化剂，在 350℃、1 ～ 3MPa 条件下实现 23mmol NH_3/（g • h）的氨生成速率并稳定运行 100h，并通过实验证明了 N_2 直接加氢合成氨新路径；研究团队还针对可再生能源合成氨，设计了适用于 7 ～ 9MPa 的等压合成氨反应器及操作工艺技术及氨分离技术，设计出了传统化石燃料合成氨与新型可再生能源融合互补的合成氨新系统。

（2）合成氨工业副产气态硫化物的绿色转化技术

合成氨工业副产的气态硫化物主要是 COS 和 H_2S。当前脱除 COS 和 H_2S 主要采用催化水解法，在催化剂作用下将 COS 水解转化为 H_2S，再利用 ZnO 或铁基固体脱硫剂脱除 H_2S，最后利用国外专利技术的低温甲醇洗涤法进行深度脱硫。然而该方法易产生大量固废物，且受国外知识产权限制。福州大学江莉龙团队发展了“COS 水解耦合 H_2S 选择性氧化”的技术路线，先将 COS 水解为 H_2S，再通过选择性催化氧化法将

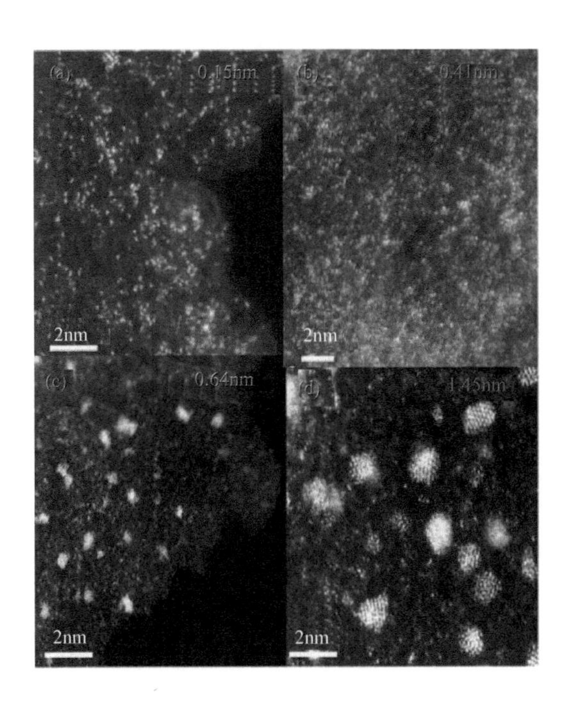

图 4-77
应用亚纳米粒子尺寸控制技术获得 Ru 基催化剂的 TEM 图

H_2S 转化为单质硫，实现气态硫化物的分离与资源化[458-462]，揭示了催化剂的表面羟基和缺陷结构对 COS 和 H_2O 分子的吸附模式和催化反应方向调控机制。利用无溶剂、无模板方法自组装构建分子聚集体，调控催化剂的孔道网络结构，制备出对 COS 和 H_2O 分子具有优异扩散传质性能的纳米材料，设计制备了富含结构性碱中心的催化材料（图 4-78），实现在温和条件下高活性、高选择性地将 COS 转化为 H_2S。利用配位聚合物独特的物理化学性质，通过深入探讨反应机理和催化剂的构 - 效关系，发展新型脱硫催化剂，实现 H_2S 的高效脱除及硫元素的资源化利用。将得到的共性规律拓展到传统脱硫催化剂，通过表面活性位、缺陷以及孔道调控等手段实现性能的优化。建成 COS 水解和 H_2S 选择性氧化催化剂百吨级放大生产线，实现高性能催化剂的放大生产。

（3）低成本高性能包膜缓释材料制造

为了提高氮磷肥利用率并减少其流失对环境生态的影响，世界上许多学者都致力于新型缓释肥的研究[463-467]。郑州大学采用“肥包肥”方式，开发了以二价金属磷酸铵钾盐为主要缓释包裹材料的无机包裹型缓释复合肥料；同时优化控释肥料与功能性物质的配伍工艺，开发了功能型控释肥；清华大学、浙江大学、中国农业大学、贵州大学、湖南农业大学等 12 家高校，江西农科院、山东农科院等 7 家科研院所，史丹利、施可丰、农大肥业、锦天化等 17 家企业“十四五”期间联合开展国家重点研发计划“新型缓 / 控释肥料与稳定肥料研制”，致力于油脂类、纤维素类、聚醚聚氨酯类、水基聚合物类、纳米复合包膜材料与高效抑制剂及其复合技术的研发，通过理论与技术，已取得一定进展并部分开展了工业化示范。

4.7.3.2 农药工业

（1）生物农药的研究与开发

生物农药是指直接利用生物产生的活性物质或生物活体本身作为农药，以及人工

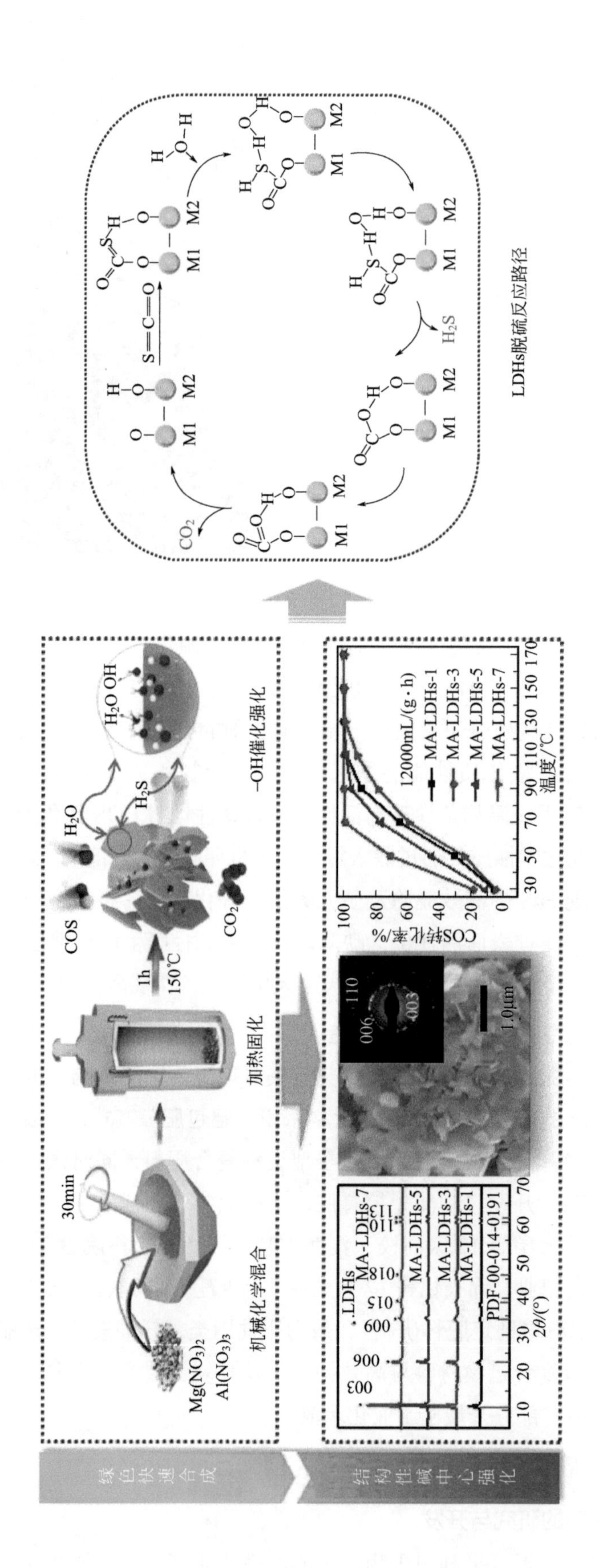

图 4-78
富含结构性碱中心的催化材料用于 COS 转化

合成的与天然化合物结构相同的农药。生物农药具有生产原料来源广泛、对非靶标生物安全、环境兼容性好的特点，已成为各国生物技术研究机构和公司的研究热点。

典型的生物农药如多氧霉素（又名多抗霉素、宝丽安等），主要用于防治水稻、果蔬及一些重要经济作物真菌病害，其自创制成功以来，一直是世界范围内生产和使用最广泛且尚无耐药性出现的重要绿色生物农药之一。武汉大学药学院陈文青等反向利用合成生物学策略并结合生物化学手段，成功破解了多氧霉素构造单元氨甲酰多聚草氨酸（CPOAA）的生物合成机理，揭示了该合成途径中存在一个独特的乙酰化循环，并且偶联了串联还原和逐步羟化反应。该项研究成果为多氧霉素的组分优化和结构改造奠定了坚实的理论基础。

2018 年，中国科学院上海有机化学研究所周佳海研究员[468]运用以抗性基因为导向的基因组挖掘技术成功发现了一种新型天然产物除草剂 aspterric acid(AA)（图 4-79），通过靶向植物支链氨基酸合成途径（BCAA）中的二羟酸脱水酶（DHAD）抑制植物的生长。该研究首次解析了 DHAD 全酶的结构，并利用计算化学阐明了 AA 与酶活性中心的结合机制，揭示了新型除草剂产生效能的分子机制。同时，利用产生菌自身的抗性基因，成功构建了具有 AA 耐受性的转基因作物。该工作不仅为挖掘基因组寻找天然产物提供了新的方法和启示，同时也为农业生产中探索开发新型除草剂提供了范例。

图 4-79

天然产物除草剂 aspterric acid（AA）的分子结构和除草效果

（2）生物制造技术在农药生产中的应用

许多农药分子结构复杂，对于合成过程中一些选择性要求较高的步骤，采用化学催化合成往往难度大、要求高、消耗多、环境污染严重。随着现代生物技术的快速发

展，研究人员已经能够成功地采用生物催化方法来代替其中一些要求苛刻且产率低的化学催化步骤，如选择性氧化还原、羟基化等。

除草剂是全球研究最为活跃、发展最为迅猛的一类农用化学品，其生产销售几乎占据整个农用化学品的半壁江山，且使用量逐年增加。典型的如草铵膦（phosphinothricin, PPT）作为第三代新型除草剂，将替代全球用量最大的除草剂草甘膦（年产 70 万吨 56 亿美元，由于耐药性将被淘汰）和百草枯（年产 7.9 万吨 12 亿美元，对动物剧毒将禁用）。但目前市售的草铵膦均是化学催化制备的消旋 DL- 草铵膦，其中的 D- 草铵膦不具有除草活性，会造成严重的对映体污染 [469]。要高效地不对称合成 L- 草铵膦，无疑应首推生物催化法。Schulz 等早在 20 世纪 90 年代利用从大肠杆菌 *E.coli* K-12 中分离到的转氨酶作为催化剂，通过不对称转氨反应生产 L- 草铵膦［图 4-80（a）］，产物浓度可达 76.1g/L，L- 草铵膦的 ee 值超过 99.9%，转化率达到 90% 左右，但由于需要使用过量辅底物以及副产物难以分离，此方法未能工业化。浙江大学杨立荣课题组以转氨酶为主催化剂，设计了一种包含三个关键酶元件的生物催化系统制备 L- 草铵膦［图 4-80（b）］[470]，三个酶元件分别为转氨酶、谷氨酸脱氢酶和醇脱氢酶。在催化反应过程中，转氨酶以 L- 谷氨酸为氨基供体，可将 2- 羰基 -4-（羟基甲基膦酰基）丁酸转化为 L- 草铵膦，L- 谷氨酸反应后转变为副产物 α- 酮戊二酸；谷氨酸脱氢酶可将 α- 酮戊二酸原位还原为 L- 谷氨酸，避免了过量 L- 谷氨酸的使用以及副产物 α- 酮戊二酸的累积；醇脱氢酶以廉价异丙醇为原料再生辅酶。此策略已经在 100L 反应器内实现了中试规模的转化，L- 草铵膦浓度达到 111.4g/L，产品得率达到 99.7%，ee 值大于 99.9%。

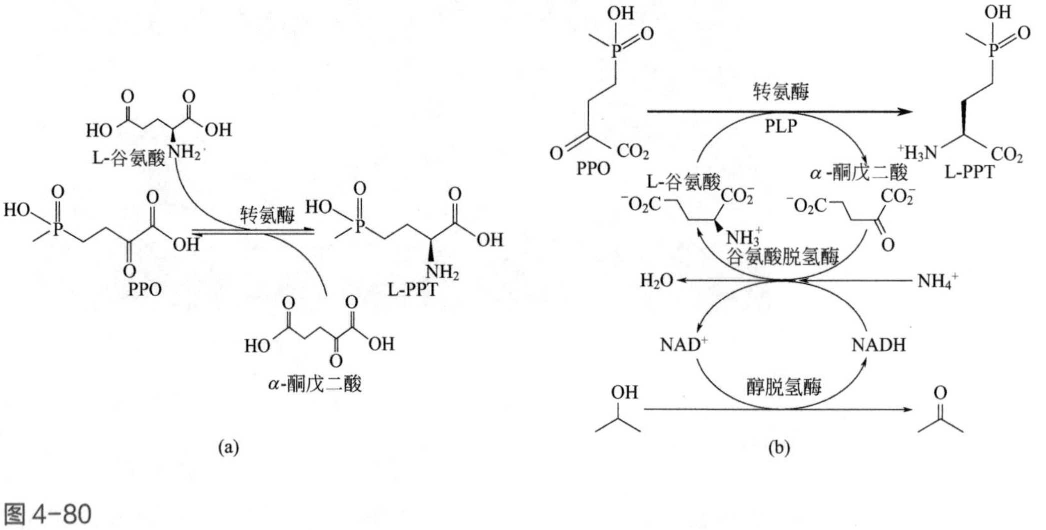

(a) (b)

图 4-80

酶促不对称转氨反应合成 L- 草铵膦

另一条制备 L- 草铵膦路线是由 Fang 等首先提出的，利用谷氨酸脱氢酶催化的还原胺化反应（图 4-81），但选用的天然谷氨酸脱氢酶活性不高，导致反应效率极低 [471]。近年来，杨立荣课题组运用现代分子生物学和蛋白质工程技术，通过改造天然谷氨酸脱氢酶获得了高性能的生物催化剂，用于 L- 草铵膦的不对称合成，转化率达到 100%，产物浓度可达 82.4g/L，L- 草铵膦的 ee 值超过 99%[472]。

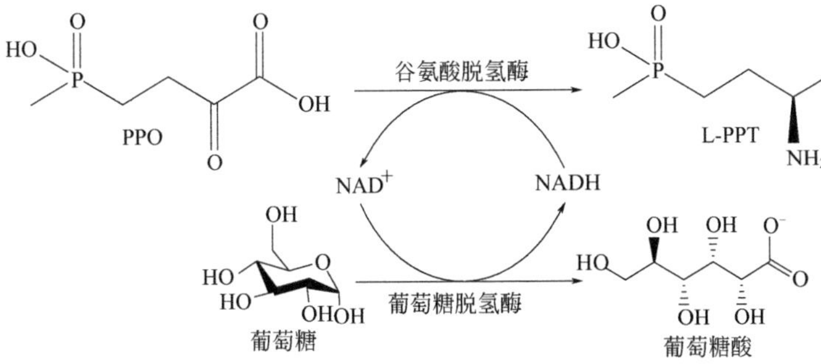

图 4-81
酶促不对称还原胺化反应合成 L- 草铵膦

杀虫剂是生产和使用仅次于除草剂的另一类重要的农药产品。新型烟碱类杀虫剂因其高效、作用范围广和对环境友好的优势，成为当下农药开发的另一热点。6- 羟基烟酸和 6- 羟基 -3- 氰基吡啶是合成新型烟碱类杀虫剂吡虫啉、啶虫脒等的重要中间体，但其化学催化制备工艺存在着反应复杂、产率低以及环境污染严重等一系列问题，极大限制了该类农药的规模化应用。利用生物催化制备 6- 羟基烟酸和 6- 羟基 -3- 氰基吡啶是一个有效的突破。Ueda 等从土壤中筛选到一株丛毛单胞菌 *Comamonas testosteroni* MCI2848，在 5L 的发酵罐中此微生物细胞可以将原料 3- 氰基吡啶催化反应 40h 得到 57.2g/L 的 6- 羟基 -3- 氰基吡啶 [473]。Hurh 则以黏质沙雷氏菌 *Serratia marcescens* IFO 12648 对烟酸转化获得 301g/L 的 6- 羟基烟酸 [474]。此外，杨瑶等从土壤里筛选到一株丛毛单胞菌 *Comamonas testosteroni* JA1，可以同时催化烟酸和 3- 氰基吡啶 6-C 进行羟基化反应，得到 50.38g/L 的 6- 羟基烟酸和 5.77g/L 的 6- 羟基 -3- 氰基吡啶 [475]。

4.7.3.3 农膜工业

近年来，随着新材料合成技术的不断发展，多功能化与生态化膜材的研发取得一定的进展。山东农业大学牵头，联合中科院长春应用化学研究所、浙江大学、北京华盾雪花塑料集团有限公司和华中科技大学等 16 家单位，共同开展了“功能与寿命可调控的农用覆盖材料低成本制造技术与产业化”研究，团队科研人员开展产学研用协同创新，取得了良好的成效 [476]。长春应化所科研人员突破了长寿命、高接枝、双光效、强化涂覆协同增效以及低成本制造等关键技术，调控了棚膜的流滴、消雾、防尘、调光等功能，一些关键指标超过国外同类产品。创制了棚膜“一步法”浸涂干燥涂覆工艺和装备，研发出高接枝率内添加型流滴消雾棚膜制作工艺，开发出功能期可调的生物降解地膜和多条带差异降解地膜加工技术，创制出与光质需求相适应的专用功能性调光棚膜，研制出高强度、多功能、可回收地膜；经同行专家评价，成果总体达到国际先进水平，其中新型功能性蔬菜专用棚膜、多条带差异降解地膜和“一步法”浸涂干燥涂覆工艺的研发达到国际领先水平。

4.7.3.4 耕地修复材料

为实现耕地重金属污染原位修复，北京化工大学段雪院士团队基于 LDHs 的溶度积常数比相应碳酸盐或氢氧化物的溶度积常数小数十个数量级且具有很好的酸碱缓冲能力，通过同晶取代或溶解重构的方式，将重金属离子锚定在 LDHs 的层板晶格中形成含有重金属离子的 LDHs[477-479]，降低其溶出性和生物有效性，开展了 LDHs 的“超稳矿化”研究，实现了对土壤重金属离子的长效矿化。在江苏、山东、甘肃、湖南、内蒙古和云南的稻田、玉米地、菜地、食叶草地、小麦地、退役矿场和涉重企业场地进行了 3000 多亩的试验和示范，修复土壤中的重金属离子有效浓度均降低 75% 以上，且修复成本均低于 120 元 / 亩（按修复一次，10 年污染物不超标计）。同时，针对土壤中的重金属种类繁多且复杂的特点，提出凹凸棒石和 LDHs 复配施用的策略，既利用凹凸棒石纳米级多孔结构的特性、吸附性和缓释性，以及甘肃凹凸棒石本身含有植物需要的各类微量元素[480]，对于作物增产有显著的促进作用，又利用 LDHs 自身化学特性通过化学反应将土壤中的重金属超稳矿化[481]，二者复配施用可有效钝化土壤中重金属，降低作物对重金属的吸收。混合施用 LDHs 和凹凸棒石时，受重金属污染试验田中荞麦（苦荞）根、茎和籽粒对重金属吸收量均有不同程度的降低，籽粒对 Cu、Zn、Cd 和 Pb 的吸收量分别降低了 23.5%、23.3%、43.9% 和 61.0%[482]（见图 4-82）。

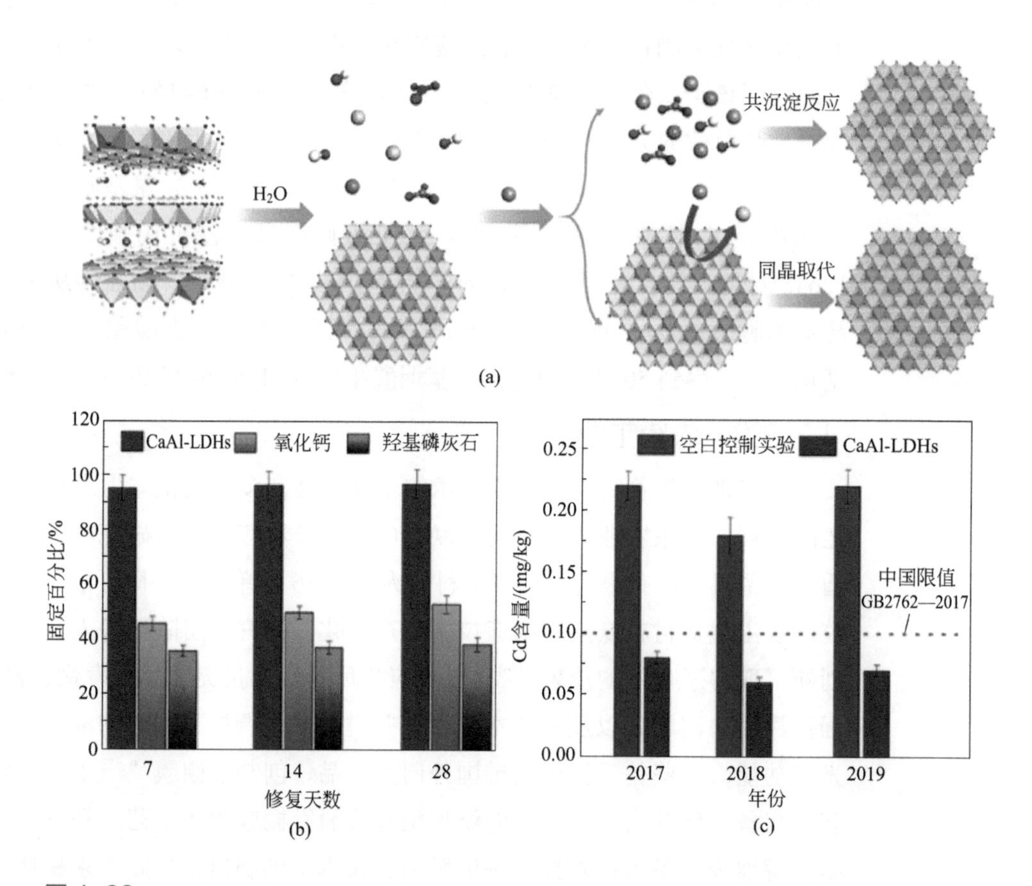

图 4-82

CaAl-LDH 超稳矿化 Cd^{2+} 机理示意图（a），不同时间内 CaAl-LDH 对土壤中 Cd^{2+} 的固定率（b）和污染耕地采用 CaAl-LDH 修复后连续 3 年所生产粮食中 Cd 的含量（c）

4.7.4 未来发展方向与展望

我国是人口大国，也是农业大国，年化肥消耗量约占全球总耗量的 28%，年农药销售占全球的 11%，农膜的产量与消费量占世界第一。依赖化肥、农药、农膜保障耕地产出，弥补人均耕地只有世界平均水平 1/3 的不足。然而，应该正视我国化肥、农药、农膜产品在质上的不足，未来必须加强化工、材料、机械、电子、信息等学科的交叉融合，强化基础研究，应用各种高新技术，提升创新能力，实现农用化学品的专用化、多功能化和生态化及相关产品生产过程的绿色化，推动各领域的可持续发展。未来主要发展方向包括以下几方面。

4.7.4.1 发展温和条件下绿色合成氨技术

当前化肥工业中的合成氨正朝着作为养分保障农作物生长和作为氢源载体提供绿色能源的双向发展，可预见合成氨工业未来将蓬勃发展。发展行之有效的绿色工业合成氨技术，有赖于融合可再生能源电力电解制氢与先进合成氨技术。要实现可再生能源电力和合成氨技术互补融合，则亟需发展与可再生能源电力电解制氢体系相匹配的相对温和条件下的合成氨技术（反应条件：约 300℃、1.6 ～ 3.2MPa），这将是未来合成氨研究领域的重点。

基于煤原料的工业合成氨仍然是化肥工业不可替代的重要组成。因此，探索温和条件下 CO_2 定向转化技术，结合可再生能源，促进 CO_2 高值化利用；发展基于新型气态硫化物催化转化和资源化应用的成套技术及工艺流程，实现催化转化气态硫化物为单质硫，是合成氨工业可持续发展必须攻克的目标。

另外，工业合成氨受液氨的汽液平衡限制，仍存在 3% 的 NH_3 残留于反应气中，随 N_2、H_2 等气体一起循环进入合成塔。这不仅浪费了已经合成的氨产品，还增加了循环机的循环量，使过程能耗居高不下，并且残余的 NH_3 循环进入合成塔后，提高了合成塔中的产物浓度，不利于合成氨反应的进行。发展新型功能化吸附分离材料来实现低浓度 NH_3 的高效吸收分离，通过改变氢键受体和氢键供体的结构和组成，深入研究新型功能吸附剂的设计合成原理及用于 NH_3 吸收分离的调控机制，将成为研究重点。

4.7.4.2 发展生态友好的多功能复合肥合成技术

以农业废弃物或农作物衍生物替代化石原料制备易降解的生物基包膜材料，研究其合成和多元改性技术，实现绿色无污染、低成本易获得的有机统一仍是化肥工业缓释技术未来发展方向，在其基础上将具有促生、抗逆、抗病等功能的增效物质与缓控释肥料高效复合配伍，提高控释肥的功能化，提高作物产量和品质并改善土壤性能；以信息化技术、自动化控制技术为核心，建立低成本绿色高效的缓控释肥清洁化生产工艺体系，实现工艺装备的精准化、智能化是未来肥料终端产品发展的目标。

4.7.4.3 发展高效、低毒、环境友好的生物农药合成技术

对于农药领域而言，可持续发展农业需要重新定义农药的生产和使用。未来农药的作用是将有害物造成的损失控制在一定的阈值内，调节有害种群的密度和数量，确保生物的多样性和生态平衡，绝不是将有害生物斩尽杀绝。因此，发展高效、低毒、环境友好的生物农药是实现绿色生态农业的必经之路。生物技术、组合化学、高通量筛选、计算机辅助设计、原子经济化学、生物信息学等现代高新技术的发展和利用，为生物农药的研发开辟了更有效的途径，使之能为农药化工的可持续发展和人类健康作出新的贡献。基于化学农药在农业病虫草害综合防治中还是最方便、最有效、最可靠、最廉价的手段，尤其是遇到突发性、侵入型生物灾害发生时，没有其它手段可以

替代化学农药，化学农药仍然是支撑农药化工可持续发展的重要部分。近10年来，基因工程、细胞工程、合成生物学等构成的生物制造技术迅猛发展，并渗入化学农药的生产中，展现出良好的应用前景和巨大的社会经济效益，为化学农药的发展提供了新的机遇，并将在可持续发展农业中继续发挥重大作用。

4.7.4.4 发展专用生态多功能棚膜和地膜合成技术

我国农膜（棚膜、地膜）生产量和消费量均居世界前列，在抗御自然灾害、提高资源利用效率、发展高效生态农业、促进乡村振兴战略实施等方面发挥着非常重要的作用。但是，我国还不是农膜的制造强国，与日本等发达国家还存在差距。农膜发展应立足自主研发，创新配方、工艺和设备，深度融合遥感等智能化技术，丰富作物生长环境和规律信息库，适应作物和种植区域的多样性需求，有针对性地开发作物专用生态多功能棚膜和地膜。

4.7.4.5 发展绿色长效土壤修复材料合成技术

耕地重金属污染治理是我国土壤修复工作的重中之重。突破原位修复这一首选技术推广壁垒的关键，在于绿色、经济、长效钝化材料及其合成技术的开发。因此，需构建土壤超稳化理论体系，针对不同污染土壤的特性，以原子经济法为基础，调控活性位点的种类、数量、强度以及材料结构，以实现对土壤中污染离子的快速高效超稳矿化；同时应加强LDHs、凹凸棒和生物质碳等材料的功能耦合设计与开发，创制土壤修复材料，优化规模生产技术，并结合智能化大数据，以发展出绿色长效的土壤修复材料，实现大面积的土壤修复。

4.8 农作物提取物加工利用技术

农作物提取物主要是指从农业栽培的各种粮食作物和经济作物中提取的具有一定生理功能或营养保健作用的一大类物质的总称，主要分布于农作物的根、茎、叶、花、果等组织的细胞壁和细胞质中。该类提取物包括植物的初生代谢产物（蛋白质、核酸和多糖类大分子物质）和次生代谢产物（酚类、萜类、脂类、生物碱类等小分子物质），这些提取物具有抗氧化、抗菌抗病毒、延缓衰老、预防和改善心脑血管疾病、增强和调节机体免疫等多种生物活性和营养保健作用，在日用化学品、食品、医药、农业等领域广泛应用，并展示出广阔的应用前景，所以农作物提取物的智能化、绿色、高效的加工利用技术的研究与开发仍是各领域学者关注的重要课题。

4.8.1 发展现状与挑战

农作物提取物的固液转移提取技术是决定其能否从实验室走向规模化生产的首要关卡，因此，绿色、高效、可控提取农作物目标提取物是其加工利用技术研究的首要关键问题。迄今，农作物提取物根据其极性不同仍以溶剂（极性/非极性溶剂）提取为主，但传统溶剂法存在提取物得率低、耗时长、成本高、易污染环境等不足，严重制约其工业化生产。为解决这一难题，国内外学者开展了利用超声波、微波、超/亚临界流体、电磁场、超高压、微射流等物理加工新技术辅助强化提取的研究，并取得了显著成效[483-489]。大量研究表明，声、电、磁等物理场能强化提取加工过程中的传热传质，缩短提取时间，提高加工效率，在目标提取物得率及生物活性改善方面均取得了一定成效。这些物理强化提取新技术用于农作物提取物的研究近 20 年才刚刚兴起，大多数成果仍处于实验室研究阶段。物理强化辅助提取增值、增效机制及其过程控制、目标提取物生物活性变化规律及其作用机制、新产品开发、提取物绿色加工制备关键技术的工业化装备突破等，仍然是该领域学者未来面临的主要挑战。

多物理场效应是目标物强化提取的主要驱动力，需要加强声、电、磁强化提取过程中产生的声场、电场、磁场、温度场等多物理场的数学模拟、理论预测和验证的研究。物理场强化提取过程会产生瞬时高温、高压、高剪切力、湍流和扰动等，使目标物既存在分子扩散又存在涡流扩散，且可能以涡流扩散为主，使得体系传质过程较传统溶剂扩散传质更为复杂[490-494]。强化提取体系物理场的类型、多物理场耦合强化传质模型和动力学机制、目标提取物的扩散行为等仍未阐明。此外，多物理场的理论研究与应用基础研究之间的脱节仍然是制约其规模化应用的主要屏障，如何打破两者之间的壁垒也是应用基础研究者急需关注和重点解决的问题。

目标提取物的分子组成、结构及其与功能活性的关系研究，是其资源化开发利用的理论基础和依据。迄今，关于物理加工新技术强化农作物目标提取物的研究仍停留在工艺优化、终端产物的化学结构和生物活性等宏观信息上。实际上目标提取物在多物理场强化提取过程中是动态变化的，尤其大分子物质的链构象极易受微环境效应影响，其功能活性也会随之变化，必须加强结构与活性关系变化规律、提取过程控制理论研究[493-500]，才能真正达到能动地控制高活性目标物的提取。从农作物原料的固相体系转移到液相的目标提取物，其成分复杂多样，既有大分子物质也含有小分子物质，成分可从几种到几百种，从复杂体系中获取多物理场下目标物的定向提取信息对于目标提取物的高效制备具有重要的意义。所以，目标提取物分子结构关键信息的快速感知与原位检测技术的基础研究仍然是未来面临的主要挑战之一。

加工技术配套装备及其过程智能化控制仍是桎梏农作物提取物加工利用技术发展的主要瓶颈，所以工业化加工装备及智能化控制系统仍然是未来几十年的研究重点[501]。农作物种类繁多且提取物分子结构复杂多样，选择和开发适宜的提取加工技术，对于农作物的资源化开发、提高其附加值、延长其产业链条、改善国民整体健康水平等，均具有重要的经济价值和社会意义。

目前存在的重大问题与挑战主要总结为以下几点。

（1）目标提取物传质规律的揭示

声、电、磁强化提取过程中产生的声场、电场、磁场、温度场等多物理场是影响体系中目标提取物生产效率的主要因素。物理场强化提取过程会产生瞬时高压、高剪切力、湍流和扰动等，使目标物的扩散既有分子扩散又有涡流扩散，且可能以涡流扩散为主来加快传递，较传统溶剂扩散传质更为复杂。需要揭示强化提取物理场的类型、目标提取物在单一或复合溶剂中的扩散行为和类型、分子结构与扩散系数的关系，阐明目标物从基质的解析溶解到扩散及溶剂置换的一系列传递行为，建立多物理场耦合强化传质模型，揭示各种物理场强化传质的动力学机制。

（2）目标提取物分子结构与活性关系的阐明

目标提取物的分子组成和结构及其与功能活性的关系研究，是其资源化开发利用的理论基础和依据。在超声波、微波、超/亚临界流体、微射流等多物理场中目标提取物分子结构的动态变化规律、机理以及生物活性转变规律还有待揭示。尤其多糖、蛋白质等大分子物质在物理场中可能发生多尺度转变，溶液中具有不同的链构象并表现出不同的溶液行为，维持其链构象的分子内和分子间作用力种类多且对多物理场内微环境变化极为敏感，但物理强化提取新技术对大分子链构象与生物活性影响的研究还相当欠缺。目标提取物的分子结构是其活性表达的物质基础，建立分子结构与活性的构效关系才能为目标提取物的资源化开发奠定理论基础。

（3）目标提取物资源和功能活性的挖掘及其分子作用机制的探明

需要从深度和广度进一步发掘目标提取物资源，建立农作物生物活性物质与功能活性关系的模型，包括：发掘富含功效成分、资源丰富和物美价廉的新资源，筛选和开发具有地域特色和民族特色农作物资源，实现资源的丰富化；发掘新的结构功能因子、新的功能、新的作用机理以及老成分的新功能等[502]，实现农作物提取物功能活性的多样化；借助多学科交叉融合技术和方法，从动物水平、细胞水平和分子水平深入研究功能因子的功效、量效、生物利用度、代谢及其作用机制。

（4）目标提取物加工制备智能化控制技术的开发及装备的创制

液相的目标提取物从固相农作物原料转移得到，其成分复杂多样，既有大分子物质也有小分子物质，成分可从几种到几百种，从复杂体系中获取多物理场下目标物的定向提取信息，对于目标提取物的高效制备具有重要的意义。因此，急需攻克各类目标提取物关键信息快速感知与原位检测技术；对工业化加工设备核心部件结构进行创新设计；利用人工智能和模式识别等技术，对实际提取系统进行模拟、仿真和实时智能控制，研制适宜不同提取物加工的柔性制备技术与装备，为农作物提取物的智能化加工制备技术研究奠定理论基础。

4.8.2 关键科学问题

关于农作物提取物加工利用技术的研究成果，仍主要集中在终端提取物的提取率、结构和活性/营养保健功能等宏观信息上，而对于这些新技术提取过程中的传质、传热规律，目标提取物分子的动态变化规律、机制及与功能活性的关系等一系列关键科学问题亟待解决；工艺放大配套的提取加工装备及其过程智能化控制等，仍是桎梏农作物提取物加工利用技术发展的主要瓶颈。这些技术瓶颈的突破需解决以下关键科学问题。

（1）构建多物理场耦合的传质模型

建立提取过程中声、光、电、磁等物理场分布特性的评价指标，构建多物理场耦合强化提取的数学模型，实现物理场分布的可视化，阐明目标物从基质解析溶解到扩散及溶剂置换的一系列传递行为以及物理场强化流体传质的机理。

（2）探明目标提取物空间结构与活性的构效关系

目标提取物活性的发挥与其空间结构密切相关，采用计算机辅助分子模型分析开展分子对接和定量构效关系研究，筛选和预测提取物的潜在活性，尤其空间结构对活性的影响及机制，构建各类分子结构、构效及量效关系数据库。

（3）建立目标提取物分子结构关键信息的快速感知方法

构建提取过程中目标物分子结构信息与光谱的关联，实时获取结构信息，借助化学计量学建立提取过程分子结构的快速感知方法，再利用人工智能和模式识别等技术对实际提取系统进行模拟、仿真和实时智能控制，以实现目标提取物的智能化可控提取。

（4）创新设计提取装备

创新设计提取装备的核心部件结构，解决多物理场分布不匀、能量不集中以及局部产热过高等瓶颈问题，突破工业规模的量能限制，开发适宜不同提取物加工的柔性制备装备，为目标提取物的大规模生产提供保障。

4.8.3 主要研究进展及成果

4.8.3.1 超声波强化提取技术和装备

目前国内外超声设备可供选择的工作模式单一，难以满足实际加工需求。江苏大学马海乐课题组创新设计出“扫频与定频、脉冲与连续、多频与单频、顺序多频与同步多频、逆流循环与非强制流动”等 6 对 12 种超声工作模式（图 4-83 ～图 4-86）。以单频逆流聚能式超声波的杯形处理室为例，建立了超声 - 速度 - 温度多场计算机仿真模型，探讨了超声波在黏性流体中传播及其衰减的规律、声场对流动场和温度场的影响规律，建立了多场仿真模型，应用于指导低功耗、高场强、多模式超声波设备的结构设计[503-507]。进一步设计出可满足不同需要的超声处理室，如杯状处理室的结构设计和逆流循环显著提高了聚能式超声的声场均匀性，通过狭缝处理室的结构设计和切向循环显著提高了发散式超声的声能聚集度，强化了传质效果。采用微型光纤光谱技术建立了蛋白分子结构特征参数的原位实时检测模型，可实时表征蛋白的浓度、水解度、活性等关键指标的动态变化，开发了蛋白提取及酶解过程智能化控制系统，实现了生产过程的动态纠偏、柔性切换、终点判别及指令下达，使得工作人员减少 20%。

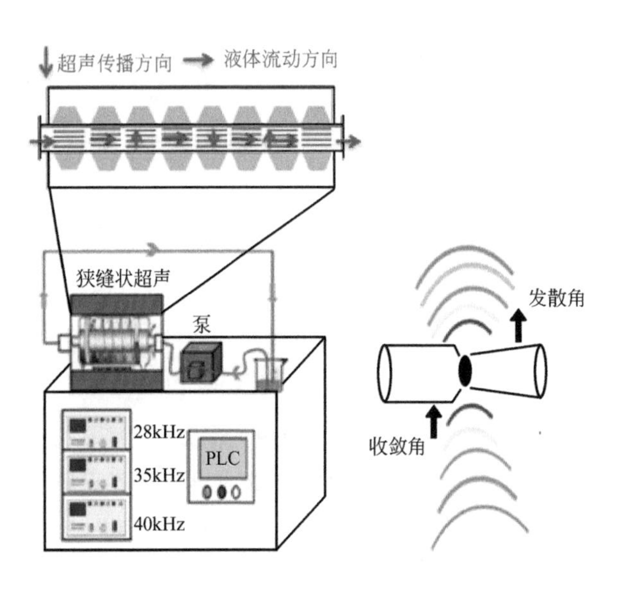

图 4-83
狭缝发散式超声模块设计原理图

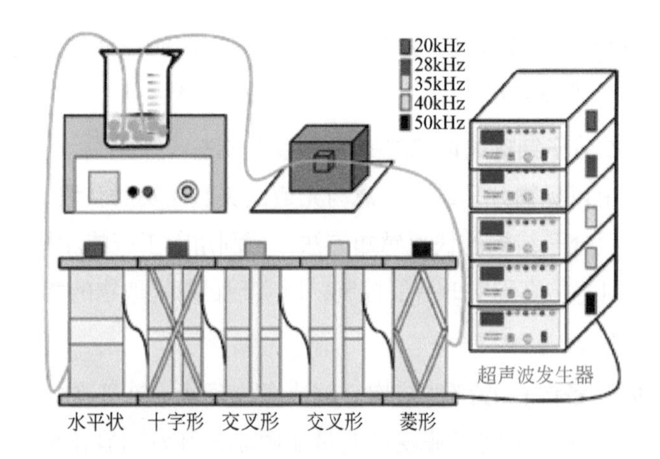

图 4-84
WKS250/5S 柱状超声波机型设计

图 4-85
狭缝发散式超声 - 酶解耦合膜分离制备功能多肽的中试水平装备

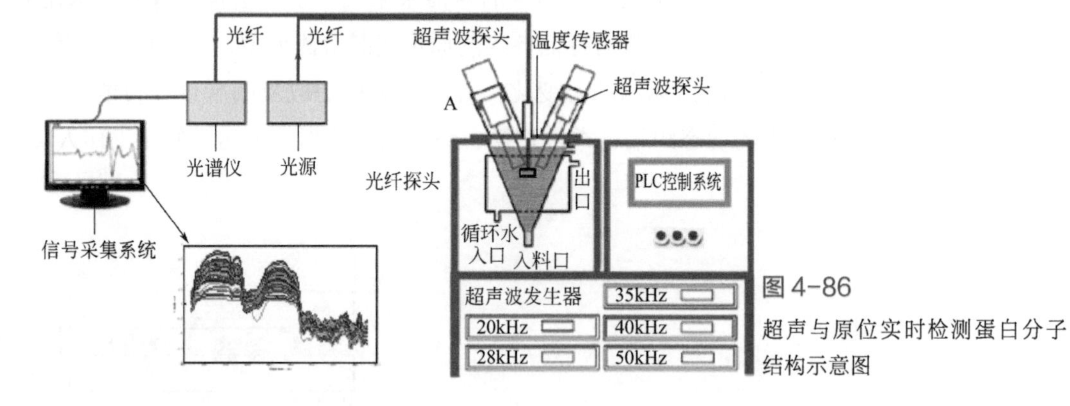

图 4-86
超声与原位实时检测蛋白分子结构示意图

4.8.3.2 超声波强化提取的工业应用

以超声强化蛋白提取、酶解耦合膜制备功能多肽的研究为例。利用超声强化提取技术能实现蛋白提取率提高 20% ～ 60%，蛋白酶解多肽转化率提高 20% 以上，功能多肽得率达 50% 以上，使每克酶产肽量最多可达 142g 肽，为工业化生产活性多肽提供了一种更为高效的手段。建立了我国第一条超声辅助酶解制备功能多肽的生产线（图 4-87），该成果在江苏天琦生物科技有限公司、江苏江大五棵松生物科技有限公司、江苏寿珍生物科技有限公司、镇江天然宝生物工程有限公司、石家庄四鼎食品科技有限公司、南京涛鼎食品贸易有限公司、南京贝杉国际贸易有限公司、南京万家灯火生物技术有限公司等 8 家企业实现成果转化，其产品累计销售额超过 25 亿元。

图 4-87
功能多肽超声辅助酶法制备技术的产业化应用

4.8.3.3 亚临界水萃取技术及应用

亚临界水萃取（subcritical water extraction，SWE）技术，是通过调节亚临界水的温度和压力改变水的极性，实现有效成分从水溶性到脂溶性选择性连续提取的新技术。因其具有绿色、高效、环保和经济等优点，已在多糖、多酚、黄酮类物质等的萃取中展示出独特的优势和良好的应用前景[498]。江苏大学段玉清课题组自主研发了静态 SCW 小试萃取釜以及工业用动态 SCW 萃取装备（见图 4-88），成功用于慈姑多糖、慈姑抗性淀粉、藕渣膳食纤维、蛹虫草和香菇多糖、高粱多酚、萝卜叶多酚、莲固体废弃物中多酚、麦胚蛋白、玉米醇溶蛋白的高效制备研究，其多糖和多酚类物质的提取得率分别提高了 20% 和 30% 以上[508-511]；阐明了 SCW 微环境效应下多糖链构象有序 - 适度伸展 - 无序的转变过程及其规律，从分子力学角度解析了 SCW 微环境效应下水分子与多糖分子之间、多糖分子内和分子间氢键、静电力和疏水作用的变化及其程度；揭示了 SCW 加工制备过程中多糖链构象转变机理以及导致生物活性大幅度降低或消失的内在本质，为可控制备高活性多糖的过程控制研究奠定了理论基础；建立了 SCW 萃取与大孔吸附树脂、超微粉碎技术联用高效分离制备农作物多酚类物质和可溶性膳食纤维的关键技术，该成果在江苏省怡味莲朗伯有限公司实现了富含可溶性膳食纤维藕汁和富含多酚藕粉 2 种新产品的中试生产。

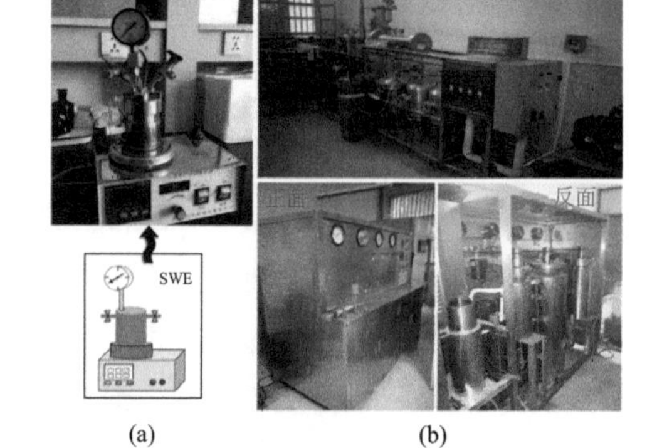

图 4-88
SCW 萃取实验室简易静态设备（a）和工业动态设备（b）

4.8.4 未来发展方向与展望

农作物品种多样，其提取物种类繁多，分子结构复杂且差异性大，能否获得产量多、品质好的目标提取物，选择适宜的加工技术是关键，也是决定其能否资源化利用的关键。因此，开发低能耗、高效率、智能化的加工利用技术仍是未来的发展趋势。虽然物理强化加工技术已经展示出了绝对的优势，但基础理论、工业化放大以及智能化控制等方面仍是未来研究的主要方向。具体包括以下几方面。

① 完善和探明高活性目标提取物的分子结构、量效、构效及其作用机制和途径等一系列基础理论数据、规律和机制，制备含量组成明确、功能活性强、稳定性好、生物利用率高的农作物提取物。

② 开发新型高效加工技术，包括开发新工艺、建立定向提取的强化传质模型、提高加工技术的稳定性和可靠性、提高产业化应用的技术水平、实现实验室成果与产业化应用技术的无缝对接。

③ 开发在线快速检测与控制技术，进行目标提取物提取分离等加工过程中的主要加工特性和分子结构等关键信息的快速感知与原位在线检测方法研究，通过过程数字模拟与控制软件开发，研制基于模型驱动的智能化控制系统，促进智能化加工装备的制造。

④ 创新设计工业化加工设备核心部件结构，围绕目标提取物生产的技术需要，对制约生产效率、影响产品质量的各操作单元装备进行模块化设计，突破产能放大制约，通过外联方式应用到传统企业生产线处理单元的升级改造。

农作物提取物具有显著的生物活性和营养保健功能，已在食品、医药品、农业和日化品等领域得到广泛应用，深入挖掘和大力发展现代农业的“新空间”，大力转化农作物提取物，增加其产品种类，拓宽其在各领域的应用广度，有望成为拉动内需、增加就业、保障民生、促进经济增长和增加农民收入的支柱产业。“智能、低碳、环保、绿色、可持续”的产业新要求已成为农业产业发展的新常态，也对农作物提取物的科技发展提出了新要求。因此，如何把握现代农作物提取物的新潜力和新机遇，适应其消费新需求，实现高效利用、新型加工、节能减排、清洁生产等，仍是未来将要面临的严峻挑战。依靠科技创新驱动仍然是农作物提取物产业实现可持续健康发展的根本途径。

4.9 海洋化工

4.9.1 海洋生物质提取与高效利用

4.9.1.1 发展现状与挑战

海洋是一个占地表面积 70% 以上的特殊生态系统。所谓海洋资源，是指与海洋海水水体直接相关的物质和能量的总和，包括海洋生物、海水中的溶解物、滨海矽沙及海底矿藏等。海洋化工则是指运用化学工程与技术的手段，可持续性开发海洋资源，生产为社会经济服务的化工产品，因而又称蓝色化工。海洋化工资源主要包括海洋矿产资源、海洋油气资源和海洋生物资源。海洋生物质资源 [512] 是除海洋渔业资源外的生物和微生物资源（除鱼类外的其它动物与植物、海藻和海洋菌类）。海洋生物质资源丰富，且具有再生和可持续发展的属性。除去红树林和盐沼地的海洋生物质，所提供的含碳量达到十亿吨级。其中海洋动物、原生生物和海洋细菌占主要地位，海洋植物、海洋真菌及古细菌不到30%[513]。海洋生物质化工，是以海洋生物与化学的基本理论和技术，综合利用生物化学技术和化工、机械、大数据等现代工程手段，通过合适的生物化工反应装置与过程工艺，特别是海洋"工程菌"或"工程细胞株"，对海洋生物质及其活性代谢产物进行操作，生产能源及化工平台化学品，进而开发高值化化工产品（包括：低值大体积的交通燃油、通用化学品和结构材料；高值小体积的专用化学品如日化品、药品和营养保健品中的活性成分）的新兴化工方向。

化工产品（大宗化学品、精细化学品和专属化学品）支撑着现代文明社会生产和生活的各个方面。种类繁多的化工产品的生产原料均来自为数不多的平台化学品。所谓平台化学品，是指那些在化工生产过程中用于生产中间体、合成砌块和聚合物的化工原料。例如，乙烯和乳酸分别是生产聚乙烯和聚乳酸的平台化学品[514]。目前，平台化学品的年产量大约为33000万吨，主要来源于化石类资源即石油、天然气和煤。这些平台化学品可以非常方便地转化为种类繁多的精细化学品与专属化学品[515]。

然而，很长一段时间以来，特别是工业革命后，人类对于自然资源特别是化石类资源的掠夺性开发和利用给环境造成了巨大负担，导致目前人类面临环境危机与气候变化问题，特别是温室气体排放、全球变暖、冰川消融和海平面上升、生物多样性降低等[516-520]。同时，化石类资源无法永久地持续性利用和再生的特征决定了其在数百年间将面临枯竭的危险[521]。

为解决人口的增长、环境的恶化与人类本身物质与文化需求不断增长之间的矛盾，可持续发展的平台分子炼制及其下游产品生产的新型化工过程已经引起了国内外社会的广泛关注，开发新的可持续性资源、研发新的化工途径以获得平台分子并开发优质下游产品的化工平台相继诞生。其中，生物质精炼就是一个很好的选择。生物质精炼是用可再生的生物质替代不可再生的化石类资源生产工业所需的商品[522, 523]。近年来，基于生物质精炼得到的化工平台分子已经部分取代了基于化石类资源的化工平台化学品[524]。预计到2050年，市场预期源于可再生资源的化学品产量将达到11300万吨，占现有有机化工产品的38%[525]。

4.9.1.2 关键科学问题

① 关键科学问题1：高产平台分子的生物质的大规模养殖。必须指出，基于生物质过程的生产所面临的主要问题是原料供应的可靠性和价格的年度变化。第一代和第二代生物质（粮食作物、油料作物等加工后的残渣等）炼制化工受限于原料的季节性。第三代生物质炼制最初以城市生活废弃物为原料，但受限于原料的地点分散性和种类繁杂性。此外，陆生生物质还可能存在与传统农业争地以及引发相当程度的粮食危机问题[526-529]。海洋生物质，特别是海藻类生物质，作为第三代生物质炼制的原料，以其独特的性质开启了海洋生物质化工的未来。海藻类海洋生物质具有比陆生生物质更高的光合效率和更低的耗水需求，能够吸收二氧化碳产生地球所需要的大量氧气，无需与传统农业竞争而引发潜在的粮食危机，具有更高的获得高附加值化工产品的能力等。

目前，通过遗传工程修饰的生物质，如藻类生物质，可以显著提高其氢碳比，从而减少碳的排放，已经成为新一代（第四代）生物质炼制的化工原料 [530]。因此，生产相应的第四代生物质及研发相应的生物质炼制新工艺和新技术是目前生物质化工的机遇与目标。

② 关键科学问题 2：平台分子的高值化转化和产业化。针对不同的海洋生物质研发相应的催化剂，实现平台分子的提取和炼制以及后续的高值化化工产品转化。对所获得的海洋生物质炼制和高值化利用的化学品，利用化工基本原理和技术，实现产业化。

③ 关键科学问题 3：海洋生物质化工研发与生产过程中所需的安全、可靠设备的研发。由于海洋生物质与陆生生物质相比大多喜好高盐环境，因此相关生物反应器必须满足耐盐耐腐的要求。此外，海洋生物质的性状、尺寸各异，且大多碳水化合物含量较高。因此针对性地开发适应海洋生物质化工研发与生产过程中所需的安全、可靠设备，以满足海洋生物质的收割、干燥与细胞破碎、分离与下游转化以及产品干燥等操作需求。

4.9.1.3 主要研究进展及成果

生物质平台分子的炼制及其功能化转化，涉及生物质养殖工程与炼制，同时必须考虑平台分子与现有化工基础设施及化工过程和工艺的兼容性、上下游转化 [530] 为功能分子的化工工艺过程的有效性、成本和可持续发展三个关键要素 [531]。海洋生物质化工与陆生生物质化工的最大区别是原料的差别，由此将造成精炼单元的差别和平台分子种类的差别。陆生生物质的主要来源是植物，大约占 95% 以上。而海洋生物质的数量非常可观，仅碳含量就在上亿吨。主要构成则是海洋动物、海洋原生生物和海洋细菌，三者的总和大约占 80% 以上。而海洋植物、海洋真菌和海洋古生物占比不到 10%[525]。在众多的海洋生物质资源中，考虑到可持续发展和光合作用的利用两个方面的因素，海藻（包括海洋微藻和海洋巨藻）特别适合进行化工平台分子炼制 [531,541]，其中自养性海洋微藻尤为特别 [518]。

海藻是海洋植物的主体。根据光合作用产生的色素颜色不同，一般分褐藻、红藻、蓝藻和绿藻四大类。其中除蓝藻外的三大类全球年产量超过千万吨，东北亚地区特别是我国的大量养殖，产量大约占全球产量的 70%，为食品加工行业提供了大量的海带类产品原料。尽管海洋巨藻可以作为生物质原料生产生物油和平台化学品，但由于大部分具有较高的食用价值，导致目前这方面的研发受原料局限性的影响 [542]。海洋巨藻生物质的养殖、精炼和平台化学品生产主要采用近岸生物质化工单元 [518,524]。

海洋微藻属于自养性藻类，含有叶绿素 a 和伴随的 β- 胡萝卜素色素体，借助一个永远不发育成多细胞胚胎的合子完成有性繁殖。首先，海藻具有比陆生生物更强的光合作用利用能力，能固定二氧化碳变成碳水化合物和脂质体 [543]，其生物质的时空产率比相应的陆生生物质高很多。其次，海藻不含有陆生植物普遍含有的半纤维素和木质素，因而在提炼的过程中容易实现细胞破壁，大幅简化了提取工艺与设备 [544]。最后，海藻能够在盐水与污水中养殖，不与农作物争地、争水，不会影响农业特别是粮食安全 [545]，成为目前生物能源和生物精炼化工平台化学品的主要原料 [546, 547]。海洋微藻业已被证明是最有希望的化工平台分子特别是生物化工功能分子的宝库[548]。南海的特殊地理环境决定了海洋微藻种类繁多，是一个极具研发价值的生物质原料来源[549]。中科院青岛海洋研究所先后获得了绿藻、金藻、黄藻、硅藻和甲藻等海洋微藻100多株，其中很多株系是油脂含量在30%～40%的高产能藻株[550]。

海洋微藻的养殖和炼制目前在美国、德国、丹麦、意大利、以色列等国家已经规模化。其中，工业规模有两种方法[531,551-555]：开放式跑道池养殖法和封闭式光化学反应器法。开放式室外跑道池养殖容易受到气候变化的影响和外源性生物污染，因而造成其代谢产物种类和量难以控制。目前一般倾向采用平板养殖光化学反应器法。使用可生物降解的透明薄膜调节入射光的波长以调控代谢产物，而采用空气或者二氧化碳气体鼓泡可以节省能耗。

海洋硅藻是海洋生物精炼的重要资源之一，硅藻是高值化产品生产的细胞工厂，典型代表产品有金昆布多糖、岩藻黄素和二十碳五烯[556]。

过去的十多年里，海洋生物质精炼平台化学品及其功能化转化研究取得了重大进展，也取得了丰硕的成果。2014年，基于海洋微藻的生物油的价格与石油来源的汽油价格已基本持平，表明基于海藻的能源与化工研发已经具备替代石油等化石类原料的巨大潜力。目前，从海藻精炼提取的方法有普通溶剂分级提取技术[557]、超临界萃取技术和膜分离技术[558,559]。所得重要化工平台化学品[560]主要有：①生物色素（如β-胡萝卜素、番茄红素、岩藻黄素、玉米黄素、叶黄素、虾青素、叶绿素、植物荧光蛋白）；②维生素类（维生素E，维生素C）；③植物甾醇；④多糖类；⑤有机酸类（如丁二酸、己二酸、马来酸、长链不饱和酸、二十碳五烯酸（EPA）等）；⑥蛋白质；⑦脂质体等。其中，针对多糖、蛋白质、有机酸和脂质等平台分子，利用有机合成方法，实现功能化和高值化转化，为药物工业、日化工业、材料制造特别是天然可生物降解大分子生产，提供了可持续发展的强劲动力。例如，海洋微藻含有丰富的多糖类物质和蛋白质，提取分离后进一步功能化转化可以得到多种化学品[561,562]。

海洋细菌和海洋真菌的总量尽管在海洋生物质中占比较少，但种类繁多，功能各异，既可以降解海洋污染物，也可以用于绿色化工转化。例如海洋细菌 *Oceanimonas doudoroffii* 可以成功实现木质素的功能化转化生产多种多酚酸[563]，而多种海洋真菌酶可以作为纤维素高效分解的潜在资源[564]。

4.9.1.4　未来发展方向与展望

因此，为了进一步高效利用海洋特别是地理条件优越的南海海洋生物质资源，实现海洋生物质资源的提取和高值化转化，弥补目前能源和化工对于化石类资源依赖的短板，有必要在海洋生物质化工领域进一步开展如下工作：

① 海洋生物质的可控养殖及影响功能分子分布的因素研究。

② 海洋微生物的分离、鉴定和高效培养，海洋微生物的基因工程改造等，以实现目标可控的海洋生物质资源保障和培养条件优化。

③ 海洋生物质化工专用反应器（满足化工一般要求外还需满足耐盐、耐腐和耐生物污损的要求）的研发；海洋生物质精炼的过程优化及相应的机制研究。

④ 海洋生物质平台分子的高效及高值化转化。特别是功能分子（如海洋生物质源功能分子用作防腐与防污活性成分）与功能材料（如基于海洋多糖的有机 - 无机复合材料等用于防腐、防污功能材料）、药物（基于海洋多糖给药的创伤内出血止血药物）和海洋微生物源催化剂。

⑤ 现有基于化石类化工过程的催化过程绿色化，主要是海洋微生物催化转化。

⑥ 研发适应海洋生物质化工过程的针对性化工设备。

综上所述，海洋生物质化工已经进入了化石类能源、化工替代的初级阶段。标志性的进步发生在 2014 年，基于海洋微藻的生物油的价格与石油来源的汽油价格已基本持平。目前重点是海洋生物质资源特别是南海海洋生物质资源的调查，海洋生物质资源的养殖与培育，生物质提取工艺和精炼工艺，可控生物质反应器的开发，生物质平台分子的高效、绿色转化及高值化利用，特别是功能化学品、催化剂、针对性设备的研发。有理由相信未来必将为能源、药物工业、日化工业、材料制造等领域提供可持续发展的强劲动力。

4.9.2 海洋腐蚀过程模拟、优化与控制

4.9.2.1 发展现状与挑战

腐蚀是制约海洋工程装备服役和材料安全、长效服役的关键问题之一[565, 566]。随着技术的发展，我国海洋装备逐步向深海、远海、南海、极地等极端的、复杂的海洋环境拓展。随着海洋环境载荷的复杂化，海工装备面临复杂应力载荷、流体冲刷、高温氧化、微生物腐蚀、宏观生物污损等海洋多因素作用，材料的海洋腐蚀过程也由单一的海洋电化学腐蚀过程向动态多因素耦合过程发展，主要包括力学 - 电化学、化学氧化 - 电化学和生物 - 电化学三种交互作用[567-571]。开展多因素耦合的海洋腐蚀过程模拟、优化和控制，对提高海工装备腐蚀安全性有重要意义。

4.9.2.2 关键科学问题

服役条件下的海洋腐蚀过程具有怎样的多尺度反应 - 传递耦合机制？腐蚀本身是一个由反应、传递等因素相耦合的非平衡、非线性过程，而在海洋服役条件下，该过程还具有明显的多尺度特征。在腐蚀过程中，化学反应发生于材料的表界面区，尺度在纳米和埃米级；由腐蚀反应所引发的离子、分子扩散主要存在于材料表界面附近的扩散层区、锈蚀区以及液滴附着区，尺度一般在微米级到毫米级；而海水的宏观流动则处于厘米到米级的尺度。宏观尺度下海水的流动冲刷、纳微尺度下的海水盐度变化、温度梯度以及汽液界面演化等均会对腐蚀过程产生重要影响，这些不同尺度的因素相互耦合共同决定了服役条件下的海洋腐蚀过程。如何准确把握这种多尺度耦合的腐蚀机制，是模拟海洋腐蚀过程中需要解决的关键科学问题之一。

如何调控材料在海洋多变环境下的腐蚀过程？材料在不同环境（海洋大气区、飞溅区、潮汐区、深海区等）中具有截然不同的腐蚀机制（如冲刷腐蚀、动力腐蚀、空泡腐蚀等），因而呈现出迥然相异的表象特征。在多变的海洋环境中，这些不同的腐蚀机制动态地相互交叠，形成了复杂的腐蚀机制网络。在服役条件下，海水的涨落会影

响到材料表面的汽液界面结构，海水的冲刷会使材料产生力学形变，空气的湿度会影响到材料表面液滴的大小与形貌，海水中的温度场、盐度场等会诱导材料表面产生电势差，海洋生物的附着会改变材料表面的酸碱度等，这些因素并发、交互、动态地影响着材料的腐蚀过程。如何快速而准确地预测和调控服役条件下的海洋腐蚀过程，是模拟海洋腐蚀过程中需要解决的关键科学问题之二。

4.9.2.3 主要研究进展及成果

目前针对海洋腐蚀过程的模拟主要有宏观、介观和微观三个层面。宏观层面主要通过传感器等装备对腐蚀过程进行监测，以电化学、计算流体力学等为理论基础，依据腐蚀电流、宏观力学性质等预测腐蚀过程。在腐蚀监测方面，利用现代测试技术对海洋环境下材料的电化学腐蚀行为进行观测，考察海洋服役环境对碳钢、铝合金、镍、不锈钢、Ni-Cr-Mo-V 高强钢腐蚀行为的影响；在涂层失效表征方面，构建基于丝束阵列电极的微区腐蚀传感系统，考察涂层防腐性能随在役金属结构表面腐蚀状态演变的空间分布特征；在耦合作用识别算法方面，将结垢腐蚀分成“结垢腐蚀防护技术-设备-工业过程生产”三个尺度耦合系统，利用计算流体力学对腐蚀过程进行模拟。

介观层面的研究对象主要为电偶腐蚀、点蚀、缝隙腐蚀等局部腐蚀问题，此类过程的侵害将沿材料的纵深方向发展且不易观察，对海工装备的安全性和使用寿命造成极大的危害。对此，借助计算机对局部腐蚀问题的过程模拟、优化与控制是极为重要的。介观层面的计算机模拟一般基于有限元、PB 方程等数学物理方法。

对于电偶腐蚀，常用的仿真方法包括有限元法和边界元法。由于边界元法仅需对边界进行网格划分，运算更快，在实际操作中更为简便，成为电偶腐蚀过程模拟中最常用的手段。鉴于海洋环境中的电偶腐蚀过程极为复杂，与金属的种类、液膜厚度、接触面积、电解质类型等因素都有关联，常通过 Nernst-Plank 方程与边界元相结合的方式研究液膜厚度、电解质浓度对电偶腐蚀速率的影响，模拟海洋腐蚀过程中电偶腐蚀的状况，并能通过仿真计算的结果对腐蚀环境进行优化调控，控制电偶腐蚀的速率。

海洋环境中拥有高浓度的氯离子，极易造成装备材料的点蚀。即便 Digby McDonald 和 Gerald Frankel 等学者对点蚀形态演化过程进行了深入的理论基础研究，但点蚀的生长建模仍有待进一步研究。现在常见的仿真手段为蒙特卡洛（Monte Carlo）和元胞自动机（Cellular Automata）技术，能对点蚀过程中微坑的成型、生长及亚稳态的再钝化过程进行模拟。但该类仿真技术仍难以应用到实际过程中，这是由于点蚀的产生和生长过程受多因素的控制，且随时间不断变化。为解决该问题，可借助有限元技术的移动边界模型或任意拉格朗日欧拉（ALE）和水平集方法（LSM）模拟其动态变化的过程，动态化地对其腐蚀过程进行模拟。

缝隙腐蚀也是一种自催化作用下加速进行的行为。该过程中金属与溶液之间的界面随时间不断移动，且腐蚀产物会在缝隙中形成新相，导致其几何形状和物理环境不断改变，使该腐蚀过程的仿真成为了难题。现在传统的处理方法是借助锐化界面模型（sharp interface model）的方法去跟踪界面的位置，最终实现缝隙内复杂环境对金属电化学腐蚀过程的模拟。

微观层面的研究一般通过量化计算进行，通过第一性原理计算界面反应的反应能与活化能，考察晶面取向、界面缺陷等对腐蚀过程的影响。基本方法一般为量子密度泛函和过渡态理论。该部分研究具有坚实的理论基础，且有成熟的计算软件（如Gauss、VASP）和标准化的作业流程，计算结果可重现性较高，但由于方法的局限性，与实际腐蚀过程尚有较大距离。

总体来看，针对单一尺度的腐蚀模拟目前发展已较为成熟，但如何实现多尺度间的耦合是目前腐蚀过程模拟的难点。

4.9.2.4 未来发展方向与展望

腐蚀是一个多尺度、多因次的复杂问题。目前，宏观尺度的模拟与测试并不能完全揭示海洋环境腐蚀的机理，亦难以准确预测实际腐蚀过程。要解决海洋腐蚀过程的机理性问题，必须借助相应的多尺度方法。该领域未来发展方向主要有两方面内容：

其一，机理导向的研究思路。结合流体力学、分子模拟、量化计算等宏 / 微观理论方法，以及服役条件下的原位监测、动态表征等现代分析测试技术，建立对应的多尺度模型，完善对其多尺度机理的认识。

其二，预测导向的研究思路。通过基于实际腐蚀数据、高通量实验和高通量计算的大数据机器学习方法，绕开复杂机理的分析，以数据作为驱动，直接对服役条件下的腐蚀过程进行预测。

海洋腐蚀是一个多尺度、多因次耦合的复杂过程。目前对该体系的研究主要停留在单一的尺度范围，因而难以对其机理进行正确的阐释，亦难以对实际腐蚀过程进行准确的预测。多尺度建模和大数据分析相结合的方法是解决该问题的重要途径，亦是该领域未来发展的重要方向。

4.9.3 海洋涂层功能设计与工艺

4.9.3.1 发展现状与挑战

海洋是人类资源和能源的保障，是国家利益和安全的重地。在海洋工业和海事活动中，海洋装备与设施不可避免地面临海洋腐蚀与污损的问题。海洋腐蚀与污损会降低海洋装备使用寿命，增加船舶航行阻力，堵塞核电站冷热交换管道，影响海洋养殖业，严重影响海洋工业及其它海事活动。涂覆防腐或防污材料是最简洁、经济和有效的方法。海洋防腐涂层将向绿色环保、节约资源、低表面处理、高性能的方向发展，主要集中在绿色环保型防腐涂层（生物基树脂、新型无公害防锈颜填料、水性或无溶剂涂料、低表面处理涂料）、智能防腐涂层（自修复涂层、多功能涂料）等领域。近年来，研究较为深入、应用相对广泛的新型防污材料包括无锡自抛光涂料[575]、仿生微结构表面防污涂料[573]、低表面能可脱附型防污涂料[574]、动态表面防污涂料[575, 576]、污损阻抗型材料[577]等，未来的发展趋势是构建绿色无毒、长效防污，且对于不同海域、不同生物均有广谱抗污活性的涂层。

4.9.3.2 关键科学问题

① 关键科学问题 1：绿色环保、高性能海洋防腐涂层设计与制备工艺。

海洋防腐涂层是由涂料借助特定的施工方法涂覆到海洋工程结构物表面，经干燥固化形成的连续性涂膜。海洋防腐涂层用于保护海洋环境中结构设施免受各类腐蚀破坏，以获得长期使用寿命。涂料的基本组成可包括成膜物质、颜料及填料、分散介质和助剂等成分。按涂料中主要成膜物质进行分类，防腐涂料可分为环氧树脂防腐涂料、聚氨酯防腐涂料、酚醛树脂防腐涂料、橡胶防腐涂料等。防腐涂料中采用的颜填料主要包括铅系、铬酸盐、锌粉、固体鳞片、有机铬和磷酸盐等。防腐涂层的防腐机理首先是涂膜的存在起到屏障作用；惰性颜料因封闭涂层内部的微孔通道而使得涂层的屏蔽性能增加；锌粉的存在可以形成局部阳极，对金属起到电化学保护作用；铬酸盐填料主要是能够对金属起到钝化作用；铅盐填料在油性树脂脂肪酸的作用下可生成缓蚀剂 [578]。海洋防腐涂层将向绿色环保、节约资源、低表面处理、高性能的方向发展，其中的技术问题有: a．油改水之后，如何降低水性涂层中亲水基团含量以提高防腐蚀性能; b．防锈颜填料的设计开发、分散及效果评价; c．长效自修复涂层的设计; d．如何设计高附着低表面处理涂层; e．如何设计多功能一体化长效免维护防腐涂层。

② 关键科学问题 2：长效、静态、广谱性海洋防污涂层设计与制备。

目前的防污涂层材料寿命较短，一般服役数月或数年后，或需要重新涂刷，或需要重新清洗，增加了维护的成本，降低了舰船及水工装备的有效服役时间。因此，解决防污涂层的长效性问题至关重要。现有防污涂层材料大多在动态条件下具有很好的防污功效（如低表面能涂层、自抛光涂层等），而在静态环境中防污效果难以满足实际应用需求。因此，该缺陷成为防污涂层的关键科学问题。目前研究较为充分、机理较为明确的防污涂层多针对某些具体可知的生物而设计制备，而在实际服役过程中，这类材料难以抵御复杂的生物种群及泥沙等非生物物质的黏附，加之不同的水域环境中的温度、湿度、盐度、光照的影响而造成生物的种类及多样性极为复杂，因此设计制备具有广谱性的防污涂层材料是目前需要解决的关键科学问题。低模量表面被认为是解决大型污损生物附着的重要手段，而通常低模量表面的力学性能较差，如何优化涂层的分子结构以实现低模量高强度涂层是本领域的重要科学问题。防污涂层既要避免生物与污染物的附着，又要与基底保持良好的结合力，因此涂层与基底界面相互作用的设计至关重要。

4.9.3.3 主要研究进展及成果

（1）海洋防腐涂层

① 二维片状纳米材料增强海洋防腐涂层。石墨烯、六方氮化硼、过渡金属二硫化物等二维纳米材料被用于有机涂层的改性，它的加入使涂层的防护性能有了一定的提升。其原理主要是利用石墨烯的化学惰性和阻隔性能来延长涂层中腐蚀介质的渗透路径。石墨烯在涂层中应用的一个关键问题是分散性问题，当前大部分研究集中在通过在石墨烯表面引入其它官能团以提高在涂层基体中的分散性。已有研究证明石墨烯可用于提高环氧树脂、聚氨酯、聚苯胺和醇酸树脂等体系的防护性能 [579, 580]；六方氮化硼能够提升有机涂层的防护性能、导热性能和耐磨性能，在有机涂层防腐方面具有广阔的应用前景；二维过渡金属二硫化物（MX_2）的性质与石墨烯类似，有些性能优于

石墨烯，研究表明单层的 MX_2 具有优异的机械性能和良好的导热性能，MX_2 材料的加入能够改善涂层的机械性能、热稳定性、气密性等性能[581-583]。

② 自修复涂层。自修复涂层能够通过对涂层表面或内部损伤作出感应和响应，在不影响涂层体系整体性能的条件下对损伤进行修复，可以保障涂层更可靠、安全、耐用，从而大幅降低维护维修的费用。自修复涂层技术主要分为本征型和外援型两种。目前外援型自修复主要通过微胶囊、微脉管等微纳米容器包覆修复剂，利用热、光或机械外力等引发容器破裂，导致内部修复剂流出，并修复微裂纹。修复体系需根据不同的涂层体系和使用条件进行选择。目前在涂层上应用最多的外援型自修复技术仍是微胶囊，其它技术在涂层上难以实际应用。

本征型自修复涂层根据化学反应类型不同，主要可分为可逆共价键自修复和可逆非共价键自修复两大类，其自修复机理主要是通过聚合物材料内部本身具有的可逆化学反应的分子结构或大分子扩散来实现。对于可逆共价键，可逆反应应用于自修复涂层的主要包括狄尔斯 - 阿尔德（Diels-Alder，DA）反应、烯烃络合物分解反应和二硫键交换反应[584, 585]。基于可逆非共价键的自修复，主要利用的是聚合物链的柔韧性和移动性，通过在表面缺陷处的官能团之间形成可逆非共价键来提高损伤修复率。应用于自修复的可逆非共价键主要包括四种类型：氢键、π-π 堆积相互作用、离子相互作用和配体配位[586-589]。

③ 水性涂料。近年来，在国际社会的积极倡导下，环境保护越来越受到各国的重视。溶剂型有机涂料在施工和固化的过程中，会挥发有机溶剂，对环境造成污染。为解决有机溶剂带来的环境污染问题，近年来，水性涂料受到越来越多的关注。水性涂料是指用水作介质或分散剂的涂料，其生产和施工过程对人体及环境的危害较小，符合国际广泛关注的绿色环保要求。目前水性防腐涂层主要包括水性环氧、水性聚氨酯、水性丙烯酸和水性无机富锌等[590]。水性涂料的制备方法是根据基体树脂的性质不同，通过在树脂分子中引入亲水性基团，或采用乳化剂将树脂单体分散到水中制得乳液。总体来看，与溶剂型涂层相比，水性涂料的防护寿命较低，当前研究主要集中在通过各种方法对其进行改性或对乳液进行杂化。今后，如何提升水性涂料的防护寿命以及解决涂层制备过程中易产生缺陷的问题将是研究开发的重点。

（2）海洋防污涂层

① 基于环保防污剂的防污涂层：为了解决传统防污剂涂层中的防污剂分解难以控制、容易造成生物体变异、破坏生态平衡的问题，对新型环保防污涂层展开了较为深入的研究。其中，基于天然防污剂[591]或人工合成防污剂[592]的防污涂层在实海中展现出一定的防污效果。例如，人工合成的丁烯酸内酯类防污剂是通过对海洋链霉菌代谢物的化学结构改造而来[593]。该类防污剂在海洋中半衰期短、易降解，释放于海水后能很快分解或降解为无毒化合物，不在生物体内产生积累，因而可达到环境保护的要求。

② 液体灌注型防污涂层：液体灌注型涂层是最早由哈佛大学 Aizenberg 教授课题组提出的，通过将非极性润滑剂灌注于多孔或粗糙结构所形成的固 - 液复合表面[594]。此外，润滑剂灌注的油凝胶材料也被认为是类液体灌注表面。液体灌注型涂层在防污

表面表现出优异的性能，对微生物及藤壶、贻贝等大型污损生物均具有优异的防污性质。以贻贝为例，液体灌注型涂层的低模量液体表面使贻贝腹足无法感受到压力进而抑制黏附蛋白的分泌过程，即使分泌黏附蛋白，流动的液体表面也使得稳定的黏附难以形成[595]。液体灌注型防污涂层的主要问题在于表面液层易于流失，解决这一问题的有效方法之一是构建具有自补充能力的液体灌注型涂层。

③ 污损阻抗型涂层：抗蛋白吸附性能优异的高分子刷或水凝胶涂层材料有望从源头上抑制生物污损。这类材料通常具有很好的亲水性，与水环境接触时表面会形成一层水化层，界面能低，因而污损附着时所需要跨越的能垒更高[596]。例如，海虹老人公司的 HempaGuard——水凝胶硅酮技术涂层在静态下能达到 120 天的无污损状态，坞修间隔可长达 90 个月，无最低航速要求，且无活动性要求。但单纯使用这类材料在海洋中的防污能力有限，由于海洋环境的复杂性和污损生物的多样性，其抗污的广谱性差，对一些大型海洋污损生物没有效果。此外，海洋中存在着大量的海泥、生物腐烂物，一旦覆盖了材料表面，就会导致防污性失效[597]。

④ 长效降解涂层：降解涂层主要包括侧链降解的无锡自抛光涂层[598]和主链降解的动态防污涂层[599]。其中，无锡自抛光涂层的侧链基团会因接触环境而发生水解，造成树脂材料因亲水性变化而溶于水，进而达到污损生物脱出的目的；动态防污涂层通过使用主链可降解的树脂分子，通过主链的降解使表面不断自更新而达到防污目的，同时由于降解产物为无毒的小分子，可避免海洋塑料污染。

4.9.3.4 未来发展方向与展望

海洋防腐与防污涂料是防治海洋生物腐蚀与污损行之有效的策略。鉴于目前的发展现状，开发绿色、环保、智能海洋防腐涂层和环境友好、高效广谱的海洋防污涂层很可能成为未来发展的重要方向，进而有望构筑行之有效的海洋防腐防污体系。

(1) 绿色、环保、智能海洋防腐涂层

为了提高涂层的环保性能，各种绿色涂料不断被研发，水性、高固体、辐射固化、粉末涂料等市场占有率不断提升，这些涂料是未来的发展方向。开发环保低毒型防锈颜填料也是今后的重点方向之一，如三聚磷酸铝、四氧化锰等。开发转化型、渗透型、稳定型和功能型的低表面处理的涂料成为研究的热点。未来自修复涂层发展的趋势在于采用新型技术提高对尺寸较大裂纹的修复能力；采用多技术联合应用提高修复效率；借助自然界能源开发高效能源利用材料，并应用到自修复涂层中，减少或取消修复过程中的人为干预。由单一功能的涂层逐渐向多功能一体化涂层发展，如导电、隔热、防腐、防污、耐候等两种或多种功能的一体化涂层。

(2) 环保、智能、高效广谱海洋防污涂层

鉴于国内外日益严苛的环境需求，环保防污涂料将成为未来防污涂料的研究应用主流。智能高分子已经在医学、石油行业等诸多领域发挥作用。然而，基于智能高分子的防污涂层尚未有研究报道。这类涂层理论上可以降低材料的成本，提高材料的防污效果，延长材料的使用寿命。因此，这类材料有望成为未来的发展方向。目前报道的防污涂层大多防污效果一般，且广谱性较差，难以有效地实际应用。因此，高效广

谱防污涂层将是未来研究发展的主流方向。

4.9.4 深海常规与非常规能源开采与流动安全

4.9.4.1 发展现状与挑战

在不同类型（陆上、浅海、深海）油气开发工程实践中，有着一个共同的主题，就是流动安全保障（flow assurance）。而随着勘探开采和油气输运逐步迈向深水区，如何确保从上游（upstream）油气田开采出的石油和天然气在经历数百甚至上千公里的海底管线时，能够在苛刻而复杂的工况下正常输运，到达下游（downstream）分离纯化以进入化工应用市场，已经成为一个越来越棘手也越来越重要的科学与工程研究方向，直接关系到国家能源安全、经济命脉和人民生活。

石油、天然气作为化石能源，在能源领域一直有着独特的地位，石油化工对人类经济、民生方方面面的活动有着举足轻重的影响。一个多世纪以来，世界油气工业经历了一系列的重大进程，从无到有、从陆上到海洋、从直井到复杂结构井、从常规油气资源到非常规油气资源等。这些发展对勘探发现、开发方向、化工科技、工程技术、供需格局、世界经济等多方面都带来了深刻影响。而尤其需要注意的是，全球海域石油、天然气的勘探与开采及相关工程技术的研发需求和进展呈现出蓬勃向上的趋势。自 20 世纪 90 年代至今，世界油气产量当中海域原油和天然气占比一直在持续上升，从最初几乎为零到目前占据全球油气产量接近三分之一。与此同时，在海洋油气领域，随着勘探和开采技术的不断进步，越来越多的油气生产和输运正从 100 ～ 500 米水深的大陆架不断向超过 1000 米的深海（深水区）进发。全球五大深海油气富集区分别在巴西海域、墨西哥湾、西非近海、澳大利亚西北大陆架和挪威巴伦支海域。

近年来，科学工程领域的研究人员一直致力于解决石油和天然气在经历海底管线时能够在复杂工况下正常输运的棘手问题，尤其在深海开采及相关工艺装备面临更高安全要求的情况下。流动安全保障研究领域的范围也随之得到了很大的拓展，目前已经涵盖了与地层评估及油气田全寿命规划相匹配的热力学 - 水动力学的整体设计，对管道多相流生产和输运系统的评估，以及对于不同工况下天然气水合物堵塞、金属管壁蜡与沥青质沉积、腐蚀、结垢、多相流乳化、起泡和严重的管道段塞等典型流动问题的预测、预防和补救[600]。此外，能源开采及管道输运装备的安全性保障也不可忽视。这些是本领域所面临的主要的技术、设计与安全挑战。

4.9.4.2 关键科学问题

本领域的关键科学问题主要有三个，也对应了三个重要的科学工程设计与研发方向。

① 何时应用流动安全保障？这就要求科学工程人员对油气管道输运及时准确地作出评估，对流动安全保障措施所介入的阶段、程度、具体措施及效果、可能出现的问题和应对策略均有整体性、系统性的把握。

② 如何开展工程设计与多元评估？具体内容包括但不限于阻碍流体流动的各类固体沉积物如水合物、蜡、沥青质、水垢、沙子，损伤管壁造成运行风险的因素如腐蚀，

原油组分及乳液化趋势，以及油田化学试剂的相互兼容性问题等。

③ 如何进行流动安全相关的风险管理？包括管道输运不同阶段风险的定义与缓解策略、操作流程与可操作性、装备安全性与可靠性的提升、系统性能的优化以及实时监控等。

围绕这三个方面可牵涉与关联出深海能源开采流动安全保障这一实践领域当中的一系列关键科学与工程问题。接下来也从这三方面来谈谈当前的研究进展和未来发展方向等。

4.9.4.3 主要研究进展及成果

流动安全保障通常应用于项目设计和 / 或运营支持阶段[601]。

在项目设计阶段，工程技术人员会评估不同技术手段的组合，实现可靠且经济地从地下储层中开采石油和天然气。此类技术手段包括一系列从被动绝热（passive insulation，使采出流体的温度尽可能接近原储层）等简单手段到使用海底过程处理设备将流体在海底分离并泵送到目的地的复杂技术工艺。海底加工是一种新兴技术，可处理海床或海底以下的采出液以提高采收率，包括多相泵送、海底分离、气体压缩和海水注入。

在运营支持阶段，工程人员则可以通过调整人工举升（artificial lifting）的性能，优化采出液通过输油管网络的输送路线，以及解决储层、井、输油管的阻塞或涌流问题等，优化油气生产的经济性。此类任务包括但不局限于以下几方面：

① 监控生产系统且使用系统数据优化流动安全保障模型；

② 系统巡查流动安全保障状况来检查阻塞；

③ 维修维护管道设备；

④ 启动生产井时测量温度绝缘性能；

⑤ 监控井内化学注入的性能及残留物；

⑥ 封井时测量冷却温度绝缘性能；

⑦ 验证井下及管道内石油化学化工产品性能；

⑧ 检测与管理化学与材料不兼容性。

接下来，如何开展工程设计与多元评估则是重中之重。流动安全保障分析是一种工程分析过程，用于确保在任何环境下的项目生命周期内烃类流体可以从储层安全经济地传输到最终用户。流动安全保障分析是海底油气系统设计和运行中公认的关键部分。挑战主要集中在预防和控制可能阻止流体流动的固体沉积物上，所关注的固体通常是水合物、蜡和沥青质。取决于要生产的烃类流体的特性，在流动安全保障过程中还要考虑腐蚀、水垢沉积和沙子。近年来，在涉及长距离和深水的海底油田开发中，由于低温、高静水压力和长距离管线的经济成本等因素，流动安全保障显得越发困难。对于天然气系统与石油系统，海底系统中固体沉积问题的解决方案是不同的。严格来讲，只有当生产系统能够从储层向终端持续产出可靠、可管理且盈利的石油、天然气时，才可以说其流动安全保障策略和实践是成功的[602]。

大部分流动安全保障的设计与分析，应在更早的针对海底油气开发系统的整体工程设计（FEED）之前或当中进行。每个项目的要求是不同的，因此对于流动安全保障问题，需要使用适用于该项目的特定策略。但是，在过去的几十年中，流动安全保障过程本身已经变得标准化。与流动安全保障流程相关的主要问题包括流体表征和流动特性评估、稳态的水力和热力性能分析、瞬态的水力和热力性能分析、流动安全保障问题的系统设计和操作策略[603]。

在流体表征和流动特性评估方面，除需要了解常见的PVT测量外，流体样本还用于特定的流动安全保障测试与效能评估。例如，对于蜡沉积的评估，通常会进行诸如蜡点（wat appearance temperature，WAT）、剪切速率、倾点（pore point）、分子量和总酸值（TAN）之类的测量。对于沥青质分析，将进行沥青质滴定以评估沥青质的稳定性。对于水合物堵塞风险评估，通常使用软件对储层流体的水合物曲线进行建模，并通过实验研究来确定模型[604]。

此外，还必须测试原油的起泡趋势和乳液形成趋势，需要评估泵注和人工举升设备产生的剪切力如何影响水油乳液的稳定性。特别对于深海条件下，还需要以0%～100%的含水率测量油水乳液黏度。现有公共乳液黏度模型并不能通用，并且不同的油很可能会形成具有完全不同流变特性的乳液。因此，在实验室测量乳液黏度很重要。油水乳液黏度的测量成本高，只有少数实验室可以进行测试。同时也有针对水样进行腐蚀和水垢分析的化学筛选测试。

另外一个值得关注的科研与工程问题是，虽然工业实践中为了提升效率会同时往管线中泵注大量的水合物抑制剂、阻垢剂、管道缓蚀剂等一系列石油化工类产品，但这些试剂相互之间并不总是相互兼容的。相反，同时泵注不同类型的流动安全保障类试剂往往会造成彼此效能的下降，从而间接导致了高昂的额外工业成本。例如，水合物动力学抑制剂（KHI）[605]常与管道缓蚀剂（CI）同时使用而不能兼容。英国国家石油公司BP发现，缓蚀剂会降低水合物抑制剂的性能。过冷度在8℃左右时，三种金属管道缓蚀剂的加入会导致水合物生成的诱导时间分别缩短67.5%、86%、91%。这表明CI对于KHI的性能有显著破坏作用。增大KHI的注入速率来减少效能损失并不是经济有效的解决路径，针对深海环境开发两者的高效配伍或双效配方以实现兼容与功效最大化才是本领域亟待解决的重大问题和学科发展方向。未来将有更多科研机构与公司参与到这个领域的研发当中，以期降低工业成本、领先技术与专利市场。新型多功能抑制剂的兼容或复合效能配方的研发，如果具备直接的工业应用和市场转化价值，将能够显著降低工业生产成本，提升经济性和管道多相流输运的整体安全保障。在这个领域当中，科研和工程人员可以同步实验研究和基于分子模拟的科学机制研究。对于后者，超级计算机或将成为辅助探索分子机理的工具。

在开展工程设计与多元评估之后，则需要对流动安全进行谨慎的风险管理。对于一个新建的深海管道项目，其流动安全的风险管理通常会在不同的项目工程和设计阶段执行，如前所述，将涵盖项目设计和运营阶段。在项目阶段定义的流动安全保障风险越好，可能遇到的运营问题就越少。同样，越早发现流动安全保障的风险，就能越早评估它们对项目经济和管道系统设计的影响。可以从以下六个阶段来考虑管道的流动安全保障风险管理：①评估风险；②定义缓解策略；③定义流动可操作性；④确定操作流程；⑤优化系统性能；⑥实时监控。下面对流动安全保障风险管理的每个阶段进行简要说明。

第一阶段：评估流动安全保障风险。在第一阶段中，往往通过海上钻井平台上采集得到的油藏流体的样品来分析评估流动安全保障风险，这是流动安全保障管理中最关键阶段之一。无论实验室的测量和解释有多精确，如果流体不能代表实际的生产流体，都可能得出错误的结论。应当考虑哪些测试对于正确评估流体的流变特性和设计管道系统的目标是不可或缺的。所评估的任何不正确的流体特性都可能导致现场工程实践中出现不合适的流动安全保障缓解策略，将油气输运管道系统暴露在严重的运行风险之下。

除了油藏流体采样外，原位水采样对确定流动安全保障风险也非常关键，而水采样执行起来会比较困难。例如，对管道水合物拥堵风险、腐蚀预测和结垢趋势的分析取决于石油或天然气生产伴生水的盐度和组成的评估。但是，如果勘探井从未到达含水层区或者水样已被钻探泥浆污染，则可能没有可用于评估的水样。另一个问题是，许多油田开始生产时最初几乎没有伴生的水，但是随着油气田的老化和生产周期的推进，水含量会逐渐增加。在这种情况下，流动安全保障专家可能经常需要参考附近油层或邻近已开采的油层中采集的样品来对水样的盐度和组成做出相对比较一致的评估。这些潜在的水采样问题都可能导致所制定的流动安全保障策略具有一定程度的不确定性。

第二阶段：定义流动安全保障缓解策略。在此阶段中，需要研究如何减轻和消除所检测到的全部流动安全保障风险，并为其制定高标准的对治策略。策略应在充分了解管道运行模式和问题的基础上来制定。对治策略的细节与管道系统的配置密切相关。管道系统配置将决定必须采取多少种不同手段来减轻流动安全保障风险，降低流动安全保障风险的关键诉求将反过来推动管道系统配置的研发。例如，如果系统配置由单流线或双流线组成，则必须分别开发不同的水合物防治策略。如果需要使用化学抑制剂来减轻水合物的风险，则可能需要在管道系统中使用一条单独的附加管线或一条泵注管线来泵入化学抑制剂。

第三阶段：定义流体流动可操作性。可操作性是一组设计规定和操作策略，可确保在整个油气田开发运行周期中所有可能的操作条件下都可以启动、操作和关闭管道系统。可操作性是流动安全保障 / 管道系统设计过程所固有和内化的特性。实际上，在定义了第二阶段的流动安全保障缓解策略后，良好的操作程序（比如系统多相流的动态建模）将能够辅助管线系统在规定范围内以最小的流动安全保障风险运行。对多相流环路，无论是实验室搭建的小规模环路，还是原位的工业环路，都可以尝试建立内部流体流型的动态建模，并运用模型和实验数据的相互契合来提升对环路内部流体在不同工况下流动安全的预测精度。作为反馈，工程技术人员即可为工业实践制定相应的防治策略。如果有足够大量的数据来训练模型，那么可以进一步完善和优化现有的流动安全保障类工业软件例如 OLGA 和 PVTSim，或者培育中国本土的油气输运安全保障领域的应用软件。

第四阶段：确定管道操作流程。在这个阶段，出于各种原因（例如，不同的供

应商，不同的材料和/或不同的属性），管道系统等装备与组件的原始设计（例如，管线连接器，绝热系统，各种接头和阀门等）可能不得不更改。此外，即使选定的装备与系统组件没变，实际制造出的零件可能也会具有与设计零件所不同的热工和液压特性。因此，流动安全保障策略和操作程序应作出相应调整。在此阶段结束时，流动安全保障策略和管道操作程序将最终确定，并用于管线系统的调试、启动和日常运行。

第五阶段：优化系统性能。在此阶段根据管道系统实际记录的性能数据来修改和优化流程。此类数据的分析可辅助工程技术人员确定需求，从而对管道系统进行有益的调整以优化整体性能。

第六阶段：实时流动安全保障监控。在大多数情况下，由于不可预测的系统装备与组件故障、不合适的操作条件、某些情况下的操作流程错误或实时操作中可能发生的操作员故障/人为错误，无法完全消除流动安全保障问题。因此，需要最大限度地减少此类故障的发生和影响。在这方面，实时流动安全保障监控系统可以提供最佳的管理模式。连续监测管道的运行状况，这样任何可能出现的反常数据都将表明有潜在的堵塞发生。例如，在正常运行模式下突然出现不稳定的压力波动，通常意味着水合物形成或者管壁蜡沉积。

实际上，可以在管道系统的整个生命周期中快速、连续地提供实时可靠的数据，并将其绑定到一个仿真程序中，对数据进行及时的分析和建模。当发生过程中断或操作异常时，该程序可以预测最有可能发生问题的位置并建议最佳的纠正措施。此功能可以更快地发现和诊断问题，从而减少多相流生产过程中的潜在额外成本，并显著降低由于不受监控的管道发生故障而造成的环境灾难风险[606]。

4.9.4.4 未来发展方向与展望

对于无论是深海常规还是非常规能源的开采与管道输运，流动安全保障的重要性都不言而喻。本领域未来的主要发展方向依然集中在上游设计与风险评估、中游装备安全与监控、下游不同工况下流动安全保障工程与化工措施的施行与优化。未来有望实现油气田上中下游的一体化设计模式、流动安全大数据管理与分析、面向深水区开采的装备与安全管理策略的升级。相关科学工程领域的研发人员应当时时围绕流动安全保障所应用的时间点与管道段来开展工程设计与多元评估，并布置具有针对性的流动安全相关的风险管理，以期最大限度地保障全管段的油气多相流输运，保障能源安全和经济利益。

4.9.5 海洋化工装备服役大数据和全寿命期管理

4.9.5.1 发展现状与挑战

随着我国“一带一路”和“海洋战略”的推进实施，海洋化工装备多海域服役与高可靠运行的需求日益迫切，其中，高端海洋化工装备的在役健康监测与智能诊断是关键，也是全寿命期管理的基础。“一带一路”海上丝绸之路沿线国家的地理环境变化多样，横跨亚欧非大陆及附近海洋甚至极地，腐蚀老化失效是制约“一带一路”建设中海洋化工装备服役安全的关键技术瓶颈。海洋工况环境复杂多变，海洋化工装备常年运行在高温、高湿、高盐、高流速的严苛环境中，对海盐化工、海水化工、海藻化工等直接从海水中提取物质作为原料进行一次加工产品生产的装备要求极高。已有研究表明，腐蚀是造成海洋装备重大经济损失、人员伤亡和环境灾难的主要因素之一。

为保障装备的长期稳定运行，化工装备的全寿命期管理需要依托和强化数据科学的应用，无论是海洋化工装备相关的腐蚀机理与规律研究、测试方法确定、工业标准制定，还是腐蚀事故处理，都与腐蚀数据以及与腐蚀相关的环境数据密切相关。鉴于装备用材料腐蚀过程及其与环境作用的复杂性，传统片断化的腐蚀数据已经不能适应制造业和社会基础建设快速发展的需要。2015 年 11 月的 *Nature* 杂志上，北京科技大学腐蚀与防护中心国家材料环境腐蚀平台李晓刚教授团队提出了“腐蚀大数据”的概念，并围绕这一概念，阐述处理“腐蚀大数据”理论与技术层面的关键问题，从而建立腐蚀信息学和腐蚀基因组工程。

本领域存在的挑战主要包括：腐蚀数据的高通量采集与实时监测、面对复杂服役环境下材料的腐蚀模型搭建与分析、材料服役大数据标准化平台的建立、如何通过多尺度计算与人工智能技术对腐蚀行为进行模拟与预测。

4.9.5.2 关键科学问题

① 关键科学问题 1：腐蚀大数据的监测与共享。结合传统的材料腐蚀研究方法，运用高通量的数据进行材料大气腐蚀规律与机理的分析研究，未来有望实现海洋化工装备服役大数据的建模与全寿命周期管理应用，重点研究发展高通量在线腐蚀监测装置，在若干个海洋化工工程前线站点开展腐蚀大数据采集，形成可实时获取海量腐蚀及环境数据的新型海洋化工装备服役大数据和全寿命期管理平台，形成具有“大数据”特质的腐蚀数据共享网资源。

② 关键科学问题 2：腐蚀集成计算辅助安全诊断和寿命评估。在工程应用中，材料受自身成分结构、复杂海洋环境、服役时间等影响，其腐蚀行为难以准确评估。为了获得更完善和更准确的结果，必须采用先进的计算机技术进行腐蚀模型的建立和计算数据的分析。

③ 关键科学问题 3：跨尺度计算方法对装备全寿命管理的应用。材料的跨尺度计算涵盖了从原子尺度到分子尺度的模型，可以实现从钝化膜、点缺陷到点蚀、裂纹的计算模拟。常用的计算工具包括第一性原理计算方法、分子动力学、蒙特卡洛、元胞自动机、有限元方法、相场法，如何利用不同计算方法并实现各种模型之间传输数据是关键科学问题之一。

4.9.5.3 主要研究进展及成果

（1）在线监测技术及大数据共享平台

在线监测技术手段的发展为化工等重大装备的状态监测和智能诊断提供了重要支撑，在“大数据”和“材料基因组工程”等科技发展背景下，我国目前已经开展了基于高通量在线监测技术的材料大气腐蚀数据积累，建立了“腐蚀大数据中心”，并将相关的大气腐蚀数据建构在“中国腐蚀与防护网”这一平台上。北京科技大学借助计算

机技术构建了具有“大数据”挖掘与分析功能的数据共享平台 [607, 608]，中科院沈阳金属研究所开发了原位监测干湿交替环境下的低碳钢腐蚀速率数据采集模型 [609, 610]，厦门大学建立了混凝土结构中钢筋腐蚀的多功能在线监测模型 [611]，华中科技大学开发了计算机控制的腐蚀电化学测量和数据处理系统 [612]，天津大学制造了一种在线监测金属大气腐蚀的电化学传感器 [613]，北京化工大学研发了局部腐蚀失效专家系统并对力作用下腐蚀失效的可能性进行了有效评估 [614]。

（2）腐蚀集成计算的应用

海洋化工装备全寿命周期管理中，需要进一步推动建模、计算和模拟方法的发展，在安全诊断和寿命评估中发挥智能预警和辅助决策的作用 [615]，其中腐蚀集成计算方法是装备材料损伤诊断的重要依据和研究内容。腐蚀，因其发生的复杂性被认为是材料计算中最具挑战性的问题之一 [616]，腐蚀反应及其造成的影响很大程度上取决于基体金属或合金的成分和结构 [617, 618]、服役载荷 [619]、环境参数 [610]、界面环境 [621] 等。在这些因素的影响下，腐蚀表现出随时间而变化的特点。为了获得更完善和更准确的结果，必须采用先进的计算机技术进行腐蚀模型的建立和计算数据的分析，而这种技术已经得到了迅速的发展 [622]。

近年来，可用于金属和涂层腐蚀研究的具有跨学科特色的计算案例数量激增 [623]。许多新的软件或网络基础设施可适用于从纳米尺度（吸附单层或钝化膜）到微米尺度（点蚀或裂纹）的快速、大规模计算的 ICME 和高通量技术。Questeck、Materials Project、AFlow、MatNavi、Open Quantum Materials Database 等软件可以计算 E-pH 图、功函数值或带隙数据，为创新材料的组成和结构提供了步骤和流程工具 [624-626]，相关计算方法的研究热度上升趋势明显。

腐蚀学中有三个主要方向可以通过计算和实验的耦合来展开 [627]。首先，在很多情况下进行多尺度计算是很困难的，因为作为关联缩放层次的输入值模型的输出参数可能会不合逻辑或不合适，这也是材料基因工程讨论上述各种模型之间传输数据时特别重要的部分。因此，考虑热力学和动力学参数要从物理和化学的角度出发，评估它们是否具有合理的含义和标准数据的支持。其次，由于腐蚀会不均匀地发生在金属 / 环境界面上，反应物和产物在局部区域呈各向异性分布，表面吸附和扩散控制平行方向的行为，电场和浓度差在垂直于基体表面的方向上起主要作用 [628]。与块体材料的研究方法相比，更具挑战性的是捕捉单层或氧化膜动态变化的实验，因为单层或氧化膜只有几十到几百纳米，这显著增加了实验难度 [629]。但是，它是一个很好的理论建模和模拟对象，理论计算的方法能够在微观尺度上很好地解决上述问题 [630]。最后，在工程应用中，如海洋化工装备，往往很难在不断变化的环境中对材料的腐蚀行为进行评估，而且对已获得的室外暴露试验的短时间或小取样数据的使用也是一个问题，这对腐蚀大数据的监测、检测和计算机辅助评估提出了明确的要求 [631]。特别是考虑到信息技术的蓬勃发展，仍然可以从实验观察中获得重要的理论发现，并且通常可以进行全面和预测性的描述 [632]。此外，还可以利用人工智能（artificial intelligence，AI）技术对上述研究分支产生的数据进行进一步分析和挖掘，从而更快地开发出耐腐蚀性更好的新材料 [633]。

腐蚀集成计算是基于工作站或超级计算中心研究材料失效问题的一套技术。在研究腐蚀机理时，研究人员可以根据需要选择不同的计算方法。纳米级尺寸的钝化膜在金属材料的腐蚀行为中起着重要作用，为了研究钝化膜的分解和再钝化，需要进行第一性原理计算（包括从头算和密度泛函理论）。第一性原理计算利用周期性条件来构造表面或界面结构，其模型的尺寸可以达到几纳米到几十纳米。通过第一性原理计算得到原子价变化和最稳定的结构来预估钝化膜的稳定性 [634]。基于量子力学的第一性原理计算精度高，但同时也会消耗大量的计算资源，从而导致计算规模变小。而分子动力学或蒙特卡洛方法的模拟尺度能达到几十纳米甚至微米，对于研究聚合物在材料表面的吸附具有很大的优势，在位错分布和相变方面也有应用 [635]。对于晶粒类型、点蚀萌生和裂纹扩展等更大尺度的腐蚀问题，有限元法和相场法更为适用。有限元法通过设置不同的网格属性来模拟相关问题。这些方法不仅计算精度高，而且能适应微米级以上复杂形状的计算，更符合海洋化工装备的体系需求 [636]。

为找到腐蚀概念与计算方法之间的逻辑线索和关系，运用 CiteSpace 对 1950 ～ 2020 年 Web of Science(WOS) 中的文献进行分析 [637]，揭示了不同研究问题的研究重点和研究方法。四大类研究内容是前期工作的重点，包括：蒙特卡洛法研究耐候钢的大气腐蚀；量子化学和分子结构计算研究腐蚀发生机理；第一性原理计算方法的从头算研究金属离子氧化和溶解；分子动力学研究裂纹的横向尺度断裂。表 4-7 总结了有关腐蚀的计算和实验测试的更多信息。

表 4-7 腐蚀科学与工程的腐蚀行为、特征参数、计算软件和实验方法

腐蚀行为	特征参数	计算软件	实验方法
Pourbaix 图	自由能 化学势	VASP， Pwmat[638]， Materials Project	恒电位法
阳极溶解	功函数 吸附 形成能	VASP[639]， PWmat，CASTEP	SKPFM，极化曲线
钝化	半导体特性 点缺陷	VASP，Pwmat[640]，CASTEP	光电化学方法，Mott-Schottky 测试
点蚀	暂态电流、点蚀坑半径、点蚀坑的相互作用	元胞自动机 [641]， 蒙特卡洛 [642]	亚稳态点蚀曲线，表面分析
氢致开裂	内聚能、裂纹、晶界结合能、变形 氢扩散	LAMMPS[643]，VASP[644]， 相场法 [645]	充氢
应力腐蚀开裂	溶解过程、扩散、裂纹、吸附、原子键	相场法 [646]，VASP[647]，蒙特卡洛 [648]， LAMMPS[649]	原位应力腐蚀实验，电化学噪声
缓蚀剂	吸附、化学键	蒙特卡洛 [650]，LAMMPS，高斯	浸泡，交流阻抗谱
涂层	结合能、化学键、附着力	LAMMPS[651]，VASP，蒙特卡洛 [652]	附着力拉拔试验，盐雾试验，交流阻抗谱
阴极保护	阳极输出电流、电位分布	BEASY[653]，COMSOL[654]， ANSYS[655]，MATLAB	Feed Experiment

4.9.5.4 未来发展方向与展望

通过腐蚀集成计算来明确海洋化工装备的腐蚀机理并评估其安全性，还有很长的路要走。在未来的服役大数据采集和全生命周期管理过程中，需要结合实际工程服役环境，拓展与提高海洋化工装备结构安全性和服役寿命评估模型的适用范围与精度，需要与更多物理学家、数学家和计算机专家协作，来开发更加完善和高可靠性的多尺度腐蚀计算体系。建立高效的海洋化工装备大数据采集与智能评估的数字化平台是未来的发展方向，其中包括数据收集、模型建立和计算工具。进一步的跨平台开源工作和多团队合作，将有助于计算机技术在化工装备服役安全领域中的应用和服务。

参考文献

[1] 刘振宇. 煤快速热解制油技术问题的化学反应工程根源:逆向传热与传质[J]. 化工学报, 2016, 67(1): 1-5.

[2] Guo X, Liu Z, Liu Q, Shi L. Modeling of kraft lignin pyrolysis based on bond dissociation and fragments coupling[J]. Fuel Processing Technology, 2015, 135: 133-149.

[3] Zhou B, Shi L, Liu Q, Liu Z. Examination of structural models and bonding characteristics of coals [J]. Fuel, 2016, 184: 799-807.

[4] 李晓霞, 郑默, 韩君易, 郭力, 刘晓龙, 乔显杰, 袁小龙. 煤热解模拟新方法—ReaxFF MD的GPU并行与化学信息学分析[J]. 中国科学:化学, 2015, 45(04): 373-382.

[5] Li G, Li L, Jin L J, Tang Z C, Fan H J, Hu H Q. Experimental and theoretical investigation on three alpha, omega-diarylalkane pyrolysis [J]. Energy & Fuels, 2014, 28(11): 6905-6910.

[6] 李刚. 煤热解中间体和自由基表征及反应机理研究[D]. 大连: 大连理工大学, 2015.

[7] Cheng X J, Shi L, Liu Q Y, Liu Z Y. Heat effects of pyrolysis of 15 acid washed coals in a DSC/TGA-MS system [J]. Fuel, 2020, 268: 117325.

[8] Zhang C, Wu R C, Xu G W. Coal pyrolysis for high-quality Tar in a fixed-bed pyrolyzer enhanced with Internals [J]. Energy & Fuels, 2014, 28(1): 236-244.

[9] Higman C, Burgt M J V D. Gasification [M]. Amsterdam: Gulf Professional Publishing, 2008.

[10] 于遵宏, 王辅臣. 现代煤化工技术丛书—煤炭气化技术[M]. 北京: 化学工业出版社, 2010.

[11] Indrawan N, Kumar A, Moliere M, Sallam K A, Huhnke R L. Distributed power generation via gasification of biomass and municipal solid waste: A review [J]. Journal of the Energy Institute, 2020, 93(6):2293-2313.

[12] Perkins G. Underground coal gasification-Part Ⅰ: Field demonstrations and process performance [J]. Progress in Energy and Combustion Science, 2018, 67: 158-187.

[13] Shahbaz M, Al-Ansari T, Inayat M, Sulaiman S A, Parthasarathy P, Mckay G. A critical review on the influence of process parameters in catalytic co-gasification: Current performance and challenges for a future prospectus [J]. Renewable and Sustainable Energy Reviews, 2020, 134: 110382.

[14] 王辅臣, 于广锁, 龚欣, 刘海峰, 王亦飞, 梁钦峰. 大型煤气化技术的研究与发展[J]. 化工进展, 2009, 28(2): 173-180.

[15] 郭金霞, 陈寒石, 李庆峰, 李春玉, 黄戒介, 房倚天, 王洋. 灰熔聚气化炉制备燃料气在氧化铝项目中的应用[J]. 煤化工, 2015, 43(05): 1-3, 7.

[16] 房倚天, 王志青, 李俊国, 聂伟, 郝振华, 李春玉, 王志宇, 刘哲语, 黄戒介, 张永奇, 赵建涛. 多段分级转化流化床煤气化技术研究开发进展[J]. 煤炭转化, 2018, 41(3): 1-11.

[17] 潘登峰, 姚根有, 李伟斌. R-gas煤气化技术工艺浅析[J]. 山西化工, 2019, 39(06): 83-84, 87.

[18] Yun Y. Gasification for practical applications [M]. Rijeka: InTech Prepress, 2012.

[19] Tian P, Wei Y X, Ye M, Liu Z M. Methanol-to-olefins(MTO): From fundamentals to commercialization

[J]. ACS Catalysis, 2015, 5(3): 1922-1938.

[20] Yang M, Fan D, Wei Y, Tian P, Liu Z. Recent Progress in methanol-to-olefins (MTO) Catalysts [J]. Advanced Materials, 2019, 31(50): 1902181

[21] Fan D, Tian P, Xu S, Xia Q, Su X, Zhang L, Zhang Y, He Y, Liu Z. A novel solvothermal approach to synthesize SAPO molecular sieves using organic amines as the solvent and template [J]. Journal of Materials Chemistry, 2012, 22(14): 6568-6574.

[22] Yang M, Tian P, Wang C, Yuan Y, Yang Y, Xu S, He Y, Liu Z. A top-down approach to prepare silicoaluminophosphate molecular sieve nanocrystals with improved catalytic activity [J]. Chemical Communications, 2014, 50(15): 1845-1847.

[23] Wang C, Yang M, Li M, Xu S, Yang Y, Tian P, Liu Z. A reconstruction strategy to synthesize mesoporous SAPO molecular sieve single crystals with high MTO catalytic activity [J]. Chemical Communications, 2016, 52(38): 6463-6466.

[24] Gao B, Yang M, Qiao Y, Li J, Xiang X, Wu P, Wei Y, Xu S, Tian P, Liu Z. A low-temperature approach to synthesize low-silica SAPO-34 nanocrystals and their application in the methanol-to-olefins (MTO) reaction [J]. Catalysis Science & Technology, 2016, 6(20): 7569-7578.

[25] Wu P, Yang M, Sun L, Zeng S, Xu S, Tian P, Liu Z. Synthesis of nanosized SAPO-34 with the assistance of bifunctional amine and seeds [J]. Chemical Communications, 2018, 54(79): 11160-11163.

[26] Qiao Y, Yang M, Gao B, Wang L, Tian P, Xu S, Liu Z. Creation of hollow SAPO-34 single crystals via alkaline or acid etching [J]. Chemical Communications, 2016, 52(33): 5718-5721.

[27] Yuan X S, Li H, Ye M, Liu Z M. Kinetic modeling of methanol to olefins process over SAPO-34 catalyst based on the dual-cycle reaction mechanism [J]. AIChE Journal, 2019, 65(2): 662-674.

[28] Zhang L, Wang X, Li A, Zheng X, Peng L, Huang J, Deng Z, Chen H, Wei Z. Rational constructing macroporous CoFeP triangular plate arrays from bimetal-organic frameworks as high-performance overall water-splitting catalysts [J]. Journal of Materials Chemistry A, 2019, 7(29): 17529-17535.

[29] Zhou J B, Zhang J L, Zhi Y C, Zhao J P, Zhang T, Ye M, Liu Z M. Partial regeneration of the spent SAPO-34 catalyst in the methanol-to-olefins process via steam gasification [J]. Industrial & Engineering Chemistry Research, 2018, 57(51): 17338-17347.

[30] Zhou J B, Zhi Y C, Zhang J L, Liu Z Q, Zhang T, He Y L, Zheng A M, Ye M, Wei Y X, Liu Z M. Presituated "coke" -determined mechanistic route for ethene formation in the methanol-to-olefins process on SAPO-34 catalyst [J]. Journal of Catalysis, 2019, 377: 153-162.

[31] Jiao F, Li J, Pan X, Xiao J, Li H, Ma H, Wei M, Pan Y, Zhou Z, Li M, Miao S, Li J, Zhu Y, Xiao D, He T, Yang J, Qi F, Fu Q, Bao X. Selective conversion of syngas to light olefins [J]. Science, 2016, 351(6277): 1065-1068.

[32] Zhao X B, Li J Z, Tian P, Wang L Y, Li X F, Lin S F, Guo X W, Liu Z M. Achieving a superlong lifetime in the zeolite-catalyzed MTO reaction under high pressure: Synergistic effect of hydrogen and water [J]. ACS Catalysis, 2019, 9(4): 3017-3025.

[33] 李克健, 程时富, 蔺华林, 章序文, 常鸿雁, 舒成, 白雪梅, 王国栋. 神华煤直接液化技术研发进展[J]. 洁净煤技术, 2015, 21(1): 50-55.

[34] Leckel D. Diesel production from fischer-tropsch: The past, the present, and new concepts [J]. Energy & Fuels, 2009, 23(5-6): 2342-2358.

[35] Yang Y, Xu J, Liu Z, Guo Q, Ye M, Wang G, Gao J, Wang J, Shu Z, Ge W, Liu Z, Wang F, Li Y W. Progress in coal chemical technologies of china [J]. Reviews in Chemical Engineering, 2020, 36(1): 21-66.

[36] Xu J, Yang Y, Li Y W. Recent development in converting coal to clean fuels in china [J]. Fuel, 2015, 152: 122-130.

[37] Li Y W, de Klerk A. Industrial case studies [M]// Maitlis P M, de Klerk A. Greener fischer-tropsch processes. Wein heim: Wiley-VCH, 2013.

[38] 王晋生, 栩 郝, 刘东勋, 亮 白, 曹立仁, 李永旺. 用于费托合成的气-液-固三相悬浮床反应器及其应用: ZL 200710161575.1[P]. 2009-04-01.

[39] 相宏伟, 杨勇, 李永旺. 煤炭间接液化: 从基础到工业化[J]. 中国科学: 化学, 2014, 44(12): 1876-1892.

[40] 温晓东, 杨勇, 相宏伟, 焦海军, 李永旺. 费托合成铁基催化剂的设计基础: 从理论走向实践[J]. 中国科学: 化学, 2017, 47(11): 1298-1311.

[41] 崔民利, 黄剑薇, 郝栩, 曹立仁, 李永旺. 含碳固体燃料的分级液化方法和用于该方法的三相悬浮床反应器: ZL 200910178131.8[P]. 2010-06-02.

[42] 田磊, 郭强, 姜大伟, 王洪, 杨勇, 李永旺. 一种含碳原料加氢液化的铁基催化剂及其制备方法和应用: ZL 201410440385.3[P]. 2016-03-02.

[43] 陈静升, 郑化安, 马晓迅, 张生军, 李学强, 苗青. 提高煤热解过程中BTX收率的方法[J]. 洁净煤技术, 2014, 20(02): 90-93.

[44] 吴阳春, 王泽, 夏大寒, 金建涛, 王国兴, 张先茂. 煤基石脑油加氢研究[J]. 当代化工, 2016, 45(01): 13-15.

[45] Cheng K, Zhou W, Kang J, He S, Shi S, Zhang Q, Pan Y, Wen W, Wang Y. Bifunctional catalysts for one-step conversion of syngas into aromatics with excellent selectivity and stability [J]. Chem, 2017, 3(2): 334-347.

[46] Wang T, Tang X, Huang X, Qian W, Cui Y, Hui X, Yang W, Wei F. Conversion of methanol to aromatics in fluidized bed reactor [J]. Catalysis Today, 2014, 233: 8-13.

[47] 刘弓, 郝西维, 汪彩彩, 徐瑞芳, 孙西巍. 甲苯甲醇流化床催化制对二甲苯工艺研究[J]. 天然气化工(C1化学与化工), 2016, 41(04): 15-19.

[48] Chang C D, Silvestri A J, Smith R L. Production of gasoline hydrocarbons: US3928483 [P]. 1975-12-23.

[49] 李文怀, 张庆庚, 胡津仙, 时建敏, 张建利, 陆宏伟, 钟炳, 杨挺. 甲醇转化制芳烃工艺及催化剂和催化剂制备方法: 200610012703.1[P]. 2006-12-20.

[50] 许磊, 刘中民, 张新志, 王贤高, 王莹利, 于政锡. 一种甲苯甲醇烷基化制对二甲苯和低碳烯烃移动床催化剂: ZL 200710176269.5[P]. 2009-04-29.

[51] 魏飞, 骞伟中, 王彤, 汤效平, 崔宇, 高长平, 丁焕德. 一种醇/醚催化转化制芳烃的多段流化床装置及方法: 201310346922.3[P]. 2013-11-20.

[52] 王雨勃, 孔德金, 夏建超, 李华英, 侯敏. 苯和甲醇或二甲醚制二甲苯的方法: ZL 201110100011.3[P]. 2012-10-24.

[53] Arslan M T, Qureshi B A, Gilani S Z A, Cai D, Ma Y, Usman M, Chen X, Wang Y, Wei F. Single-step conversion of H_2-deficient syngas into high yield of tetramethylbenzene [J]. Acs Catal, 2019, 9(3): 2203-2212.

[54] Yue H, Zhao Y, Ma X, Gong J. Ethylene glycol: Properties, synthesis, and applications [J]. Chemical Society Reviews, 2012, 41(11): 4218-4244.

[55] Yue H R, Ma X B, Gong J L. An alternative synthetic approach for efficient catalytic conversion of syngas to ethanol [J]. Accounts of Chemical Research, 2014, 47(5): 1483-1492.

[56] Chakraborty S, Dai H, Bhattacharya P, Fairweather N T, Gibson M S, Krause J A, Guan H. Iron-based catalysts for the hydrogenation of esters to alcohols [J]. Journal of the American Chemical Society, 2014, 136(22): 7869-7872.

[57] Matteoli U, Blanchi M, Menchi G, Prediani P, Piacenti F. Homogeneous catalytic hydrogenation of dicarboxylic acid esters [J]. Journal of Molecular Catalysis, 1984, 22(3): 353-362.

[58] Grey R A, Pez G P, Wallo A. Anionic metal hydride catalysts. 2. Application to the hydrogenation of ketones, aldehydes, carboxylic acid esters, and nitriles [J]. Journal of the American Chemical Society, 1981, 103(25): 7536-7542.

[59] Agarwal A K, Cant N W, Wainwright M S, Trimm D L. Catalytic hydrogenolysis of esters: A comparative study of the reactions of simple formates and acetates over copper on silica [J]. Journal of Molecular Catalysis, 1987, 43(1): 79-92.

[60] Wehner P S, Gustafson B L. Catalytic hydrogenation of esters over Pd/ZnO [J]. Journal of Catalysis, 1992, 135(2): 420-426.

[61] Millar G J, Rochester C H, Waugh K C. Infrared study of co adsorption on reduced and oxidised silica-

supported copper catalysts [J]. Journal of the Chemical Society-Faraday Transactions, 1991, 87(9): 1467-1472.

[62] Gao X C, Zhao Y J, Wang S P, Yin Y L, Wang B W, Ma X B. A Pd-Fe/α-Al_2O_3/cordierite monolithic catalyst for CO coupling to oxalate [J]. Chemical Engineering Science, 2011, 66(15): 3513-3522.

[63] Chen L F, Guo P J, Qiao M H, Yan S R, Li H X, Shen W, Xu H L, Fan K N. Cu/SiO_2 catalysts prepared by the ammonia-evaporation method: Texture, structure, and catalytic performance in hydrogenation of dimethyl oxalate to ethylene glycol [J]. Journal of Catalysis, 2008, 257(1): 172-180.

[64] Yin A, Guo X, Dai W L, Fan K N. The nature of active copper species in Cu-HMS catalyst for hydrogenation of dimethyl oxalate to ethylene glycol: New insights on the synergetic effect between Cu^0 and Cu^+ [J]. The Journal of Physical Chemistry C, 2009, 113(25): 11003-11013.

[65] Wang Y, Shen Y, Zhao Y, Lv J, Wang S, Ma X B. Insight into the balancing effect of active Cu species for hydrogenation of carbon-oxygen bonds [J]. ACS Catalysis, 2015, 5(10): 6200-6208.

[66] Gong J, Yue H, Zhao Y, Zhao S, Zhao L, Lv J, Wang S, Ma X B. Synthesis of ethanol via syngas on Cu/SiO_2 catalysts with balanced Cu^0-Cu^+ sites [J]. Journal of the American Chemical Society, 2012, 134(34): 13922-13925.

[67] He Z, Lin H, He P, Yuan Y Z. Effect of boric oxide doping on the stability and activity of a Cu-SiO_2 catalyst for vapor-phase hydrogenation of dimethyl oxalate to ethylene glycol [J]. Journal of Catalysis, 2011, 277(1): 54-63.

[68] Ye R P, Lin L, Liu C Q, Chen C C, Yao Y G. One-pot synthesis of cyclodextrin-doped Cu-SiO_2 catalysts for efficient hydrogenation of dimethyl oxalate to ethylene glycol [J]. Chemcatchem, 2017, 9(24): 4587-4597.

[69] Zhao Y, Zhang Y, Wang Y, Zhang J, Xu Y, Wang S, Ma X. Structure evolution of mesoporous silica supported copper catalyst for dimethyl oxalate hydrogenation [J]. Applied Catalysis A: General, 2017, 539: 59-69.

[70] Li Y, Li Z, Huang S, Cai K, Qu Z, Zhang J, Wang Y, Ma X B. Morphology-dependent catalytic performance of mordenite in carbonylation of dimethyl ether: Enhanced activity with high C/B ratio [J]. ACS applied materials & interfaces, 2019, 11(27): 24000-24005.

[71] Zheng X, Lin H, Zheng J, Duan X, Yuan Y. Lanthanum oxide-modified Cu/SiO_2 as a high-performance catalyst for chemoselective hydrogenation of dimethyl oxalate to ethylene glycol [J]. ACS Catalysis, 2013, 3(12): 2738-2749.

[72] Zhao S, Yue H, Zhao Y, Wang B, Geng Y, Lv J, Wang S, Gong J, Ma X. Chemoselective synthesis of ethanol via hydrogenation of dimethyl oxalate on Cu/SiO_2: Enhanced stability with boron dopant [J]. Journal of Catalysis, 2013, 297(0): 142-150.

[73] Xu C, Chen G, Zhao Y, Liu P, Duan X, Gu L, Fu G, Yuan Y, Zheng N. Interfacing with silica boosts the catalysis of copper [J]. Nature Communications, 2018, 9(1): 3367.

[74] Yue H R, Zhao Y J, Zhao S, Wang B, Ma X B, Gong J L. A copper-phyllosilicate core-sheath nanoreactor for carbon-oxygen hydrogenolysis reactions [J]. Nature Communications, 2013, 4(9): 2339.

[75] Yao D, Wang Y, Li Y, Zhao Y, Lv J, Ma X B. A high-performance nanoreactor for carbon oxygen bond hydrogenation reactions achieved by the morphology of nanotube-assembled hollow spheres [J]. ACS Catalysis, 2018, 8(2): 1218-1226.

[76] Yao D, Wang Y, Hassan L K, Li A, Zhao Y, Lv J, Huang S, Ma X B. Balancing effect between adsorption and diffusion on catalytic performance inside hollow nanostructured catalyst [J]. ACS Catalysis, 2019, 9(4): 2969-2976.

[77] Cheung P, Bhan A, Sunley G J, Iglesia E. Selective carbonylation of dimethyl ether to methyl acetate catalyzed by acidic zeolites [J]. Angewandte Chemie, 2006, 45(10): 1617-1620.

[78] Bhan A, Allian A D, Sunley G J, Law D J, Iglesia E. Specificity of sites within eight-membered ring zeolite channels for carbonylation of methyls to acetyls [J]. Journal of the American Chemical Society, 2007, 129(16): 4919-4924.

[79] San X G, Zhang Y, Shen W J, Tsubaki N. New synthesis method of ethanol from dimethyl ether with a synergic effect between the zeolite catalyst and metallic catalyst [J]. Energy & Fuels, 2009, 23: 2843-2844.

[80] Lu P, Chen Q, Yang G, Tan L, Feng X, Yao J, Yoneyama Y, Tsubaki N. Space-confined self-regulation mechanism from a capsule catalyst to realize an ethanol direct synthesis strategy [J]. ACS Catalysis, 2019, 10(2): 1366-1374.

[81] Zhan H, Huang S, Li Y, Lv J, Wang S, Ma X B. Elucidating the nature and role of Cu species in enhanced catalytic carbonylation of dimethyl ether over Cu/H-MOR [J]. Catalysis Science & Technology, 2015, 5(9): 4378-4389.

[82] Li L, Wang Q, Liu H, Sun T, Fan D, Yang M, Tian P, Liu Z M. Preparation of spherical mordenite zeolite assemblies with excellent catalytic performance for dimethyl ether carbonylation [J]. ACS Applied Materials & Interfaces, 2018, 10(38): 32239-32246.

[83] Zhan E, Xiong Z, Shen W J. Dimethyl ether carbonylation over zeolites [J]. Journal of Energy Chemistry, 2019, 36: 51-63.

[84] Huang X, Ma M, Li M, Shen W J. Regulating the location of framework aluminium in mordenite for the carbonylation of dimethyl ether [J]. Catalysis Science & Technology, 2020, 10(21): 7280-7290.

[85] Li Y, Yu M, Cai K, Wang M, Lv J, Howe R F, Huang S, Ma X. Template-induced al distribution in mor and enhanced activity in dimethyl ether carbonylation [J]. Physical Chemistry Chemical Physics, 2020, 22(20): 11374-11381.

[86] Li Y, Huang S, Cheng Z, Cai K, Li L, Milan E, Lv J, Wang Y, Sun Q, Ma X. Promoting the activity of Ce-incorporated MOR in dimethyl ether carbonylation through tailoring the distribution of Brønsted acids [J]. Applied Catalysis B: Environmental, 2019, 256: 117777.

[87] Blasco T, Boronat M, Concepcion P, Corma A, Law D, Vidal-Moya J A. Carbonylation of methanol on metal-acid zeolites: Evidence for a mechanism involving a multisite active center [J]. Angewandte Chemie International Edition, 2007, 46(21): 3938-3941.

[88] Huang J J, Ding T, Ma K, Cai J M, Sun Z R, Tian Y, Jiang Z, Zhang J, Zheng L R, Li X G. Modification of Cu/SiO_2 catalysts by La_2O_3 to quantitatively tune Cu^+ - Cu^0 dual sites with improved catalytic activities and stabilities for dimethyl ether steam reforming [J]. Chemcatchem, 2018, 10(17): 3862-3871.

[89] Wang X, Li R, Yu C, Zhang L, Xu C, Zhou H. Dimethyl ether carbonylation over nanosheet-assembled hierarchical mordenite [J]. Microporous and Mesoporous Materials, 2019, 274: 227-235.

[90] Hincapie B O , Garces L J , Zhang Q ,Sacco A ,Suib S L. Synthesis of mordenite nanocrystals[J]. Microporous and Mesoporous Materials, 2004, 67(1):19-26.

[91] Liu Y, Zhao N, Xian H, Cheng Q, Tan Y, Tsubaki N, Li X. Facilely synthesized H-mordenite nanosheet assembly for carbonylation of dimethyl ether [J]. ACS Applied Materials & Interfaces, 2015, 7(16): 8398-8403.

[92] Xue H, Huang X, Ditzel E, Zhan E, Ma M, Shen W. Dimethyl ether carbonylation to methyl acetate over nanosized mordenites [J]. Industrial & Engineering Chemistry Research, 2013, 52(33): 11510-11515.

[93] Ma M, Huang X, Zhan E, Zhou Y, Xue H, Shen W. Synthesis of mordenite nanosheets with shortened channel lengths and enhanced catalytic activity [J]. Journal of Materials Chemistry A, 2017, 5(19): 8887-8891.

[94] Feng X, Yao J, Li H, Fang Y, Yoneyama Y, Yang G, Tsubaki N. A brand new zeolite catalyst for carbonylation reaction [J]. Chemical Communications, 2019, 55(8): 1048-1051.

[95] Xiong Z, Zhan E, Li M, Shen W. DME carbonylation over a HSUZ-4 zeolite [J]. Chemical Communications, 2020, 56(23): 3401-3404.

[96] Lusardi M, Chen T T, Kale M, Kang J H, Neurock M, Davis M E. Carbonylation of of dimethyl ether to methyl acetate over SSZ-13 [J]. ACS Catalysis, 2019, 10(1): 842-851.

[97] Cheng Z, Huang S, Li Y, Lv J, Cai K, Ma X. Deactivation kinetics for carbonylation of dimethyl ether to methyl acetate on H-MOR[J]. Industrial & Engineering Chemistry Research, 2017, 56(46): 13618-13627.

[98] Cheng Z, Huang S, Li Y, Cai K, Yao D, Lv J, Wang S, Ma X. Carbonylation of dimethyl ether over

MOR and Cu/H-MOR catalysts: Comparative investigation of deactivation behavior [J]. Applied Catalysis A: General, 2019, 576: 1-10.

[99] Cao K, Fan D, Li L, Fan B, Wang L, Zhu D, Wang Q, Tian P, Liu Z. Insights into the Pyridine-modified MOR zeolite catalysts for DME carbonylation [J]. ACS Catalysis, 2020, 10(5): 3372-3380.

[100] Zhao N, Tian Y, Zhang L, Cheng Q, Lyu S, Ding T, Hu Z, Ma X, Li X. Spacial hindrance induced recovery of over-poisoned active acid sites in pyridine-modified H-mordenite for dimethyl ether carbonylation [J]. Chinese Journal of Catalysis, 2019, 40(6): 895-904.

[101] Li B J, Xu J, Han B, Wang X M, Qi G D, Zhang Z F, Wang C, Deng F. Insight into dimethyl ether carbonylation reaction over mordenite zeolite from in-situ solid-state NMR spectroscopy [J]. Journal of Physical Chemistry C, 2013, 117(11): 5840-5847.

[102] He T, Liu X, Xu S, Han X, Pan X, Hou G, Bao X. Role of 12-ring channels of mordenite in DEM carbonylation investigated by solid-state NMR [J]. The Journal of Physical Chemistry C, 2016, 120(39): 22526-22531.

[103] Boronat M, Martinez C, Corma A. Mechanistic differences between methanol and dimethyl ether carbonylation in side pockets and large channels of mordenite [J]. Physical Chemistry Chemical Physics, 2011, 13(7): 2603-2612.

[104] Liu Z, Yi X, Wang G, Tang X, Li G, Huang L, Zheng A. Roles of 8-ring and 12-ring channels in mordenite for carbonylation reaction: From the perspective of molecular adsorption and diffusion [J]. Journal of Catalysis, 2019, 369: 335-344.

[105] Wang Y, Liao J, Zhang J, Wang S, Zhao Y, Ma X. Hydrogenation of methyl acetate to ethanol by Cu/ZnO catalyst encapsulated in SBA-15 [J]. AIChE Journal, 2017, 63(7): 2839-2849.

[106] Xi Y, Wang Y, Yao D, Li A, Zhang J, Zhao Y, Lv J, Ma X. Impact of the oxygen vacancies on copper electronic state and activity of cu-based catalysts in the hydrogenation of methyl acetate to ethanol [J]. Chemcatchem, 2019, 11(11): 2607-2614.

[107] Rana M S, Samano V, Ancheyta J, Diaz J A. A review of recent advances on process technologies for upgrading of heavy oils and residua [J]. Fuel, 2007, 86(9): 1216-1231.

[108] Sawarkar A N, Pandit A B, Samant S D, Joshi J B. Petroleum residue upgrading via delayed coking: A review [J]. Canadian Journal of Chemical Engineering, 2007, 85(1): 1-24.

[109] Speight J G. Chapter 7——Deasphalting and Dewaxing Processes, The Refinery of the Future [M]. Boston: William Andrew Publishing, 2011.

[110] 许友好, 张久顺, 马建国, 龙军, 何鸣元. MIP工艺反应过程中裂化反应的可控性[J]. 石油学报(石油加工), 2004, 20(3): 1-6.

[111] 许友好, 张久顺, 马建国, 龙军. 生产清洁汽油组分并增产丙烯的催化裂化工艺[J]. 石油炼制与化工, 2004, 35(9): 1-4.

[112] 许友好, 余本德, 张执刚, 龙军, 蒋福康. 一种用于流化催化转化的提升管反应器: 99105903.4 [P]. 1999-12-08.

[113] Xiao J Z, Zhang Y Z, Wang L Z, Ni H J. Study on correlative methods for describing coking rate in furnace tubes [J]. Petroleum Science and Technology, 2000, 18(3-4): 305-318.

[114] Wang L Y, Xiao J Z, Hu R B. Technical design method of coking heater emphasizing on coking rate[J]. The 5th international conference on refinery processing & AIChE 2002 spring national meeting, 2002: 275-280.

[115] 楼艰炯, 王兰娟, 肖家治, 王先锋, 袁志强, 李华. 提高生焦反应焦化炉给热方法的研究[J]. 石油大学学报(自然科学版), 2003, 27(6): 97-100, 155.

[116] Xiao J Z, Wang L J, Wei X J, Li X Y, Zhang T Q. Process simulation for a tubular coking heater [J]. Petroleum Science and Technology, 2000, 18(3-4): 319-333.

[117] 周佩玲. 深度催化裂解(DCC)技术[J]. 石油化工, 1997, 26(8): 38-42.

[118] 唐勖尧, 王拴紧, 肖敏, 付公燚, 孟跃中. 重质油催化裂解制轻烯烃技术及催化剂研究进展[J]. 当代化工, 2020, 49(4): 620-625.

[119] 李贤丰, 郭琳琳, 申宝剑. 催化裂解技术及其催化剂的研究进展[J]. 化工进展, 2017, 36(S1): 203-210.

[120] 钱伯章. 丙烯的需求及增产丙烯的技术进展[J]. 石油与天然气化工, 1998, 27(2): 92-95, 132.

[121] 王立华, 赵留周, 谢朝钢, 罗一斌, 朱玉霞. 高丙烯选择性催化裂解MMC系列催化剂的工业生产与应用[J]. 石油化工, 2008, 37(4): 378-382.

[122] 黄晓华. 新一代增产丙烯DCC工艺催化剂DMMC-1的工业应用[J]. 石油炼制与化工, 2007, 38(10): 29-32.

[123] 谢朝钢, 汪燮卿, 郭志雄, 魏强. 催化热裂解(CPP)制取烯烃技术的开发及其工业试验[J]. 石油炼制与化工, 2001, 32(12): 7-10.

[124] 董国辉, 许凌子, 王珠海, 时维振. 催化裂解制低碳烯烃的研究及工业应用[J]. 广东化工, 2011, 38(5): 30, 35.

[125] 顾道斌. 增产丙烯的催化裂化工艺进展[J]. 精细石油化工进展, 2012, 13(3): 49-54.

[126] 张执刚, 谢朝钢, 施至诚, 王亚民. 催化热裂解制取乙烯和丙烯的工艺研究[J]. 石油炼制与化工, 2001, 32(5): 21-24.

[127] 伊红亮, 施至诚, 李才英, 汪燮卿. 催化热裂解工艺专用催化剂CEP-1的研制开发及工业应用[J]. 石油炼制与化工, 2002, 33(3): 38-42.

[128] 王明党, 沙颖逊, 崔中强, 王龙延. 重油接触裂解制乙烯的HCC工艺研究[J]. 河南石油, 2002, 16(3): 50-52, 54.

[129] 杨朝合, 李春义, 山红红, 等. 一种利用两段催化裂解生产丙烯和高品质汽柴油的方法: ZL 200610080831.X[P].2007-11-21.

[130] 李晓红, 陈小博, 李春义, 张建芳, 杨朝合, 山红红. 两段提升管催化裂化生产丙烯工艺[J]. 石油化工, 2006, 35(8): 749-753.

[131] 李春义, 袁起民, 陈小博, 杨朝合, 山红红, 张建芳. 两段提升管催化裂解多产丙烯研究[J]. 中国石油大学学报(自然科学版), 2007, 31(1): 118-121.

[132] Li C, Yang C, Shan H. Maximizing propylene yield by two-stage riser catalytic cracking of heavy oil [J]. Industrial & Engineering Chemistry Research, 2007, 46(14): 4914-4920.

[133] 崔荣. 两段提升管催化裂解多产丙烯催化剂的研究[D]. 北京: 中国石油大学, 2009.

[134] 柳召永, 张忠东, 高雄厚, 张海涛. 两段提升管催化裂解多产丙烯专用催化剂LCC-300的工业应用[J]. 石油炼制与化工, 2011, 42(9): 47-50.

[135] Bolt H V, Glanz S. Increase propylene yields cost-effectively [J]. Hydrocarbon Processing, 2002, 81(12): 77-78, 80.

[136] 张海桐, 赵宣. 低碳烯烃生产技术综述[J]. 化学工业, 2014, 32(6): 17-21.

[137] 胡杰, 王汉松. 乙烯工艺与原料[M]. 北京：化学工业出版社,2017.

[138] 钱伯章. 生产丙烯的Superflex工艺[J]. 化工文摘, 2001(8): 25.

[139] 世界首套先进催化裂化制烯烃商业示范装置[J]. 精细与专用化学品, 2011, 19(3): 38.

[140] 韩敬友, 张东明. 烯烃生产工艺技术比较分析[J]. 化学工业, 2013, 31(9): 5-8, 14.

[141] 白玫. ACO技术制备烯烃工艺研究及展望[J]. 化工与医药工程, 2017, 38(3): 18-23.

[142] Protti-Alvarez F. Exxonmobil's and aramco's direct crude-to-ethylene production technologies cut refining costs [J]. Chemical Week, 2006, 7(25): 1-15.

[143] 宋倩倩, 王红秋, 李锦山. 原油生产化工品技术发展现状与趋势[J]. 现代化工, 2019, 39(2): 7-10.

[144] 宋昌才, 邓中活, 牛传峰. 重油生产低碳烯烃等化工品技术研究进展[J]. 化工进展, 2019, 38(S1): 86-94.

[145] Chemweek's Group. Aramco, CB&I, Chevron Lummus Global to commercialize thermal crude-to-chemicals process [N]. Chemical Week, 2018-1-19.

[146] Chemweek's Group. Saudi Aramco licenses Siluria's natural gas-to-olefins technology [N]. Chemical Week, 2018-6-13.

[147] 中国石化有机原料科技情报中心站. 印度信实拟建原油直接制化学品联合装置[J]. 石油化工技术与经济[J], 2020, 36(1): 54.

[148] 滕加伟, 谢在库. 无黏结剂复合孔分子筛催化烯烃裂解制丙烯技术[J]. 中国科学:化学, 2015,

45(5): 533-540.

[149] 王玫, 马安, 李吉春, 郭洪臣. 碳四烃芳构化烷基化生产高辛烷值汽油组分联产蒸汽裂解料技术[J]. 石油炼制与化工, 2013, 44(5): 47-51.

[150] Zhao G, Teng J, Xie Z, Jin W, Yang W, Chen Q, Tang Y. Effect of phosphorus on HZSM-5 catalyst for C_4-olefin cracking reactions to produce propylene [J]. Journal of Catalysis, 2007, 248(1): 29-37.

[151] 王定博. C_4烯烃制丙烯和乙烯催化剂及应用[J]. 化工进展, 2011, 30(3): 530-535, 541.

[152] Degnan T F, Smith C M, Venkat C R. Alkylation of aromatics with ethylene and propylene: Recent developments in commercial processes [J]. Applied Catalysis A-General, 2001, 221(1-2): 283-294.

[153] 陈福存, 朱向学, 谢素娟, 曾蓬, 郭志军, 安杰, 王清遐, 刘盛林, 徐龙伢. 催化干气制乙苯技术工艺进展[J]. 催化学报, 2009, 30(8): 817-824.

[154] 张丽君, 王振东, 孙洪敏, 杨为民. 气相法乙苯清洁生产工艺技术进展[J]. 工业催化, 2016, 24(5): 1-7.

[155] 黄望旗. 乙苯生产技术进展[J]. 精细石油化工进展, 2005, 6(7): 43-46, 49.

[156] Yang W, Wang Z, Sun H, Zhang B. Advances in development and industrial applications of ethylbenzene processes [J]. Chinese Journal of Catalysis, 2016, 37(1): 16-26.

[157] 李建伟, 王嘉, 刘学玲, 陈刚, 郭春林, 从金, 王磊, 陈磊, 王亚波. 催化干气制乙苯第三代技术的工业应用[J]. 化工进展, 2010, 29(9): 1790-1795.

[158] Sekiguchi M , Takamatsu Y . Process for producing propylene and aromatic hydrocarbons, and producing apparatus therefor: US8034987 B2[P]. 2011-10-11.

[159] 角田隆, 关口光弘. 生产乙烯和丙烯的方法: CN1274342 [P]. 2000-11-22.

[160] Voskoboynikov T V, Pelekh A Y, Senetar J J. OCP catalyst with improved steam tolerance: US8609567 B2[P].2013-12-17.

[161] Alexander D J. Production of olefins: EP0511013 B1[P]. 1991-04-26.

[162] BP plc.世界能源统计年鉴(2019版)[M]. 英国: BP plc, 2019.

[163] Schwach P, Pan X, Bao X. Direct conversion of methane to value-added chemicals over heterogeneous catalysts: Challenges and prospects [J]. Chemical Reviews, 2017, 117(13): 8497-8520.

[164] Tang P, Zhu Q J, Wu Z X, Ma D. Methane activation: The past and future [J]. Energy & Environmental Science, 2014, 7(8): 2580-2591.

[165] Chinchen G C, Mansfield K, Spencer M S. The methanol synthesis - how does it work [J]. Chemtech, 1990, 20(11): 692-699.

[166] Yang M, Fan D, Wei Y, Tian P, Liu Z. Recent progress in methanol-to-olefins (MTO) catalysts [J]. Advance Material, 2019, 31(50): e1902181.

[167] Lehmann J. A handful of carbon [J]. Nature, 2007, 447(7141): 143-144.

[168] Li G, Liu Q, Liu Z, Zhang Z C, Li C, Wu W. Production of calcium carbide from fine biochars [J]. Angewandte Chemie International Edition in English, 2010, 49(45): 8480-8483.

[169] Lance D, Elworthy E G. Process for the Manufacture of Methyl-alcohol from Methane GB190607297A[P]. 1906-03-26.

[170] Zhang Q, He D, Zhu Q. Recent progress in direct partial oxidation of methane to methanol [J]. Journal of Natural Gas Chemistry, 2003, 12: 81-89.

[171] Han S, Martenak D J, Palermo R E, Pearson J A, Walsh D E. The direct partial oxidation of methane to liquid hydrocarbons over HZSM-5 zeolite catalyst [J]. Journal of Catalysis, 1992, 136(2): 578-583.

[172] Michalkiewicz B. Partial oxidation of methane to formaldehyde and methanol using molecular oxygen over Fe-ZSM-5 [J]. Applied Catalysis A-General, 2004, 277(1-2): 147-153.

[173] Benlounes O, Mansouri S, Rabia C, Hocine S. Direct oxidation of methane to oxygenates over heteropolyanions [J]. Journal of Natural Gas Chemistry, 2008, 17(3): 309-312.

[174] Tungatarova S A, Savelieva G A, Sass A S, Dosumov K. Direct oxidation of methane to oxygenates over supported catalysts [J]. Study in Surface Science and Catalysis, 2004, 147: 517-522.

[175] Alayon E M, Nachtegaal M, Ranocchiari M, van Bokhoven J A. Catalytic conversion of methane to methanol over Cu-mordenite [J]. Chemical Communications, 2012, 48(3): 404-406.

[176] Sushkevich V L, Palagin D, Ranocchiari M, Van Bokhoven J A. Selective anaerobic oxidation of methane enables direct synthesis of methanol [J]. Science, 2017, 356(6337): 523-527.

[177] Agarwal N, Freakley S J, Mcvicker R U, Althahban S M, Dimitratos N, He Q, Morgan D J, Jenkins R L, Willock D J, Taylor S H, Kiely C J, Hutchings G J. Aqueous Au-Pd colloids catalyze selective CH_4 oxidation to CH_3OH with O_2 under mild conditions [J]. Science, 2017, 358(6360): 223-227.

[178] Arena F, Parmaliana A. Scientific basis for process and catalyst design in the selective oxidation of methane to formaldehyde [J]. Accounts of Chemical Research, 2003, 36(12): 867-875.

[179] Jin Z, Wang L, Zuidema E, Mondal K, Zhang M, Zhang J, Wang C T, Meng X J, Yang H Q, Mesters C, Xiao F S. Hydrophobic zeolite modification for in situ peroxide formation in methane oxidation to methanol [J]. Science, 2020, 367(6474): 193-197.

[180] Keller G E, Bhasin M M. Synthesis of ethylene via oxidative coupling of methane .1. Determination of active catalysts [J]. Journal of Catalysis, 1982, 73(1): 9-19.

[181] Choudhary V R, Mulla S A R, Rane V H. Surface basicity and acidity of alkaline earth-promoted La_2O_3 catalysts and their performance in oxidative coupling of methane [J]. Journal of Chemical Technology and Biotechnology, 1998, 72(2): 125-130.

[182] Choudhary V R, Mulla S A R, Uphade B S. Influence of support on surface basicity and catalytic activity in oxidative coupling of methane of Li-MgO deposited on different commercial catalyst carriers [J]. Journal of Chemical Technology and Biotechnology, 1998, 72(2): 99-104.

[183] Zavyalova U, Holena M, Schlogl R, Baerns M. Statistical analysis of past catalytic data on oxidative methane coupling for new insights into the composition of high-performance catalysts [J]. Chemcatchem, 2011, 3(12): 1935-1947.

[184] Liu Z, Ho Li J P, Vovk E, Zhu Y, Li S, Wang S, van Bavel A P, Yang Y. Online kinetics study of oxidative coupling of methane over La_2O_3 for methane activation: What is behind the distinguished light-off temperatures？ [J]. ACS Catalysis, 2018, 8(12): 11761-11772.

[185] Noon D, Seubsai A, Senkan S. Oxidative coupling of methane by nanofiber catalysts [J]. ChemCatChem, 2013, 5(1): 146-149.

[186] Noon D, Zohour B, Senkan S. Oxidative coupling of methane with La_2O_3-CeO_2 nanofiber fabrics: A reaction engineering study [J]. Journal of Natural Gas Science and Engineering, 2014, 18(1): 406-411.

[187] Ferreira V J, Tavares P, Figueiredo J L, Faria J L. Ce-doped La_2O_3 based catalyst for the oxidative coupling of methane [J]. Catalysis Communications, 2013, 42: 50-53.

[188] Papa F, Gingasu D, Patron L, Miyazaki A, Balint I. On the nature of active sites and catalytic activity for ocm reaction of alkaline-earth oxides-neodymia catalytic systems [J]. Applied Catalysis A-General, 2010, 375(1): 172-178.

[189] Zhang X H, Yi X, Zhang J, Xie Z, Kang J, Zheng L. Fabrication of apatite-type La(9.33)$(SiO_4)_6O_2$ hollow nanoshells as energy-saving oxidative catalysts [J]. Inorganic Chemistry, 2010, 49(22): 10244-10246.

[190] Kim I, Lee G, Bin Na H, Ha J M, Jung J C. Selective oxygen species for the oxidative coupling of methane [J]. Molecular Catalysis, 2017, 435: 13-23.

[191] Lin C H, Campbell K D, Wang J X, Lunsford J H. Oxidative dimerization of methane over lanthanum oxide [J]. Journal of Physical Chemistry, 1986, 90(4): 534-537.

[192] Campbell K D, Morales E, Lunsford J H. Gas-phase coupling of methyl radicals during the catalytic partial oxidation of methane [J]. Journal of the American Chemical Society, 1987, 109(25): 7900-7901.

[193] Ito T, Wang J X, Lin C H, Lunsford J H. Oxidative dimerization of methane over a lithium-promoted magnesium-oxide catalyst [J]. Journal of the American Chemical Society, 1985, 107(18): 5062-5068.

[194] Driscoll D J, Martir W, Wang J X, Lunsford J H. Formation of gas-phase methyl radicals over MgO [J]. Journal of the American Chemical Society, 1985, 107(1): 58-63.

[195] Schwach P, Willinger M G, Trunschke A, Schlogl R. Methane coupling over magnesium oxide: How doping can work [J]. Angewandte Chemie-International Edition, 2013, 52(43): 11381-11384.

[196] Maksimov N G, Selyutin G E, Anshits A G, Kondratenko E V, Roguleva V G. The influence of defect nature on catalytic performance of Li, Na-doped MgO, CaO and SrO in the oxidative coupling of methane [J]. Catalysis Today, 1998, 42(3): 279-281.

[197] Simon U, Arndt S, Otremba T, Schlingmann T, Gorke O, Dinse K P, Schomacker R, Schubert H. Li/MgO with spin sensors as catalyst for the oxidative coupling of methane [J]. Catalysis Communications, 2012, 18: 132-136.

[198] Tang L G, Yamaguchi D, Wong L, Burke N, Chiang K. The promoting effect of ceria on Li/MgO catalysts for the oxidative coupling of methane [J]. Catalysis Today, 2011, 178(1): 172-180.

[199] Arndt S, Laugel G, Levchenko S, Horn R, Baerns M, Scheffler M, Schlogl R, Schomacker R. A critical assessment of Li/MgO-based catalysts for the oxidative coupling of methane [J]. Catalysis Reviews-Science and Engineering, 2011, 53(4): 424-514.

[200] Zou S H, Li Z N, Zhou Q Y, Pan Y, Yuan W T, He L, Wang S L, Wen W, Liu J J, Wang Y, Du Y H, Yang J Z, Xiao L P, Kobayashi H, Fan J. Surface coupling of methyl radicals for efficient low-temperature oxidative coupling of methane [J]. Chinese Journal of Catalysis, 2021, 42(7): 1117-1125.

[201] Song J, Sun Y, Ba R, Huang S, Zhao Y, Zhang J, Sun Y, Zhu Y. Monodisperse Sr-La_2O_3 hybrid nanofibers for oxidative coupling of methane to synthesize C_2 hydrocarbons [J]. Nanoscale, 2015, 7(6): 2260-2264.

[202] Sollier B M, Gomez L E, Boix A V, Miro E E. Oxidative coupling of methane on Sr/La_2O_3 catalysts: Improving the catalytic performance using cordierite monoliths and ceramic foams as structured substrates [J]. Applied Catalysis A-General, 2017, 532: 65-76.

[203] Yildiz M, Aksu Y, Simon U, Kailasam K, Goerke O, Rosowski F, Schomacker R, Thomas A, Arndt S. Enhanced catalytic performance of Mn(x)O(y)-Na(2)WO(4)/SiO(2) for the oxidative coupling of methane using an ordered mesoporous silica support [J]. Chemical Communication (Cambridge), 2014, 50(92): 14440-14442.

[204] Colmenares M G, Simon U, Yildiz M, Arndt S, Schomaecker R, Thomas A, Rosowski F, Gurlo A, Goerke O. Oxidative coupling of methane on the Na_2WO_4-Mn_xO_y catalyst: COK-12 as an inexpensive alternative to SBA-15 [J]. Catalysis Communications, 2016, 85: 75-78.

[205] Yildiz M, Simon U, Otremba T, Aksu Y, Kailasam K, Thomas A, Schomacker R, Arndt S. Support material variation for the Mn_xO_y-Na_2WO_4/SiO_2 catalyst. [J]. Catalysis Today, 2014, 228: 5-14.

[206] Cheng Z, Qin L, Guo M, Xu M, Fan J A, Fan L S. Oxygen vacancy promoted methane partial oxidation over iron oxide oxygen carriers in the chemical looping process [J]. Physical Chemistry Chemical Physics, 2016, 18(47): 32418-32428.

[207] Cheng Z, Qin L, Guo M, Fan J A, Xu D, Fan L S. Methane adsorption and dissociation on iron oxide oxygen carriers: The role of oxygen vacancies [J]. Physical Chemistry Chemical Physics, 2016, 18(24): 16423-16435.

[208] Huang P, Zhao Y, Zhang J, Zhu Y, Sun Y. Exploiting shape effects of La_2O_3 nanocatalysts for oxidative coupling of methane reaction [J]. Nanoscale, 2013, 5(22): 10844-10848.

[209] Farsi A, Mansouri S S. Influence of nanocatalyst on oxidative coupling, steam and dry reforming of methane: A short review [J]. Arabian Journal of Chemistry, 2016, 9: S28-S34.

[210] Zhu Q, Wegener S L, Xie C, Uche O, Neurock M, Marks T J. Sulfur as a selective ‘soft’ oxidant for catalytic methane conversion probed by experiment and theory [J]. Nature Chemistry, 2013, 5(2): 104-109.

[211] Peter M, Marks T J. Platinum metal-free catalysts for selective soft oxidative methane→ethylene coupling. Scope and mechanistic observations [J]. Journal of the American Chemical Society, 2015, 137(48): 15234-15240.

[212] Chrétien S, Metiu H. Acid-base interaction and its role in alkane dissociative chemisorption on oxide surfaces [J]. The Journal of Physical Chemistry C, 2014, 118(47): 27336-27342.

[213] Morales E, Lunsford J H, Morales E, Lunsford J H.Oxidative dehydrogenation of ethane over a lithium-promoted magnesium-oxide catalyst [J]. Journal of Catalysis, 1989,118(1): 255-265.

[214] Morales E, Lunsford J H. Oxidative dehydrogenation of ethane over a lithium-promoted magnesium-oxide catalyst [J]. Journal of Catalysis, 1989, 118(1): 255-265.

[215] Driscoll D J, Lunsford J H. Gas-phase radical formation during the reactions of methane, ethane, ethylene, and propylene over selected oxide catalysts [J]. Journal of Physical Chemistry, 1985, 89(21): 4415-4418.

[216] Suleimanov A I, Ismailov E G, Aliev S M, Sokolovskii V D. Contribution of one-electron acceptor centers to oxidative dimerization of methane [J]. Reaction Kinetics and Catalysis Letters, 1987, 34(1): 51-55.

[217] Lin C H, Wang J X, Lunsford J H. Oxidative dimerization of methane over sodium-promoted calcium-oxide [J]. Journal of Catalysis, 1988, 111(2): 302-316.

[218] Wang L, Tao L, Xie M, Xu G, Huang J, Xu Y. Dehydrogenation and aromatization of methane under non-oxidizing conditions [J]. Catalysis Letters, 1993, 21(1-2): 35-41.

[219] Kosinov N, Coumans F J A G, Li G N, Uslamin E, Mezari B, Wijpkema A S G, Pidko E A, Hensen E J M. Stable Mo/HZSM-5 methane dehydroaromatization catalysts optimized for high-temperature calcination-regeneration [J]. Journal of Catalysis, 2017, 346: 125-133.

[220] Vollmer I, Mondal A, Yarulina I, Abou-Hamad E, Kapteijn F, Gascon J. Quantifying the impact of dispersion, acidity and porosity of Mo/HZSM-5 on the performance in methane dehydroaromatization [J]. Applied Catalysis A-General, 2019, 574: 144-150.

[221] Denardin F, Perez-Lopez O W. Tuning the acidity and reducibility of Fe/ZSM-5 catalysts for methane dehydroaromatization [J]. Fuel, 2019, 236: 1293-1300.

[222] Weckhuysen B M, Wang D J, Rosynek M P, Lunsford J H. Conversion of methane to benzene over transition metal ion ZSM-5 zeolites—— Ⅰ. Catalytic characterization [J]. Journal of Catalysis, 1998, 175(2): 338-346.

[223] Liu J F, Liu Y, Peng L F. Aromatization of methane by using propane as co-reactant over cobalt and zinc-impregnated HZSM-5 catalysts [J]. Journal of Molecular Catalysis A-Chemical, 2008, 280(1-2): 7-15.

[224] Huang L Q, Yuan Y Z, Zhang H B, Xiong Z T, Zeng J L, Lin G D. Dehydro-aromatization of CH_4 over W-Mn(or Zn, Ga, Mo, Vo)/HZSM-5(or MCM-22) catalysts [M]//Bao X, Xu Y. Natural gas conversion vii, proceedings of the 7th natural gas conversion symposium. Elsevier, 2004: 565-570.

[225] Liu J F, Jin L, Liu Y, Qi Y S. Methane aromatization over cobalt and gallium-impregnated HZSM-5 catalysts [J]. Catalysis Letters, 2008, 125(3-4): 352-358.

[226] Zeng J L, Xiong Z T, Zhang H B, Lin G D, Tsai K R. Nonoxidative dehydrogenation and aromatization of methane over W/HZSM-5-based catalysts [J]. Catalysis Letters, 1998, 53(1-2): 119-124.

[227] Wang L S, Ohnishi R, Ichikawa M. Novel rhenium-based catalysts for dehydrocondensation of methane with CO/CO_2 towards ethylene and benzene [J]. Catalysis Letters, 1999, 62(1): 29-33.

[228] Wang L S, Ohnishi R, Ichikawa M. Selective dehydroaromatization of methane toward benzene on Re/HZSM-5 catalysts and effects of CO/CO_2 addition [J]. Journal of Catalysis, 2000, 190(2): 276-283.

[229] Li S, Zhang C L, Kan Q B, Wang D Y, Wu T H, Lin L W. The function of Cu(Ⅱ) ions in the Mo/cuh-ZSM-5 catalyst for methane conversion under non-oxidative condition [J]. Applied Catalysis A-General, 1999, 187(2): 199-206.

[230] Tshabalala T E, Coville N J, Scurrell M S. Methane dehydroaromatization over modified Mn/h-ZSM-5 zeolite catalysts: Effect of tungsten as a secondary metal [J]. Catalysis Communications, 2016, 78: 37-43.

[231] Tan P L, Au C T, Lai S Y. Methane dehydrogenation and aromatization over 4 wt% Mn/HZSM-5 in the absence of an oxidant [J]. Catalysis Letters, 2006, 112(3-4): 239-245.

[232] Ma S Q, Guo X G, Zhao L X, Scott S, Bao X H. Recent progress in methane dehydroaromatization: From laboratory curiosities to promising technology [J]. Journal of Energy Chemistry, 2013, 22(1): 1-20.

[233] Weckhuysen B M, Wang D J, Rosynek M P, Lunsford J H. Catalytic conversion of methane into aromatic hydrocarbons over iron oxide loaded ZSM-5 zeolites [J]. Angewandte Chemie-International Edition in English, 1997, 36(21): 2374-2376.

[234] Tan P L. Active phase, catalytic activity, and induction period of Fe/zeolite material in nonoxidative aromatization of methane [J]. Journal of Catalysis, 2016, 338: 21-29.

[235] Lai Y, Veser G. The nature of the selective species in Fe-HZSM-5 for non-oxidative methane dehydroaromatization [J]. Catalysis Science & Technology, 2016, 6(14): 5440-5452.

[236] Wong S T, Xu Y D, Liu W, Wang L S, Guo X X. Methane activation without using oxidants over supported Mo catalysts [J]. Applied Catalysis A-General, 1996, 136(1): 7-17.

[237] Zhang C L, Li S A, Yuan Y, Zhang W X, Wu T H, Lin L W. Aromatization of methane in the absence of oxygen over Mo-based catalysts supported on different types of zeolites [J]. Catalysis Letters, 1998, 56(4): 207-213.

[238] Chu N B, Yang J H, Li C Y, Cui J Y, Zhao Q Y, Yin X Y, Lu J M, Wang J Q. An unusual hierarchical ZSM-5 microsphere with good catalytic performance in methane dehydroaromatization [J]. Microporous and Mesoporous Materials, 2009, 118(1-3): 169-175.

[239] Chu N B, Wang J Q, Zhang Y, Yang J H, Lu J M, Yin D H. Nestlike hollow hierarchical MCM-22 microspheres: Synthesis and exceptional catalytic properties [J]. Chemistry of Materials, 2010, 22(9): 2757-2763.

[240] Chu N B, Yang J H, Wang J Q, Yu S X, Lu J M, Zhang Y, Yin D H. A feasible way to enhance effectively the catalytic performance of methane dehydroaromatization [J]. Catalysis Communications, 2010, 11(6): 513-517.

[241] Liu S T, Wang L, Ohnishi R, Ichikawa M. Bifunctional catalysis of Mo/HZSM-5 in the dehydroaromatization of methane to benzene and naphthalene XAFS/TG/DTA/Mass/FTIR characterization and supporting effects [J]. Journal of Catalysis, 1999, 181(2): 175-188.

[242] Liu S, Wang L, Ohnishi R, Ichikawa M. Bifunctional catalysis of Mo/HZSM-5 in the dehydroaromatization of methane with CO/CO_2 to benzene and naphthalene [J]. Kinetics and Catalysis, 2000, 41(1): 132-144.

[243] Shu Y Y, Ma D, Xu L Y, Xu Y D, Bao X H. Methane Dehydro-Aromatization over Mo/MCM-22 Catalysts: A Highly Selective Catalyst for the Formation of Benzene[J]. Catalyiss Letters, 2000, 70: 67-73.

[244] Lu Y A, Xu Z S, Tian Z J, Zhang T, Lin L W. Methane aromatization in the absence of an added oxidant and the bench scale reaction test [J]. Catalysis Letters, 1999, 62(2-4): 215-220.

[245] Shu Y Y, Ohnishi R, Ichikawa M. Pressurized dehydrocondensation of methane toward benzene and naphthalene on Mo/HZSM-5 catalyst: Optimization of reaction parameters and promotion by CO_2 addition [J]. Journal of Catalysis, 2002, 206(1): 134-142.

[246] Shu Y, Ma H, Ohnishi R, Ichikawa M. Highly stable performance of catalytic methane dehydrocondensation towards benzene on Mo/HZSM-5 by a periodic switching treatment with H_2 and CO_2 [J]. Chemical Communications, 2003, (1): 86-87.

[247] Honda K, Yoshida T, Zhang Z G. Methane dehydroaromatization over Mo/HZSM-5 in periodic CH_4-H_2 switching operation mode [J]. Catalysis Communications, 2003, 4(1): 21-26.

[248] Xu Y B, Lu J Y, Wang J D, Suzuki Y, Zhang Z G. The catalytic stability of Mo/HZSM-5 in methane dehydroaromatization at severe and periodic CH_4-H_2 switch operating conditions [J]. Chemical Engineering Journal, 2011, 168(1): 390-402.

[249] Xu Y B, Wang J D, Suzuki Y, Zhang Z G. Effect of transition metal additives on the catalytic stability of Mo/HZSM-5 in the methane dehydroaromatization under periodic CH_4-H_2 switch operation at 1073 K [J]. Applied Catalysis A-General, 2011, 409: 181-193.

[250] Sun C, Fang G, Guo X, Hu Y, Ma S, Yang T, Han J, Ma H, Tan D, Bao X. Methane dehydroaromatization with periodic CH_4-H_2 switch: A promising process for aromatics and hydrogen

[J]. Journal of Energy Chemistry, 2015, 24(3): 257-263.

[251] Morejudo S H, Zanon R, Escolastico S, Yuste-Tirados I, Malerod-Fjeld H, Vestre P K, Coors W G, Martinez A, Norby T, Serra J M, Kjolseth C. Direct conversion of methane to aromatics in a catalytic co-ionic membrane reactor [J]. Science, 2016, 353(6299): 563-566.

[252] Ma D, Shu Y, Cheng M, Xu Y, Bao X H. On the induction period of methane aromatization over Mo-based catalysts [J]. Journal of Catalysis, 2000, 194(1): 105-114.

[253] Zheng H, Ma D, Bao X, Hu J Z, Kwak J H, Wang Y, Peden C H F. Direct observation of the active center for methane dehydroaromatization using an ultrahigh field ^{95}Mo NMR spectroscopy [J]. Journal of the American Chemical Society, 2008, 130(12): 3722-3723.

[254] Lezcano-González I, Oord R, Rovezzi M, Glatzel P, Botchway S W, Weckhuysen B M, Beale A M. Molybdenum speciation and its impact on catalytic activity during methane dehydroaromatization in zeolite ZSM-5 as revealed by operando X-Ray methods [J]. Angewandte Chemie International Edition, 2016, 55(17): 5215-5219.

[255] Guo X, Fang G, Li G, Ma H, Fan H, Yu L, Ma C, Wu X, Deng D, Wei M, Tan D, Si R, Zhang S, Li J, Sun L, Tang Z, Pan X, Bao X H. Direct, nonoxidative conversion of methane to ethylene, aromatics, and hydrogen [J]. Science, 2014, 344(6184): 616-619.

[256] Sakbodin M, Wu Y, Oh S C, Wachsman E D, Liu D. Hydrogen-permeable tubular membrane reactor: Promoting conversion and product selectivity for non-oxidative activation of methane over an Fe(c) SiO_2 catalyst [J]. Angewandte Chemie International Edition in English, 2016, 55(52): 16149-16152.

[257] Oh S C, Schulman E, Zhang J, Fan J, Pan Y, Meng J, Liu D. Direct non-oxidative methane conversion in a millisecond catalytic wall reactor [J]. Angewandte Chemie International Edition in English, 2019, 58(21): 7083-7086.

[258] Hao J Q, Schwach P, Fang G Z, Guo X G, Zhang H L, Shen H, Huang X, Eggart D, Pan X L, Bao X H. Enhanced methane conversion to olefins and aromatics by H-donor molecules under nonoxidative condition [J]. ACS Catalysis, 2019, 9(10): 9045-9050.

[259] Hao J, Schwach P, Li L, Guo X, Weng J, Zhang H, Shen H, Fang G, Huang X, Pan X, Xiao C, Yang X, Bao X. Direct experim ental detection of hydrogen radicals in non-oxidative methane catalytic reaction [J]. Journal of Energy Chemistry, 2021, 52: 372-376.

[260] Han S J, Lee S W, Kim H W, Kim S K, Kim Y T. Nonoxidative direct conversion of methane on silica-based iron catalysts: Effect of catalytic surface [J]. ACS Catalysis, 2019, 9(9): 7984-7997.

[261] Xie P F, Pu T C, Nie A M, Hwang S, Purdy S C, Yu W J, Su D, Miller J T, Wang C. Nanoceria-supported single-atom platinum catalysts for direct methane conversion [J]. ACS Catalysis, 2018, 8(5): 4044-4048.

[262] Huang K F, Miller J B, Huber G W, Dumesic J A, Maravelias C T. A general framework for the evaluation of direct nonoxidative methane conversion strategies [J]. Joule, 2018, 2(2): 349-365.

[263] 郑绵平, 邓天龙, 阿哈龙 • 奥伦. 盐湖科学概论[M]. 北京: 科学出版社, 2018.

[264] 程芳琴, 程文婷, 成怀刚. 盐湖化工基础及应用[M]. 北京: 科学出版社, 2012.

[265] 段雪, 何鸣元, 青海盐湖资源综合利用[R]. 中国科学院学部咨询评议项目, 2011.

[266] 段雪, 陆军. 二维纳米复合氢氧化物结构、组装与功能[M]. 北京: 科学出版社, 2013.

[267] Dou Y, Pan T, Xu S, Yan H, Han J, Wei M, David G, Prof E, Duan X. Transparent, ultrahigh-gas-barrier films with a brick-mortar-sand structure [J]. Angewandte Chemie International Edition, 2015, 54(33): 9673-9678.

[268] He M Y, Luo C G, Yang H J, Kong F C, Li Y L, Deng L, Zhang X Y, Yang K Y. Sources and a proposal for comprehensive exploitation of lithium brine deposits in the Qaidam Basin on the northern tibetan plateau, China: Evidence from Li isotopes [J]. Ore Geology Reviews, 2020, 117: 103277.

[269] 项顼, 王瑞瑞, 周辰, 段雪. 从卤水中提取镁、锂同时生产水滑石的工艺方法: 201510253366.4 [P]. 2015-12-16.

[270] Cui L, Jiang K, Wang J, Dong K, Zhang X, Cheng F. Role of ionic liquids in the efficient transfer of

lithium by cyanex 923 in solvent extraction system [J]. AIChE Journal, 2019, 65(15): 1-12.
[271] Cui L, Wang L, Feng M, Fang L, Guo Y, Cheng F. Ion-pair induced solvent extraction of lithium (Ⅰ) from acidic chloride solutions with tributyl phosphate [J]. Green Energy & Environment, 2021, 6(4): 607-616.
[272] Li E, Du Z, Yuan S, Cheng F. Low temperature molecular dynamic simulation of water structure atsylvite crystal surface in saturated solution [J]. Minerals Engineering, 2015, 83: 53-58.
[273] Cheng H, He Y, Zhao J, Cheng W, Cheng F. Pilot test and cost-based feasibility study of solar-assisted evaporation for direct preparation of high-purity magnesium sulfate hydrates from metastable Na^+, Mg^{2+}//Cl^-,SO_4^{2-}-H_2O salt-water system [J]. Hydrometallurgy, 2019, 189: 105140.
[274] 毕献武. 我国矿产资源高效清洁利用进展与展望[J]. 矿物岩石地球化学通报, 2014, 33(1): 14-22.
[275] 邵国强, 朱庆山, 谢朝晖. 软锰矿流态化低温还原实验研究[J]. 中国锰业, 2016, 34(2): 29-33.
[276] 严旺生. 中国锰矿资源与富锰渣产业的发展[J]. 中国锰业, 2008, 26(1): 7-11.
[277] 谢朝晖, 朱庆山, 邵国强, 邹正, 李洪钟. 氧化锰矿流态化还原技术的工业应用实践[J]. 中国锰业, 2017, 35(4): 85-88.
[278] 郑诗礼, 杜浩, 王少娜, 张懿, 陈东辉, 白瑞国. 亚熔盐法钒渣高效清洁提钒技术[J]. 钢铁钒钛, 2012, 33(1): 15-19.
[279] 赵中伟, 孙丰龙, 杨金洪, 方奇, 姜文伟, 刘旭恒, 陈星宇, 李江涛. 我国钨资源、技术和产业发展现状与展望[J]. 中国有色金属学报, 2019, 29(9): 1902-1916.
[280] 顾汉念, 郭腾飞, 马时成, 代杨, 王宁. 赤泥中铁的提取与回收利用研究进展[J]. 化工进展, 2018, 37(9): 3599-3608.
[281] 应自伟, 储满生, 唐珏, 柳政根, 周渝生. 非高炉炼铁工艺现状及未来适应性分析[J]. 河北冶金, 2019(6): 1-7.
[282] Yi S H , Choi M E , Kim D H, Ko C K,Kim S Y. Finex as an environmentally sustainable ironmaking process [J]. Ironmaking & Steelmaking, 2019, 46(7): 625-631.
[283] Jia Y, Sun H Y, Chen D F, Gao H S, Ruan R M. Characterization of microbial community in industrial bioleaching heap of copper sulfide ore at monywa mine, myanmar [J]. Hydrometallurgy, 2016, 164(6): 355-361.
[284] 中华人民共和国自然资源部. 中国矿产资源报告[R]. 北京: 地质出版社, 2018.
[285] 姜炜, 罗孟杰, 刘程琳, 李平, 于建国. 亚熔盐低温浸取钾长石工艺过程[J]. 上海: 华东理工大学学报(自然科学版), 2019, 45(2): 206-215.
[286] Lu Y, Wang X, Liu W, Li E, Cheng F, Miller J D. Dispersion behavior and attachment of high internal phase water-in-oil emulsion droplets during fine coal flotation [J]. Fuel, 2019, 253: 273-282.
[287] Ruscio A, Kazanc F, Levendis Y A. Comparison of fine ash emissions generated from biomass and coal combustion and valuation of predictive furnace deposition indices: A review [J]. Journal of Energy Engineering, 2016, 142(2): 1-12.
[288] Li J Y, Wang J M. Comprehensive utilization and environmental risks of coal gangue: A review [J]. Journal of Cleaner Production, 2019, 239: 117946.
[289] Li D, Wu D S, Xu F G, Lai J H, Shao L. Literature overview of chinese research in the field of better coal utilization [J]. Journal of Cleaner Production, 2018, 185: 959-980.
[290] Chen J F, Zhang H, Zhao H Z, Yu J, Ding X F. Synthesis of low-cost mullite homogenizing material from aluminium rich coal gangue [J]. Rare Metal Materials and Engineering, 2015, 44(S1): 192-195.
[291] 冯宗玉, 黄小卫, 王猛, 张国成. 典型稀土资源提取分离过程的绿色化学进展及趋势[J]. 稀有金属, 2017, 41(5): 604-612.
[292] 黄小卫, 龙志奇, 彭新林, 李红卫, 杨桂林, 韩业斌, 崔大立, 罗兴华, 赵娜, 王良士. 一种萃取分离稀土元素的工艺: 200910118985. 7 [P]. 2010-07-21.
[293] 朱国才. 一种氯化铵焙烧法分解氟碳铈矿回收碳酸稀土的方法: 99106149.7 [P]. 1999-12-08.
[294] 李德谦, 陆军, 魏正贵, 王忠怀, 孟淑兰, 马根祥. 一种从氟碳铈矿浸出液中萃取分离铈、钍的工艺: 98122348.6 [P]. 2000-05-24.

[295] 廖伍平, 李艳玲, 张志峰, 吴国龙, 卢有彩. 分离铈-氟和钍的方法: ZL 201410764960.5 [P]. 2016-07-06.

[296] 廖伍平, 卢有彩, 张志峰, 李艳玲, 吴国龙. 含氨基中性膦萃取剂用于萃取分离四价铈的用途和方法: ZL 201410765018.0 [P]. 2019-07-19.

[297] 廖伍平, 李艳玲, 张志峰, 吴国龙, 卢有彩. 含氨基中性膦萃取剂用于萃取分离钍的用途和方法: ZL 201410765062.1 [P]. 2016-07-06.

[298] 李永绣, 许秋华, 王悦, 谢爱玲, 侯潇, 周雪珍, 周新木, 刘艳珠, 李静, 李东平. 一种提高离子型稀土浸取率和尾矿安全性的方法: ZL 201310594438.2 [P]. 2014-04-02.

[299] 许秋华, 孙园园, 周雪珍, 刘艳珠, 李静, 李永绣. 离子吸附型稀土资源绿色提取[J]. 中国稀土学报, 2016, 34(6): 650-660.

[300] 黄小卫, 于瀛, 冯宗玉, 赵娜. 一种从离子型稀土原矿回收稀土的方法: CN102190325A [P]. 2011-09-21.

[301] Huang X W, Dong J S, Wang L S, Feng Z Y, Xue Q N, Meng X L. Selective recovery of rare earth elements from ion-adsorption rare earth element ores by stepwise extraction with HEH (EHP) and HDEHP [J]. Green Chemistry, 2017, 19(5): 1345-1352.

[302] 谭天伟. 绿色生物制造产业发展趋势[J]. 生物产业技术, 2015(06): 13-15.

[303] 谭天伟, 苏海佳, 陈必强, 王萌, 蔡的, 肖刚, 崔子恒. 绿色生物制造[J]. 北京化工大学学报(自然科学版), 2018, 45(05): 107-118.

[304] Yu R, Nielsen J. Big data in yeast systems biology [J]. Fems Yeast Research, 2019, 19(7): foz070.

[305] Zhang J, Petersen S D, Radivojevic T, Ramirez A, Pérez Manríquez A, Abeliuk E, Sánchez B J, Costello Z, Chen Y, Fero M J, Martin H G, Nielsen J, Keasling J D, Jensen M K. Combining mechanistic and machine learning models for predictive engineering and optimization of tryptophan metabolism [J]. Nature Communications, 2020, 11(1): 4880.

[306] 卢涛, 石维忱. 我国生物发酵产业现状分析与发展策略[J]. 生物产业技术, 2019(02): 5-8.

[307] 徐鑫, 陈骁, 咸漠. 面向资源与环境的生物基化学品技术创新与展望[J]. 化工进展, 2015, 34(11): 3825-3831.

[308] 马延和. 生物炼制细胞工厂:生物制造的技术核心[J]. 生物工程学报, 2010, 26(10): 1321-1326.

[309] 胡礼珍, 王佳, 袁波, 朱佛代, 费强, 傅容湛. 碳一气体生物利用进展[J]. 生物加工过程, 2017, 15(06): 17-25.

[310] Tao H, Lian C, Liu H. Multiscale modeling of electrolytes in porous electrode: From equilibrium structure to non-equilibrium transport [J]. Green Energy & Environment, 2020, 5(3): 303-321.

[311] Cui C, Zhen Y, Qu J, Chen B, Tan T. Synthesis of the biosafety isosorbide dicaprylate ester plasticizer by lipase in solvent-free system and its sub-chronic toxicity in mice [J]. RSC Advances, 2016, 6(15): 11959-11966.

[312] Wu Y, Li B Z, Zhao M, et al. Bug mapping and fitness testing of chemically synthesized chromosome X [J]. Science, 2017, 355(6329): eaaf4706.

[313] Gao C, Hou J S, Xud P, Guo L, Chen X L, Hu G P, Ye C, Edwards H, Chen J, Chen W, Liu L M. Programmable biomolecular switches for rewiring flux in escherichia coli [J]. Nature Communications, 2019, 10: 3751.

[314] Zhang Y, Wang J, Wang Z, Zhang Y, Shi S, Nielsen J, Liu Z. A gRNA-tRNA array for CRISPR-Cas9 based rapid multiplexed genome editing in saccharomyces cerevisiae [J]. Nature Communications, 2019, 10(1): 1053.

[315] Zhou B, Li X, Luo D, Lim D H, Zhou Y, Fu X D. Grid-seq for comprehensive analysis of global RNA–chromatin interactions [J]. Nature Protocols, 2019, 14(7): 2036-2068.

[316] Zhang T, Tian Y, Yuan L, Chen F, Ren A, Hu Q N. Bio2Rxn: Sequence-based enzymatic reaction predictions by a consensus strategy [J]. Bioinformatics, 2020, 36(11): 3600-3601.

[317] Lian J, Mishra S, Zhao H. Recent advances in metabolic engineering of saccharomyces cerevisiae: New tools and their applications [J]. Metabolic Engineering, 2018, 50: 85-108.

[318] 王平平, 杨成帅, 李晓东, 蒋雨果, 严兴, 周志华. 植物天然化合物的人工合成之路[J]. 有机化学,

2018, 38(09): 2199-2214.

[319] Zhang C, Xiao G, Peng L, Su H, Tan T. The anaerobic co-digestion of food waste and cattle manure [J]. Bioresource Technology, 2013, 129: 170-176.

[320] Su H, Liu L, Wang Q, Jiang Y. Semi-continuous anaerobic digestion for biogas production: Influence of ammonium acetate supplement and structure of the microbial community [J]. Biotechnology for Biofuels, 2015(8): 13.

[321] Wang S, Zhang T, Bao M, Su H, Xu P. Microbial production of hydrogen by mixed culture technologies: A review [J]. Biotechnology Journal, 2020, 15(1): 1900297.

[322] Cestellos-Blanco S, Zhang H, Kim J M, Shen Y X, Yang P. Photosynthetic semiconductor biohybrids for solar-driven biocatalysis [J]. Nature Catalysis, 2020, 3(3): 245-255.

[323] Di C, Chen H, Chen C, Song H, Tan T. Gas stripping-pervaporation hybrid process for energy-saving product recovery from acetone-butanol-ethanol (ABE) fermentation broth [J]. Chemical Engineering Journal, 2016, 287: 1-10.

[324] Yun H, Wang M, Feng W, Tan T. Process simulation and energy optimization of the enzyme-catalyzed biodiesel production [J]. Energy, 2013, 54(jun): 84-96.

[325] Wang M, Chen M, Fang Y, Tan T. Highly efficient conversion of plant oil to bio-aviation fuel and valuable chemicals by combination of enzymatic transesterification, olefin cross-metathesis, and hydrotreating [J]. Biotechnology for Biofuels, 2018, 11(1): 30.

[326] Abbott D A, Ingledew W M. Buffering capacity of whole corn mash alters concentrations of organic acids required to inhibit growth of saccharomyces cerevisiae and ethanol production [J]. Biotechnology Letters, 2004, 26(16): 1313-1316.

[327] Allen S A, Clark W, Mccaffery J M, Cai Z, Lanctot A, Slininger P J, Liu Z L, Gorsich S W. Furfural induces reactive oxygen species accumulation and cellular damage in saccharomyces cerevisiae [J]. Biotechnol Biofuels, 2010, 3: 2.

[328] Verghese J, Abrams J, Wang Y, Morano K A. Biology of the Heat Shock Response and Protein Chaperones: Budding Yeast (Saccharomyces cerevisiae) as a Model System [J]. Microbiology and Molecular Biology Reviews : MMBR, 2012, 76(2): 115-158.

[329] Cheng C, Tang R Q, Xiong L, Hector R E, Bai F W, Zhao X Q. Association of improved oxidative stress tolerance and alleviation of glucose repression with superior xylose-utilization capability by a natural isolate of saccharomyces cerevisiae [J]. Biotechnol Biofuels, 2018, 11: 28.

[330] Hipp M S, Park S H, Hartl F U. Proteostasis impairment in protein-misfolding and -aggregation diseases [J]. Trends in Cell Biology, 2014, 24(9): 506-514.

[331] Divate N R, Chen G H, Wang P M, Ou B R, Chung Y C. Engineering saccharomyces cerevisiae for improvement in ethanol tolerance by accumulation of trehalose [J]. Bioengineered, 2016, 7(6): 445-458.

[332] Henderson C M, Block D E. Examining the role of membrane lipid composition in determining the ethanol tolerance of saccharomyces cerevisiae [J]. Applied and Environmental Microbiology, 2014, 80(10): 2966-2972.

[333] Lam F H, Ghaderi A, Fink G R, Stephanopoulos G. Biofuels. Engineering alcohol tolerance in yeast [J]. Science, 2014, 346(6205): 71-75.

[334] Kane P M. Proton Transport and pH Control in Fungi [J]. Advances in Experimental Medicine and Biology, 2016, 892: 33-68.

[335] Caspeta L, Castillo T, Nielsen J. Modifying Yeast Tolerance to Inhibitory Conditions of Ethanol Production Processes [J]. Frontiers in Bioengineering and Biotechnology, 2015, 3: 184.

[336] Liu Y, Zhang G, Sun H, Sun X, Jiang N, Rasool A, Lin Z, Li C. Enhanced pathway efficiency of Saccharomyces cerevisiae by introducing thermo-tolerant devices [J]. Bioresource Technology, 2014, 170: 38-44.

[337] Xu K, Gao L, Hassan J U, Zhao Z, Li C, Huo Y X, Liu G. Improving the thermo-tolerance of yeast base on the antioxidant defense system [J]. Chemical Engineering Science, 2018, 175: 335-342.

[338] Xu K, Yu L, Bai W, Xiao B, Liu Y, Lv B, Li J, Li C. Construction of thermo-tolerant yeast based on an artificial protein quality control system (APQC) to improve the production of bio-ethanol [J]. Chemical Engineering Science, 2018, 177: 410-416.

[339] Qi Y, Liu H, Chen X, Liu L. Engineering microbial membranes to increase stress tolerance of industrial strains [J]. Metabolic Engineering, 2019, 53: 24-34.

[340] Yin N, Zhu G, Luo Q, Liu J, Chen X, Liu L. Engineering of membrane phospholipid component enhances salt stress tolerance in Saccharomyces cerevisiae [J]. Biotechnology and Bioengineering, 2020, 117(3): 710-720.

[341] Xu K, Qin L, Bai W, et al. Multilevel Defense System (MDS) Relieves Multiple Stresses for Economically Boosting Ethanol Production of Industrial Saccharomyces cerevisiae [J]. ACS Energy Letters, 2020, 5: 572-582.

[342] Jia H, Sun X, Sun H, Li C, Wang Y, Feng X, Li C. Intelligent Microbial Heat-Regulating Engine (IMHeRE) for Improved Thermo-Robustness and Efficiency of Bioconversion [J]. ACS Synthetic Biology, 2016, 5(4): 312-320.

[343] Langan R A, Boyken S E, Ng A H, et al. De novo design of bioactive protein switches [J]. Nature, 2019, 572(7768): 205-210.

[344] Bilan D S, Belousov V V. New tools for redox biology: From imaging to manipulation [J]. Free Radical Biology & Medicine, 2017, 109: 167-188.

[345] Chou H H, Keasling J D. Programming adaptive control to evolve increased metabolite production [J]. Natural Communications, 2013, 4: 2595.

[346] Zheng Y, Meng F, Zhu Z, Wei W, Sun Z, Chen J, Yu B, Lou C, Chen G Q. A tight cold-inducible switch built by coupling thermosensitive transcriptional and proteolytic regulatory parts [J]. Nucleic Acids Research, 2019, 47(21): e137.

[347] Pham H L, Wong A, Chua N, Teo W S, Yew W S, Chang M W. Engineering a riboswitch-based genetic platform for the self-directed evolution of acid-tolerant phenotypes [J]. Natural Communications , 2017, 8(1): 411.

[348] Qin L, Dong S, Yu J, Ning X, Xu K, Zhang S J, Xu L, Li B Z, Li J, Yuan Y J, Li C. Stress-driven dynamic regulation of multiple tolerance genes improves robustness and productive capacity of saccharomyces cerevisiae in industrial lignocellulose fermentation [J]. Metabolic Engineering, 2020, 61: 160-170.

[349] Ceroni F, Boo A, Furini S, Gorochowski T E, Borkowski O, Ladak Y N, Awan A R, Gilbert C, Stan G B, Ellis T. Burden-driven feedback control of gene expression [J]. Nature Methods, 2018, 15(5): 387-393.

[350] Dahl R H, Zhang F, et al. Engineering dynamic pathway regulation using stress-response promoters [J]. Nature Biotechnology, 2013, 31(11): 1039-1046.

[351] Wang S, Hou Y, Chen X, Liu L. Kick-Starting evolution efficiency with an autonomous evolution mutation system [J]. Metabolic Engineering, 2019, 54: 127-136.

[352] Gahloth D, Dunstan M S, et al. Structures of carboxylic acid reductase reveal domain dynamics underlying catalysis [J]. Nature Chemical Biology, 2017, 13(9): 975-981.

[353] Chen K, Arnold F H. Engineering new catalytic activities in enzymes [J]. Nature Catalysis, 2020, 3(3): 203-213.

[354] Gora A, Brezovsky J, Damborsky J. Gates of enzymes [J]. Chemical Reviews, 2013, 113(8): 5871-5923.

[355] Pavlova M, Klvana M, Prokop Z, et al. Redesigning dehalogenase access tunnels as a strategy for degrading an anthropogenic substrate [J]. Nature Chemical Biology, 2009, 5(10): 727-733.

[356] Kokkonen P, Sykora J, Prokop Z, et al. Molecular gating of an engineered enzyme captured in real time [J]. Journal of the Aerican Oil Chemists Society, 2018, 140(51): 17999-18008.

[357] Biegasiewicz K F, Cooper S J, Gao X, et al. Photoexcitation of flavoenzymes enables a stereoselective radical cyclization [J]. Science, 2019, 364(6446): 1166-1169.

[358] Chen K, Huang X, Kan S B J, Zhang R K, Arnold F H. Enzymatic construction of highly strained carbocycles [J]. Science, 2018, 360(6384): 71-75.
[359] Yang Y, Cho I, Qi X, Liu P, Arnold F H. An enzymatic platform for the asymmetric amination of primary, secondary and tertiary C(sp^3)-H bonds [J]. Nature Chemistry, 2019, 11(11): 987-993.
[360] Zhang R K, Chen K, Huang X, Wohlschlager L, Renata H, Arnold F H. Enzymatic assembly of carbon-carbon bonds via iron-catalysed sp^3 C-H functionalization [J]. Nature, 2019, 565(7737): 67-72.
[361] Hassan I S, Ta A N, Danneman M W, Semakul N, Burns M, Basch C H, Dippon V N, Mcnaughton B R, Rovis T. Asymmetric delta-lactam synthesis with a monomeric streptavidin artificial metalloenzyme [J]. Journal of the American Chemical Society, 2019, 141(12): 4815-4819.
[362] Rothlisberger D, Khersonsky O, Wollacott A M, et al. Kemp elimination catalysts by computational enzyme design [J]. Nature, 2008, 453(7192): 190-195.
[363] Siegel J B, Zanghellini A, Lovick H M, et al. Computational design of an enzyme catalyst for a stereoselective bimolecular diels-alder reaction [J]. Science, 2010, 329(5989): 309-313.
[364] Boyken S E, Benhaim M A, Busch F, et al. De novo design of tunable, pH-driven conformational changes [J]. Science, 2019, 364(6441): 658-664.
[365] Wei G W. Protein structure prediction beyond alphafold [J]. Nature Machine Intelligence, 2019, 1(8): 336-337.
[366] Jiang T, Li C, Teng Y, Zhang R, Yan Y. Recent advances in improving metabolic robustness of microbial cell factories [J]. Current Opinion in Biotechnology, 2020, 66: 69-77.
[367] Xu P, Li L, Zhang F, Stephanopoulos G, Koffas M. Improving fatty acids production by engineering dynamic pathway regulation and metabolic control [J]. Proceedings of the National Academy of Sciences of the United States of America, 2014, 111(31): 11299-11304.
[368] Wang Y, Ling C, Chen Y, Jiang X, Chen G Q. Microbial engineering for easy downstream processing [J]. Biotechnology Advances, 2019, 37(6): 107365.
[369] Elhadi D, Lv L, Jiang X R, Wu H, Chen G Q. Crispri engineering E-coil for morphology diversification [J]. Metabolic Engineering, 2016, 38: 358-369.
[370] Ding Q, Ma D, Liu G Q, Li Y, Guo L, Gao C, Hu G, Ye C, Liu J, Liu L, Chen X. Light-powered escherichia coli division for chemical production [J]. Nature Communications, 2020, 11(1): 2262.
[371] Lindner A B, Madden R, Demarez A, Stewart E J, Taddei F. Asymmetric segregation of protein aggregates is associated with cellular aging and rejuvenation [J]. Proceedings of the National Academy of Sciences of the United States of America, 2008, 105(8): 3076-3081.
[372] Ksiazek K. Bacterial aging: From mechanistic basis to evolutionary perspective [J]. Cellular and Molecular Life Sciences : CMLS, 2010, 67(18): 3131-3137.
[373] Kaeberlein M. Lessons on longevity from budding yeast [J]. Nature, 2010, 464(7288): 513-519.
[374] Longo V D, Shadel G S, Kaeberlein M, Kennedy B. Replicative and chronological aging in saccharomyces cerevisiae [J]. Cell Metabolism, 2012, 16(1): 18-31.
[375] Pepper E D, Farrell M J, Nord G, Finkel S E. Antiglycation effects of carnosine and other compounds on the long-term survival of escherichia coli [J]. Applied and Environmental Microbiology, 2010, 76(24): 7925-7930.
[376] Delaney J R, Murakami C J, Olsen B, Kennedy B K, Kaeberlein M. Quantitative evidence for early life fitness defects from 32 longevity-associated alleles in yeast [J]. Cell Cycle, 2011, 10(1): 156-165.
[377] Hill S M, Hao X, Liu B, Nystrom T. Life-span extension by a metacaspase in the yeast saccharomyces cerevisiae [J]. Science, 2014, 344(6190): 1389-1392.
[378] Fabrizio P, Pozza F, Pletcher S D, Gendron C M, Longo V D. Regulation of longevity and stress resistance by Sch9 in yeast [J]. Science, 2001, 292(5515): 288-290.
[379] Guo L, Diao W, Gao C, Hu G, Ding Q, Ye C, Chen X, Liu J, Liu L. Engineering escherichia coli lifespan for enhancing chemical production [J]. Nature Catalysis, 2020, 3: 307-318.
[380] Wahl A, Schuth N, Pfeiffer D, Nussberger S, Jendrossek D. Phb granules are attached to the nucleoid

via PhaM in Ralstonia eutropha [J]. BMC Microbiology, 2012, 12: 262.

[381] Choi K R, Jang W D, Yang D, Cho J S, Park D, Lee S Y. Systems metabolic engineering strategies: Integrating systems and synthetic biology with metabolic engineering [J]. Trends in Biotechnology, 2019, 37(8): 817-837.

[382] Ko Y S, Kim J W, Lee J A, Han T, Kim G B, Park J E, Lee S Y. Tools and strategies of systems metabolic engineering for the development of microbial cell factories for chemical production [J]. Chemical Society Reviews, 2020, 49(14): 4615-4636.

[383] Zeng W, Guo L, Xu S, Chen J, Zhou J. High-throughput screening technology in industrial biotechnology [J]. Trends in Biotechnology, 2020, 38(8): 888-906.

[384] Segler M H S, Preuss M, Waller M P. Planning chemical syntheses with deep neural networks and symbolic AI [J]. Nature, 2018, 555(7698): 604-610.

[385] Charpentier E, Doudna J A. Rewriting a genome [J]. Nature, 2013, 495(7439): 50-51.

[386] Presnell K V, Alper H S. Systems metabolic engineering meets machine learning: A new era for data-driven metabolic engineering [J]. Biotechnology Journal, 2019, 14(9): 1800416.

[387] Kim M, Rai N, Zorraquino V, Tagkopoulos I. Multi-omics integration accurately predicts cellular state in unexplored conditions for escherichia coli [J]. Nature Communications, 2016, 7: 13090.

[388] 庄英萍, 陈洪章, 夏建业, 唐文俊, 赵志敏. 我国工业生物过程工程研究进展[J]. 生物工程学报, 2015(6): 778-796.

[389] Gao Q, Tan G Y, Xia X, Zhang L. Learn from microbial intelligence for avermectins overproduction [J]. Current Opinion in Biotechnology, 2017, 48: 251-257.

[390] 王文方, 钟建江. 合成生物学驱动的智能生物制造研究进展[J]. 生命科学, 2019, 31(04): 95-104.

[391] 夏建业, 田锡炜, 刘娟, 庄英萍. 人工智能时代的智能生物制造[J]. 生物加工过程, 2020, 018(001): 13-20.

[392] Wang Y, Chu J, Zhuang Y P, Wang Y H, Xia J Y, Zhang S L. Industrial bioprocess control and optimization in the context of systems biotechnology [J]. Biotechnology Advances, 2009, 27(6): 989-995.

[393] 郭美锦, 庄英萍. 生物过程关键技术及装备开发[J]. 生物产业技术, 2014, (6): 7-13.

[394] 王泽建, 王萍, 张琴, 储炬, 张嗣良, 庄英萍. 微生物发酵过程生理参数检测传感器技术与过程优化[J]. 生物产业技术, 2018,63(01): 19-32.

[395] 田锡炜, 王冠, 张嗣良, 庄英萍. 工业生物过程智能控制原理和方法进展[J]. 生物工程学报, 2019, 35(10): 2014-2024.

[396] Haringa C, Mudde R F, Noorman H J. From industrial fermentor to CFD-guided downscaling: What have we learned？ [J]. Biochemical Engineering Journal, 2018, 140: 57-71.

[397] Wang G, Haringa C, Noorman H, Chu J, Zhuang Y. Developing a computational framework to advance bioprocess scale-up [J]. Trends Biotechnol, 2020, 38(8): 846-856.

[398] Haringa C, Tang W, Deshmukh A T, Xia J, Reuss M, Heijnen J J, Mudde R F, Noorman H J. Euler-lagrange computational fluid dynamics for (bio)reactor scale down: An analysis of organism lifelines [J]. Engineering in Life Sciences, 2016, 16(7): 652-663.

[399] Lara A R, Galindo E, Ramirez O T, Palomares L A. Living with heterogeneities in bioreactors: Understanding the effects of environmental gradients on cells [J]. Molecular biotechnology, 2006, 34(3): 355-381.

[400] Wang G, Haringa C, Tang W, Noorman H, Chu J, Zhuang Y, Zhang S. Coupled metabolic-hydrodynamic modeling enabling rational scale-up of industrial bioprocesses [J]. Biotechnology and Bioengineering, 2020, 117(3): 844-867.

[401] Wang G, Chu J, Noorman H, Xia J, Tang W, Zhuang Y, Zhang S. Prelude to rational scale-up of penicillin production: A scale-down study [J]. Applied Microbiology and Biotechnology, 2014, 98(6): 2359-2369.

[402] Wang G, Tang W J, Xia J Y, Chu J, Noorman H, van Gulik W M. Integration of microbial kinetics and fluid dynamics toward model-driven scale-up of industrial bioprocesses [J]. Engineering in Life

Sciences, 2015, 15(1): 20-29.

[403] 张嗣良. 工业生物过程优化与放大研究中的科学问题——生物过程环境组学与多尺度方法原理研究[J]. 中国基础科学, 2009(05): 27-31.

[404] Zhang S, Chu J, Zhuang Y. A multi-scale study of industrial fermentation processes and their optimization [J]. Advances in Biochemical Engineering/Biotechnology, 2004, 87: 97-150.

[405] 张嗣良. 大数据时代的生物过程研究[J]. 中华医学科研管理杂志, 2016(3): 34-39.

[406] 张嗣良, 潘杭琳, 黄明志, 谢梅野. 生物过程大数据分析与智能化[J]. 生物产业技术, 2018, 01(63): 86-93.

[407] Cao Z, Yu J, Wang W, Lu H, Xia X, Xu H, Yang X, Bao L, Zhang Q, Wang H, Zhang S, Zhang L. Multi-scale data-driven engineering for biosynthetic titer improvement [J]. Current Opinion in Biotechnology, 2020, 65: 205-212.

[408] Zhan C, Lian C, Zhang Y, Thompson M W, Xie Y, Wu J Z, Kent P R C, Cummings P T, Jiang D E, Wesolowski D J. Computational insights into materials and interfaces for capacitive energy storage [J]. Advanced Science, 2017, 4(7): 1700059.

[409] 练成, 刘洪来. 经典密度泛函理论在双电层超级电容器研究中的应用[J]. 化工进展, 2019, 38(01): 244-259.

[410] Lian C, Liu H, Li C, Wu J. Hunting ionic liquids with large electrochemical potential windows [J]. AIChE Journal, 2019, 65(2): 804-810.

[411] Bi S, Banda H, Chen M, Niu L, Chen M Y, Wu T Z, Wang J S, Wang R X, Feng J M, Chen T Y, Dinca M, Kornyshev A A, Feng G. Molecular understanding of charge storage and charging dynamics in supercapacitors with mof electrodes and ionic liquid electrolytes [J]. Nature Materials, 2020, 19(5): 552-558.

[412] Che H Y, Chen S L, Xie Y Y, Wang H, Amine K, Liao X Z, Ma Z F. Electrolyte design strategies and research progress for room-temperature sodium-ion batteries [J]. Energ & Environmental Science, 2017, 10(5): 1075-1101.

[413] Su H, Lin S, Deng S, Lian C, Shang Y, Liu H. Predicting the capacitance of carbon-based electric double layer capacitors by machine learning [J]. Nanoscale Advances, 2019, 1(6): 2162-2166.

[414] Lian C, Janssen M, Liu H, van Roij R. Blessing and curse: How a supercapacitor's large capacitance causes its slow charging [J]. Physical Review Letters, 2020, 124(7): 076001.

[415] Tian X, Lu X F, Xia B Y, Lou X W. Advanced electrocatalysts for the oxygen reduction reaction in energy conversion technologies [J]. Joule, 2020, 4(1): 45-68.

[416] de Luna P, Hahn C, Higgins D, Jaffer S A, Jaramillo T F, Sargent E H. What would it take for renewably powered electrosynthesis to displace petrochemical processes？ [J]. Science, 2019, 364(6438): eaav3506.

[417] Gao R, Pan L, Li Z, Shi C, Yao Y, Zhang X, Zou J J. Engineering facets and oxygen vacancies over hematite single crystal for intensified electrocatalytic H_2O_2 production [J]. Advanced Functional Materials, 2020, 30(24): 1910539.

[418] Sherbo R S, Delima R S, Chiykowski V A, Macleod B P, Berlinguette C P. Complete electron economy by pairing electrolysis with hydrogenation [J]. Nature Catalysis, 2018, 1(7): 501-507.

[419] Meyer T H, Choi I, Tian C, Ackermann L. Powering the future: How can electrochemistry make a difference in organic synthesis？ [J]. Chem, 2020, 6(10): 2484-2496.

[420] Wu X, Luo N, Xie S, Zhang H, Zhang Q, Wang F, Wang Y. Photocatalytic transformations of lignocellulosic biomass into chemicals [J]. Chemical Society Reviews, 2020, 49(17): 6198-6223.

[421] Zhang X, Pan L, Wang L, Zou J J. Review on synthesis and properties of high-energy-density liquid fuels: Hydrocarbons, nanofluids and energetic ionic liquids [J]. Chemical Engineering Science, 2018, 180: 95-125.

[422] Mahlia T M I, Saktisahdan T J, Jannifar A, Hasan M H, Matseelar H S C. A review of available methods and development on energy storage； technology update [J]. Renewable and Sustainable

Energy Reviews, 2014, 33: 532-545.
[423]陈海生, 凌浩恕, 徐玉杰. 能源革命中的物理储能技术[J]. 中国科学院院刊, 2019, 34(4): 450-459.
[424] Li G, Hong G, Dong D, Song W, Zhang X. Multiresponsive graphene-aerogel-directed phase-change smart fibers [J]. Advanced Materials, 2018, 30(30): 1801754.
[425] Atinafu D G, Ok Y S, Kua H W, Kim S. Thermal properties of composite organic phase change materials (PCMs): A critical review on their engineering chemistry [J]. Applied Thermal Engineering, 2020, 181: 115960.
[426] Sarbu I, Dorca A. Review on heat transfer analysis in thermal energy storage using latent heat storage systems and phase change materials [J]. International Journal of Energy Research, 2019, 43(1): 29-64.
[427] Graham M, Smith J, Bilton M, Shchukina E, Novikov A A, Vinokurov V, Shchukin D G. Highly stable energy capsules with Nano-SiO_2 pickering shell for thermal energy storage and release [J]. ACS Nano, 2020, 14(7): 8894-8901.
[428] Yuan K, Shi J, Aftab W, Qin M, Usman A, Zhou F, Lv Y, Gao S, Zou R. Engineering the thermal conductivity of functional phase-change materials for heat energy conversion, storage, and utilization [J]. Advanced Functional Materials, 2020, 30(8): 1904228.
[429] KlimešL, Charvát P, et al. Computer modelling and experimental investigation of phase change hysteresis of PCMs: The state-of-the-art review [J]. Applied Energy, 2020, 263: 114572.
[430] Zhang Z, Zhang N, Peng J, Fang X, Gao X, Fang Y. Preparation and thermal energy storage properties of paraffin/expanded graphite composite phase change material [J]. Applied Energy, 2012, 91(1): 426-431.
[431] Ling Z, Chen J, Xu T, Fang X, Gao X, Zhang Z. Thermal conductivity of an organic phase change material/expanded graphite composite across the phase change temperature range and a novel thermal conductivity model [J]. Energy Conversion and Management, 2015, 102: 202-208.
[432] 黄云, 王燕, 姜竹, 黄巧, 田傲雪, 王娜峰. 一种两段式微封装复合储热材料及其制备方法与用途: ZL 201910222576.5 [P]. 2020-09-08.
[433] Huang Q, Huang Y, Tian A, Wang N, Sun T, Xu X. Thermal stability of nitrate-based form-stable thermal storage materials with in situ optical monitoring [J]. Industrial & Engineering Chemistry Research, 2020, 59(23): 10737-10745.
[434] 黄云, 姚华, 郑新港, 李大成. 一种储能式换热装置: ZL 201611203524.6 [P]. 2019-02-12.
[435] 姚华, 黄云, 徐敬英, 马光宇, 王燕, 刘常鹏, 孙守斌. 我国北方地区清洁供暖技术现状与问题探讨[J]. 中国科学院院刊, 2020, 35(9): 1177-1188.
[436] 张福锁. 科学认识化肥的作用[J]. 中国农技推广, 2017, 33(1): 16-19.
[437] 潘兴鲁. 中国农药七十年发展与应用回顾[J]. 现代农药, 2020, 19(1): 1-6.
[438] 李鑫, 秦立洁, 李想, 尹紫璇, 刘哲伟, 李向东. 农用薄膜的功能化研究进展[J]. 塑料, 2020, 49(1): 47-51.
[439] 李英, 朱司航, 商建英, 黄益宗. 土壤镉和砷污染钝化修复材料及科学计量研究[J]. 农业环境科学学报, 2019, 38(9): 2011-2022.
[440] Erisman J W, Sutton M A, Galloway J, Klimont Z, Winiwarter W. How a century of ammonia synthesis changed the world [J]. Nature Geoscience, 2008, 1(10): 636-639.
[441]刘化章. 关注合成氨工业的节能减排：新型高效催化剂的应用[J]. 化工进展, 2009(A2): 406.
[442] Europe F. Carbon capture and utilization in the european fertilizer industry [M]. Fertilizers Europe, 2019.
[443] 叶阳, 曾伟, 邵青楠, 崔怡洲, 王奥诚, 孟祥海, 黄星亮. 合成氨含硫化氢废气的深度脱硫及资源化利用技术[J]. 化学反应工程与工艺, 2018, 34(6): 516-523.
[444] 王海涛. 磷化工和钾肥行业的发展趋势[J]. 石油石化物资采购, 2020(11): 81.
[445] 岳焕芳, 王克武, 孟范玉, 安顺伟, 胡潇怡, 王志平. 新型缓控释增效肥研究进展和发展前景[J]. 蔬菜, 2020(1): 38-42.
[446] 黄华强, 董玉. 中国农化行业未来五年有三个大趋势和若干个小趋势[J]. 农药市场信息, 2020(9): 1.
[447] 邱德文. 生物农药研究进展与未来展望[J]. 植物保护, 2013, 39(5): 81-88.
[448] Rie Okutsu, Ando S, Ueda M. Sulfur-Containing poly(meth)acrylates with high refractive indices and

high abbe's numbers [J]. Chemistry of Materials, 2008, 20: 7.
[449] 吕展衡, 陈品鸿, 许冰, 颖 罗, 周武艺, 董先明. 巯基-双键点击反应制备光固化红光转光膜及其性能[J]. 材料导报, 2020, 34(Z1): 5.
[450] Liu L, Li W, Song W, Guo M. Remediation techniques for heavy metal-contaminated soils: Principles and applicability [J]. Science of theTotal Environ, 2018, 633: 206-219.
[451] Gong Y, Zhao D, Wang Q. An overview of field-scale studies on remediation of soil contaminated with heavy metals and metalloids: Technical progress over the last decade [J]. Water Research, 2018, 147: 440-460.
[452] Palansooriya K N, Shaheen S M, Chen S S, Tsang D C W, Hashimoto Y, Hou D, Bolan N S, Rinklebe J, Ok Y S. Soil amendments for immobilization of potentially toxic elements in contaminated soils: A critical review [J]. Environment Internation, 2020, 134: 105046.
[453] 侯翠红, 许秀成, 王好斌, 赵玉芬. 绿色肥料产业体系构建及其科学问题[J]. 科学通报, 2015, 60(36): 3535-3542.
[454] 崔亚. 中国农药灵魂“三问”[J]. 农药市场信息, 2020(15): 20-22.
[455] Lin B, Guo Y, Lin J, Ni J, Lin J, Jiang L, Wang Y. Deactivation study of carbon-supported ruthenium catalyst with potassium promoter [J]. Applied Catalysis A-General, 2017, 541: 1-7.
[456] Lin B, Liu Y, Heng L, Wang X, Ni J, Lin J, Jiang L. Morphology effect of ceria on the catalytic performances of Ru/CeO_2 catalysts for ammonia synthesis [J]. Industrial & Engineering Chemistry Research, 2018, 57(28): 9127-9135.
[457] Lin B, Heng L, Fang B, Yin H, Ni J, Wang X, Lin J, Jiang L. Ammonia synthesis activity of alumina-supported ruthenium catalyst enhanced by alumina phase transformation [J]. Acs Catalysis, 2019, 9(3): 1635-1644.
[458] Shen L, Zheng X, Lei G, Li X, Cao Y, Jiang L. Hierarchically porousγ-Al_2O_3 nanosheets: Facile template-free preparation and reaction mechanism for H_2S selective oxidation [J]. Chemical Engineering Journal, 2018, 346: 238-248.
[459] Kan X, Chen X, Chen W, Mi J, Zhang J Y, Liu F, Zheng A, Huang K, Shen L, Au C, Jiang L. Nitrogen-decorated, ordered mesoporous carbon spheres as high-efficient catalysts for selective capture and oxidation of H_2S [J]. ACS Sustainable Chemistry & Engineering, 2019, 7(8): 7609-7618.
[460] Zheng X, Li Y, Zhang L, Shen L, Xiao Y, Zhang Y, Au C, Jiang L. Insight into the effect of morphology on catalytic performance of porous CeO_2 nanocrystals for H_2S selective oxidation [J]. Applied Catalysis B- Environmental, 2019, 252: 98-110.
[461] Mi J, Liu F, Chen W, Chen X, Shen L, Cao Y, Au C, Huang K, Zheng A, Jiang L. Design of efficient, hierarchical porous polymers endowed with tunable structural base sites for direct catalytic elimination of cos and H_2S [J]. ACS Applied Materials & Interfaces, 2019, 11(33): 29950-29959.
[462] Liu Y, Song C, Wang Y, Cao W, Lei Y, Feng Q, Chen Z, Liang S, Xu L, Jiang L. Rational designed Co@N-doped carbon catalyst for high-efficient H_2S selective oxidation by regulating electronic structures [J]. Chemical Engineering Journal, 2020, 401: 126038.
[463] 王好斌, 侯翠红, 王艳语, 苗俊艳, 许秀成, 李菂萍, 郭建文. 无机包裹型缓释复合肥料及其产业化应用[J]. 武汉工程大学学报, 2017, 39(6): 557-564.
[464] 王艳语, 侯翠红, 许秀成, 王好斌. 肥料助剂的分类及发展现状[J]. 磷肥与复肥, 2019, 34(1): 21-24.
[465] Chen J, Fan X, Zhang L, Chen X, Sun S, Sun R C. Research progress in lignin-based slow/controlled release fertilizer [J]. ChemSusChem, 2020, 13(17): 4356-4366.
[466] Liang D, Zhang Q, Zhang W, Liu L, Liang H, Quirino R L, Chen J, Liu M, Lu Q, Zhang C. Tunable thermo-physical performance of castor oil-based polyurethanes with tailored release of coated fertilizers [J]. Journal of Cleaner Production, 2019, 210: 1207-1215.
[467] Jia C, Zhang X, Li Y, Jiang Y, Zhang M, Lu P, Chen H. Synthesis and characterization of bio-based PA/EP interpenetrating network polymer as coating material for controlled release fertilizers [J]. Journal of Applied Polymer Science, 2018, 135(13): 46052.

[468] Yan Y, Liu Q, Zang X, Yuan S, Bat E U, Nguyen C, Gan J, Zhou J, Jacobsen S E, Tang Y. Resistance-Gene directed discovery of a natural-product herbicide with a new mode of action [J]. Nature, 2018, 559(7714): 415-418.

[469] 杨益军, 张波. 2020年全球(中国)草铵膦市场状况分析及预测[J]. 世界农药, 2020, 42(3): 20-30.

[470] Zhou H, Meng L, Yin X, Liu Y, Wu J, Xu Gang, Wu M, Yang L. Biocatalytic asymmetric synthesis of l-phosphinothricin using a one-pot three enzyme system and a continuous substrate fed-batch strategy[J]. Applied Catalysis A-General, 2020, 589: 117239.

[471] Fang J M, Lin C H, Bradshaw C W, Wong C H. Enzymes in organic synthesis: Oxidoreductions [J]. Journal of the Chemical Society, 1995(8): 967

[472] Yin X, Liu Y, Meng L, Zhou H, Wu J, Yang L. Rational molecular engineering of glutamate dehydrogenases for enhancing asymmetric reductive amination of Bulky α-Keto acids [J]. Advanced Synthesis & Catalysis, 2019, 361(4): 803-812.

[473] Ueda M, Yasuda M, Sakamoto T, Morimoto Y. High level production of 3-cyano-6-hydroxypyridine from 3-cyanopyridine by comamonas testosteroni MCI2848 [J]. Studies in Organic Chemistry, 1998, 53: 143-147.

[474] Hurh B, Ohshima M, Yamane T, Nagasawa T. Microbial production of 6-hydroxynicotinic acid, an important building block for the synthesis of modern insecticides [J]. Journal of Fermentation and Bioengineering, 1994, 77(4): 382-385.

[475] 杨瑶. 吡啶衍生物的微生物羟基化及其酶的基因克隆与表达的研究[D]. 南京: 南京师范大学,2008.

[476] 米庆华, 宁堂原, 艾希珍, 魏珉, 姚占海, 徐静, 杨凤娟, 秦立洁, 李衍素, 李文斐, 陈宇, 孙天智, 李清明, 史庆华, 徐坤, 李岩, 王秀峰, 韩宾, 谭业明. 新型功能性农用塑料棚膜及地膜研发与产业化应用[J]. 中国科技成果, 2019, 20(15): 69-70.

[477] Goh K H, Lim T T, Dong Z. Application of layered double hydroxides for removal of oxyanions: A review [J]. Water Research, 2008, 42(6-7): 1343-1368.

[478] Evans D G, Duan X. Preparation of layered double hydroxides and their applications as additives in polymers, as precursors to magnetic materials and in biology and medicine [J]. Chemical Communications, 2006(5): 485-496.

[479] Richetta M, Varone A, Mattoccia A, Medaglia P G, Kaciulis S, Mezzi A, Soltani P, Pizzoferrato R. Preparation, intercalation, and characterization of nanostructured (Zn, Al) layered double hydroxides (LDHs) [J]. Surface and Interface Analysis, 2018, 50(11): 1094-1098.

[480] 陈振虎, 刘恬, 陈馨, 妙旭华, 王玉鹏, 蔺海明, 杜松, 魏公河. 凹凸棒石复配纳米超微功能材料对土壤重金属的钝化效果[J]. 甘肃农业科技, 2020(7): 32-37.

[481] Kong X, Ge R, Liu T, Xu S, Hao P, Zhao X, Li Z, Lei X, Duan H. Super-stable mineralization of cadmium by calcium-aluminum layered double hydroxide and its large-scale application in agriculture soil remediation [J]. Chemical Engineering Journal, 2021,407:127178.

[482] 蔺海明, 陈馨, 刘恬, 马建源, 王玉鹏, 杜松, 魏公河. 凹凸棒石复配土壤修复剂对土壤重金属钝化效果的研究[J]. 甘肃农业科技, 2020, 7: 19-24.

[483]贾敬敦. 食品物理加工技术与装备发展战略研究[M]. 北京：科学出版社, 2016.

[484] Naik A S, Suryawanshi D, Kumar M, Waghmare R. Ultrasonic treatment: A cohort review on bioactive compounds, allergens and physico-chemical properties of food [J]. Current Research in Food Science, 2021, 4 : 470-477.

[485] Vinatoru M, Mason I. Ultrasonically assisted extraction (UAE) and microwave assisted extraction (MAE) of functional compounds from plant materials. [J]. Trends in Analytical Chemistry, 2017, 97: 159-178.

[486] Zhang J X, Wen C T, Zhang H H, Duan Y Q, Ma H L. Recent advances in the extraction of bioactive compounds with subcritical water: A review [J]. Trends in Food Science & Technology, 2020, 95: 183-195.

[487] Imre B, García L, Puglia D, Vilaplana F. Reactive compatibilization of plant polysaccharides and biobased polymers: Review on current strategies, expectations and reality [J]. Carbohydrate Polymers,

2019, 209: 20-37.
[488] Ouédraogo J C W, Dicko C, Kinic F B, et al. Enhanced extraction of flavonoids from Odontonema strictum leaves with antioxidant activity using supercritical carbon dioxide fluid combined with ethanol [J]. The Journal of Supercritical Fluids, 2018, 131: 66-71.
[489] Dzah C S, Duan Y, Zhang H, Wen C, Zhang J, Chen G, Ma H. The effects of ultrasound assisted extraction on yield, antioxidant, anticancer and antimicrobial activity of polyphenol extracts: A review [J]. Food Bioscience, 2020, 35: 100547.
[490] Martínez J M, Delso C, Maza M, Álvarez I, Raso J.1.16-Utilising pulsed electric field processing to enhance extraction processes. Innovative Food Processing Technologies [J]. Innovative Food Processing Technologies, 2018: 281-287.
[491] Azmi A A B, Sankaran R, Show P L, Ling T C, Tao Y, Munawaroh H S H, Kong P S, Lee D J, Chang J S. Current application of electrical pre-treatment for enhanced microalgal biomolecules extraction [J]. Bioresource Technology, 2020, 302: 122874.
[492] Sun Y N, Zhang M, Fang Z X. Efficient physical extraction of active constituents from edible fungi and their potential bioactivities: A review [J]. Trends in Food Science & Technology, 2020, 105: 468-482.
[493] Rajha H N, Abi-Khattar A M, Kantar S E, Boussetta N, Lebovka N, Maroun R G, Louka N, Vorobiev E. Comparison of aqueous extraction efficiency and biological activities of polyphenols from pomegranate peels assisted by infrared, ultrasound, pulsed electric fields and high-voltage electrical discharges [J]. Innovative Food Science & Emerging Technologies, 2019, 58: 102212.
[494] Kumar K, Srivastav S, Sharanagat V S. Ultrasound assisted extraction (UAE) of bioactive compounds from fruit and vegetable processing by-products: A review [J]. Ultrasonics Sonochemistry, 2021, 70: 105325.
[495] Ojha K S, Aznar R, Odonnell C, Tiwari B K. Ultrasound technology for the extraction of biologically active molecules from plant, animal and marine sources [J]. TrAC-Trends in Analytical Chemistry, 2020, 122: 115663.
[496] Chan C H, Yusoff R, Ngoh G C, Kung W L. Microwave-assisted extractions of active ingredients from plants [J]. Journal of Chromatography A, 2011, 1218(37): 6213-6225.
[497] Yousefi M, Rahimi-Nasrabadi M, Pourmortazavi S M, Wysokowski M, Jesionowski T, Ehrlich H, Mirsadeghi S. Supercritical fluid extraction of essential oils [J]. TrAC-Trends in Analytical Chemistry, 2019, 118: 182-193.
[498] Zhang J, Wen C, Zhang H, Duan Y, Ma H. Recent advances in the extraction of bioactive compounds with subcritical water: A review [J]. Trends in Food Science & Technology, 2020, 95: 183-195.
[499] Han Z, Cai M J, Cheng J H, Sun D W. Effects of electric fields and electromagnetic wave on food protein structure and functionality: A review [J]. Trends in Food Science & Technology, 2018, 75: 1-9.
[500] de Jesus S S, Filho R M. Recent advances in lipid extraction using green solvents [J]. Renewable & Sustainable Energy Reviews, 2020, 133: 110289.
[501] 马海乐. 食品物理加工技术及其基本框架[J]. 中国食品学报, 2018, 18(4): 1-7.
[502] 张辉, 王文月, 段玉清, 任晓锋, 马海乐, 贾敬敦. 我国功能食品创新发展趋势、重点及政策建议[J]. 食品工业科技, 2015, 36(8): 361-364.
[503] Wen C, Zhang J, Zhang H, Dzah C S, Zandile M, Duan Y, Ma H, Luo X. Advances in ultrasound assisted extraction of bioactive compounds from cash crops–a review [J]. Ultrasonics Sonochemistry, 2018, 48: 538-549.
[504] Wen C, Zhang J, Zhou J, Duan Y, Zhang H, Ma H. Effects of slit divergent ultrasound and enzymatic treatment on the structure and antioxidant activity of arrowhead protein [J]. Ultrasonics Sonochemistry, 2018, 49: 294-302.
[505] Wen C T, Zhang J X, Zhou J, Cai M H, Duan Y Q, Zhang H H, Ma H L. Antioxidant activity of arrowhead protein hydrolysates produced by a novel multi-frequency s-type ultrasound-assisted enzymolysis [J]. Natural Product Research, 2020, 34(20): 3000-3003.

[506] 李珂昕, 马海乐, 李树君, 杜先锋. 超声波辅助提取米渣蛋白的仿真模拟[J]. 中国粮油学报, 2018, 33(7): 92-98.

[507] Wen C, Zhang J, Zhang H, Duan Y, Ma H. Plant protein-derived antioxidant peptides: Isolation, identification, mechanism of action and application in food systems: A review [J]. Trends in Food Science & Technology, 2020, 105: 308-322.

[508] Zhang J X, Chen M, Wen C T, Zhou J, Gu J Y, Duan Y Q, Zhang H H, Ren X F, Ma H L. Structural characterization and immunostimulatory activity of a novel polysaccharide isolated with subcritical water from sagittaria sagittifolia L [J]. International Journal of Biological Macromolecules, 2019, 133: 11-20.

[509] Zhang J X, Wen C T, Chen M, Gu J Y, Zhou J, Duan Y Q, Zhang H H, Ma H L. Antioxidant activities of sagittaria sagittifolia L. Polysaccharides with subcritical water extraction [J]. International Journal of Biological Macromolecules, 2019, 134: 172-179.

[510] Zhang J X, Wen C T, Zhang H H, Zandile M, Luo X P, Duan Y Q, Ma H L. Structure of the zein protein as treated with subcritical water [J]. International Journal of Food Properties, 2018, 21(1): 143-153.

[511] Luo X P, Cui J M, Zhang H H, Duan Y Q. Subcritical water extraction of polyphenolic compounds from sorghum (sorghum bicolor l) bran and their biological activities [J]. Food Chemistry, 2018, 262: 14-20.

[512] Bar-On Y M, Phillips R, Milo R. The biomass distribution on earth [J]. Proceedings of the National Academy of Sciences, 2018, 115(25): 6506-6511.

[513] Chirapart A, Praiboon J, Ruangchuay R, Notoya M. Sources of marine biomass [M]. Marine Bioenergy, 2015: 15-44.

[514] Bar-on Yinon M, Milo R. The biomass composition of the oceans: A blueprint of our blue planet [J]. Cell, 2019, 179(7): 1451-1454.

[515] Jang Y S, Kim B, Shin J H, Choi Y J, Choi S, Song C W, Lee J, Park H G, Lee S Y. Bio-based production of C2-C6 platform chemicals [J]. Biotechnology and Bioengineering, 2012, 109(10): 2437-2459.

[516] Kamat P V. Energy outlook for planet earth [J]. Journal of Physical Chemistry Letters, 2013, 4(10): 1727-1729.

[517] Singh A, Rangaiah G P. Review of technological advances in bioethanol recovery and dehydration [J]. Industrial & Engineering Chemistry Research, 2017, 56(18): 5147-5163.

[518] Wei N, Quarterman J, Jin Y S. Marine macroalgae: An untapped resource for producing fuels and chemicals [J]. Trends in Biotechnology, 2013, 31(2): 70 - 77.

[519] Whiting K, Carmona L G, Sousa T. A review of the use of exergy to evaluate the sustainability of fossil fuels and non-fuel mineral depletion [J]. Renewable & Sustainable Energy Reviews, 2017, 76: 202-211.

[520] Zhou J, Tian H, Zhu C, Hao J, Gao J, Wang Y, Xue Y, Hua S, Wang K. Future trends of global atmospheric antimony emissions from anthropogenic activities until 2050 [J]. Atmospheric Environment, 2015, 120: 385-392.

[521] Staples M D, Malina R, Barrett S R H. The limits of bioenergy for mitigating global life-cycle greenhouse gas emissions from fossil fuels [J]. Nature Energy, 2017, 2(2): 16202.

[522] Bayu A, Abudula A, Guan G. Reaction pathways and selectivity in chemo-catalytic conversion of biomass-derived carbohydrates to high-value chemicals: A review [J]. Fuel Processing Technology, 2019, 196: 106162.

[523] Rio P G D, Gomes-Dias J S, Rocha C M R, Romani A, Garrote G, Domingues L. Recent trends on seaweed fractionation for liquid biofuels production [J]. Bioresource Technology, 2020,299: 122613.

[524] Chandra R, Iqbal H M N, Vishal G, Lee H S, Nagra S. Algal biorefinery: A sustainable approach to valorize algal-based biomass towards multiple product recovery [J]. Bioresource Technology, 2019, 278: 346 - 359.

[525] Jang Y S, Kim B, Shin J H, Choi Y J, Choi S, Song C W, Lee J, Park H G, Lee S Y. Bio-based production

of C2-C6 platform chemicals [J]. Biotechnology and Bioengineering, 2012, 109(10): 2437-2459.
[526] Brun N, Hesemann P, Esposito D. Expanding the biomass derived chemical space [J]. Chemical Science, 2017, 8(7): 4724-4738.
[527] Pachapur V L, Sarma S J, Brar S K, Chaabouni E. Platform chemicals: Significance and need [M]. Netherlands: Elsevier, 2016.
[528] Smerilli M, Neureiter M, Wurz S, Haas C, Fruehauf S, Fuchs W. Direct fermentation of potato starch and potato residues to lactic acid by geobacillus stearothermophilus under non-sterile conditions [J]. Journal of Chemical Technology and Biotechnology, 2015, 90(4): 648-657.
[529] Uckun Kiran E, Trzcinski A P, Liu Y. Platform chemical production from food wastes using a biorefinery concept [J]. Journal of Chemical Technology and Biotechnology, 2015, 90(8): 1364-1379.
[530] 赵中华, 石磊, 刘珊珊. 生物质能源发展及海洋生物质能源展望[J]. 科学与管理, 2008(4): 13-15.
[531] Peng L, Fu D, Chu H, Wang Z, Qi H. Biofuel production from microalgae: A review [J]. Environmental Chemistry Letters, 2020, 18(2): 285-297.
[532] Bar-On Y M, Milo R. The biomass composition of the oceans: A blueprint of our blue planet [J]. Cell, 2019, 179(7): 1451-1454.
[533] Cheali P, Posada J A, Gernaey K V, Sin G. Economic risk analysis and critical comparison of optimal biorefinery concepts [J]. Biofuels Bioproducts & Biorefining-Biofpr, 2016, 10(4): 435-445.
[534] Fernand F, Israel A, Skjermo J, Wichard T, Timmermans K R, Golberg A. Offshore macroalgae biomass for bioenergy production: Environmental aspects, technological achievements and challenges [J]. Renewable & Sustainable Energy Reviews, 2017, 75: 35-45.
[535] Gaurav N, Sivasankari S, Kiran G, Ninawe A, Selvin J. Utilization of bioresources for sustainable biofuels: A review [J]. Renewable & Sustainable Energy Reviews, 2017, 73: 205-214.
[536] Gonzalez-Fernandez C, Sialve B, Molinuevo-Salces B. Anaerobic digestion of microalgal biomass: Challenges, opportunities and research needs [J]. Bioresour Technol, 2015, 198: 896-906.
[537] Rakitsky W G. Renewable oil and biomaterials from microalgae: The future of fuel, food and everything in between [C]. Abstracts of Papers, 239th ACS National Meeting, San Francisco, CA, United States, 2010: 21-25.
[538] Saga N. Marine biomass from macro-algae [J]. Bio Industry, 1989, 6(7): 534-548.
[539] Takeda H, Yoneyama F, Kawai S, Hashimoto W, Murata K. Bioethanol production from marine biomass alginate by metabolically engineered bacteria [J]. Energy & Environmental Science, 2011, 4(7): 2575-2581.
[540] Trivedi N, Baghel R S, Bothwell J, Gupta V, Reddy C R K, Lali A M, Jha B. An integrated process for the extraction of fuel and chemicals from marine macroalgal biomass [J]. Scientific Reports, 2016, 6: 30728.
[541] Xie M, Wang W, Zhang W, Chen L, Lu X. Versatility of hydrocarbon production in cyanobacteria [J]. Applied Microbiology and Biotechnology, 2017, 101(3): 905-919.
[542] Marotta G, Pruvost J, Scargiali F, Caputo G, Brucato A. Reflection-refraction effects on light distribution inside tubular photobioreactors [J]. Canadian Journal of Chemical Engineering, 2017,95(9): 1646-1651.
[543] Casoni A I, Ramos F D, Estrada V, Diaz M S. Sustainable and economic analysis of marine macroalgae based chemicals production - process design and optimization [J]. Journal of Cleaner Production, 2020, 276: 122792.
[544] Subhadra B, Edwards M. An integrated renewable energy park approach for algal biofuel production in united states [J]. Energy Policy, 2010, 38(9): 4897-4902.
[545] Wargacki A J, Leonard E, Win M N, Regitsky D D, Santos C N S, Kim P B, Cooper S R, Raisner R M, Herman A, Sivitz A B, Lakshmanaswamy A, Kashiyama Y, Baker D, Yoshikuni Y. An engineered microbial platform for direct biofuel production from brown macroalgae [J]. Science, 2012, 335(6066): 308-313.

[546] John R P, Anisha G S, Nampoothiri K M, Pandey A. Micro and macroalgal biomass: A renewable source for bioethanol [J]. Bioresource Technology, 2011, 102: 186-193.

[547] Seth J R, Wangikar P P. Challenges and opportunities for microalgae-mediated CO_2 capture and biorefinery [J]. Biotechnology and Bioengineering, 2015, 112(7): 1281-1296.

[548] Krueger A, Schaefers C, Schroeder C, Antranikian G. Towards a sustainable biobased industry - highlighting the impact of extremophiles [J]. New Biotechnology, 2018, 40: 144-153.

[549] Dolganyuk V, Belova D, Babich O, Prosekov A, Ivanova S, Katserov D, Patyukov N, Sukhikh S. Microalgae: A promising source of valuable bioproducts [J]. Biomolecules, 2020, 10(8):1153.

[550] Li J, Liu Y, Cheng J J, Mos M, Daroch M. Biological potential of microalgae in china for biorefinery-based production of biofuels and high value compounds [J]. New Biotechnology, 2015, 32(6): 588-596.

[551] Choi B J, Kim G I, Jang S W, Choi C H. Bioreactor with improved operating efficiency utilized for treating wastewater by symbiosis of microalgae and bacteria: KR, 2011-135323 2013068298 [P]. 2011-12-15.

[552] Kumar P T. Photo-bioreactor design for low cost algae biodiesel: India, 2015-IN295 2016013025 [P]. 2015-07-22.

[553] Mairet F, Bernard O, Sciandra A, Pruvost E, Combe C. Bioreactor for microalgae: 2016-FR50603 2016151219 [P]. 2016-03-18.

[554] Manirafasha E, Ndikubwimana T, Zeng X, Lu Y, Jing K. Phycobiliprotein: Potential microalgae derived pharmaceutical and biological reagent [J]. Biochemical Engineering Journal, 2016, 109: 282-296.

[555] Seyed Hosseini N, Shang H, Ross G M, Scott J A. Microalgae cultivation in a novel top-lit gas-lift open bioreactor [J]. Bioresource Technology, 2015, 192: 432-440.

[556] Grima E M, Sevilla J M F, Fernandez F G A. Microalgae, mass culture methods [J]. Encyclopedia of Industrial Biotechnology, 2010, 5: 3385-3409.

[557] Yang R, Wei D, Xie J. Diatoms as cell factories for high-value products: Chrysolaminarin, eicosapentaenoic acid, and fucoxanthin [J]. Critical Reviews in Biotechnology, 2020, 40(7): 993-1009.

[558] Ansari F A, Shriwastav A, Gupta S K, Rawat I, Bux F. Exploration of microalgae biorefinery by optimizing sequential extraction of major metabolites from scenedesmus obliquus [J]. Industrial & Engineering Chemistry Research, 2017, 56(12): 3407-3412.

[559] Yen H W, Yang S C, Chen C H, Jesisca, Chang J S. Supercritical fluid extraction of valuable compounds from microalgal biomass [J]. Bioresource Technolog, 2015, 184: 291-296.

[560] Gerardo M L, Oatley-Radcliffe D L, Lovitt R W. Integration of membrane technology in microalgae biorefineries [J]. Journal of Membrane Science, 2014, 464: 86-99.

[561] Ruppert A M, Weinberg K, Palkovits R. Hydrogenolysis goes bio: From carbohydrates and sugar alcohols to platform chemicals [J]. Angewandte Chemie-International Edition, 2012, 51(11): 2564-2601.

[562] Hariskos I, Posten C. Biorefinery of microalgae - opportunities and constraints for different production scenarios [J]. Biotechnology Journal, 2014, 9(6): 739-752.

[563] Marella T K, Tiwari A. Marine diatom thalassiosira weissflogii based biorefinery for co-production of eicosapentaenoic acid and fucoxanthin [J]. Bioresource Technology, 2020, 307: 123245.

[564] Numata K, Morisaki K. Screening of marine bacteria to synthesize polyhydroxyalkanoate from lignin: Contribution of lignin derivatives to biosynthesis by oceanimonas doudoroffii [J]. ACS Sustainable Chemistry & Engineering, 2015, 3(4): 569-573.

[565] Barzkar N, Sohail M. An overview on marine cellulolytic enzymes and their potential applications [J]. Applied Microbiology and Biotechnology, 2020, 104(16): 6873-6892.

[566] Jouffray J B, Blasiak R, Norström A V, Österblom H, Nyström M. The blue acceleration: The trajectory of human expansion into the ocean [J]. One Earth, 2020, 2(1): 43-54.

[567] Caines S, Khan F, Shirokoff J. Analysis of pitting corrosion on steel under insulation in marine environments [J]. Journal of Loss Prevention in the Process Industries, 2013, 26(6): 1466-1483.

[568] Kirchgeorg T, Weinberg I, Hörnig M, Baier R, Schmid M J, Brockmeyer B. Emissions from corrosion

protection systems of offshore wind farms: Evaluation of the potential impact on the marine environment [J]. Marine Pollution Bulletin, 2018, 136: 257-268.

[569] Li Y, Ning C. Latest research progress of marine microbiological corrosion and bio-fouling, and new approaches of marine anti-corrosion and anti-fouling [J]. Bioactive Materials, 2019, 4: 189-195.

[570] Wang Y, Wharton J A, Shenoi R A. Ultimate strength analysis of aged steel-plated structures exposed to marine corrosion damage: A review [J]. Corrosion Science, 2014, 86: 42-60.

[571] Abbas M, Shafiee M. An overview of maintenance management strategies for corroded steel structures in extreme marine environments [J]. Marine Structures, 2020, 71: 102718.

[572] Zhang Y, Qi Y, Zhang Z. Synthesis of PPG-TDI-BDO polyurethane and the influence of hard segment content on its structure and antifouling properties [J]. Progress in Organic Coatings, 2016, 97: 115-121.

[573] Das S, Kumar S, Samal S K, Mohanty S, Nayak S K. A review on superhydrophobic polymer nanocoatings: Recent development and applications [J]. Industrial & Engineering Chemistry Research, 2018, 57(8): 2727-2745.

[574] Selim M S, Shenashen M A, El-Safty S A, Higazy S A, Selim M M, Isago H, Elmarakbi A. Recent progress in marine foul-release polymeric nanocomposite coatings [J]. Progress in Materials Science, 2017, 87: 1-32.

[575] Ma C, Xu W, Pan J, Xie Q, Zhang G. Degradable polymers for marine antibiofouling: Optimizing structure to improve performance [J]. Industrial & Engineering Chemistry Research, 2016, 55(44): 11495-11501.

[576] Ma C, Zhang W, Zhang G, Qian P Y. Environmentally friendly antifouling coatings based on biodegradable polymer and natural antifoulant [J]. ACS Sustainable Chemistry & Engineering, 2017, 5(7): 6304-6309.

[577] Xie Q, Xie Q, Pan J, Ma C, Zhang G. Biodegradable polymer with hydrolysis-induced zwitterions for antibiofouling [J]. ACS Applied Materials & Interfaces, 2018, 10(13): 11213-11220.

[578]许立坤. 海洋工程的材料失效与防护[M]. 北京: 化学工业出版社, 2014.

[579] Li Y, Yang Z, Qiu H, Dai Y, Zheng Q, Li J, Yang J. Self-aligned graphene as anticorrosive barrier in waterborne polyurethane composite coatings [J]. Journal of Materials Chemistry A, 2014, 2(34): 14139-14145.

[580] Qi K, Sun Y, Duan H, Guo X. A corrosion-protective coating based on a solution-processable polymer-grafted graphene oxide nanocomposite [J]. Corrosion Science, 2015, 98: 500-506.

[581] Kim S K, Wie J J, Mahmood Q, Park H S. Anomalous nanoinclusion effects of 2d MoS_2 and WS_2 nanosheets on the mechanical stiffness of polymer nanocomposites [J]. Nanoscale, 2014, 6(13): 7430-7435.

[582] Wang X, Kalali E N, Wang D Y. In situ polymerization approach for functionalized MoS_2/Polethylene nanocomposites with enhanced thermal stability and mechanical properties [J]. Journal of Materials Chemistry A, 2015, 3(47): 24112-24120.

[583] Wang X, Xing W, Feng X, et al. Enhanced mechanical and barrier properties of polyurethane nanocomposite films with randomly distributed molybdenum disulfide nanosheets [J]. Composites Science and Technology, 2016, 127: 142-148.

[584] Chen X, Wudl F, Mal A K, Shen H, Nutt S R. New thermally remendable highly cross-linked polymeric materials [J]. Macromolecules, 2003, 36(6): 1802-1807.

[585] Reutenauer P, Buhler E, Boul P J, Candau S J, Lehn J M. Room temperature dynamic polymers based on diels-alder chemistry [J]. Chemistry A European Journal, 2009, 15(8): 1893-1900.

[586] Ahn B K, Lee D W, Israelachvili J N, Waite J H. Surface-initiated self-healing of polymers in aqueous media [J]. Nature Materials, 2014, 13(9): 867-872.

[587] Wu X F, Yarin A L. Recent progress in interfacial toughening and damage self-healing of polymer composites based on electrospun and solution-blown nanofibers: An overview [J]. Journal of Applied Polymer Science, 2013, 130(4): 2225-2237.

[588] Burattini S, Greenland B W, Merino D H, et al. A healable supramolecular polymer blend based on

aromatic π-π stacking and hydrogen-bonding interactions [J]. Journal of the American Chemical Society, 2010, 132(34): 12051-12058.

[589] He J, Zhang Y, Zhou R, et al. Recent advances of wearable and flexible piezoresistivity pressure sensor devices and its future prospects [J]. Journal of Materiomics, 2020, 6(1): 86-101.

[590]毛小林. 水性防腐涂层的制备及其耐腐蚀性能研究[D]. 兰州: 西北师范大学. 2018

[591] Qian P Y, Xu Y, Fusetani N. Natural products as antifouling compounds: Recent progress and future perspectives [J]. Biofouling, 2010, 26(2): 223-234.

[592] Qing F D, Jian H, Yu C S, Pei S, Huan K C, Wang W. The plant alkaloid camptothecin as a novel antifouling compound for marine paints: Laboratory bioassays and field trials [J]. Marine Biotechnology, 2018, 20(Suppl): 1-16.

[593] Zhang X Y, Xu X Y, Peng J, Ma C F, Nong X H, Bao J, Zhang G Z, Qi S H. Antifouling potentials of eight deep-sea-derived fungi from the south china sea [J]. Journal of Industrial Microbiology & Biotechnology, 2014, 41(4): 741-748.

[594] Wong T S, Kang S H, Tang S K Y, Smythe E J, Hatton B D, Grinthal A, Aizenberg J. Bioinspired self-repairing slippery surfaces with pressure-stable omniphobicity [J]. Nature, 2011, 477(7365): 443-447.

[595] Amini S, Kolle S, Petrone L, Ahanotu O, Sunny S, Sutanto C N, Hoon S, Cohen L, Weaver J C, Aizenberg J, Vogel N, Miserez A. Preventing mussel adhesion using lubricant-infused materials [J]. Science, 2017, 357(6352): 668.

[596] Zheng L, Sundaram H S, Wei Z, Li C, Yuan Z. Applications of zwitterionic polymers [J]. Reactive and Functional Polymers, 2017, 118: 51-61.

[597] Koc J, Simovich T, Schönemann E, Chilkoti A, Gardner H, Swain G W, Hunsucker K, Laschewsky A, Rosenhahn A. Sediment challenge to promising ultra-low fouling hydrophilic surfaces in the marine environment [J]. Biofouling, 2019, 35(4): 454-462.

[598] Webster D C, Chisholm B J, Stafslien S J. 15 - high throughput methods for the design of fouling control coatings//Hellio C, Yebra D. Advances in marine antifouling coatings and technologies [M]. Woodhead Publishing, 2009: 365-392.

[599] 叶章基, 陈珊珊, 吴堃, 王胜龙, 马春风, 吴建华, 张广照. 主链降解型聚丙烯酸硅烷酯基自抛光防污涂料的研制. 涂料工业, 2018, 48(7): 25-32.

[600] Mokhatab S, Poe W A, Zatzman G. Handbook of natural gas transmission and processing [M]. 2nd ed. Amsterdam: Gulf Professional Publishing, 2012.

[601] Makogon T. Handbook of multiphase flow assurance [M]. Cambridge: Elsevier, 2019.

[602] Bai Y, Bai Q. Subsea engineering handbook [M]. 2nd ed. Cambride: Gulf Professional Publishing, 2019.

[603] Bai Y, Bai Q. Subsea pipeline integrity and risk management [M]. Boston: Elsevier, 2014.

[604] Guo B, Song S, Ghalambor A, Lin T R. Offshore pipelines: Design, installation, and maintenance [M]. 2nd ed. Amsterdam: Elsevier, Good Pharmacy Practice, 2014.

[605] Ke W, Chen D. A short review on natural gas hydrate, kinetic hydrate inhibitors and inhibitor synergists [J]. Chinese Journal of Chemical Engineering, 2019, 27(9): 2049-2061.

[606] Mokhatab S, Poe W A, Mak J Y. Handbook of natural gas transmission and processing: Principles and practices [M]. 3rd ed. Amsterdam: Gulf Professional Publishing, 2015.

[607] Li X G, Zhang D W, Liu Z Y, Li Z, Du C W, Dong C F. Materials science: Share corrosion data [J]. Nature, 2015, 527(7579): 441-442.

[608] Pei Z B, Zhang D W, Zhi Y J, Yang T, Jin L L, Fu D M, Cheng X Q, Terryn H A, Mol J M C, Li X G. Towards understanding and prediction of atmospheric corrosion of an Fe/Cu corrosion sensor via machine learning [J]. Corrosion Science, 2020, 170: 108697.

[609] Fu X, Dong J, Han E, Ke W. A new experimental method for in situ corrosion monitoring under alternate wet-dry conditions [J]. Sensors, 2009, 9(12): 10400-10410.

[610] Thee C, Hao L, Dong J, Mu X, Wei X, Li X, Ke W. Atmospheric corrosion monitoring of a weathering steel under an electrolyte film in cyclic wet-dry condition [J]. Corrosion Science, 2014, 78: 130-137.

[611] Dong S G, Lin C J, Hu R G, Li L Q, Du R G. Effective monitoring of corrosion in reinforcing steel in concrete constructions by a multifunctional sensor [J]. Electrochimica Acta, 2011, 56(4): 1881-1888.

[612] Xu L M, Dong Z H, Zhang N S, Huang X Q. Computer controlled electrochemical measurement and data process devices [J]. Computers and Applied Chemistry, 1996, 4(1): 60-64.

[613] Xia D H, Song S Z, Li J, Jin W X. On-line monitoring atmospheric corrosion of metal materials by using a novel corrosion electrochemical sensor [J]. Corrosion ence & Protection Technology, 2017, 29(5): 581-585.

[614] 赵景茂, 叶皓, 左禹. 石化装置腐蚀案例库及其人工智能预测评价技术[J]. 全面腐蚀控制, 2004, (11): 501-502, 506.

[615] GüvençO, Roters F, Hickel T, Bambach M. ICME for crashworthiness of twip steels: From Ab initio to the crash performance [J]. JOM, 2015, 67(1): 120-128.

[616] Carrasco J, Hodgson A, Michaelides A. A molecular perspective of water at metal interfaces [J]. Nature Materials, 2012, 11(8): 667-674.

[617] Xu A N, Dong C F, Wei X, Li X G, Macdonald D D. DFT and photoelectrochemical studies of point defects in passive films on copper [J]. Journal of Electroanalytical Chemistry, 2019, 834: 216-222.

[618] Ji Y C, Dong C F, Kong D C, Li X G. Design materials based on simulation results of silicon induced segregation at AlSi10Mg interface fabricated by selective laser melting [J]. Journal of Materials Science & Technology, 2020, 46: 145-155.

[619] Xu A N, Dong C F, Wei X, Mao F X, Li X G, Macdonald D D. Ab initio calculation and electrochemical verification of a passivated surface on copper with defects in 0.1 M NaOH [J]. Electrochemistry Communications, 2016, 68: 62-66.

[620] Wei X, Dong C F, Yi P, Xu A N, Chen Z H, Li X G. Electrochemical measurements and atomistic simulations of Cl^- -induced passivity breakdown on a Cu_2O film [J]. Corrosion Science, 2018, 136: 119-128.

[621] Zhu Y, Poplawsky J D, Li S, Unocic R R, Bland L G, Taylor C D, Locke J S, Marquis E A, Frankel G S. Localized corrosion at nm-scale hardening precipitates in Al-Cu-Li alloys [J]. Acta Materialia, 2020, 189: 204-213.

[622] Ladd T D, Jelezko F, Laflamme R, Nakamura Y, Monroe C, O'brien J L. Quantum computers [J]. Nature, 2010, 464(7285): 45-53.

[623] Jain A, Ong S P, Hautier G, Wei C, Persson K A. Commentary: The materials project: A materials genome approach to accelerating materials innovation [J]. Apl Materials, 2013, 1(1): 011002.

[624] James E S, Scott K, Muratahan A, Bryce M C W. Materials design and discovery with high-throughput density functional theory: The open quantum materials database (OQMD) [J]. JOM, 2013, 65(11): 1501-1508.

[625] Poberžnik M, Chiter F, Milošev I, Marcus P, Costa D, Kokalj A. DFT study of n-alkyl carboxylic acids on oxidized aluminum surfaces: From standalone molecules to self-assembled-monolayers [J]. Applied Surface Science, 2020, 525: 146156.

[626] Calderon C E, Plata J J, Toher C, Oses C, Levy O, Fornari M, Natan A, Mehl M J, Hart G, Buongiorno Nardelli M, Curtarolo S. The aflow standard for high-throughput materials science calculations [J]. Computational Materials Science, 2015, 108: 233-238.

[627] Berendsen H J C, Postma J P M, van Gunsteren W F, Dinola A, Haak J R. Molecular dynamics with coupling to an external bath [J]. Journal of Chemical Physics, 1984, 81(8): 3684-3690.

[628] Wei X, Dong C F, Chen Z H, Huang J Y, Xiao K, Li X G. Insights into SO_2 and H_2O co-adsorption on Cu (100) surface with calculations of density functional theory [J]. Transactions of Nonferrous Metals Society of China, 2015, 25(12): 4102-4109.

[629] Maurice V, Marcus P. Passive films at the nanoscale [J]. Electrochimica Acta, 2012, 84: 129-138.

[630] Wolfram S. Statistical mechanics of cellular automata [J]. Reviews of Modern Physics, 1983, 55(3): 601-644.

[631] Feng Y, Liu M, Shi Y, Ma H, Li D, Li Y, Lu L, Chen X. High-throughput modeling of atomic diffusion migration energy barrier of fcc metals [J]. Progress in Natural Science-Materials International, 2019, 29(3): 341-348.

[632] Saal J E, Berglund I S, Sebastian J T, Liaw P K, Olson G B. Equilibrium high entropy alloy phase stability from experiments and thermodynamic modeling [J]. Scripta Materialia, 2018, 146: 5-8.

[633] Gong X Y, Dong C F, Xu J J, Wang L, Li X G. Machine learning assistance for electrochemical curve simulation of corrosion and its application [J]. Materials and Corrosion-Werkstoffe Und Korrosion, 2019, 71(3): 474-484.

[634] Maurice V, Marcus P. Progress in corrosion science at atomic and nanometric scales [J]. Progress in Materials Science, 2018, 95: 132-171.

[635] Verma C, Lgaz H, Verma D K, Ebenso E E, Bahadur I, Quraishi M A. Molecular dynamics and Monte Carlo simulations as powerful tools for study of interfacial adsorption behavior of corrosion inhibitors in aqueous phase: A review-ScienceDirect [J]. Journal of Molecular Liquids, 2018, 260: 99-120.

[636] Song G L. Recent progress in corrosion and protection of magnesium alloys [J]. Advanced Engineering Materials, 2005, 7(7): 563-586.

[637] Chen C. Citespace: A practical guide for mapping scientific literature [M]. United States of America: Nova Publishers, 2016.

[638] Huang L F, Rondinelli J M. Accurate first-principles electrochemical phase diagrams for Ti oxides from density functional calculations [J]. Physical Review B, 2015, 92(24): 245126.

[639] Ma H, Chen X Q, Li R H, Wang S L, Dong J H, Ke W. First-principles modeling of anisotropic anodic dissolution of metals and alloys in corrosive environments [J]. Acta Materialia, 2017, 130: 137-146.

[640] Wei X, Dong C F, Yi P, Xu A N, Chen Z H, Li X G. Electrochemical measurements and atomistic simulations of Cl-induced passivity breakdown on a Cu_2O film [J]. Corrosion Science, 2018, 136(5): 119-128.

[641] Wang H T, Han E H. Computational simulation of corrosion pit interactions under mechanochemical effects using a cellular automaton/finite element model [J]. Corrosion Science, 2016, 103: 305-311.

[642] Murer N, Buchheit R G. Stochastic modeling of pitting corrosion in aluminum alloys [J]. Corrosion Science, 2013, 69: 139-148.

[643] Song J, Curtin W A. Atomic mechanism and prediction of hydrogen embrittlement in iron [J]. Nature Materials, 2013, 12(2): 145-151.

[644] Tehranchi A, Zhou X, Curtin W A. A decohesion pathway for hydrogen embrittlement in nickel: mechanism and quantitative prediction [J]. Acta Materialia, 2020, 185: 98-109.

[645] Guo X H, Shi S Q, Qiao L J. Simulation of hydrogen diffusion and initiation of hydrogen-induced cracking in PZT ferroelectric ceramics using a phase field model [J]. Journal of the American Ceramic Society, 2007, 90(9): 2868-2872.

[646] Mai W, Soghrati S. A phase field model for simulating the stress corrosion cracking initiated from pits [J]. Corrosion Science, 2017, 125: 87-98.

[647] Kart H H, Uludogan M, Cagin T. DFT studies of sulfur induced stress corrosion cracking in nickel [J]. Computational Materials Science, 2009, 44(4): 1236-1242.

[648] Tohgo K, Suzuki H, Shimamura Y, Nakayama G, Hirano T. Monte Carlo simulation of stress corrosion cracking on a smooth surface of sensitized stainless steel type 304 [J]. Corrosion Science, 2009, 51(9): 2208-2217.

[649] Das N K, Suzuki K, Ogawa K, Shoji T. Early stage SCC initiation analysis of fcc Fe-Cr-Ni ternary alloy at 288℃: A quantum chemical molecular dynamics approach [J]. Corrosion Science, 2009, 51(4): 908-913.

[650] Sasikumar Y, Adekunle A S, Olasunkanmi L O, Bahadur I, Baskar R, Kabanda M M, Obot I B, Ebenso E E. Experimental, quantum chemical and Monte Carlo simulation studies on the corrosion inhibition of some alkyl imidazolium ionic liquids containing tetrafluoroborate anion on mild steel in acidic

medium [J]. Journal of Molecular Liquids, 2015, 211: 105-118.

[651] Ravnikar D, Rajamure R S, Trdan U, Dahotre N B, Grum J. Electrochemical and DFT studies of laser-alloyed TiB_2/TiC/Al coatings on aluminium alloy [J]. Corrosion Science, 2018, 136(5): 18-27.

[652] Croll S, Hinderliter B. A framework for predicting the service lifetime of composite polymeric coatings [J]. Journal of Materials Science, 2008, 43(20): 6630-6641.

[653] Metwally I A, Al-Mandhari H M, Gastli A, Nadir Z. Factors affecting cathodic-protection interference [J]. Engineering Analysis With Boundary Elements, 2007, 31(6): 485-493.

[654] Peelen W H A, Polder R B, Redaelli E, Bertolini L. Qualitative model of concrete acidification due to cathodic protection [J]. Materials and Corrosion-Werkstoffe Und Korrosion, 2008, 59(2): 81-89.

[655] 潘柳依, 雷宝刚, 范铮, 李稳宏. ANSYS有限元法在管道阴极保护中的应用[J]. 材料保护, 2014, 47(03): 45-47, 58, 70.

（联络人：成怀刚、孟祥海。4.1 主稿：刘中民、叶茂，其他编写人员：房倚天、李松庚、李永旺、刘振宇、刘中民、马新宾、魏飞、杨勇、叶茂；4.2 主稿：徐春明，其他编写人员：鲍晓军、高雄厚、何盛宝、孟祥海、王慧、谢在库、杨朝合、杨为民；4.3 主稿：包信和，其他编写人员：方光宗、潘秀莲；4.4 主稿：程芳琴、宋宇飞、齐涛、朱庆山，其他编写人员：段雪、成怀刚、方莉、廖伍平、林彦军、齐涛、王珍、项顼；4.5 主稿：李春、谭天伟，其他编写人员：白仲虎、陈修来、刘立明、秦磊、苏海佳、王冠、肖刚、杨艳坤、庄英萍；4.6 主稿：马紫峰，其他编写人员：黄云、李先锋、练成、邵明飞、魏子栋、张海涛、张正国、赵宇飞、邹吉军；4.7 主稿：江莉龙，其他编写人员：段昊泓、孔祥贵、雷晓东、李华明、吴坚平、杨立荣、詹瑛瑛；4.8 主稿：马海乐，其他编写人员：段玉清、李华明、张海晖；4.9 主稿：李伟华、陈强，其他编写人员：董超芳、冯志远、顾林、郭辉、黄漫娜、柯伟、雷冰、林志峰、刘法谦、刘宇、潘明、万一千、杨皓程）

化学工程发展战略

高端化、绿色化、智能化

Chemical Engineering Development Strategy

Premium
Greenization
Intelligentization

5

安全智能系统与循环经济

化学工业是将可获取的资源转化为满足社会需要产品的过程工业，与人类生存的社会、经济和环境发展共生相依。资源获取、原料加工、产品获得和废弃物排放等过程与人类社会、经济和环境交织融合。多样的资源和原料，复杂的化工过程和系统，高度融合的物质流、能量流和信息流，严苛的生产过程安全规范，多重的经济、社会和环境影响等，使得过程工业面临严峻挑战。高端化、绿色化和智能化是过程工业实现资源、能源、经济、环境和社会有序协调和可持续发展的核心路径。

在过程工业中，为了降低资源和能源的消耗，提高过程工业系统的生产效能，过程工艺系统的绿色化、最优化和智能化已经成为化工过程、装备和系统设计的关键策略和重要手段，主要体现在：通过过程强化、工艺系统优化和最优控制实现高端精细化学品的绿色制造；优化石油化工系统的能量和质量系统，提高过程系统的能量和资源利用效率；通过流程模拟和系统评价提升现代煤化工系统的工艺水平；对化工过程和储能系统的关键参数进行参数辨识和精准预测，实现生产过程的最优控制、安全监测和故障诊断；采用人工智能技术、大数据技术和智能优化算法等，结合化工生产工艺特点，实现化工过程精准预测和优化控制。绿色化、最优化和智能化的设计和运行理念不仅渗透于过程设计、过程综合和产品设计的过程系统各个环节，而且还贯穿于从原料到产品的全生命周期始终。

在过程工业中，安全生产是过程工业可持续发展的命脉，过程、系统和产品的安全需要多维度、多层次和多尺度的智能安全技术支撑。现代智能化工安全技术的开发和应用，为化学品及其生产过程安全设计的本质安全拓展了实施路径。为了精准预测和评估化学品的安全、健康、环境相关性质及其潜在风险，基于机器学习方法建立化学品分子结构与安全相关性质之间的定量关系，并建立化学品安全相关构效关系预测模型，通过介观融合机理阐释观测数据的风险评估模型等智能化技术，可为化学品的安全生产和应用提供有力保障。面向本质安全化的高危化工工艺过程固有风险评估与安全设计优化，是未来化工系统安全的核心。面向产品开发、过程强化、系统设计、安全操作和优化控制融合的一体化优化，深入研究和开发复杂化工过程多灾种耦合事故监测预警理论与技术，加强数据模型和优化算法的开发，将大幅提升过程工业的风险评估、预测和控制的创新能力和水平。

在过程工业中，资源和能源的获取已不再囿于常规的化石资源和能源，将更加注重可再生资源和能源的开发与利用。碳资源是推动人类文明进步的基础资源之一。虽然煤、石油和天然气等不可再生碳资源在能源和化学品的生产中仍占据主导地位，但是生物质和 CO_2 等可再生碳资源的清洁高效利用已经成为人类社会可持续发展必须解决的重大难题之一。绿色碳科学是优化碳资源加工、能源利用、碳固定、碳循环整个过程中碳化学键演变和相关工业过程的基础科学，高效清洁利用有限的化石资源、充分利用可再生的生物质资源、高效转化利用 CO_2 是实现碳中和与人类社会可持续发展的必由之路。绿色碳科学为碳资源清洁高效利用提供了重要的科学指导，探究化石资源加工过程中 C—C/C—H 等化学键的活化转化规律，实现温和条件下化石碳资源转化为能源产品和化学品；探寻可再生碳资源在绿色介质与催化剂耦合作用下的转化规律，实现可再生碳资源的高效绿色定向转化，将深化人类对碳资源及其循环利用的认知深度和水平。同时，CO_2的清洁高效转化和可再生能源驱动的化学品制造等已成为化工学科的新兴研究和发展方向，将为人类社会发展和生存质量提升提供创新路径。

过程工业排放的废弃物给人类赖以生存的生态环境带来了不可逆转的影响。污染土壤的修复、造纸残液中纤维素的资源化、电子垃圾的处置和资源化、电石渣和粉煤灰等大宗工业固废处理等，与化工污染多介质系统控制密切相关。过程工业将更加关注多介质耦合作用和多尺度过程协同的环境安全。基于深度学习方法的高精度过程工业排放预测模型是控制化工污染多介质系统的有效分析手段，研究多组分、多相态、多介质场景下的污染处置也将深刻揭示污染物降解的分子机制以及挥发、吸附和扩散多介质污染物传质过程机理，将气态、液态和固态污染物进行资源化循环利用，不仅可有效降低过程工业污染的治理成本，也是人类社会可持续发展的必然要求。

本章将面向可持续发展的安全智能系统和循环经济领域，聚焦资源和能源转化利用过程中的过程系统优化、系统安全智能、资源高效循环利用和环境危害最小化，阐述过程系统优化与安全、人工智能技术的新应用、碳资源的转化与循环利用、化工废弃物资源化和化工污染多介质系统控制等方面的最新研究进展和成果及典型应用案例，并提出了亟待解决的关键科学问题，为过程工业的绿色化、化学品的高端化和过程系统的智能化提供创新研究思路、基础理论和系统方法。

5.1　面向可持续发展的过程系统工程

在全球科技竞争日趋激烈的背景下，高端化、绿色化和智能化是过程工业实现资源、能源、经济、环境和社会可持续协调发展的核心路径。面向世界科技前沿、面向国家重大战略需求、面向国民经济主战场、面向人民生命健康，针对单元过程、生产工艺系统及化工产品供应链，遵循系统工程核心理念，通过与信息、能源、生物、材料、环境、资源和医药等学科领域的深度交叉融合，构筑资源有序转化、能源高效利用、安全环保生态的过程工业系统基础科学理论体系，打造我国过程工业产业集群的共性核心技术基础，创新过程模拟、系统集成、系统分析、性能评价、安全评估、全局优化的理论方法和技术实践，是过程系统工程可持续发展的不竭动力和创新源泉。

过程系统工程的研究对象不仅涉及基于化石能源的石油化工系统和现代煤化工系统，而且拓展到新能源的开发利用、高端化学品的绿色制造、可再生能源与化工系统耦合系统等新兴过程工业系统，过程系统工程的理论和方法已成为突破过程工业可持续发展瓶颈的利器，迸发出强大而独特的力量。本节将从石油化工系统的能量和质量系统集成与减排、现代煤化工系统的流程模拟与系统评价、高端精细化学品制造系统的优化与控制、储能系统的集成优化与系统参数辨识、化工系统的本质安全与系统评估等方面，阐述过程系统理论和方法的最新进展和成果及典型案例，并提出了亟待解决的核心科学问题，为面向可持续发展的过程系统工程理论研究和技术开发提供启示。

5.1.1　发展现状与挑战

资源、能源、经济、环境和社会等领域资源约束与发展需求之间不平衡日益加剧，

竞争态势趋强。过程系统工程领域的科学研究和技术开发需要从广域空间尺度和多时间尺度的系统视野，运用系统科学的原理和方法，构建面向可持续发展的过程系统工程理论研究和技术开发体系。过程系统工程是融合数学、物理、化学、工程学、信息和系统科学等科学基础和技术实践的多学科交叉领域。

对于国家能源基石的石油化工系统，其能量和质量系统集成与减排是过程系统工程领域的重要发展方向。物质流是石化生产的核心，在生产过程中，物质流在经过一系列物理和化学加工的同时还以冷、热、功等形式承载着能量流，因此石油化工生产过程是一个多层次、多耦合的综合性系统。从系统综合的角度有效规划和协调系统内部元素的交互关系，已成为石油化工行业突破发展瓶颈的必经之路。近年来，过程系统工程领域在质量集成、能量集成和减排研究中均取得了长足进展，尤其是在水集成、氢集成、工业园区质 - 能集成、功 - 热集成、CO_2 捕集与封存和供应链规划等方面成果显著。

现代煤化工产业是降低石油对外依存度和减轻环境污染的新兴产业，对于我国能源资源的安全供应保障和可持续发展具有战略意义，亟待通过现代煤化工系统的流程模拟与系统评价技术，分析现有过程系统存在的问题，解决转化过程中能量品位利用不合理、系统集成度低等问题。为了实现现代煤化工产业的绿色化，通过节能减排技术降低单位产品能耗、提高能源利用效率，是推动替代能源新兴产业发展的必由之路。

近年来，发展高端精细化工产品是我国传统化工产业结构调整升级的重点发展战略之一。为了满足人民对美好生活需求的日益增长和人民生命健康的重大需求，建筑新材料、新能源及新型环保材料、电子与信息化学品、表面工程化学品、医药化学品等都得到了重视和发展，“新基建”和“国内国际双循环”的新发展格局将直接影响我国精细化工产业结构升级。高端精细化学品制造系统的优化与控制是破解传统精细化学品间歇生产中品种众多、更新换代频率高、产品质量要求高、工艺技术复杂、生产效率低等难题的有效手段。我国精细化工产品的整体技术水平仍然偏低，主要问题在于生产基础和大宗化工原料大多处于产业链的中低端。精细化工产业的核心技术与国际先进水平还存在一定差距，高性能、功能化和高附加值的精细化学品进口依存度仍然较高。高端精细化学品制造系统的优化与控制将有力推动我国精细化工产业向高端化、绿色化、数字化和智能化纵深发展。

可再生能源大规模开发与利用是推进我国能源生产和消费革命战略，构建清洁低碳、安全高效能源体系的关键。储能技术将成为促进我国能源消费结构从化石能源向可再生能源转型发展的关键技术。储能系统的集成优化与系统参数辨识是储能技术发展和进步的重要方向。可再生能源与过程工业系统的耦合主要采用电池储能技术和“Power to X”（P2X）储能技术。电池储能可解决电能在时间和空间上分布的不平衡，提高电力系统的灵活性、安全性和可靠性；P2X 技术则是以“电转氢”为核心，通过能 - 质转换生产化工产品，实现化学品储能。基于电化学过程的电池储能技术适合于可再生能源的短期储能，而 P2X 技术储能则更适合于可再生能源的长期储能。在化工生产系统中引入可再生能源，不仅可以部分解决原料和电力供应的问题，提高可再生能源消纳能力，而且还可以有效降低能源化工生产系统温室气体排放，通过能量管理系统和管理策略的优化可以实现电池短期储能和化学品长期储能的优势互补，P2X 技术和电池储能系统的融合相得益彰，具有广阔的应用前景。

面向全生命周期的复杂化工系统安全设计和操作，为了降低化工系统固有风险，提高面向多灾种耦合条件下复杂化工过程事故的监测、预警、应急和风险防控水平，采用化工系统的本质安全设计与系统评估方法，即在不依靠附加安全设施的前提下，在系统设计中消除危险或降低风险，通过危害物质的最小化、高危险性物质或工艺的替代化、剧烈反应的温和化以及过程工艺的简单化等四个基本策略实现化工过程的本质安全设计优化，需解决面向本质安全化的高危化工工艺过程固有风险评估与安全设计优化、复杂化工过程事故模式的早期特性及其成灾演化特性等关键问题。目前，对高危化工工艺开展本质安全化研究已引起国内外学术界和工业界的普遍重视，但大多数研究还局限于某一方面，化工系统的本质安全尚未形成完整成熟的理论与技术体系。

目前，过程系统工程领域面临极大的挑战，亟待解决以下重大问题。

（1）大规模过程系统全局动态优化模型求解的高效确定性算法

在大规模过程工业系统中，过程 / 产品优化设计、优化调度、优化控制模型通常是混合整数非线性规划、动态优化、多层优化、模拟与优化耦合的动态优化、面向离散 - 连续系统的动态优化等类型的问题，基于现有计算能力构建高度并行化和高精度的确定性求解算法面临极大的挑战，特别是对于过程系统的全局动态优化和全局最优控制问题，全局、动态、非线性等已成为制约问题求解的瓶颈。

（2）过程系统机理模型与数据驱动模型的深度融合

对于大规模过程系统，建立过程系统的机理模型可以洞察现象背后的本质，而建立数据驱动模型（如基于数据驱动的计算机辅助分子 / 材料 / 系统设计）则可以通过数据关联分析对过程系统中关键过程和变量进行优化与控制。然而，由于两类模型及其算法的特性不同，机理模型和数据驱动模型往往是分立割裂的，单元过程的动力学机理和整个工艺流程的拓扑结构与数据驱动模型的相互内嵌和深度融合难度很大。如何有效融合过程系统机理模型与数据驱动模型，实现过程系统建模、仿真和优化，是亟待解决的关键问题。

（3）不确定性条件下过程系统弹性和柔性的调控

对于过程工业系统，在采用过程模拟、系统分析、系统集成优化等方法设计过程系统中，物质流、能量流和信息流高度集成、深度耦合，使系统整体刚性增强，导致过程系统对于不确定外部和内部扰动的适应能力显著下降，难以通过改变系统结构或操作参数来调控整个系统的弹性和柔性，使得过程系统的设计、操作和多目标优化都面临严峻挑战。因此，在过程系统的集成优化中，如何通过调控系统结构和操作实现过程系统的操作弹性和系统柔性是抵御内部和外部不确定性影响的关键。

（4）过程系统优化设计、调度和控制的多时间和空间尺度集成方法

面向可持续的过程系统和产品供应链，基于多时间和空间尺度的过程系统建模、仿真和优化已成为过程系统优化的主要手段，需要考虑产品供应链的拓扑结构，产

品生产过程之间的耦联，物质流、能量流和信息流的多样性和多模态特性。考虑产品供应链和过程系统的拓扑结构优化机制、构建规划、设计、模拟、分析、调度和控制的多时间尺度和广域空间尺度的高精度仿真优化方法和集成理论体系，是可持续发展过程系统的关键。

（5）多尺度本质安全过程系统的风险定量评估和管控体系构建

从原料获取、过程设计、产品应用和环境影响各环节开展全链条的过程 / 产品设计和应用的多尺度本质安全定量分析，在风险感知、风险预测、风险处置等方面构建多模态信息体系，通过智能传感材料与技术、大数据与虚拟现实、人工智能等技术的融合实现风险辨识分析和数据高效分析，完善复杂化工过程多灾种耦合事故监测预警理论与技术，需要面向危险化学品生产、贮存、运输、使用、废弃处置等各阶段全面构建定量的风险辨识和安全管控基础理论体系和系统方法。

5.1.2 关键科学问题

以高端化、绿色化和智能化的发展趋势为引领，过程系统工程的研究对象已从基于化石能源的石油化工系统和现代煤化工系统拓展到了可再生能源的开发和利用、高端化学品的绿色制造、可再生能源与传统化工耦合系统等新兴过程工业系统。面向可持续发展的过程系统工程，亟待解决过程系统动量、能量和质量集成的全局优化、过程系统的流程重构与优化控制、新能源化工系统的动态与不确定性优化、多尺度化工系统本质安全与定量评估等方面的关键科学问题。

① 关键科学问题 1：过程系统动量、能量和质量集成的全局优化。

过程系统的结构设计、优化和评价是系统综合的核心问题，研究同时考虑热能、冷能、电能及功的全局能量集成方法，构建能量有序转化途径，研究过程系统多目标优化的瓶颈辨识方法及解决方案；考虑质量、动量和能量传递机理的复杂性，探究流股物性与动量、能量和质量集成的复杂联动规律，建立关键变量操作路径的识别策略和网络结构的最优设计方法；将系统结构设计与单元操作的机理 / 半机理模型相结合，揭示系统结构对物质传递、转化、分离及污染物排放的影响规律；探究物质转化的产品价值和能量利用品位变化规律，构建多维分析的系统评价指标体系；针对碳捕集封存及利用的供应链，探究碳迁移过程与系统熵变之间的关联规律，构建资源互补和能量梯级利用相结合降低碳迁移过程㶲损的方法，寻找不确定性及风险的定量分析方法，甄别制约供应链性能的瓶颈；采用多目标优化理论和博弈理论建立大规模过程系统的评价方法，并开发大规模系统集成优化问题求解的全局优化算法。

② 关键科学问题 2：过程系统的流程重构与优化控制。

面向高端化和绿色化的化学品生产，流动化学和微反应器技术的蓬勃兴起大力推动了高端精细化学品连续制造系统的技术进步。研究和开发高端精细化学品连续制造过程的优化综合、设计与强化方法和技术，综合启发式和数学规划法，构建面向高端化学品模块化可重构流程制造系统的优化综合、设计与强化的理论体系与系统方法，构建模块化可重构化工过程的在线优化调度模型、动态求解方法和在线应用方法，是实现可重构模块化化工生产系统优化运行的核心。模块化化工生产系统不仅涉及模块启停的离散控制，还涉及变负荷、抑制干扰的连续控制。因而，探索模块化化工过程混杂系统优化控制的系统理论和方法，并构架鲁棒性强的混杂控制系统，赋予过程安全、稳定、柔性、敏捷的运行特性，是亟待解决的关键科学问题。

③ 关键科学问题 3：新能源化工系统的动态特性与不确定性优化。

电池储能系统和可再生能源驱动的 P2X 技术，是面向可持续发展的过程系统工程新兴研究领域。在电池储能系统中，电池充放电过程是强非线性动态的电化学过程，全生命周期和全操作工况下的电池单体高精度建模与多状态联合估计方法、全生命周期内电池组多状态联合估计简化机制以及电池容量衰退机制，是电池储能系统集成优化的关键。构建高效的电池电化学动力学模型、多状态联合估计方法与储能电池系统进行耦合，是实现电池储能系统的优化配置和操作的关键科学问题。研究和开发技术经济可行的可再生能源驱动的 P2X 工艺流程，构建流程建模、过程集成、优化设计、生产调度、运行优化和优化控制等的系统集成理论和优化方法，是实现系统和产品的经济性、柔性和可控性等目标的关键；同时，在不确定性条件下，针对过程、设备和系统的多时间尺度和多空间尺度耦合协调运行策略，协调不同过程、设备以及储能系统动力学特性的储能系统设计、操作、调度和控制方法，也是亟待解决的关键科学问题。

④ 关键科学问题 4：多尺度化工系统本质安全与定量评估。

面向可持续发展的化学品生产系统，高危化工工艺需要从物料、反应、工艺三方面开展多层次和多尺度的本质安全设计优化，以降低过程和系统固有风险。需要突破化学品结构危险性机理、化学反应热失控机制以及针对本质安全评估与设计技术等方面的理论和技术瓶颈；深入探究和阐明化学物质热自燃机理与演化规律、化学反应过程热失控反应机理与动力学演化等关键科学问题，为化工系统的本质安全技术体系提供基础理论和系统方法。同时，高危化学品的管理方式和模式也需要从风险感知、认知、预警和处置等方面出发，构建感知与数据信息集成体系、风险辨识分析、数据高效分析、人工智能辅助等集成的新理论和新技术，以实现高危化学品的风险定量评估和安全科学管控。

5.1.3 主要研究进展及成果

5.1.3.1 石油化工系统能量和质量集成

(1) 换热网络集成

换热网络集成和优化研究的系统边界正经历着“装置 - 全厂 - 厂际”的演变和延伸[1]，通过不同尺度 / 层次换热系统的耦合实现热量高效利用和余热回收的换热网络集成研究取得了长足发展。通过引入换热或储能设备[2]、余热制冷[3]和余热品位升级技术[4]、有机朗肯循环[5]等技术改变能量形式，通过能量梯级利用显著提升整个系统的节能潜力，优化目标也从最初的以经济性为主导逐渐拓展到同时考虑经济性、柔性、可控性、环境影响和安全性等的多目标优化问题[6]；研究内容从固定工况条件向变工况条件转变，针对不同时间尺度开展了多周期[7]和柔性换热网络的集成研究[8]。

(2) 化工工业园区的能量集成

针对化工工业园区的能量系统集成，开展了包含园区单厂内与厂际间热集成的能量综合利用研究，研究重点在于采用直接、间接以及混合式厂际能量交互模式和网络设计策略[9]，构建园区换热网络交互方式与能量回收路径，如图 5-1 所示；重点针对间接交互模式探究基于传热介质特性的梯级能量回收途径，并揭示不同周期间系统动态特性的关联机制[10]；提出新的耦合蒸汽系统与园区换热网络的多目标全局能量集成拓扑结构[11]；从柔性与可控性角度研究系统的可操作性，形成了系统性的园区能量集成理论与方法。

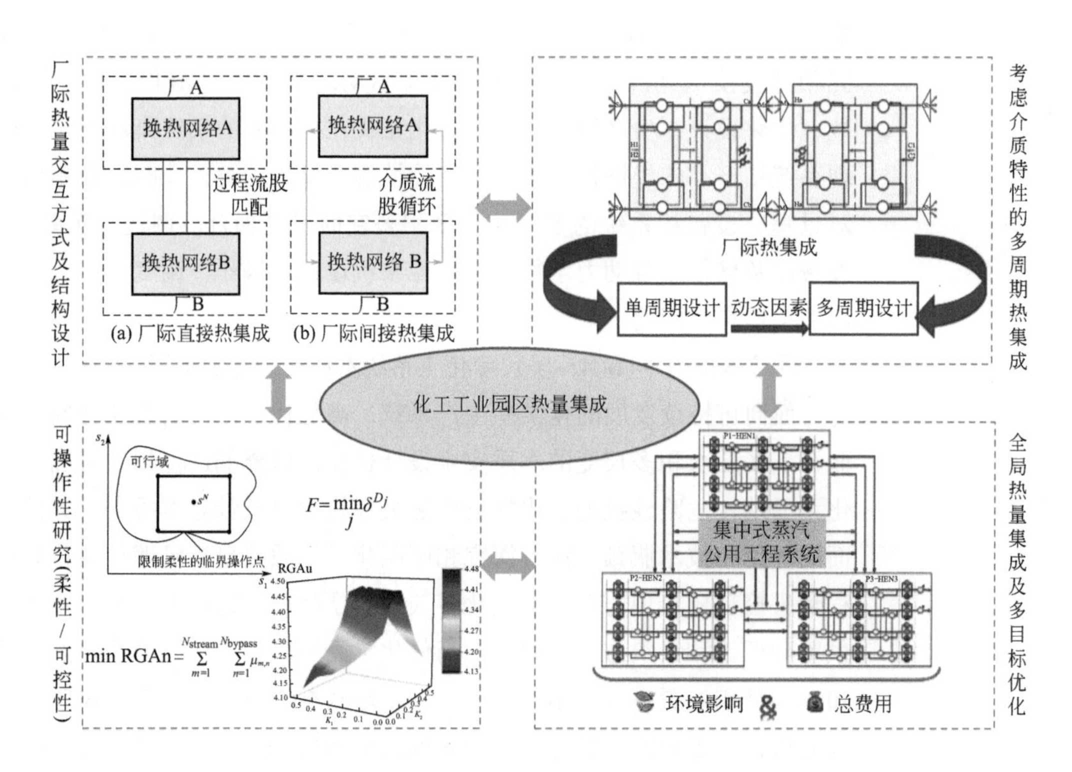

图 5-1

化工工业园区能量集成[6, 10, 11]

(3) 功热网络集成

功热网络集成方法主要包括基于热力学的夹点 - 㶲分析法、基于经验规则的启发式法和基于梯度优化 - 随机搜索的数学规划法。热力学和启发式法可指导超结构的构造和最佳方案辨识，数学规划法可高效集成功热网络和确定经济性最优的网络结构[12]。针对功交换网络综合中推动力对源阱匹配的制约问题，提出了基于启发式匹配规则的热力学分析法，用于设计高效功量回收网络结构[13]；基于压力 - 温度操作路径识别提出功热网络集成解耦设计方法，揭示了功热集成顺序对系统经济性和网络结构的协同作用机制[14]；进一步提出基于功热拓扑超结构协调流股冷热性质识别与功交换、无区别热交换优化的集成策略[15]，如图 5-2 所示。

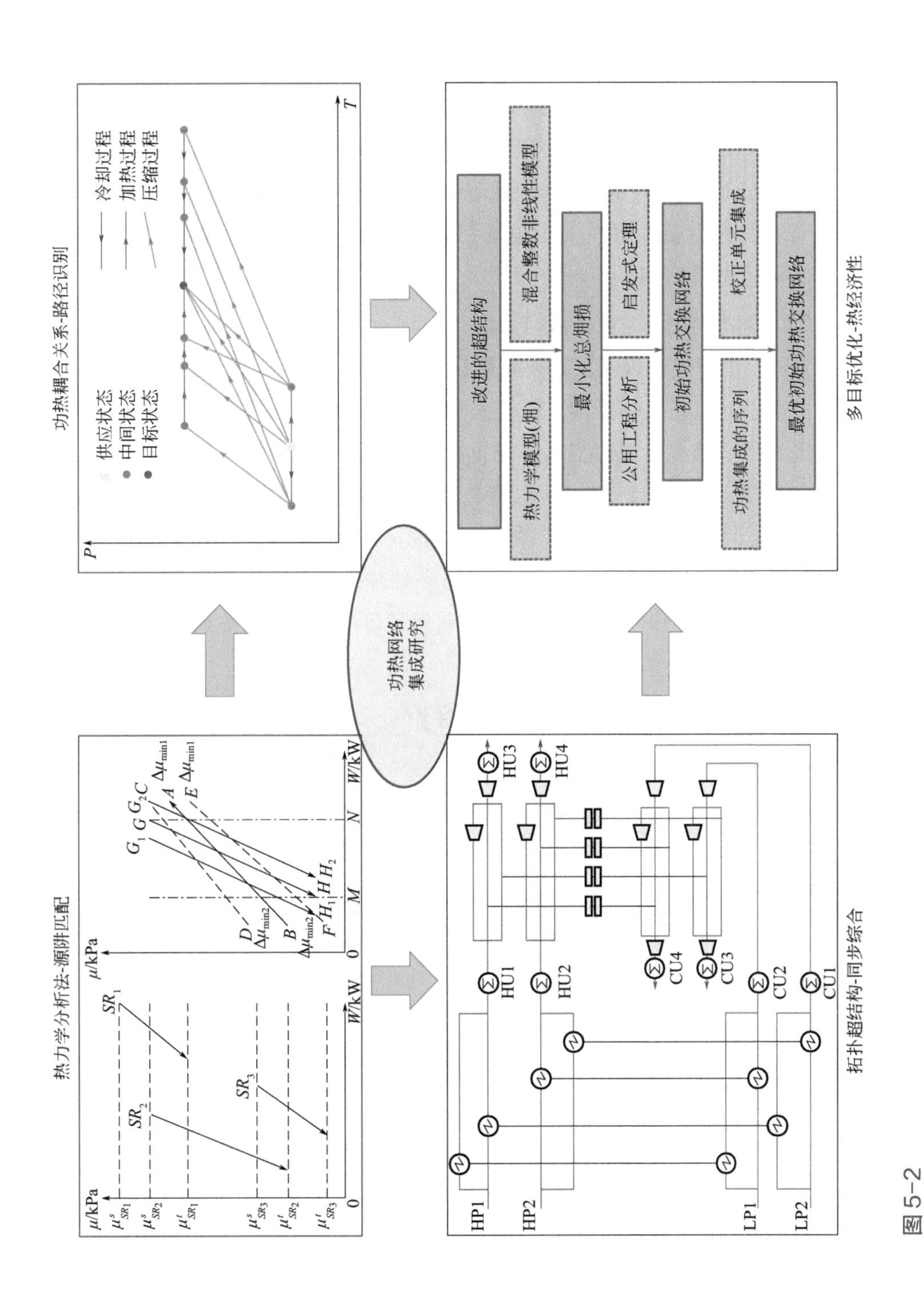

图 5-2
功热网络的集成[13-15]

（4）质量集成 - 水网络和氢气网络集成

工业水网络和炼厂氢气网络是最常见的两类质量集成对象[16]。常用的集成方法包括数学规划法[17]和概念设计法[18]。数学规划法可以兼顾系统的效率和可操作性，其中效率一般通过最大化经济和环境效益来实现，而可操作性[19]则可通过诸如柔性指数、弹性指数和鲁棒性指数等指标或通过蒙特卡洛模拟来评估，并采用随机规划、模糊规划、机会约束规划和鲁棒优化等方法进行优化。在处理复杂问题方面，数学规划法非常有效，特别是对于系统可操作性问题。基于夹点的概念设计法则简单有效且易于理解。通常，网络集成过程包括目标求取和网络设计两个阶段，目标一般是获得最小的公用工程用量。这类方法包括源阱复合曲线、夹点图和极限复合曲线等。最小公用工程用量确定后，可以通过表格、源汇映射图、最近邻居算法和浓度势法等方法设计网络结构。

（5）CO_2 捕集利用与封存供应链规划

我国的能源供给以煤、石油等化石燃料为主，发展CO_2捕集、利用和封存（CCUS）技术对于削减温室气体排放、绿色发展和化学转化利用具有重要意义。开展 CCUS 供应链规划的研究，可以提高各环节间的集成程度和增强抵御风险的能力。CCUS 供应链研究的重点在于建立“分子 - 过程 - 网络”的多层次、多尺度、全系统的供应链结构，如图 5-3 所示。目前，已提出了包含吸收剂材料选择、吸收与压缩流程优化及高效输送网络的供应链超结构方法[20]，重点针对多种减排手段的协同作用、不确定性处理和风险控制展开研究工作[21]；从 CO_2 转化利用和可持续发展角度研究 CCUS 系统的环境影响，并进行多目标全方位评价[22]。

5.1.3.2 现代煤化工系统模拟与评价

（1）典型煤化工的建模和模拟

现代煤化工主要指煤制烯烃、煤制油、煤制乙二醇、煤制天然气、煤制芳烃等五大产业。煤制烯烃已得到迅速发展，2019 年底达到 1362 万吨 / 年的规模[23]。煤制烯烃工艺流程如图 5-4 所示。针对煤化工过程模拟的研究，主要包括反应热力学、动力学及单元和过程模拟以及技术经济分析。文尧顺等[24]研究了甲醇制烯烃的反应动力学，详细介绍了机理动力学和集总动力学模型。叶茂等[25, 26]建立了 MTO 过程的反应和扩散模型，对固定床和流化床上的动力学进行了比较分析以及流体力学模拟。齐国祯[27]对甲醇制烯烃反应热力学和动力学规律进行研究，考察了催化剂反应性能和工艺条件及提升管和移动床应用于 MTO 反应的可能性。

煤制天然气是实现煤炭高效利用和清洁转化的重要途径之一，有效弥补了我国天然气短缺的现状。现有的煤制气多采用固定床加压气化工艺，对气化过程的模拟有利于从源头分析煤气化条件和原料变化对后续生产的影响，煤制天然气流程如图 5-5 所示。李英泽等[28]建立了 BGL 气化炉的三维非稳态煤气化模型，充分考虑了气化炉三维空间的温度和组成分布，并对煤热解段模型化学计量参数进行了优化。王玉忠[29]对碎煤加压气化过程的物料平衡、能量平衡进行模拟计算，并对氧碳比、汽氧比等关键操作参数进行了灵敏度分析。黄宏等[30]通过碳流和㶲流分析提出了节能减排建议。李胜等[31]揭示了

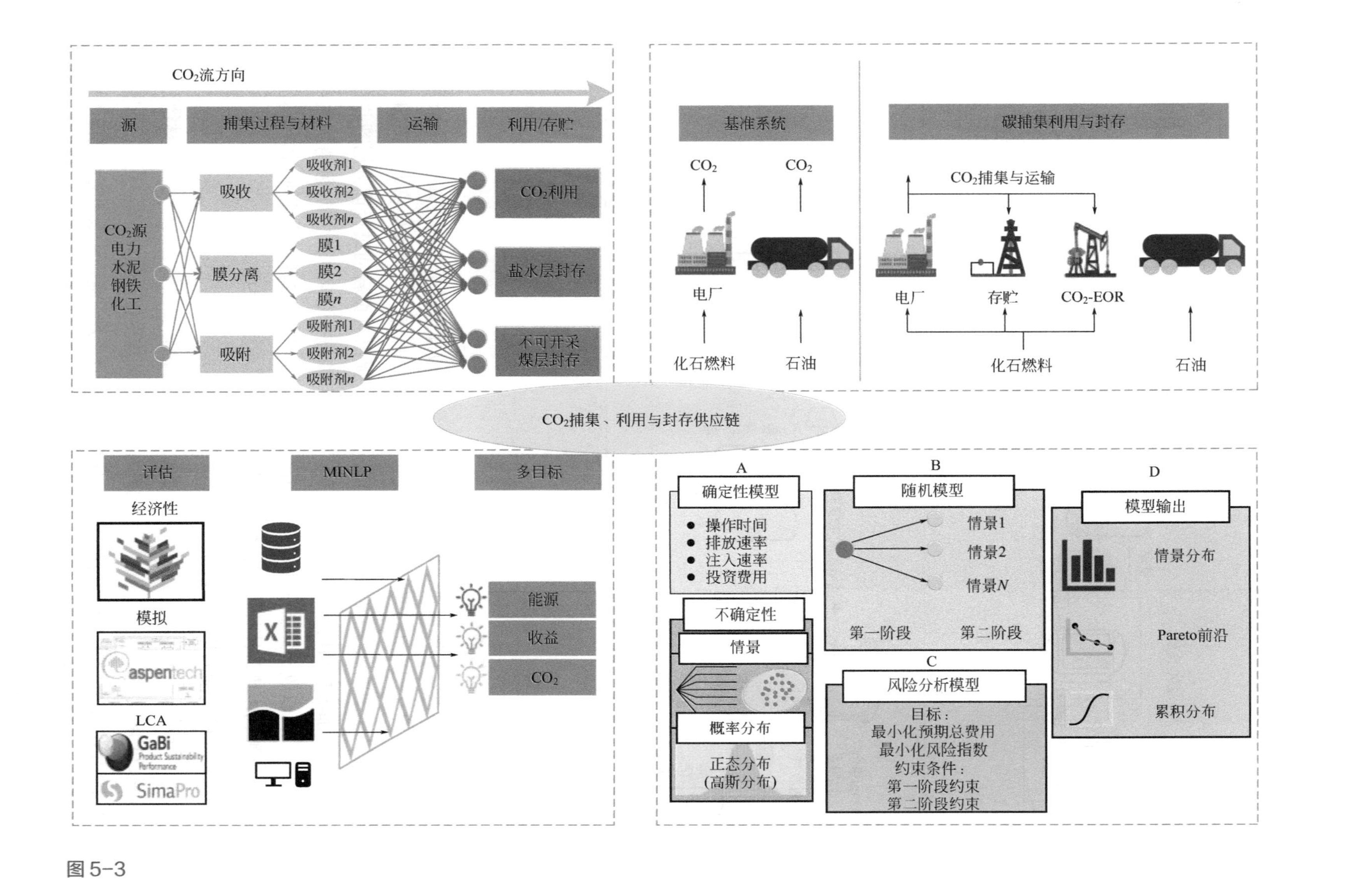

图 5-3
CO_2 捕集利用与封存供应链规划[21,22]

煤制气过程的节能机理和提高效率的潜力，研究了关键参数对㶲损失和系统性能的影响。满奕等[32]提出了一种煤和焦炉气联供制合成天然气的新工艺，CO_2 排放量降低了 60%，能效由 52% 提高至 56%。

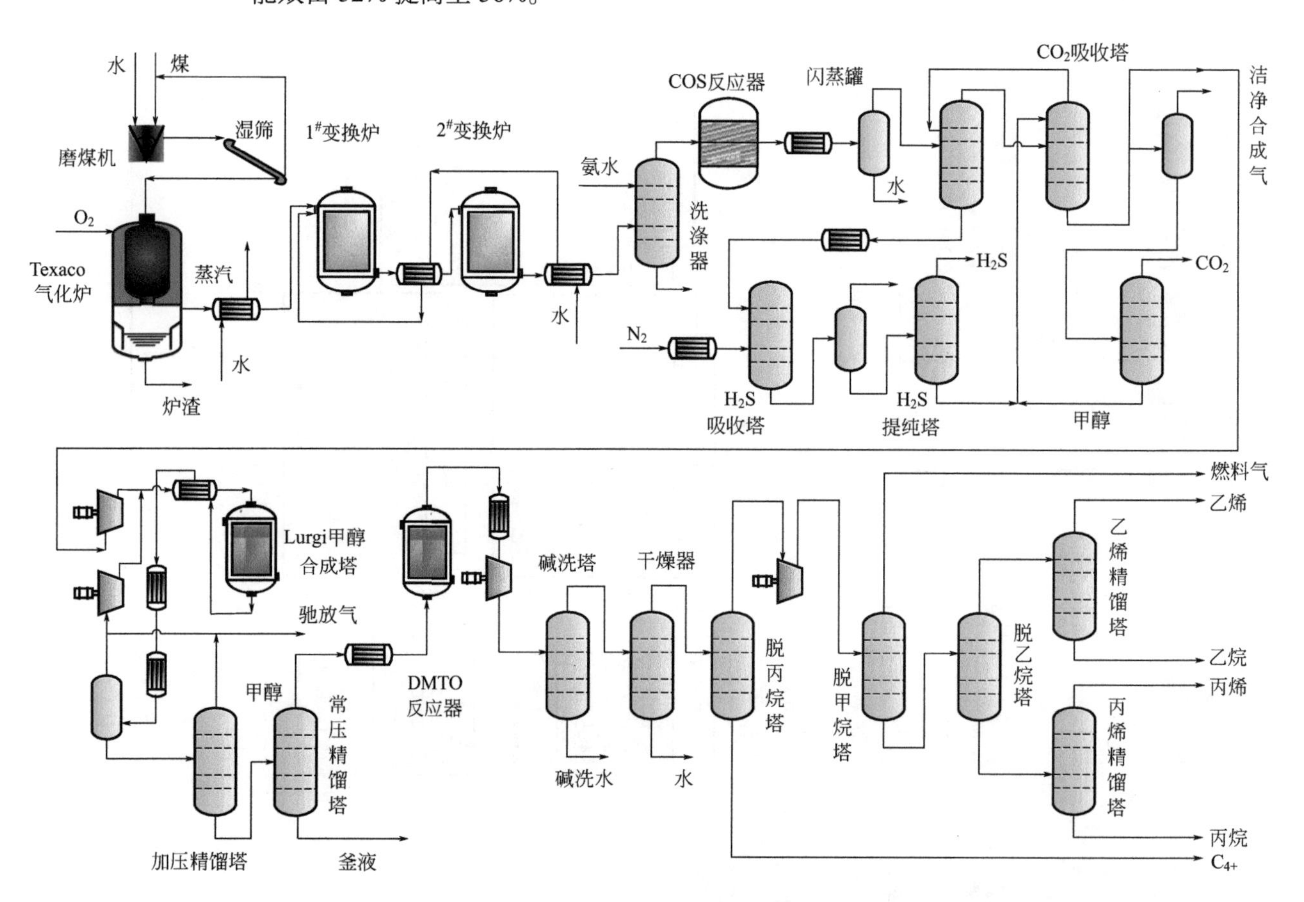

图 5-4
煤制烯烃流程示意图

（2）油页岩炼制过程建模

我国的油页岩炼制技术主要采用抚顺炉。全颗粒油页岩炼制流程如图 5-6 所示。为提高资源能源利用率和油收率，许光文等[33]开发了两套新的内构件移动床干馏炉，相比传统的抚顺炉油收率可提高 25%。李术元等[34]提出对页岩油进行馏分切割并针对柴油馏分进行加氢提质的技术。赵桂芳等[35]对页岩油进行加氢裂化 - 加氢精制生产高端燃油的研究，以改善页岩油品质差的问题。周怀荣等[36]从资源高值化利用的角度出发，提出了一种气体热载体技术和固体热载体技术，经济优势明显。

（3）煤化工的节能减排过程创新

国内外对低温甲醇洗工艺的研究主要集中在工艺创新和热耦合两个方面。林德公司[37]提出在 CO_2 解吸塔和 H_2S 浓缩塔间增加真空闪蒸塔，捕集率提升至 86.6%。刘霞、钱宇[38]等将低温甲醇洗酸气脱除的解吸过程与 CO_2 压缩过程耦合，并对流程和系统能耗进行了分析。

多资源联供联产是提高资源利用效率、降低污染排放的一个重要方向。金红光等[39]根据物理能和化学能梯级利用概念，提出资源互补的煤气化 - 甲醇 - 电力联产系统等。李文英[40]提出焦炉气辅助煤合成气的“双气头”方案，利用焦炉气三重整反应来降低

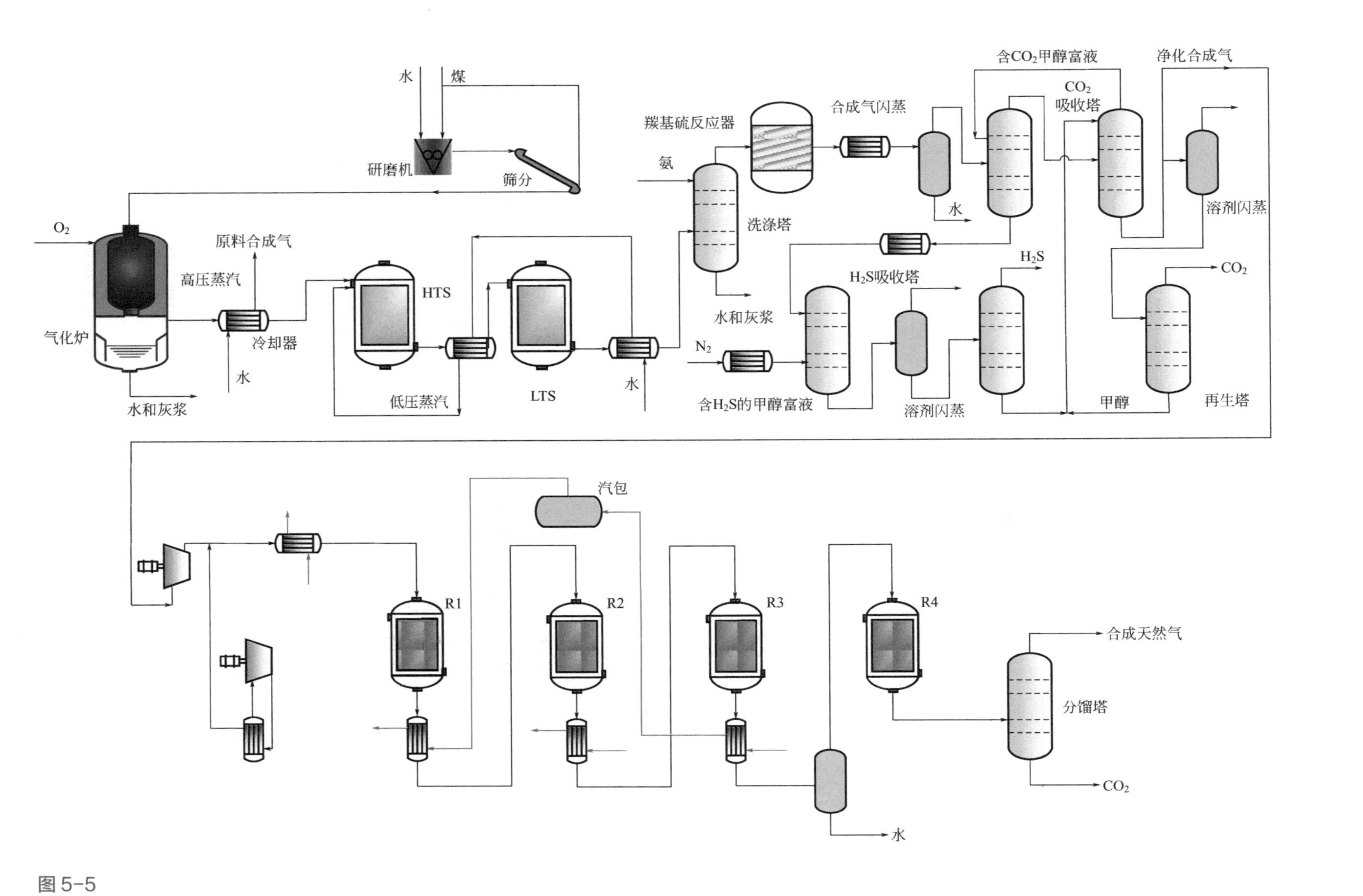

图5-5
煤制天然气流程示意图

煤化工中 CO_2 的排放。满奕等[32]通过调整煤气化合成气、干重整合成气以及焦炉气中氢气的比例，取消了产生 CO_2 的变换单元。

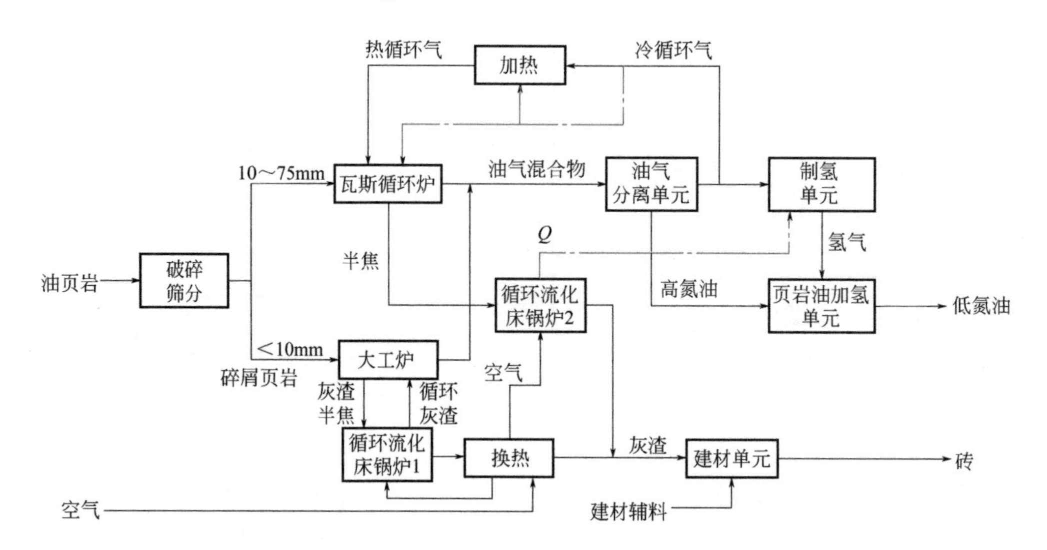

图 5-6
全颗粒油页岩炼制流程框图

（4）煤化工过程的全生命周期分析

传统化工过程主要注重特定产品的生产、资源效率提高、系统节能减排等，而忽视了上下游的潜在成本和环境排放。李恒冲等[41]采用生命周期成本分析和生命周期评价方法，对煤制天然气的技术经济性能、环境性能和资源能源消耗进行系统的分析与评价。项东[42]应用生命周期的评价方法，对不同替代路线烯烃生产的能耗和 GHG 排放进行分析比较。You 等[43]采用生命周期分析方法，以煤、生物质和天然气联供，联产燃油和化学品的过程为对象，研究了环境影响与经济指标之间的平衡关系。

5.1.3.3 高端化学品制造系统优化控制

精细化学品通常采用间歇过程生产，生产效率低、能耗 / 物耗高、安全环保问题突出。例如，在制药领域中，活性药用成分（API）通常使用间歇批次过程生产，该生产方式存在着较多缺点：①生产周期长，生产一种药品成品所需时间可长达 12 个月，且生产过程中需要储存大量中间产物，对时间和空间均有巨大需求；②生产废料多，每生产 1kg 产品将产生 25 ～ 100kg 废料[44]，造成极大的资源浪费和环境污染；③产品质量均一性不佳，不同批次产品的质量存在较大的差异，质量控制困难；④供应链不稳定，难以应对突变的市场需求[45]。

近年来，研究开发人员尝试将流动化学技术引入活性药用成分生产流程，采用连续过程取代间歇批次过程；同时为了满足快速变化的市场需求，将多种产品的生产整合在可重构生产系统中，该系统由多种不同的生产模块构成，通过改变模块的种类和顺序即可生产不同种类的产品。从 2009 年至 2013 年，为结合大规模专一性工厂的经济效益与间歇批次工厂的灵活性，由拜耳公司牵头的欧盟十余家高校和化工企业联合开展了“F3 工厂”（flexible，fast and future）研究攻关，旨在设计一套具有标准化接口的模块化连续生产系统[46]。Adamo 等在实验室中开发了一套仅冰箱大小的即插即用模块化反应系统，可生产盐酸苯拉海明、盐酸利多卡因、安定、盐酸氟西汀等常见药用活性成分[45]。这类模块化新型系统在制药工业具有广阔的应用前景。

连续生产、模块可重构性是可重构模块化连续生产系统的共性，系统在多种不同的层面上实施控制。在硬件层面，系统最底层是一套具有标准化接口的主干系统，包括原材料、公用工程（如水、蒸汽等）供给系统与自动化系统；上一层是可移动位置的标准化工艺设备容器（process equipment containers，PECs）与工艺设备装配线（process equipment assemblies，PCAs），适应于模块配置方式的快速切换；在化学反应层面，起始物料、模块排布方式、加入特定模块的试剂决定了生产系统的化学空间，改变起始物料可获得核心结构类似的不同分子，而改变后两者则可获得不同结构类的分子。Ghislieri 和 Seeberger 等[47]构造了一套如图 5-7 所示的由多相氧化（1）、烯化（2）、Michael 加成（3）、加氢（4）、水解（5）五个模块组成的系统。当进料为仲醇（模块 1 进料）与酮（模块 2 进料）时，如果模块顺序为 1 → 2 → 3 → 5 → 4，产物为 γ- 氨基酸；如果模块顺序为 1 → 2 → 4 → 5，产物为 β- 氨基酸；如果模块顺序为 1 → 2 → 3 → 4，产物为 γ- 内酰胺。Bedard 等[48]设计的即插即用模块化系统更加简便，如图 5-8 所示。用户仅需调整反应器或分离器模块，而无需手动重构泵、管道等基础流体组件。系统由一台具有标准化接口的底座与标准模块反应器、分离器等组件组成，使用时仅需将合成流程所需的模块按照顺序安装在底座上，再使用软件控制并优化反应条件，系统便利性显著提升。

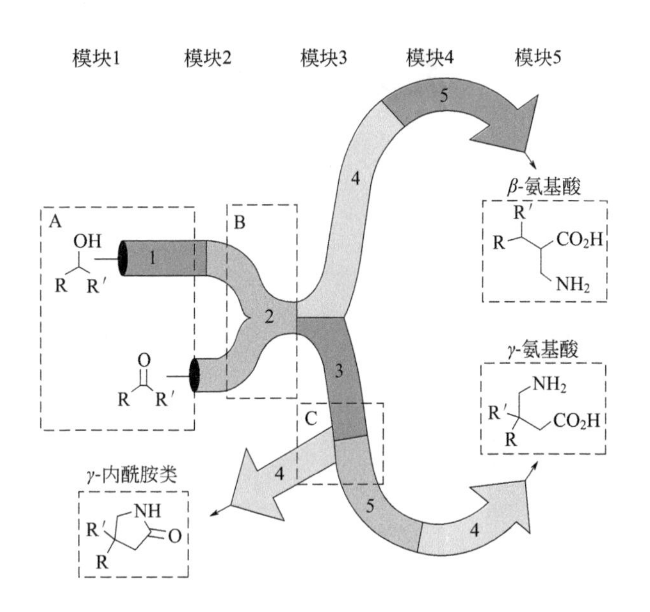

图 5-7
可重构模块化三种产品连续生产系统[47]

尽管新型模块化连续生产系统具有许多优点，但其灵活性也对生产操作提出了较高要求：与传统间歇批次生产方式类似，由于不同产品的生产条件（如溶剂、温度、酸碱度等）不同，体系在生产不同产品之间切换需要清洗，会产生一定的操作时间与经济成本，且这些切换过程都是依赖于生产次序；此外，不同生产线又需要竞争数量有限的模块，因此调度操作优化是可重构模块化化工生产系统在线操作的核心问题。针对模块化生产系统的特性，充分发挥离散时间调度模型和连续时间调度模型的特点，葛丛钦等[49]提出了一种多步骤混合离散 - 连续时间调度模型，首先建立并求解一个离散时间模型，所得到的优化解中的相关有效信息通过信息提取算法进行初始化，并同时建立一个由参数严格约束的连续时间模型，最后通过求解该连续时间模型获得最终的优化调度序列，如图 5-9 所示。

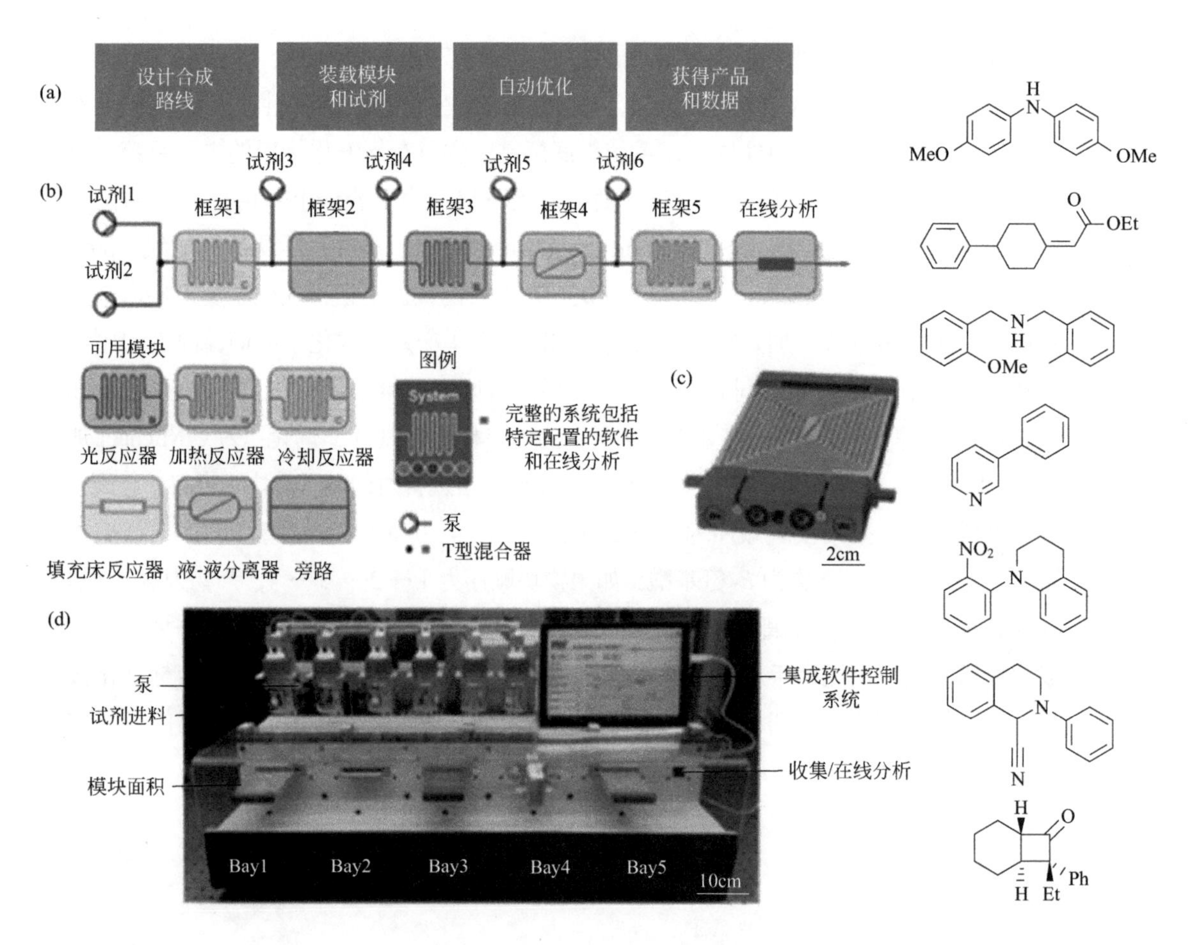

图 5-8

即插即用模块化系统[48]

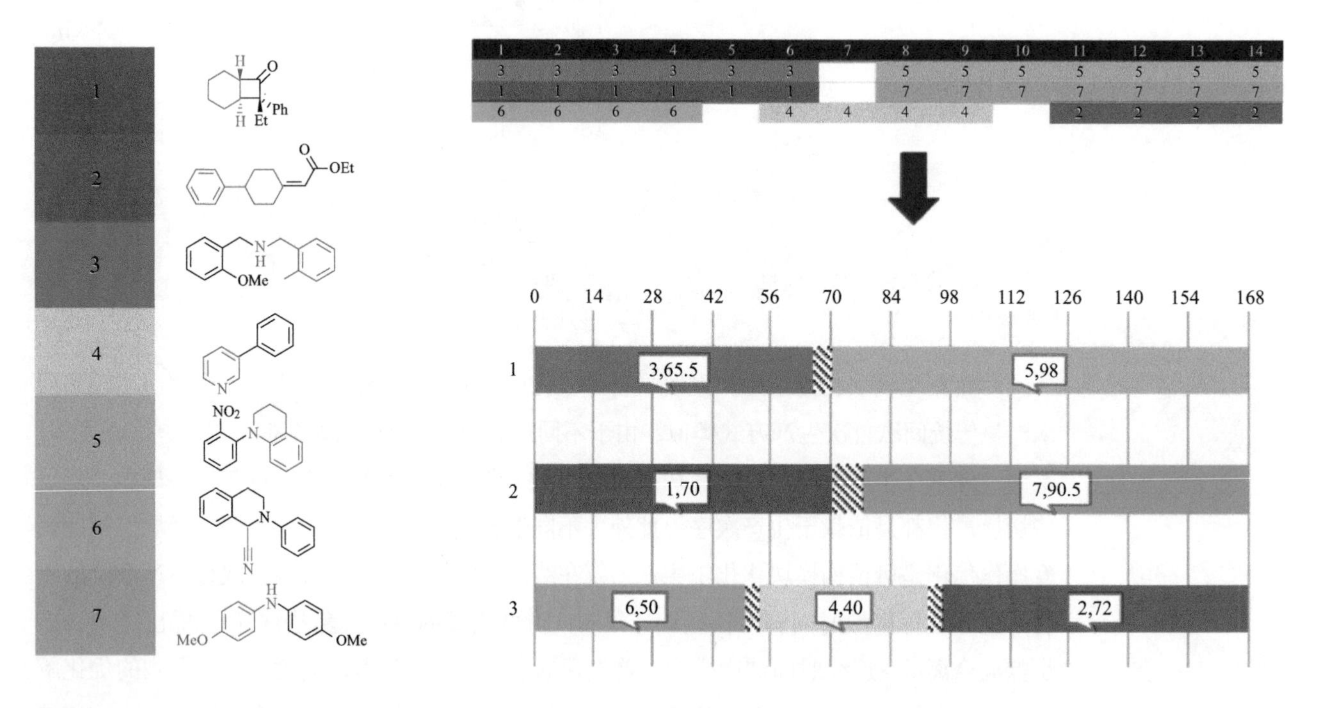

图 5-9

模块化可重构过程生产调度甘特图[49]

5.1.3.4 储能系统优化与参数辨识

（1）电池管理及储能电池系统

电池是电化学储能的典型器件。对于电池储能系统，快速精准的电池内部状态/参数辨识是电池管理系统优化设计的核心，对于保障电池储能系统高效、安全、长寿命运行具有重要意义。电池内部状态主要包括荷电状态（state of charge，SOC）、健康状态（state of health，SOH）、功率状态（state of power，SOP）和安全状态（state of safety，SOS）等难以直接测量的参数，只能通过电流、电压和表面温度等有限的测量信息进行估计，实现电池内部状态的精准在线估计更是面临巨大挑战。

基于电池模型的电池单体状态估计算法研究受到国内外学术界的广泛关注，在电池内部反应/传递耦合机制、兼顾模型复杂度与精度的电池建模方法、高效状态估计算法、多种状态联合估计策略等方面已取得较大进展。然而，目前的大部分研究仅采用实验室测试数据进行算法性能评估，缺乏实际运行数据的验证，且状态估计算法在电池全生命周期内的适应性问题也缺乏可靠的数据支撑。对于由大量电池单体通过串并联组成的电池储能系统而言，由于受到计算复杂度高、模型适配性弱等限制，亟需实施针对性拓展与改进，以满足对大规模储能系统状态进行快速、精准估计的需求。

储能电池工作过程涉及电化学反应、质量传递和热量传递等多个过程的耦合，其充放电过程具有强烈的非线性动态特性[50]。随着储能电池的使用，储能电池的性能将下降，造成电池容量衰减和内阻增大[51, 52]。为了合理利用储能电池，在电池储能系统的设计和调度优化中需考虑储能电池的性能衰退过程[53, 54]。目前对于储能电池的容量衰退主要依靠经验模型，忽略了衰退过程中储能电池容量和功率等性能参数的动态影响。电池在储能系统中的利用，需重点关注电池种类、衰退过程、健康状态、投资成本等对储能电池系统的设计和调度优化的影响[55]。而储能电池性能也与应用场景、运行工况、外部环境、内部劣化等相关，且随时间不断变化[56]。需要针对具体的储能电池种类和健康状态，分析其循环特性等，构建合适的模型描述其充放电特性，以获取最优目标下的充放电策略[57]。从电池储能系统的经济性和柔性角度出发，在实际配置中需要考虑各类储能电池类型和健康状态的储能电池组合及具体应用场景，采用多种类电池的储能方案，可充分发挥不同种类和型号电池的特性，取长补短，相得益彰[58]。

基于模型的电池状态估计方法是当前乃至未来实际应用的重要方向。基于模型的锂离子电池状态估计方法基本框架如图 5-10 所示。锂离子电池模型主要包括机理模型、等效电路模型和黑箱模型。模型精度和复杂度是电池状态估计方法性能的关键。开发低复杂度、高精度模型一直是研究人员关注的热点问题[59, 60]。

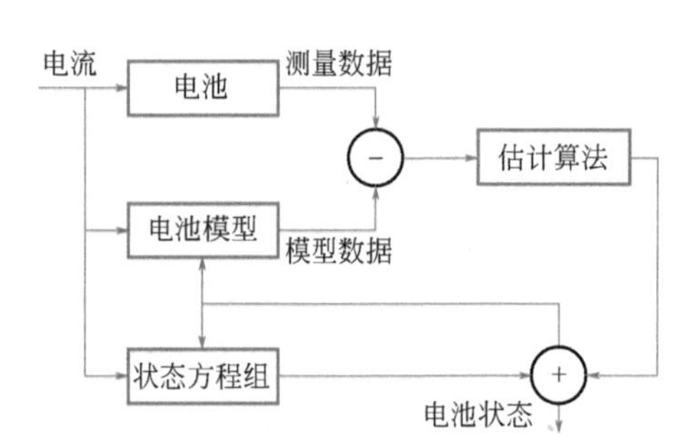

图 5-10
锂离子电池状态估计框架

对于电池的 SOC 估计，一般采用卡尔曼滤波（Kalman filter，KF）、粒子滤波、滚动时域优化等方法实现[61, 62]。KF 类算法与等效电路模型结合是当前研究最为广泛的 SOC 估计算法[63]；电池的 SOH 估计可以采用数据驱动的方法实现[64, 65]，或者采用基于模型的电池SOH估计方法，或者将电化学阻抗谱与等效电路模型结合，对欧姆内阻、传荷内阻和扩散阻抗等参数进行有效辨识，以实现对电池 SOH 的估计。此外，实施电池 SOH 估计的另一类重要方法是采用联合估计或双重估计策略，同时获得电池 SOC 和 SOH 信息。电池的 SOP 估计主要包括数据驱动法和基于峰值状态限制方法两类。数据驱动法是将电池作为黑箱模型处理，采用支持向量机、神经网络等数据驱动方法构建模型，输入为电压、电流、温度或者电池模型中的参数，输出为电池的 SOP 或 SOP 与其它电池状态参数的组合。基于峰值状态限制的方法是基于电池和系统的多种限制，计算峰值电流或峰值电压，进而计算得到峰值功率的一类方法。此外，对于电池的 SOS 的估计依赖于各种电池滥用模型的开发，如过充电模型、内短路模型、热失控模型等。目前多针对单个滥用条件进行电池响应的特性分析与建模，开发故障诊断方法。电池的各状态之间内在联系紧密，实现电池多状态联合估计是保证电池状态估计准确性的有效路径。目前研究将 SOC 和 SOH 进行联合估计已有广泛研究，但涉及 SOC、SOH 和 SOP 的联合估计相对较少，而将 SOC、SOH、SOP 和 SOS 进行联合估计的还未见报道。前述研究主要针对电池单体，仅有少量研究涉及电池组的状态估计。

（2）P2X 技术与化学品储能

实现化学品储能的 P2X 技术可分为 Power-to-H_2(PtH) 和 H_2-to-X(HtX) 两个阶段。PtH 阶段是利用可再生能源发电，通过电解水制氢将波动的可再生能源发电转化为氢气储存，可提供季节性储能。HtX 阶段是将氢作为原料，与碳、氮或氧等生产载能化合物，如甲烷、甲醇和氨等[66-68]，这些载能化合物既可作为储能介质或燃料，也可以替代化石原料用于化工生产，其突出优势在于可充分利用现有的高效内燃机动力技术和现有的天然气管网以及加油站等基础设施，可大幅度降低新动力技术的开发成本和新建基础设施的巨大投入，还可有效降低可再生能源利用的全链条使用成本。

P2X技术与能源、化工、交通等行业结合紧密[69]，如图 5-11 所示。该技术不仅可以平抑发电侧和负荷侧的波动，提高可再生能源的消纳能力，还可作为连接可再生能源系统和化工生产系统的桥梁，部分替代基于传统化石的能源和原料供给，减少化石能源消耗，降低污染物排放，满足化工行业低碳可持续发展需要。此外，利用电网进行能量传输代替传统的物质传输易于实现化工生产的分散化和本地化，可在一定程度上降低化学品运输的时间和经济成本，从而降低化工产品的终端价格。

目前，国内外学者提出了以甲醇合成为代表的“液态阳光”（liquid sunshine）、以合成航空燃料为代表的“可再生燃料”（renewable fuel）以及以合成氨为代表的“阳光肥料”（solar fertilizer）等新概念，并付诸工程实践。例如，中国科学院大连化学物理研究所开发的 CO_2 加氢制甲醇中试撬块装置一次开车成功并实现了连续稳定运行，该装置 CO_2 单程转化率可达 20%，甲醇选择性可达 70%。

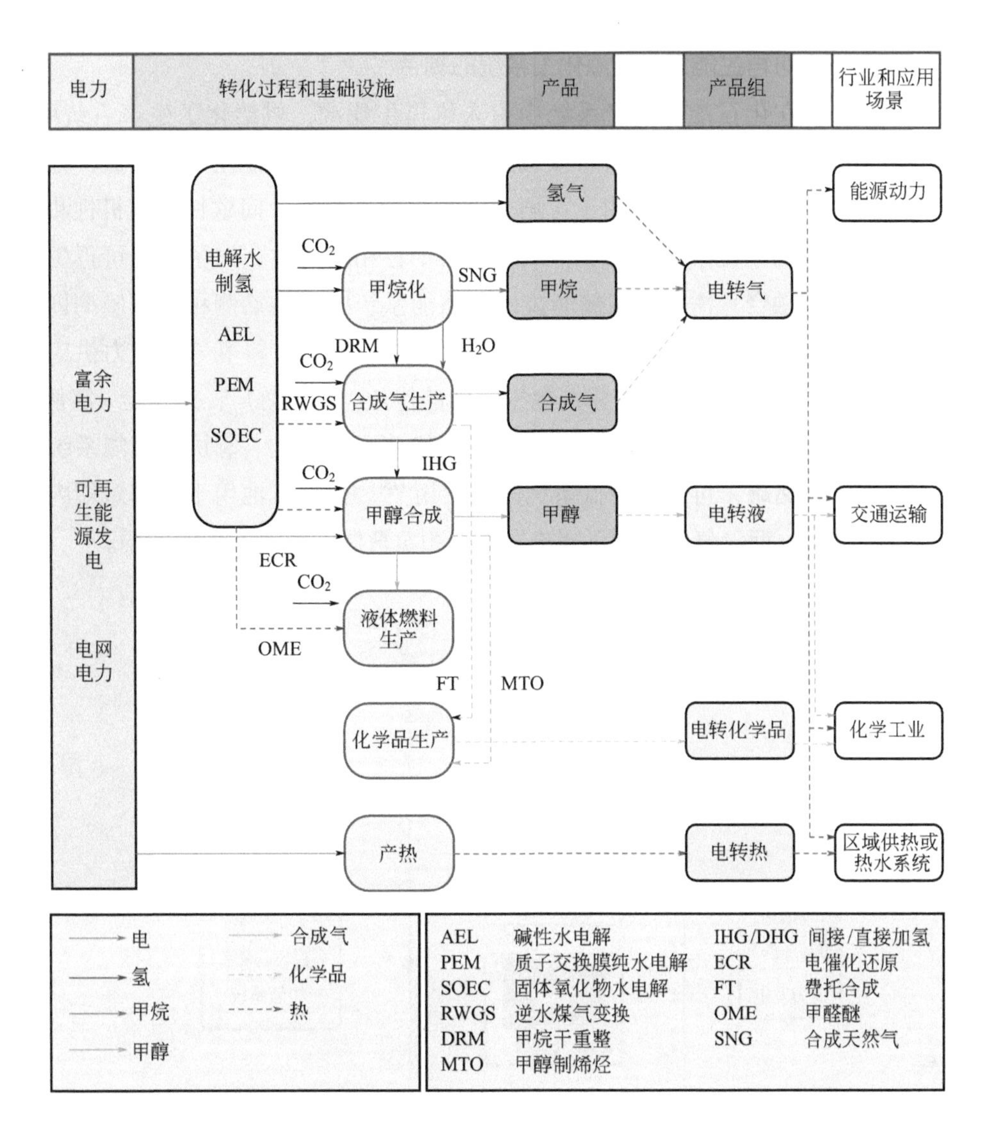

图 5-11
P2X 技术的主要路径 [69]

由于可再生能源的间歇性和随机性，在 P2X 技术中，间歇性的能源 / 原料输入可能导致载能化学品生产中反应条件动态变化、质量和能量传递特性变化可能导致催化剂催化性能劣化、为适应原料变化而周期性或频繁启停反应器均成为突出问题，这将导致大规模连续化的生产装置运行和操作非常困难且经济性差。为提高 P2X 技术的经济性，从系统的角度，针对油砂沥青改质的氢气需求和用电需求，Olateju 等 [70] 根据风电和炼厂的选址特点建立了风电场发电和制氢系统的技术经济模型，以确定氢气管道的投资费用以及最优的电解槽尺寸和数量；针对风力发电电解水制氢生产氨的供应链，Allman 等 [71] 与传统方法生产氨气的经济性和环境影响进行了对比；Rivarolo 等 [72] 研究了可再生能源发电制氢与 CO_2 反应制甲醇系统的技术经济性，着重分析了规模化生产的投资费用和投资回收期；Palys[73] 分析了氢和氨作为储能介质的经济性以及孤岛储能模式下系统的经济性。以上案例表明，针对可再生能源的储能系统应从更大的系统尺度进行集成和优化，以获得在现有技术水平和条件下的最优系统。

（3）可再生能源与能源化工系统的耦合

在化石能源生产系统中引入可再生能源，供给化工生产系统中所需要的电、热、冷和气等[74]，不仅可有效减少化工生产系统中的温室气体排放，还可以提高可再生能源的消纳能力[75]。由于可再生能源具有季节性、间歇性、随机性和不确定性，化工生产系统中能量需求也具有一定的周期性和波动性，为了实现可再生能源与化工生产系统的融合，需要利用储能技术和储能系统解决供给侧和需求侧的匹配问题。例如，利用可再生能源发电和制氢，不仅可以部分解决原料氢气和电力供应的问题，还可以有效降低能源化工生产系统温室气体的排放。对于炼厂，采用电 - 氢协调储能系统耦合可再生能源发电和加氢系统，如图 5-12 所示。在电 - 氢协调储能系统中同时采用电池和氢气储罐，可有效降低系统的总费用[76]。储能电池用于平抑短期内发电侧和负荷侧的波动，而氢气储罐则可解决发电侧和负荷侧长期不匹配的问题。

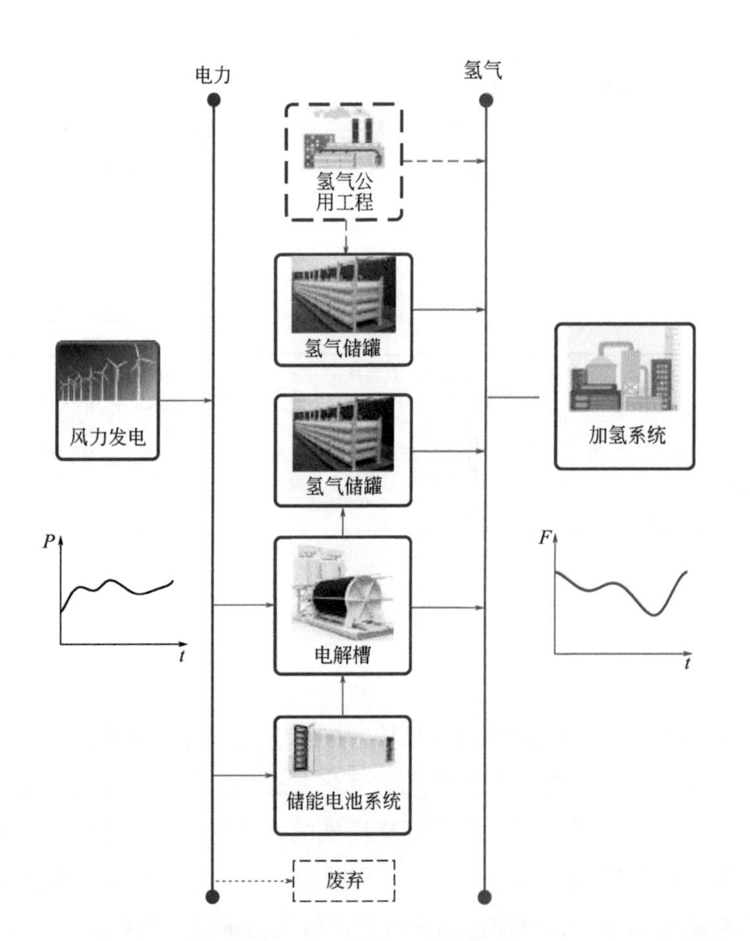

图 5-12 化工过程系统中消纳可再生能源的电 - 氢储能系统

当可再生能源与能源化工系统耦合时，可再生能源输入端的间歇性和随机性、产品输出端的产品数量和价格的波动以及生产系统内部操作运行的扰动等外部和内部的不确定性客观存在。若忽略这些扰动，系统集成、优化设计和运行方案的实际经济性和可操作性将偏离最优状态。针对多能源系统优化过程中的不确定性问题，可采用全局敏感性分析的方法识别和选择系统中的重要不确定参数，再采用随机规划或鲁棒优化的方法对系统进行不确定分析和优化。对于分布式多能源耦合系统，可采用两阶段随机规划方法，将优化模型中的决策变量分为设计变量和操作变量[77]。在随机规划中，需先产生情景数，通过选择具有代表性的情景以减少情景数，降低计算负荷[78]。对于多区域大规模的能源耦合系统，例如含有电池储能和氢气储能的耦合系统，考虑短期和长期储能技术的动态性和不确定性对于耦合能源系统经济性和碳减排的优化至关重要[79]。

5.1.3.5 化工系统本质安全与评估

Kletz 教授在 1978 年提出了本质安全的概念[80, 81]。美国、加拿大、欧盟等国家和地区已经对本质安全化技术开展了一系列的研究和应用。1997 年，由欧盟资助的 INSIDE（Inherent SHE In Design Project Team）项目研究了本质安全化技术在欧洲过程工业的应用[82]，主要目的是验证本质安全化设计方法在化学工业应用的可行性，鼓励化学工艺和设备本质安全化的应用及研究，提出了乙烯类本质安全化应用技术方法。2000 年，本质安全健康环境分析方法工具箱 INSET（the inherent safety health and environment evaluation tools）的研究取得成果[83]。国内南京工业大学在高危险性化工工艺本质安全评估等方面开展了大量卓有成效的研究工作[84]。清华大学王杭州等以多稳态及其稳定性分析为基础，开展了面向本质安全化的化工过程设计研究[85]。在复杂化工过程多灾种耦合事故监测预警理论与技术方面，目前的化工过程事故监测预警技术主要集中在火灾和有毒有害气体探测上[86, 87]，而探测系统监测预警的准确率还有待进一步提升。

国内外研究人员对多米诺效应风险进行了分析。张新梅和陈国华[88]利用离散分离岛法，对化工园区多米诺效应风险进行了模拟分析。Reniers[89]对化工区域内厂区间的多米诺效应风险进行了调查分析。孙东亮[90]对超压、热辐射和爆炸碎片连锁破坏概率模型进行了改进研究，以化工园区为研究对象，建立了区域多米诺效应定量风险评价的程序与算法。

在化工过程的本质安全方面，目前已取得以下重要进展和成果。

① 揭示了影响化学品不同危险特性的特征危险性基团及特征结构因素，确定了基团类型、数目及排列方式等结构危险性规律及作用机制，在分子水平上揭示了化学品拓扑、电性、氢键等微观结构对宏观危险特性的影响，实现了化学品的快速鉴别与筛选。

② 建立了基团键等化学品特征结构的量化表征方法，针对液态烃、有机过氧化物等 10 类典型化学品的 12 种危险特性参数，建立了基于分子结构参数的理论预测模型，解决了化学品危险特性数据缺乏的难题；分别提出了化学品闪燃、自燃、爆燃等固有风险的综合评估指数，建立了基于分子结构的化学品固有风险量化评估技术，为反应物料的评估和筛选提供了依据。

③ 基于反应系统的物料守恒和能量守恒，采用小扰动分析法提出了基于热点雅克比矩阵迹的反应系统热失控临界判据模型，实现了间歇式简单及复杂反应系统热失控临界参数的有效预测；结合目标温度及引发二次反应临界温度，分别叠加单步反应的反应数和放热数，建立了基于最大允许温度的反应热失控临界判据模型，实现了半间歇式均相复杂反应临界参数的有效预测；研究半间歇非均相反应转化率、温度等工艺

参数随时间的变化，实现了半间歇非均相复杂反应多种热行为的有效识别，为间歇、半间歇式反应过程的路径选择与工艺参数优化提供了指导。

④ 揭示了搅拌、进料、冷却等操作条件对苯乙烯本体聚合及丙酸仲丁酯合成等危险反应热失控发展历程的影响规律，研究了乙苯、相变纳米胶囊、乙醇等抑制剂注入位置、注入时间、注入量对抑制效果的影响。在反应器顶部注入乙苯，对苯乙烯本体聚合反应“热点”消除的效果最佳；在反应热失控早期，注入相变微胶囊对丙酸仲丁酯合成反应热失控的抑制效果最佳，注入不低于醋酸乙烯质量分数 20% 的乙醇对醋酸乙烯聚合反应热失控的抑制效果最佳。

⑤ 揭示了过氧化等多步反应耦合热失控规律，建立了考虑反应最终温度的间歇、半间歇式多步反应热失控多特征温度评估方法；基于反应热失控临界判据确定热失控的关键控制参数，构建了反应热失控定量风险概率模型及定量风险评估方法，应用于过氧乙酸合成工艺条件的评估与优化，使得反应热失控概率降低 52.7%；基于化工流程模拟和符号有向图的 SDG 技术，建立了连续反应过程动态风险识别与事故后果量化的动态风险评估方法；从物料、反应、工艺角度提出本质安全评估指标，建立了基于未确知测度理论的化工过程本质安全综合风险评估方法，为高危险化工过程工艺优化设计提供了依据。

5.1.4 未来发展方向与展望

5.1.4.1 石油化工系统能量和质量集成

针对石油化工系统，应从不同时间与空间尺度研究能量（冷、热、功、电）的特征及其匹配与转化关系；将换热网络与多种余热回收 / 利用技术集成，开发高效余热利用技术；考虑多公用工程、多级压缩 / 膨胀、流股相变、设备实际运行效率等因素，研究功热网络与实际工艺流程耦合集成设计方法，重点研究功热网络与上游 / 下游反应 - 分离系统、公用工程系统的耦合集成方法。

同时，也需要研究不确定性因素对系统设计和操作的影响机制，开发变工况系统网络的“设计 - 操作”一体化集成优化方法；剖析系统结构与质量流和能量流间的构效关系，基于转化、分离单元的机理 / 半机理模型，建立面向资源与能源高效利用的质、能全流程耦合集成方法，揭示关键因素的影响规律。

随着过程系统规模的扩大，开发大规模优化算法势在必行，需结合过程系统的物理和数学模型特征，开发基于模型分割的高效优化算法是未来的研究重点。对于 CCUS 技术，开发吸收单元、分离单元与发电单元的协同运行和调度技术，并在 CO_2 转化利用方面进一步扩展，向硅藻固碳、合成利用等方向延伸。

5.1.4.2 现代煤化工系统模拟与评价

煤化工过程未来主要发展方向是提高经济效益，降低环境排放。从提高反应转化率的角度分析，应开发催化、分离新技术，以降低分离能耗。从系统角度分析，应根据资源互补和能量梯级利用原理解决化工转化中碳排放高的问题。在系统整体上运用系统工程和生命周期分析方法，对各子系统进行集成和多目标优化，权衡技术 - 经济 -

环境等各方面因素。

油页岩的热解应当注重过程集成与多目标优化，开发热解、油气产物加工、半焦燃烧公用工程、灰渣利用等集成解决方案，从热力学、技术经济、全生命周期分析等方面构建和完善过程优化与系统分析理论。对以热解为核心的集成系统开展多目标优化研究，进行生命周期环境和成本分析，揭示物效、能效、经济和环境之间的相互制约关系，寻求最优化的流程方案。

能源化工的发展需要更加注重技术创新、系统集成，提升能量利用水平与过程经济性。同时还应注重环境、生产过程的潜在影响与生命周期成本，兼顾“技术 - 环境 - 经济”多目标，促进上下游协同发展、原料与产品优化协调、产品升级等。此外，还应更加注重智能工厂建设，加强生产运行数据的挖掘、处理、分析等，以更好地指导生产运行。

5.1.4.3 高端化学品制造系统优化控制

通过多学科交叉融合，深入研究高端精细化学品的数字化设计与智能制造基础理论，阐明“智能感知 - 自主决策 - 智能控制”的运行机制和开发智能自主优化运行的支撑软件平台为目标，研究模块化化工过程连续化、模型化、自动化、数字化、智能化等理论及技术。

围绕“高端化学品制造系统智能自主闭环优化设计 - 运行理论与机制”这一核心主题，研究全流程关键变量实时感知和信息融合方法，突破数据 / 机理混合模型化和自动自优化基础理论，攻克制造系统的全流程智能优化和自主控制技术的难关，提出智能安全预警和预测性维护策略，开发微化工过程智能自主优化运行的支撑软件平台，实现制造系统安全、敏捷、优质和长周期运行。构建以创新引领、智能高端、绿色低碳为核心的高端精细化工工程科技创新体系，将大力推动我国精细化工产业转型升级，大幅提升自主创新能力。

5.1.4.4 储能系统优化与参数辨识

电池状态估计能力直接影响储能系统的安全和高效运行。全生命周期全操作工况内的电池单体高精度建模及多状态联合估计方法仍有待深入研究。随着电池储能需求的不断扩大，电池系统模组化、集成化已成为发展趋势。精准快速评估电池组状态是保障全生命周期内电池性能一致性的关键，也是实现集中运行、远程诊断、实时维护的前提。深入研究电池老化及失效机理，结合电池状态耦合机制分析，开发高精度单体电池建模方法，构建全生命周期操作工况内多状态联合估计方法，探究电池组动态一致性演化规律，建立多状态联合估计简化机制，实现系统层面上全生命周期内电池组的多状态精准、快速估计。

为了大规模消纳间歇性和随机性的可再生能源，匹配不确定性的市场需求，多种载能化学品柔性制造系统是 PtX 技术未来走向市场和立足市场的可靠选择。对于可再生能源驱动的 PtX 载能化学品柔性制造系统，柔性优化设计、敏捷生产调度和鲁棒优化控制的理论和技术，将是该系统可靠设计和优质运行的核心组成部分，是实现可再生能源驱动的智能化和定制化载能化学品生产的重要保证，同时需解决不确定性条件

下可再生能源时空多尺度的分布式储能问题。

为了提高可再生能源的渗透率和减少碳排放，持续发展 P2X 技术是大势所趋，在国家政策层面上应对 P2X 技术给予相应的政策支持和激励；面向可再生能源驱动的化学品生产，改变大规模连续化学品生产的理念，促进多载能化学品的柔性制造，解决可再生能源时空多尺度的分布式协调储能问题，对于增强国家能源安全保障能力和水平具有深远的战略意义。

5.1.4.5 化工系统本质安全与评估

化工生产流程形式多样，如有间歇式、半间歇式及连续式操作等多种模式，需要根据不同操作模式进一步完善和优化本质安全工艺，建立典型危险化工过程本质安全的关键技术体系，虽然目前应用范围已涵盖氧化、过氧化、聚合、硝化、酯化、氯化、加氢、氨基化、烷基化、重氮化等 10 种国家重点监管的危险化工工艺，但是其他高危险工艺有待深入研究。此外，随着化工装置规模的不断扩大，涉及的操作单元日趋复杂化、多样化，如何考虑复杂装置不同单元的流程布局与规划对化工过程本质安全设计的影响，还有待进一步研究。

面向本质安全化的高危化工工艺过程的固有风险评估与安全设计优化，是未来化工系统安全的核心。针对化工系统安全，还需深入研究和开发智能传感材料与技术、大数据与虚拟现实等技术的复杂化工过程多灾种耦合事故监测预警理论与技术，面向产品开发、过程强化与化工系统集成设计、安全操作、优化控制融合的一体化优化加强数据模型和优化算法的开发，并在化工园区联锁事故风险认知和化工园区整体风险评估、预测与控制等方面提升整体创新能力和水平。

5.2 人工智能前沿在过程系统工程中的应用

近年来，现代信息技术特别是计算机技术和 5G 网络技术的发展，已使信息处理容量、速度和质量大幅度提升，使人工智能获得更为广泛的应用。作为新兴的前沿领域，人工智能是新一轮科技革命和产业变革的核心力量，对国家经济结构的转型升级具有重要意义。党中央和国务院高度重视并大力支持发展人工智能。习近平总书记在党的十九大、两院院士大会、全国网络安全和信息化工作会议、十九届中央政治局第九次集体学习等会议中多次强调要加快推进新一代人工智能的发展。2017 年 7 月，国务院发布《新一代人工智能发展规划》，将新一代人工智能放在国家战略层面进行部署，描绘了面向 2030 年的我国人工智能发展路线图，旨在构筑人工智能先发优势，把握新一轮科技革命战略主动。2015 年国务院发布的《中国制造 2025》中指出：工业智能化是我国技术发展的重要方向之一。化工智能化也成为抢占世界科学技术制高点的法宝。智能化是化工过程高效节能、产品高端生产和环境有效监控的重要保障。

5.2.1 发展现状与挑战

化工过程开发需要进行大量复杂的计算、设计和验证。对于传统化工行业，通过信息技术或人工智能技术优化产业设计或生产流程能够大大提升未来化工产业的生产效率。在计算机辅助化工产品开发与设计阶段，为了降低试验过程所耗费的大量时间和资金，依据现有的各种性质的实验数据建立分子结构与性质之间的构效关系模型，从而提供准确可靠的估算结果并应用于智能化的产品开发与设计尤为重要。化工、石油、医药等工业生产过程是一个机理复杂、多变量、多耦合的系统工程。为了适应物料种类、市场需求、装置特性、环境因素的变化，保证物质按照目标产品路径定向、有序、梯级转化，转化过程中物耗、能耗、安全、环保等指标要持续优化，转化过程中产品功能、性能及质量要保持一致。人工智能技术在化工过程智能化方面的应用在以下方面取得了重要进展，但同时也面临重大的挑战。

（1）基于机器学习的化学品性质预测与风险评估

从 20 世纪 60 年代开始，化学工业在全球范围内开始向大型化、高能化、自动化的连续生产装置方向发展，以石油、天然气、煤等自然资源为基础原料的基础有机、无机化工过程技术的突破，促进了农林、医药、服装和日化等行业的快速发展，大幅提高了人民的生活水平，为人类社会进步和经济发展做出了巨大贡献。然而，化工生产装置造成的灾害性爆炸事故、火灾事故、中毒事件及环境污染事件不断出现，对生态和社会造成的影响甚至超过了事故本身。为了建立和完善工业的法律规范及行业标准，各国监管机构按照化学品理化性质、危害性质等数据制订了各种风险评估规则，以指导化工过程及化学品的技术开发和化工装置的工程建设和生产操作。

化工生产装置的本质安全取决于其工艺技术路线及其涉及的化学品的危害特征；而化工生产装置对环境的影响不仅需要考虑突发事故对环境的长短期破坏效应，还要考察正常生产状态的常规排放对环境的潜在影响。分析化学品在其生命周期内的危害特征，筛选绿色、安全的化学品和技术路线，需要大量的危害性质基础数据或安全和环境的潜在风险的分级信息。然而，技术人员经常需面对基础数据匮乏和昂贵且漫长的检测实验，难于对产品和过程安全及环境的潜在风险做出快速、准确的评价。

自化学学科诞生以来，基于实验的化学品及生产过程研究积累了大量的性质数据及分子结构信息；这些历史数据是极为宝贵的资源，其中蕴含的基础原理和规律具有巨大的科学意义和使用价值。20 世纪 80 年代以来，国内外各研究机构在计算机技术快速发展的浪潮下建立了多样化的化学化工信息数据库，用于储存和管理各种化学研究数据。同时，得益于人工智能技术及基础数学理论的发展，计算机自主学习大量数据并建立预测模型，实现对未知问题进行分析和决策的机器学习技术攻关，成为目前的研究热点，并涌现了许多图像识别、自然语言处理、声音识别等成功的应用案例。这些技术的出现，同样引起了化学化工领域学者的兴趣，促进了机器学习在构效关系预测模型中的应用研究。所采用的机器学习算法，诸如线性回归、决策树、支持向量机、贝叶斯模型及神经网络等算法模型，为实现化学品 SH&E 相关性质的预测工作提供了可靠的理论基础。

虽然以往的科学研究和工程应用中已有很多成功案例，但是相应的建模策略较难直接应用于大规模的化学数据信息的挖掘，其主要原因在于：①人工预定义或选取的分子描述符通常只记录分子结构的一种特征。因此，许多构效关系模型选取了多种分子描述符来获得更高的分子结构分辨率。②尽管可以通过相关性分析等技术手段对分子描述符进行挑选，但该项工作较为烦琐，一些研究对分子描述符的选择依据甚至是经验性的。③不同构效关系模型往往选用不同的分子结构特征，缺乏统一的分子结构描述机制。④目前分子结构描述方法不再局限于仅描述部分特征的分子描述符，文本（例如 SMILES、WLN、InChiKey 等）[91]、图像（BMP、JPG）、图（分子图、UG、DAG）、分析图谱（质谱、光谱）等多种数据形式可以更全面地记录分子结构，但传统的构效关系模型无法直接对这类数据进行学习和挖掘。同时，多数构效关系的建模研究局限于性质定量预测，但在安全、环境、健康潜在风险等级的模糊评价中，仅需要得出物质风险相对大小（例如，高、中、低），并不一定需要得出具体性质的具体数值，这就需要构效关系预测模型具备分类或定级能力。

（2）基于机器学习的化工过程关键参数预测

化工生产中大量硬件传感器用于过程监测和控制。化工生产过程中的一些关键工艺参数对产品质量起着重要作用，如丁烷浓度、原油凝点温度、汽油辛烷值、生物质浓度等。在直接闭环控制、安全监测、故障诊断、绿色生产、运行优化、利润最大化等生产任务中，这些关键参数发挥着重要作用[92]，但是存在较大的测量延迟和较高的投资成本等问题，使得某些关键参数很难实现在线测量。虽然这些关键参数测量可以通过在线分析仪或离线实验室分析获得，但这两种方法都可能存在测量滞后、精度降低、投资和维护成本高等问题[93]。这些关键参数的非实时或低精度测量可能导致控制性能差、生产损失巨大等问题，有时甚至产生安全隐患[93]。精准地预测化工过程关键参数是解决上述问题的关键。

图 5-13 为 2001 ～ 2020 年被 Scopus 数据库收录的化工过程关键参数预测相关的文献汇总。化工过程关键参数预测的研究文献数量逐年快速增长，其主要原因是：①化工生产过程的信息化程度不断提高，部分化工过程参数实现了大量的数据积累；②随着时间的推移以及数据的积累，生产过程机理逐渐明晰；③随着计算机、算法和大数据技术的进步，更多智能和先进的算法为关键参数的精准预测提供了有力工具。目前生产过程关键参数预测的研究已应用于石化、钢铁、轻工等工业领域[94-96]。

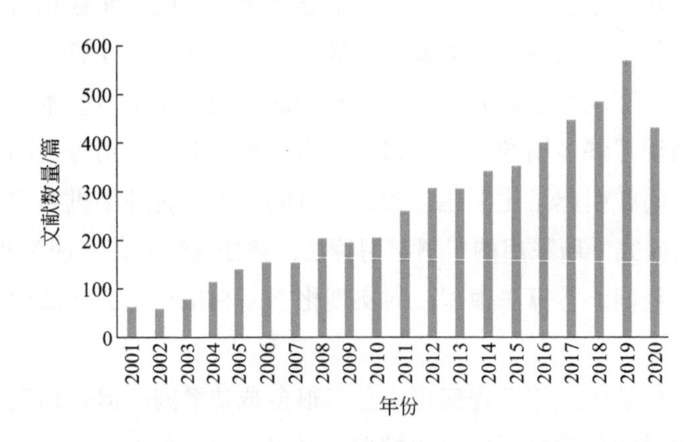

图 5-13
2001 ～ 2020 年化工过程关键参数预测文献汇总（来源：Scopus）

按照输入变量是否已知进行划分，关键参数预测模型所使用的核心算法可分为监督学习、半监督学习和无监督学习。对于单一的无监督学习而言，例如最小二乘回归

(LSR)、主成分回归(PCR)和偏最小二乘回归(PLSR)等，通常在处理线性相关性方面受到限制，并且可能不适用于非线性过程，因此目前很少直接应用于化工过程的关键参数预测。监督学习和半监督学习的方法也是以组合的方式建立预测模型，目前已应用于石化、钢铁、造纸等工业领域[97-99]。

按照算法划分，关键参数预测模型所使用的核心算法可以分为传统方法、混合智能方法以及深度学习方法。在传统方法中，应用最多的是高斯回归和SVM两种[100, 101]。这两种方法的基本思想是非线性函数的局部线性化，但在处理复杂变量关系方面存在局限性[102]。非线性参数通常也很难确定。尽管它们适用于小样本的学习，但计算成本却随训练样本数量的增加而呈指数增长，导致无法从大量过程数据中提取有用的信息。人工神经网络是用于函数逼近和模式识别的有效工具。然而，传统的人工神经网络仅能提取浅层特征，对于简单过程可能表现良好，但在一定程度上会限制复杂系统的表达能力[103]。目前更多的是建立智能混合算法。深度学习方法预测效果最好，目前已在污水进水指标预测、化工生产过程关键参数预测等领域实现了工程化应用[104, 105]。

按照模型状态划分，关键参数预测模型可以分为静态预测模型和动态预测模型。图5-14为2001～2020年静态预测和动态预测的对比图。目前对于化工行业，采用静态建模的研究较多。然而，大部分化工生产过程的现状是存在局部非稳态或具有一定生产波动，静态模型对非稳态过程的预测结果随着时间推移存在误差积累的问题。采用动态预测模型可以解决静态模型预测性能不稳定的问题，但是其预测精准度尚不及静态模型。

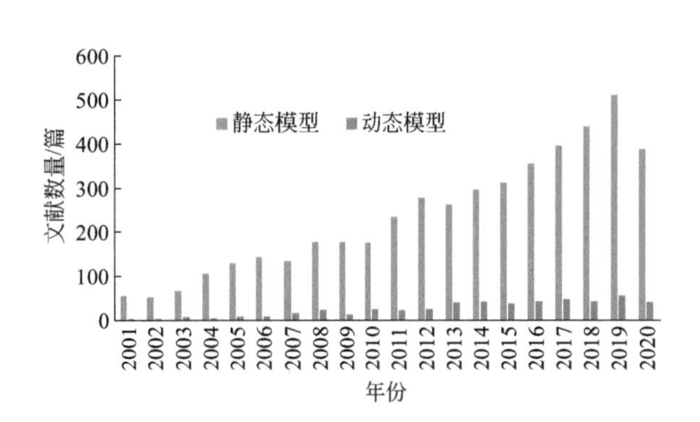

图5-14
2001～2020年化工过程关键参数动态和静态预测文献汇总（来源：Scopus）

按预测结果划分，可分为单步预测和多步预测。由于关键参数的预测大都是为故障诊断和智能控制服务的，因而目前化工过程更希望采用多步预测的结果。而目前对于多步预测的研究成果并不多。很多研究人员把研究重点放在提高精准度或者算法优化上，目前多步预测常用于能耗预测领域。

(3) 基于智能优化算法的化工过程优化

优化算法在化工过程的分析和合成中得到广泛应用，对于过程系统工程领域尤为重要。化工过程系统最优化已成为化工行业保持核心竞争力的重要技术之一。这一领域的问题往往需要面对多样化的候选技术方案以及错综复杂的经济、工艺性能、环境社会影响等因素的交互作用，技术人员通常不能仅通过直觉决策得到最优方案。

化工过程的数学建模涉及多种线性及非线性模型，其性能的最优化主要体现在对装置设备的设计优化及过程工艺参数的操作优化，这两类优化问题大多属于约束性优化问题。其中，大多数操作优化问题仅包含连续可调的决策变量，目标函数通常仅考虑装置的经济指标。此类问题可归为非线性规划问题，可使用确定性算法在固定的时间内进行求解，例如采用惩罚函数法、障碍函数法、序列二次规划法（SQP）等方法[106, 107]。化工生产过程中常见问题还包括换热网络合成、质量交换网络合成、生产计划优化等，可以将问题适当简化为线性规划问题，通过确定性优化算法进行快速求解，例如单纯形方法和分支定界法等。确定性的优化算法尽可能地利用了目标函数的解析性质以及约束空间的几何特征，逐步缩小搜索空间以实现对最优解的搜索[107-111]。

随着化工学科研究问题尺度的不断延伸，在化工过程合成和优化问题中纳入更多的决策变量，引入多个优化目标，需同时优化操作变量和设计变量，问题的复杂程度大幅增大，此时确定性算法难以高效求解此类问题。例如，全局的化工过程优化不仅考虑经济因素，还要考虑过程在时间尺度和空间尺度上的可持续性、社会效益。这使得化工过程优化问题成为了复杂的混合整数非线性规划问题，确定性算法无法在可接受的时间内为此类问题找到满意的解[112-117]。例如，在化工过程模拟软件 Aspen Plus 中，采用灵敏度分析与 SQP 相结合的策略对过程的设计和操作优化问题进行联合优化时需要很长的运行时间。因此，研究者提出采用随机搜索算法求解此类问题，不再强调找到理论的最优解，而是在一定时间内找出满足条件的优化解[118, 119]。

这类算法借鉴了生物解决复杂问题的思想和技巧，把复杂的问题简单化，表现出了一定的生物智能，因此被称为“智能优化算法”。这类算法按照群体大小可分为两类：基于个体行为的算法与基于群体智能的算法[120-123]。例如，模拟退火算法和禁忌搜索算法属于个体行为的智能算法，而遗传算法、粒子群算法、蚁群算法和免疫算法等属于群体智能算法。这些算法在应用于多目标优化问题时，求解策略主要包括标量化方法和生成群体（候选解的集合）两种方法[124-130]。标量化方法是通过将多个目标函数按照一定的规则合并转换为单目标函数，再使用优化算法进行求解，当前研究者提出的方法有权重加和法、ε 约束法和标准化法向约束法。这种策略的优势在于转化后的多目标问题可以采用确定性算法进行求解，计算效率较高，同时也可以使用随机搜索算法进行求解[129, 130]。但是这种方法在仅给定一组权重或其他转换参数时，最终的优化结果仅能获得一个解，无法得到包含多个非支配解的解集。因此，若要得到多个解集，需要多组转换参数多次重复求解。生成群体的方法是通过对群体中的每个个体（一个候选解）进行评价，对个体按照优劣进行排序和分类，在每次解集更替时，模拟自然界中的优胜劣汰（遗传、免疫、群体行为）等法则，来保留优势解替换劣势解，最后达到优化目标函数的效果[131-133]。例如，经典的 NSGA[134, 135] 系列算法（NSGA、NSGA- Ⅱ、NSGA- Ⅲ等）、SPEA 系列算法[136] 等。

（4）基于深度学习的工业过程能耗与排放预测

根据联合国《2019 年可持续发展目标报告》，1998 ～ 2017 年间，全球与气候变化相关的灾害直接经济损失占总自然灾害的 77%[137]。全球气候变化的影响已扩散到世界所有国家。为了应对全球气候变化，各国正在加速向低碳能源系统过渡。但是，世界在加速向低碳能源系统过渡方面的进展远远落后于巴黎的气候目标[137]。根据国际能源机构的统计，工业能耗占全球总能耗的37%，化工行业能耗约占工业总能耗的30%[138]。作为能源资源消耗高、污染物排放量大的重点行业，化工行业的节能减排势在必行。

随着全球工业化的快速发展，化工行业正面临着能源成本上涨所带来的挑战。如何在不影响正常生产的同时减少能耗和排放、提高能源利用率，是化工生产过程亟需解决的一个问题。对化工行业能耗与排放进行短期预测，提前预知未来能源消耗量以及碳排量，有利于化工企业优化生产调度和生产参数；进行长期预测，有利于化工行业、监管部门规划未来能源结构，从而有效地对化工工艺、能源管理系统进行规划和升级等工作，以实现系统性减排。

就能耗预测而言，按照能耗来源主要分为电耗预测和蒸汽量预测两类。图5-15为2001～2020年能耗预测与工业过程能耗预测文献汇总的对比。由图可见，针对工业过程能耗的预测研究目前尚在起步阶段。进一步研究发现，能耗预测研究关注的重点一直在电力系统、新能源、建筑能源等方面[103, 139, 140]，主要原因是这些行业较早地引入了信息化和数字化技术，积累了大量的历史数据，方便研究人员进行数据分析和挖掘。对工业过程能耗预测的文献进一步总结发现，研究人员对工业过程能耗预测多为单步预测，很少有人关注多步预测。目前对多步预测的研究重点在光伏和风能等可再生能源和建筑能源[141]。这是由于工业节能减排技术还未完全从优化工艺设备转变为从数据角度出发来优化关键过程参数。

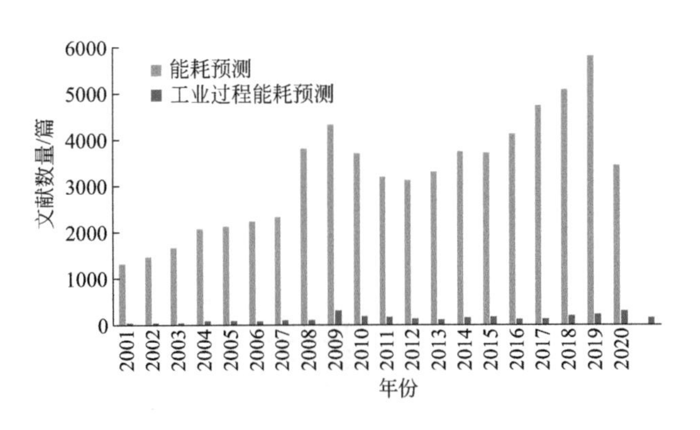

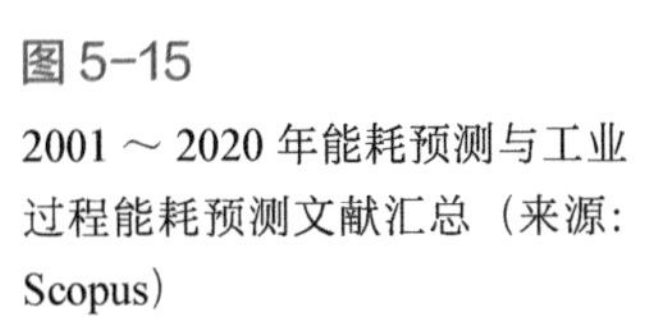
图5-15
2001～2020年能耗预测与工业过程能耗预测文献汇总（来源：Scopus）

目前国内外研究人员将智能优化算法与机器学习的方法结合，建立了工业用电单步预测模型，例如基于进化算法的人工神经网络[142]和支持向量机的结合，已经应用于钢铁、石油化工、造纸等重点化工行业[140, 143, 144]。但是，随着模型精准度的进一步提高，智能混合算法的复杂度越来越高，预测模型的框架也越来越复杂，并不利于模型的实际应用。同时，这类算法的特征提取主要依赖人工，针对特定简单任务的时候人工提取特征会简单有效，但不具备通用性。相比于智能混合算法，深度学习方法能够自主进行特征提取，具有精准度高、学习能力强、泛化能力强等优势。因此，深度学习方法近年来越发引起研究者重视，被越来越多地引入能耗预测中，其中，核心的方法包括CNN[141]、LSTM[145]、RNN[146]等。图5-16为基于深度学习的电耗预测研究的文献汇总，近三年深度学习用于能耗预测的研究逐渐增多，但依旧处于探索阶段。

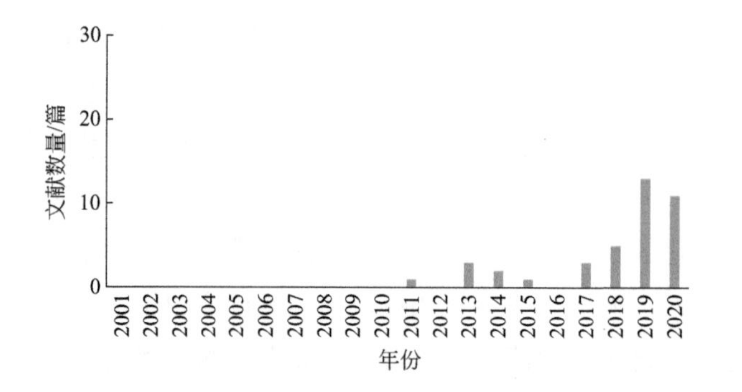

图 5-16

2001 ～ 2020 年基于深度学习的工业电耗预测的文献汇总（来源：Scopus）

图 5-17 和图 5-18 分别为 2000 ～ 2020 年工业电耗预测和 2001 ～ 2020 年工业热耗预测的文献汇总。可以看出，研究人员对电耗预测的关注度远高于对于热耗的预测。这主要是由于：虽然电耗和热耗的数据分析都很复杂，但是热耗量的测量仪表采集的数据大多准确性较低，同时与其相关的很多关键因素并不能进行在线测量。

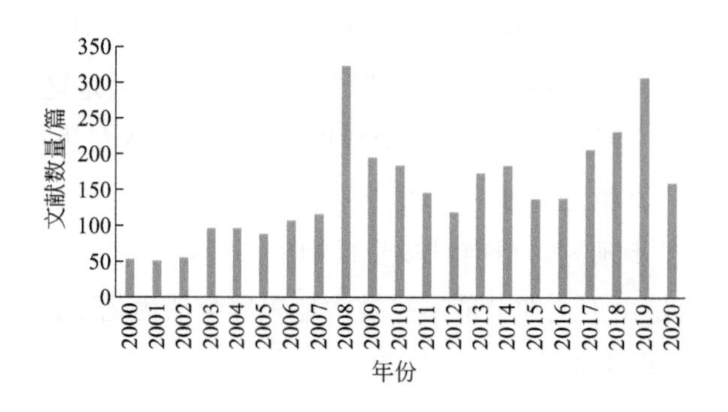

图 5-17

2000 ～ 2020 年有关工业电耗预测文献汇总（来源：Scopus）

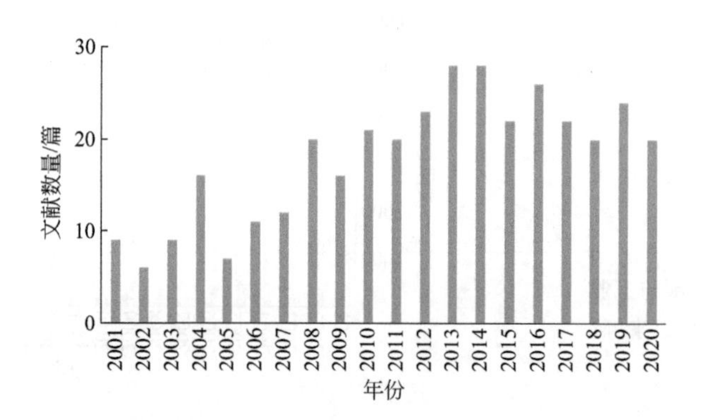

图 5-18

2001 ～ 2020 年工业热耗预测文献汇总（来源：Scopus）

对工业排放的预测研究多是针对温室气体排放的预测。虽然近十年对于工业碳排放的预测有所上升，但绝大部分研究是将能源密集的行业进行组合研究，目的是揭示各个行业的峰值水平 [147]。目前的研究领域主要包括电力行业、煤化工、化学工业以及部分轻工行业等 [148-151]。温室气体排放的关键影响因素很多，例如能源结构和能源效率等。然而，由于很多因素与温室气体排放之间的关系尚未厘清，目前很多关键因素仍无法做到准确测量，因此目前所采用的方法还不能准确地预测各行业的温室气体排放特性。通过进一步对文献的总结发现，研究人员对于工业碳排放的预测多关注在未来几年或者几十年的大尺度，属宏观角度预测，很少有关注未来几个小时或者几天的基于工业生产尺度的碳排放量预测。

综上所述，人工智能技术在过程系统工程中应用时面临以下重大问题与挑战。

（1）化工过程跨尺度多指标预测模型的构建受计算能力和信息交换机制限制

“从头计算”、分子动力学、计算流体力学等理论方法提供了从微观尺度预测物质宏观性质的手段。然而，化工过程的各种评价指标受不同尺度下多种因素影响。化工过程包含各种化学反应和物理过程，以当前的计算机运算能力难以完全依赖纯粹的严格理论计算模型，实现从分子结构到宏观过程指标的高效预测。这给化工产品设计和过程设计的联合优化带来了巨大挑战。目前，不同尺度下构建的数学模型之间的信息交换依赖于人工定义的少量关键性质或指标，存在信息丢失和失真的风险，需要更全面的信息交换载体。化工过程建模所用的数据类型不应局限于传统的数值描述，而应采用应用形式多样化的非结构化数据，例如文本、图像、三维模型、声音等来自多种传感器和实验设备的数据。

（2）化工过程评价不再局限于具体性质的数据，对环境、健康、安全等方面的潜在风险需要模糊评价策略

在经典的化工过程评价模型中，过程经济指标一般是可量化的评价依据。当前，化工过程的评价还应考虑环境、健康、安全的潜在风险以及某些社会因素。随着评价问题边界的不断扩大以及在空间和时间范围上的延伸，很多评价指标无法以具体数值表示，仅能通过分级或人为评分来体现。现有研究方法依赖性质数据制定规则进行过程评价，导致各种化工过程的智能化评估、综合协同评价和精准预测受到限制。个人对政策和规则的理解偏差还将成为潜在的不可控因素。利用信息技术实现化工过程的智能模糊评价，是当前亟须解决的问题之一。

（3）海量的研究数据和工业数据尚未得到充分挖掘与利用

建立精准的预测模型，首先需要统一数据标签、数据交换协议等，为后续打通研究机构、生产装置、管理机构之间以及行业之间的数据壁垒奠定基础，还需利用高效的数据管理系统对各种数据进行整理和清理。基于机器学习等智能技术实现智能化的数据挖掘和建模可加快技术研发，并促进化工过程的数字化进程。对工业数据进行挖掘，可确定化工过程的关键参数，建立软测量模型，丰富化工过程的监测手段，增加自控系统的感知能力和鲁棒性。基于化工过程大数据建立化工过程能耗、污染排放、经营状况等信息的预测模型，将极大地提高化工过程的可持续性和社会价值。

（4）对于复杂的化工过程模型缺乏高效的优化算法

智能优化算法无需考虑问题内部的计算机制，因而具有广泛的应用前景，但其计算效率与求解策略有很大关系。如何针对化工过程优化的特点做出适应性的设计仍是需要探究的问题。在此基础上，需进一步提升智能算法、代理模型和化工过程三者的有机融合。随着化工学科研究问题尺度的不断延伸，在化工过程合成和优化问题中，大量的决策变量、多个优化目标、同时优化的操作变量和设计变量等特征大大地增加了问题的复杂程度，使得确定性算法难以实现高效地求解此类问题。例如，化工过程的全局优化不仅要考虑经济因素，还要考虑过程在时间尺度和空间尺度上的可持续性与社会效益。随着实际应用的不断深入，化工过程全流程优化逐渐展现出决策变

量多元化、目标高维化以及约束条件复杂化等特征。化工过程具有高度非线性、强耦合、操作条件多的特点，对于这一系列复杂的优化问题，现有的智能优化算法遇到瓶颈。

（5）实现化工过程智能化面临多学科深度交叉的挑战

绿色的化工过程需要智能化的化工过程支撑，绿色化学和环境化学学科将向化工过程建模体系渗透。在对化工过程的环境、健康、安全潜在风险的评估中，存在建模困难、数据量有限等难题。基于人工智能开发的模型，可以突破传统方法在预测环境、安全等性质方面不能分级模糊评价的局限，可以克服经典分子描述方法在缺乏足够标记数据下监督学习的难题。

化工过程模型的优化需要数学和统计学等学科强有力的支持。化工生产过程机理模型主要依据“三传一反”和热力学等基础理论，涉及大量的非线性机理或半经验模型。随着大数据时代的到来，各类数据驱动的黑箱模型也开始应用于化工过程建模中，过程模型的复杂程度增加。混合模型的分析和求解需要更多的数学和统计学理论作为支撑，前沿数据科学与化工学科的交叉仍面临巨大挑战。

化工过程的智能化过程需要信息技术学科提供可行的技术手段。化工过程系统及化工产品设计的复杂问题，最终都必须利用计算机等信息学科的技术手段进行演算和实现。问题复杂程度增加，传统的科学计算式程序开发策略已无法满足智能化工过程的工业化需求，需要软件工程、计算机科学等专业知识和技术的深度交叉融合。

5.2.2 关键科学问题

对于基于机器学习的化学品性质预测与风险评估、基于机器学习的化工过程关键参数预测、基于智能优化算法的化工过程优化和基于深度学习的工业过程能耗与排放预测，目前亟待解决以下关键科学问题。

① 关键科学问题 1：基于数据驱动的分子结构与宏观性质的智能化关联及预测建模。

化工生产经历由过程为核心向以产品为核心的发展，化学品生产也开始追求功能化和定制化。另外，化工过程涉及的物质各种性质数据及潜在风险信息也是评价和优化化工过程的必备数据。机器学习可以帮助研究人员在海量数据中建立各种预测模型，但难以为研究人员提供明确的机理解释。为了寻求分子微观结构与其安全、环境相关性质、潜在风险之间的可解释关系，必要的数据分析与可视化是发现潜在机理的重要手段。因此，基于数据驱动研究分子结构与宏观性质的关联关系，不能仅依赖机器学习的智能化算法，也应结合相应的数据分析和统计学理论。分子结构的数字化描述、分子结构特征的提取、数字化特征与目标性质的关联、模型的性能评估是构效关系建模的关键。

② 关键科学问题 2：智能化的化工过程大数据资源管理及挖掘机制。

化工过程智能化除了需要准确的知识模型，也需要化工过程大数据的支持。研究和开发化工过程大数据资源的管理与挖掘方法和技术，综合分布式和关系数据库的优势，构建面向化工过程的可伸缩且稳固的大数据资源管理平台的开发和应用策略，是实现化工过程大数据资源化利用的关键。智能化的化工过程大数据平台不仅需满足化工生产的切实需求，还要考虑化工过程数据的特点；不仅要探索化工过程大数据的采集和清洗方法，还要研究大数据分析的理论和数据挖掘的策略，并考虑大数据平台与自控系统安全可靠的协同运行。因此，智能化的化工过程大数据资源管理及挖掘机制是实现化工过程大数据充分利用的关键科学问题之一。

③ 关键科学问题 3：数据驱动模型与知识模型相结合的化工生产全流程智能协同优化技术。

化工过程具有多尺度、不确定性、非线性等复杂特性，多样化的预测模型构成了化工过程的全局优化问题，求解此类问题的理论和方法是突破化工过程优化技术的关键。研究基于数据驱动模型与知识模型的化工过程跨尺度优化模型的建立策略；研究复杂模型的降阶策略；研究不同尺度模型的简化处理方法及不同尺度模型间信息的耦合和传递关系；研究化工过程多目标优化的方法，探索启发式优化算法与确定性算法的协同计算策略；探索化工过程复杂优化问题的平行计算理论和方法；研究基于复杂性、多尺度、不确定性和多目标的并行优化系统的集群解决方案；着眼粗粒度计算的要求，研究 SQP 算法中的并行线索和策略；研究并行 SQP 与并行分解的协调算法，建立并行优化平台的设计框架；研究如何有效地处理不确定性的影响、如何表述和量化不确定性参数，以及研究针对化工过程系统或其多尺度模型的更有效的抽样方法、以不同的抽样为基础的分解和近似策略等。因此，需要解决两个层面的问题：一是对化工过程复杂优化模型的降阶和解耦，研究化工过程优化模型内不同尺度的过程描述模型的耦合关系和关键决策因素，总结出化工过程优化模型的特性及其建模策略；二是研究化工过程优化问题中智能优化算法的改进策略。

④ 关键科学问题 4：基于数据驱动的化工过程能耗、排放等关键指标的软测量理论与技术。

尽管已经有大量的算法应用于开发能耗与碳排放预测模型，但是目前尚缺少较为通用的、满足工业精准度要求的能耗或温室气体排放预测模型。研究能耗和排放的关键影响因素，针对无法直接测量的能耗和排放指标，基于可测量的工艺参数构建数据驱动预测模型，间接地测量参数。

化工行业缺乏一套完整的温室气体排放相关统计数据体系以及相关基础数据，难以为能耗与排放预测提供足够的数据支撑。当前预测模型的核心算法多采用机器学习方法，其预测性能的优劣是由前期训练集数据特征提取的优劣程度决定的，如果不能提取所有的数据特征或者存在未知的数据特征，预测模型的性能会降低。因此，对关键参数建立软测量模型，寻找能够自主学习和进化的预测核心算法，是解决开发精准预测模型的关键。

⑤ 关键科学问题 5：化工过程智能优化控制系统理论与技术。

为满足客户定制化产品生产和化工过程节能降耗的需求，化工过程的智能化优化控制是推动化工产业革命的重要基础。研究化工过程的动态建模理论和方法，以及复杂反应机理模型化；探索生产过程在线学习和实时优化技术，研究不确定环境下的生

产计划与调度；研究化工生产过程信息的在线获取和传感器技术，探索化工过程异常状态监测和工况风险预测的理论与方法，研究生产过程状态的在线诊断技术；研究复杂控制系统的理论和技术，探索复杂数学模型的高效计算和在线优化策略，研究化工过程的智能控制技术；探索无人值守工厂的建设和运营理论和策略。

5.2.3　主要研究进展及成果

5.2.3.1　基于机器学习的化学品性质预测与风险评估

化学品与人民生活息息相关，但也难免会带来潜在的安全、健康、环境（SH&E）风险。化学品的 SH&E 相关性质数据及风险危害级别数据，是评估潜在风险的重要依据。然而，实验数据的匮乏和较高的实验测定成本阻碍了技术人员全面考察化学品的潜在 SH&E 风险；化学品自身所处的环境以及与人机交互的不确定性，也对风险评价提出了挑战。因此，为精准预测化学品的 SH&E 相关性质并评估其潜在风险，需要研究化学分子结构与具体性质之间的定量关系，即构效关系。如何定量地描述分子结构、如何将分子结构与目标性质进行关联、如何在不确定状态下评价化学品自身属性与环境耦合的风险，亟待研究理论方法并开发相关关键技术。机器学习方法在解决上述问题方面得到了广泛应用，基于人工选择的分子结构特征可建立多样化的 SH&E 相关性质预测模型，依据事件场景和观测数据可以建立化学品与环境交互风险预测模型。然而，随着化合物及其相关数据的爆炸式增长，通过人工提取和描述分子结构特征已无法高效地应对大规模数据。同时，真实风险场景千差万别，造成了危化品与环境耦合风险分析面临的场景预判和后果分析困难。因此，基于机器学习的化学品 SH&E 相关性质预测及不确定场景风险评估模型正向着智能化的方向发展；基于深度学习技术的各类构效关系预测模型以及融合机理、观测数据的风险评估模型已成为研究和开发的热点。

国内外学者将经典的分子结构描述方法与各类机器学习算法进行结合，实现了多种构效关系预测模型用于安全、环境相关性质的预测。例如，基于基团贡献法分别与多元线性回归、人工神经网络、支持向量机预测有机物燃烧性质 [152-157]，基于基团贡献法、分子描述符应用机器学习算法预测辛醇水分配系数、生物聚集因子等 [158-163]。结合相关统计学理论和计算机技术，建立了一些构效关系模型的构建途径、评估方法和数学理论。例如，针对多元线性回归的构效关系模型的参数优化方法和不确定性分析策略 [164-166]、构效关系模型的应用域定义策略 [167-169]、模型估算精度的评估方法 [170-175] 等。然而，面向大规模化学信息数据和安全环境风险评估任务时，研究者需要更智能和更具适应性的构效关系建模策略。深度学习作为一种实现机器学习的技术，能够直接提取图、图像、文本和声音等信息媒体中的特征，并自动学习特征与目标预测任务之间的关系。申威峰团队 [176, 177] 基于图规范化算法开发了将分子结构二维平面拓扑转换为无环有向图，并利用动态的图神经网络树型长短期记忆模型（Tree-LSTM）对该无环有向图进行遍历和矢量化，所得的矢量通过前馈神经网络与目标性质进行关联，从而构建构效关系模型，以实现有机物的物性预测，图 5-19 展示了所开发模型对有机物环境相关性质的预测过程。

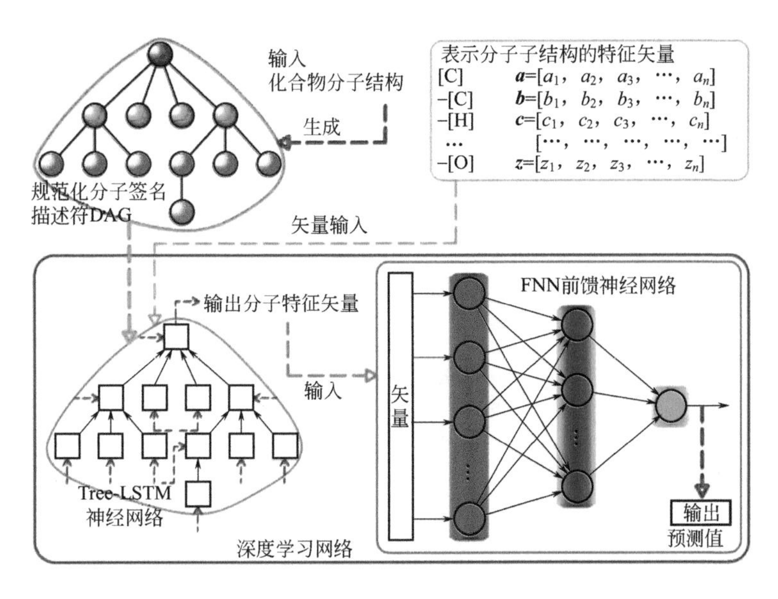

图 5-19
关联绿色性质的深度学习网络预测模型

申威峰团队[176-178]采用树形长短期记忆神经网络、前馈神经网络、深度学习、集成学习、多任务学习、自然语言处理等人工智能技术，实现了分子结构转换、特征提取以及矢量化；深度学习网络构建、训练以及评估。基于多种数据工具完成了数据智能化采集、数据库构建，以及数据清洗、挖掘和分析；基于 RDKit 等程序对分子结构表达式进行解析，并自动转换为树型拓扑描述符，如图 5-20 所示；基于动态递归神经网络 - 树形长短期记忆神经网络开发了分子结构自动编码与矢量化方法；基于前馈神经网络实现了分子结构的特征提取，最终通过与树形长短期记忆神经网络的结合实现了溶剂分子结构和性能的构效关系智能捕获，解决了构效关系的智能化关联问题；开发了联合训练和轮流训练相结合的多任务深度学习模型训练策略，实现了在深度学习模型中智能关联和预测多种性质；基于多种机器学习模型开发了集成学习策略，如图 5-21 所示，提升了构效关系模型的预测准确度；提出了一种新型的具有可解释性和异构体鉴别能力的分子特征提取方法，采用交叉验证优化了模型结构以提升鲁棒性，同时分别在分子结构表征与数据集采样中引入分子描述符和聚类算法，进一步提高了预测模型的性能。所构建的模型在使用更少的分子描述符的同时仍具有更好的适用性和更高的精确度，最终实现了对萃取精馏过程溶剂的绿色节能等多目标设计开发和大范围的虚拟高通量筛选，实现了溶剂的基本物性、环境、安全等潜在影响性质的更精准预测，具有更好的同分异构体区分能力和更宽的物质覆盖能力。与经典模型相比，所构建的深度学习架构不用预先计算任何分子结构的特征（如基团出现次数），计算机可智能化识别分子结构的差异并给出特征信息，且能同时保留分子结构整体和局部的特征信息。

此类研究以深度学习为核心技术，即计算机自动提取特征，取代人工分子结构描述和特征提取的建模步骤，从而减少了人为干预，并获得了较好的预测效果。这些研究提出直接以代表分子结构的文本、图或图像作为输入信息，基于深度学习建立构效关系预测模型的策略，以完成基础物性、环境性质和安全性质预测、化合物分类、合成路径筛选等任务[179-184]。例如，以无向图或有向图表示的分子图作为输入数据，构建基于深度学习的分子结构矢量化编码器用于预测环境相关性质[185-187]，或直接将表示分子结构的字符串视为自然语言的深度学习建模策略[188, 189]，或将分子结构的二维平面图像以卷积神经网络进行学习[190-196]。由于深度学习模型具有自主处理各种非结构化数据的能力，更加适合智能化且无人干预的海量数据分析任务[197-201]，在未来具有极大的应用前景。

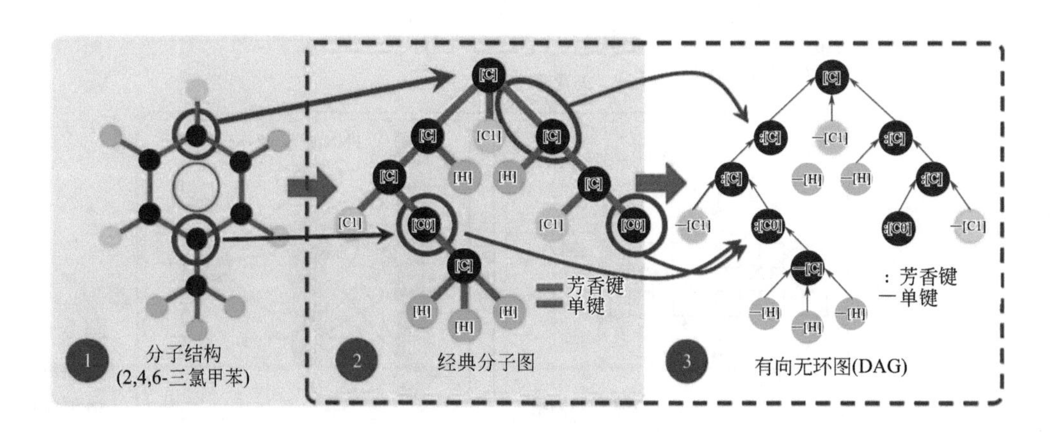

图 5-20
基于 RDKit 开发的基于分子图规范化算法的分子结构编码程序

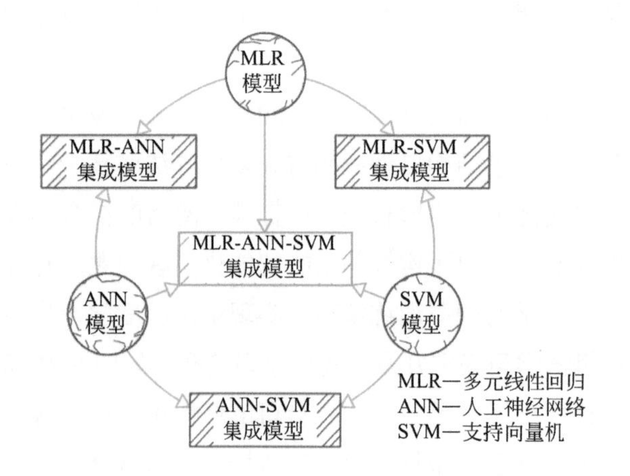

图 5-21
开发的新型预测模型的整体学习方案

化学品与环境的交互风险从后果呈现形式上主要分为毒气泄漏、火灾和爆炸。由于涉及化学品在复杂环境中的扩散、燃烧等物理过程，通常以经验模型或者计算流体动力学模型计算和评价化学品造成的后果与风险等级。研究领域涵盖以 BP 神经网络建立传感器观测值与目标点浓度的黑箱关系[202]，或者应用神经网络回归大气扩散模型的多个参数[203]，或者代理模型快速估计火灾场景构成参数与周边热辐射强度关系[204]。此类模型多采用描述具体扩散物理过程的数学模型模拟多种场景，得到大量模拟数据，在此基础上通过抽样筛选建立从源数据参数到目标点之间的黑箱关系。核心目的是用数据模型替代传统模型复杂耗时的迭代计算，提高一定时间范围内的快速预测能力，如图 5-22 所示。另外，还可应用于对源的反向推演，涵盖了基于最优匹配相关的泄漏源位置估计[205-207]，其设计思路为使用神经网络构建黑箱模型，结构与正向扩散计算相似，区别在于前者输入参数为观测数据和观测点位置，输出为源参数。

深度学习还可应用于过程安全分析环节。可将化工过程抽提为语义网络，形成符号形式的图结构，如图 5-23 所示，在此基础上可以建立将风险影响和传播关系视为图结构的知识图谱建模方法[208]。

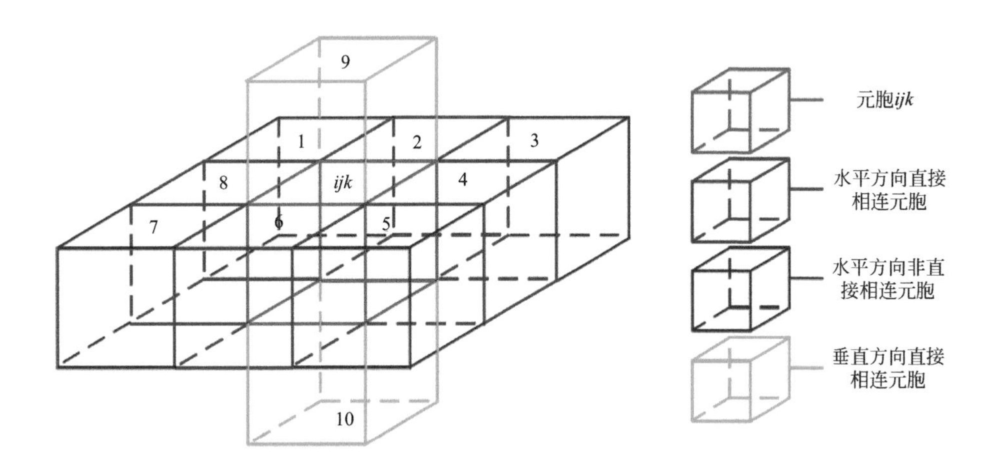

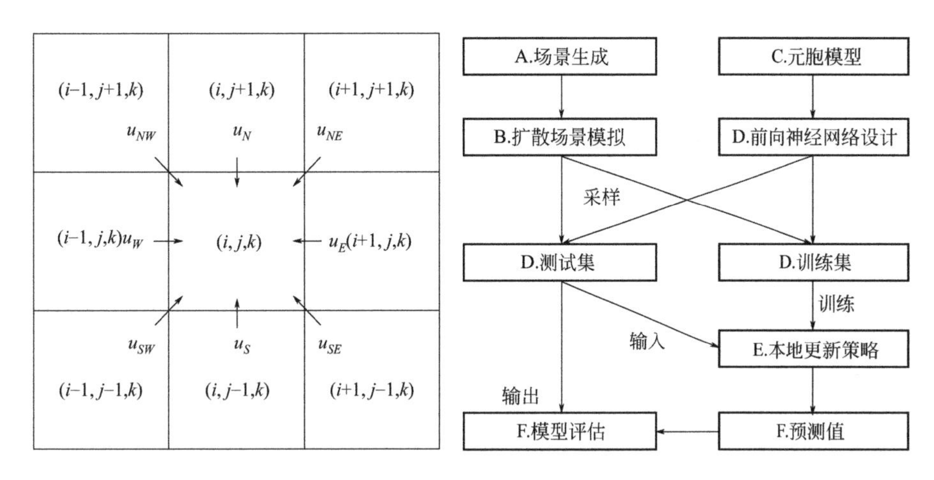

图 5-22

替代传统模型的三维扩散建模方案

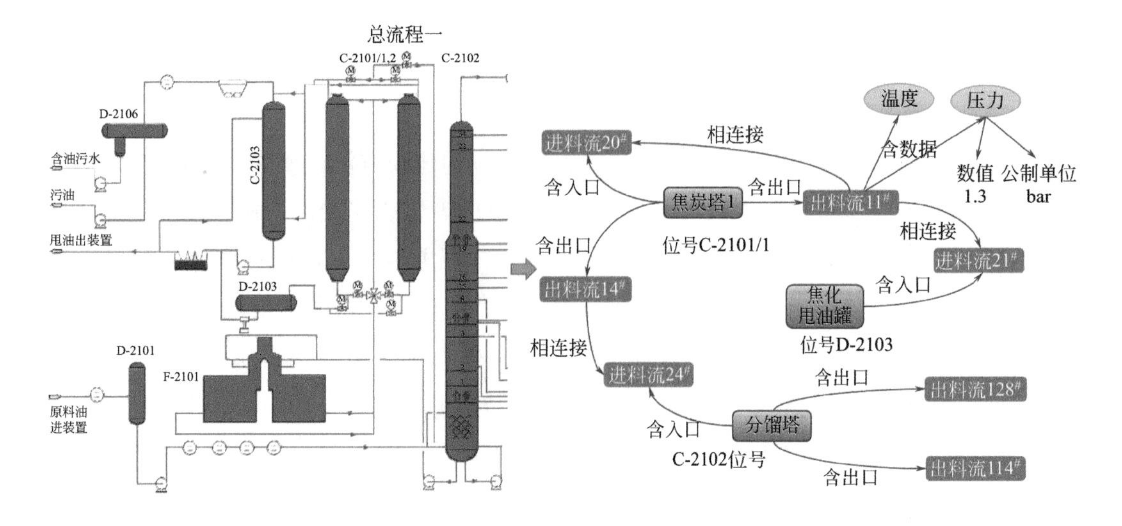

图 5-23

传统化工过程的语义网络描述示意

5.2.3.2 基于机器学习的化工过程关键参数预测

对化工过程的关键参数进行预测，有助于辅助生产过程闭环控制、安全监测、故障诊断、绿色生产等，实现生产过程运行和管理优化及利润提升。关键参数预测方法已在石化、钢铁、水泥、造纸等领域取得一定应用。大量的机器学习方法应用于建立过程关键参数预测模型中，其中较为突出的是基于回归方法或深度学习的混合算法。但由于数据采集频率不一致、生产过程机理不清晰等问题，预测模型的预测结果往往存在一定的局限性。未来仍需提高模型准确度，建立更加通用的预测模型。

目前，参数预测模型的开发主要是基于机器学习方法建立一个数学推断模型，其输入通常是可在线测量的次级变量（如 pH 值、温度等），输出则是难以测量的初级变量。关键参数预测模型目前应用最广的领域是石油和化工行业[93, 95, 98]，包括对于影响石化产品质量的关键参数进行预测，其中对于丁烷含量、浓度以及煤油沸点或凝固点温度的预测精准度最高、最稳定（R^2 基本在 0.9 以上）[163, 209-215]。例如，基于多通道卷积神经网络（MCNN）建立动态关键参数预测模型，通过多个通道提取不同组合变量的各种局部特征，对脱丁烷塔过程和加氢裂化过程的关键质量变量进行预测[216]，如图 5-24 所示。在钢铁、污水处理行业，预测模型也取得了较好的研究结果。例如钢水的温度、BOD_5 的预测，R^2 在 0.9 以上[96, 99, 100, 104, 217-220]。相较而言，针对其他化工行业的预测模型，从目前的研究结果来看精度并不理想，这可能是工业采集数据不全面、生产过程信息化程度不高导致的结果[94, 101, 221-225]。

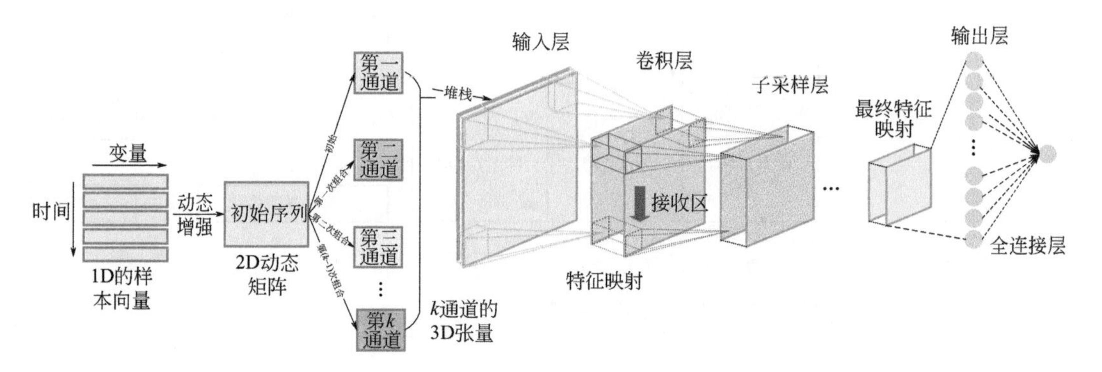

图 5-24
基于 MCNN 的动态关键参数预测模型[216]

目前已有很多关键参数预测的建模方法，例如偏最小二乘（PLS）、高斯过程回归（GPR）以及支持向量机（SVR）等传统非线性方法[94, 96-98, 100, 101, 210, 220, 226]。其中，由于 PLS 具有透明的固有结构和特征提取能力，可以将过程数据投影到低维潜变量，保留嵌入在输入和输出数据中的综合信息，并可很好地处理过程变量之间的共线性，因此，大量基于 PLS 算法的软传感器模型已成功应用于化学工业中重要指标的预测。然而，PLS 对于非线性数据变量无法正确提取数据特征，因此大量智能算法被引入，例如极限学习机（ELM）、卷积神经网络（CNN）等方法[99, 104, 105, 212, 225, 227]。

除了非线性之外，一旦将关键参数预测模型应用到实践中，还会受到其他工业特性的影响，例如时变特性和突变，而且经常发生由外部环境干扰（例如原材料变化和控制器故障）引起的数据漂移现象，这可能严重降低预测精度。而具有自适应能力的动态预测模型能够解决上述问题。动态模型的训练样本随着时间的变化进行更新，预测模型能够学习到新的变化。因此，动态预测模型更适合非稳态的化工生产过程。例如采用多种方法对污水中影响曝气量的关键参数进水 COD 负荷进行预测，图 5-25 为结

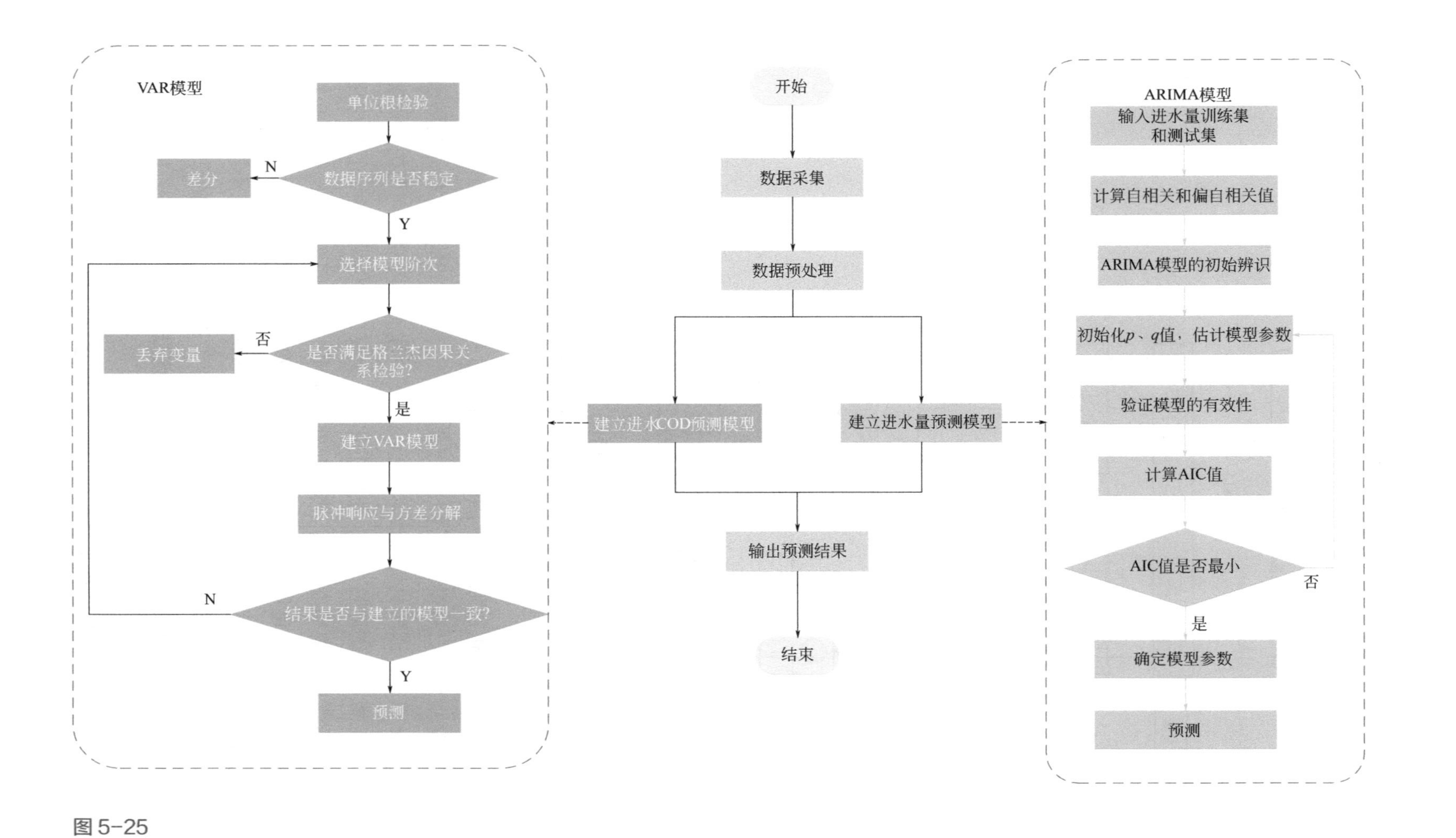

图 5-25
基于 ARIMA 和 VAR 的进水 COD 负荷静态预测模型 [99, 228]

合自回归移动平均算法（ARIMA）与矢量自回归算法（VAR）建立的静态预测模型，图 5-26 为结合长短期记忆神经网络和卷积神经网络建立的动态预测模型[99, 228]。研究表明，动态模型的预测稳定性更好。

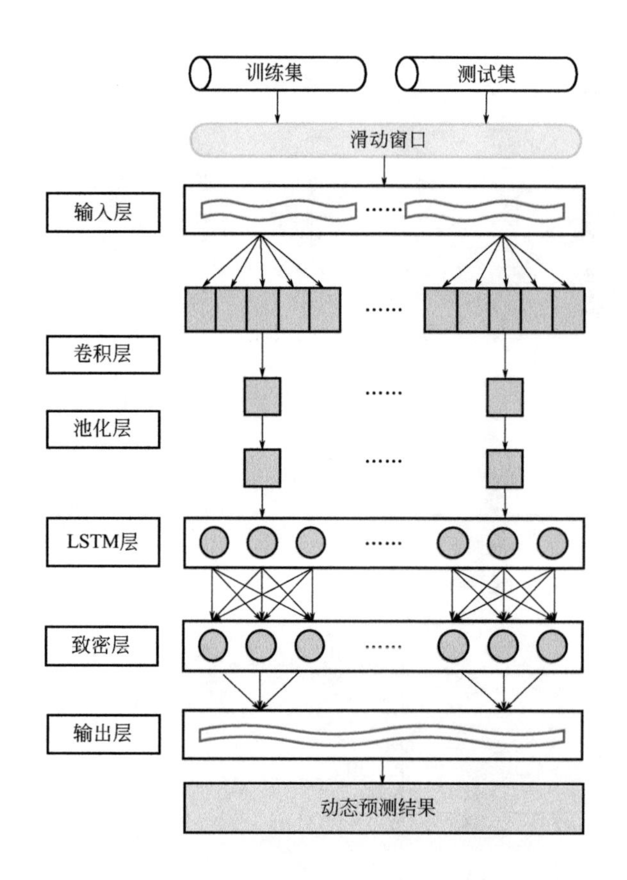

图 5-26
基于 LSTM 和 CNN 的进水 COD 负荷动态预测模型[99, 228]

5.2.3.3 基于智能优化算法的化工过程优化

最优化技术可以服务于化工过程中从产品设计、过程合成到供应链管理等各个环节。然而，物质、能量转化过程数学描述模型的复杂非线性，装置设计、操作变量的离散性以及优化目标多等问题，使得化工过程优化存在诸多困难。面对上述问题，经典数学规划法已显得无能为力。因此，化工行业对智能优化技术的需求日益迫切。智能优化算法，即随机优化技术之一，可在合理时间内逼近问题的最优解，这些算法涉及人工智能、统计热力学、生物进化论、免疫学和仿生学等。智能优化算法无需计算问题数学模型的梯度信息，可同时处理连续和离散问题并同时优化多个目标，算法对问题的描述方式可以根据问题进行改变，这些优点使智能优化算法成功应用于化工过程优化。但是，智能优化算法存在着计算时间长、结果复现不稳定等问题。通常，技术人员只在最优解集中挑选一个解作为最终方案，其它空间的搜索占用了额外的时间。因此，研究人员也在针对化工过程的特点改进智能优化算法，使得化工过程优化更为高效。

智能优化算法在化工过程优化中具有很多的成功应用案例，并取得了较好的效果。例如，对换热器设计的优化问题[229-233]，优化目标通常有传热温差、年度总费用、传热速率、压力降等；对复杂精馏系统的优化问题[234-237]，优化目标通常有能量消耗、设备投资、年度总费用、环境影响等；对换热网络的优化问题[238-242]，优化目标通常是设备投资与操作费用等。

智能优化算法在求解复杂的化工过程多目标问题时可得到包含较多候选解的解集，但是决策者通常只选出其中某个解作为最终解，这种选择往往是经验性的或者带有个人偏好的，体现了人的直觉和经验知识[243-245]。因此，一些学者尝试在智能优化算法中引入人的偏好，来控制算法的搜索方向，试图提高过程的优化效率，减少不必要的计算。Bortz 等[246]提出了一种交互式的智能搜索算法，在优化问题求解过程中能可视化地观察搜索方向的变化，从而实时调整偏好参数，让搜索朝向个人偏好的方向发展。而 Vallerio 等[247]则使用个人偏好来防止智能搜索算法陷入局部最优，以保证解的全局性。申威峰团队[248]针对化工过程优化的特点开发了改进的遗传算法（如图 5-27），更有目的地搜索与个人偏好相关联的解，该研究通过引入参考点的方法来控制 NSGA-Ⅱ算法的搜索方向，同时引入重复解剔除机制来防止解集陷入局部最优，提高了搜索效率，并且以该算法为基础开发了具有图形化界面的化工过程多目标优化算法。

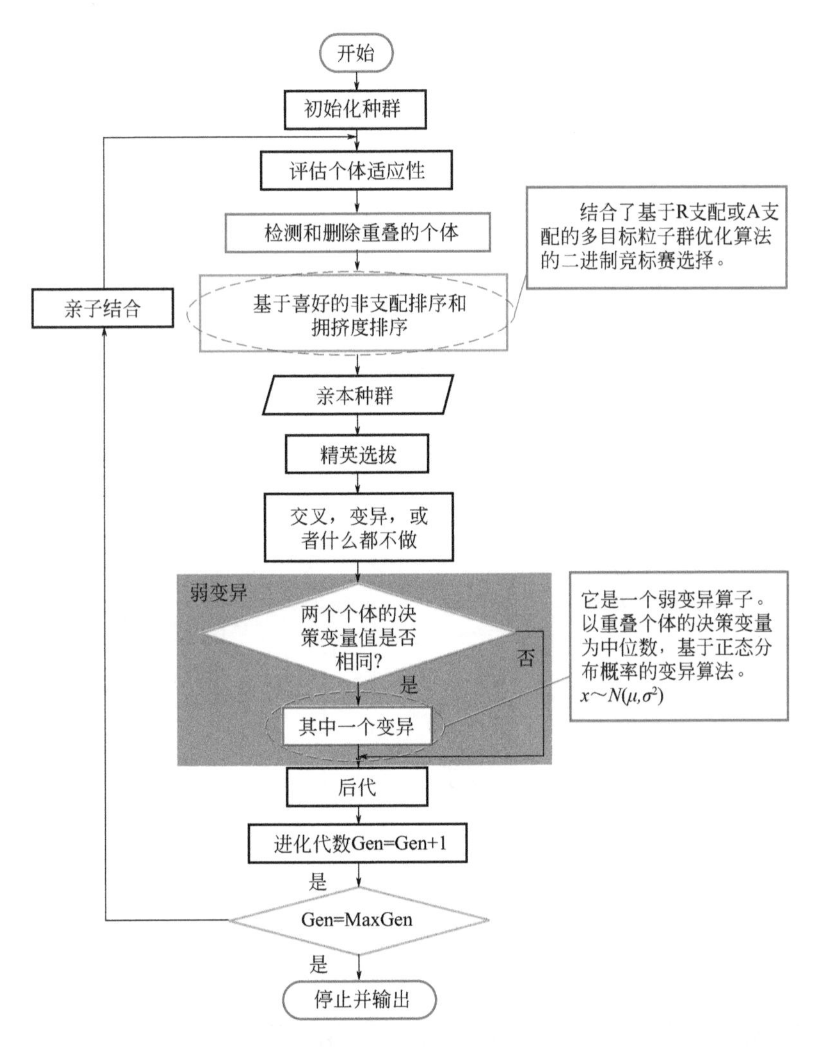

图 5-27
改进的遗传算法流程图

此外，智能优化算法也广泛应用于解决化工过程生产调度、单元操作和公用工程优化等问题。例如，针对工业乙烯裂解炉系统循环调度变量规模大、约束条件数量多的问题，提出了一种基于实数编码的 GA 和 SQP 的双层混合算法（GA-SQP），充分利用了模型的梯度信息，在求解时间和解的质量上均有优势，显著提升了裂解炉系统的运行收益[249]，如图 5-28 所示。针对单台裂解炉全周期多目标操作优化问题，采用基于 ε 约束方法的多目标优化策略、分段离散化与数学规划方法相结合的求解框架，获得了令人满意的 Pareto 最优前沿和 Pareto 最优解集，以指导实际生产过程[250]。针对裂解炉群关键产品收率最大化和吨乙烯燃料消耗最小化的多目标操作优化问题，提出了自适应多目标教学优化算法（SA-MTLBO），不同水平的学生选择不同的学习方式，然后执行不同的搜索功能，进而有效地提高算法整体性能，优化结果可使实际装置以较低的燃料消耗获得较高的产品收率[251]。针对乙炔加氢反应器操作条件的动态优化问题，提出了约束排序的变异算子增量编码差分进化算法（IEDE-CRMO），通过动态优化氢气输入和入口温度获得反应堆的最佳切换时间，提高了乙炔加氢单元的整体操作效率[252]。针对公用工程系统综合和优化包含的基础设计、改造和运行优化问题，提出了二进制编码的参数自适应差分进化算法，如图 5-29 所示，以交互方式使用进化算法和模型，确保了配置的可行性，并提高了计算效率[253]。

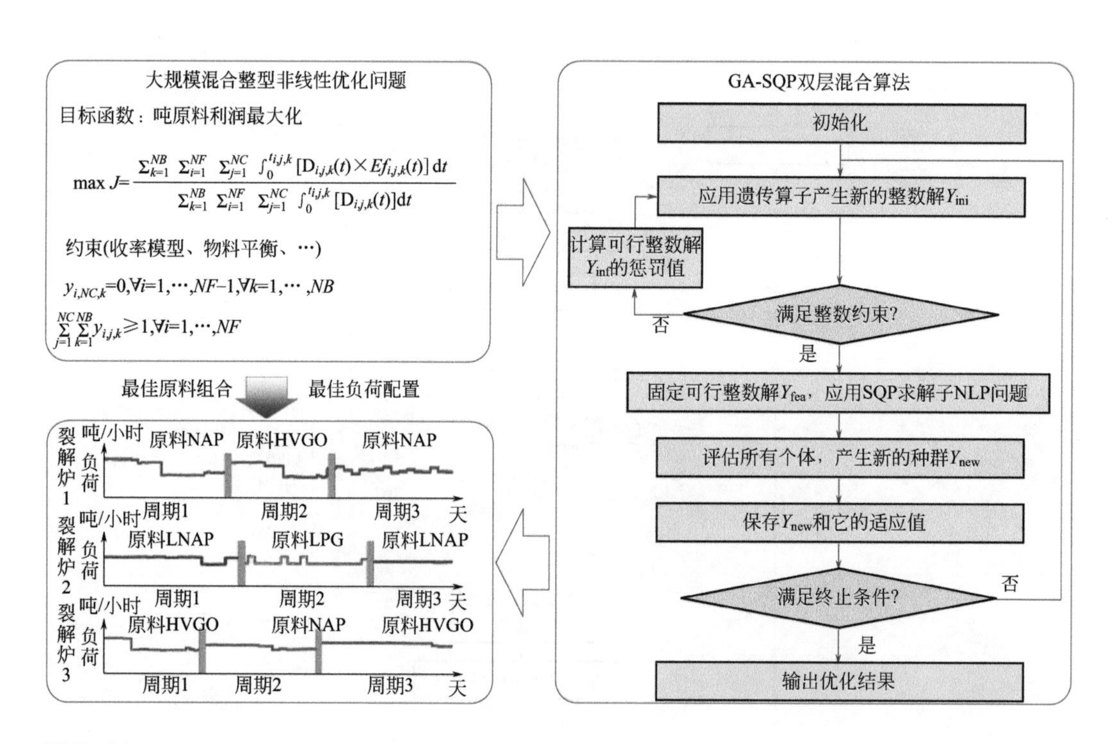

图 5-28

裂解炉群调度优化问题示意图

5.2.3.4 基于深度学习的工业过程能耗与排放预测

化工行业是高能耗和高排放行业之一。对化工过程进行能耗与排放进行快速、准确的预测，既有利于化工企业掌握当前企业节能减排的情况，也为清洁生产提供支持，有利于优化企业能源结构。针对化工过程能耗与排放的预测模型和方法已经有了很多应用，近年来基于深度学习方法的工业能耗与排放预测模型得到了快速发展。但由于工业大数据的清洗难度大以及关键参数的测量准确度不足，当前工业能耗与排放模型的预测精度仍有待提高。

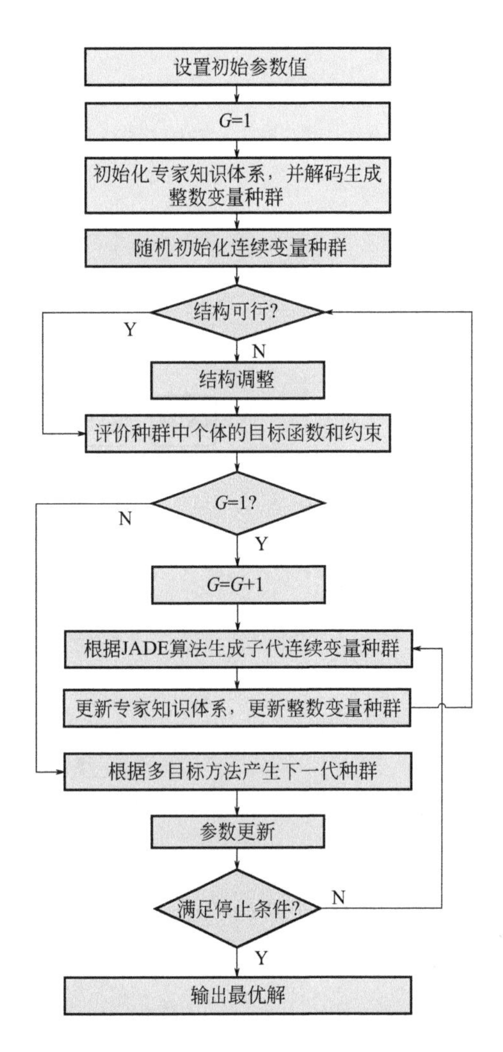

图 5-29
参数自适应差分进化算法流程图

国内外研究人员将各种机器学习方法用于电耗的单步预测。例如，基于进化算法与最小二乘支持向量机、人工神经网络、模糊神经网络等方法相结合的智能混合算法[254-256]。目前这类方法已经用于对电力系统、光伏、风能等的发电量预测[254-266]，主要是以天气因素（温度、湿度）、节假日因素以及以星期、月、年为周期性的能耗数据作为模型输入，通过误差最小化来处理输入、输出之间的非线性关系，建立未来供电侧对象的发电量与输入之间的黑箱模型；也有应用于建筑、造纸、石油化工、工业园区的用电量预测[206, 267-273]，其模型的输入主要是对预测对象有较强影响的历史数据或者生产过程的能耗数据，然后采用分解算法或直接采用智能混合算法建立预测模型。由于工业生产过程的复杂度高，机器学习的方法需要人为地提取数据特征，增加了建模难度，并且需要定时重新更新模型的输入变量、训练集以及训练参数，来减少预测精准度下降的风险。相比机器学习方法，深度学习是一种能够自主提取数据特征的深度神经网络，具有更强大的学习能力以及数据处理能力。例如，结合多种深度学习模型构建的负荷预测框架能够提前 1 ～ 24h 预测建筑能耗，并在 5 个不同区域的建筑对象上进行测试，能够提高 50% 的预测性能，建模过程如图 5-30 所示[146]。

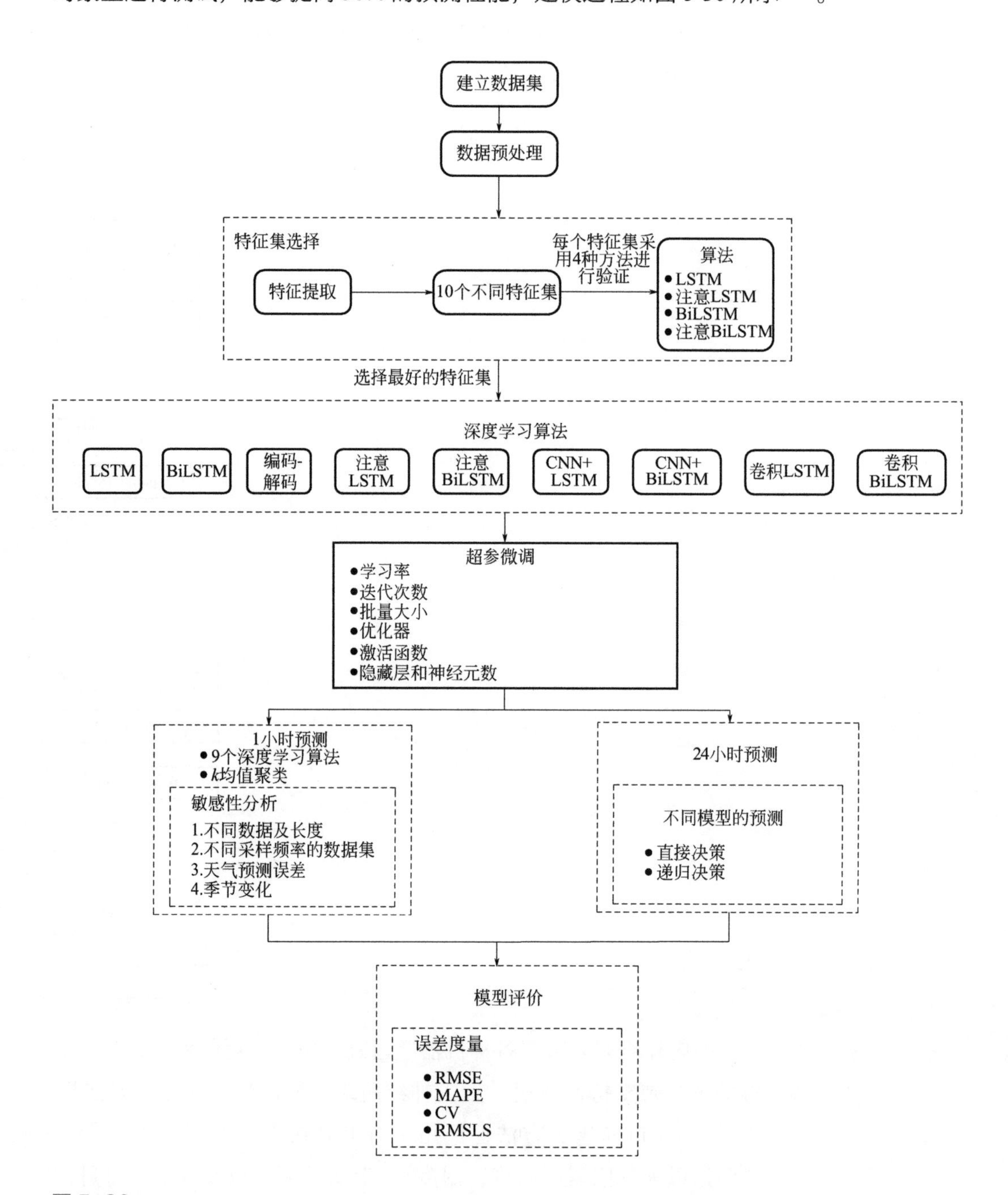

图 5-30

基于 9 种深度学习算法的电耗预测模型[146]

在电耗多步预测方面，电力的多步预测主要应用于电力系统、新能源（风能和太阳能）以及建筑能源[274-286]，其中，在风能预测中的应用更加广泛。由于智能混合算法需要人工设计特征选择，具有弱泛化能力和样本复杂度高的缺点，同时存在网络不稳定和参数难收敛的问题。深度学习模型具有更多的隐藏层，并且通常具有针对特征的卓越学习能力。学习能力有利于分类或预测精度的提高。因此，目前精准度高的预测模型的核心算法大多是深度学习。目前普遍采用的多步预测核心算法有长短期记忆神经网络（LSTM）、卷积神经网络（CNN）、循环神经网络（RNN）等[141, 145, 146]。例如，采用经验小波变换方法（EWT）将原始的非平稳风速数据分解为一系列子系列，然后选择LSTM、深度信念网络（DBN）和回声状态网（ESN）这三种网络，利用强化学习（RL）算法整合这些深层网络，并根据风速数据的波动性来决定[287]，如图 5-31 所示。

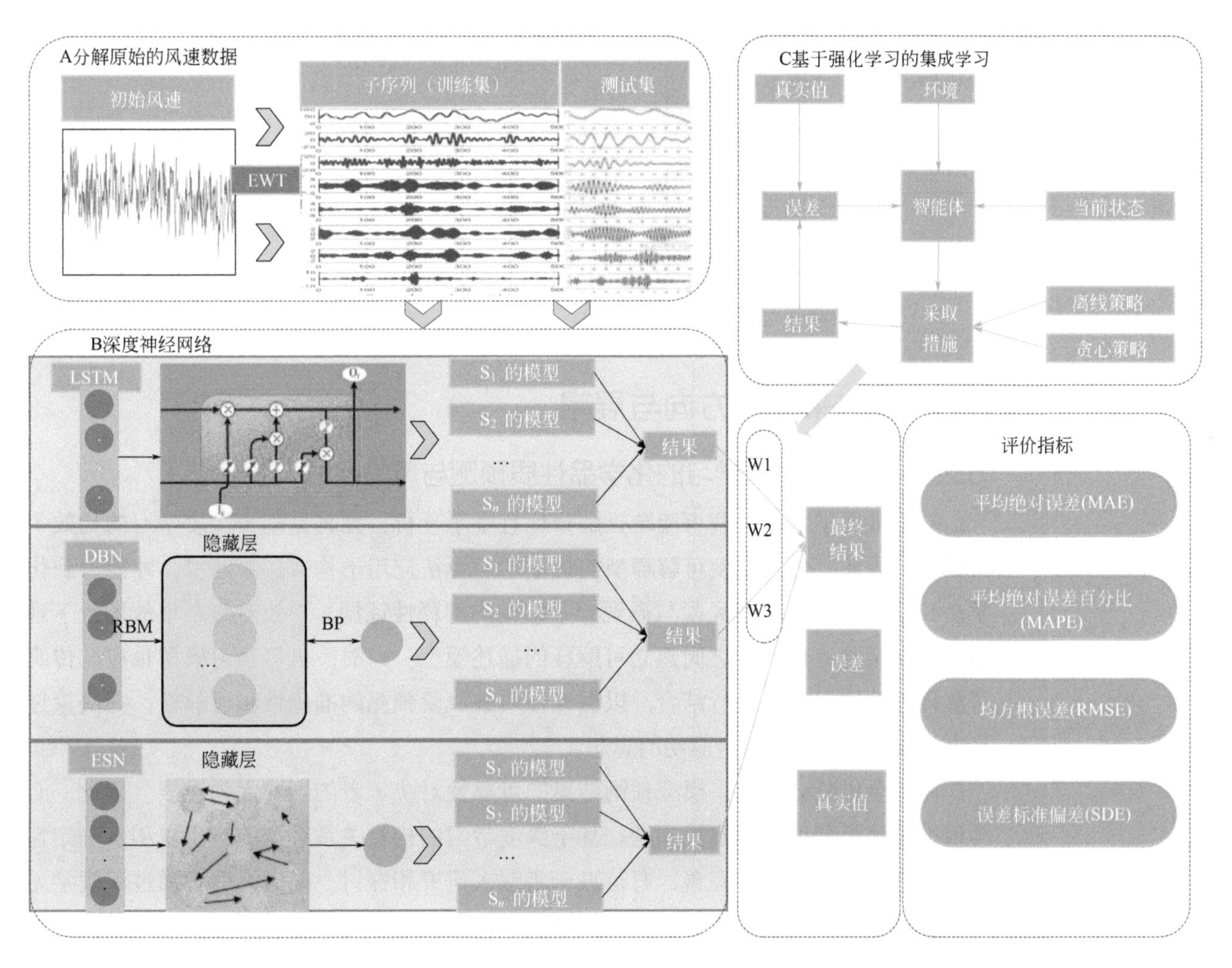

图 5-31
基于 EWT-DNN-RL 的风速预测模型[287]

目前碳排放预测主要应用于整个国家和高能耗的工业行业[147, 208, 288-298]，采用传统方法预测到 2025 年、2030 年甚至到 2050 年的碳排趋势。例如，基于自回归滑动平均算法（ARMA）系列和灰色模型来对 CO_2 排放量进行预测。然而，传统方法仅能够满足简单的非线性对象的预测，而且不具有自主学习能力。智能混合算法具有自主学习能力，且能够预测更为复杂的非线性对象。例如，利用改进的灰色关联分析（IGRA）方法来筛选考虑样本差异的能源相关 CO_2 排放的影响因素，并利用因子分析法（FA）对影响因素进行降维处理，并基于细菌觅食优化算法（BFO）和最小二乘支持向量机（LSSVM）所建立的 CO_2 排放预测模型，取得了较好的预测结果[299]，如图 5-32 所示。案例研究表明，IGRA-FA-BFOLSSVM 模型明显优于 BP、PSO-BP、SVM 和 LSSVM 模型。

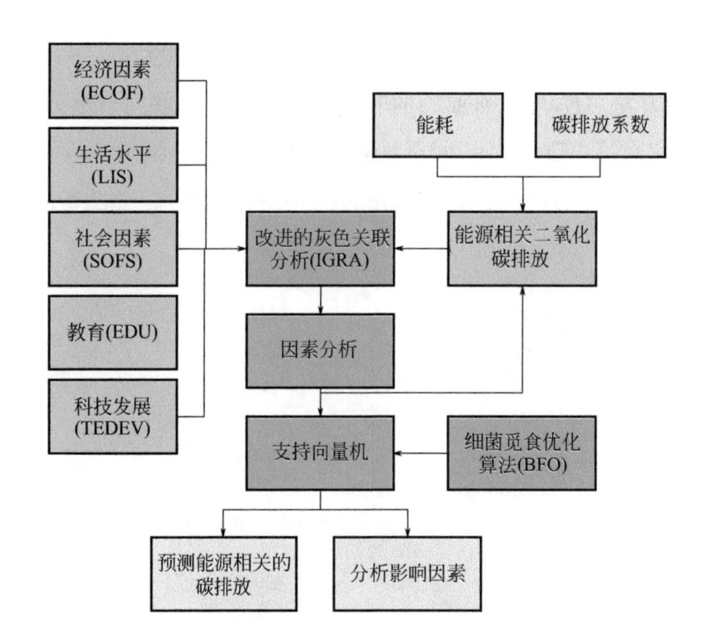

图 5-32
基于 IGRA-FA-BFOLSSVM 的碳排放预测模型 [299]

5.2.4 未来发展方向与展望

5.2.4.1 基于机器学习的化学品性质预测与风险评估

基于机器学习的模型可能缺乏解释性且难于分析，尤其是基于深度学习的构效关系模型。因此，仍需开发可解释型的机器学习算法应用于构效关系建模，才能得到化学品 SH&E 性质、潜在风险与微观分子结构的解释性证据，以及对复杂事故场景下观测数据和风险评价目标之间建立可解释的描述模型。同时，机器学习模型也应与传统可解释性的知识模型进行结合，以保证性质或风险预测的准确性和可靠性，在决策过程中体现数据和知识混合驱动的思想。

在安全风险分析中，模型预测结果的可靠性对决策者的影响尤为重要。因此，必须重视预测模型的不确定性问题。基于深度学习的构效关系模型的应用域和不确定性分析的方法论目前尚不完善，有待进一步深入研究和探讨。同时，尽管通过深度学习技术能够保留分子结构的更多信息，可以设计出更复杂更全面的算法和网络，但考虑到有机分子的立体异构对化合物的环境和安全风险有较大的影响，以及由于目前计算机运算能力的限制，仍然难以大规模地处理动态的三维分子结构。事实上，安全、环境相关性质不仅与化学品本身的结构有关，还与反应条件、环境因素、受体差异等因素密切联系，单纯地依赖分子结构信息进行预测和分析将面临预测准确度的问题。因此，可以在现有的机器学习技术上考虑纳入更多的影响因素，但这需要大规模准确的实验数据资源。

综上所述，基于机器学习的化学品安全、环境相关性质及潜在风险的预测研究，还需要开展以下工作：①将化学学科与计算机学科交叉有机融合，开发可高效学习的三维分子结构计算机储存格式；②开放而规范的化学信息数据库的建立已迫在眉睫，需要制定相关的数据交换标准，并进行推广使用；③建立化学信息数据库的数据质量控制机制，以提高数据源的可靠性；④加强基于机器学习的构效关系模型的不确定性分析理论研究，尤其是深度学习模型的不确定性评估策略；⑤探索经典构效关系模型与智能化模型的集成，可解释的预测理论与黑箱预测模型的混合驱动决策的方法；⑥研究涵盖事件发展与化学品、环境交互作用的风险分析方法。

未来基于机器学习的化学品安全、环境相关性质及潜在风险的预测技术将在智能化、性质预测精度、分类能力和预测置信信息等方面进一步发展。同时，需要多学科交叉的研究者及软件开发商协作，以实现预测模型的软件化和商业化。

5.2.4.2 基于机器学习的化工过程关键参数预测

尽管已有很多基于机器学习方法的模型应用于化工领域的关键参数预测，但由于化工过程的关键参数繁多，不同场景下过程差异较大，因此所开发的模型多针对特定过程，场景切换时需要对模型进行重新训练和设计，尚缺少通用性较强的预测模型来解决大多数关键参数预测的问题。未来可针对具有相同特性的关键参数建立通用的预测模型，并将所有的预测模型进行集成，建立化工过程关键参数预测模型库，从而避免重复研究和投入。

目前，采用机器学习的方法建立的化工过程关键参数的预测模型，其预测结果的 R^2 基本在 0.6 ～ 0.8 之间，少有预测结果的 R^2 在 0.9 以上。这是由于非稳态生产过程会出现很多历史生产过程未出现过的情况，而机器学习无法对未知的情况进行预判，使得预测准确度并不高。机理模型是通过分析生产过程从而构建的数学模型，动态的机理模型是能够对未来生产过程的走向进行准确预判的。但是由于目前很多关键参数无法准确获得，而且大部分机理模型都是固定参数，因此理论和实际生产的差距大。未来通过机器学习的方法修正机理模型，建立基于“机理 + 机器学习”的化工过程关键参数预测模型，可以大幅度提高模型准确度。

大部分化工过程的关键参数会随着生产环境、排产等改变。静态的预测模型并不适用于所有关键参数的预测。建立动态预测模型不仅能够使预测结果长期保持稳定，也适用于静态预测模型。同时，单步预测模型仅能够用于实现无法在线测量的数据在线化，并不能对生产过程进行故障预警或实时控制。因此，建立关键过程参数多步预测模型是未来建立故障预警和实现实时控制的关键。同时，还需要对非稳态化工过程的关键参数建立多步动态预测模型，在保证预测稳定性的同时为后续生产过程优化奠定基础。

基于机器学习方法的化工过程关键参数预测研究还需继续开展以下工作：①建立统一的数据管理系统，利用数据管理系统对采集的数据进行整理，统一采集频率，完成剔除异常值、填补空缺值以及去除噪声等数据处理工作，理清数据之间的关系，从而缩短后续模型开发的时间；②加强“机理 + 机器学习”融合建模方向的研究，提高预测模型的准确度和稳定性；③加强对动态多步预测模型的研究，定时更新模型的参数，以减少误差累积。能够准确预测的步数越多，对于生产过程优化控制更有利。

5.2.4.3 基于智能优化算法的化工过程优化

在化工过程优化中，虽然智能优化算法可得到满意的效果，但是仍有许多问题需要进一步探索。

基于智能优化算法求解问题的时间仍然较长，其主要原因在于大多数研究采用常用的过程模拟软件，例如 Aspen Plus、ProII 和 HYSYS 等。作为化工过程的建模工具，通过 ActiveX 技术调用过程模拟软件完成过程模拟模型的求解。尽管智能优化算法由独立的计算机语言实现高效的运行，但过程模拟软件的调用策略仍采用了依次串行地计算群体中的每个个体，其效率并不高。模拟软件无法并行运行多个个体候选方案任务，其原因在于模拟软件多进程编程的复杂性。因此，如何协同控制多个模拟软件进程进行协同计算是需要解决的技术问题。

当智能优化算法应用于化工过程优化时，优化问题评价通常表现出计算代价高、时间开销大、计算实验昂贵等特征，从而导致优化算法无法对候选方案进行大量的评价，限制了优化算法的寻优效率。为了降低化工过程评价开销，可通过引入代理模型来替代化工过程，来解决昂贵的过程评价。针对具体的化工过程，提高代理模型的准确性和鲁棒性、降低代理模型的时间复杂度、设计离线和在线的数据驱动智能方法，是化工过程优化未来的发展方向之一。

化工过程的装置单元模型具有高度非线性、强耦合、较多操作条件等复杂特性。化工过程全流程优化逐渐展现出决策变量大规模化、目标高维化以及约束条件复杂化等特征。因此，如何设计更加先进的智能优化算法对于问题求解具有十分重要的理论意义与应用价值。

由于智能优化算法无需考虑问题内部的计算机制，因此具有很广泛的应用前景，但其计算效率与求解策略有很大关系，如何针对化工过程优化的特点进行适应性的设计仍是需要探究的重要问题。在前者基础上，进一步提升智能算法、代理模型、化工过程三者的有机融合，构建过程、模型、算法一体化的全流程智能优化平台，是研究的核心和难点。

5.2.4.4 基于深度学习的工业过程能耗与排放预测

目前智能混合算法的发展逐渐走向复杂化，但是模型的预测准确度并未大幅提高，尚不能很好地满足工业精准度要求。智能混合算法并不适于大面积应用于工业领域，主要是由于其不具有自主提取数据特征的能力。深度学习的引进恰好解决了智能混合算法的这个问题。目前深度学习算法已经应用于新能源预测、电力系统、微电网以及建筑能源等领域。基于深度学习的方法建立通用性更强的工业能耗多步预测模型，将是未来发展的主要方向之一。

化工过程使用的能源主要包括热能和电能，利用预测的热能和电能耗用来分析当前生产过程的传递效率和生产能耗，建立能耗优化模型，实现生产过程参数优化，是当前优化工艺操作的关键步骤。然而，由于机理模型往往依赖于关键参数的准确测量，模型的精准度受限。而数据驱动模型存在缺乏解释性、对未发生过的场景预判效果不足等问题，建立单一数据驱动模型很容易出现误差累计并降低适用性。因此，建立基于“机理 + 数据驱动”的方法，建立准确的能耗预测模型，是未来发展的主要趋势之一。

精准地预测工业温室气体排放值，有利于工业企业对未来发展规划的节能减排措施给予数据支持，同时为评估工业企业的减排潜力奠定基础。采用智能混合算法建立温室气体排放的预测模型比目前常用的传统方法准确度更高、更稳定，未来基于智能混合算法建立温室气体排放短期预测模型将是更好的选择之一。

因此，基于深度学习的能耗预测与排放的研究还需要在以下方面开展工作：①加强对化工行业的工业用电管理系统的建设，方便用电预测模型在化工企业的快速部署，并能够对生产过程用电进行优化；②加强对工业蒸汽量预测的研究，建立准确工业蒸汽量预测模型，并在其基础上对蒸汽量进行优化控制，有利于化工行业的节能减排；③加强对短期温室气体排放预测的研究，预测化工生产过程未来几小时或者几天的碳排放情况，为生产过程的能源调度优化提供数据基础，也可利用未来温室气体排放的走向优化生产过程参数，减少化工过程温室气体的排放。

5.3 绿色碳科学与碳循环

碳是构成地球上生物的重要元素，没有碳就没有人类文明。碳资源主要包括煤、石油、天然气等不可再生的化石碳资源，以及生物质、CO_2 等可再生的碳资源。目前，工业利用的能源主要是化石碳资源，而对于可再生碳资源的利用比例很低。由于多种原因，在可预见的未来，化石碳资源在能源和化学材料生产中仍将占主导地位，而可再生碳资源的利用将越来越受到重视。如何清洁高效利用碳资源是人类可持续发展面临的一个重大难题，受到广泛关注。在这种背景下，以何鸣元先生为代表的中国科学家经过多次研讨，逐渐形成了绿色碳科学思想[300-302]。绿色碳科学的核心思想是研究和优化碳资源加工、能源利用、碳固定、碳循环整个过程中碳化学键的演变和相关工业过程，使化石资源利用引起的碳循环失衡降到最低。绿色碳科学已成为碳资源清洁高效利用的重要指导原则，引领着相关学科和领域的发展。

5.3.1 发展现状与挑战

图 5-33 给出了化石碳资源、生物质和 CO_2 转化利用过程中 CO_2 的产生和循环简图[301]。具体而言，化石碳资源加工转化成燃料和化学品、燃料利用过程均产生 CO_2；排放的 CO_2，一方面通过光合作用转化为生物质而实现碳的自然循环，另一方面可通过捕集并化学转化为燃料和化学品而实现碳的化学循环，并排放 CO_2；生物质可转化为燃料和化学品，并产生 CO_2。

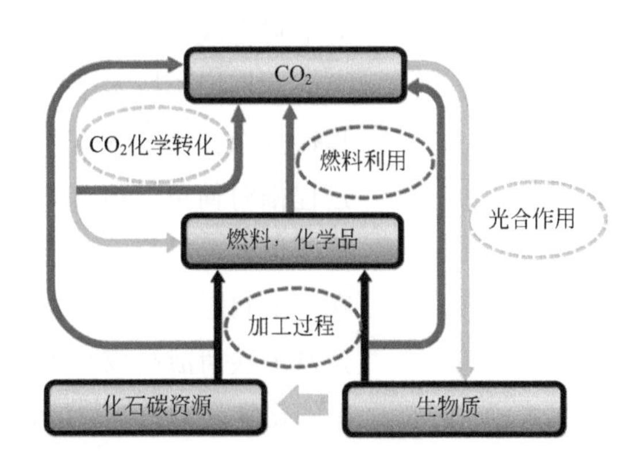

图 5-33
碳资源加工、利用和循环简图[301]

目前，图 5-33 中涉及的大多数碳资源加工和利用过程效率低，碳资源浪费严重，CO_2 排放量远远大于 CO_2 的自然与化学循环利用量。绿色碳科学研究存在的重大问题

与挑战主要总结为以下几个方面。

（1）石油清洁高效利用的绿色新技术

石油炼制技术是利用石油制备燃料油以及大宗基础化学原料的最重要的技术。根据绿色碳科学原理分析，目前石油催化裂化制备燃料油从科学到技术都存在问题，还有较大的改进空间[301]。传统上，催化裂化过程以汽油为主要目标产品，生产过程中生成大量CO_2。相较于汽油，柴油有更高的平均分子量，其生产需要的石油裂化转化深度低，生产过程能耗低，干气等副产物少。同时，柴油的热值比汽油高，并且柴油机的效率比汽油机高，其能量利用率更高。因此，从加工和利用的效率考虑，石油催化裂化应该尽可能多地生产柴油。多生产柴油需要改进现有催化裂化工艺，确保反应条件下原油组分高选择性地转化为柴油馏分。当然，优化汽柴油的比例还需要综合考虑许多其它因素，柴油车利用过程中的环境污染问题需要进一步解决。在石油催化裂化过程中，生焦不可避免，焦的主要成分是碳。因此，在抑制生焦的同时，应将生成的焦作为碳资源加以利用。目前催化剂烧焦再生过程的主要产物是CO_2和水，如果能对催化裂化材料和工艺等进行改进，使烧焦再生与合成气（CO和H_2）制备一体化，可以更有效地利用石油资源。除了催化裂化炼油技术外，现在石油化工技术普遍存在效率低、能耗高、“三废”多、污染严重等问题，因此迫切需要开发清洁高效的绿色新技术。

（2）煤炭高效清洁利用的新反应和新工艺

煤直接燃烧用于发电、各种工业过程和取暖等无疑是其能源利用的主要方式，因此煤的高效、清洁燃烧利用极为重要。煤炭转化利用技术是用化学方法将煤炭转变为气体、液体和固体产品或半成品，而后进一步加工成能源和化工产品。目前，煤炭转化利用方式主要分为热解、气化、液化等。煤热解技术是将煤中富氢组分通过热解方式提取出化工原料或优质液体燃料，以提高煤炭利用效率。煤气化技术是将煤转化为合成气（$CO+H_2$），是煤炭高效清洁利用的核心技术之一，其技术大型化实现污水零排放、炉渣固废全部综合利用、水资源消耗量大幅降低等目标是煤炭气化技术的重点。煤直接加氢液化技术是煤与氢气在催化剂作用下通过加氢裂化直接转化成液态油品。煤炭间接液化是首先将煤气化得到合成气，再利用一定的催化剂在合适的温度和压力之下将合成气转化为各类液体燃料和化学品的技术，是目前广泛研究的技术。从原理上讲，直接法技术中只需要破坏煤炭的部分化学键，可得到较高的碳利用效率，但过程很复杂，需要大量氢气，并且其效率与煤的品质密切相关。间接液化法普适性好，过程相对简单，但首先需要断裂煤的所有化学键，制气过程能耗高、耗水量大、CO_2排放量大。目前，直接法和间接法均在技术上可行，但在经济效益和能耗等方面都存在一定问题，相关技术有待进一步优化和改进。因此，充分利用煤炭分子的结构特性，开发煤炭清洁高效转化利用的新反应和新工艺，在尽可能少断裂化学键的前提下制备新的化学品和材料，是煤炭资源利用的重要方向之一。

（3）甲烷高值化利用的催化体系与工艺过程

甲烷分子是自然界中最稳定的有机小分子，它的选择活化和定向转化是公认的难题。甲烷可以直接用作燃料或制备合成气等。甲烷也可以作为原料转化为高品质液体燃料和化学品。迄今为止，由于产物产率和效率低等原因，相关研究还处在基础研究和技术研发阶段。研究甲烷 C—H 键的活化规律和机理，探索较温和条件下的高效催化体系和工艺过程，对于相关技术的商业化至关重要。

（4）生物质资源清洁高效转化的新方法

生物质资源主要包括木质生物质、动植物油脂和淀粉等。从资源角度考虑，木质生物质资源十分丰富，每年全球产量约 2000 亿吨。充分利用这些生物质资源，将其高效转化为化学品、材料和高品质能源，对改善和解决人类的能源和碳资源供应具有重要意义。有别于化石资源，生物质资源富含 C—O/C═O 键，具有独特的分子结构，因此不能简单地将基于化石资源生产能源产品和化学品的技术路线应用于生物质的资源化利用。基于绿色碳科学思想，需要充分利用其结构特点，应发展新方法，在尽可能少断裂化学键的条件下制备高附加值化学品。这不仅可节省能源，使生产过程简单，并可为化学品、材料、能源产品的生产提供新型技术路线，还可获得一些新产品。

（5）CO_2 高效光电催化转化与利用

目前，全球化石资源利用每年产生的 CO_2 已经超过了 300 亿吨，其资源化利用量仅有 1 亿多吨。CO_2 化学转化面临着产品结构单一和转化效率不高等问题，更大规模资源化利用技术的发展取决于相关科学和技术的突破。由于 CO_2 热力学稳定和动力学惰性，其活化转化需要大量能量，通常需要高温高压的反应条件或者与高能量物质发生反应。因此，如何实现温和条件下 CO_2 的清洁高效转化是面临的挑战性课题。电催化、光催化和光电催化是克服 CO_2 转化热力学限制的有效方法，是利用绿色能源、可再生能源的重要途径，但目前还普遍存在效率低、选择性差等问题，经济上不合理。因此，亟需开发性能优良的催化材料，采用多种策略耦合，以实现 CO_2 的清洁高效转化。

5.3.2 关键科学问题

绿色碳科学包括 4 个要点：①使碳氧化生成 CO_2 的反应发生于能源使用过程，而非碳资源加工等其它过程；②以碳的原子经济性衡量其能源与化工利用，并达到最优化；③以碳的化学循环补偿碳的自然循环；④强化生物质转化利用，尽量减少化石资源的利用。该领域涉及以下关键科学问题。

① 关键科学问题 1：获得化石资源加工过程中 C-C/C—H 等化学键的活化转化规律，实现温和条件下化石碳资源转化生成能源产品和化学品。

现有的能源加工过程普遍存在能耗高、反应原子经济性低等问题。如何针对不同的化石资源，通过催化剂创新和工艺创新，在相对温和条件下实现化石资源的清洁高效转化，是绿色碳科学的关键科学问题之一。

② 关键科学问题 2：实现生物质资源的清洁高效定向转化。

木质纤维素等生物质资源及其平台分子主要由碳、氢、氧构成，是丰富的含氧化合物和芳香化合物的可再生碳资源，但结构复杂。因此，针对生物质分子的结构特点，通过催化体系创新，实现其定向精准转化，发展基于生物质分子的合成含氧化合物和

芳香化合物的新路线，揭示 C—O/C═O/C—C 等化学键的活化转化规律，是绿色碳科学的另一关键科学问题。

③ 关键科学问题 3：实现 CO_2 的清洁高效转化。

CO_2 是碳的最高氧化态，热力学稳定、动力学惰性，其化学转化涉及 C═O 键活化以及 C-C/C-N/C—H/C-S 等化学键的生成，通过催化剂创新，采用热催化 / 电催化 / 光催化方式，发展基于 CO_2 的合成化学品 / 能源产品 / 功能材料的新方法、新反应，揭示不同催化体系中 C═O 键活化转化规律以及催化反应机制，也是绿色碳科学的关键科学问题之一。

④ 关键科学问题 4：揭示绿色介质体系中可再生碳资源转化过程的介质效应。

对于可再生碳资源转化通常需要在介质中进行，而介质性质直接影响反应过程。水、超临界流体、离子液体等是广为接受的绿色介质。构建基于绿色介质的催化反应体系，揭示介质效应以及介质与催化剂的耦合规律，是绿色碳科学的关键科学问题。

5.3.3 主要研究进展及成果

5.3.3.1 石油的清洁高效利用

目前，石油炼制技术已经基本成熟，而基于石油的化工生产技术还普遍存在能耗高、污染重、效率低等问题，亟需技术的更新换代。以下介绍石油化工领域绿色新技术的几个典型实例。

（1）复合离子液体催化碳四烷基化新技术 [303-305]

碳四烷基化汽油具有辛烷值高、无硫、无烯、无芳等优点，是生产高品质车用汽油不可缺少的调和组分。传统碳四烷基化工艺以浓硫酸或氢氟酸为催化剂，存在严重的设备腐蚀及安全环保隐患。中国石油大学开发了复合离子液体催化碳四烷基化新技术，设计合成了兼具高活性和高选择性的复合离子液体催化剂，通过双金属阴离子的设计，精确调控离子液体的酸性，抑制了裂化、聚合等副反应；开发了离子液体活性的定量检测方法，以及分步协控补充 B 酸 /L 酸活性组分的催化剂再生技术；系统集成了原料预处理 - 催化反应 - 离子液体再生 - 分离回收等过程，形成了复合离子液体碳四烷基化成套工艺技术。相比浓硫酸和氢氟酸催化剂，复合离子液体几乎无腐蚀，可大幅提高生产安全性并降低设备投资，该技术具有绿色、安全、环保等优势。此技术于 2013 年实现工业示范，目前已在中国石油哈尔滨石化、中国石化九江石化等多家企业进行了推广应用。所得烷基化油的研究法辛烷值高达 98 以上，干点在 190℃以下，氯含量在 3μg/g 以下；离子液体消耗吨产品小于 2.5kg，装置能耗约为每吨烷基化油 130kg 标油。该技术于 2017 年获得国家技术发明二等奖。

（2）己内酰胺绿色生产技术 [306-308]

己内酰胺是尼龙 -6 纤维和尼龙 -6 工程塑料的单体，广泛应用于纺织、汽车、电子等行业，是重要的基本有机化学品。中国石化历经二十余年，开发了己内酰胺绿色生产技术，提出了苯制环己酮、环己酮制己内酰胺新反应路线；创制了空心钛硅分子筛和非晶态合金新催化材料；实施了膜分离和磁稳定床新反应工程技术。通过工业化集成新反应路线、新催化材料和新反应工程技术，己内酰胺绿色生产技术实现了大规模应用，完成了从知识创新到技术创新的跨越。与传统技术相比，C 和 N 原子利用率分别由 80% 和 60% 提高到接近 100%，"三废" 排放显著下降，装置投资下降 70%，生产成本下降 50%，产生了重大经济效益。2019 年，己内酰胺绿色生产技术的产能达到 400 万吨 / 年，使我国己内酰胺由主要依赖进口到世界第一生产大国，全球市场份额超过 60%。

（3）酮肟生产绿色技术 [309]

丁酮肟和环己酮肟是重要的化工中间体，用途广泛。华东师范大学设计了系列新型分子筛，实现了孔径从亚纳米到介孔尺度的调控，在原子或分子水平对活性中心进行化学以及亲疏性控制。构建了烯烃环氧化、酮（醛）类氨氧化等液相选择氧化催化新体系。烃类选择氧化反应转化率和选择性可分别达到＞ 95% 和＞ 99%。采用 H_2O_2 氧化剂，Ti-MWW 和 Ti-MOR 催化体系已在丁酮肟和环己酮肟的清洁合成过程实现了工业化，规模达 10 万吨 / 年。该技术各项反应指标优于传统 TS-1 钛硅分子筛，催化剂消耗量大幅度降低，具有明显的综合竞争优势。这一绿色技术具有很好的节能减排效果。

5.3.3.2 煤的高效清洁利用

煤炭清洁转化方面国外起步较早，西方发达国家和煤炭主要消费国一直在支持煤炭清洁转化及相关技术的研发，掌握了一系列核心技术。例如，1926 年，德国在洛伊那建成了世界第一套煤炭直接液化装置；1976 年，美国美孚公司成功开发了甲醇生产汽油的 MTG 技术；1981 年，联邦德国在北威州建成了煤处理量为 200 吨 / 天的大型 IGOR 中试厂；1986 年，日本三菱重工和科斯莫（COSMO）石油合作开发的由合成气经二甲醚两段合成油技术（AMSTG），建成了 120kg/ 天的中间试验装置。

近年来，我国在煤炭清洁转化方面的技术发展很快，成功研发出 2000 ～ 3000 吨 / 天水煤浆和干煤粉气化技术并投入商业化运行，100 万吨 / 年煤直接液化示范工程和 400 万吨 / 年煤间接液化示范工程建成并投产，10 多套 60 万吨 / 年甲醇制烯烃工业装置投入商业化运行。相关内容在本书 4.1 节 "煤炭资源利用绿色过程" 中有详细介绍，这里不再赘述。在煤气化、煤液化、煤制烯烃等方面，我国总体上处于世界领先水平，但还需进一步降低水耗和能耗，实现产品的灵活调变。以下介绍煤炭清洁转化制化学品的一些典型实例。

（1）煤制烯烃技术

煤制烯烃又称煤基甲醇制烯烃（MTO），是指以煤为原料合成甲醇后，再通过甲醇制取乙烯、丙烯等烯烃的技术。煤制甲醇是该技术的核心，主要经历以下过程：首先将煤气化制成合成气；接着将合成气转换、净化；然后将净化合成气制成甲醇。中国科学院大连化学物理研究所开发出煤制合成气，经二甲醚制低碳烯烃的工艺路线（简称 DMTO）。DMTO 工艺与传统的 MTO 工艺相比，其 CO 的转化率高达 90% 以上，投资和运行费用节省 50% ～ 80%。当采用 D0123 催化剂时产品以乙烯为主，当使用 D0300 催化剂时产品以丙烯为主。中国化学工程集团公司、清华大学、淮南化工集团公司联合开发了具有自主知识产权的新一代 MTP 煤制丙烯工艺技术，即 FMTP 技

术，建立了世界第一套 3 万吨 / 年流化床 FMTP 工业性试验装置，其甲醇转换率达到 99.9%，丙烯选择性达到 67.3%（C 基），吨甲醇 / 吨丙烯为 3.39。

（2）草酸酯路线煤制乙二醇技术[310]

煤制乙二醇的主要技术路线有直接合成路线、甲醇甲醛路线和草酸酯路线。其中，草酸酯路线工艺流程短，成本低，是目前最受关注也是应用较广的煤制乙二醇技术。

$$2CO + 2CH_3ONO = (COOCH_3)_2 + 2NO \tag{5-1}$$

$$(COOCH_3)_2 + 4H_2 = (CH_2OH)_2 + 2CH_3OH \tag{5-2}$$

$$2NO + 2CH_3OH + \frac{1}{2}O_2 = 2CH_3ONO + H_2O \tag{5-3}$$

首先，以煤为原料，通过气化、变换、净化和分离分别得到 CO 和 H_2，然后，在 Pd/Al_2O_3 催化下 CO 与亚硝酸甲酯偶联合成草酸二甲酯和 NO［式（5-1）］；第二步，草酸二甲酯在 Cu/SiO_2 催化下加氢制得乙二醇和甲醇［式（5-2）］。反应过程产生的 NO 和甲醇，通过氧化酯化生成亚硝酸甲酯［式（5-3）］，循环使用。该工艺显著特点在于采用易获得的 CO、NO、H_2、O_2 和甲醇为原料，对形成规模化产业极为有利，且符合循环经济“减量化、再利用、资源化”原则。

5.3.3.3 甲烷的高值化利用

甲烷化学转化一直是催化领域极具挑战性的课题，相关研究尚处于初级阶段。

（1）甲烷直接转化技术[311]

甲烷直接转化分为无氧[312, 313]和有氧[314, 315]两种策略。中国科学院大连化学物理研究所基于“纳米限域催化”的新概念，创造性地构建出硅化物晶格限域的单中心铁催化剂，成功实现甲烷在无氧条件下选择活化，一步高效生产乙烯、芳烃和氢气等高值化学品[313]。将具有高催化活性的单中心低价铁原子通过两个碳原子和一个硅原子镶嵌在氧化硅或碳化硅晶格中，形成高温稳定的催化活性中心；甲烷分子在配位不饱和的单铁中心上催化活化脱氢，形成表面吸附态的甲基物种，进一步从催化剂表面脱附形成高活性的甲基自由基，在气相中经自由基偶联反应生成乙烯和其它高碳芳烃分子，如苯和萘等。与天然气转化的传统路线相比，这一研究彻底摒弃了高耗能的合成气制备过程，大大缩短了工艺路线，反应过程本身实现 CO_2 的零排放，碳原子利用效率达到 100%。

甲烷氧化偶联技术的一个重要问题是选择性低，有一部分甲烷会被氧化为 CO_2，从而降低了碳的利用率。甲烷直接氧化制甲醇被视为一个“Dream reaction”，近三十年来人们为实现这一反应在催化剂研发方面做了大量工作，发现 Cu 基分子筛是最有潜力的催化剂[316, 317]。瑞士苏黎世联邦理工学院采用水作为弱氧化剂[318]，以氧化铜 - 分子筛材料为催化剂，实现甲烷 C—H 键的活化转化。反应过程中，Cu(Ⅱ) 物种被还原为 Cu(Ⅰ) 物种，水分子转变为 H_2，具有极高的甲醇选择性（97%）。研究者认为双 Cu 中心是催化的活性物种。包信和院士团队设计出一系列石墨烯限域的 3d 过渡金属中心（Mn、Fe、Co、Ni 和 Cu）催化材料，发现石墨烯限域的单铁中心在室温条件下，以双氧水为氧化剂，无需额外引入其它任何形式的能量，在室温下可直接将甲烷催化转化

为 C_1 含氧化合物[315]。他们借助高分辨液体核磁共振波谱和自行研制的飞行时间质谱原位表征等手段，揭示了甲烷催化反应的过程和本质，该工作不仅为温和条件下甲烷转化高效催化剂的设计提供了新思路，也推动了甲烷催化转化领域的创新发展。上海科技大学物质科学与技术学院的研究人员采用光催化，分别在三氯乙醇和稀土金属铈的协同催化[319]以及氢原子转移催化剂 $(Bu_4N)_4[W_{10}O_{32}]$ 催化下[320]，实现了室温条件下甲烷的催化转化。

(2) 甲烷重整技术[321]

甲烷重整制备合成气，是甲烷间接化学转化制备液体燃料和化学品的重要途径。主要包括甲烷 - 水蒸气重整、甲烷 -CO_2 重整，以及有氧条件下的甲烷 - 水蒸气 - 氧气重整和甲烷 -CO_2- 氧气重整。甲烷 - 水蒸气重整和甲烷 -CO_2 重整是两种强吸热的重整过程，能耗高，并且需要在高温下进行，存在催化剂失活、投资和操作费用高等问题。从能耗等方面考虑，氧气存在条件下的甲烷 -CO_2- 氧气重整和甲烷 - 水蒸气 - 氧气重整过程中，吸热和放热反应耦合，从能量上更合理，并且调整 H_2/CO 比例的参数更多。然而，也存在一些关键难题，如氧气引起局部温度过高、积炭严重、操作条件难以控制等。对于有氧气参加的重整过程，较低温下重整不受热力学限制，低温操作可以解决高温所引起的问题，但相关催化剂的开发极具挑战性。另外，由于氧气的存在，热平衡和安全等问题必须慎重考虑。

以上甲烷重整技术中，甲烷 -CO_2 重整，又称为干重整（DRM）[式（5-4）][322]。该技术直接将 CO_2 与 CH_4 中的碳氧氢资源传递到能源产品中，提供了一条综合利用碳源、氢源，同时转化两种难活化小分子并消除两种主要温室气体的技术路线，对于高效利用 C_1 资源、减缓日益严重的环境问题具有重要意义。相较于甲烷 - 水蒸气重整，DRM 反应产生的 H_2/CO 约为 1，可以直接作为羰基合成或 Fischer-Tropsch 合成的原料，弥补了水蒸气重整过程中合成气 H_2/CO 比较高的不足。DRM 反应过程中，除了合成气主反应[式（5-4）]，还能发生逆水煤气变换反应[式（5-5）]、甲烷裂解反应[式（5-6）]和 CO_2 歧化反应[式（5-7）]。

$$CH_4(g) + CO_2(g) \longrightarrow 2CO(g) + 2H_2(g) \quad \Delta H = 247kJ/mol \tag{5-4}$$

$$CO_2(g) + H_2(g) \longrightarrow CO(g) + H_2O(g) \quad \Delta H = 41.2kJ/mol \tag{5-5}$$

$$CH_4(g) \longrightarrow C(s) + 2H_2(g) \quad \Delta H = 74.8kJ/mol \tag{5-6}$$

$$2CO(g) \longrightarrow C(s) + CO_2(g) \quad \Delta H = -172.2kJ/mol \tag{5-7}$$

由标准吉布斯自由能计算可知，高温利于主反应发生。逆水煤气变换反应一方面可以消耗 DRM 反应产生的氢气，促进该反应平衡向右移动，另一方面 CO_2 和产物水有助于消除积炭，因此高 CO_2/CH_4 进料比也利于反应进行。CH_4 裂解反应和 CO_2 歧化反应是过程积炭的主要原因。在反应过程中，积炭不可避免，因此催化剂的设计至关重要。DRM 反应催化剂的活性组分主要是 Ni、Co 等过渡金属和 Pd、Pt、Rh、Ru 等贵金属，载体主要是耐高温的 Al_2O_3、ZrO_2、TiO_2、SiO_2 等氧化物。贵金属催化剂在 DRM 反应中具有良好的催化活性和抗积炭性。然而其资源匮乏，价格昂贵，因此研究者更关注非贵金属（Ni、Co、Cu 等）催化剂的研发，尤其是负载型 Ni 基催化剂和 Co

基催化剂。Ni 基催化剂催化性能仅次于 Pt 和 Ir，因此是最可能取代贵金属的 DRM 反应催化剂，但它的一个显著缺陷是抗积炭能力差[323]。

5.3.3.4 生物质转化利用

在过去的 20 年里，木质生物质资源的化学转化利用受到人们的广泛关注，无论是在基础研究还是技术研发方面均取得了重要进展，如木质纤维素热裂解制备生物质油[324]、生物质制氢[325]、生物质制乙醇[326]等。下面介绍几个典型实例。

（1）生物质制乙醇[326]

生物乙醇已成为目前大规模工业化的生物燃料。2016 年全球生物燃料乙醇总产量约为 8000 万吨。2000 年至今，美国和巴西的燃料乙醇产量始终稳居前 2 位，占全球总量的 90% 以上。目前，世界燃料乙醇生产技术按原料可分为三代。

第一代燃料乙醇技术以玉米、小麦、甘蔗、甜菜等糖类物质为主要原料，工艺技术成熟，已经实现大规模产业化生产。天津大学石化中心与企业合作，以非粮木薯为原料，开发了木薯乙醇制备成套技术，包括木薯原料前处理技术、适应于大规模生产的层流液化技术、梯度扩培工艺及复合酵母技术，实现了同步糖化发酵技术与浓醪发酵在木薯燃料乙醇制造中的工业应用。该技术将高温喷射与低能阶换热集成，实现了系统能量的综合利用；应用催化反应精馏脱酸技术，实现了燃料乙醇脱酸工艺的绿色化。建成了年产 20 万吨木薯燃料乙醇工业技术示范装置。此技术有效地促进了我国生物质能源领域的进步。

第二代燃料乙醇技术以农、林废弃物等木质纤维素为主要原料，具有“不与人争粮、不与粮争地”的原料优势，更加经济。与配方汽油相比，温室气体排放量可降低 70%。因此，纤维素乙醇是生物燃料乙醇行业未来的发展方向。纤维素乙醇的生产工序包括原料的收集与预处理、纤维素和半纤维素水解糖化、五碳糖与六碳糖发酵、乙醇的蒸馏与脱水等。目前，该技术尚处于工业试验研究开发阶段，未实现工业生产。

第三代燃料乙醇技术以微藻为原料，可直接利用 CO_2，同时产生蛋白质。微藻相比于其它植物，其光合作用效率更高、单位面积生物量产量高，微藻制乙醇是近年来的研究热点。微藻间接法制备乙醇，基于微藻通过光合作用储存淀粉、纤维素等碳水化合物，然后利用机械或酶解方法破碎细胞壁得到所需的碳水化合物，最终经由糖化和发酵制备燃料乙醇。微藻直接法制备乙醇，关键在于培育能够代谢产生乙醇的微藻，包括黑暗厌氧条件下生产乙醇的微藻和通过现代基因工程手段获得的具有此能力的微藻等[327]。

（2）纤维素转化制化学品

纤维素是由 D- 葡萄糖分子通过 β-1, 4 糖苷键构成的大分子多糖化合物，是自然界中分布最广、产量最丰富的天然可再生碳资源。纤维素和半纤维素富含氧元素，是生产含氧化合物的重要可再生碳资源。通过水解，纤维素和半纤维素可生成单糖（如葡萄糖、C_5 糖等），并且产率很高，因此其转化利用很大程度上取决于相应单糖的进一步转化。通过各种不同类型的反应，纤维素、半纤维素及其相应的单糖可转化制备 5- 羟甲基糠醛（5-HMF）、糠醛（FAL）、乙酰丙酸（LA）、山梨糖醇、乙二醇、甲酸、乳酸、葡萄糖酸等含氧化学品，从而为这些化合物的制备提供了基于生物质的生产路线[328]。

通过水解和加氢耦合反应过程，纤维素可直接转化为多元醇类化合物。如在热水中，负载型 Ru/C 催化剂能够催化纤维素转化为六碳醇（山梨醇和甘露醇等），热水本身的酸性促进纤维素水解为葡萄糖，而葡萄糖进一步加氢生成六元醇[329]。碳化钨可高选择性催化纤维素转化制备乙二醇，Ni 通过与碳化钨的协同效应可大大提高乙二醇的产率（达 61%），表现出了比贵金属催化剂 Pt/Al_2O_3 更好的催化性能[330]。负载型 $NiCu/SiO_2$ 双金属催化剂可高效催化木糖醇加氢制备乙二醇、丙二醇等[331]。多功能催化剂 $Ru-WO_x/HZSM-5$ 可以高效催化由纤维素一锅法制备乙醇，对于 5%（质量分数）的纤维素水溶液，乙醇产率可达到 53.7%[332]。

（3）木质素转化制化学品

木质素是以苯丙烷为骨架的天然多芳环大分子化合物，由香豆素、松柏醇和芥子醇三种基本结构单元通过醚键（β-O-4′、α-O-4′和 4-O-5′）以及碳碳键（β-β′、β-5′、β-1′、5-5′）连接而成，其结构中含有芳香基、酚羟基、醇羟基、羰基、甲氧基、羧基、共轭双键等众多不同类型的官能团。木质素是可用于生产芳香化合物的可再生碳资源，但其结构复杂，定向转化比纤维素的转化更加困难。如何清洁高效地获得芳香化合物是人们十分关注的问题，并开展了大量研究工作。

木质素通过氢解，选择性断裂结构中的 C-C 键、C-O 键，是制备芳烃类化合物的重要手段，其取得突破的关键在于高效催化剂，要求催化剂既能催化加氢实现连接键的断裂，还能保持产物中的芳香结构不被破坏。研究发现，均相 $Ni(COD)_2$ 催化剂能够催化木质素模型化合物二苯基醚的氢解反应，可以高选择性地得到苯酚和相应的芳烃，即使在用量很低的情况下亦可高效氢解二苯基醚键，而芳香环不被氢化[333]。采用 RuW 催化剂，在无外加氢源的条件下，直接利用芳香醚类化合物中甲氧基的氢，可实现芳香醚类化合物的自脱氧反应，生成芳烃，选择性接近 100%。以真实木质素为原料，可获得甲苯、乙苯以及丙苯等芳烃，无含氧化合物和饱和烃类化合物的生成[334]。

通过氧化方法将木质素结构中的芳基醚 C-O 键、C-C 键以及其它化学键断裂，是木质素资源化利用生成芳香小分子化合物的另一条重要途径，获得的主要产物为芳香醛、芳香酸或者羧酸类化合物。采用的催化反应体系主要包括均相和非均相的金属催化体系[335, 336]、非金属催化体系[337, 338]、杂多酸盐催化体系[339]、光催化体系[340]等。但氧化反应的产物一般都比较复杂，难以获得单一产物。因此，发展催化体系、获得单一化学品依然面临着挑战。

木质素中除含有芳香结构外，还含有大量的甲氧基团。中国科学院化学研究所的研究人员通过选择性利用木质素中甲氧基团，将木质素转化为多酚木质素，而甲基参与合成乙酸[341, 342]、胺类[343]等小分子化合物。如采用 $RhCl_3$-$LiBF_4$-LiI 催化体系，以木质素为甲基源，与 CO 和水反应，在 140℃条件下可获得乙酸单一小分子[341]。

（4）纤维素制功能材料

作为天然高分子，纤维素还可通过加工或化学改性制备新的材料（即生物基高分子材料），是木质纤维素资源化利用的重要部分，受到广泛关注。纤维素加工首先需要解决溶解问题。迄今，已经发展了多种溶剂体系，为其加工和化学改性提供了便利。其中，尿素/NaOH水溶液体系可在低温下（0～5℃）快速溶解纤维素，并能保持长期稳定，因此可用于再生纤维素纺丝[344]。通过湿法纺丝工艺所制备的再生纤维素纤维具有良好的光泽和手感，并且拉伸性能良好，具有类似于铜氨纤维和莱赛尔纤维的圆形截面。1-丁基-3-甲基咪唑氯盐、1-烯丙基-3-甲基咪唑氯盐、1-丁基-3-甲基咪唑醋酸盐等离子液体可直接溶解纤维素形成溶液，向其中加入乙醇、丙酮等溶剂，溶解的纤维素会凝固再生，从而得到再生纤维素膜[345]。所得到的再生纤维素纤维的力学性能明显优于由传统黏胶工艺生产的黏胶纤维，使用的离子液体可回收和循环利用。

纤维素高分子链上周期性分布着丰富的羟基基团，可在溶液条件下通过化学修饰赋予纤维素新的性能。将具有聚集诱导猝灭效应（ACQ）的常见荧光分子连接到纤维素主链上，可以有效克服荧光分子的ACQ效应，得到含ACQ荧光分子的纤维素基固体荧光材料[346]。将具有响应性质的基团连接到纤维素高分子链可以显著增强其分子识别能力，能够得到对金属离子、酸碱性超敏感的新型荧光探针和便携式试纸[347-349]。在酸催化作用下，纤维素可通过与酸、酸酐、酰卤等发生酯化反应，得到不同取代度的纤维素硝酸酯、纤维素硫酸酯、纤维素醋酸酯、纤维素高级脂肪酸酯等一系列高分子纤维素衍生物。纤维素分子中的活泼羟基可与醚化试剂发生醚化反应，可获得具有较高价值的纤维素醚类衍生物，如烷基纤维素醚、羟烷基纤维素醚、阴离子纤维素醚、阳离子纤维素醚、氰乙基纤维素醚等。纤维素也可通过接枝共聚反应制备纤维素及其衍生物的接枝共聚物，这些共聚物可应用于高吸水性材料、离子交换纤维、模压板材等新型化工产品[348]。

5.3.3.5 CO_2资源化转化利用[350, 351]

目前，研究人员在CO_2热化学催化转化的基础研究和技术研发方面开展了大量工作。作为环境友好的C_1资源，CO_2可用作羧化试剂、甲酰试剂、甲基化试剂、偶联剂等，在精细化学品和高分子合成中得到广泛应用，为这些化合物的生产提供了绿色合成路线。例如，通过建立适当的催化体系或活化转化策略，发展了一系列新方法和相关技术，用于制备酯类化合物，获得氨基甲酸酯、环状碳酸酯、碳酸二甲酯、异氰酸酯、聚碳酸酯、聚氨酯、聚脲等化学品和聚合物产品。通过催化加氢反应，制备甲酸、甲醇、长链烃等。尽管目前实现工业生产的还仅限于尿素、水杨酸、环状碳酸酯等几种产品，但一些新技术已经处于中试研发阶段，有光明的工业应用前景。例如，CO_2与环氧化物反应生产环状碳酸酯/聚碳酸酯、CO_2制备二甲基甲酰胺（DMF）、CO_2加氢制甲酸和甲醇，以及CO_2和乙烯反应合成工业原料丙烯酸等。

（1）CO_2与环氧烷反应制备碳酸乙烯酯

饱和环状碳酸酯，如环状碳酸乙烯酯、环状碳酸丙烯酯，是优良的非质子高沸点极性溶剂、第二代锂电池电解液，也是合成化工产品的重要原料。通过环氧化物与

CO_2 的环加成反应合成环状碳酸酯［式（5-8）］，原子经济性 100%，并且环境友好，是研究广泛、最受欢迎的一条合成路线。

$$\text{R-环氧化物} + CO_2 \xrightarrow{\text{催化剂}} \text{R-环状碳酸酯} \tag{5-8}$$

环氧烷与 CO_2 的环加成反应，需在催化剂条件下进行，主要活性催化组分包括季铵（鏻）盐、碱金属盐、有机碱、碱性氧化物、过渡金属配合物和离子液体（ILs）等。在这些催化剂中，无机盐及季铵盐类化合物已经作为均相催化剂用于工业生产。离子液体是近年来发展起来的一类新型催化剂，由于其高度可设计性，被视为 CO_2 环加成反应最有发展潜力的催化剂之一。随着新型材料的不断发展，金属有机框架材料、微孔有机聚合物材料等在催化环氧化物与 CO_2 的环加成反应中得到应用，显示出良好的应用前景。中国科学院过程工程研究所与辽宁奥克化学股份有限公司联合开发了固载离子液体催化 CO_2 与环氧乙烷通过羰基化反应生成碳酸乙烯酯技术，碳酸乙烯酯可再与甲醇反应生成碳酸二甲酯和乙二醇两种重要产物。通过离子液体催化剂设计、反应器设计、工艺流程设计以及系统集成，形成了成套技术。此技术具有原子利用率高、环氧乙烷单程转化率高、原料适应性强、投资少、能耗低、催化剂容易循环利用等优势，经济和社会效益显著，具有广阔的应用前景。

（2）CO_2 制备聚合物反应与技术

自 1969 年发现了 CO_2 可以合成高分子以来，CO_2 直接参与或间接参与的聚合物制备得到了巨大发展。其中，CO_2 基塑料和 CO_2 基聚氨酯被认为是最有实际应用价值的两类 CO_2 基共聚物。在众多 CO_2 基聚合物中，最具代表性的是 CO_2 与环氧丙烷共聚［式（5-9）］生成的聚碳酸丙烯酯，及与环氧环己烷共聚［式（5-10）］生成的聚碳酸环己烯酯。实现共聚反应的关键是催化剂，迄今已经发展了众多高效催化体系，包括均相和多相催化体系，实现了对聚合物分子量（数均分子量 M_n 或重均分子量 M_w）、分子量分布 PDI、热力学性能和机械性能的有效调控。

$$\text{环氧丙烷} + CO_2 \xrightarrow{\text{催化剂}} \text{聚碳酸丙烯酯}_n + \text{碳酸丙烯酯} \tag{5-9}$$

$$\text{环氧环己烷} + CO_2 \xrightarrow{\text{催化剂}} \text{聚碳酸环己烯酯}_n \tag{5-10}$$

中国科学院长春应用化学研究所自 1997 年以来一直从事 CO_2 固定为高分子材料的研究，在高活性和高选择性 CO_2 共聚催化剂的设计与制备、CO_2 基塑料和 CO_2 基聚氨酯的合成及应用方面开展了一系列研究工作，并积极推动相关材料的产业化示范。继 2013 年在浙江台州成功建成万吨级 CO_2 基塑料生产线之后，目前正在建设更大规模的生产线。以 CO_2 为原料制备聚合物是实现廉价 CO_2 高附加值利用的重要途径，也有重要工业化价值，因此是学术界和工业界共同关注的热点。目前这类聚合物已经在生物降解农用地膜、快递包装等领域得到应用，显示出巨大的应用潜力。

（3）CO_2 加氢制备甲醇

CO_2 加氢合成甲醇是指在一定温度和压力下，利用 H_2 与 CO_2 作为原料气，通过催化加氢反应生产甲醇。一般采用气固相固定床催化反应器进行加氢反应，主要涉及的化学反应有：

$$CO_2 + 3H_2 \longrightarrow CH_3OH + H_2O \quad \Delta H_{298}^{\ominus} = -49.01\text{kJ} \cdot \text{mol}^{-1} \tag{5-11}$$

$$CO_2 + H_2 \longrightarrow CO + H_2O \quad \Delta H_{298}^{\ominus} = 41.17\text{kJ} \cdot \text{mol}^{-1} \tag{5-12}$$

$$CO + 2H_2 \longrightarrow CH_3OH \quad \Delta H_{298}^{\ominus} = -90.01\text{kJ} \cdot \text{mol}^{-1} \tag{5-13}$$

其中，主反应［式（5-11)］为放热反应，副反应［式（5-12)］为吸热反应。副反应［式（5-12)］产生的CO进一步加氢合成甲醇［式（5-13)］，这也是工业生产中甲醇合成的主要方法之一。

在工艺条件允许的情况下，增大反应压力有利于获得更高的甲醇产率。反应过程中，副产物 H_2O 可以从系统中脱出，而未反应的 H_2、CO_2 和 CO 可循环回反应器中进一步反应转化为甲醇。因此，CO_2 加氢合成甲醇可以最大限度地利用 CO_2 资源，尽可能地消除反应过程中废物的排放，是环境友好的绿色化学合成工艺。CO_2 加氢合成甲醇催化剂大多数是在 CO 加氢合成甲醇催化剂基础上研发而成，主要包括铜基催化剂、贵金属为主要活性组分的负载型催化剂以及其它类型的催化剂。铜基催化剂以 Cu-Zn 系催化剂为主，典型的有 $CuO\text{-}ZnO\text{-}Al_2O_3$、$CuO\text{-}ZnO\text{-}ZrO_2$ 及 $CuO\text{-}ZnO\text{-}SiO_2$ 等。贵金属均相催化体系，能够在相对温和的条件下实现 CO_2 氢化制备甲醇。但催化剂价格昂贵，反应过程需要溶剂，分离困难。CO_2 加氢合成甲醇研究可以追溯到 20 世纪 40 年代。1945 年首次报道了 Cu-Al 催化 CO_2 加氢合成甲醇。铜基催化剂的诞生，实现了低温和低压合成甲醇，是一次重大突破。20 世纪 80 年代初期，Holder Topsϕe 公司利用炼油厂废气中含有的 H_2 和 CO_2 为反应原料气，开发了一种以 Cu-Zn 为主的 CO_2 加氢合成甲醇催化剂，并建立中试装置完成甲醇合成反应。南方化学公司、德国鲁奇公司也相继在反应器设计和低压反应催化剂体系研究方面取得突破。在 260 ～ 270℃的反应温度下，利用 H_2 和 CO_2 合成甲醇，同时伴有生成 CO 和 H_2O 的副反应。多年来，各国对低压合成甲醇催化剂制备方法的研究非常活跃，并取得重要进展。

中国科学院上海高等研究院开发了具有自主知识产权的新型纳米复合氧化物铜基催化剂，解决了 CO_2 转化率低和催化剂易失活等问题，催化剂经过 4000h 稳定性实验以及工业单管验证，形成了具有自主知识产权的工业催化剂及其放大生产工艺，并于 2020 年 7 月在海洋石油富岛公司建成 5000 吨 / 年 CO_2 加氢制甲醇工业试验装置。中科院大连化物所开发了高效、低成本、长寿命、规模化电催化分解水制氢技术和廉价、高选择性、高稳定性 CO_2 加氢制甲醇催化技术，在兰州建立了我国首个规模化液态太阳燃料合成示范工程。

CO_2 加氢还原直接合成甲醇通常需要很高的温度条件，而借助于 CO_2 与胺、醇、环氧化物等反应生成中间化合物（如甲酸甲酯、碳酸二甲酯、氨基甲酸甲酯、脲、甲酰胺等），再经由加氢反应，则可实现温和条件下 CO_2 间接加氢合成甲醇。如 CO_2 与环氧乙烷反应生成碳酸乙烯酯，而碳酸乙烯酯加氢，在得到乙二醇的同时副产甲醇。

Ru-PNP 可高效催化碳酸乙烯酯加氢反应（图 5-34），生成甲醇的 TON 和 TOF 分别可达 87000 和 $1200h^{-1}$，使这一间接合成甲醇的方法有可能发展成为技术 [352]。

图 5-34
以 CO_2 为原料合成甲醇：有机金属催化的乙二醇的氢化 [352]

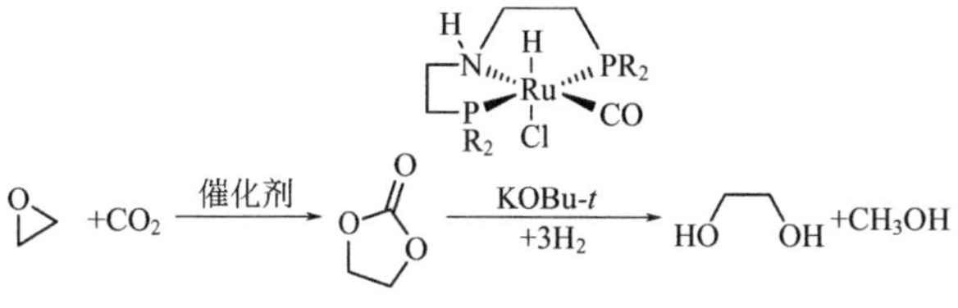

（4）CO_2 加氢制备长链烃 [353, 354]

CO_2 加氢制烃的主要反应路径是，CO_2 经逆水煤气反应先转化为 CO，然后 CO 和 H_2 通过 FT 合成实现碳链增长，获得不同的烃类物质。在低碳烃中，人们更关心 $C_2 \sim C_4$ 烯烃的选择性。在接近工业生产的反应条件下，ZnZrO 固溶体氧化物与 SAPO 分子筛组成的串联催化剂（ZnZrO/SAPO）能够直接将 CO_2 高选择性地转化为低碳烯烃，选择性达到 80% ～ 90%，并且具有较好的稳定性和抗硫中毒性能 [355]。串联催化剂之间的协同机制以及关键中间物种 CH_xO 的表面迁移，实现了 CO_2 加氢直接到低碳烯烃反应在热力学和动力学上的耦合。ZnZrO 与分子筛 ZSM-5 组成的串联催化剂体系可将 CO_2 加氢高选择性地转化为芳烃，CO_2 单程转化率为 14% 时，烃类中芳烃的选择性达到 73% ～ 78% [356]。CO_2 加氢到芳烃的关键是串联催化剂的有效协同，反应中生成的 H_2O 对烯烃的芳构化有明显的促进作用。反应体系中 H_2O 及 CO_2 的存在，提供了弱氧化氛围，抑制了催化剂上多环芳烃的生成，延长了催化剂的寿命，该催化剂在 100h 的反应过程中没有明显失活。

长链烷烃是重要的燃油成分，由 CO_2 加氢制取长链烷烃具有重要意义。铁系催化剂是最有效实现 CO_2 加氢制燃油的催化剂。例如，Na-Fe_3O_4/HZSM-5 催化剂在 320℃催化 CO_2 选择性加氢，产物以 $C_5 \sim C_{11}$ 烃为主，是汽油的主要成分 [357]。优化条件下，CO 在总产物中占比为 20.1%，烃类占比为 79.9%。在烃类产物中 $C_5 \sim C_{11}$ 产物占 78%，并以芳烃类为主。$CuFeO_2$ 催化剂在 CO_2 加氢过程中会被原位碳化为重烃合成的活性相（Fe_5C_2），在反应产物中 CO 含量在 30% 以上，其中液体烃在烃类中的选择性可以达到 65%，并且主要为烯烃 [358]。Co_6/MnO_x 纳米催化剂在 200℃下可以高效催化 CO_2 加氢制备长链烃，产物中 C_{5+} 液体燃料的选择性高达 53.2%，反应过程中几乎没有 CO 生成 [359]。Co-Fe 双金属催化剂中的 Fe 含量会影响 CO_2 加氢制备长链烃产物的选择性，含量增加时 $C_2 \sim C_4$ 组分的选择性会相应增加；Fe 含量高于 50% 后，产物中醇的选择性会先增加后降低 [360]。

（5）CO_2 制备 *N*，*N*- 二甲基甲酰胺

N,*N*- 二甲基甲酰胺（DMF）是重要的有机溶剂和化学试剂。由二甲胺与 CO_2/H_2 反应合成 DMF，是一条合成 DMF 的绿色途径。针对这一反应路线，发展了多种催化剂，主要集中在过渡金属配合物的均相催化剂。

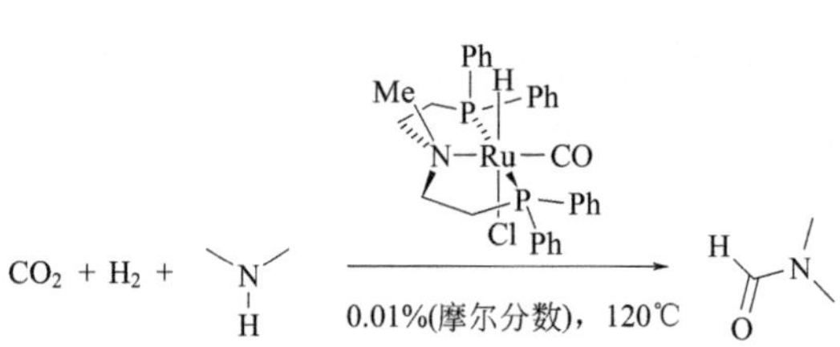

$CO_2 + H_2 +$ HN(CH₃)₂ → 0.01%(摩尔分数)，120℃ → HCON(CH₃)₂

图 5-35
Ru pincer 催化剂及其催化 DMF 合成反应方程式 [361]

中国科学院上海有机化学研究所发展了高效、高选择性催化体系 Ru pincer 络合物，可在相对温和条件下［Ru 催化剂 0.01%（摩尔分数），CO_2 压力与 H_2 压力都为 3.5MPa，以四氢呋喃为溶剂，120℃］实现 DMF 的合成（图 5-35），单次反应的 TON 值最高可达 1940000，并且催化剂可回收使用 [361]。在此基础上建立了 CO_2 合成 DMF 千吨级中试技术，实现了连续化稳定运行。该技术具有催化剂消耗低（吨 DMF 产品不高于 0.62g），反应条件温和（反应压力 2～4MPa，温度为 100～130℃），原料二甲胺单程转化率高（约为 60%），产品质量高（DMF 选择性不低于 99.97%，含量不低于 99.5%）等特点。

5.3.4 未来发展方向与展望

由于化石碳资源的过度消耗，导致 CO_2 等温室气体的大量排放，引起的全球气候变化已经成为全人类面对的重大挑战之一。科学界和各国政府为应对气候变化提出了到本世纪中叶实现碳中和的举措。根据政府间气候变化专门委员会（IPCC）的定义，碳中和，亦称净零 CO_2 排放，是指在特定时期内全球人为 CO_2 排放量与 CO_2 消除量相等。碳中和举措引起了全世界的广泛响应，各国政府纷纷提出了实现碳中和的时间表，我国政府宣布在 2060 年前实现碳中和的宏伟目标。目前，我国化学工业普遍存在能耗高、CO_2 排放量大、效率低、环境污染和资源浪费严重等问题，无法满足可持续发展的要求。高效清洁利用有限的化石资源、充分利用可再生的生物质资源、高效转化利用 CO_2 是实现碳中和与可持续发展的重要途径。

为实现碳中和目标，生物质资源的利用将越来越重要。将纤维素等天然高分子用于制备功能材料以替代合成高分子材料，将是一个重要的研究方向。由于材料结构的差别，获得特定的功能需要创新突破。在已有的化工技术基础上发展由木质纤维素及其平台分子转化制备化学品和能源产品的新方法和新技术，将逐渐替代基于化石资源的技术路线。无论是将生物质资源转化为功能材料还是能源产品和化学品，都存在着诸多挑战。目前开发的大多数方法在技术上是可行的，但能耗高、效率低，经济上不可行，不符合绿色碳科学的基本思想。因此，亟需进行相关基础研究和技术研发，以实现其清洁高效转化。从长远考虑，不应一味追求已有化石资源产品的制备，应充分考虑生物质分子的结构特点，通过新技术开发，建立生物质资源自身产品体系，以达到生物质资源高效利用的目的。

将 CO_2 化学转化为能源产品和化学品是合理利用碳资源、实现碳循环的重要途径，符合碳中和的目标与可持续发展的要求，解决相关科学和技术问题是绿色碳科学的重要内容。针对 CO_2 转化存在的热力学和动力学的难题，建议从以下方面入手解决：①建立多组分偶联反应，促进 CO_2 参与反应的热力学平衡，这需要将热力学与催化研究相结合探索新的反应路线；②利用可再生能源驱动 CO_2 转化是实现减排的重要途径，应大力发展光、电催化材料，利用光能和电能实现 CO_2 与水或有机分子的反应，发展 CO_2 光 / 电转化新方法；③深入机理研究，揭示 CO_2 活化转化的本质。值得注意的是，由于 CO_2 转化过程中排放 CO_2，如果转化效率低、能耗高，转化利用 CO_2 并不一定能够减少 CO_2 的净排放。

综上所述，绿色碳科学为碳资源的清洁高效利用与循环提供了指导原则，对于实现碳中和十分重要，将推动相关学科和领域的发展。

5.4 化工污染多介质系统控制与资源循环利用

化工是国民经济的支柱产业，为满足人们衣食住行做出了重要贡献，但石油化工、煤化工、精细化工、制药、造纸等行业产生了大量的废弃物，对大气、水、土壤造成了严重污染，成为限制化工产业可持续发展的重要因素。我国在化工污染治理方面投入了大量的人力、物力和财力，在物理、化学、化工、生物治理技术方面取得了长足进步，但对于气态、液态、固态多介质复合污染控制仍面临很多困难。此外，我国是一个资源短缺的国家，而大部分气态、液态、固态化工废弃物含有很多可利用的元素和物质，因此将气态、液态、固态化工废弃物进行资源化和循环利用，不仅可降低化工污染治理总成本，也是社会可持续发展和碳中和的必然要求。

化工污染多介质系统控制与资源循环利用涉及的代表性领域包括化工污染导致的土壤修复以及有机残渣资源化，造纸残液中纤维素和半纤维素的处理与资源化，电子垃圾处理以及高值金属回收，电石渣、塑料等大宗工业固废制备复合材料。这些领域近年来取得了一批重要技术成果，但仍有一些共性难点问题需要进一步突破。

研究化工污染多介质系统控制需要研究多组分、多相态、多介质场景下的污染处置，需要揭示污染物降解的分子机制以及挥发、吸附和扩散多介质污染物传质过程，相关技术须本身绿色环保不产生二次污染；开发的相关装备须高度智能化，能够利用相关行业的大数据，根据行业污染状况动态调控工艺参数，将废弃物开发成高值化产品，提升经济性；同时开展基于全生命周期的碳排放定量计算，给出化工污染多介质系统控制与资源循环利用过程的 CO_2 排放当量。

5.4.1 发展现状与挑战

近年来，我国在化工环境保护方面投入巨大，采取了诸多措施，对化工污染物的总排放量进行了严格控制，有效地降低了污染物进入大气、水体和土壤的排放量。客观地讲，对于单一介质中的污染处理，如果仅从达标排放的角度考虑，技术手段较为成熟，但污染物多介质系统控制已成为化工污染处理的热点和难点。以有机污染土壤的修复为例，处理土壤有机污染的方法主要有两种：一种方法是利用脱除介质将土壤中的有机物污染物转移到气相或液相介质中，然后对脱除介质进行二次处理；另一种方法是将土壤中有机污染物直接降解转化，例如生物修复技术。由于土壤介质成分复杂、传质效率低，多种技术手段联用以实现低成本、高效、原位修复有机污染土壤成为研究热点。有机废物综合利用技术是改变废物的物理化学性质，以便于综合再利用，从而达到无害化。末端处理技术主要包括安全焚烧技术、水泥窑协同处置技术、安全

填埋技术等。传统焚烧处置方法对入炉标准要求较高，存在二噁英排放等环境风险，同时排放大量 CO_2 温室气体。围绕着“绿色化、资源化、高值化”等目标高效利用有机废物，处理过程中实现减碳，是今后处理技术的发展趋势。

我国每年尾矿、冶金渣、煤基固废、副产石膏等一般工业固废年产生量 30 亿吨以上，以含油污泥、废催化剂、废盐等为典型代表的工业危险废物年产生量超过 4 千万吨，造成严重的水 - 土 - 气复合污染。在当前资源和环境约束趋紧的形势下，固废的资源循环利用对于培育新的经济增长点和缓解资源环境压力意义重大。当前，全国一般工业固废综合利用率约为 60%，工业危险废物综合利用处置率约为 80%，初步形成了固废资源化利用技术体系，但基础理论水平薄弱，多介质复合条件下资源回收和污染防控的工艺装备水平不高，智能化程度较低，在工业固废减量化、资源化、无害化系统性研究与集成示范方面尚处于起步阶段。面对资源短缺和环境污染的双重压力，化工废弃物的循环利用是社会可持续发展的必然要求。

信息技术的高速发展和电子产品更新速度的加快，导致巨量电子垃圾的产生，全球每年有 4000 万～ 5000 万吨电子垃圾产生，回收率却不足 20%。电子垃圾种类多样、成分复杂，不仅含有大量的铜、钴、贵金属等有价元素，也富含铅、铬、锌等重金属以及多溴联苯醚（PBDEs）等污染物，具有显著的资源与环境双重属性。现有研究主要关注基于选矿、冶金原理等的高价值资源循环利用，对处理过程产生的废水、废气等二次污染缺乏有效的解决方法。因此，从绿色化学、清洁生产以及污染协同控制等角度强化多学科交叉创新，实现电子垃圾高效利用，是行业发展的趋势。

我国每年产生废塑料 4000 万吨，而且种类繁多。化工产品包括设计、制造、使用、报废等过程，必须对产品进行全生命周期评估，通过对能源消耗、原材料环境效应及废物排放的定性及量化来评估产品，构建各种产品的数据库并进行有效数据筛选，需要基于热力学和环境影响评价的能量评价。在“碳达峰”和“碳中和”的背景下，需要在全生命周期内对废弃物资源化工艺或单元的碳排放进行定量计算，并指导数据库构建和优化资源化工艺。

本领域存在的主要问题与挑战主要包括以下方面。

（1）污染多介质处理和资源化过程中多技术协同和综合利用

在污染多介质控制方面，复杂介质中污染物迁移转化规律、修复技术的效率与选择性的平衡、全面分析修复后介质的风险监测与控制有待深入研究。对于有机危废从简单无害化处置向深度全方位资源化利用转变，实现固体废物的近零排放（尤其是高含盐废液），从“有机固废到绿色氢能源”的高值化利用，达到减少污染的同时实现降碳。

（2）废弃生物质资源的定向高值循环利用

目前废弃生物质的利用主要以控制污染为目标，通常用作燃料，并未充分利用其经济价值。因此，需要针对废弃生物质资源的组成与结构特点，通过分子和材料设计充分发挥其天然功能，开发高性能的精细化学品和功能材料，实现定向高值循环利用。

（3）电子垃圾中多种元素的有效分离回收

电子垃圾中含有镍钴锰铜、稀土及贵金属等多种元素，实现特定组分的分离和回收十分困难。目前火法冶金及湿法冶金存在能耗高、环境污染大的问题，而且技术流程过长，化学试剂消耗量大。如何实现温和条件下分离回收极具挑战性，提升微生物冶金和电化学冶金技术的工业适应性，仍有很多研究需要开展。

（4）化工过程固废的分质利用与协同处置

化工行业固废量大面广，综合利用以低附加值消纳为主，如何在利用过程中通过多介质复合强化实现固废复杂多组分高效分离，突破分质利用与协同处置难题并形成成套技术及装备，是行业亟需解决的问题。

（5）不可再生资源回收的定量评价新体系

不可再生资源的回收涉及多种技术路线、不同程度污染物排放等，需要针对性地开发全面定量评价数据库，建立以工艺全生命周期环境影响、能耗、经济性为一体的综合评价指标，依据定量评价结果寻求污染物控制、能量及经济效益优化的方案。

5.4.2 关键科学问题

化工污染多介质系统控制需要对目前的污染控制技术从原理、工艺到装备上重新认识，主要有以下亟需解决的关键科学问题。

① 关键科学问题 1：多介质污染体系的传质行为和过程耦合。

多介质污染情况复杂，如土壤中有机污染物在不同介质中分配系数不同。如何在土壤多介质体系中提高有机污染物在不同介质之间的传质效率，是提高修复有机污染土壤效果的关键。利用高温气化及熔融工艺，如何通过有机危废的合理化配伍和气化条件控制，实现多介质有机废物中多种元素的高效资源化和高值化利用，以及整体工艺的无害化绿色生产。

② 关键科学问题 2：化工废弃物资源化的多尺度过程协同。

化工废弃物的化学组成和多尺度特性是决定其回收方法和循环利用工艺的关键。针对其特点如何创新经济高效回收工艺和装备、发展绿色的原位利用新方法、拓展物尽其用的新应用领域，是有效实现化工废弃物循环利用的必由之路。

③ 关键科学问题 3：电子废弃物处置的界面行为与调控。

对于电子废弃物进行复杂结构精细化分选，金属 - 有机 - 无机复合界面形态的精准调控与目标元素短流程定向回收，以及电子产品全产业链的绿色制造，是电子废弃物处置与资源化需解决的关键。

④ 关键科学问题 4：固废处置的多介质协同机制与新工艺。

实现典型固废协同控制与分质转化，需要探明典型固废物理 / 化学 / 生化特性及其环境效应，探索适应我国固废特性的高效循环利用和多介质污染协同控制理论体系，研究人工地球化学环境下二次资源循环利用的热力学基础与动力学机制，初步建立典型固废有机 / 无机组分分质高效利用的新理论、新方法。

⑤ 关键科学问题 5：全生命周期评价及碳减排理论指导下的不可再生资源回收集成新工艺。

通过构建高效模型算法提升数据的有效性，建立适用于化工、医药等领域产品种类多、工艺路线长的特点的数据库，并基于生命周期对碳排放贡献最大的环境热点单

元进行有效辨识，形成低碳的不可再生资源回收集成新工艺，是亟需解决的关键科学问题。

5.4.3 主要研究进展及成果

近年来，我国在化工污染多介质系统控制方面取得了长足进步，对于复杂的多介质污染系统，初步实现了技术手段的绿色化，相关技术和装备智能化水平大大提升，取得很多创新性研究进展和成果，支撑了可持续发展的科技需求。

5.4.3.1 污染多介质控制及资源化利用

（1）强化脱附 - 微生物耦合原位修复污染场地

微生物修复因其环境友好性、无需二次处理、工艺简单、成本低等特点，成为一种有发展前途的土壤修复技术。生物法无需额外能量输入和强氧化剂等化学药剂添加，有助于实现全过程的碳中和。但是，现有的原位生物修复技术效率依然较低，主要限制因素有：①有机物具有较低的水溶性和较高有机相分配因子 [362, 363]，在土壤颗粒表面吸附较多，可生物利用性较差；②土壤介质中传质速率较慢，微生物生长所需的无机盐、电子供体和电子受体在多介质中分布不均匀 [364]，微生物活性受限。提高有机物比如石油烃等在多介质体系中的传质效率，成为土壤修复的关键问题。

电 - 微生物耦合技术为土壤修复提供了新思路 [365]。在电场作用下，土壤中的孔隙水、离子、带电胶体等导电物质可以在土壤介质中定向迁移，提高了土壤介质中的传质速率，加强了营养物质、污染物和微生物之间的接触，从而提高了对有机污染物的降解效率。高频周期性切换电极极性或者使用交流电场能够有效改善土壤这种多介质体系中的传质效率，而且避免直流电场造成的土质分化情况。利用电 - 微生物耦合技术修复石油污染土壤，通过周期性切换电极极性，同时促进了微生物的生长和污染物的降解 [366]。在交流电场下，土壤多介质体系中的各种物质的电动过程呈现往复运动，强化了传质过程，有利于加速有机污染物的降解。有研究人员利用交流电场强化土壤介质中有机物、间隙水、离子、微生物等具有不同荷电性质物质的往复运动，提高了石油烃的可生物利用率，如图 5-36 所示。

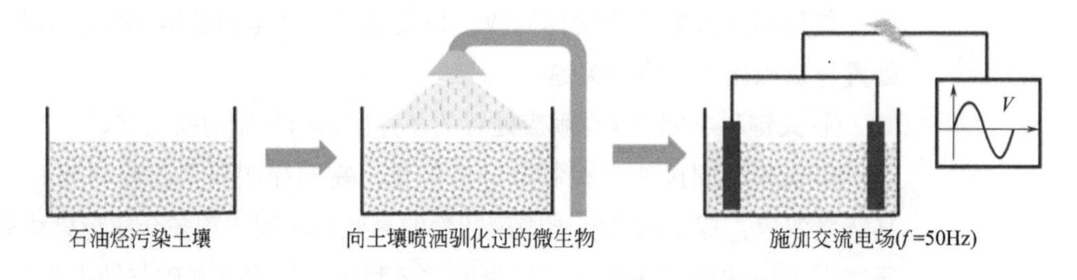

图 5-36

交流电场强化微生物原位修复石油烃污染土壤体系示意图

研究结果表明，在利用微生物原位修复石油烃污染土壤过程中耦合 50V/m 交流电压（f = 50Hz），21 天后，石油烃污染物的降解效率（31.6%）远高于仅使用微生物修复技术（13.7%）或者仅使用交流电场（5.5%）时的降解效率，如图 5-37 所示。由此可见，交

流电 - 微生物耦合技术可以维持土壤性质，并有效提高土壤中石油烃污染物的降解效率。该技术仅需弱电能介入，在此电场强度下该技术相比于其它物理化学方法（如热脱附）能耗非常低，从场地修复的全生命周期角度来看，可有效减少碳排放。将多介质体系中传质强化手段与土壤修复相结合可以实现工业场地、农田土壤修复的高效化和绿色化。

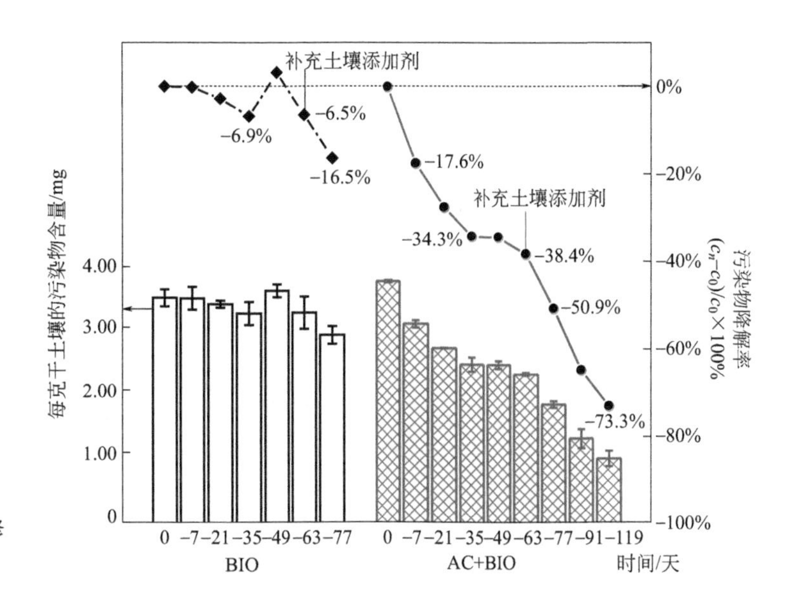

图 5-37
交流电场强化微生物原位修复石油烃污染土壤效果

（2）高浓度有机废液残渣资源化利用

高浓度有机废液残渣主要来自石油化工、轻工业、医药化工、精细化工等工业企业，通常具有高色度、高有机污染物、高含盐、高毒性的特点，采用常规的物理、化学和生物处理法一般难以有效处理，因而严重制约着行业可持续发展[367]。通过采用絮凝沉淀、芬顿氧化等预处理技术，可去除废液中部分有机污染物或提高可生化性[368-371]，但由于有机物浓度高、毒性大等原因容易对废水处理系统造成不利影响。目前通常采用直接蒸发等手段将有机危废形成固体残渣后直接安全填埋或高温焚烧。传统的焚烧法只利用了有机固废中的热值，同时产生大量的 CO_2 等温室气体，并且对入炉标准要求较高（如含氯、含水等），存在二噁英排放等二次污染。因此探索有机固废的资源化充分利用和安全处置，实现废物综合利用产业规模化、高值化、集约化发展，是减少碳排放、推动高质量发展、提升生态文明的重要保障。

高浓度有机废液残渣含有大量的碳、氢元素，通过高温气化及熔融技术将碳氢氧等元素进行重整，促使工业有机危废从简单无害化处置向深度全方位资源化利用转变。碳可转化为新能源锂钴新材料的原料，氢可转化为燃料电池的原料，从而实现固体废物的近零排放，同时实现从“有机固废到绿色氢能源”的高值化利用，如图 5-38 所示。该技术利用有机固废中的生物质能源，减污降碳，实现“绿氢”的低成本、低耗能、低排放的制备，具有极好的经济效益、社会效益和环境效益。

高温气化及熔融高值化利用工艺，是利用高浓有机废液残渣将其制作为浆料进入气化炉进行部分氧化处理，气化炉气化室的温度控制在 1350 ～ 1450℃，压力控制在 1 ～ 10MPa。有机物气化裂解为气体，浆料中的无机物形成熔融态流入激冷室进行激冷，熔融态无机物形成水淬渣，由排渣口排出。有机物气化裂解后的气体进行资源化利用。无机物熔融态形成炉渣，炉渣可以再次利用作为建材。激冷废水为主要副产物，需要进行无害化处理。基于设备的智能控制，整个系统可以实现对元素的动态调控，实现最大程度的资源化。

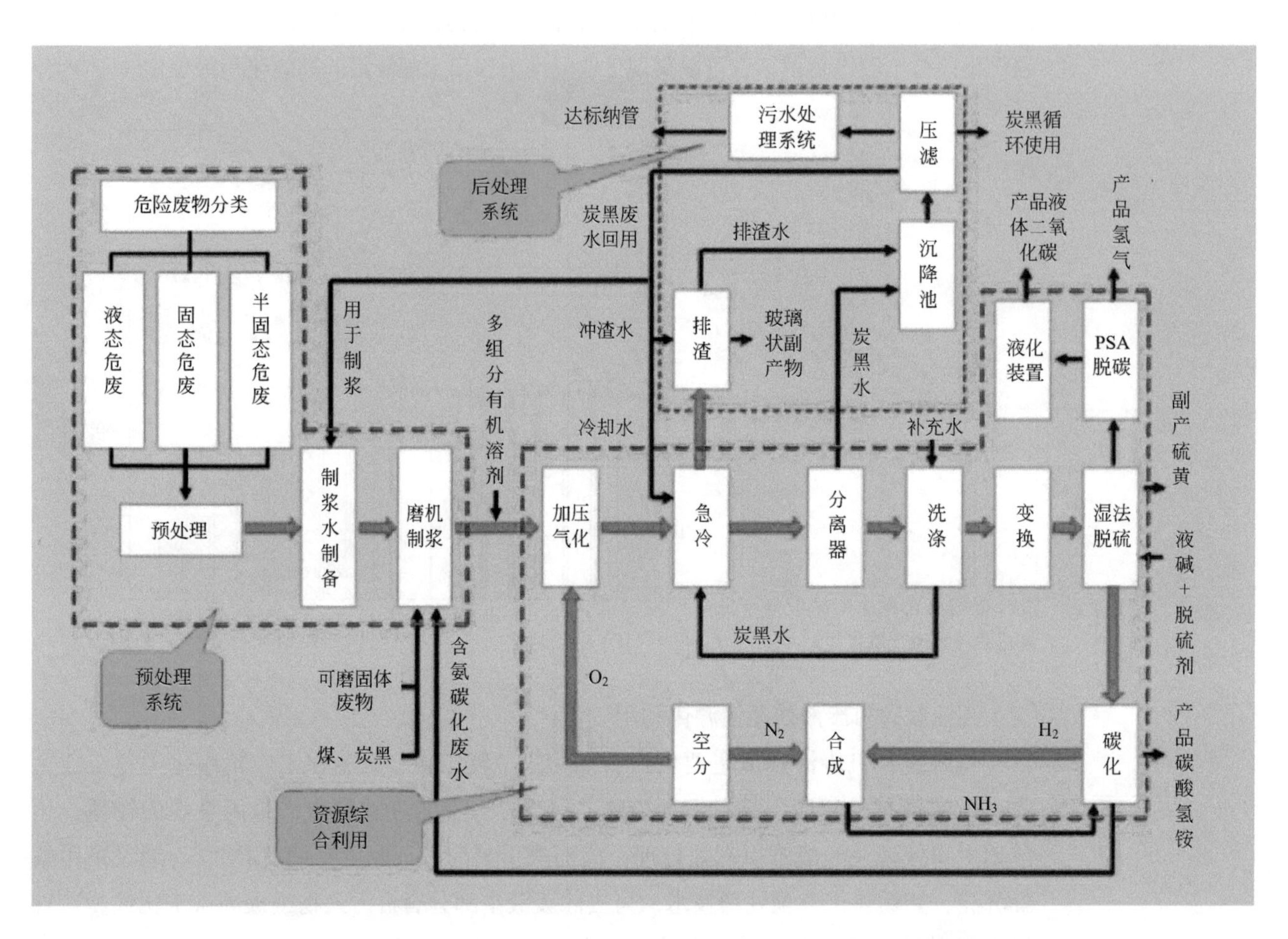

图 5-38

有机废物气化及熔融高值化利用工艺路线

有机废物经过制浆处理后，加压气化，生成合成气，合成气经过洗涤冷却进入耐硫变换通过甲醇洗进行硫单质的回收，硫回收后进行液氮洗，处理完成后气体进入合成压缩机，及逆行氨合成，最后进行冷冻生产液氨，资源化流程如图 5-39 所示。液氨作为原材料生产碳酸氢铵。有机危废经过气化炉气化后，有机危废转化为气、液、固三态，有机危废气化后生成 CO、H_2 等气体。废水进行无害化处理去除水体中的有机物与重金属元素。

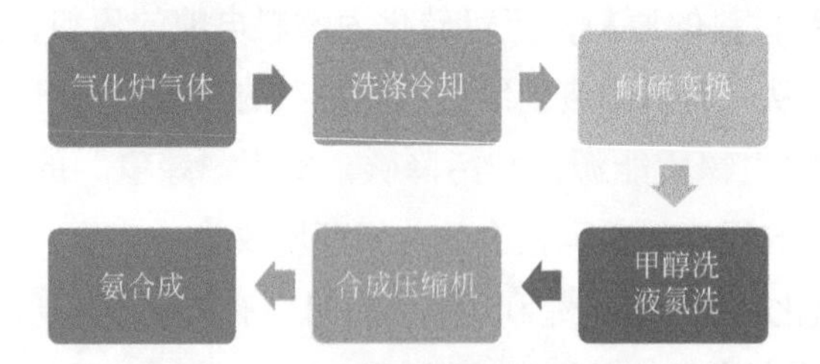

图 5-39

有机废物资源化流程图

5.4.3.2 含木质素废弃物的循环利用过程

木材、竹子、秸秆等木质纤维素主要由纤维素（35% ～ 60%）、半纤维素（25% ～ 30%）

和木质素（15%～30%）组成，每年地球上通过光合作用产生的木质纤维素达1500亿吨。我国年产值超过1万亿元的制浆造纸工业主要利用其中的纤维素和半纤维素，木质素往往被分离出来成为废弃物。制浆造纸废液曾经是我国重要的污染源，其治理问题主要是工业木质素的回收循环利用问题。

我国制浆造纸工艺以碱法为主，碱法制浆废液被称为造纸黑液，每年产生超过1000万吨造纸黑液。黑液的主要成分是碱木质素，目前主要的处理方式是碱回收，就是把黑液浓缩后烧掉，产生的热量可以用于发电或者其它工艺过程，残渣重新苛化后得到碱再用于蒸煮。但碱回收设备投资大，碱木质素被烧掉是低值利用，且我国的制浆原料有相当部分是农作物秸秆，硅含量较高，在燃烧时结垢严重，不能用碱回收来处理这些黑液。近20年来，国内外在工业木质素资源化高效利用领域取得了一些有影响力的重要进展，如图5-40所示。

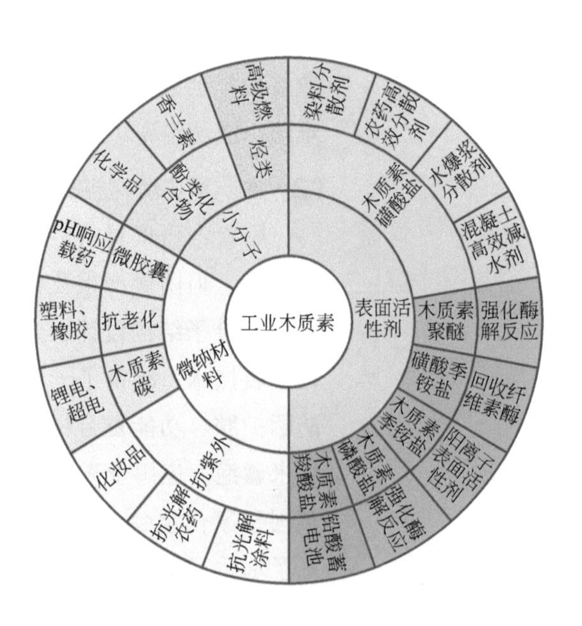

图5-40
工业木质素资源化利用主要领域

(1) 碱木质素的改性及造纸黑液高效分散剂的研制与应用

针对碱木质素改性和黑液资源化高效利用中存在的科学问题和关键技术瓶颈进行了深入研究。首先，阐明了木质素在水溶液中高度聚集是其反应活性低和应用性能差的重要原因，建立了其聚集态微结构模型；开发了木质素及其聚合物的微结构调控新技术，并开发了氧化预处理提高木质素反应活性和反应效率的新技术。同时，研究发现木质素的磺化和缩聚反应主要发生在苯丙烷酚羟基邻位，两者相互竞争，传统改性方法难以同时提高分子量和磺化度。因此，开发了接枝磺化[372]和烷基桥联[373]新技术，在木质素苯丙烷结构上接入具有多个反应位点的支链，然后在支链上磺化和缩合，制备了高分子量高磺化度的木质素两亲聚合物；根据其在不同亲疏水性颗粒上的吸附特性，建立了木质素基高效分散剂的分子设计方法，如图5-41所示，研发了木质素基混凝土高效减水剂、水煤浆分散剂、农药分散剂、染料分散剂等工业表面活性剂的制备新技术；研究了黑液中碱、无机盐及糖分等组分对碱木质素改性反应和应用性能的影响规律，解决了黑液中高碱及高盐度对反应及产物应用性能影响的难题，发明并优化了“黑液全组分利用”工艺，在国内外首次直接以造纸黑液为原料，成功制备了木质素高效分散剂系列产品，并在混凝土、水煤浆、农药、染料等领域得到推广应用，其性价比大大超过国内外同类产品，实现了造纸黑液全组分利用。

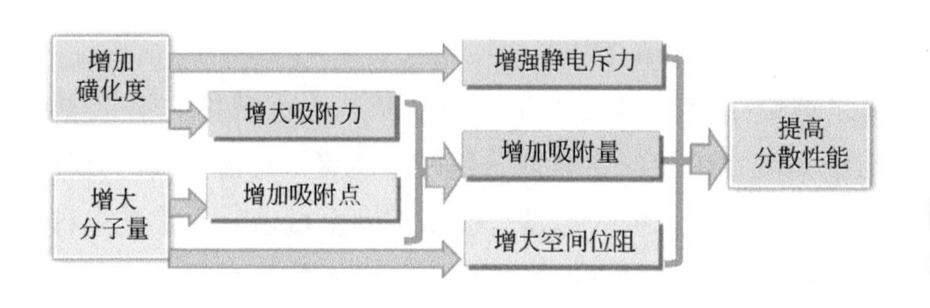

图 5-41 木质素高效分散剂分子设计思路

该技术成果的核心专利“一种高磺化度高分子量木质素基高效减水剂及其制备方法”获得中国专利和美国专利的授权。围绕该核心专利共获得 30 件中国发明专利，形成了较完善的自主知识产权体系。目前共开发了 4 个系列 10 多个高附加值产品，并在深圳诺普信、吉林华威友邦、广东瑞安等高新技术企业推广应用，产生了良好的经济效益和社会效益。该项研究成果解决了以黑液为原料制备高效分散剂的多项关键技术难题，成功实现了造纸工业黑液的资源化高效利用，为造纸行业的绿色发展保驾护航。

（2）木质素功能材料的研究与开发

尽管木质素具有特殊三维网络和芳香性等结构特征以及优异的紫外吸收和抗老化等功能，但团聚严重及相容性差等难题严重制约其作为功能材料的应用。通过对木质素两亲分子结构设计、分子间作用力及界面调控，开发了木质素从无序到有序的分子自组装技术，制备了一系列结构有序的木质素空 / 实心微纳米颗粒 [374]，并应用在高端防晒护肤、功能复合材料以及绿色农药制剂等领域。采用超声自组装技术制备木质素纳米囊泡，应用于天然防晒霜，具有广谱长效防晒功能 [375]。相关成果作为亮点新闻被英国皇家化学会 *Chemistry World* 和美国 *Scientific American* 等 30 家国际机构报道，开拓了木质素在防晒护肤领域的应用。

采用原位静电自组装技术制备了微观形貌和表面亲疏水可控的木质素 / 无机复合颗粒，解决了木质素与无机颗粒结合力弱的难题，具有优异的抗紫外老化和增强功能，应用于水性聚氨酯涂料，抗紫外老化性能提高 2 ～ 5 倍 [376]；通过木质素 / 高分子复合材料共混原位界面改性技术，在木质素与聚乙烯醇塑料相界面间构建受限动态氢键作用，制备高强高韧复合材料，韧性为 173J/g，达到了天然蜘蛛丝的水平，是目前报道中韧性最高的聚乙烯醇可降解复合材料 [377]；发明了木质素亲疏水自组装调控技术，结合相转移和乳液界面交联制备木质素纳 / 微胶囊，应用于包封阿维菌素、辛硫磷等易光解农药，紫外光照 100h 后活性保留率提高 8 倍 [378]，实现了减量增效，促进了农药的绿色化发展。

（3）木质素的改性与纤维素乙醇的过程强化

针对纤维素乙醇等生物炼制过程中纤维素酶解效率低的瓶颈问题，发现木质素对酶的无效吸附是导致酶解效率低的主要原因，揭示了木质纤维素底物中木质素结构对纤维素酶解效率的影响机制 [379]。针对我国特色的玉米芯残渣发明了碱性亚硫酸盐预处理技术，结合酶解条件的调控实现酶解反应的强化。为了指导工业化放大，定义了木

质素综合因子 *OF*，包含了木质素含量和磺化度等。拟合了木质素综合因子 *OF* 与预处理条件的关系式，也建立了 *OF* 与底物酶解效率之间的预测模型[380]，预测误差小于 4%。

由于亚硫酸盐预处理液中还含有近 20% 的糖分，因此必须采用酶解和发酵，但同时还含有大量的木质素磺酸盐，如图 5-42 所示。一般情况下，木质素磺酸盐能促进木质纤维素或者纯纤维素的酶解。只有高分子量、低磺化度的木质素磺酸盐在较低 pH 值条件下（pH＜4.5），以及低分子量、高磺化度的木质素磺酸盐在较高 pH 值条件下（pH＞6.0）时，木质素磺酸盐会抑制纤维素的酶解[381]。

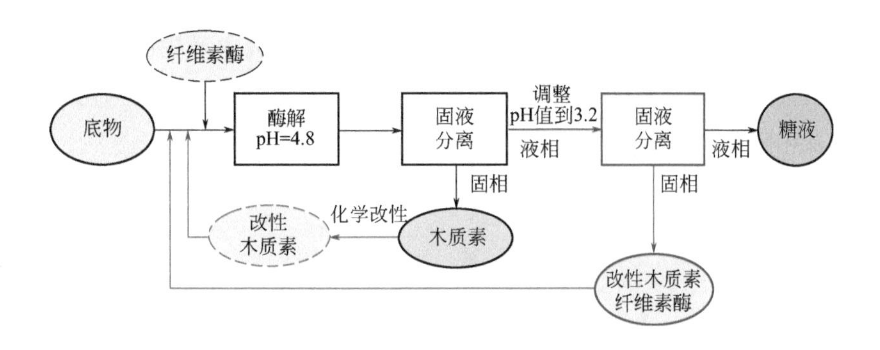

图 5-42

木质素两性表面活性剂 pH 值响应回收纤维素酶流程图

以酶解木质素为原料接枝阴离子和阳离子基团，合成了具有灵敏 pH 值响应的木质素高分子表面活性剂[382]。在木质纤维素酶解的 pH 值（4.5 ～ 6.0）下溶解，通过减少木质素对纤维素酶的无效吸附促进酶解；在较低的 pH 值（小于 3.5）下与溶液中的纤维素酶通过静电作用而沉淀，可用于回收纤维素酶。在微晶纤维素的酶解中，利用等电点为 2.2 的木质素磺酸季铵盐两性表面活性剂可以回收 70% 的纤维素酶；对于稀酸预处理的玉米秸秆，可以回收酶解液中 50% 的纤维素酶[383]。在强化木质纤维素酶解过程的同时，实现了木质素残渣的高效利用。

5.4.3.3 电子垃圾处置

电子垃圾具有资源与环境的双重属性，富含镍钴锰铜等关键资源及重金属、难降解有机物等污染物。随着电子信息、新能源汽车、储能等行业的快速发展，电子废弃物产生量快速增长，我国每年电子废弃物产生量超过 500 万吨，其处理处置及资源化利用已经成为我国资源环境领域面临的重大问题。

为了最大限度实现电子废弃物中有价组分回收利用并降低其环境危害，通常将收集所得电子垃圾先经自动化或手动拆解以获得外壳、线缆、电路板等组件，再采用机械、机械化学、热处理等物理方法进行预处理，利用各组分在密度、粒度、电磁性、溶解性等方面的差异，实现特定组分的预分离并缩小电子垃圾体积。经预处理后所得组分经火法、湿法、生物法或电化学法实现有价组分浸出，再经化学沉淀、有机萃取、离子交换或吸附实现浸出液纯化，最终获得合格产品[384-386]。

火法冶金技术包括拆解、熔炼、烧结、熔化、高温气相反应等步骤[385, 386]。在这一过程中，含有金属的碎料在高温炉中经过处理实现杂质与有价金属的分离。传统方法多采用无氧热解的方法处理电子垃圾，虽然也取得了一定进展，但存在能耗高、分离效率低、污染大等问题。近年来，火法冶金在回收技术和污染物处理方面的应用得到广泛关注。在一些发达国家的工厂里已经实现了对电子垃圾的资源化与无害化处置，如比利时的 Umicore 公司和加拿大魁北克省诺兰达公司等[384]。Umicore 处理工艺如图 5-43 所示，电子垃圾物料首先进行熔炼，电子垃圾自身含有的塑料等有机物代替焦炭作为还原剂，并通过自身的燃烧或热解产生能量补充。贵金属等有价元素富集进入金属相，铝铁等低值元素进入渣相，而后金属相需经过精炼实现分离与提纯。在熔炼过程中，对物料组成有较为严格的要求，以保证运行的稳定和炉体的寿命。虽然电子垃圾中的有机物可以作为燃料补充过程能耗，但其中产生的含氟、磷、氯、二噁英等废气需要处理。火法处理后得到的金属相，仍然需要湿法或电化学法处理，以进一步制备相应的材料。

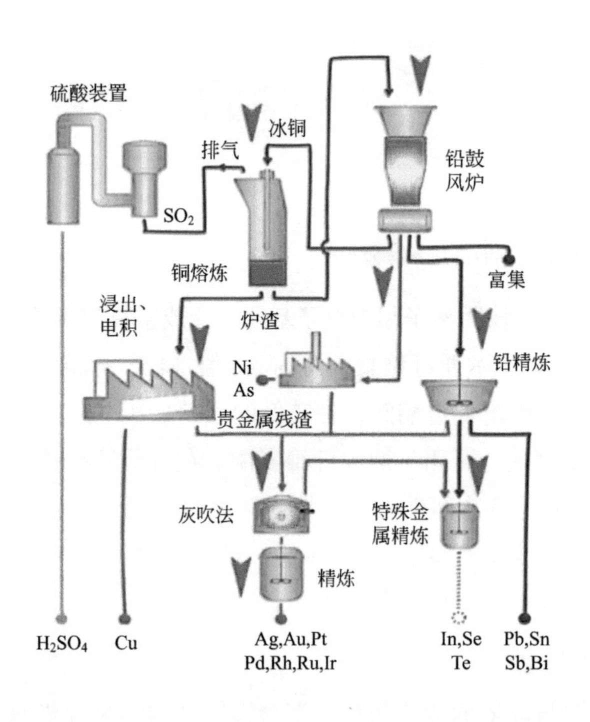

图 5-43
Umicore 公司的电子废弃物回收流程[384]

基于湿法冶金原理的电子垃圾回收技术，是指利用酸、碱、离子液体或其它化学试剂对样品中的金属进行浸出，主要是针对经过破碎、分选等预处理工序后的粉末或小颗粒状的物料。相比火法冶金技术，湿法冶金技术对于金属回收或预处理针对性更强，更容易控制反应进程[386]。在典型的湿法工艺中，电子垃圾中有价金属在酸性或碱性溶液中通过氧化还原或酸碱中和反应直接浸出至溶液中，再经系列分离纯化操作，最终得到合格的单盐或混盐产品。对于多组分复杂体系，湿法浸出过程通常不具有良好的选择性，多种金属组分同步被浸出，往往需要交替进行化学沉淀、萃取、离子交换等分离除杂操作才能生产出合格的产品，因此技术流程过长，化学试剂消耗量大，且容易引发“二次污染”[387]。为提升资源利用的选择性，研究人员进行了大量工作，包括耦合溶液化学理论、设计矿物选择性强化浸出体系等[388, 389]。生物法常被用于电子垃圾中特定金属组分的回收，其主要是利用特定微生物的新陈代谢作用，实现电子垃圾中目标金属组分的选择性浸出。微生物法通常需要较长的菌株培养周期，且浸出效率通常不高，因此多用于稀有 / 贵金属的处理，难以大规模推广应用[390, 391]。为解决湿法回收存在的分离除杂烦琐及生物法回收低效的问题，近期的研究采用了电化学技术[392]。电化学方法利用氧化还原电位的差异实现不同金属元素的选择性浸出或沉积，从而实现目标组分的选择性回收。一般而言，PCB、ICT 等金属含量很高的电子垃圾可直接被用作阳极，目标金属元素经直接电化学氧化反应进入溶液，随后通过电化学还原形式沉积至阴极，从而获得高纯金属单质或合金。然而在电化学溶出过程中，通常会因金属组分溶出而引发电压突变和接触不良等问题。

针对目前电子垃圾处理过程中存在的关键技术瓶颈，越来越多的研究人员从电子产品的全生命周期入手，结合经济、环境、资源、能源等多尺度因素[393, 394]，开展了基于产品全生命周期的绿色设计、资源化绿色过程设计和电子废弃物高效利用等方面的研究，借助装备的智能化提升回收效率，多学科交叉创新的重要性逐渐凸显，推动了电子信息行业资源利用从高消耗往零排放方向发展，如图 5-44 所示。

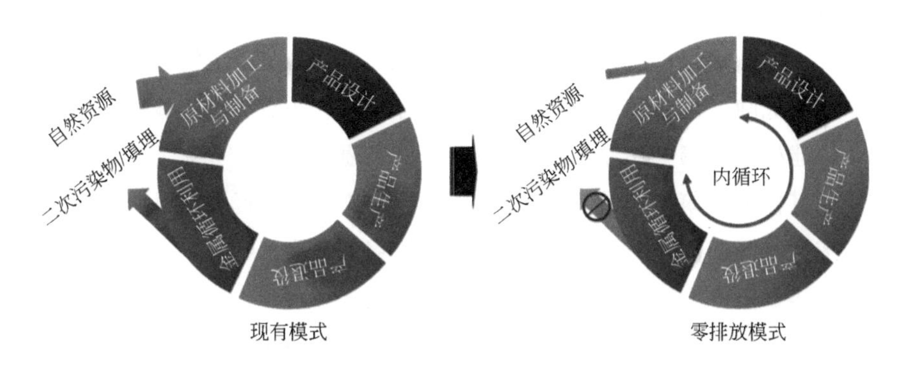

图 5-44
现有电子产品全生命周期与零废物模式对比

5.4.3.4 化工固废处置和资源化利用

近年来，国内化工行业产生的电石渣、粉煤灰等一般工业固废的利用方式集中于建工建材、功能复合材料制备、有价金属提取等方面，取得了一批重要技术成果，综合利用产品种类达数百种，总体利用率超过 60%。但磷石膏、气化渣等大宗重污染工业固废的大规模综合利用仍亟待突破。对于废催化剂、焦油、釜残、污泥等危险废弃物，国内前期开展了部分无害化处置的相关研究与产业化推进工作，目前已成为国内危废处理的主流方式。近几年来，危废的处理方法逐渐由无害化处置转向资源化利用，在无害化的基础上进行有价组分的高值化利用，并形成了一批中试及产业化示范项目。

（1）气化渣

气化渣是煤气化过程产生的副产物，通常分为两种，一种是炉底排放的粗渣（60% ～ 80%），另一种是炉底黑水经过滤后得到的细渣（20% ～ 40%）。我国气化渣每年排放量超 3000 万吨，大部分以填埋和堆存为主，少部分用于低掺量建工建材。另外，气化渣富含铝、硅、钙、铁、碳等元素，且主要以多孔的非晶相形式存在，为其

规模化、高值化利用提供了应用基础。

气化渣具有高碳属性，但其中夹带大量结合水构成多介质复合物，限制了其利用。兖州矿业榆林公司、陕西中煤等企业均开展了高碳气化细渣循环掺烧的工业化应用[395]，实现了水、碳、无机矿物多组分高效分离及绿色化利用，为无机组分高端化利用奠定了基础。基于气化渣中碳的粒级分配、元素赋存形态等基础物化性质的深入认识，国内研究人员通过改进传统物理选碳方法和设备结构，脱碳率可达75%以上，同时通过智能化设备实现碳灰介质界面解离，为碳灰资源分质高端化转化与绿色化利用提供了基础。此外，气化渣具有特殊的非晶相活性配位体结构[396]，通过化学改性和火法矿相重构手段可以制备填料、陶瓷、铝/硅基材料等产品，但高杂性质会影响上述产品品质。基于此，中科院过程工程研究所提出了气化灰渣化学活化-铝硅碳分质全湿法制备水玻璃技术，突破了复杂介质体系铝硅碳选择性分离技术，实现了铝硅碳高端化分质转化与介质的高效循环，并完成了千吨级中试。综上，脱碳与资源化利用耦合技术、全量化制备生态材料是气化渣绿色化、高端化、规模化消纳的主要方向。

（2）电石渣

电石渣是电石法制备聚氯乙烯（PVC）过程产生的大宗工业固废，年产生渣浆量约3亿吨，综合利用率不足50%。电石渣中钙质资源丰富，主要用于生产水泥、砌块等建材。随着PVC产能逐渐在新疆、宁夏等中西部资源产地集中，地理位置原因限制了其作为建筑材料的规模化消纳，而区域内的钙资源循环回用和跨产业环保治理有望成为良好的资源化利用新途径，如图5-45所示。

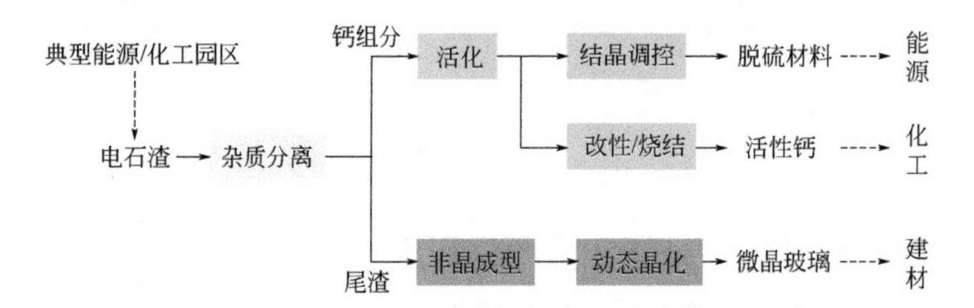

图5-45
电石渣深度净化跨产业链制备系列钙基材料路线图

电石渣可用于制备活性氧化钙并进一步生产碳化钙，从而实现钙资源的产业内循环回用，上述方法已在新疆、山东等地开展了部分研究，但块状CaO烧结过程的热强度与活性提升是该过程的主要难题。现有研究一般通过使用不同的黏结剂和调整工艺条件提高球团矿的强度，包括采用H_3PO_4作为黏结剂增强表面亲和力、两步烧结提高材料的致密性等[397, 398]，但仍存在成本高、二次污染和CaO活性低等问题。电石渣还可用于能源、化工行业的烟气脱硫，实现绿色跨产业应用，通过气固/液固等两相介质下高效物理分选将脱硫剂中$Ca(OH)_2$含量提高至90%以上，同时脱硫过程中$Ca(OH)_2$反应活性较好，因此同等条件下电石渣脱硫效率优于石灰石，相应技术已在新疆、河南等地区实现工业化应用，上述过程实现了原生石灰石矿物替代，可有效减少脱硫过程碳排放，吨电石渣基脱硫剂可减排0.6吨CO_2，环境效益显著。

（3）磷石膏

磷石膏是湿法磷酸过程产生的大宗固体废弃物，2018 年排放量 7800 万吨，综合利用率约 40%，堆存量约 3 亿吨。磷石膏中含有较多的磷、氟和重金属等污染物，大量堆存导致渣场内酸性废水渗漏，严重污染土壤和地下水。目前的利用方式主要包括制备建材石膏、硫酸联产水泥和农业应用等方面。

磷石膏制备绿色建材是目前消纳的最大途径，包括水泥缓凝剂、石膏粉和石膏板等方面，但其中残留的可溶性磷、氟等杂质较多，会导致产品质量不稳定、凝固率和强度降低，例如作水泥缓凝剂要求水溶性磷小于 0.3%，水溶性氟小于 0.05%，因此大多需要经过中和预处理[399]。磷石膏富含 S、Ca 元素，可以通过化学方法实现产业内的资源循环利用。部分高校联合行业内企业开展了长期攻关，突破了磷石膏制备硫酸联产水泥相应技术，建成示范装置并实现稳定运行。磷石膏还可作为土壤改良剂施用在红壤旱地、盐碱地土壤中，其中的钙离子会与土壤中钠离子交换，提高土壤孔隙率和通透性。此外，磷石膏富含 P、S 等元素，同时能够抑制尿素中氮的挥发[400]，与尿素混合可制得磷石膏基缓释氮肥，提高氮肥利用率。而上述利用过程，磷石膏的处理成本和产品附加值是制约其大规模推广的最主要问题。

（4）废金属催化剂

85% 以上的化学工业生产与催化剂有关，全世界每年消耗的催化剂约 80 万吨[401]，石化、精细化工和环保三大行业产生的废金属催化剂被列为危险废弃物，如 HW39、HW46 和 HW50[402]，废金属催化剂易造成气 - 水 - 土多介质体系污染。由于废金属催化剂中含有大量有价金属资源，循环利用具有极高的环保和经济价值，目前主要的利用方式为再生和金属回收两类。再生可有效延长催化剂的使用寿命，智能化再生系统已得到广泛应用，但最终催化剂会因活性物的不可逆转化、不可去除的杂质积累或载体物理降解而无法再生。依据废金属催化剂的种类和金属含量，可针对性地采取火法和湿法两类不同的回收处理方法，原则工艺流程如图 5-46 所示。

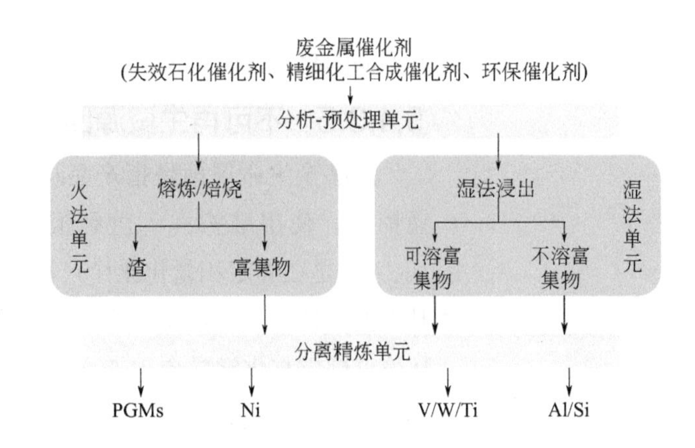

图 5-46
废金属催化剂主要类别资源回收原则流程图

目前废金属催化剂回收研究重点集中在贵金属 PGMs 催化剂、镍基催化剂和钒钨钛系脱硝催化剂等三类。国内对 PGMs 和镍基催化剂回收工艺较为成熟，如昆明贵金属研究所开发的氰压湿法多介质浸出过程，铂、钯、铑的浸出率均达到 96% 以上；针对镍钴系催化剂的回收问题，部分研究采用酸性加压回收其中的硫酸镍，镍回收率为

80%。钒钨钛系脱硝催化剂中的金属回收尚处于研发阶段，碱法处理过程钒、钨和钛不能彻底分离，制备的钛渣只能降级利用作为生产钛白的原料，经济效益不显著。因此，钛渣制备高值钛系列产品是实现上述技术突破的关键环节。

（5）工业污泥

工业污泥是对焦化、印染、石油化工等行业产生的工业废水进行处理后产生的一类废弃物，由水、有机液体、无机固相等多物相介质复合，同时含有苯类、酚类、多环芳烃、重金属等污染性组分，毒性较大。目前工业上主要采用萃取、固化、填埋、焚烧和生物等方式处理，但在投资、成本、处理效果等方面存在一定不足[403]。此外，热解、超声、超临界水氧化等绿色化技术已处于技术开发或产业化推广阶段。

热解处理技术是在无氧或缺氧环境下高温加热，将有机物大分子裂解为小分子的可燃气体、液体燃料和焦炭[404]。该技术因排放的烟气量少、烟尘中污染物含量低、可抑制或能分解二噁英、可固化重金属、减少温室气体排放等优点，成为污泥绿色化资源利用的发展方向[405]，但目前国内尚未有成功工业化应用的典型案例。国内研究团队在无氧热解方面开展了较多研究，包括内热式 / 外热式热解技术，污泥与煤、秸秆等混合热解，焦油热解等方面，并建成了 20t/ 天危废污泥热解处理工程和 6t/ 天含铬污泥减量化热解示范工程。此外，国内一些企业在智能化热解装备的开发方面也取得了一定突破。

（6）全生命周期评价技术和产品生态设计

《“十三五”生态环境保护规划》提出“开展重点行业全过程风险防控研究”“构建生产、运输、贮存、处置环节的环境风险监测预警网络”等要求。近年来，基于全生命周期评价的化工固废及其资源化产品的环境风险防控和管理已成为研究前沿。一方面从固废源头减量角度，加强技术从产品到废弃物处置的全生命周期生态设计，如针对粉煤灰制备环保材料工艺过程，研究了不同工艺条件下产品和副产物之间的重金属流向和分配，从而制定相应方案使重金属环境影响降至最小。另一方面，从固废资源化产品利用角度，通过生态足迹概念衡量产品利用过程环境影响，从而改进技术，提升产品的材料使用寿命、可再生利用性能和部件可重复利用率等。

5.4.3.5 不可再生资源回收的全生命周期评价及碳减排

产品全生命周期是指产品从原材料的获取、产品设计、加工制造、包装运输、流通销售、使用维护，一直到报废、回收处理、处置的整个过程。而生命周期评价（LCA）是在确定和量化某个产品及其过程或相关活动的材料、能源、排放等环境负荷基础上，评价其对环境的影响，进而找出和确定改善环境影响的方法和机会[406]。根据环境毒理学与化学学会（SETAC）的归纳和 ISO14040 确定的 LCA 技术框架，如图 5-47 所示，全生命周期的基本结构可总结为定义目的与确定范围、清单分析、影响评价和结果解释 4 个相互联系的部分[407]。

（1）LCA 资源与能源数据库的发展

在生命周期评价数据库的开发构建方面，英国开发了 Boustead 数据库，具有较高的国际通用性，是目前世界上最大的生命周期清单数据库之一。此外，瑞士开发的 Ecoinvent 系列、荷兰的 Input-Output 以及澳大利亚的 National LCI 数据库等，都是目前国际上较为成熟的数据库。而国内目前也正在构建中国的生命周期基础数据库（CLCD），并开发了配套的软件 eBalance，包含了本土化的节能减排权重因子、归一化基准值等参数，使得生命周期评价方法可以本土化。在生命周期评价方法领域，目前比较有代表性的有荷兰的 CML 1992、Eco-indicator 99 系列，瑞士的 IMPACT2002+，瑞典的 EPS 2000，美国的 TRACI 2.1 等 [408]，而国内目前仍在沿用上述评价方法，未在该领域建立新的评价模型。

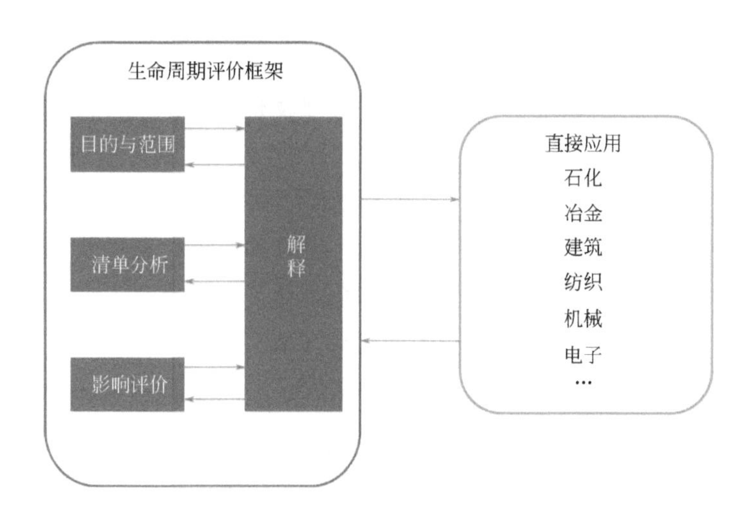

图 5-47
生命周期评价框架体系

在国内数据库排放清单的开发领域，清华大学等科研机构及多个国内重要材料企业合作，对钢铁、有色、工程塑料等行业进行全面的生命周期评价研究，获得了上述行业初步的环境负荷数据，同时汇编了较为完整的电力、化石能源、交通运输行业的生命周期数据清单，总计约 10 万条环境负荷数据。同济大学开发了中国汽车替代燃料生命周期数据库，包含总能源、不可再生资源、化石能源消耗、主要温室气体及多种汽车尾气涉及的酸化、光化学烟雾、毒性和气溶胶等污染物质排放的生命周期清单数据。宝钢集团开发了宝钢产品的 LCA 数据库（Baosteel LCA 3.0），包含宝钢 6 大类不锈钢产品、95 大类碳钢产品、14 类能源产品的 LCA 数据及 8 大类环境影响指标和 144 类排放清单 [409]。然而，由于石油、化工、医药等领域的产品种类繁多、工艺路线较长等因素，在上述领域的数据库开发和排放清单的汇编工作仍需要进一步完善。

（2）废塑料循环利用生命周期评价

采用生命周期评价的方法，可以对不同技术或工艺路线进行环境影响的定量评价与比较，是受到学术界和工业界广泛认可的环境影响比较方法之一。在资源循环回收利用研究领域，以废旧塑料（PE、PP、PVC 等）的回收为例，常见的资源化技术主要包括直接再生技术、改性再生技术、焚烧热能回收技术、催化裂解技术及氢化裂解技术 [410, 411]。其中，焚烧和裂解是废塑料热处理技术的两个主流方向，裂解主要是将废塑料破碎后与催化剂一起在特定的温度和压力下在氢气气氛中将大分子转化成小分子的化合物及油品。典型的废塑料加氢裂解产油技术的系统边界如图 5-48 所示。

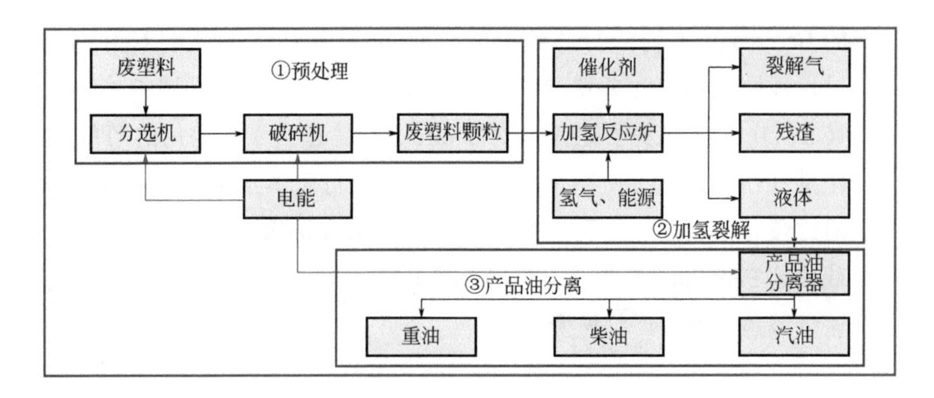

图 5-48
废塑料加氢裂解产油技术系统边界

废塑料的循环回收利用属于塑料的产生、使用废弃整个全生命周期链条中的末端，针对该系统，研究人员将大系统进一步划分为预处理、加氢裂解、产品油分离等互相耦合的子系统。基于大系统的物流、能流输入输出清单计算各种环境影响潜值，如大气相关的全球变暖（GWP）、臭氧耗竭（ODP）、酸雨（AP）、光化学氧化（POCP）、水体相关的富营养化（EP）[412] 以及烟尘粉尘等固体颗粒物。通过对生命周期各子系统环境影响潜值的计算，经过加权可以获得总的环境影响潜值，同时可以依据计算的结果辨识该裂解工艺技术的污染控制重点环节，定量地给出每个单元或子系统的环境影响贡献比例，进而能够指导环境决策人员针对污染物的排放重点更加精准地调控其中的影响参数（如热解温度、破碎尺寸等），从源头上消除或减少污染物如 CO_2 的排放对环境的影响。此外，通过环境影响潜值加权的方式可以对不同废塑料处理工艺的总环境影响进行计算，进一步可以对不同工艺的环境影响进行比较，为环境友好工艺的筛选提供定量指导。现有的权重系数主要采用专家打分法、目标值法等，存在主观性强等问题；而采用基于统计学原理的层次分析法可以依照决策因素的重要程度对相关的环境影响权重进行赋值，依据判定矩阵确定权重系数 [413]。此外，由于生命周期评价是基于现有数据库的大数据统计计算的结果，而如此庞大的数据其有效性会对计算的结果产生影响，因此，对数据的合理性进行甄别，建立基于蒙特卡罗不确定度模型，对计算结果的误差进行分析，也是资源化循环利用系统生命周期评价的重点。

而开发新型的评价指标如绿色度评价法 [414, 415]，可以将各种环境影响归结为一个单一指标，为定量地评价各子系统、大系统的总环境影响提供更为方便、科学的依据。从评价指标的角度而言，现有的生命周期评价主要针对环境生态层次，而废弃物的循环回收利用是一个具有多个产品、污染物排放的多联产复杂过程 [416]，涉及环境生态、能量的集成与经济性多个方面，因此从全生命周期的角度建立的环境影响评价、基于热力学定律的能量评价（㶲效率、能效）以及经济性评价三个指标为一体的多指标科学评价体系，是对废弃物循环利用系统进行更有效、客观评价的努力方向。

从废旧塑料资源化回收利用系统的生命周期顶层概念设计角度来讲，系统的边界范围未覆盖针对储运的交通运输过程以及催化剂的制备、能源的使用等辅助单元，因此需要对系统的边界进行延伸，使预测评价的结果更加精准，覆盖面更广。而从系统协调优化的角度而言，与新能源如太阳能、地热、风能等可再生能源系统进行耦合，以提高资源化利用系统的能量效率，减少传统能源使用造成的污染物排放，也是废弃物资源化循环利用发展的新方向。

（3）废塑料回收过程的碳减排

我国提出 2030 年前实现碳达峰、2060 年前实现碳中和的目标，对工业过程的碳排放提出了更高要求。而基于全生命周期的碳排放指标（GWP CO_2eq.）可以对工艺技术的碳排放进行定量的计算，给出工艺过程从自然资源的开采利用到产品的废弃整个全生命周期过程的 CO_2 排放当量。以废塑料的热解回收技术为例，研究者给出了处理 1 吨废塑料的全生命周期 CO_2 排放当量约为 1096kg[417]。其中，热解过程的碳排放贡献约占 86%，主要原因在于化石能源的消耗提供热解所需的热量。在此基础上可以重点针对热解过程的碳排放进行优化，如通过热量集成、热量回收发电以及与绿色清洁能源系统耦合等过程系统工程手段，减少传统化石能源的使用，进而减少由能源消耗引起的碳排放[418]。而采用基于全生命周期碳排放评价的手段，可以针对不同的废塑料处理工艺进行碳排放的定量计算，对碳排放贡献最大的环境热点单元进行有效辨识，为该单元或子系统的优化提供精准的定量评价依据，进一步通过工艺筛选、换热网络优化、副产物循环利用等多种手段的集成来减少过程碳排放，是目前碳减排的重要发展方向。

5.4.4　未来发展方向与展望

为了实现化工污染多介质系统中污染物的高效处理与资源化，未来发展的主要方向体现在以下方面：

① 将土壤多介质体系中传质强化手段与现有土壤的异位 / 原位修复工艺整合，开发工艺简易可行、成本低廉的新型处理技术。在高效修复有机污染物的同时，不改变土壤的性状，也不会造成二次污染，这是有机物污染土壤修复的未来目标。实现从“有机固废到绿色氢能源”的高值化利用，利用有机固废中的生物质能源，减污降碳，实现“绿氢”的低成本、低耗能制备。

② 根据废弃物的组成和特性，寻求高附加值的应用领域，开发废弃物循环利用新技术是实现化工废弃物变废为宝的理想途径。化工废弃物的无害化处理增加了企业和社会的成本，而将废弃物加工成高端产品，既可以减少对环境的影响，又可以提高企业的经济效益。

③ 开发多尺度 / 多维度电子产品全产业链绿色制造评价方法，实现电子垃圾中多组分识别与分选装备的智能化，开发电子垃圾资源高选择性提取与定向分离绿色溶剂体系的关键技术，以及基于界面反应强化的电子垃圾短程制备电子材料关键技术与方法。

④ 探索多介质多外场强化下固废多组分高效提取与分质利用新过程、新方法，研究典型工业固废的污染协同控制与清洁分质转化新原理，发展固废源头减量与近零排放新技术，开发大宗工业固废综合处理与资源化利用关键技术与智能化装备，在此基础上进一步建立物质循环理论体系，从根本上解决固体废物污染问题。

⑤ 基于大数据手段，完善国内不可再生能源及废弃物循环回收利用的全生命周期

评价清单数据库，探索能够将各种环境影响潜值进行统一的环境影响评价新方法，在此基础上对资源能源循环利用链条中的环境影响热点进行辨识，并结合夹点分析、换热网络设计、耦合清洁能源系统进行路线设计等过程系统工程的方法，减少过程化石能源消耗和污染物排放，实现工艺的节能和碳减排。

参考文献

[1] 吴长昊, 刘琳琳, 张磊, 都健. 采用两种中间介质的工业园区厂际余热集成[J]. 化工学报, 2019, 70(2): 431-439.

[2] Jiang Y, Kang L, Liu Y. Simultaneous synthesis of a multiple-effect evaporation system with background process [J]. Chemical Engineering Research & Design, 2018, 133: 79-89.

[3] Sun X, Liu L, Dong Y, Zhuang Y, Zhang L, Du J. Superstructure-based simultaneous optimization of a heat exchanger network and a compression-absorption cascade refrigeration system for heat recovery [J]. Industrial & Engineering Chemistry Research, 2020, 59(36): 16017-16028.

[4] Kang L, Liu Y. Multi-objective optimization on a heat exchanger network retrofit with a heat pump and analysis of CO_2 emissions control [J]. Applied Energy, 2015, 154: 696-708.

[5] Kang L, Tang J, Liu Y. Optimal design of an organic Rankine cycle system considering the expected variations on heat sources [J]. Energy, 2020, 213: 118841.

[6] Liu L, Li C, Gu S, Zhang L, Du J. Optimization-based framework for the synthesis of heat exchanger networks incorporating controllability [J]. Energy, 2020, 208: 118292.

[7] Kang L, Liu Y, Wu L. Synthesis of multi-period heat exchanger networks based on features of sub-period durations [J]. Energy, 2016, 116: 1302-1311.

[8] Li J, Du J, Zhao Z, Yao P. Structure and area optimization of flexible heat exchanger networks [J]. Industrial & Engineering Chemistry Research, 2014, 53(29): 11779-11793.

[9] Wang Y, Chang C, Feng X. A systematic framework for multi-plants heat integration combining direct and indirect heat integration methods [J]. Energy, 2015, 90: 56-67.

[10] Liu L, Wu C, Zhuang Y, Zhang L, Du J. Interplant heat integration method involving multiple intermediate fluid circles and agents: Single-period and multiperiod designs [J]. Industrial & Engineering Chemistry Research, 2020, 59(10): 4698-4711.

[11] Liu L, Sheng Y, Zhuang Y, Zhang L, Du J. Multiobjective optimization of interplant heat exchanger networks considering utility steam supply and various locations of interplant steam generation/utilization[J]. Industrial & Engineering Chemistry Research, 2020, 59(32): 14433-14446.

[12] 杨蕊, 庄钰, 刘琳琳, 张磊, 都健. 功热交换网络综合的研究进展[J]. 化工进展, 2019, 38(6): 2550-2558.

[13] Zhuang Y, Liu L, Zhang L, Du J. Upgraded graphical method for the synthesis of direct work exchanger networks [J]. Industrial & Engineering Chemistry Research, 2017, 56(48): 14304-14315.

[14] Yu H, Fu C, Vikse M, Gundersen T. Work and heat integration-a new field in process synthesis and process systems engineering [J]. AIChE Journal, 2019, 65(7): e16477.

[15] Zhuang Y, Zhang L, Liu L, Du J, Shen S. An upgraded superstructure-based model for simultaneous synthesis of direct work and heat exchanger networks [J]. Chemical Engineering Research & Design, 2020, 159: 377-394.

[16] Yang S, Feng X, Liu L, Zhang Z, Deng C, Du J, Zhao J, Qian Y. Research advances on process systems integration and process safety in China [J]. Reviews in Chemical Engineering, 2020, 36(1): 147-185.

[17] Liu L, Du J, El-Halwagi M M, Ponce-Ortega J M, Yao P. A systematic approach for synthesizing combined mass and heat exchange networks [J]. Computers & Chemical Engineering, 2013, 53: 1-13.

[18] Zhang Q, Feng X, Liu G, Chu K H. A novel graphical method for the integration of hydrogen distribution systems with purification reuse [J]. Chemical Engineering Science, 2011, 66(4): 797-809.

[19] Liao Z W, Lou J Y, Wang J D, Jiang B B, Yang Y R. Mixing potential: A new concept for optimal

design of hydrogen and water networks with higher disturbance resistance [J]. AIChE Journal, 2014, 60(11): 3762-3772.

[20] Zhang S, Liu L, Zhang L, Zhuang Y, Du J. An optimization model for carbon capture utilization and storage supply chain: A case study in northeastern China [J]. Applied Energy, 2018, 231: 194-206.

[21] Zhang S, Zhuang Y, Liu L L, Zhang L, Du J. Risk management optimization framework for the optimal deployment of carbon capture and storage system under uncertainty [J]. Renewable & Sustainable Energy Reviews, 2019, 113: 109280.

[22] Zhang S, Zhuang Y, Tao R, Liu L, Zhang L, Du J. Multi-objective optimization for the deployment of carbon capture utilization and storage supply chain considering economic and environmental performance [J]. Journal of Cleaner Production, 2020, 270: 122481.

[23] 杨芊, 杨帅, 张绍强. 煤炭深加工产业“十四五”发展思路浅析[J]. 中国煤炭, 2020, 46(03): 69-75.

[24] 文尧顺, 南海明, 吴秀章, 关丰忠, 孙保全. 甲醇制烯烃反应动力学及反应器模型研究进展[J]. 化工进展, 2014, 33(10): 2521-2527.

[25] Gao M, Li H, Yang M, Zhou J, Yuan X, Tian P, Ye M, Liu Z. A modeling study on reaction and diffusion in MTO process over SAPO-34 zeolites [J]. Chemical Engineering Journal, 2019, 377: 119668.

[26] Yuan X, Li H, Ye M, Liu Z. Comparative study of MTO kinetics over SAPO-34 catalyst in fixed and fluidized bed reactors [J]. Chemical Engineering Journal, 2017, 329: 35-44.

[27] 齐国祯, 马涛, 刘红星, 等. 甲醇制烯烃反应动力学.化工学报,2005,56(12)：2326-2331.

[28] 李英泽, 杨路, 王琦, 杨思宇. BGL炉煤气化过程建模和模拟[J]. 化工学报, 2020, 71(3): 1174-1188.

[29] 王玉忠. 利用褐煤鲁奇炉与BGL炉碎煤加压气化工艺模拟研究[J]. 化工管理, 2018 (6): 93-100.

[30] Huang H, Xiao H, Yang S. Carbon flow and energy flow analyses of a Lurgi Coal-to-SNG process [J]. Applied Thermal Engineering, 2017, 125: 891-903.

[31] Li S, Jin H, Gao L, Zhang X. Exergy analysis and the energy saving mechanism for coal to synthetic/substitute natural gas and power cogeneration system without and with CO_2 capture [J]. Applied Energy, 2014, 130: 552-561.

[32] Man Y, Yang S, Qian Y. Integrated process for synthetic natural gas production from coal and coke-oven gas with high energy efficiency and low emission [J]. Energy Conversion & Management, 2016, 117: 162-170.

[33] Lai D, Chen Z, Shi Y, Lin L, Zhan J, Gao S, Xu G. Pyrolysis of oil shale by solid heat carrier in an innovative moving bed with internals [J]. Fuel, 2015, 159: 943-951.

[34] 于航, 李术元, 靳广洲, 唐勋. 桦甸页岩油柴油馏分加氢精制生产清洁燃料油的研究[J]. 燃料化学学报, 2010 (3): 297-301.

[35] 赵桂芳, 姚春雷, 全辉. 页岩油的加工利用及发展前景[J]. 当代化工, 2008 (5): 496-499.

[36] Zhou H, Qian Y, Yang Q, Yang S. Conceptual design of an oil shale comprehensive refinery process with high resource utilization [J]. Energy & Fuels, 2016, 30(9): 7786-7801.

[37] Gerhard R, Horst W. Separation of gaseous components from a gaseous mixture by physical scrubbing：US4324567 [P]. 1982-04-13 [1982-04-13].

[38] Liu X, Yang S, Hu Z, Qian Y. Simulation and assessment of an integrated acid gas removal process with higher CO_2 capture rate [J]. Computers & Chemical Engineering, 2015, 83: 48-57.

[39] Lin H, Jin H, Gao L, Zhang N. A polygeneration system for methanol and power production based on coke oven gas and coal gas with CO_2 recovery [J]. Energy, 2014, 74: 174-180.

[40] 郝艳红, 冯杰, 李文英, 易群. 双气头多联产系统的烟经济优化与分析[J]. 中国电机工程学报, 2014, 34(20): 3266-3275.

[41] Li H, Yang S, Zhang J, Kraslawski A, Qian Y. Analysis of rationality of coal-based synthetic natural gas production in China [J]. Energy Policy, 2014, 71: 180-188.

[42] Xiang D, Yang S, Li X, Qian Y. Life cycle assessment of energy consumption and GHG emissions of olefins production from alternative resources in China [J]. Energy Conversion & Management, 2015, 90: 12-20.

[43] You F, Tao L, Graziano D J, Snyder S W. Optimal design of sustainable cellulosic biofuel supply

chains: Multiobjective optimization coupled with life cycle assessment and input-output analysis [J]. AIChE Journal, 2012, 58(4): 1157-1180.

[44] Seeberger P H. Chemical assembly systems——from fundamental flow chemistry to affordable drugs [R]. Amsterdam: Max Planck Institute of Colloids and Interfaces,2016.

[45] Adamo A, Beingessner R L, Behnam M, Chen J, Jamison T F, Jensen K F, Monbaliu J C M, Myerson A S, Revalor E M, Snead D R, Stelzer T, Weeranoppanant N, Wong S Y, Zhang P. On-demand continuous-flow production of pharmaceuticals in a compact, reconfigurable system [J]. Science, 2016, 352(6281): 61-67.

[46] Schoppmeyer C, Vermue H, Subbiah S, Kohlmann D, Ferlin P, Engell S. Operation of flexible multiproduct modular continuous polymerization plants [J]. Macromolecular Reaction Engineering, 2016, 10(4): 435-457.

[47] Ghislieri D, Gilmore K, Seeberger P H. Chemical assembly systems: Layered control for divergent, continuous, multistep syntheses of active pharmaceutical ingredients [J]. Angewandte Chemie International Edition, 2015, 54(2): 678-682.

[48] Bedard A C, Adamo A, Aroh K C, Russell M G, Bedermann A A, Torosian J, Yue B, Jensen K F, Jamison T F. Reconfigurable system for automated optimization of diverse chemical reactions [J]. Science, 2018, 361(6408): 1220-1225.

[49] 葛从钦. 模块化可重构化工过程优化操作方法研究[D]. 北京: 清华大学, 2020.

[50] 沈佳妮, 贺益君, 马紫峰. 基于模型的锂离子电池SOC及SOH估计方法研究进展[J]. 化工学报, 2018, 69(1): 309-316.

[51] Lucu M, Martinez-Laserna E, Gandiaga I, Liu K, Camblong H, Widanage W D, Marco J. Data-driven nonparametric Li-ion battery ageing model aiming at learning from real operation data——Part A: Storage operation [J]. Journal of Energy Storage, 2020, 30: 101409.

[52] Lucu M, Martinez-Laserna E, Gandiaga I, Liu K, Camblong H, Widanage W D, Marco J. Data-driven nonparametric Li-ion battery ageing model aiming at learning from real operation data - Part B: Cycling operation [J]. Journal of Energy Storage, 2020, 30: 101410.

[53] Li Y, Vilathgamuwa M, Choi S S, Xiong B, Tang J, Su Y, Wang Y. Design of minimum cost degradation-conscious Lithium-ion battery energy storage system to achieve renewable power dispatchability [J]. Applied Energy, 2020, 260: 114282.

[54] Wang J, Kang L, Liu Y. Optimal scheduling for electric bus fleets based on dynamic programming approach by considering battery capacity fade [J]. Renewable & Sustainable Energy Reviews, 2020, 130: 109978.

[55] Jiang Y, Kang L, Liu Y. A unified model to optimize configuration of battery energy storage systems with multiple types of batteries [J]. Energy, 2019, 176: 552-560.

[56] Mishra P P, Latif A, Emmanuel M, Shi Y, Mckenna K, Smith K, Nagarajan A. Analysis of degradation in residential battery energy storage systems for rate-based use-cases [J]. Applied Energy, 2020, 264: 114632.

[57] Lv H, Huang X, Liu Y. Analysis on pulse charging–discharging strategies for improving capacity retention rates of Lithium-ion batteries [J]. Ionics, 2020, 26(4): 1749-1770.

[58] Jiang Y, Kang L, Liu Y. Optimal configuration of battery energy storage system with multiple types of batteries based on supply-demand characteristics [J]. Energy, 2020, 206: 118093.

[59] Shen J, He Y, Ma Z. Simultaneous model selection and parameter estimation for Lithium-ion batteries: A sequential MINLP solution approach [J]. AIChE Journal, 2016, 62(1): 78-89.

[60] Wang Q K, He Y J, Shen J N, Ma Z F, Zhong G B. A unified modeling framework for Lithium-ion batteries: An artificial neural network based thermal coupled equivalent circuit model approach [J]. Energy, 2017, 138: 118-132.

[61] Shen J, He Y, Ma Z, Luo H, Zhang Z. Online state of charge estimation of Lithium-ion batteries: A moving horizon estimation approach [J]. Chemical Engineering Science, 2016, 154: 42-53.

[62] Shen J, Shen J, He Y, Ma Z. Accurate state of charge estimation with model mismatch for Li-ion batteries: A joint moving horizon estimation approach [J]. IEEE Transactions on Power Electronics,

2019, 34(5): 4329-4342.

[63] Shrivastava P, Soon T K, Idris M Y I B, Mekhilef S. Overview of model-based online state-of-charge estimation using kalman filter family for Lithium-ion batteries [J]. Renewable & Sustainable Energy Reviews, 2019, 113: 109233.

[64] Zhang Y, Tang Q, Zhang Y, Wang J, Stimming U, Lee A A. Identifying degradation patterns of lithium ion batteries from impedance spectroscopy using machine learning [J]. Nature Communications, 2020, 11(1): 1706.

[65] He Y, Shen J, Shen J, Ma Z. State of health estimation of Lithium-ion batteries: A multiscale gaussian process regression modeling approach [J]. AIChE Journal, 2015, 61(5): 1589-1600.

[66] Thema M, Bauer F, Sterner M. Power-to-gas: Electrolysis and methanation status review [J]. Renewable & Sustainable Energy Reviews, 2019, 112: 775-787.

[67] Chehade Z, Mansilla C, Lucchese P, Hilliard S, Proost J. Review and analysis of demonstration projects on power-to-x pathways in the world [J]. International Journal of Hydrogen Energy, 2019, 44(51): 27637-27655.

[68] Ghaib K, Ben-Fares F-Z. Power-to-methane: A state-of-the-art review [J]. Renewable & Sustainable Energy Reviews, 2018, 81: 433-446.

[69] Koj J C, Wulf C, Zapp P. Environmental impacts of power-to-x systems——a review of technological and methodological choices in life cycle assessments [J]. Renewable & Sustainable Energy Reviews, 2019, 112: 865-879.

[70] Olateju B, Kumar A, Secanell M. A techno-economic assessment of large scale wind-hydrogen production with energy storage in western canada [J]. International Journal of Hydrogen Energy, 2016, 41(21): 8755-8776.

[71] Allman A, Daoutidis P, Tiffany D, Kelley S. A framework for ammonia supply chain optimization incorporating conventional and renewable generation [J]. AIChE Journal, 2017, 63(10): 4390-4402.

[72] Rivarolo M, Bellotti D, Magistri L, Massardo A F. Feasibility study of methanol production from different renewable sources and thermo-economic analysis [J]. International Journal of Hydrogen Energy, 2016, 41(4): 2105-2116.

[73] Palys M J, Daoutidis P. Using hydrogen and ammonia for renewable energy storage: A geographically comprehensive techno-economic study [J]. Computers & Chemical Engineering, 2020, 136: 106785.

[74] Elsholkami M, Elkamel A. Multi-objective integrated planning and scheduling of the energy infrastructure of the oil sands industry incorporating intermittent renewable energy [J]. Industrial & Engineering Chemistry Research, 2018, 57(6): 2208-2230.

[75] Elsholkami M, Elkamel A. General optimization model for the energy planning of industries including renewable energy: A case study on oil sands [J]. AIChE Journal, 2017, 63(2): 610-638.

[76] 王靖, 康丽霞, 刘永忠. 化工系统消纳可再生能源的电-氢协调储能系统优化设计[J]. 化工学报, 2020, 71(3): 1131-1142.

[77] Mavromatidis G, Orehounig K, Carmeliet J. Design of distributed energy systems under uncertainty: A two-stage stochastic programming approach [J]. Applied Energy, 2018, 222: 932-950.

[78] Zakaria A, Ismail F B, Lipu M S H, Hannan M A. Uncertainty models for stochastic optimization in renewable energy applications [J]. Renewable Energy, 2020, 145: 1543-1571.

[79] Petkov I, Gabrielli P. Power-to-hydrogen as seasonal energy storage: An uncertainty analysis for optimal design of low-carbon multi-energy systems [J]. Applied Energy, 2020, 274: 115197.

[80] Kletz T A. Inherently safer design: The growth of an idea [J]. Process Safety Progress, 1996, 15(1): 5-8.

[81] Kletz T A. Inherently safer design——its scope and future [J]. Process Safety & Environmental Protection, 2003, 81(6): 401-405.

[82] Palaniappan C, Srinivasan R, Tan R. Selection of inherently safer process routes: A case study [J]. Chemical Engineering and Processing: Process Intensification, 2004, 43(5): 641-647.

[83] Khan F I, Amyotte P R. Integrated inherent safety index (I2SI) : A tool for inherent safety evaluation [J].

Process Safety Progress, 2004, 23(2): 136-148.

[84] 魏丹, 蒋军成, 倪磊, 沈赛丽, 傅刚. 基于未确知测度理论的化工工艺本质安全度研究[J]. 中国安全科学学报, 2018, 28(5): 117-122.

[85] 王杭州, 陈丙珍, 赵劲松, 邱彤. 面向本质安全化的化工过程设计: 多稳态及其稳定性分析[M].北京：清华大学出版社, 2017.

[86] 李文斌, 张卓, 范赐恩, 陈迎, 吴敏渊. 基于紫红外传感器的火焰探测系统设计与实现[J]. 仪表技术与传感器, 2015 (3): 56-59.

[87] 张锋, 李凯亮, 曾俊林. 基于物联网技术的石化厂区有毒气体泄漏在线监测系统[J]. 仪表技术与传感器, 2015 (6): 95-98.

[88] Zhang X-M, Chen G-H. Modeling and algorithm of domino effect in chemical industrial parks using discrete isolated island method [J]. Safety Science, 2011, 49(3): 463-467.

[89] Reniers G. An external domino effects investment approach to improve cross-plant safety within chemical clusters [J]. Journal of Hazardous Materials, 2010, 177(1): 167-174.

[90]孙东亮. 化工事故多米诺效应风险及其控制技术研究[D]. 南京: 南京工业大学, 2011.

[91] Weininger D. Smiles, a chemical language and information-system.1.Introduction to methodology and encoding rules [J]. Journal of Chemical Information and Computer Sciences, 1988, 28(1): 31-36.

[92] Liu Y, Xie M. Rebooting data-driven soft-sensors in process industries: A review of kernel methods [J]. Journal of Process Control, 2020, 89: 58-73.

[93] Yuan X, Qi S, Shardt Y, Wang Y, Yang C, Gui W. Soft sensor model for dynamic processes based on multichannel convolutional neural network [J]. Chemometrics & Intelligent Laboratory Systems, 2020, 203: 104050.

[94] Bao Y, Zhu Y, Du W, Zhong W, Qian F. A distributed PCA-TSS based soft sensor for raw meal fineness in VRM system [J]. Control Engineering Practice, 2019, 90: 38-49.

[95] Liu K, Shao W, Chen G. Autoencoder-based nonlinear bayesian locally weighted regression for soft sensor development [J]. ISA Transactions, 2020, 103: 143-155.

[96] Zhang X, Kano M, Matsuzaki S. A comparative study of deep and shallow predictive techniques for hot metal temperature prediction in blast furnace ironmaking [J]. Computers & Chemical Engineering, 2019, 130: 106575.

[97] Tang Q, Li D, Xi Y. A new active learning strategy for soft sensor modeling based on feature reconstruction and uncertainty evaluation [J]. Chemometrics & Intelligent Laboratory Systems, 2018, 172: 43-51.

[98] Herceg S, Ujević Andrijić Ž, Bolf N. Development of soft sensors for isomerization process based on support vector machine regression and dynamic polynomial models [J]. Chemical Engineering Research & Design, 2019, 149: 95-103.

[99] Wang Z, Man Y, Hu Y, Li J, Hong M, Cui P. A deep learning based dynamic COD prediction model for urban sewage [J]. Environmental Science: Water Research & Technology, 2019, 5(12): 2210-2218.

[100] Xiao H, Bai B, Li X, Liu J, Liu Y, Huang D. Interval multiple-output soft sensors development with capacity control for wastewater treatment applications: A comparative study[J]. Chemometrics & Intelligent Laboratory Systems, 2019, 184: 82-93.

[101] Xiong W, Zhang W, Xu B, Huang B. Jitl based MWGPR soft sensor for multi-mode process with dual-updating strategy [J]. Computers & Chemical Engineering, 2016, 90: 260-267.

[102] Zendehboudi A, Baseer M A, Saidur R. Application of support vector machine models for forecasting solar and wind energy resources: A review [J]. Journal of Cleaner Production, 2018, 199: 272-285.

[103] Bourdeau M, Zhai X Q, Nefzaoui E, Guo X, Chatellier P. Modeling and forecasting building energy consumption: A review of data-driven techniques [J]. Sustainable Cities & Society, 2019, 48: 101533.

[104] Liu H, Zhang Y, Zhang H. Prediction of effluent quality in papermaking wastewater treatment processes using dynamic kernel-based extreme learning machine [J]. Process Biochemistry, 2020, 97: 72-79.

[105] Chen X, Mao Z, Jia R, Zhang S. Ensemble regularized local finite impulse response models and soft sensor application in nonlinear dynamic industrial processes [J]. Applied Soft Computing, 2019, 85: 105806.

[106] Nocedal J, Wright S. Numerical optimization [M]. New York：Springer-Verlag, 1999.

[107] Gill P E, Murray W, Saunders M A. SNOPT: An SQP algorithm for large-scale constrained optimization [J]. SIAM Review, 2005, 47(1): 99-131.

[108] Yeomans H, Grossmann I E. A systematic modeling framework of superstructure optimization in process synthesis [J]. Computers & Chemical Engineering, 1999, 23(6): 709-731.

[109] Attaviriyanupap P, Kita H, Tanaka E, Hasegawa J. A hybrid ep and SQP for dynamic economic dispatch with nonsmooth fuel cost function [J]. IEEE Transactions on Power Systems, 2002, 17(2): 411-416.

[110] Büskens C, Maurer H. SQP-methods for solving optimal control problems with control and state constraints: Adjoint variables, sensitivity analysis and real-time control [J]. Journal of Computational & Applied mathematics, 2000, 120(1-2): 85-108.

[111] Fletcher R, Leyffer S, Ralph D, Scholtes S. Local convergence of SQP methods for mathematical programs with equilibrium constraints [J]. SIAM Journal on Optimization, 2006, 17(1): 259-286.

[112] Kezunovic M. A survey of neural net applications to protective relaying and fault analysis [J]. Engineering Intelligent Systems for Electrical Engineering and Communications, 1997, 5: 185-192.

[113] Kocis G R, Grossmann I E. A modelling and decomposition strategy for the MINLP optimization of process flowsheets [J]. Computers & Chemical Engineering, 1989, 13(7): 797-819.

[114] Yang X, Dong H G, Grossmann I E. A framework for synthesizing the optimal separation process of azeotropic mixtures [J]. AIChE Journal, 2012, 58(5): 1487-1502.

[115] Cardoso M F, Salcedo R L, de Azevedo S F, Barbosa D. A simulated annealing approach to the solution of MINLP problems [J]. Computers & Chemical Engineering, 1997, 21(12): 1349-1364.

[116] Floudas C A, Aggarwal A, Ciric A R. Global optimum search for nonconvex NLP and MINLP problems [J]. Computers & Chemical Engineering, 1989, 13(10): 1117-1132.

[117] Viswanathan J, Grossmann I E. A combined penalty function and outer-approximation method for MINLP optimization [J]. Computers & Chemical Engineering, 1990, 14(7): 769-782.

[118] Westerlund T, Pettersson F. An extended cutting plane method for solving convex MINLP problems [J]. Computers & Chemical Engineering, 1995, 19: 131-136.

[119] 陈家星, 崔国民, 彭富裕, 朱玉双. 基于种群多样性的改进差分进化算法应用于换热网络优化[J]. 热能动力工程, 2017, 32(4): 29-37.

[120] 段海滨. 蚁群算法原理及其应用[M]. 北京：科学出版社, 2005.

[121] 雷秀娟. 群智能优化算法及其应用[M]. 北京：科学出版社, 2012.

[122] 王梦兰. 智能优化算法的比较与改进[J]. 中国水运, 2012, (12): 48-49.

[123] 张雯雰, 滕少华, 李丽娟. 改进的群搜索优化算法[J]. 计算机工程与应用, 2009, 45(4): 48-51.

[124] Discenzo F M. System and method for dynamic multi-objective optimization of machine selection, integration and utilization：US 6847854B2 [P].2008-09-30.

[125] Ogumerem G S, Kim C, Kesisoglou I, Diangelakis N A, Pistikopoulos E N. A multi-objective optimization for the design and operation of a hydrogen network for transportation fuel [J]. Chemical Engineering Research and Design, 2018, 131: 279-292.

[126] Rangaiah G P, Sharma S, Sreepathi B K. Multi-objective optimization for the design and operation of energy efficient chemical processes and power generation [J]. Current Opinion in Chemical Engineering, 2015, 10: 49-62.

[127] 秦建华, 李智. 智能蚁群算法在化工过程优化中的应用[J]. 化工自动化及仪表, 2005, 32(3): 28-30.

[128] 常晓萍, 秦建华, Lou Y. 粒子群算法在化工过程优化中的应用[J]. 石油化工高等学校学报, 2007, 20(1): 92-95.

[129] Pond S L K, Posada D, Gravenor M B, Woelk C H, Frost S D W. GARD: A genetic algorithm for recombination detection [J]. Bioinformatics, 2006, 22(24): 3096-3098.

[130] Majewski D E, Wirtz M, Lampe M, Bardow A. Robust multi-objective optimization for sustainable design of distributed energy supply systems [J]. Computers & Chemical Engineering, 2017, 102: 26-39.

[131] Elhoseny M, Tharwat A, Farouk A, Hassanien A E. K-coverage model based on genetic algorithm to extend wsn lifetime [J]. IEEE Sensors Letters, 2017, 1(4): 1-4.

[132] Jafar-Zanjani S, Inampudi S, Mosallaei H. Adaptive genetic algorithm for optical metasurfaces design [J]. Scientific Reports, 2018, 8(1): 1-16.

[133] Sivaram M, Batri K, Amin Salih M, Porkodi V. Exploiting the local optima in genetic algorithm using tabu search [J]. Indian Journal of Science & Technology, 2019, 12(1): 1-13.

[134] Deb K, Pratap A, Agarwal S, Meyarivan T. A fast and elitist multiobjective genetic algorithm: NSGA-Ⅱ [J]. IEEE Transactions on Evolutionary Computation, 2002, 6(2): 182-197.

[135] Murugan P, Kannan S, Baskar S. NSGA-Ⅱ algorithm for multi-objective generation expansion planning problem [J]. Electric Power Systems Research, 2009, 79(4): 622-628.

[136] Jiang S, Yang S. A strength pareto evolutionary algorithm based on reference direction for multiobjective and many-objective optimization [J]. IEEE Transactions on Evolutionary Computation, 2017, 21(3): 329-346.

[137] BP. BP statistical review of world energy 2019 [R]. 2019.

[138] Kiss A A, Smith R. Rethinking energy use in distillation processes for a more sustainable chemical industry [J]. Energy, 2020, 203: 117788.

[139] Ahmad T, Chen H. A review on machine learning forecasting growth trends and their real-time applications in different energy systems [J]. Sustainable Cities & Society, 2020, 54: 102010.

[140] Ahmed R, Sreeram V, Mishra Y, Arif M D. A review and evaluation of the state-of-the-art in PV solar power forecasting: Techniques and optimization [J]. Renewable & Sustainable Energy Reviews, 2020, 124: 109792.

[141] Liu H, Chen C, Lv X, Wu X, Liu M. Deterministic wind energy forecasting: A review of intelligent predictors and auxiliary methods [J]. Energy Conversion and Management, 2019, 195: 328-345.

[142] Singh P, Dwivedi P, Kant V. A hybrid method based on neural network and improved environmental adaptation method using controlled gaussian mutation with real parameter for short-term load forecasting [J]. Energy, 2019, 174: 460-477.

[143] 单体华, 秦砺寒, 韩江磊, 史智萍, 王智敏, 牛东晓. 基于FWA-LSSVR智能算法的钢铁行业用电量预测研究[J]. 中国电力, 2016, 49(S1): 89-93.

[144] Hu Y, Li J, Hong M, Ren J, Lin R, Liu Y, Liu M, Man Y. Short term electric load forecasting model and its verification for process industrial enterprises based on hybrid GA-PSO-BPNN algorithm—a case study of papermaking process [J]. Energy, 2019, 170: 1215-1227.

[145] Somu N,Raman M R G, Ramamritham K. A hybrid model for building energy consumption forecasting using long short term memory networks [J]. Applied Energy, 2020, 261: 114131.

[146] Chitalia G, Pipattanasomporn M, Garg V, Rahman S. Robust short-term electrical load forecasting framework for commercial buildings using deep recurrent neural networks [J]. Applied Energy, 2020, 278: 115410.

[147] Lu C, Li W, Gao S. Driving determinants and prospective prediction simulations on carbon emissions peak for china's heavy chemical industry [J]. Journal of Cleaner Production, 2020, 251: 119642.

[148] Ma X, Wang Y, Wang C. Low-carbon development of China's thermal power industry based on an international comparison: Review, analysis and forecast [J]. Renewable & Sustainable Energy Reviews, 2017, 80: 942-970.

[149] Zhang L, Shen Q, Wang M, Sun N, Wei W, Lei Y, Wang Y. Driving factors and predictions of CO_2 emission in China's coal chemical industry [J]. Journal of Cleaner Production, 2019, 210: 1131-1140.

[150] Geng Z, Bai J, Jiang D, Han Y. Energy structure analysis and energy saving of complex chemical industries: A novel fuzzy interpretative structural model [J]. Applied Thermal Engineering, 2018, 142: 433-443.

[151] Zhou S, Wang Y, Yuan Z, Ou X. Peak energy consumption and CO_2 emissions in China's industrial sector [J]. Energy Strategy Reviews, 2018, 20: 113-123.

[152] Alibakhshi A, Mirshahvalad H, Alibakhshi S. Prediction of flash points of pure organic compounds: Evaluation of the dippr database [J]. Process Safety & Environmental Protection, 2017, 105: 127-133.

[153] Frutiger J, Marcarie C, Abildskov J, Sin G. Group-contribution based property estimation and uncertainty analysis for flammability-related properties [J]. Journal of Hazardous Materials, 2016, 318: 783-793.

[154] Gharagheizi F. A new group contribution-based model for estimation of lower flammability limit of pure compounds [J]. Journal of Hazardous Materials, 2009, 170(2-3): 595-604.

[155] Pan Y, Jiang J, Wang R, Cao H. Advantages of support vector machine in QSPR studies for predicting auto-ignition temperatures of organic compounds [J]. Chemometrics & Intelligent Laboratory Systems, 2008, 92(2): 169-178.

[156] Pan Y, Jiang J, Wang R, Cao H, Zhao J. Quantitative structure–property relationship studies for predicting flash points of organic compounds using support vector machines [J]. QSAR & Combinatorial Science, 2008, 27(8): 1013-1019.

[157] Pan Y, Jiang J, Wang R, Cao H, Zhao J. Prediction of auto-ignition temperatures of hydrocarbons by neural network based on atom-type electrotopological-state indices [J]. Journal of Hazardous Materials, 2008, 157(2-3): 510-517.

[158] Arnot J A, Gobas F A P C. A review of bioconcentration factor (BCF) and bioaccumulation factor (BAF) assessments for organic chemicals in aquatic organisms [J]. Environmental Reviews, 2006, 14(4): 257-297.

[159] Hanson K B, Hoff D J, Lahren T J, Mount D R, Squillace A J, Burkhard L P. Estimating n-octanol-water partition coefficients for neutral highly hydrophobic chemicals using measured n-butanol-water partition coefficients [J]. Chemosphere, 2019, 218: 616-623.

[160] Hukkerikar A S, Kalakul S, Sarup B, Young D M, Sin G R, Gani R. Estimation of environment-related properties of chemicals for design of sustainable processes: Development of group-contribution+ (GC+) property models and uncertainty analysis [J]. Journal of Chemical Information & Modeling, 2012, 52(11): 2823-2839.

[161] Hukkerikar A S, Sarup B, Ten Kate A, Abildskov J, Sin G, Gani R. Group-contribution+ (GC+) based estimation of properties of pure components: Improved property estimation and uncertainty analysis [J]. Fluid Phase Equilibria, 2012, 321: 25-43.

[162] Marrero J, Gani R. Group-contribution-based estimation of octanol/water partition coefficient and aqueous solubility [J]. Industrial & Engineering Chemistry Research, 2002, 41(25): 6623-6633.

[163] Yan X, Wang J, Jiang Q. Deep relevant representation learning for soft sensing [J]. Information Sciences, 2020, 514: 263-274.

[164] Duan J, Dixon S L, Lowrie J F, Sherman W. Analysis and comparison of 2D fingerprints: Insights into database screening performance using eight fingerprint methods [J]. Journal of Molecular Graphics and Modelling, 2010, 29(2): 157-170.

[165] Frutiger J, Abildskov J, Sin G. Outlier treatment for improving parameter estimation of group contribution based models for upper flammability limit [J]. Computer Aided Chemical Engineering, 2015, 37: 503-508.

[166] Frutiger J, Marcarie C, Abildskov J, Sin G R. A comprehensive methodology for development, parameter estimation, and uncertainty analysis of group contribution based property models—An application to the heat of combustion [J]. Journal of Chemical & Engineering Data, 2016, 61(1): 602-613.

[167] Jaworska J, Nikolova-Jeliazkova N, Aldenberg T. QSAR applicability domain estimation by projection of the training set in descriptor space: A review [J]. Alternatives to Laboratory Animals, 2005, 33(5): 445-459.

[168] Netzeva T I, Worth A P, Aldenberg T, Benigni R, Cronin M T D, Gramatica P, Jaworska J S, Kahn S, Klopman G, Marchant C A. Current status of methods for defining the applicability domain of (quantitative) structure-activity relationships: The report and recommendations of ECVAM workshop 52 [J]. Alternatives to Laboratory Animals, 2005, 33(2): 155-173.

[169] Nikolova-Jeliazkova N, Jaworska J. An approach to determining applicability domains for QSAR group contribution models: An analysis of SRC KOWWIN [J]. Alternatives to Laboratory Animals, 2005, 33(5): 461-470.

[170] Bolton E E, Wang Y, Thiessen P A, Bryant S H. Pubchem: Integrated platform of small molecules and biological activities [M]. Annual reports in computational chemistry. Elsevier, 2008: 217-241.

[171] Faulon J L, Collins M J, Carr R D. The signature molecular descriptor. 4. Canonizing molecules using extended

valence sequences [J]. Journal of Chemical Information & Computer Sciences, 2004, 44(2): 427-436.

[172] Faulon J L, Visco D P, Pophale R S. The signature molecular descriptor. 1. Using extended valence sequences in QSAR and QSPR studies [J]. Journal of Chemical Information & Computer Sciences, 2003, 43(3): 707-720.

[173] Steinbeck C, Han Y, Kuhn S, Horlacher O, Luttmann E, Willighagen E. The chemistry development kit (CDK): An open-source JAVA library for chemo-and bioinformatics [J]. Journal of Chemical Information & Computer Sciences, 2003, 43(2): 493-500.

[174] Tropsha A. Best practices for QSAR model development, validation, and exploitation [J]. Molecular informatics, 2010, 29(6-7): 476-488.

[175] Willighagen E L, Mayfield J W, Alvarsson J, Berg A, Carlsson L, Jeliazkova N, Kuhn S, Pluskal T, Rojas-Chertó M, Spjuth O. The chemistry development kit (CDK) v2.0: Atom typing, depiction, molecular formulas, and substructure searching [J]. Journal of Cheminformatics, 2017, 9(1): 33.

[176] Su Y, Wang Z, Jin S, Shen W, Ren J, Eden M R. An architecture of deep learning in QSPR modeling for the prediction of critical properties using molecular signatures [J]. AIChE Journal, 2019, 65(9): e16678.

[177] Wang Z, Su Y, Shen W, Jin S, Clark J H, Ren J, Zhang X. Predictive deep learning models for environmental properties: The direct calculation of octanol–water partition coefficients from molecular graphs [J]. Green Chemistry, 2019, 21(16): 4555-4565.

[178] Wang Z, Su Y, Jin S, Shen W, Ren J, Zhang X, Clark J H. A novel unambiguous strategy of molecular feature extraction in machine learning assisted predictive models for environmental properties [J]. Green Chemistry, 2020, 22(12): 3867-3876.

[179] Feng F, Lai L, Pei J. Computational chemical synthesis analysis and pathway design [J]. Frontiers in Chemistry, 2018, 6: 199.

[180] Goh G B, Hodas N O, Vishnu A. Deep learning for computational chemistry[J]. Journal of Computational Chemistry, 2017, 38(16): 1291-1307.

[181] Ivanciuc O. Design of topological indices. Part 26: Structural descriptors computed from the laplacian matrix of weighted molecular graphs: Modeling the aqueous solubility of aliphatic alcohols [J]. Revue Roumaine de Chimie, 2001, 46(12): 1331-1348.

[182] Min S, Lee B, Yoon S. Deep learning in bioinformatics [J]. Briefings in Bioinformatics, 2017, 18(5): 851-869.

[183] Randic M. Characterization of molecular branching [J]. Journal of the American Chemical Society, 1975, 97(23): 6609-6615.

[184] 徐优俊, 裴剑锋. 深度学习在化学信息学中的应用[J]. 大数据, 2017, 3(2): 45-66.

[185] Kier L B. A shape index from molecular graphs [J]. Quantitative Structure-Activity Relationships, 1985, 4(3): 109-116.

[186] Lusci A, Pollastri G, Baldi P. Deep architectures and deep learning in chemoinformatics: The prediction of aqueous solubility for drug-like molecules [J]. Journal of Chemical Information & Modeling, 2013, 53(7): 1563-1575.

[187] Wiener H. Structural determination of paraffin boiling points [J]. Journal of the American Chemical Society, 1947, 69(1): 17-20.

[188] Chakravarti S K, Alla S R M. Descriptor free QSAR modeling using deep learning with long short-term memory neural networks [J]. Frontiers in Artificial Intelligence, 2019, 2: 1-18.

[189] Goh G B, Hodas N O, Siegel C, Vishnu A. SMILES 2vec: An interpretable general-purpose deep neural network for predicting chemical properties [J]. arXiv, 2018: 1712.02034v2.

[190] Basak S C, Gute B D, Grunwald G D. Use of topostructural, topochemical, and geometric parameters in the prediction of vapor pressure: A hierarchical QSAR approach [J]. Journal of Chemical Information & Computer Sciences, 1997, 37(4): 651-655.

[191] Gani R, Harper P M, Hostrup M. Automatic creation of missing groups through connectivity index for pure-component property prediction [J]. Industrial & Engineering Chemistry Research, 2005, 44(18):

7262-7269.

[192] Goh G B, Siegel C, Vishnu A, Hodas N. Using rule-based labels for weak supervised learning: A chemnet for transferable chemical property prediction[C].Proceedings of the the 24th ACM SIGKDD International Conference on Knowledge Discovery & Data Mining, London, 2018.

[193] Goh G B, Siegel C, Vishnu A, Hodas N O, Baker N. Chemception: A deep neural network with minimal chemistry knowledge matches the performance of expert-developed QSAR/QSPR models [J]. arXiv,2017: 1706.06689.

[194] Hosoya H. Topological index. A newly proposed quantity characterizing the topological nature of structural isomers of saturated hydrocarbons [J]. Bulletin of the Chemical Society of Japan, 1971, 44(9): 2332-2339.

[195] Kier L B, Murray W J, RandićM, Hall L H. Molecular connectivity V: Connectivity series concept applied to density [J]. Journal of Pharmaceutical Sciences, 1976, 65(8): 1226-1230.

[196] Xue L, Godden J W, Stahura F L, Bajorath J. Design and evaluation of a molecular fingerprint involving the transformation of property descriptor values into a binary classification scheme [J]. Journal of Chemical Information & Computer Sciences, 2003, 43(4): 1151-1157.

[197] Bender A, Glen R C. Molecular similarity: A key technique in molecular informatics [J]. Organic & Biomolecular Chemistry, 2004, 2(22): 3204-3218.

[198] Bender A, Mussa H Y, Glen R C, Reiling S. Similarity searching of chemical databases using atom environment descriptors (MOLPRINT 2D): Evaluation of performance [J]. Journal of Chemical Information & Computer Sciences, 2004, 44(5): 1708-1718.

[199] Martin T M, Young D M. Prediction of the acute toxicity (96-h LC50) of organic compounds to the fathead minnow (pimephales promelas) using a group contribution method [J]. Chemical Research in Toxicology, 2001, 14(10): 1378-1385.

[200] Rogers D, Hahn M. Extended-connectivity fingerprints [J]. Journal of Chemical Information & Modeling, 2010, 50(5): 742-754.

[201] 刘哲夫. 新型特征选择与机器学习结合方法在化工数据中的应用[D]. 北京: 中国石油大学, 2016.

[202] Wang B, Chen B, Zhao J. The real-time estimation of hazardous gas dispersion by the integration of gas detectors, neural network and gas dispersion models [J]. Journal of Hazardous Materials, 2015, 300: 433-442.

[203] Wang B, Qian F. Three dimensional gas dispersion modeling using cellular automata and artificial neural network in urban environment [J]. Process Safety & Environmental Protection, 2018, 120: 286-301.

[204] Loy Y Y, Rangaiah G P, Lakshminarayanan S. Surrogate modelling for enhancing consequence analysis based on computational fluid dynamics [J]. Journal of Loss Prevention in the Process Industries, 2017, 48: 173-185.

[205] Ma D, Tan W, Wang Q, Zhang Z, Gao J, Wang X, Xia F. Location of contaminant emission source in atmosphere based on optimal correlated matching of concentration distribution [J]. Process Safety & Environmental Protection, 2018, 117: 498-510.

[206] Yuan Z, Wang W, Wang H, Mizzi S. Combination of cuckoo search and wavelet neural network for midterm building energy forecast [J]. Energy, 2020, 202: 117728.

[207] Ma D, Tan W, Wang Q, Zhang Z, Gao J, Zeng Q, Wang X, Xia F, Shi X. Application and improvement of swarm intelligence optimization algorithm in gas emission source identification in atmosphere [J]. Journal of Loss Prevention in the Process Industries, 2018, 56: 262-271.

[208] Mao S, Zhao Y, Chen J, Wang B, Tang Y. Development of process safety knowledge graph: A case study on delayed coking process [J]. Computers & Chemical Engineering, 2020, 143: 107094.

[209] Yuan X, Ou C, Wang Y, Yang C, Gui W. A novel semi-supervised pre-training strategy for deep networks and its application for quality variable prediction in industrial processes [J]. Chemical Engineering Science, 2020, 217: 115509.

[210] Yuan X, Zhou J, Wang Y. A spatial-temporal LWPLS for adaptive soft sensor modeling and its application for an industrial hydrocracking process [J]. Chemometrics & Intelligent Laboratory Systems, 2020, 197: 103921.

[211] Yuan X, Ou C, Wang Y, Yang C, Gui W. Deep quality-related feature extraction for soft sensing modeling: A deep learning approach with hybrid vw-sae [J]. Neurocomputing, 2020, 396: 375-382.

[212] Corrigan J, Zhang J. Integrating dynamic slow feature analysis with neural networks for enhancing soft sensor performance [J]. Computers & Chemical Engineering, 2020, 139: 106842.

[213] Curreri F, Graziani S, Xibilia M G. Input selection methods for data-driven soft sensors design: Application to an industrial process [J]. Information Sciences, 2020, 537: 1-17.

[214] He Y L, Tian Y, Xu Y, Zhu Q X. Novel soft sensor development using echo state network integrated with singular value decomposition: Application to complex chemical processes [J]. Chemometrics and Intelligent Laboratory Systems, 2020, 200: 103981.

[215] Geng Z, Dong J, Chen J, Han Y. A new self-organizing extreme learning machine soft sensor model and its applications in complicated chemical processes [J]. Engineering Applications of Artificial Intelligence, 2017, 62: 38-50.

[216] Wang X, Yuan P, Mao Z, You M. Molten steel temperature prediction model based on bootstrap feature subsets ensemble regression trees [J]. Knowledge-Based Systems, 2016, 101: 48-59.

[217] Wang X J, Wang X Y, Zhang Q, Mao Z Z. The soft sensor of the molten steel temperature using the modified maximum entropy based pruned bootstrap feature subsets ensemble method [J]. Chemical Engineering Science, 2018, 189: 401-412.

[218] Chen X, Chen X, She J, Wu M. A hybrid just-in-time soft sensor for carbon efficiency of iron ore sintering process based on feature extraction of cross-sectional frames at discharge end [J]. Journal of Process Control, 2017, 54: 14-24.

[219] Liu H, Yang C, Huang M, Yoo C. Soft sensor modeling of industrial process data using kernel latent variables-based relevance vector machine [J]. Applied Soft Computing, 2020, 90: 106149.

[220] Chen X, Zhong W, Jiang C, Li Z, Peng X, Cheng H. Key performance index estimation based on ensemble locally weighted partial least squares and its application on industrial nonlinear processes [J]. Chemometrics and Intelligent Laboratory Systems, 2020, 203: 104031.

[221] Liu X, Jin J, Wu W, Herz F. A novel support vector machine ensemble model for estimation of free lime content in cement clinkers [J]. ISA Transactions, 2020, 99: 479-487.

[222] Li W, Wang D, Zhou X, Chai T. An improved multi-source based soft sensor for measuring cement free lime content [J]. Information Sciences, 2015, 323: 94-105.

[223] Mei C, Su Y, Liu G, Ding Y, Liao Z. Dynamic soft sensor development based on gaussian mixture regression for fermentation processes [J]. Chinese Journal of Chemical Engineering, 2017, 25(1): 116-122.

[224] Qin Y, Zhao C, Huang B. A new soft-sensor algorithm with concurrent consideration of slowness and quality interpretation for dynamic chemical process [J]. Chemical Engineering Science, 2019, 199: 28-39.

[225] Zheng W, Liu Y, Gao Z, Yang J. Just-in-time semi-supervised soft sensor for quality prediction in industrial rubber mixers [J]. Chemometrics & Intelligent Laboratory Systems, 2018, 180: 36-41.

[226] Chen J, Yu J, Zhang Y. Multivariate video analysis and gaussian process regression model based soft sensor for online estimation and prediction of nickel pellet size distributions [J]. Computers & Chemical Engineering, 2014, 64: 13-23.

[227] Yuan X, Qi S, Wang Y, Xia H. A dynamic CNN for nonlinear dynamic feature learning in soft sensor modeling of industrial process data [J]. Control Engineering Practice, 2020, 104: 104614.

[228] Man Y, Hu Y, Ren J. Forecasting COD load in municipal sewage based on ARMA and VAR algorithms [J]. Resources, Conservation & Recycling, 2019, 144: 56-64.

[229] Daróczy L, Janiga G, Thévenin D. Systematic analysis of the heat exchanger arrangement problem using multi-objective genetic optimization [J]. Energy, 2014, 65: 364-373.

[230] Hajabdollahi H, Ahmadi P, Dincer I. Multi-objective optimization of plain fin-and-tube heat exchanger using evolutionary algorithm [J]. Journal of Thermophysics and Heat Transfer, 2011, 25(3): 424-431.

[231] Kashani A H A, Maddahi A, Hajabdollahi H. Thermal-economic optimization of an air-cooled heat exchanger unit [J]. Applied Thermal Engineering, 2013, 54(1): 43-55.

[232] Sanaye S, Modarrespoor D. Thermal-economic multiobjective optimization of heat pipe heat exchanger for energy recovery in hvac applications using genetic algorithm [J]. Thermal Science, 2014, 18(suppl 2): 375-391.

[233] Thiele L, Miettinen K, Korhonen P J, Molina J. A preference-based evolutionary algorithm for multi-objective optimization [J]. Evolutionary Computation, 2009, 17(3): 411-436.

[234] Bravo-Bravo C, Segovia-Hernández J G, Hernández S, Gómez-Castro F I, Gutiérrez-Antonio C, Briones-Ramírez A. Hybrid distillation/melt crystallization process using thermally coupled arrangements: Optimization with evolutive algorithms [J]. Chemical Engineering & Processing: Process Intensification, 2013, 67: 25-38.

[235] Micovic J, Beierling T, Lutze P, Sadowski G, Górak A. Design of hybrid distillation/melt crystallisation processes for separation of close boiling mixtures [J]. Chemical Engineering & Processing: Process Intensification, 2013, 67: 16-24.

[236] Yang A, Su Y, Chien I L, Jin S, Yan C, Shen W. Investigation of an energy-saving double-thermally coupled extractive distillation for separating ternary system benzene/toluene/cyclohexane [J]. Energy, 2019, 186: 115756.

[237] Yang A, Su Y, Shen W, Chien I L, Ren J. Multi-objective optimization of organic Rankine cycle system for the waste heat recovery in the heat pump assisted reactive dividing wall column [J]. Energy Conversion & Management, 2019, 199: 112041.

[238] Porzio G F, Colla V, Matarese N, Nastasi G, Branca T A, Amato A, Fornai B, Vannucci M, Bergamasco M. Process integration in energy and carbon intensive industries through exploitation of optimization techniques and decision support [J]. Chemical Engineering Transactions, 2013, 35: 193-198.

[239] Porzio G F, Colla V, Matarese N, Nastasi G, Branca T A, Amato A, Fornai B, Vannucci M, Bergamasco M. Process integration in energy and carbon intensive industries: An example of exploitation of optimization techniques and decision support [J]. Applied Thermal Engineering, 2014, 70(2): 1148-1155.

[240] Sreepathi B K, Rangaiah G P. Improved heat exchanger network retrofitting using exchanger reassignment strategies and multi-objective optimization [J]. Energy, 2014, 67: 584-594.

[241] Sreepathi B K, Rangaiah G P. Retrofitting of heat exchanger networks involving streams with variable heat capacity: Application of single and multi-objective optimization [J]. Applied Thermal Engineering, 2015, 75: 677-684.

[242] 肖媛, 崔国民, 李帅龙. 一种新的用于换热网络全局优化的强制进化随机游走算法[J]. 化工学报, 2016, 67(12): 5140-5147.

[243] 李初福, 陈丙珍, 何小荣, 邱彤, 胡山鹰. 用于含过失误差数据稳态检测的改进滤波法[J]. 清华大学学报(自然科学版), 2004, 44(9): 1160-1162.

[244] 蒙西, 乔俊飞, 韩红桂. 基于类脑模块化神经网络的污水处理过程关键出水参数软测量[J]. 自动化学报, 2019, 45(5): 906-919.

[245] Biegler L T. Nonlinear optimization strategies for process separations and process intensification [J]. Chemie Ingenieur Technik, 2020, 92(7): 867-878.

[246] Bortz D M, Kelley C T. The simplex gradient and noisy optimization problems. Computational methods for optimal design and control[C]. Springer, 1998: 77-90.

[247] Vallerio K S, Zhong L, Jha N K. Energy-efficient graphical user interface design [J]. IEEE Transactions on Mobile Computing, 2006, 5(7): 846-859.

[248] Su Y, Jin S, Zhang X, Shen W, Eden M R, Ren J. Stakeholder-oriented multi-objective process optimization based on an improved genetic algorithm [J]. Computers & Chemical Engineering, 2020, 132: 106618.

[249] Lin Y, Du W. A two-level optimization framework for cyclic scheduling of ethylene cracking furnace system[C]. Proceedings of the 2018 IEEE Congress on Evolutionary Computation (CEC), 2018.

[250] Jin Y, Li J, Du W, Qian F. Multi-objective optimization of pseudo-dynamic operation of naphtha pyrolysis by a surrogate model [J]. Chemical Engineering & Technology, 2015, 38(5): 900-906.

[251] Yu K, While L, Reynolds M, Wang X, Liang J J, Zhao L, Wang Z. Multiobjective optimization

of ethylene cracking furnace system using self-adaptive multiobjective teaching-learning-based optimization [J]. Energy, 2018, 148: 469-481.

[252] Du W, Bao C, Chen X, Tian L, Jiang D. Dynamic optimization of the tandem acetylene hydrogenation process [J]. Industrial & Engineering Chemistry Research, 2016, 55(46): 11983-11995.

[253] Li Z, Du W, Zhao L, Qian F. Synthesis and optimization of utility system using parameter adaptive differential evolution algorithm [J]. Chinese Journal of Chemical Engineering, 2015, 23(8): 1350-1356.

[254] Zhang Y, Deng C, Zhao R, Leto S. A novel integrated price and load forecasting method in smart grid environment based on multi-level structure [J]. Engineering Applications of Artificial Intelligence, 2020, 95: 103852.

[255] Aly H H H. A novel deep learning intelligent clustered hybrid models for wind speed and power forecasting [J]. Energy, 2020, 213: 118773.

[256] Sabzehgar R, Amirhosseini D Z, Rasouli M. Solar power forecast for a residential smart microgrid based on numerical weather predictions using artificial intelligence methods [J]. Journal of Building Engineering, 2020, 32: 101629.

[257] Hafeez G, Alimgeer K S, Khan I. Electric load forecasting based on deep learning and optimized by heuristic algorithm in smart grid [J]. Applied Energy, 2020, 269: 114915.

[258] Fan C, Ding C, Zheng J, Xiao L, Ai Z. Empirical mode decomposition based multi-objective deep belief network for short-term power load forecasting [J]. Neurocomputing, 2020, 388: 110-123.

[259] Kim J, Moon J, Hwang E, Kang P. Recurrent inception convolution neural network for multi short-term load forecasting [J]. Energy and Buildings, 2019, 194: 328-341.

[260] Liu X, Zhang H, Kong X, Lee K Y. Wind speed forecasting using deep neural network with feature selection [J]. Neurocomputing, 2020, 397: 393-403.

[261] Aly H H H. An intelligent hybrid model of neuro wavelet, time series and recurrent kalman filter for wind speed forecasting [J]. Sustainable Energy Technologies and Assessments, 2020, 41: 100802.

[262] Ben Ammar R, Ben Ammar M, Oualha A. Photovoltaic power forecast using empirical models and artificial intelligence approaches for water pumping systems [J]. Renewable Energy, 2020, 153: 1016-1028.

[263] Louzazni M, Mosalam H, Khouya A, Amechnoue K. A non-linear auto-regressive exogenous method to forecast the photovoltaic power output [J]. Sustainable Energy Technologies and Assessments, 2020, 38: 100670.

[264] Yin W, Han Y, Zhou H, Ma M, Li L, Zhu H. A novel non-iterative correction method for short-term photovoltaic power forecasting [J]. Renewable Energy, 2020, 159: 23-32.

[265] Niu D, Wang K, Sun L, Wu J, Xu X. Short-term photovoltaic power generation forecasting based on random forest feature selection and ceemd: A case study [J]. Applied Soft Computing, 2020, 93: 106389.

[266] Belmahdi B, Louzazni M, Bouardi A E. One month-ahead forecasting of mean daily global solar radiation using time series models [J]. Optik, 2020, 219: 165207.

[267] Liu T, Tan Z, Xu C, Chen H, Li Z. Study on deep reinforcement learning techniques for building energy consumption forecasting [J]. Energy & Buildings, 2020, 208: 109675.

[268] Zhang G, Tian C, Li C, Zhang J J, Zuo W. Accurate forecasting of building energy consumption via a novel ensembled deep learning method considering the cyclic feature [J]. Energy, 2020, 201: 117531.

[269] Wen L, Zhou K, Yang S. Load demand forecasting of residential buildings using a deep learning model [J]. Electric Power Systems Research, 2020, 179: 106073.

[270] Li J, Zhu S, Wu Q. Monthly crude oil spot price forecasting using variational mode decomposition [J]. Energy Economics, 2019, 83: 240-253.

[271] Bisoi R, Dash P K, Mishra S P. Modes decomposition method in fusion with robust random vector functional link network for crude oil price forecasting [J]. Applied Soft Computing, 2019, 80: 475-493.

[272] Tan Z, De G, Li M, Lin H, Yang S, Huang L, Tan Q. Combined electricity-heat-cooling-gas load forecasting model for integrated energy system based on multi-task learning and least square support vector machine [J]. Journal of Cleaner Production, 2020, 248: 119252.

[273] Wang S, Wang S, Chen H, Gu Q. Multi-energy load forecasting for regional integrated energy systems considering temporal dynamic and coupling characteristics [J]. Energy, 2020, 195: 116964.

[274] Ma S. A hybrid deep meta-ensemble networks with application in electric utility industry load forecasting [J]. Information Sciences, 2021, 544: 183-196.

[275] di Piazza A, di Piazza M C, la Tona G, Luna M. An artificial neural network-based forecasting model of energy-related time series for electrical grid management [J]. Mathematics & Computers in Simulation, 2020, 184: 294-305.

[276] Li C. Designing a short-term load forecasting model in the urban smart grid system [J]. Applied Energy, 2020, 266: 114850.

[277] Wu Z, Xia X, Xiao L, Liu Y. Combined model with secondary decomposition-model selection and sample selection for multi-step wind power forecasting [J]. Applied Energy, 2020, 261: 114345.

[278] Hao Y, Tian C. A novel two-stage forecasting model based on error factor and ensemble method for multi-step wind power forecasting [J]. Applied Energy, 2019, 238: 368-383.

[279] Xiang L, Li J, Hu A, Zhang Y. Deterministic and probabilistic multi-step forecasting for short-term wind speed based on secondary decomposition and a deep learning method [J]. Energy Conversion & Management, 2020, 220: 113098.

[280] Cheng Z, Wang J. A new combined model based on multi-objective salp swarm optimization for wind speed forecasting [J]. Applied Soft Computing, 2020, 92: 106294.

[281] Liu H, Wu H, Li Y. Multi-step wind speed forecasting model based on wavelet matching analysis and hybrid optimization framework [J]. Sustainable Energy Technologies and Assessments, 2020, 40: 100745.

[282] Moreno S R, da Silva R G, Mariani V C, dos Coelho L S. Multi-step wind speed forecasting based on hybrid multi-stage decomposition model and long short-term memory neural network [J]. Energy Conversion and Management, 2020, 213: 112869.

[283] de Giorgi M G, Malvoni M, Congedo P M. Comparison of strategies for multi-step ahead photovoltaic power forecasting models based on hybrid group method of data handling networks and least square support vector machine [J]. Energy, 2016, 107: 360-373.

[284] Chandola D, Gupta H, Tikkiwal V A, Bohra M K. Multi-step ahead forecasting of global solar radiation for arid zones using deep learning [J]. Procedia Computer Science, 2020, 167: 626-635.

[285] Runge J, Zmeureanu R, le Cam M. Hybrid short-term forecasting of the electric demand of supply fans using machine learning [J]. Journal of Building Engineering, 2020, 29: 101144.

[286] Kim W, Han Y, Kim K J, Song K W. Electricity load forecasting using advanced feature selection and optimal deep learning model for the variable refrigerant flow systems [J]. Energy Reports, 2020, 6: 2604-2618.

[287] Liu H, Yu C, Wu H, Duan Z, Yan G. A new hybrid ensemble deep reinforcement learning model for wind speed short term forecasting [J]. Energy, 2020, 202: 117794.

[288] Leerbeck K, Bacher P, Junker R, Goranovi G, Corradi O, Ebrahimy R, Tveit A, Madsen H. Short-term forecasting of CO_2 emission intensity in power grids by machine learning [J]. Applied Energy, 2020, 277: 115527.

[289] Ma X, Jiang P, Jiang Q. Research and application of association rule algorithm and an optimized grey model in carbon emissions forecasting [J]. Technological Forecasting and Social Change, 2020, 158: 120159.

[290] Niu D, Wang K, Wu J, Sun L, Liang Y, Xu X, Yang X. Can China achieve its 2030 carbon emissions commitment? Scenario analysis based on an improved general regression neural network [J]. Journal of Cleaner Production, 2020, 243: 118558.

[291] Qiao W, Lu H, Zhou G, Azimi M, Yang Q, Tian W. A hybrid algorithm for carbon dioxide emissions forecasting based on improved lion swarm optimizer [J]. Journal of Cleaner Production, 2020, 244: 118612.

[292] Wu W, Ma X, Zhang Y, Li W, Wang Y. A novel conformable fractional non-homogeneous grey model for forecasting carbon dioxide emissions of brics countries [J]. Science of the Total Environment, 2020, 707: 135447.

[293] Li B, Han S, Wang Y, Li J, Wang Y. Feasibility assessment of the carbon emissions peak in china's construction industry: Factor decomposition and peak forecast [J]. Science of the Total Environment, 2020, 706: 135716.

[294] Ofosu-Adarkwa J, Xie N, Javed S A. Forecasting CO_2 emissions of china's cement industry using a hybrid verhulst-gm(1,n) model and emissions' technical conversion [J]. Renewable & Sustainable Energy Reviews, 2020, 130: 109945.

[295] Wen L, Yuan X. Forecasting CO_2 emissions in china's commercial department, through BP neural network based on random forest and PSO [J]. Science of the Total Environment, 2020, 718: 137194.

[296] Wen L, Cao Y. Influencing factors analysis and forecasting of residential energy-related CO_2 emissions utilizing optimized support vector machine [J]. Journal of Cleaner Production, 2020, 250: 119492.

[297] Wang X, Wei Y, Shao Q. Decomposing the decoupling of CO_2 emissions and economic growth in china's iron and steel industry [J]. Resources, Conservation and Recycling, 2020, 152: 104509.

[298] Xie M, Wu L, Li B, Li Z. A novel hybrid multivariate nonlinear grey model for forecasting the traffic-related emissions [J]. Applied Mathematical Modelling, 2020, 77: 1242-1254.

[299] Sun W, Zhang J. Analysis influence factors and forecast energy-related CO_2 emissions: Evidence from hebei [J]. Environmental Monitoring & Assessment, 2020, 192: 665.

[300] 何鸣元, 孙予罕. 绿色碳科学 —— 化石能源增效减排的科学基础[J]. 中国科学, 2011, 41: 925-932.

[301] 何鸣元, 孙予罕, 韩布兴. 绿色碳科学发展[J]. 科学通报, 2015, 60: 1421-1423.

[302] He M, Sun Y, Han B. Green carbon science: Scientific basis for integrating carbon resource processing, utilization, and recycling [J]. Angewandte Chemie-International Edition, 2013, 52(37): 9620-9633.

[303] Zhang R, Meng X, Liu Z, Meng J, Xu C. Isomerization of n-pentane catalyzed by acidic chloroaluminate ionic liquids [J]. Industrial & Engineering Chemistry Research, 2008, 47(21): 8205-8210.

[304] Liu Z, Zhang R, Xu C, Xia R. Ionic liquid alkylation process produces high-quality gasoline [J]. Oil & Gas Journal, 2006, 104(40): 52-56.

[305] Xia R A, Zhang R, Meng X H, Liu Z C, Meng J Y, Xu C M. Chloroaluminate ionic liquid catalyzed isomerization of n-pentane in the presence of product distribution improver [J]. Petroleum Science, 2011, 8(2): 219-223.

[306] Zong B, Sun B, Cheng S, Mu X, Yang K, Zhao J, Zhang X, Wu W. Green production technology of the monomer of nylon-6: Caprolactam [J]. Engineering, 2017, 3(3): 379-384.

[307] 孙斌, 程时标, 孟祥堃, 杨克勇, 吴巍, 宗保宁. 己内酰胺绿色生产技术[J]. 中国科学：化学, 2014, 44(1): 40-45.

[308] 孙斌, 孟祥堃, 宗保宁. 己内酰胺绿色生产技术[J]. 化学通报, 2011, 74(11): 999-1013.

[309] 吴静, 杨玉林, 丁姜宏, 黄仕杰, 吴鹏. 钛硅分子筛固定床催化环己酮肟的绿色合成[J]. 科学通报, 2015, 60(16): 1538-1545.

[310] 洪海, 费利江, 唐勇, 张春雷, 揭元萍. 国内煤制乙二醇研究与产业化进展[J]. 化工进展, 2010, 29(S1): 349-352.

[311] Schwach P, Pan X, Bao X. Direct conversion of methane to value-added chemicals over heterogeneous catalysts: Challenges and prospects [J]. Chemical Reviews, 2017, 117(13): 8497-8520.

[312] Zhang W, Ma D, Han X, Liu X, Bao X, Guo X, Wang X. Methane dehydro-aromatization over mo/hzsm-5 in the absence of oxygen: A multinuclear solid-state nmr study of the interaction between supported mo species and hzsm-5 zeolite with different crystal sizes [J]. Journal of Catalysis, 1999, 188(2): 393-402.

[313] Guo X, Fang G, Li G, Ma H, Fan H, Yu L, Ma C, Wu X, Deng D, Wei M, Tan D, Si R, Zhang S, Li J, Sun L, Tang Z, Pan X, Bao X. Direct, nonoxidative conversion of methane to ethylene, aromatics, and hydrogen [J]. Science, 2014, 344(6184): 616-619.

[314] Ashcroft A T, Cheetham A K, Foord J S, Green M L H, Grey C P, Murrell A J, Vernon P D F. Selective oxidation of methane to synthesis gas using transition metal catalysts [J]. Nature, 1990, 344(6264): 319-321.

[315] Cui X, Li H, Wang Y, Hu Y, Hua L, Li H, Han X, Liu Q, Yang F, He L, Chen X, Li Q, Xiao J, Deng D, Bao X. Room-temperature methane conversion by graphene-confined single iron atoms [J]. Chem, 2018, 4(8): 1902-1910.

[316] Grundner S, Markovits M A C, Li G, Tromp M, Pidko E A, Hensen E J M, Jentys A, Sanchez-Sanchez M, Lercher J A. Single-site trinuclear copper oxygen clusters in mordenite for selective conversion of methane to methanol [J]. Nature Communications, 2015, 6(1): 7546.

[317] Tomkins P, Ranocchiari M, Van Bokhoven J A. Direct conversion of methane to methanol under mild conditions over Cu-zeolites and beyond [J]. Accounts of Chemical Research, 2017, 50(2): 418-425.

[318] Sushkevich V L, Palagin D, Ranocchiari M, van Bokhoven J A. Selective anaerobic oxidation of methane enables direct synthesis of methanol [J]. Science, 2017, 356(6337): 523-527.

[319] Hu A, Guo J J, Pan H, Zuo Z. Selective functionalization of methane, ethane, and higher alkanes by cerium photocatalysis [J]. Science, 2018, 361(6403): 668-672.

[320] Laudadio G, Deng Y, van der Wal K, Ravelli D, Nuno M, Fagnoni M, Guthrie D, Sun Y, Noel T. C(sp^3)-h functionalizations of light hydrocarbons using decatungstate photocatalysis in flow [J]. Science, 2020, 369(6499): 92-96.

[321] Pakhare D, Spivey J. A review of dry (CO_2) reforming of methane over noble metal catalysts [J]. Chemical Society Reviews, 2014, 43(22): 7813-7837.

[322] Ashcroft A T, Cheetham A K, Green M L H, Vernon P D F. Partial oxidation of methane to synthesis gas using carbon dioxide [J]. Nature, 1991, 352(6332): 225-226.

[323] 王明智, 张秋林, 张腾飞, 王一茹. Ni基甲烷二氧化碳重整催化剂研究进展[J]. 化工进展, 2015, 34(8): 3027-3033.

[324] Kumar M, Oyedun A O, Kumar A. A review on the current status of various hydrothermal technologies on biomass feedstock [J]. Renewable & Sustainable Energy Reviews, 2018, 81: 1742-1770.

[325] Pandey B, Prajapati Y K, Sheth P N. Recent progress in thermochemical techniques to produce hydrogen gas from biomass: A state of the art review [J]. International Journal of Hydrogen Energy, 2019, 44(47): 25384-25415.

[326] 宁艳春, 陈希海, 王硕, 屈海峰. 纤维素乙醇研发现状与研究趋势分析[J]. 化工科技, 2020, 28(1): 65-68.

[327] 王鹏翔, 廖莎, 师文静, 孙启梅. 微藻生物质生产燃料乙醇技术进展[J]. 当代化工, 2019, 48: 1842-1845.

[328] Zhang Z, Song J, Han B. Catalytic transformation of lignocellulose into chemicals and fuel products in ionic liquids [J]. Chemical Reviews, 2017, 117(10): 6834-6880.

[329] Luo C, Wang S, Liu H. Cellulose conversion into polyols catalyzed by reversibly formed acids and supported ruthenium clusters in hot water [J]. Angewandte Chemie-International Edition, 2007, 46(40): 7636-7639.

[330] Ji N, Zhang T, Zheng M, Wang A, Wang H, Wang X, Chen J G. Direct catalytic conversion of cellulose into ethylene glycol using nickel-promoted tungsten carbide catalysts [J]. Angewandte Chemie-International Edition, 2008, 47(44): 8510-8513.

[331] Liu H, Huang Z, Kang H, Li X, Xia C, Chen J, Liu H. Efficient bimetallic NiCu-SiO_2 catalysts for selective hydrogenolysis of xylitol to ethylene glycol and propylene glycol [J]. Applied Catalysis B-Environmental, 2018, 220: 251-263.

[332] Li C, Xu G, Wang C, Ma L, Qiao Y, Zhang Y, Fu Y. One-pot chemocatalytic transformation of cellulose to ethanol over Ru-WOx/HZSM-5 [J]. Green Chemistry, 2019, 21(9): 2234-2239.

[333] Sergeev A G, Hartwig J F. Selective, nickel-catalyzed hydrogenolysis of aryl ethers [J]. Science, 2011, 332(6035): 439-443.

[334] Meng Q, Yan J, Liu H, Chen C, Li S, Shen X, Song J, Zheng L, Han B. Self-supported hydrogenolysis of aromatic ethers to arenes [J]. Science Advances, 2019, 5(11): eaax6839.

[335] Deng H, Lin L, Liu S. Catalysis of Cu-doped Co-Based perovskite-type oxide in wet oxidation of lignin to produce aromatic aldehydes [J]. Energy & Fuels, 2010, 24(9): 4797-4802.

[336] Napoly F, Kardos N, Jean-Gerard L, Goux-Henry C, Andrioletti B, Draye M. H_2O_2-mediated kraft lignin oxidation with readily available metal salts: What about the effect of ultrasound? [J]. Industrial

& Engineering Chemistry Research, 2015, 54(22): 6046-6051.
[337] Rahimi A, Azarpira A, Kim H, Ralph J, Stahl S S. Chemoselective metal-free aerobic alcohol oxidation in lignin [J]. Journal of the American Chemical Society, 2013, 135(17): 6415-6418.
[338] Rahimi A, Ulbrich A, Coon J J, Stahl S S. Formic-acid-induced depolymerization of oxidized lignin to aromatics [J]. Nature, 2014, 515(7526): 249-252.
[339] Shuai L, Amiri M T, Questell-Santiago Y M, Heroguel F, Li Y, Kim H, Meilan R, Chapple C, Ralph J, Luterbacher J S. Formaldehyde stabilization facilitates lignin monomer production during biomass depolymerization [J]. Science, 2016, 354(6310): 329-333.
[340] Liu H, Li H, Lu J, Zeng S, Wang M, Luo N, Xu S, Wang F. Photocatalytic cleavage of C-C bond in lignin models under visible light on mesoporous graphitic carbon nitride through pi-pi stacking interaction [J]. Acs Catalysis, 2018, 8(6): 4761-4771.
[341] Mei Q, Liu H, Shen X, Meng Q, Liu H, Xiang J, Han B. Selective utilization of the methoxy group in lignin to produce acetic acid [J]. Angewandte Chemie-International Edition, 2017, 56(47): 14868-14872.
[342] Wang H, Zhao Y, Ke Z, Yu B, Li R, Wu Y, Wang Z, Han J, Liu Z. Synthesis of renewable acetic acid from CO_2 and lignin over an ionic liquid-based catalytic system [J]. Chemical Communications, 2019, 55(21): 3069-3072.
[343] Mei Q, Shen X, Liu H, Liu H, Xiang J, Han B. Selective utilization of methoxy groups in lignin for n-methylation reaction of anilines [J]. Chemical Science, 2019, 10(4): 1082-1088.
[344] Jiang Z, Fang Y, Xiang J, Ma Y, Lu A, Kang H, Huang Y, Guo H, Liu R, Zhang L. Intermolecular interactions and 3D structure in cellulose-naoh-urea aqueous system [J]. Journal of Physical Chemistry B, 2014, 118(34): 10250-10257.
[345] Zhang J, Wu J, Yu J, Zhang X, He J, Zhang J. Application of ionic liquids for dissolving cellulose and fabricating cellulose-based materials: State of the art and future trends [J]. Materials Chemistry Frontiers, 2017, 1(7): 1273-1290.
[346] Tian W, Zhang J, Yu J, Wu J, Nawaz H, Zhang J, He J, Wang F. Cellulose-based solid fluorescent materials [J]. Advanced Optical Materials, 2016, 4(12): 2044-2050.
[347] Nawaz H, Tian W, Zhang J, Jia R, Chen Z, Zhang J. Cellulose-based sensor containing phenanthroline for the highly selective and rapid detection of Fe^{2+} ions with naked eye and fluorescent dual modes [J]. Acs Applied Materials & Interfaces, 2018, 10(2): 2114-2121.
[348]蔡杰, 吕昂, 周金平, 张俐娜. 纤维素科学与材料[M]. 北京: 化学工业出版社, 2015.
[349] Nawaz H, Tian W, Zhang J, Jia R, Yang T, Yu J, Zhang J. Visual and precise detection of pH values under extreme acidic and strong basic environments by cellulose-based superior sensor [J]. Analytical Chemistry, 2019, 91(4): 3085-3092.
[350] 刘志敏. 二氧化碳化学转化利用[M]. 北京：科学出版社, 2018.
[351] 何良年. 二氧化碳化学[M]. 北京：科学出版社, 2013.
[352] Han Z, Rong L, Wu J, Zhang L, Wang Z, Ding K. Catalytic hydrogenation of cyclic carbonates: A practical approach from CO_2 and epoxides to methanol and diols [J]. Angewandte Chemie-International Edition, 2012, 51(52): 13041-13045.
[353] Yang H, Zhang C, Gao P, Wang H, Li X, Zhong L, Wei W, Sun Y. A review of the catalytic hydrogenation of carbon dioxide into value-added hydrocarbons [J]. Catalysis Science & Technology, 2017, 7(20): 4580-4598.
[354] Gao P, Li S, Bu X, Dang S, Liu Z, Wang H, Zhong L, Qiu M, Yang C, Cai J, Wei W, Sun Y. Direct conversion of CO_2 into liquid fuels with high selectivity over a bifunctional catalyst [J]. Nature Chemistry, 2017, 9(10): 1019-1024.
[355] Li Z, Wang J, Qu Y, Liu H, Tang C, Miao S, Feng Z, An H, Li C. Highly selective conversion of carbon dioxide to lower olefins [J]. Acs Catalysis, 2017, 7(12): 8544-8548.
[356] Li Z, Qu Y, Wang J, Liu H, Li M, Miao S, Li C. Highly selective conversion of carbon dioxide to aromatics over tandem catalysts [J]. Joule, 2019, 3(2): 570-583.

[357] Wei J, Ge Q, Yao R, Wen Z, Fang C, Guo L, Xu H, Sun J. Directly converting CO_2 into a gasoline fuel [J]. Nature Communications, 2017, 8: 15174.

[358] Choi Y H, Jang Y J, Park H, Kim W Y, Lee Y H, Choi S H, Lee J S. Carbon dioxide fischer-tropsch synthesis: A new path to carbon-neutral fuels [J]. Applied Catalysis B-Environmental, 2017, 202: 605-610.

[359] He Z, Cui M, Qian Q, Zhang J, Liu H, Han B. Synthesis of liquid fuel via direct hydrogenation of CO_2 [J]. Proceedings of the National Academy of Sciences of the United States of America, 2019, 116(26): 12654-12659.

[360] Gnanamani M K, Jacobs G, Hamdeh H H, Shafer W D, Liu F, Hopps S D, Thomas G A, Davis B H. Hydrogenation of carbon dioxide over Co-Fe bimetallic catalysts [J]. Acs Catalysis, 2016, 6(2): 913-927.

[361] Zhang L, Han Z, Zhao X, Wang Z, Ding K. Highly efficient ruthenium-catalyzed n-formylation of amines with h_2 and CO_2 [J]. Angewandte Chemie-International Edition, 2015, 54(21): 6186-6189.

[362] Semple K T, Morriss A W J, Paton G I. Bioavailability of hydrophobic organic contaminants in soils: Fundamental concepts and techniques for analysis [J]. European Journal of Soil Science, 2003, 54(4): 809-818.

[363] Johnsen A R, Wick L Y, Harms H. Principles of microbial pah-degradation in soil [J]. Environmental Pollution, 2005, 133(1): 71-84.

[364] Simoni S F, Schäfer A, Harms H, Zehnder A J B. Factors affecting mass transfer limited biodegradation in saturated porous media [J]. Journal of Contaminant Hydrology, 2001, 50(1): 99-120.

[365] Barba S, López-Vizcaíno R, Saez C, Villaseñor J, Cañizares P, Navarro V, Rodrigo M A. Electro-bioremediation at the prototype scale: What it should be learned for the scale-up [J]. Chemical Engineering Journal, 2018, 334: 2030-2038.

[366] Li T, Wang Y, Guo S, Li X, Xu Y, Wang Y, Li X. Effect of polarity-reversal on electrokinetic enhanced bioremediation of pyrene contaminated soil [J]. Electrochimica Acta, 2016, 187: 567-575.

[367] 裴雪. 油田采油废水处理技术及应用探讨[J]. 化学工程与装备, 2020, (7): 247,267.

[368] Malik S N, Khan S M, Ghosh P C, Vaidya A N, Kanade G, Mudliar S N. Treatment of pharmaceutical industrial wastewater by nano-catalyzed ozonation in a semi-batch reactor for improved biodegradability [J]. Science of the Total Environment, 2019, 678: 114-122.

[369] 吕燕青. 浅析医药化工行业的废气处理[J]. 资源节约与环保, 2020, (5): 77.

[370] 杨国庆. 医药化工行业的有机废气处理[J]. 云南化工, 2020, 47(06): 177-178.

[371] 黄旭, 陶国建, 楼林洁. 医药化工废水处理工艺探讨[J]. 绿色科技, 2020, (2): 119-120.

[372] Lou H, Lai H, Wang M, Pang Y, Yang D, Qiu X, Wang B, Zhang H. Preparation of lignin-based superplasticizer by graft sulfonation and investigation of the dispersive performance and mechanism in a cementitious system [J]. Industrial & Engineering Chemistry Research, 2013, 52(46): 16101-16109.

[373] Hong N, Yu W, Xue Y, Zeng W, Huang J, Xie W, Qiu X, Li Y. A novel and highly efficient polymerization of sulfomethylated alkaline lignins via alkyl chain cross-linking method [J]. Holzforschung, 2016, 70(4): 297-304.

[374] Qian Y, Deng Y H, Qiu X Q, Li H, Yang D J. Formation of uniform colloidal spheres from lignin, a renewable resource recovered from pulping spent liquor [J]. Green Chemistry, 2014, 16(4): 2156-2163.

[375] Li H, Deng Y H, Liu B, Ren Y, Liang J Q, Qian Y, Qiu X Q, Li C L, Zheng D F. Preparation of nanocapsules via the self-assembly of kraft lignin: A totally green process with renewable resources [J]. ACS Sustainable Chemistry & Engineering, 2016, 4(4): 1946-1953.

[376] Xiong W, Qiu X, Yang D, Zhong R, Qian Y, Li Y, Wang H. A simple one-pot method to prepare uv-absorbent lignin/silica hybrids based on alkali lignin from pulping black liquor and sodium metasilicate [J]. Chemical Engineering Journal, 2017, 326: 803-810.

[377] Zhang X, Liu W, Yang D, Qiu X. Biomimetic supertough and strong biodegradable polymeric materials with improved thermal properties and excellent UV-Blocking performance [J]. Advanced Functional Materials, 2019, 29(4): 1806912-1806922.

[378] Pang Y, Li X, Wang S, Qiu X, Yang D, Lou H. Lignin-polyurea microcapsules with anti-photolysis and sustained-release performances synthesized via pickering emulsion template [J]. Reactive &

Functional Polymers, 2018, 123: 115-121.

[379] Lou H, Zhu J Y, Lan T, Lai H, Qiu X. pH-induced lignin surface modification to reduce nonspecific cellulase binding and enhance enzymatic saccharification of lignocelluloses [J]. Chemsuschem, 2013, 6(5): 919-927.

[380] 楼宏铭, 林美露, 邱珂贤, 蔡诚, 庞煜霞, 杨东杰, 邱学青. 玉米芯残渣的碱性亚硫酸盐预处理及其反应动力学模型[J]. 化工学报, 2018, 69(1): 507-514.

[381] Lou H, Zhou H, Li X, Wang M, Zhu J Y, Qiu X. Understanding the effects of lignosulfonate on enzymatic saccharification of pure cellulose [J]. Cellulose, 2014, 21(3): 1351-1359.

[382] Cai C, Bao Y, Zhan X, Lin X, Lou H, Pang Y, Qian Y, Qiu X. Recovering cellulase and increasing glucose yield during lignocellulosic hydrolysis using lignin-mpeg with a sensitive pH response [J]. Green Chemistry, 2019, 21(5): 1141-1151.

[383] Cai C, Zhan X, Lou H, Li Q, Pang Y, Qian Y, Zhou H, Qiu X. Recycling cellulase by a pH-responsive lignin-based carrier through electrostatic interaction [J]. ACS Sustainable Chemistry & Engineering, 2018, 6(8): 10679-10686.

[384] 王建波. 废旧电路板上元器件的环境友好拆解及铝电容器和晶体管的资源化回收[D]. 上海: 上海交通大学, 2017.

[385] Zhang L, Xu Z. A review of current progress of recycling technologies for metals from waste electrical and electronic equipment [J]. Journal of Cleaner Production, 2016, 127: 19-36.

[386] Sun Z, Cao H, Xiao Y, Sietsma J, Jin W, Agterhuis H, Yang Y. Toward sustainability for recovery of critical metals from electronic waste: The hydrochemistry processes [J]. ACS Sustainable Chemistry & Engineering, 2017, 5: 21-40.

[387] Yoo J M, Jeong J, Yoo K, Lee J C, Kim W. Enrichment of the metallic components from waste printed circuit boards by a mechanical separation process using a stamp mill [J]. Waste Management, 2009, 29(3): 1132-1137.

[388] Xakalashe B S, Mintek R, Seongjun K, Cui J. An overview of recycling of electronic waste - part 1 [J]. Chemical Technology, 2012 (June): 8-12.

[389] Wong M, Wu S, Deng W, Yu X, Luo Q, Leung A, Wong C, Luksemburg W, Wong A. Export of toxic chemicals——a review of the case of uncontrolled electronic-waste recycling [J]. Environmental Pollution, 2007, 149(2): 131-140.

[390] Lambert F, Gaydardzhiev S, Léonard G, Lewis G, Bareel P F, Bastin D. Copper leaching from waste electric cables by biohydrometallurgy [J]. Minerals Engineering, 2015, 76: 38-46.

[391] Zeng X, Li J. Measuring the recyclability of e-waste: An innovative method and its implications [J]. Journal of Cleaner Production, 2016, 131: 156-162.

[392] Haccuria E, Ning P, Cao H, Venkatesan P, Jin W, Yang Y, Sun Z. Effective treatment for electronic waste-selective recovery of copper by combining electrochemical dissolution and deposition [J]. Journal of Cleaner Production, 2017, 152: 150-156.

[393] Zoeteman B J, Krikke H, Venselaar J. Handling weee waste flows: On the effectiveness of producer responsibility in a globalizing world [J]. The International Journal of Advanced Manufacturing Technology, 2010, 47(5-8): 415-436.

[394] Reck B K, Graedel T E. Challenges in metal recycling [J]. Science, 2012, 337(6095): 690-695.

[395] 王金福, 唐强, 郑妍妍, 王铁峰, 高光耀, 王建友, 孟小鹏. 一种煤气化灰渣氧化脱碳制灰分联产蒸汽的方法: CN105441131A [P]. 2016-03-30.

[396] 尹洪峰, 汤云, 任耘, 张军战. Texaco气化炉炉渣基本特性与应用研究[J]. 煤炭转化, 2009, (4): 30-33.

[397] Zhang S, Gong X, Wang Z, Cao J, Guo Z. Preparation of block cao from carbide slag and its compressive strength improved by H_3PO_4 [J]. International Journal of Mineral Processing, 2014, 129: 6-11.

[398] Lóh N J, Simão L, Jiusti J, de Noni Jr A, Montedo O R K. Effect of temperature and holding time on the densification of alumina obtained by two-step sintering [J]. Ceramics International, 2017, 43(11): 8269-8275.

[399] 杨敏. 杂质对不同相磷石膏性能的影响[D]. 重庆: 重庆大学, 2008.

[400] Azeem B, Kushaari K, Man Z B, Basit A, Thanh T H. Review on materials & methods to produce controlled release coated urea fertilizer [J]. Journal of Controlled Release, 2014, 181: 11-21.

[401] 中国有色金属工业协会. 有色金属进展:1996—2005.第五卷. 稀有金属和贵金属[M]. 长沙：中南大学出版社, 2007.

[402] 环境保护部, 国家发展和改革委员会. 国家危险废物名录[Z]. 2016.

[403] 钱汉卿, 徐怡珊. 化学工业固体废物资源化技术与应用[M]. 北京: 中国石化出版社, 2007.

[404] 沈海萍, Schmidt C, 宓虹明, Daub R, 马侠. 热解技术在有机固废能源化清洁利用方面的应用潜力分析[J]. 环境污染与防治, 2008 (07): 67-73.

[405] 贺升, 戴欣, 何曦. 有机固废热解反应器研究进展[J]. 再生资源与循环经济, 2020, 13(1): 39-44.

[406] 李方义, 李剑峰, 颜利军, 段广洪, 魏宝坤. 产品绿色设计全生命周期评价方法研究现状及展望[J]. 现代制造技术与装备, 2006 (1): 8-13.

[407] Dastjerdi B, Strezov V, Kumar R, He J, Behnia M. Comparative life cycle assessment of system solution scenarios for residual municipal solid waste management in nsw, australia [J]. Science of The Total Environment, 2021, 767: 144355-144355.

[408] Dastjerdi B, Strezov V, Rajaeifar M A, Kumar R, Behnia M. A systematic review on life cycle assessment of different waste to energy valorization technologies [J]. Journal of Cleaner Production, 2021, 290: 125747.

[409] 王玉涛, 王丰川, 洪静兰, 孙明星. 中国生命周期评价理论与实践研究进展及对策分析[J]. 生态学报, 2016, 22(36): 7179-7184.

[410] 伍跃辉. 废塑料资源化技术评估与潜在环境影响的研究[D]. 哈尔滨: 哈尔滨工业大学, 2013.

[411] 李蔓. 聚乙烯塑料生产和废聚乙烯塑料资源化技术生命周期评价[D]. 哈尔滨: 哈尔滨工业大学, 2008.

[412] Fidan F S, Aydogan E K, Uzal N. An integrated life cycle assessment approach for denim fabric production using recycled cotton fibers and combined heat and power plant [J]. Journal of Cleaner Production, 2021, 287: 125439.

[413] 武斌. 生物沼气生产利用系统建模分析及可持续性评价[D]. 北京: 中国科学院研究生院(过程工程研究所), 2016.

[414] Zhang X, Li C, Fu C, Zhang S. Environmental impact assessment of chemical process using the green degree method [J]. Industrial & Engineering Chemistry Research, 2008, 47(4): 1085-1094.

[415] Wu B, Zhang X P, Shang D W, Bao D, Zhang S J, Zheng T. Energetic-environmental-economic assessment of the biogas system with three utilization pathways: Combined heat and power, biomethane and fuel cell [J]. Bioresource Technology, 2016, 214: 722-728.

[416] Yuan Z, Chen B. Process synthesis for addressing the sustainable energy systems and environmental issues [J]. AIChE Journal, 2012, 58(11): 3370-3389.

[417] 王震, 孙德智, 桂凌. 废塑料能源回收过程的生命周期评价[J]. 环境科学与技术, 2010, 33(S1): 408-412, 435.

[418] 康牧熙. 基于网络模型的废塑料回收流程生命周期评价及优化[D]. 北京: 北京化工大学, 2010.

（联络人：刘永忠、申威峰。5.1 主稿：刘永忠、都健，其他编写人员：贺益君、蒋军成、廖祖维、刘桂莲、杨思宇、袁志宏；5.2 主稿：杜文莉、申威峰，其他编写人员：满奕、任竞争、粟杨；5.3 主稿：刘志敏，其他编写人员：韩布兴、孙予罕、王从敏、魏伟；5.4 主稿：赵华章、雷乐成、邱学青、程芳琴、李会泉，其他编写人员：代成娜、楼宏铭、孙峙、武斌、张海涛）

化学工程
发展战略

高端化、绿色化、智能化

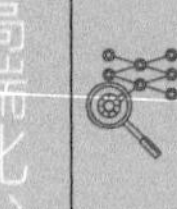

Chemical Engineering Development Strategy

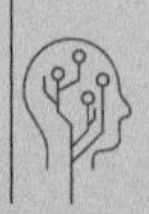

Premium
Greenization
Intelligentization

6

跨尺度关联
——介科学与智能过程

化学工程天然面对从电子到整个生态环境的多层次、多尺度结构，如图 6-1 所示。特定功能的产品及良好的产品性能由特定的产品结构保证，而这些结构大多处于原子、分子和纳微尺度。但在大规模工业生产中，调控这些结构的手段却大多作用于反应器等宏观尺度。因此，认识化学工程面对的不同尺度结构间的相互关系，是这门学科的核心科学问题之一，也是其绿色化、高端化、智能化的科学基础。虽然化学工程及相关基础学科的百余年发展已经积累了对一些尺度比较完善的认识，比如对原子和分子结构以及各种典型反应器的整体特性等；但对一些中间尺度，却没有相应的认识，而这些缺失的环节正是化学工程中众多技术难题背后共性的科学瓶颈，也导致了很多工艺过程的研发还依靠逐级试验放大，且研发周期长、费用高、风险大、效果差的现状。

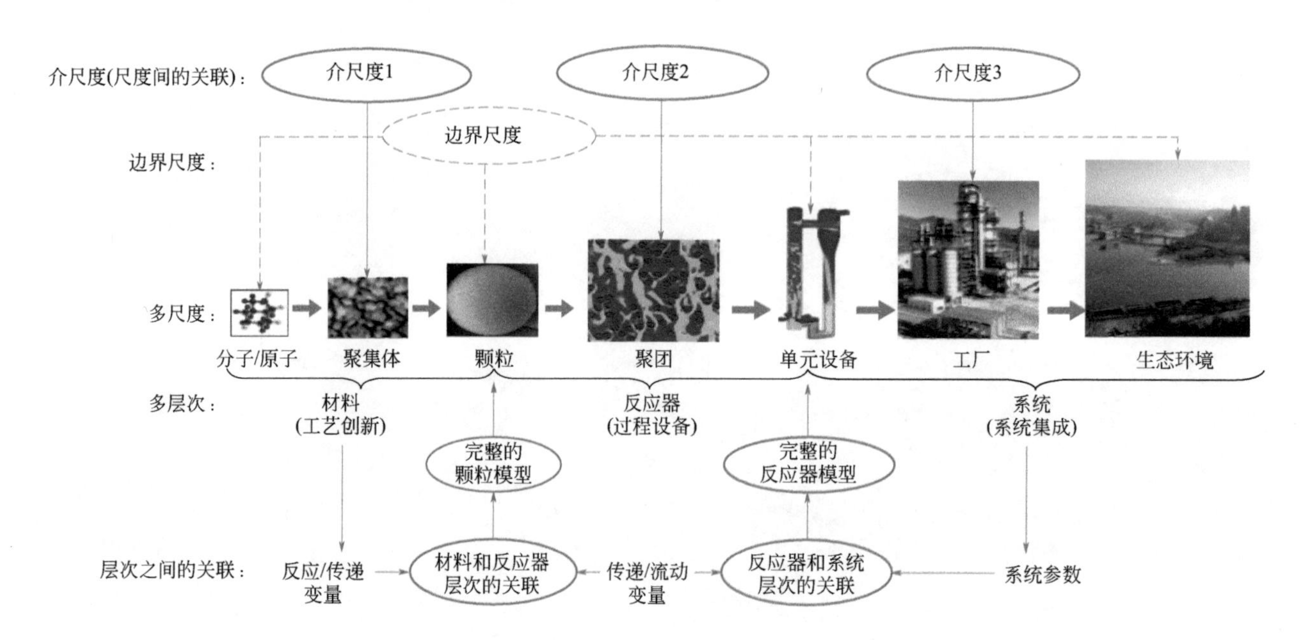

图 6-1
化学工程中的多尺度与介尺度结构 [1]

李静海等提出的介科学 [2-4] 中将这些还缺乏认识的中间尺度称为介尺度。但作为一个科学概念，介尺度结构的内涵更在于其复杂行为背后蕴含的共性机理，即介科学中提出的“多种控制机制在竞争中的协调”。实际上，正因为传统理论更多描述的是单一控制机制作用下的准静态、近平衡系统，才使得目前介尺度的表征、建模与分析面临巨大挑战。我国化工界在基金委相关研究项目和计划的支持下，较早开始了对化工过程中多尺度和介尺度结构的研究，近年来在应对这些挑战方面已取得了显著的进展，并且逐步形成了对未来研究的众多共识。本章将展示从基本原理到不同层次实例的一系列研究的进展，展望其发展趋势，并讨论这些研究对建立绿色、高端和智能化工过程的重大意义。

6.1 介科学基本原理及其在化工复杂体系中的应用

介科学是研究不同层次上介尺度问题的科学 [4]。从该理论出发，有望发展新的科学范式以应对不同学科领域的共同挑战 [5]。介科学建立在介尺度结构形成与演化的共性机理之上，其基本原理可以表达为：多种控制机制在竞争中的协调，在物理上形成了系统的稳定性条件，而在数学上表达为多目标变分问题。该多尺度模型的解能够反映多尺度结构的时空特征，即小尺度上的多个相态交替控制、介尺度上的协调共存以及大尺度上的均匀化趋势等。近年来，这些理论表达在化工过程中获得了越来越多的实例验证，进一步揭示了其普适性。

6.1.1 发展现状与挑战

介科学的研究发端于能量最小多尺度（EMMS）方法[6,7]，该方法通过区分气固两相流中的稀相、密相和界面相等多尺度结构对相间作用的影响，为流化床的多尺度模拟提供了理论基础。它在连续和离散两个方向推动了数值模拟的发展：一是修正了多相连续介质模型中的相间作用模型，提出了基于 EMMS 的曳力模型，大幅改进了连续介质模型对多相反应器的预测精度；二是在应用拟颗粒模型等高分辨数值模拟方法研究非均匀结构、验证 EMMS 模型的稳定性条件的过程中也促进了这些方法的发展，并推动了相应的高性能计算平台的建立。而在理论方面，该方法揭示了介尺度结构是联系微观行为和系统行为的关键，由此扩展提出了控制机制在竞争中协调的原理，启发了其它领域的介科学研究。

实际上，在介科学概念正式提出之前，物理等学科中已经在讨论“介观”（mesoscopic）现象了[8]，但其提到的介观特指介于宏观与微观之间，即从 10^{-9} 到 10^{-3}m 的特征尺度区间。在气象学[9]和相关的海洋学、地质学和生态学等领域也早有介尺度（mesoscale）的概念，但它特指 10 ～ 100km 的特征尺度区间。而在介科学中，介尺度并不指特定的尺度区间，而是指在两个有明确单元或系统行为的边界尺度间复杂的中间尺度。它既包含了上述物理和气象等学科中的介尺度，也包含了从基本粒子到整个宇宙的多个层次上其它的介尺度。

近年来很多领域的突破性进展与介科学息息相关。比如，在材料制备和使用过程中，材料的微观结构对其属性与性能具有决定性影响，但是由于电子、原子、分子、晶胞等不同尺度上的集体行为，描述微观结构的传统理论无法准确预测材料的宏观性能，所以材料科学中的介尺度研究，虽然部分继承了“介观”的内涵，但是已经不再局限于尺度的含义，而是开始关注集体行为及其对材料性能的影响[10]。例如，Hao 等[11]分析了 Li-S 电池的自放电机理，指出自放电行为可能分别由解吸附控制、扩散控制和电荷转移控制等多种机制主导。Pabst 等[12]研究了离子液体中的介尺度聚集和动态非对称性。Besli 等[13]研究了固态聚合物电池中阴极材料的介尺度化学机械相互作用，指出介尺度裂缝的形成将导致离子泄漏而损坏电池。

从更广义上说，在应对全球挑战的若干重大问题中，至少有九个方面与介科学相关[14]，如在可再生能源方面，太阳能电池中载流子的群体行为、生命科学中不同层次上结构与功能的关系、脑科学中神经信号传输、工程与复杂性科学中的共性原理、高性能计算模式、气候系统、多目标优化等。同时，在社会科学和经济领域，为了实现联合国 2030 议程中提到的 17 个可持续发展目标，介科学的研究策略也值得借鉴[15]。例如，对于威胁生态与粮食安全的蝗灾问题，研究发现蝗虫存在散发型向聚集型的转换，而只有后者才具有大规模迁移性和破坏性，因此研究蝗虫聚集行为将有助于应对

与解决这一问题[16]。

本领域存在的重大问题与挑战主要总结为以下几点。

（1）探索不同体系中的介科学共性规律

介科学面向跨学科、跨领域的共性挑战问题，为揭示多层次、多尺度上的复杂性起源，建立跨尺度关联方法，调控多尺度物质结构与性能等提供了一种全新的方法论与研发模式。但是由于介尺度结构自身的复杂性，其在不同体系中的生成与演化规律以及具体表现形式千差万别，如何识别具体的介尺度结构、揭示其与稳定性条件的内在关系、认识其对系统行为的关键影响，从而加深对介科学共性规律的认识，是一个基础性的挑战。

（2）通过实例研究完善介科学理论框架

为进一步拓展介科学在更多体系中的应用，有必要建立通用的理论框架与数学表述，这需要寻找更多介科学实例研究来提供支撑，气固、气液等多相系统的 EMMS 模型为其它领域的建模提供了很好的借鉴，湍流与反应 - 扩散耦合等过程的初步研究提供了更多的研究思路。在拓展实例研究的过程中，实质性的多学科交叉研究在此将发挥重要作用，在实际研究中如何解决学科跨度大的问题是一个现实性的挑战。

（3）实现介科学与虚拟过程工程及智能化技术的融合

高性能计算、人工智能和大数据分析逐渐成为各学科通用的研究手段，为更好地应用介科学解决化工复杂系统的问题，三者的有机结合是一个值得探索的方向。以介科学为基础，通过实现物理问题、数学模型、软件算法和计算硬件在结构和逻辑上的一致性，并结合虚拟现实等技术，实现多相复杂系统的（准）实时模拟与在线优化调控，即虚拟过程工程（virtual process engineering，VPE），是介科学在化学工程的实践中获得应用的重要方式，同时虚拟过程中获得的海量数据为大数据分析和人工智能应用提供了实验与运行测量之外的重要数据基础。这些研究手段的有效结合将有可能变革现有逐级放大的过程工业研发模式。

6.1.2 关键科学问题

面向化学工程的介科学研究重点需要解决以下几个方面的关键科学问题。

① 关键科学问题 1：介尺度的量化与表征。

化学工程涉及的化学 / 材料层次（对应工艺创新）、反应器层次（对应过程放大创新）和系统层次（对应系统集成创新）的研究内容和对象不同，所对应的介尺度结构的量化与表征手段也各不相同。除了要解决各自的实验测量与分析技术问题外，还需要解决多过程、多尺度耦合在线测量带来的一系列基础问题，如介尺度结构界面的合理确定、不同尺度与过程对介尺度结构影响的辨识与分解、从比较成熟的主因素分析如何发展出较为通用的控制机制辨识方法等。

② 关键科学问题 2：稳定性条件的建立。

对一个具体的系统或过程，寻求不同的主导控制机制并确定多个机制之间的关系，建立相应的多尺度模型，是介科学研究的核心。EMMS 方法通过分析多相系统中各相运动趋势的协调获得稳定性条件，进而建立气固流态化系统的多尺度模型，推动了气液鼓泡和湍流等系统中多尺度模型和稳定性条件的建立。但对反应与扩散、流动与扩散耦合的复杂体系以及各装备间动态耦合的实际工艺流程，还缺乏建立稳定性条件的具体可操作方法，这对介科学在化学工程中的拓展应用是一个至关重要的问题。

③ 关键科学问题 3：介科学中的多目标变分问题。

介科学的核心在物理上表述为不同控制机制之间竞争中协调导致的稳定性条件，数学上表述为多目标变分问题。认识这个变分问题的解的特性也是一个关键科学问题。比如单个控制机制（A 控制机制或 B 控制机制）完全控制的区域主要呈现稳定的均匀结构，而在 A-B 两个控制机制竞争中协调的区域（介区域）通常呈现强烈的动态演化特性。这个问题的解决对介科学在过程设计与优化中的应用具有重要意义。

6.1.3 主要研究进展及成果

近年来，在与化学工程相关的介科学领域取得了一些基础性的进展，下面介绍几个典型实例。同时，为了叙述的完整性，一些实例的更多内容将在后续章节中展开介绍。

6.1.3.1 气固、气液系统的相似性分析

气固 EMMS 模型将流动系统分解为团聚物相（密相）和稀相，分解后系统状态可以由 8 个变量来描述，即稀相和密相空隙率（ε_f 和 ε_c）、稀相和密相中表观流体速度（U_f 和 U_c）、稀相和密相中颗粒表观速度（U_{pf} 和 U_{pc}）、团聚物直径和体积份额（d_{cl} 和 f）。但对这 8 个变量仅可列出 6 个守恒方程，所以模型不能封闭。为此引入了稳定性条件（$N_{st}=\min$）封闭该模型。

EMMS 模型的求解属于非线性规划问题，Ge 和 Li[17] 采用遍历法深入分析了解的特征，提出噎塞发生时解在两个稳定态之间切换。在对 ε_c 和 f 的遍历过程中，虽然坐标点上的 N_{st} 值可以直接计算，但是团聚物方程相当于施加了一个额外的约束（$\Delta U_{si}=0$），只有满足 $\Delta U_{si}=0$ 的部分才是真实的解空间 [18]。如图 6-2 所示，离散数据点所组成的白色曲线是最终的解空间，在这条曲线上应用稳定性条件 $N_{st}=\min$ 即可得到模型的解。

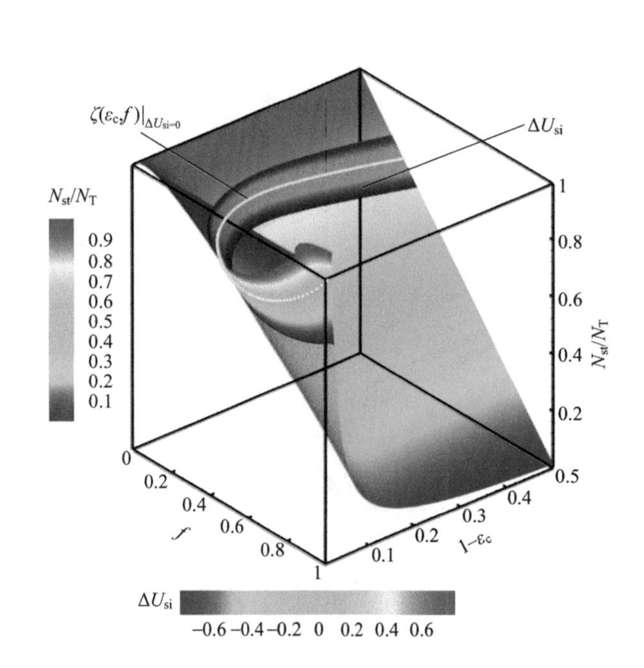

图 6-2

团聚物方程对 N_{st} 的影响［$U_g=3.4\text{m/s}$，$G_s=50\text{kg/(m}^2\cdot\text{s)}$］[18]

N_T 和 N_{st} 分别表示单位质量床层内的总能耗率和气相悬浮输送颗粒的能耗率（m^2/s^3），ΔU_{si} 表示模型中使用两种方法计算 U_{si} 的差值

在气液两相流体系中发展的气液 EMMS 模型又称为双气泡尺寸（dual-bubble-size，DBS）模型[19]，将鼓泡塔内的流动区分为液相、小气泡相和大气泡相。对于小气泡相和大气泡相，气泡直径分别由 d_S 和 d_L 表示，气含率分别由 f_S 和 f_L 表示，表观气速分别由 $U_{g,S}$ 和 $U_{g,L}$ 表示。描述体系的状态需要 6 个结构参数（d_S，d_L，f_S，f_L，$U_{g,S}$，$U_{g,L}$），根据质量守恒和动量守恒，仅可列出 3 个控制方程。为此，通过分析湍流涡旋和气泡相互作用将系统划分为宏尺度、介尺度和微尺度。其中介尺度结构演化主要体现在气泡聚并破碎现象及其与液相湍流结构的相互作用，提出气液体系的稳定性条件为微尺度能耗最小，表达为 $N_{surf}+N_{turb}=\min$。根据该模型，给定一组结构参数的数值，可以直接计算能耗项并应用稳定性条件确定体系的真实解，如图 6-3 所示。

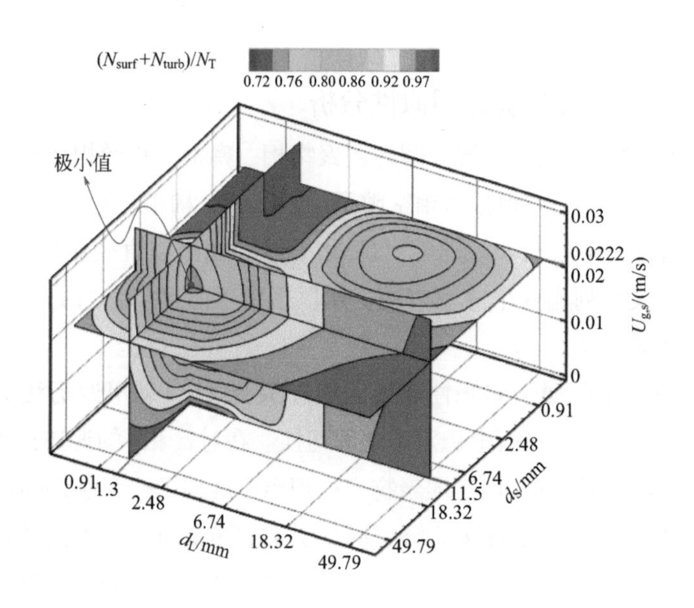

图 6-3
DBS 模型计算的微尺度能耗随 d_S、d_L 和 $U_{g,S}$ 的变化关系[19]
$U_g=0.06$m/s，N_T、N_{surf} 和 N_{turb} 分别表示单位质量床层内的总能耗率、气泡振荡的能耗率以及液体湍动的能耗率（m^2/s^3）

图 6-4 对比了气固、气液 EMMS 模型的计算结果。随着表观气速的变化，流态化体系的结构参数和能耗呈现不同的变化趋势。其中，实线代表能耗最小值对应的解（即真实解），虚线代表第二极小值即亚稳态所对应的解。对于气固体系，空隙率曲线 1′—1′ 由能耗曲线 1—1 决定，而空隙率曲线 2′—2′ 由能耗曲线 2—2 决定。气液体系中的气含率与能耗曲线的关系也是如此。流型过渡发生时，受稳定性条件驱动，系统的解在两条分支之间发生了切换。从图中还可以看出，流型过渡发生时能耗的变化是连续的，而结构参数是间断的，这与一阶相变在数值特征上具有相似性[18]。

上述研究表明，对于气固、气液两相流体系，尽管模型方程组不同，但是它们在数值特征上具有相似性，即流型过渡发生时稳定性判据的值是连续的，而结构参数则存在突变；系统内存在结构参数的分支，状态多值性可以通过局部极小值反映出来。该研究说明可以应用统一的模型框架对气固、气液体系的流型过渡进行研究，对介科学理论在更多体系的拓展应用具有借鉴意义。

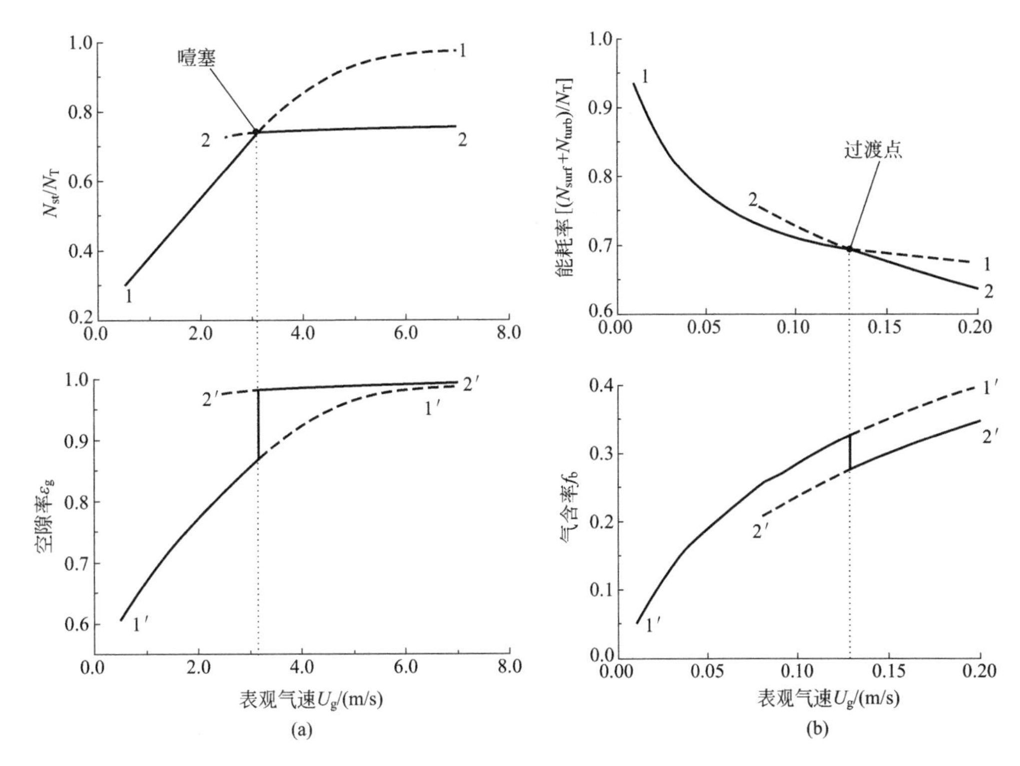

图6-4

能耗与结构参数的分支：气固体系（a）和气液体系（b）

N_T、N_{st}、N_{surf}和N_{turb}分别表示单位质量床层内的总能耗率、气相悬浮输送颗粒的能耗率、气泡振荡的能耗率以及液相湍动的能耗率（m^2/s^3）[18]

6.1.3.2 共性特征——介区域包络结构研究

介科学的研究表明复杂系统可能呈现三区域特征，即单一控制机制 A 或 B 主导的情形，系统行为容易预测；而 A-B 竞争中协调的中间区域称之为介区域，系统行为通常呈现复杂的动态变化。通过深入探讨气固、气液 EMMS 模型解的性质，可以总结介尺度模型的共性特征。

在气固 EMMS 模型中，已经提出流体控制对应 W_{st} = min、颗粒控制对应 ε = min、颗粒 - 流体协调对应 N_{st} = min。这几种表达都与极值和能耗有关，因此考察模型中不同能耗的极值趋势有助于加深对模型的认识。为此将 EMMS 模型中的能耗进行划分，结合单位质量能耗（N）和单位体积能耗（W）两种表达形式，对悬浮（s）、输送（t）、耗散（d）及其组合 s + t、s + d、d + t 对应的极值趋势进行了计算，主要结果如图 6-5 ～图 6-7[20] 所示。

从图 6-5 可以看出，取不同的极值趋势作为稳定性条件，以平均空隙率为考察对象，W_{st} = min 和 ε = min 对 N_{st} = min 形成了包络结构，随着气速的增加，N_{st} = min 经历了从 ε = min 向 W_{st} = min 的转变。对于单位质量能耗，由于给定 U_g 时 N_T 为定值，所以仅考察 N_s、N_t 和 N_d 三个量的极值趋势即可，如图 6-6 所示，结果表明包络结构仍然存在，尽管不同极值的行为差别很大，但是它们都处于两个边界分支的范围之内。图 6-7 进一步表明，这一现象对于单位体积能耗的极值趋势也同样成立。

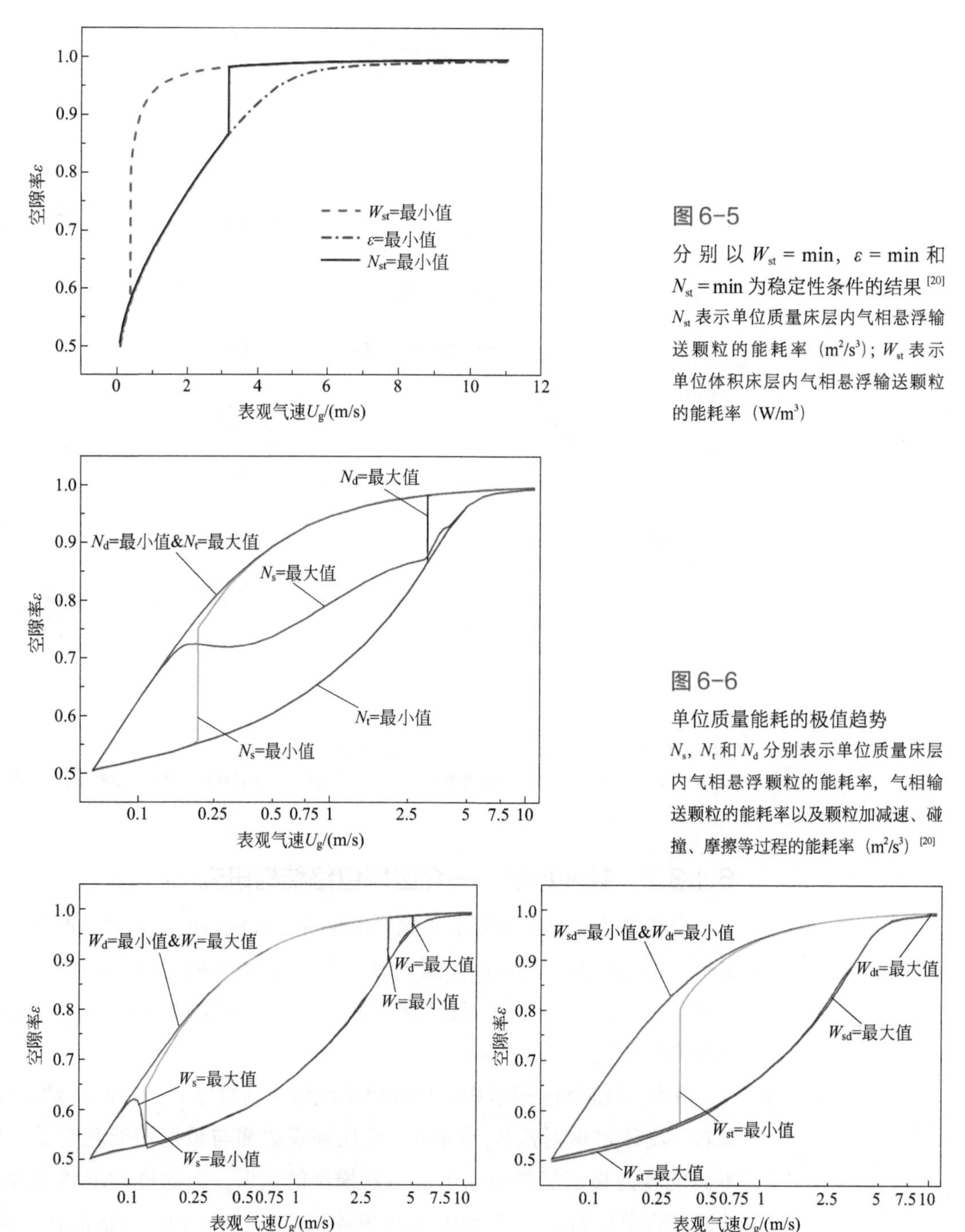

图 6-5

分别以 W_{st} = min，ε = min 和 N_{st} = min 为稳定性条件的结果[20]

N_{st} 表示单位质量床层内气相悬浮输送颗粒的能耗率（m^2/s^3）；W_{st} 表示单位体积床层内气相悬浮输送颗粒的能耗率（W/m^3）

图 6-6

单位质量能耗的极值趋势

N_s，N_t 和 N_d 分别表示单位质量床层内气相悬浮颗粒的能耗率，气相输送颗粒的能耗率以及颗粒加减速、碰撞、摩擦等过程的能耗率（m^2/s^3）[20]

图 6-7

单位体积能耗及其组合的极值趋势

W_{st}，W_s，W_t 和 W_d 分别表示单位体积床层内气相悬浮输送颗粒的能耗率，气相悬浮颗粒的能耗率，气相输送颗粒的能耗率以及颗粒加减速、碰撞、摩擦等过程的能耗率（W/m^3）[20]

上述介区域包络结构的存在，是对流体控制和颗粒控制两种控制机制的直观诠释。上分支对应 N_{sd} = min（或 W_{sd} = min），而下分支对应 N_{sd} = max（或 W_{sd} = max），因为 N_{sd}（或 W_{sd}）的物理意义是能量耗散率，忽略流态化体系的温度变化时，它们与热力学意义上的熵产率相关。这意味着，传统的最小熵产率原理（MinEP）和最大熵产率原理（MaxEP）均不能反映颗粒流体系统的流域过渡，而只有考虑竞争与协调的 N_{st} = min 才能得到与实验吻合的结果。其中 MinEP 给出的解与均匀解一致；而 MaxEP 虽然可以给出非均匀解，但是无法反映结构突变现象。需要指出的是，虽然 MaxEP 在部分区域与 N_{st} = min 有重合，但这是团聚物结构所致，若改变团聚物模型，则可能不再重合，而包络结构却仍然成立，如图 6-8 所示。

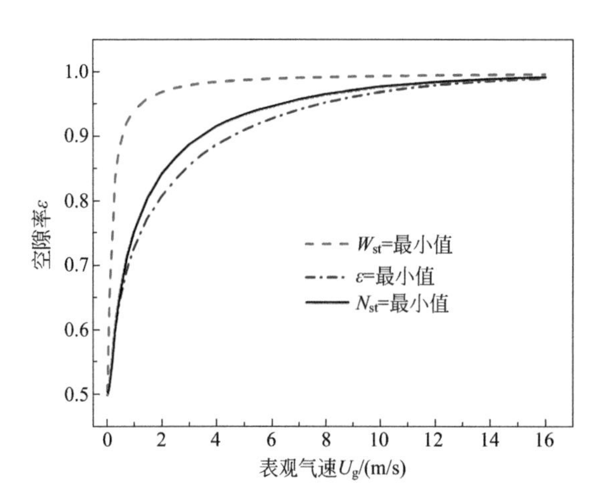

图6-8
改变团聚物模型的计算结果
N_{st} 表示单位质量床层内气相悬浮输送颗粒的能耗率（m^2/s^3）；W_{st} 表示单位体积床层内气相悬浮输送颗粒的能耗率（W/m^3）[20]

对 EMMS 模型中不同能耗极值趋势的上述考察[20]中发现的包络结构［即对于某个物理量（如平均空隙率），分别以能耗率最大和最小为条件的解将形成包络结构，而与实际体系对应的介区域解则位于包络内部，并在两条分支之间发生切换］，也存在于气液体系。之前气液 EMMS 模型预测鼓泡塔流型过渡的第二转变点为突变[19]，而实验中发现气含率是渐变的。针对这个差别，Han 和 Chen[21] 基于介区域的概念提出了改进的稳定性条件表达，即 $N_{surf}\rightarrow$ min 为小气泡控制的极值趋势，气含率 $f\rightarrow$ min 为大气泡控制的极值趋势，而 $fN_{surf}\rightarrow$ min 对应两种控制机制竞争中协调的介区域[21]，由此发现三种情况下对应的气含率也形成包络结构，而且介区域的解与实验的渐变结果高度吻合，如图 6-9 所示。为了深化对介区域的认识，在稳定性条件中引入协调因子 p 反映两种控制机制的相对强度，发现增大 p 值可以促进小气泡控制向大气泡控制的转变，并且气含率从渐变转化为突变，如图6-10所示。这表明基于EMMS原理和介科学方法，不仅可以预测气液流型过渡的渐变转折现象，而且能够揭示气液体系中控制机制在竞争中协调的本质。

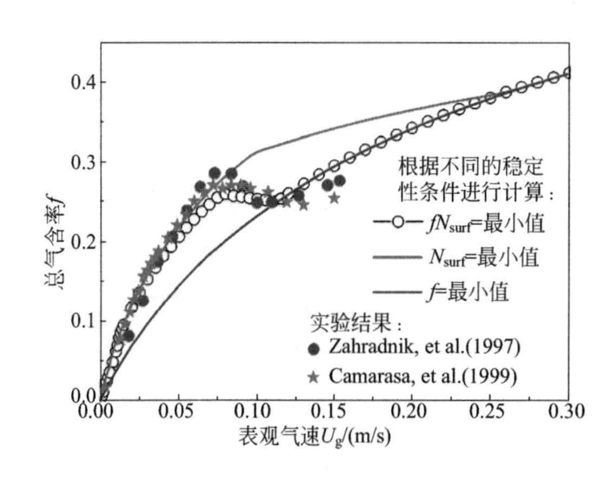

图6-9
基于介区域的气液体系稳定性条件研究
N_{surf} 表示单位质量床层内气泡振荡的能耗率（m^2/s^3）（f 无量纲）[21]

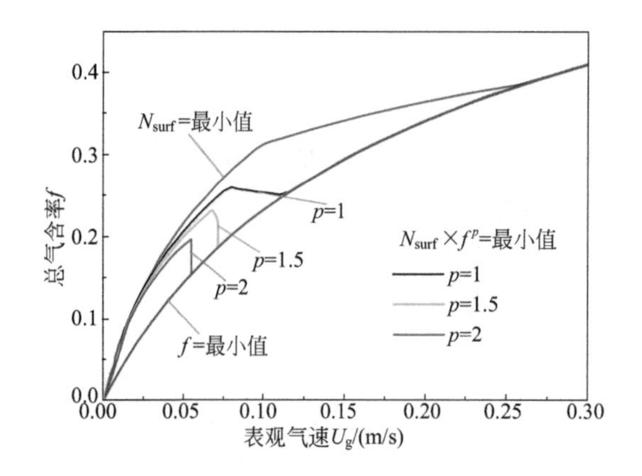

图 6-10
气含率曲线随协调因子 p 的变化
N_{surf} 表示单位质量床层内气泡振荡的能耗率（m^2/s^3）（f 无量纲）[21]

综上所述，对气固、气液 EMMS 模型中不同极值趋势的详细研究，揭示了两个体系中存在相似的包络结构，这为介科学三区域的论述提供了重要支撑。对这一共性特征的研究，阐述了介区域概念的重要性，不仅深化了对气固和气液体系流型过渡的理论认识，而且对于澄清控制机制与稳定性条件之间的关系具有重要意义，为完善介科学理论和进一步拓展应用提供了范例。

6.1.3.3 介区域研究示例

在复杂系统中，介尺度复杂结构的涌现需要特定的条件。如果用相应的控制参量来表征，则这种特定条件表现为这些控制参量的特定取值区域。在此区域之外，介尺度上的结构相对简单。采用平均化方法描述引起的偏差不明显，每个区域往往仅由一个极值机制主导，称为一个极端区域，其中的简单结构称为极端结构。由于涌现介尺度复杂结构的特定区域往往介于多个极端区域之间，所以称为“介区域”[22]。实际上，介区域也是一种介尺度，只是这里的尺度不再指通常的空间尺度或时间尺度，而是特定的控制参量（比如，温度、气速、应变率，一般跟强度量相关）的尺度，实质上反映的是能量尺度或动量尺度。聚焦于介区域内的介尺度复杂性[23]也是介科学[3, 4, 24]的重要内涵。

图 6-11 示意了介区域的一个典型实例。在气 - 固流态化系统中，上述控制参量可以选气速。随着气速增大，系统由固定床转变为流化床，再发展为稀相输送，大致可划分为三个区域。与主导机制直接相关的结构量，如指定局部空间的平均空隙率 ε，在固定床区域取一个极端值，随时间变化不明显，反映一种主导机制（$\varepsilon = \min$）导致的一种简单的极端结构；在稀相输送区域 ε 取另一个极端值，随时间变化也不明显，反映另一种主导机制（$W_{st} = \min$）导致的另一种简单的极端结构；而在中间的流化床区域，ε 值随时间变化明显，反映了两种相互竞争的主导机制共同导致的复杂结构。中间的流化床区域即为该系统的介区域。实际上，介区域内的复杂结构一般并非多个邻近极端区域内多种简单极端结构的线性叠加，而往往是完全不同于邻近极端区域内简单结构的新结构。采用合适的参量表征时，尤为明显。比如，对于气 - 固流态化系统，选取滑移速率表征时，固定床区域、稀相输送区域均为平凡值或接近平凡值，而流化床区域则是完全不同的很大的非平凡值。

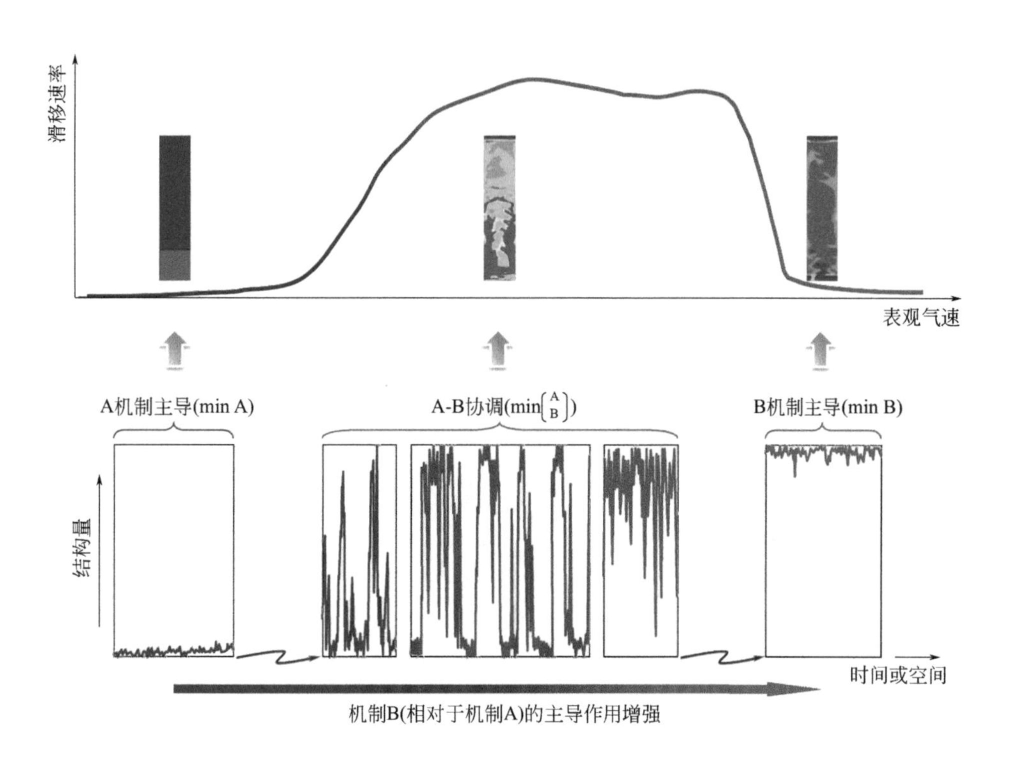

图 6-11

介区域示例图 [5]

介区域的认识为主导机制的提炼提供了一条线索。实际上，在层次分解和尺度分解之后，分析控制介尺度复杂结构的主导机制是最困难的步骤之一（另一个困难是求解多目标优化或多目标变分问题）。已经认识到，介尺度复杂结构反映了多个相互竞争的主导机制之间的协调，而要同时提炼出多个主导机制并非易事。基于介区域的认识，介区域内的多个主导机制实际上分别存在于临近的极端区域内，因而从分析每个极端区域的单一主导机制入手即可组成介区域的多个主导机制。由于极端区域内只有相对简单的极端结构，分析导致这种极端结构的相关过程，进而提炼出对应的单一主导机制相对容易。

以一个简单的 $A + B \longrightarrow AB$ 的多相催化反应系统（简称 A-B 系统）为例 [25]。该系统内的基本过程包括吸附、脱附、反应、扩散等，如图 6-12 所示。在合适的条件下，这些过程会导致吸附质形成复杂的介尺度结构，如图 6-13 的中部图像所示。忽略不同组元的吸附热差异以及吸附质之间的相互作用力，并假设生成物 AB 立即脱附且离开系统，模拟研究发现，吸附、脱附、扩散等过程均导致不同组元的均匀分散，而反应过程则导致不同组元的偏聚。由此推断，一种极端结构是 A、B 组元在吸附层内完全分离，各自偏聚，如图 6-13 左侧图像所示，对应高反应速率、低吸附速率、低脱附速率、低扩散速率条件下的一种极端区域；另一种极端结构是 A、B 组元在吸附层内完全均匀分散，如图 6-13 的右侧图像所示，对应低反应速率、高吸附速率、高脱附速率、高扩散速率条件下的另一种极端区域。偏聚趋势可以表达为 $\sigma_1 = N_{A\text{-}B}/(N_A + N_B) = \min$，即为第一种极端区域内的主导机制；分散趋势可以表达为 $\sigma_2 = (N_A + N_B - N_{A\text{-}B})\ /N_{tot} = \min$，即为另一种极端区域内的主导机制。由此认为，复杂吸附层结构涌现的区域即为该系统的介区域，复杂结构是上述两种相互竞争的主导机制之间协调的结果，可表达为上述单目标优化组成的两目标优化。需要指出的是，在该系统中，前述控制参量应该是一个综合多个过程速率常数的动力学参量。常用的操作参量，如某组元的分压，由于主要只控制部分过程，揭示的是一种组元单独覆盖到另一种组元的相变[26]，并非能揭示上述主导机制的合适的控制参量。

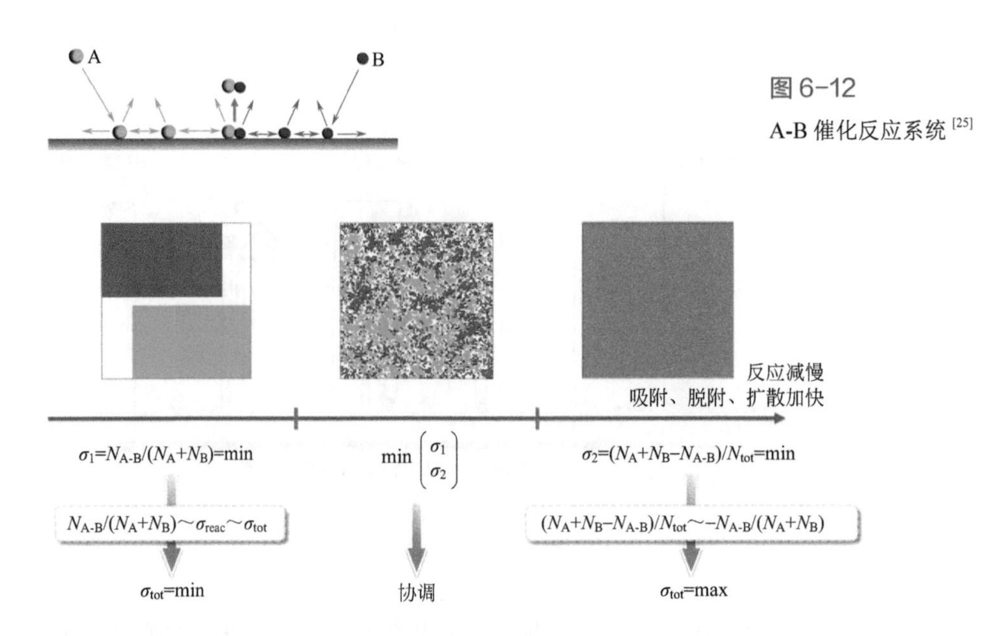

图 6-12
A-B 催化反应系统[25]

图 6-13
A-B 催化反应系统的主导机制及其与总能量耗散率（σ_{tot}）的关联
N_A 和 N_B 分别表示吸附层中 A 和 B 组元的数量（mol），$N_{A\text{-}B}$ 表示吸附层中 A、B 组元毗邻的数量（mol），N_{tot} 表示催化剂表面的吸附位总数（mol），σ_1 表示分散指数，σ_2 表示偏聚指数，σ_{reac} 表示反应过程的能量耗散率（W），σ_{tot} 表示总能量耗散率（W）[23, 25, 27]

上述分析方法在 $A + 2B \longrightarrow AB_2$[26]、甲醇制碳氢化合物等[28]多相催化反应系统中也已展现了初步成效。对于前者，其基本过程及其对吸附层结构的影响趋势与 A-B 系统类似，仍可以初步将偏聚趋势和分散趋势确定为两个极端区域的主导机制。对于后者，由于反应、扩散主要在沸石催化剂的三维孔道内发生，吸附、脱附则局限于沸石的表面，所以各过程对介尺度结构的影响趋势稍有变化。总体来说，沸石内的吸附质分布主要取决于反应和扩散过程：反应慢、扩散快构成一个极端区域，对应的极端结构是孔道内吸附质均匀分布；反应快、扩散慢则构成另一个极端区域，对应的极端结构是孔道内几乎没有吸附质，吸附质积聚在沸石表面；介中条件构成介区域，在该区域内孔道内的吸附质分布呈现核 - 壳梯度结构。

进一步研究表明，主导机制与能量耗散率的极值趋势存在一定的关联[23, 27]，这为主导机制的提炼提供了另一条线索。能量耗散率或熵产率在非平衡热力学中广泛采用，但对于远离平衡的复杂系统，并没有发现（或公认的）能量耗散率统一的单一极值趋势[29]。通过分析气 - 固流态化、湍流以及上述 A-B 系统的主导机制，初步发现，每个系统中的两种主导机制均分别与系统总能量耗散率的最大化、最小化极值趋势相关联，即极端区域内系统总能量耗散率表现为单一极值趋势（其中 A-B 系统的情况如图 6-13 所示），而在介区域内，系统总能量耗散率表现为最大化、最小化两种相互竞争的极值趋势之间的协调。这一认识在新近研究的若干复杂系统中也得到了初步证实。

6.1.4 未来发展方向与展望

本节结合化工过程中典型的气固流态化、气液鼓泡塔、催化反应系统等工艺体系，介绍介科学基本原理在化工复杂系统中的潜在应用价值以及近年来的研究进展。针对不同复杂系统中的介尺度结构共性挑战，依托介科学竞争中协调的基本原理，有望建立一种通用的模型框架，反映系统的区域依赖特征，从而为工艺创新、设备改造、操作条件优化、催化剂研发、系统集成等实际工业问题提供理论指导。

一方面，介科学认为复杂性来源于多个控制机制在竞争中的协调，如果能够提炼支配系统多尺度时空演化的底层控制机制，复杂多变行为的建模与量化难度将得到有效缓解，这已经在以往研究的工业实例中得到验证。在前面提到的几个实例中，从介尺度结构入手分析导致其形成的控制机制是目前可行的研究策略。例如，在气固体系中采用稀相、密相的划分，而不是直观的气相、颗粒相划分；在气液体系中着眼于小气泡相、大气泡相，而不是直观的液相、气泡相划分；在催化反应系统中采用偏聚、分散的结构划分，而不是组元划分。这种对于非均匀结构的划分正是考虑了不同控制机制倾向于产生特定的结构模式，从而为后续的介尺度建模、寻找稳定性条件提供便利。

另一方面，需要明确介科学仍然处于发展过程中，目前还面临诸多的挑战。首先，尽管认识到复杂结构背后是多个相互竞争的控制机制之间的协调，但是要同时提炼出多个控制机制，仍然缺乏明确的理论指导；从极端区域的单一控制机制出发是一个可行方案，但是如何确保该机制的正确性和唯一性，是值得继续研究的课题。其次，在找到两个或多个控制机制之后，如何在多个控制机制的基础上建立稳定性条件，使其能够准确反映竞争中协调对系统行为的作用方式，是一个尚待解决的问题，这涉及多目标变分或多目标优化问题，还需要进一步研究。最后，介尺度方法的研究还没有形成统一的量化方案，导致其在不同体系的拓展还需要大量的探索性工作。

综上所述，介科学既展现了广阔的应用前景，也充满了挑战。未来的发展需要依靠不同研究领域的交叉融合，与化学工程实践紧密结合，积极拓展实例研究，对于多层次、跨尺度的介尺度问题提炼其共性特征，探索可行的定量研究方法，在实践中不断检验该方法的可靠性并持续改进，从而推动介科学的发展及其在化学工程中的应用。

6.2 功能纳米材料介尺度结构形成机制与性能调控

6.2.1 纳米材料介尺度结构特征

纳米技术是一个覆盖面极广而又多学科交叉的领域，近年来在全世界范围得到飞速发展。纳米材料是纳米技术的基础和重要组成部分，其制备过程控制与优化的目标是材料结构，因为纳米材料结构决定其应用性能。在我国纳米技术重大科学研究计划中，重点支持纳米材料可控制备、自组装和功能化，以及纳米材料结构、优异特性及其调控机制。近年来，纳米材料研究从单纯的合成和表征发展到在纳米尺度上控制材

料形态和结构，以及通过组装等方法形成具有特定结构的复合材料体系。纳米材料结构包括三个层次，即微观尺度上的电子结构、原子和分子排布等，介尺度上的晶面结构、晶格取向及缺陷和位错等，以及颗粒尺度上的颗粒粒度和形态等特征。在纳米材料制备过程中，晶面结构、晶格取向及缺陷和位错等介尺度结构与反应器内热质传递之间相互关联，材料生长表界面内的化学反应、热质传递及成核生长等过程构成了十分复杂的体系，已成为材料微结构控制的关键问题（图 6-14）。目前，纳米材料介尺度结构的形成、演化机制及其与应用性能之间的关联规律，已经受到国内外科学家的广泛关注。

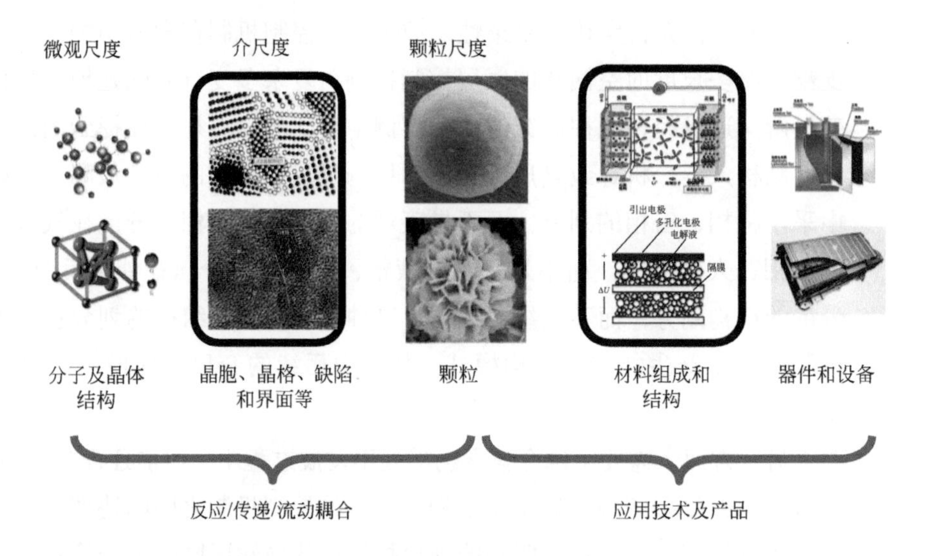

图 6-14
纳米材料多尺度结构及多相反应体系中的控制因素

6.2.2　功能纳米材料介尺度形成和控制机制

功能纳米材料及其复合体系的结构，不但取决于其合成过程的本征规律，如化学动力学规律和热力学条件，而且还取决于其合成过程的环境特征，如反应器内的温度和浓度分布等，特别是合成过程中反应与传递之间的耦合机制对材料结构具有重要影响。通过反应器设计或引入小分子等手段可以实现对材料生长表界面微区微环境的合理控制，为精准控制材料介尺度结构提供了有效途径。李春忠和杨化桂等 [30] 通过理性设计具有细长螺旋结构的新型高温气相反应器，实现微区反应温度场和浓度场连续控制，有效调节晶态材料的成核生长规律，使微区传递 / 反应与特定晶面生长匹配，制备了难以合成的高指数 105 晶面主导的二氧化钛单晶颗粒，发现高指数 105 晶面表面能高达 0.84J/ m^2 且具有丰富原子台阶，材料表面突出边棱及不饱和悬键等配位结构作为催化反应活性位点，使得暴露大量高指数晶面材料具有高催化反应活性。杨化桂等 [31] 进一步通过热还原手段在原子尺度上对 WO_3 进行精确线型位错结构调控，首次合成高效产氢的 $WO_{2.9}$ 材料，在理论分析的基础上提出高效产氢材料制备的普适策略。李春忠和朱以华等 [32] 基于氧化石墨表面含氧官能团与金属离子强配位限域反应，创新性地构筑了具有碳 π 态电子与晶态氧化物导带电子杂化能级结构复合材料。例如纳米 TiO_2 耦合石墨烯复合结构，该结构可以形成界面电场并促进电子定向迁移，其光电化学性能提高近 3 倍；利用同样策略进一步实现了氧化铁、氧化钴、氧化锡等在碳表面的耦合，显著提高了晶态氧化物的电子传递能力。李春忠和江浩等[33]借助具有高活性表面、高电导率和宽层间距等特点的 Ti_3C_2 赝电容材料，利用静电作用将含钼阴离子引入 CTAB 扩层并正电修饰的 Ti_3C_2 层间，经过低温煅烧实现 1 ～ 3 层 MoS_2 在 Ti_3C_2 层间控制生长，制备了 MoS_2-in-Ti_3C_2 复合材料，实现 MoS_2 高比容量和 Ti_3C_2 高功率特性的耦合，使其具有超快的充放电能力，而且表现出非常优异的循环稳定性。利用高温大电位电沉积技术，在泡沫镍基底上快速生长由 2nm 左右超薄 $Ni(OH)_2$-Ni_3S_2 异质纳米片，组装形成类森林结构电催化剂；该异质结构不仅降低表面功函，而且增强复合材料表面对 OH^- 中间体吸附，显著提升析氢反应动力学[34]。基于前驱体分解速率的控制及其随后的嵌钠过程，在碳纤维布表面成功地构筑由富含不饱和硫化边缘的 1 ～ 3 层超小二硫化钼纳米晶嵌入无定形碳骨架复合材料组装成的大孔有序结构（S-MoS_2@C），在酸性和碱性电解液中都展现出优异的析氢活性，第一性原理计算进一步证实不饱和硫化边缘具有最优的氢吸附自由能[35]。基于反应扩散方程及熔化动力学建立了核 - 壳结构演化动力学模型，发现核材料纳微结构由反应速率和传递速率的匹配关系决定，而该匹配关系可通过温度场进行调控，从而创新性地制备了 SnS/C 中空核壳结构电极材料（图 6-15），其比电容量是石墨负极的近 3 倍，而且具有很好的循环稳定性[36]。借助静电自组装策略，使硫代钼酸铵在葡萄糖碳化前在微区迅速分解形成 MoS_2/C 嵌入结构，采用机械压实手段制备有序大孔嵌入式结构且可叠层电极薄膜，能够有效抑制电池充放过程中活性物质团聚和体积膨胀效应；该电极具有优异的锂电容量，并且随着叠片层数增加，相应克比电容量并未出现明显衰减[37]。

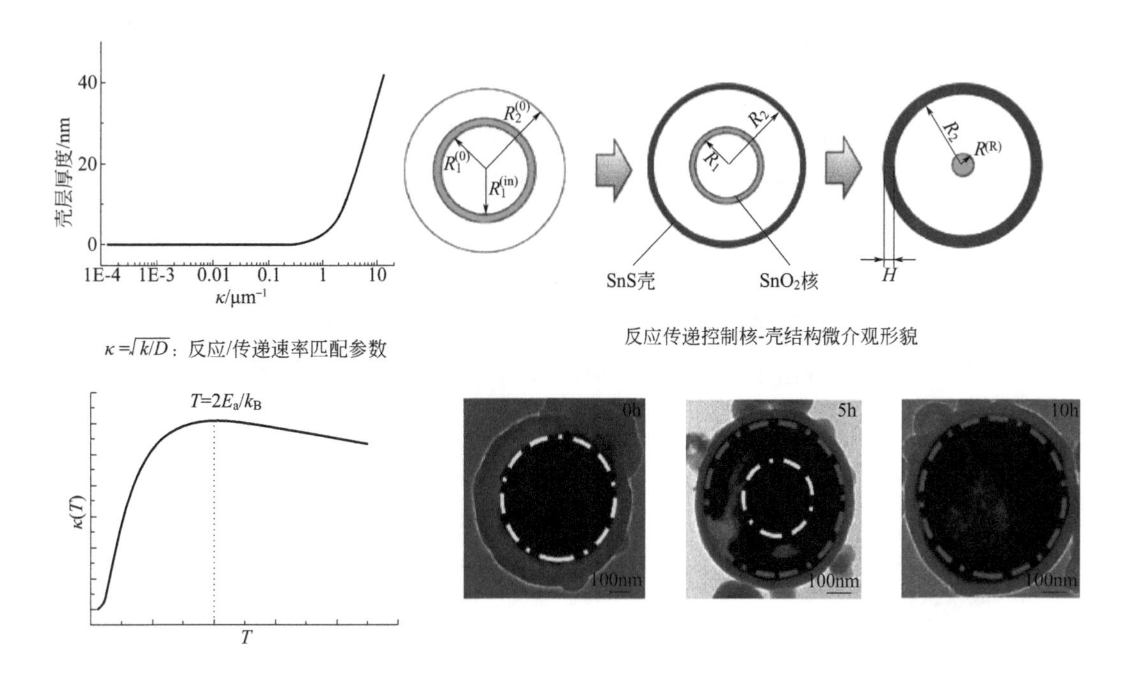

图 6-15

纳米空间限域合成金属硫化物 / 碳核 - 壳结构复合材料

T—温度；κ—反应扩散比；k—动力学常数；D—扩散系数；E_a—活化能；k_B—玻尔兹曼常数；$R_1^{(0)}$—初始 SnO_2 中心到核表面的距离；$R_1^{(in)}$—SnO_2 核的有效半径；$R_2^{(0)}$—初始 SnO_2 的半径；R_1—中心到核表面的距离；R_2—SnS 层的内半径；$R^{(R)}$—残留 SnO_2 的半径；H—壳层厚度

6.2.3 纳米材料介尺度结构与性能关系预测

多级结构纳米材料具有特异理化性能，已被用于能量储存与转化、传感器以及废水治理等领域。借助于反应和传递过程的有效控制，可以实现功能纳米材料中多尺度结构与性能的协同与耦合；研究电极材料中电子传递、离子传输特性、介尺度微观结构与性能之间关系以及多级结构纳米材料应用性能的调控规律，对于控制合成多级结构纳米材料具有重要指导意义。反应 - 扩散密度泛函理论是目前理论发展的关键，刘洪来和刘宇等 [38] 结合反应动力学模型和经典密度泛函理论，建立了耦合化学反应和分子传递的反应 - 扩散密度泛函理论。

$$\frac{\partial \rho_i(\boldsymbol{r},t)}{\partial t}=\varphi_i\{[\rho_i(\boldsymbol{r},t)],\boldsymbol{r}\}+\nabla\cdot\left(D_i\rho_i(\boldsymbol{r},t)\nabla\frac{\delta\beta F\{[\rho_i(\boldsymbol{r},t)]\}}{\delta\rho_i(\boldsymbol{r},t)}\right) \tag{6-1}$$

其中，ρ_i 为流体密度分布；φ_i 为界面反应动力学模型；D_i 为扩散系数；β 为玻尔兹曼因子；F 为自由能泛函模型。

该理论能很好地模拟反应/传递相互耦合的非平衡态体系，且具有较好的普适性。他们将该理论应用于NO的催化氧化过程，模拟了NO在不同孔道中的催化过程[38]；在吸附型孔道中，孔道的形貌能显著地影响材料的催化效率，其影响甚至超过材料比表面积；在排斥型孔道中，孔道的形貌对材料催化效率的影响很小；研究还表明吸附型孔道的催化效率较排斥型孔道高3个数量级以上。他们进一步建立了基于剩余熵标度理论的动态密度泛函理论（TDDFT），并将其应用于三维孔道材料中流体的扩散过程；传统TDDFT需要有实验或模拟测得的扩散系数作为输入，通过剩余熵标度理论自洽地计算体系扩散系数，使TDDFT不再依赖实验数据或分子模拟而成为一种独立的预测型理论，应用该理论预测了H_2、CH_4以及CO_2在MOF材料中的吸附动力学性质（图6-16），得到了与分子模拟相一致的结果[39]。在宏观层面上流体在MOF材料中的扩散符合拟一级动力学模型，在微观层面上流体在界面处的扩散与在材料内部的扩散特征有明显的差异，在时间尺度上这种差异约为1～2个数量级。固体电解质界面膜（SEI膜）是降低锂电材料的重要物质，结合非平衡态分子动力学和菲克定律，可以模拟锂离子在电极材料的SEI膜中的传递过程[40]；强电场和弱电场作用下锂离子传递时间呈现出不同的变化趋势，表明不同电场强度下的锂离子有不同的传递机理。弱电场条

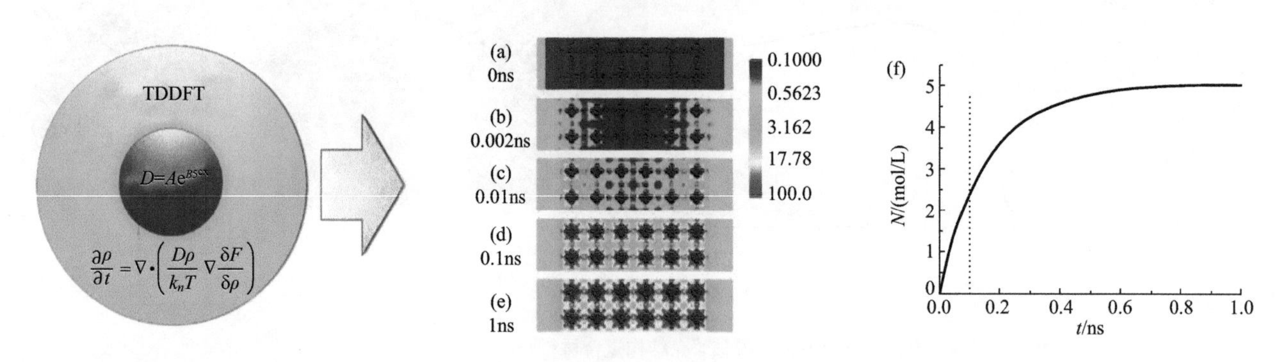

图 6-16
自洽动态密度泛函理论研究多孔材料孔道中的扩散过程
(a) ～ (e) 为密度演化，(f) 为穿透曲线，t 表示穿透时间，N 是吸附量

件下，离子传递遵循近平衡态假设下的爱因斯坦方程；而在强电场条件下，离子传递由牛顿第二定律主导。李春忠和江浩等[41]应用量子密度泛函研究了复合电极材料对SEI膜主要成分的吸附能力，发现掺杂银的电极材料能有效调控SEI膜的厚度，以此为指导合成出了高性能的电极材料Ag-MCNT，发现Ag修饰多孔碳管有利于Li^+进入碳管内部，提高电极电化学活性位。

6.2.4 未来发展方向与展望

功能纳米材料制备和应用是国内外关注的热点领域，其合成过程中涉及的介尺度问题，包括材料介尺度结构调控、材料生长表界面反应 - 传递规律与耦合机制等关键科学问题，亟待深入研究。首先是纳米材料制备过程中反应与传递之间的耦合机制及其对材料介尺度结构形成、演化和控制机制的影响规律；其次是如何通过纳米材料结构设计和控制，特别是在介尺度实现结构上的耦合和协同作用，使材料能够发挥出更为优异的理化性能。材料现代分析手段的发展以及量化计算和分子模拟的进步，将为这些关键科学问题的研究和解决提供机遇。

6.3 装备 / 过程层次的介科学研究与应用

化工装备是过程放大和系统集成的基本单元，也是过程调控的核心。研究典型化工装备中的流动、传质、传热、反应过程中的非均匀介尺度结构，特别是其形成机理及其几何、力学和传递性质的定量表征，进而掌握“三传一反”过程的控制机制及其在介尺度上的耦合，建立其性能调控方法，对于实现精准的过程调控、放大和集成具有重要意义。本节以气固和气液两相反应器、颗粒流以及微化工反应器为例，尝试讨论和总结介科学研究在这些领域的进展，以期为过程开发提供新的视角，并探索新的应用。

6.3.1 发展现状与挑战

在石油、化工、能源等重要领域，广泛存在着诸如固定床、流化床、浆态床、搅拌釜等各种型式的反应器或装备。在这些装备中，往往涉及气固、气液、液固、气液固等多相传递和反应过程。这些传递和反应过程通常发生在相界面的原子和分子尺度，而实施调控是在设备整体尺度，其间可能包含气泡、涡旋和颗粒聚团等动态结构。这些中间尺度（介尺度）的结构和传递 - 反应行为间存在复杂的非线性非平衡相互作用，它们是关联颗粒等单元（微尺度）与反应器（宏尺度）整体行为的关键，却又是传统的基于经验和平均化的方法研究中缺失的环节[42, 43]。

一个反应器通常也是多种单元的组合。如流化催化裂化（FCC）反应器，它包含了提升管、沉降器、汽提器、烧焦罐、再生器以及连接它们的管道等多个单元，涉及的介质及聚集态也涵盖了（多组分干气）气体、（油）蒸汽、（重油）液滴 / 雾、（催化剂颗粒 / 积炭）固体等，非常复杂。按最主要的介质（气体和固体颗粒）的接触方式划分，可以将这些单元归结为：由颗粒运动控制的紧密接触的颗粒流、颗粒与气体运动相互协调的气 - 固两相流，以及由气体运动控制的涡旋流动。其中的气固两相流动还可

以进一步细分为气泡主导结构的气固密相流化床，以及聚团主导结构的提升管或者循环流化床，甚至并流下行、气固逆流系统等。在这些不同的气固接触环节中，由于介尺度结构及其现象复杂，并且不同环节之间相互影响，难以预测，可能导致诸多严重的设计、优化和放大问题。

具体而言，在气固密相流化床中，介尺度结构以气泡和乳化相共存为特征。气泡形状和尺寸呈现动态变化，如何对其定量描述一直是研究难点和热点。它也是密相床放大的关键所在。近年研究还发现，气泡动态行为亦影响乳化相内的颗粒分布。为此，先区分出了由气泡剪切产生的、依附在气泡尾部的尾涡相，后又区分了上升相和回流相[44]。后续研究进一步将乳化相中的颗粒不均匀分布归因于“颗粒涡”的运动，并指出颗粒涡是气固密相流化床中的另一种介尺度结构，是气固相互作用下形成的、自成一体且相对封闭的颗粒群旋转单元，具有强烈的动态性和非均匀性，并显著影响反应器内的流体力学（颗粒混合和气泡行为）、传热、传质及反应行为[45, 46]。然而，气泡和颗粒涡之间的相互作用及其演化机理尚未有明确定论，已有研究大多集中在对宏观现象的观测上，并借鉴单相湍流的分析方法对颗粒涡的性质进行表征。研究发现：当气泡上升时，气泡底部受颗粒涡剪切力作用，变得平坦，进而造成气泡凹陷，形成气泡尾涡，并始终跟随气泡运动；而其它颗粒涡则在整床内弥散、运动，带动了乳化相中颗粒的混合；颗粒涡的生成和破裂一般处于动态平衡，但当床内环境发生变化（如升温、反应等）时，颗粒涡成为颗粒聚团、结块、结渣的重要前驱体。通过调控颗粒涡的寿命、颗粒在涡内的停留时间及动态交换速率等重要的介尺度参数，主导强放热反应条件下颗粒涡结构的演化路径以及颗粒团聚体的尺寸分布和形态特征，能有效改进相间传质以及反应效果，由此可发展出一系列反应过程强化技术[47]。

在提升管的快速操作中，气固两相混合剧烈，催化剂颗粒并非均匀分散，而是形成以动态两相聚团为特征的介尺度结构。聚团的返混与动态演化，导致在反应器轴向呈“上稀下浓”的分布，而径向呈明显的“环 - 核”结构，严重影响反应的选择性；随着反应进程和催化剂循环固体通量的改变，两相聚团的行为更加复杂，并可能引发“噎塞”失稳现象，通过提高气速或降低流化床高度可避免噎塞失稳。而在喷嘴所影响的局部区域（亦是反应最剧烈的区域），还存在负载的油滴雾化以及可能导致的颗粒聚集、结块、生焦等现象。而且，在循环流化床全回路系统中，由于不同操作单元的尺寸、气固两相运动方向的变化等，同一回路中存在多流域共存的现象。此外，颗粒的性质（如粒径、密度、表面粗糙度等）也影响着颗粒混合、分离以及团聚行为，如在密度不同的双分散颗粒系统中，聚团存在时间明显低于单分散颗粒系统；尺寸不同的双分散颗粒系统中，聚团存在时间接近单分散大颗粒系统，而团聚频率与小颗粒系统几乎一致[48]。研究认为[49]，对于颗粒间黏性作用较弱的气固流化床体系，颗粒 - 颗粒（和颗粒 - 壁面）间非弹性碰撞、摩擦等作用以及颗粒 - 流体间滑移引起的能量耗散，是气固介尺度结构形成的主要因素，颗粒聚团的动态变化是“气体控制”和“颗粒控制”这两个主导控制机制在竞争中的协调结果[3]。而另有研究[50]认为局部扰动引起的失稳可进一步发展成为介尺度结构，即介尺度结构的形成主要由局部动力学因素决定。

颗粒间的相互作用也是形成反应器内介尺度结构的重要因素。颗粒流是大量颗粒或粉末状物料在运动中的集体行为，兼具固体和流体的某些性质，但又表现出一些特性，可看作除气液固以外的另一种相态[51]。在宏观上它呈现准静流、慢速流和快速流等流态，同时颗粒间相互作用使其内部进一步形成多种类型的介尺度结构，如团簇、力链、软点和涡旋等[52]。一般认为，团簇等结构的几何及动力学特性较大程度上决定了颗粒流的流态及流态转变。然而，在固相占主导的气固系统或者纯粹的颗粒运动中（比如在移动床和循环流化床的料阀中），目前还没有成型的连续介质模型。仿照固体和流体力学建立的连续介质描述都难以反映其中真实的宏尺度特性，即使有一些半经验的针对特定介质和装置的模型，其预测性也有很大的局限性。究其原因是，在单元间具有强烈作用的稠密离散系统中，可能存在类似气固系统中稀、密两相的非平衡分相结构[53]（这些相结构只有在非平衡约束下才能存在）。具体而言，存在单元间相对位移较小、局部集结成固体状整体运动的区域与相对位移显著、呈流体状剪切运动的区域交替出现的现象。这两种状态的交替出现使得此类系统在宏尺度上表现出独特的应力特性：既非固体的应力为应变的函数，也非流体的应力为速度梯度的函数，而是与两者都有复杂的非线性依赖关系。这种分相结构可视为该类系统中的介尺度结构，可能通过系统中类似固体和类似流体的两种运动趋势的协调而形成。如何量化这些介尺度结构的形成和演变机制，进而发展颗粒流的统计力学和非平衡热力学，确定力链、应力波动等介尺度结构以及剪切应变率对宏观应力的影响，是该领域的科学挑战。

除气固系统外，气液鼓泡和气液固浆态系统在化工过程的应用也极为广泛。其中，气泡在时空和尺寸维度上的非均匀分布、气泡尺度上的湍流旋涡等是其典型的介尺度结构。气含率、气泡粒径分布和气液界面传质速率等都是重要的宏观反应器参数。气泡聚并破碎核模型是预测气泡粒径分布的核心，但文献中不同核模型由于其基于的气泡演变机制的不同，气泡聚并及破碎速率的差异巨大，通常需要调节参数才能得到气泡粒径分布的合理预测。上述方法存在模型适用性窄、大规模准确计算困难等突出问题，虽然学术界在相间作用力模型、聚并破碎核模型和多相湍流模型方面已有较多积累，但仍难以适用新工艺和新过程开发的需求。从研究该类系统中的主导控制机制出发，阐明气泡演变机制，有望量化气泡结构，获得准确的核函数。

在上述装备大型化的同时，自 20 世纪 90 年代提出的“微化工技术”由于在产品质量控制、生产效率、过程能耗、并行放大等方面的突出优点，逐渐成为化学工程学科的前沿和热点方向之一。微反应系统内存在两个层次的介尺度结构：第一层次是气泡 / 液滴生成过程中分子在界面的动态聚集而产生的界面形态和表面张力的复杂演变等介尺度效应；第二层次是并行 / 尺寸放大和流型调控（气泡 / 液滴的聚集、聚并、破碎等）过程中产生的气泡 / 液滴聚集态及其与传递 - 反应的耦合机制。近年来，微化工技术的基础与应用研究进展迅速，但多以实验观测和数据拟合关联为主，目前对微尺度下“三传一反”及相互间耦合作用规律尚缺乏深入和系统的认识。

可以看出，虽然上述列举的不同装备系统中的传递 - 反应现象复杂多变，然而，透过其现象可以发现它们的共性特征，即：在对各种过程的多尺度问题研究中，一般能明确定量描述系统中的基元过程和整体行为，而难以描述和解释决定两者间关系的介尺度复杂结构和行为。目前，从国际上研究介尺度结构的方法来看，主要有两类：一

种是以能量最小多尺度模型（EMMS）模型[6]及其拓展模型[54-60]为代表的极值型分析方法；另一种是通过底层模拟/微观实验统计分析关联得到，如基于连续介质模型的细网格模拟分析的过滤型方法[61]以及直接数值模拟（DNS）[62]。上述两类方法的研究均逐步转向更加真实气固体系的介尺度建模：如何考虑颗粒粒径分布、非球形、静电/范德华力等颗粒间作用力对介尺度结构的影响；如何建立传递-反应动态耦合的介尺度模型等。从介尺度研究相对较多的气固/气液流化床系统出发，研究在特殊边界（如微化工技术）、局部扰动、新媒介等条件下的主导控制机制以及稳定性条件，也逐渐成为本领域的研究前沿，这将为开发更有效、丰富的过程强化技术奠定理论基础。

本领域存在的重大问题与挑战主要总结为以下几点。

（1）发展气固/气液/气液固等多相系统中介尺度结构的量化模型

在气固流化床中，当操作气速较低时，介尺度结构主要以气泡和乳化相共存为特征，同时伴随颗粒弥散和颗粒涡的运动。随着操作气速的增加，介尺度结构又逐步演化成以动态两相聚团为特征。在气液鼓泡和气液固浆态床中，介尺度结构以气泡和湍流涡旋为特征，伴随气泡聚并和破碎行为。发展相应的高分辨动态测量系统捕捉介尺度结构的演变行为，建立可准确描述介尺度结构动态行为及其在反应环境下与“传质、传热及产物分布”耦合作用的量化模型，是该领域的重要问题和挑战，也是此类多相反应器精准放大的关键所在。

（2）发展描述颗粒流的预测模型

颗粒流是大量颗粒或粉末状物料的集体运动行为，其介尺度结构以内部形成的团簇、力链、软点和涡旋等为主要特征。颗粒流在宏尺度上表现出独特的应力特性：既非固体的应力为应变的函数，也非流体的应力为速度梯度的函数，而是与两者都存在复杂的非线性依赖关系。基于固体和流体力学建立的连续介质模型均难以反映其真实的宏尺度特性，因此准确分析类似固体和类似流体的两种运动趋势，量化其内部的介尺度结构的演变行为，进而发展相应的统计力学和非平衡热力学理论，是该领域的重要挑战。

（3）发展描述微尺度下的“三传一反”行为的预测模型

反应器微型化带来了过程特性的变化，使得微反应系统中的“三传一反”具有“高浓度、高温度梯度、高传质和高传热、高反应速率”的特点。微反应系统中的介尺度结构以气泡/液滴的动态聚集态为主要特征，伴随聚集态的界面张力的复杂演变，分析微反应系统在并行/尺寸放大和微型调控过程中的介尺度结构动态演变及其与“三传一反”的耦合机制，进而建立微尺度下的“三传一反”行为的预测模型，是该领域的重要问题和挑战。

6.3.2 关键科学问题

介尺度结构是洞悉反应器中传递-反应耦合复杂规律的关键。而对这些介尺度结构复杂行为认知和控制的缺失，导致反应系统整体行为难以预测。因此，如何全面、定量描述和调控介尺度结构，并掌握其变化机制，是预测气固乃至多相反应系统的复杂行为并解决其应用难题的关键。结合具体的反应系统，从一般到特殊，以下面几个典型的反应系统为例阐述相应的关键科学问题。

低速气固密相床的关键科学问题主要是颗粒涡向离散颗粒和颗粒团聚的动态平衡演化机制以及其对流体力学、传热、传质、反应特性的作用规律。深入认识上述机制及规律，需发展相应的实验表征技术，辨识颗粒涡类别，进行成因分析，厘清颗粒涡发展为颗粒聚团、结块、结渣的前驱体的主导因素。

快速气固流化系统的关键科学问题主要是反应环境下的微观结构的演变机制以及对“三传一反”行为的作用规律。该领域的介尺度研究起步较早，已从过去的冷态系统聚团行为研究过渡到复杂反应系统中微观动态结构的量化探索，需厘清不同反应（气相反应、固相反应等）环境下的主导因素，以及在反应和流动的共同作用下出现的颗粒多分散性加剧、新媒介（如液体）产生等各种因素对聚团演变以及相间传递行为的影响。

输送管、移动床等系统中普遍存在的颗粒流的关键科学问题是颗粒流内部形成的诸如团簇、力链、软点和涡旋等介尺度结构在几何学、运动学、动力学以及热力学特性方面的表征与量化。发展高分辨动态测量系统，深入认识颗粒间的相互作用行为，是颗粒流研究的基础。进而发展颗粒作用模型、实现颗粒流大规模模拟，则可进一步探索介尺度结构演变规律及其对宏观流变行为的影响。

气液 / 气液固反应器系统的关键科学问题主要是气泡的演化规律和稳定性条件以及颗粒对介尺度结构的作用机制。在该领域中，气泡是最典型的介尺度结构，其聚并和破碎行为决定了系统内的气泡尺寸分布以及相间传递行为，颗粒的引入进一步加剧了系统的复杂性，使得介尺度结构动态行为的控制机制分析更为困难，但同时对过程强化新技术的提出带来新的契机。

微化工系统的关键科学问题是微时空尺度下气泡 / 液滴聚集态等介尺度结构的形成机理及其与传递反应的耦合机制。时空特征尺度微细化显著增加了表界面作用，同时该系统中气泡 / 液滴的表面张力随着聚集态的形成而发生动态变化，深入理解并量化表面张力作用是微反应系统中“三传一反”行为预测及流型调控的关键。

6.3.3 主要研究进展及成果

6.3.3.1 气固流态化系统

在上述列举的几个反应系统中，气固体系的介尺度研究开展最早。Li 和 Kwauk[6] 针对气固并流上行的流态化系统，划分成颗粒聚集的密相和气体富集的稀相，提出了 EMMS 模型，如图 6-17 所示。模型共有 8 个未知结构变量，可建立 6 个动力学守恒方程，采用稳定性条件进行封闭。该稳定性条件表达为两种控制机制竞争中的协调：机制一是气体寻求阻力能耗最小的路径通过床层，即单位体积内的悬浮输送能趋于最小；二是颗粒趋向于维持最小重力势能。DNS 实验 [63] 初步证明了此稳定性条件的合理性。Tian 等 [64] 基于理论分析建立了基于结构的熵产率和能量耗散律关系，阐明了 EMMS 模型的稳定性条件不同于经典非平衡热力学中的最小熵产生定律。稳定性条件的引入建立了宏尺度和微尺度参数之间的联系，使得介尺度结构的演化同时受到宏尺度（操

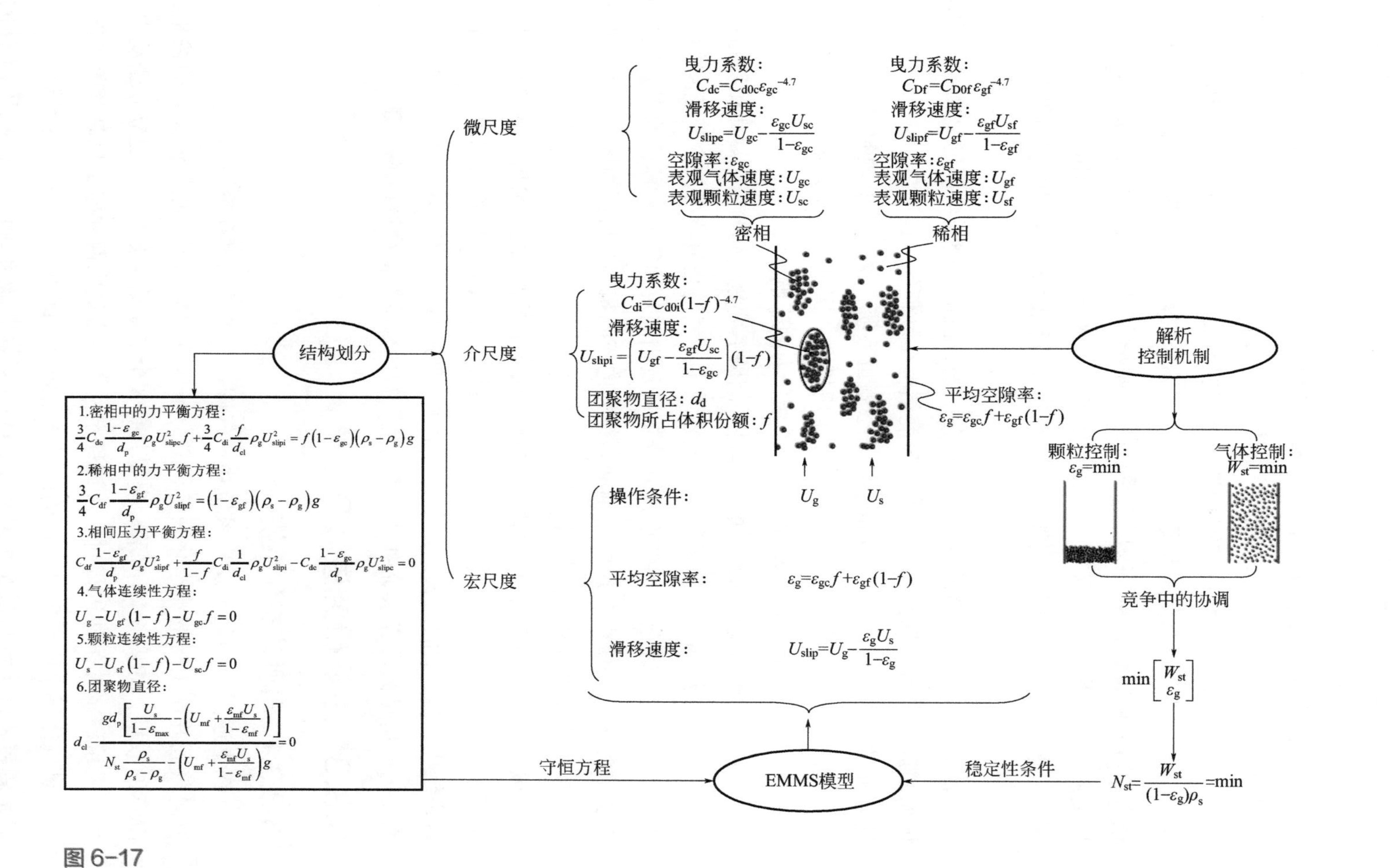

图 6-17

EMMS 模型的物理含义和数学表达 [66]

作条件）与微尺度（颗粒物性和局部流体力学行为）的共同影响。随着操作条件的变化，两个控制机制的强弱程度随之变化，因此该模型被用作流域识别的判据 [6, 65]。

由于流动结构的非均匀分布对颗粒群曳力系数影响巨大，而 EMMS 模型可以求得气固流态化系统中的稀、密相结构，Yang 等 [54] 在原模型的动量方程中引入一个加速度项，建立了基于结构的曳力模型，大幅提高了对 A 类颗粒提升管的预测。Wang 和 Li[55] 进一步区分了稀相、密相和介观相力平衡方程中的加速度项，提出两步法求解策略并认为：维持介尺度结构的悬浮和输送主要源自外部的输入能量，因此介尺度结构参数（如内部空隙率）受宏观或全局流体力学条件约束，在第一步中通过稳定性条件封闭方程组进行求解；而介尺度结构的动态变化主要受局部流体动力学影响，因此其速度项等在第二步局部守恒方程中进行求解。Lu 等 [56] 推导相关方程获得了双变量的曳力修正因子，即 H_d 为空隙率和滑移速度的函数，并发现引入局部滑移速度对于降低计算流体力学（CFD）模拟对网格的依赖性至关重要。Shi 等 [67, 68] 将气泡结构取代团聚物，发展了适用于低速气固密相床的 EMMS 曳力模型，该模型进行两步法改造后也展示出与网格弱相关的特点 [69]。由于两步法模型可量化局部微观结构，由此又发展了基于结构的传热、传质及反应模型 [57, 70, 71]。模型研发的不断深入对反应器的设计、优化及大型化过程发挥了越来越重要的作用，如在最大化异构烷烃（MIP）变径反应器的研发上，首先经过对曳力模型的改造成功捕捉到了提升管内的噎塞现象，根据噎塞发生和演化规律确定变径比设计和变径段高度；随后实现工业 MIP 反应器的三维全回路模拟 [72]，诊断系统失稳；结合反应动力学及其基于结构的传热 / 传质模型等，进一步实现对工业 MIP 反应器的预测，并预测大型化后的热态参数变化，从而不断完善设计并利于其在全国的大规模推广 [59, 70]。可见，由于针对气固并流上行系统中的非线性非平衡的具体特点寻找到了特定的控制机制和稳定性条件判据，其复杂介尺度行为得以准确量化，预测气固反应系统复杂行为并解决其应用难题的能力出现质的飞跃。

同时也有研究认为介尺度结构的形成主要由局部动力学因素决定，因此尝试从连续介质模型的细网格模拟结果中关联得到曳力等本构关系，如以 Sundaresan 课题组 [73-75] 提出的过滤型方法，其基本思路是：采用滤波等方式过滤掉系统内的小尺度时空结构，在模拟时只显式计算大尺度的时空结构。被过滤掉的小尺度时空结构对系统内大尺度时空结构的影响体现为其对控制方程的影响（如新项的出现）。滤波后的控制方程是不封闭的，因此需对新项（本构关系）进行建模封闭。迄今为止，可以针对某一特定体系分析出粗网格模拟时所需要的本构关系，但是尚无法得到普适的本构关系，且目前研究主要聚焦冷态流动。此外，还有研究尝试从气固 DNS 结果中统计曳力等本构关系 [76-78]。

基于介尺度结构的本构关系的研究至今方兴未艾，如 Tian 等 [79] 指出 EMMS 曳力模型中稳定性条件成立的时空尺度与局部模拟微元的不一致性，推导出完全基于经典稳态 EMMS 模型的曳力关系，初步证明可适用于各种流域的流化床模拟；将介尺度结构作为量化粗粒化参数的依据，改进粗粒化颗粒轨道模型 [80] 或多相物质点法中的曳力及其应力表达 [81]；建立双分散颗粒流化系统的曳力模型 [82, 83]，以及从现有 EMMS 曳力模型或过滤型模型出发，利用神经网络分析获得复杂环境下的高维变量曳力关系表达式 [84]。

相比颗粒聚团、气泡等介尺度结构，“颗粒涡”这类结构的提出较晚，相关研究也相对较少。实验测量研究有利于人们逐渐认识颗粒涡的运动特性，如：Laverman 等[85]通过正电子发射粒子追踪实验发现，两种不同的 Geldart B 类颗粒在较低气速下均出现了不同的颗粒涡叠加结构；随着气速增加，流化床下方的颗粒涡消失，而顶部颗粒涡延长并弥散至整个流化区域。Cano-Pleite 等[86]测量了竖直振动的拟二维流化床中单气泡上升过程中其周边颗粒的速度，发现了具有波浪形特征的尾涡，并发现颗粒运动（尤其是气泡尾涡中的颗粒）受床层周期性压缩和膨胀的影响。Vishwanath 等[87]在实验中观察到在气泡破碎过程中形成的不对称尾涡，证明该过程中存在颗粒混合。Sun 等[46, 88, 89]基于湍流脉动与流化床脉动的相似性，从脉动信号的数值模拟、非侵入式检测和多尺度解析的角度出发，建立了流场间歇性、颗粒涡和相干结构的较为全面的表征方法，发现颗粒涡主导流场间歇性，揭示了颗粒涡的分布、寿命等性质随操作条件的变化规律。在气固流化床中，颗粒涡在压力梯度的作用下自成一体地旋转，类似于单相湍涡、台风等流体自旋现象。他们进一步建立高速摄像和图像识别的实验平台以及数据处理方法，定量地表征颗粒涡与外界的颗粒交换系数，研究发现颗粒涡内细颗粒与乳化相的交换速率高于粗颗粒，颗粒涡对细颗粒具有选择性交换作用和富集效应。随后结合数值模拟研究了颗粒涡的弥散过程、气体穿流量和局部传热特性，以及曳力、湍流、颗粒温度及静电模型对气固两相行为和颗粒涡的影响，并提出了气泡 - 颗粒涡传热模型，修正了流化床聚合反应器时空收率模型，相对精度提高 15%。[90, 91]

基于对颗粒涡的上述认识，提出了一种气固反应强化方法。在烯烃聚合、催化裂化、流化焦化等工业过程中，液体可作为冷却介质或反应物被喷入流化床。以流化床聚乙烯反应器为例，喷射的液体包括惰性冷凝介质和共聚单体，在反应器内同时起到撤除反应热和参与聚合反应的作用。一方面，液体的喷射和蒸发促进颗粒涡的生成，强化流场湍动，有利于传质传热；另一方面，细颗粒密度增加较粗颗粒幅度大，说明液滴倾向附着于细颗粒表面，从而显著降低细颗粒温度及传热系数，易导致黏结聚团。通过建立气泡颗粒涡传热模型，进一步匹配颗粒涡寿命、催化剂动力学和喷液参数，能够实现颗粒涡内催化剂细颗粒的可控释放和传热强化。催化剂颗粒在气液固区、气固区被颗粒涡释放时，将分别催化生成不同分子量、支化度的聚合物链。因此，可通过颗粒涡内催化剂细颗粒的可控释放调控聚合产物的性质，实现催化剂动力学特性、颗粒涡寿命、颗粒循环时间及云区高度的匹配，以调控催化剂活性最高点的释放位置，进而调控聚乙烯产品性质。

6.3.3.2 颗粒流

快速颗粒流以颗粒两体瞬时碰撞为基本特征。通过边界振动的快速流实验研究[92]发现，快速流内部存在有序、相对稳定的颗粒瞬时正碰网格结构，不同于经典分子气体各向同性均匀碰撞，极有可能存在碰撞优势方向。Chen 等[92]建立了一种关联函数 M（$M=\left\langle \frac{1}{N}\sum_{i=1}^{N}\cos^2\Psi' \right\rangle$，两个颗粒相对位置和相对速度之间的夹角为$\Psi'$，$N$ 是颗粒数目，〈 〉表示系综平均），用于检验混沌假设在快速颗粒流的大部分相空间中是否成立。基于动理学理论可知，经典分子气体的 M=0.5，而实验统计发现快速流的 M 明显偏离 0.5，且随着颗粒体积分数的增加而减小。引入一个各向异性的角分布函数修正网状碰撞结构下的动理论角积分平均场结果，并与经典动理论结果对比，发现通过引入网状碰撞结构降低颗粒与颗粒之间的碰撞频率，产生了长程边界效应。

准静流和慢速流则以颗粒持续接触为基本特征。近期，高速 X 射线成像技术对三维颗粒流的微观结构及动力学进行了实空间的成像，并将其应用于研究非平衡态颗粒流和准静态剪切应变循环加载，发现颗粒体系中存在两种弛豫机制的竞争，即小尺度下由颗粒粗糙度所引起的扩散和大尺度下非可逆的弛豫[93, 94]。在数值模拟方面，自由基剖分（radical tessellation）为介尺度结构的统计分析提供规范、合理的空间单元。比如，自由基剖分得到的多面体五边形面反映了局部五边对称性（local fivefold symmetry，LFFS），进一步定义五边形面数与多面体总面数的比值 P_5^n。采用颗粒离散元方法，以不同速率对颗粒流分别实施平板剪切，发现应变局部化区域发生在从较低 P_5^n 向较高 P_5^n 逐渐转变的区域，这与金属玻璃塑性变形的研究结论[95]类似。低 P_5^n 区域对应颗粒相对稀疏区域，且其中的速度梯度、角速度、动能与势能涨落和颗粒温度等较大。

基于上述对颗粒流的结构量及其它物理的分析，提出了颗粒流介尺度结构单元的构想，为理解颗粒流弹性、弛豫、塑性和黏性等性质以及介尺度 - 宏观尺度建模提供了思路[96]。颗粒体系由若干结构单元构成，而每个结构单元由强力链与弱力链构成：①强力链上的颗粒相互挤压，承载了大部分的外界荷载，存储了大部分的弹性能，拥有较高的抵抗剪切变形的能力，是颗粒流弹性的根源。强力链弹性松弛相对缓慢，具有较高的刚度，颗粒重排需较高的能量壁垒。②弱力链内含有可自由移动的颗粒，弱力链嵌套在强力链骨架中，具有较低颗粒体积分数和局域弹性模量、较大的能量耗散率，是颗粒流黏性的根源。③强、弱力链发生相互转化，导致了宏观性质和流态的变化。

6.3.3.3 气液 / 气液固流态化系统

Yang 等[19]从气液系统与气固系统的相似性出发，在 EMMS 方法的基础上开展了气液系统介尺度上的多机制协调原理和稳定性条件方面的研究，提出气液体系的介尺度理论模型——双气泡模型，在该理论模型基础上进一步建立了介尺度曳力模型和介尺度群体平衡模型，可与 CFD 耦合。如图 6-18 所示，双气泡模型有 6 个结构参数（大、小气泡的表观速度、尺寸和气含率），而只能建立 3 个守恒方程，需要额外的控制条件进行封闭。通过分析系统中不同能量耗散方式（液相湍流能量级串耗散 N_{turb}；气泡表面振荡过程 N_{surf}；气泡聚并和破碎过程 N_{break}），提出了气液系统的稳定性条件。该稳定性条件反映了气相和液相间的竞争和协调关系：$N_{st}=N_{surf}+N_{turb}\rightarrow \min$；$N_{surf}\rightarrow \min$ 表明气泡界面振荡强度趋于最小，利于形成小气泡；$N_{turb}\rightarrow \min$ 表明系统湍流耗散趋于最小，利于形成大气泡。该模型能预测整体气含率，捕捉流域转变的气含率突变，并反映黏度和表面张力对流域过渡的双重效应[58]。

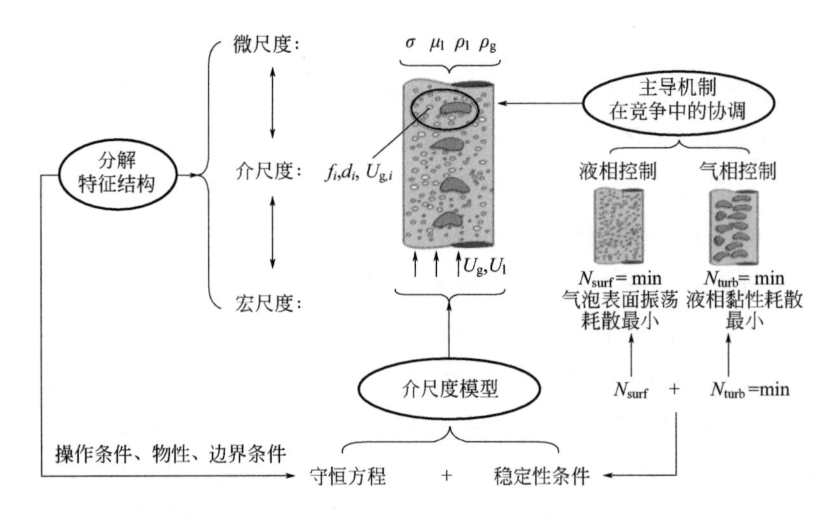

图 6-18
气液介尺度理论模型

基于双气泡模型的结构参数重构了介尺度曳力模型，并结合双流体模型（TFM），用于气液及气液固系统的 CFD 模拟，可准确预测鼓泡塔内局部气含率和液速分布，且捕捉到随表观气速增加整体气含率呈现平台走势的现象，而传统曳力模型只能预测气含率单调递增的变化趋势，且需要调节参数才能用于不同的操作条件[97, 98]。若仅用双气泡模型，预测到的是跳跃现象，这是因为该模型是零维模型，未考虑设备结构（如塔径、分布器和内构件）的影响，因此计算获得的跳跃现象反映的是理想条件下的流型过渡。Zhou 等[99]进一步在曳力模型中考虑了固体颗粒对气泡曳力的影响，实现了气液固浆态床的 CFD 模拟，可合理预测局部气含率、局部固含率和固体速度等物理量。同时，将该模型拓展应用于内循环和外循环气升式反应器以及气液搅拌槽，均能较好地预测全床以及局部的流体力学参数[100]。

气泡聚并破碎核模型是预测气泡尺寸分布的核心，但不同核模型的聚并破碎速率相差显著。介尺度群体平衡模型的思路是，将双气泡模型得到的聚并破碎能耗作为聚并破碎过程的物理限制条件，对聚并破碎核模型修正，进而采用群体平衡模型模拟气泡尺寸分布。Yang 等[101]采用此限制条件对不同核模型组合的聚并模型修正，均能得到较为准确的气泡尺寸分布。该方法还初步拓展运用至液液转子 - 定子乳化器，实现了对液滴尺寸分布的可靠预测[102]。

6.3.3.4 微化工技术

针对微尺度多相分散过程，系统研究了液滴 / 气泡表界面化学组成、几何形态、作用力等介尺度结构的形成和演变规律[103, 104]，如图 6-19 所示。围绕界面的形成和演变开展研究，揭示了基本作用力下界面曲率随时间的变化规律[105]，阐释了界面形貌对于局部压力、流场和流量的影响规律[106]，提出了更为精确的微分散模型和微尺度多相流型分布图[107, 108]；揭示了系统吸附、传质和化学反应等因素对于界面化学组成的决定作用，建立了动态界面张力与界面组成的定量关系以及 CFD、格子玻尔兹曼法（LBM）等模拟方法[109]。

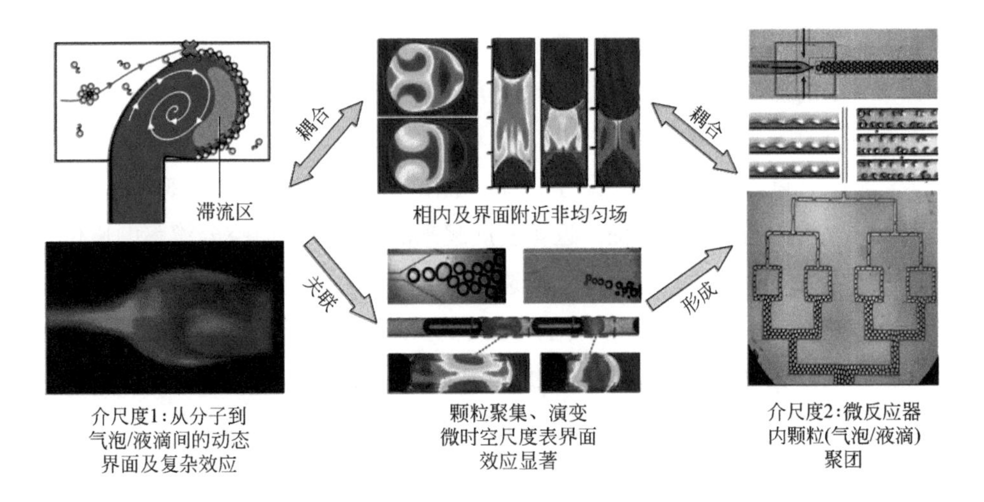

图 6-19
微反应系统内介尺度结构及效应

针对微反应器中超声作用下气泡的表界面介尺度结构，研究了气泡界面振荡形态和界面附近流场等衍生结构的形成、演变和调控机理[110]。基于弹性力学的一维振动理论和多场耦合模拟方法，设计出多种新型超声微反应器，实现了声场的均匀分布和高效利用[111]；开展微通道内自由空化气泡、Taylor 气泡的振动行为研究[112]，揭示了气泡振动尺寸与限域作用的影响关系[113]、界面附近流场涡流及对混合 / 传质的影响规律[114]、乳化过程微型空化气泡的“穿梭致乳”机制[115]，并建立相应预测模型；结合振动源项与 CFD，开发出超高帧率和超短时间尺度下的空化现象的数值模拟方法。

针对微系统内的反应动力学，以介尺度结构为纽带深入认识了微化工系统内流动、传递和反应之间的耦合机制与调控规律；发展了多种原位传质测量方法，揭示流动结构与多相传质的耦合规律，建立传质模型[116]；发展了基于原位热效应测量和“瞬间引发瞬间淬灭”技术的反应动力学测量方法[117, 118]，通过调控多相流动过程的流型和传质，测定了 CO_2 吸收、辛醇 / 三氟甲氧基苯硝化[119, 120]、环己酮肟贝克曼重排[121]等典型快反应过程的动力学。

基于介尺度相关基础理论调控多相反应过程的表观动力学行为，发展多相微反应定向调控及其过程强化的理论和方法，发展多相快速反应的关键设备和工艺，实现“环己酮肟贝克曼重排反应”“丁基橡胶溴化反应”“柴蜡油液相磺化”“阻燃剂氢氧化镁”等重要生产过程的技术和装备的自主创新，对微化工技术的应用和推广产生了良好的示范效应，也对我国化学工业升级产生积极的推动作用。以溴化丁基橡胶制备过程为例[122]，基于介尺度科学的研究思路，利用微分散基本原理，提出引入水相获得极大传质面积，同时实现萃取反应过程耦合的新思路：微水滴强化 HBr 传质（移除），有效抑制了溴的转位反应，获得 90% 以上仲位溴结构产物，促进丁基橡胶溴化技术升级。

6.3.4 未来发展方向与展望

综上所述，气固 / 气液 / 气液固 / 微反应系统均属于典型的非线性非平衡系统，缺乏统一的稳定性判据，因而介尺度结构难以关联和刻划，并引发了各种宏尺度上的应用难题。而根据前期的若干实践，发现通过分析控制机制的协调有望实现一种统一的

寻找各个系统的稳定性判据的方法，并以此关联介尺度行为。而寻找并确定不同系统中的控制系统就成为了研究的重要命题，它有赖于实验测量、理论分析和计算模拟等手段的集成与突破。

首先，在实验测量上，单纯测量颗粒相浓度、速度等平均化的方法不足以表征介尺度结构的动态特征，近年发展起来的具有较高时空分辨率的原位、无扰测量手段（如PIV、PDPA、ECT、X射线透射等）为实现细致观察介尺度结构的动态行为提供了可能。其次，在理论分析上，已有的实例表明非平衡热力学以及分析型多尺度方法为寻找控制机制和协调原理提供了可能的方向，但还需要更底层或者微观的模拟计算进行直接验证。实际上，在针对提升管系统的研究中，微观的DNS就在验证并寻找控制机制方面起到了巨大作用[63]。值得注意的是，传统的气固系统DNS，气体一般采用亚颗粒尺度的各种连续或者离散的模型方法，固相则跟踪所有颗粒的运动边界，并在双周期条件下揭示一个CFD微元特征空间内的非均匀结构演化细节，然后统计得到封闭更大尺度上的关系。这种方法揭示的结构实际对应于局部平衡状态假设，气相也对应于各向均匀湍流[123]，与实际气固反应系统中处于非平衡、动态剧烈变化中的介尺度状态相差甚远。此外，它对应于自下而上的微-介尺度关联，却难以体现宏尺度操作/特殊边界等对介尺度结构的自上而下的关联。

如能集成上述实验测量、理论分析手段，并在计算模拟上有所突破，有望找到一条有效的确定控制机制及其协调原理的途径，进而深入了解介尺度行为。准确的物理机理和数学模型与云计算、大数据、人工智能、虚拟现实等数字技术的深度融合，有望发展虚拟过程工程技术[72, 124]，实现化工工艺过程虚拟设计、反应器一步放大与优化、虚拟工厂设计等化学工程的梦想，实现化工过程强化、过程安全、绿色化和高端化生产。同时，一系列化工强化技术（如引入特殊边界、新媒介等）的出现给传统领域的介尺度研究带来了新的研究思路。在分析介尺度结构形成的主导机制时引入或发现易于实现的调控因素，将为开发新的反应强化技术提供更多可能，并为拓展到生命、医药、材料、航空、国防等更多领域提供坚实基础。

21世纪的化学工业面临着前所未有的机遇和挑战，对于化工装备和生产提出了越来越严苛的要求，不仅需要对单个设备做到精准设计、调控及放大，还需考虑整个系统的联动和优化，甚至在更大尺度（如整个化工园区）上综合考虑不同反应过程的物耗、排放、调度、效益等多种因素的匹配。从单个装备/过程的控制机制分析逐步扩展到更大系统的多尺度分析，有望建设高度集约智慧的新型化工园区。

6.4 层次界面与跨层次耦合的介科学研究与应用

多相反应过程是能源转化、资源加工与利用以及材料生产等行业中最普遍存在的核心环节，涵盖原子/分子、颗粒和反应器等多个尺度和层次，气、液、固多相共存，流动、传递与反应过程紧密耦合，具有突出的多重复杂性。多相反应过程一般均涉及材料和反应器两个层次，每个层次内部都存在多尺度结构。介尺度问题主要包括两类。第一类是材料及表界面介尺度结构的形成机理与反应的定向调控，重点是揭示反应与扩散过程的机制及其耦合，阐明颗粒界面介尺度结构、反应路径、反应产物三者之间的关联。第二类是反应器中介尺度传递过程的多机制耦合与调控，重点是在多种宏观约束下建立反应器中非均匀结构的物理模型，明确各种控制机制及其相互关系，从而阐释其介尺度行为，即非均匀结构的形成机理及其对传递过程的影响。但是，要建立对整个过程的完整科学认识，还应该发展上述两个层次间关联的理论与方法，即跨层次耦合。本节以液滴为模板合成固体颗粒功能材料、气液体系及液液乳化工艺过程的跨层次耦合模型、从反应到反应器的气固系统多尺度耦合模拟、甲醇制烯烃工艺等四项基础研究为例，阐述跨层次耦合的发展现状及趋势、关键科学问题、主要研究成果、未来发展方向及展望等内容。

6.4.1 发展现状与挑战

跨层次耦合的重点是不同尺度机理模型的统一，在颗粒尺度形成对反应过程的各种现象的综合描述，实现反应与流动和传递耦合的数学和物理模型与优化分析等。然而，在不同的实例研究中，跨层次耦合又表现出不同的具体形式，目前尚缺乏统一的理论，是一个前沿探索领域。

在以液滴为模板合成固体颗粒功能材料的多相反应过程中，作为多相反应过程的微元，液滴表界面介尺度结构的构筑与调控对颗粒结构的形成和定向调控具有重要作用[125-128]，主要包括液滴界面结构的稳定性和可控性、界面传递与反应、固体颗粒材料结构的定向调控等方面。其中，两亲分子或纳米颗粒在液滴界面上有序可控地排布，在界面上形成聚集态的介尺度结构，该介尺度结构是形成稳定、可控的液滴结构和形态的决定性因素；功能材料单体或小分子通过界面传递与反应，在固体颗粒功能材料内部和表面形成分子聚集体（包括两亲分子 / 纳米颗粒聚团）的介尺度结构，该介尺度结构是决定固体颗粒功能材料的功能和性能的关键因素。上述两个层次的介尺度结构相互作用、相互影响，其中涉及这两个层次表界面介尺度结构与反应 - 扩散过程的相互关系及其调控规律，以及反应与扩散过程的机制及其耦合等层次界面与跨层次耦合的介科学内容。

气液及液液多相体系的一个重要问题是调控离散相（如气泡、液滴）的尺寸分布和形态，而跨层次耦合是实现理性调控的关键科学问题和挑战性难题。以液液乳化过程为例，乳化工艺已被广泛应用于化工、生化、制药以及食品加工领域。液滴尺寸分布是乳液的重要性质，直接影响着产品的质量、稳定性、外观以及流变特性[129]。但是，乳液配方及吸附过程（分子层次）和过程操作条件及工艺（设备层次）以极其复杂的跨层次耦合作用决定了液滴尺寸分布和形态，但目前对该作用的研究还较少，液滴尺寸的精准控制仍然面临巨大挑战。目前，乳化过程的研究一般从实验和计算机模拟两方面展开[130, 131]。一方面，乳化实验过程往往需要大量的试错，筛选乳化设备的结构参数、操作参数和表面活性剂配方的优化组合；另一方面，可靠的计算机模拟可缩短过程开发周期。但实际上乳化搅拌分散设备中的油水液液两相流动非常复杂，液滴在高剪切条件下动态地发生破碎和聚并。文献上一般采用计算流体力学和群平衡模型，其中聚并和破碎核函数需要很多可调经验参数，或通过液液搅拌槽的实验关联得到，

缺乏预测性，且针对特定设备或操作工艺条件得到的最佳经验参数往往不适合其它设备或操作条件，需要发展一种可靠的且不依赖实验关联的跨层次耦合理论方法。

对于典型的气固反应系统，从颗粒 / 分子到反应器通常可以划分为“反应材料”和“反应器”两个层次，每个层次上又包含多个尺度[66]。针对不同尺度的反应 - 传递耦合过程建立多尺度模型和方法，实现从颗粒 / 分子到反应器的全流程全尺寸模拟，是化工流程研发长期努力的重要目标之一。在反应材料层次上，量子力学（QM）方法可以研究本征反应机理，但其计算规模比较小。反应分子动力学（reactive molecular dynamics，RMD）[132-135] 在标准的分子动力学（MD）模型基础上，通过定义反应力场，可以考虑分子 / 原子或者自由基之间化学键的形成和断裂，从而模拟一些复杂的反应过程[136-140]，但其模拟规模依然有限。在催化剂孔道及表面上发生的扩散、吸附、反应和脱附等动态过程则广泛采用标准的 MD 模拟进行研究，随着模拟规模的增加，可以采用粗粒化 MD 模型[141, 142] 降低计算量。对于气体体积浓度较低的体系，其输运过程并不强烈依赖于分子间的相互作用细节，可以采用硬球（HS）和拟颗粒（PPM）作用模型[143, 144]，发展从严格的事件驱动算法[145, 146] 到计算更快但完全近似的直接蒙特卡洛（DSMC）方法等[147]。此外，基于连续介质力学的方法也常用来对反应和传递过程进行数值求解[148-155]。

在反应器层次上，根据流体和颗粒时空尺度的不同，气固两相流的模拟方法主要分为三类：DNS[156]、离散轨道模型（DPM）[157, 158]、TFM[159]。DNS 在更为精细的网格尺度（小于颗粒尺度 1 个量级）求解流体 Navier-Stokes (N-S) 方程[159]，并将颗粒处理为移动的壁面边界条件，直接求解气固相互作用，该类方法的精度高但计算量大，常用于机理研究。TFM 和 DPM 均将流体相描述为连续介质，且网格尺寸数倍或数十倍于颗粒粒径，极大减少了流体的计算量。TFM 计算量相对较小，但难以处理复杂颗粒体系，例如多粒径分布、复杂的颗粒形状等。DPM 能显式地跟踪颗粒的运动[160]，固体颗粒模型的精度较高，能够方便地研究复杂颗粒过程，例如黏滞力[161, 162]、静电力[163, 164]、颗粒碰撞传热[165-167]、催化反应[168] 和燃烧[169] 等，但工业设备中可达万亿级的颗粒数带来无法承受的计算量[170]。对颗粒进行粗粒化是减小计算量的有效途径，根据气固两相流的物理特性建立高精度、高效率的粗粒化模型是当前 DPM 重要的研究方向[171]。

与此同时，随着计算机科学的发展，超级计算系统呈现出异构化的特点，如何结合计算机硬件体系结构的特点实现加速算法是大幅提高离散颗粒模拟方法计算能力的另一个研究热点[4, 172, 173]。将上述两个层次中两种或多种方法结合在一起就可以形成多尺度耦合模拟方法，根据耦合方式的不同可以分为两大类[174]：级联方式和并发方式。对工业和工程系统进行精确高效的模拟需要多尺度建模方法，而在描述、解释和预测气固反应系统中多尺度结构方面仍然需要进一步深入研究。

甲醇制烯烃（MTO）是实现从煤炭、天然气、生物质等非石油资源生产低碳烯烃（包括乙烯、丙烯）的重要途径。自 2010 年 8 月由中科院大连化物所等单位合作开发的甲醇制烯烃 DMTO 工艺在世界上率先实现工业化[175] 以来，MTO 从反应机理、催化剂以及反应工程等诸多方面得到了广泛关注。大量的基础研究表明，甲醇转化反应体系非常复杂。目前已证实甲醇转化存在多种反应途径，涉及多种类型的反应中间体，所生成的烯烃产物在酸性催化环境中又具有很高的反应活性，容易发生聚合 - 环化 - 氢转移反应生成积炭物种而导致催化剂失活[176, 177]。尽管已有研究者提出了较为复杂、反应数目庞大的微观反应动力学模型[178-180]，但是这些反应网络体系仍不足以完整地描述 MTO 反应过程，无法完全刻画从诱导期、烯烃循环、芳烃循环到失活的甲醇转化过程。反应的复杂性在一定程度上造成了对 MTO 工艺（反应器尺度）的模拟优化往往基于宏观的集总动力学模型[181]，其适用范围受相应的实验条件制约，无法与微观反应机理产生直接定量关联[182, 183]。但随着对 MTO 过程的深入理解，尤其是对催化剂中传质过程的深入研究[184-186]，有效地推动了 MTO 过程跨层次、跨尺度实验和模型研究，为实现底层微观反应机理与宏观反应器模型之间的关联提供了有力支撑。

本领域存在的重大问题与挑战主要总结为以下几点。

（1）从液滴表界面两亲分子聚集态介尺度结构到颗粒尺度的跨层次耦合机制

液滴结构、液相组成和界面组成是影响液滴体系界面结构和特性，以及界面传递和反应等的关键因素，液滴表界面介尺度结构的构筑与调控对颗粒结构的定向调控具有重要作用。然而，现有技术通常难以精确控制液滴（特别是多相多重液滴）的结构和组成，影响因素众多，难以认识本质问题。揭示表界面介尺度结构与反应 - 扩散过程的相互关系、调控规律及跨层次耦合机制等仍存在诸多挑战。需研发新技术和新方法，在精确调控液滴结构和组成的情况下深入研究上述共性科学问题。这对强化多相反应过程以及功能材料结构理性调控和性能高效化具有十分重要的意义。

（2）从催化剂到反应器的跨层次耦合机制

连接颗粒 / 分子和反应器的跨层次模拟是实现反应器设计和放大的有效手段。实际上两个层次内的介尺度结构均十分复杂。催化材料层次的介尺度结构可能包括反应物质在催化剂表面活性位吸附形成的动态时空斑图，反应物质在催化剂颗粒复杂孔道结构内的扩散、吸附、反应和脱附等。揭示颗粒尺度上反应与扩散的耦合机制，并阐明调控规律，建立准确的颗粒尺度表观反应动力学模型，是实现跨层次模拟的一个挑战性问题。此外，目前虽然对反应器中介尺度结构的演化规律（如气固反应器的颗粒聚团、气液和气液固反应器中的气泡聚并和破碎）已有一定程度的研究，但还缺乏介尺度结构对传递和反应影响的系统性认识。

（3）基于介尺度机制的跨层次耦合模型

目前已有的跨层次或跨尺度模型研究，将不同层次或不同尺度的模型进行简单的参数传递或模型连接，以实现初步的耦合。但实际上，由于不同层次和不同尺度的模型所处理的时空尺度差别巨大，这种耦合或“硬连接”方法还存在理论上的缺陷。在不同的实例研究中，跨层次耦合表现出不同的具体形式，尚缺乏统一的理论，如何发展不同层次的统一性机理模型，搭建微尺度模型与宏尺度模型的自然连接，实现流动、传递和反应的无缝耦合，是一个极具挑战性的问题。

6.4.2 关键科学问题

跨层次耦合是获得从分子到工厂多尺度过程完整认识的重要环节。对于单个不同

的层次或尺度已有很多模型和理论方法，但其适用范围有限；跨层次耦合对传统模型和实验方法提出了更高的要求。从基础研究的角度，微尺度原位测量和模型是有效手段，研究的时空尺度越小越好，获得的微观信息越多越好；但从工程设计和放大的角度，平均化和粗粒化处理是不可避免的，如何找回丢失的细节、哪些细节对于描述和调控传递和宏观反应是必要的，都是非常重要的科学问题。

① 关键科学问题 1：颗粒材料结构定向调控的跨层次耦合机制。

包括微尺度液滴界面上两亲分子有序排布所形成的聚集态结构的稳定性和调控机制、对界面传递和反应的作用规律，液滴模板中多层次界面上两亲分子介尺度结构对颗粒材料结构的定向调控机理，液滴表界面吸附层结构、液滴聚集态结构、宏尺度流场三者之间的关联。

② 关键科学问题 2：催化材料和反应器两个层次介尺度问题的跨层次耦合。

包括反应组元在催化材料表界面的吸附、聚集和分散机制，催化材料多孔结构对反应和扩散的影响，反应器内颗粒、气泡、液滴所形成的复杂介尺度聚集态结构对传递和反应的影响等，最终实现催化材料和反应器两个层次在颗粒、气泡、液滴尺度的跨层次耦合。

③ 关键科学问题 3：基于介尺度机制的跨层次耦合模型。

包括材料表界面和反应器两个层次中介尺度结构的稳定性条件、介尺度物理机制的统一性表达，平均化或粗粒化模型中如何通过介尺度稳定性条件体现微尺度信息对宏尺度传递和反应行为的重要影响，在宏尺度模型中如何有效利用微尺度信息，跨层次耦合中如何搭建宏尺度模型与微尺度模型的“接口”等。

6.4.3 主要研究进展及成果

6.4.3.1 颗粒尺度的结构形成机理与定向调控

四川大学褚良银团队通过改变界面能量调控双重乳液微液滴中不同层次界面上两亲分子的聚集态介尺度结构，发展了一种可控模板制备孔 - 壳型结构微颗粒的新方法，实现了微颗粒中独特孔 - 壳型结构的构建与定向调控（图 6-20）[127]。该微颗粒的制备利用微流控技术可控产生的单分散核壳型水 / 油 / 水（W/O/W）双重乳液作为初始模板［图 6-20（a）］，中间油相由光敏树脂单体和有机溶剂苯甲酸苄酯组成，其中含有两亲分子聚甘油蓖麻醇酸酯（PGPR）作为稳定界面的表面活性剂。因光敏树脂单体对 PGPR 的溶解能力较差，因而油相中所含单体会降低其溶剂质量，使得双重乳液内层和外层油 / 水界面间产生一个促使两个界面黏结的能量 ΔF。该黏结能量 ΔF 将使内层油 / 水界面上排布的表面活性剂分子和外层油 / 水界面上排布的表面活性剂分子相互黏附到一起，改变了其原有的聚集态结构，形成一层表面活性剂双分子层。这种表面活性剂分子聚集态结构的变化促使了双重乳液发生反浸润现象，使其内部水滴从中间油层中突出，从而导致核壳型双重乳液演化为橡子型结构［图 6-20（b）～（d）］。通过改变中间油相中单体的比例，可调控 ΔF 以及内外层油 / 水界面的黏结程度，从而实现双重乳液从核壳型结构到橡子型结构的可控演化［图 6-21（a）］。以该可控演化后的乳液液滴作为模板，通过紫外光照引发中间油层中的光敏性单体聚合，可以制备得到壳层上具有单个通孔结构且内部具有空腔结构的单分散孔 - 壳型微颗粒［图 6-20（e）～（g）、

图 6-21（b）～（c）]。通过微流控技术调节双重乳液中内部液滴的尺寸和数目，还可实现对于内部空腔尺寸、内部空腔数目以及壳层表面通孔尺寸和数目的控制。这种新型孔 - 壳型微颗粒在细胞装载、微颗粒捕获和筛分以及限域微反应方面具有重要作用。

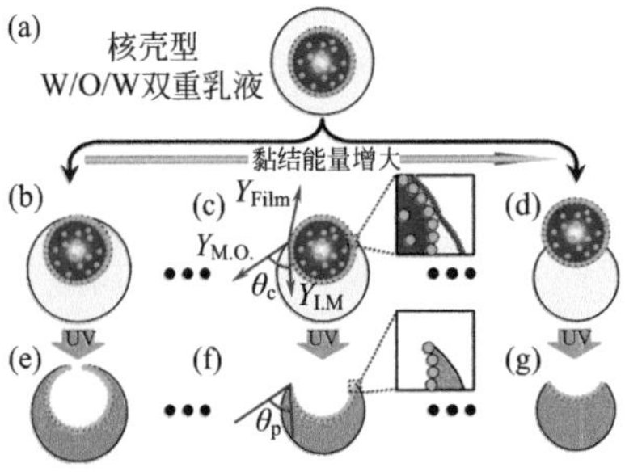

图 6-20
以可控演化的 W/O/W 双重乳液为模板制备孔 - 壳型结构微颗粒

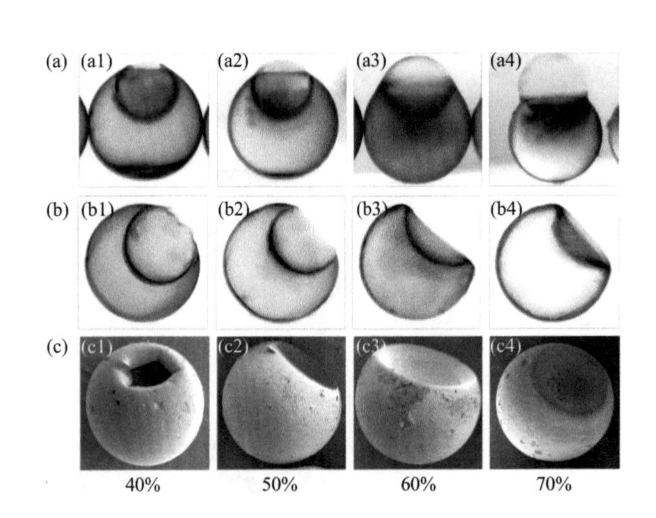

图 6-21
可控演化的 W/O/W 双重乳液的光学显微镜图（a），所制得的孔 - 壳型微颗粒的光学显微镜图（b）和扫描电镜图（c）
中间油相中光敏单体的体积分数分别为 40%（a1 ～ c1）、50%（a2 ～ c2）、60%（a3 ～ c3）和 70%（a4 ～ c4）

褚良银团队进一步通过跨界面传质来调控双重乳液微液滴中不同层次界面上表面活性剂分子的聚集态介尺度结构，发展了一种可控模板制备具有高度连通分级式多孔结构的均一微颗粒功能材料的新方法，实现了微颗粒中独特多孔结构的构建与定向调控（图 6-22）[128]。该微颗粒利用微流控技术产生的具有可控尺寸、结构和组成的单分散 W/O/W 双重乳液为初始模板［图 6-22（a）和图 6-23（a）]，并以甲基丙烯酸甲酯、二甲基丙烯酸乙二醇酯和甲基丙烯酸缩水甘油酯作为其中间油相。由于油相和水相可部分互溶，因而乳液中间油相组分可通过界面向水相扩散传质，从而使得油相体积逐渐缩小，双重乳液逐渐可控变形为不同形状（该形状取决于其内部所含水滴的数目及其堆积结构）［图 6-22（b）和图 6-23（b）]。在油相体积缩小的过程中，双重乳液内部的水滴发生反浸润现象，其内层和外层油 / 水界面相互黏附形成了一层表面活性剂 PGPR 的双分子层，改变了原有油 / 水界面上表面活性剂分子的聚集态结构，并使得内部水滴从中间油层中逐渐凸出［图 6-23（c）]。同时，随着油相体积收缩、表面活性剂浓度升高，油相中的表面活性剂分子逐渐聚集形成反胶束；此时，扩散到中间油相中的水分子进入反胶束的内部亲水环境中，使得表面活性剂分子的聚集态结构发生变化、体积变大，从而在油相中形成了经表面活性剂稳定的纳米级水滴［图 6-22（e），（f）]。以演化后的乳液为模板，由紫外光照引发油相聚合，可制备得到具有高度连通分级式多孔结构的微颗粒［图 6-22（c），（d），（g）］。双重乳液中的微米级水滴和纳米级水滴分别用作了构造微颗粒中微米级孔和纳米级孔的模板。该分级式多孔结构微颗粒中不同尺度孔的尺寸、孔隙率、功能性和微颗粒形状，均可通过利用微流控技术调控双重乳液模板的尺寸、结构和组成进行精确控制。

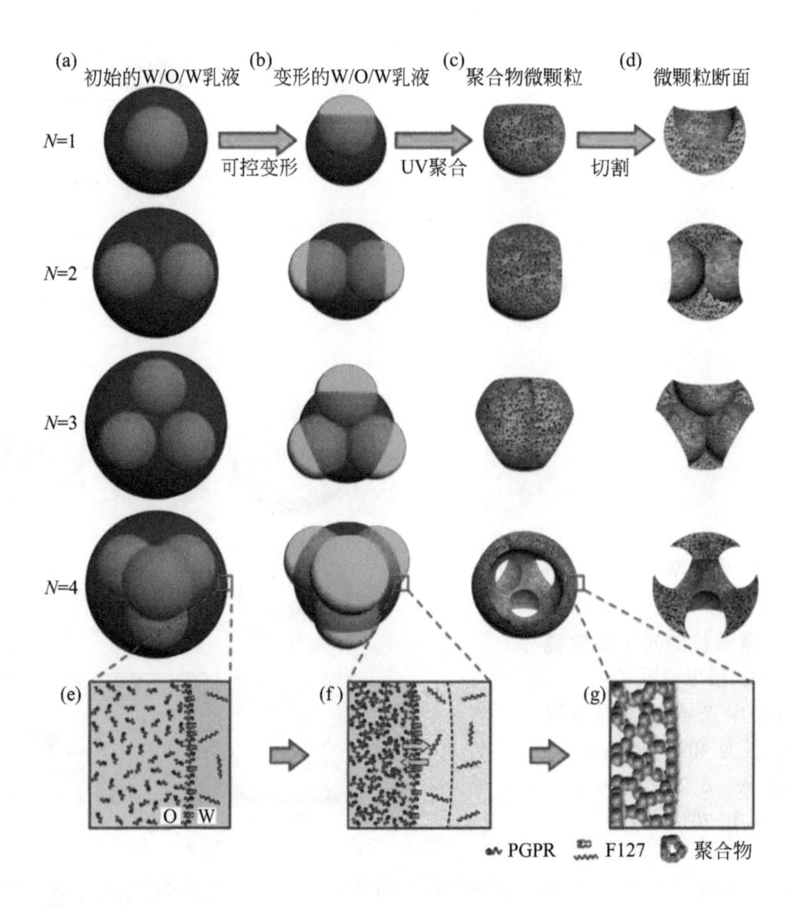

图 6-22

以可控演化的 W/O/W 双重乳液为模板制备分级式多孔微颗粒

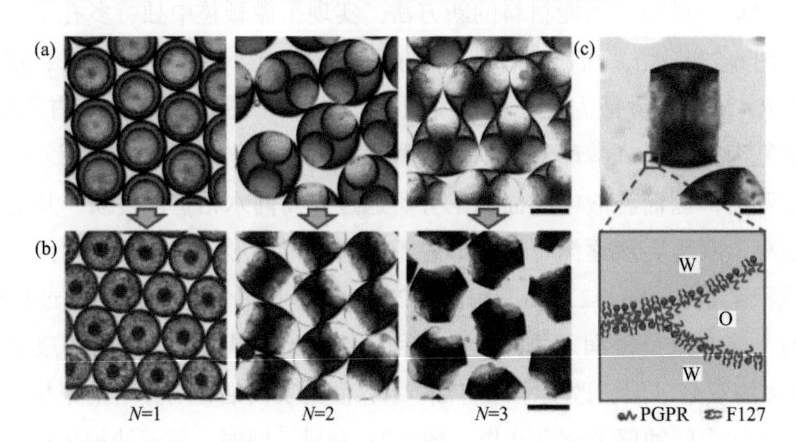

图 6-23

W/O/W 双重乳液的可控演化

(a) 和 (b) 为内部液滴数目 (N) 可控的 W/O/W 双重乳液在演化前 (a)、后 (b) 的光学显微镜图，标尺为 200μm；(c) 为 W/O/W 双重乳液 (N=2) 在演化后的光学显微镜图，及其内层和外层油 / 水界面上表面活性剂分子的聚集态结构，标尺为 50μm

图 6-24 为具有可控数目的微米级孔的分级式多孔微颗粒的扫描电镜图，图 6-25 为具有单个和两个微米级孔的分级式多孔微颗粒的扫描电镜图。从图 6-24 和图 6-25（a1）、（b1）中可明显看出其微米级孔结构，同时从微颗粒的表面和断面结构的放大图［图 6-25（a2）、（a3）和（b2）、（b3）］中可以看出微颗粒的表面和断面均具有高度连通的纳米级多孔结构。由于该分级式多孔微颗粒的纳米级孔结构可以为物质的吸附提供大的功能比表面积，而其微米级孔结构又可以为物质进入微颗粒内部多孔结构提供便利的通道。该分级式多孔微颗粒可以展现出比仅具有纳米级孔的多孔微颗粒更加优良的蛋白吸附效果。此外，由于该微颗粒巧妙地结合了微米级孔的快速传质和纳米级孔的大功能比表面积的优点，除了能有效用于生物分离中的蛋白吸附外，还可有效用于水处理中的油滴吸附。这种分级式多孔结构微颗粒对吸附分离、控制释放、催化反应等方面的应用具有重要作用。

图 6-24
具有微米级孔的分级式多孔结构微颗粒的扫描电镜图
标尺为 200μm

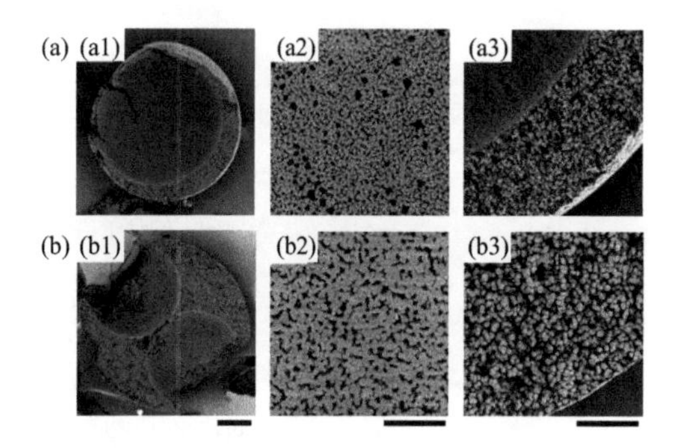

图 6-25
内含 1 个（a）和 2 个（b）微米级孔的分级式多孔微颗粒（a1, b1）及其表面（a2, b2）和断面（a3, b3）的放大扫描电镜图。
a1, b1 中标尺为 50μm，其余为 20μm

6.4.3.2 气液鼓泡和液液乳化过程的跨层次模型

气液鼓泡和液液乳化过程存在两个层次的介尺度效应[23, 187]：在表界面层次，乳化剂在液滴界面形成吸附层结构；在设备层次，液滴在转定子高剪切流场中聚并或破碎。液滴尺寸和形态同时受到这两种介尺度效应的影响。在液滴表界面层次，乳化剂分子在液滴界面以单体、胶束或其它复杂自组织结构的形式吸附，对液滴的聚并过程产生影响（介尺度 1）。在设备层次，液滴在强湍流作用下产生破碎和聚并（介尺度 2），但目前传统的群平衡模型是半理论半经验的统计模型，模型可调参数较多，缺乏介尺度封闭条件。要准确合理地模拟液滴尺寸和形态，需要考虑两个层次中的介尺度问题及

跨层次耦合。

中科院过程工程研究所从能量最小多尺度方法中导出了气液鼓泡体系和液液乳化系统的介尺度稳定性条件，用于封闭设备层次的群平衡模型，并结合粗粒化分子动力学方法发展了实现跨层次关联的液滴尺寸分布模型，耦合这两种介尺度效应，用于模拟和优化巴斯夫的转定子乳化分散设备[102, 188]。

在设备层次，提出了基于介尺度能量耗散稳定性条件，用于封闭群平衡模型方程；在表界面层次，应用粗粒化分子动力学模拟获得界面吸附动力学方程中吸附和脱附速率常数、最大吸附量和乳化剂在水相中的扩散系数[189]。建立了液滴界面乳化剂浓度输运方程，表界面参数作为该方程的源项，进而计算出液滴界面乳化剂覆盖度和液滴聚并效率的修正因子，再耦合到 CFD 和群平衡方程中，从而实现了两个介尺度问题的跨层次关联，如图 6-26 所示。

计算结果表明（图 6-27），仅考虑介尺度 1（乳化剂在界面的吸附）或仅考虑介尺度 2（液滴在湍流场中的破碎和聚并）均无法准确描述液滴尺寸分布；而跨层次模型可以合理地预测液滴粒径分布。该模型已经用于巴斯夫的转定子乳化分散设备的设计和优化过程，被认为避免了多年以来学术界对聚并和破碎“核函数”模型的探索，提高了对复杂乳化体系中液滴尺寸的模拟预测能力。进一步地，为了加速乳化过程的模拟计算，中科院过程所开发了快速计算模型，将设备内的湍流非均匀性考虑到聚并破碎模型内，实现了高压均质器乳化设备在不同操作条件和乳化剂配方情况下液滴尺寸分布的理性预测[190]。同时气液多相过程中气泡尺寸分布的调控及模型也应该考虑跨层次耦合。这些工作表明，跨层次耦合研究可深化气液及液液多相体系中离散相结构演化的科学认识，对涉及气液和液液多相体系的工艺过程的设计、放大、优化和控制具有重要的指导意义。

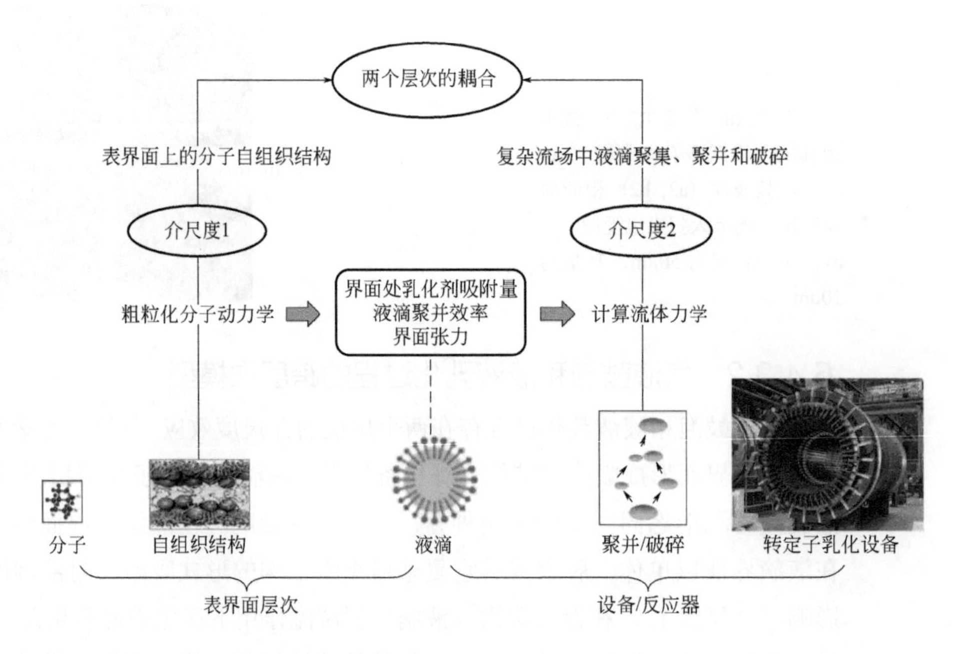

图 6-26
液液乳化工业过程的跨层次介尺度耦合模型

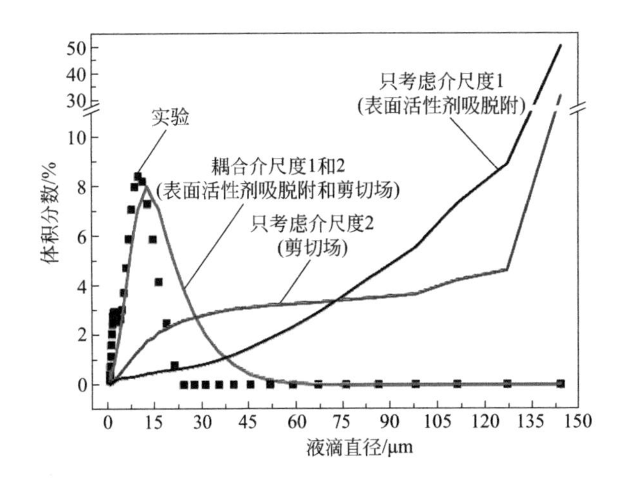

图 6-27
跨层次介尺度耦合模型预测液滴尺寸分布

6.4.3.3 从颗粒 / 分子到反应器—气固系统的多尺度耦合模拟

在反应材料层次的多尺度模拟计算方面，Li 和 Zheng 等 [136, 140] 发展了基于 GPU 高性能计算和化学信息学分析的大规模 RMD 方法，研究了煤热解过程和甲醇制烯烃等复杂反应过程以及化学反应网络及路径分析 [136, 137] 等。Ge 等的研究团队 [143, 144, 191, 192] 自主开发了硬球 - 拟颗粒（HS-PPM）耦合模拟算法及软件，能够对纳微尺度反应 - 扩散 - 流动过程进行模拟。该算法在问题、模型、软件和硬件一致性方面进行了系统优化，具有优异的可并行性和扩展性，针对气固系统中各类扩散及流动耦合过程的模拟效率比传统 MD 高 3 ～ 4 个量级 [192]。基于 HS-PPM 方法，对气体在催化剂颗粒周围的流动过程以及孔道结构内的反应和扩散过程进行了模拟 [191-194]，并提出了两种积炭分布模型，即反应和扩散协调充分时的均匀分布模型和两者之一占主导时的集中分布模型，模拟结果解释了实验中观察到的积炭现象 [193]。从反应 - 扩散协调的原理出发，通过对简单孔道结构进行优化，获得了最佳催化性能 [194]，有望指导催化剂结构的精准设计。DSMC 方法也被广泛用于流动、扩散和反应过程模拟，比如包含压力驱动和隐式边界条件的 DSMC 方法被用于弯曲微通道内气体流动过程的模拟 [195]，而耦合了复合模型的 DSMC 方法被用于包含反应的流动过程模拟 [196]。由于各组分在微孔、介孔和大孔中的扩散系数会发生 4 ～ 6 个数量级的变化，为了同时考虑颗粒孔道中不同的扩散机制，Li 等 [197] 最近发展了一种多区域模型。在这个模型中，一个催化剂颗粒被划分为包含微孔的晶粒区域和包含介孔 / 大孔的基质区域，而基质区域根据所处的环境又可以进一步划分为很多子区域，从而在整个模型中可以用偏微分方程对化学反应、体相扩散、努森扩散、表面扩散以及黏性流动等分别进行描述，每一个区域都有单独的耦合了边界条件的控制方程，从而实现了不同尺度、不同扩散机制之间的耦合模拟。

在反应器层次上，为实现气固流态化反应器的高精度、高效率的离散颗粒模拟方法，Lu 等 [80] 提出了一种基于 EMMS 模型的粗粒化模型，该模型在构建粗颗粒的过程中考虑了气固流态化体系中介尺度结构的影响，以颗粒聚团及其内部结构为粗粒化准则，粗粒化度可以达到颗粒粒径的 1 ～ 2 个量级。因此在保证气固流动模拟精度的前提下提高了粗颗粒所代表的真实颗粒数目，大幅减少了模拟计算量。为了进一步提升离散方法在工业尺度气固两相流反应器的应用能力，以 EMMS 计算范式，即“问题 - 模型 - 软件 - 硬件”逻辑和结构的一致性为指导，能有效提高模拟的精度和效率 [4]。基于 EMMS-DPM 模型[80]和过程工程所多尺度异构超级计算系统 Mole-8.5E[172, 173]，实现了循环流化床全回路的离散颗粒模拟，计算颗粒数达到 1.3×10^8[198]。以煤化工领域重要的 MTO 反应器为研究对象，通过离散颗粒方法实现了 MTO 反应器热态过程 8h 物理时间的模拟，如图 6-28 所示，首次获得了 MTO 反应器中催化剂完整的停留时间分布，以及催化剂运动、混合和生焦等情况，并且发现 MTO 反应在局部区域存在不均匀分布，在长时间尺度存在较为剧烈的波动，加深了对在催化剂全混流整体行为情况下反应器内部流动、传热、传质和反应过程的认识，为 MTO 反应器设计、放大和优化提供支持。

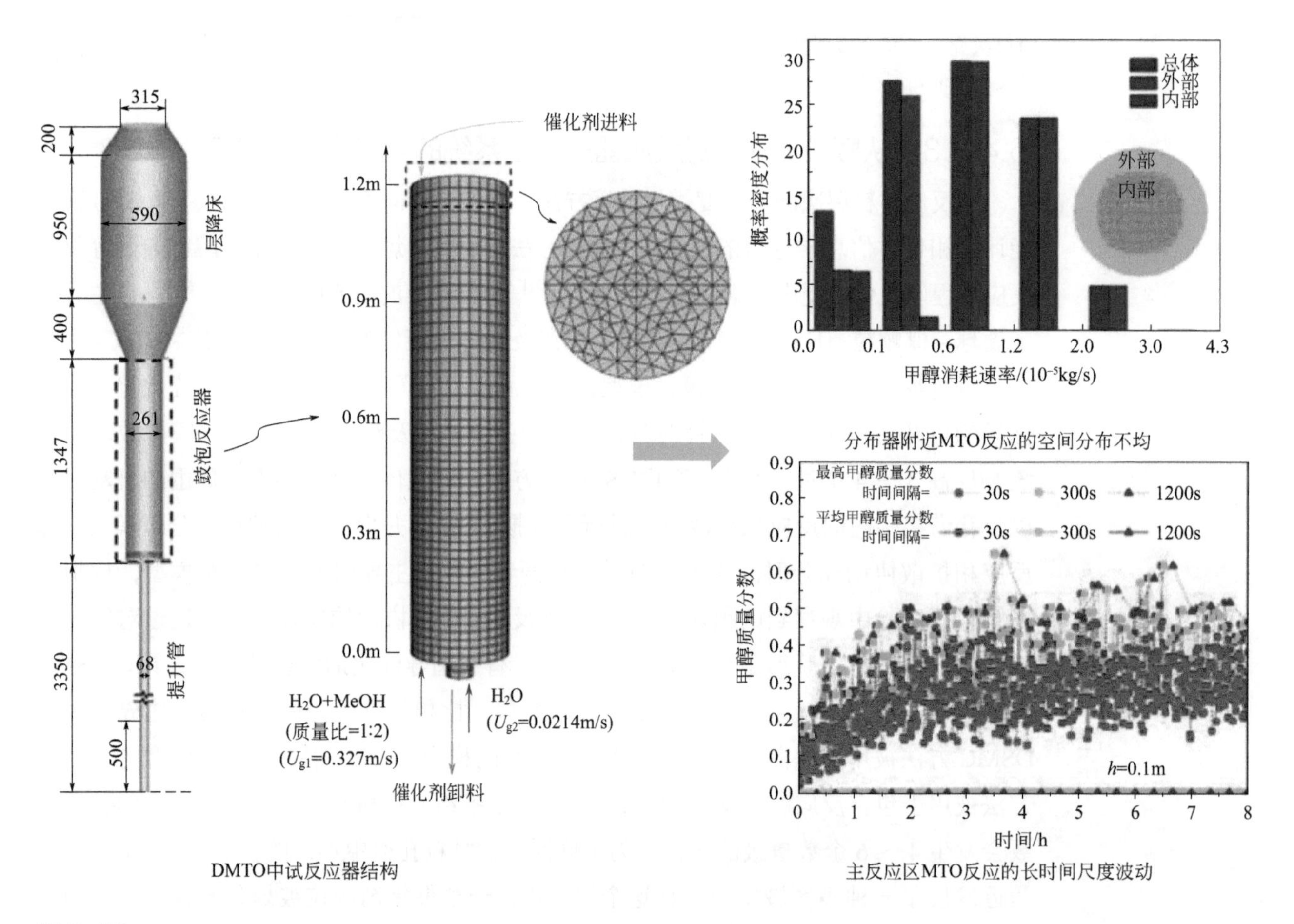

图 6-28
DMTO 反应器 8h 物理时间离散模拟[168]

在跨尺度（层次）的多尺度模拟方面，采用级联方式开展多尺度模拟的典型工作是 Hansen 等[199, 200]对 H-ZSM-5 沸石上的苯烷基化过程的研究。由 QM 计算得到的本征反应速率常数等参数被传送给 MC/MD，而 MC/MD 的模拟结果被传送给基于连续介质模型的反应 - 扩散方程，并最终为固定床反应器计算提供输入参数，从而实现了从分子到反应器的跨尺度模拟。因此，级联方式的主要特征就是不同尺度上的模型通过离线的参数传递方式实现弱耦合。Raimondeau 和 Vlachos[201]采用并发方式的多尺度模拟，研究了一氧化碳和甲烷在贵金属催化剂表面的氧化过程。由 DFT 计算得到的反应速率等结果被传送给 MC/MD，而 MC/MD 模拟后的局部结果也被即时地传回给 DFT 计算，从而实现了相邻尺度模型之间的强耦合。但对于较大的反应体系，直接耦合 DFT 和

MC/MD 模拟将会是一个巨大的挑战，需要进一步开发精确高效的多尺度模型和方法。

6.4.3.4 跨层次实验与模拟在 MTO 技术研发中的应用

基于对甲醇转化过程烃池机理的认识，研究发现 MTO 催化剂内分子筛上积炭含量、位置以及物种对产物选择性具有至关重要的影响，调控催化剂积炭可实现产物选择性的有效控制。从层次上看，包含了分子筛晶内的物种及其空间落位的调控（最底层）、催化剂颗粒中离散分子筛晶粒上积炭量及分布的调控（中间层次）、反应器内催化剂颗粒积炭分布的调控（最高层）。建立分子筛晶体尺度反应传质过程的定量描述，是实现跨层次多尺度过程描述的基础。晶体内的微观基元反应网络本身非常复杂，反应能力与分子筛内部的酸性强度和分布密切相关，同时又受到多组分传质的影响。随着积炭的产生，晶内的反应和传质特征均发生改变，从而加剧了 MTO 过程描述的复杂性。建立分子筛晶体尺度反应扩散模型，结合高分辨率荧光等先进测量技术进行定量验证，是实现分子筛晶体尺度 MTO 过程定量描述的关键。建立反应器尺度 MTO 催化剂积炭分布的定量描述，是实现 MTO 产物选择性有效调控的基础。积炭物种在催化内部的空间分布以及催化剂颗粒群体上的分布直接决定了甲醇的转化机制，同时也影响了反应物的传质性能，从而决定了 MTO 过程的产物选择性。建立具有跨层次多尺度特性的反应动力学模型以及高效的数值计算方法，有助于实现催化剂积炭分布的定量描述及其在工艺优化中的应用。

中科院大连化学物理研究所叶茂团队对 MTO 多尺度过程进行了深入研究，提出了基于 uptake 方法确定晶体表面阻力系数的解析公式，为定量研究客体分子在纳米孔晶体材料内的传质过程提供了一条简单方便的途径[184]。客体分子在进入分子筛晶体内部孔道之前，在表界面处也存在传质阻力。常规的 uptake 方法测量到的结果，实际上综合包含了表界面的传质阻力与孔道内扩散阻力的影响。团队基于严格的数学推导对 uptake 吸附曲线进行了解耦，提出了确定晶体表面传质渗透系数的解析公式，从而实现了对表面传质阻力与晶内扩散阻力的分离（图 6-29）。该方法为定量研究客体分子在纳米孔晶体材料内的传质过程提供了一条简单方便的途径，具有较强的普适性，能够

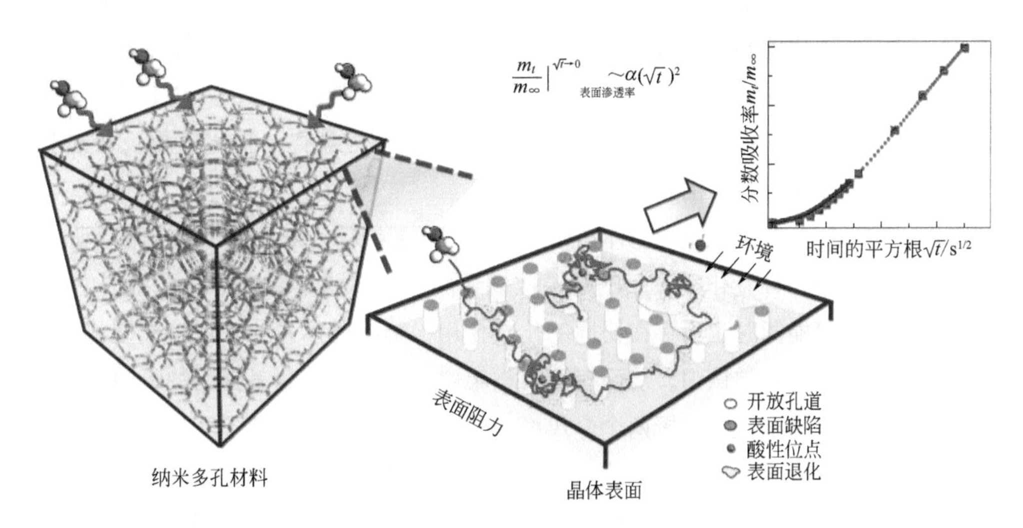

图 6-29
纳米孔隙材料中的表面传质以及传质渗透系数的确定

用于分子筛和MOF等纳米孔晶体材料的传质研究。团队进一步实现了通过控制晶体表面阻力调控分子筛MTO过程，展示了控制表面传质阻力可直接调控分子筛催化反应性能[185]。利用化学液相沉积法与酸蚀技术修饰了SAPO-34分子筛的晶体外表面，并直接测定了修饰前后分子筛的表面渗透率，定量得到了分子筛的表面传质阻力。与此同时，采用该方法修饰分子筛外表面过程中，分子筛形貌、内部孔道结构、酸性质与晶内扩散性质几乎不变。研究表明，降低其表面阻力有助于加快客体分子进出分子筛晶体，最终实现延长分子筛寿命、提高低碳烯烃选择性。

针对MTO的多尺度过程（图6-30），叶茂团队在较低（晶体）层次上发展了基于双环反应机理的反应动力学模型，结合实验与反应传质模拟，分析了晶体大小对活性位、活性积炭物种、非活性积炭物种变化规律和甲醇转化特征[186]；通过多尺度反应-扩散模型与超分辨结构照明成像技术结合，实现了甲醇制烯烃工业级别SAPO-34分子筛晶体内反应与扩散过程成像，可以直观获取反应过程中客体分子、积炭物种以及酸性位点的时空分布与演化[202]。在催化剂颗粒层次上，建立了能刻画微孔分子筛晶体反应传质以及中孔/大孔传质的多区域反应-扩散模型，并发展了对应的瞬态数值计算方法，为探索催化剂颗粒内部分子筛含量、分布对催化性能的影响提供了具有底层机制的有力工具。团队进一步采用模拟方法研究了流化床反应器内多孔催化剂颗粒与周围流体的相互作用，揭示了催化剂多孔颗粒两相流动机理，建立了孔隙结构与颗粒动力学行为的关联[203, 204]；通过成功制备适用于曳力实验的模型多孔颗粒并对其可靠性进行实验验证和对其曳力系数进行测量，为实验研究多孔颗粒的曳力提供了一个新思路[205]。

6.4.4 未来发展方向与展望

对于颗粒尺度的结构形成机理与定向调控，在材料生产工艺创新和过程设备放大中，其系统往往具有非线性、非平衡的复杂性，且分子尺度、颗粒尺度、反应器尺度等多尺度结构并存。针对这一特点，未来的发展应关注：①多相反应过程中颗粒表界面上分子/纳米颗粒的介尺度结构及其稳定性与界面传递及反应之间的相互作用和影响规律的科学定量描述，以及超时空分辨率实时表征技术；②颗粒界面介尺度结构、反应路径、反应产物三者之间的关联及科学定量描述；③过程设备放大对上述层次界面介尺度结构及其跨层次耦合的影响和调控规律，提出多相反应过程定向调控和材料生产定向调控的新方法和新途径。

对于气液鼓泡体系和液液乳化工艺过程，未来的跨层次耦合研究可在以下方面展开：①多种乳化剂体系的跨层次耦合问题。在这类体系中，乳化剂之间存在竞争吸附关系，可能同时也会存在协同的化学作用，建立此体系的介尺度模型将进一步深化对跨层次问题的科学认识。②现有模型框架中乳化剂在液滴表界面的吸附以及对液滴聚并过程影响的模型，是连接两个介尺度的关键。目前该模型基于乳化剂的空间位阻效应，能很好反映大分子乳化剂的作用。对于小分子乳化剂对聚并的影响，一般认为与马兰戈尼效应有关。建立此类乳化剂的聚并作用模型，将进一步丰富跨层次介尺度模型框架。

对于气固系统的多尺度耦合模拟，构建从颗粒/分子到反应器的多尺度模型和模拟

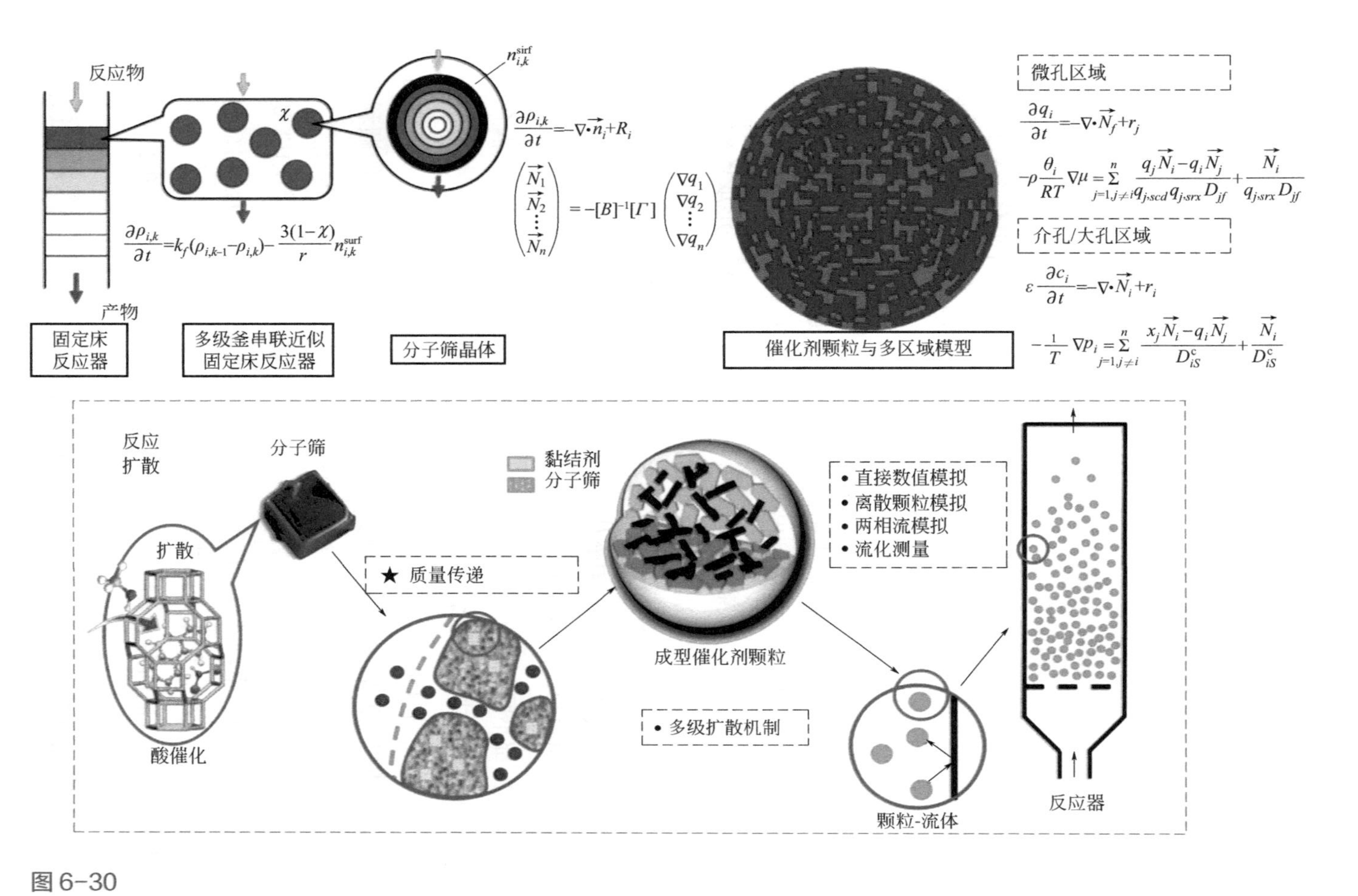

图 6-30
甲醇转化过程中的多尺度连接与模型

方法需要考虑复杂的边界条件，结合原位在线测量的实验手段，从而实现对实际气固系统准确高效的模拟。在此基础上，一些非常规的建模和模拟方法，如数据驱动人工智能方法[206]，受到越来越多的关注，但常规的模型和模拟方法仍然很重要，可以为机器学习的过程提供重要的数据基础和学习指南。以上述工作为基础，正在实现面向虚拟过程工程[72]的气固两相流反应器模拟方法，即结合高精度高效率模拟、在线测量分析和可视化以及实时交互模拟技术，快速准确地获取气固流化床研发所需的关键信息。

对于MTO过程，跨层次多尺度模拟将底层的反应传质机制应用到MTO工艺的宏观过程模拟，对MTO反应器和工艺的优化设计具有重要意义。随着对MTO过程反应传质机制研究的不断深入，底层的反应动力学模型与传质模型也在不断改进和完善，为MTO过程的多尺度模拟提供了一定的底层支撑。在分子筛晶体层次，复杂的基元反应体系与多组分传质机制对过程模拟的计算效率具有较高的要求；同时，随着空间尺度的增加，在反应器中的催化剂颗粒呈现出积炭分布函数特征，从而加大了使体系趋向稳态的时间跨度，对计算效率提出了更高的要求。因此，发展高效率的多尺度数学模型和数值计算方法、实现跨尺度机制的高效连接，是实现MTO过程跨层次、多尺度模拟技术的必然需求。

综上所述，层次界面与跨层次耦合的介科学研究是深入理解多相反应过程的复杂性、实现从分子到工厂完整认识和调控的重要环节，这一重要新兴研究领域应当引起我国学术界的重视。基于多相反应过程中液滴层次界面与跨层次耦合的介科学研究，有望面向化工、能源、资源、环境、生物医药等领域的应用过程，形成多种反应过程强化与理性调控新方法以及新型功能颗粒材料制备方法，增强基础理论研究对国家科技竞争实力以及国民经济和社会发展的贡献。在涉及气液、液液、气液固等多相反应和分离体系中，应强化分子模拟尺度和多相流体力学模拟尺度的跨层次模拟研究，打破单一传统模型的局限性，揭示宏尺度模型中如何有效利用海量的微尺度信息，揭示介尺度行为在连接同一层次内部不同尺度之间以及不同层次之间的关键作用。跨层次耦合研究可深化气液及液液多相体系中离散相结构演化的科学认识，对气液、液液和气液固过程的设计、放大、优化和控制具有重要的指导意义。对于气固系统，因MTO反应网络的复杂性，根据反应、传质机理发展“恰当”的多尺度数学模型有助于模拟计算的顺利进行。在深入理解反应和传质机理的基础上，人工智能技术（如机器学习等）为建立MTO多尺度模型提供了一种有效手段。发展从颗粒/分子到反应器的多尺度模型和模拟方法，将非常规模拟方法，如数据驱动人工智能方法[206]，与常规模型和模拟方法相结合，有望实现气固两相流反应器模拟与优化设计的虚拟过程工程[72]，突破气固流态化反应器研发周期长、成本高和风险大的问题，大幅缩短研发周期，实现过程的绿色化和智能化。

6.5 从虚拟过程到无人工厂——介科学驱动的过程工业智能化

介科学的发展将从根本上深化对过程机理的认识，提升量化预测与调控的能力，而其技术和工程意义在于推动一种新的工艺和过程研发模式——虚拟过程工程的形成，即主要依靠计算模拟完成工艺与过程的创新、优化、放大直至工程设计，从而全面支撑过程工业的高端化、绿色化和智能化。本章针对这一前景，分别介绍传统模拟计算方法存在的问题，以及面向虚拟过程的模拟、数据分析处理和优化调控方法的进展，并展望虚拟过程工程的发展与应用方向。

6.5.1　发展现状与挑战

虚拟过程工程是传统的过程模拟与计算结合“三传一反”等化工基础理论、多尺度方法、计算机技术、虚拟现实（virtual reality，VR）、人工智能与大数据等技术的产物。在此发展进程中，模拟计算目前已展示了强大的预测与调控能力，但与虚拟过程工程的最终目标还有很大的差距。

6.5.1.1　传统模拟计算与虚拟过程

目前从第一性原理出发的量子化学计算，在化学工程和过程工程领域的应用还受到很多局限。在这些工程领域，模拟计算大致涉及从密度泛函理论（density functional theory，DFT）计算[207]到流程模拟和更广义的过程系统工程（process systems engineering，PSE）[208]。图 6-31 展示了中科院过程工程研究所发展的适用于不同尺度的多种方法、软件和模型。总体上，这些方法对虚拟过程工程而言，在精度、效率和规模等方面还有较大的改进空间。表 6-1 主要针对装备尺度的计算流体力学和反应 - 传递耦合过程的模拟，总结了传统模拟与虚拟过程的差别。

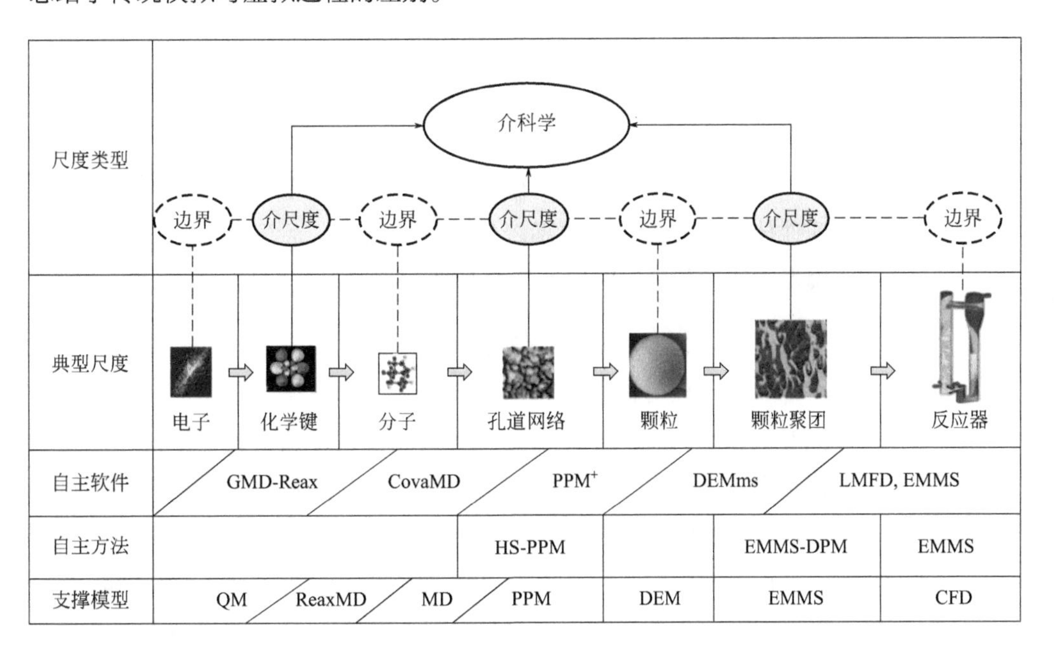

图 6-31
面向过程工程的一些多尺度模拟方法与软件

表 6-1　传统模拟与虚拟过程的对比

	传统模拟	虚拟过程
空间	装备局部	工厂与系统
时间	分秒级（短时）	小时以上（全过程）
方式	离线计算分析	在线交互处理
形式	数据与图像	影像与真实场景
精度	定性合理	定量真实
作用	辅助研究设计	部分代替实验

首先，在模拟的空间尺度上，传统模拟主要针对单个设备或设备的局部，而虚拟过程往往要求能以同样或更高的精细程度同时模拟多套耦合运行的设备，以至整个工厂或系统中所有主要的设备。而在时间尺度上，也要从典型的秒 - 分钟级扩展小时 - 天的量级，即从描述瞬时的流场分布到获得准确的流场动态特性的统计分布，诸如催化剂停留时间分布和失活与磨损速率等需要长时间统计才能获得的数据。与这样的时空尺度相适应，模拟数据的处理也需要从边计算边存储再离线分析的传统模式，过渡到在计算的同时原位处理海量数据、仅存储高度减量化的统计分析数据和一定间隔的断点数据的在线模式。而且随着模拟速度的提高，准实时或超实时的模拟将成为可能，从而实现随时观察模拟结果而动态调整模拟条件与对象的交互模拟方式。

另外，在模拟结果的表现形式上，传统模拟还是以数据表格和图像为主，而虚拟过程将过渡到以动态影像和虚拟现实场景为主，从而更加直观、方便与全面地展示数据蕴含的有用信息。

当然这些差别仍然是外在的表现，实际上传统模拟计算与虚拟过程最实质的差别在于其准确性。目前对大多数复杂的实际过程，工程模拟计算的精度还在定性合理的范畴，因此在过程的设计与优化中还是作为定性的参考；而虚拟过程要求模拟计算能提供可明确量化的精度指标，从而为设计与优化提供可靠的定量依据，使之能部分代替实验。由此，模拟计算才能从一种辅助的研发手段发展为主导手段，更广泛地在工程上应用。

综上所述，从传统的模拟计算演进到虚拟过程，在模型、计算与分析方法以及软硬件技术等方面还需要系统性的质的飞跃。而下面的讨论将表明，建立高效的多尺度模拟方法是其中的关键，而介尺度建模又是其中最大的挑战。

6.5.1.2 多尺度模拟方法

虚拟过程对模拟计算的精度、速度和规模等提出的高要求，显然不能基于底层模拟方法以超大规模并行计算直接实现。这不仅受到计算技术本身的限制，而且受制于给定相应的计算边界和初值条件的实验与测量技术。因此多尺度模拟计算，即对应不同尺度的方法间的耦合，成为必然的选择。

目前主流的多尺度模拟方法大致包括三类[174, 209]。描述型[210, 211]或并发型[212]多尺度方法在模拟的不同时空区域分别采用不同尺度的模拟方法，而在过渡区同时应用两种方法，并实现对应模拟变量的相互约束与映射。它们与连续介质方法中的网格局部加密类似，通过总体计算量的有限增加换取对局部行为的更精细描述，但局部采用的是另一种方法，如 CFD 与 MD 模拟的耦合[213, 214]。

级联型（cascaded）多尺度方法也应用广泛[215]，其基本思想是由小尺度模拟提供大尺度模拟所需的物性参数或本构关系，而大尺度模拟的结果也随时改变小尺度模拟的边界和约束条件，形成双向耦合。实际上仅由小尺度模拟为大尺度模拟提供统计力学参数的单向耦合方法有时也被认为是级联型的多尺度方法，特别是当小尺度模拟是为获得大尺度模拟的参数而专门进行时。除了获得显式的关联式外，通过深度学习等人工智能方法获得基于神经元网络的间接表达近年来不断涌现[216]。它们往往可以更快地获得更准确的表达，因而逐渐成为研究的前沿与趋势，但其结果的物理解释与外推还常常是挑战性的问题。

第三类多尺度方法为变分型（variational）方法，其特点是大小尺度模型的数学表达需联立求解，并且它们需要同时满足一些变分约束。李静海等[6, 217]提出的气固流态化系统的稳态 EMMS 模型以及后续发展的气固[54, 55]、气液[19]和湍流[218]等体系中的相应模型与模拟方法即属于此类。其优势是模型具有明确的物理意义，适用范围较大，而且能清晰界定，但对于如何建立此类模型目前还没有通用的手段（尽管介科学能给予方法论上的指导）。

总而言之，多尺度方法已经提供了基于现有模型与模拟方法实现虚拟过程的总体框架和途径，但这种框架和它采用的各尺度上的模拟方法仍需极大的完善。

6.5.1.3 介尺度模拟方法

对复杂的实际工业过程通过多尺度模拟计算实现虚拟过程的一个现实挑战是：现有的不同方法间对应的尺度跨越仍然较大，即使采用多尺度方法，所需的计算量仍然十分惊人。比如对直径约 50μm 的单个催化剂颗粒，采用 MD 方法模拟其内外的反应 - 扩散 - 流动的耦合过程，需要以飞秒量级的时间步长跟踪数量在 10^{14} 量级的气体分子在微秒级过程中的演化。这样所需的计算量对任何超级计算机在近期内都是不现实的，即使技术上可行，其费用也难以承受。对此，最根本的办法是发展介尺度方法，缩小不同方法模拟尺度间的跨度，这也是近年来过程模拟方法发展的一个方向。

比如在以第一性原理或 DFT 计算电子云结构的量子力学方法和以经典力学观点的势函数计算原子、分子运动的 MD 方法之间，近年来兴起了 ReaxFF MD 方法[135]。相对于传统 MD，它能从机理上描述化学反应中的成键和断键过程，而在计算效率上又比严格的量子化学计算快数个量级，为揭示炼油、燃烧等复杂反应过程中的反应网络和本征反应动力学提供了高效实用的工具。但如何获得合理的反应分子力场仍是一个挑战，目前还在个例探索的阶段[134]，缺乏统一的理论指导。

同样，在传统的 MD 模拟和宏观的连续介质模拟间也出现了 DSMC[147, 219, 220]和耗散粒子动力学（dissipative particle dynamics，DPD）等[221, 222]介尺度模拟方法。它们分别描述代表性粒子和粒子团的行为，从而将 MD 模拟的时空尺度扩大了数个量级，目前在稀薄气体与高分子体系的模拟中应用广泛[223-231]。而它们的问题同样在于采样和粒子间作用模型的建立。目前的建立方法仍限于相对简单的体系和条件，在表现出很强非线性与非平衡性的激波和剧烈反应等情况下，模型的精度和通用性明显不足。此外，在从宏观的颗粒单元到整个过程装备的尺度描述颗粒团行为的粗颗粒（coarse-grain particle，CGP）[80, 232-236]和网格中的粒子（particle-in-cell，PIC）[237-240]也是出于类似目的的介尺度模拟方法，第 6.4 节中已有介绍。其挑战也在于相应介尺度模型的建立。总之，虽然不同层次上的介尺度模拟方法已经形成了比较完整的序列（图 6-31），为多尺度模拟提供了比较完整的工具库，但相应的介尺度模型的建立仍是其发展的难点，而这也正是介科学发展与应用的机遇。

6.5.2 关键科学问题

从前面的讨论可以看出，实现虚拟过程的关键科学问题在于以下几个方面。

① 介尺度模型的建立。尽管这也是本章很多其它研究内容中共性的关键科学问题，但对多尺度模拟而言，它更主要的任务是为已有的介尺度模拟方法提供诸如粒子（团）间作用表达式这样的“基元”模型。相对而言，其形式更加明确，并可以从相邻尺度的模型以及模拟框架提供的约束条件中得到更多的借鉴与支撑，其建立可能相对容易，因而也可以成为更通用的介尺度模型建立的着力点。

② 无论对哪一类多尺度方法，不同尺度上的参数都是双向动态耦合的，而耦合的方式与模型是保证多尺度模拟精度的重要方面，其物理上的自洽性与通用性本身也是一个关键科学问题。一般来说，从小尺度向大尺度传递的参数具有统计性质，其传递的理论基础相对成熟，关键是要保证有限样本的小尺度模拟具有足够的统计精度。而从大尺度向小尺度传递的参数往往涉及具有更多自由度的小尺度行为的重构，目前还没有完善的理论指导，而这也是介科学理论发展的重要课题。

③ 虚拟过程对模拟计算的速度和效率提出了更高的要求，即使采用了多尺度模拟方法，其计算量的需求仍是巨大的。因此发展高效的模拟方法，特别是实现模拟的模型、算法与计算机体系结构和硬件的协同优化，是一个关键的科学问题，这方面急需化工、物理、数学、计算科学以及计算机技术等方面研究的密切交叉与合作。

④ 虚拟过程产生的海量数据必须通过高效、深入的处理分析，才能为工程实践提供有价值的信息。这里还包括实验与模拟数据的有效对比验证以及融合同化、数据的可视化与虚拟现实技术的引入等内容。如何从海量数据中发现过程演化的规律是其中的关键科学问题，而这也是人工智能与数据挖掘等前沿科学进展在化工与模拟领域应用的重要方面。

⑤ 如何运用从虚拟过程中获得的过程运行机理与演化规律优化和调控实际过程，也是一个关键科学问题。它通常表现为由已知的特定产品或工艺参数反求最佳生产条件与原料输入等的反问题，数学上也经常是一个多目标优化问题。目前还没有成熟的理论，但在应用实践中逐步完善理论也是其发展的重要途径。

6.5.3 主要研究进展与成果

针对实现虚拟过程需要解决的关键科学问题，最近几年在基金委等部门的支持下，国内已开展了卓有成效的基础研究。其中一些相关成果，如基于介尺度模型的粗化颗粒模拟（EMMS-DPM）[80, 171] 等，已在本章前面几节中介绍。本小节将简要介绍其它几项代表性成果。

6.5.3.1 高效多尺度模拟软硬件系统的构建

复杂化工过程的高效模拟需要上述各种模型与方法的多尺度耦合，也需要软硬件的协同设计。总体而言，具有多尺度结构的复杂系统中各部分或单元间的作用方式从宏观到微观逐渐趋于简单，能够被更加清晰与可靠的数学模型描述（尽管很多微观运动的模型还不成熟，然而一旦建立，其准确性是毋庸置疑的）。但随着尺度的缩小，对应的部分或单元的数量急剧增加，相应模拟的计算量也急剧增加，甚至达到理论上也不可计算的程度。

中科院过程所近年来提出的 EMMS 范式为软硬件协同设计[72]、实现高效多尺度模拟提供了一条可行途径。在该范式下发展的多尺度离散模拟通过引入稳定性条件在介尺度上建立合理的粗粒化离散模型，以准确描述该尺度以上的系统行为。这些粗粒化离散单元间的作用具有局部性和可加性，可采用大量简单的具有局部数据交换通道的计算密集处理器计算，同时还满足局部和整体稳定性条件的约束，通过求解该条件可直接预测系统的整体行为，并采用传统处理器演算，从而达到软硬件计算特性的完全匹配并加快整体计算速度。如图 6-32 所示，尽管各层次更具体的结构形式和不同层次间的配比还需要根据具体的应用需求来优化与确定，但“问题 - 模型 - 软件 - 硬件结构一致性”的范式是普遍适用的。同时通过软件与硬件的紧密耦合，并利用可重构硬件等技术，还可以进一步提高具体计算任务的执行效率，充分体现 EMMS 范式的优势[241]。

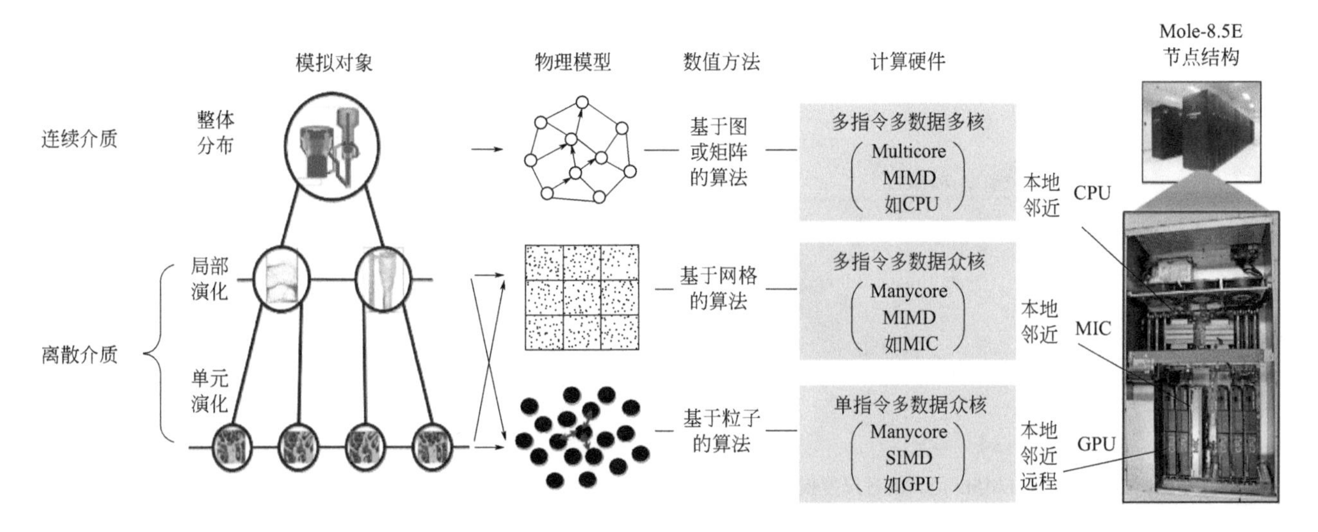

图 6-32
多尺度计算软件与硬件的协同设计[242]

按照 EMMS 范式，中科院过程所近年来自主研发了 Mole 系列高效能多尺度模拟超级计算软硬件系统（见图 6-33）[172, 242]，以此开展的气固系统 DNS[243-246]、硅晶导热模拟[247-249]和蛋白质及生物分子体系模拟[173, 250, 251]等均达到了当时国际领先的规模，为揭示复杂多相材料与生化系统中的介尺度结构形成机理与特性提供了强有力的工具。同时形成了 EMMS[252, 253]和 DEMms[254, 255]等自主软件（图 6-34），其中采用 EMMS-DPM 等粗粒化离散方法的模拟达到了准实时的速度[80, 171]、全系统的规模[198]以及全过程的时间跨度[168]，有力支撑了多项工艺的开发与放大[256-258]。

6.5.3.2 多尺度双向动态耦合模拟

如前所述，多尺度模拟一般要求不同尺度模型在计算中双向动态耦合。近年来中科院过程所对气固系统开展的几项工作较好地处理了这个关键科学问题，取得了令人鼓舞的效果。

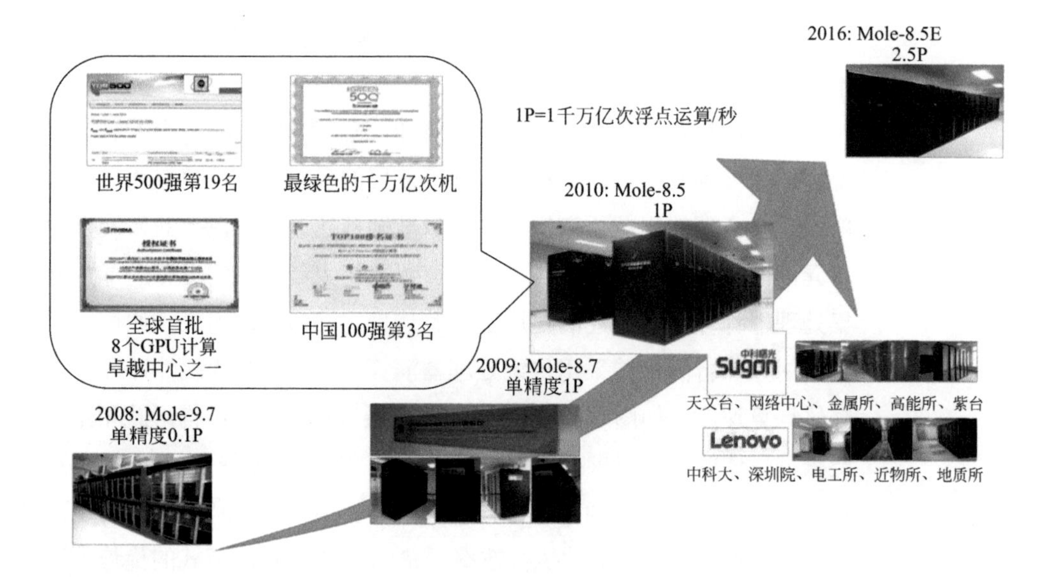

图 6-33

中科院过程所成功研制的 Mole 系列高效能超级计算系统

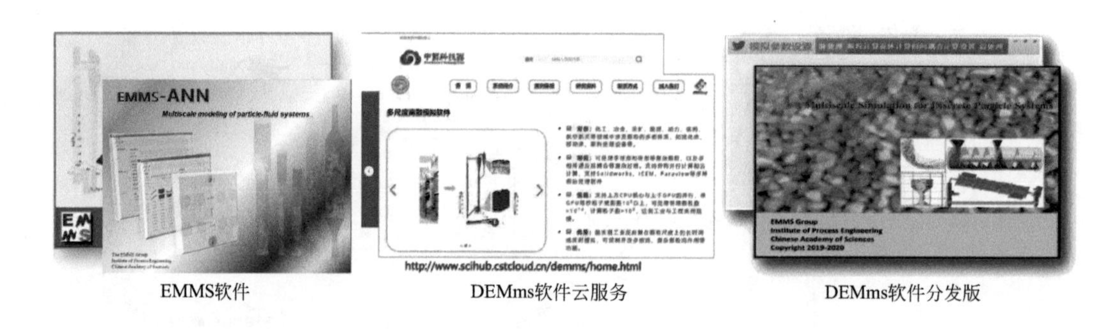

图 6-34

基于 EMMs 范式的各尺度模拟自主软件

基于 DNS 与颗粒轨道模型（DPM）在线耦合，发展了 DPM-DNS 动态多尺度模拟方法[259]。由于计算精度不同，DPM 和 DNS 方法的时间步长和网格尺寸有明显差别，为此该方法采用 DNS 获得 DPM 模拟中颗粒和流场信息，确定颗粒尺度曳力与介尺度上颗粒浓度、固相速度在弛豫稳定后的关系。由此可以不再采用经验关联式计算颗粒轨道模型中的相间作用力，在保证动量、能量守恒的前提下兼顾了 DPM 的计算效率和 DNS 的精度，摆脱了 DPM 计算精度受限于曳力关联模型选择的困境。

图 6-35 的计算结果表明，DPM-DNS 的结果在时间演化和空间分布上与 DNS 的结果基本一致，而计算效率较 DNS 提高了 10 倍以上。通过进一步优化 DPM 和 DNS 流场间的映射，该耦合方法的效率有望进一步提升，从而逐步成为虚拟过程中小尺度模拟的重要手段。

在较大尺度上，颗粒轨道模型又与兼具离散与连续介质方法特性的网格中的粒子方法[80]耦合，克服了多相物质点法（multiphase particle-in-cell，MP-PIC）对高雷诺数[260]和高固相分率[261]的气固流动模拟效果差、在接近颗粒紧密堆积时不稳定[262]等问题。这些问题可能源于用固相连续应力场替代颗粒瞬时碰撞的过度简化，特别是在

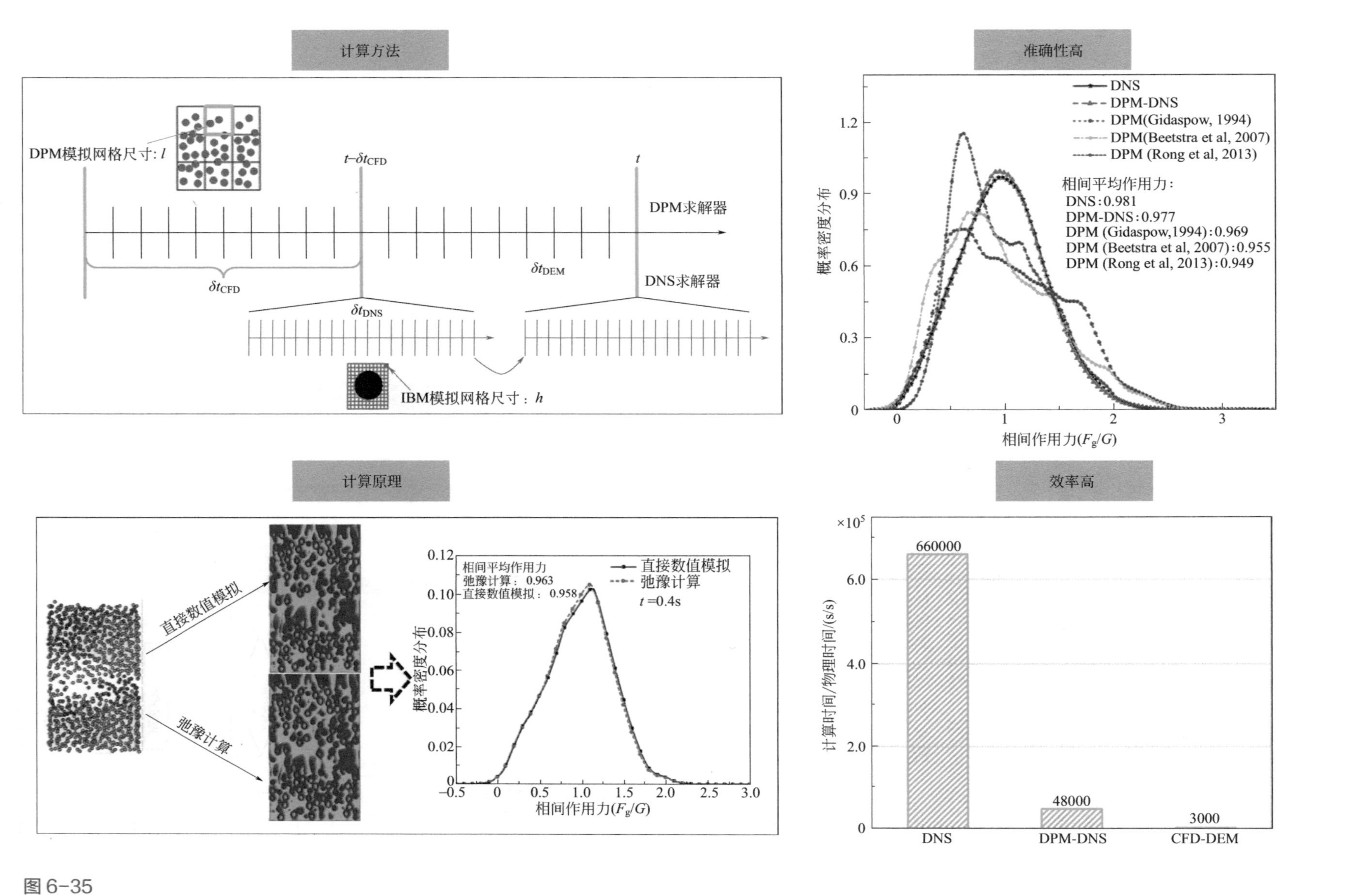

图6-35

DPM-DNS 动态多尺度计算模型 [259]

高固相分率区域，其中的统计方法无法再现流场对多体颗粒作用的复杂依赖关系。因此，将这两种方法耦合可以充分利用各自优势，从而可能获得更高的准确度和 / 或效率。在气固流动数值模拟中，依据局部固相分率阈值，CG-DPM 仅用于处理密集区域的颗粒碰撞，而 MP-PIC 用于处理稀疏区域中的固相，从而建立 CG-DPM 和 MP-PIC 耦合模型 [240]。

根据局部固相分率 ε_s 决定采用 CG-DPM 或 MP-PIC 计算固 - 固接触力作用。如图 6-36 所示，若粗颗粒处于 ε_s 高于阈值 ε_{st} 的区域内，它们之间的接触力由基于 EMMS 模型建立的 CG-DPM 或者称为 EMMS-DPM 表达；反之，接触力与 MP-PIC 方法中的固相应力梯度相关。当 ε_{st} 趋于零时，所有颗粒间作用皆以接触力计算，模型退化为 CG-DPM；当 ε_{st} 趋于紧密堆积值时，颗粒间作用完全以固相应力表达，模型退化为 MP-PIC。耦合模型和计算流程分别示意于图 6-36（a）和图 6-36（b）中。

图 6-36（c）展示了应用耦合模型、CG-DPM(ε_{st}=0) 和 MP-PIC(ε_{st}=0.60) 模拟得到的流动结构。可以看出，所有模拟都复现了所谓的径向“环 - 核”结构和轴向“上稀下浓”结构。采用中间阈值（0.10, 0.20, 0.50, 0.58）的耦合模拟结果与 CG-DPM 模拟非常一致，而 MP-PIC 模拟给出的结构不清晰，床层膨胀更高。也就是说，引入少量的高浓度区粒子间碰撞（在 ε_s > 0.58 区域中约 1% 的颗粒贡献了小于 2% 的碰撞）可大大提升原 MP-PIC 的计算精度。

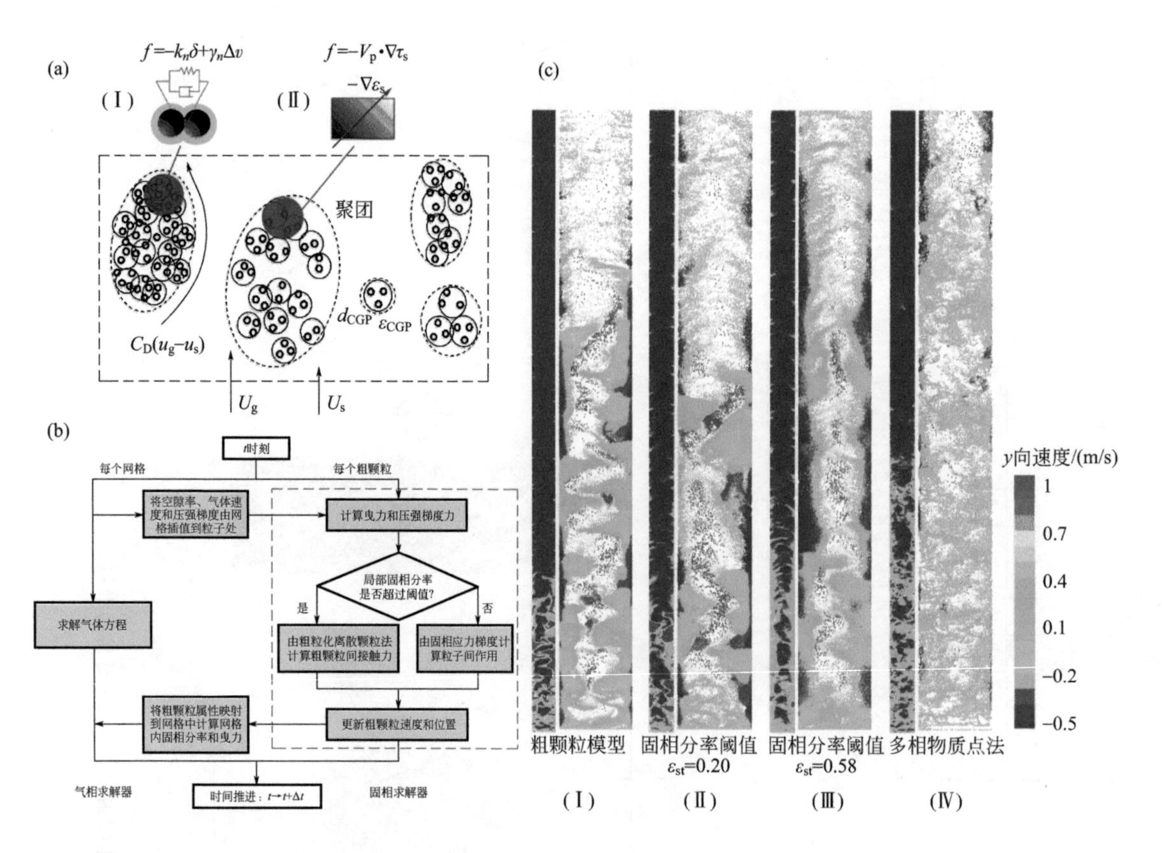

图 6-36

粗粒化颗粒轨道模型和多相物质点法耦合计算

（a）耦合模型示意图；（b）耦合计算流程；（c）不同阈值下的典型固相分布 [240]

在离散与连续介质方法的耦合上，开发了一种离散 - 连续多尺度双向动态耦合方法[212, 263, 264]。该模型的核心是在一个模拟体系中同时使用连续和离散两种模型，即只在连续模型不适用的关键区域使用离散模型来捕捉准确的流动细节，而其余大部分区域仍然使用连续模型以降低计算量。离散和连续两种模型在空间尺度和时间尺度上通过合理的物理模型实现动态耦合，从而兼顾离散模型的精度和连续模型的计算经济性。为实现连续介质模型与 CFD-DEM 模型的动态双向耦合，根据 CFD-DEM 方法和连续介质模型的优缺点，在整个模拟区域内连续介质模型成立的地方采用连续介质模型，在连续介质模型失效的地方采用 CFD-DEM 方法（图 6-37）。进一步提出考虑介尺度结构影响的离散变量向连续变量映射的新方法[263]，利用 EMMS 模型中的稳定性条件约束固体颗粒位置，并假设颗粒速度满足多尺度颗粒动理学理论中提出的双峰分布[265]，实现了连续变量向离散变量的映射，从而实现了 CFD-DEM 方法中固体颗粒离散描述与连续介质模型中固体颗粒连续描述之间的定量相互映射方法。在此基础上，通过区域分解界面耦合方法动态交换参数来互相为对方提供边界条件，实现不同方法间的无缝衔接并保证全场质量、动量和能量守恒，实现 CFD-DEM 方法与连续介质模型的双向动态耦合。

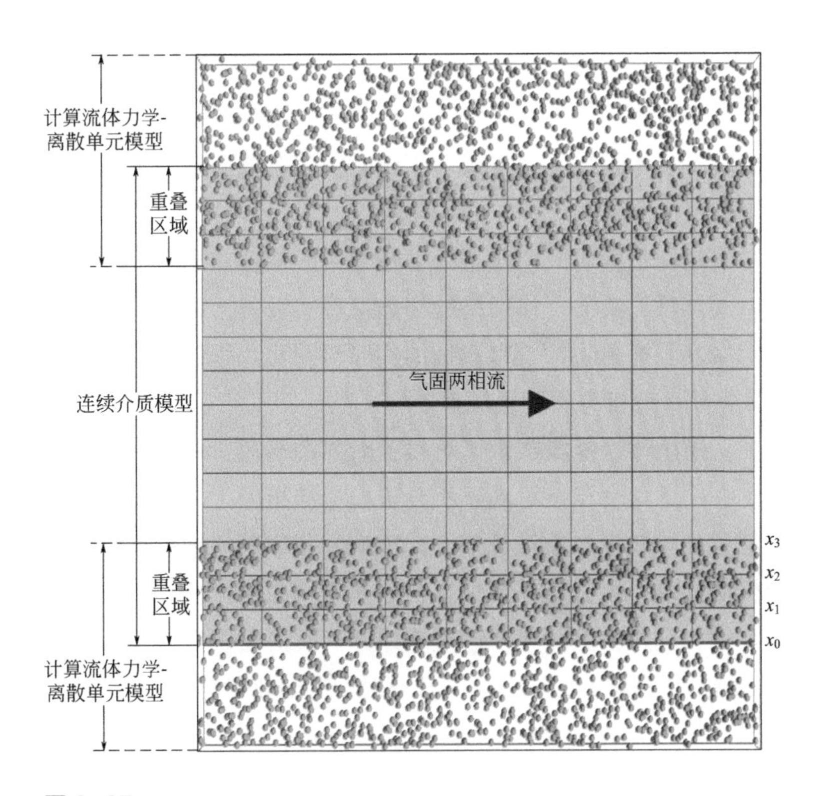

图 6-37
采用区域分解界面耦合技术方案的离散 - 连续多尺度双向动态耦合方法基本思路[212]

这些双向动态耦合的方法为气固系统的高效准确模拟提供了强有力的手段，如果进一步引入或优化其中的介尺度模型，还可以显著提高模拟精度与效率。同时这些方法还可能推广至其它多相复杂过程的模拟。

6.5.3.3 基于模拟大数据的虚拟现实

对实际工业装置中的复杂多相流动、传递与反应耦合过程的高效、高速和高精度

模拟将产生海量异构数据，需要通过高效处理来得到有价值的信息。为了更加直观高效地理解这些结果并实时调整和干预模拟过程，虚拟过程工程需要采用虚拟现实（virtual reality，VR）等交互技术，建立与多尺度模拟程序实时交互的后处理系统。

虚拟现实交互技术深度融合了计算机图形学、计算机网络以及三维建模等多种技术，将物理场景和数据实时映射到虚拟现实场景中，提供了视觉、听觉、触觉等多模态感知，实现自然高效的用户交互方式。

虚拟现实正在应用到化学化工领域的多个方面。Schofield 等[266]开发了基于虚拟现实技术的在线模拟操作聚合反应装置的在线教学系统 ViRILE（Virtual Reality Interactive Learning Environment）。Solmaz 等[267]基于虚拟现实技术设计和实现了多物理场的 CFD 模拟建模系统框架，为化学反应工程提供了沉浸式的交互设计和分析工具。Hagita 等[268]利用虚拟现实技术，研究 ABA 嵌段共聚物的分子动力学模拟结果以及橡胶中填料形态实验。

在虚拟过程工程中利用虚拟现实技术，对多尺度高精度模拟和在线实验产生的海量异构数据进行高效处理和深度分析，将装置和数据映射到虚拟现实场景中，实现模拟与在线实验的深度融合。虚拟现实提供了沉浸式的环境，用以自然高效地观察、研究和分析模拟和实验结果，并可实时地修改实验操作条件和模拟参数，进行对比验证，进而指导工业过程中流程、装置的设计，操作条件的优化。虚拟过程工程结合大数据和虚拟现实等技术提供了沉浸式、不受时空限制的交互研究工具，复现这些模拟及实验的演化过程，进行更为深入详细的研究。

中科院过程工程研究所基于云端在线实时模拟与原位可视化框架，正在研发适应多平台（大屏幕、桌面、移动终端和虚拟现实设备）的数据后处理系统。目前已经在桌面系统实现了海量异构模拟数据的实时可视化、任意角度的视角转换和剖面、虚拟测量、数据统计分析等功能模块[269-273]。

其中，视角转换模块实现了对模拟对象的缩放、移动和旋转等功能，并提供多种分辨率、在任意角度和位置观察和分析模拟结果的工具；剖面模块实现了在轴向和径向以任意角度对模拟对象进行剖面，观察和获取对象的内部结构和其它详细信息；虚拟测量模块可以在装置的任意位置实时获取模拟的一些重要物理参数，如空隙率、颗粒聚团尺寸、压力、温度等；数据统计分析模块在模拟结果数据的基础上对各种参数作统计分析，得到参数的分布情况及随时间的变化趋势等。

6.5.3.4 人工智能建模与海量数据深度分析

现代化工企业的生产线在完成数字化改造、安装分散控制系统（distributed control system，DCS）后，可以积累获得宝贵的设备运行数据。同样地，虚拟过程工程在运行过程中也会不断产生模拟、实验等不同类型的数据，并逐步累积，得到海量数据集。对这些海量数据进行挖掘、建模，可以获得其中潜在的信息和知识，揭示研究对象的内在物理机制，是虚拟过程工程的重要组成部分。

传统的数据挖掘方法包括各种统计方法、可视化技术、遗传算法、关联规则挖掘算法等。人工智能近来在多个领域取得了突破性的发展，其主要推手是深度学习技术，深度学习近年来快速发展的原因之一就是大数据的积累及大数据处理技术的成熟。深度学习技术及其它机器学习技术（如决策树、支持向量机等）逐步成为数据挖掘的有力工具。如采用循环神经网络（recurrent neural network，RNN）[274] 对过程的时序数据建模，并对未来的数据进行预测；采用支持向量机（support vector machine，SVM）[275] 对高维、复杂的海量过程数据进行建模等。下面介绍在反应分子动力学模拟中的实例。

热解和氧化是将燃料转化为能源或高附加值化学品的基础反应过程之一。但燃料的热解和氧化均发生在高温高压极端条件，被认为是自由基驱动的快速反应，自由基或活泼中间物的寿命极短，缺乏原位实验方法检测其反应细节和动态演化。随着计算机的飞速发展，分子模拟成为探索相关热解和氧化过程微观反应机理的重要方法。基于 ReaxFF 的反应分子动力学模拟提供了认识复杂反应等难题的新途径 [135]。ReaxFF MD 可连续描述多组分体系原子间成 / 断键演化的化学反应，计算快于密度泛函 DFT 方法，但精度接近于 DFT，特别是无需对反应路径进行人为猜测的优势，为解决热解 / 氧化过程复杂反应机理认识难题提供了可能。中科院过程所提出并发展了基于 GPU 并行与化学信息学相结合的大规模反应分子动力学模拟方法，开发了国际首个 GPU 加速的 ReaxFF MD 程序 GMD-Reax，实现了约 100000 原子大规模分子模型的快速模拟。

为捕捉反应细节，ReaxFF MD 采用的模拟步长约为 0.1fs，比描述非反应过程的经典 MD 步长（约 1fs）小一个量级，使得输出轨迹文件大小相应提高了一个量级。例如，为了获得大小约为 100000 原子的煤模型的热解基元反应，采用 0.25fs 的模拟步长、每隔 100 步输出一次，一个模拟 1ns 的轨迹文件可达 1.4TB。而必不可少的同一条件的多次平行模拟和不同反应条件对反应机理影响的考察，导致 ReaxFF MD 模拟进行反应分析挖掘后处理面对的是海量模拟结果文件。为解决这一问题，特别是针对国际上缺乏 ReaxFF MD 海量模拟结果反应分析平台的现状，中科院过程所创建和持续发展了国际首个 ReaxFF MD 模拟结果化学反应分析系统 VARxMD（Visualization and Analysis of ReaxFF Molecular Dynamics），实现了对复杂化学反应演化的深度分析和可视化“直观观察” [137, 276-279]。由 VARxMD 支撑的大规模反应分子动力学方法可获得产物和反应中间体的全景式演化趋势及其相关的反应网络，已应用于包括煤、生物质、高分子、含能材料等的热解及工业废水有机污染物深度氧化等，在认识液体碳氢燃料反应性方面也获得了成功应用。

在液体燃料中，发动机提供动力的真实燃油通常是含上百种组分的 C_6 ～ C_{17} 复杂混合物，由于组成复杂，常采用替代燃料模型用于构建燃烧的详细反应和简化反应机理，以便用于进行发动机燃烧条件下相关的 CFD 模拟。替代燃料模型与真实燃料的结构与组成存在明显差异，其组成存在进一步优化的空间，大规模 ReaxFF MD 可描述多组分体系的优势，为考察这种差别并提出优化方向提供了可能。

为此，提出了将 ReaxFF MD 模拟与人工智能方法相结合，以优化国产航空煤油 RP-3 替代燃料模型组成的新思路。该方法利用 ReaxFF MD 的氧化模拟，对 RP-3 替代燃料模型及其衍生模型可能的反应空间通过 VARxMD 分析得到的物种浓度演化加以描述；将这些描述数据作为输入，利用人工智能建立物种及时间与替代燃料体系单

一组成之间关系的机器学习模型；对不同组分重复这一过程，可得到同一替代燃料体系针对所有组分的拟合模型。将接近真实 RP-3 燃料的 45 组分模型相同条件的反应空间数据作为输入，可预测出经过优化后的该替代燃料模型的组成。对已知的不同组分的 RP-3 替代燃料模型重复这一过程，可分别得到对应的、不同组分数和结构的替代燃料模型优化组成，进而筛选出相对最优的替代燃料模型。机器学习模型的预测结果，可以通过燃料燃烧的宏观性质如点火延迟时间的计算进行评估和验证 [280]。这种将 ReaxFF MD 模拟与人工智能相结合的方法为通过计算方法对替代燃料模型组成进行精细优化提供了一种新的可能途径，有助于为燃烧器的 CFD 模拟提供更好的燃料燃烧反应动力学模型。

6.5.3.5 复杂系统的多目标优化

多目标优化问题广泛存在于化学工程的各个领域。特别是在介尺度科学中，多目标优化可能是解释介尺度复杂现象的关键工具。中科院过程所的 EMMS 课题组从 EMMS 模型出发发展介科学的基本原理 [23]，也称 EMMS 原理。根据该原理，如果在一个尺度现象中存在两种相反的趋势或机理，当其中一种机理占支配地位时，系统处于简单状态，可用普通的变分法求解；而当两种机理相互竞争时，系统将呈现复杂的状态。例如在气 - 固流态化中，固相体积分数的最小化与总能量耗散最小化之间的竞争决定了体系在介于完全固相和完全流态化之间的形态。该原理也可解释其它介尺度现象，例如湍流中黏度作用与惯性作用的竞争，多相催化中反应导致的团聚效应与扩散、吸附导致的分散效应之间的竞争等。由于体系中存在多种（目前研究的主要是两种）相互竞争的机理，EMMS 原理自然要求使用多目标优化来求解介尺度复杂体系的状态。EMMS 原理目前有望解释更多的介尺度现象，而如何求解多目标优化问题，特别是如何在两个目标或多个目标之间进行权衡，是其量化表达与应用的关键。

在多目标优化问题的求解方法上，Zhang 等 [281] 研究了气 - 固流态化 EMMS 问题的直接解法。传统上，该问题是通过构造一个特殊的目标函数，将固相体积分数 $\boldsymbol{\varepsilon}_{\mathrm{s}}$ 的最小化和单位体积能量耗散 W_{st} 的最小化转换为单目标问题。该方法将 W_{st} 与 $\boldsymbol{\varepsilon}_{\mathrm{s}}$ 分别归一化为 M_1 与 M_2，使多目标优化问题转化为 M_1 与 M_2 之和的最小化，并证明了该方法与原问题在数学上的等价性。Chen 等 [282] 提出了类似遗传算法的 EPSMODE 随机算法，通过上一代解的变异、交叉和选择，产生下一代更优解。与之前算法不同的是，EPSMODE 算法内置了一个变异策略库和与之对应的参数库。在每代选择中，不同的变异策略也参与竞争，以更快地产生帕累托（Pareto）最优解集。该算法适用于求解普通或动态（决策变量是时间的函数）多目标优化问题。而关于多目标优化的其它求解方法和在化工中的应用，Cui 等的综述 [283] 做了更详细的介绍，回顾了近年来多目标优化算法的研究进展以及在节约能源和排放控制中的具体应用，总结了适用于多目标优化的全局搜索算法以及在多个优化目标之间进行权衡的常见方法，重点介绍了 interactive methods、Pareto-dominated methods 和 new dominance methods 三类搜索并生成 Pareto 最优解集合的方法。

近年来，多目标优化被广泛地应用于解决以下领域的问题。

（1）反应器及反应体系优化

Cao 等[284]将反应器的优化问题转化为一个以反应器中的黏度耗散熵作为约束，同时最大化反应生成熵、最大化产物传质熵、最小化反应物传质熵的多目标优化问题，并通过成对比较法确定各目标之间的权重，将多个目标表达为单一目标进行求解。Chen 等[285]研究了将过程强化技术应用于高分子合成工艺的实施策略，特别是解决其中涉及的优化问题的方法。以获得期望的聚合物产品分子量分布作为优化目标，将操作参数（包括温度、压力、流量等）作为决策变量，采用基于方程（包括热力学和动力学方程）的方法构建优化模型。进一步将最大化产品转化率作为第二个优化目标，同时将流程图构造也作为决策变量，得到多目标优化问题。提出了该类问题的快速求解方法，可用于生产时的在线优化及产品的牌号切换。Li 等[286]对利用生物质（家禽粪便、农作物秸秆等）进行厌氧消化生产甲烷的系统进行了设计与优化。选择了 7 个工艺参数包括消化温度、停留时间、吸收压力、生物质组成、分离方法等作为决策变量，以最大化经济效益和最小化对环境的影响作为优化目标，构建了 MINLP 模型，并使用非支配排序遗传算法（NSGA-Ⅱ）进行了求解，同时考虑了模型对于例如电力、甲烷的市场价格等外部因素的敏感性。

（2）产品分离

在煤经甲醇制烯烃工艺中，烯烃分离为高耗能过程。杨路等[287]在烯烃分离过程涉及的数个变量中，根据工程实践经验，选取了以精馏塔塔顶采出量、回流比为主的 15 个重要操作变量，以能耗最小化和乙烯、丙烯总收率最大化作为两个优化目标，采用 NSGA-Ⅱ算法进行求解，计算出理论最优 Pareto 解集。结果表明在维持现有收率的前提下可降低 11% 的能耗。该工作也可以确定不同能耗和收率下的最佳操作条件。针对甲醇制丙烯（MTP）工艺中产品分离的高耗能过程，Zhou 等[288]设计了 MTP 产品分离工艺，并对其中涉及的 8 个精馏塔操作参数进行了双目标优化。决策变量包括每个精馏塔的回流比与进料位置，优化目标为最大化乙烯与丙烯的纯度，同时最小化公用工程用量。通过采用 NSGA-Ⅱ算法，求得了不同 DME 含量时的 Pareto 最优解集。该方法也可用于其它类似产品的分离问题。

（3）换热网络优化及废热利用

Ma 等[289]研究了跨厂区的多阶段换热网络优化问题，采用热水作为换热介质。优化过程包括两个目标，即最小化投资及运行成本以及最小化对环境的影响，后者可通过生命周期评价方法中的一系列标准，如不可再生能源使用量、有害物质排放量等，来定量描述。通过预先给定两个目标的权重系数，将问题转化为单目标的 MINLP 问题进行求解。Liu 等[290]进一步扩展了跨厂区换热问题，使用多级蒸汽系统进行跨厂区的换热优化。优化目标为同时最小化每年成本及温室气体排出量，使用 ε-constraint 方法求解得到 Pareto 解集。

Yang 等[291]讨论了用于回收利用反应隔板精馏塔产生的低温（＜ 100℃）废热的有机朗肯循环（ORC）的设计与优化。其中的决策变量包括 ORC 中工质的流速、出口处压力与温度等操作变量。优化目标为同时最大化净利润与最大化热效率。采用遗传

算法，在不同工质的情况下分别求解了该问题并得到 Pareto 解集。相比优化前的设计，该方法可使 ORC 的年运行成本降低 10% ～ 12%。而针对低温废热的利用问题，Kang 和 Liu 等[292]提出可以利用热泵，从低温废热中抽取热量用于加热高温冷流，从而降低废热排放。为控制投资及维护成本，并最大程度减少碳排放，以热泵的放置位置及操作参数为决策变量，建立了双目标 MINLP 优化模型。通过使用 GAMS 软件中内置的改进 ε-constraint 算法，求得了 Pareto 最优解集。进一步以一个造纸厂的换热网络改造为例进行测试表明，可在 5.7 年收回投资的情况下降低 26.7% 的碳排放。

（4）碳排放及环境相关问题

Zhang 等[293]从供应链优化的角度研究碳捕集、利用及存储问题，以捕集技术的选取、目标捕集率、存储方式选取及二氧化碳输运管道的拓扑结构作为决策变量，构建出 MILP 模型。同时考虑了最小化操作成本及最小化对环境的影响两个目标，使用 ε-constraint 方法求解得到 Pareto 最优解集。进一步基于东北地区实际碳排放数据进行了案例分析，验证了该方法的有效性。

（5）计算机辅助的新酶分子设计问题

He 等[294]在计算机辅助的新酶分子设计问题中，将描述酶分子稳定性的折叠能（ΔG^{fold}）及描述酶活性位点与底物过渡态相互作用的结合能（ΔG^{bind}）作为两个目标进行最小化，利用朱玉山等自主开发的计算酶设计软件 PRODA 通过加权的方法得到了折叠能在不同权重下的头孢拉定合成酶分子序列的 Pareto 最优解。从 Pareto 最优解中找到了在工业条件下催化头孢拉定合成收率达到 99% 的新酶分子，在世界上首次实现了抗生素药物头孢拉定的酶法合成绿色工艺。基于多目标优化的计算机辅助新酶分子设计平台，PRODA 有望在绿色生物制造及合成生物学领域得到更加广泛的应用。

综上所述，在介尺度科学及化学工程的多个领域中都可以找到多目标优化问题的应用场景。在涉及复杂体系的问题中，追求单一目标最优化的简单策略可能失效，从而使得多目标优化成为必需的工具。另外，对多目标优化问题的物理意义及求解方法的研究也加深了人们对介尺度自然现象的客观规律的认识。针对特定的科学或工程问题，如何选取合适的优化目标并高效求解，以及如何从满足优化条件的多个解中进行取舍作为工程决策的依据等，仍然是目前研究的前沿与焦点。

6.5.4 未来发展方向与展望

尽管前面几节表明虚拟过程的实现还需要从过程机理、模型、模拟、分析和优化算法以及计算机软硬件系统等多方面的深入研究和开发，但它对化工和更广泛的过程工业的高端化、绿色化、智能化的意义已不言而喻。实际上，除了创新过程的研发模式外，它也将深刻改变过程工业的整体发展模式及其在整个国民经济中的地位。其中推动建立过程工业的无人工厂就是这些作用的一个集中体现。

在应对新型冠状病毒肺炎疫情过程中，为控制病毒传播而限制人员流动与加紧生产各类防疫和生活物资的矛盾非常突出，而无人工厂是解决这对矛盾的有效途径。这并非权宜之计，无人工厂更重要而深远的意义在于实现对过程的精准控制、提高产品质量和生产过程的安全性、节能降耗等。而这正是过程工业转型升级的重要手段和标志。

对过程工业而言，很多大型装置的运行早已实现“现场无人化”，即操作人员平时只需在集中控制室监视和调控装置运行，只在事故等异常情况下才需相应的维护人员现场介入。但基于广域网的云端无人工厂仍是需要大力发展的前沿领域。即集中控制室可以有不受地域和物理终端限制的互联网上的虚拟镜像（甚至取消现场集中控制室），为分布在不同地域的操作人员共享并完成远程协同监控。除了人员调配上的方便外，由此还可以实现大范围生产过程的全局实时协同优化和深度分析。而在医药、食品、生化、日化、精细化工和有色冶炼等领域，由于生产规模和生产工艺的限制，现场人员的介入还十分普遍，甚至有些还属于劳动密集型产业（如某些食品加工过程）。这些领域实现无人工厂的困难在于成本相对较高和过程量化不足，但从长远来看意义更为重大：

其一，随着人民生活水平、劳动保护与环境安全要求的不断提高及新技术的不断涌现，无人工厂的人力成本优势终将超越技术与设备投入的壁垒。

其二，无人工厂带来的过程规范化、量化与精确调控要求必然推动工艺与过程的升级与优化，从而在效率、质量、安全与环保及综合利用、循环经济等方面不断获得新的更大的收益。

其三，小规模生产的无人化与过程强化和微系统等技术结合将使它们能分布式地灵活嵌入上下游产业和终端用户，带来其它产业和生产生活方式的深刻变革。比如在太空和海洋环境下的自持式生产生活系统中，这样的小型无人工厂将不可或缺；而未来家庭中除了家用电器外也完全可能出现过程工业的小型无人工厂，全方位就近服务人类生活，由此可以实现最短回路、最低成本的资源能源充分循环利用。

要在过程工业中建立无人工厂，虚拟过程工程正是必须突破的关键核心技术。作为一种高标准的数字孪生技术，它将首先为物理的无人工厂建立一座虚拟工厂，作为无人工厂设计、调控与运行的集成平台与核心数据引擎。特别是它提供的精确描述和准确预测过程的能力，将是量化设计与调控的根本依据。比如远程控制不可避免的信号延迟问题，就需要通过对过程的超前预测来解决。

虚拟过程工程同时要求发展高精度实时无损测量技术，即全方位准确感知过程的能力，从而为无人工厂的设计与调控提供准确、及时、详尽的输入信息。这需要多种测量手段的有效集成，以便同时在不同的尺度和分辨率上测量不同的物理量，并在设备的结构和工作条件上满足在线实时测量的要求。

而虚拟过程中面向工业大数据的人工智能技术，将利用从过程测量和虚拟工厂中获得的海量数据发现过程变化规律，为提高过程量化和控制律设计的质量与可靠性提供重要手段。同时，这也是深入了解过程机理，从而改进设计，开发新过程、新工艺的有力工具。

虚拟过程工程还将助力过程强化、微系统、连续生产、绿色循环利用、新型自动化过程装备与过程工业机器人等技术的研发，而无人工厂将为这些技术的综合应用、发挥最大效能提供共性平台，并将深刻改变人类的生产生活方式。

显然，这一系列技术的发展涉及的领域众多，多学科交叉的基础研究是其根本保证。为此，有必要针对石化、生化、稀土等有良好基础或迫切需求的行业中若干典型

过程组织专项攻关，在突破关键技术的基础上尽快实现应用示范，并持续滚动支持其基础、技术和应用的协同研发。这对带动“新基建”，拉动产业与消费需求，以及应对今后的各种挑战也至关重要。

参考文献

[1] 李静海, 胡英, 袁权. 探索介尺度科学: 从新角度审视老问题[J]. 中国科学, 2014, 44(3): 277-281.

[2] Li J, Ge W, Kwauk M. Meso-scale phenomena from compromise—a common challenge, not only for chemical engineering [J]. arXiv, 2009: 1-7.

[3] Li J, Ge W, Wang W, Yang N, Liu X, Wang L, He X, Wang X, Wang J, Kwauk M. From multiscale modeling to meso-science [M]. Berlin: Springer, 2013.

[4] Li J, Huang W. Towards mesoscience: The principle of compromise in competition [M]. Berlin: Springer, 2014.

[5] Li J. Exploring the logic and landscape of the knowledge system: Multilevel structures, each multiscaled with complexity at the mesoscale [J]. Engineering, 2016, 2(3): 276-285.

[6] Li J, Kwauk M. Particle-fluid two-phase flow: The energy-minimization multi-scale method [M]. Beijing: Metallurgical Industry Press, 1994.

[7] Li J, Tung Y, Kwauk M. Method of energy minimization in multi-scale modeling of particle-fluid two-phase flow[C]. Proceedings of the Circulating Fluidized Bed Technology Ⅱ. New York: Pergamon Press,1988.

[8] van Kampen N G. Stochastic processes in physics and chemistry [M]. Amsterdam: North-Holland, 1981.

[9] Fujita T. Precipitation and cold air production in mesoscale thunderstorm systems [J]. Journal of Meteorology, 1959, 16(4): 454-466.

[10] Puri S, Pandey A. Mesoscale materials science: Experiments and modeling [J]. JOM, 2019, 71(10): 3511-3512.

[11] Hao F, Liu Z X, Balbuena P B, Mukherjee P P. Mesoscale elucidation of self-discharge-induced performance decay in lithium-sulfur batteries [J]. ACS Applied Materials & Interfaces, 2019, 11(14): 13326-13333.

[12] Pabst F, Gabriel J, Blochowicz T. Mesoscale aggregates and dynamic asymmetry in ionic liquids: Evidence from depolarized dynamic light scattering [J]. The Journal of Physical Chemistry Letters, 2019, 10(9): 2130-2134.

[13] Besli M M, Xia S H, Kuppan S, Huang Y Q, Metzger M, Shukla A K, Schneider G, Hellstrom S, Christensen J, Doeff M M, Liu Y J. Mesoscale chemomechanical interplay of the $LiNi_{0.8}Co_{0.15}Al_{0.05}O_2$ cathode in solid-state polymer batteries [J]. Chemistry of Materials, 2019, 31(2): 491-501.

[14] Li J, Huang W. Paradigm shift in science with tackling global challenges [J]. National Science Review, 2019, 6(6): 1091-1093.

[15] Fu B, Wang S, Zhang J, Hou Z, Li J. Unravelling the complexity in achieving the 17 sustainable-development goals [J]. National Science Review, 2019, 6(3): 386-388.

[16] Li J, Huang W L, Chen J. Possible roadmap to advancing the knowledge system and tackling challenges from complexity [J]. Chemical Engineering Science, 2021, 237: 116548.

[17] Ge W, Li J. Physical mapping of fluidization regimes-the EMMS approach [J]. Chemical Engineering Science, 2002, 57(18): 3993-4004.

[18] Chen J, Yang N, Ge W, Li J. Stability-driven structure evolution: Exploring the intrinsic similarity between gas-solid and gas-liquid systems [J]. Chin J Chem Eng, 2012, 20(1): 167-177.

[19] Yang N, Chen J, Zhao H, Ge W, Li J. Explorations on the multi-scale flow structure and stability condition in bubble columns [J]. Chemical Engineering Science, 2007, 62(24): 6978-6991.

[20] Du M, Hu S, Chen J, Liu X, Ge W. Extremum characteristics of energy consumption in fluidization

analyzed by using EMMS [J]. Chemical Engineering Journal, 2018, 342: 386-394.

[21] Han C, Chen J. Mesoregime-oriented investigation of flow regime transition in bubble columns [J]. Industrial & Engineering Chemistry Research, 2019, 58(31): 14424-14435.

[22] Huang W L, Li J H, Edwards P P. Mesoscience: Exploring the common principle at mesoscales [J]. National Science Review, 2018, 5(3): 321-326.

[23] Li J, Huang W. From multiscale to mesoscience: Addressing mesoscales in mesoregimes of different levels [J]. Annual Review of Chemical and Biomolecular Engineering, 2018, 9(1): 41-60.

[24] 李静海, 黄文来. 探索介科学: 竞争中的协调原理[M]. 北京: 科学出版社, 2014.

[25] Huang W L, Li J. Mesoscale model for heterogeneous catalysis based on the principle of compromise in competition [J]. Chemical Engineering Science, 2016, 147: 83-90.

[26] Sun F, Huang W L, Li J. Mesoscale structures in the adlayer of A-B_2 heterogeneous catalysis [J]. Langmuir, 2017, 33(42): 11582-11589.

[27] Li J, Huang W, Chen J, Ge W, Hou C. Mesoscience based on the EMMS principle of compromise in competition [J]. Chemical Engineering Journal, 2018, 333: 327-335.

[28] Huang W L, Li J, Liu Z, Zhou J, Ma C, Wen L X. Mesoscale distribution of adsorbates in ZSM-5 zeolite [J]. Chemical Engineering Science, 2019, 198: 253-259.

[29] Huang W L, Li J. Compromise between minimization and maximization of entropy production in reversible gray-scott model [J]. Chemical Engineering Science, 2016, 155: 233-238.

[30] Jiang H B, Cuan Q, Wen C Z, Xing J, Wu D, Gong X Q, Li C Z, Yang H G. Anatase TiO_2 crystals with exposed high-index facets [J]. Angewandte Chemie International Edition, 2011, 50(16): 3764-3768.

[31] Li Y H, Liu P F, Pan L F, Wang H F, Yang Z Z, Zheng L R, Hu P, Zhao H J, Gu L, Yang H G. Local atomic structure modulations activate metal oxide as electrocatalyst for hydrogen evolution in acidic water [J]. Nature Communications, 2015, 6(1): 8064.

[32] Shen J, Zhu Y H, Jiang H, Li C Z. 2D nanosheets-based novel architectures: Synthesis, assembly and applications [J]. Nano Today, 2016, 11(4): 483-520.

[33] Ma K, Jiang H, Hu Y, Li C Z. 2D nanospace confined synthesis of pseudocapacitance-dominated MoS_2-in-Ti_3C_2 superstructure for ultrafast and stable Li/Na-Ion batteries [J]. Advanced Functional Materials, 2018, 28(40): 1804306.

[34] Xu Q, Jiang H, Zhang H, Hu Y, Li C. Heterogeneous interface engineered atomic configuration on ultrathin $Ni(OH)_2/Ni_3S_2$ nanoforests for efficient water splitting [J]. Applied Catalysis B: Environmental, 2019, 242: 60-66.

[35] Xu Q, Liu Y, Jiang H, Hu Y, Liu H, Li C. Unsaturated sulfur edge engineering of strongly coupled MoS_2 nanosheet–carbon macroporous hybrid catalyst for enhanced hydrogen generation [J]. Advanced Energy Materials, 2019, 9(2): 1802553.

[36] Deng Z, Jiang H, Hu Y, Li C, Liu Y, Liu H. Nanospace-confined synthesis of coconut-like SnS/C nanospheres for high-rate and stable lithium-ion batteries [J]. AIChE Journal, 2018, 64(6): 1965-1974.

[37] Jiang H, Zhang H, Chen L, Hu Y, Li C. Nanospace-confinement synthesis: Designing high-energy anode materials toward ultrastable lithium-ion batteries [J]. Small, 2020, 16(32): 2002351.

[38] Liu Y, Liu H L. Development of reaction–diffusion DFT and its application to catalytic oxidation of NO in porous materials [J]. AIChE Journal, 2020, 66(2): e16824.

[39] Guo F, Liu Y, Hu J, Liu H, Hu Y. Classical density functional theory for gas separation in nanoporous materials and its application to CH_4/H_2 separation [J]. Chemical Engineering Science, 2016, 149: 14-21.

[40] Zhang S, Liu Y, Liu H. Understanding lithium transport in SEI films: A nonequilibrium molecular dynamics simulation [J]. Molecular Simulation, 2020, 46(7): 573-580.

[41] Jiang H, Zhang H, Fu Y, Guo S, Hu Y, Zhang L, Liu Y, Liu H, Li C Z. Self-volatilization approach to mesoporous carbon nanotube/silver nanoparticle hybrids: The role of silver in boosting li ion storage [J]. ACS Nano, 2016, 10(1): 1648-1654.

[42] Dudukovic M P. Frontiers in reactor engineering [J]. Science, 2009, 325: 698-701.

[43] 李静海, 欧阳洁, 高士秋, 葛蔚, 杨宁, 宋文立. 颗粒流体复杂系统的多尺度模拟[M]. 北京: 科学出版社, 2005.

[44] 陈甘棠, 王樟茂. 多相流反应工程[M]. 杭州: 浙江大学出版社, 1996.

[45] Wang H T, Lungu M, Huang Z L, Wang J D, Yang Y, Yang Y R. CFD simulation of electrostatic effect on gas interchange, vortex and heat transfer in the gas-solid fluidized bed [J]. Advanced Powder Technology, 2018, 29(7): 1617-1631.

[46] Sun J Y, Wang J D, Yang Y R. CFD simulation and wavelet transform analysis of vortex and coherent structure in a gas-solid fluidized bed [J]. Chemical Engineering Science, 2012, 71: 507-519.

[47] 孙婧元, 程佳楠, 王靖岱. 一种生产聚烯烃的方法: CN 202010856480.7 [P/OL].2020-12-15

[48] Chew J W, Hays R, Findlay J G, Knowlton T M, Karri S B R, Cocco R A, Hrenya C M. Cluster characteristics of geldart group B particles in a pilot-scale CFB riser. Ⅱ. Polydisperse Systems [J]. Chemical Engineering Science, 2012, 68(1): 82-93.

[49] Fullmer W D, Hrenya C M. The clustering instability in rapid granular and gas-solid flows [J]. Annual Review of Fluid Mechanics, 2017, 49: 485-510.

[50] Sundaresan S. Instabilities in fluidized beds [J]. Annual Review of Fluid Mechanics, 2003, 35(1): 63-88.

[51] Jaeger H M, Nagel S R. Physics of the granular state [J]. Science, 1992, 255(5051): 1523-1531.

[52] 孙其诚, 刘晓星, 张国华, 刘传奇, 金峰. 密集颗粒物质的介观结构[J]. 力学进展, 2017, 47(1): 201708-201708.

[53] Goldhirsch I. Rapid granular flows [J]. Annual Review of Fluid Mechanics, 2003, 35(1): 267-293.

[54] Yang N, Wang W, Ge W, Li J. CFD simulation of concurrent-up gas-solid flow in circulating fluidized beds with structure-dependent drag coefficient [J]. Chemical Engineering Journal, 2003, 96(1-3): 71-80.

[55] Wang W, Li J. Simulation of gas–solid two-phase flow by a multi-scale CFD approach—of the EMMS model to the sub-grid level [J]. Chemical Engineering Science, 2007, 62(1-2): 208-231.

[56] Lu B, Wang W, Li J. Searching for a mesh-independent sub-grid model for CFD simulation of gas-solid riser flows [J]. Chemical Engineering Science, 2009, 64(15): 3437-3447.

[57] Dong W, Wang W, Li J. A multiscale mass transfer model for gas-solid riser flows: Part 1—Sub-grid model and simple tests [J]. Chemical Engineering Science, 2008, 63(10): 2798-2810.

[58] Yang N, Chen J, Ge W, Li J. A conceptual model for analyzing the stability condition and regime transition in bubble columns [J]. Chemical Engineering Science, 2010, 65(1): 517-526.

[59] Lu B, Niu Y, Chen F, Ahmad N, Wang W, Li J. Energy-minimization multiscale based mesoscale modeling and applications in gas-fluidized catalytic reactors [J]. Reviews in Chemical Engineering, 2019, 35(8): 879-915.

[60] Wang J, Ge W, Li J. Eulerian simulation of heterogeneous gas-solid flows in CFB risers: EMMS-based sub-grid scale model with a revised cluster description [J]. Chemical Engineering Science, 2008, 63(6): 1553-1571.

[61] Sundaresan S, Ozel A, Kolehmainen J. Toward constitutive models for momentum, species, and energy transport in gas-particle flows [J]. Annual Review of Chemical and Biomolecular Engineering, 2018, 9: 61-81.

[62] Tenneti S, Subramaniam S. Particle-resolved direct numerical simulation for gas-solid flow model development [J]. Annual Review of Fluid Mechanics, 2014, 46: 199-230.

[63] Zhang J, Ge W, Li J. Simulation of heterogeneous structures and analysis of energy consumption in particle-fluid systems with pseudoparticle modeling [J]. Chemical Engineering Science, 2005, 60(11): 3091-3099.

[64] Tian Y, Geng J, Wang W. Structure-dependent analysis of energy dissipation in gas-solid flows: Beyond nonequilibrium thermodynamics [J]. Chemical Engineering Science, 2017, 171: 271-281.

[65] Wang W, Lu B, Zhang N, Shi Z, Li J. A review of multiscale CFD for gas-solid CFB modeling [J]. International Journal of Multiphase Flow, 2010, 36(2): 109-118.

[66] Li J, Ge W, Wang W, Yang N, Huang W. Focusing on mesoscales: From the energy-minimization

multiscale model to mesoscience [J]. Current Opinion in Chemical Engineering, 2016, 13: 10-23.

[67] Shi Z, Wang W, Li J. A bubble-based EMMS model for gas-solid bubbling fluidization [J]. Chemical Engineering Science, 2011, 66(22): 5541-5555.

[68] Hong K, Shi Z, Wang W, Li J. A structure-dependent multi-fluid model (SFM) for heterogeneous gas-solid flow [J]. Chemical Engineering Science, 2013, 99: 191-202.

[69] Luo H, Lu B, Zhang J, Wu H, Wang W. A grid-independent EMMS/bubbling drag model for bubbling and turbulent fluidization [J]. Chemical Engineering Journal, 2017, 326: 47-57.

[70] 鲁波娜, 程从礼, 鲁维民, 王维, 许友好. 基于多尺度模型的MIP提升管反应历程数值模拟[J]. 化工学报, 2013, 64(6): 1983-1992.

[71] Liu C, Wang W, Zhang N, Li J. Structure-dependent multi-fluid model for mass transfer and reactions in gas-solid fluidized beds [J]. Chemical Engineering Science, 2015, 122: 114-129.

[72] Ge W, Wang W, Yang N, Li J, Kwauk M, Chen F, Chen J, Fang X, Guo L, He X, Liu X, Liu Y, Lu B, Wang J, Wang J, Wang L, Wang X, Xiong Q, Xu M, Deng L, Han Y, Hou C, Hua L, Huang W, Li B, Li C, Li F, Ren Y, Xu J, Zhang N, Zhang Y, Zhou G, Zhou G. Meso-scale oriented simulation towards virtual process engineering (VPE)—the EMMS paradigm [J]. Chemical Engineering Science, 2011, 66(19): 4426-4458.

[73] Igci Y, Andrews A T, Sundaresan S, Pannala S, O'brien T. Filtered two-fluid models for fluidized gas-particle suspensions [J]. AIChE Journal, 2008, 54(6): 1431-1448.

[74] Milioli C C, Milioli F E, Holloway W, Agrawal K, Sundaresan S. Filtered two-fluid models of fluidized gas-particle flows: New constitutive relations [J]. AIChE Journal, 2013, 59(9): 3265-3275.

[75] Holloway W, Sundaresan S. Filtered models for reacting gas-particle flows [J]. Chemical Engineering Science, 2012, 82: 132-143.

[76] Beetstra R, van der Hoef M A, Kuipers J A M. Drag force of intermediate reynolds number flow past mono- and bidisperse arrays of spheres. [J]. AIChE Journal, 2007, 53(2): 489-501.

[77] Zhou Q, Fan L S. Direct numerical simulation of moderate-Reynolds-number flow past arrays of rotating spheres [J]. Physics of Fluids, 2015, 27(7): 073306.

[78] Zhou Q, Fan L S. Direct numerical simulation of low-Reynolds-number flow past arrays of rotating spheres [J]. Journal of Fluid Mechanics, 2015, 765: 396-423.

[79] Tian Y, Lu B, Li F, Wang W. A steady-state EMMS drag model for fluidized beds [J]. Chemical Engineering Science, 2020, 219: 115616.

[80] Lu L, Xu J, Ge W, Yue Y, Liu X, Li J. EMMS-based discrete particle method (EMMS-DPM) for simulation of gas-solid flows [J]. Chemical Engineering Science, 2014, 120: 67-87.

[81] Jiang Y, Li F, Ge W, Wang W. EMMS-based solid stress model for the multiphase particle-in-cell method [J]. Powder Technology, 2020, 360: 1377-1387.

[82] Ahmad N, Tong Y, Lu B, Wang W. Extending the EMMS-bubbling model to fluidization of binary particle mixture: Parameter analysis and model validation [J]. Chemical Engineering Science, 2019, 200: 257-267.

[83] Qin Z, Zhou Q, Wang J. An EMMS drag model for coarse grid simulation of polydisperse gas-solid flow in circulating fluidized bed risers [J]. Chemical Engineering Science, 2019, 207: 358-378.

[84] Nikolopoulos A, Samlis C, Zeneli M, Nikolopoulos N, Karellas S, Grammelis P. Introducing an artificial neural network energy minimization multi-scale drag scheme for fluidized particles [J]. Chemical Engineering Science, 2021, 229: 116013.

[85] Laverman J A, Fan X, Ingram A, Annaland M V, Parker D J, Seville J P K, Kuipers J A M. Experimental study on the influence of bed material on the scaling of solids circulation patterns in 3D bubbling gas-solid fluidized beds of glass and polyethylene using positron emission particle tracking [J]. Powder Technology, 2012, 224: 297-305.

[86] Cano-Pleite E, Hernandez-Jimenez F, Garcia-Gutierrez L M, Acosta-Iborra A. Experimental study on the motion of solids around an isolated bubble rising in a vertically vibrated fluidized bed [J]. Chemical

Engineering Journal, 2017, 330: 120-133.

[87] Vishwanath P, Das S, Fabijanic D, Hodgson P. Qualitative comparison of bubble evolution in a two dimensional gas-solid fluidized bed using image analysis and CFD model [J]. Materials Today-Proceedings, 2017, 4(4): 5290-5305.

[88] Sun J Y, Zhou Y F, Ren C J, Wang J D, Yang Y R. CFD simulation and experiments of dynamic parameters in gas-solid fluidized bed [J]. Chemical Engineering Science, 2011, 66(21): 4972-4982.

[89] Sun J Y, Wang J D, Yang Y R. CFD investigation of particle fluctuation characteristics of bidisperse mixture in a gas-solid fluidized bed [J]. Chemical Engineering Science, 2012, 82: 285-298.

[90] Wang Q G, Lu J F, Yin W D, Yang H R, Wei L B. Numerical study of gas-solid flow in a coal beneficiation fluidized bed using kinetic theory of granular flow [J]. Fuel Processing Technology, 2013, 111: 29-41.

[91] Wang H T, Hernandez-Jimenez F, Lungu M, Huang Z L, Yang Y, Wang J D, Yang Y R. Critical comparison of electrostatic effects on hydrodynamics and heat transfer in a bubbling fluidized bed with a central jet [J]. Chemical Engineering Science, 2018, 191: 156-168.

[92] Chen Y, Wang W. Reticulate collisional structure in boundary-driven granular gases [J]. Physical Review E, 2019, 100: 042908.

[93] Kou B, Cao Y, Li J, Xia C, Li Z, Dong H, Zhang A, Zhang J, Kob W, Wang Y. Granular materials flow like complex fluids [J]. Nature, 2017, 551: 360-363.

[94] Zhang X D, Xia C J, Xiao X H, Wang Y J. Fast synchrotron X-ray tomography study of the packing structures of rods with different aspect ratios [J]. Chinese Physics B, 2014, 23(4):044501.

[95] 刘传奇. 颗粒流介尺度分析与连续化模拟[M]. 北京: 清华大学出版社, 2020.

[96] Liu C, Sun Q, Jin F. Structural signature of a sheared granular flow [J]. Powder Technology, 2016, 288: 55-64.

[97] Yang N, Wu Z, Chen J, Wang Y, Li J. Multi-scale analysis of gas-liquid interaction and CFD simulation of gas-liquid flow in bubble columns [J]. Chemical Engineering Science, 2011, 66(14): 3212-3222.

[98] Xiao Q, Yang N, Li J. Stability-constrained multi-fluid CFD models for gas-liquid flow in bubble columns [J]. Chemical Engineering Science, 2013, 100: 279-292.

[99] Zhou R, Yang N, Li J. CFD simulation of gas-liquid-solid flow in slurry bubble columns with EMMS drag model [J]. Powder Technology, 2017, 314: 466-479.

[100] Guan X, Li X, Yang N, Liu M. CFD simulation of gas-liquid flow in stirred tanks: Effect of drag models [J]. Chemical Engineering Journal, 2020, 386:121554.

[101] Yang N, Xiao Q. A mesoscale approach for population balance modeling of bubble size distribution in bubble column reactors [J]. Chemical Engineering Science, 2017, 170: 241-250.

[102] Chen C, Guan X, Ren Y, Yang N, Li J, Kunkelmann C, Schreiner E, Holtze C, Mülheims K, Sachweh B. Mesoscale modeling of emulsification in rotor-stator devices. Part Ⅰ: A population balance model based on EMMS concept [J]. Chemical Engineering Science, 2019, 193: 171-183.

[103] Wang K, Xu J, Liu G, Luo G. Chapter three——role of interfacial force on multiphase microflow—an important meso-scientific issue.Marin G B, Li J. Advances in chemical engineering[M]. Pittsburgh:Academic Press,2015: 163-191.

[104] Yao C, Zhao Y, Ma H, Liu Y, Zhao Q, Chen G. Two-phase flow and mass transfer in microchannels: A review from local mechanism to global models [J]. Chemical Engineering Science, 2021, 229: 116017.

[105] Yao C, Dong Z, Zhang Y, Mi Y, Zhao Y, Chen G. On the leakage flow around gas bubbles in slug flow in a microchannel [J]. AIChE Journal, 2015, 61(11): 3964-3972.

[106] Xiong Q Q, Chen Z, Li S W, Wang Y D, Xu J H. Micro-piv measurement and CFD simulation of flow field and swirling strength during droplet formation process in a coaxial microchannel [J]. Chemical Engineering Science, 2018, 185: 157-167.

[107] Yao C, Liu Y, Xu C, Zhao S, Chen G. Formation of liquid-liquid slug flow in a microfluidic T-junction: Effects of fluid properties and leakage flow [J]. AIChE Journal, 2018, 64(1): 346-357.

[108] Wang K, Qin K, Lu Y, Luo G, Wang T. Gas/liquid/liquid three-phase flow patterns and bubble/droplet size laws in a double T-junction microchannel [J]. AIChE Journal, 2015, 61(5): 1722-1734.

[109] Riaud A, Zhang H, Wang X, Wang K, Luo G. Numerical study of surfactant dynamics during emulsification in a T-junction microchannel [J]. Langmuir, 2018, 34(17): 4980-4990.

[110] Zhao S, Yao C, Dong Z, Chen G, Yuan Q. Role of ultrasonic oscillation in chemical processes in microreactors: A mesoscale issue [J]. Particuology, 2020, 48: 88-99.

[111] Dong Z, Yao C, Zhang X, Xu J, Chen G, Zhao Y, Yuan Q. A high-power ultrasonic microreactor and its application in gas-liquid mass transfer intensification [J]. Lab on a Chip, 2015, 15(4): 1145-1152.

[112] Dong Z, Zhao S, Zhang Y, Yao C, Yuan Q, Chen G. Mixing and residence time distribution in ultrasonic microreactors [J]. AIChE Journal, 2017, 63(4): 1404-1418.

[113] Zhao S, Yao C, Zhang Q, Chen G, Yuan Q. Acoustic cavitation and ultrasound-assisted nitration process in ultrasonic microreactors: The effects of channel dimension, solvent properties and temperature [J]. Chemical Engineering Journal, 2019, 374: 68-78.

[114] Yang L, Xu F, Zhang Q, Liu Z, Chen G. Gas-liquid hydrodynamics and mass transfer in microreactors under ultrasonic oscillation [J]. Chemical Engineering Journal, 2020, 397: 125411.

[115] Zhao S, Yao C, Dong Z, Liu Y, Chen G, Yuan Q. Intensification of liquid-liquid two-phase mass transfer by oscillating bubbles in ultrasonic microreactor [J]. Chemical Engineering Science, 2018, 186: 122-134.

[116] Liu Y, Zhao Q, Yue J, Yao C, Chen G. Effect of mixing on mass transfer characterization in continuous slugs and dispersed droplets in biphasic slug flow microreactors [J]. Chemical Engineering Journal, 2021, 406: 126885.

[117] Zhang C, Zhang J, Luo G. Kinetics determination of fast exothermic reactions with infrared thermography in a microreactor [J]. Journal of Flow Chemistry, 2020, 10(1): 219-226.

[118] Zhang J S, Zhang C Y, Liu G T, Luo G S. Measuring enthalpy of fast exothermal reaction with infrared thermography in a microreactor [J]. Chemical Engineering Journal, 2016, 295: 384-390.

[119] Wen Z, Yang M, Zhao S, Zhou F, Chen G. Kinetics study of heterogeneous continuous-flow nitration of trifluoromethoxybenzene [J]. Reaction Chemistry & Engineering, 2018, 3(3): 379-387.

[120] Li L, Yao C, Jiao F, Han M, Chen G. Experimental and kinetic study of the nitration of 2-ethylhexanol in capillary microreactors [J]. Chemical Engineering and Processing-Process Intensification, 2017, 117: 179-185.

[121] Du C, Zhang J, Luo G. Organocatalyzed beckmann rearrangement of cyclohexanone oxime in a microreactor: Kinetic model and product inhibition [J]. AIChE Journal, 2018, 64(2): 571-577.

[122] Xie P, Wang K, Wang P, Xia Y, Luo G. Synthesizing bromobutyl rubber by a microreactor system [J]. AIChE Journal, 2017, 63(3): 1002-1009.

[123] Derksen J J. Meso-scale simulations of solid-liquid flow and strategies for meso-macro coupling [J]. The Canadian Journal of Chemical Engineering, 2012, 90(4): 795-803.

[124] Ge W, Guo L, Liu X, Meng F, Xu J, Huang W L, Li J. Mesoscience-based virtual process engineering [J]. Computers & Chemical Engineering, 2019, 126: 68-82.

[125] Peng H Y, Wang W, Xie R, Ju X J, Liu Z, Faraj Y, Chu L Y. Mesoscale regulation of droplet templates to tailor microparticle structures and functions [J]. Particuology, 2020, 48: 74-87.

[126] Wang W, Zhang M J, Chu L Y. Functional polymeric microparticles engineered from controllable microfluidic emulsions [J]. Accounts of Chemical Research, 2014, 47(2): 373-384.

[127] Wang W, Zhang M J, Xie R, Ju X J, Yang C, Mou C L, Weitz D A, Chu L Y. Hole-shell microparticles from controllably evolved double emulsions [J]. Angewandte Chemie, 2013, 52(31): 8084-8087.

[128] Zhang M J, Wang W, Yang X L, Ma B, Liu Y M, Xie R, Ju X J, Liu Z, Chu L Y. Uniform microparticles with controllable highly interconnected hierarchical porous structures [J]. ACS Applied Materials & Interfaces, 2015, 7(25): 13758-13767.

[129] Mcclements D J. Food emulsions: Principles, practices, and techniques [M]. Los Angeles:CRC Press, 2005.

[130] de Hert S C, Rodgers T L. On the effect of dispersed phase viscosity and mean residence time on the

droplet size distribution for high-shear mixers [J]. Chemical Engineering Science, 2017, 172: 423-433.

[131] Michael V, Prosser R, Kowalski A. CFD-PBM simulation of dense emulsion flows in a high-shear rotor-stator mixer [J]. Chemical Engineering Research & Design, 2017, 125: 494-510.

[132] Car R, Parrinello M. Unified approach for molecular dynamics and density-functional theory [J]. Physical Review Letters, 1985, 55(22): 2471-2474.

[133] Chenoweth K, van Duin A C T, Goddard W A, Iii. ReaxFF reactive force field for molecular dynamics simulations of hydrocarbon oxidation [J]. The Journal of Physical Chemistry A, 2008, 112(5): 1040-1053.

[134] Senftle T P, Hong S, Islam M M, Kylasa S B, Zheng Y, Shin Y K, Junkermeier C, Engel-Herbert R, Janik M J, Aktulga H M, Verstraelen T, Grama A, van Duin A C T. The ReaxFF reactive force-field: Development, applications and future directions [J]. NPJ Computational Materials, 2016, 2(1): 15011.

[135] van Duin A C T, Dasgupta S, Lorant F, Goddard W A. ReaxFF: A reactive force field for hydrocarbons [J]. The Journal of Physical Chemistry A, 2001, 105(41): 9396-9409.

[136] Li X, Mo Z, Liu J, Guo L. Revealing chemical reactions of coal pyrolysis with GPU-enabled ReaxFF molecular dynamics and cheminformatics analysis [J]. Molecular Simulation, 2014, 41(1-3): 13-27.

[137] Liu J, Li X, Guo L, Zheng M, Han J, Yuan X, Nie F, Liu X. Reaction analysis and visualization of ReaxFF molecular dynamics simulations [J]. Journal of Molecular Graphics & Modelling, 2014, 53: 13-22.

[138] Shen X J, Xiao Y, Dong W, Yan X H, Busnengo H F. Molecular dynamics simulations based on reactive force-fields for surface chemical reactions [J]. Computational and Theoretical Chemistry, 2012, 990: 152-158.

[139] Shi Y. A minimalist's reactive potential for efficient molecular modelling of chemistry [J]. Molecular Simulation, 2014, 41(1-3): 3-12.

[140] Zheng M, Li X, Guo L. Algorithms of GPU-enabled reactive force field (ReaxFF) molecular dynamics [J]. Journal of Molecular Graphics & Modelling, 2013, 41: 1-11.

[141] Liu H, Zhu Y L, Lu Z Y, Muller-Plathe F. A kinetic chain growth algorithm in coarse-grained simulations [J]. The Journal of Chemical Physics, 2016, 37(30): 2634-2646.

[142] Muller-Plathe F. Coarse-graining in polymer simulation: From the atomistic to the mesoscopic scale and back [J]. Chemphyschem, 2002, 3(9): 754-769.

[143] Ge W, Li J. Macro-scale phenomena reproduced in microscopic systems—pseudo-particle modeling of fluidization [J]. Chemical Engineering Science, 2003, 58(8): 1565-1585.

[144] Ge W, Li J. Pseudo-particle approach to hydrodynamics of gas/solid two-phase flow[C]. Proceedings of the 5th International Conference on Circulating Fluidized Bed. Science Press,1996.

[145] Akkaya V R, Kandemir I. Event-driven molecular dynamics simulation of hard-sphere gas flows in microchannels [J]. Mathematical Problems in Engineering, 2015, 2015: 842837.

[146] Alder B J, Wainwright T E. Phase transition for a hard sphere system [J]. Journal of Chemical Physics, 1957, 27(5): 1208-1209.

[147] Bird G A. Approach to translational equilibrium in a rigid sphere gas [J]. Physics of Fluids,1963, 6(6): 1518-1519.

[148] Blunt M J, Bijeljic B, Dong H, Gharbi O, Iglauer S, Mostaghimi P, Paluszny A, Pentland C. Pore-scale imaging and modelling [J]. Advances in Water Resources, 2013, 51: 197-216.

[149] Jackson R. Transport in porous catalysts [M]. Amsterdam: Elsevier, 1977.

[150] Keil F J. Diffusion and reaction in porous networks [J]. Catalysis Today, 1999, 53(2): 245-258.

[151] Boujelben A, Mcdougall S, Watson M, Bondino I, Agenet N. Pore network modelling of low salinity water injection under unsteady-state flow conditions [J]. Journal of Petroleum Science and Engineering, 2018, 165: 462-476.

[152] Fatt I. The network model of porous media .1. Capillary pressure characteristics [J]. Transactions of the American Institute of Mining and Metallurgical Engineers, 1956, 207(7): 144-159.

[153] Xiong Q, Baychev T G, Jivkov A P. Review of pore network modelling of porous media: Experimental

characterisations, network constructions and applications to reactive transport [J]. Journal of Contaminant Hydrology, 2016, 192: 101-117.

[154] Hashin Z. Analysis of composite materials——a survey [J]. Journal of Applied Mechanics-Transactions of the ASME, 1983, 50(3): 481-505.

[155] Thabet A, Straatman A G. The development and numerical modelling of a Representative Elemental Volume for packed sand [J]. Chemical Engineering Science, 2018, 187: 117-126.

[156] Deen N G, Peters E A J F, Padding J T, Kuipers J A M. Review of direct numerical simulation of fluid-particle mass, momentum and heat transfer in dense gas-solid flows [J]. Chemical Engineering Science, 2014, 116: 710-724.

[157] Tsuji Y, Kawaguchi T, Tanaka T. Discrete particle simulation of two-dimensional fluidized bed [J]. Powder Technology, 1993, 77(1): 79-87.

[158] Xu B H, Yu A B. Numerical simulation of the gas-solid flow in a fluidized bed by combining discrete particle method with computational fluid dynamics [J]. Chemical Engineering Science, 1997, 52(16): 2785-2809.

[159] Anderson T B, Jackson R. Fluid mechanical description of fluidized beds. Equations of motion [J]. Industrial & Engineering Chemistry Fundamentals, 1967, 6(4): 527-539.

[160] Cundall P A, Strack O D L. A discrete numerical model for granular assemblies [J]. Geotechnique, 1979, 29(1): 47-65.

[161] Guo Y, Curtis J S. Discrete element method simulations for complex granular flows [J]. Annual Review of Fluid Mechanics, 2015, 47(1): 21-46.

[162] Li S, Marshall J S, Liu G, Qiang Y. Adhesive particulate flow: The discrete-element method and its application in energy and environmental engineering [J]. Progress in Energy & Combustion Science, 2011, 37(6): 633-668.

[163] Tan Z, Liang C, Chen X. Numerical analysis of electrostatic phenomena in gas-solid flow: A hybrid approach [J]. Powder Technology, 2019, 354: 822-833.

[164] Yang Y, Zi C, Huang Z, Wang J, Lungu M, Liao Z, Yang Y, Su H. CFD-DEM investigation of particle elutriation with electrostatic effects in gas-solid fluidized beds [J]. Powder Technology, 2017, 308: 422-433.

[165] Patil A, Peters E, Kuipers J. Comparison of CFD-DEM heat transfer simulations with infrared/visual measurements [J]. Chemical Engineering Journal, 2015, 277: 388-401.

[166] Rickelt S, Sudbrock F, Wirtz S, Scherer V. Coupled DEM/CFD simulation of heat transfer in a generic grate system agitated by bars [J]. Powder Technology, 2013, 249: 360-372.

[167] Zhao Y, Jiang M, Liu Y, Zheng J. Particle-scale simulation of the flow and heat transfer behaviors in fluidized bed with immersed tube [J]. AIChE Journal, 2009, 55(12): 3109-3124.

[168] Liu X, Xu J, Ge W, Lu B, Wang W. Long-time simulation of catalytic MTO reaction in a fluidized bed reactor with a coarse-grained discrete particle method—EMMS-DPM [J]. Chemical Engineering Journal, 2020, 389:124135.

[169] Geng Y, Che D. An extended DEM-CFD model for char combustion in a bubbling fluidized bed combustor of inert sand [J]. Chemical Engineering Science, 2011, 66(2): 207-219.

[170] Lu L, Benyahia S. Advances in coarse discrete particle methods with industrial applications. Advances in chemical engineering[M]. Elsevier, 2018: 53-151.

[171] Lu L, Xu J, Ge W, Gao G, Jiang Y, Zhao M, Liu X, Li J. Computer virtual experiment on fluidized beds using a coarse-grained discrete particle method—EMMS-DPM [J]. Chemical Engineering Science, 2016, 155: 314-337.

[172] Wang X, Ge W. The Mole-8.5 supercomputing system. Vetter J S. Contemporary high performance computing from petascale toward exascale[M]. Boca Raton: Chapman & Hall / CRC, 2013: 75-98.

[173] Xu J, Wang X, He X, Ren Y, Ge W, Li J. Application of the Mole-8.5 supercomputer: Probing the whole influenza virion at the atomic level [J]. Chinese Science Bulletin, 2011, 56(20): 2114-2118.

[174] Ge W, Chang Q, Li C, Wang J. Multiscale structures in particle-fluid systems: Characterization,

modeling, and simulation [J]. Chemical Engineering Science, 2019, 198: 198-223.

[175] Tian P, Wei Y, Ye M, Liu Z. Methanol to olefins (MTO): From fundamentals to commercialization [J]. ACS Catalysis, 2015, 5(3): 1922-1938.

[176] Dai W, Wu G, Li L, Guan N, Hunger M. Mechanisms of the deactivation of SAPO-34 materials with different crystal sizes applied as MTO catalysts [J]. ACS Catalysis, 2013, 3(4): 588-596.

[177] Wang S, Chen Y, Wei Z, Qin Z, Liang T, Dong M, Li J, Fan W, Wang J. Evolution of aromatic species in supercages and its effect on the conversion of methanol to olefins over H-MCM-22 zeolite: A density functional theory study [J]. The Journal of Physical Chemistry C, 2016, 120(49): 27964-27979.

[178] Alwahabi S M, Froment G F. Single event kinetic modeling of the methanol-to-olefins process on SAPO-34 [J]. Industrial & Engineering Chemistry Research, 2004, 43(17): 5098-5111.

[179] Kumar P, Thybaut J, Teketel S, Svelle S, Beato P, Olsbye U, Marin G. Single-event microkinetics (SEMK) for methanol to hydrocarbons (MTH) on H-ZSM-23 [J]. Catalysis Today, 2013, 215: 224-232.

[180] Kumar P, Thybaut J W, Svelle S, Olsbye U, Marin G B. Single-event microkinetics for methanol to olefins on H-ZSM-5 [J]. Industrial & Engineering Chemistry Research, 2013, 52(4): 1491-1507.

[181] Ying L, Yuan X S, Ye M, Cheng Y W, Li X, Liu Z M. A seven lumped kinetic model for industrial catalyst in DMTO process [J]. Chemical Engineering Research & Design, 2015, 100: 179-191.

[182] Lu B, Luo H, Li H, Wang W, Ye M, Liu Z, Li J. Speeding up CFD simulation of fluidized bed reactor for MTO by coupling CRE model [J]. Chemical Engineering Science, 2016, 143: 341-350.

[183] Zhu L T, Pan H, Su Y H, Luo Z H. Effect of particle polydispersity on flow and reaction behaviors of methanol-to-olefins fluidized bed reactors [J]. Industrial & Engineering Chemistry Research, 2017, 56(4): 1090-1102.

[184] Gao M, Li H, Yang M, Gao S, Wu P, Tian P, Xu S, Ye M, Liu Z. Direct quantification of surface barriers for mass transfer in nanoporous crystalline materials [J]. Communications Chemistry, 2019, 2(1): 1-10.

[185] Peng S, Gao M, Li H, Yang M, Ye M, Liu Z. Control of surface barriers in mass transfer to modulate methanol-to-olefins reaction over SAPO-34 zeolites [J]. Angewandte Chemie, 2020,59(49): 21945-21948.

[186] Gao M, Li H, Yang M, Zhou J, Yuan X, Tian P, Ye M, Liu Z. A modeling study on reaction and diffusion in MTO process over SAPO-34 zeolites [J]. Chemical Engineering Journal, 2019, 377: 119668.

[187] Qin C, Yang N. Population balance modeling of breakage and coalescence of dispersed bubbles or droplets in multiphase systems [J]. Process in Chemistry, 2016, 28(8): 1207-1223.

[188] Chen C, Guan X, Ren Y, Yang N, Li J, Kunkelmann C, Schreiner E, Holtze C, Mulheims K, Sachweh B. Mesoscale modeling of emulsification in rotor-stator devices: Part Ⅱ: A model framework integrating emulsifier adsorption [J]. Chemical Engineering Science, 2019, 197: 326-326.

[189] Ren Y, Zhang Q, Yang N, Xu J, Liu J, Yang R, Kunkelmann C, Schreiner E, Holtze C, Mülheims K. Molecular dynamics simulations of surfactant adsorption at oil/water interface under shear flow [J]. Particuology, 2019, 44: 36-43.

[190] Guan X, Yang N, Nigam K D. Prediction of droplet size distribution for high pressure homogenizers with heterogeneous turbulent dissipation rate [J]. Industrial & Engineering Chemistry Research, 2020, 59(9): 4020-4032.

[191] Li Y, Zhang C, Li C, Liu Z, Ge W. Simulation of the effect of coke deposition on the diffusion of methane in zeolite ZSM-5 [J]. Chemical Engineering Journal, 2017, 320: 458-467.

[192] Zhang C, Shen G, Li C, Ge W, Li J. Hard-sphere/pseudo-particle modelling (HS-PPM) for efficient and scalable molecular simulation of dilute gaseous flow and transport [J]. Molecular Simulation, 2016, 42(14): 1171-1182.

[193] Li Y, Zhao M, Li C, Ge W. Simulation study on the reaction-diffusion coupling in simple pore structures [J]. Langmuir, 2017, 33(42): 11804-11816.

[194] Li Y, Zhao M, Li C, Ge W. Concentration fluctuation due to reaction-diffusion coupling near an

isolated active site on catalyst surfaces [J]. Chemical Engineering Journal, 2019, 373: 744-754.

[195] White C, Borg M K, Scanlon T J, Reese J M. A DSMC investigation of gas flows in micro-channels with bends [J]. Computers & Fluids, 2013, 71: 261-271.

[196] Gimelshein S, Wysong I. DSMC modeling of flows with recombination reactions [J]. Physics of Fluids, 2017, 29(6): 067106.

[197] Li H, Ye M, Liu Z. A multi-region model for reaction–diffusion process within a porous catalyst pellet [J]. Chemical Engineering Science, 2016, 147: 1-12.

[198] Xu J, Liu X, Hu S, Ge W. Virtual process engineering on a three-dimensional circulating fluidized bed with multiscale parallel computation [J]. Journal of Advanced Manufacturing and Processing, 2019, 1(1-2): e10014.

[199] Hansen N, Keil F J. Multiscale modeling of reaction and diffusion in zeolites: From the molecular level to the reactor [J]. Soft Materials, 2012, 10(1-3): 179-201.

[200] Hansen N, Krishna R, van Baten J M, Bell A T, Keil F J. Analysis of diffusion limitation in the alkylation of benzene over H-ZSM-5 by combining quantum chemical calculations, molecular simulations, and a continuum approach [J]. The Journal of Physical Chemistry C, 2009, 113(1): 235-246.

[201] Raimondeau S, Vlachos D G. Recent developments on multiscale, hierarchical modeling of chemical reactors [J]. Chemical Engineering Journal, 2002, 90(1-2): 3-23.

[202] Gao M, Li H, Liu W, Xu Z, Peng S, Yang M, Ye M, Liu Z. Imaging spatiotemporal evolution of molecules and active sites in zeolite catalyst during methanol-to-olefins reaction [J]. Nature Communications, 2020, 11(1): 1-11.

[203] Li C, Ye M, Liu Z. On the rotation of a circular porous particle in 2D simple shear flow with fluid inertia [J]. Journal of Fluid Mechanics, 2016, 808: R3.

[204] Liu J, Li C, Ye M, Liu Z. On the shear viscosity of dilute suspension containing elliptical porous particles at low reynolds number [J]. Powder Technology, 2019, 354: 108-114.

[205] Ma L, Xu S L, Li X, Guo Q, Gao D Y, Ding Y, Ye M, Liu Z M. Particle tracking velocimetry of porous sphere settling under gravity: Preparation of the model porous particle and measurement of drag coefficients [J]. Powder Technology, 2020, 360: 241-252.

[206] Jiang Y, Kolehmainen J, Gu Y, Kevrekidis Y, Ozel A. Machine learning based filtered drag force model[C]. Proceedings of the NETL Workshop on Multiphase Flow Science, 2018.

[207] Ellis D E. Density functional theory of molecules, clusters, and solids [M]. Netherlands: Springer, 1996.

[208] Grossmann I E, Westerberg A W. Research challenges in process systems engineering [J]. AIChE Journal, 2000, 46: 1700-1703.

[209] Ge W, Wang L, Xu J, Chen F, Zhou G, Lu L, Chang Q, Li J. Discrete simulation of granular and particle-fluid flows: From fundamental study to engineering application [J]. Reviews in Chemical Engineering, 2017, 33(6): 551-623.

[210] Li J, Kwauk M. Exploring complex systems in chemical engineering—the multi-scale methodology [J]. Chemical Engineering Science, 2003, 58(3-6): 521-535.

[211] Wang J. Continuum theory for dense gas-solid flow: A state-of-the-art review [J]. Chemical Engineering Science, 2020, 215: 115428.

[212] Chen X, Wang J. Dynamic multiscale method for gas-solid flow via spatiotemporal coupling of two-fluid model and discrete particle model [J]. AIChE Journal, 2017, 63(9): 3681-3691.

[213] Tong Z X, He Y L, Tao W Q. A review of current progress in multiscale simulations for fluid flow and heat transfer problems: The frameworks, coupling techniques and future perspectives [J]. International Journal of Heat and Mass Transfer, 2019, 137: 1263-1289.

[214] Mohamed K M, Mohamad A A. A review of the development of hybrid atomistic–continuum methods for dense fluids [J]. Microfluidics and Nanofluidics, 2009, 8(3): 283-302.

[215] van Der Hoef M A, van Sint Annaland M, Deen N G, Kuipers J A M. Numerical simulation of dense gas-solid fluidized beds: A multiscale modeling strategy [J]. Annual Review of Fluid Mechanics, 2008,

40(1): 47-70.

[216] Jiang M, Chen X, Zhou Q. A gas pressure gradient-dependent subgrid drift velocity model for drag prediction in fluidized gas–particle flows [J]. AIChE Journal, 2019, 66(4):16884.

[217] Li J H, Kwauk M, Reh L. Energy-minimization multi-scale model for circulating fluidized beds [J]. Science in China (Series B), 1992, 22(11): 1127-1136.

[218] Wang L, Qiu X, Zhang L, Li J. Turbulence originating from the compromise-in-competition between viscosity and inertia [J]. Chemical Engineering Journal, 2016, 300: 83-97.

[219] Bird G A. Molecular gas dynamics [M]. Oxford: Clarendon, 1976.

[220] Bird G A. Molecular gas dynamics and the direct simulation of gas flows [M]. Oxford: Claredon, 1994.

[221] Hoogerbrugge P J, Koelman J M V A. Simulating microscopic hydrodynamic phenomena with dissipative particle dynamics [J]. Europhysics Letters, 1992, 19: 155-160.

[222] Koelman J M V A, Hoogerbrugge P J. Dynamic simulations of hard-sphere suspensions under steady shear [J]. Europhysics Letters, 1993, 21: 363-368.

[223] Sun H, Faghri M. Effects of rarefaction and compressibility of gaseous flow in microchannel using DSMC [J]. Numerical Heat Transfer, Part A: Applications, 2000, 38(2): 153-168.

[224] 沈青. 稀薄气体动力学[M]. 北京: 国防工业出版社, 2003.

[225] Moss J N, Bird G A. DSMC simulations of hypersonic flows with shock interactions and validation with experiments[C]. Proceedings of the 37th AIAA Thermophysics Conference, Portland, Oregon, 2004.

[226] Ebrahimi A, Roohi E. DSMC investigation of rarefied gas flow through diverging micro- and nanochannels [J]. Microfluidics and Nanofluidics, 2017, 21(2): 18.

[227] Goicochea A. Adsorption and disjoining pressure isotherms of confined polymers using dissipative particle dynamics [J]. Langmuir, 2007, 23: 11656-11663.

[228] Yi G, Cai Z, Gao Z, Jiang Z, Huang X, Derksen J J. Droplet impingement and wetting behavior on a chemically heterogeneous surface in the Beyond-Cassie-Baxter regime [J]. AIChE Journal, 2020, 66: e16263.

[229] Spaeth J R, Kevrekidis I G, Panagiotopoulos A Z. Dissipative particle dynamics simulations of polymer-protected nanoparticle self-assembly [J]. The Journal of Chemical Physics, 2011, 135: 184903.

[230] Symeonidis V, Karniadakis G E, Caswell B. Dissipative particle dynamics simulations of polymer chains: Scaling laws and shearing response compared to DNA experiments [J]. Physical Review Letters, 2005, 95: 076001.

[231] Xu Z, Yang Y, Zhu G, Chen P, Huang Z, Dai X, Hou C, Yan L T. Simulating transport of soft matter in micro/nano channel flows with dissipative particle dynamics [J]. Advanced Theory and Simulation, 2019, 2: 1800160.

[232] Sakai M, Abe M, Shigeto Y, Mizutani S, Takahashi H, ViréA, Percival J R, Xiang J, Pain C C. Verification and validation of a coarse grain model of the DEM in a bubbling fluidized bed [J]. Chemical Engineering Journal, 2014, 244: 33-43.

[233] Nasato D S, Goniva C, Pirker S, Kloss C. Coarse graining for large-scale DEM simulations of particle flow——an investigation on contact and cohesion models [J]. Procedia Engineering, 2015, 102: 1484-1490.

[234] Sun R, Xiao H. Diffusion-based coarse graining in hybrid continuum–discrete solvers: Applications in CFD-DEM [J]. International Journal of Multiphase Flow, 2015, 72: 233-247.

[235] Chu K, Chen J, Yu A. Applicability of a coarse-grained CFD-DEM model on dense medium cyclone [J]. Minerals Engineering, 2016, 90: 43-54.

[236] Queteschiner D, Lichtenegger T, Schneiderbauer S, Pirker S. Coupling resolved and coarse-grain DEM models [J]. Particulate Science and Technology, 2018, 36(4): 517-522.

[237] Andrews M J, O'rourke P J. The multiphase particle-in-cell (MP-PIC) method for dense particulate flows [J]. International Journal of Multiphase Flow, 1996, 22(2): 379-402.

[238] Razmi H, Soltani Goharrizi A, Mohebbi A. CFD simulation of an industrial hydrocyclone based on multiphase particle in cell (MPPIC) method [J]. Separation and Purification Technology, 2019, 209: 851-862.

[239] Yuan X, Li H, Ye M, Liu Z. Study of the coke distribution in MTO fluidized bed reactor with MP-PIC approach [J]. The Canadian Journal of Chemical Engineering, 2019, 97(2): 500-510.

[240] 陈飞国, 葛蔚. 耦合粗粒化离散颗粒法和多相物质点法的气固两相流模拟[J]. 过程工程学报, 2019, 19(4): 651-660.

[241] 葛蔚, 祝爱琦. 一种可变构并行计算系统:202010812670.9.2020-8-13.

[242] Ge W, Lu L, Liu S, Xu J, Chen F, Li J. Multiscale discrete supercomputing—a game changer for process simulation? [J]. Chemical Engineering & Technology, 2015, 38(4): 575-584.

[243] Xiong Q, Li B, Zhou G, Fang X, Xu J, Wang J, He X, Wang X, Wang L, Ge W, Li J. Large-scale DNS of gas-solid flows on Mole-8.5 [J]. Chemical Engineering Science, 2012, 71: 422-430.

[244] Xiong Q, Li B, Chen F, Ma J, Ge W, Li J. Direct numerical simulation of sub-grid structures in gas-solid flow—GPU implementation of macro-scale pseudo-particle modeling [J]. Chemical Engineering Science, 2010, 65(19): 5356-5365.

[245] Wang L, Zhou G, Wang X, Xiong Q, Ge W. Direct numerical simulation of particle-fluid systems by combining time-driven hard-sphere model and lattice Boltzmann method [J]. Particuology, 2010, 8: 379-382.

[246] Liu X, Wang L, Ge W. Meso-scale statistical properties of gas-solid flow-a direct numerical simulation (DNS) study [J]. AIChE Journal, 2017, 63(1): 3-14.

[247] Hou C, Xu J, Ge W, Li J. Molecular dynamics simulation overcoming the finite size effects of thermal conductivity of bulk silicon and silicon nanowires [J]. Modelling and Simulation in Materials Science and Engineering, 2016, 24(4): 045005:045001-045009.

[248] Hou C, Xu J, Wang P, Huang W, Wang X, Ge W, He X, Guo L, Li J. Petascale molecular dynamics simulation of crystalline silicon on Tianhe-1A [J]. International Journal of High Performance Computing Applications, 2013, 27(3): 307-317.

[249] Hou C, Zhang C, Ge W, Wang L, Han L, Pang J. Record atomistic simulation of crystalline silicon: Bridging microscale structures and macroscale properties [J]. Journal of Computational Chemistry, 2020, 41(7): 731-738.

[250] Ren Y, Gao J, Xu J, Ge W, Li J. Key factors in chaperonin-assisted protein folding [J]. Particuology, 2012, 10(1): 105-116.

[251] Xu J, Han M, Ren Y, Li J. The principle of compromise in competition: Exploring stability condition of protein folding [J]. Science Bulletin, 2015, 60(1): 76-85.

[252] 中国科学院过程工程研究所. EMMS能量最小多尺度模拟软件V2.0:软著登字第BJ40018号.

[253] 中国科学院过程工程研究所. 双分散流化床气固曳力系数计算软件V2.0:软著登字第BJ45827号.

[254] Xu J, Zhao P, Zhang Y, Wang J, Ge W. Discrete particle methods for engineering simulation: Reproducing mesoscale structures in multiphase systems [J]. Resources Chemicals and Materials, 2022, 1: 69-79.

[255] 中国科学院过程工程研究所. DEM粒子模拟GPU软件V5.0:软著登字第BJ46002号.

[256] Lu B, Zhang J, Luo H, Wang W, Li H, Ye M, Liu Z, Li J. Numerical simulation of scale-up effects of methanol-to-olefins fluidized bed reactors [J]. Chemical Engineering Science, 2017, 171: 244-255.

[257] Zhang N, Lu B, Wang W, Li J. Virtual experimentation through 3D full-loop simulation of a circulating fluidized bed [J]. Particuology, 2008, 6(6): 529-539.

[258] Xu J, Qi H, Fang X, Lu L, Ge W, Wang X, Xu M, Chen F, He X, Li J. Quasi-real-time simulation of rotating drum using discrete element method with parallel GPU computing [J]. Particuology, 2011, 9(4): 446-450.

[259] Zhang Y, Chang Q, Ge W. Coupling dpm with DNS for dynamic interphase force evaluation [J]. Chemical Engineering Science, 2020,231: 116238.

[260] Zhang W, You C. Numerical approach to predict particle breakage in dense flows by coupling multiphase particle-in-cell and monte carlo methods [J]. Powder Technology, 2015, 283: 128-136.

[261] Wang Q, Yang H, Wang P, Lu J, Liu Q, Zhang H, Wei L, Zhang M. Application of CPFD method in the simulation of a circulating fluidized bed with a loop seal Part Ⅱ—investigation of solids circulation [J].

Powder Technology, 2014, 253: 822-828.

[262] Abbasi A, Islam M A, Ege P E, Lasa H I. CPFD flow pattern simulation in downer reactors [J]. AIChE Journal, 2013, 59(5): 1635-1647.

[263] Chen X, Wang J. Mesoscale-structure-based dynamic multiscale method for gas-solid flow [J]. Chemical Engineering Science, 2018, 192: 864-881.

[264] Chen X, Wang J, Li J. Multiscale modeling of rapid granular flow with a hybrid discrete-continuum method [J]. Powder Technology, 2016, 304: 177-185.

[265] Wang J, Zhao B, Li J. Toward a mesoscale-structure-based kinetic theory for heterogeneous gas-solid flow: Particle velocity distribution function [J]. AIChE Journal, 2016, 62(8): 2649-2657.

[266] Schofield D. Mass effect: A chemical engineering education application of virtual reality simulator technology [J]. Journal of Online Learning and Teaching, 2012, 8(1): 63-78.

[267] Solmaz S, Gerven T V. Integration of interactive CFD simulations with AR and VR for educational use in CRE [J]. Computer Aided Chemical Engineering, 2020, 48: 2011-2016.

[268] Hagita K, Matsumoto S, Ota K. Study of commodity VR for computational material sciences [J]. ACS Omega, 2017, 4(2): 3990-3999.

[269] 中国科学院过程工程研究所. 计算流体力学模拟离线可视化系统V1.0:软著登字第BJ47025号.

[270] 中国科学院过程工程研究所. 离散单元法模拟离线可视化系统V1.0:软著登字第BJ47026号.

[271] 中国科学院过程工程研究所. 虚拟工厂工作站客户端系统V1.0:软著登字第BJ47029号.

[272] 中国科学院过程工程研究所. 虚拟工厂控制服务器系统V1.0:软著登字第BJ47027号.

[273] 中国科学院过程工程研究所. 虚拟工厂数据交换服务器系统V1.0:软著登字第BJ47028号.

[274] Lipton Z C, Berkowitz J, Elkan C. A critical review of recurrent neural networks for sequence learning [J]. arXiv, 2015: 1506.00019.

[275] Chen P H, Lin C J, Schölkopf B. A tutorial on v-support vector machines [J]. Applied Stochastic Models in Business & Industry, 2005, 21(2): 111-136.

[276] Zheng M, Pan Y, Wang Z, Li X, Guo L. Capturing the dynamic profiles of products in hailaer brown coal pyrolysis with reactive molecular simulations and experiments [J]. Fuel, 2020, 268: 117290.

[277] 韩君易, 李晓霞, 郭力, 郑默, 乔显杰, 刘晓龙, 高明杰, 张婷婷, 韩嵩. ReaxFF MD模拟的物种和化学反应自动分类及可视化[J]. 计算机与应用化学,2015, 32(5): 519-526.

[278] 贺巧鑫, 任春醒, 李晓霞, 郭力, 张婷婷, 高明杰, 韩嵩. Reaxff MD模拟结果分析中化学反应路径网络的发现[J]. 计算机与应用化学, 2019, 36(04): 299-303.

[279] 唐钰杰, 郑默, 任春醒, 李晓霞, 郭力. ReaxFF MD局部区域反应追踪与物理性质可视化分析[J]. 物理化学学报, 2020,36: 1-11.

[280] Han S, Li X, Guo L, Sun H, Zheng M, Ge W. Refining fuel composition of RP-3 chemical surrogate models by reactive molecular dynamics and machine learning [J]. Energy & Fuels, 2020, 34(9): 11381-11394.

[281] Zhang L, Chen J, Huang W, Li J. A direct solution to multi-objective optimization: Validation in solving the EMMS model for gas-solid fluidization [J]. Chemical Engineering Science, 2018, 192: 499-506.

[282] Chen X, Du W, Qian F. An adaptive multi-objective differential evolution algorithm for solving chemical dynamic optimization problems [M]. 12th international symposium on process systems engineering and 25th european symposium on computer aided process engineering, 2015: 821-826.

[283] Cui Y, Geng Z, Zhu Q, Han Y. Review: Multi-objective optimization methods and application in energy saving [J]. Energy, 2017, 125: 681-704.

[284] Cao X, Jia S, Luo Y, Yuan X, Qi Z, Yu K T. Multi-objective optimization method for enhancing chemical reaction process [J]. Chemical Engineering Science, 2019, 195: 494-506.

[285] Chen X, Shao Z, Gu X, Feng L, Biegler L T. Process intensification of polymerization processes with embedded molecular weight distributions models: An advanced optimization approach [J]. Industrial & Engineering Chemistry Research, 2019, 58(15): 6133-6145.

[286] Li W, Huusom J K, Zhou Z, Nie Y, Xu Y, Zhang X. Multi-objective optimization of methane

production system from biomass through anaerobic digestion [J]. Chin J Chem Eng, 2018, 26(10): 2084-2092.

[287] 杨路, 刘硕士, 罗小艳, 杨思宇, 钱宇. MTO烯烃分离过程的多目标操作优化[J]. 化工学报, 2020, 71(10): 1-21.

[288] Zhou L, Liao Z, Wang L, Zhang L, Ji X, Jiao H, Wang J, Yang Y, Dang Y. Simulation-based multiobjective optimization of the product separation process within an MTP plant [J]. Industrial & Engineering Chemistry Research, 2019, 58(27): 12166-12178.

[289] Ma J, Chang C, Wang Y, Feng X. Multi-objective optimization of multi-period interplant heat integration using steam system [J]. Energy, 2018, 159: 950-960.

[290] Liu L, Sheng Y, Zhuang Y, Zhang L, Du J. Multiobjective optimization of interplant heat exchanger networks considering utility steam supply and various locations of interplant steam generation/ utilization [J]. Industrial & Engineering Chemistry Research, 2020, 59(32): 14433-14446.

[291] Yang A, Su Y, Shen W, Chien I L, Ren J. Multi-objective optimization of organic rankine cycle system for the waste heat recovery in the heat pump assisted reactive dividing wall column [J]. Energy Conversion and Management, 2019, 199: 112041.

[292] Kang L, Liu Y. Multi-objective optimization on a heat exchanger network retrofit with a heat pump and analysis of CO_2 emissions control [J]. Applied Energy, 2015, 154: 696-708.

[293] Zhang S, Zhuang Y, Tao R, Liu L, Zhang L, Du J. Multi-objective optimization for the deployment of carbon capture utilization and storage supply chain considering economic and environmental performance [J]. Journal of Cleaner Production, 2020, 270: 122481.

[294] He J, Huang X, Xue J, Zhu Y. Computational redesign of penicillin acylase for cephradine synthesis with high kinetic selectivity [J]. Green Chemistry, 2018, 20(24): 5484-5490.

（联络人：葛蔚、刘雅宁。6.1 主稿：陈建华，其他编写人员：葛蔚、黄文来；6.2 主稿：李春忠，其他编写人员：江浩、刘宇；6.3 主稿：王维、鲁波娜，其他编写人员：陈光文、陈延佩、管小平、刘传奇、骆广生、孙婧元、孙其诚、田于杰、王靖岱、王军武、阳永荣、杨宁、尧超群；6.4 主稿：杨宁、褚良银、叶茂，其他编写人员：管小平、李华、李成祥、汪伟、徐骥；6.5 主稿：葛蔚，其他编写人员：陈飞国、郭力、李晓霞、王军武、夏诏杰、张勇、郑默、朱玉山）

化学工程发展战略

高端化、绿色化、智能化

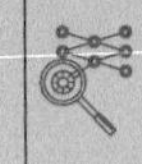

Chemical Engineering Development Strategy

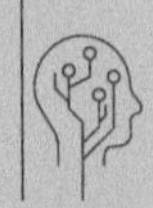

Premium
Greenization
Intelligentization

7 未来发展趋势与展望

党的十九届五中全会进一步明确了创新在我国现代化建设全局中的核心地位，提出“面向世界科技前沿、面向经济主战场、面向国家重大需求和面向人民生命健康”，加快建设科技强国。当前我国经济进入高质量发展阶段，为了实现不断满足人民日益增长的美好生活需要这一发展理念，我国化工产业亟需调整结构和转型升级，增强高质量发展的科技创新引领力，依靠科技创新实现高端化、绿色化、智能化协调发展。

7.1 化工高端化

目前我国化工经济规模已位于世界前列，但化工产业结构与市场需求不协调，一方面低端产能过剩，另一方面高端的石化产品、新材料和专用化学品大量依赖进口。因此，化工产业高端化是化工行业转型升级的必然趋势，而高技术含量和高附加值是化工高端化的重要特征。

7.1.1 加强创新提升技术含量

当前，我国化工产业整体技术创新能力还有待加强，要想实现化工产业高端化转型升级，就必须加强基础研究、增强原始创新力、坚持产学研协同创新，在新一轮的全球化工产业一体化加速发展的过程中抓住机遇，全面提升国际竞争力。

催化科学与技术是化工的共性关键技术之一，催化领域的发展一直是全世界化工领域的焦点。随着化工产业的细分，不同分支产业对催化剂有着不同需求，因此如何针对各种化工过程中的不同化学反应设计合成具有高反应活性、选择性和稳定性的催化剂，成为水滑石层状及插层结构催化剂、新型多孔催化材料、生物和仿生催化剂等领域的未来发展方向[1]。需要在催化剂构效关系研究方法、手段等方面不断创新发展，加强理论计算与催化反应机理模拟，发展超高时空分辨率的催化剂表征技术以及相关仪器设备，实现在原子尺度上的理性设计和构筑催化剂活性位，进一步推动形成更多“单原子催化”等有广泛国际影响的原创性特色研究领域[2]。

随着社会发展过程中对能耗、环境与安全的重视，以高效分离材料为代表的分离技术自主化创新至关重要。因此，面向工程化应用的高效分离材料的精准设计、制备以及变革性分离技术的开发，是满足化工及相关产业发展对高纯化学品、清洁能源等重大需求的核心。加强分离材料原创设计、探究材料结构形成机理与性能调控、探索建立面向应用过程的新模型和新理论、解决分离材料的可控及规模化制备等成为气体分离膜材料、液体分离膜材料、吸附材料和生物医药分离材料等领域未来发展的重要方向，也是实现高效节能目标和解决我国高端产品依赖进口的重要途径[3]。

合成生物学是生物学、化学、工程等多科学的交叉融合，在基因组的化学合成和结构重排、特种分子生物合成、人工混菌体系等重要领域取得了丰硕成果，并引领生命科学的前沿，在生物医药、生物能源、环境治疗等领域展现出了巨大的潜力[4]。未来，高等生物合成基因组学、DNA 信息存储和 DNA 折纸、非天然氨基酸和非天然核酸、生物与材料耦合系统和无细胞蛋白合成、天然产物的生物合成、天然产物活性组分的健康与营养类生物产品、基于合成生物学的化学品制造等，将成为合成生物学及相关领域的前沿方向，不断为多个相关领域发展过程中面临的难题提供新的解决方案。

7.1.2 功能强化提高附加值

化工高端化应以需求为导向，以产品的功能性为目标，在现有化工理论和规律的指导下进行创新，并依据化工工程技术开展工艺创新，实现高附加值功能产品的清洁制造。理工融合、理论结合应用的源头创新是提升化工发展水平的根本途径[5]。随着染料的功能逐渐从纺织印染拓展至信息显示、新材料和生命健康等高新技术领域，功能性染料成为具有高技术含量和高附加值精细化学品的典型代表。未来还要继续加快高附加值新品种染料的开发、绿色制备技术和工艺推广以及应用领域的拓展。我国生物医用荧光染料刚刚起步，生命健康等领域亟需性能优异且具有自主知识产权的荧光探针试剂和诊疗手段来打破国外的技术垄断[6]。因此，围绕分子激发态释能调控，开发基因测序荧光染料、荧光手术导航染料和光 / 声治疗染料等高附加值功能性染料，将带动诸多相关传统及新兴产业的发展，有力推动染料工业形成新的历史跨越。

超纯化学品是电子信息等领域的高端化工原材料，在集成电路、液晶面板等电子信息产业生产中占据无法替代的地位。近年来，我国在工业黄磷生产电子级磷酸关键技术、高纯 / 超高纯化学品精馏关键技术、新型膜结晶耦合关键技术等方面取得了突破性进展。在当前国际环境下，我国超纯化学品行业需要不断提升产品质量级别和增加产品种类数量，从生产、包装、运输等各个过程及相关设备的材质及预处理技术等全方面提升产品质量[7]。尤其针对目前尚无法国产的芯片、液晶面板等新制造工艺所必需的高纯试剂、高纯气体乃至光刻胶等高端化学品，通过研发、生产、纯化 / 分离技术和工艺的耦合强化等方面不断创新，逐渐实现从依赖进口到生产本土化的跨越，进一步推动我国电子、信息、通信等高新技术领域的转型升级。

先进功能材料是高技术装备的基础，是直接关系国家重大装备和国防设施的物质保障。然而我国在高分子材料领域与欧美强国还有明显差距，如己二腈等聚合物主要原材料，以及芳纶、聚芳醚酮、聚砜树脂、聚碳酸酯、聚苯硫醚、氟硅树脂等特种高性能聚合物材料。因此，我们要继续发挥在工程塑料领域的优势，以功能化、轻量化和智能化为目标，开发力学性能更佳、耐热温度更高的聚合物材料以及绿色高效的聚合物加工技术。同时，随着 5G、大数据、人工智能、自动驾驶等新科技的兴起，需要不断开发精密化、智慧化、高端化的聚合物及其加工产品。例如，用于柔性电子设备和信息设备的兼顾柔韧性、耐久性和电磁性能的工程塑料，用于 3D 打印的力学性能、耐热性和流变性可控的工程塑料，以及用于光学的高透光率、折射率的工程塑料等。因此，如何通过构效关系研究，从应用端出发开发聚合物精准控制和定制化生产的新技术和新工艺，是解决高端先进功能材料被“卡脖子”和持续推进“中国制造”的重要环节。

7.2 化工绿色化

近年来，我国化工产业在生态环保方面取得了很大成绩，但化学工业依然存在能耗高、CO_2 排放量大、效率低、环境污染和资源浪费等问题，安全和可持续发展仍任重道远。绿色化是未来化工发展的技术基础与支撑，是包括原料和介质绿色化、过程绿色化、能源绿色化以及资源循环和高效利用等从分子到产品全过程的绿色化[8]。

7.2.1 原料和介质绿色化

在“可持续发展”理念的指导下，可再生和无毒无害原料将逐渐代替有毒有害原料。我国生物质资源丰富，生物质制氢和乙醇、纤维素和木质素转化制化学品等基于生物质资源的化学转化研究及应用取得了重要进展。未来需要进一步拓宽生物质种类，并依据其不同结构特点，开发清洁、高效、节能的催化转化技术和装备，为未来实现生物质替代化石资源提供技术支持和保障。随着 CO_2 光电催化转化基础研究和应用技术的快速发展，各种工业过程产生的 CO_2 成为生产碳酸酯、尿素、水杨酸等化学品的可再生化工原料。同时，CO_2 制聚碳酸酯、CO_2 加氢制甲醇、CO_2 制碳酸乙烯酯等 CO_2 转化成为能源产品和化学品技术的快速发展，也将极大解决化石能源和 CO_2 排放带来的环境和社会问题。

现代社会发展已经离不开塑料，塑料白色污染治理等生态环保理念已经得到全社会的重视。为实现生物降解塑料替代一次性包装，不但要继续完善现有生物降解材料，还要建立化学结构、聚集态结构和宏观性能间的有效关联，开发新型生物降解塑料、新型催化剂体系和聚合工艺，进一步提高生物降解塑料性能。未来生物降解材料将向着结构可调控、降解时间可控、低成本和高性能化的目标发展，特别是兼具使用中稳定、废弃后生物降解和易于回收的生物降解高分子材料，具有广阔的发展前景，必将产生显著的经济效益、社会效益和生态效益。

介质的绿色化是实现化工绿色化的重要环节，超临界流体、离子液体、水溶剂和无溶剂等新型反应介质将成为有害介质的最佳替代。离子液体的溶解性好、不易挥发且电化学窗口宽，使其在化工、材料、环境等诸多领域中得到广泛应用。但未来还需要性能更好、成本更低且易于回收的离子液体体系，以推动其在强化反应过程、分离过程、电化学转化及生物质催化转化等领域的工业化应用[9]。超临界流体具有诸多优异的理化性质，不仅是绿色介质的理想选择，也可以作为反应物直接参与反应。为实现其规模化产业应用，亟待进一步深入研究其催化机理和相变行为等关键问题，拓展反应体系以及新的催化反应类型，实现从实验室的间隙式反应转向连续化工业生产应用的跨越。发展新型、高效的介质及其制备技术，简化制备过程和减少溶剂用量，开发更加绿色、节能的生产工艺，将有助于实现国家对化工发展绿色化的总体要求。

7.2.2 过程绿色化

化工技术和装备的自主创新，是我国化工产业转型和绿色发展的迫切需要。以节能、降耗、提质、增效为目标的化工过程强化技术，如超重力、微纳化工技术、微加工与智能过程、反应 - 分离耦合过程强化等，经过多年发展成为被认可的典型过程强化技术[10]。在化工、机械、材料、控制等多学科交叉协同推进下，超重力反应过程强化和分离过程强化等方面已经取得重大进展。未来，进一步面向加压、高温、大型化等不同领域需求及工艺特点，推进超重力装备的关键技术及常规部件的标准化选型和标准化设计体系，将为规模化工业应用提供保障。近年来，我国在微化工科学与技术的基础研究和产业化方面处于世界领先地位。未来，进一步揭示微时空尺度下“三传一反”新特性及其内在机制，突破微化工技术在过程耦合与调控机制、微结构设备放大和工艺优化集成方面的瓶颈，是微化工科学与技术的重点发展方向，将为实现化学工业高效、绿色和安全提供重要支撑。

我国煤炭资源丰富，自主开发以煤炭为原料的资源绿色高效转化，对实现化工绿色化和保障国家能源安全具有重要意义。亟需深入研究将氢碳比较低的煤炭化石资源由传统制备燃料向生产较高氢碳比的油品和烯烃芳烃等化学品转变过程中的诸多关键科学问题。合成气制烯烃技术已经取得突破，而通过改变反应条件来延长催化剂寿命以及调整产品选择性，将进一步使甲醇制烯烃技术迈进崭新的阶段。攻关煤制油过程中降低能耗、水耗和高浓盐水综合处理技术，集成对接 CO_2 资源化及封存技术，拓展煤制油技术在天然气制油和生物质制油领域的应用，建立高效清洁煤气化和煤热解过程，是未来支撑煤碳资源高效绿色利用的关键技术和发展趋势[11]。

7.2.3 能源绿色化

化石能源具有不可再生性，其大量使用导致诸多环境和社会问题。清洁能源的大规模发展，不但可以满足社会发展对能源需求的不断增长，同时也为全面替代不可再生的化石能源提供了可能性。氢能，作为一种典型的清洁能源，已经成为国家诸多战略规划的重点支持方向。为响应国家这一重大战略需求，电解水制氢、氢燃料电池等技术蓬勃发展。高活性电极材料的开发是提高电解水产氢效率、降低成本的有效途径，而非贵金属催化剂及其制备技术是目前氢燃料电池领域的研究热点和亟待解决的难题。同时，金属氢化物储氢、液态有机材料储氢和碳材料储氢等安全、高效储氢技术的突破，将有助于解决高压气态储氢的安全性及其对容器的高要求、液态储氢的液化和保温成本等制约氢能大规模应用的关键难题。

在基于光化学电池的氢能光电催化转化体系实际应用中，染料敏化太阳能电池、钙钛矿太阳能电池、有机聚合物电池和量子点电池等光伏器件产生的光电压是水分解的主要驱动力。目前，有机染料敏化太阳能电池的光电转换效率仍不能满足实用化的要求，需要进一步提高有机敏化染料在近红外波段吸收、增加电荷分离效率并降低复合，以及抑制染料在非平衡态的降解反应。染料分子、新型空穴传输材料等关键材料的设计合成及电池组装等理论和技术的发展，是解决目前存在的高成本、高能耗等问题的重要手段，对于将来大规模光伏发电具有极其重要的意义。

7.2.4 资源循环及高效利用

盐湖、金属 / 非金属、煤炭、石油、稀土、海洋等国家战略资源的高效开发和利用，关系到国家能源安全、环境安全乃至军事安全。为解决行业难题，亟需依据不同矿产资源各自特点开发资源提取、分离和提纯的新理论、新方法和新技术，并不断拓宽各种资源的应用领域[12]。重质油催化裂化、加氢、焦化和梯级分离等高效转化清洁油品和化学品材料，是我国油气资源高效绿色利用的发展趋势[13]。随着我国原油加工能力和乙烯产能的不断提升，如何将产生的大量烷烃、碳四及以上烯烃、环芳烃等低值炼化副产直接转化为高值化学品，是大幅度提高其附加值、实现石油等资源有效利用的关键，对炼化产业结构转型升级具有重要的经济与战略意义。

在国家实施大健康产业发展战略的背景下，绿色农业化工和绿色健康农产品的发展亟需突破温和条件合成氨技术，开发高效且生态友好的化肥和农药及其缓释技术，

实现农业化工的可持续发展，提升经济效益、社会效益和生态效益[14]。进一步加强现代生物技术和绿色综合加工技术在食品加工过程中的应用，提高食品资源的利用率，强化食品安全可溯性管控，实现食品加工废弃物中关键组分的识别、评价和高效开发利用。将我国丰富的食品资源及食品加工副产物资源转化为高附加值的蛋白、肽、多糖等功能性配料及健康产品，促进食品健康领域的安全、绿色和可持续发展[15]。

化工废弃物的资源化再利用，不但可以降低化工污染物的治理成本，还能实现资源循环利用，是化工可持续发展的必然要求。为实现工业固废的大规模消纳和资源化利用，需要根据石油化工、煤化工、精细化工、制药和造纸等行业废弃物的组成和特性，协同化学、化工、物理、生物等多领域技术，探索多介质条件下多组分高效提取与清洁转化的新原理、新方法和新工艺，开发土壤修复以及有机残渣资源化、造纸残液中纤维素和半纤维素的处理与资源化、电子垃圾处理以及高值金属回收、电石渣和粉煤灰等大宗工业固废综合处理与资源化利用关键技术与装备，建立污染多介质处理及资源循环的理论体系，变废为宝，实现化工行业的可持续健康发展。

7.3 化工智能化

与国外领先的化工企业相比，我国石化企业亟需强化信息化建设，通过多学科交叉融合开发网络大数据、云计算等先进信息技术，在研发、试验、生产等各个环节中大力发展人工智能，通过机器学习、分析和整合网络大数据指导从实验室到工厂生产的调度、优化与控制，从而支撑我国化工产业实现产业转型升级，在激烈的国际竞争中不断发展壮大。

7.3.1 系统智能化

从分子到工厂全过程的智能化是化工智能化的发展方向，需要分子工程研究范式上的不断创新。一方面，基于传统化工研发过程得到的大量物性等化学信息数据，利用智能算法构建材料物性可预测模型，建立新材料的大规模筛选设计平台，从分子水平上实现材料、介质、过程的按需设计与开发。另一方面，通过人工智能、信息控制、概率统计等多领域交叉融合，建立机器学习方法和模型，介入材料宏观性能的预测及筛选，推动现代化工研发从实验“试错”模式升级到智能化可预测模式。大力开发具有自主知识产权的材料计算等智能自主优化软件平台，实现数据分析整合、机器深度学习、机理知识融合、智能安全预警和系统评估，解决真实材料体系的时间 / 空间尺度跨度大、涉及问题复杂等难题，摆脱对现有国外商业化设计与模拟软件的依赖[16]。建立统一的数据管理系统并开发全流程关键变量实时感知和信息融合方法，建立机理 - 机器学习的关键参数预测方法和数据 / 机理混合模型，以及建立实时动态的全流程智能优化和自控制造系统，是未来发展的关键方向。同时还要注重机器学习的化工过程关键参数、能耗与排放的精准动态预测以及环境与安全性质预测与风险评估，为智能制造提供安全保障。

7.3.2 过程智能化

面向高端化、绿色化、智能化化工过程设计需求，探索深度融合人工智能，实现微反应过程控制的自测控、自分析、自筛选、自学习，实现高通量、大幅宽、微尺度、模块化的微流控芯片及微反应器的开发和应用。开发定制生物催化剂，通过改造实现多酶级联反应的绿色、高效、智能化产业应用；融合生物催化和化学催化，通过仿生催化提高催化剂性能，针对性地为不同化工过程涉及的化学反应步骤设计合成具有高反应活性和专一选择性的催化剂；探索新型催化剂实现连续多步组合催化，以满足生物制造、医药生产、精细化学品生产中对新催化技术的迫切需求。

智能化分离介质的开发及分离过程高效强化是分离领域的发展趋势。主要围绕分子辨识能力提升机制、分子传递过程强化机制等关键科学问题，开展人工智能辅助的分离材料设计、非常规条件下的传质强化、复杂原料分子辨识分离技术、吸收 - 吸附以及吸收 - 分离耦合等方向的研究。通过强化反应分离过程耦合热力学、反应动力学等基础研究，攻关反应分离过程设计、反应分离工艺过程及控制系统，突破分离材料制备关键技术和产业化瓶颈，建立具有自主知识产权的高性能分离材料制备技术。

7.3.3 产品智能化

智能感知、智能控制和自主执行是高端精细化学品智能化的主要体现。围绕功能染料产品工程科学基础问题的不断探索，我们已经实现了染料对从目标小分子、离子，到蛋白、核酸、酶，乃至细胞器、细胞和组织的智能识别和自主执行成像、诊断和治疗等行为。未来需要进一步深化理解并探索分子识别、刺激响应、功能应答等智能化功能机理及作用规律，推动智能产品在生物医药、环境监测、信息显示等领域的科技进步。在有机光致变色材料领域，客体通过外界刺激调控双稳态光致变色的门控技术日渐成熟，但所采用的刺激手段、门控效率、可逆性仍具有挑战性，还需要进一步发展光致变色非线性材料策略，进行液晶辅助的光响应可逆调控，并通过吸收、氧化还原、荧光输出等实现多重态表达。

基因治疗、免疫治疗和疫苗等高端生物产品不但涉及化学、生物、工程、数学等多学科交叉融合，还需要大力结合人工智能实现精准治疗。基于精准医疗的个体化肿瘤治疗疫苗智能靶向递送过程涉及免疫细胞募集、内吞、活化、淋巴结组织归巢等多个免疫过程，因此需要进一步深入研究微观环境影响下的复杂生物分子组装机理以及抗原、刺激分子等多组分递送的时空次序对免疫效果的规律，为疫苗的合理化设计、智能递送和实现多尺度级联提升免疫应答效果提供依据和指导原则。着重加强疫苗等大宗生物产品规模化制备技术和设备的创新研制及应用，推动高端生物产品从实验室创制到产业化快速发展，通过自主创新摆脱对国外技术的依赖。

7.4 多学科交叉

化学工业是我国国民经济的支柱产业，其发达程度已经成为衡量我国工业化和现

代化的重要标志之一。化学工程不但要面对从分子到工厂的全过程，还要面对从电子、原子、分子、纳微尺度乃至整个生态环境的多层次、多尺度结构，以及不同尺度结构间的相互关系与影响及其在这些复杂行为背后蕴含的“多种控制机制在竞争中的协调”共性机理[17]。李静海等提出的介科学关注跨学科、跨领域的共性问题，在化工过程中反应 / 分子层次、装备 / 过程层次、层次界面与跨层次耦合等多尺度和多层次的研究方面已取得了显著的进展[18]。未来，继续基于介科学理论不断探索从分子到产品、从单个设备到高度集约智慧型化工园区等化工复杂体系的应用，对建立绿色、高端和智能的化工过程具有重大意义。

党的十九届五中全会进一步明确了创新在我国现代化建设全局中的核心地位，坚持加强基础研究，增强原始创新能力，从国家迫切需要和长远需求出发，真正解决实际问题。化工多学科交叉是一个系统工程，研究对象不仅涉及传统石化系统和煤化工系统，而且拓展到新能源的开发存储利用、高端化学品的绿色制造、可再生能源与化工系统耦合系统等诸多新兴工业系统。因此，面对全球科技的激烈竞争，需要针对化工特点，加强产学研结合和化学、生物、工程、数学、计算机、信息、能源、材料、环境、资源、医药等多学科领域的深度交叉融合，着力开展重大科学问题的研究。21 世纪的化学工业面临着前所未有的挑战和机遇，化工的高端化、绿色化、智能化发展必将成为解决“卡脖子”难题的利器，在资源、能源、环境和社会可持续协调发展的过程中迸发出强大力量与勃勃生机。

参考文献

[1] 安哲, 何静, 段雪. 层状材料及催化[J]. 中国科学：化学, 2012, 42(4): 390-405.

[2] Han B, Lang R, Qiao B, et al. Highlights of the major progress in single-atom catalysis in 2015 and 2016 [J]. Chinese Journal of Catalysis, 2017, 38(9): 1498-1507.

[3] 邢卫红, 顾学红. 高性能膜材料与膜技术[M]. 北京: 化学工业出版社, 2017.

[4] 曾艳, 赵心刚, 周桔. 合成生物学工业应用的现状和展望[J]. 中国科学院院刊, 2018, 33(11): 1211-1217.

[5] 李伯耿, 罗英武, 彭孝军. 化学产品工程的现状与趋势——代专辑前言[J]. 化学进展, 2018, 30(1): 1-4.

[6] 杨宇鑫, 赵学泽, 樊江莉, 等. 光动力治疗中提高光敏剂靶向性的研究进展[J]. 化工学报, 2021, 72(1): 1-13.

[7] 李岩. 我国电子化学品行业发展现状及趋势研究[J]. 化学工程, 2020, 38(1): 18-20.

[8] 张锁江, 张香平, 聂毅, 等. 绿色过程系统工程[J]. 化工学报, 2016, 67(1): 41-53.

[9] 杨启炜, 鲍宗必, 邢华斌, 等. 离子液体萃取分离结构相似化合物研究进展[J]. 化工进展, 2019, 38(1): 98-106.

[10] 刘有智. 谈过程强化技术促进化学工业转型升级和可持续发展[J]. 化工进展, 2018, 37(4): 203-1211.

[11] 陈静升, 郑化安, 马晓迅, 等. 提高煤热解过程中BTX收率的方法[J]. 洁净煤技术, 2014, 20(2): 90-93.

[12] 冯宗玉, 黄小卫, 猛 王, 等. 典型稀土资源提取分离过程的绿色化学进展及趋势[J]. 稀有金属, 2017, 41(5): 604-612.

[13] 唐勖尧, 王拴紧, 肖敏, 等. 重质油催化裂解制轻烯烃技术及催化剂研究进展[J]. 当代化工, 2020, 49(04): 620-625.

[14] 谭天伟, 苏海佳, 陈必强, 等. 绿色生物制造[J]. 北京化工大学学报, 2018, 45(05): 107-118.

[15] 庞国芳, 孙宝国, 陈君石. 中国食品安全现状、问题及对策战略研究(第二辑) [M]. 北京: 科学出版社, 2020.

[16] 王杭州. 面向本质安全化的化工过程设计: 多稳态及其稳定性分析[M]. 北京: 清华大学出版社, 2017.
[17] Li J, Huang W. Towards mesoscience: The principle of compromise in competition [M]. Berlin: Springer, 2014.
[18] 李静海, 胡英, 袁权. 探索介尺度科学: 从新角度审视老问题[J]. 中国科学：化学, 2014, 44(3): 277-281.

（联络人：彭孝军。主稿：彭孝军，其他编写人员：樊江莉）

化学工程发展战略

高端化、绿色化、智能化

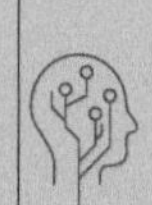

Chemical Engineering Development Strategy

Premium
Greenization
Intelligentization

索引

化学工程发展战略

高端化、绿色化、智能化

Chemical Engineering Development Strategy

Premium Greenization Intelligentization

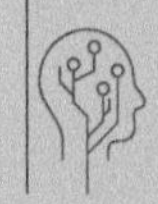

B

C

D

E

F

G

H

J

Chemical Engineering
Development Strategy
Premium, Greenization, Intelligentization

K

L

M

N

O

P

Q

R

S

T

W

其他

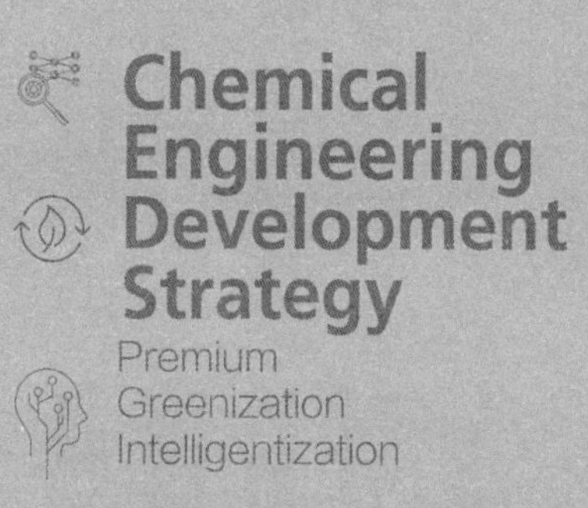
Chemical
Engineering
Development
Strategy
Premium
Greenization
Intelligentization

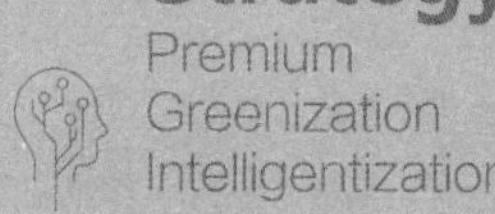